Hulunbuir Mountain River

呼伦贝尔山河

巴树桓 ▣ 编著

中国林业出版社
China Forestry Publishing House

图书在版编目(CIP)数据

呼伦贝尔山河 / 巴树桓编著. -- 北京 : 中国林业出版社, 2020.10
ISBN 978-7-5219-0765-0

Ⅰ. ①呼… Ⅱ. ①巴… Ⅲ. ①自然地理－介绍－呼伦贝尔 Ⅳ. ①P942.26

中国版本图书馆CIP数据核字(2020)第169236号

审图号：蒙S（2019）28号

中国林业出版社 · 林业分社
策划、责任编辑： 于界芬

出版发行 中国林业出版社
(100009 北京西城区德内大街刘海胡同 7 号)
网　址 http://www.forestry.gov.cn/lycb.html
电　话 (010) 83143542
印　刷 北京雅昌艺术印刷有限公司
版　次 2020 年 11 月第 1 版
印　次 2020 年 11 月第 1 次
开　本 889mm × 1194mm 1/16
印　张 44
字　数 1090 千字
定　价 450.00 元

序言

《呼伦贝尔山河》一书即将问世，笔者甚是欣喜。初读此书篇目似是一本工具资料书，细品体会则字里行间展示着一种绿水青山就是金山银山的生态文明理念，渗透着作者一种敬重自然、热爱自然、感恩自然的情怀，浸透着一种人与自然和谐共生的生存发展文化。巴树桓先生通过对大兴安岭亲历跋山涉水，走遍山山水水，汇聚资料，领略自然，结合自己数十年的学术功底锤炼，考察、探索、思考而编著此书。展示了大兴安岭山水林田湖草等多种生态系统生态共同体的天然融合与交叉，不仅给关注呼伦贝尔这片广袤土地的人们提供了全景而又入微的山川自然景象，也为大兴安岭的地理科学提供了可靠支撑，还为这片土地的守护建设者提供了真实的资鉴和理念启示，对世人则有一种生态文明情怀文化的熏染。

关注人类命运，就要关注人类赖以生存的自然。在我看来：在人的生存，及人类社会发展的诸多关系中，人、人群、人类与大自然的关系是最为基本的关系之一，那就是人们以何种理念、姿态、方式对待自然，人类是自然的主宰？还是人类以能动的心态，把自己看作是自然的组成部分？伴随着人们对发展规律的不断认识和认识的加深，科学技术、及生产力越是发展、进步、发达，人越要把自己看作是自然的一部分，人类是大自然生态系统、生命系统的一分子，而不是把自身凌驾于大自然之上、大自然之外，因此，人类与大自然生态系统皆是生命共同体。

中华民族先人们素有朴素的人天合一、人与自然和谐相处的生存理念，时至今日在国家民族奋然走向现代化强国、实现中华民族伟大复兴中国梦的征程中，领航者有着清醒的认识和理念思想，那就是习近平总书记指出的“生态兴则文明兴”“保护生态环境就是保护生产力，改善和发展生态环境就是发展生产力”“绿水青山就是金山银山”“山水林田湖草是生态共同体”“良好生态环境是最普惠的民生福祉”等为核心的生态文明思想，汇集一体即为“创新、绿色、协调、开放、共享”的发展理念。

思想理念需要全社会深刻理解领会，在实践中生根落地，绿色生活方式需要持续培育养成。《呼伦贝尔山河》一书就是立足于这样的思路编著而成。书中表述的诸如“生态系统整体大于局部之和”“大资源观”“顺自然之势而为”等领悟觉悟，为我们更加深刻理解领会习近平总书记生态文明思想开启了实践思路。

把生态文明思想理念在呼伦贝尔保护建设的实践中全面贯彻，就要在政治、经济、社会、文化、生态发展中首先深入的认识了解这片土地的山河，包括她的一草一木。就要深刻认识这片生态系统与周边关系和她的地位作用。认识自然方能更加热爱她、崇尚她、顺应她，方能能动地、科学地保护她、利用她。《呼伦贝尔山河》就是这样一本认识了解呼伦贝尔土地的资料书、工具书。著者带着对山川河流、花草树木无限珍爱的情感和严谨求实的治学精神，将呼伦贝尔的大好河山呈献给读者，既有宏大的视野俯瞰之感，又有入微细致、深入肌理的剖论和数据表述，并把人类的活动置在其中，近景远景付之于诸多图文，使人在登高望远之际又能如入其境，导航导游资鉴功能，一览无余。

品味《呼伦贝尔山河》，就如同走进这片山河，你在关注自然一木一草一花生命的同时，会自然而然地关注自身生命，思索生命。自然具有不可替代的教育功能，走进森林、草原、山川、河流，蓬勃的自然生命让人思考，启迪人们思考生命的真谛，让人更加关注生命、热爱生命。受本书的启发，我在想：自然的这种陶冶薰染功能大概是源自人类一路走来对自然的认知感悟感恩的心理基因。人虽强大，但我们仅是自然的一部分，我们与自然和谐共生的命题从远古走到现代，大自然对人类没有替代品，用之不觉，失之难存。敬畏自然，崇尚自然，感恩自然，这样就会自觉地与自然和谐相处、共生，就会科学合理利用自然，使之持续地造福人类。《呼伦贝尔山河》细味起来，你就会受到这样的熏染和陶冶，热爱大自然，热爱呼伦贝尔这片绿色净土吧，请您不妨先从品阅这本书开始。

著一本好书，是一份享受；读一本好书，是一份分享。著者巴树桓先生生于大草原、长于大草原，一生大部分时光工作奋斗在大森林，他驾车、骑马、徒步走遍了呼伦贝尔及周边的山山水水，带着赤子的情怀去考察、去论证、去实践，把自然的观察、考察、实践、认知、感悟，与对大自然的无限崇尚热爱之情，及对生活在这片土地人们的关切之情融合在一起，编著成书，以飨读者，该书问世适逢其时，恰逢其用。

先睹为快的一些感悟体会、启发思考，以为序言。

中国工程院　院士
原北京林业大学校长

2019年3月

前言

党的十九大以来，国家高度重视生态建设和环境保护，习近平总书记对内蒙古自治区的生态环境高度重视，并针对呼伦贝尔市的生态环境保护工作作出重要指示。可见，呼伦贝尔市的自然生态环境在全国占有重要地位，应引起全社会的高度关注。呼伦贝尔的大兴安岭森林生态系统和呼伦贝尔草原生态系统、处于重要生态节点的呼伦湖—贝尔湖水系，使之成为生态环境支撑荫翳下的资源大市。自然生态资源的富庶程度，国内屈指可数，全球也不多见。围绕落实习近平总书记的重要指示，搞好生态环境建设，保护好绿水青山，为广大生态环境保护工作者和决策者提供可参考的资料数据、可借鉴的思想，作者专门撰写了这本研究呼伦贝尔山河地理和自然资源的专著。

本书是一本介绍、研究呼伦贝尔山河地理和自然资源的专著。作者以习近平总书记“绿水青山就是金山银山、山水林田湖草是一个生命共同体”生态理念为指导，以贯彻落实十九大“人与自然和谐共生，节约资源和保护环境”的精神为目的，坚持真实性、完整性、准确性、资料性、实用性、科学性，记述呼伦贝尔的山脉、河流、草原、平原、湿地、湖泊、火山、气候等自然状况以及各类自然资源，坚持以求真务实的态度研究求证大自然的变化规律，引导读者遵循自然规律来规范社会的自然环境行为，达到与自然和谐共进。

本书的目的之一，就是帮助大家在深入了解呼伦贝尔市自然生态资源的基础上，逐步树立起正确的资源观。在呼伦贝尔林区，人们头脑中根深蒂固的资源是森林的木材蓄积量、可采伐量，而对森林的综合性生态产出重视不足；农区普遍把耕地作为重要资源，忽略了大面积开垦耕地对生态环境的负面影响；牧区更侧重于草原牧场，把能支撑畜牧业生产的自然资源作为重要依托，而对其他资源重视不够；城市则致力于经济规模、人口的聚集、规划建设，放松了对城区外与城市关联密切的环境资源统筹协调。我们应该充分认识到，呼伦贝尔的自然生态资源不是孤立存在的，是一个统一的整体。山脉、森林、草原、平原、湿地、湖泊、河流等是居于林区、农区、牧区、城市的人们谁也离不开的赖以生存的环境基础，而人是这个自然生态系统中的一个重要影响因素。在社会高度发达的今天，森林的资源属性不只是产出多少木材，更重要的是它的生态功能；耕地的资源属性要求不是量越大越好，而是确保质量的前提下对生态环境的不利影响越小越好；草原牧场的载畜量也不可无限度地增长，它有科学合理的数量，草原还有与森林一样重要的生态功能；城市规模也不是越大越好，城区的外溢必须在较大的生态空间上考虑对环境资源的影响。农牧林区城市每一部分只是呼伦贝尔自然生态系统的局部，而整体才更接近全部，对资源的索取利用必须考虑互相关联着的自然生态环境的全局。这些都需要我们建立起完整、系统、科学的资源观，使我们在今后的工作中不犯错误或少犯错误。

大兴安岭山脉是祖国北方重要的生态安全屏障，孕育了我国纬度最高、面积最大、生态地位极为重要的集中连片的森林生态系统，在维护国家生态安全、粮食安全、应对气候变化、国家木材战略储备等方面具有不可替代的重要地位。在生态文明建设和经济建设中，大兴安岭森林生态系统在我国东北占有十分重要的战略地位，直接影响着松嫩平原、松辽平原的生存环境，为内蒙古东部草原涵养了丰富的水资源。大兴安岭山脉亦对呼伦贝尔自然环境演替、经济社会和谐发展更具举足轻重的地位。因此，与大兴安岭山脉共同构成生态系统的呼伦贝尔高平原以及湿地、草原、河流、湖泊、森林、气候等环境因素，以及动植物和各种资源，都是我们将要讨论研究的内容。通过对自然界生态系统的不断认识，切实寻求到呼伦贝尔人与自然和谐共处、依规发展的同步频。大兴安岭山脉整体关联度较高，在研究呼伦贝尔自然环境时，就不可能不通观山脉的整体，故本书先从大兴安岭山脉、呼伦贝尔高平原的基本情况开始，然后顺河流、湿地、草原逐步展开。

本书共分四篇，其中第一篇设2章，重点介绍大兴安岭山脉、额尔古纳河和嫩江两大水系；呼伦贝尔高平原、呼伦贝尔草原和呼伦湖—贝尔湖水系。

本篇对黑龙江省大兴安岭地区域内的自然状况也作了相应的介绍，因为虽然本书主要研究呼伦贝尔市自然山河，但介绍域外情况是为了更好地讨论与域内关联密切的森林生态系统、自然环境。在森林防扑火作战中，相邻区域山脉走向、河流流向、已命名主要山峰的位置海拔高度、局部的气象特点等，都必须清楚掌握。这为两地的防扑火联动，有效实施作战行动奠定了精准指挥和兵力投放的作训基础，对两地都非常重要。1987年5月6日，黑龙江大兴安岭地区的“5.6”大火的扑救过程，就给我们以很深刻的历史教训，两地互不了解邻近对方的火场详情，影响了大火的扑救。再有，两地同位于大兴安岭山脉，自然环境基本相同，野生动植物的生境基本一样，研究它们的迁徙、繁殖、分布规律时也不可能将两地分开。同理，对位于大兴安岭山脉的内蒙古自治区其他盟市的有关重要的地理信息、主要的河流、草原、湿地、湖泊等，本书也作了简要的介绍，以便更好地理解它们与山脉的整体关系。

为对大兴安岭山脉进行系统完整的介绍，在以主脉为干标出山脉东西两侧的各个支脉、次支脉后，又将主脉、支脉和次支脉，以河流的源头、沟堵[①]（除以山脊的山峰为坐标外）来标示出其走向，把山和水联为一个整体，并使处于河流三、四级甚至是五级的支流在山脉上的位置得到明确定位。如三旗山支脉与库都尔河右岸各支流，牙拉达巴乌拉山支脉与伊敏河右岸各支流免渡河左岸各支流等等。上述支流，多属源头始端，在市域内很多没有命名，本书对有些河流进行了合理命名。但对于伊敏河、甘河、诺敏河流域，额尔古纳河右岸流域，乌日根乌拉山支脉北侧支流，莫日格勒河上游支流等未命名的河流，因涉及各民族的语言和文化，还需做大量的实地调查研究，按有关规定命名。同样，市域内还有数千座一定高度的山峰未命名，也需做大量的野外调查和内业工作。

针对额尔古纳市和根河市对旅游业发展的迫切需要，以及史学界对敖鲁古雅鄂温克族使鹿部落森林文化的研究需要、对蒙古族族源研究需要，北部林区林业局对驯鹿野外放养研究的需要，本书将激流河流域已命名的河流标注到额尔古纳河的4级、5级支流，并将阿拉齐山次支脉与激流河的地理关系厘清。为了给生态环境学者、广大生态爱好者和大学生的研究学习提供基础资料，又将汗马国家级自然保护区内已命名的塔里亚河水系各支流、邻近的著名山峰进行了标注，但位于核心区的其他生态环境地理信息未披露。

第一篇的记述讨论，是为了揭示出呼伦湖—贝尔湖水系与呼伦贝尔高平原和大兴安岭山脉的相互依存关系，使我们在对自然资源的保护和利用中有一个比较宏观的正确把握，进而发挥呼伦贝尔市的资源优势，促进经济社会的健康发展。

第二篇共分3章，重点介绍了岭东嫩江右岸山前平原和土壤；大兴安岭山脉的火山和火山活动；呼伦贝尔的湿地。

本篇通过对呼伦贝尔山前平原土壤、山脉上火山、湿地的介绍，使读者了解到这些重要的自然资源不但现在，即使将来仍然是我们赖以生存发展的重要物质基础。在以往的历史中由于对土壤的珍惜不够，农药化肥污染加重、水土流失地力减弱；对火山资源缺乏研究，认知不足导致大量具有竞争力的旅游、矿产等资源大量闲置，优势未能有效发挥；对最丰富、最具特点的湿地资源没能从地球上海洋、森林、湿地三大生态系统重要组成部分的角度给予高度重视，使之被蚕食破坏，致使环境恶化。

① 沟堵，是指两山间的山沟由沟口向沟底到最高山脊处，多为河流的源头所在，是林业的专业用语。

第三篇共分2章，以大兴安岭山脉为气候分界线，较详细地对岭东和岭西气候变化分区加以介绍；对大兴安岭山脉北段、呼伦贝尔草原、山前平原的动植物进行分区记述。

第四篇共分4章，以介绍自然生态资源、旅游资源、矿产资源为主，并以山（峰）、河流、自然地标物为坐标，明确地定位各旗市区在山河间的具体地理位置。本篇的目的，是在前面系统科学地介绍呼伦贝尔的资源禀赋，山脉、河流水系、高平原、平原等自然环境前提下，让读者切身感悟到身为呼伦贝尔人，应该找到在自然界天地、山河间的位置。人类社会已高度发达，甚至把当今地质年代定为人类纪[①]，但人仍然是寄生于地球生态环境中的生命体，与其他生命体一样，只有确保生存环境的健康良好，才有美好的明天。

本书作者由于在内蒙古大兴安岭林区中心城市牙克石市长期担任地方主要领导工作，因此对生态环境保护极其重视，特别是对森林防扑火工作投入了极大地精力，积累了一定的学识和经验。在此基础上，作者于2008年主编了《森林防扑火概论》一书。这是一本有关森林防扑火方面的专著，为林区从事森林保护工作的同志们提供了系统科学的防扑火指导。随着作者转入内蒙古大兴安岭林业管理局（现今为内蒙古大兴安岭重点国有林管理局）担任主要领导后，森林防扑火工作更加具体深入，开始对林区的林火规律、时空分布产生极大兴趣，并着手研究。作者在对内蒙古大兴安岭林区林火规律的研究中遇到一个难题，那就是我们对大兴安岭山脉主脉（分水岭）、支脉、次支脉以及河流水系缺乏全面科学系统的了解，整体概念较混乱，有一定数量的山岭、河流连名字都没有，使研究无法进行，陷入困境。为解决这些问题，作者开始梳理山脉体系、河流体系、森林分布、地理特点、大的气象条件下受局部地形环境影响的小气候等问题。当将这些问题基本厘清后，展现在面前的是一幅呼伦贝尔无比辽阔绚丽的画卷——呼伦贝尔山河。经系统整理、丰富完善，又增添呼伦贝尔高平原和嫩江右岸山前平原等内容后书写成《呼伦贝尔山河》，实为意外之作，但确是倾注心血之著。

本书因个人水平有限，虽经多次修改，难免有疏漏之处，多有错误，敬请各位读者指正赐教。最后，向对本书撰写、编辑出版工作以及各方面给予帮助支持的领导、同志、朋友们表示衷心的感谢！

著者

2019年12月

① 人类纪被定义为人类对地球的影响，也即人类已经成为影响全球地形和地球进化的地质力量。

凡例

一、本书试图利用较清晰的逻辑推理来说明复杂的各类自然现象，力求准确地表述呼伦贝尔自然地貌、资源、环境、气候等方面的情况和自然规律，以满足党政机关、专业部门工作人员和自然生态环境爱好者、大学生需要，是一本普适类的工具书。

二、本书的计量单位，按国家现行法定计量单位为准，各表格项目栏中的单位在表内给出。地理空间上的长度单位一般为千米（km）；面积单位一般为平方千米（km^2）；体积单位一般为立方米（m^3），个别体积单位采用立方千米（km^3）；高度单位一般为米（m），个别为千米（km）。其他专属单位按各个专业规定表示，量纲采用国际单位制（SI）。

在使用阿拉伯数字时，千位以下直书用千分空表示，千位以上按1×10^4（万）、1×10^8（亿）、1×10^{10}（百亿）书写。

三、本书参考了1：700000（呼伦贝尔民政局、内蒙古自治区地图院，2015年）地图；1：2600000和1：3300000的内蒙古自治区地图（中国地图出版社，2015年）和中华人民共和国地图（中国地图出版社，2004年）。书中所涉地理信息，由内蒙古自治区地图院进行了审定校核。距离的标注，考虑到不够精确，特在数字前加“约”；海拔高度的标注，小数点后四舍五入，只留个位以上。这些数据仅供读者参考，分析采用。

四、对于地名、专业名词、重要名词已译成英文，如伊勒呼里山（Yilehuli Mountain）、水力停留时间（hydraulic residence time）等，方便读者在跨语言环境条件下阅读、查阅、引用。

五、为使读者能够方便地阅读各章内容，在每篇前加入了起导读作用的主要名词解释，使读者能够轻松地理解内容。考虑到本书涉及领域较宽泛，针对文中一些专业名词、专业概念也在对应正文脚注标注了注释。

六、由于呼伦贝尔市是一个多民族聚集区，历史上的原住民体现的文化主要为草原文化和森林文化，反映在语言上的是阿尔泰语系蒙古语族的蒙古语、达斡尔语和通古斯语族的鄂伦春语、鄂温克语。本书中对同一个语系两种语族的语言表述的地名、河流、山脉等，分别从草原文化和森林文化的角度加以解释说明。例如，黑龙江（第一章第五节）、大兴安岭

（第一章第三节）、扎克奇山次支脉（第一章第三节）、额尔古纳河（第一章第五节）等。

在呼伦贝尔市这个多民族聚居区，有鄂温克族自治旗、莫力达瓦达斡尔族自治旗、鄂伦春自治旗，这3个民族都是有语言无文字的较少民族，这给本书的写作带来很大困难。特别是在3个自治旗和3个较少民族的聚居区内有大量的乡镇、山脉（岭）、河流等名称，是用当地民族语言命名的，所以采取用其汉语谐音字和汉语拼音标注，这对一线众多从事林业、旅游和地质调查的同志更具实用意义。还有很多用3个较少民族语言表达的具有历史意义和反映自然特点的词汇，专门请教了本民族中权威人士进行译解，并在注释中注明了译解者姓名，因此具有真实可信性。

七、本书采用的各种数字，来源于统计部门、各级相关部门、各旗（市、区）志书、各类专门著作、科考报告、调查报告等。由于这些材料统计口径和时间不一，有些数字不完全一致，参考时须分析采用。

八、本书第七章“呼伦贝尔的野生动植物资源”中，引用的大部分数据资料来源于有关专业部门、科研单位公布的调查报告、正式出版物、普查报告和专著。对存在明显错误的内容进行了校核更改，供读者参考。

九、本书立篇，一是以自然联系的紧密程度为原则，如第一篇山脉、河流水系、高平原，从地理关系上它们是密不可分的；第三篇气候和野生动植物，从生物学角度上后者对前者几乎是完全依赖的。二是以自然环境和自然资源与呼伦贝尔生存发展的紧密程度为原则，如第二篇平原、土壤、火山和火山活动、湿地，是环境和衣食的基础，对生存影响巨大；第四篇自然生态资源、旅游资源、矿产资源、旗（市、区）在山河间的地理位置，与经济社会发展紧密关联，决定着发展的质量规模。

十、本书记述的空间主要为呼伦贝尔市全域，域外空间为突出主题也列入章节。记述时间据实上溯，不设上限，下限断在2018年。有些统计资料按最近的为准，或最能体现实际情况的为准。

十一、本书所用的示意图为作者制作，采用的照片均标拍摄者姓名，未标姓名的为作者拍摄。全书的图片、示意图数量、若干名称的运用均以内容需要为准。

目录

呼　伦　贝　尔　山　河

Hulunbuir
Mountain River
呼伦贝尔山河

第一篇
山脉　高平原　河流水系

篇前导言

呼伦贝尔市简介，以及与山脉、高平原、河流水系、湖泊、草原有关的主要名词解释：

呼伦贝尔市（Introduction to Hulunbuir）：呼伦贝尔市得名于境内呼伦湖（Hulun Lake，又名达赉湖）和贝尔湖（Buir Lake）。位于内蒙古自治区东北部，东经115°31′～126°04′、北纬47°05′～53°20′之间。其东北以大兴安岭山脉（Daxinganling Mountain Range）主脊分水岭和伊勒呼里（Yilehuli Mountain）山支脉分水岭为界，与黑龙江省大兴安岭地区接壤；东以嫩江为界，与黑龙江省黑河市相邻；东南以金界壕（成吉思汗边墙）为界，与黑龙江省齐齐哈尔市接壤；南以大兴安岭山脉乌日根乌拉（山）（Wurigenwula Mountain）支脉分水岭、绰尔河一级支流托欣河为界，与内蒙古自治区兴安盟接壤相邻；北、西北以黑龙江（阿穆尔河 Amur）、额尔古纳河（Erguna）为界，与俄罗斯隔（江）河相望；①西以呼伦贝尔高平原西部边缘和蒙古高原第一梯阶东部边缘为界，与蒙古国接壤。东西630 km，南北700 km，面积25.3×10^4 km²。边界线总长1 733.32 km，其中，中俄边界1 051.08 km，中蒙边界682.24 km。

构成呼伦贝尔市地形主体的是大兴安岭山脉和呼伦贝尔高平原，其生态核心是大兴安岭山脉森林生态系统。大兴安岭山脉由北北东—南南西向，纵贯呼伦贝尔市北南，形成不同气候特点的岭东农区、岭上林区、岭西牧区。因山脉和高平原的特殊地形，形成了呼伦贝尔市的河流绝大部分发源于大兴安岭山脉，主要河流只有克鲁伦河发源于蒙古国肯特山脉，由蒙古高原第一梯级向东而下注入第二梯级呼伦贝尔高平原坳陷部中心的呼伦湖。域内的湖泊、湿地也与大兴安岭山脉有着密不可分的联系。以大兴安岭山脉分水岭为界，东侧经两级夷平面（山顶面、山地面）逐步向松嫩平原、松辽平原降落；西侧经呼伦贝尔高平原、锡林郭勒高平原向蒙古高原过渡。由此决定了动植物的分布东西两侧不但有着较大的差别，而且在不同纬度和海拔高度上也存在着巨大差异。

呼伦贝尔市下辖14个旗市区，其中，有两个区（海拉尔区、扎赉诺尔区）、5个市（满洲里市、牙克石市、扎兰屯市、根河市、额尔古纳市）、7个旗（阿荣旗、莫力达瓦达斡尔族自治旗、鄂伦春自治旗、鄂温克族自治旗、新巴尔虎左旗、新巴尔虎右旗、陈巴尔虎旗）。有74个镇、23个乡、25个苏木（其中1个民族苏木）、36个街道办事处。呼伦贝尔市人民政府驻海拉尔区。呼伦贝尔市是一个多民族聚集区，全市人口253×10^4人，分属42个民

① 额尔古纳河与石勒喀河交汇后就成为黑龙江（阿穆尔河），交汇点位于呼伦贝尔市下辖的额尔古纳市恩和哈达镇，两河交汇后流淌1 km后由中国的蒙俄界进入黑俄界。因此，呼伦贝尔市的正北方有1 km长的黑龙江段，为黑龙江的源头所在。这与介绍黑龙江水系的许多典籍不同，其多称黑龙江的源头在黑龙江省漠河县洛古河村，实为误说。

族。内蒙古自治区的三个少数民族自治旗都在呼伦贝尔市，即莫力达瓦达斡尔族自治旗、鄂伦春自治旗、鄂温克族自治旗。

呼伦贝尔市习惯上被分为农区（莫力达瓦达斡尔族自治旗、阿荣旗、扎兰屯市）、林区（额尔古纳市、根河市、鄂伦春自治旗、牙克石市）、牧区（新巴尔虎左旗、新巴尔虎右旗、鄂温克族自治旗、陈巴尔虎旗）、城市（海拉尔区、扎赉诺尔区、满洲里市、以及其他市的城区）。呼伦贝尔市有额尔古纳河和嫩江两大水系。岭东的鄂伦春自治旗、莫力达瓦达斡尔族自治旗、阿荣旗、扎兰屯市，位于大兴安岭山脉东坡和嫩江右岸山前平原，属嫩江水系流域。额尔古纳市、根河市、牙克石市位于大兴安岭山地，分属额尔古纳河水系和嫩江水系流域。新巴尔虎左旗、新巴尔虎右旗、鄂温克族自治旗、陈巴尔虎旗和海拉尔区、扎赉诺尔区、满洲里市地处呼伦贝尔高平原上的草原区，属额尔古纳河水系和其子水系呼伦湖—贝尔湖水系流域。

呼伦贝尔的自然资源中，耕地资源主要分布在农区、草场主要分布在牧区、森林资源主要分布在以林区为主的大兴安岭山脉区。地表水主要分布在额尔古纳河水系和嫩江水系以及各湖泊、库塘。

从气象、生态、野生动植物、森林、河流、草原、平原等方面看呼伦贝尔又是涵盖大兴安岭林区、内蒙古东部草原、松嫩平原的一个地域概念，超出呼伦贝尔市的行政区划范围。

山脉（mountain range）：山脉是地学名词，是指沿一定方向延伸、包括若干条山岭和山谷组成的山体。因像脉状而且有某种整体性质可以一起考量，而称之为山脉。山脉的隆起主要是由于地壳运动中的内营力作用，常有明显的褶皱。而俗称的山地，是泛指高于地面的地形。山脉的构成包括主脉（主干）、支脉、次支脉、余脉。余脉相对而言比较小，还要与主脉或支脉相距一个较长的低缓地带。

丘陵、低山、中山、高山、最高山（hills, low mountains, middle mountains, high mountains, highest mountains）：山是地球表面的一种地貌形态，对山的划分首先是要有一定的高度，即海拔高度（绝对高度）和比高（相对高度），另外还要有一定的形态。关于海拔高度的划分，各家不一。本书考虑到大兴安岭山脉的整体高度，以及与中国各大山脉高度比照，依据《地貌学及第四纪地质学》（杜恒俭等，1980）的划分标准，略作微调，即海拔：

<400 m　　丘陵；
400～1 000 m　　低山；
1 000～3 500 m　　中山；
3 500～5 000 m　　高山；
>5 000 m　　最高山。

呼伦贝尔市域内的最高山峰为伊贺古格德山，海拔1 707 m，所有山峰均在中低山以下范围。

山的划分只有绝对高度还不够准确，还必须有相对高度的概念，如呼伦贝尔高平原海拔高度一般在650 m，但它不是低山，而是内蒙古高原上过渡性的低缓凹谷。按照传统划分方法相对高差在300 m以上，也即高出本地区地平面300 m以上的突出地形，才谓之山。本书结合本区山脉地形采用200 m的比高（相对高度），作为山的高度标准。

山的概念，只有海拔高度和相对高度还不够确切，山还要有一定的形态，即山的形态要素：山顶、山坡和山脚。

当然，确定山的概念只有以上内容还不够，还要有地理环境依据、地质依据。

高平原（high plain）：高平原通常指海拔大于200 m、小于1000 m的平原。平原通常都是不同规模的地区长期呈面状下沉形成洼地后，在补偿的条件下不断为各种成因的沉积物堆积、夷平形成的盆地。而高平原一般是第四纪（距今约260万年）以来盆地整体抬升的地区，通常是切割微弱而平坦的，堆积物的成因主要是冲积、湖积和洪积的。我国的河套平原、银川平原、成都平原和呼伦贝尔草原、锡林郭勒草原等都属于高平原。

河流（river）：是指由一定区域内地表水和地下水补给，经常或间歇地沿着狭长凹地流动的水流。河流是地球上水文循环的重要路径，是泥沙、盐类和化学元素等进入湖泊、海洋的通道。我国对于河流的称谓很多，较大的河流常称江、河、水，如长江、黑龙江、嫩江、黄河、额尔古纳河、汉水等。一些河流较短小，水流较急，常称溪、沟。西南地区的河流也有称为川的，如四川的大金川、小金川、云南的螳螂川等。

水系（water system）：流域内所有河流、湖泊等各种水体组成的水网系统，称作水系。其中，水流最终流入海洋的称作外流水系，如太平洋水系、北冰洋水系；水流最终流入内陆湖泊或消失于荒漠之中的，称作内流水系。流域面积的确定，可根据地形图勾出流域分水线，然后求出分水线所包围的面积。河流的流域面积可以计算到河流的任一河段，如水文站控制断面，水库坝址或任一支流的汇合口处。

湖泊（lake）：即湖盆及其承纳的水体。湖盆是地表相对封闭可蓄水的天然洼池。湖泊按成因可分为构造湖、火山口湖、冰川湖、堰塞湖、喀斯特湖、河成湖、风成湖、海成湖和人工湖（水库）等。按泄水情况可分为外流湖（吞吐湖）和内陆湖；按湖水含盐度可分为淡水湖（含盐度小于1 g/L）、咸水湖（含盐度为1～35 g/L）和盐湖（含盐度大于35 g/L）。湖水的来源是降水、地面径流、地下水，有的则来自冰雪融水。湖水的消耗主要是蒸发、渗漏、排泄和开发利用。

风成湖（aeolian lake）：风成湖是因沙漠中流动（呼伦贝尔沙地为不流动沙丘）沙丘间的洼地低于潜水面或沙丘间沙地被风蚀后低于潜水面，

水由四周汇集洼地而形成。这类风成湖泊的水通常都是不流动的死水，而且面积小，水浅而无出口，湖形亦多变，常是冬春积水，夏季干涸或成为草地。这类湖泊在呼伦贝尔草原上分布较多。

外流湖（outflow Lake）：湖水能通过河流汇入大海的湖泊，如贝加尔湖、达兰鄂罗木河为吐出河时的呼伦湖。

内流湖（inner lake）：湖水不能通过河流汇入大海的湖泊，如青海湖、达兰鄂罗木河为吞入河时的呼伦湖。

吞吐湖（throughput lake）：既有河流流入，又有河流流出的湖泊，如呼伦湖、贝尔湖、呼和诺尔（湖）（陈巴尔虎旗）。

闭口湖（closed lake）：只有河水注入，没有河水流出的湖泊。在呼伦贝尔草原上闭流区内的湖泊多属此类。

河成湖（fluvial lake）：由于河道迁徙后，遗迹形成洼地，积水而成的湖泊，如海拉尔河、甘河、诺敏河、根河等河谷湿地内的牛轭湖。

湖泊补给系数（lake recharge coefficient ）：湖泊流域面积与湖水面积之比。

温跃层（thermocline）：湖水温度在垂直方向上变化，在上层和下层缓慢下降或上升，而在中层发生急剧变化的现象，其突变层称为温跃层。

湖流（lake flow）：湖泊中保持其物理化学特征的、大致沿某一方向移动的水流。湖泊、水库中的水受力的作用沿一定方向进行运动。分风成流、梯度流、惯性流、混合流等。风成流是风力作用于湖、水库水面产生的摩擦力引起的流动，亦称“摩擦流”或“漂流”。梯度流是因水面倾斜，重力沿水面的分力所引起的流动，亦称“重力流”。惯性流是在引起湖流的因素停止后，由于惯性作用使水团在一定时间内继续流动，亦称“余流”。混合流是由两种以上的力共同引起的湖流，如漂流—重力流等。

草原（grasslands）：草原（草地）是地球生态系统的一种，分为热带草原、温带草原等多种类型，是地球上分布最广的植被类型。草原形成的原因是土壤层薄或降水量少。在这种环境条件下，草本植物受影响小可以生长，乔木无法大面积生长成为森林。而农作物缺少灌溉则无法广泛生长。一般情况下，往往草原和森林山脉又构成同一个生态系统。如大（小）兴安岭山脉和长白山脉与东北草原、大兴安岭山脉与呼伦贝尔草原和锡林郭勒草原、阴山山脉与乌兰察布草原、昆仑山山脉和天山山脉与新疆草原等。

蒙宁甘草原区（Inner Mongolia—Ningxia—Gansu Grassland Areas）：包括内蒙古、甘肃两省份的大部和宁夏的全部以及河北北部、山西北部和陕西北部的草原地区，面积约占全国草原总面积的30%。呼伦贝尔草原位于这一草原区的最东端。高平原是构成这一草原区的主要地貌特征，还有部分山地、低山丘陵、平原和沙地等（图A）。

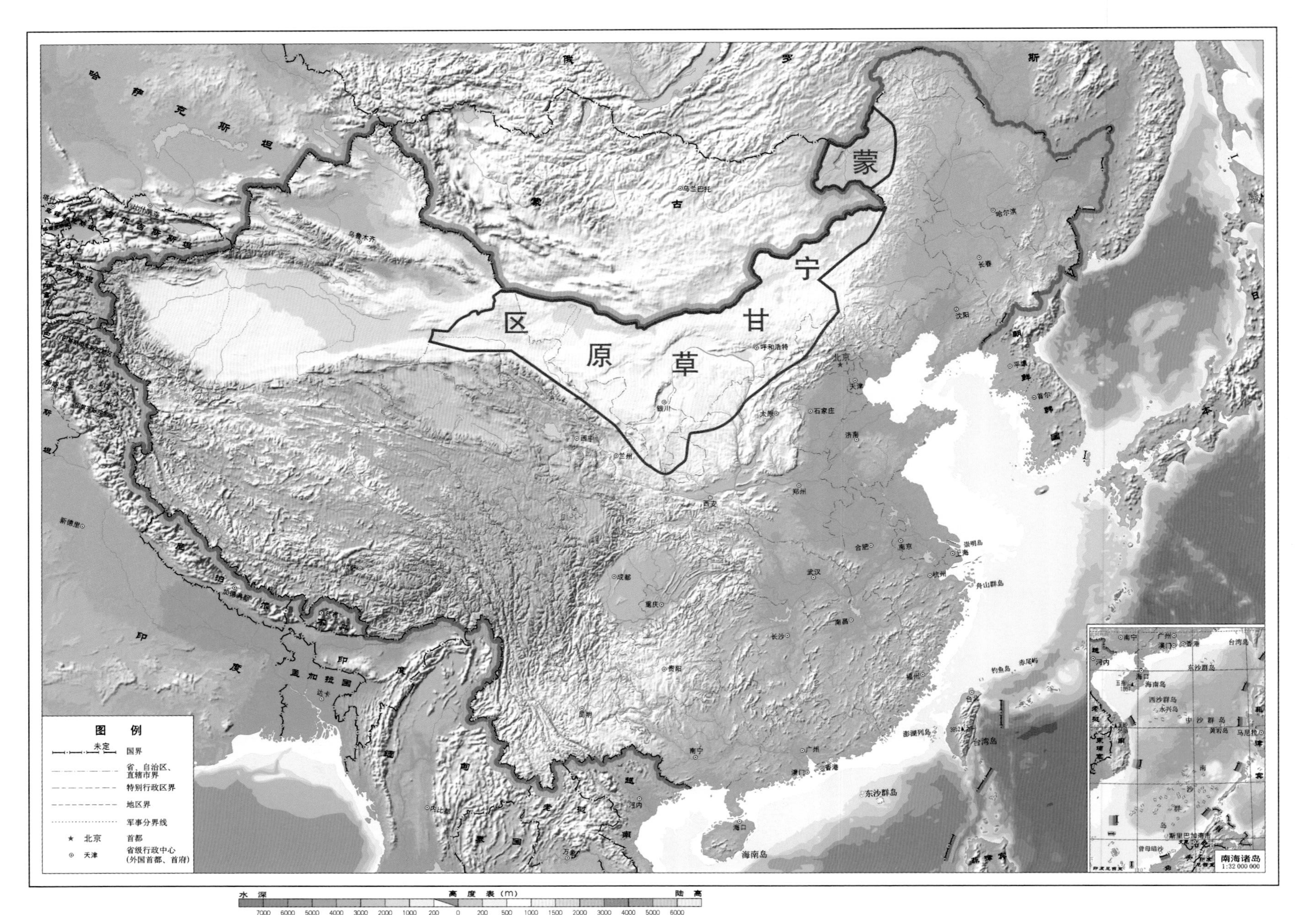

图A　蒙宁甘草原区分布范围示意

东北草原区（Northeast Grassland Area）：包括黑龙江、吉林、辽宁3个省的部分地区和内蒙古东部的呼伦贝尔市、兴安盟、通辽市、赤峰市的部分区域。面积约占全国草原总面积的2%，覆盖在东北平原的中、北部及其周围的丘陵，以及大、小兴安岭和长白山脉的山前台地上，三面环山，南面临海，呈“马蹄形”，海拔为130～1 000 m（图B）。

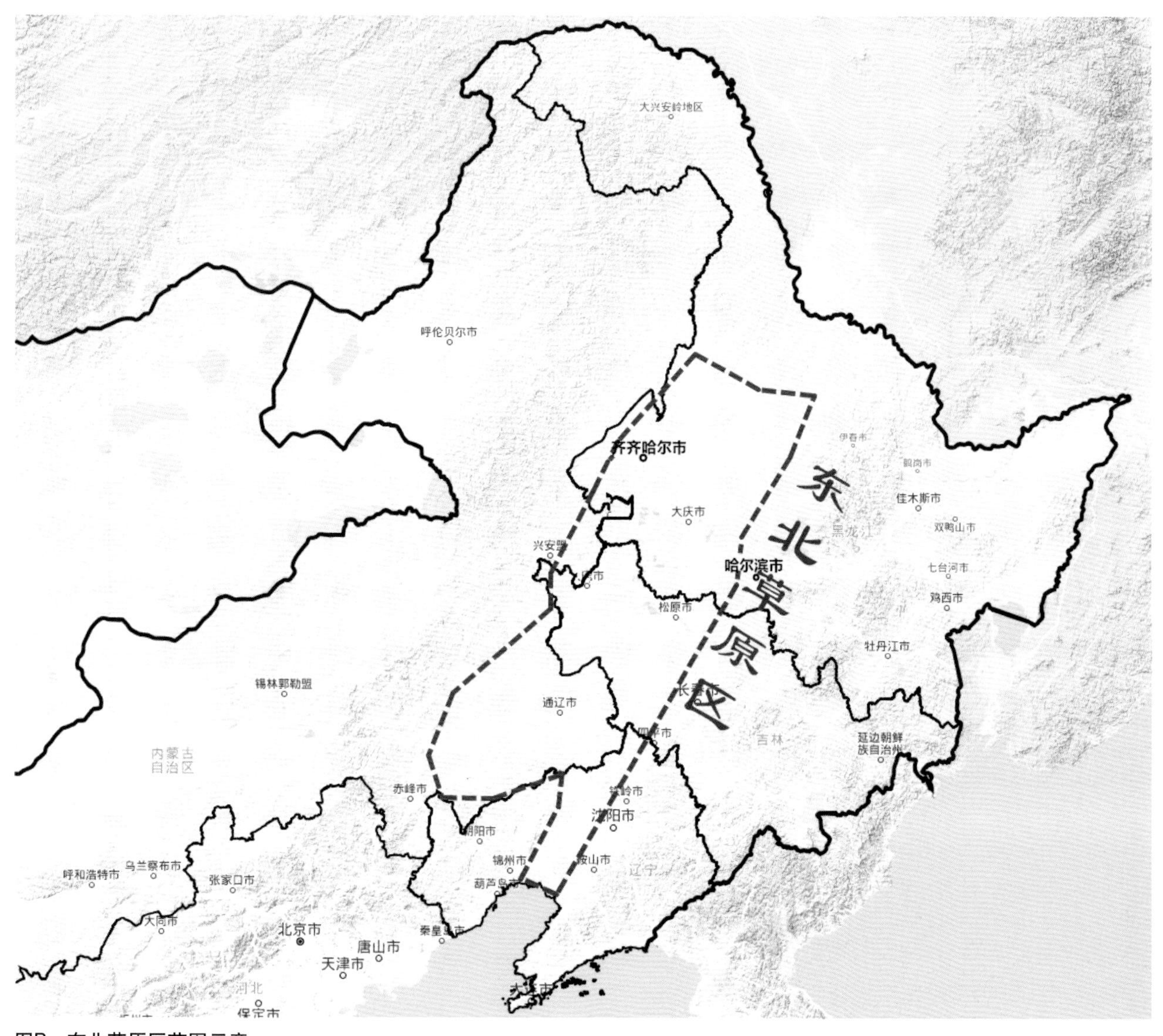

图B　东北草原区范围示意

呼伦贝尔草原类型（Category of Hulunbuir Grassland）：呼伦贝尔草原分5大类8个亚类。5大类分别为山地草甸类、低地草甸类、温性草甸草原类、温性典型（干）草原类、沼泽类；8个亚类分别为山地草甸草原亚类、平原丘陵草甸草原亚类、沙地植被亚类、平原丘陵干草原亚类、沙地植被草场、低湿地草甸亚类、盐化草甸亚类、沼泽化草甸亚类等。

人们一般又将额尔古纳市黑山头到新巴尔虎左旗罕达盖一线与大兴安岭山脉林缘之间的草原称为草甸草原；向西到中蒙边界的草原称为典型草原又称中温型草原，两类草原沿纬向呈东—西带状分布。

草甸草原主要包括以下亚类：平原丘陵草甸草原、山地草甸草原、低中山山地草甸草原、沙地草甸草原。在沟谷、河滩等低湿地上，草甸、沼泽与河岸灌丛等处，非地带性植被比较发达。

典型草原包括以下亚类：平原丘陵草原、沙地草原；在海拔较高的丘陵、低山上部和高台地上有平原丘陵草甸草原分布为典型草原的亚类；在低湿地等特殊生境上有沼泽化草甸、盐化草甸等非地带性植被分布。典型草原，其完整的名称叫“中温型典型草原”，又称“真草原”，也有人称“干草原”，是分布面积最广的草原类型，它的西面与蒙古国和外贝加尔的典型草原直接相连，都是亚洲中部草原亚区的主要组成部分。

河脑（Headwater highland）：河流源头上的高地、山头。本书中通常把若干条河流发源的同一个高地称为河脑，如三条河脑、五条河脑等，表示发源于河脑（高地、山头）上的河流数。

第一章
大兴安岭山脉与相关各大水系

通过大兴安岭山脉主脉、支脉和次支脉分水岭上的主要山峰、高地，将山脊线清晰地标出，并以主脉为干标出山脉东西两侧的各个支脉次支脉。本书支脉、次支脉的确定，以山岭长度、相联级次为准。与主脉相联长度＞60 km的山岭为支脉，＜60 km的为山岭；只与支脉相联，长度＞60 km的山岭为次支脉；与次支脉相联，长度＜60 km的为山岭。按以上标准在主脉东西两侧的黑龙江流域、嫩江流域和额尔古纳河流域，呼伦贝尔市和黑龙江省大兴安岭地区划分出16条支脉和次支脉。其中东侧10条，7条支脉，3条次支脉；西侧6条，5条支脉，1条次支脉。东侧的各支、次脉位于黑龙江（右岸）、嫩江（右岸）的各支流流域，西侧的各支、次脉位于额尔古纳河（上源及右岸）各支流流域。通过对额尔古纳河水系和嫩江水系各支流在山脉区的准确定位，将两水系的3～5级支流详细描述并以级次为序列表。

第一节
山脉地理位置和面积

一、地理位置

大兴安岭属于中国大兴安岭—太行山系，又称西兴安岭（张立汉，2005）。大兴安岭山脉（Daxingan Mountain Range）位于内蒙古自治区东部，黑龙江省西北部，吉林省和辽宁省西部；东隔嫩江与黑龙江省小兴安岭、松嫩平原相邻，东南接松辽平原与吉林、辽宁相依；南以西拉木伦河上游峡谷与阴山山脉（燕山山脉）相抵；西与锡林郭勒和呼伦贝尔大草原相接。在呼伦贝尔市西南部、兴安盟西北部、锡林郭勒盟东北部与蒙古国接壤；在呼伦贝尔市西北和北部隔额尔古纳河、黑龙江（阿穆尔河）与俄罗斯相望。以北北东向南南西走向斜贯于黑龙江省西北部和内蒙古自治区东部（图 1-1）。

二、面　积

大兴安岭山脉从最南端西拉木伦河北岸到最北端黑龙江大圈河（北纬 42° 30′～53° 34′），长 1 400 km；东西宽 150～450 km（东经 117° 42′～127° 00′），平均宽度约 258 km。以山脉隆起部分划分（包括主脉、支脉、次支脉、余脉），覆盖了 2 个省份的 6 个地级行政区（市、盟、地），总面积大于 36×10^4 km²（图 1-2）。[①]

三、行政区划

大兴安岭山脉贯通东北直抵华北，纵贯黑龙江省大兴安岭地区和内蒙古自治区呼伦贝尔市、兴安盟、通辽市、赤峰市、锡林郭勒盟（图 1-3）。这 2 个省份的 6 个地级行政区（市、盟、地），人口 1 300 余万；2016 年区域内国民经济统计 GDP 为 $7\,216\times10^8$ 元（国家统计局，2016）。

① 其中，约有 6.48 万 km² 在黑龙江省境内，约占总面积的 17.86%，其余绝大部分在内蒙古自治区境内。黑龙江以南到绥芬河—满洲里高速 G10 线以北面积约为 20.21×10^4 km²；绥芬河—满洲里高速 G10 线以南到洮儿河以北面积约为 7.08×10^4 km²；洮儿河以南到西拉木伦河以北面积约为 8.99×10^4 km²；总计约 36.28×10^4 km²。

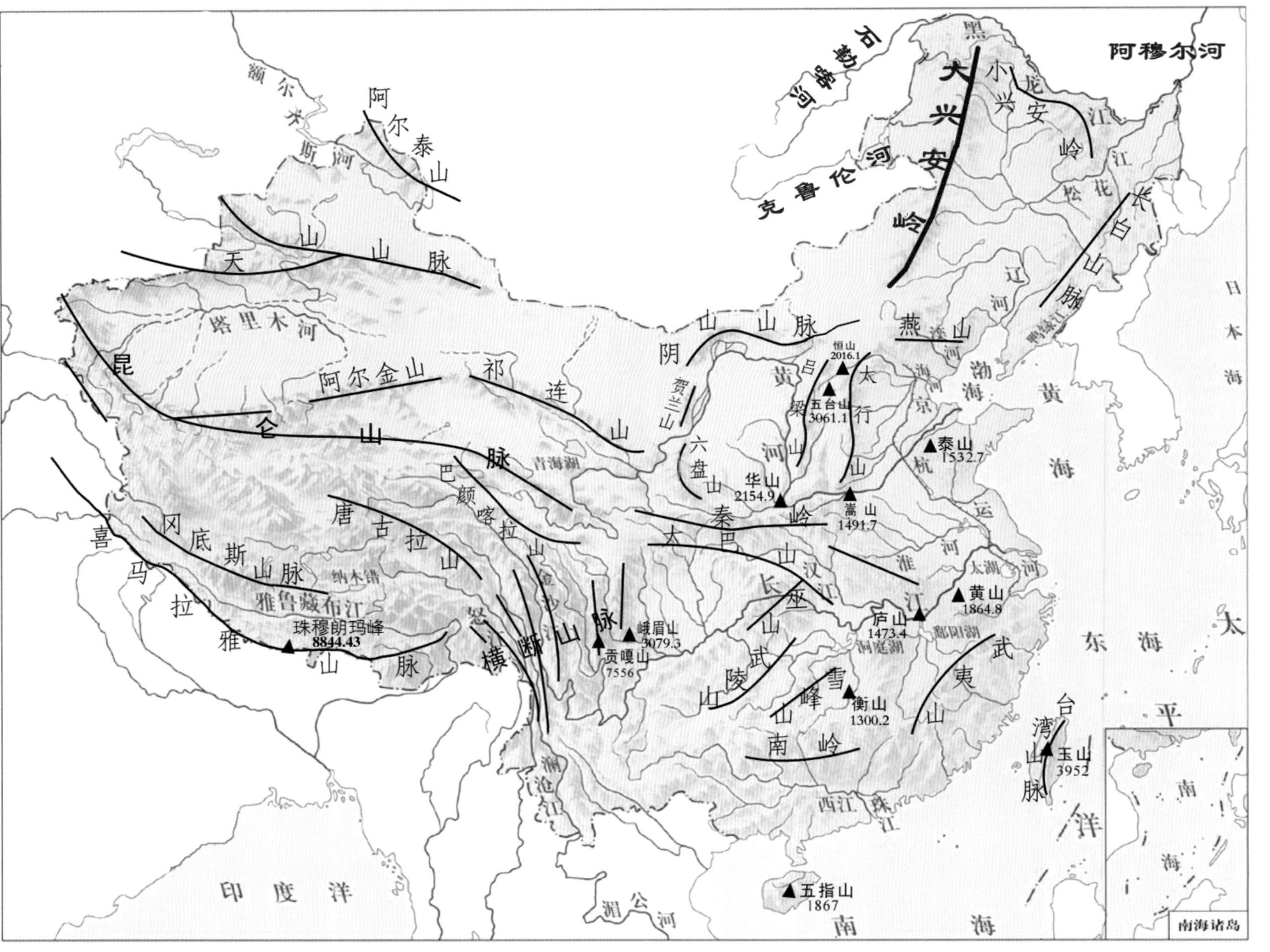

图1-1 大兴安岭山脉地理位置

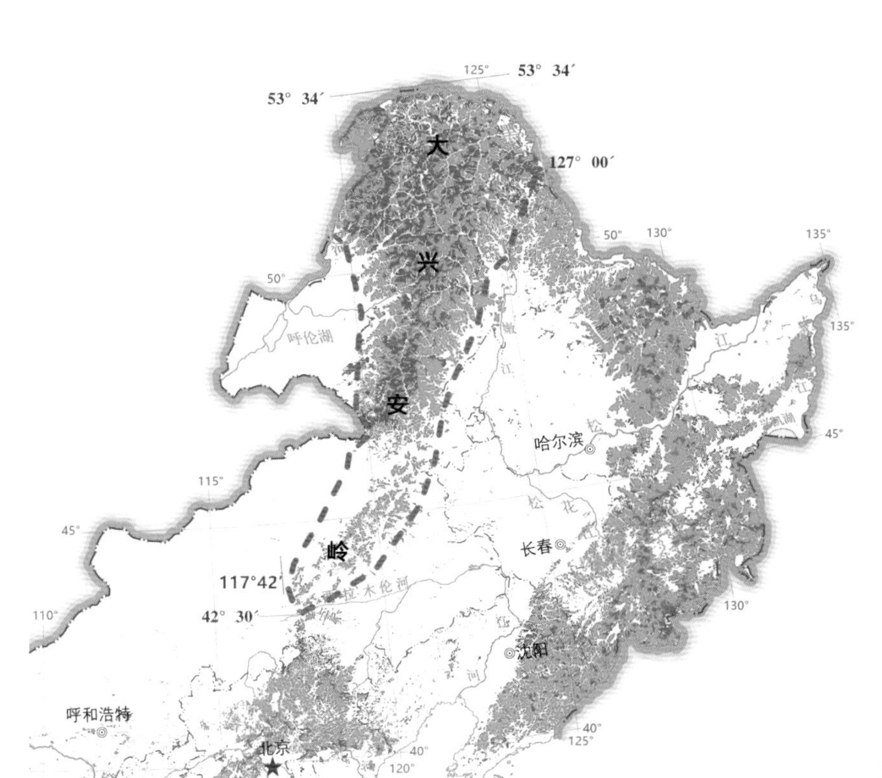

图1-2 大兴安岭山脉面积

图1-3 大兴安岭山脉行政区划

第二节

山脉地形地貌

一、地势

中国地形西高东低，分为三级阶梯，大兴安岭位于第二阶梯东缘，海拔在 1 000～2 000 m，也是东北平原、辽西丘陵、华北平原向蒙古高原的过渡（图 1-4）。

在中国地形图上，大兴安岭山脉、太行山脉、巫山、雪峰山、组成纵向山系；昆仑山脉、秦岭、伏牛山、大别山组成横向山系，构成了中国地形的大十字结构。纵向北部的大兴安岭山脉、太行山脉被称为大兴安岭—太行山系（图 1-5）。

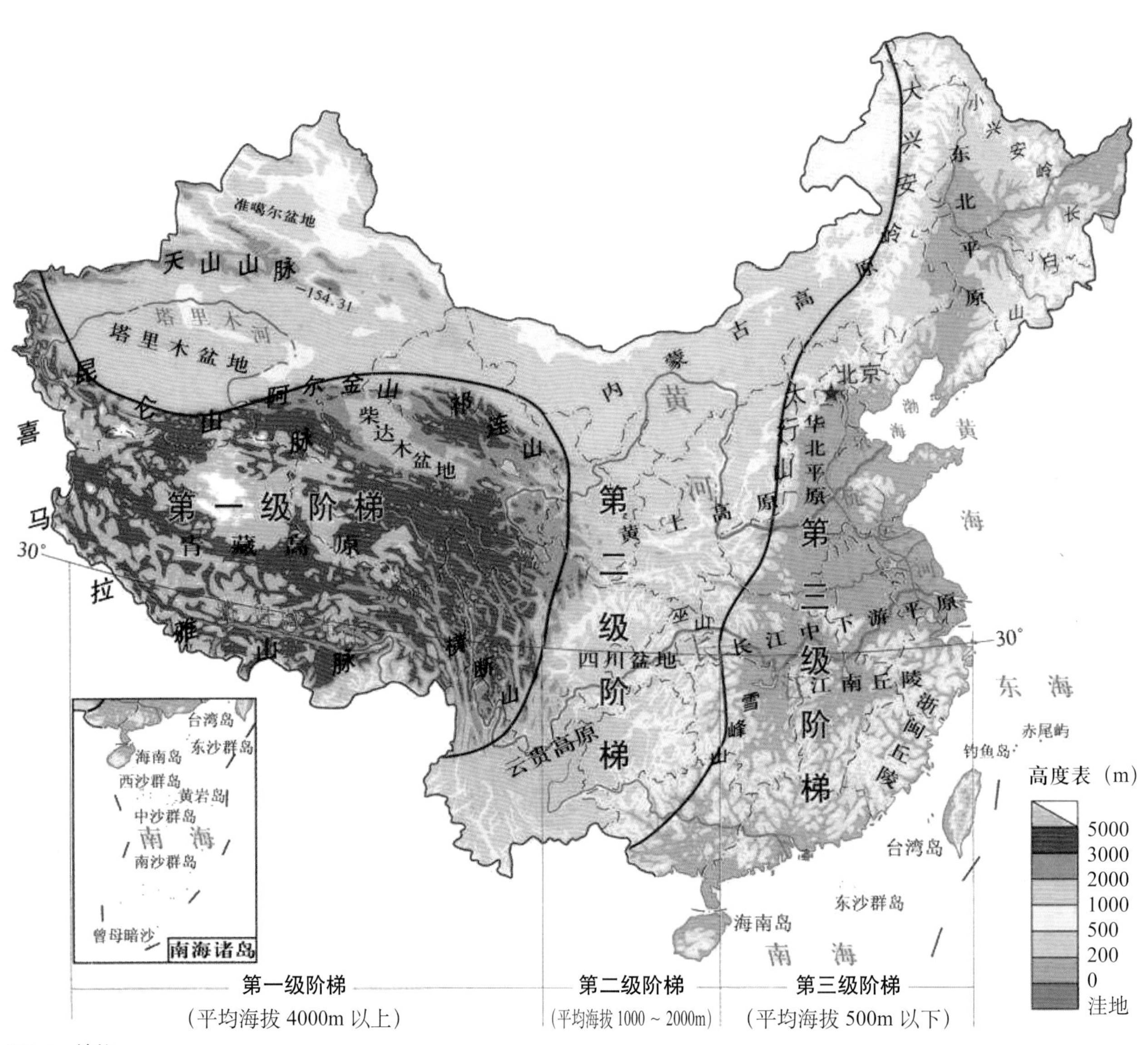

图1-4　地势

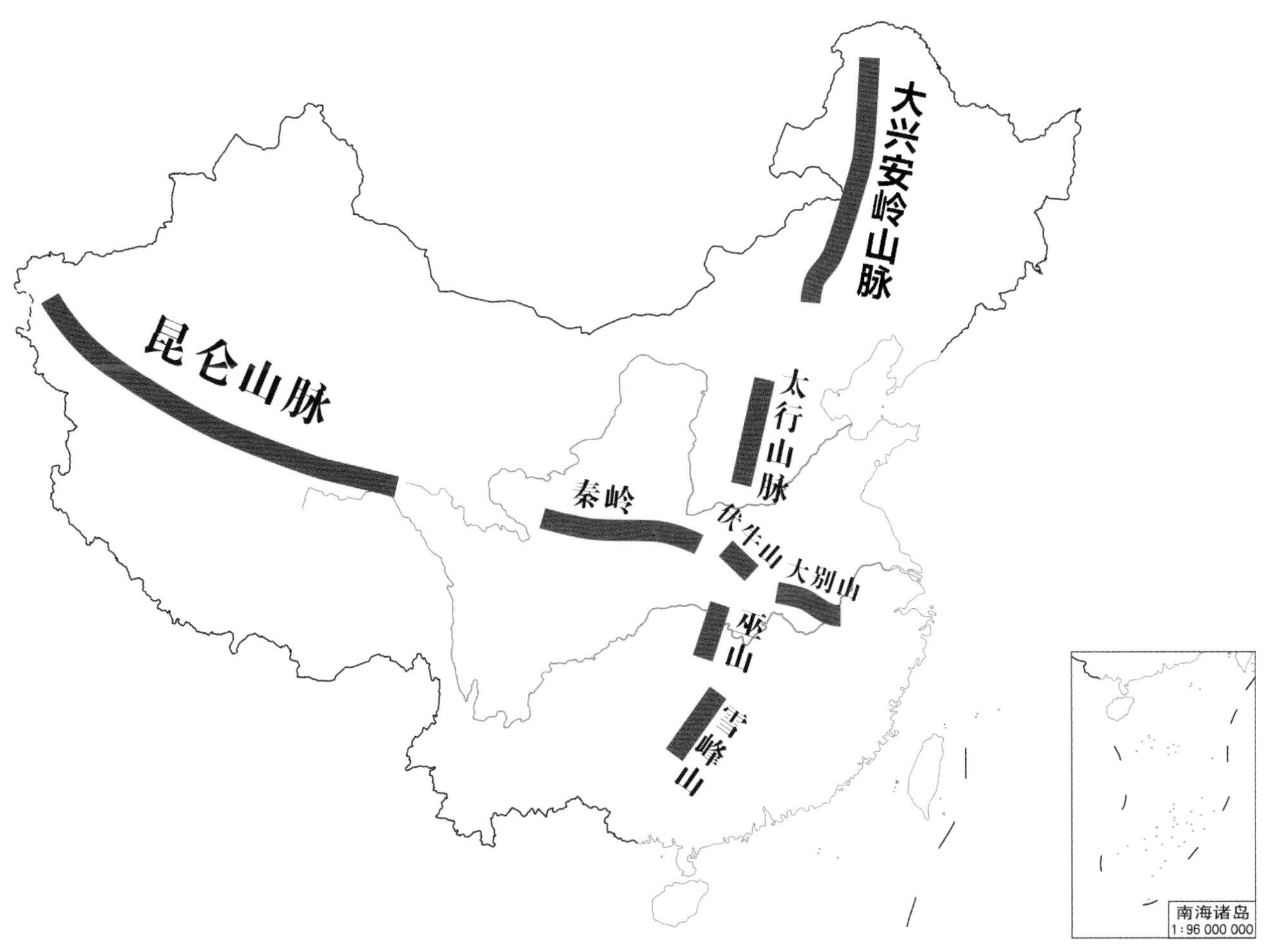

图1-5 中国地形的大十字结构示意

二、地貌形态

主要由中山、低山、丘陵、山间盆地以及山间冲积—洪积平原和河谷冲积平原组成。由于在老第三纪时期地体相对稳定，经长期侵蚀、剥蚀形成夷平面。在喜马拉雅造山期发生断裂，第三纪形成两级夷平面：一级为 1 000～1 100 m 的山顶面，一级为 500～600 m 的山地面，是新华夏系隆起的庞大山岭，由剧烈断块隆起和阶梯式断裂组成。由于大地构造运动变化，大兴安岭地貌形态表现出以下重要特征：

（一）不对称性

大兴安岭主脉分水岭东西两侧形成明显的不对称性，东侧较陡，西侧较缓，东侧与松嫩平原相接处海拔多在 200 m 上下，西侧与呼伦贝尔高平原相接过渡地带海拔在 600～700 m，东窄西宽；山脉南北地势也形成明显的不对称性，南部较高，北部较低，南部最高山峰 2 029 m，北部最高山峰 1 745 m，总体看高差明显。

（二）山地地貌分布广泛

山地地貌普遍分布于大兴安岭山脉，并呈有规律的变化。东部由松嫩平原向嫩江右岸山前平原、山地发展。由东向西到分水岭，分布有浅丘、丘陵、低山、中山，东侧多波伏状丘陵。由分水岭向西有中山、低山、丘陵，降落于波伏状高平原。

山地大部分属于中低山山地，少部分属于台原地。低山、中山的分布总体比较平缓，15° 以内的缓坡约占到80%。阳坡比较陡峭，阴坡比较平缓，形成的原因是不同坡向岩石的风化条件不同。阳坡日照强烈，促使岩石的风化作用强度比阴坡更大，在漫长的演化过程中造成阳坡比阴坡明显陡峭。

（三）丘陵、河谷分布特点

大兴安岭丘陵地带主要分布于嫩江右岸与山地之间，呈北东—南西向延伸，地势从西向东倾斜。大兴安岭北部河谷宽广开阔浅平，南部较狭窄比降大。北部宽阔的河谷形成，主要原因是受数次冰川作用的强烈影响；南部狭窄河谷的形成受南端抬升隆起的直接作用。

（四）火山地貌特色鲜明

在大兴安岭山脉的北部甘河、诺敏河流域分布有奎勒河—诺敏火山群，石塘林、峡谷激流、形状各异火山口为其特点；在北部的绰尔河、哈拉哈河流域分布有阿尔山—柴河火山群，堰塞湖、高位火山口湖、火山熔岩湿地为其特点；在最南端西侧有达里诺尔火山群，岩浆喷发地质塌陷形成的构造湖、大面积的火山熔岩台地、数百个火山口高密度聚集组成的火山群为其特点。

三、大地构造

大兴安岭山脉属于内蒙古大兴安岭华力西褶皱系，位于新华夏系第三隆起带东北段。大兴安岭南至华北地台北缘断裂，北界为蒙古—鄂霍次克褶皱系，东至北北东向的嫩江—白城断裂与松辽盆地为界，由此决定了大兴安岭东坡的宽度小、山势陡峭。在大地构造上，大兴安岭属于准格尔—内蒙古—兴安岭褶皱区的东段，向西没有截然的构造边界，因此在地形上大兴安岭西坡远比东坡宽缓（图1-6）（万天丰，2011）。

根据岩层厚度、岩相、构造形态及岩浆活动特点，可以确定大兴安岭在二叠纪末以前处于地槽（geosyncline）[①]环境。二叠纪末地槽封闭，到中生代初期转化为地台。根据基底与中生代盖层的情况，分为三个构造单元：额尔古纳隆起、阿尔山—巴林隆起（大兴安岭轴部隆起）、海拉尔拗陷（张立汉，2005）。

（一）额尔古纳隆起

额尔古纳隆起位于额尔古纳河右岸，沿额尔古纳河的流向朝北东方向延伸约400 km以上，隆起宽度> 50 km，是一个巨大的复背斜（anticlinorium）[②]，而且从下寒武纪或从奥陶纪初开始呈槽内背斜环境。

（二）阿尔山—巴林隆起

阿尔山—巴林隆起没有额尔古纳隆起壮观，其外形多变。总体看它是一个呈北东向的中生代短轴褶皱带，某些地方为断裂错动所复杂化。在隆起的部分，短轴褶皱被剥蚀的核部出露有最古老的强烈错动的古生界地层和花岗岩，在鞍部和短轴的向斜中有最发育的中生界地层。

阿尔山—巴林隆起的主要背斜群沿一直线在南西面通过花岗山，在北东部通过巴林火车站。它可分为三个次一级的单元，即阿尔山—巴林隆起群、大黑沟—哈拉苏上叠盆地、大兴安岭东坡隆起群。

（三）海拉尔拗陷

海拉尔拗陷介于额尔古纳隆起与阿尔山—巴林隆起之间，在这一地区，西南部是遍布中新生界地层的扎赉诺尔盆地（又称呼伦贝尔凹地），其大部分已超出本区。海拉尔拗陷被次一级隆起分割开来，其特点是第二级向斜盆地在地形上全部

① 地槽（geosyncline）是地壳上巨大狭长的或盆地状的沉积很深厚的活动地带，长达数百千米至数千千米，宽数十千米至数百千米。地槽具有以下特征：呈长条状分布于大陆边缘或两大陆之间，具有特征性的沉积建造并组成地槽型建造序列，广泛发育强烈的岩浆活动，构造变形强烈，区域变质作用发育等特征。

② 复背斜（anticlinorium）由若干次级褶皱组合而成的大型背斜构造，它规模大，需经过较大范围的地质制图才能了解其全貌。复背斜（复向斜）是规模巨大的翼部为次一级甚至更次一级褶曲所复杂化的背斜（向斜）构造。

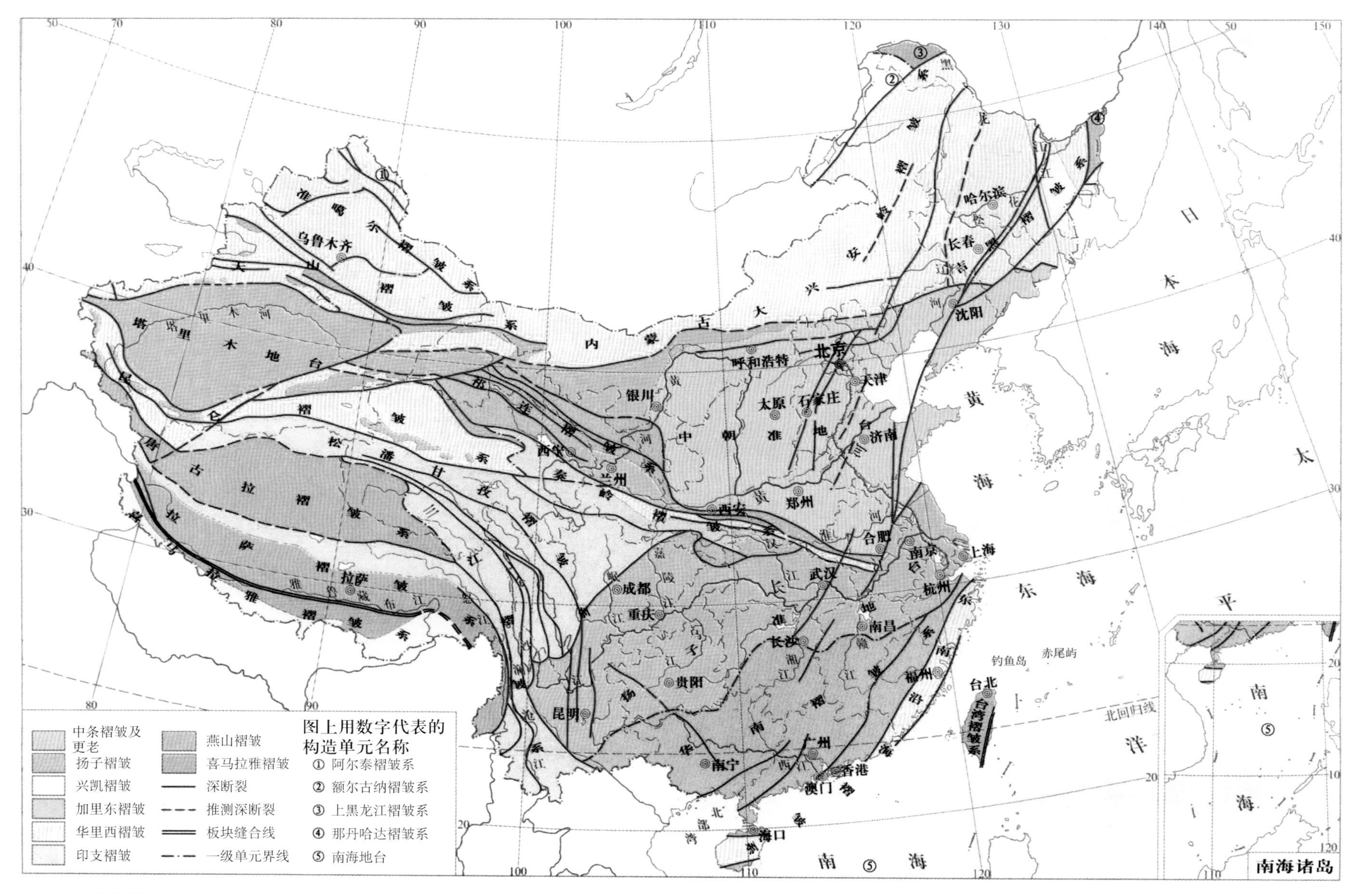
中条褶皱及更老
扬子褶皱
兴凯褶皱
加里东褶皱
华里西褶皱
印支褶皱
燕山褶皱
喜马拉雅褶皱
深断裂
推测深断裂
板块缝合线
一级单元界线
图上用数字代表的构造单元名称
① 阿尔泰褶皱系
② 额尔古纳褶皱系
③ 上黑龙江褶皱系
④ 那丹哈达褶皱系
⑤ 南海地台
南海诸岛
北回归线
钓鱼岛
赤尾屿
乌鲁木齐
哈尔滨
长春
沈阳
呼和浩特
北京
天津
银川
太原
石家庄
济南
西宁
兰州
西安
郑州
合肥
南京
上海
杭州
成都
重庆
武汉
长沙
南昌
贵阳
福州
台北
昆明
南宁
广州
香港
澳门
海口

图1-6　大地构造

和大型的纵向谷一致，而这一段的隆起又都与分水岭一致。

额尔古纳隆起和阿尔山—巴林隆起之间的海拉尔拗陷，可划分为下列一些第二级构造：得耳布干—根河盆地（三河向斜），根河—海拉尔河之间的小隆起群（十五里堆背斜、特泥河背斜），海拉尔河上游盆地，大兴安岭西坡小隆起群，博克图火车站和石门子火车站地区小向斜。

造成大兴安岭山脉的东坡陡峭西坡宽缓与以上三个隆起拗陷的地质运动有着直接关系，也与松辽盆地拗陷关系密切。

四、地理特点

大兴安岭山脉总体呈东北—西南走向，全长1 400 km；北宽南窄，最宽处在北纬51° 附近约

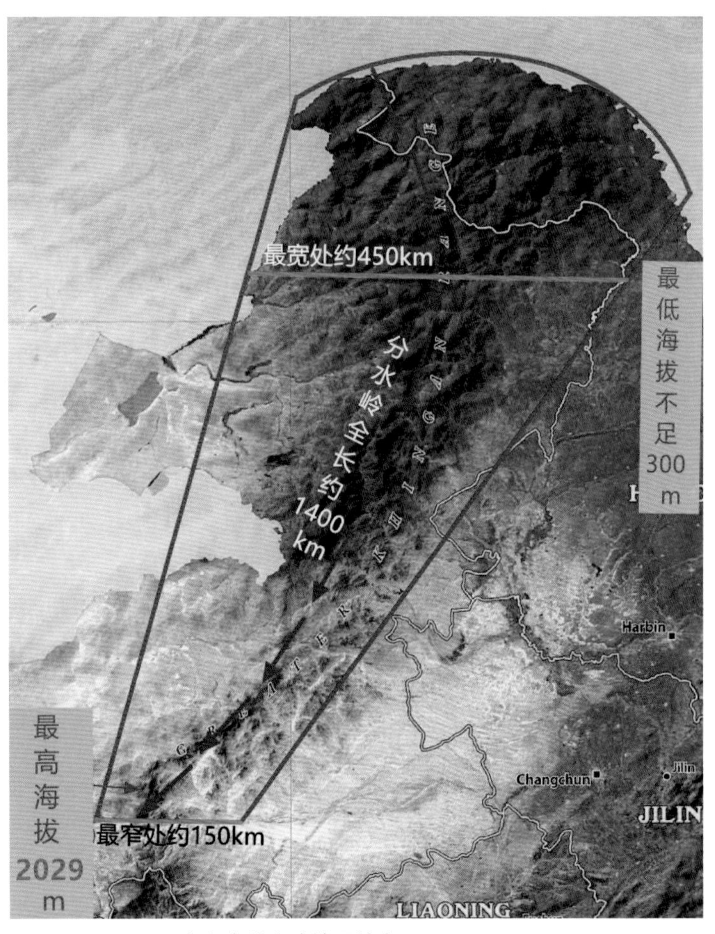

图1-7 大兴安岭山脉地理特点

450 km，最窄处在西拉木伦河上游约150 km。山脉北低南高，分水岭海拔1 100～2 029 m，山脉整体平均海拔573 m，最高海拔在赤峰市克什克腾旗黄岗梁2 029 m，最低海拔在黑龙江边，不足300 m。浅山丘陵地带，地形平滑，山顶浑圆，东坡较陡，西坡则向蒙古高原和缓倾斜（牙克石森调规划院，2000）（图1-7）。山脉西侧分布有大于20 km宽的谷地丘陵。这里森林与草原交错，因处于东南季风的背风面，降水较少，大部分地域少于400 mm，河流密度较稀，流水对地面的切割作用较弱。但海拉尔河上游以北到额尔古纳河、恩和哈达三江口（黑龙江、额尔古纳河、石勒喀河交汇处）一带降雨在400～450 mm，河流对地面的切割（侧蚀）作用较强，如根河、激流河、阿巴河、乌玛河。

在呼伦贝尔市的根河、得耳布尔河、哈乌尔河流域的黑山头到哈拉哈河支流托列拉河流域的罕达盖一线与大兴安岭山脉林缘之间，有一条长约320 km、宽约50～60 km、面积约2×10^4 km² 的温性草甸草原带，分属额尔古纳市、陈巴尔虎旗、海拉尔区、鄂温克族自治旗、新巴尔虎左旗。这是当今世界上最好的温性草甸草原，它是呼伦贝尔草原的重要的组成部分（潘学清，1992）。

在呼伦贝尔大兴安岭山脉的东侧，从嫩江右岸一级支流欧肯河下游向西南沿大兴安岭的林缘丘陵到哈多河、通辽市霍林河一线与嫩江之间，是松嫩平原向大兴安岭山脉的过渡带，被称为嫩江右（西）岸山前平原。其中金界壕（成吉思汗边墙）以西地区是呼伦贝尔市的农区，是地力最肥润的黑土地（康烈年，1992）。山脉东侧较陡，自分水岭向东，以中山、低山、丘陵作阶梯状向松辽平原降落，山地与平原相嵌。因处于东南季风的迎风面，降雨较多，> 400 mm，发育有良好的天然低湿地草甸草原、山地草原、林间草地。

大兴安岭山脉分水岭在洮儿河谷北端，走向由东北—西南转向东南—西北，直到洮尔河源头的南兴安七道沟堵又折向西南。洮尔河成为大兴安岭林区和山地草原林草共生区的明显分界线，洮儿河以

北通称为大兴安岭林区。洮儿河以南分水岭两侧因蒙古高原旱风影响，降雨多在 400 mm 以下，分布着较多的岛状针叶林和阔叶林以及连片的山地草甸草原。特别是大兴安岭山脉分水岭在洮儿河与霍林河流域之间海拔较低形成凹陷，蒙古高原的旱风可经此凹陷部吹向东南方向的松辽平原，使这一区域的降雨明显低于 400 mm。

在大兴安岭山脉所控制的生态空间里，呼伦贝尔市有广义上的森林约 16.3×10^4 km²（包括有林地、无林地、林间草地、湿地、河流、湖泊等）。[①]

为便于说明，我们将大兴安岭山脉大致分为 3 个区段：兴安盟洮儿河以北为北段；洮儿河以南到霍林河以北为中段；霍林河以南到西拉木伦河以北为南段（图 1-8）。

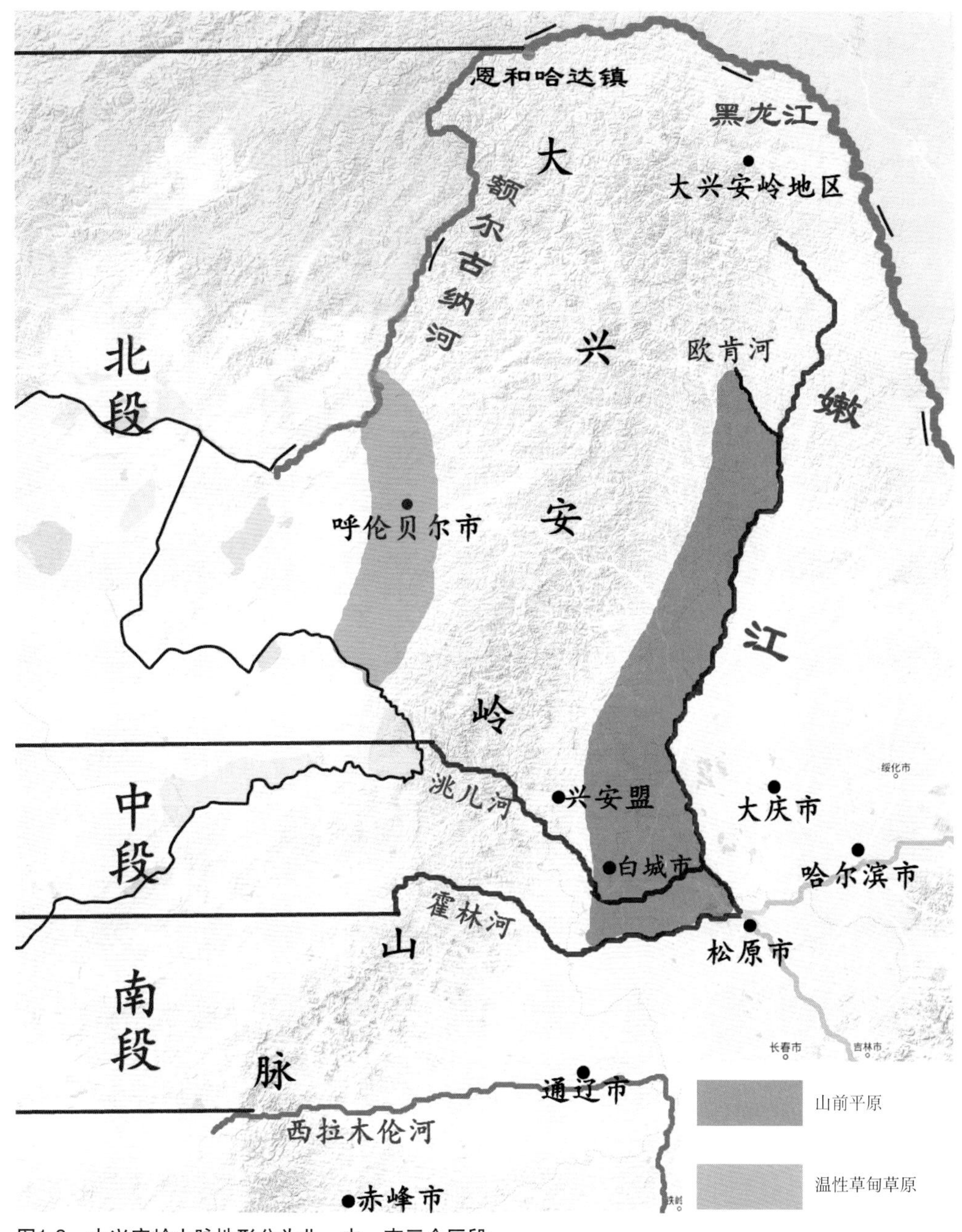

图1-8　大兴安岭山脉地形分为北、中、南三个区段

① 内蒙古大兴安岭重点国有林管理局 10.67×10^4 km²；呼伦贝尔市地方林业 5.75×10^4 km²；黑龙江省大兴安岭地区托管约 1.82×10^4 km²，其中林地 1.46×10^4 km²。内蒙古重点国有林管理局与呼伦贝尔市地方林业互有交叉覆盖，16.3×10^4 km² 林地不包括黑龙江省托管部分。

第三节

山脉及支脉、次支脉

一、主　脉

山脉东侧陡峭，西侧较平缓，南高北低。主脉分水岭的北端在呼伦贝尔市黑龙江（阿穆尔河）源头的恩和哈达，南端在赤峰市西拉木伦河上游的白槽沟。本节主要介绍呼伦贝尔市域内的大兴安岭山脉的主脉以及支脉、次支脉（图 1-9）。

市域内山脉分水岭最北端黑龙江源头右岸海拔302m，南端最高山峰伊贺古格德山（因其形像蘑菇

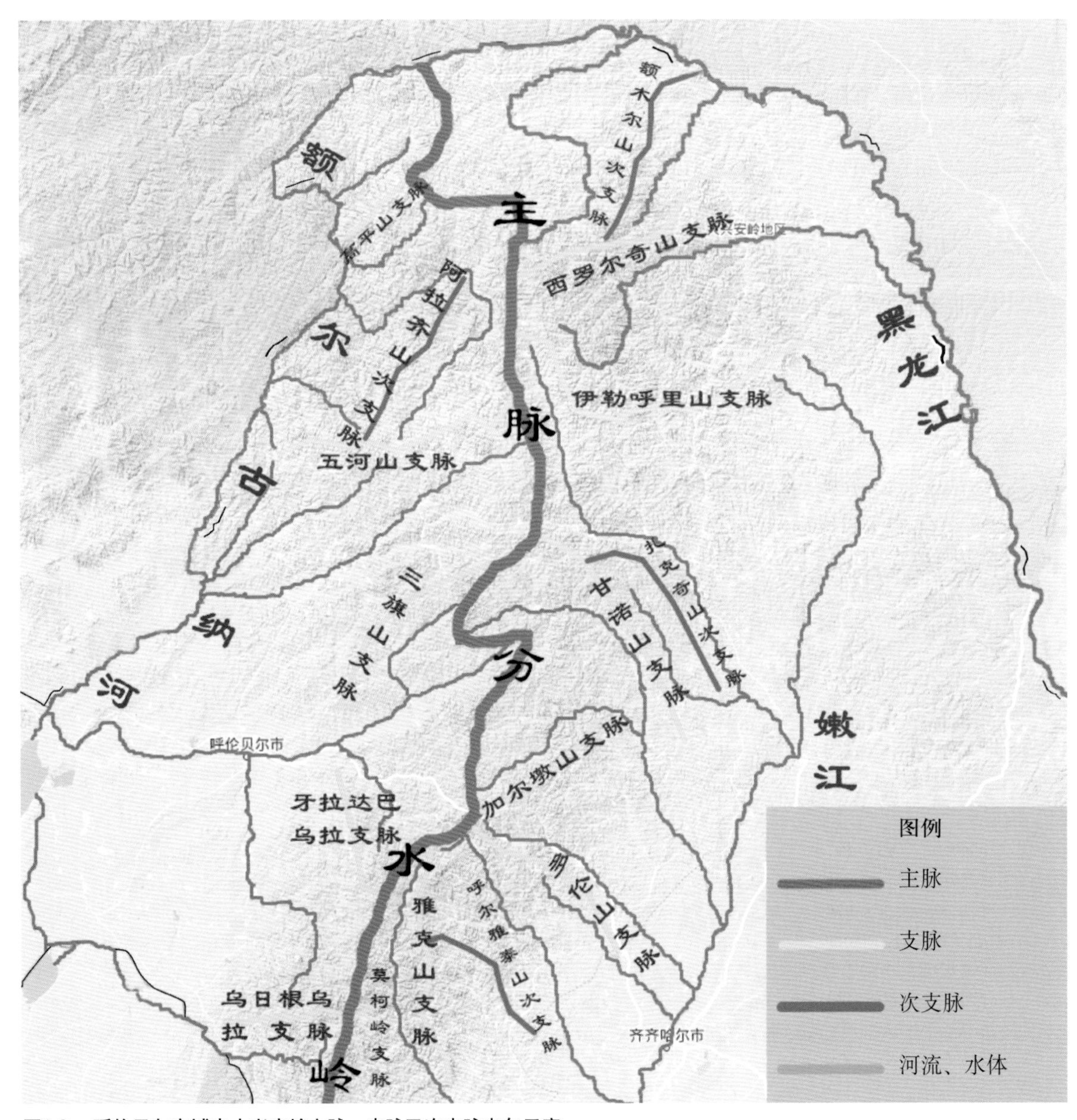

图1-9　呼伦贝尔市域内大兴安岭主脉、支脉及次支脉走向示意

又称蘑菇山）海拔 1 707 m。山脉分水岭基本沿北北东—南南西走向，从三江口的恩和哈达[①]山（海拔 412 m）向南经吉兴沟北山（海拔 676 m）—马扎尔河头（海拔 712 m）—毛河源头 1 287 高地—乌玛河左岸支流阿娘娘河源头（海拔 1 138 m）—大石山（海拔 1 113 m）—石堆山（海拔 1 136 m）—阿巴河左岸支流马里提河源头（海拔 1 176 m，1 026 m）—大林河上源支流多里那河沟堵（海拔 1 097 m）—敖鲁古雅河右岸支流大阿鲁大亚河沟堵高地（海拔 1 003 m）—敖鲁古雅河右岸支流下西里毛伊河源头沟堵的面包山（海拔 1 031 m）—乌鲁吉气河源头主脊上三望山（海拔 1 262 m）—汗马自然保护区东界（长约 44.8 km，海拔 1 000～1 300 m）—甘河源头（海拔 1 054 m，1 135 m，1 188 m，1 262 m）—根河一级支流约安里河源头（海拔 1 139 m，1 122 m，1 166 m，1 175 m，1 091 m，1 178 m，1 206 m，1 211 m，1 172 m，1 136 m，1 079 m，1 103 m）—伊图里河一级支流卜奎沟河沟堵—喀喇其与库布春中间(伊图里河—加格达奇线铁路 51km 里程碑处)—图里河源头（海拔 1 152 m，1 189 m，1 199 m，1 293 m，1 022 m，1 047 m）—伊克古达克山（海拔 1 396 m）—诺敏山（海拔 1 179 m）—伊（吉）勒奇克山[②]（海拔 1 340 m）—古里奇纳山（海拔 1 405 m）—乌来德岭（海拔 1 091 m）—察尔萨勒德山（海拔 1 296 m）—鄂罗奇山（海拔 1 298 m）—摹天岭（又名王 · 高格达，鄂温克语，高格达意为高，因其高于周围诸山为众山之王而得名。海拔 1 456 m）—大黑山（为牙克石境内最高山峰，海拔 1 600 m）—伊贺古格德山（为呼伦贝尔市域内最高山峰、也是扎兰屯市和鄂温克旗共有的最高山峰，海拔 1 707 m）—驼峰岭（海拔 1 362 m）—大黑沟 1 286 高地—1 535 高地—哈玛尔山[③]（海拔 1 576 m）—沿呼伦贝尔市与兴安盟界—哈布气河沟堵 1 561 高地—1 270 高地—托欣河上源火龙沟堵的 1 241 高地，总长 > 798 km[④]，海拔 412～1 707 m，是由中低山组成的山脉。在呼伦贝尔市域内由北向南还有 14 条较大的支脉和次支脉由主脉分别向两侧延伸。[⑤]

主脉由北向南在主脊及两侧已命名的主要山峰：

（一）主脊

石堆山，海拔 1 136 m；

雉鸡场山岭，敖鲁古雅河支流沙拉河源头沟堵海拔 1 016 m—牛尔河右岸支流塔里亚河源头沟堵海拔 1 360 m，长约 102km，其上有三望山海拔 1 262 m；

古利牙山，海拔 1 394 m；

小古里奇纳山，海拔 1 355 m；

哈玛尔坝[⑥]，阿尔山南沟林场五支沟沟堵，海拔不详。

（二）黑龙江流域

上库连山，主脊东侧，古连河源头，海拔 748 m；

霍洛台山，主脊北侧，沙拉河入敖鲁古亚河河口北约 33.75 km 处，海拔 927 m。

（三）嫩江流域

大木楞，主脊东侧，青纳河入甘河河口西偏南约 4.5 km 处，海拔 805 m；

① 恩和哈达（enhehada），蒙古语，意为太平岩石。鄂温克语，意为太平险峰（那顺巴图，娜日苏，2014；内蒙古鄂温克族研究会，黑龙江省鄂温克族研究会，2007）。

② 系鄂温克语，（伊勒奇克 yileqike）的汉语谐音，为野猪崽山岭之意。因此山野生浆果及其他植物较多，食物丰富，野猪较多。

③ 哈马尔，系蒙古语哈木日（hamuri）的汉语谐音，意为鼻子。哈马尔山，意为山的形状像鼻子（呼伦贝尔市文联主席尼·巴雅尔先生译解）。

④ 这与通常认为的 670km 比要长一些，原因是本书以山脉分水岭长度为准。

⑤ 大兴安岭不同民族对其有不同的解释："兴安"（xingan）蒙古语，意为山、山岭。在满语里"兴安"为"金阿林"的谐音，"阿林"为山、丘陵，意为满族人在松辽平原上向西眺望大兴安岭山脉，是由浑圆高大的山和丘陵组成的。"兴安"，鄂温克语，意为可翻越的山脊坳陷处。大兴安岭是相对小兴安岭而言的，外兴安岭是相对大小兴安岭而言（那顺巴图，娜日苏，2014；内蒙古鄂温克族研究会，黑龙江省鄂温克族研究会，2007）。

⑥ 哈玛尔坝，系蒙古语哈木日达巴（hamuridaba）的汉语谐音，意为形状像鼻子一样的山梁，即鼻梁山。

鄂出纳山，主脊东侧，古利牙山北偏东约11 km处，海拔1 128 m；

馒头山，主脊东侧，上多克吉西河入诺敏河上源支流马布拉河河口西偏南约16 km处，海拔1 233 m；

尖山子，主脊东南侧，博克图东沟堵，海拔1 103 m；

石砬子山，主脊东南侧，博克图沟口南大河上游二道河子南约2.25 km处，海拔927 m；

基尔果山，主脊东侧，阿尔山林业局柴河青年林场南约6 km处，海拔1 696 m；

双沟山，主脊东侧，火山口，基尔果山南偏西约9 km处，海拔1 518 m。

（四）额尔古纳河流域

察尔巴奇山岭，主脊西南吉日嘎郎河源头到鼻梁山，长约50 km，主峰为原林南沟河源头1 209高地；

四楼山，主脊南侧，大雁河右岸支流大牧羊河源头，海拔1 142 m；

大桥龙山，主脊西北侧，大雁河左岸一级支流桥龙河右岸，海拔1 316 m；

小桥龙山，主脊西北侧，桥龙河左岸，海拔1 200 m；

大河山，主脊西南侧，扎敦河源头，海拔1 274 m；

德勒山，主脊西南侧，扎敦河上游三根河林场北约8.75 km处，海拔1 012 m；

赤顶山，主脊西侧，三根河林场南约5 km处，海拔1 067 m；

道尖山，主脊西侧，赤顶山东南约10.5 km处，海拔1 130 m；

青顶山，主脊西侧，道尖山南约7 km处，海拔1 222 m；

太平岭，主脊西侧，北大河入扎敦河河口北约4.5 km处，海拔968 m；

大顶山，主脊西北侧，北大河上源左岸支流水梓子沟河左岸，海拔1 214 m；

小顶山，主脊西北侧，水梓子沟河左岸大顶山以下，海拔1 065 m；

光头山，主脊西侧，滨洲铁路线博克图西，川岭工区西2.5 km处，海拔1 276 m；

阿日锡山，主脊西北侧，乌奴耳玉镇山林场西偏北约3.5 km处，海拔1 292 m；

董哥图山，主脊西侧约7 km，鄂罗奇山西南，海拔1 471 m；

1 418.1高地，董哥图山西侧2.7 km；

梨子山，主脊西侧，绰源翠岭林场北约4.8 km处，海拔1 205 m；

纽纽德古古塔，主脊西侧，梨子山南偏西约17.5 km处，海拔1 362 m；

乌拉仁古格德，主脊西侧，绰尔林业局五一林场西偏北约13.75 km处，海拔1 622 m；

太平岭山岭，主脊西侧，哈拉哈河源头大黑沟堵北大兴安岭主脉山脊上1 682高地—1 730高地—太平岭（海拔1 711.8 m）—向西南到乌苏浪子湖，长约36 km，主峰海拔1 730 m；

高山（活火山），主脊西侧，达尔滨湖西南约2.75 km处，海拔1 712 m；

焰山（活火山），主脊西侧，高山西南约2.5 km（为两火山锥口间距离，锥底距离约500 m），海拔1 623。

二、主脉分水岭西侧已命名的支脉、次支脉和主要山峰①

（一）高平山支脉

由蒙黑界大石山（海拔1 113 m）向西南到呼伦贝尔市域内怪石山（海拔1 228 m）—爬松岭（海拔1 210 m）—分水岭（海拔914 m）—长梁北山（海拔1 268 m）—高平山（海拔1 241 m）—独腊山（海

① 材料源自《呼伦贝尔市人民政府关于对大兴安岭山猫支脉、次支脉名称的批复》（呼政字〔2019〕84号）。

拔 882 m）—额尔古纳河右岸陡立的滚兔子岭（海拔 596 m）的高平山（Gaoping Mountain）支脉，长约 60 km，海拔 596～1 268 m，为中低山山脉（图 1-10）。①

支脉由东北向西南在山脊及两侧已命名的主要山峰：

1. 支脊西北侧

遥远山（岭），西北侧，乌龙干河入乌玛河河口东 10 km，乌玛河右岸长梁山南约 4 km 处，主峰海拔 905 m；

密松岭，支脊西北侧，遥远山东约 2 km 处，海拔 903 m；

松岭，支脊西北侧，密松岭南偏东约 2 km 处，海拔 839 m；

大河湾南山，支脊西北侧，南伊里奇吉河入乌玛河河口南约 4.5 km 处，海拔 804 m；

大梁（岭），支脊西北侧，大河湾南山南约 2 km 处，主峰海拔 787 m；

伊天山（岭），支脊西北侧，额尔古纳河右岸一级支流库梯坎河源头，分水岭南约 1 km 处，主峰海拔 778 m；

分水岭，支脊西北侧，伊天山北约 1 km 处，海拔 693 m；

马连山，支脊西北侧，邓家店下沟河入额尔古纳河河口南偏东约 3 km 处，海拔 632 m。

2. 支脊

旗杆山，滚兔子岭东，海拔 796 m。

3. 支脊东南侧

密树山，主脊上石堆山南约 10 km 处，海拔 934 m；

三条河脑，支脊分水岭东偏南约 5.6 km 处，位于伊里吉斯河、大亚吉里西河、南伊里吉奇河三河源头之上，故称三条河脑，海拔 1 192 m；

普鲁古吉北山，三条河脑南约 25 km 处，海拔 1 028 m；

拉伯拉斯沟东山（岭），支脊上分水岭南约 30 km 处，主峰海拔 919 m；

大林卡沟南山（岭），支脊上长梁北山南约

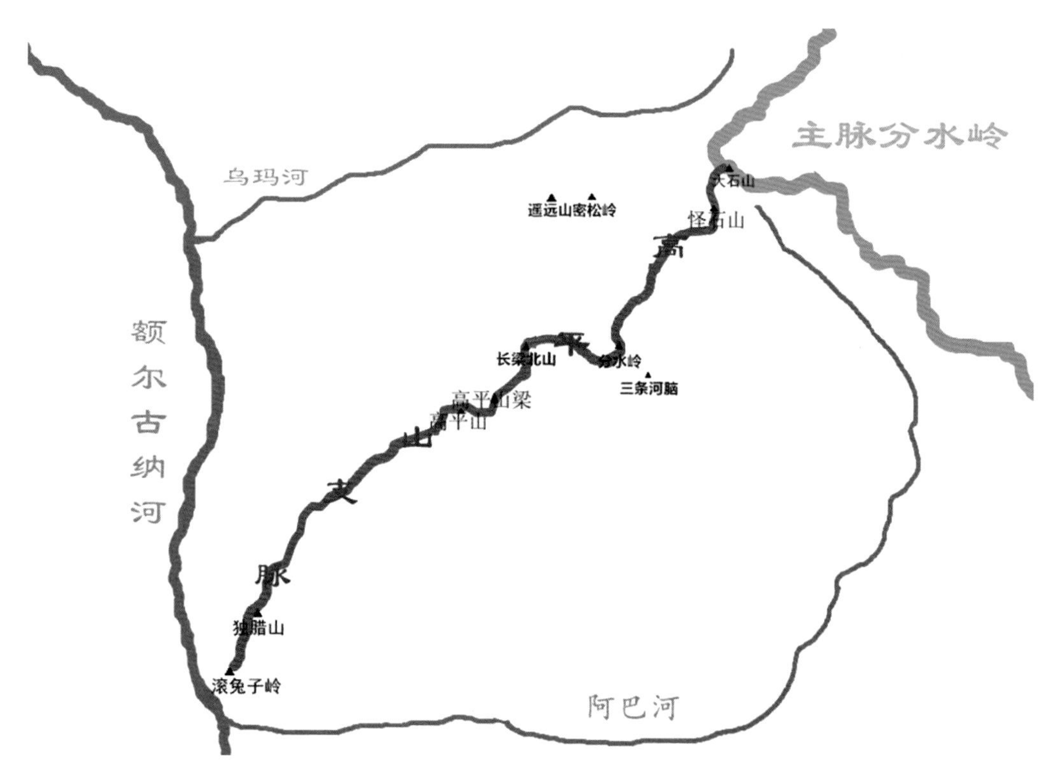

图1-10 高平山支脉走向示意

① 由温河汇入额尔古纳河河口南望，见山脉之上又高又平，此河口是唯一能在额尔古纳河上窥视到高平山的窗口，故称高平山支脉。

28 km 处，主峰海拔 907 m；

鄂温克坟[①]，支脊上高平山梁南约 5 km 处，海拔 749 m。

（二）五河山支脉

由甘河支流冷莫纳河沟堵、根河源头沟堵、牛耳河源头沟堵（海拔 1 247 m）的主脉分水岭向西经—1 149 高地—1 314 高地—乌力依特河沟堵（海拔 1 359 m）—塔加马坎河沟堵（海拔 1265 m）—尼吉乃奥罗提河沟堵（海拔 1 211 m）—吉内嘎拉河沟堵（海拔 1 235 m）—金林群英沟堵（海拔 1 229 m）—向西南过静岭（海拔 1 081 m）—冷布路河沟堵（海拔 1 197 m）—得耳布尔河沟堵（海拔 1 166 m）—上游岭站（海拔 1 157 m）—向西北经吉尔布干河沟堵（海拔 1 074 m）—大平梁（1 069 m）—奶头山（海拔 1 195.4 m）—大黑山（海拔 1 405 m）—望东山（海拔 1 242 m）—三岔岩（海拔 1 087 m）的五河山（Wuhe Mountain）支脉，长约 230 km，海拔 900～1 405 m，为中低山山脉（图 1-11）。[②]

支脉由东向西在山脊两侧已命名的主要山峰：

1. 支脊北侧

石头山，库天坎河源头，海拔 1 103 m。

2. 支脊南侧、东南侧

大秃山，上比力亚谷河源头，海拔 1 414 m；

馒头山，吉尔布干河源头，海拔 1 154 m；

什路斯卡山[③]，吉尔布干河上游右岸西侧，海拔 1 040 m。

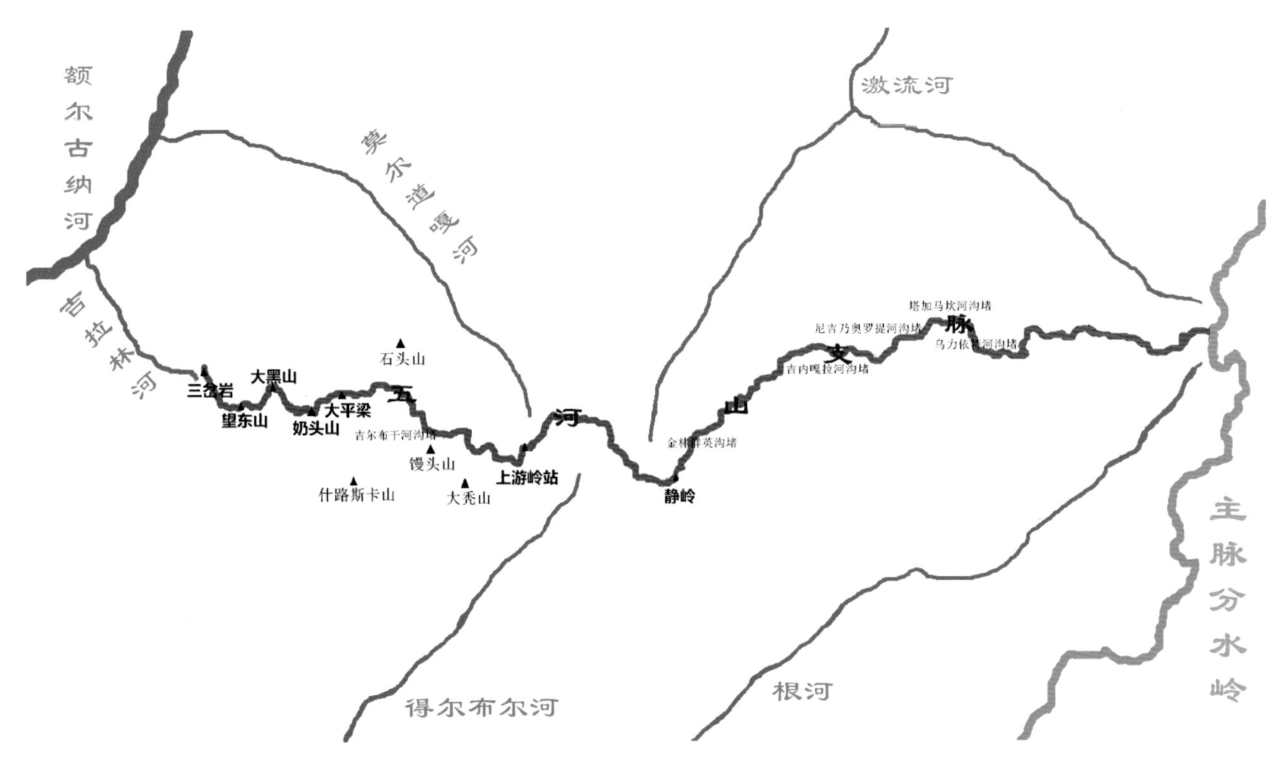

图1-11　五河山支脉走向示意

① 据老猎民回忆，1943 年春，游猎于贝尔茨河（激流河）支流阿巴河流域的固德林氏族发生伤寒病，本氏族几个"乌力楞"的人全部染病在身，先后死亡 20 多人，以致死亡者无人埋葬。布利托天氏族的谢力杰依赶来将这些尸体埋葬后，自己也被传染而亡（董联生，2007）。
此鄂温克坟疑为这次传染病中死去的鄂温克族固德林氏族人合葬地。按以上线索经与敖鲁古雅鄂温克族目前最有威望的玛利娅·索（99 岁）老人沟通，其二女儿德克沙翻译介绍，固德林氏族当时就游猎于阿巴河流域。这个坟的位置在阿巴河右岸一级支流伊里吉其河上游伊里吉斯河的右岸，最下游为直流河。此河正西为鄂温克坟，位置与本书所述支脊上高平山梁南 5km 处相近。

② 因五条额尔古纳河一级支流均发源于此支脉，即根河、得耳布尔河、激流河、莫尔道嘎河、吉拉林（室韦河）河，故称五河山支脉。

③ 什路斯卡，鄂温克语，意为"味道苦涩的矿泉水"（董联生，2007）。

（三）三旗山支脉

由牙林线岭顶隧道东主脉分水岭（海拔1 117 m）向西经库都尔河上源诺敏河支流里新河沟堵图里河支流西尼气河沟堵依根河南上源支流沟堵（海拔1 186 m）—向西南经巴特尔温都勒（海拔1 040 m）—三旗山（海拔1 079 m）—向南经牙克石市与陈巴尔虎旗交界处的敦达舒林温多日（又名四棱山，海拔1 069 m）—乌日达舒林温多日（又名路边大山，海拔1 077 m）—大春日山（海拔1 092 m），向东到牧原河源头（海拔1 033 m、1 043 m）—西摸拐河源头（海拔949 m、908 m，新命名）—1 004高地—北斗山(海拔892 m,新命名)的三旗山（Sanqi Mountain）支脉，长约152 km，海拔892～1 200 m，为中低山山脉（图1-12）。①

支脉由北向南在山脊两侧已命名的主要山峰：

1. 支脊南侧

库都尔西山，库都尔西约7 km处，海拔1 175 m。

2. 支脊北侧

阿木日很，支脊上巴特尔温德勒北偏西约6.5 km，海拔1 000 m。

3. 支脊西侧

朝其格日查干，莫尔格勒河源头，海拔1 007 m；

丁字山，支脊上敦达舒林温都日西北约6 km处，海拔1 031 m；

巴彦温都日，丁字山西北约5.8 km处，海拔960 m；

巴田山，支脊上乌日达舒林温都日西约8.8 km处，海拔1 085 m。

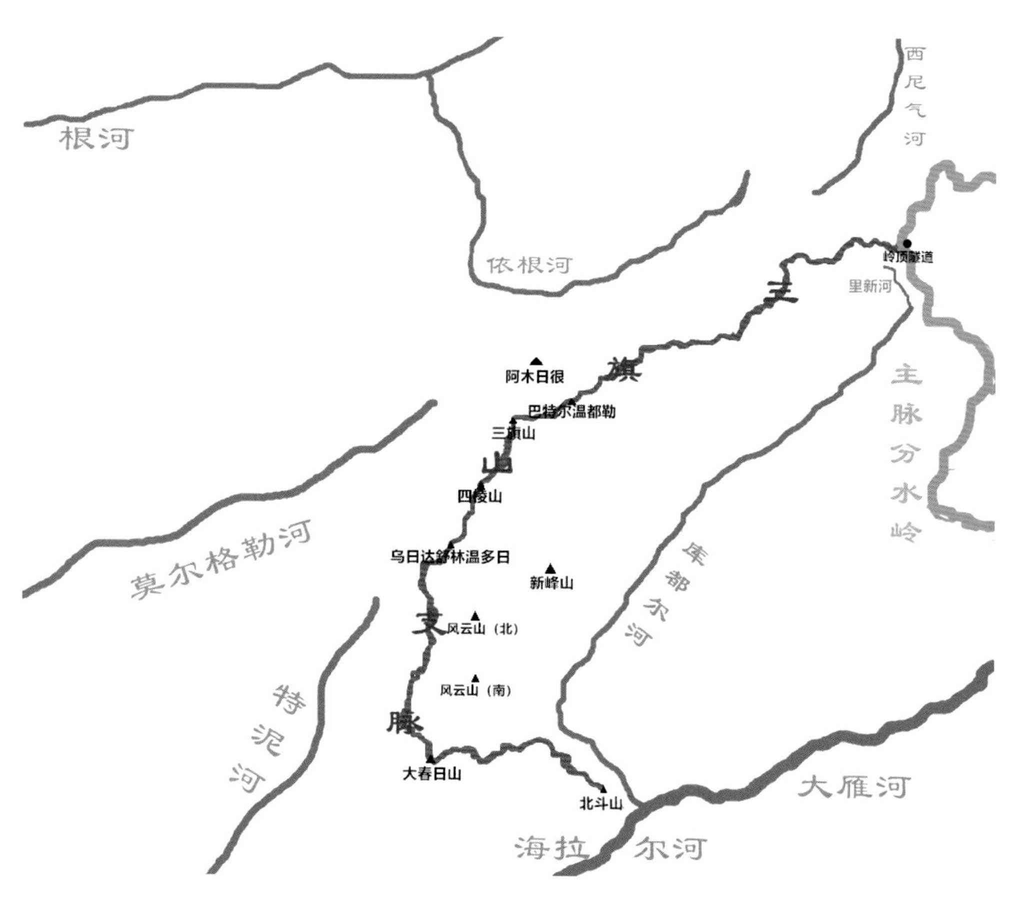

图1-12　三旗山支脉走向示意

① 三旗山指，原喜桂图旗（现为牙克石市）、原额尔古纳右旗（现为额尔古纳市）、陈巴尔虎旗三旗边界交汇点所在的山，海拔1 079m。

4. 支脊东侧

新峰山，支脊上乌日达舒林温都日东约 12.8 km 处，海拔 1 102 m；

风云山（北），支脊上敦达舒林温都日南约 17 km 处，海拔 1 069 m；

风云山（南），风云山（北）南约 7 km 处，海拔 937 m。

（四）牙拉达巴乌拉（山）支脉

由鄂温克族自治旗白彦嵯岗苏木的龙头河沟堵、格列麦沟沟堵、牙克石市区南的胜利沟堵的 930 高地—牙拉达巴乌拉（海拔 966 m）—向南到巴嘎秧格尔达巴（巴嘎，系蒙古语，意为小。秧格尔，系鄂温克语，意为岩石尖子山。达巴系蒙古语，意为山梁。海拔 1 045 m）—伊和秧格尔达巴（伊和，蒙古语意为大。海拔 1 053 m）—伊和布德尔山（布德尔，系鄂温克语，意为斑点、斑纹。海拔 1 257 m）—巴嘎乌努尔河沟堵（海拔 1 207、1 244、1 273、1 418 m）—董哥图山（海拔 1 471 m）—主脉分水岭 1 250 高地的牙拉达巴乌拉（山）(Yaladabawula Mountain）支脉，长约 105 km，海拔 900～1 471 m，为中低山山脉（图 1-13）。[①]

支脉由北向南在山脊两侧已命名的主要山峰：

1. 支脊东侧

大架子山，锡尼河上源沟堵偏东，海拔 1 217 m；

锡讷逊温都日，支脊上伊和布德尔南偏东约 2 km 处，海拔 1 032 m；

角尖山，伊和布德尔南约 16 km 处，海拔 1 151 m。

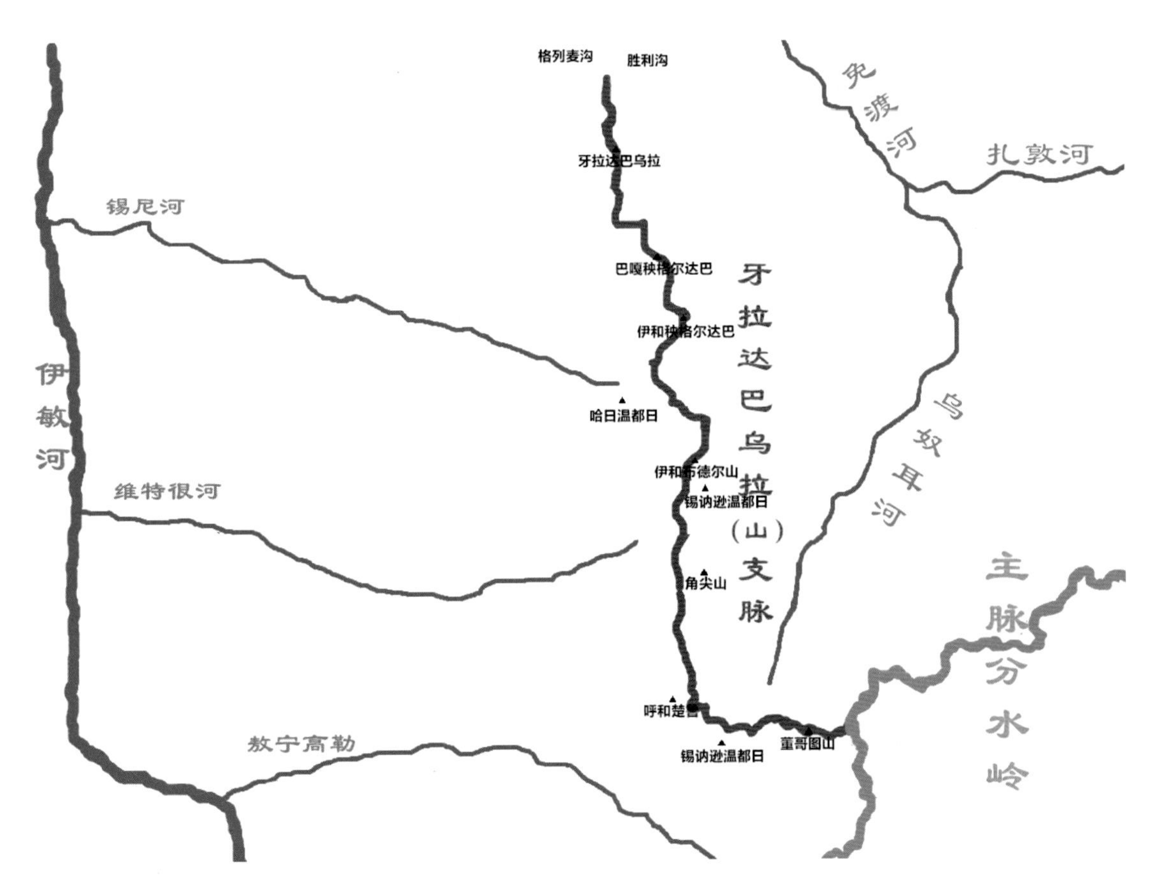

图1-13 牙拉达巴乌拉支脉走向示意

① 牙拉达巴乌拉（Yaladabawula），其中“牙拉”为鄂温克族的姓氏。中国的鄂温克族有三大姓氏，即杜拉尔、涂克顿、那克塔。牙拉是涂克顿姓氏中一个小姓。达巴乌拉，系蒙古语，为山梁之意。意为牙拉家族（鄂温克部族）游驻牧的山梁（呼伦贝尔市原政协副主席，达喜扎布先生译解）。

2. 支脊北侧

黄山西，巴嘎乌尼日高勒上源河流库鲁拍亚河源头，海拔 1 444 m。

3. 支脊西侧

阿拉贤山，五泉山水库南约 1km 处，海拔 852 m；

阿尔善，阿拉贤山南，海拔 843 m；

哈日温都日，伊和央格日达巴西偏南约 15 km 处，海拔 981 m；

呼和楚鲁，锡尼河源头古热勒古浑迪南约 4 km 处，海拔 1 019 m；

西呼和楚鲁，准呼和楚鲁西偏南约 3.5 km 处，海拔 1 144 m；

巴润呼和楚鲁，西呼和楚鲁南约 2.4 km 处，海拔 1 123 m；

白洛山，敖宁高勒右岸支流哲日德河源头，海拔 1 148 m；

锡讷逊温都日，敖宁高勒上源哲日德亨河源头，海拔 1 155 m。

（五）乌日根乌拉（山）支脉

由伊敏河源头、柴河源头、苏呼河源头主脉上的 1 682 高地—向西约 2 km 到 1 701 高地—向西北经呼伦贝尔市与兴安盟交界处的 1 449 m 高地—古尔班河源头（海拔 1 435 m）—辉腾高勒源头（海拔 1 361 m，1 361.6 m，1 281 m，1 313.1 m，1 522 m）—乌日根乌拉（海拔 1 572 m）—向北 1 363 高地—温珠—沙日脑海音嘎巴（海拔 1 307 m）—乌日图哈珠（海拔 1 325 m）—沙日敖瑞（海拔 1 318 m）—1 305 高地—乌兰乌苏乃温多日（海拔 1 153 m）—高地（海拔 1 054 m，1 058 m，1 094 m，1 040 m）—呼斯特乌拉（1 075 m）的乌日根乌拉（山）（Wurigenwula Mountain）支脉，长约 98 km，海拔 1 000～1 701 m，为中山山脉（图 1-14）。①

支脉由东南向西北在山脊及两侧已命名的主要山峰：

1. 支脊南侧

1 730 高地，1 682 高地南偏西约 1.6 km 处，入

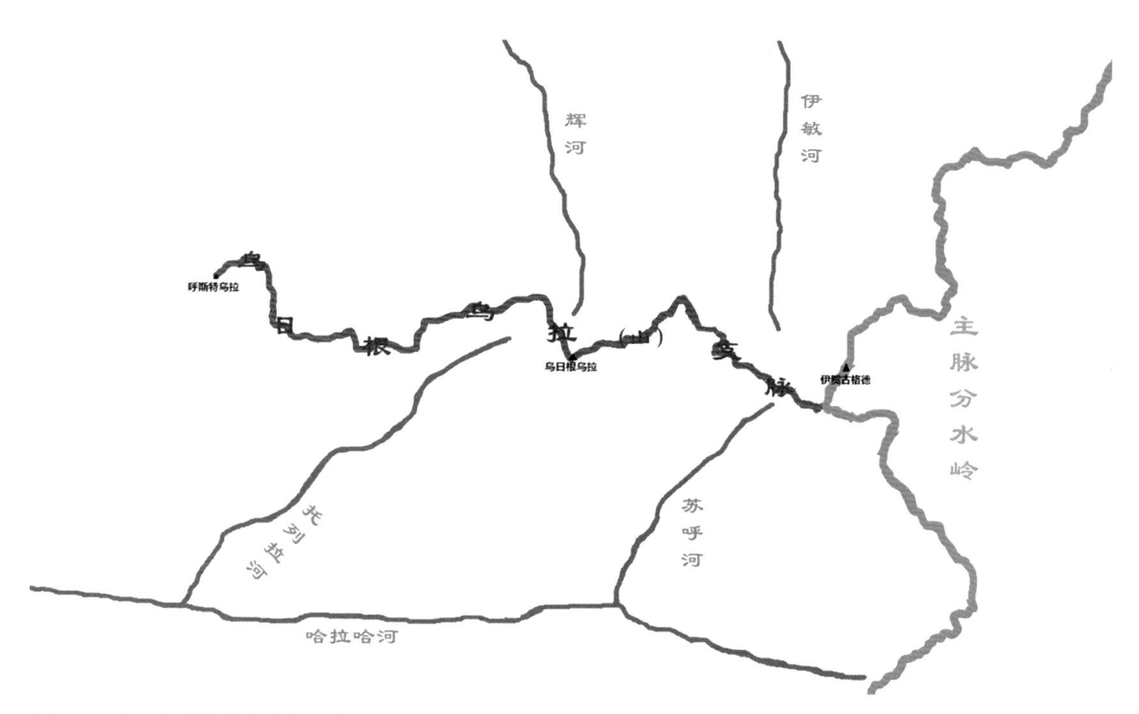

图1-14　乌日根乌拉支脉走向示意

① 乌日根乌拉（Wurigenwula），系蒙古语，意为宽大的山。站在新巴尔虎左旗巴润毛盖音高勒上游的圣山包格达乌拉（海拔 1 262m）上向东南眺望，可见其卓宽的山梁，因此而得名。

兴安盟境内 1.5 km；

陶脑图，支脊上乌日根乌拉西约 8.9 km 处，海拔 1 387 m；

浩特毛仁达巴，陶脑图南偏东约 2.8 km 处，海拔 1 363 m；

德力尼哈日毛德，陶脑图南偏西约 5.3 km 处，海拔 1 308 m；

特莫廷达巴，支脊上沙日敖瑞南约 2.2 km 处，海拔 1 171 m；

胡瑞音绍包高日，拜特河源头南约 2 km，海拔 1 095 m；

哈登呼都格，特莫廷达巴南约 7.5 km 处，海拔 1 119 m；

格吉格特达巴，哈登呼都格南约 6.7km 处，海拔 950m；

沙日尔吉特，格吉格特达巴南约 9 km 处，海拔 1 283 m；

苏德尔干其，格吉格特达巴东偏北约 8.25 km 处，海拔 1 114 m；

浑德仑花，沙日尔吉特西南约 5.7 km 处，海拔 1 197 m。

2. 支脊

沙日脑海音嘎巴，温珠西偏北约 2 km 处，海拔 1 361 m；

乌日图哈珠，沙日脑海音嘎巴西偏南约 5.5 km 处，海拔 1 325 m。

3. 支脊北侧

伊贺古格德，主脉上 1 730 高地北约 3.2 km 处，海拔 1 707 m（古格德，鄂温克语，高；伊贺，鄂温克语，锅，意为像扣着的大锅一样的高山，亦称大锅盔山，又名蘑菇山）。此山为呼伦贝尔市域内最高山峰，位于伊敏河源头和柴河源头，扎兰屯市与鄂温克旗交界处；

扎拉，支脊上乌日根乌拉北约 11.5 km 处，海拔 1 426 m（因其山形像清朝官员的帽子顶，故称为“扎拉”）；

塔锡拉嘎，支脊上沙日脑海音嘎巴东北约 2.1 km 处，海拔 1 235 m；

哈勒金哈马日，支脊上乌日图哈珠北偏东约 2.7 km 处，海拔 1 233 m；

敖瑞音布拉格，支脊上乌日图哈珠西偏北约 2.8 km 处，海拔 1 286 m；

拉玛呼尼温多日，支脊上乌日图哈珠西北约 3.4 km 处，海拔 1 224 m；

萨丁温多日，支脊上乌兰乌苏乃温多日东北约 7.9 km 处，海拔 1 145 m；

帽子山，乌兰乌苏乃温多日东北约 6.4 km 处，海拔 1 160 m；

特勒温多日，乌兰乌苏乃温多日北偏西约 6.7 km，海拔 1 1056 m；

巴日其嘎日，乌兰乌苏乃温多日西偏北约 4.8 km 处，海拔 1 065 m；

温多日达巴，乌兰乌苏乃温多日西北约 9.5 km 处，海拔 987 m。

4. 支脊西端

塔布代音绍布高日，呼斯特乌拉北约 9.6 km 处，海拔 991 m；

道老丁绍包高日，呼斯特乌拉北约 9.2 km 处，海拔 999 m；

哈布盖特，呼斯特乌拉西北约 6.1 km 处，海拔 942 m。

（六）阿拉齐山次支脉

由金河左岸一级支流塔拉河源头沟堵、得耳布尔河源头沟堵的根河市与额尔古纳市边界、五河山支脉山脊上的 1 177 高地—安格林河上源支流达鲁西亚河源头沟堵的 1 016 高地—安格林河上源沟堵（海拔 1 124 m）—卡达梯岭（海拔 1 174 m）—安格林河支流摇福卡河源头沟堵（海拔 1 305 m）—激流河左岸一级支流安娘娘河源头沟堵（海拔 1 420 m）—向东北到激流河左岸一级支流阿鲁干河源头沟堵（海拔 1 178 m）—阿拉齐山（海拔 1 421 m）—向北偏东古斯卡亚河源头沟堵（海拔 1 217 m，1 163 m，1 085 m）—1 443 高地—激流河左岸一级支流大特马

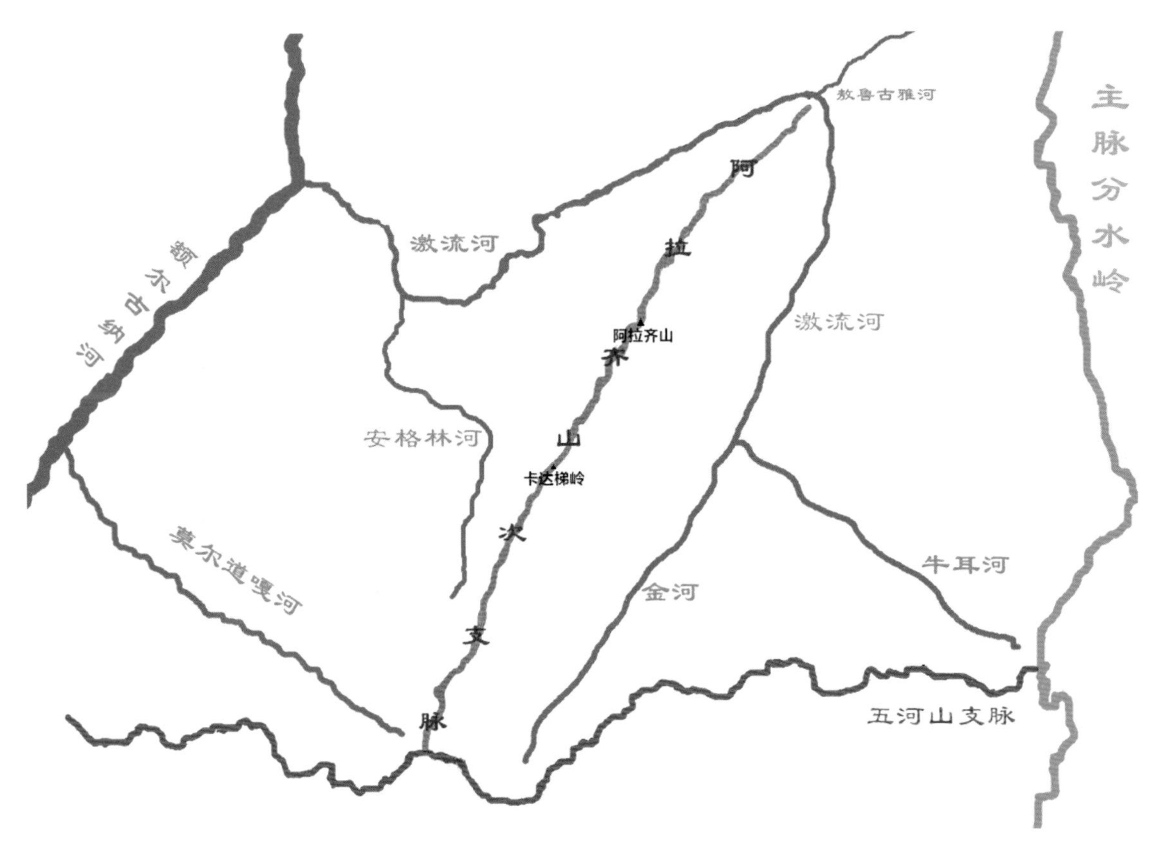

图1-15　阿拉齐山次支脉走向示意

河源头沟堵（海拔 903 m）—激流河左岸一级支流大力那亚河源头沟堵（海拔 1 002 m）—激流河左岸一级支流阿尔根河源头沟堵（海拔 968 m）—激流河一级支流库托卡河源头（海拔 913 m）—激流河右岸敖鲁古雅河口处对岸，激流河由北流折向西流拐弯处左岸所夹的（海拔 1 011 m，1 068 m，1 006 m，1 028 m）高地的阿拉齐山（Alaqi Mountain）次支脉，海拔 903～1 443 m，长约 153 km，为中低山山脉（图 1-15）。[①]

次支脉由南向北山脊及两侧已命名的主要山峰：

次支脉山脊左侧安格林河上游 1 170 高地，次支脉山脊上 1 443 高地。

三、主脉分水岭东侧已命名的支脉、次支脉[②]和主要山峰

（一）伊勒呼里山支脉

由甘河源头蒙黑界 1 188 高地—向东南 1 262 高地—东甘河源头（海拔 1 016 m）—乌里特林场老八队沟堵（海拔 1 242 m）—向东到吐纥（ge）山[③]主峰大白山（支脉上最高山峰，海拔 1 528 m）—多布库尔河源头沟堵（海拔 1 168 m，1 043 m，1 070 m，943 m）—太阳沟（海拔 697 m）—南瓮河源头沟堵（海拔 938 m）—二根河源头沟堵（海拔 654 m）—呼玛尔河[④]一级支流绰纳河支流空腰碾河源头沟堵（海拔 500 m）—稀顶山

① 阿拉齐（Alaqi），系鄂温克语，意为高高耸立的山（内蒙古鄂温克族研究会，黑龙江省鄂温克族研究会，2007）。

② 呼伦贝尔市人民政府关于对大兴安岭山脉支脉、次支脉名称的批复（呼政字〔2019〕 84 号）。

③ 魏晋时期称伊勒呼里山为吐纥山。

④ 呼玛尔（Humaer）（河）系鄂伦春语，其汉语谐音称为呼玛河。呼玛尔，鄂伦春语意为“鹿经常活动的地方”，达斡尔语意为“高山峡谷不见日光的激流”（塔河县地方志编纂委员会，2000）。呼玛尔，鄂温克语意为“曾猎获肥胖猎物”的地方（董联声，2007）。

（支脊上，海拔 649 m）—嘎拉河上源的五道沟河沟堵伊勒呼里山岭（海拔 612 m）的伊勒呼里山（Yilehuli Mountain）支脉，长约 277 km，海拔 500～1 528 m，入黑龙江省境内约 23.38 km，为中低山山脉（图 1-16）。①

支脉由西向东在支脊南北两侧已命名的主要山峰：

1. 支脊北侧

大布勒山，主脊上三望山东偏南约 41.5 km 处，海拔 1 218 m；

博乌拉山，支脊上大白山北偏东约 22.5 km 处，海拔 1 222 m；

小白山，大白山北偏东约 44.5 km 处，海拔 1 404 m；

松合义东山（大岭东山），小白山东北约 28.75 km 处，海拔 1 268 m；

小波勒山，松合义东山东偏北约 18.25 km 处，海拔 1 004 m；

雏咽山，支脊上南阳河支流奴伊河源头 923 高地北偏东约 5 km 处，海拔 864 m；

库纳森山，雏咽山西北约 21.5 km 处，海拔 1 006 m。

2. 支脊南侧

樟松岭，阿里河左岸一级支流库西列尼河源头，主峰海拔 784 m；

1 302 高地，西多布库尔河上游北侧；

条阿尼塔山，多布库尔河左岸一级支流库除河源头，海拔 972 m；

呼鲁特南（山），二连山西偏南约 6.8 km，海拔 585 m；

638.8 高地，二根河源头；

长梁山、二连山，二根河上游，海拔 459 m、459 m。

（二）甘诺山支脉

由克一河右岸支流南沟河源头主脉上的（1 031 m）高地—诺敏河左岸支流托河的右岸支流源头沟堵（海拔 1 031 m，1 112 m，1 121 m，1 130 m）高地—托河右岸支流的支流库亚河（新命名，得名于库业林场）源头沟堵（海拔 1 055 m）—托河源头沟堵（海拔 843 m，842 m，902 m，871 m）—索图罕河源头沟堵（海拔 1 048 m，1 045 m，1 088 m，1 117 m，1 182 m，

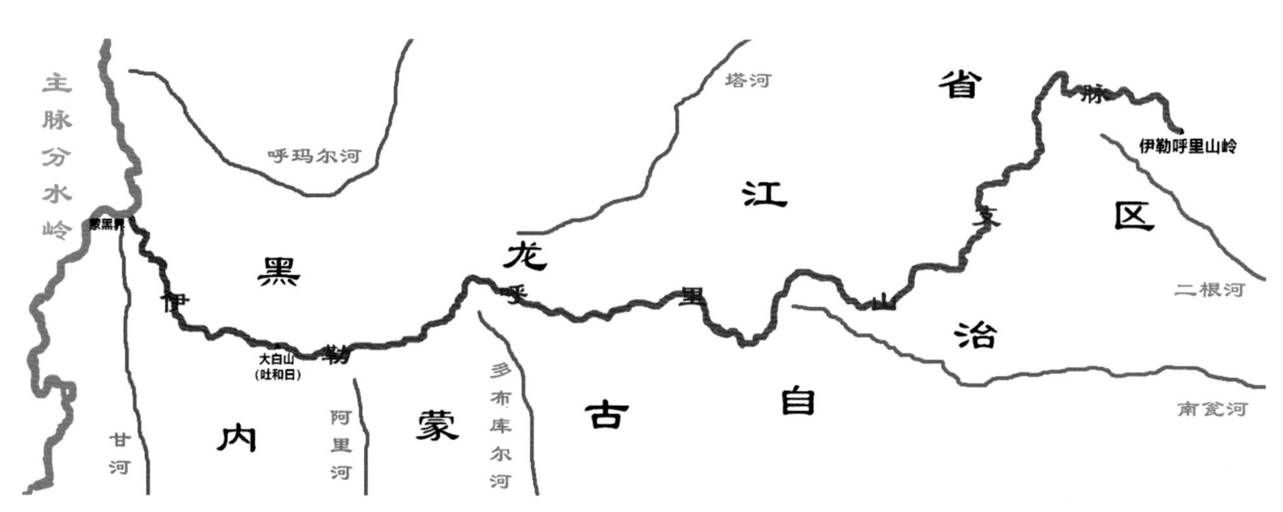

图1-16　伊勒呼里山支脉走向示意

① 伊勒呼里（Yilehuli），鄂伦春语，长满松塔的大山，或山形像松塔一样的山。鄂温克语，意为像松塔一样陡峭的山。魏晋时称“吐纥山”，到清代时称“伊勒呼里山”（内蒙古鄂温克研究会，黑龙江省鄂温克研究会，2007）。

鄂伦春族人称伊勒呼里山的主峰大白山（海拔 1 528.3 m）为“吐和日”（Tuheri），意为大山。近代随着大兴安岭的开发，后来人见其山顶积雪终年不化，山型较其他山又高又大，称其为大白山，以前的“吐和日”渐渐被人们淡忘（鄂伦春自治旗原旗长，莫日根布库先生译解）。

1 117 m，1 005 m，1 024 m，1 058 m）—托河左岸支流下坑锅河源头沟堵（海拔 906 m）—上坑锅源头沟堵（海拔 908 m，936 m，962 m）—库日必汗河右岸支流库鲁尼岗河源头沟堵（海拔 829 m）—1 010 瞭望塔—奎勒河源头沟堵和诺敏河左岸支流库日必汗河上源沟堵（海拔 990 m，978 m）—沿分水岭山脊到小土胡芦山（火山口）东 555 高地—加格达奇河上源沟堵（海拔 641 m）—库勒奇坑沟堵（海拔 629 m）—根河上源沟堵（海拔 526 m，462 m）—伊斯卡奇河上源沟堵（623 m，572 m）—卧罗河上源沟堵（海拔 613 m，592 m，647 m）—烟囱石沟堵（海拔 572.9 m，567 m，545 m）—嘎尔墩沟堵（海拔 590 m）—白格热沟堵（海拔 533 m，573.3 m，569 m）的甘诺山（Gannuo Mountain）支脉，长约 256 km，海拔 500～1 182 m，为中低山脉（图 1-17）。[①]

支脉由西北向东南在支脊南北、西侧已命名的主要山峰：

1. **支脊北侧**

西腰夫喀山，吉峰林场东约 7 km 处，海拔 1 148 m。

2. **支脊南侧**

馒头山，托河源头利克斯林场北约 0.5 km 处，海拔 832 m；

诺敏大山，诺敏河左岸一级支流布鲁布地河源头，海拔 1 219 m；

毕利亚山，诺敏大山西南约 9.7 km 处，海拔 903 m；

莫果吉大山，希日特奇村北偏东约 11.5 km 处，

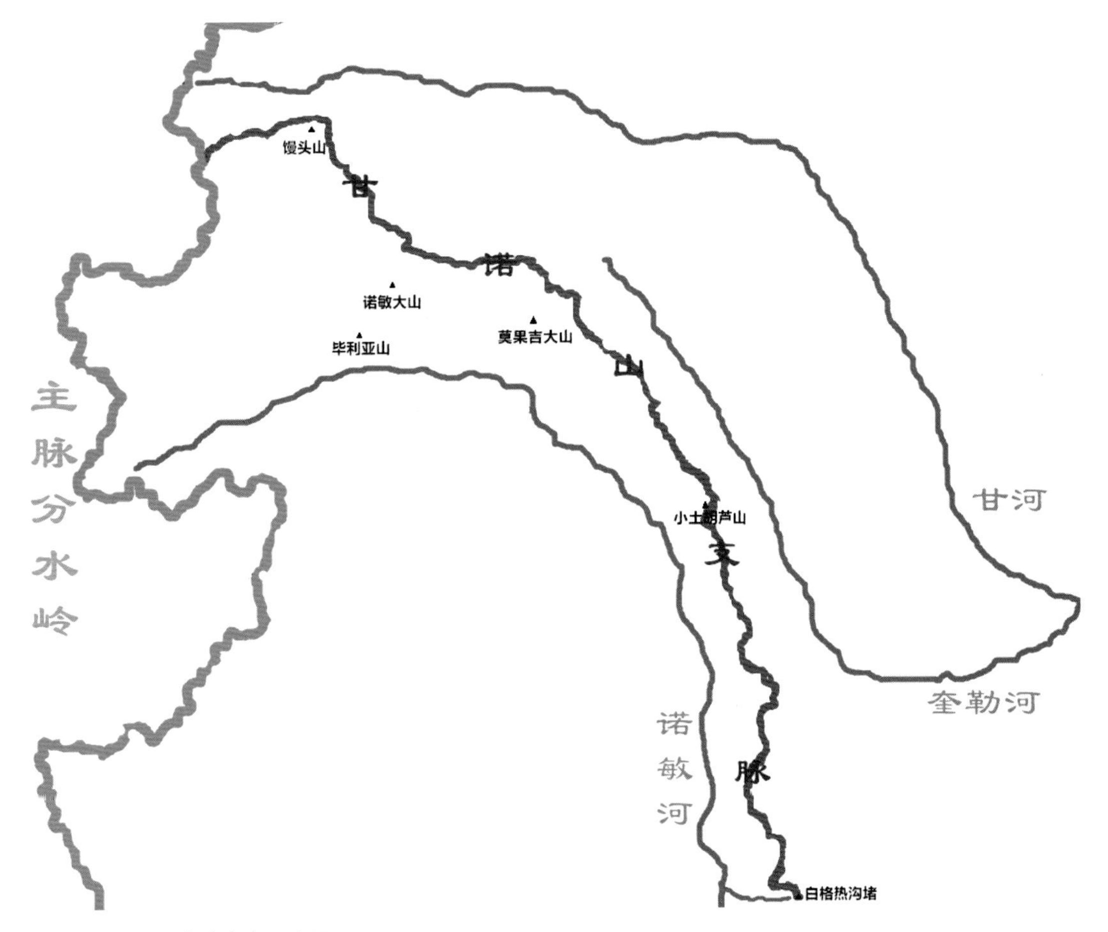

图1-17 甘诺山支脉走向示意图

① 甘诺（Gannuo）山支脉，为甘河及其右岸支流奎勒河与诺敏河之间所夹的狭长中低山山脉，中部为奎勒河—诺敏火山群主要分布区。

海拔 1 041 m。

3. **支脊西侧**

小土胡芦山（火山口），诺敏河左岸一级支流阿来罕红花尔基河南岸，海拔 668 m；

德都坎果格特，诺敏河左岸一级支流德都坎河南岸，海拔 647 m；

窟窿山（南），诺敏镇北约 7 km 处，海拔 525 m。

（三）扎克奇山次支脉

由奎勒河源头、吉文河东支源头甘诺山支脉上的的 990 高地—向东北到西棱梯河源头的 1 117 高地—向东到奎勒河一级支流小鄂尔贝尔汗河源头的 735 高地—向东到小奎勒河 719 高地—向东到窟窿山河源头的 710 高地—向南经小莫尔河沟堵（海拔 670 m）—中乌利奇沟堵（海拔 843 m）—胡地气汗河沟堵（海拔 542 m，531 m，486 m）—后石头沟堵（海拔 542 m）—博克图大山（海拔 644 m、火山口）—前石头沟堵（海拔 543 m）—大库莫沟堵（海拔 615 m）—扎兰河沟堵（海拔 566 m）—扎兰河库都拉力源头（海拔 544 m）—库克毕拉罕河源头（海拔 495 m）—昭劳气毕拉罕河源头（海拔 422 m，483 m，508 m）—库勒奇河源头（海拔 503 m，485 m）的扎克奇山（Zhakeqi Mountain）次支脉，长约 178 km，海拔 400～1 117 m，为中低山脉（图 1-18）。[①]

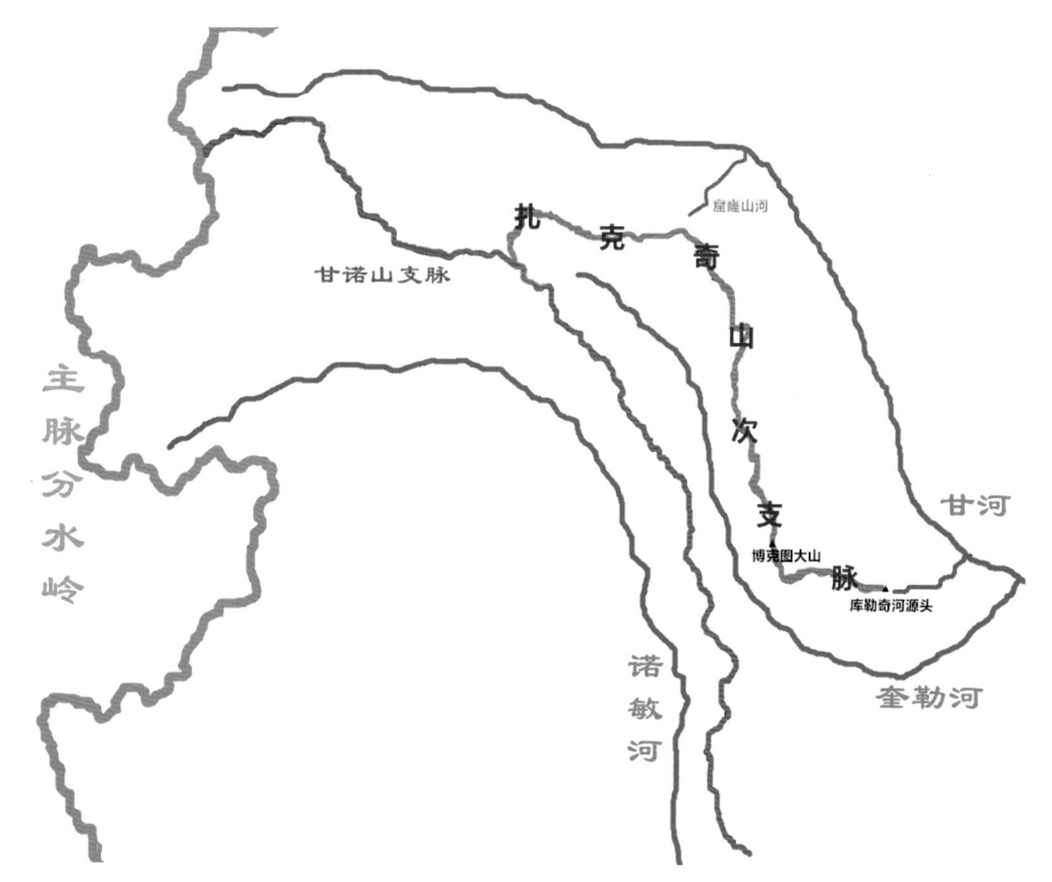

图1-18　扎克奇山次支脉走向示意

① 扎克奇（Zhakeqi）山次支脉，为甘河与奎勒河之间所夹的狭长山脉，始于甘诺山支脉山脊上奎勒河源头的 990 高地，止于库勒奇河源头沟堵的 485.2 高地，中部分布着奎勒河—诺敏火山群的若干个火山口。“扎克奇”（Zhakeqi），系鄂伦春语，为“嘉哈气”（Jiahaqi）的汉语谐音，意为有东西或有猎物的地方。也可读作“嘉布克气”（Jiabukeqi），意为有豁口或有缝隙的山岭。从物产、野生动物的分布看，应是前者，有猎物的地方。从山型地貌看应是后者，因为从塔列图河支流小莫尔河、胡地气河及其支流胡地气汗的源头都有豁口或缝隙，人们徒步或骑乘利用简单交通工具（牛马拉的勒勒车，又称大轱辘车、草上飞），均可由甘河流域向西较轻松穿越（甘河与奎勒河之间）分水岭，进入到奎勒河流域。故，称扎克奇或嘉布克气均可（鄂伦春自治旗原旗长，莫日根布库先生译解）。

次支脉由北向南在山脊南和西侧已命名的主要山峰：

1. 次支脊西侧

四方山（小），库勒奇坑河入奎勒河河口东3 km处，海拔465 m。

2. 次支脊南侧

宜里山，宜里镇北5 km处，海拔585 m；

札兰河伊里，宜里山北偏西约11.5 km处，海拔523 m。

（四）加尔敦山支脉

由博克图东沟堵腰梁子（海拔1 202 m）—阿伦河上源沟堵（海拔1 004 m）—二道梁子（海拔1 008 m，1 019.4 m，1 003 m，937 m）—小时尼气沟堵（海拔1 045 m）—向东北八宝山（海拔1 169 m）—哈尔纲山（又名绰汗山，海拔1 002 m，1 126 m）—加尔敦山岭（海拔1 041 m，1 015 m，1 032 m）—新力奇顶子（海拔925 m）—大二沟顶子（海拔889 m）的加尔敦山（Jiaerdun Mountain）支脉，长约105 km，海拔889～1 202 m，为中低山山脉（图1-19）。[①]

支脉由西南向东北在山脊两侧已命名的主要山峰：

1. 支脊东南侧

时尼奇山（岭），小时尼奇沟河上游灯塔沟沟口西约3 km处，主峰海拔1 050 m；

央吉尔大山，大羊草沟河入阿伦河河口北约10 km处，海拔1 060 m；

大羊草沟顶子，大羊草沟河入阿伦河口北约15 km处，海拔1 009 m；

央格尔山（岭），大羊草沟顶子北，主峰海拔1 023 m；

牙哈山（岭），大时尼气林场北约12 km处，主峰海拔936 m；

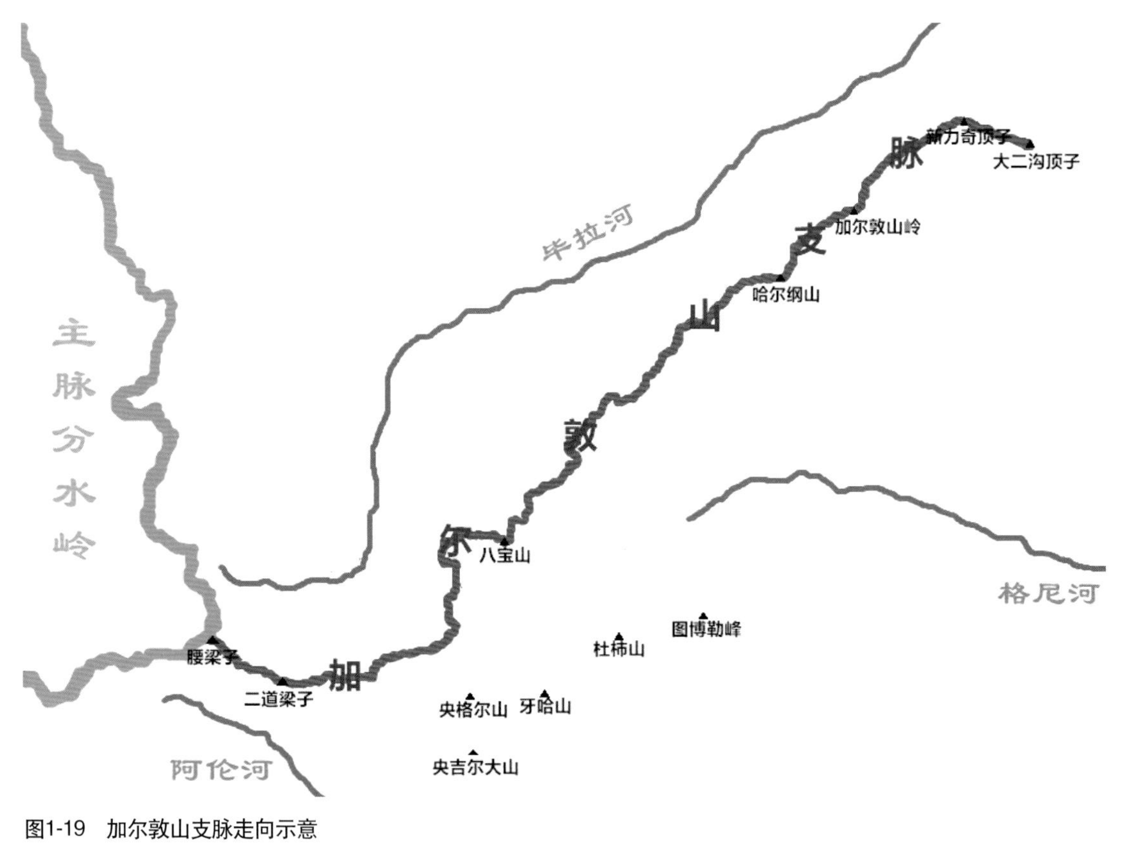

图1-19 加尔敦山支脉走向示意

① 加尔敦（Jiaerdun），系鄂伦春语，是"加都气"（Jiaduqi）的谐音，意为用石头垒起来的山，是单数的。也可读成"加都玛"（Jiaduma），意为整个山都用石头垒起来的，是复数的。从山型地貌看，应是前者（鄂伦春自治旗原旗长，莫日根布库先生译解）。

杜柿山（岭），库伦沟林场北约 1 km 处，主峰海拔 736 m；

阿力格亚山（岭），库伦沟河源头与格尼河源头支流阿力格亚沟河之间，长约 5.5 km，主峰海拔 1 073 m；

萨起山（岭），阿力格亚山东南，长约 30 km，主峰为图博勒峰，海拔 1 100 m（图博勒为鄂温克语，意为驼峰），图博勒峰顶东南方向远眺，可见齐齐哈尔市城区天际线及夜晚灯火；

平顶山，格尼河上源支流大沙尔巴沟河源头南约 3 km 处，主峰海拔 1 101 m；

黑大山，榆树沟河入阿伦河河口北约 6 km 处，山海拔 905 m。

2. 支脊西北侧

西热克特奇呼通（火山口），毕拉河右岸一级支流珠格德力河支流西热克特奇沟河北源头处，海拔 900 m。

（五）多伦山支脉

由博克图东沟堵的尖山子（海拔 1 103 m）—沟口北沟堵（海拔 1 065 m）—旗山东沟堵（海拔 1 015 m）—旗山东沟盘道沟堵大盘道（海拔 864 m）—杨树沟堵（海拔 1 075 m，1 065 m）—三道岭（海拔 906 m，801 m，818 m，877 m，863 m）—三旗市界点（牙克石市、阿荣旗、扎兰屯市，海拔 1 000 m）—额霍阿宪沟堵（海拔 992 m，887 m，1 017 m）—乌色奇山（海拔 1 147 m）—哈德乌努（海拔 1 039 m）—多伦山岭（海拔 764 m，735 m，792 m，774 m，782 m，762 m，775 m）—央格尔山（海拔 917 m）—大杨树沟堵（海拔 851 m）—大索洛霍奇沟堵（海拔 762 m）—多伦山（海拔 715 m）—天台岭后堵（海拔 590 m）—石砬沟堵（海拔 501 m）—大架山（海拔 533 m）的多伦山（Duolun Mountain）支脉，长约 118 km，海拔 501～1 147 m，为中低山山脉（图 1-20）。[①]

图1-20 多伦山支脉走向示意

① 多伦（Duolun），系蒙古语“道涝”（Daolao）的汉语谐音，意为 7 个。这里指站在阿伦河左岸的萨起山岭上向西南眺望，可看到 7 个排列在一起的山峰，即多伦山岭。

支脉由西北向东南在山脊两侧已命名的主要山峰：

1. **支脊东北侧**

额霍阿宪，阿伦河右岸支流额霍阿宪沟河东岸，海拔 749 m；

英额特希瓜达，哈达乌努北约 7.2 km 处，海拔 1 016 m；

乌努呼鲁（又读作乌鲁呼努），哈达乌努东北约 11 km 处，海拔 801 m。

2. **支脊南侧**

从支脊上三旗市界点（牙克石、阿荣旗、扎兰屯）海拔 1 000 m 起，向南约 29 km，依次有二道岭（主峰海拔 945 m）、二道梁子（岭）（主峰海拔 930 m）、二道岭南（海拔 858 m）、庙山梁（岭）（主峰海拔 951 m）。

（六）雅克山支脉

由雅鲁西沟的太阳沟堵（海拔 1 122 m）—向西南经大光顶山（海拔 1 456 m）—阿木牛河源头［海拔 1 481 m（绰尔山），1 165 m，1 156 m，1 000 m，1 332 m］—济沁河源头（海拔 1 299，1 088 m）—济沁岭（海拔 1 157 m）—济沁顶子（海拔 1 298 m）—巴升河沟堵（海拔 1 219 m，1 152 m）—固里河源头沟堵（海拔 1 227 m，1 018 m，1 077 m，908 m）—伊气罕沟堵（海拔 796 m，1 218 m）—雅克山（海拔 1 192 m）—火龙山（海拔 1 183 m）—塔拉达巴（又称穿心甸，海拔 690 m）—固腊卜冈干山（海拔 1 012 m，呼伦贝尔市与兴安盟界）—乌兰莫德山（入兴安盟境内 5 km，海拔 1 073 m）的雅克山（Yake Mountain）支脉，长约 190 km，海拔 690～1 481 m，为中低山山脉（图 1-21）。①

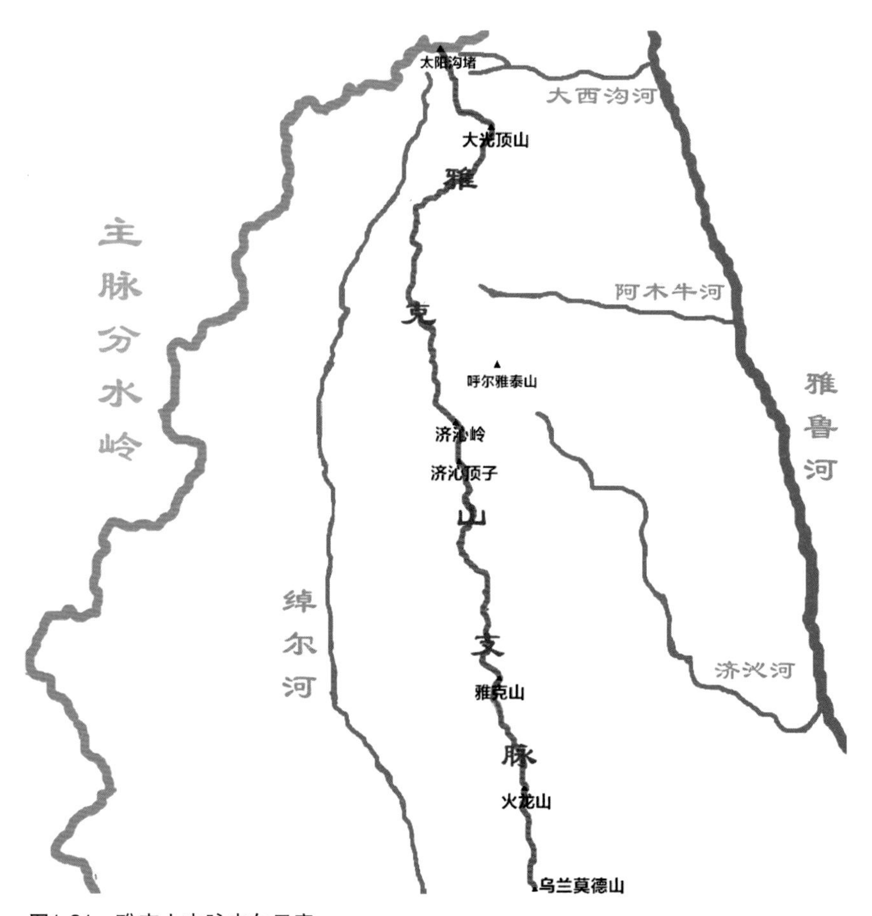

图1-21　雅克山支脉走向示意

① 雅克山为此支脉的一个山的名字。“雅克”（Yake），系鄂温克语，意为煤炭、木炭、炭，这里指烧过木炭的山（内蒙古鄂温克族研究会，黑龙江省鄂温克族研究会，2007）。

支脉由北向南在山脊及东西两侧已命名的主要山峰：

1. **支脊**

大光顶山，爱林沟河源头，海拔 1 456 m。

2. **支脊东侧**

大旱山，北大沟林场西偏北约 7 km 处，海拔 1 109 m；

小光顶山，大旱山南约 10.75 km 处，海拔 1 324 m；

浩尼钦乌拉，楠木昆尼气林场西北约 1.25 km 处，海拔 811 m；

呼尔雅泰山，阿木牛河右岸支流大铁古鲁气沟河支流小铁古鲁气沟河源头，海拔 963 m（呼尔雅泰，系蒙古语，四面环山之意）；

哈尔哈德山，主脊上塔拉达巴东约 5 km 处，海拔 749 m；

敖兰哈拉布拉，哈尔哈德山北偏西约 2.4 km 处，海拔 946 m；

德勒特乌拉，敖兰哈拉布拉东偏北约 2.8km 处，海拔 865m；

乌兰莫德陶勒盖，支脊上乌兰莫德山东偏北约 3.8 km 处，海拔 1 061 m；

套敏台乌拉，乌兰莫德山东南约 1.9 km 处，海拔 1 063 m；

亚索达巴，乌兰莫德陶勒盖东约 2 km 处，海拔 862 m；

亚索乌拉，亚索达巴北偏东约 1.6 km 处，海拔 755 m。

3. **支脊西侧**

大尖山，美良河源头，海拔 1 262 m；

小饽饽山，绰尔一支沟林场东约 10 km 处，海拔 1 249 m；

大饽饽山，小勃勃山北约 4.6 km 处，海拔 1 123 m；

霍勒博[①]山岭，塔尔气东北，古营河与鄂勒格特气沟河所夹的山岭，东端始于雅克山支脉，长约 27 km。雅克山支脉山脊 1 328 高地西南侧约 1 km 处为主峰，海拔 1 356 m；

卧牛岭山岭[②]，在固里河与梁河源头支脊上 1 227 高地向西南到柴河镇卧牛湖，长约 36.7 km，主峰海拔 1 424 m。

敖包希（岭），绰尔河左岸支流希力格特河源头，主峰海拔 1 210 m；

四五六山，浩绕山镇北约 2 km 处，海拔 812 m；

郎头山，浩饶山镇东南 3 km 处，海拔 834 m；

哈尔哈德花乌珠尔，浩饶山镇东约 4 km 处，海拔 847 m；

浩勒哈德，支脊上乌兰莫德山西北约 2.4 km 处，海拔 1 079 m；

浩勒花乌珠尔，浩勒哈德西约 2.4 km 处，海拔 884 m；

楚鲁花乌珠尔，浩勒花乌珠尔西北约 2.3 km 处，海拔 806 m；

查干达巴乌珠尔，楚鲁花乌珠尔西北约 2.2 km 处，海拔 796 m；

浩饶山，塔拉达巴西南约 4.6 km 处，海拔 989 m；

乌兰达巴，浩饶山北偏西约 4 km 处，海拔 857 m。

（七）莫柯岭支脉

由莫柯河南源源头沟塠、桑都尔河北源沟堵、柴河支流柴河青年林场北沟河源头沟堵的大兴安岭主脉山脊 1 598 高地向南转东偏北沿莫柯河与柴河、敖尼尔河、希力格特河的分水岭山脊经 1 374

---

① 霍勒博，为蒙古语"浩勒包（haolebao）"的汉语谐音，意为两个连着的（山），这里指雅克山支脉山脊上的 1 328 高地和距其 1 km 的霍勒博山岭上的 1356 高地，两个山峰合到一起称为霍勒博山。鄂温克语"霍勒博"，意为（两座）相连山岭之意（内蒙古鄂温克族研究会，黑龙江省鄂温克族研究会，2007）。

② 为新命名，西南端为卧牛湖火山口湖，卧牛岭山岭在此于晚更新世（距今 13×10^4～1×10^4 年前）被火山喷发毁断，使山岭高度陡降至卧牛湖湖面，故而得名。

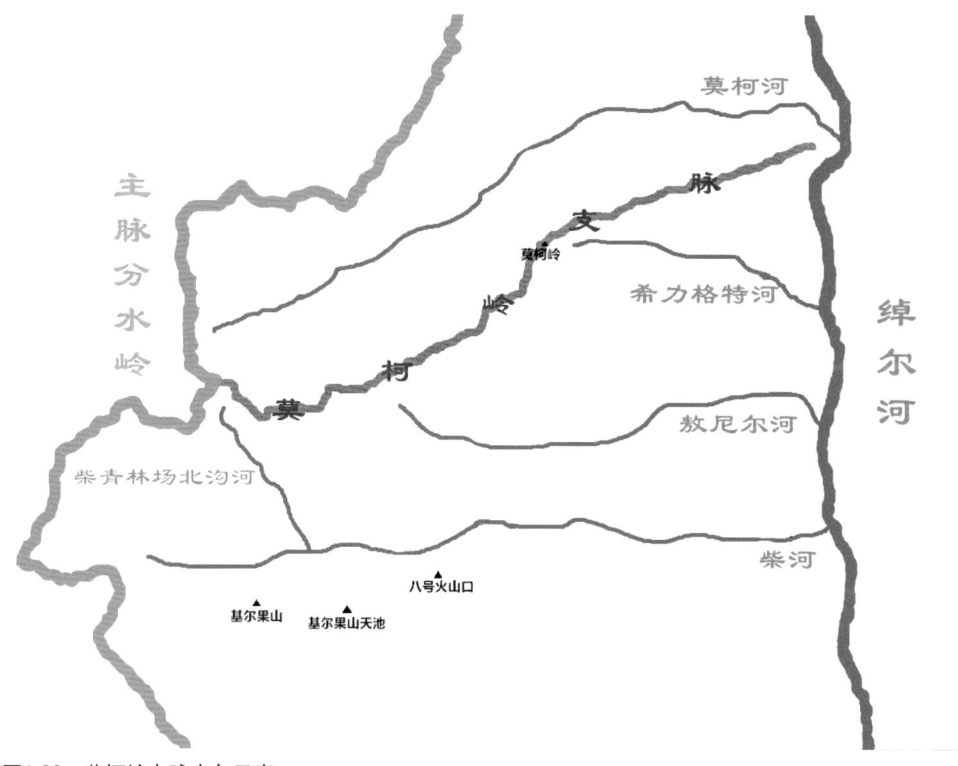

图1-22 莫柯岭支脉走向示意

高地—1 458 高地—1 418 高地—1 358 高地—1 352 高地—1 364 高地—1 464 高地—敖尼尔河源头沟堵（海拔 1 402 m）—1 458 高地—通古斯和山（海拔 1 552 m）—莫柯岭（希力格特河源头，长约 4 km，海拔 1 542～1 242 m）—1 355 高地—1 201 高地—1 338 高地—1 127 高地—935 高地的莫柯岭（Mokeling Mountain）支脉，长约 60km，海拔 935～1 598 m，为中低山山脉（图 1-22）。[①]

支脉由西向东，南侧已命名的主要山峰：

柴河南岸的基尔果山，海拔 1 696 m；

基尔果山天池（月亮天池），海拔 1 278 m；

八号火山口，海拔 1 156 m。

（八）呼尔雅泰山次支脉

由绰尔河左岸一级支流乌丹河源头雅克山支脉山脊上 1 296 高地—向东到 1 200 高地—1 042 高地—向东南到呼尔雅泰山（海拔 965 m）—向东到 972 高地—呼尔雅泰山岭（海拔 967 m）—天险沟堵 1 056，1 140 高地—野马沟沟堵 888 高地—济沁河左岸一级支流卧牛河源头 897 高地—狐仙洞沟堵 854 高地—杨木沟沟堵 828 高地—向东南三道沟沟堵 712，774，720 高地—向南 838.3，730，758，652，646，600 高地—买卖梁子（海拔 552 m，506 m，561 m）—554 高地—中和沟河右岸一级支流头道沟河源头 524 高地—向南 477，491，526，533，518，500，467 高地的呼尔雅泰山（Hueryatai Mountain）次支脉，海拔 467～1 295.8 m，长约 118 km，为中低山脉（图 1-23）。[②]

次支脉山脊两侧已命名的主要山峰：

1. 由雅克山支脉山脊 1 296 高地向东次支脉山脊左侧

石板山，阿木牛河右岸哈拉虎沟东，海拔 924 m；

马鞍山，阿木牛河右岸一级支流转心湖河东岸，

---

① 莫柯（Moke），系鄂温克语，獐子（学名原麝）。莫柯岭意为有獐子的山岭（内蒙古鄂温克族研究会，黑龙江省鄂温克族研究会，2007）。

② 呼尔雅泰（Hueryatai）系蒙古语，四面环山之意。

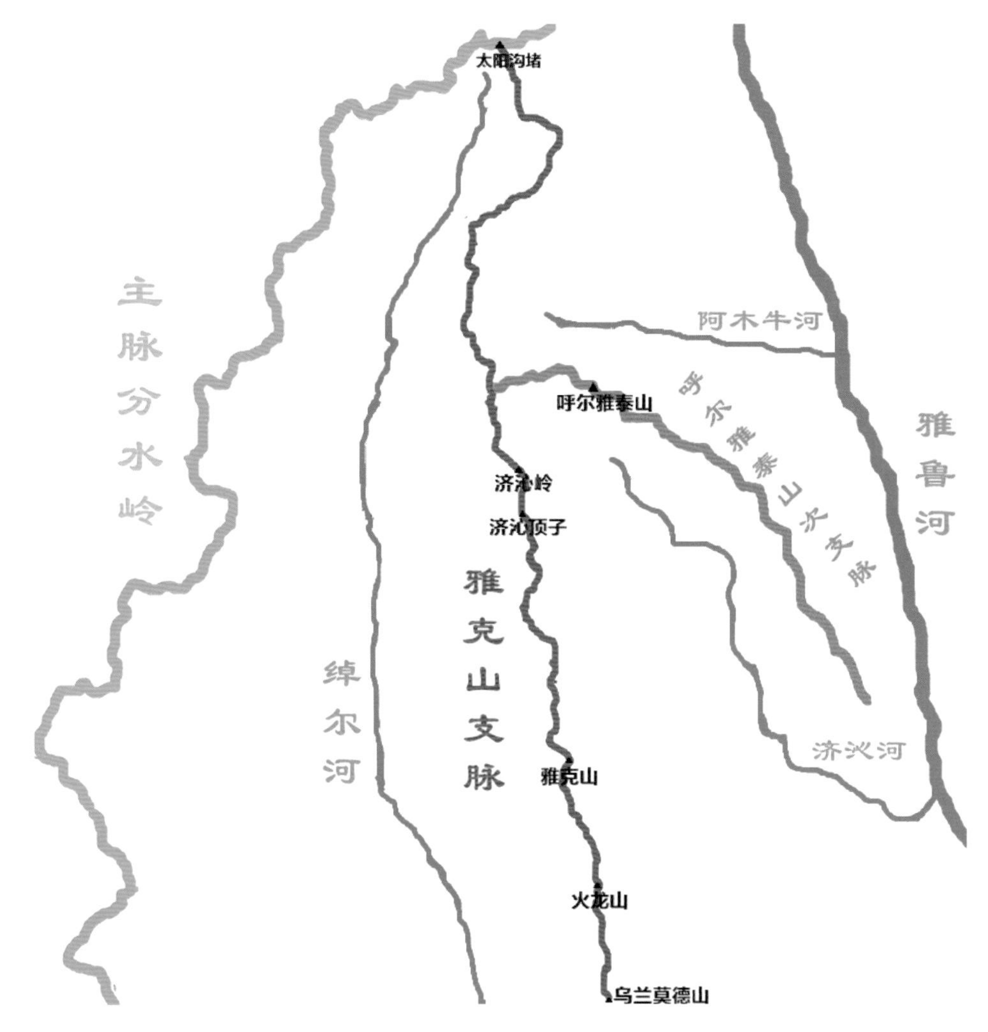

图1-23　呼尔雅泰山次支脉走向示意

海拔 938 m；

火燎山山岭，为雅鲁河右岸一级支流石门沟河与务大哈气河之间的山岭，火燎山到鸡冠砬子，长约 34 km，主峰海拔 931 m；

架子山，三道沟堵，海拔 806 m。

2. 由雅克山支脉山脊 1 296 高地向东次支脉山脊右侧

铧尖子山，天险沟堵，海拔 910 m；

二道岭山岭，狐仙洞沟西支沟堵到济沁河左岸一级支流马隆河西支沟堵的二道岭，长约 33 km，主峰老平岗海拔 963 m；

火燎大山，狐仙洞沟西侧，海拔 945 m（原名霍列高格德，系鄂温克语，意为“大青山峰”之意）；

沟底山，杨木沟堵，海拔 860 m。

四、主脉分水岭东侧黑龙江流域已命名的支脉、次支脉[①]和主要山峰

（一）西罗尔奇山支脉

大兴安岭山脉在黑龙江省大兴安岭地区还有一条支脉，即在呼玛尔河与黑龙江及其右岸上游支流之间有一条蜿蜒曲迴由中低山组成的分水岭。西端始于主脉上内蒙古自治区与黑龙江省交界处（以下简称蒙黑界）的敖鲁古雅河一级支流上西里毛伊河源头、额木尔河一级支流玛斯立那河源

① 这里的支脉、次支脉，采用的是原有山岭的名称，只是按本书的划分标准，把山岭分成了支脉、次支脉。

头、呼玛尔河一级支流卡玛兰河支流人字河与苏鲁乌亚河源头（海拔 1 141 m），向东北到蒙克山林场，向东到西罗尔奇山岭（长约 30km，主峰海拔 812 m。），向东到呼玛尔河左岸一级支流依沙溪河源头沟堵、黑龙江右岸二级支流大西尔根气河上源支流峻岭河源头沟堵、黑龙江右岸二级支流小西尔根气河上源支流高布藏姆溪河源头沟堵（海拔 600 m），再向东到小根河林场（海拔 447 m）。这段支脉海拔约在 447～1 397 m 之间，长约 230 km，为中低山脉，称之为西罗尔奇山（Xiluoerqi Mountain）支脉（图 1-24）。①再向东南止于黑龙江边呼玛上江岛（海拔 163 m），则山脉缓降为低山丘陵没有突显的山岭，只有一条分水线，长约 175 km，海拔 447～163 m。

支脉由东向西在山脊及两侧已命名的主要山峰：

1. 支脊

嘎来奥山，额木尔河右岸一级支流嘎来奥河源头，海拔 1 230 m；

白卡鲁山，卡马兰河左岸一级支流西伊棱尼埃河源头，海拔 1 397 m；

西罗尔奇山岭（包括西罗尔奇岭东），瓦拉干镇北北瓦拉干河源头到依沙溪河左岸一级支流下那汗河源头，长约 60 km，主峰海拔 812 m；

乌奇罕（邬奇罕），阿希奇汗河入依沙溪河河口北 4.6 km 处，海拔 523 m。

2. 支脊北侧

嘎来奥伊山，嘎来奥河入额尔木河河口南约 3.8 km 处，海拔 843 m；

凤水山，白卡鲁山北偏西约 10 km 处，海拔 1 129 m；

蒙克山，塔河—莫河铁路西罗尔奇二号隧道东口北约 2.5 km 处，海拔 941 m；

双包山，二十站东北约 10 km 处，海拔 505 m。

3. 支脊南侧

飞虎山，嘎来奥伊河入卡马兰河河口北约 7 km 处，海拔 1 019 m；

博乌勒山，白卡鲁山南约 8.5 km 处，海拔 1 030 m；

里格布山，瓦拉干镇东约 8.5 km 处，海拔 616 m；

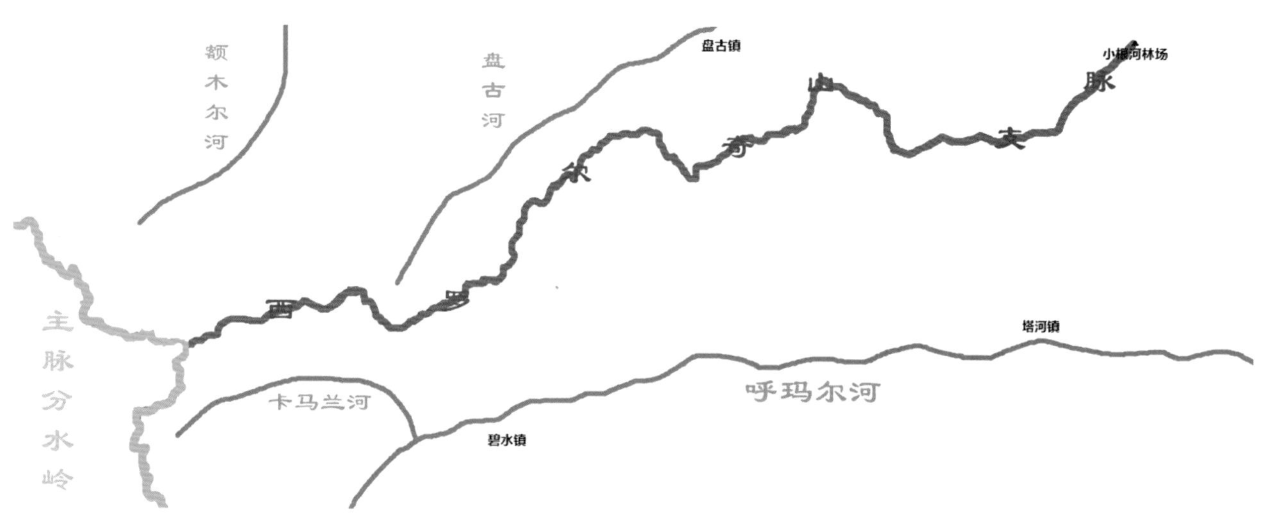

图1-24　西罗尔奇山支脉走向示意

① 西罗尔奇（Xiluoerqi），系鄂温克语。该山中的鄂温克（鄂伦春）族猎人在猎获动物后的第一件事就是砍些桦树枝条铺在地上，将鲜肉放在上面，既以示吉祥，又卫生干净。砍下的枝条鄂温克语称“松罗奇”（Songluoqi），西罗尔奇是其汉语谐音。如果长时间打不到猎物，也要砍些桦树枝条来祭祀，祈祷神灵恩赐猎物，西罗尔奇山由此而得名。西罗尔奇山支脉，是指黑龙江和呼玛尔河之间所夹的狭长山脉（内蒙古鄂温克族研究会，黑龙江省鄂温克族研究会，2007）。

伊里莫亚山，里格布山北偏东约 7 km 处，海拔 590 m。

（二）额木尔山次支脉

大兴安岭山脉在黑龙江省大兴安岭地区还有一条较大的次支脉，即从西罗尔奇山支脉山脊上、卡马兰河左岸一级支流西伊棱尼埃河源头、海拔 1 397 m 的白卡鲁山向东北，沿额木尔河右岸各支流源头与盘古河左岸各支流源头之间的分水岭到札林库尔山（海拔 1 353 m）—交鲁山（海拔 998 m）—小白嘎拉山（海拔 897 m）—孤尖山（海拔 494 m）—白桦山（海拔 489 m，二十四站西北约 3km 处）—黑龙江右岸谢尼康河源头 484 高地的额木尔山（Emuer Mountain）次支脉，长约 140km，海拔 484～1 397 m，为中低山脉（图 1-25）。[①]

次支脉由南向北在山脊两侧已命名的主要山峰：

1. 由海拔 1 397m 的白卡鲁山向东北次支脊左侧

凤水山，白卡鲁山北偏西约 10 km 处，海拔 1 129 m；

崖头峰，白卡鲁山向东北楚龙沟河右岸，海拔 869 m；

海亚鲁山，楚龙沟河右岸，海拔 801 m；

黑熊山（南），博拉葛里河上源右岸，海拔 764 m；

元宝山，博拉葛里河上源右岸，黑熊山（南）北偏东约 10 km 处，海拔 556 m；

黑熊山（北），大丘古拉河北上源右岸，海拔

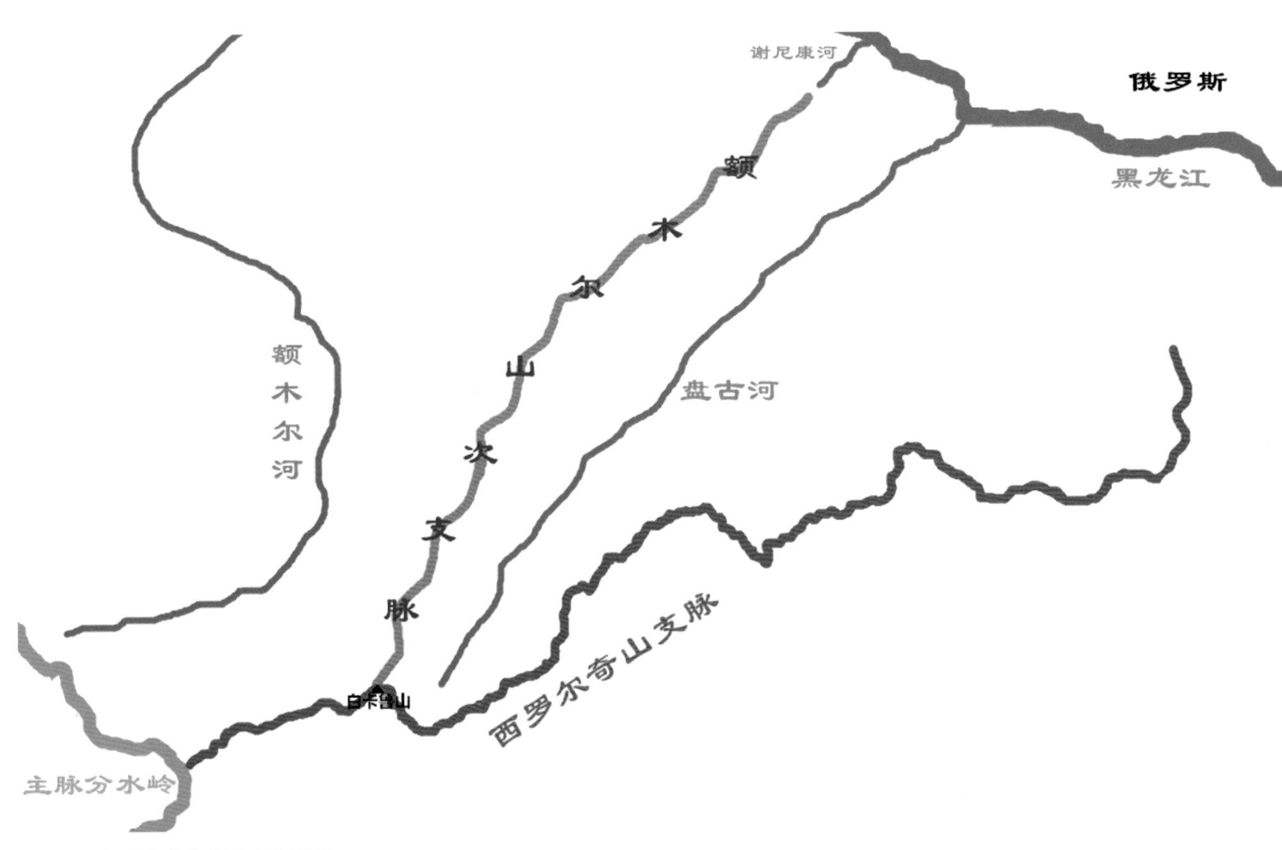

图1-25 额木尔山次支脉走向示意

① 额木尔（Emuer），有一种解释为，系鄂温克语，意为右面流过来的水，与“阿穆尔”（阿穆尔河，见本章第五节“河流水系”中对阿穆尔河的介绍。）同意。这种说法认为，在额木尔山脊面南而立，可见额木尔河始终流于右侧，直到山脉北端，故将此山称为额（阿）木（穆）尔山。还有人认为，额木尔山的“额木尔”与阿穆尔河的“阿穆尔”同意。大部分学者认为，从地名学的发音中两个名词的词首音阶“é”（发“额”音）与“ā”（发“阿”音）差别较大，表示的应是两个不同地名，“额木尔”与“阿穆尔”是不同的。额木尔山次支脉为南始于西罗尔奇山支脉，北止于黑龙江右岸，位于额木尔河与盘古河之间所夹的山脉。

578 m；

马鞍山，大丘古拉河左岸，黑熊山（北）西南约8.1 km 处，海拔 633 m；

驼峰山，大丘古拉河右岸，海拔 590 m；

乌鸡岭，额木尔河右岸（东岸），二十八站林场东偏南约 7 km 处，海拔 489 m；

一字岭，额木尔河右岸（东岸）约 7.7 km、乌鸡岭南约 6.5 km 处，海拔 677 m；

饿虎山，额木尔河右岸（东岸）约 3.4 km 处，海拔 600 m；

大顶子山，额木尔河右岸（南岸）约 4.4 km、饿虎山北偏东约 9 km 处，海拔 677 m；

火烧山，额木尔河右岸，大顶子山西南约 1.9 km 处，海拔 572 m；

卧龙山，黑龙江右岸支流南盖河源头，海拔476 m。

2. 由海拔 1 397 m 的白卡鲁山向东北次支脊右侧

626 高地，盘古河左岸支流兴安河源头；

三连山，盘古河左岸支流二根坎河左岸，海拔584 m。

3. 额木尔山地

在额木尔山次支脉北部西侧，长缨林场到额木尔河入黑龙江河口一线以西的被额木尔河从南北西三面所包绕的区域，是一片海拔在 850 m 以下、面积约 3 800 km² 的低山山地。这里没有明显突出的较大山岭，可称之为额木尔河中下游右岸山地，简称额木尔山地，包括以下主要山峰：

黑熊山（南），海拔 764 m；

黑熊山（北），海拔 578 m；

马鞍山，海拔 633 m；

驼峰山，海拔 590 m；

乌鸡岭，主峰海拔 489 m；

814 高地，劲涛镇（阿木尔）北约 7 km 处；

一字岭，海拔 677 m；

元宝山，海拔 556 m；

西林吉东山，海拔 598 m，西林吉镇北约 5 km；

鲜花山，海拔 656 m，龙沟河源头；

大长梁，河东林场东北约 7 km 处，主峰海拔654 m；

双尖山，海拔 769 m，西林吉北约 14.5 km、额木尔河右岸 2.2 km 处；

分水岭，为额木尔河右岸两条一级支流富库奇河与大丘古拉河之间的分水岭，东西走向，长约7 km，主峰海拔 681 m；

大顶子山，海拔 677 m。

第四节 山脉与水系

16 条较大支脉、次支脉与主脉共同构成了大兴安岭山脉在林区的基本走势骨架。主脉和支脉之上为河流之源，主脉与支脉、支脉与支脉、中山与低山、山与山之间就是山谷汇流区，溪水在山间聚集形成径流称之为涧水，山谷聚涧水成河流称之为河谷。嫩江（Nenjiang）、额尔古纳河（Ergun River）两大水系就源自分水岭东西两侧的各个山谷中的河流。嫩江水系北端始于伊勒呼里山支脉南侧的南瓮河（北侧为黑龙江水系），南止于霍林河流域；额尔古纳河水系南始于主脉北段南端的哈拉哈河流域，北止于山脉北端的恩河哈达河。这就给我们展现了一幅在主脉和 16 条支脉、次支脉山脊两侧流淌着数量繁多的河流，形成静的山、动的水相互依存的自然画卷（图 1-26）。

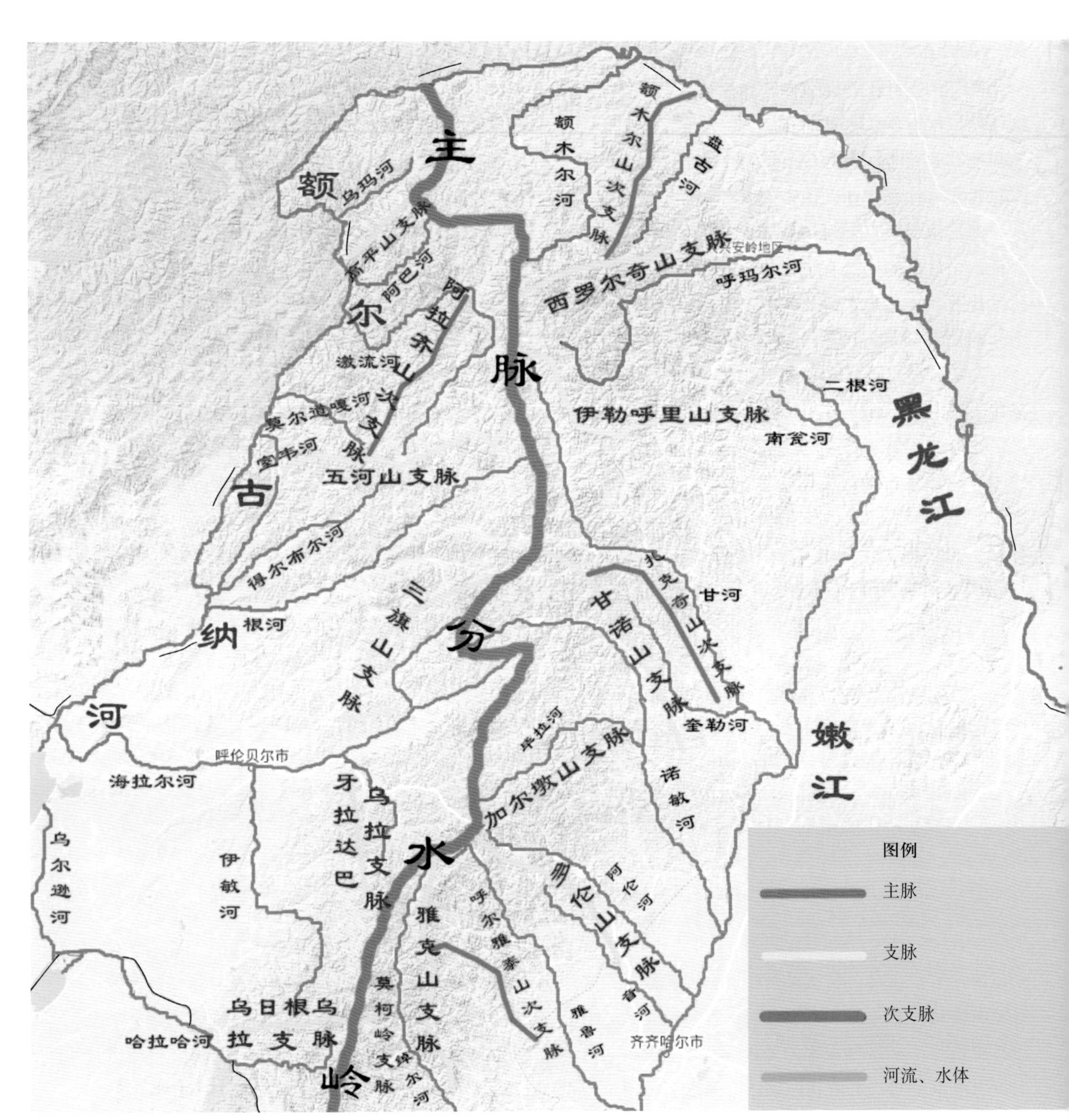

图1-26　呼伦贝尔市域内大兴安岭主脉、支脉及次支脉与水系关系示意

一、分水岭西侧各支（次）脉与额尔古纳河水系的地理关系

（一）高平山支脉与乌玛河[①]、阿巴河[②]的地理关系及河流两岸的主要山峰

高平山支脉山脊西北侧与主脉相接处，由东北向西南依次有额尔古纳河右岸一级支流乌玛河的上源河流车列蒙卡河及上源七里毛十尼河，乌玛河左岸一级支流饮马太河、伊古亮克河、木龙堆河、阿娘娘河、南伊里吉奇河；乌玛河右岸源头以下发源于低山山岭间的河流有平拉岭河、卡拉嘎亚河、库尔岔比亚河、乌龙干河及其支流达拉河、伊里吉奇河。西侧有额尔古纳河一级支流库梯坎河、温河、文河、乌土木古达河、布各列翁谷河、邓家店下沟河、朱鲁干谷河。

支脉山脊东南侧与主脉相接处，由东北向西南依次有额尔古纳河右岸一级支流阿巴河的源头，阿巴河右岸一级支流亚吉里西河的支流大亚吉里西河、道林河、伊里其河，阿巴河右岸一级支流伊里吉其河支流直流河上源河流伊里吉斯河、伊里干河、尼其奈伊里干河（双岔河）；阿巴河左岸源头以下发源于中低山间的河流依次有一级支流马里提河、塞里果格河及其支流果鲁阿帕河高勒河交洛高洼河浩洛阿契河、维吉外来亚河及其支流贝其维拉亚河、果瑶普通卡河及其支流交乌通卡河、普洛库吉巴河、别拉亚河及其支流奥希诺维依河、各利嘎依河（奇乾三道沟河）、哇兰奇卡河（奇乾二道沟河）、毛利卡河（奇乾头道沟河）。西南侧还有额尔古纳河一级支流杰鲁滚河、上十八里谷河、下十八里谷河、阿捷拉木哥谷河。在高平山支脉西北侧的河流主要由发源于主脉的乌玛河与其左岸的发源于支脉的各支流及其右岸发源于与额尔古纳河所夹的低山山岭间的各支流组成。支脉东南侧的河流，主要由发源于主脉的阿巴河与其右岸的发源于支脉的各支流及其左岸发源于与激流河所夹的中低山山岭间的各支流组成。支脉西南端各支流，均为额尔古纳河一级支流。可见，两侧均属额尔古纳河水系，但西北侧为乌玛河子水系，东南侧为阿巴河子水系（图 1-27）。

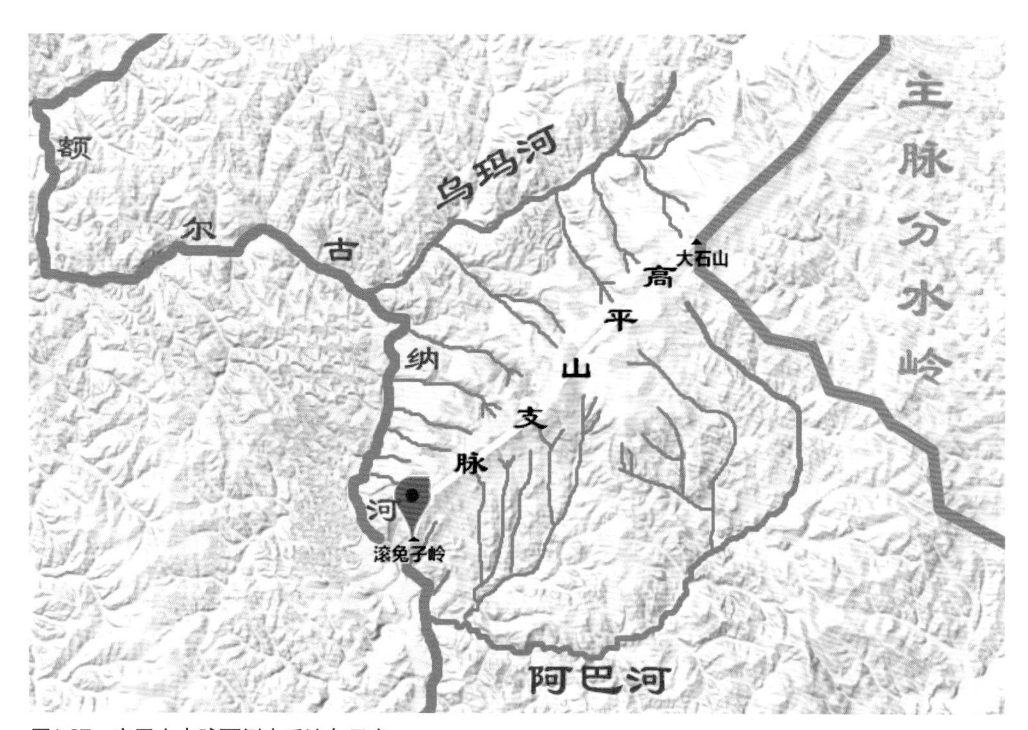

图1-27　高平山支脉两侧水系流向示意

① 乌玛，系鄂温克语，是指一种加工熟制兽皮的工具（内蒙古鄂温克族研究会，黑龙江省鄂温克族研究会，2007）。
② 阿巴，系鄂温克语，阿帕（Apà）的汉语谐音，意为惊叹（内蒙古鄂温克族研究会，黑龙江省鄂温克族研究会，2007）。

1. 乌玛河干流两岸附近已命名的主要山峰

（1）右岸。

乌龙干东梁，吉利毛斯北偏西约8km处，海拔957 m；

骆驼山，达拉河入乌玛河河口北约12.25 km处，海拔872 m；

馒头山，伊里吉奇河入乌玛河河口北偏西约19.5 km处，海拔1 067 m；

远尖山，乌玛北偏西约11.75 km处，海拔961 m；

乌玛后山，乌玛北约1.5 km处，海拔662 m。

（2）左岸。

平坡，南伊里吉奇河源头，海拔1 013 m。

2. 阿巴河干流两岸附近已命名的主要山峰

（1）左岸。

邓家店西山，大营东南约9 km处，海拔994 m；

好哈拉尔后肚，大营南偏西约8.75 km处，海拔949 m；

别拉亚南山，大营南偏西约15.5 km处，海拔980 m；

小吉岭，别拉亚南山西偏南约9.25 km处，海拔925 m。

（2）右岸。已命名的主要山峰在介绍高平山支脉时，阿巴河右岸的山峰已陈述，故从略。

（二）五河山支脉与激流河[①]、莫尔道嘎河[②]、吉拉林河、得尔布尔河[③]、根河[④]5条河流的地理关系及河流两岸的主要山峰

五河山支脉东端为主脉东侧的甘河右岸一级支流冷莫纳河源头，西端为吉拉林河（又称室韦河）源头。山脊北侧由东向西依次有牛耳河源头及其一级支流塔加马坎河，金河源头及其一级支流尼吉乃奥罗提河、群英沟河、塔拉河，莫尔道嘎河源头及其一级支流库天坎河、滚河及其上源支流古纳河黑山河。南侧由东向西依次有根河源头及其一级支流交叉布里河、奥里耶多河、会河及其支流鲁吉刁河、雅格河、潮查河、冷布路河，得耳布尔河源头及其一级支流上比利亚谷河、吉尔布干河、哈乌尔河。在五河山支脉北侧的河流主要由发源于主脉的激流河和发源于支脉的莫尔道嘎河及它们南端上源各支流组成，两河均为额尔古纳河一级支流。南侧的河流主要由发源于主脉的根河和发源于支脉的得耳布尔河及它们右岸各支流和左右岸各支流组成；支脉南侧的河流还有根河南岸发源于主脉和三旗山支脉北侧的根河左岸中上游的图里河和依根河等支流组成，根河和得耳布尔河两河均为额尔古纳河一级支流。可见，支脉南北两侧均属额尔古纳河水系，但北侧为激流河、莫尔道嘎河子水系，南侧为根河、得耳布尔河子水系（图1-28）。

1. 激流河干流两岸附近已命名的主要山峰

（1）左岸。

阿拉齐山，阿龙山镇西北约21.25 km处，海拔1 421 m；

乱石山，安格林河入激流河河口东约15.5 km处，海拔1 007 km；

尖石山，安格林河入激流河河口东南约11.25 km处，海拔980 m；

小牛尔河后山，安格林河入激流河河口西北约17.5 km，海拔948 m；

牛尔山，大吉岭西南约11.25 km处，海拔930 m。

（2）右岸。

奥科里堆山，阿龙山镇东偏北约20 km处，海拔1 520 m；

---

① 激流河，又称"贝尔茨河"，为俄罗斯语，意为湍急的河流。

② 莫尔道嘎，系鄂温克语，碧绿，绿汪汪水之意（内蒙古鄂温克族研究会，黑龙江省鄂温克族研究会，2007）。

③ 得耳布尔，系鄂温克语，两山中间开阔地带之意，即得耳布尔河穿流在开阔的山谷中（内蒙古鄂温克族研究会，黑龙江省鄂温克族研究会，2007）。

④ 根河，被呼伦贝尔草原上游牧的蒙古族称为"葛根高勒（gegengaole）"意为清澈干净的河，汉语简称根河。森林民族鄂温克族、鄂伦春族称根河为主干河、主河，也有大河之意（内蒙古鄂温克族研究会，黑龙江省鄂温克族研究会，2007）。

双峰尖，安格林河入激流河河口北约 12.25 km 处，海拔 857 m；

双山，双峰尖北约 8.75 km 处，海拔 878 m；

大吉岭，双山西北约 7 km 处，海拔 837 m。

2. 莫尔道嘎河干流两岸附近已命名的主要山峰

（1）右岸。

加疙瘩大岭，加疙瘩河源头，海拔 1 257 m；

佳罗头气山，红旗林场北约 10 km 处，海拔 1 211 m；

望火楼，太平林场东北约 15 km 处，海拔 1 098 m；

腰店北山，望火楼东北约 8.25 km 处，海拔 1 113 m。

（2）左岸。

八道沟南山，莫尔道嘎西偏北约 22.5 km 处，海拔 807 m；

吉了娜西山，太平林场东南约 15 km 处，海拔 1 120 m；

八间房农场西山，太平林场南偏西约 14.25 km 处，海拔 1 030 m；

南口山，莫尔道嘎河入额尔古纳河口东约 3.75 km 处，海拔 732 m。

3. 根河干流两岸附近已命名的主要山峰

（1）右岸。

平顶山，开拉气林场北约 8.25 km 处，海拔 1 319 m；

安塔列山，根河右岸一级支流冷布路河源头，海拔 1 005 m；

兄弟山，加拉嘎北偏西约 10 km 处，海拔 1 033 m；

松格那山，额尔古纳市良种场西约 3.25 km 处，海拔 845 m；

上乌尔根尖子山，乌尔根河源头，海拔 972 m；

三基纳山，楚鲁特大沟南，海拔 716 m；

黑山头，黑山头镇东北约 5.75 km 处，海拔 806 m。

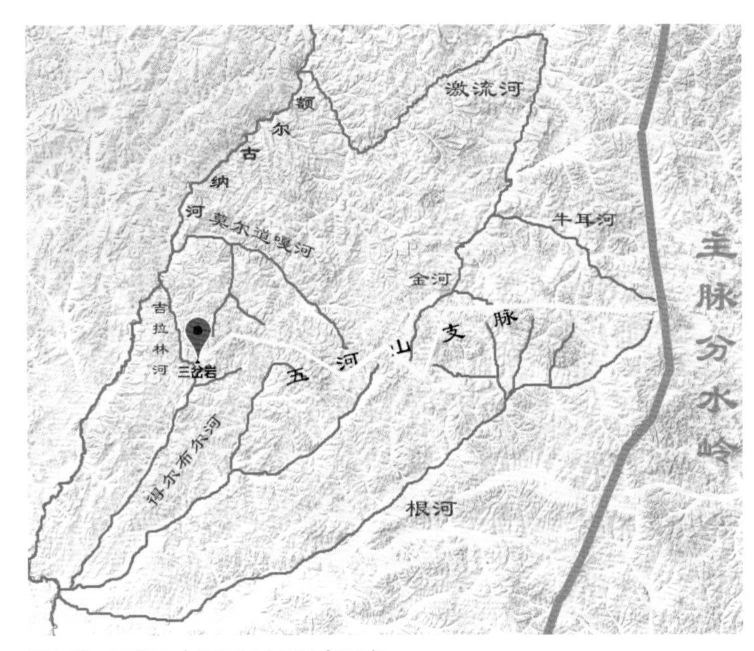

图1-28　五河山支脉两侧水系流向示意

（2）左岸。

小孤山，乌力库玛林场东偏南约 1.5 km 处，海拔 833 m；

一撮毛（山），图里河入根河河口东南约 6.25 km 处，海拔 749 m；

上库力山，上库力东南约 1.5 km 处，海拔 807 m；

库力连山，上库力南偏西约 10.5 km 处，海拔 929 m；

岭南，库力连山南偏东约 5 km 处，海拔 948 m；

拉布达林陶勒盖，额尔古纳市西约 1 km 处，海拔 666 m；

郭古道阿拉山，黑山头镇南偏西约 10.75 km 处，海拔 720 m。

4. 得耳布尔河（哈乌尔河、吉尔布干河）干流两岸附近已命名的主要山峰

（1）右岸。

卡鲁奔山，十八里桥东约 16km 处，海拔 885 m；

十八里桥东山，十八里桥东偏北约 5 km 处，海拔 945 m；

康达岭，卡鲁奔山北约 10 km 处，海拔

1 145 m；

吉勒布，康达岭北偏西约 14.25 km 处，海拔 929 m；

恩和大岭，恩和乡西侧恩和沟堵，海拔 966 m；

扎格林滚山，恩和大岭北约 5 km 处，海拔 1 159 m；

松桦岭，扎格林滚山北约 14.5 km 处，海拔 1 036 m；

松树岭，扎格林滚山北偏东约 17.5 km，海拔 1 132 m；

自兴屯东山，自兴屯东约 2.25 km 处，海拔 941 m；

恩和西山，恩和乡西南约 2 km 处，海拔 871 m；

格其鲁堆山，格其鲁堆沟堵，海拔 817 m。

（2）左岸。

上护林大岭，上护林东南约 12 km 处，海拔 963 m；

马鞍山，上护林东南约 20 km 处，海拔 876 m；

拉布特郭勒北山，苏沁乡南约 14.5 km，海拔 651 m；

迈罕特乌拉，黑山头东北约 10 km 处，海拔 668 m；

孤山，黑山头古城北，海拔 554 m。

（三）三旗山支脉与库都尔河①、特尼河②、莫日格勒河③、图里河④、依根河⑤的地理关系及河流两岸的主要山峰

在三旗山支脉山脊南侧与主脉相接处有海拉尔河一级支流库都尔河源头支流库里多鲁林河，东南侧由东北向西南依次有源于支脉的库都尔河右岸一级支流诺敏河支流里新河、秋拉尼河、大立新河（大九亚河）、小立新河（小九亚河）、毕力马河、秋发河、大羊鼻子河、小羊鼻子河、太平沟河，东侧有库都尔河右岸一级支流巴都尔沟河及其支流小巴都尔沟河上源支流杜尼拉库托赤河、上三岔河（新命名，为三条河流汇成，且在上游）、下三岔河（新命名，为三条河流汇成，且在下游）、大乌和尔河（新命名，主河无名，上游支流为乌和尔河），以及源于主脉和察尔巴奇山岭的库都尔河左岸一级支流外新河、新格拉气河、小泥里古鲁河、大泥里古鲁河、吉日嘎郎河（吉里古鲁河）、格林达河、石泉上河（新命名，在石泉工区上游）、河源沟河、育林南沟河、鼻梁山河（新命名，两河夹鼻梁山汇为一河）、保林河（新命名，得名保林工区）、西五旗河。

西北侧有根河左岸一级支流图里河支流西尼气河、根河左岸一级支流依根河及其左岸支流南沟河卡鲁库赤河成沟康河小依根河，西侧有海拉尔河一级支流莫尔格勒河、特尼河。南端有海拉尔河右岸一级支流乌里雅斯沟河、牧原河、北摸拐河（新命名，左岸为大摸拐河口，因其在右岸即北岸与之相对，故称北摸拐河）。均为额尔古纳河水系，但东南侧、西侧应属海拉尔河的库都尔河、特尼河、莫日格勒河子水系，西北侧属根河的图里河、依根河子水系（图 1-29）。

1. 库都尔河干流两岸已命名的主要山峰

（1）右岸。黑山头，原林西约 6.75 km 处，海拔 1 027 m。

（2）左岸。鼻梁山，岩山东偏北 2.5 km 处，海

① 库都尔（Kuduer），系蒙古语“獐子”之意。库都尔，系鄂温克语“库鲁都日”的汉语谐音，意为熊的（冬眠）洞穴之意，因在库都尔河流域有很多熊的洞穴而得名（内蒙古鄂温克族研究会，黑龙江省鄂温克族研究会，2007）。

② 特尼河，“特尼”系鄂伦春语“特尼韧（teniren）”的汉语谐音，为开膛分解猎物，意为在河边曾分解过猎物（原鄂伦春自治旗旗长、莫日根布库先生译解）。

③ 莫日格勒（moergele）（河），系蒙古语的汉语谐音，意为拐过很多像车轮辋（wǎng）一样弯的河流或弯非常多的河流（孛尔只斤·嘎尔迪敖其尔，胡日乐，2014）。

④ “图里”，系蒙古语“图列（tulie）”的汉语谐音，兔子之意。鄂温克语中的“图里（tuli）”为野猪之意，因图里河流域野猪多而得名（内蒙古鄂温克族研究会，黑龙江省鄂温克族研究会，2007）。说明以往图里河流域，兔子和野猪都很多。

⑤ 鄂温克语“依”为上，依根河，意为根河上游的河流（内蒙古鄂温克族研究会，黑龙江省鄂温克族研究会，2007）。

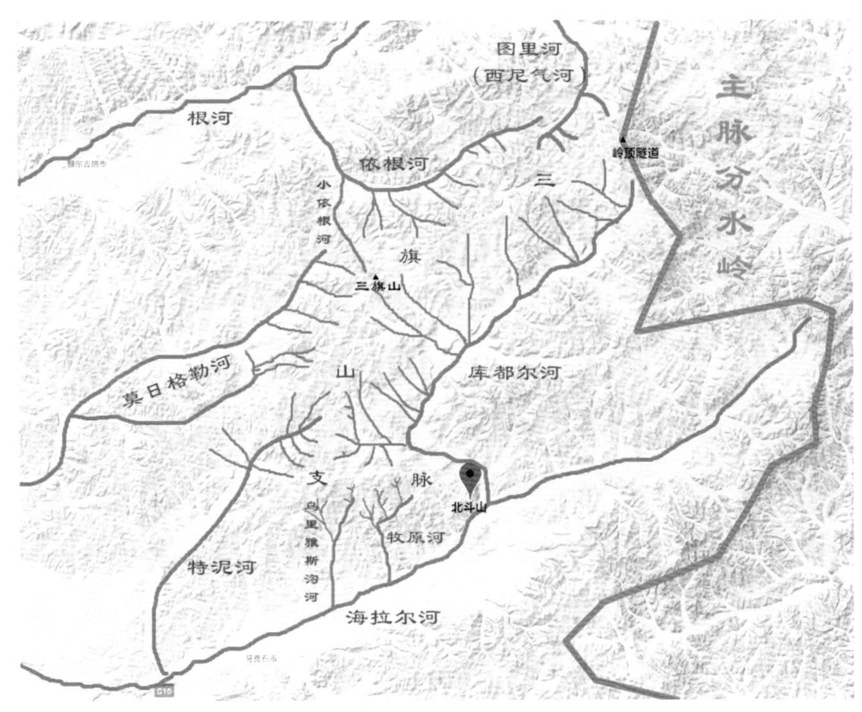

图1-29　三旗山支脉两侧水系流向示意

拔 858 m。

2. 特尼河干流两岸附近已命名的主要山峰

（1）右岸。

尖山子，特尼河苏木东北约 5.5 km 处，海拔 848 m；

大青日山，特尼河苏木北偏西约 8.75 km 处，海拔 1 009 m；

西兴山，特尼河苏木西北约 8.25 km 处，海拔 929 m；

高尔根温都日，特尼河苏木西偏南约 20.5 km 处，海拔 901 m；

查干楚鲁特，特尼河苏木西偏南约 26.25 km 处，海拔 850 m；

火窑山，特尼河苏木南偏西约 21.5 km 处，海拔 771 m；

满月山，火窑山北约 6.25 km 处，海拔 718 m；

吉日山，火窑山西北约 11.25 km 处，海拔 675 m；

日当山，火窑山西南约 16.25 km 处，海拔 719 m；

黑山头，火窑山南偏西约 20 km 处，海拔 738 m；

敖包山，火窑山南约 11.75 km 处，海拔 765 m；

海日汗温都日，特尼河苏木南约 6.5 km 处，海拔 874 m；

王八脖子，特尼河入海拉尔河河口北约 5 km 处，海拔 652 m。

（2）左岸。在介绍三旗山支脉时左岸主要山峰已陈述，故从略。

3. 莫尔格勒河干流两岸附近已命名的主要山峰

小尖山，莫尔格勒河源头沟堵，海拔 1007 m。

（1）右岸。

平梁东山，库力河上游支流斯列尼库力沟河沟堵，海拔 1 032 m；

驼峰山，阿参北约 11.75 km 处，海拔 955 m；

浩廷温都日，浩廷浑迪沟堵，海拔 1 027 m；

辉屯温都日，辉屯布拉格东北约 2.5 km 处，海拔 858 m。

（2）左岸。

那舍温都日，那吉东南约 3.75 km 处，海拔 980 m；

石尖山，那舍温都日东南约 7.75 km 处，海拔 1 023 m；

赤云山，那舍温都日南约 12.75 km 处，海拔 950 m；

必鲁廷陶勒盖（温都日），那吉西南约 11 km 处，海拔 928 m；

阿尔善乃温都日，鄂温克苏木东约 8 km 处，海拔 866 m；

阿拉格温都日，鄂温克苏木南 17.5 km 处，海拔 893 m；

日岳山，阿拉格温都日东南约 10 km 处，海拔 829 m；

天月山，阿拉格温都日西南约 11.75 km 处，海拔 923 m；

道日那吉，天月山西北约 9.25 km 处，海拔 712 m；

呼和温都日，头站东偏南约 8.25 km 处，海拔 745 m。

4. 图里河干流两岸附近已命名的主要山峰

（1）右岸。大秃山，图里河镇东约 13.25 km 处，海拔 995 m。

（2）左岸。1308.2 高地，达力马河源头西侧。

5. 依根河干流两岸附近已命名的主要山峰

小依根河东（山），左岸，小依根河入依根河河口南约 6.75 km 处，海拔 996 m。

（四）牙拉达巴乌拉支脉与免渡河①、莫和尔图河②、伊敏河③的地理关系及河流两岸的主要山峰

在牙拉达巴乌拉支脉山脊东侧由北向南依次有免渡河一级支流南波河、煤窑沟河、乌奴耳河支流巴嘎乌努尔河源头。西侧由北向南依次有海拉尔河一级支流莫和尔图河源头，伊敏河的一级支流锡尼河、维特很河、敖宁（维纳）高勒源头。可见，两侧均为额尔古纳河二、三级支流，应属额尔古纳河水系。但支脉东侧为海拉尔河的免渡河子水系，西侧为莫和尔图河子水系、伊敏河子水系（图 1-30）。

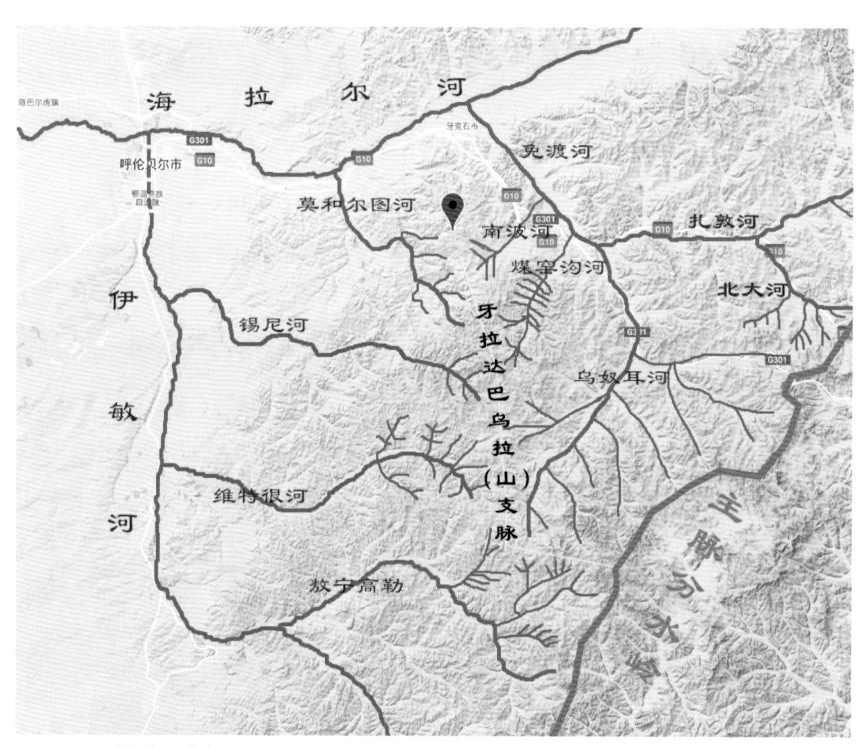

图1-30　牙拉达巴乌拉支脉两侧水系流向示意

① 免渡，系蒙古语“门德（mende）”的汉语谐音，意为平安，免渡河意为平安之河。

② 莫和尔图，系鄂温克语，意为蚯蚓，莫和尔图河意为流域内有很多蚯蚓的河流（内蒙古鄂温克族研究会，黑龙江省鄂温克族研究会，2007）。

③ 伊敏，系蒙古语“艾敏（aimin）”的汉语谐音，生命之意。伊敏河意为生命之河。

1. 免渡河干流两岸附近已命名的主要山峰

卓山（右岸，卓山火车站北，海拔 904 m），因其较周边山峰更高，故称其为卓山；凤凰山（岭）（左岸，卓山南约 0.6 km，长约 17.5 km，主峰海拔 987 m），因其形象面南而立的凤凰，主峰又被称为凤冠，故被称为凤凰山。卓山、凤凰山南北相对，免渡河从中间流过，其间只有约 600 m 宽的狭窄隘口。牙克石也因此得名，系满语“雅克萨（yakesa）”的汉语谐音，为要塞之意。

2. 莫和尔图河干流两岸附近已命名的主要山峰

（1）右岸。花仁扎拉格音德仁，巴彦嵯岗苏木东北约 6.25 km 处，海拔 840 m。

（2）左岸。莫和尔图敖包，巴彦嵯岗苏木东南约 2.6 km 处，海拔 805 m。

3. 伊敏河干流两岸附近已命名的主要山峰

（1）右岸。

伊和松棍特乌拉（上），三道桥南约 5 km 处，海拔 1 229 m；

巴嘎松棍特乌拉，伊和松棍特乌拉（三道桥）南约 3.8 km 处，海拔 1 069 m；

贵浩勒京敖包，头道桥林场东北约 11.25 km 处，海拔 1 096 m；

伊和松棍特乌拉（下），头道桥林场北约 3.75 km 处，海拔 940 m；

哈斯罕，头道桥林场北约 3.5 km 处，海拔 993 m；

哈布楚日额和尼温都日，哈斯罕北约 11.25 km 处，海拔 1 014 m；

梅山，哈斯罕东北约 20 km 处，海拔 1 024 m；

大萩山，红花尔基镇北约 7.75 km 处，海拔 951 m；

哈德音乌苏，伊敏镇东北约 10 km 处，海拔 885 m；

敦达布拉格音额和绍布古日，五牧场东约 23.75 km 处，海拔 938 m；

海拉斯台，五牧场东偏北约 12.25 km 处，海拔 796 m；

罕乌拉，原锡尼河东苏木东约 8.75 km 处，海拔 1 024 m；

哈尔呼舒，原锡尼河东苏木南约 14.25 km 处，海拔 956；

塔班温都日，原锡尼河东苏木南偏西约 25 km 处，海拔 958 m；

伊尔盖音温都日，原锡尼河苏木西南约 17.5 km 处，海拔 979 m；

浩勒很温都日，原锡尼河东苏木西南约 23.75 km 处，海拔 991 m；

查干陶勒盖，原锡尼河东苏木北偏东约 15.5 km 处，海拔 767 m；

毛德太温都日，原锡尼河东苏木西北约 18.25 km 处，海拔 800 m；

巴润温多尔·包勒德如，原锡尼河西苏木东北约 8.25 km 处，海拔 681 m；

索勃日格图，原锡尼河西苏木东南约 11.75 km 处，海拔 961 m；

敖莫格特，鄂温克旗巴彦托海镇东南约 20 km 处，海拔 791 m。

（2）左岸。

浩芒古古塔，洪古勒吉罕河入伊敏河河口西约 7.8 km 处，海拔 1 470 m；

呼热特古格德，伊和松棍特乌拉西南约 10 km 处，海拔 1 412 m；

乌其哈锡，伊和松棍特乌拉西北约 14.5 km 处，海拔 1 258 m；

提格古日古格德，头道桥林场西南约 9.5 km 处，海拔 1 061 m；

毛德台·温多日，红花尔基镇西南约 12.5 km 处，海拔 908 m；

昭勒罕乌拉，红花尔基镇西约 19 km 处，海拔 877 m；

哈丁乌拉，茫日图西约 10.75 km 处，海拔 820 m；

呼米尔呼陶勒盖，孟根楚鲁西偏北约 10.5 km 处，海拔 672 m；

宝日敖包，原锡尼河西苏木南约 6 km 处，海拔 692 m。

（五）乌日根乌拉山支脉与伊敏河、哈拉哈河[①]、舒盖廷高勒（河）[②]的地理关系及河流两岸主要山峰

乌日根乌拉山支脉山脊东端为柴河源头上的主脉，南侧由东向西北依次为哈拉哈河一级支流苏呼河及其支流古尔班河源头、哈拉哈河一级支流托列拉河支流图拉日高勒源头及其支流乌兰扎拉嘎沟河呼斯图阿日勒沟河，哈拉哈河一级支流罕达盖高勒源头及其一级支流拜特河源头二级支流海拉斯廷高勒源头和扎木图扎拉格沟河。北侧由东向西北依次为伊敏河源头、辉河源头、巴音毛盖音阿其源头、舒盖廷高勒源头、哈布特盖音扎拉嘎沟河源头。可见，支脉两侧都属额尔古纳河水系，但南侧属呼伦湖—贝尔湖子水系，北侧属海拉尔河左岸的伊敏河子水系。需要说明的是，源于主脉的哈拉哈河源头区域及中上游各支流上游、源于主脉的伊敏河源头区域各支流均处于阿尔山—柴河火山群范围（图1-31）。

1. 哈拉哈河干流两岸附近已命名的主要山峰

（1）右岸。

站干山，苏呼河入哈拉河河口北偏东约21.25 km处，海拔1 411 m；

沙日尔吉特，伊尔施镇西北约11.5 km处，海拔1 283 m；

浑德仑花，伊尔施镇西北约13 km处，海拔1 196 m；

格吉格特乌拉，伊尔施镇西北约21.25 km处，海拔1 127 m；

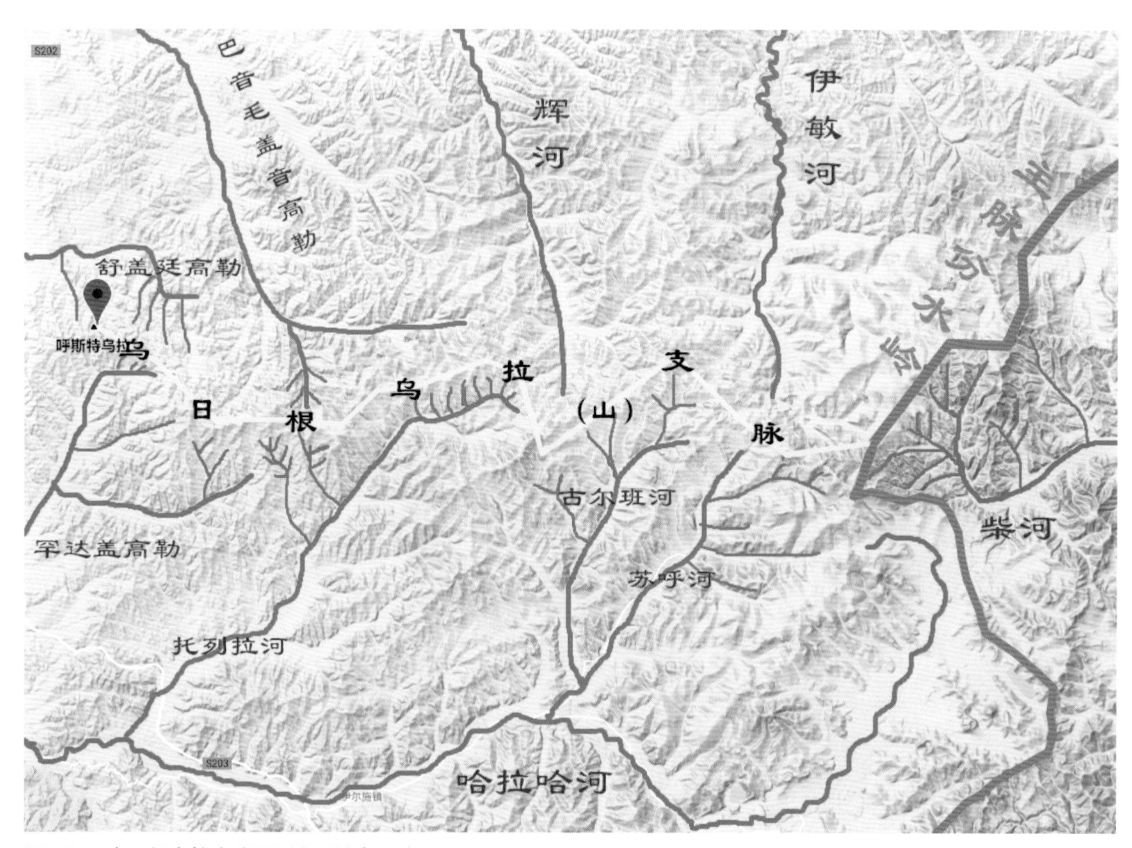

图1-31　乌日根乌拉支脉两侧水系流向示意

① 哈拉哈河，系蒙古语，意为热的河。哈拉哈河位于阿尔山—柴河火山群，在其上游的天池林场河段，由于地下熔岩距地表较其他河段更近，使河流下地表温度较高，大于4℃，致使在严冬-40℃以下，河水也不封冻，河面热气蒸腾。因此，整个河流都随之被称为哈拉哈河。

② “舒盖廷”高勒（河），系蒙古语“喜桂图（xiguitu）”的汉语谐音，意为森林里的河流。在新巴尔虎左旗南部，人们又把它看成是从森林里流出来的河流。

哈腊特，罕达盖林场南约 8.25 km 处，海拔 1 070 m；

迈罕特乌拉，罕达盖林场西北 20 km 处，海拔 1 014 m；

珠尔和乌拉，迈罕特乌拉南偏西约 4.25 km 处，海拔 1 002 m；

昌达门乌拉，迈罕特乌拉西南约 6.25 km 处，海拔 940 m；

毛德特乌拉，罕达特乌拉西偏南约 4.3 km 处，海拔 936 m。

（2）左岸。

大山，伊尔施镇西约 12.5 km 处，海拔 1 109 m；

胡得仁高京，伊尔施西偏南约 18 km 处，海拔 927 m；

三角山，大山西偏北约 9.5 km 处，海拔 1 030 m。

2. 辉河干流两岸附近已命名的主要山峰

（1）右岸。

塔日巴格台布格其，呼莫高勒源头，海拔 1 227 m；

那干楚，呼莫高勒入辉河河口东偏北约 11 km 处，海拔 1 156 m；

沙勒帮古格德，那干楚西北约 3.4 km 处，海拔 1 157 m；

沙锡乃温都日，呼莫高勒入辉河河口东偏北约 1.35 km 处，海拔 929 m；

特默呼珠，呼莫高勒入辉河河口西北约 2.35 km 处，海拔 930 m。

（2）左岸。

呼和哈达，辉河支流舒布廷高日和源头，海拔 1 172 m；

那木达巴，舒布廷达巴北偏东约 3.8 km 处，海拔 870 m；

迈罕乌拉，舒布廷达巴西北约 5.5 km 处，海拔 1 070 m；

浩勒包温多日，迈罕乌拉西北约 8.2 km 处，海拔 975 m。

3. 巴润毛盖音高勒干流两岸附近已命名的主要山峰

（1）右岸。

呼和又敖包，萨丁温多日北偏东约 5.5 km 处，海拔 1 051 m；

哈布其勒哈达，萨丁温多日东偏北约 2.3 km 处，海拔 1 028 m；

呼金乌拉，萨丁温多日东北约 10.8 km 处，海拔 1 186 m；

包格达乌拉，萨丁温多日北偏东约 9.7 km 处，海拔 1 262 m；

牙盖特乌拉，包格达乌拉东北约 6 km 处，海拔 1 142 m；

茫和力格敖包，包格达乌拉西北约 8.7 km 处，海拔 958 km；

勃格多音敖包，茫和力格敖包东北约 5.5 km 处，海拔 1 067 m；

勃日很德德舒布嘎日，勃格多音敖包东约 7.9 km 处，海拔 1 051 m；

达腊斯廷哈达，勃格多音敖包东偏北约 10.3 km 处，海拔 993 m；

舒布廷达巴，达腊斯廷哈达东北约 1.6 km 处，海拔 1 014 m；

勃日很道德舒布格日，勃格多音敖包东北约 8.1 km 处，海拔 957 m；

达木查乌拉，阿拉坦哈达东偏北约 6.1 km 处，海拔 983 m；

阿贵哈达，达木查乌拉东偏北约 3.3 km 处，海拔 876 m；

索孟敖包，阿拉坦哈达南约 2.9 km 处，海拔 959 m。

（2）左岸。

萨丁温多日，塔西南古河入巴润毛盖音高勒河口南偏东约 11.9 km 处，海拔 1 145 m；

塔布南古丁温多日，萨丁温多日西北约 8.7 km 处，海拔 1 029 m；

小平山，萨丁温多日西北约 11 km 处，海拔

1 052 m；

敖瑞毛德，小平山西南约 3.9 km 处，海拔 1 053 m；

查格都拉图，小平山西北约 5.5 km 处，海拔 1 070 m；

塔黑勒嘎特，小平山北约 5 km 处，海拔 974 m；

高林毛德，小平山北偏东 6.8 km 处，海拔 907 m。

（六）阿拉齐山次支脉与莫尔道嘎河、激流河的地理关系及河流两岸的主要山峰

阿拉齐山次支脉南端为得耳布尔河源头，西侧由南向北先为莫尔道嘎河源头，后为激流河左岸的一级支流安格林河的源头，向北依次为激流河左岸安格林河以上的各一级支流。直到激流河右岸的敖鲁古雅河河口对应的左岸，再顺时针转向南，逆激流河的流向其左岸的一级支流伊西塔里怡河为次支脉东侧北端首条河流。向南依次为激流河左岸各一级支流大力亚那河、嘎来乌克河、野尔尼赤那亚河、塘古斯卡亚河、莫霍福卡河、阿埃秀卡河、阿鲁干河，到金河左岸一级支流塔拉河源头止为次支脉的东侧南端。可见，阿拉齐山次支脉大部分被激流河子水系所环绕，只在南端与五河山支脉、莫尔道嘎河源头相联。阿拉齐山次支脉属额尔古纳河水系的激流河、莫尔道嘎河子水系流域范围（图 1-32）。

河流两岸主要山峰在介绍主脉和阿拉齐山次支脉时已陈述，故从略。

二、分水岭东侧各支（次）脉与嫩江水系（黑龙江水系）的地理关系

（一）伊勒呼里山支脉山与嫩江[①]、呼玛尔河的地理关系及河流两岸主要山峰

伊勒呼里山支脉山脊西端西侧有甘河源头及

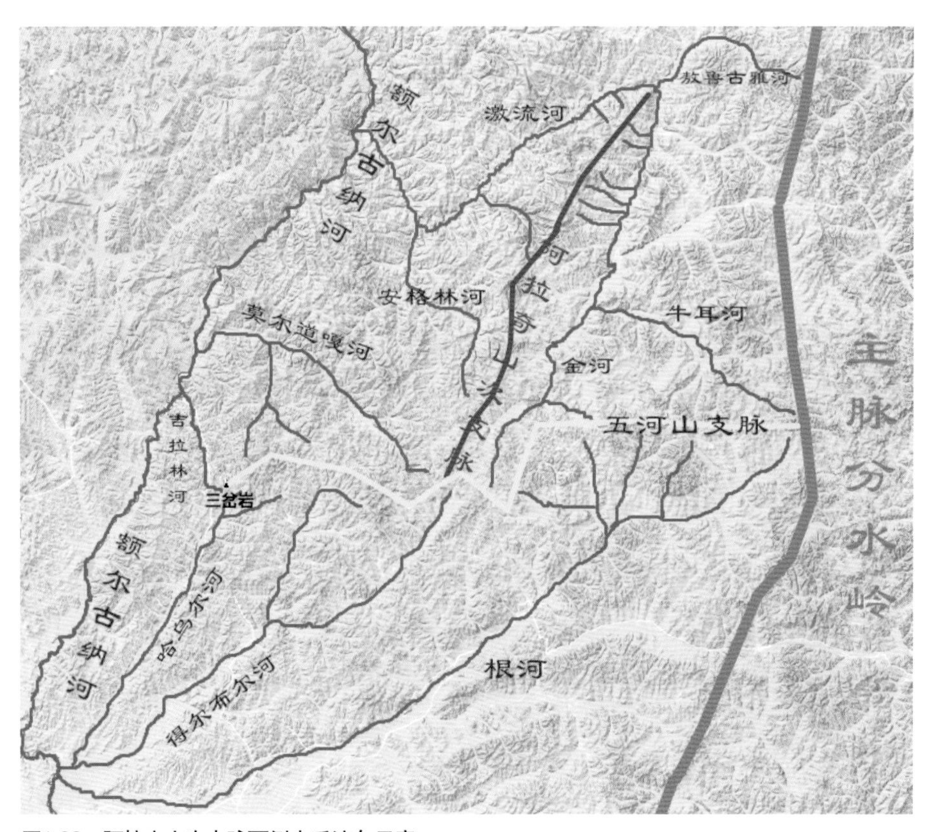

图1-32 阿拉齐山次支脉两侧水系流向示意

① 嫩江，系蒙古语"努文木仁"的汉语转译音变，意为遥远边缘的、边疆的河（江、大河）（孛尔只斤·嘎尔迪敖其尔，胡日乐，2014）。也有"纳文慕仁""纳文木伦"的称谓，"慕仁""木伦"为阿尔泰语系蒙古语族中的蒙古语、达斡尔语，意为"江"。

其一级支流东甘河，东侧有呼玛尔河一级支流奥伦诺霍塔库河。南侧由西向东依次有甘河一级支流乌里特河及其支流老八队沟河，阿里河源头及其一级支流西河润若河支流西洼河，多布库尔河源头及其一级支流西多布库尔河、北多布库尔河、小海拉义河、大海拉义河、查（嘉）拉巴奇河、库除河，南瓮河源头及其一级支流阿鲁卡康河、伊希康河及其支流大伊希康河小伊希康河、南阳河源头及其支流奴伊河，二根河源头，嫩江一级支流嘎拉河支流五道沟河源头。东端为呼玛河一级支流绰纳河的支流空腰碾河源头。北侧由西向东依次为呼玛尔河右岸一级支流白呼玛尔河的支流小洛杭纳霍玛鲁河沙洛诺杭纳霍玛鲁河、亚里河及其支流披鲁卡河伊加勒河、塔河的支流小库大音河沙诺库大河柯多蒂河奥托库瓦蒂河及其二级支流多克库鲁埃大杭河鲁果塔杭河、塔河的支流大乌苏河源头及其支流奥库沙卡埃河西耶洛基河西里霍库河纳雅鲁河大奥鲁卡堤河、倭勒根河支流内倭勒根河源头及其支流罗柯河源头、绰纳河支流九那大河源头，与呼玛尔河右岸对应的源头以下左岸支流皆源自西罗尔奇山支脉南侧。伊勒呼里山支脉西端西侧南侧的河流主要由发源于主脉的甘河和发源于伊勒呼里山支脉的多布库尔河、那都里河（古里河）、罕诺河、南瓮河、二根河等嫩江一级支流及其上源各支流组成。西端东侧北侧到东端的河流主要由发源于主脉的黑龙江一级支流呼玛尔河及其右岸的发源于支脉的各支流组成，其左岸的支流则由发源于西罗尔奇山支脉南侧的各支流组成。可见，南侧由嫩江水系的甘河、多布库尔河、那都里河、罕诺河、南瓮河、二根河多个子水系构成；北侧由黑龙江水系的呼玛尔河子水系构成。由此认识到，伊勒呼里山长达约 277km 的支脉，涵养了嫩江的上源。当其上游第二大支流甘河汇入后，它已成为一条大河，伊勒呼里山和上游约 4×10^4 km² 森林构成的汇水面积涵养了丰富的水源，蕴含着巨大的生态潜力，是尼尔基水库主要的水源涵养区域（图 1-33）。

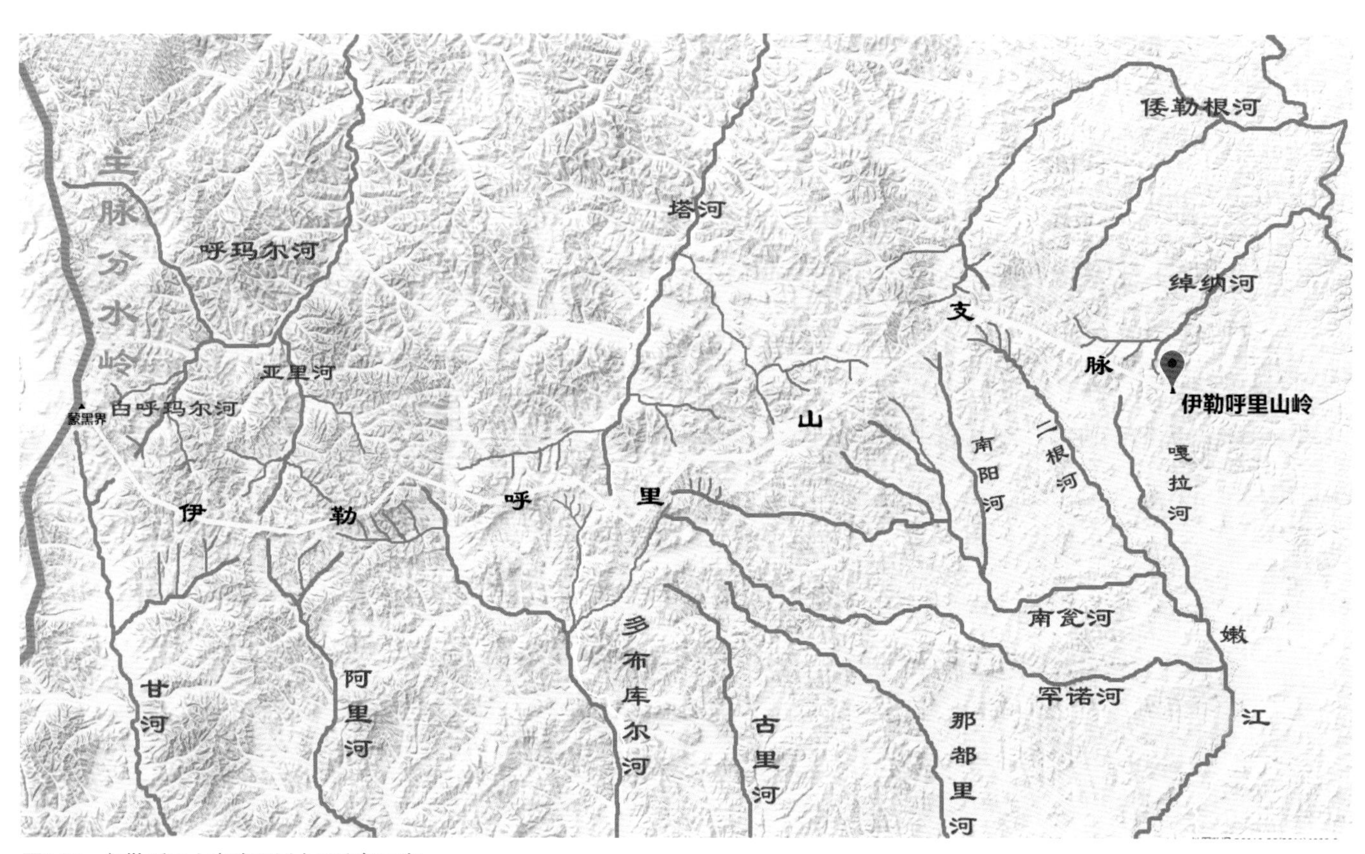

图1-33 伊勒呼里山支脉两侧水系流向示意

1. 嫩江干流两岸附近已命名的主要山峰（止于诺敏河入嫩江河口）

（1）右岸。

绰岔，多布库尔河入嫩江河口西北约 4.5 km 处，海拔 339 m；

石头山，绰岔西偏南约 6.5 km 处，海拔 358 m；

朱文梯敖勒，欧垦河入嫩江河口南约 3.3 km 处，海拔 448 m；

额乌肯沃依，朱文梯敖勒西南约 7.8 km 处，海拔 446 m；

阔那尔其，额乌肯沃依西偏南约 3.5 km 处，海拔 417 m；

浑都勒敖勒，哈力浅村南约 3.2 km 处，海拔 385 m；

塔拉高敖勒，德普腾超申哈力河入尼尔基水库河口北约 1.8 km 处，海拔 294 m；

英格里，霍日里新村南约 2.2 km 处，海拔 344 m；

沃勒山，腾克镇北约 2 km 处，海拔 397 m；

老黑山，郭尼村北偏西约 3.4 km 处，海拔 332 m。

（2）左岸。

长形山，北疆乡东东沟屯北约 7.1 km 处，海拔 564 m；

独立山，北疆乡东北象山村北，海拔 474 m；

大孤山，多宝山铜矿三矿沟西约 2 km 处，海拔 478 m；

鸡冠子山，大孤山南约 13 km 处，海拔 611 m；

多宝山，鸡冠山东约 10.8 km 处，海拔 568 m；

老爷岭，固固河入嫩江河口东偏南约 7.2 km 处，海拔 464 m；

达博勒罕，拉抛村东约 6 km 处，海拔 409 m；

椅子山，长江乡东约 6 km 处，海拔 359 m；

白石砬子，繁荣村西约 3.7 km 处，海拔 312 m；

窟窿山，博尔气村南约 6.2 km 处，海拔 373 m；

狐狸山，窟窿山北约 1.5 km 处，海拔 397 m。

2. 二根河干流右岸附近已命名的主要山峰

呼鲁呼特南，长梁山南 8 km 处，海拔 585 m。

3. 南瓮河干流右岸附近已命名的主要山峰

大孤山，南阳河入南瓮河河口南约 1.3 km 处，海拔 444 m；

小孤山，大孤山东南约 4.9 km 处，海拔 429 m。

4. 罕诺河干流右岸附近已命名的主要山峰

石头山，东那都里河源头沟堵北约 3 km 处，海拔 824 m。

5. 那都里河干流两岸附近已命名的主要山峰

（1）右岸。

特可赛尔，马尔其河入那都里河河口南偏西约 5.7 km 处，海拔 599 m；

叉子山，小古里河入大古里河河口西北约 1.5 km 处，海拔 399 m；

大金山，小古里河入大古里河河口东约 2 km 处，海拔 421 m。

（2）左岸。大子杨山，拉气河入那都里河河口东北约 4.5 km 处，海拔 524 m。

6. 多布库尔河干流右岸附近已命名的主要山峰

四所西山，古里农场西约 8.5 km 处，海拔 369 m；

莫尔当肯（岭），四所西山西南约 5.3 km 处，主峰海拔 529 m；

白桦大门山（岭），四所西山南偏东 10.7 km 处，主峰海拔 385 m；

光头山，古里农场南 4.7 km 处，海拔 341 m。

7. 呼玛尔河干流两岸附近已命名的主要山峰（伊勒呼里山支脉对应的北侧呼玛尔河干流段）

（1）右岸。

小白山，呼源镇南约 13.8 km 处，海拔 1 404 m；

松合义东（岭），呼源镇东约 22 km 处，主峰海拔 1 268 m；

奥拉岭（南段），呼源镇东偏北约 17.5 km 处，主峰海拔 1 065 m；

奥拉岭（中段），呼源镇东偏北约 19.25 km 处，主峰海拔 1 131 m；

奥拉岭（北段），呼源镇东北约 18 km 处，主峰海拔 1 122 m；

小提杨山，碧水镇东约 19 km 处，海拔 916 m；

芒诺乌山，小提杨山南约 11.5 km 处，海拔 887 m；

梯埃马山，芒诺乌山南约 15 km 处，海拔 1 063 m；

小波勒山，宏图镇北约 15.8 km 处，海拔 996 m；

大提杨山，小提杨山东偏南 12.8 km 处，海拔 936 m；

大博乌勒山，大提杨山东 12 km 处，海拔 834 m；

嘎鲁吉亚鲁山，大博乌拉山南偏东约 9.5 km 处，海拔 943 m；

特马山，大博乌拉山东北约 16 km 处，海拔 914 m；

阿木鲁山，塔尔根镇东约 16 km 处，海拔 756 m；

白鲁提山，阿木鲁山南约 1 km 处，海拔 728 m；

东南馒头山，阿木鲁山东约 8.8 km 处，海拔 625 m；

西雅吉亚勒山，大乌苏镇东偏南约 14 km 处，海拔 996 m；

坡乌勒山，碧州镇东约 24.5 km 处，海拔 863 m；

十里长岭，坡乌勒山东约 8.7 km 处，主峰海拔 749 m；

羊吉里山，翠岗镇东约 17.5 km 处，海拔 697 m；

二根罕山，羊吉里山东约 22.8 km 处，海拔 521 m；

石头山，二根罕山南偏东约 6 km 处，海拔 516 m；

五顶山，石头山南偏西 12 km 处，海拔 593 m；

靴形山，五顶山西南约 6.2 km 处，海拔 547 m；

凤凰山，靴形山西偏南约 6.6 km 处，海拔 747 m；

黄斑脊，凤凰山西偏南约 5 km 处，海拔 749 m；

青云峰，黄斑脊西约 4.9 km 处，海拔 914 m；

陡岸山，青云峰南偏东约 6.5 km 处，海拔 754 m；

樟松岭，陡岸山东偏北约 11.8 km 处，海拔 658 m；

松茂山，樟松岭东南约 11 km 处，海拔 598 m。

（2）左岸。

1 122 高地，白呼玛尔河入呼玛尔河河口北约 7 km 处；

大布勒山，呼源镇西约 20 km 处，海拔 1 218 m；

1 248 高地，阿鲁戈埃河入卡马兰河河口西约 12 km 处；

椭坡脑，十八站林业局永庆林场北偏东约 12.8 km 处，海拔 719 m。

（二）甘诺山支脉与诺敏河[①]、甘河[②]的地理关系及河流两岸的主要山峰

甘诺山支脉西北端为主脉山脊，南侧有诺敏河源于支脉的左岸一级支流托河源头、毕力亚河、布尔格里汉河、布鲁布地河、空地河、乌鲁奇河、库日必汗河，西南有发源于支脉的诺敏河左岸一级支流西日特其汗河、瓦西格气河、博列河、小鄂更河、鄂尔格毕拉罕河、阿来罕红花尔基河（小土葫芦山）、大喀拉楚河、小喀拉楚河、桦树林河（新命名，得名于河边的桦树林屯）、十六栋房河（新命名，得名于附近的十六栋房村）、嘎布嘎克河、伊力毕拉罕河、德都坎河、烟囱小河、白格热沟河，以及与诺敏河左岸对应的源于主脉的诺敏河上源各支流和右岸一级支流上（西）斯木科河、东斯木科河、牛

① 诺敏，系蒙古语“瑙珉（naomin）”的汉语谐音，意为碧绿色。诺敏河意为碧绿色河流。

② 甘（gan）河，系鄂伦春语，大河之意（鄂伦春自治旗现任旗长，何胜宝先生译解）。与鄂温克语“根河”意义相近。

尔坑河、查里巴奇河、红阿河、北木奎河、南木奎河、敖默纽乌鲁河、勒克毕拉罕河、阔克毕拉罕河、上敖鲁高洪河、晓瓦力毕拉罕河、扎格达毕拉罕河、伊斯奇河、巴提克河、毕拉河、大二沟河、小二沟河。北侧由西向东南有甘河一级支流克一河右岸支流南沟河上源索图罕河源头，甘河一级支流吉文河源头、奎勒河源头，奎勒河右岸一级支流阿格东那河、西日特其肯河、其它尔坑河、屋拉奇坑河、布日格里河、大红花尔基河及其支流小红花尔基河、加格达奇河、西讷尔克气河、库勒奇坑河、根河、乃曼河、卧罗河及其支流伊斯卡奇河楚鲁奇河嘎尔墩河。山脉南端有库如奇花热格河、霍日里河。甘诺山支脉南侧、西南侧的河流由发源于支脉的诺敏河左岸的各支流和右岸发源于主脉及中低山间的各支流组成；北侧、东南侧的河流由发源于支脉的甘河右岸各级支流组成。可见，克一河、吉文河、奎勒河为嫩江一级支流甘河的一级支流，诺敏河为嫩江的一级支流，两侧均属嫩江水系，但北侧属甘河的克一河子水系、吉文河子水系，东侧属甘河的奎勒河子水系；南侧、西南侧属嫩江的一级支流诺敏河子水系（图 1-34）。

1. 甘河干流两岸附近已命名的主要山峰（止于甘河入嫩江河口）

（1）右岸。

馒头山，利克斯林场北约 0.5 km 处，海拔 832 m；

骆驼峰，布苏里南约 8.7 km 处，海拔 803 m；

窟窿山（北），阿里河入甘河河口南偏东约 8.9 km 处，海拔 684 m；

半拉山（北），毛家铺火车站西 5.1 km 处，海拔 366 m；

半拉山（南），半拉山河入昭劳气毕拉罕河河口处，海拔不详；

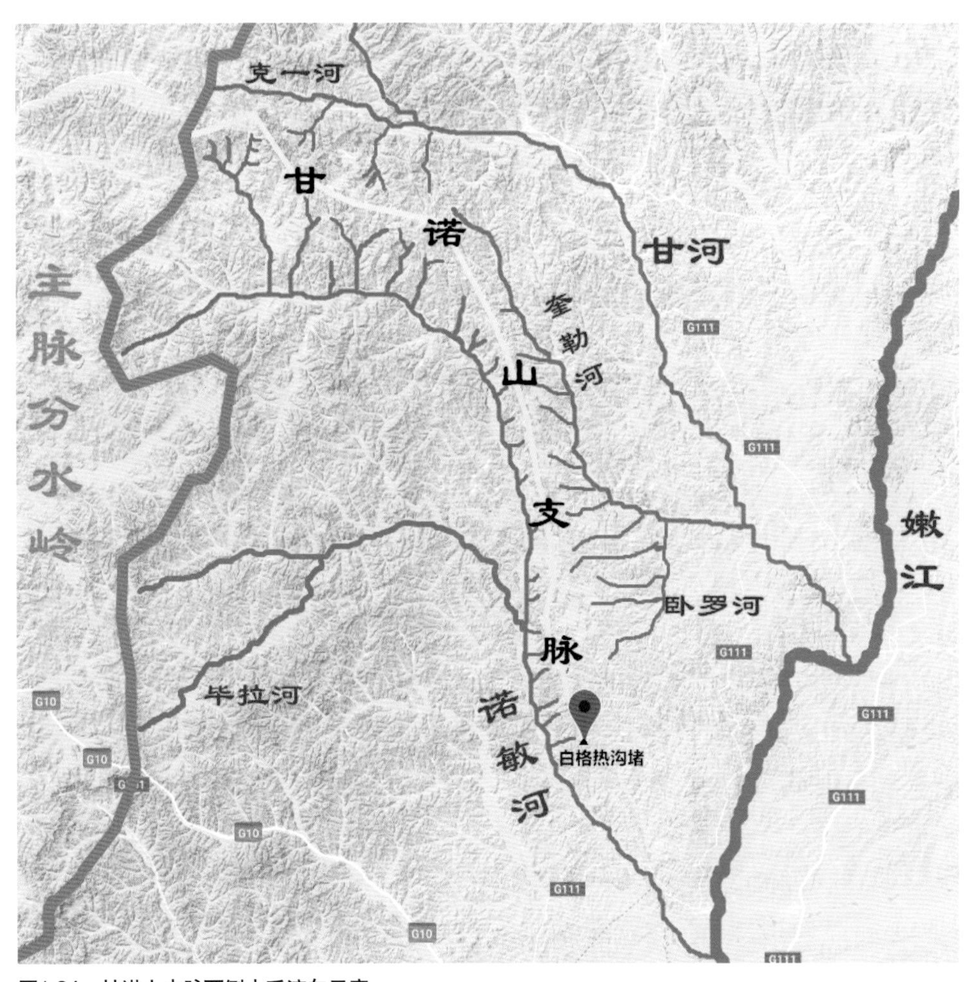

图1-34　甘诺山支脉两侧水系流向示意

九峰山，大杨树东—大杨树煤矿铁路甘河大桥南偏西约 4 km 处，海拔 365 m；

窟窿山（南），额尔河村西北约 2.2 km 处，海拔不详；

红山梁，窟窿山西偏北约 2.3 km 处，海拔 382 m。

（2）左岸。

凤凰岭，加格达奇机场东约 3.3 km 处，海拔 465 m；

田布古拉孔独尔各，加南火车站东偏南约 4.7 km 处，海拔 599 m；

查尔板孔独尔各（岭），白桦排火车站东北约 3.3 km 处，主峰海拔 567 m；

后乌苏蒙山，白桦排火车站东约 8 km 处，海拔 585 m；

朝阳山，朝阳村火车站北约 5.5 km 处，海拔 509 m；

勃洛尔峰山，春亭阁火车站北偏东约 8.9 km 处，海拔 489m；

线钴辘山，大杨树西偏北约 4 km 处，海拔 398 m；

神泉山，大杨树西约 1 km 处，海拔 377 m；

黑山，达尔滨村南约 3 km 处，海拔 374 m；

对口山，G111 线甘河大桥处，甘河左岸主峰海拔 349 m，右岸主峰海拔 327 m；

砕石梁子，伊哈里村东北约 3.8 km 处，海拔 366 m；

砲打山豁，伊哈里村东南约 1.8 km 处，海拔 359 m；

九头山，砲打山豁南约 2.7 km 处，海拔 375 m；

大岭，砲打山豁东南约 1.9 km 处，海拔 402 m；

盖山，大岭南约 3.9 km 处，海拔 359 m；

团山，额尔和村东约 2.5 km 处，海拔 263 m

2. 诺敏河干流两岸附近已命名的主要山峰（止于诺敏河入嫩江河口）

（1）右岸。

火狼山，斯木科村西南约 13.3 km 处，海拔 1 122 m；

赛浪格古达，牛尔坑河入诺敏河河口南约 25 km 处，海拔 1 279 m；

央格利雅山，赛浪格古达南约 12.6 km 处，海拔 1 018 m；

杨格李牆山，勃力河村南约 18 km 处，海拔 967 m；

莫哈金果格特，央格利雅山东北约 13.5 km 处，海拔 842 m；

巴提克果格特，诺敏河农场西偏北约 14.7 km 处，海拔 772 m；

果楞奇，诺敏河农场西北约 10.5 km 处，海拔 661 m；

布宫奇，诺敏河农场西南约 10 km 处，海拔 719 m；

布宫奇汗，布宫奇南偏东约 14.1 km 处，海拔 569 m；

瓦希克奇郭乌都，瓦西格奇村西约 5 km 处，海拔 639 m；

海尔梯达瓦，特温浅村北约 0.6 km 处，海拔 392 m；

绰科特，尼西空海拉松村南偏西约 3.5 km 处，海拔 414 m；

布拉尔高格达，初鲁格奇村北约 3.75 km 处，海拔 467 m；

楚鲁格奇高格达（马鞍山），吾都阿莫吉西约 4.3 km 处，海拔 520 m；

沃尔奇山，吾都阿莫吉南约 3.3 km 处，海拔 366 m；

大梁山（大架山），扎格达其河入诺敏河河口西南约 2.7 km 处，海拔 416 m；

宝山，宝山镇北约 1.6 km 处，海拔 364 m；

尖山，小泉子村西 5.5 km 处，海拔 509 m；

神仙落，沃勒莫丁村东北约 2.5 km 处，海拔 347 m。

（2）左岸。

诺敏大山，托河林场东偏南约 13 km 处，海拔 1 219 m；

毕利亚山，诺敏大山西南约 9.7 km 处，海拔 903 m；

莫果吉大山，吉库林场东北约 11.5 km 处，海拔 1 041 m；

龙头山，龙头村北，海拔 426 m；

德都坎果格特，德都坎河入诺敏河河口东偏北约 4.5 km 处，海拔 647 m；

窟窿山（南），毕拉河入诺敏河河口北偏西约 2 km 处，海拔 525 m；

伊威达瓦，伊威达瓦村北约 3.6 km 处，海拔 478 m；

莫力达瓦山，伊威达瓦村东偏南约 1.8 km 处，海拔 455 m；

黑格敖勒，库如奇村北约 0.7 km 处，海拔 377 m；

绰尔勒敖勒，库如奇村东南约 2.8 km 处，海拔 374 m；

哈热敖勒，双桥村西约 4.5 km 处，海拔 550 m；

伊勒本地敖勒，喀牙都尔本村东约 2.5 km 处，海拔 446 m；

阿尔拉敖勒，阿尔拉镇北约 1.5 km 处，海拔 374 m；

孤山子，后乌尔科北约 2.1 km 处，海拔 235 m；

石头门，后乌尔科西约 1.8 km 处，海拔 269 m；

王八脖子山，乌尔科村南约 1 km 处，海拔 221 m；

鸽子山，王八脖子山南偏东约 2.9 km 处，海拔 271 m；

博荣山，西博荣村北，海拔 238 m。

（三）扎克奇山次支脉与甘河、奎勒河[①]的地理关系及河流两岸主要山峰

扎克奇山次支脉山脊北端为甘河一级支流窟窿山河，山脊西侧由北向南依次为小奎勒河源头及其一级支流卢邓气河、上乌利奇河、中乌利奇河，奎勒河左岸一级支流吐吐（女）毕拉罕河、后石头沟河、前石头沟河、上克德毕拉罕河、下克德毕拉罕河。东侧由北向南有甘河右岸一级支流塔利图河、查尔巴奇河、胡地气河及其支流上胡得气河下胡得气河加格达奇河上胡地气汗河。南侧为奎勒左岸河一级支流大库莫沟河、扎兰河。北侧为甘河右岸二级支流下胡地气汗河、一级支流库克逊毕拉罕河昭劳气毕拉罕河。山脉南侧东端为甘河右岸一级支流库勒奇河。可见，两侧均为嫩江一、二级支流，但支脉在甘河与其支流奎勒河中间，所以应属嫩江水系的甘河子水系（图 1-35）。

甘河、奎勒河干流两岸附近已命名的主要山峰在介绍扎克奇山次支脉和甘诺山支脉时已陈述，故此处从略。

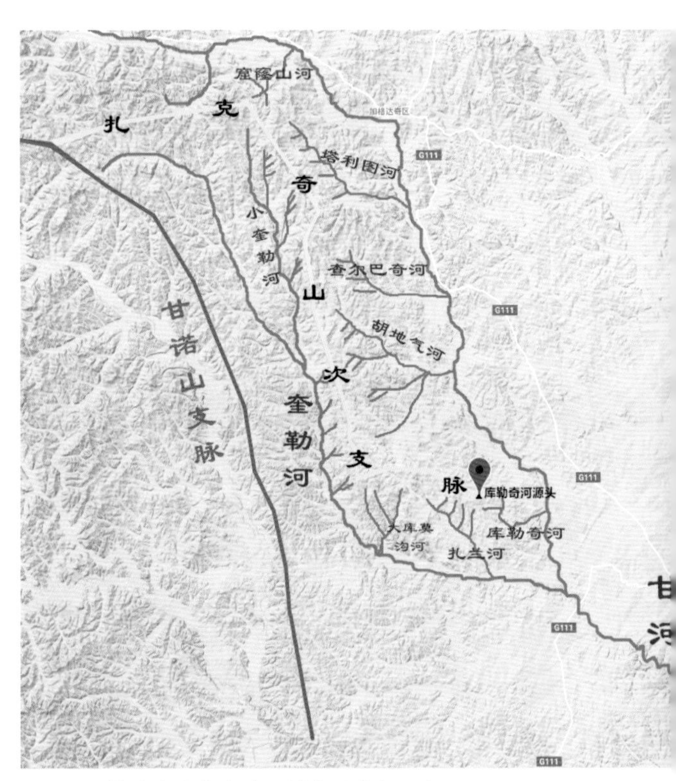

图1-35　扎克奇山次支脉两侧水系流向示意

① 奎勒河，“奎勒”系鄂伦春语“昆伊勒（kunyile）”的汉语转译谐音，意为地下火。奎勒河流域森林、湿地、石塘林地下腐殖质多，自然诱因或人为原因引燃后，火在地下燃烧不见明火，经久不灭，有时甚至燃烧一年不熄。“昆伊勒”即指这类地下火（鄂伦春自治旗原旗长，莫日根布库先生译解）。

（四）加尔敦山支脉与毕拉河[①]、阿伦河[②]、格尼河[③]的地理关系及河流两岸的主要山峰

加尔敦山支脉山脊北侧由西南向东北依次为毕拉河源头及其右岸一级支流信斯其河、西卧奇河、德布克河、查尔巴河、阿铁青河、古龙里拉河、都尔坎河、卧斯门河、珠格德力河及其支流西热克特奇河。东端为大二沟河上源。南侧由西南向东北依次为阿伦河源头及其左岸一级支流小什尼奇沟河、大羊草沟河、大什尼奇沟河、库伦河及其支流霍伦尼达万阿勒河，格尼河源头及其左岸一级支流大沙尔巴沟河、小沙尔巴沟河、楚万沟河、小新力奇河及支流鄂博都切河巴拉嘎提河端德新力奇河、都瓦尔新力奇河。可见，两侧均为嫩江的一、二、三级支流，属嫩江水系。但北侧为诺敏河子水系的毕拉河二级子水系，南侧为阿伦河子水系、诺敏河子水系的格尼河二级子水系（图 1-36）。

1. 毕拉河干流两岸附近已命名的主要山峰

（1）右岸。

达尔滨呼通，火山口，达尔滨湖东偏北约 1.5 km 处，海拔 766 m；

四方山，火山口，乌克特格热奇河入毕拉河河口南约 8.7 km 处，海拔 933 m；

窟窿山，谢力奇坑河入毕拉河河口南约 0.75 km 处，海拔 481 m。

（2）左岸。

马鞍山，火山口，小气河入毕拉河河口东北约 4.5 km 处，海拔 906 m；

大黑山（普如斯乌热），火山口，达尔滨罗东

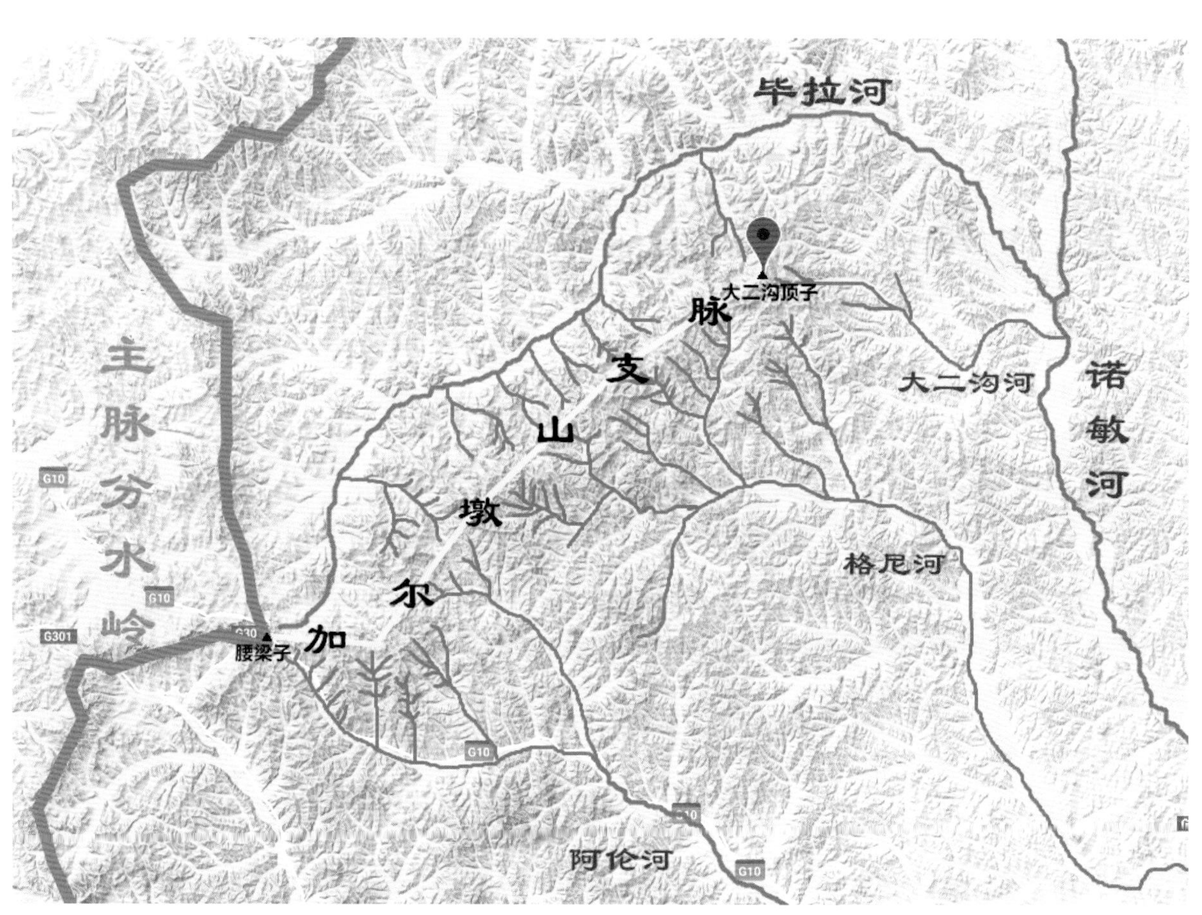

图1-36 加尔敦山支脉两侧水系流向示意

① 毕拉（bila），系鄂伦春语，河，也有易出槽的河流之意（鄂伦春自治旗原旗长，莫日根布库先生译解）。
② 阿伦（alun），系鄂温克语，“清洁干净”之意，阿伦河意为清洁干净之河（内蒙古鄂温克族研究会，黑龙江省鄂温克族研究会，2007）。
③ 格泥（geni）河，系鄂温克语，意为浑浊的河流（阿荣旗鄂温克族研究会常务理事，那险峰先生译解）。

3.8 km 处，海拔 668 m。

2. 阿伦河干流两岸附近已命名的主要山峰（止于内蒙古自治区—黑龙江省界）

（1）右岸。

额霍阿宪，大时尼奇林场南偏东约 5.3 km 处，海拔 749 m；

英额特希瓜达，额霍阿宪东偏南约 10 km 处，海拔 1 016 m；

乌鲁呼努，英额特希瓜达东偏南约 9.2 km 处，海拔 801 m；

马鞍山，查巴奇西偏南约 3.5 km 处，海拔 582 m；

哈尼高格达，查巴奇南约 3 km 处，海拔 553 m；

额讷德高格达，那克塔村西偏北约 14.2 km 处，海拔 616 m；

蒋家大山，复兴水库西北约 2 km 处，海拔 552 m；

红花梁子岭后，红花梁子红荣村北 1.5 km 处，海拔 424 m；

椅子山，椅子山村西北约 2.2 km 处，海拔 447 m。

（2）左岸。

靠山河山，榆树沟河入阿伦河河口东偏南约 2.45 km 处，海拔 717 m；

德格尔山，小库伦沟河入阿伦河河口北偏东约 8.2 km 处，海拔 881 m；

沃苏尼奇达瓦，德格尔山东北约 6.5 km 处，海拔 826 m；

疙瘩奇达瓦，大疙瘩奇河上源沟堵，沃苏尼奇达瓦北偏东约 7.7 km 处，海拔 750 m；

查勒班苏日，查巴奇西北约 4.4 km 处，海拔 505 m；

额呼德尔高格达，查巴奇北偏西约 9.5 km 处，海拔 656 m；

德其和高格达（岭），查巴奇北约 14 km 处，主峰海拔 735 m；

哈特额高格达（岭），查巴奇东北约 4.5 km 处，主峰海拔 574 m；

沃尔会南岭，沃尔会河上游南侧、大文布奇沟东侧、小文布奇沟堵、萨里沟河上源北侧长约 13 km 处，主峰海拔 627 m；

敖尔贵达瓦（岭），大石砬村东约 3.5 km 处，主峰海拔 618 m；

岔子山，霍尔奇东偏北约 17 km 处，海拔 511 m；

大白石山，霍尔奇东南约 4.5 km 处，海拔 462 m；

绞杆山，那吉镇北约 14.5 km 处，海拔 480 m；

双山，那吉镇北偏东约 12.8 km 处，海拔 405 m。

3. 格尼河干流两岸附近已命名的主要山峰（止于内蒙古自治区—黑龙江省界）

（1）右岸。

莫和金瓜达，疙瘩奇达瓦北偏西约 8.3 km 处，海拔 936 m；

长脖山，莫和金瓜达东 12 km 处，海拔 793 m；

一撮毛（山），沃苏尼奇达瓦东约 13.5 km 处，海拔 696 m；

车库仁库，三号店林场东偏北约 5.1 km 处，海拔 460 m；

东老爷岭，三号店林场东 5 km 处，海拔 477 m；

谢尼奇山，二号店西南约 3.8 km，海拔 721 m；

重车岭，三岔河西北约 14 km 处，海拔 577 m。

（2）左岸。

希拉果格特，三号店林场西北约 8.5 km 处，海拔 696 m；

西老爷岭，三号店林场西偏北约 3.5 km 处，主峰海拔 488 m；

滚兔岭，三号店林场东偏北约 3.4 km 处，海拔 534 m；

阿塔达瓦（岭），二号店子东南约 9.5 km 处，主峰海拔 555 m（阿塔达瓦低山山岭最高点为海拔 652 m，为莫力达瓦达斡尔族自治旗的最高点）；

关门山，三号店北偏西约 8.5 km 处，海拔 474 m；

库木托孔高格达，杜代沟村东北约 4.7 km 处，海拔 462 m；

太平山，德力其尔东北约 12 km 处，海拔 540 km；

尖山子，得力其尔东偏北约 4 km 处，海拔 512 m；

马鞍山，得力其尔东南约 3.2 km，海拔 455 m；

三道梁子，青龙山北约 2.1 km 处，海拔 343 m；

神仙落，五家子村西约 4.4 km 处，海拔 347 m。

（五）多伦山支脉与阿伦河、雅鲁河[①]、音河[②]的地理关系及河流两岸主要山峰

多伦山支脉山脊西端为雅鲁河左岸一级支流博克图东沟河，西南侧由西北向东南依次为雅鲁河左岸一级支流沟口北沟河、旗山东沟河、仙人洞沟河、喇嘛山大东沟河支流杨树沟河及五道沟河、卧牛河源头，音河源头及其左岸支流干沟河、大孤山子沟河、维古奇沟河、大宽沟河、线杆沟河、石砬沟河。东北侧由西北向东南依次为阿伦河源头及其右岸一级支流大盘道沟河、小盘道沟河、小南沟河、大三道岭沟河、额霍阿宪沟河、苏额阿勒河、大松树沟河、小松树沟河、依力巴沟河、小索洛霍奇河、索勒奇河支流大索洛霍奇河及西索洛霍奇河（新）。可见，两侧的雅鲁河、音河和阿伦河均为嫩江一级支流，属嫩江水系。但西南侧为雅鲁河、音河子水系，东北侧为阿伦河子水系（图 1-37）。

1. 雅鲁河干流两岸附近已命名的主要山峰（止于内蒙古自治区—黑龙江省界）

（1）右岸。

马鞍山，喇嘛山火车站南偏西约 2 km 处，海

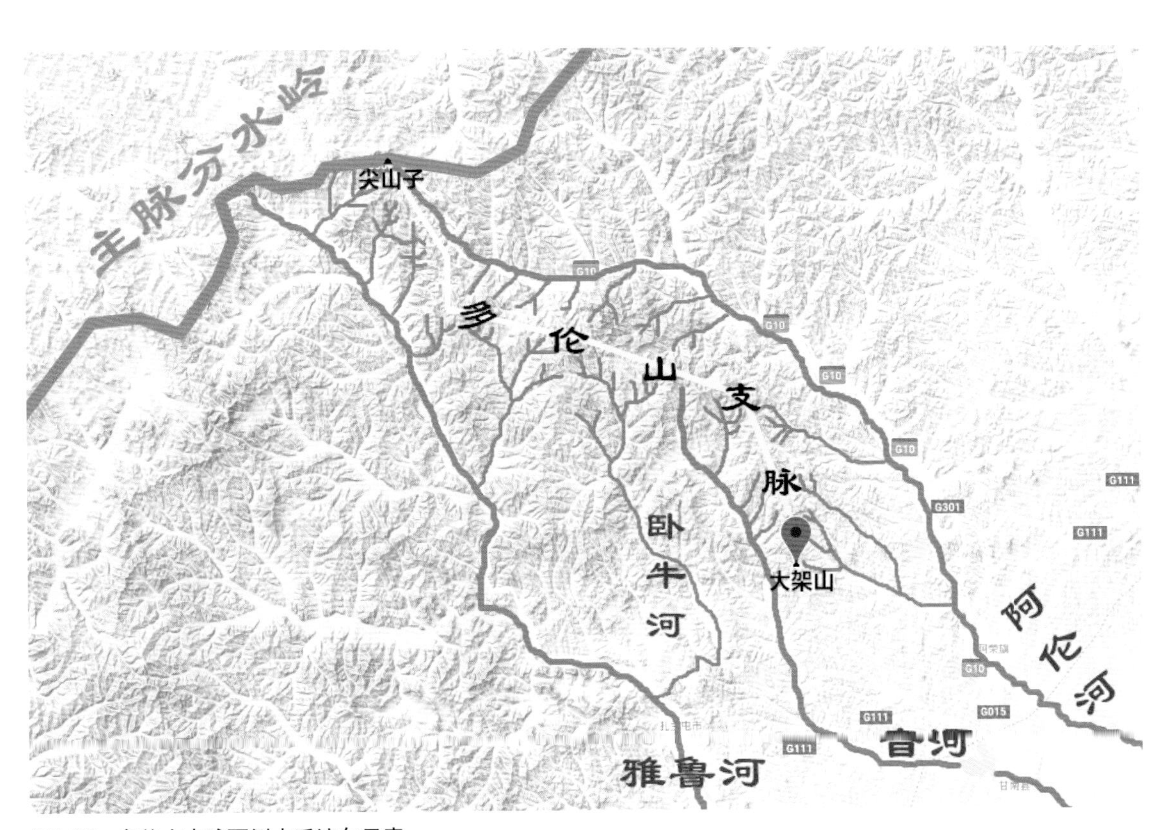

图1-37　多伦山支脉两侧水系流向示意

① 雅鲁河，“雅鲁（yalu）”系鄂温克语，意为清澈透明，雅鲁河即清澈透明的河流（内蒙古鄂温克族研究会，黑龙江省鄂温克族研究会，2007）。

② 音河，是“音浅毕拉罕（yinqianbilahan）”的简称，系鄂温克语，意为流域小（相对阿伦河）的河流（阿荣旗鄂温克族研究会常务理事，那险峰先生译解）。

拔 714 m；

石板山，阿木牛河南、楠木西偏北约 25 km 处，海拔 924 m；

马鞍山，转心湖河东、楠木西南约 21.5 km 处，海拔 938 m；

一撮毛（山），马鞍山东约 5 km 处，海拔 992 m；

烟筒山，楠木南约 10.3 km 处，海拔 815 m；

大黑山，三道桥火车站西南约 3.8 km 处，海拔 720 m；

大红山，扎兰屯大桥西桥头北约 14.1 km 处，海拔 899 m；

园石山，扎兰屯西偏南约 56.75 km，海拔 1 024 m；

孤山子，成吉思汗北 4.2 km 处，海拔 312 m；

买卖梁子（岭），成吉思汗西约 28 km 处，主峰海拔 552 m；

蘑菇顶山，成吉思汗西南约 36.25 km 处，海拔 685 m；

老平岗，成吉思汗西约 44.5 km 处，海拔 963 m。

（2）左岸。

小孤山，旗山东北约 6.5 km 处，海拔 727 m；

大黑山（北），雅鲁东偏南约 7 km 处，海拔 1 109 m；

大黑山（南），紫沟火车站东北约 4.6 km 处，海拔 1 092 m；

喇嘛山，巴林火车站北偏西约 2.9 km 处，海拔 735 m；

狼洞山，哈拉苏火车站东北约 11.6 km 处，海拔 550 m；

太阳山，三道桥火车站北约 23.25 km 处，海拔 909 m；

滚兔岭，三道桥火车站北偏东约 16.75 km 处，海拔 772 m；

龙头山，三道桥火车站北偏东约 7.4 km 处，海拔 659 m；

大椅山，卧北火车站北约 6.4 km 处，海拔 446 m；

小椅山，大椅山南约 1.25 km 处，海拔 399 m；

尖山子，卧牛河火车站东北约 5.7 km 处，海拔 463 m；

杨旗山，扎兰屯火车站东北约 7.65 km 处，海拔 684 m；

大尖山，高台子火车站东南约 7.7 km 处，海拔 567 m。

2. 音河干流两岸附近已命名的主要山峰（止于内蒙古自治区—黑龙江省界）

（1）右岸。

柞木梁子，海力提村西北约 14 km 处，海拔 643 m；

太平山，音河乡西北约 9 km 处，海拔 446 m；

青龙山，音河乡西北约约 4.8 km 处，海拔 381 m。

(2)左岸。林家窑岭，音河乡东偏北约 6.3 km 处，海拔 433 m。

（六）雅克山支脉与雅鲁河、绰尔河[①]的地理关系及河流两岸的主要山峰

雅克山支脉山脊北端为雅鲁河一级支流雅鲁大西沟河源头。西侧由北向南依次为雅鲁河一级支流南大河，绰尔河源头及其源于支脉的左岸一级支流源泉河（新命名，得名河口的源泉站）、伊吉利沟河、美良河、乌丹河、106—107 沟河、鄂勒格特气沟河、古营河、鹿角沟河、皮革沟河（又名鹿窖沟）、巴升河、荒草沟河、梁河、一支沟河、固里河、韭菜沟河、浩饶河，与左岸支流对应有绰尔河右岸源于主脉及中低山间的一级支流五道

① 绰尔（chaoer），蒙古语，意为滚滚的急流（那顺巴图，2014）。鄂温克语，意为“水流穿峡时流水声大”“瀑布”声、流急等，绰尔河是指在峡谷中流水声很大的河流（内蒙古鄂温克族研究会，黑龙江省鄂温克族研究会，2007）。

桥沟河、育林沟河、十八公里沟河、十三公里沟河、清水河、苏格河、松树沟河、塔木兰沟河、塔尔气河、西鹿角沟河（新命名，与左岸东侧鹿角沟相对应）、莫柯河、希力格特河、敖尼尔河、柴河、德勒河、哈布气河、白毛沟河、托欣河。东侧由北向南依次为雅鲁河一级支流爱林沟河及其支流大北沟河小北沟河、阿木牛河及其支流阿曼河的支流浩尼钦高勒（河）、大铁古鲁气沟河、济沁河及其支流黄济沁河根多河哈拉河、罕达罕河及其支流乌尔其根河上源苇莲河、罕达罕河及其上游左岸支流哈多河大尼莎气河，东侧还有绰尔河一级支流毛格图乌兰扎拉嘎河，南端为绰尔河一级支流格拉扎勒木希吉河。可见，两侧均为嫩江一、二、三、四级支流，属嫩江水系。但北端和东侧为雅鲁河子水系，南端和西侧主要为绰尔河子水系（图 1-38）。

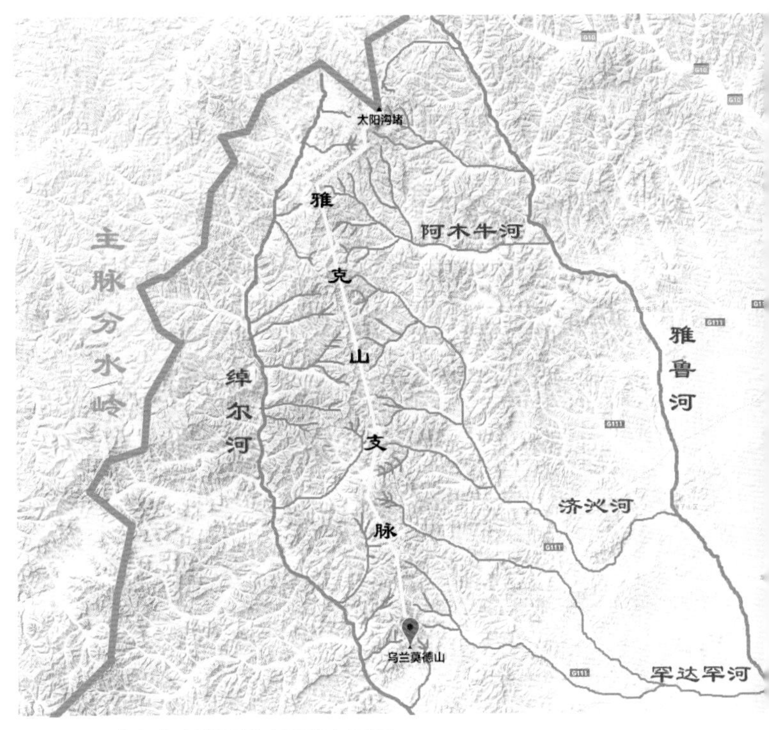

图1-38　雅克山支脉两侧水系流向示意

1. 绰尔河干流两岸附近已命名的主要山峰（止于呼伦贝尔市—兴安盟界）

（1）右岸。

温多尔嘎查，浩饶山镇西约 3.5 km 处，海拔 725 m；

托欣萨拉，温多尔嘎查西北约 2.4 km，海拔 792 m；

唐安，托欣萨拉东北约 1.8 km 处，海拔 809 m；

朗木罕，唐安西约 4.6 km 处，海拔 864 m；

德德山（东），朗木罕北偏西 4.4 km 处，海拔 885 m；

布力赫敖瑞，朗木罕西偏北约 2 km 处，海拔 999 m；

乌兰达巴，布力赫敖瑞北约 0.75 km 处，海拔 1 013 m；

布勒和勒敖瑞，乌兰达巴西偏北约 1.6 km 处，海拔 861 m；

德德山（西），布勒和勒敖瑞西北约 5.3 km 处，海拔 982 m；

阿斯格德，德德山（西）西 15.75 km 处，海拔 1 277 m；

伊萨斯（干乃勒欧瑞），阿斯格德西偏北约 14.3 km 处，海拔 1 223 m；

特拉阿斯德，阿斯格德西南约 6.4 km 处，海拔 978 m；

那布盖欧嘎，阿斯格德东南约 5.6 km，海拔 1 001 m；

那布盖吉勒和，那布盖欧嘎东南约 7.8 km 处，海拔 764 m；

浩斯亭欧嘎，那布盖吉勒和北约 5 km 处，海拔 943 m；

浩斯亭敖瑞，那布盖吉勒和东北约 5 km 处，海拔 996 m。

（2）左岸。

大尖山，美良河源头，海拔 1 262 m；

扎哈松连，韭菜沟河入绰尔河河口北约 4.4 km 处，海拔 831 m。

（七）莫柯岭支脉与莫柯河、柴河、敖尼尔河[①]、希力格特河的地理关系及河流两岸的主要山峰

莫柯岭支脉西端北侧为莫柯河南源源头，向东偏北依次为莫柯河右岸无名的15条一级支流（涧水、溪）。西端南侧为柴河一级支流柴河青年林场北沟河（新命名）。向东偏北依次为敖尼尔河源头、希力格特河源头。支脉的东端北侧为莫柯河入绰尔河河口，两河相汇夹一山脊，此处被称为二龙归。莫柯岭支脉两侧的河流属嫩江水系的绰尔河子水系（图1-39）。

（1）莫柯河左岸北侧河中林场北16 km处，为牙克石市境内最高山峰大黑山，海拔1 600 m。

（2）敖尼尔河右岸南侧，约4.2 km处为地标1 373高地。

（3）希力格特河右岸南侧，约3.5 km处为地标1 273高地。

（八）呼尔雅泰山次支脉与阿木牛河[②]、中和沟河、济沁河[③]的地理关系及河流两岸的主要山峰

呼尔雅泰山次支脉由西向东，北侧、东北侧为雅鲁河的一级支流阿木牛河源头及其右岸各级支流、中和沟河源头及其右岸各级支流。南侧、东南侧均为济沁河源头及其左岸各级支流。阿木牛河、中和沟河、济沁河均为嫩江水系的雅鲁河子水系的一级支流，所以呼尔雅泰山次支脉整体是位于雅鲁河子水系流域（图1-40）。

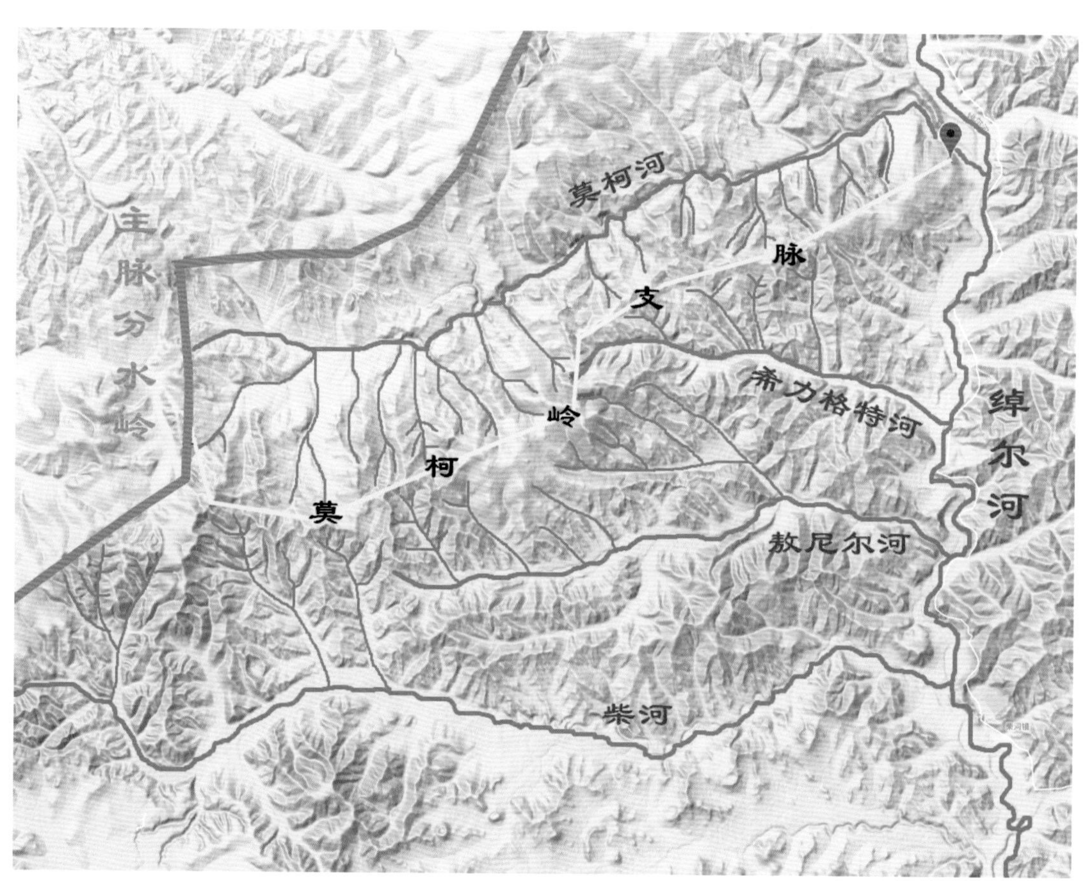

图1-39 莫柯岭支脉两侧水系流向示意

① 敖尼尔(aonier)河，系鄂温克语“奥尼奥尼”的汉语谐音，河流两岸崖壁之上的自然图案被鄂温克猎民视为山神。意为河流两岸有山神。

② 阿木牛，为鄂温克、鄂伦春语“阿木吉（amuji)”的汉语谐音，意为水泡子。

③ 济沁，为鄂温克语“济浅（jiqian)”的汉语谐音，意为刀锋或刀刃，又称左侧或左翼。清初，从黑龙江左岸（侧）与结雅河右岸之间的济浅鄂温克人迁徙到萨马街游猎，他们怀念故地，所以用原住地黑龙江左岸（侧）“济浅”，来命名新住地的河流。萨马街乡的一部分鄂温克人是济浅人的后裔（内蒙古鄂温克族研究会，黑龙江省鄂温克族研究会，2007)。

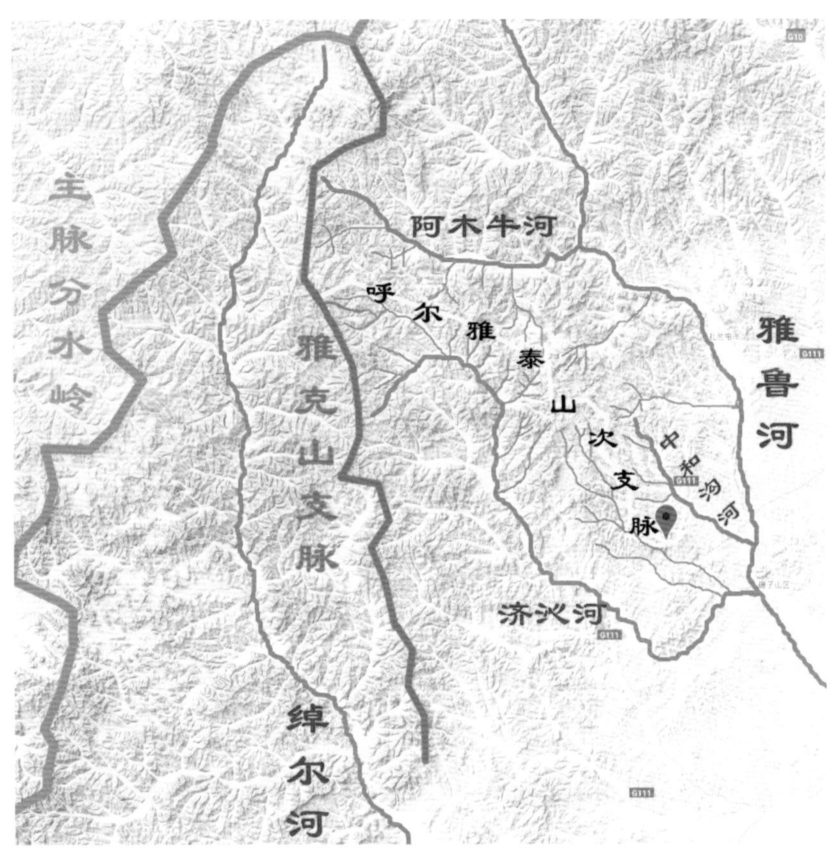

图1-40　呼尔雅泰山次支脉两侧水系流向示意

阿木牛河、中和沟河、济沁河两岸山峰已在介绍呼尔雅泰山次之脉中陈述，故从略。

三、主脉分水岭东侧黑龙江省域内支（次）脉与黑龙江水系的地理关系

（一）西罗尔奇山支脉与大兴安岭北端黑龙江（Helong River）右岸各支流的地理关系及河流两岸的主要山峰

西罗尔奇山支脉北侧由西向东依次为额木尔河源于主脉的玛斯立那河及一级支流嘎来奥河、阿夫科洛希河、阿兴奇河源头；盘古河[①]源头及其一级支流安铁河、上乌瓦洛卡提河、嘎大鲁河、乌瓦洛卡提河、上布鲁嘎里河、下布鲁嘎里河、西克里河、宝勒奇河、瓦鲁奇河、拉哈提河、小布鲁嘎里河、大布鲁嘎里河、上布鲁克里河、布鲁克里河源头；大西尔根气河[②]源头及其支流古鲁干河、塔普科拉提西尔根河支流上阿兴尼河、阿横提西罗奇河、峻岭河源头，小西尔根气河一级支流八里湾河支流高布藏姆溪河源头。支脉南侧由西向东依次为呼玛尔河一级支流卡马兰河支流苏鲁乌亚河、人字河、白郎河亚拉河、西伊棱尼埃河支流乌瓦洛哈提河上埃基西玛亚河中埃基西玛亚河下埃基西马亚河阿尔浓河，呼玛尔河一级支流阿吉羊河源头及其支流小库塔音河、大库塔音河、阿汗乃河、阿亚来河、纳木楚提河、奥库塔来河，呼玛尔河一级支流科斯克河支流瓦拉干河[③]源头、北瓦拉干河支流阿茂力河科乌来瓦拉干

① 盘古河，“盘古（pangu）”系鄂伦春语“盘桂（pangui）”的汉语谐音或转译，为“沸腾滚动”之意，因河底高低不平，河流比降较大，象沸腾的水一样翻滚（塔河县地方志编纂委员会，2000）。

② 大西尔根气河，“西尔根气（xiergenqi）”系鄂伦春语，为“河长弯多”之意，在西尔根气河上游，有两个较大的一级支流，即大西尔根气河和小西尔根气河（塔河县地方志编纂委员会，2000）。

③“瓦拉干（walagan）”系鄂伦春语“向阳坡多”之意。瓦拉干河是呼玛尔河左岸支流，发源于西罗尔奇山支脉南侧，整个流域都位于南坡的向阳面（塔河县地方志编纂委员会，2000）。

河源头、依沙溪河[①]源头。可见，两侧均为黑龙江一、二、三级支流，属黑龙江水系的额木尔河、盘古河、西尔根气河、呼玛尔河子水系（图1-41）。

呼玛尔河干流两岸附近已命名的主要山峰在介绍伊勒呼里山支脉北侧山峰和西罗尔奇山支脉南侧山峰时已陈述，故从略。

（二）额木尔山次支脉与大兴安岭北端黑龙江右岸各支流的地理关系及河流两岸的主要山峰

次支脉西侧由南向北有额木尔河右岸支流阿兴奇河、乔鲁巴河、上阿里亚奇河、下阿里亚奇河、奥拉奇河及其支流交鲁河、楚龙沟河、龙河支流马大尔太河二龙河、北二根河，黑龙江一级支流南盖河，北端有黑龙江一级支流谢尼康河；东侧由南向北有盘古河源头及其左岸支流肖洛岳大鲁德希亚河、西里尼特托河、别拉罕河、依力希河、乌布卡里河、聂河支流西里尼河、南大头卡河、大头卡河、塔里亚河、乌里克河、二根坎河、沿江河、水文河。可见，两侧均为黑龙江的一、二级支流，属黑龙江水系的额木尔河、盘古河子水系（图1-42）。

1. 额木尔河干流两岸已命名的主要山峰

（1）左岸。

赤里马河支流小赤里马河源头931高地和937高地；

木石神山，老槽河右岸，海拔634 m；

下腰亮子西梁，老沟河入额木尔河河口西南约2 km处，海拔635 m；

石岩山，下龙沟河入额木尔河河口北约5.5 km处，海拔650 m；

光头山，二十八站林场北偏西约9.5 km处，海拔546 m；

嘎拉山，二十七站北约9 km处，海拔497 m；

分水山，二十七站东北约5 km处，海拔505 m；

大雷子山，毛家大沟河入额木尔河河口东约

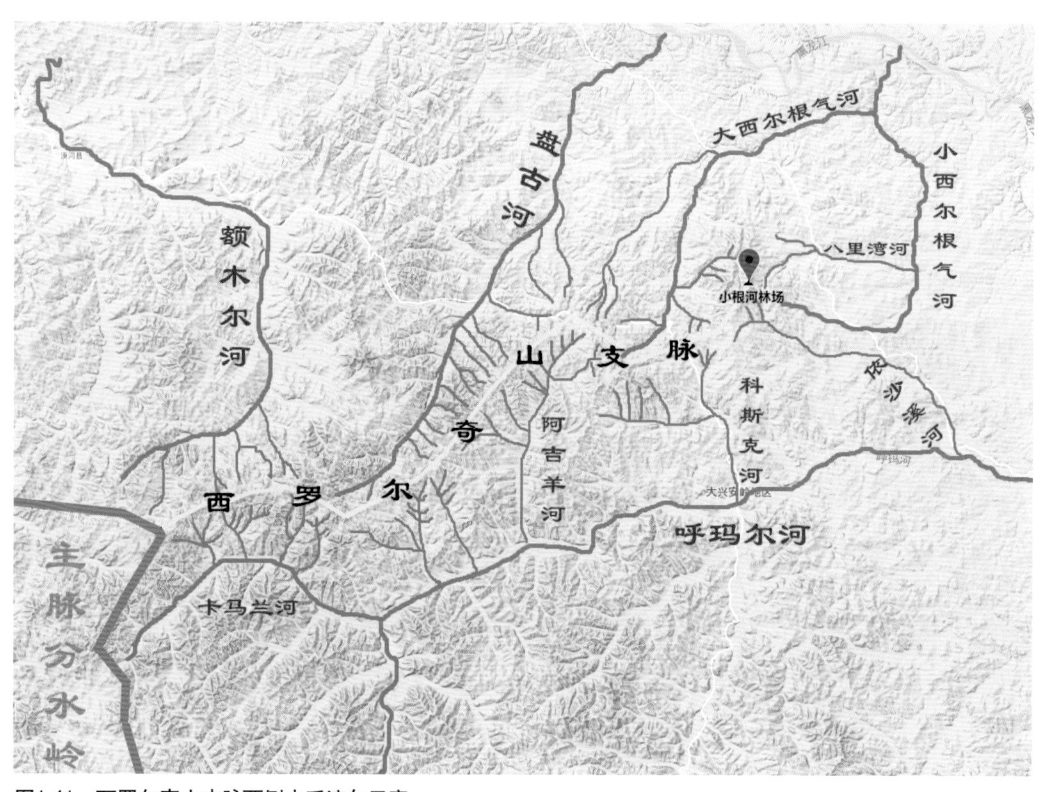

图1-41　西罗尔奇山支脉两侧水系流向示意

① “依沙溪（yishaxi）”系鄂伦春语，“肩胛骨”之意。因流域河道支叉的分布如扇形，形同兽类的肩胛骨而得名（塔河县地方志编纂委员会，2000）。

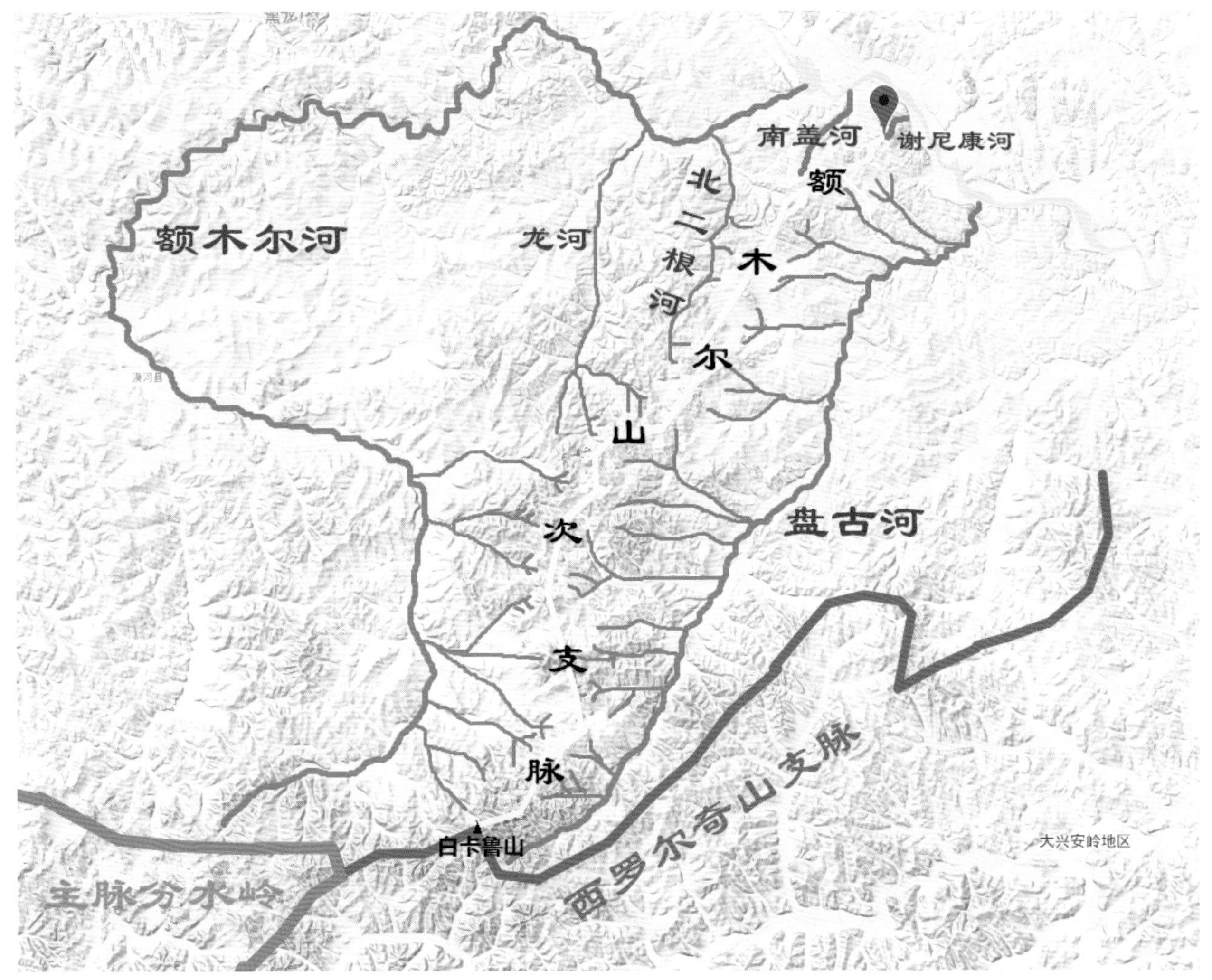

图1-42 额木尔山次支脉两侧水系流向示意

4.8 km 处，海拔 536 m；

双柳山，大雷子山北约 9 km 处，海拔 538 m。

（2）右岸。右岸已命名的的主要山峰在介绍额木尔山次支脉西侧山峰时已陈述，故从略。

（3）因额木尔河的中下游在南北西三面包绕额木尔山地，所以右岸的一级支流富库奇河、西林吉河、马尼契河、下龙沟河、龙沟河、小丘古拉河、大丘古拉河、毛家大沟河、二龙河、高里大沟河、贺索库河、北二根河皆发源于额木尔山地，而山地的主要山峰则位于各河流域。见本章第三节，四、(二)、3。

2. 盘古河干流两岸已命名的主要山峰

（1）右岸。

樟松顶，盘古河右岸西湖里河源头，海拔 679 m；

望河山，西湖里河入盘古河河口东北 2.5 km 处，海拔 463 m；

望河尖，向阳村南偏西约 6 km 处，海拔 549 m；

馒头山，馒头山河上源右岸，海拔 594 m。

（3）左岸。左岸已命名的的主要山峰在介绍额木尔山次支脉东侧山峰时已陈述，故从略。

第五节
河流水系

一、大兴安岭山脉的河流水系

大兴安岭水资源极为丰富，遍布众多湿地河流，涵养的水源孕育了黑龙江、嫩江、额尔古纳河、呼伦湖、贝尔湖、西辽河、乌拉盖河（锡林河）、达里诺尔湖等我国东北地区重要的湖泊水系。呼伦贝尔域内以大兴安岭主脉主脊为分水岭，岭东伊勒呼里山支脉以南为嫩江水系，以北河流直入黑龙江，岭西为额尔古纳河水系（图 1-43）。

发源于大兴安岭北部南端西侧太平岭（海拔 1 711.8 m）北坡下大黑沟堵的哈拉哈河流入蒙古国后，又成为界河注入中蒙国界的贝尔湖，后又通过乌尔逊河与面积 2 339 km² 的北方第一大湖呼伦湖相连，与发源于蒙古国肯特山脉流入呼伦湖的克鲁伦河共同构成了呼伦湖—贝尔湖水系。该水系又通过湿地性河流达兰鄂罗木河经阿尔公到阿巴该图的广阔湿地与额尔古纳河水系相连，为额尔古纳河水系的吞吐水系。每到汛期，海拉尔河还通过嵯岗到阿尔公间的时令河呼伦沟河向呼伦湖注水。当遇极

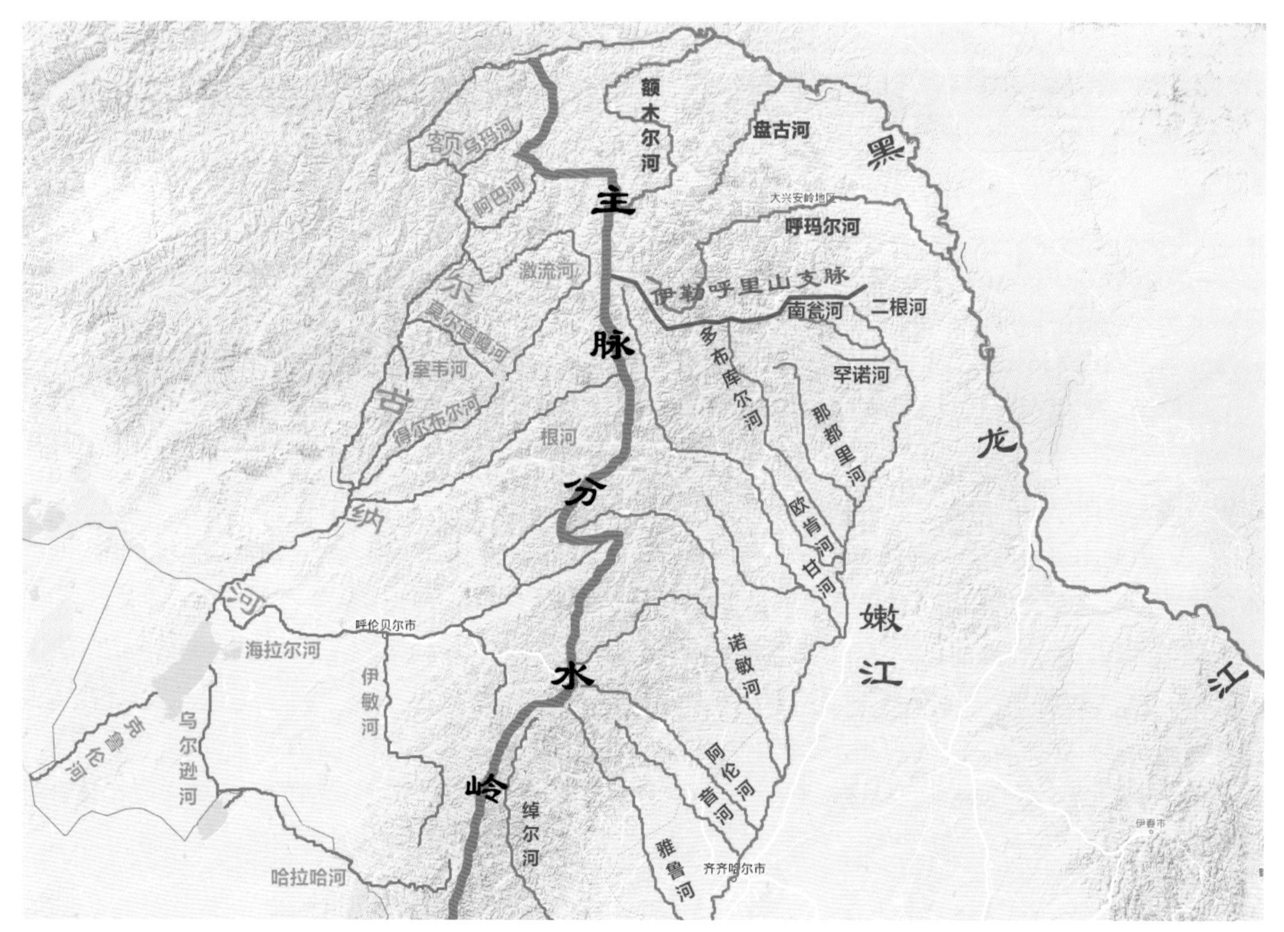

图1-43　呼伦贝尔市域内大兴安岭山脉主要河流水系流向示意

罕见干旱年份，达兰鄂罗木河断流，呼伦湖—贝尔湖就成为独立水系。

赤峰市境内，发源于大兴安岭南端黄岗梁的贡格尔河等河流注入达里诺尔湖。达里诺尔湖属高原内陆湖，湖水无外泻，为封闭式微咸湖，总储水量达 16 亿 m^3，最大水深 13 m，面积 238 km^2，与贡格尔河共同形成达里诺尔水系。

锡林河发源于大兴安岭山脉南端西北坡，赤峰市克什克腾旗的海尔七克山，上源为奥伦诺尔和源于双敖包山下的呼斯台河。在流经锡林浩特市后向北径流渐小，在朝克乌拉苏木温都尔乌拉东南的查干诺尔湖附近与乌拉盖河水系交汇渗消，消失在茫茫的锡林郭勒草原，是一条既未入海入湖，也未并流的内陆无尾河。另外，还有发源于大兴安岭山脉中段西侧的乌拉盖河及其十几条支流，汇入乌拉盖湿地后形成诸多泡沼、湖泊，也成为无尾河。按流长，锡林河属乌拉盖河水系。

二、额尔古纳河水系

额尔古纳河属山区型河流，河水微黑，含沙量少，是国内少有的未被污染的河流。额尔古纳河从阿巴该图[①]到恩和哈达全长约 970 km，总流域面积约 $15 \times 10^4 km^2$（中国境内）。额尔古纳河流经近千千米落差仅有约 240 m，平均比降仅为 0.2‰，流速缓慢。在它的上游阿巴该图到黑山头段长约 245 km，落差仅为 24 m，比降约为 0.098‰；中游黑山头到室韦段长约 278 km，落差约为 49 m，比降约为 0.18‰；下游室韦到恩和哈达段长约 447 km，落差约为 167 m，比降约为 0.37‰。额尔古纳河在流出呼伦贝尔草原前受地形影响比降较小，蛇曲发达，侧蚀严重，因此在其上游形成了以阿巴该图洲渚湿地、孟克西里洲渚湿地、根河和得耳布尔河入额尔古纳河河口湿地等为主的上游湿地系统，总面积约 1 129 km^2。在流出呼伦贝尔草原后的中游段，由于从海拔 542 m 的呼伦贝尔高平原流向海拔约 302 m 的恩和哈达三江口，比降逐渐增大，蛇曲渐弱，在干流上形成诸多河心洲。在进入下游的大兴安岭山脉与乌留赤姆坎斯山脉之间的峡谷后河道渐直，下切增强，河道变窄水深增加，局部区段比降较大，水流湍急。呼伦贝尔市年天然降水量约 $1\,000 \times 10^8 m^3$，大部分转化为径流注入江河湖泊，渗入地下补给地下水。额尔古纳河流域（中国境内）年平均降水量 346.1 mm，折算成水量为 $530 \times 10^8 m^3$（图 1-44）。

图1-44 额尔古纳河上、中、下游示意

① 阿巴该图，系蒙古语“阿巴盖伊图（abagaiyitu）”的汉语谐音，意为有猎物的地方，或猎物多的地方（呼伦贝尔市文联主席尼·巴雅尔先生译解）。

图1-45　额尔古纳河水系各主要支流示意

（一）额尔古纳河[①]

额尔古纳河（Ergun River）有两个源头，东源是海拉尔[②]河，源出大兴安岭西侧伊（吉）勒奇克山西坡（按长度计，应为库都尔河上游支流里新河源头，这里仍循旧习还以大雁河为源头），西流至中俄边界阿巴该图山脚，折而向东始称额尔古纳河，至恩和哈达以下称黑龙江。西源为克鲁伦河，发源于蒙古国中央省和肯特省交界的肯特山脉，最上源支流为希雷格特河。黑龙江以海拉尔河为源头（库都尔河为上源）总长度约 4 500 km，以克鲁伦河为源头总长度约 5 157 km[③]（图 1-45）。

1. 额尔古纳河较大的一级支流

额尔古纳河有一、二级支流数百条，其中上源较大的一级支流有海拉尔河、达兰鄂罗木河（连通呼伦湖—贝尔湖水系的吞吐河）。右岸有根河、得耳布尔河、吉拉林河（室韦河）、莫尔道嘎河、激流河、阿巴河、乌玛河、阿里亚河、恩和哈达河，右岸河流均在中国境内。左岸有乌鲁利云圭河、韦尔赫尼亚亚博尔贾河、斯列德尼亚亚博尔贾河、乌洛夫河、乌留姆坎河、布久木坎河、加济木尔河。左岸河流均在俄罗斯境内，故一级以下支流从略。

2. 额尔古纳河较大的二级支流

额尔古纳河较大的二级支流有海拉尔河上源的大雁河，左岸大摸拐河、煤田河（新命名）、牧原南沟河（新命名）、十二里沟河、免渡河、莫和尔图河、伊敏河、注入呼伦湖的克鲁伦河和乌尔逊河（达兰鄂罗木河的支流），右岸库都尔河、四十八沟

---

① 额尔古纳(Ergun)，系蒙古语，意为拐弯(单数)。这里指海拉尔河由东向西流，于阿巴该图处拐了一个急弯流向东北，海拉尔河(在阿巴该图)拐过一个弯后就被称为额尔古纳河，这是草原上游牧的蒙古族对额尔古纳河的称谓。在古蒙古语中“额尔古纳河”还有水深河宽、大河之意。而生活于森林中的鄂温克族人因其上中游流速缓慢称为“额尔”，其下游水流湍急称为“古纳”。通古斯语族的森林民族有一个习惯，利用自然特点来命名自然实物，所以把该河的缓慢和湍急两个特点结合起来就称为额尔古纳河（内蒙古鄂温克族研究会，黑龙江省鄂温克族研究会，2007）。史学界的新说，认为额尔古纳河来源于《蒙古秘史》中所述的蒙古族起源的额尔古涅—昆。额尔古涅—昆是指河岸陡峭，位于峻岭中的河流（孛儿只斤·嘎尔迪敖其尔，呼日乐，2014）。

② 海拉尔（hailaer），系蒙古语，意为（大兴安岭）融化下来的（冰雪）水。

③ 黑龙江（Heilongjiang River）（阿穆尔河）以克鲁伦河为源头全长约 5 157 km（克鲁伦河长 1 264km，呼伦湖克鲁伦河口—达兰鄂罗木河口长 77 km，达兰鄂罗木河长 25 km，额尔古纳河长 970 km，干流段黑龙江源头内蒙古额尔古纳市恩和哈达镇以下到入海口长 2 821 km）；总流域面积＞ 185.552×10^4 km²（额尔古纳河右岸流域约 15.352×10^4 km²，包括海拉尔河流域；呼伦湖—贝尔湖水系流域 20.2×10^4 km²，包括蒙古国境内流域面积；黑龙江干流段 150×10^4 km²，右岸的中国一侧约 90×10^4 km²）；黑龙江在乌苏里江汇入前以上的中游段年平均径流量为 $2\,800 \times 10^8$ m³。可见，从全长、流域面积、流量计，黑龙江（阿穆尔河）位居世界十大巨川之一（张立汉，2005）。

河（新命名）、牧原河、北莫拐河（新命名）、乌里雅斯沟河、沙巴尔图沟河、东北沟河、毛盖图沟河（新命名）、特尼河、莫尔格勒河。额尔古纳河右岸较大的二级支流有得耳布尔河右岸支流吉尔布干河、哈乌尔河；根河右岸支流奥里耶多河、会河、潮查河、冷不路河、木瑞河、角刀木河、乌尔根河，左岸支流约安里河、图里河、依根河、库力河；莫尔道嘎河左岸支流库天坎河、滚河；激流河上源支流牛尔河，右岸支流乌鲁吉气河、敖鲁古雅河，左岸支流金河、安格林河；阿巴河右岸支流亚吉里西河、伊里吉其河；乌玛河右岸支流乌龙干河、伊里吉奇河；恩和哈达河上源毛河，右岸支流阿凌河，左岸支流托里苏玛河、八道卡河。

3. 额尔古纳河较大的三级支流

额尔古纳河较大的三级支流有上游的大雁河源头中海拉尔河，右岸支流西海拉尔河、大牧羊沟河（新命名）、桥哈河、布日吉根河、大曼德勒河、伯拉图河，左岸的东海拉尔河、兴安里河、克里河、依利根德河、大乌尔旗汉河、大桥龙河。免渡河的支流扎敦河、乌奴耳河。伊敏河的右岸支流桑都尔河、牙多尔高勒（河）、塔日其高勒（河）、额伊南高勒（河）、维特很高勒（河）、锡尼河；左岸支流伊敏威吉罕（河）、德廷德道河、伊和霍多其（河）、洪古勒吉道（河）、浩迪力道（河）、辉腾高勒（河）。乌尔逊河支流哈拉哈河。额尔古纳河右岸的较大三级支流有图里河支流伊图里河、西尼气河；会河支流鲁吉刁河、伊里提河、雅格河，角刀木河支流卡米岗河、捷乌多木河；吉尔布干河支流蒙果梯雅河；滚河支流古纳河、黑山河；牛尔河支流塔加马坎河；金河支流尼吉乃奥罗提河；乌鲁吉气河支流阿龙山河；敖鲁古雅河支流大阿鲁大亚河、小阿鲁大亚河；安格林河支流多拉吉玛河、加疙瘩河、于里亚河；亚吉里西河支流大亚吉里西河、小亚吉里西河、道林河；伊里吉其河支流哥拉金卡河、阿巴苏吉河、直流河、双岔河；乌龙干河支流达拉河；伊里吉奇河支流拉吉干河。

4. 额尔古纳河上游较大的四级支流（以海拉尔河为源头）

额尔古纳河上游较大的四级支流有扎敦河右岸支流四道其龙河、三道其龙河（新命名）、二道其龙河、头道其龙河、西皮尔沟河、上银岭河（新命名）、银岭河，左岸支流乌兰德河、库白河、阿木嘎奇河、北大河。乌奴耳河上源巴嘎乌奴尔河；右岸支流巴嘎乌泥日高勒、柳毛沟河、乌山沟河、哈日扎拉嘎河、北矿沟河、乌川沟河；左岸支流粗棒子沟河、鸡冠山后堵沟河、鸡冠山沟河（新命名）、死日本沟河、三十里沟河、柳毛沟河。哈拉哈河右岸支流托列拉河（为呼—兴界河）、罕达盖河，其余大部分支流在兴安盟境内，少部分在蒙古国和锡林郭勒盟境内。

（二）额尔古纳河为黑龙江南源

额尔古纳河在额尔古纳市恩和哈达镇的恩和哈达山下与俄罗斯境内流出的黑龙江北源石勒喀河汇合后称为黑龙江。黑龙江在中国境内的内蒙古自治区蒙（中）俄界流淌 1 km 后，进入黑龙江省黑（中）俄界。石勒喀河发源于蒙古国北部的肯特山脉东北麓，其上源为鄂嫩河。流经俄罗斯赤塔州东南部，至中俄边界与额尔古纳河汇合。石勒喀河以鄂嫩河为源头全长为 1 368 km；额尔古纳河以克鲁伦河为源头全长约 2 336 km（克鲁伦河 1 264 km、额尔古纳河 970 km、呼伦湖克鲁伦河河口—达兰鄂罗木河河口 77 km、达兰鄂罗木河 25 km）。两河分别发源于蒙古国肯特山脉分水岭的南北两侧，被称为黑龙江的北源和南源。石勒喀河流域面积 20.6×10^4 km²，年平均径流量 140×10^8 m³（图 1-46 至图1-50）。

图1-46 黑龙江（阿穆尔河）源头三江口鸟瞰，上为石勒喀河，下为额尔古纳河，右为黑龙江（阿穆尔河），中俄国界位于额尔古纳河和黑龙江主航道中心线二

图1-47 上为黑龙江（阿穆尔河）源头的石勒喀河，下为额尔古纳河，中为位于三江口上俄方一侧的玛格佐诺夫斯基岛

图1-48　额尔古纳河下游最大支流激流河

图1-49 2013年2月3日，内蒙古大兴安岭北部原始林区冬季综合科学考察队恩和哈达山下合影（摄影：包勇强、刘洪林、孟凡东）
后排左二到左十六分别为：李晓斌、胡金贵、闫君、赵博生、杜彬、方衍智、韩锡波、巴树桓、宋秉杰、王方辰、吕连宽、赵文彬、董振峰、周艳昌、胡本山
前排左四到左十六分别为：韩德力、霍亮、张重岭、李忠孝、范玥、刘向军、刘杨、温巨东、赵海、张永革、于伟奇、杨振兴、张亮

图1-50 2018年1月24日，额尔古纳河冬季综合科学考察队恩和哈达山下合影（摄影：刘英男）
后排从左往右分别为：冯瀚、陈志伟、傲宝成、华东、肖鹏、张兆勇、赵炳柱、银山、晋洪生、韩锡波、巴树桓、庞松、郭玉民、闫君、邹伟东、邹积军、刘子峰、陈志勇、李建华、白玉明、兰有廷、王录
前排从左往右分别为：张亮、孟庆彪、永亮、翟文树、李保国、李吉祥、张义河、窦华山、曲学斌、丁凤泽、刘松涛、孙建臣

（三）“黑龙江”名称有多个解释

1. 蒙古族称黑龙江为黑江

额尔古纳河与石勒喀河汇合之处的恩和哈达(enhehada)，蒙古语意为“太平岩石”是一座宽广厚重的岩石山，大兴安岭主脉分水岭被黑龙江在此拦腰截断，恩和哈达山就成为主脉山脊的最北端。蒙古族先民顺额尔古纳河而下，看到前方岩石山下的两河（石勒喀河、额尔古纳河）相汇后，成为一条黑色的大江故称黑江，蒙古语称为“哈日牧伦”(Harimulun)。在大兴安岭山脉的南部，还有“西拉木伦”(Xilamulun)黄江、“查干木伦”(Chaganmulun)白江。

2. 黑龙江有多个名称

黑龙江两岸原始森林密布，河水因长期浸泡枯枝败叶腐殖质多，水色发黑，得名黑水。文献中记载黑龙江有“黑水”、“弱水”、“乌桓河”等别称。“黑龙江”这一名称在《辽史》中第一次出现。黑龙江在中下游纳入了俄罗斯境内流出的结雅河（精奇里江）、布列亚河（牛满江），我国境内流出的松花江以及中俄界江乌苏里江等大河后成为一条浩水，进入俄罗斯境内，向北在奥泽尔帕赫注入鄂霍茨克海的鞑靼海峡（萨哈林岛与大陆之间）。

3. 因干流流速缓慢而得名

黑龙江从两河（额尔古纳河、石勒喀河）交汇的江源到入海口全长约 2 821 km，但只有 300 多米的落差（以 2 000 国家大地坐标系为准，未计不同海域的潮差），平均比降约为 0.1‰。因此，除各别区段外，整个干流流域流速非常缓慢。所以又被蒙古族人称为“阿穆尔高勒”(Amur Gaole)，意为安静的河，这被俄罗斯人沿用至今仍叫阿穆尔河(Amur River)。俄罗斯境内阿穆尔河下游的原住民，因其流速缓慢称之为懒河。

4. 称阿穆尔河史学界有新说

称阿穆尔河，史学界还有另外一说。在黑龙江上游左岸与结雅河右岸两河平行所夹地带，宽约100km、长约 400km，是鄂温克（埃文吉）人的发祥地之一。他们面南而立顺着黑龙江和结雅河流向南望，称左面的河为“结雅”(Jieya)，意为左面流过来的河，称右面的河为“阿穆尔”(Amur)，意为右面(流过来)的水。这起初只是鄂温克(埃文吉)人对黑龙江上游河段的称谓，后来逐步引伸到整条黑龙江（乌云达赉，2018）（图 1-51）。

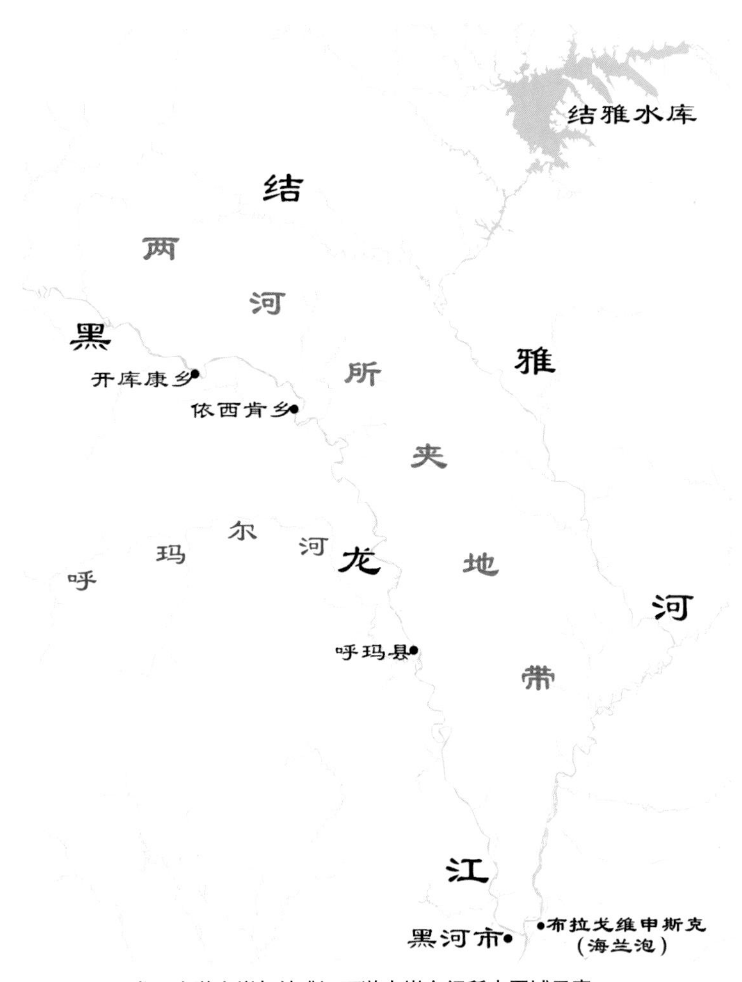

图1-51　黑龙江上游左岸与结雅河下游右岸之间所夹区域示意

由于额尔古纳河中下游流域原始森林茂密，河水中溶解的腐殖质较多，较石勒喀河水更黑，当两河交汇后由于密度不同，两只水流混合得较为缓慢，明显地分出两色，向下流经几十千米后才逐步合一，把整条大江完全染成黑色。

在大兴安岭山脉北端伊勒呼里山北侧、主脉分水岭以东的黑龙江省境内有额木尔河、盘古河、西尔根气河、呼玛尔河等均为黑龙江右岸一级支流。

额尔古纳河一、二、三、四级支流（表 1-1）。

表1-1 额尔古纳河一、二、三、四级支流

一级支流		二级支流		三级支流		四级支流	
额尔古纳河干流上源较大的一级支流	海拉尔河	海拉尔河上源	大雁河	大雁河上源	中海拉尔河		
				大雁河右岸	西海拉尔河		
					大牧羊沟河（新）		
					桥哈河		
					布日吉根河		
					大曼德勒河		
					柏拉图河		
				大雁河左岸	东海拉尔河		
					兴安里河		
					克里河		
					依利根德河		
					大乌尔旗汉河		
					大桥龙河		
		海拉尔河左岸	大莫拐河				
			煤田河（新）				
			牧原南沟河（新）				
			十二里沟河				
			免渡河	免渡河支流	扎敦河	扎敦河右岸支流	四道其龙河
							三道其龙河（新）
							二道其龙河
							头道其龙河
							西皮尔沟河
							上银岭河（新）
							银岭河
						扎敦河左岸支流	乌兰德河
							库白河
							阿木嘎奇河
							北大河
					乌奴耳河	乌奴耳河上源	巴嘎乌奴尔河
						乌奴耳河右岸	巴嘎乌泥日高勒
							柳毛沟河
							乌山沟河
							哈日扎拉嘎河
							北矿沟河
							乌川沟河
						乌奴耳河左岸	粗棒子沟河
							鸡冠山后堵沟河
							鸡冠山沟河（新）
							死日本沟河
							三十里沟河
							柳毛沟河

（续）

一级支流		二级支流		三级支流		四级支流
额尔古纳河干流上源较大的一级支流	海拉尔河	海拉尔河左岸	莫和尔图河	莫和尔图河上源	扎格得木丹河	
				莫和尔图河右岸	准牙拉高勒	
					努格图高勒（龙头河）	
				莫和尔图河左岸	哈拉格浑迪河	
			伊敏河	伊敏河右岸	桑都尔河 洪古勒吉罕（河） 牙多尔高勒（河） 塔日其高勒（河）	伊敏河的二、三级支流大部分未命名，有待调查后命名
					额伊南高勒（河）	
					布浑图（河）	
					维特很高勒（河）	
					锡尼河	
				伊敏河左岸	伊敏威吉罕（河）	
					博皮阿力（河）	
					德廷德道（河）	
					沙巴日扎拉嘎河	
					都鲁古努（河）	
					塔日巴干台扎拉格（河）	
					伊和霍多其（河）	
					巴嘎呼德其（河）	
					巴格布拉格（河） 洪古勒吉道（河）	
					道勒古道（河）	
					浩迪力道（河）	
					辉腾高勒（河）	
			库都尔河	库都尔河各支流见三旗山支脉与库都尔河，本章第四节，一、（三）		
		海拉尔河右岸	四十八沟河（新）			
			牧原河			
			北莫拐河（新）			
			乌里雅斯沟河			
			沙巴尔图沟河			
			东北沟河			
			毛盖图沟河（新）			
			特尼河			
			莫尔格勒河			
	达兰鄂罗木河	达兰鄂罗木河支流	乌尔逊河	乌尔逊河支流	哈拉哈河	在呼伦贝尔市境内有哈拉哈河右岸支流托列拉河（呼伦贝尔市—兴安盟界河）、罕达盖河，其余大部分支流在兴安盟境内，少部分在蒙古国和锡林郭勒盟境内
			克鲁伦河	克鲁伦河上游支流	希雷格特河	

（续）

一级支流		二级支流		三级支流		四级支流	
额尔古纳河干流右岸较大的一级支流	根河	根河右岸	奥里耶多河				
			会河	会河支流	鲁吉刁河		
					伊里提河		
					雅格河		
			潮查河				
			西乌齐亚河				
			冷不路河				
			木瑞河				
			角刀木河	角刀木河支流	卡米岗河		
					捷乌多木河	捷乌多木河支流	打拉河
			乌尔根河	乌尔根河支流	上乌尔根河		
		根河左岸	约安里沟河				
			红胜沟河				
			图里河	图里河支流	伊图里河		
					西尼气河		
			育林沟河				
			西吉尔河				
			依根河	依根河支流	南沟河		
					卡鲁库赤河		
					成沟康河		
					小依根河		
			乌耶勒格其河				
			库力河	库力河支流	库力南河		
					敦达库力河		
					哲弓库力河		
			那尔莫格其河				
	得耳布尔河	得耳布尔河右岸	吉尔布干河	吉尔布干河支流	蒙果梯雅河		
			哈乌尔河				
	吉拉林河（室韦河）						
	莫尔道嘎河	莫尔道嘎河左岸	库天坎河				
			滚河	滚河支流	古纳河		
					黑山河		
	激流河	激流河上源	牛耳河	牛耳河左岸	塔加马坎河		
				牛耳河右岸	昆纳河	昆纳河左岸	西瓦鲁河
						昆纳河右岸	波诺河
						激流河上源为昆纳河以上的塔里亚河左右岸支流诸河，最上源为果洛托尼亚基河。 左岸，吉那米基玛河、西瓦鲁特河、阿穆大卡河、奥西加河、杰瓦加坎河； 右岸，安拉库河、阿木墩达里河、森盖河、马拉杰拉卡河、丘鲁巴奇河、乌切拉特河； 以上包括昆纳河、塔里亚河在内的诸河，构成汗马国家级自然保护区河流水系，还包括牛耳湖、牛腿湖、牛心湖、三个河流源头湖泊湿地	

（续）

一级支流		二级支流		三级支流		四级支流
额尔古纳河干流右岸较大的一级支流	激流河	激流河右岸	乌鲁吉气河	乌鲁吉气河上源	阿龙山河	
				乌鲁吉气河左岸	乃大乌鲁河	
					久普克罕河	
				乌鲁吉气河右岸	索那奇河	
			奥尼奥尼河			
			阿郎河			
			孟库伊河			
			拜拉马坎河			
			库鲁黑河			
			巴拉嘎西河			
			敖鲁古雅河	敖鲁古雅河左岸	伊马旗河	
					约古斯根河	
					索拉耐斯河	
					马其克外河	
					波莫其克河	
				敖鲁古雅河右岸	上西里毛伊河	
					下西里毛伊河	
					阿穆拉墩河	
					古拉木基特托坎河	
					沙拉河	
					大阿鲁大亚河	
					小阿鲁大亚河	
					交克坦克拉河	
			八式外河			
			乌库群河			
			下俄克契河			
			耶尔尼奇卡河	耶尔尼奇卡河右岸	耶（伊）克莎马河	
			第一科德沟河			
			第二科德沟河			
			第三科德沟河			
			第四科德沟河			
			沙部洛加西基河			
			嘎塔亚干河			
			鲁塔鲁更东河			
			杰鲁公河			
			上契拉干河			
			吉岭大河			
			小吉岭河			
		激流河左岸	金河	金河左岸	他拉河	
				金河右岸	土毛根河	
					尼吉乃奥罗提河	
					克勤克河	
					嘎拉牙河	
					上塔克奇河	
					下塔克奇河	

（续）

一级支流		二级支流		三级支流		四级支流
额尔古纳河干流右岸较大的一级支流	激流河	激流河左岸	阿鲁干河			
			阿埃秀卡河			
			莫霍福卡河			
			塘古斯卡亚河			
			野尔尼赤那亚河			
			嘎莱乌克河			
			亚曼那卡河			
			大力亚那河			
			伊西塔里怡河			
			库托卡河			
			德鲁格斯（沟）河			
			阿尔根河			
			诺勒诺伊沟河			
			大特马河			
			霍洛台河			
			霍洛台梯库河			
			果库少诺河			
			苏努力旗河			
			安娘娘河			
			波伊多尼库河			
			（上）莫落呼塔音河			
			（下）莫落呼塔音河			
			（东）双龙叉沟（河）			
			安格林河	安格林河多拉吉玛河段		
				安格林河左岸	达鲁西亚河	
					加疙瘩河	
					于里亚河	
					（西）双龙叉沟（河）	
				安格林河右岸	摇福卡河	
					塔拉坎河	
					乌库亭河	
			小于里亚河			
			车尔干河			
	阿巴河	阿巴河右岸	亚吉里西河	亚吉里西河支流	大亚吉里西河	
					小亚吉里西河	
					道林河	
			伊里吉其河	伊里吉其河支流	哥拉金卡河	
					阿巴苏吉河	
					直流河	
					双岔河	
	乌玛河	乌玛河右岸	乌龙干河	乌龙干河支流	达拉河	
			伊里吉奇河	伊里吉奇河支流	拉吉干河	

（续）

一级支流		二级支流		三级支流	四级支流
额尔古纳河干流右岸较大的一级支流	阿里亚河				
	恩和哈达河	恩和哈达河上源	毛河		
		恩和哈达河右岸	阿凌河		
		恩和哈达河左岸	托里苏玛河		
			八道卡河		
额尔古纳河干流左岸较大的一级支流（均在俄罗斯境内）	乌鲁利云圭河				
	韦尔赫尼亚亚博尔贾河				
	斯列德尼亚亚博尔贾河				
	乌洛夫河				
	乌留姆坎河				
	布久木坎河				
	加济木尔河				

三、嫩江水系

嫩江（Nenjiang River）全长 1 370 km，流域面积为 $29.7 \times 10^4 km^2$，年平均径流量 $260 \times 10^8 m^3$。发源于内蒙古自治区境内大兴安岭伊勒呼里山的中段南侧（海拔 1 030 m），正源称南瓮河。自南瓮河、二根河（也称根河）汇合点起，嫩江从北向南，至吉林省松原市三岔河（原属扶余县，对岸为黑龙江省肇源县）汇入松花江，是松花江的北源，也是黑龙江水系最长的一条支流。嫩江在呼伦贝尔市域内流长 788 km，流域面积为 $9.981\,1 \times 10^4 km^2$，水资源量（年径流量剔除复生量）$182.979\,6 \times 10^8 m^3$。

嫩江支流呈不对称叶脉状，汇集了大、小兴安岭山脉发源的河流。其中较大一级支流有 19 条，有 13 条源自大兴安岭山脉，即南瓮河、罕诺河、那都里河、多布库尔河、欧肯河、甘河、诺敏河、阿伦河、音河、雅鲁河、绰尔河、洮儿河、霍林河；发源于小兴安岭山脉的主要支流有 5 条，即卧都河、门鲁河、科洛河、讷谟尔河、乌裕尔河；1 条发源于大小兴安岭之间，也是大小兴安岭的分界线，即二根河。呼伦贝尔市域内嫩江水系年平均降水量为 473.6 mm，折算成水量为 $470 \times 10^8 m^3$，大部分转化为径流注入江河湖泊，渗入地下补给地下水。嫩江水系的一、二级支流也有数百条之多，下面重点梳理这个水系在呼伦贝尔市域内的 11 条较大河流的一、二级支流的来龙去脉（图 1-52至图1-55）。

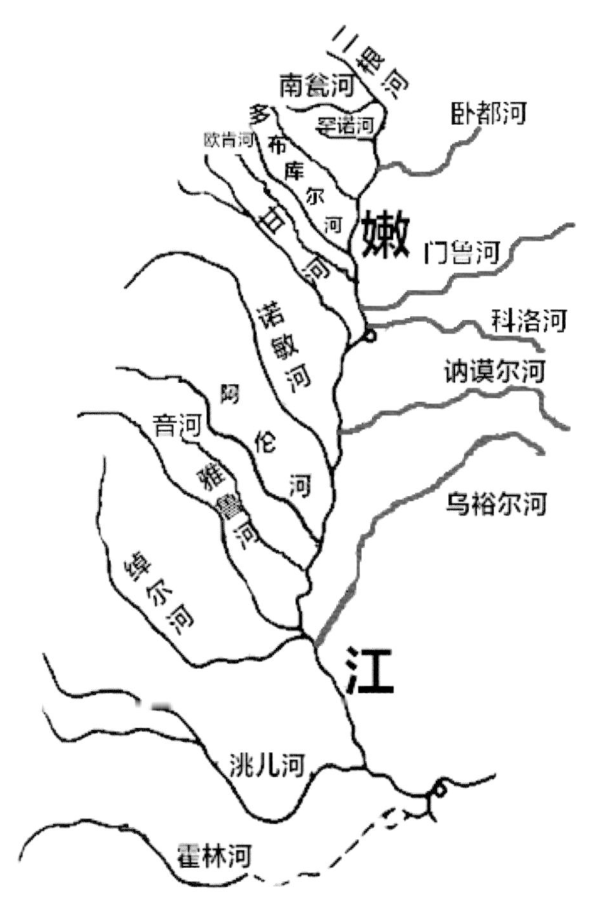

图1-52 嫩江各支流水系示意

图1-53　南瓮河源头（摄影：张哲慧）

图1-54　二根河源头（摄影：张哲慧）

图1-55 嫩江源头（摄影：关卫红）

（一）南瓮河的一级支流

（1）右岸有右南瓮河汇入。

（2）左岸有阿鲁卡康河、伊希康河、南阳河、二根河（支流：耐奥尔河）汇入。

南瓮河是嫩江的正源，南瓮河与二根河交汇后始称嫩江。

（二）罕诺河的一级支流

罕诺河没有较大支流，下游称罕诺河中上游称为砍多河。

（三）那都里河的一级支流

（1）右岸的这里鄂河、拉气河［支流：东古利河、古利河（支流支流河）］、马尔其河、格很娜河、布日嘎里河、布日格里河、古里河［上源支流为大古里河及其右岸支流马架河（上游为马架河水库），左岸支流小古里河、大金河、卡大汗河、白音河（左岸支流西河产河、沃伦嘎奇河），右岸支流上布日格里河、中布日格里河、下布日格里河］。

（2）左岸的东那都里河、柯哇嘿河、阿列其河、柯沃尼河。

（四）多布库尔河的一级支流

（1）上源的西多布库尔河、北多布库尔河。

（2）右岸的乌鲁卡河、大杨气河、小杨气河、小根河、大根河、母子宫河、大二根河、小二根河、伊斯卡奇河、加格达奇河。

（3）左岸的小海拉义河、大海拉义河、嘉拉巴奇河、库除河、大八代河、小八代河、根河、柞山河。

（五）欧肯河的一级支流

（1）右岸的乌力格大沟河、粗鲁卡河。

（2）左岸的欧肯尼很河、欧肯其根河、晓瓦力毕拉罕河。

（六）甘河的一级支流

1. 源头以下甘河镇以上

（1）右岸的西甘河、冷莫纳河、青纳河、兴滨河、库尔滨河、克一河（支流：右岸南沟河、索图罕河，左岸库布春北沟河、银阿河、霍都奇河）。

（2）左岸的东甘河、乌里特河、古鲁耐河、斗河、苇河后沟河、苇河前沟河。

2. 甘河镇以下阿里河镇以上

（1）右岸的吉文河、西陵梯河、窟窿山河。

（2）左岸的铁古牙河、嘎仙沟河、阿里河（支流：右岸的润芙落河、小湾里河、上海拉义沟河、下海拉义沟河、德沃布河、库布肯河，左岸的左阿里河、康卡河、西列尼其河、库勒其沟河）。

3. 阿里河镇以下大杨树镇以上

（1）右岸的库尔奇河、塔列图河、库阿河、查尔巴奇河、胡地气河（支流：左岸色兰特汗河，右岸加格达奇河、胡地气汗河）、甘河库都拉力河、库克逊毕拉罕河、昭劳气毕拉罕河、半拉山河。

（2）左岸的大二坑河、小二坑河、讷尔格气河、盖哈吐河、乌鲁奇河、春廷额河、卡布特河。

4. 大杨树以下入嫩江河口以上

（1）右岸的库鲁其河、巴尔嘎力河、奎勒河［支流：右岸的阿格东那河、西日特气肯河、其他尔坑河、屋拉奇坑河、布日勒里河、大红花尔基河、加格达奇河、西讷尔格气河[①]（西二尔格奇河）、库勒奇河、二根河、卧罗河（支流：左岸伊斯卡奇河、乃曼河，右岸楚鲁奇河、哲克腾尼河、霍图坎河、绍来河、斯格力河），左岸的小鄂尔贝尔河、麦拉海河、小奎勒河（支流：左岸的卢邓气河、上乌利奇河、中乌利奇河，右岸的得尔其汗河）、吐女毕拉罕河、后石头沟河、前石头沟河、罕拉毕德克河、克德毕拉罕河、大库莫河、小库莫河、扎兰河］、喀博特那河、乌鲁其河［支流：左岸巴彦河（上游甘河农场燕子湖水库）、右岸玉带河］、浩尔古勒河、查勒班其哈力河。

（2）左岸后达尔滨沟河、前达尔滨沟河、葛根台河、大套子河、石头沟河、北河沟河。

（七）诺敏河的一级支流

1. 源头以下诺敏镇以上

（1）右岸的西尼利河、敖勒高坤河、上斯木科河、东斯木科河、牛尔坑河（支流：右岸乌德里河、阿吉乌查尔巴河、布沃约河、新宁力特河、希沃特河、阿拉阿奇河、尼鲁里河，左岸长鲁班河、贝里雅河、古农别拉河、库德干河、库勒河、哈达尔河、哈达尔看河）、查里巴奇河、红阿河、木奎河（支流：北木奎河、南木奎河）、敖默纽乌鲁河、勒克毕拉罕河、阔克毕拉罕河、上敖鲁高洪河、晓瓦力毕拉罕河、扎格达毕拉罕河、伊斯奇河（支流：左上源上阿特勒克河、下阿特勒克河）、巴提克河（支流：果楞奇毕拉罕河）、下敖鲁高红河、毕拉河（支流：右岸的依斯奇河、西卧奇河、德布克河、查尔巴河、阿铁青河、古龙里拉河、都尔坎河、卧斯门河、真库河、珠格德力河、达尔滨河、谢克特奇河、毕二沟河、乌克特格热奇河、谢力奇坑德河、德河，左岸的莫纳根河、年米尼克奇河、温河（支流：上其尼克其河、中其尼克其河、下其尼克其河）、温布其河、阿力亚河、那吉坎河、乌尔公河、窖库河、吉克腾迪河、讷门河［支流：右岸西乌克特气河、依拉阿特奇河、撇烈撇克河、讷门别拉哈雅河，左岸西日克坦气河、库伦迪河、温库图河（支流：右岸依腾尼河、那吉河，其中那吉河支流为卧勒果红河）］、二根河（支流：右岸库勒河、特能德河）、小奇河、阿木珠苏河（支流：左岸阿木珠坎河）、小气河、扎文河（支流：右岸央格力雅河、阿特热克雅河，左岸扎文其汗河、霍得坎河、霍日高鲁河）］、

---

① 新命名，原名西二尔格奇河，只是对鄂伦春语的音译。应与位于其东面的甘河东岸的讷尔格气河（乡）同音、同意，即陡峭的河岸。意为，位于讷尔格气（乡）西面奎勒河西岸有陡峭河岸的支流，所以两地应写法一样，称为西讷尔格气河（鄂伦春自治旗原旗长，莫日根布库先生译解）。实际勘测，确实如此。此河长约 11 km，落差 270 m，比降是 24.55‰，如此大的降比，河流必然将河道切出陡峭的河岸，特别是在火山熔岩台地上更是如此。

大二沟河（支流：左岸伊热克特奇河、敖鲁高洪河，右岸敖尔多诺河、晓瓦力毕拉罕河）。

（2）左岸的楚鲁布罕河、毕力格河、马布拉河（支流：右岸上多克吉西河、下多克吉西河，左岸成果里河、莫克卡拉吉杭河）、西日奇肯河、西鲁太梯康河、托河（支流：右岸，库亚河、特勒河；左岸，下坑锅河、上坑锅河）、毕力亚河、布尔格里汉河、布鲁布地河、空地河、乌鲁奇河、库日必汗河、西日特其汗河、瓦希格气河、博列河、小鄂更河、鄂更河、阿来罕红花尔基河、大喀拉楚河、小喀拉楚河、嘎布嘎克河、伊力毕拉罕河、德都坎河、烟囱小河、白格热河。

2. 诺敏镇以下，入嫩江河口以上

（1）右岸的小二沟河、吉克腾尼河、德尔额尔德克奇河、都瓦尔额尔德克奇河、希热奇肯河、大海尔提花热格河、小海尔提花热格河、嘎尔墩毕拉罕河、楚鲁库奇毕拉罕河、尼希空楚鲁格奇阿拉罕河、朱尔乌沃尔奇毕拉罕河、扎格达其河、宝山沟河、格尼河［支流：右岸榛子沟河、库特沟河（支流：西库特沟河、尼其肯苏额昭、敖都苏额昭）、小索尔珠沟河、大索尔珠沟河、毕拉库沟河、霍尔奇沟河、希拉克特奇河、马河（支流：左岸伊热克特奇马盖、特鲁古马盖）、查尔巴沟河、杨维沟河、王大犁沟河、马家沟河、沃尔会河、亚东河（支流：萨里沟河、龙潭沟河），左岸楚万沟河、端德新力奇河（支流；巴拉嘎提河、鄂博都切河）、希拉沟河、都瓦尔新力奇河（支流：下新力奇谢力奇坑河、托包鲁河）、晓奇哈力河、二吉力河、地理沟河、阿塔沟河、哈马石沟河、龙头沟河、得力其尔东北沟河、后一通河］、查哈阳总干渠入口（外泄）。

（2）左岸的坤末尔提河、海尔提河、库如奇花热格河、布库尔浅库如奇花热格河、红库鲁库如奇花热格河、甘浅哈力河、坤密尔提河（支流：左岸西瓦尔图河，右岸牙图花尔嘎河）、乌尔科沟河。

（八）阿伦河的一级支流（源头以下入嫩江河口以上）

（1）右岸的大盘道沟河、小盘道沟河、大三道岭沟河、小三道岭沟河、额霍阿宪沟河、苏额盖阿勒河、大松树沟河、小松树沟河、伊力巴沟河、小索洛霍奇河（支流：龙头沟河）、索勒奇河（复兴水库）（支流：大索洛霍奇河、红毛沟河）、太平沟河。

（2）左岸的五道沟河、小时尼奇沟河、大羊草沟河、大时尼奇沟河（支流：孤山子沟河）、大榆树沟河、牙哈沟河、榆树沟河、库伦河（左岸霍伦尼达万阿勒河、右岸大特力毛图河）、阿伦德力克河、大疙瘩奇河、小疙瘩奇河、小勒乌阿勒河、大文布奇沟河、小文布奇沟河、砬子沟河（下游：兴隆水库）、鸭尔代河、唐王沟河（上游：圣水水库）。

（九）音河的一级支流（源头以下入嫩江河口以上）

（1）右岸的霸王沟河、海力提河。

（2）左岸的干沟河、维古奇沟河、宽沟河、线杆沟河、石砬沟河、羊鼻子沟河（上游：向阳峪水库，支流：车辋沟河、大桦树沟河、小桦树沟河）、音河水库。音河水库以下到入嫩江河口为音河灌渠（外泄）。

（十）雅鲁河的一级支流（源头以下入嫩江河口以上）

（1）右岸的南大河、大西沟河（支流：左岸太阳沟河、西北沟河）、小西沟河、凤凰沟河、爱林沟河（支流：右岸一道沟河、二道沟河、三道沟河、四道沟河，左岸熊瞎子沟河、烂泥塘沟河）、铜矿沟河、二站沟河、阿木牛河［上源支流：浩尼钦高勒、阿曼河，右岸大铁古鲁气沟河、小铁古鲁气沟河、三七林场沟河、小岭子沟河、哈拉虎沟河、转心湖河、五石门沟河，左岸库库沟河（支流：特勒沟河）、乌勒给沟河、大也克气沟河、木头垛沟河、大石房子沟河］、塔特拉沟河、石门沟河、务大哈气河、中和沟河（支流：头道沟河、二道沟河、三道沟河、四道沟河、五道沟河）、济沁河｛上源支流：六十大北沟河、济沁岔子河，右岸蝴蝶沟河、黄济沁河、小瓦沟河、根多河（支流：阿拉牙气河）、哈拉河、乌达哈气沟河、济沁南河（新命名）]、济沁北河（新命名）、大湾龙沟河，左岸天险沟河、野马沟河、大北沟河、卧牛河、簸箕沟河、方家大沟河、马隆沟河、大太平沟河、库堤河［支流：右岸水泉沟河、龙爪沟河、麒麟河（支流：惠风川河、前麒麟河子），左岸大湾龙沟河］}、罕达罕河（右岸敖斯台扎拉格河、博格特尔莫德扎拉格河、阿尔本格勒、哈尔楚鲁扎拉格河、干沟子河，左岸哈多河、大尼莎气河、喇嘛河、乌尔其根河（上源支流野马河、苇莲河，右岸四方旗河，左岸柳树泉眼沟河）]。

（2）左岸的博克图东沟河、沟口北沟河、旗山东沟河、仙人洞沟河、大东沟河、横道沟河、喇嘛山大东沟河、小东沟河、大北沟河、四道桥沟河、三道桥沟河、二道桥沟河、卧牛河（支流：右岸务色气沟河、白来沟河、田园沟河，左岸牛营子沟河、马家沟河）、沙里沟河、一道沟河（支流:牤牛沟河、下游石猴山水库）、二道沟河、头道沟河、八岔河、奇克奈沟河。

（十一）绰尔河的一级支流（源头以下入嫩江河口以上）

（1）右岸的五道桥沟河、育林沟河、十八公里沟河、十三公里沟河、清水河、苏格河（上源支流：兴亚沟河、大成沟河）、松树沟河、塔尔气河（右岸支流：大南沟河、小南沟河）、莫柯河、希力格特河、敖尼尔河、柴河、德勒河、和力河、哈布气河（支流：左岸合宁果河、红花尔基河、大呼勒气河，右岸哈布气汗扎拉格河）、白毛沟河（支流：希勒特沟河）、托欣河（支流：左岸好森沟河、火龙沟河、努力嘎沟河、榛子坝沟河、查干扎拉格河、那布盖准扎拉格河，右岸哈勒金郭勒、海勒斯扎拉格河、门德沟河、巴格哈卜特盖河、其四根郭勒）、莫赫楞冈思河、提力郭勒（上源：铁林郭勒、边墙648高地河、铁古力居日和河）、古迪郭勒、图门河（支流：特默河、吉日根河）、沙巴尔吐河，

（2）左岸的伊吉利沟河、美良河、乌丹河、一零六沟河、鄂勒格特气河、古营河、巴升河、荒草沟河、梁河、一支沟河、固里河（支流：右岸大北沟河、地质河、白里河，左岸728高地河）、鹿窖沟河、希力格特沟河、伊特勒河、布拉克扎拉格河、扎哈松连扎拉格河、韭菜沟河（右岸支流：林场沟河）、浩饶河、吉希木勒扎拉格河、西呼勒斯扎拉格河、巴彦乌兰扎拉格河（支流：右岸珠尔嘎代扎拉格河、毛格图乌兰扎拉格河）、巴彦乌兰河（支流:巴彦拉格河、劳根扎拉格河、马拉吐扎拉格河）、高勒吐扎拉格河、敖包吐河（上游勒西林扎拉格河、神山水库，左岸浑迪冷扎拉格河）、居里恨扎拉格河、绰勒水库（库区以下为以五道河灌渠为主的外泄渠网）、乌恩扎拉格河（入绰勒水库）、巴彦扎拉格河。

嫩江水系呼伦贝尔市域内一、二、三、四级支流（表1-2）。

表1-2 呼伦贝尔市域内嫩江一、二、三、四级支流

<table>
<tr><th>一级支流</th><th colspan="2">二级支流</th><th colspan="2">三级支流</th><th colspan="2">四级支流</th></tr>
<tr><td rowspan="5">南瓮河</td><td>南瓮河右岸</td><td>右南瓮河</td><td></td><td></td><td></td><td></td></tr>
<tr><td rowspan="4">南瓮河左岸</td><td>阿鲁卡康河</td><td></td><td></td><td></td><td></td></tr>
<tr><td>伊希康河</td><td></td><td></td><td></td><td></td></tr>
<tr><td>南阳河</td><td></td><td></td><td></td><td></td></tr>
<tr><td>二根河（二根河为蒙—黑界河）</td><td>二根河支流</td><td>耐奥尔河</td><td></td><td></td></tr>
<tr><td>罕诺河</td><td colspan="2">罕诺河没有较大支流，中上游称为砍多河</td><td></td><td></td><td></td><td></td></tr>
<tr><td rowspan="3">那都里河</td><td rowspan="3">那都里河右岸</td><td>这里鄂河</td><td></td><td></td><td></td><td></td></tr>
<tr><td rowspan="2">拉气河</td><td rowspan="2">拉气河支流</td><td>东古利河</td><td></td><td></td></tr>
<tr><td>古利河</td><td>古利河支流</td><td>支流河</td></tr>
</table>

（续）

一级支流	二级支流		三级支流		四级支流	
那都里河	那都里河右岸	马尔其河				
		格很娜河				
		布日嘎里河				
		布日格里河				
		古里河	古里河上源	大古里河	大古里河右岸	马架河（马架河水库）
			古里河左岸	小古里河		
				大金河		
				卡大汗河		
				白音河	白音河左岸支流西河产河、沃伦嘎奇河	
			古里河右岸	上布日格里河		
				中布日格里河		
				下布日格里河		
	那都里河左岸	东那都里河				
		柯哇嘿河				
		阿列其河				
		柯沃尼河				
多布库尔河	多布库尔河上源	西多布库尔河				
		北多布库尔河				
	多布库尔河右岸	乌鲁卡河				
		大杨气河				
		小杨气河				
		小根河				
		大根河				
		母子宫河				
		大二根河				
		小二根河				
		伊斯卡奇河				
		加格达奇河				
	多布库尔河左岸	小海拉义河				
		大海拉义河				
		嘉拉巴奇河				
		库除河				
		大八代河				
		小八代河				
		根河				
		柞山河				
欧肯河	欧肯河右岸	乌力格大沟河				
		粗鲁卡河				
	欧肯河左岸	欧肯尼很河				
		欧肯其根河				
		晓瓦力毕拉罕河				

（续）

一级支流	二级支流		三级支流		四级支流
甘河	甘河源头以下甘河镇以上右岸	西甘河			
		冷莫纳河			
		青纳河			
		兴滨河			
		库尔滨河			
		克一河	克一河右岸	南沟河	
				索图罕河	
			克一河左岸	库布春北沟河	
				银阿河	
				霍都奇河	
	甘河源头以下甘河镇以上左岸	东甘河			
		乌里特河			
		古鲁耐河			
		斗河			
		苇河后沟河			
		苇河前沟河			
	甘河镇以下阿里河镇以上右岸	吉文河			
		西陵梯河			
		窟窿山河			
	甘河镇以下阿里河镇以上左岸	铁古牙河			
		嘎仙沟河			
		阿里河	阿里河右岸	润芙落河	
				小湾里河	
				上海拉义沟河	
				下海拉义沟河	
				德沃布河	
				库布肯河	
			阿里河左岸	左阿里河	
				康卡河	
				西列尼其河	
				库勒其沟河	
	阿里河镇以下大杨树镇以上右岸	库尔奇河			
		塔列图河			
		库阿河			
		查尔巴奇河			
		胡地气河	胡地气河左岸	色兰特汗河	
			胡地气河右岸	加格达奇河	
				胡地气汗河	
		甘河库都拉力河			
		库克逊毕拉罕河			
		昭劳气毕拉罕河			
		半拉山河			

（续）

一级支流	二级支流		三级支流		四级支流	
甘河	阿里河镇以下大杨树镇以上左岸	大二坑河				
		小二坑河				
		讷尔格气河				
		盖哈吐河				
		乌鲁奇河				
		春廷额河				
		卡布特河				
		库鲁其河				
		巴尔嘎力河				
	大杨树以下入嫩江河口以上右岸	奎勒河	奎勒河右岸	阿格东那河		
				西日特气肯河		
				其它尔坑河		
				屋拉奇坑河		
				布日勒里河		
				大红花尔基河		
				加格达奇河		
				西讷尔格气河（西二尔格奇河）		
				库勒奇河		
				二根河		
				卧罗河	卧罗河左岸	伊斯卡奇河
						乃曼河
					卧罗河右岸	楚鲁奇河
						哲克腾尼河
						霍图坎河
						绍来河
						斯格力河
			奎勒河左岸	小鄂尔贝尔河		
				麦拉海河		
				小奎勒河	小奎勒河左岸	卢邓气河
						上乌利奇河
						中乌利奇河
					小奎勒河右岸	得尔其汗河
				吐女毕拉罕河		
				后石头沟河		
				前石头沟河		
				罕拉毕德克河		
				克德毕拉罕河		
				大库莫河		
				小库莫河		
				扎兰河		
		喀博特那河				
		乌鲁其河	乌鲁其河左岸	巴彦河	巴彦河上游	甘河农场燕子湖水库
			乌鲁其河右岸	玉带河		
	大杨树以下入嫩江河口以上左岸	浩尔古勒河				
		查勒班其哈力河				
		后达尔滨沟河				
		前达尔滨沟河				
		葛根台河				
		大套子河				
		石头沟河				
		北河沟河				

（续）

一级支流	二级支流		三级支流		四级支流
诺敏河	源头以下诺敏镇以上右岸	西尼利河			
		敖勒高坤河			
		上斯木科河			
		东斯木科河			
		牛尔坑河	牛尔坑河右岸	乌德里河	
				阿吉乌查尔巴河	
				布沃约河	
				新宁力特河	
				希沃特河	
				阿拉阿奇河	
				尼鲁里河	
			牛尔坑河左岸	长鲁班河	
				贝里雅河	
				古农别拉河	
				库德干河	
				库勒河	
				哈达尔河	
				哈达尔看河	
		查里巴奇河			
		红阿河			
		木奎河	木奎河支流	北木奎河	
				南木奎河	
		敖默纽乌鲁河			
		勒克毕拉罕河			
		阔克毕拉罕河			
		上敖鲁高洪河			
		晓瓦力毕拉罕河			
		扎格达毕拉罕河			
		伊斯奇河	伊斯奇河左上源支流	上阿特勒克河	
				下阿特勒克河	
		巴提克河	巴提克河支流	果楞奇毕拉罕河	
		下敖鲁高红河			
		毕拉河	毕拉河右岸	依斯奇河	
				西卧奇河	
				德布克河	
				查尔巴河	
				阿铁青河	
				古龙里拉河	
				都尔坎河	
				卧斯门河	
				真库河	
				珠格德力河	
				达尔滨河	
				谢克特奇河	
				毕二沟河	
				乌克特格热奇河	
				谢力奇坑德河	
				德河	

（续）

一级支流	二级支流		三级支流		四级支流	
诺敏河	源头以下诺敏镇以上右岸	毕拉河	毕拉河左岸	莫纳根河		
				年米尼克奇河		
				温河	温河支流	上其尼克其河
						中其尼克其河
						下其尼克其河
				温布其河		
				阿力亚河		
				那吉坎河		
				乌尔公河		
				窨库河		
				吉克腾迪河		
				讷门河	讷门河右岸	西乌克特气河
						依拉阿特奇河
						撇烈撇克河
						讷门别拉哈雅河
					讷门河左岸	西日克坦气河、
						库伦迪河、
						温库图河［支流右岸依腾尼河、那吉河（支流卧勒果红河）］
				二根河	二根河右岸	库勒河
						特能德河
				小奇河		
				阿木珠苏河	阿木珠苏河左岸	阿木珠坎河
				小气河		
				扎文河	扎文河右岸	央格力雅河
						阿特热克雅河
					扎文河左岸	扎文其汗河
						霍得坎河
						霍日高鲁河
		大二沟河	大二沟河左岸	伊热克特奇河		
				敖鲁高洪河		
			大二沟河右岸	敖尔多诺河		
				晓瓦力毕拉罕河		
	源头以下诺敏镇以上左岸	楚鲁布罕河				
		毕力格河				
		马布拉河	马布拉河右岸	上多克吉西河		
				下多克吉西河		
			马布拉河左岸	成果里河		
				莫克卡拉吉杭河		

（续）

<table>
<tr><th>一级支流</th><th colspan="2">二级支流</th><th colspan="2">三级支流</th><th colspan="2">四级支流</th></tr>
<tr><td rowspan="39">诺敏河</td><td rowspan="22">源头以下诺敏镇以上左岸</td><td>西日奇肯河</td><td rowspan="35" colspan="2">托河右岸支流，库亚河、特勒河；左岸支流，下坑锅河、上坑锅河</td><td rowspan="35" colspan="2"></td></tr>
<tr><td>西鲁太梯康河</td></tr>
<tr><td>托河</td></tr>
<tr><td>毕力亚河</td></tr>
<tr><td>布尔格里汉河</td></tr>
<tr><td>布鲁布地河</td></tr>
<tr><td>空地河</td></tr>
<tr><td>乌鲁奇河</td></tr>
<tr><td>库日必汗河</td></tr>
<tr><td>西日特其汗河</td></tr>
<tr><td>瓦希格气河</td></tr>
<tr><td>博列河</td></tr>
<tr><td>小鄂更河</td></tr>
<tr><td>鄂更河</td></tr>
<tr><td>阿来罕红花尔基河</td></tr>
<tr><td>大喀拉楚河</td></tr>
<tr><td>小喀拉楚河</td></tr>
<tr><td>嘎布嘎克河</td></tr>
<tr><td>伊力毕拉罕河</td></tr>
<tr><td>德都坎河</td></tr>
<tr><td>烟囱小河</td></tr>
<tr><td>白格热河</td></tr>
<tr><td rowspan="17">诺敏镇以下，入嫩江河口以上右岸</td><td>小二沟河</td></tr>
<tr><td>吉克腾尼河</td></tr>
<tr><td>德尔额尔德克奇河</td></tr>
<tr><td>都瓦尔额尔德克奇河</td></tr>
<tr><td>希热奇肯河</td></tr>
<tr><td>大海尔提花热格河</td></tr>
<tr><td>小海尔提花热格河</td></tr>
<tr><td>嘎尔墩毕拉罕河</td></tr>
<tr><td>楚鲁库奇毕拉罕河</td></tr>
<tr><td>尼希空楚鲁格奇阿拉罕河</td></tr>
<tr><td>朱尔乌沃尔奇毕拉罕河</td></tr>
<tr><td>扎格达其河</td></tr>
<tr><td>宝山沟河</td></tr>
<tr><td rowspan="4">格尼河</td><td rowspan="4">格尼河右岸</td><td>榛子沟河</td><td colspan="2"></td></tr>
<tr><td rowspan="3">库特沟河</td><td rowspan="3">库特沟河支流</td><td>西库特沟河</td></tr>
<tr><td>尼其肯苏额昭</td></tr>
<tr><td>敖都苏额昭</td></tr>
</table>

（续）

一级支流	二级支流		三级支流		四级支流	
诺敏河	诺敏镇以下，入嫩江河口以上右岸	格尼河	格尼河右岸	小索尔珠沟河		
				大索尔珠沟河		
				毕拉库沟河		
				霍尔奇沟河		
				希拉克特奇河		
				马河	马河左岸	伊热克特奇马盖
						特鲁古马盖
				查尔巴沟河		
				杨维沟河		
				王大犁沟河		
				马家沟河		
				沃尔会河		
				亚东河	亚东河支流	萨里沟河
						龙潭沟河
				楚万沟河		
				端德新力奇河	端德新力奇河支流	巴拉嘎提河
						鄂博都切河
				希拉沟河		
				都瓦尔新力奇河	都瓦尔新力奇河支流	下新力奇谢力奇坑河
						托包鲁河
			格尼河左岸	晓奇哈力河		
				二吉力河		
				地理沟河		
				阿塔沟河		
				哈马石沟河		
				龙头沟河		
				得力其尔东北沟河		
				后一通河		
	诺敏镇以下，入嫩江河口以上左岸	查哈阳总干渠入口[外泄]				
		坤末尔提河				
		海尔提河				
		库如奇花热格河				
		布库尔浅库如奇花热格河				
		红库鲁库如奇花热格河				
		甘浅哈力河				
		坤密尔提河	坤密尔提河左岸	西瓦尔图河		
			坤密尔提河右岸	牙图花尔嘎河		
		乌尔科沟河				

（续）

一级支流	二级支流		三级支流		四级支流
阿伦河	源头以下入嫩江河口以上右岸	大盘道沟河			
		小盘道沟河			
		大三道岭沟河			
		小三道岭沟河			
		额霍阿宪沟河			
		苏额盖阿勒河			
		大松树沟河			
		小松树沟河			
		伊力巴沟河			
		小索洛霍奇河	小索洛霍奇河支流	龙头沟河	
		索勒奇河［复兴水库］	索勒奇河支流	大索洛霍奇河	
				红毛沟河	
		太平沟河			
	源头以下入嫩江河口以上左岸	五道沟河			
		小时尼奇沟河			
		大羊草沟河			
		大时尼奇沟河	大时尼奇沟河支流	孤山子沟河	
		大榆树沟河			
		牙哈沟河			
		榆树沟河			
		库伦河	库伦河左岸	霍伦尼达万阿勒河	
			库伦河右岸	大特力毛图河	
		阿伦德力克河			
		大疙瘩奇河			
		小疙瘩奇河			
		小勒乌阿勒河			
		大文布奇沟河			
		小文布奇沟河			
		砬子沟河，下游兴隆水库			
		鸭尔代河			
		唐王沟河，上游圣水水库			
音河	源头以下入嫩江河口以上右岸	霸王沟河			
		海力提河			
	源头以下入嫩江河口以上左岸	干沟河			
		维古奇沟河			
		宽沟河			
		线杆沟河			
		石砬沟河			
		羊鼻子沟河	羊鼻子沟河上游	向阳峪水库	
			羊鼻子沟河支流	车辋沟河	
				大桦树沟河	
				小桦树沟河	
		音河水库			
	音河水库以下到入嫩江河口	音河灌渠（外泄）			

（续）

一级支流	二级支流		三级支流		四级支流	
雅鲁河	源头以下入嫩江河口以上右岸	南大河				
		大西沟河	大西沟河左岸	太阳沟河		
				西北沟河		
		小西沟河				
		凤凰沟河				
		爱林沟河	爱林沟河右岸	一道沟河		
				二道沟河		
				三道沟河		
				四道沟河		
			爱林沟河左岸	熊瞎子沟河		
				烂泥塘沟河		
		铜矿沟河				
		二站沟河				
		阿木牛河	阿木牛河上源	浩尼钦高勒		
				阿曼河		
			阿木牛河右岸	大铁古鲁气沟河		
				小铁古鲁气沟河		
				三七林场沟河		
				小岭子沟河		
				哈拉虎沟河		
				转心湖河		
				五石门沟河		
			阿木牛河左岸	库库沟河	库库沟河支流	特勒沟河
				乌勒给沟河		
				大也克气沟河		
				木头垛沟河		
				大石房子沟河		
		塔特拉沟河				
		石门沟河				
		务大哈气河				
		中和沟河	中和沟河支流	头道沟河		
				二道沟河		
				三道沟河		
				四道沟河		
				五道沟河		
		济沁河	济沁河上源	六十大北沟河		
				济沁岔子河		
			济沁河右岸	蝴蝶沟河		
				黄济沁河		
				小瓦沟河		
				根多河	根多河支流	阿拉牙气河
				哈拉河		
				乌达哈气沟河		
				济沁南河（新命名）		
				济沁北河（新命名）		
				大湾龙沟河		

（续）

一级支流	二级支流		三级支流		四级支流	
雅鲁河	源头以下入嫩江河口以上右岸	济沁河	济沁河左岸	天险沟河		
				野马沟河		
				大北沟河		
				卧牛河		
				簸箕沟河		
				方家大沟河		
				马隆沟河		
				大太平沟河		
				库堤河	库堤河右岸	水泉沟河
						龙爪沟河
						麒麟河（支流惠风川河、前麒麟河子）
					库堤河左岸	大湾龙沟河
		罕达罕河	罕达罕河右岸	敖斯台扎拉格河		
				博格特尔莫德扎拉格河		
				阿尔本格勒河		
				哈尔楚鲁扎拉格河		
				干沟子河		
			罕达罕河左岸	哈多河		
				大尼莎气河		
				喇嘛河		
				乌尔其根河	乌尔其根河上源	野马河
						苇莲河
					乌尔其根河右岸	四方旗河
					乌尔其根河左岸	柳树泉眼沟河
	源头以下入嫩江河口以上左岸	博克图东沟河				
		沟口北沟河				
		旗山东沟河				
		仙人洞沟河				
		大东沟河				
		横道沟河				
		喇嘛山大东沟河				
		小东沟河				
		大北沟河				
		四道桥沟河				
		三道桥沟河				
		二道桥沟河				
		卧牛河	卧牛河右岸	务色气沟河		
				白来沟河		
				田园沟河		
			卧牛河左岸	牛营子沟河		
				马家沟河		

（续）

一级支流	二级支流		三级支流		四级支流
雅鲁河	源头以下入嫩江河口以上左岸	沙里沟河			
		一道沟河，下游石猴山水库	一道沟河支流	牤牛沟河	
		二道沟河			
		头道沟河			
		八岔河			
		奇克奈沟河			
		五道桥沟河			
		育林沟河			
		十八公里沟河			
		十三公里沟河			
		清水河			
		苏格河	苏格河上源	兴亚沟河	
				大成沟河	
		松树沟河			
		塔尔气河	塔尔气河右岸	大南沟河	
				小南沟河	
		莫柯河			
		希力格特河			
		敖尼尔河			
		柴河			
		德勒河			
		和力河			
绰尔河	源头以下入嫩江河口以上右岸	哈布气河	哈布气河左岸	合宁果河	
				红花尔基河	
				大呼勒气河	
			哈布气河右岸	哈布气汗扎拉格河	
		白毛沟河	白毛沟河支流	希勒特沟河	
		托欣河	托欣河左岸	好森沟河	
				火龙沟河	
				努力嘎沟河	
				榛子坝沟河	
				查干扎拉格河	
				那布盖准扎拉格河	
			托欣河右岸	哈勒金郭勒	
				海勒斯扎拉格河	
				门德沟河	
				巴格哈卜特盖河	
				其四根郭勒	
		莫赫楞冈思河			
		提力郭勒	提力郭勒上源	铁林郭勒	
				边墙648高地河（新命名）	
				铁古力居日和河	

（续）

一级支流	二级支流		三级支流		四级支流
绰尔河	源头以下入嫩江河口以上右岸	古迪郭勒			
		图门河	图门河支流	特默河	
				吉日根河	
		沙巴尔吐河			
	源头以下入嫩江河口以上左岸	伊吉利沟河			
		美良河			
		乌丹河			
		一零六沟河			
		鄂勒格特气河			
		古营河			
		巴升河			
		荒草沟河			
		梁河			
		一支沟河			
		固里河	固里河右岸	大北沟河	
				地质河	
				白里河	
			固里河左岸	728 高地河（新命名）	
		鹿窖沟河			
		希力格特沟河			
		伊特勒河			
		布拉克扎拉格河			
		扎哈松连扎拉格河			
		韭菜沟河	韭菜沟河支流	林场沟河	
		浩饶河			
		吉希木勒扎拉格河			
		西呼勒斯扎拉格河			
		巴彦乌兰扎拉格河	巴彦乌兰扎拉格河右岸	珠尔嘎代扎拉格河	
				毛格图乌兰扎拉格河	
		巴彦乌兰河	巴彦乌兰河支流	巴彦拉格河	
				劳根扎拉格河	
				马拉吐扎拉格河	
		高勒吐扎拉格河			
		敖包吐河	敖包吐河上游	勒西林扎拉格河	
				神山水库	
			敖包吐河左岸	浑迪冷扎拉格河	
		居里根扎拉格河			
		绰勒水库	库区以下为以五道河灌渠为主的外泄渠网		
		乌恩扎拉格河[入绰勒水库]			
		巴彦扎拉格河			

（十二）霍林郭勒（河）

霍林郭勒（Holingola River）[1]为嫩江右岸一级支流，发源于通辽市的扎鲁特旗罕山西麓，经霍林郭勒市、兴安盟科尔沁右翼中旗，在吉林省通榆县、大安县境内，注入面积 307 km² 的查干湖后汇入嫩江干流。20 世纪 70～80 年代以后，中上游开垦了大量耕地，用水量增加，修建了多处水库，水流扩散，查干湖萎缩干涸。现今的查干湖是从松花江左岸引水，经 54 km 长水渠入湖。霍林河干流全长约 590km，流域面积约为 2.78×10^4 km²，其中内蒙古境内＞1×10^4 km²。目前，嫩江水系的主要支流只有霍林河和额木太河（在呼伦贝尔市域外的霍林河入嫩江河口以上的嫩江右岸，发源于兴安盟突泉县太和乡和宝村五道沟堵海拔 647m 处（骆驼砬子山东侧）（突泉县志编纂委员会，1993）。在自然演进过程中，受人为影响已断流成为名符其实的无尾河（图 1-56）。

四、辽河水系

辽河（Liao River）全长 1 345 km，流域面积 21.9×10^4 km²，年平均径流量 95.27×10^8 m³，流经内蒙古、吉林、辽宁的 10 个盟市、27 个旗县区后，注入渤海（图 1-57）。

西拉木伦河（Xilamulun River）发源于大兴安岭山脉南端赤峰市克什克腾旗大红山北麓海拔 1 420 m 的白槽沟，流经克什克腾旗、翁牛特旗、林西县、巴林右旗、阿鲁科尔沁旗，于翁牛特旗和奈曼旗交界处与老哈河交汇成为西辽河。西辽河是辽河水系的正源，是辽河的最大支流，年径流量 26.7×10^8 m³（张立汉，2005）。

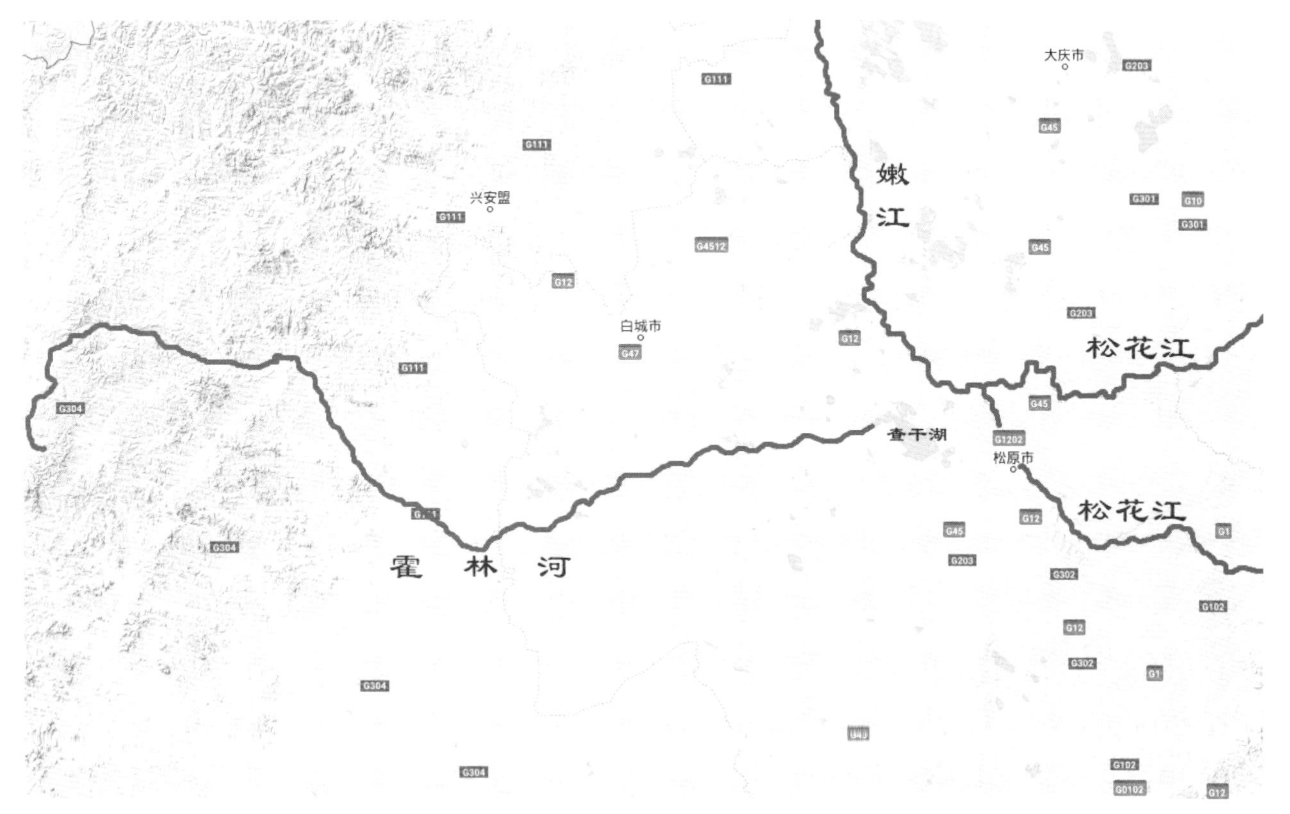

图1-56 霍林河流域示意

① 霍林郭勒（huolinguole）：蒙古语，意为像咽喉食道一样狭窄的河流。

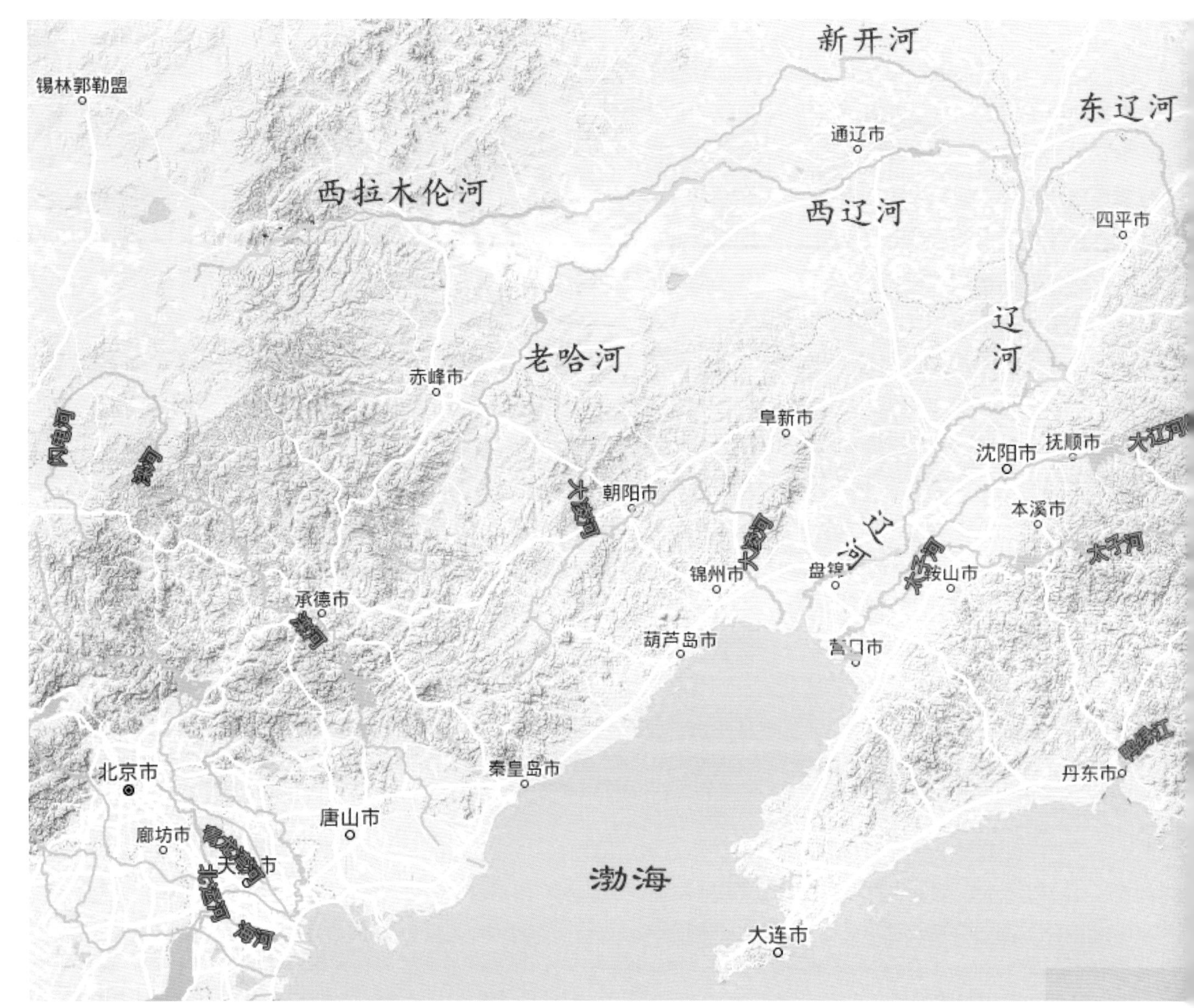

图1-57　辽河水系示意

发源于大兴安岭最南端的西拉木伦河为西辽河北源，蒙古语意为“黄色的江”，历史上曾称之为饶乐水、潢水、吐护真水、辽水、大潦水、巨流河等。西拉木伦河河长约 400 km，流域面积约 3.2×10^4 km²，总落差达 1 134 m，上、中游地区两岸群山环抱，水能资源丰富，被誉为“塞外小三峡”。她哺育了流域内的各族人民，目前发现的红山文化史前文明使西拉木伦河被史学界誉为“祖母河”。建立辽国的契丹族也发祥于这一流域。

五、其他水系

（一）乌拉盖湿地诸河

汇入乌拉盖湿地（Wulagai Wetland）的主要河流有发源于大兴安岭山脉位于中蒙边界线锐角拐点上的哈勒金敖瑞（海拔 1 492 m）的乌拉盖河（Wulagai River）（上源为乌尔浑河、青格台郭勒）及其右侧的色也勒钦高勒，以及左侧源于分水岭上的木瑙很扎拉格河、布尔（宝日）嘎斯台河、彦吉嘎（音吉干）河、高日（力）罕河、巴

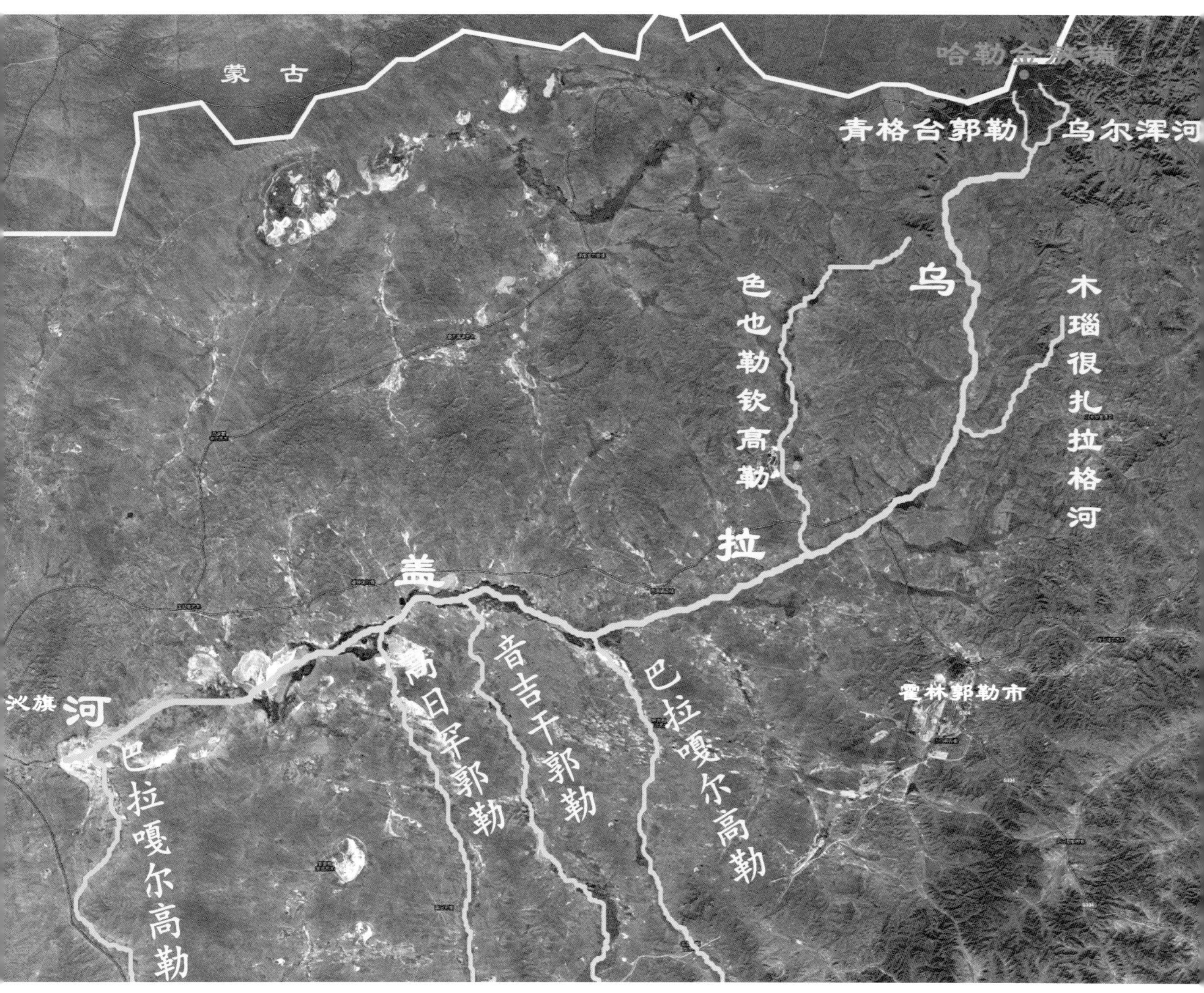

图1-58 乌拉盖湿地诸河示意

拉嘎尔河等十余条河流。乌拉盖湿地总面积约 2 220 km²，包括河流湿地（图 1-58）。[①]

（二）达里诺尔水系

达里诺尔（Dalinuoer Rake）[②]位于内蒙古克什克腾旗大兴安岭山脉南端西侧的贡格尔草原，其水系由两个主要河流和几个湖泊构成。一个河流为贡格尔河，流域面积 783 km²，河长 120 km，年平均径流量 0.66×10^8 m³，上游为查木汗郭勒。另一个河为沙日音高勒，是岗更诺尔与达里诺尔的联通河流。达里诺尔水系是由河流湿地、湖泊湿地、沼泽湿地构成的综合湿地系统，湿地总面积约 390km²。最大的湖泊为达里诺尔，面积约 238km²，其次为岗更诺尔（田明中等，2012；国家林业局，2015）（图 1-59）。

由以上讨论得知，在大兴安岭山脉发源的两大

① 乌拉盖（Wulagai）：系蒙古语，意为像盲肠一样，进去出不来。这里指流入的各条河，都汇聚于乌拉盖湿地流出不来。
② 达里诺尔（dalinuoer）：系蒙古语，像海一样大的湖。达里为达赉（dalai）的汉语谐音意为海，诺尔（nuoer）意为湖泊。

水系（黑龙江、辽河）在山脉区域又可分4个外流河流域，即：额尔古纳河流域、嫩江流域、黑龙江流域和西拉木伦河流域。此外，还有1个在内流水系和外流水系之间转换的呼伦湖—贝尔湖水系[③]；2个已断流成为无尾河的河流：霍林河、额木太河。山脉区有2个内流水系，即：乌拉盖河水系诸河（包括锡林河水系）、达里诺尔水系。以上河流均发源于大兴安岭，这个相对东北平原高高隆起，向西缓缓降落于呼伦贝尔、锡林郭勒高平原的山脉，就是东北地区、华北地区的天然水塔。[④]

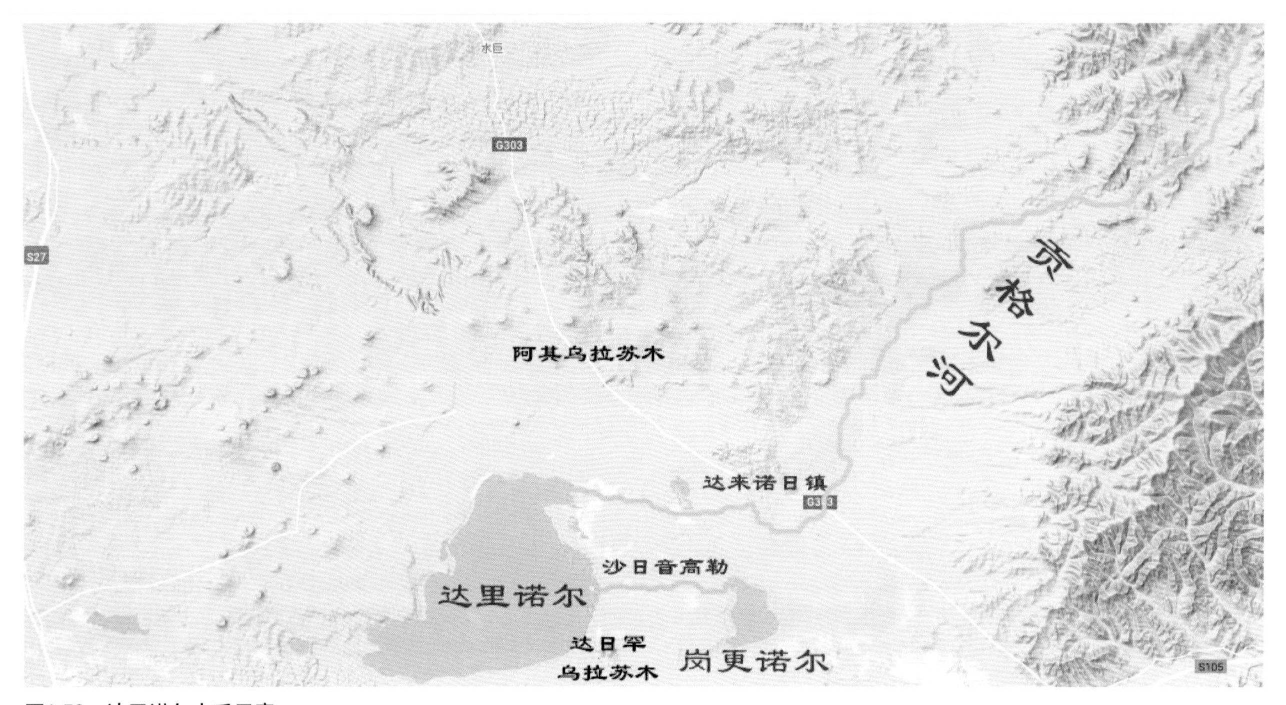

图1-59　达里诺尔水系示意

① 见本书第二章第二节，二，(一)“呼伦湖具有吞吐湖泊和内陆湖泊的双重特点”。

② 大兴安岭山脉整体处于东北地区，但山脉西部的锡林郭勒盟属于华北地区。大兴安岭的的南端与燕山山脉西端、阴山山脉东端相抵，形成以锡林郭勒盟南部多伦为聚水中心的华北地区重要的滦河水系源头，是滦河重要的水源涵养区。

第二章
呼伦湖—贝尔湖水系与高平原和大兴安岭山脉

通过对呼伦湖—贝尔湖水系的由浅及深的详细研究讨论，得出影响其环境变化的因果关系。特别对产生生态问题的主要原因，有较深入的理论和实践层面的探索。同时，侧重于在较大的生态空间上针对来水减少、光照对湖泊水体温度水生物的影响、风引起的湖泊能量变化、湖泊本底的理化指标与水体质量关系等方面的研究，力图剥离表象探寻到呼伦湖—贝尔湖水系的自然演替规律，使我们能寻规而为，达到事半功倍。本章以河流为主线，对呼伦贝尔草原进行了分区描述。采取这种讨论研究方法是基于以下考虑：东部的中低山山地草甸、温性草甸草原区向西部的温性典型草原的过渡基本是沿东西纬向的，大致与发源于大兴安岭山脉流向呼伦湖的各条河流的流向相同；每片草原的自然属性特点对河流的水文特征、理化指标、水生陆生动植物的分布有着重要影响，而河流的春汛夏汛、水体的富营养化程度等又严重地制约着草原的生态环境；在呼伦贝尔，河流和草原是密不可分的，讲哪儿片草原一定离不开那里流动着的河流，读懂呼伦贝尔草原也一定要详细了解草原上流淌的每条河流。在本章中，还简要介绍了大兴安岭山脉东侧的东北草原区的科尔沁草原、西侧蒙宁甘草原区的内蒙古草原和其东部的锡林郭勒草原。

本章讨论呼伦湖—贝尔湖水系与呼伦贝尔高平原和大兴安岭山脉的相互依存关系。

作为额尔古纳河水系上源子水系的呼伦湖—贝尔湖水系，在内蒙古东部和呼伦贝尔市有着极为重要的生态环境地位，特别是对呼伦贝尔草原更重如命脉，这也是呼伦贝尔得名于呼伦湖和贝尔湖的真正原因。因此，本章对这一水体体系进行全面系统的讨论。

呼伦湖[①]，也称呼伦池，又称达赉湖[②]，位于呼伦贝尔草原西部，是中国北方第一大湖泊。呼伦湖具有重要的生态功能，素有“草原之肾”的美誉，是大兴安岭山脉、呼伦贝尔草原以及蒙古高原东部生态环境状况的标志性水体，在调节气候、涵养水源、防治荒漠化、保护生物多样性以及维系呼伦贝尔草原生态平衡乃至我国北疆生态安全等方面发挥着不可替代的重要作用，是东北、华北生态安全屏障上的重要关节点。呼伦湖—贝尔湖水系是一个庞大的淡水湿地（湖泊湿地、河流湿地、沼泽湿地）生态系统，为鱼类、鸟类等水生生物提供了独特的栖息繁殖生境。域内水生生物多样性丰富，是东北亚鸟类迁徙的重要通道和集散地、亚洲水禽的重要繁殖地，具有独特的生物多样性和完整性，也是内蒙古最大的水生生物种质基因库。呼伦湖和贝尔湖整体上处于呼伦贝尔草原的较低区域，汇聚了大兴安岭山脉、呼伦贝尔高平原、肯特山脉、蒙古高原的地下泉水、降水，是这些地域的随变性显示水体。它通过山脉、森林、草原、湖泊、河流、大气的水圈循环成为生态链上的重要节点，也是呼伦贝尔草原的生态晴雨表。它们之间有着休戚与共的关系，不可分割。

---

① 呼伦（Hulun）湖：呼伦，系蒙古语“呼勒”的谐音，“呼勒”为河流潴蓄的湖泊之意。这里是指呼伦湖潴积了呼伦沟河、达兰鄂罗木河、乌尔逊河、克鲁伦河，在呼伦贝尔高平原拗陷的较低区域潴育成的湖泊和湿地（孛尔只斤·嘎尔迪敖其尔，胡日乐，2014）。

② 达赉（Dalai）湖：“达赉”系蒙古语，意为海。达赉湖，意为像海一样的湖，即像海一样大、类似海水一样的理化指标、与海相近的气象特点。

第一节
水系概况

一、地理位置

呼伦湖位于内蒙古自治区东北部，呼伦贝尔草原西部新巴尔虎左旗、新巴尔虎右旗和满洲里市之间，东经117°00′10″～117°41′40″，北纬48°30′40″～49°20′40″。呼伦湖南与蒙古国隔贝尔湖相望，西距中蒙边境67 km，北距俄罗斯24 km，处于中、蒙、俄三国交界地区；东距呼伦贝尔市首府海拉尔区143 km，北端距我国最大的陆路口岸满洲里市32 km，西距新巴尔虎右旗阿拉坦额莫勒镇19 km，东南距新巴尔虎左旗阿木古郎镇83 km。湖区与周围湿地及径流构成的淡水资源，在维持生态系统平衡、生物多样性和丰富生物资源方面发挥着巨大作用。

贝尔湖[①]位于呼伦贝尔草原的西南部边缘和蒙古高原第一梯阶的东部边缘之间，东经117°29′50″～117°53′06″，北纬47°36′12″～47°58′23″，分别是哈拉哈河和乌尔逊河的吞入湖和吐出湖，是中蒙两国共有的界湖，中国部分位于呼伦贝尔市新巴尔虎右旗境内。贝尔湖与呼伦湖之间的连通河流乌尔逊河是新巴尔虎左旗与新巴尔虎右旗的旗界，左旗在东，右旗在西（图2-1）。

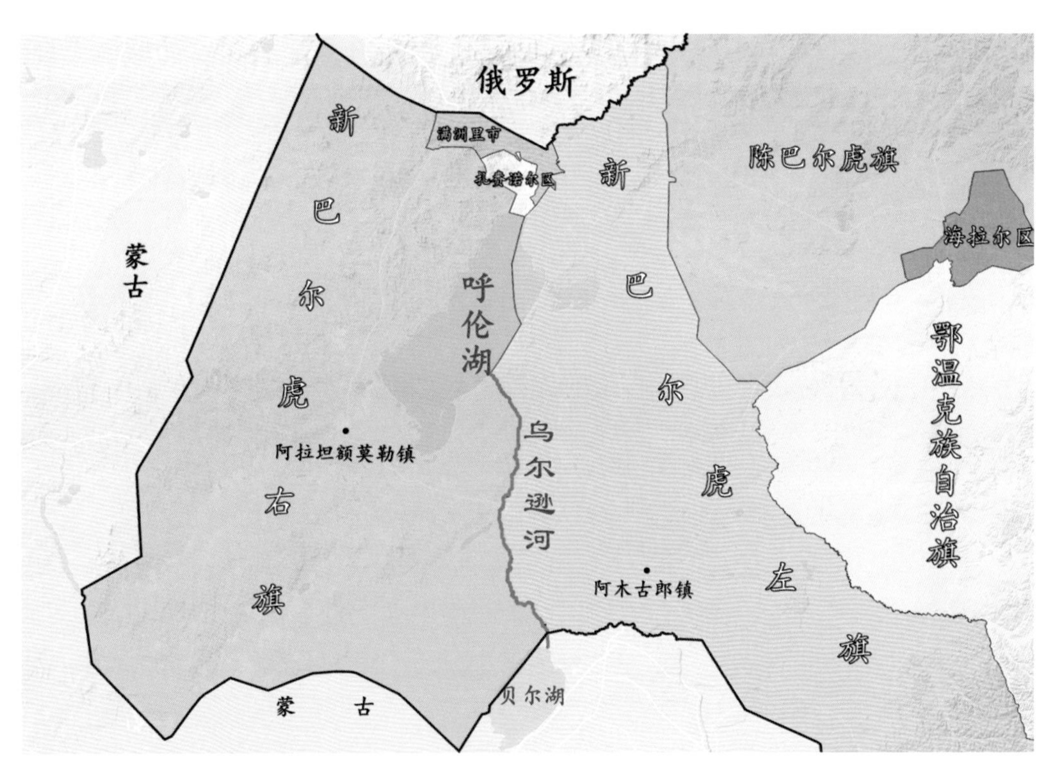

图2-1 呼伦湖、贝尔湖地理位置示意

① 贝尔（Beier）湖：系蒙古语，山梁脚下湖泊之意。贝尔为山梁下（低）的地方之意。在贝尔湖南岸蒙古国境内为一宽大隆起的山梁，蒙古语称为“锡林（xilin）”。贝尔湖位于其下。另外蒙古语中的“雄水獭”读音与“贝尔”同音，两者只能在语言环境中才能区分，所以也有人将贝尔译成汉语的雄水獭，称贝尔湖为雄水獭湖（孛尔只斤•嘎尔迪敖其尔，胡日乐，2014）。
在贝尔湖周边居住的蒙古人，又称贝尔湖为“博日诺尔”，“博日”在蒙古语里意为肾脏、肾形，意为形状像动物肾脏一样的湖泊。

二、面积

呼伦湖—贝尔湖水系横跨中国和蒙古国，在中国境内流域总面积约 4.15×10^4 km²。两湖位于内蒙古自治区呼伦贝尔市西部、西南部，处于呼伦贝尔市的满洲里市（扎赉诺尔区）、新巴尔虎右旗和新巴尔虎左旗的部分行政区内。流域面积还覆盖兴安盟阿尔山市 2 个乡镇和锡林郭勒盟东乌珠穆沁旗 1 个苏木的少部分区域。蒙古国境内约 16.05×10^4 km²，总计约 20.2×10^4 km²（图 2-2）。

呼伦湖，呈东北至西南走向的不规则长方形，湖长 93 km，平均宽度 32 km，最大湖宽 41 km，平均水深 5.8 m，具有吞吐湖泊和内陆湖泊的双重特点。1959—2017 年，湖区水位基本上处于海拔 540～545.33 m（1964 年），相应蓄水量[①] 40.1×10^8～144.2×10^8 m³，湖面面积 1 760～2 339 km²。根据 2017 年 9 月监测数据显示：呼伦湖水域面积为 2 032.81 km²，蓄水量约为 110×10^8 m³。

贝尔湖，呈椭圆形状，长 40 km，宽 20 km，面积 608.78 km²；一般深度在 9 m 左右，湖水最深处可达 50 m 以上；它大部分在蒙古国境内，仅西北部的 40.26 km² 在我国境内。贝尔湖主要是集纳东南流来的哈拉哈河水而成的湖泊，乌尔逊河从东北面将其同呼伦湖连接在一起。

三、形成与变迁

距今 1 亿多年前，受气候和地质变迁的影响，当时呼伦湖地区是一片广阔的内陆盆地。这里气候温暖湿润，时而汪洋一片，时而沼泽密布，湖泊和沼泽频繁交替出现。在距今 2 500 万年前，由于地壳运动的作用，盆地中心移向乌尔逊河以东至辉河一带，使今天的这一广阔地域有厚达 200 多米的河

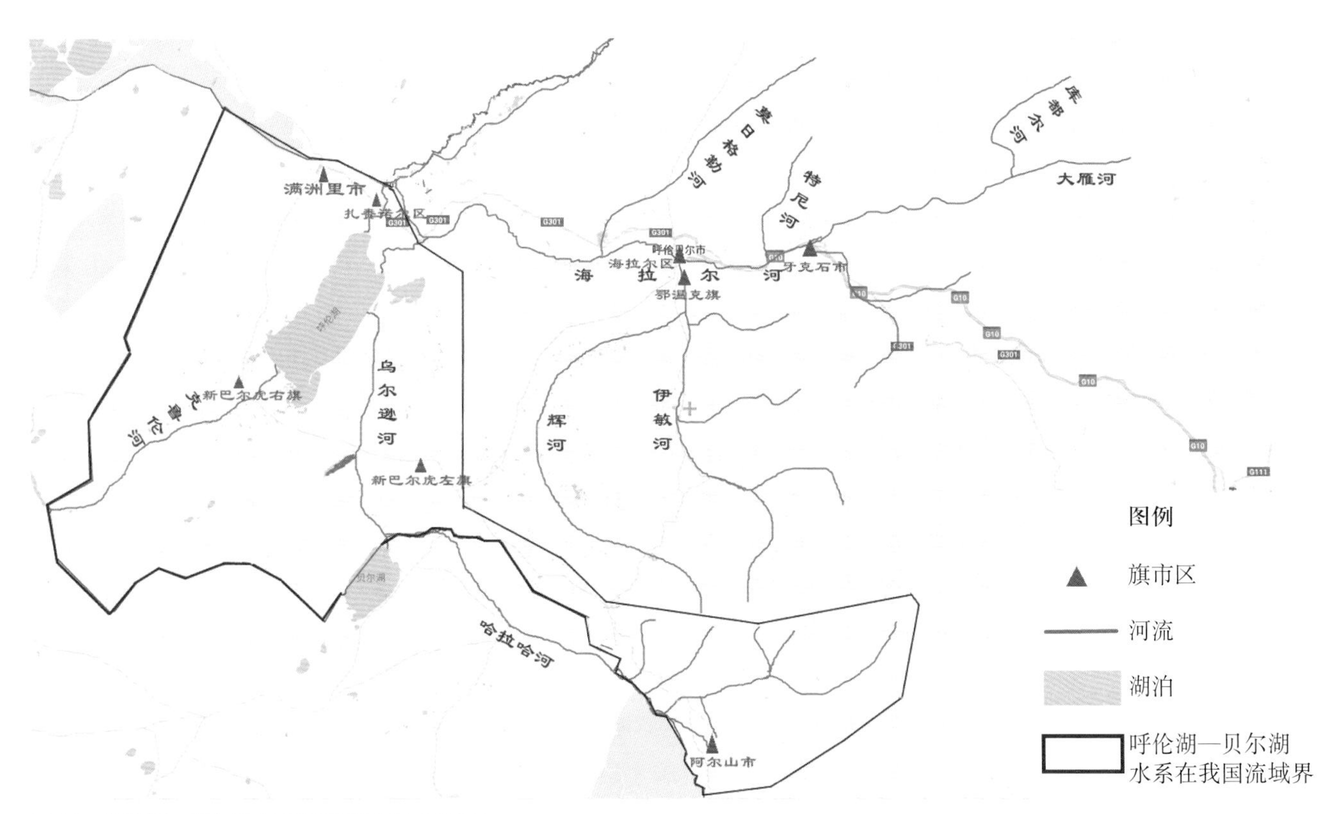

图2-2　呼伦湖—贝尔湖水系在我国流域范围示意

① 此最大蓄水量包括新达赉湖即新开湖盈满时的蓄水量，新达赉湖的面积约在 147～200 km² 之间，平均水深约 2 m。呼伦湖水位达到 545.28 m 时，湖面面积为 2335 km²，相应蓄水量为 138.5×10^8 m³。

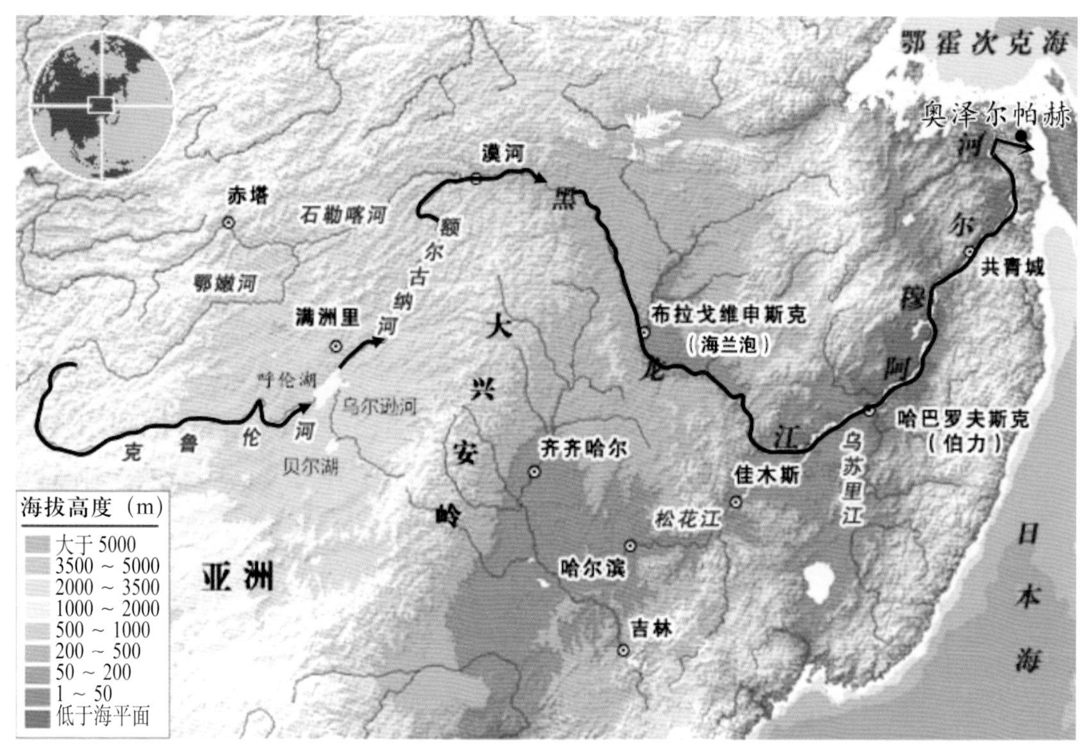

图2-3　克鲁伦河—呼伦湖—达兰鄂罗木河—额尔古纳河—黑龙江—阿穆尔河—鄂霍次克海的完整水系示意

湖相沉积地层。距今大约200万~300万年（第四纪开始前后），随地壳持续挤压，在现今湖区东西两侧产生了两条北北东向大断层。西侧断层简称西山断层，大致在克鲁伦河—呼伦湖—达兰鄂罗木河—额尔古纳河一线；东侧断层简称嵯岗断层，大致在嵯岗—双山一线。两条断层之间下陷，形成了湖盆东高西低的向斜地堑构造，使呼伦湖成为名符其实的构造湖（Tectonic lake）①。亦使呼伦湖地区成为呼伦贝尔高平原最大的拗陷区域，沉降中心又从乌尔逊河以东至辉河之间移到现今呼伦湖的位置上。距今100万年~1 5000年前，呼伦湖地区的气候由温热多雨转为冰川气候。距今1万年前，冰川气候消失，气候逐渐转暖，冰川消融，现代呼伦湖形成。克鲁伦河—呼伦湖—达兰鄂罗木河—额尔古纳河—黑龙江—阿穆尔河—鄂霍次克海的完整水系亦形成（图2-3）。呼伦湖吞纳了乌尔逊河和克鲁伦河后，通过达兰鄂罗木河注入额尔古纳河汇入黑龙江，经阿穆尔河注入大海。

由于地壳的变化、河流洪积物冲积物的堆积、风蚀作用，呼伦湖水于18世纪中叶左右停止外流，变成了内陆湖。20世纪呼伦湖位置没有迁移，但湖水的涨落和面积大小有过较大的变化。1900年前后，呼伦湖地区已成为一片沼泽，原湖盆底由几个水泡子串连而成，其排列方向为北东—西南，泡子周围全是平坦草地，低洼之处则成苇塘。1903—1904年间，湖水突增，一年内便将分散各处的泡子连在一起。

20世纪以来，呼伦湖有过不少涨落变化（图2-4）。1952年以后湖水渐涨，特别是1958—1960年湖水上涨成为外流水系。1958—1962年，湖水持续猛涨，湖面向东南两个方向扩大，湖水水位达到545.28 m，面积2 335 km²，蓄水量达138.5亿m³，致使湖东岸双山子一带决口，形成一个面积约200k m²的大湖，人们称之为“新达赉湖”或“新开湖”[蒙古语称，哈达乃浩来（hadanaihaolai）]。1963年春，湖水继续

① 构造湖（Tectonic Lake）：地壳构造运动所造成的坳陷盆地积水而成的湖泊。以构造断裂形成的断层湖最常见。其特征为水深，岸坡陡峻，常成狭长形。如中国云南的滇池，非洲东非大裂谷的坦噶尼喀湖等。有的是大块陆地下沉而成湖盆，潴水而成。也有的是岩层同时发生断裂、褶皱两种地壳变动生成的湖盆，如俄罗斯的贝加尔湖（河海大学《水利大辞典》编辑修订委员会，2015）。

上涨，严重恶化了扎来诺尔煤矿矿井的水文地质条件，对矿区生产构成严重威胁。1965 年 6 月 15 日，国家有关部门开始兴建“达赉湖近期泄水工程”，于 1971 年 9 月 8 日竣工。此工程既可在呼伦湖高水位时泄洪，又可调节海拉尔河水位，在高水位时，适量引流入湖。至此，呼伦湖第一次得到人工控制。

建泄水工程后，湖水逐渐下降，至 1979 年新开湖基本空干，恢复到 1962 年以前状态。1983 年比 1962 年湖水下降 2m 左右。

1983 年冬至 1984 年春，降雪大于往年，呼伦贝尔牧区形成特大白灾。当 1984 年春冰雪融化时，各河流水量大增，加之 1984 年夏秋两季雨水偏多，因而呼伦湖水位又行上涨。1984 年上涨 0.67m 左右，湖区各支流涨水，形成河漫滩；贝尔湖涨水，冲毁了蒙古国贝尔湖渔场的拦渔栅，使几千吨鱼进入呼伦湖。

1984—1985 年雨水偏多，湖水继续上涨，新开湖再现。

由于近 20 年来持续干旱，以及湖周边径流含沙量逐年增加、河水入湖的水量大幅度减少、蒸发量加大等原因，使水位下降，蓄水量骤减。1990 年到 2000 年 10 年间，湖水下降又上涨；2001 年到 2012，呼伦湖水位由于入湖水量的不断减少出现了迅速下降趋势，下降速度罕见，湖泊面积也随之快速萎缩，2012 年湖水水位下降到 540 m，降到 1900 年以来的历史最低水位，面积 1 759.47 km²；2012 年至今，呼伦湖水位不断上升，截止到 2017 年 9 月，湖水水位达到 542.96 m，面积 2 032.81 km²。

综合近几十年来能够参阅到的呼伦湖的有关资料，大体梳理出每隔约 10 年有一个涨落变化，每隔约 30 年有一个涨落周期（1952—1982；1982—2012），这种小周期又包含在以百年计的更大的涨落周期之中。1900 年的呼伦湖沼泽化干涸，在 112 年后的 2012 年又重复出现，是人为的干预从某种程度上影响了周期的变化，使之没能倒退到沼泽化干涸的地步（图 2-4）。但是从上一个大的涨落周期所包含的小涨落周期看，呼伦湖应该在今后的 20 多年内完成下一个小的周期，以后的十几年应以总体的上涨为主。按照这样的统计规律可以模拟

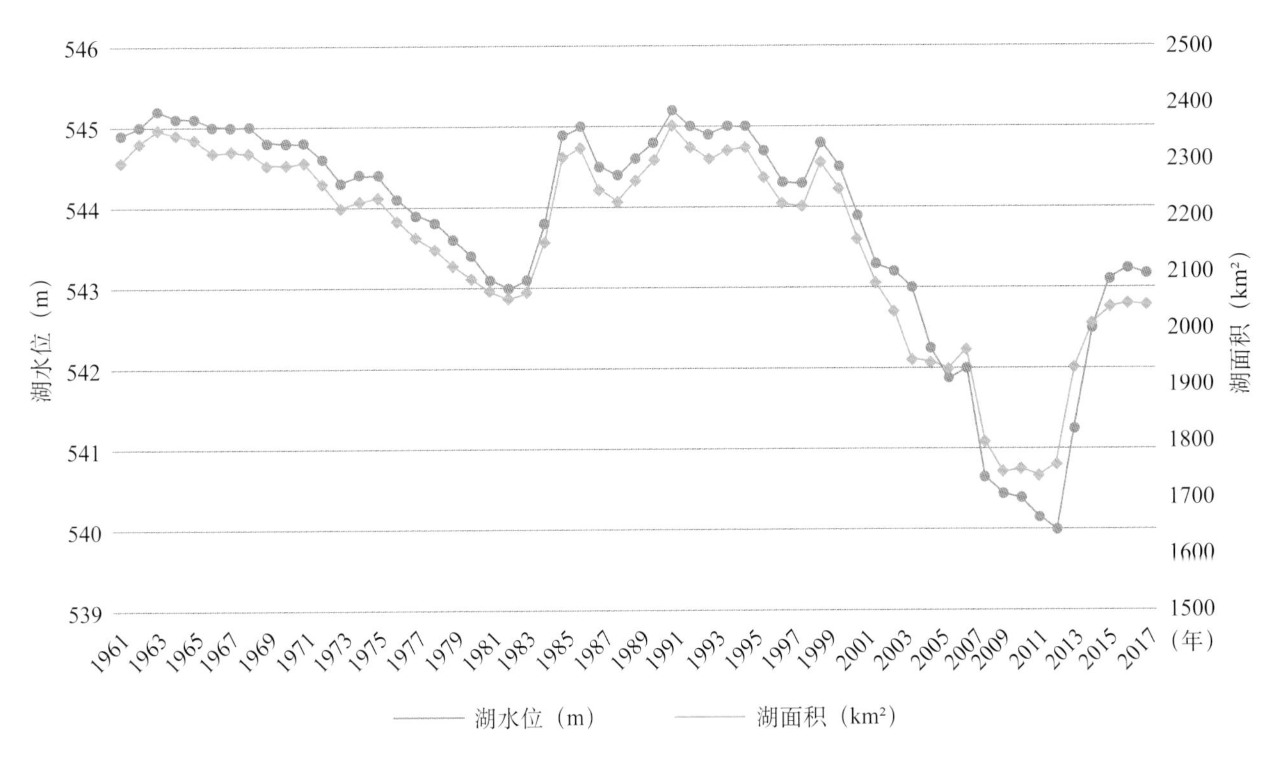

图2-4 呼伦湖1961—2017年湖水水位、面积变化

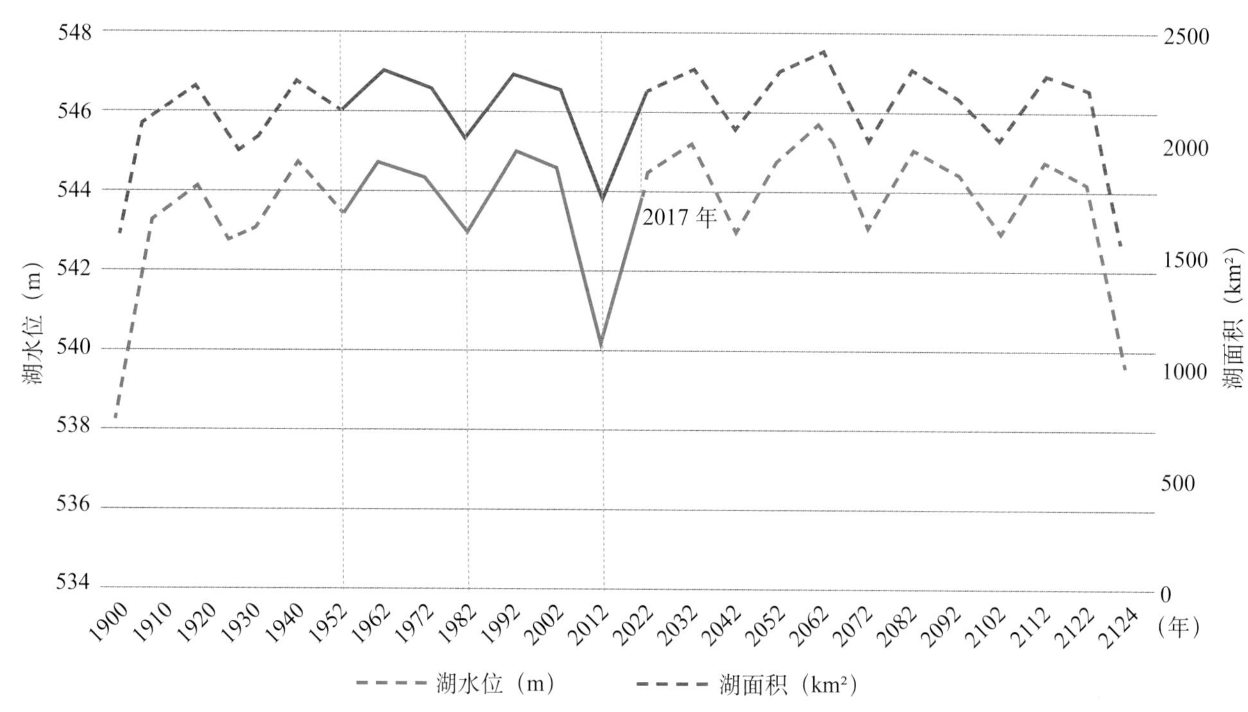

图2-5　1900—2124年呼伦湖涨落周期模拟

出 1900—2017 年，前 117 年大的涨落周期，如实描述出前 65（1952—2017）年小的涨落周期，推测模拟出今后 107（2017—2124）年的大涨落周期。1952—2017 年的涨落曲线依据实际观测数据用实线描述，推测数据曲线用虚线（图 2-5）。

以上对统计规律分析得出的湖面海拔高程、湖面面积的时空变化，是定性的，而非准确的定量。利用湖泊学、地质学、水力学、气象学、生态学、环境学等学科进行全面深入的考察论证，定量分析呼伦湖的涨落变化周期，对我们研究和利用今后的湖泊资源是非常必要的。当然，百年多的时间，不足以充分说明呼伦湖水涨落规律。但是，通过我们的不懈努力，会了解到更长时间段的湖泊时空变化规律。

四、地形地貌

呼伦湖位于大兴安岭西麓内蒙古高原东部的呼伦贝尔高平原。该地区地貌由湖盆低地、滨湖平原和冲积平原、河漫滩、沙地、低山丘陵及沙质波状高平原等 6 种类型组成（图 2-6）。

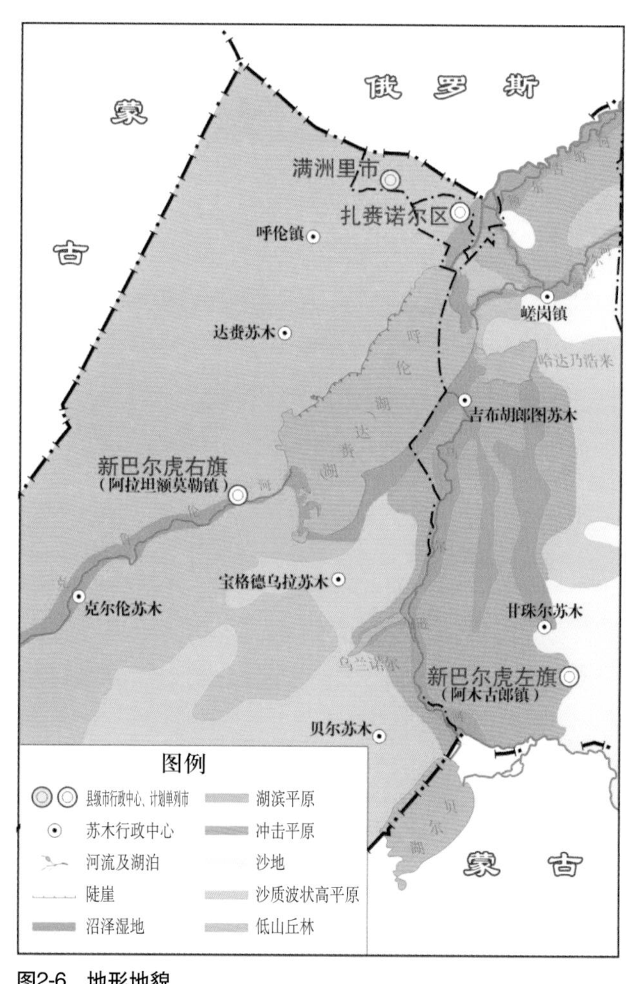

图2-6　地形地貌

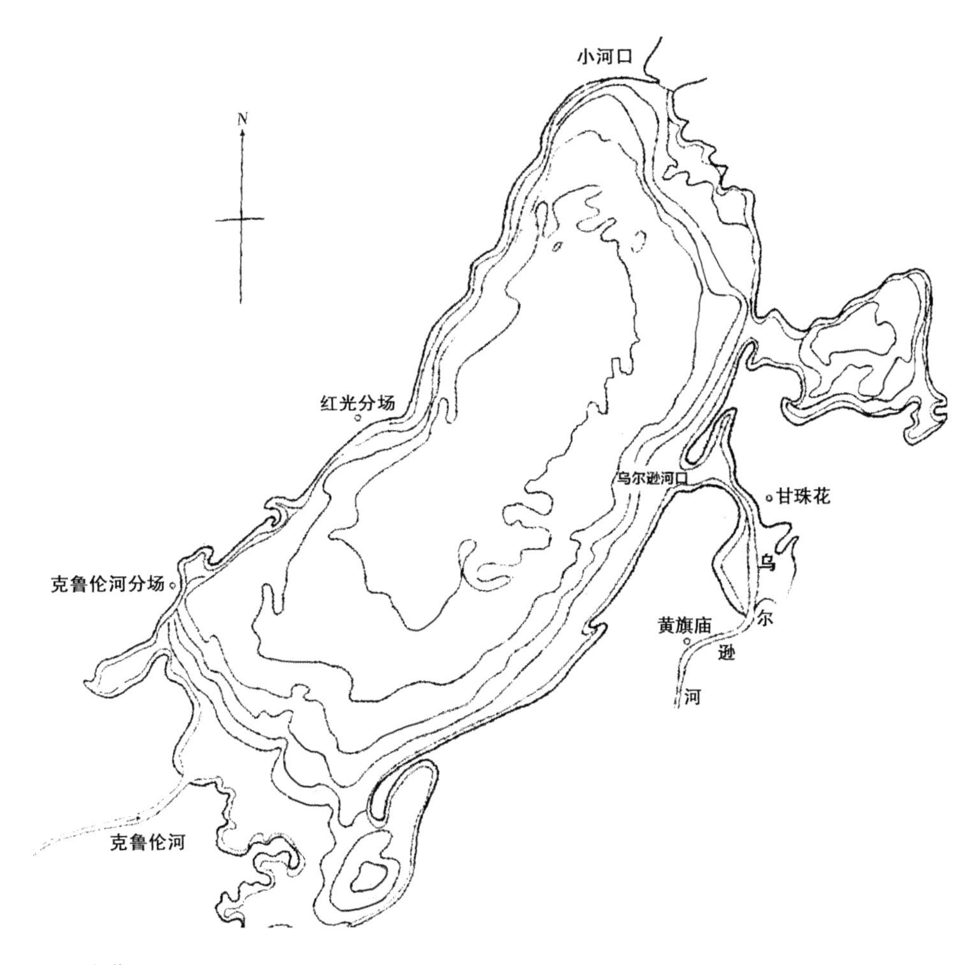

图2-7 湖盆

（一）湖盆

呼伦湖湖盆，呈东北—西南向的不规则的斜长方形，是由东面的嵯岗断层与西面的西山断层这两个正断层切断了湖区所在的宽浅向斜的两翼而形成的。这里在晚侏罗世至早白垩世时，曾和原呼伦贝尔盆地一样堆积了很厚的沉积层（含煤系地层）。经过伸缩、迁移的变迁，如今仍保持着与断层走向相同（北东—南西向）、与高平原地形一致（宽平）的特点。湖盆在西侧临近陡崖处坡度较大，北、东、南三面较平浅（图 2-7）。

（二）低山丘陵

主要分布在呼伦湖西岸一带，本区的低山丘陵内有分布很广的海拔 600～650 m 的夷平面，为长期遭受强烈的剥蚀而成，地形上宽阔平坦，高差不大，切割轻微，仅有一些宽浅的冲沟（图 2-8）。夷平面

图2-8 冲沟

延展至湖滨，即为湖西岸的陡崖，它大体标志着本区地质构造中向斜西翼断层线的方向和位置。由于断层线上形成的岩石破碎带容易被流水和湖浪侵蚀，逐渐使陡崖退缩，形成今日陡峭的湖西岸岩壁形态（图 2-9至图 2-12）。在陡崖上方的夷平面上，很少有磨圆砾石和沙层，而多见火山岩气孔充填物碎片，如玛瑙、碧玉、石髓等（图 2-13），故一般认为它只是古老夷平面的残余部分而并不是湖岸阶地。在低山丘陵间除了有入湖的宽浅冲沟，还有一些封闭的洼地，洼地中或保留有面积较小的湖泊，或干涸无水。

图2-9　呼伦湖西岸的崖壁

图2-10　呼伦湖西岸的断崖——老虎嘴

图2-11　呼伦湖西岸的成吉思汗拴马桩

图2-12　呼伦湖西岸的断崖——人头崖

图2-13 呼伦湖西岸的玛瑙路

（三）滨湖平原和冲积平原

湖的北端、南端和东面环湖一带，都有较广阔的湖滨平原。在乌尔逊河两岸，特别是其东面至阿木古郎与新开湖南岸一线之间，有古乌尔逊河冲积形成的平原。在扎赉诺尔到阿巴该图一线以东，湖北端的滨洲铁路两侧，有海拉尔河冲积形成的平原。湖滨平原是克鲁伦河、乌尔逊河、海拉尔河在古代冲积形成，而后又受到湖水淹没、改造成为一部分较平坦地区。其高度大约在海拔 545～800m 之间，其组成物以砂石为主，湖滨为细砂。在克鲁伦河下游，注入呼伦湖处形成明显的三角洲，沉积物多尖角细砾。在湖北端平原上，靠西面灵泉一带，则可见到一些坡积物，颗粒较粗而有棱角，可能曾受古代西山下来的冰水和洪水冲积的影响，后来又受湖水和达兰鄂罗木河水的改造。冲积平原则主要是河流冲积形成的，其沉积物在河水作用后不同程度上受风力的改造，其高度比湖滨平原高而且自上游往下游方向有一定的坡降，但高差并不十分显著。

湖滨平原和冲积平原，与沼泽湿地、沙地沙岗等地貌类型互相穿插。在湖的南端，湖盆与平原之间有沼泽湿地，东南有沙地，湖盆东部与乌尔逊河之间有沙岗。在湖的北端，湖盆与湖滨平原之间也有一片沙地沙岗。而乌尔逊河以东，冲积平原与古河道形成的条带状沼泽湿地几乎是呈相间平行排列，隐约可见古代河流对这一带地形的塑造作用。

（四）河谷漫滩

入湖河流克鲁伦河、乌尔逊河、达兰鄂罗木河和古海拉尔河的入湖旧道呼伦沟，沿河都有宽阔的漫滩沼地。乌尔逊河在波状平原上，克鲁伦河在低丘之间，都塑造了现代河谷冲积平原。河谷比较宽阔平坦，看不到明显的阶地，只见低河漫滩逐渐过渡到高河漫滩，又逐渐过渡为波状平原的顶面。在宽阔的河漫滩上有许多废河道、牛轭湖和沼泽湿地。

达兰鄂罗木河附近，由于 20 世纪初滨洲铁路的修建和 50 年代末扎赉诺尔矿务局截断河道，使路北地势低洼，沼地发育，水深 0.3～1 m 左右。路南形成几十个积水坑，河谷已不明显。

湖东南的阿木古郎镇与新达赉湖（新开湖）之间，有大片低洼湿地，也有干涸的河床，它们是古代河流的遗迹。如果按照河流走向恢复过去的河网，可以看出它们都是流入呼伦湖的。

图2-14　呼伦湖北岸的沙坨子

（五）沙地沙岗

呼伦湖湖滨有现代形成的沙滩、沙砾堤，其组成颗粒较均匀圆润，地形上向湖盆缓缓倾斜，滨岸有风成沙丘（图 2-14）。

呼伦湖东侧有两条沙丘带，一条在湖东岸，沿湖岸线呈南北分布，为湖滨沙丘；另一条在乌尔逊河以东，阿木古郎、甘珠尔庙以北，沿广阔的沼泽湿地东缘大体呈南北向发展。前一条海拔在 570 m 左右，后一条 590 m 左右。此外，湖的南端有零星沙丘发育在砾质的克鲁伦河古河口三角洲上。东北端的呼伦沟与达兰鄂罗木河通湖河口之间，也有若干沙丘分布。此外，在满洲里市以南，敖尔金牧场一带的山坡和平缓分水岭上，有若干高 0.5～1 m、长 3～5 m 不等的呈覆舟状的固定沙堆分布。

（六）高平原

呼伦湖区属于呼伦贝尔高平原的一部分。本区由于河湖发育和风沙作用而形成上述一些地貌类型外，东部仍保存相当一部分高平原形态。高平原往东延伸直达大兴安岭边缘，非常宽广。高平原是古代的湖泊沉积和河流沉积物在上新世末受掀斜式抬升而造成的。这种构造运动在第四纪期间继续进行，以致形成由海拉尔附近海拔 700m 逐渐降为呼伦湖岸 550～570 m 的广阔而倾斜的地面。高平原往西与西边的石质低山丘陵接壤。这个接壤地带由于古代断层作用和河湖发育，有较宽的范围被冲刷侵蚀而造成了较低的湖滨平原、河谷沼泽洼地和沙丘，现在保存下的高平原形态区域大多在海拔 600m 等高线以上。

高平原在湖的北端有一些残余，突起在湖滨平原之上，它们是海拉尔河在古代冲积形成的。海拉尔河从大兴安岭和高平原携带大量沙粒在湖的北端入湖，沿途形成广阔的侧斜平原和河口三角洲。后来湖水退落，河流下切，形成阶地。高平原在湖的南部也有若干残余，如新巴尔虎右旗阿拉坦额莫勒镇北部有许多高出洼地地面 10m、海拔 560～570 m 的台地。

古海拉尔河在湖北部冲积形成的冲积物堆积高地，最具特点的是滨州线铁路北侧的秃尾巴山和小河口东北的沙子山。秃尾巴山高度为海拔 572 m，相对高度 26 m，迎水面（北面）较陡，顺水面（南面）较宽缓，以较大直径的 10～20 cm 左右的河卵石为主（图 2-15），上层为沙粒；沙子山高度为海拔 575 m，相对高度 29 m，迎水面（西北）较陡，顺水面（东南面）较宽缓，均为细沙（图 2-16）。

图2-15　秃尾巴山上的河卵石

图2-16　沙子山北部，为大洪水期的迎水面较陡，南面为背水面较平缓

（七）对地形地貌有新认识

（1）古海拉尔河从大兴安岭和呼伦贝尔高平原裹携的大量较重沙粒、体积较大的卵石首先在秃尾巴山堆积，按流体力学原理，较重的在上游堆积形成较陡的迎水面，较轻的在下游顺水面形成缓坡。

（2）在河水向南流淌约 10.5 km 后，水流逐渐减缓，较轻的大量细沙在沙子山堆积，形成目前的沙子山地貌。

（3）受古海拉尔河水流冲积作用，秃尾巴山和沙子山积累到目前的高度。从其高度看，当时的水位应不低于 572～575 m，与现今呼伦湖的水位相比应高出约 30 m 以上。如不考虑地形的变化，海拔 575 m 等高线上下形成的水域，应是一个非常之大的古水域，像海一样，而呼伦湖只是那个古水域在现今的极小残存。在距今大约 100 万年以前的呼伦湖及周边地区温热多雨，随着以后气候的由温热多雨—冰川期—气候转暖的变化，古海域面积增减、迁徙移动，形成海拉尔河—呼伦湖—阿木古郎—辉河一带受水流冲积、侵蚀、分割的地貌。

（4）可以推断扎赉诺尔西山断层和嵯岗断层发生断陷的范围分别向北延伸至阿巴该图和嘎鲁特，只是没有像呼伦湖湖盆那样断陷较深、较规整，但也发生了同步的地质断陷，不然面积达 300 余平方千米的达兰鄂罗木河湿地的形成就无法解释。在早期研究中认为秃尾巴山可能是在地质断陷过程中遗存的更古老的地质构造，但从堆积物看主要为沙粒和卵石，应为古海拉尔河的冲积物，与断陷前的地质构造无关。这个在晚侏罗世至早白垩世时强烈下陷的构造盆地，包括呼伦湖以北到额尔古纳河的广大湿地区，也堆积了较丰富的煤系地层。位于呼伦湖北鹤门和嵯岗西北区域煤炭勘查区，经勘探，规模均为大型矿区，正处于这个广大的湿地区内。这就给我们提出一个非常迫切和尖锐的问题，煤炭的开发与呼伦湖区的保护孰轻孰重应进行慎重的可行性研究，这个研究不是局部的而是全局的。应从呼伦湖—贝尔湖水系的环境保护角度来斟酌权衡煤炭资源的开发，认真汲取扎赉诺尔等煤矿开发的经验教训，实现可持续的绿色发展。

（5）呼伦湖北岸的沙坨子的形成，有资料介绍为风成沙丘，但通过以上分析它很可能与古海拉尔河的冲积关系更为密切。

五、气候特征

呼伦湖地处呼伦贝尔高原的西部中高纬度地带，为半干旱草原，属中温带大陆性气候。冬季从 10 月上旬开始至翌年 5 月上旬；春季从 5 月上旬开始至 6 月下旬止；夏季从 6 月下旬开始止于 8 月上旬；而后秋季、冬季，周而复始。冬季严寒漫长，春季干旱多风，夏季温凉短促，秋季降温急骤、霜冻早。

属中温带半干旱气候。年均气温 -0.1℃。1 月份平均气温 -22.7℃，极端最低气温 -42.7℃；7 月份平均气温 19.8℃，极端最高气温 40.1℃。呼伦湖地区纬度高、晴天多，日照充足，日照时数历年平均为 2 840 h；夏半年（4～9 月）的日照时数在 1 600～1 800 h，日照百分率为 60%～70%；冬半年（10月至翌年3 月）日照时数在 1 240～1 330 h，日照百分率高达 70%～73%。

域内降水量少、变率大、降水集中在夏季。1961—2013 年年降水量 114.66～591.97 mm，多年平均降水量 259.48 mm，是呼伦贝尔市境内降水量最少的地区。流域降雨量总体上东北向西南递减，其中满洲里市年平均降水量为 284.6 mm，新巴尔虎左旗 279.7 mm，新巴尔虎右旗 241.4 mm。降水集中在 6～9 月，占全年总量的 80%～86%，峰值在每年 7、8 月份，这两月降水量可达 145～170 mm。

湖区水面蒸发量大，春、夏季天气回暖，空气湿度小，风速大，形成强烈的蒸发。冬季温度低，蒸发量小。流域范围内年蒸发量在 1 400～1 900 mm，是降水量的 5～6 倍，是呼伦贝尔市蒸发量最大的区域。湖区常年主导风向是西北风，年平均风速 5.2 m/s，最大风速曾出现 27 m/s。

六、土壤植被

呼伦湖地区的土壤在母质、气候、生物、地形、时间等自然成土因素的综合作用下，形成6个土纲8个土类23个亚类。由于该地区气候干旱、风大，致使地面物质粗糙，土层浅薄。栗钙土是该地区的地带性土壤，主要分布在域内的低山丘陵、冲积平原及沿湖、河岸低洼地。

呼伦湖地区的地带性植被为典型草原植被，它是欧亚草原区亚洲中部亚区的组成部分。由于地形、地貌、水文、气候和人文因素等条件的差异，植被总的分布趋势是自北向南由半干旱逐渐向干旱过渡，植物种类和群落结构趋于简化。受局部地形等非地带性因素影响，又有盐化、沼泽、沙生等隐域性植被分布。植被类型总体是以克氏针茅、大针茅为建群种的典型草原植被群落为主（表2-1）。

七、物种多样性

据调查，域内共有种子植物74科653种。在植物区划上属欧亚草原植物区亚洲中部亚区，因此，在植物区系组成上以达乌里—哈萨克—蒙古植物种占重要地位。另外，本地区植物区系组成的特征是含单属单种和少属少种的科较多。此特征是由区域地理位置所决定的，它反映了本区植物区系的基本性质。

域内藻类隶属8门21目8科，共187种属。呼伦湖水体年平均生物量为8.1 mg/L。春季以绿藻门的十字藻、卵囊藻为优势种，其他3个季节均以蓝藻门中的微囊藻、鱼腥藻、腔球藻占优势。特别是在夏季和秋季初，会形成很浓的“水华”（water bloom）①。该湖属于蓝、绿藻型的中富营养湖泊。

呼伦湖域内有鱼类33种，分属5目8科。其中鲤形目26种，鲤科占24种，鳅科占2种；非鲤形目仅7种。

域内共计有两栖爬行类5种（两栖类黑龙江林蛙、花背蟾蜍；爬行类丽斑麻蜥、白条锦蛇、中介蝮蛇）；哺乳类41种，其中国家Ⅱ级保护哺乳动物

表2-1　呼伦湖地区土壤及植被分布

分布		主要地形	主要植被类型	土壤类型
呼伦湖沿岸	呼伦湖西北片	低山丘陵、丘陵	冷蒿+克氏针茅群落；冷蒿+丛生禾草+杂类草	暗栗钙土
	呼伦湖西南岸	冲积平原	糙隐子草+克氏针茅+杂类草；(多根葱) 碱葱+羊草+丛生禾草群落	栗钙土
	呼伦湖东南岸	高平原	旱生小灌木或半灌木	栗钙土
	呼伦湖东片	高平原、丘陵	盐化草甸群落	暗栗钙土
	呼伦湖北片	冲积平原	薹草、巨序剪股颖和中生杂类草草甸群落	盐化栗钙土、草甸沼泽土
贝尔湖片区		冲积平原	丛生禾草群落	沉积栗钙土、盐化栗钙土
乌尔逊河谷地		低河漫滩、低阶地	禾草、薹草、杂类草草甸群落	灰色草甸土、沼泽土
克鲁伦河谷地		低河漫滩、低阶地	禾草+杂类草盐化草甸	灰色草甸土、沼泽土
乌兰诺尔		沼泽	大针茅+羊草草原植被	沉积栗钙土、盐化栗钙土

① 水华（water bloom）：指淡水水体中藻类大量繁殖后产生的一种自然生态现象，是水体富营养化的一种特征，主要由于生活及工农业生产中含有大量氮、磷的废污水进入水体后，蓝藻（又叫蓝细菌，包括颤藻、念珠藻、蓝球藻、发菜等）、绿藻、硅藻等大量繁殖后使水体呈现蓝色或绿色的一种现象。也有部分的水华现象是由浮游动物——腰鞭毛虫引起的。“水华”现象在我国古代历史上就有记载。另外，海水中若出现类似现象（一般呈红色）则称为赤潮。淡水中"水华"造成的最大危害是：通过产生异味物质和毒素，影响饮用水源和水产品安全。水华的防控措施主要有打捞、絮凝除藻和生物控藻等（河海大学《水利大辞典》编辑修订委员会，2015）。

2种：蒙原羚（黄羊）、兔狲（野猫）。

2013—2018年，呼伦湖新记录鸟类8种（含国家Ⅰ级保护动物东方白鹳，国家Ⅱ级保护动物鹰鸮），保护区内鸟类种类由333种增加至341种。其中白鹤、丹顶鹤、白枕鹤已在《濒危野生动植物种国际贸易公约》中列入世界濒危物种；大鸨、丹顶鹤、乌雕、白枕鹤、白鹤、鸿雁、花脸鸭、白肩雕、半蹼鹬、黄爪隼、遗鸥、白头鹤、玉带海雕、白尾海雕、青头潜鸭、小白额雁被列入世界受严重威胁的物种（图2-17至图2-19）。

图2-18 兔狲（摄影：呼伦湖自然保护区管理局）

图2-19 乌雕情侣（摄影：呼伦湖自然保护区管理局）

图2-17 鸿雁（摄影：呼伦湖自然保护区管理局）

图2-20　呼伦湖冬捕

鹤类在域内的物种资源中占有重要地位。全世界有鹤类15种，我国有9种，居世界之冠。内蒙古共有鹤类6种，域内都有分布，占世界鹤类种数的40%。其中蓑羽鹤、丹顶鹤、白枕鹤、灰鹤在流域内有繁殖。其他物种如雁鸭类、鸥类、鹭类、鸻鹬类、雀形目鸟类等种群数量也均十分庞大。

八、渔业捕捞史和产量

呼伦湖以其优越的地理条件和丰富的自然资源成为鱼类的乐园。远在1万年前的旧石器时代中晚期，生活在呼伦贝尔的古人类——扎赉诺尔人就曾在这个地区以渔猎为生。古代东胡、匈奴、鲜卑、室韦、回纥、突厥、契丹、蒙古等北方民族都曾在这里从事渔猎和游牧。呼伦湖区的鱼类及其他水产品为这些民族的生存、繁衍起到不可或缺的重要作用。

呼伦湖规模化捕鱼自1912年始，已有100多年历史（图2-20）。渔业生产主要在冬夏两季进行。捕捞生产方式分为明水期捕鱼和冰封期冰下捕鱼两种形式。其中冰下捕鱼是呼伦湖最具特色的捕捞方式。过去的渔业生产中，冬季主要以冰下大拉网捕鱼、捕虾为主；明水期主要以网箔生产为主，兼有机船捕鱼，挂网捕鱼，机船拉虾，岸边拉推虾、虾箔等。

2003—2013年，受气候干旱、草地退化、沙化、湿地萎缩等因素的影响，生物多样性受到极大破坏，呼伦湖渔产量从21世纪初最高的年产1.5×10^4 t下降到2013年的3 000 t左右，减少80%，鲤鱼、鲶鱼、鲹条鱼和红鳍鲌等大型经济鱼类比例由15%下降到3%，狗鱼基本绝迹。

2014—2018年，为逐步恢复呼伦湖水域的生物资源，呼伦湖开始为期5年的部分休渔，呼伦湖水域的捕捞量严格限定在全年不得超过1 000 t（图2-21、图2-22）。

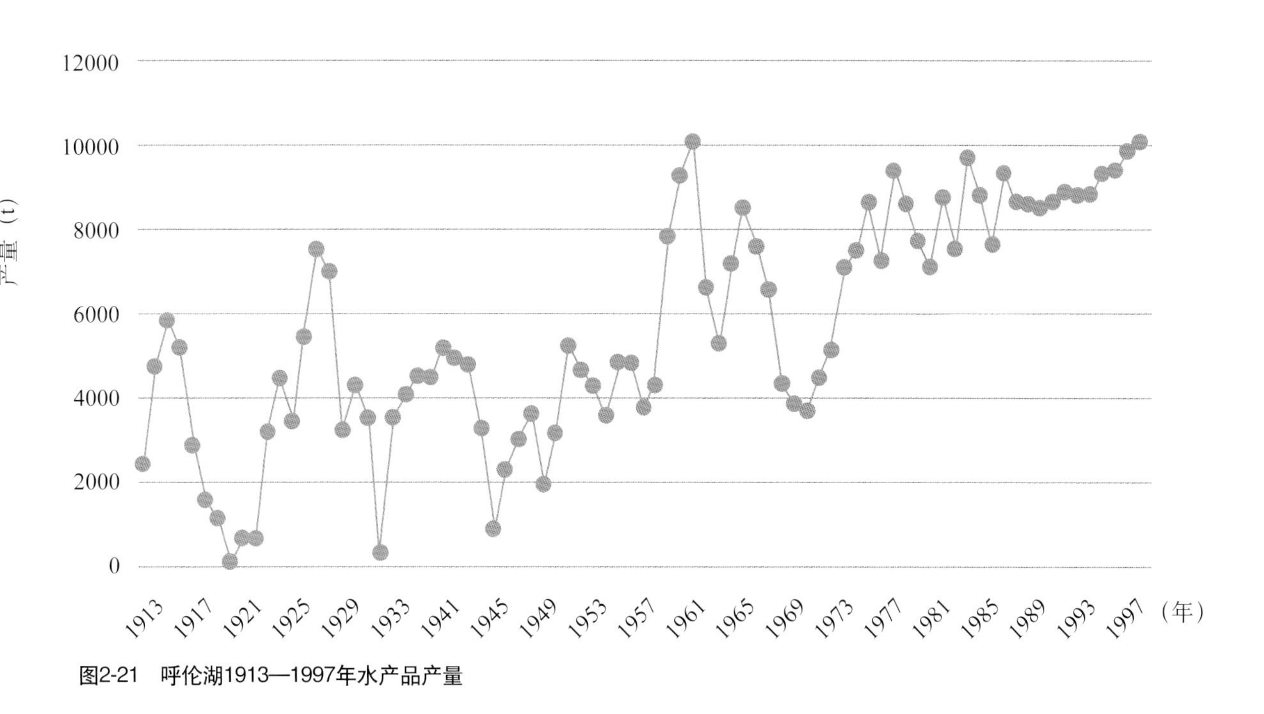

图2-21 呼伦湖1913—1997年水产品产量

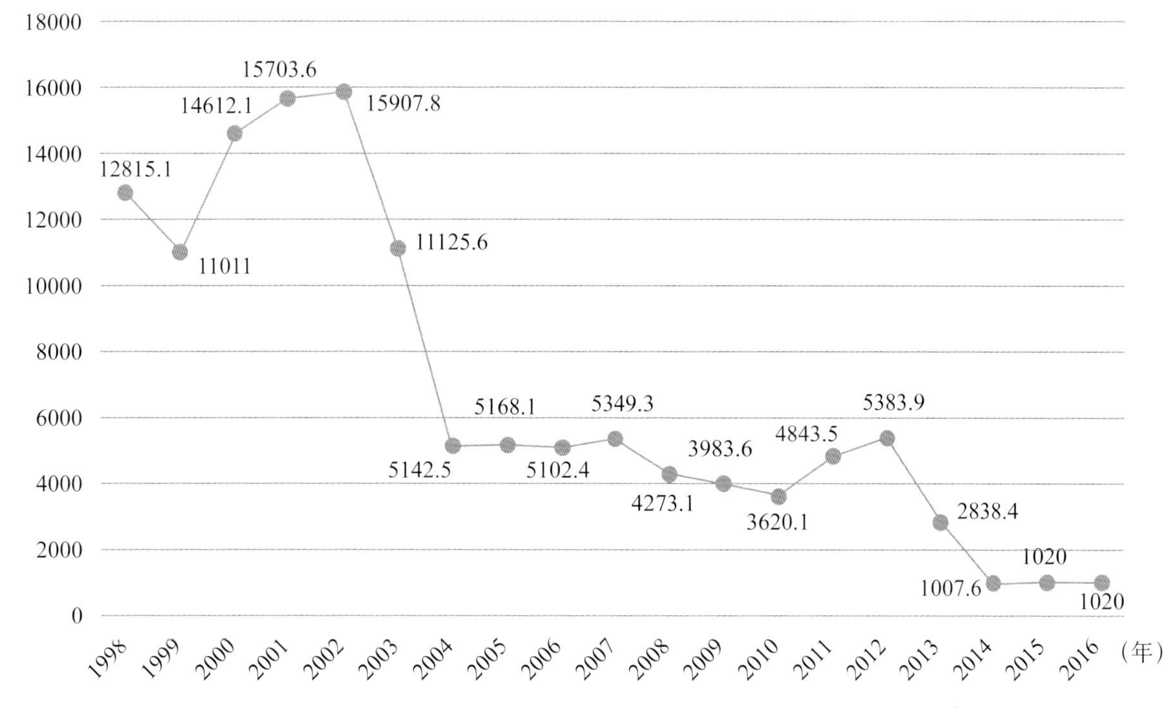

图2-22 呼伦湖1998—2016年水产品产量

第二节
水系范围和水文特点

一、呼伦湖—贝尔湖水系范围

呼伦湖—贝尔湖水系流域广阔，地下水及地表水资源丰富。由于受自然条件的影响，水文区域分异特征比较明显。发源于大兴安岭北段偏南西侧太平岭北坡下大黑沟堵的哈拉哈河流入蒙古国后又成为界河注入中蒙国界的贝尔湖后，又通过乌尔逊河与呼伦湖相连，它们与发源于蒙古国肯特山脉流入呼伦湖的克鲁伦河以及连通呼伦湖和海拉尔河的达兰鄂罗木河、呼伦沟河共同构成了呼伦湖—贝尔湖水系。这个水系包括四湖六河：呼伦湖、贝尔湖、乌兰诺尔和新开湖（哈达乃浩来，已干涸），以及克鲁伦河、乌尔逊河、哈拉哈河、达兰鄂罗木河（新开河）、沙尔勒金河、呼伦沟河（与海拉尔河人工连接），流域面积约 20.2×10^4 km²，为额尔古纳河水系的子水系（图 2-23）。

（一）额尔古纳河

额尔古纳河上游称海拉尔河，源出大兴安岭西侧，西流至阿巴该图山脚，折而北行始称额尔古纳河。额尔古纳河在内蒙古自治区额尔古纳市最北端的恩和哈达镇附近与俄罗斯境内流出的石勒喀河汇合后始称黑龙江（阿穆尔河）。额尔古纳河属山区型河流，结冰期 6 个月，河水微黑，含沙量少，是国内少有的未被污染的河流。额尔古纳河从阿巴该图到恩

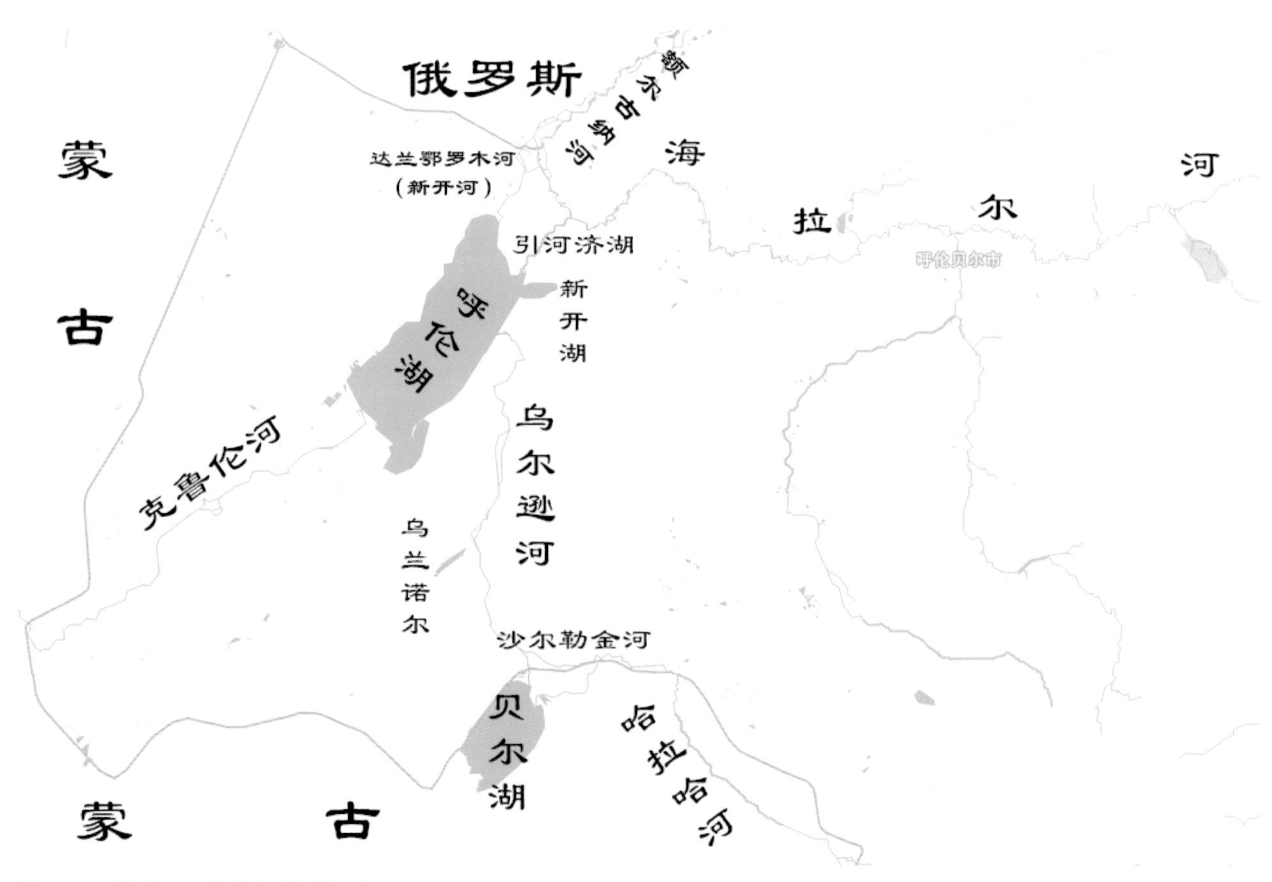

图2-23　呼伦湖—贝尔湖水系范围示意

和哈达全长约970 km，总流域面积约 $15.352\times10^4\text{km}^2$（中方一侧，即右岸，包括海拉尔河流域），多年平均地表径流量（runoff volume）[①] $115.2089\times10^8\text{m}^3$。额尔古纳河流经近千千米落差仅有约240m，平均比降仅为0.25‰，流速缓慢。

特别是在洪水期，因海拉尔河受阿巴该图山阻档流速减缓，使其在嵯岗以下大量汇聚抬高了水位，部分洪水倒灌入呼伦湖。呼伦湖—贝尔湖水系通过达兰鄂罗木河与额尔古纳河相联为额尔古纳河水系的上源之一。

（二）海拉尔河

海拉尔河源出大兴安岭西侧伊（吉）勒奇克山西坡，呈东—西流向。流至扎赉诺尔矿区北部阿巴该图山附近与达兰鄂罗木河汇合，折流向东北，始称额尔古纳河（图2-24至图2-26）。海拉尔河是额尔古纳河上源之一，干流全长714.9 km，河床平均宽50m。流域面积 $5.4599\times10^4\text{km}^2$，径流量 $36.95\times10^8\text{m}^3$。由前文可知，海拉尔河的几条主要支流免渡河、伊敏河、库都尔河都发源于大兴安岭主脉山脊西侧，莫日格勒河、特泥河和莫和尔图河以及伊敏河支流锡尼河、维特根河则发源于三旗山支脉和牙拉达巴乌拉（山）支脉（图2-27、图2-28）。因此，在它们流经的森林、沼泽、草原区域的生态状况直接关系到河水的质量。此外，按"河源惟远"原则，按长度计，海拉尔河的源头应为库都尔河的上源里新河，源头在大兴安岭山脉主脉与三旗山支脉相接处附近。旧习认为是海拉尔河，我们仍遵旧习（图2-29至图2-34）。

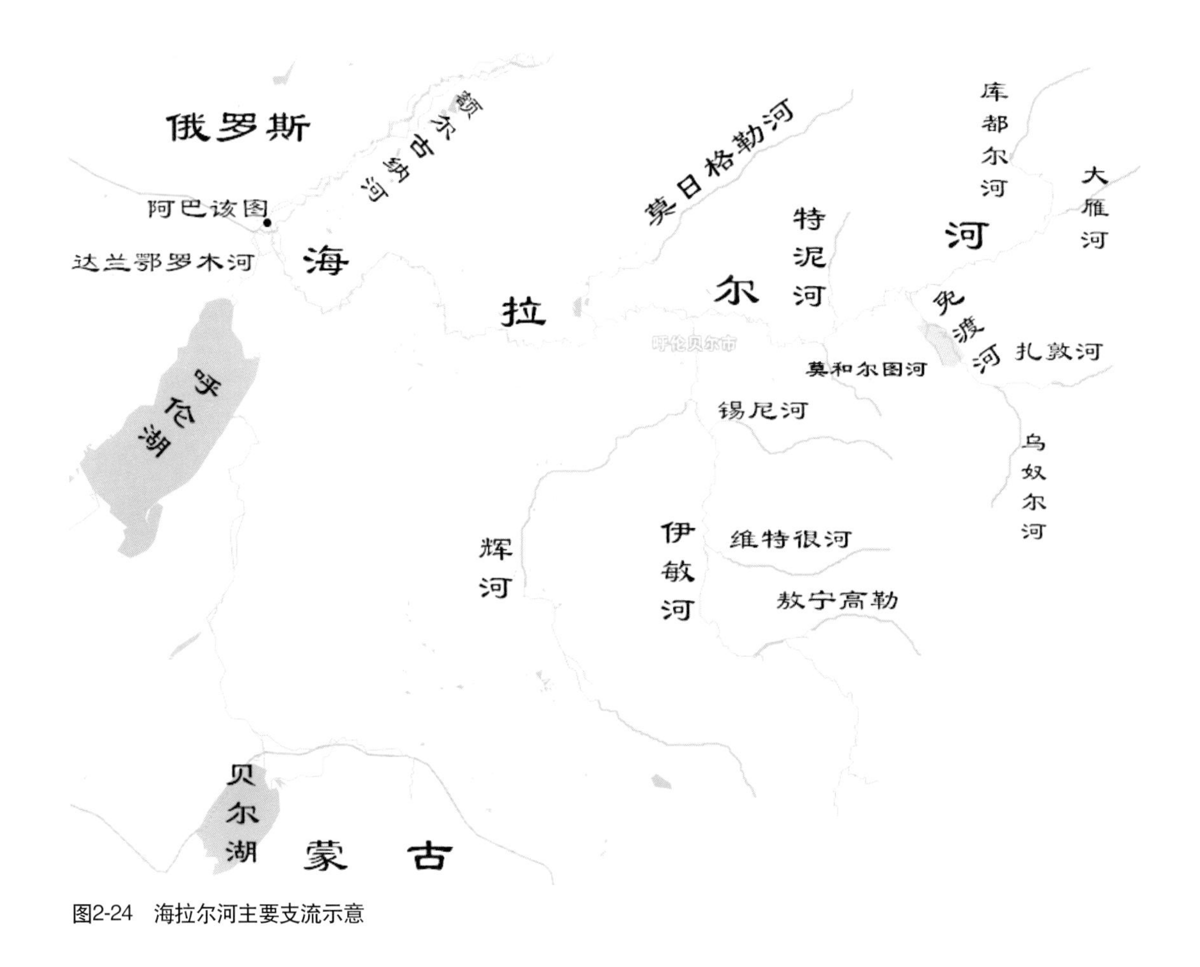

图2-24 海拉尔河主要支流示意

① 径流量（runoff volume），一定时段内从河流过水断面通过的水量。以立方米为单位，或用平铺在集水区上的水深表示，以mm为单位，后者亦称"径流深"。时段长一般取年、月或一次洪水历时，相应的径流量分别称"年径流量""月径流量"和"次洪径流量"（河海大学《水利大辞典》编辑修订委员会，2015）。

图2-25 海拉尔河谷的牛轭湖

图2-26 航拍海拉尔河（摄影：郭伟忠）

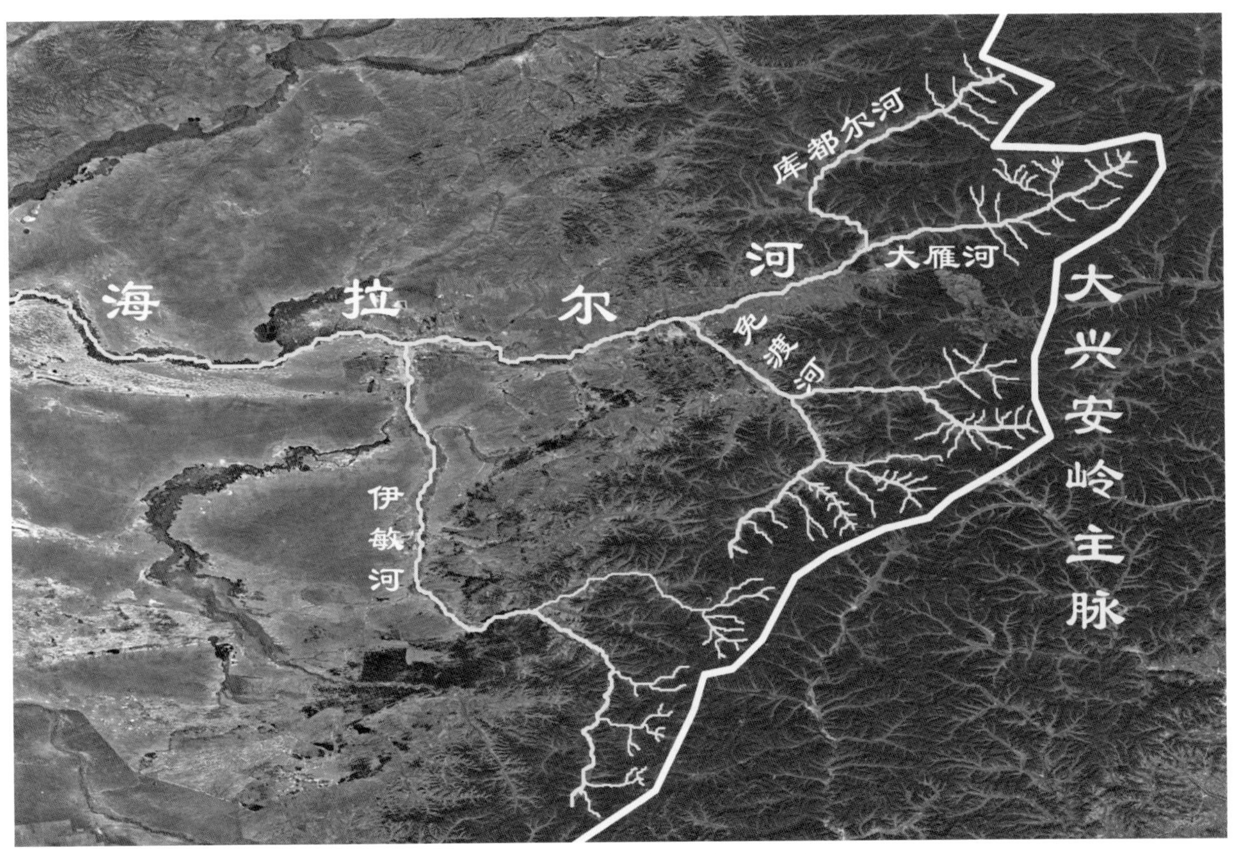

图2-27　海拉尔河的主要支流免渡河、伊敏河、库都尔河发源于大兴安岭主脉山脊西侧

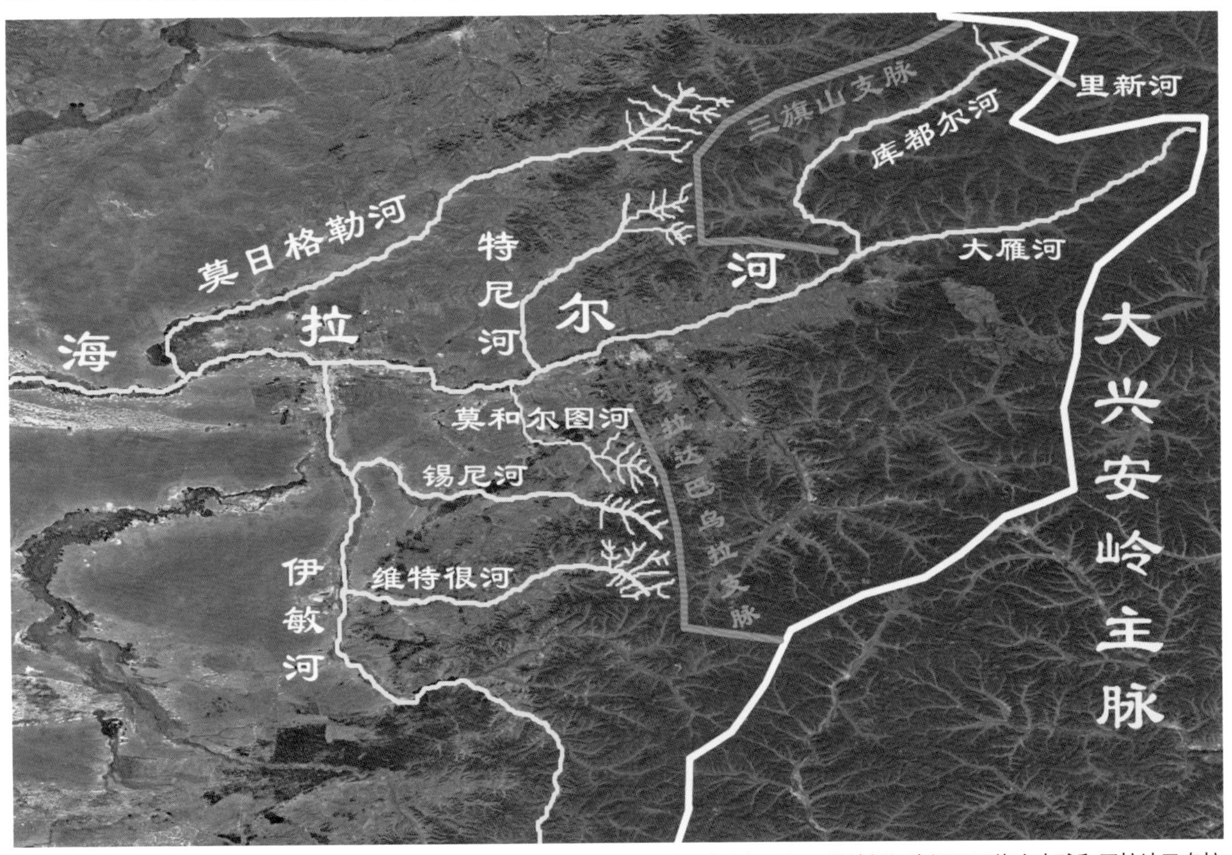

图2-28　海拉尔河的主要支流莫日格勒河、特泥河和莫和尔图河以及伊敏河支流锡尼河、维特根河发源于三旗山支脉和牙拉达巴乌拉（山）支脉

图2-29　左侧为里新河，右侧为外新河，两河交汇后称为库都尔河。位于新账房北0.6km处（摄影：岳立峰）

图2-30　从左向右为中海拉尔河、东海拉尔河，向下流1km后右岸的西海拉尔汇入，三河交汇后称为大雁河 。位于兴安里林场东北14.5km处（摄影：韩硕）

图2-31　大雁河源头

图2-32　2018年8月22日，在海拉尔河源头航拍（左一为韩硕，左二为刘英男）

图2-33 大雁河源头合影，远处隐约可见伊勒奇克山，海拔1340m,左一为乌尔其汉林业局兴安里林场副主任刘爱民，左二为作者，左三为乌尔其汉林业局党委书记张子彬，左四为乌尔其汉林业局兴安里林场副主任王新（摄影：刘英男）

图2-34 3棵百年以上落叶松下，即为东海拉尔河与中海拉尔河交汇处，位于图2-33合影处北100m

（三）哈拉哈河

哈拉哈河是中国与蒙古国的界河。它发源于大兴安岭北部西侧太平岭北坡下的大黑沟堵[①]，流至额布都格附近，河道分为两支。一支仍向西北称沙尔勒金河，汇入乌尔逊河；另一支向西南于达共鄂博附近注入贝尔湖。在沙尔勒金河、乌尔逊河、哈拉哈河与贝尔湖之间形成了约 284.48 km^2 的哈拉哈河入贝尔湖三角洲湿地。哈拉哈河河道总长 697.7 km，我国境内长约 310 km。流域总面积约 1.7232×10^4 km^2，我国境内约 8 769 km^2，蒙古国境内约 8 463 km^2，右岸有约 1 215.96 km^2 在蒙古国境内。径流总量 11.5×10^8 m^3。这条河源于大兴安岭阿尔山林区海拔 1 200 m 以上的特殊火山熔岩湿地，其主要支流则源于乌日根乌拉(山)支脉和主脉山脊，海拔也在 1 100～1 745 m。河水温度较低，俗称冷水。再有，哈拉哈河在诺门罕以北流经沙地草原，水体得到进一步过滤净化，是这个水系水质最好的河流。因此，其流域的自然环境的优劣也直接影响到贝尔湖和整个水系水体的质量（图 2-35）。

（四）沙尔勒金河

是哈拉哈河流入贝尔湖河口以上约 41.19 km 处分出的一条支流，长约 52 km，在距乌尔逊河流出贝尔湖河口北约 24.07 km 处汇入乌尔逊河。沙尔勒金河流域面积约 363.25 km^2，中国有约 311.5 km^2，蒙古国约 51.75 km^2。沙尔勒金河是乌尔逊河和哈拉河的直接联通河流，在平衡两河与贝尔湖水位的同时，又通过哈拉哈河入贝尔湖三角洲湿地实现与乌尔逊河、贝尔湖水体的进一步沟通。因此，它的水质也会直接影响到湿地的质量。通过实地踏查了解到，这片湿地是贝尔湖、哈拉哈河、乌尔逊河鱼类产卵繁殖洄游水域，如生态环境遭到破坏，必将对这一区域的水生动植物资源产生严重影响（图 2-36）。

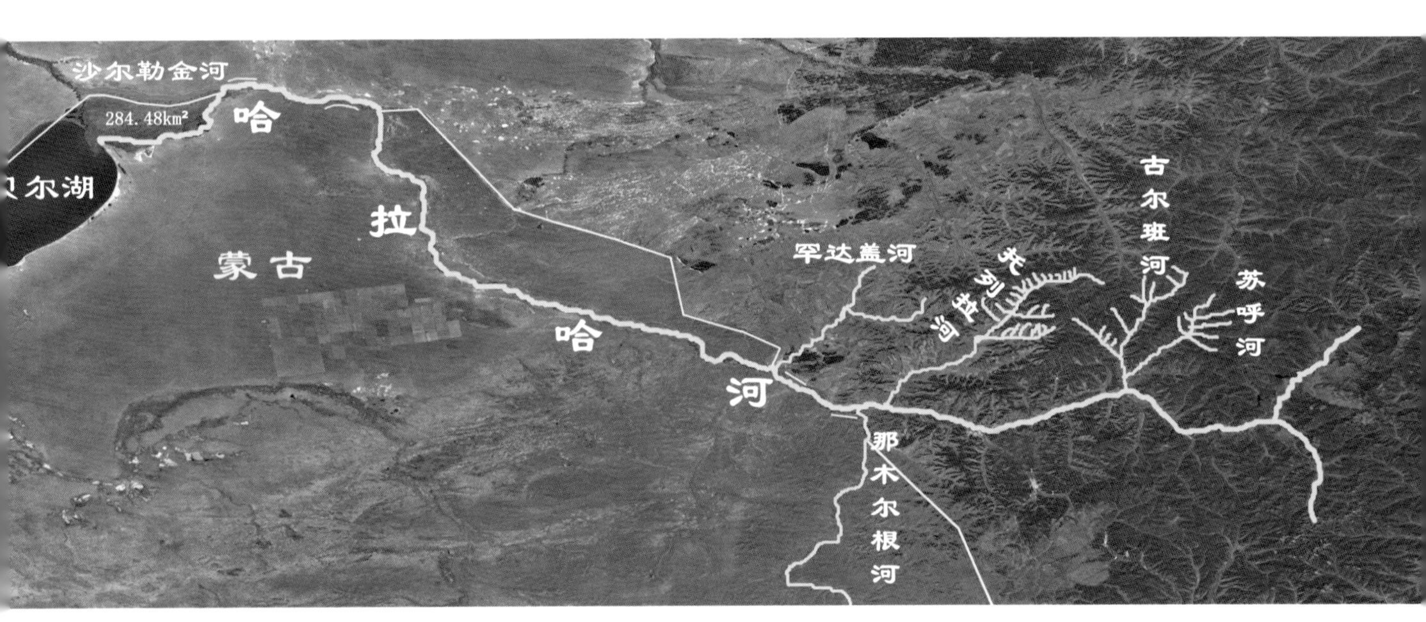

图2-35　哈拉哈河主要支流示意

① 哈拉哈河有三个上源，分别是南沟河（南沟林场 5 支沟堵海拔 1745m）、达尔滨湖（又名松叶湖，源头海拔 1400m）、大黑沟河（太平岭北大黑沟堵海拔 1400m）。三个源头到三潭峡东侧的流长分别为 32km、34km、38km，按河源“惟远原则”大黑沟河为哈拉哈河正源。

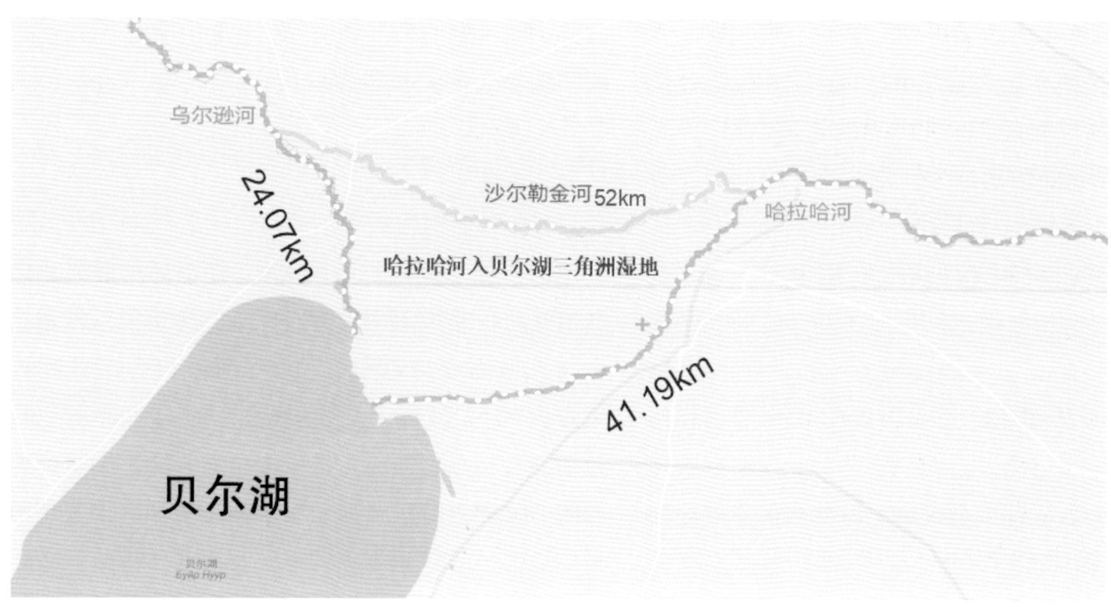

图2-36　沙尔勒金河流域示意

（五）乌尔逊河

从贝尔湖东北岸河口北流至呼伦湖东岸河口入湖，全长 223.28 km，流域面积 6 449 km²（未包括乌兰诺尔湿地的流域面积），径流量 6.88 × 10⁸ m³。上游为发源于大兴安岭主脉的哈拉哈河，南北连接贝尔湖和呼伦湖，位于呼伦贝尔市新巴尔虎右旗和新巴尔虎左旗交界处（图 2-37）。河宽随水量的多寡而变化。在丰水期河宽一般在 60～70 m，水深 2～3 m，枯水期仅 1 m 左右。河底多为沙砾组成，河道两旁植被丰富，沿岸长有柳灌丛，是呼伦湖、贝尔湖鱼类产卵的重要场所和洄游通道。贝尔湖的乌尔逊河出口与呼伦湖的乌尔逊河入口之间有着约 40 m 的高差，形成约 0.18‰的比降，使贝尔湖低 pH 值淡水不断地注入呼伦湖，维系了呼伦湖淡水生物生存的最基本的条件。呼伦湖是寒旱地区高平原湖泊，没有山脉遮蔽直射阳光，加之湖水较浅，在夏季高温期极易造成湖水温度偏高，一旦富营养化，湖水易产生大量藻类，形成水体污染。同时，克鲁伦河、海拉尔河在草原上都流淌了千余千米和数百千米，接受了大量的太阳辐射能量使水温升高，进入呼伦湖时与湖水相差无几。这时，乌尔逊河将哈拉哈河注入贝尔湖的低温水流输入呼伦湖，使呼

图2-37　乌尔逊河流域示意

伦湖—贝尔湖水系的水温得到一定的平衡，从而确保了这个自然生命系统的稳定。水温和 pH 值降低也使哈拉哈河—贝尔湖食物链顶端的冷水性鱼类（哲罗鲑、细鳞鲑等掠食性鱼类以及红鳍鲌）在洪水期能够进入乌尔逊河甚至呼伦湖河口觅食，使这个水域的食物链结构系统更加合理健康。

（六）乌兰诺尔

乌尔逊河北流至呼伦湖南 80 km 处，分成两支汇成乌兰诺尔（诺尔，蒙古语：湖）。水面面积随乌尔逊河水流多寡扩大或缩小，水大时东西长约 15～17 km，南北宽约 2～5 km，面积达 75 km²；枯水期成为沼泽。乌兰诺尔动植物非常丰富，有大片芦苇塘，是产黏性卵鱼类最理想的产卵场所和众多鸟类栖息的天堂。另外，在乌兰诺尔西南方向有一时令河流注入乌兰诺尔（图 2-38），它的流域范围是一片盐沼，总面积约 5.0297×10^4 km²（李标，等 2010），国内 9 569 km²，蒙古国 4.0728×10^4 km²，雨季会把大量盐碱带入乌兰诺尔，这是其 pH 值较高的主要原因。

（七）克鲁伦河

位于呼伦湖的西南部，发源于蒙古国肯特山脉南麓，自西向东流，在新巴尔虎右旗克尔伦西北乌兰恩格尔进入我国，又东流至东庙东南注入呼伦湖。全长 1 264 km，在我国境内长 206.44 km，河道曲折，河宽 40～90 m 左右。流域总面积约 9.9786×10^4 km²，我国境内流域面积约 5 244 km²，蒙古国约 9.4542×10^4 km²；径流量 5.22×10^8 m³。克鲁伦河流域在蒙古国境内均为植被覆盖较好的地区，只是在我国境内两侧草场严重超载退化严重，大量有机物随雨水冲刷进入河道并随流进入呼伦湖，是湖水 COD、高锰酸盐指数等需氧量指标一直维持在较高水平的一个原因（图 2-39）。

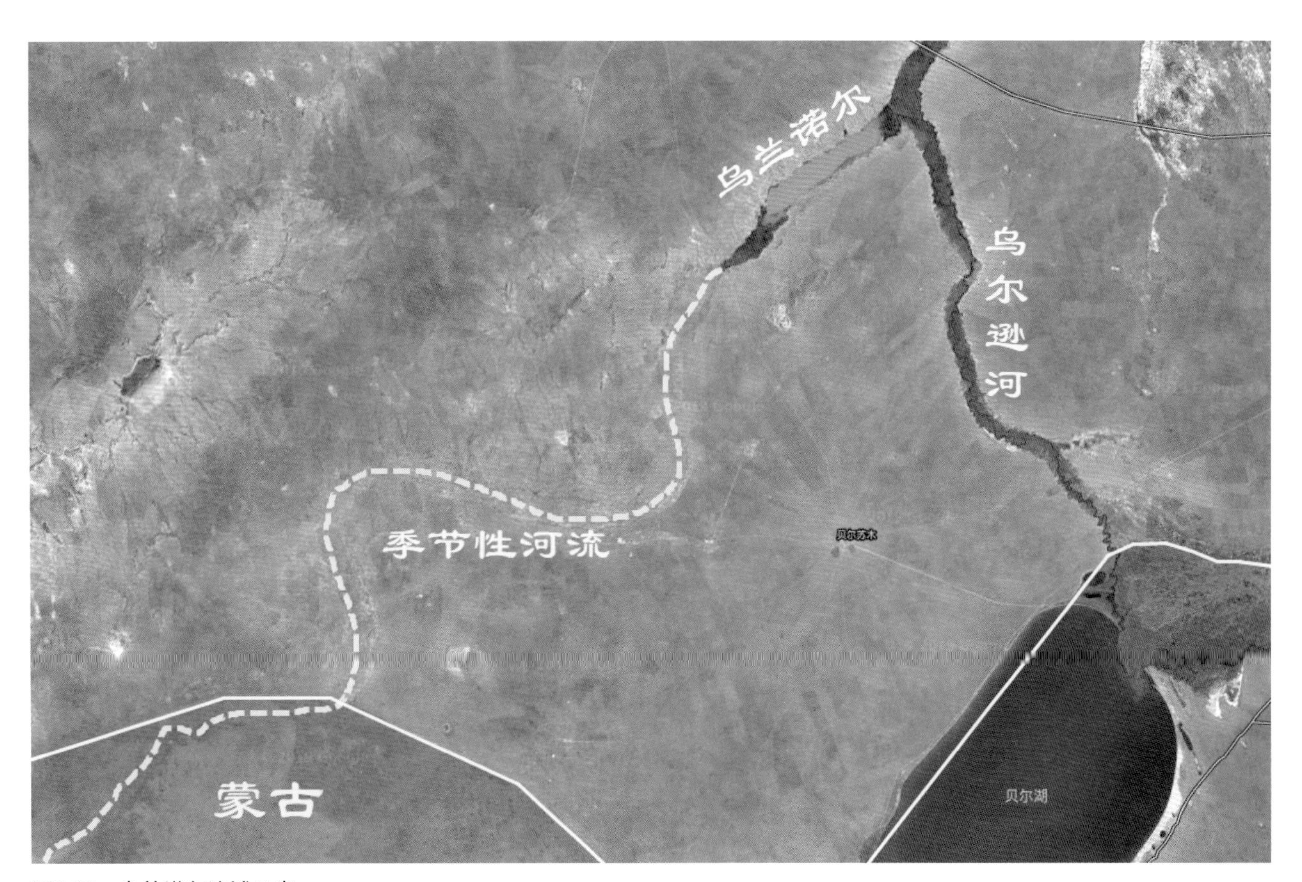

图2-38　乌兰诺尔流域示意

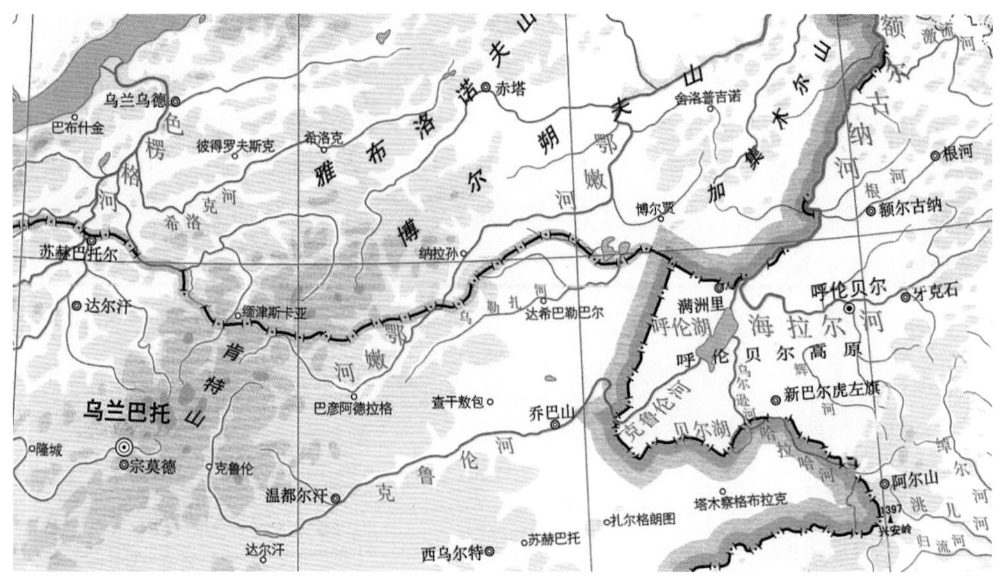

图2-39　克鲁伦河流域示意

（八）达兰鄂罗木河[①]

位于呼伦湖的东北部，全长 25 km。湖水从今小河口的河口，向东北流至俄罗斯境内阿巴该图山下的中俄国界处，达兰鄂罗木河与海拉尔河汇流后就称为额尔古纳河（图 2-40）。河道浅平，蛇曲发达，两岸除山地外，均为沼泽。水大时汪洋一片，是当时呼伦湖的唯一出口。水位下降、湖面缩小时，湖水便不能外泄注入额尔古纳河，而当海拉尔河水大时，一部分水通过达兰鄂罗木河流入呼伦湖，这种现象被称为倒流。海拉尔河大部分河水仍北流汇成额尔古纳河。达兰鄂罗木河故道是克鲁伦河—呼伦湖—达兰鄂罗木河—额尔古纳河扎赉诺尔西山断层的重要组成部分，它全部处于这个断层之上。和呼伦湖西岸的断崖一样，在其西岸也有着非常明显的断陷特征。在地球气候变化地质变迁过程中，在其故道下方形成了与河道走向基本一致的储量巨大的煤田，正是这个煤田的存在便有了扎赉诺尔矿区。煤炭资源的继续开发利用也是我们在保护与发展中必须考虑的重要问题。同时，达兰鄂罗木河与断陷平面共同构成了由河流湿地和沼泽湿地组成的达兰鄂罗木河湿地系统。这片湿地南从呼伦沟河入呼伦湖河口

图2-40　达兰鄂罗木河流域示意

① 达兰鄂罗木河（Dalaneluomu River），蒙古语，意为达赉湖渡口，从这条河上可以渡过达赉湖。达兰鄂罗木河又称乌勒格宁河（wulegeninghe）（乌日根河的音变，蒙古语，宽阔的河）、木得那亚河（mudenayahe）（木特那河的变音，俄罗斯语，意为交叉河流之意）、浑河、混浊河、圈河等。

到小河口一线到北从嵯岗到阿巴该图的海拉尔河左岸一线，长约 25 km，面积约 328.71 km²，是鱼类产卵洄游觅食区和水流的生物净化区。这里原是呼伦湖与额尔古纳河水系联系的生态走廊，但因滨州铁路线和 301 国道修建，特别是露天矿的开挖，使其遭到毁灭性的破坏，目前两者之间在此区域通过新开河仅存基本的水力联系（图 2-41）。能否在一定程度上恢复达兰鄂罗木河湿地，使其生态走廊的功能得到较全面恢复，是需要认真研究解决的问题。

达兰鄂罗木河的径流补给，除水大时的海拉尔河外，扎赉诺尔煤矿西山一带的小河沟汊也是其水源之一。其水位和流量受呼伦湖水位高低的制约，一般情况下，每年 5～6 月的春汛和 7～8 月的夏汛，河水的水位和流量都较高。

20 世纪 50 年代后期，海拉尔河处于洪水期，注入呼伦湖的流量大增，1958 年湖水上涨到海拔 543.41 m，开始通过达兰鄂罗木河重新流向额尔古纳河。1965 年，湖水上涨 1.67 m，严重恶化了扎赉诺尔煤矿矿井的水文、地质环境，对矿区生产和牧区生产生活构成严重威胁，国家有关部门采用修建人工运河的办法使湖水外泄，制止湖水水位上涨。此工程历时 6 年零 3 个月，新修的人工河被称为“新开河”，全长 16.4 km。新开河南起呼伦湖东北部沙子山的西北约 2.9 km 处，从东侧绕越扎赉诺尔矿区与车站，穿越滨洲铁路，西北至黑山头脚下汇入达兰鄂罗木河旧河道。新开河底宽以铁路为界，路南 15 m，路北 22 m。在新开河南端附近，修建了泄水闸口，控制湖水涨落，在距滨洲铁路线南不远的新开河上，设有出口挡洪闸，以防止海拉尔河在高水位时倒流入湖。这些设施使呼伦湖第一次得到了人工控制，达兰鄂罗木河也成为一条调节呼伦湖水位的吞吐性河流。

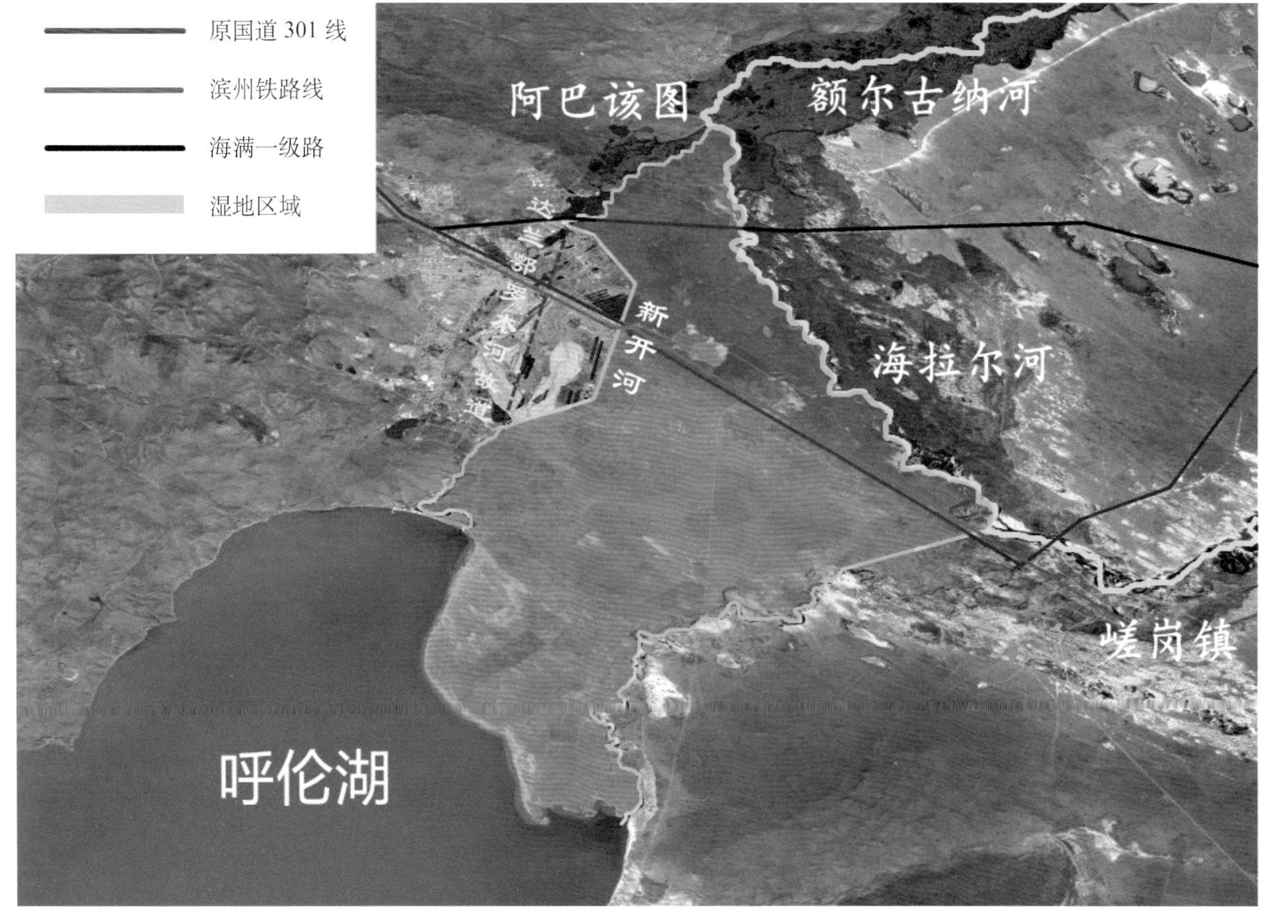

图2-41　达兰鄂罗木河湿地区域示意

（九）呼伦湖

呼伦湖看似一池静水，因其水体体量极大，实为湖流随风和流入流出水流变化非常复杂的湖泊。湖底富含矿物的地下水渗入水体，大大地增加了矿化度。降雨流经草原注入河流溶解了大量有机物、无机盐也会影响水体质量。

1. 湖水运动对湖泊学的深远影响

风能是促使分层湖水运动的主要驱动力。表层湖水蒸发冷却引起的混合作用是另一个十分重要的驱动因素。在热能和风能的共同作用下，湖体内会短暂形成紊流层和紊流区，使这些区域的化学和生物学特性与周围水体产生很大的差别。风的动能转移到水体后将产生不规则的梯级紊流区，能量以动能和势能的形式储存于不同大小和速率的漩流中。能量在不同波长范围的分配称为能谱，这一概念可用于解释水体运动的复杂特点。在风能的作用下湖水还可以形成多种旋流、环流、紊流等（图 2-42）。

湖泊学中的几个基本概念（李小平，2013）：

（1）湖水的运动分为间歇波和非间歇性湖流。水的上下振动形成波浪，湖流是单向性的湖水流动，波浪和湖流通常相伴而生。风的动能部分转移给表面连续波，表面连续波撞击湖岸消散能量。湖流的形成速率慢于波浪，但湖流储存了湖泊的大部分动能。另外，风还能在跃温层和湖底恒温层形成内波(seiche)。

（2）层流和紊流。层流（laminar）是水流质点发生有条不紊的平稳滑动，彼此不相混掺的流动形式。相反，紊流(turbulent)是水流质点作不规则运动、互相混掺、轨迹曲折混乱的流动形式，这种互相混掺的运动成为漩涡。大部分湖泊的水流运动为紊流。

（3）动力学能谱（见附件 1）。动力学能量（KE）表示的能量运动主要有两种：周期性波和非周期性流动。波和水流运动的能量部分来源于风能，在这两种能量运动特征中都有所体现。波的运动可用波长、波高、周期和频率来描述：波长是相邻波峰或波谷的距离；波高是波峰和波谷的垂直距离；振幅

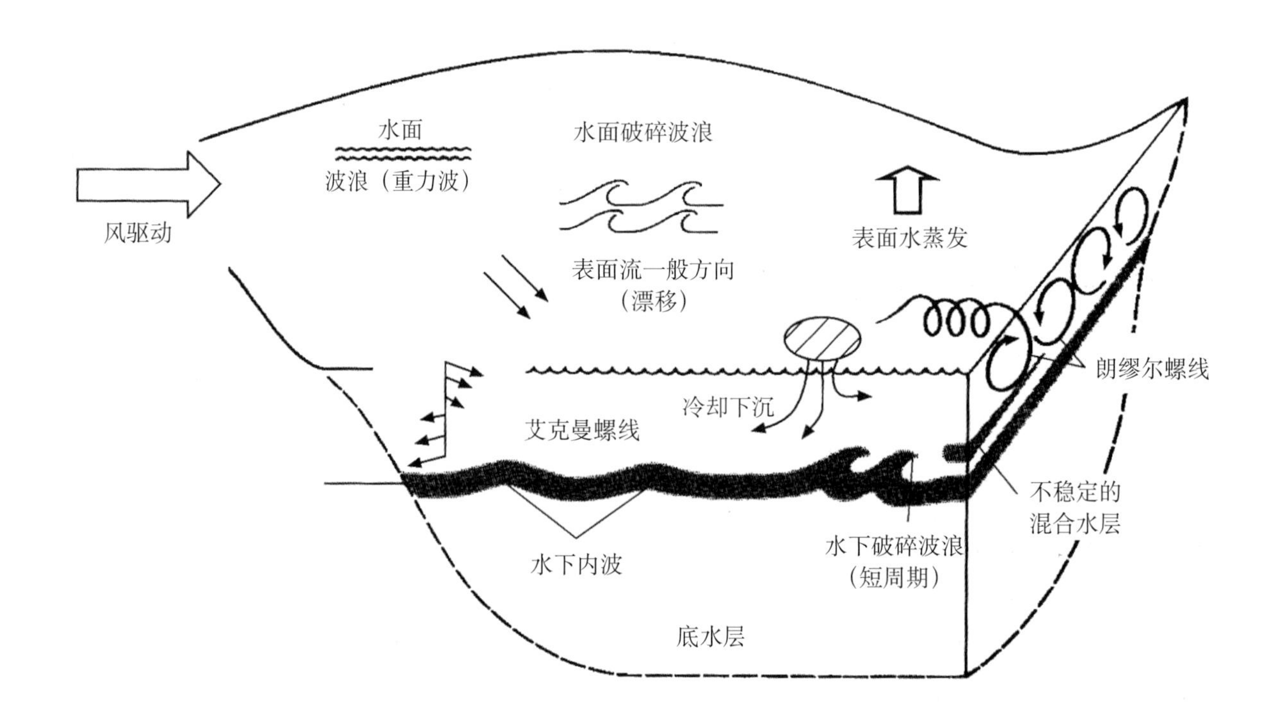

图2-42　水流、波浪及其驱动力（风、重力、蒸发作用和地球旋转）**风驱使表层水流动；重力更容易引发水平流动；蒸发作用使表层水冷却下沉，产生垂直流动；地球旋转使北半球的水向右流动，南半球的水向左流动**

是波高的一半；周期是两个相邻波峰或波谷通过某点的时间；周期的倒数是频率。非周期性流动是指不同驱动力（风、冷却作用、地球自转等）引起的不同深度和不同方向的湖流。

（4）表水层的水流运动。湖泊水流运动的驱动力包括主要驱动力风能、质量不均匀产生的压力梯度、蒸发过程加热冷却形成的浮力，以及河水的流入和流出。这些作用在大型湖泊中还受到科氏应力（Coriolis Force）作用的影响；小型湖泊则要考虑湖底和湖岸的摩擦作用。风能通常是表水层运动主要的能量来源。风吹过湖面，在气水交界面上形成剪切摩擦力，空气运动带动上部水层运动，随着风速，水层向同一方向形成流动。

（5）表面流。地球自转对湖水的运动影响很大。大型湖泊的水流运动方向与风向并不完全一致。地球自转产生的科氏应力引起的水流偏转称为埃克曼螺线（Ekman spiral），北半球的表面流向右偏，南半球的表面流向左偏。浅水湖泊水流的偏转并不明显，但深水湖泊和海洋水流的偏转与风向的夹角可以达到45°。这与自然地理中一条著名的、从实际观察总结出来的柏尔定律是一致的，即北半球河流右岸比较陡峭，南半球则左岸比较陡峭，都是由科氏力引起的流体运动（河流冲刷侧蚀）造成的。

在不稳定的大风条件下或水深不规则的湖泊流域，实际水流运动螺线与标准埃克曼螺线偏差很大。经典埃克曼螺线对大型湖泊和海洋流场的简化非常重要，特别是在稳定强风条件下。

北半球地区大部分湖泊还会发生全湖范围的表面流，这是一种具有固定中心的逆时针方向的均匀环流（Emery and Csanady，1973）。这种环流能在无能量消耗的情况下使湖泊有机体发生输移，如浮游生物可以通过环流运动进入营养丰富的水域。

（6）表面波。风驱动的表面重力波是湖泊表面的常见波，表面重力波包含的湖泊动能不多。表面重力波使湖面水流形成规则振动波，并在湖泊两侧来回游荡。湖面振动通常是由稳定的定向风吹拂湖面水体而产生。风吹动湖水并在下风湖岸形成堆积，当风速减弱后，堆积的湖水在重力作用下形成回流。回流运动形成逐渐减弱的来回摆动驻波，称为表面重力驻波。某频率范围的能量输入将在系统内形成最大共振，这是机械系统的一个常见特性。同样，水流的来回晃动将在湖泊共振频率范围形成驻波。在有风的气象环境下航行於呼伦湖中，人们经常会遇到突起的大浪，这些大浪往往是驻波引起的。

（7）朗缪尔螺线。朗缪尔螺线是风作用于水面而发生的一种现象，与波浪破碎一样经常发生。在多风气候下，可以观测到顺风形成的水面条纹，与波浪质点振动方向垂直，称之为风成条纹（windrow）（图2-43）。风成条纹标示了朗缪尔螺线的边界，是水流螺旋上升或下降的交替区域，泡沫在水流下降区域上方聚集。风成条纹现象会形成表面泡沫层，层中包括许多藻类和浮游动物、浮游生物或湖滨植物腐烂产生的油性物质。朗缪尔类型的水流循环是表面波和风驱动水流共同作用的结果。

（8）水的特性及其与光的相互作用。水生生态系统的大部分结构组分是由水的特性及其与光的相互作用产生的。

水分子的结构使相邻水分子氢和氧原子之间以微弱的氢键相连，构成一种称为“液态晶体”的矩阵结构。水分子之间的这种连接特征，使水分子具有很多独特的性质：如高沸点；水的密度在4℃最大；较高的比热系数，非常小的温度上升，也会吸收大量的热量。湖泊中的水具有不间断的氢键结合网络，并在整个水体中向所有的方向运动。

湖内光的强度、颜色、传播方向及其分布是影响湖泊生态系统结构的重要因素。光为湖内的初级生产力提供能量，为浮游生物和鱼类的迁移提供信号。不同湖泊有不同的湖水光学特点，成为湖泊的特征。光的反射、折射、散射特性，以及湖水特定波长的选择性吸收，对湖泊热量的变化影响很大。湖泊的热量具有两个非常明显的功能，一个是维持湖泊分层结构，另一个是影响湖泊化学反应和生物过程。热量和光的传输影响不同类型热分层的形成。热量同时也控制着化学反应速率及生物学过程。

图2-43 呼伦湖上由朗缪尔螺线形成的风成条纹

2. 环流的影响

环流的变化不但影响了水生物的生长，而且还直接或间接地影响到水质。在水文模型（Hydrologic Model）[①]理想条件下达兰鄂罗木河为吐出河时，当乌尔逊河水大（指河水水流的动量“m$\bar{v}$”相对呼伦湖水体质量“M”足够影响其运动状态）时产生逆时针环流（图 2-44）；当克鲁伦河水大时产生顺时针环流（图 2-45）；当引河济湖的呼伦沟河水大时还产生顺时针环流（图 2-46）；当达兰鄂罗木河为吞入河且水大时则产生逆时针环流（图 2-47）。当然，环流的成因很复杂，受各关联河流流量影响很大，也受湖底地型的影响，特别是在夏冬两季还

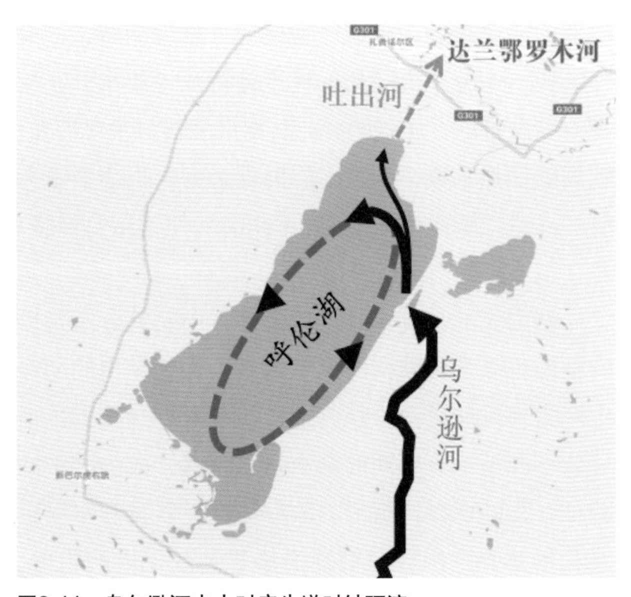

图2-44 乌尔逊河水大时产生逆时针环流

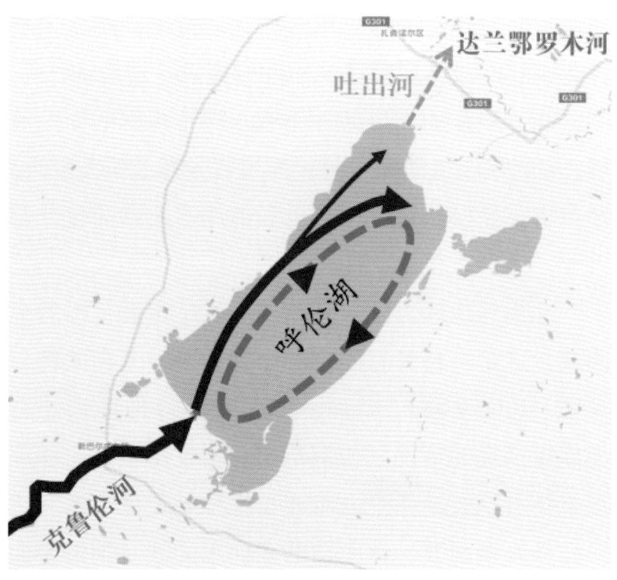

图2-45 克鲁伦河水大时产生顺时针环流

① 水文模型（Hydrologic Model）：用于模拟水文现象的发生与变化的实体结构或数学与逻辑结构。前者称“水文物理模型”，后者称“水文数学模型”。物理模型是比尺模型。数学模型的结构和参数合理性、科学性与人们对水文现象规律的认识水平和揭示程度有关。依据不同的分类原则，数学模型可分：确定性水文模型和随机性水文模型；具有物理基础的水文模型、概念性水文模型和黑箱子水文模型；线性水文模型和非线性水文模型；时变水文模型和时不变水文模型等（河海大学《水利大辞典》编辑修订委员会，2015）。

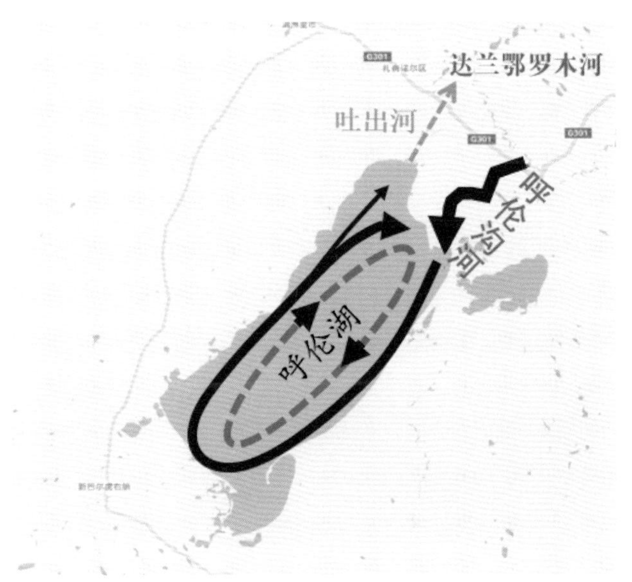

图2-46　呼伦沟河水大时产生顺时针环流

图2-47　达兰鄂罗木河为吞入河且水大时产生逆时针环流

受到日照和低温等气候的严重影响。以上 4 种状态是理想条件下可能形成的环流，而实际湖流的运动状态要复杂的多。

湖内环流对水体的交换至关重要。如贝尔湖水流比较简单，哈拉哈河入湖后形成顺时针环流在乌尔逊河口流出，只在三角洲湿地与湖的界面附近水体相对静止，是湖泊水流运动的极少数特例。所以贝尔湖在这个水系中水质、水生动植物生存环境都是最好的（图 2-48）。呼伦湖则不同，当相关河流以不同流量流入流出时，有时不但不能产生环流反

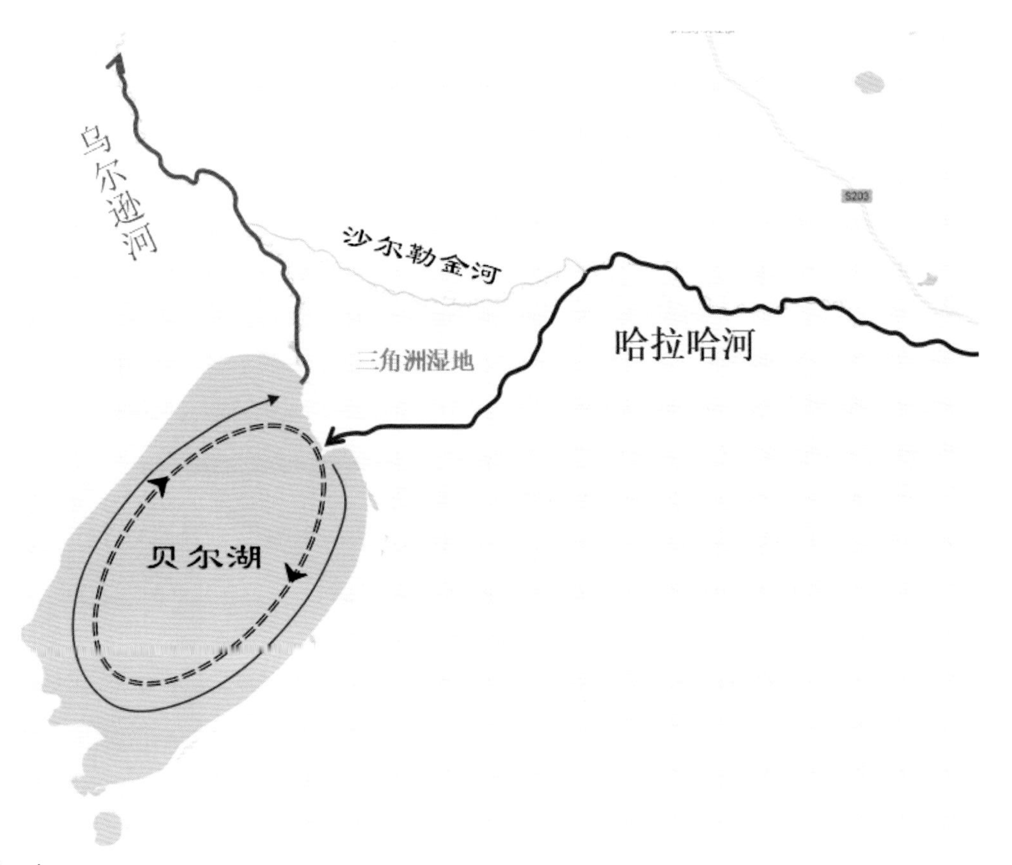

图2-48　贝尔湖环流示意

而产生紊流，大部分湖泊的水流运动都为紊流。特别是在夏季近 40℃高温天气受日照和湖底地形影响，广阔的湖面上表层湖水还会产生湖水—大气环流，使表层水单向流动（图 2-49）；冬季水分蒸发量少，湖流以湖东北—西南中轴线为中心向周边“清沟”[①]和湖心冰体中间“清沟”缓慢移动，形成稳定的湖水—“清沟”—大气（水蒸气）的单向流动，但这个流动主要以能量交换为目的（图 2-50、图 2-51）。这时冰面以上的空气温度（约 -30℃）大大低于冰下水体的温度（约≥ 4℃），空气为低温热源，水体为高温热源，热量由高温热源传导向低温热源，能量以热能的形式从水体交换到空气中。

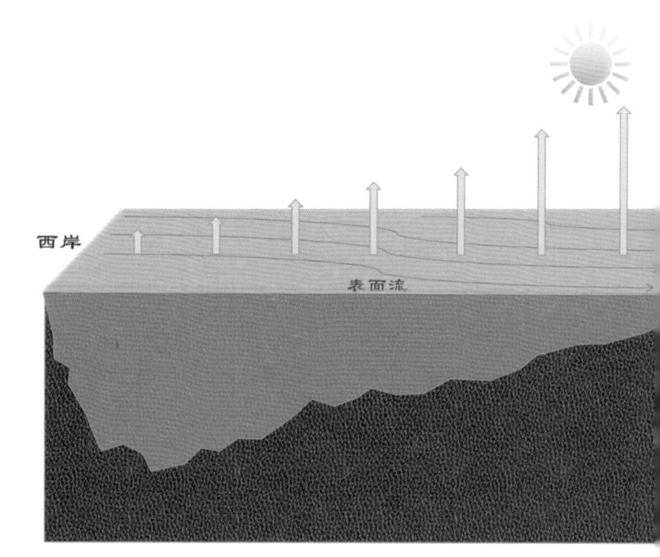

图2-49　夏季呼伦湖水—大气环流作用形成的表面流示意

呼伦湖环流的不稳定，使水体在湖内滞留时间较长，加之夏季湖水—大气环流的强作用，蒸发量过大增大了湖水中盐碱的浓度，促使水体趋劣，这也是呼伦湖水质处于Ⅳ和Ⅴ类的重要原因之一。

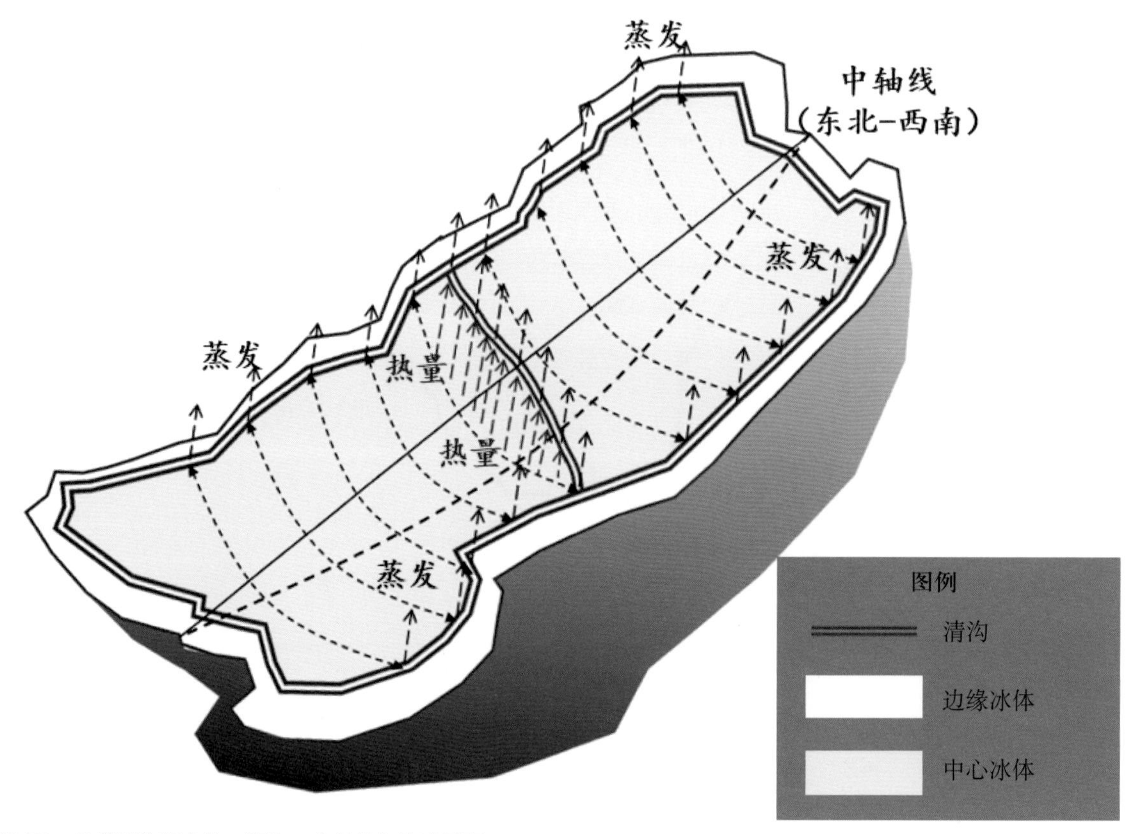

图2-50　冬季呼伦湖水体—清沟—大气单向流动示意

① 见本章第二节，一、（九）6“呼伦湖冬季冰层的物理特性对水生物特别是鱼类的影响”

图2-51　呼伦湖中心冰体间的清沟

3. 紊流

通过以上的讨论，呼伦湖基本不可能产生常年稳定的湖内环流，主要为紊流。湖泊水流动的驱动力包括主要驱动力风能、质量不均匀产生的压力梯度、蒸发过程加热冷却形成的浮力，以及河水的流入流出。这些作用在大型湖泊中还受到科里奥利力（Coriolis）[①]作用的影响，小型湖泊则要考虑湖底和湖岸的摩擦作用。风能通常是表水层运动主要的能量来源，风吹过湖面，在气水交界面上形成剪切摩擦力，空气运动带动上部水层运动，随着风速水层向同一方向形成流动。

（1）地球的自转对湖水的运动影响很大，呼伦湖的水流运动方向与风向并不一致，地球自转产生的科里奥利应力引起的水流偏转形成的埃克曼螺线（Ekman spiral）（见附件 1），致使北半球的表面流偏向风向的右侧。所以呼伦湖即使产生由埃克曼螺线引起的水流偏转，因其湖水较浅，偏转较小，不可能产生稳定的环流。如按埃克曼螺线理论在呼伦湖产生了短暂（或极微弱）的水流偏转，假定以常年西北方向季风为主导风向，则水流偏转为顺时针方向小幅度偏移（图 2-52）。

（2）在风的作用下，北半球地区大部分湖泊还会发生全湖范围的表面流，这是一种具有固定中心的逆时针方向的均匀环流（Emery and Csanady，1973）。因为呼伦湖的最大宽度为 41 km，长 93 km，受湖岸地形的影响表面环流的形状最大的可能是位于湖中部的近圆形环流。

（3）按朗缪尔螺线（Langmuir Spiral）理论（见附件 1），这个类型的水流循环是表面波和风驱动水流共同作用的结果，朗缪尔螺线产生的下降水流流速为 2～8 cm/s，高于大多数浮游动物或藻类的漂流速率。朗缪尔螺线运动可以迅速混合表水层中的

① 科里奥利力（Coriolis）：为了描述旋转体系的运动，1835 年，法国气象学家科里奥利提出，需要在运动方程中引入一个假想的力，这就是科里奥利应力即科氏力。是对旋转体系中进行直线运动的质点由于惯性相对于旋转体系产生的直线运动的偏移的一种描述。科氏力来自于物体运动所具有的惯性。引入科里奥利力之后，人们可以像处理惯性系中的运动方程一样简单地处理旋转体系中的运动方程，大大简化了旋转体系的处理方式。由于人类生活的地球本身就是一个巨大的旋转体系，因而科里奥利力很快在流体运动领域取得了成功的应用。

例如，自然地理中有一条著名的、从实际观察总结出来的柏尔定律：北半球河流右岸比较陡峭，南半球则左岸比较陡峭，这可以由科氏力得到说明。又如，大气并不是径直对准低气压中心流动，也不是沿辐射方向从高气压中心流出，在“长途旅行”中科氏力作用的积累使得天气图上出现的是气旋（梁昆淼，1980.）。

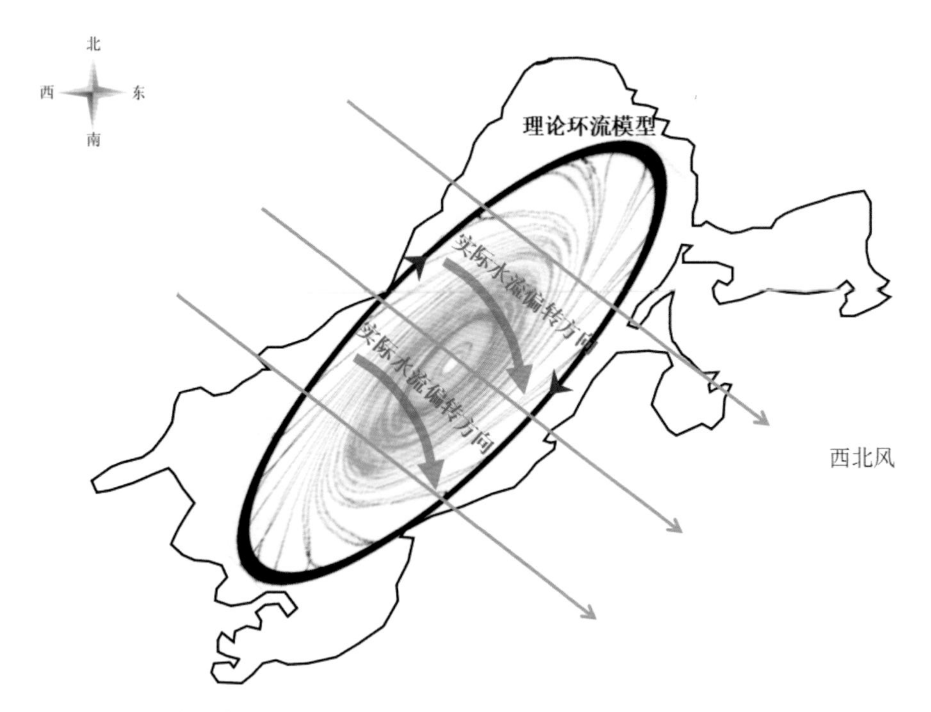

图2-52　呼伦湖产生由埃克曼螺线引起的水流偏转示意

浮游生物、热能及溶解气体。朗缪尔螺线运动产生的上升水流相对分散，流速也比下降水流低。在许多情况下，螺线的直径约为温跃层的厚度或浅水湖泊的深度。在呼伦湖水域是可以产生由风引起的朗缪尔螺线类水流，使表面水向下流动，在两个临近的右旋和左旋螺线之间发生混合。在西北方向的季风作用下，湖水深度按平均 5.8 m，我们模拟出呼伦湖的表面波和风驱动水流共同作用产生的朗缪尔类型的水流循环（图 2-53、图 2-54）。因呼伦湖区西北方向的季风不是稳定的强风，所模拟的水流循

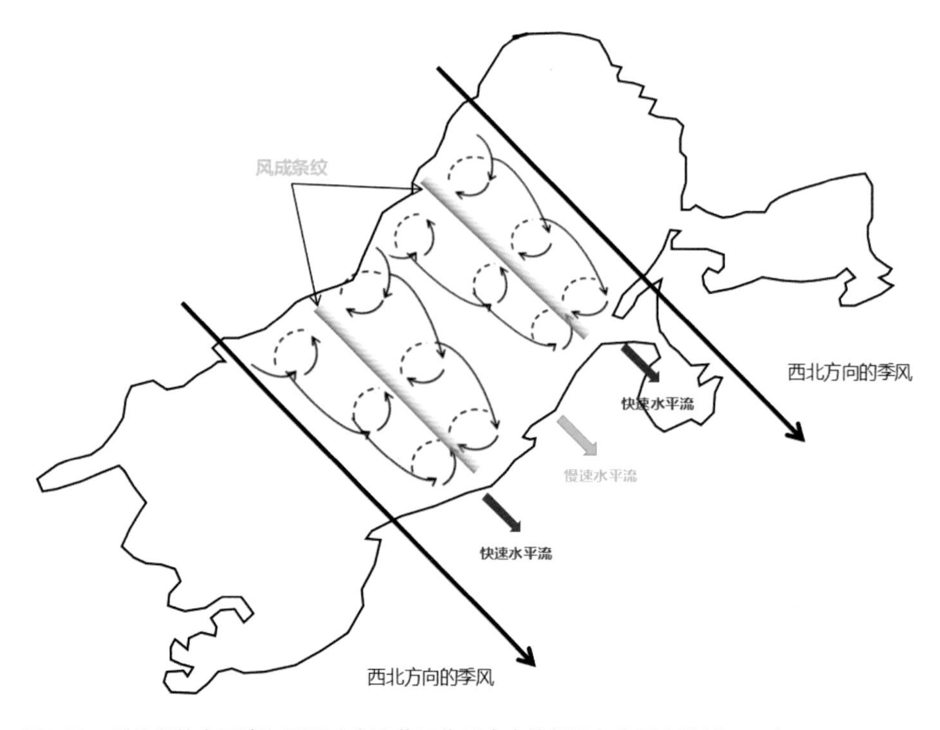

图2-53　呼伦湖的表面波和风驱动水流共同作用产生的朗缪尔类型水流循环示意

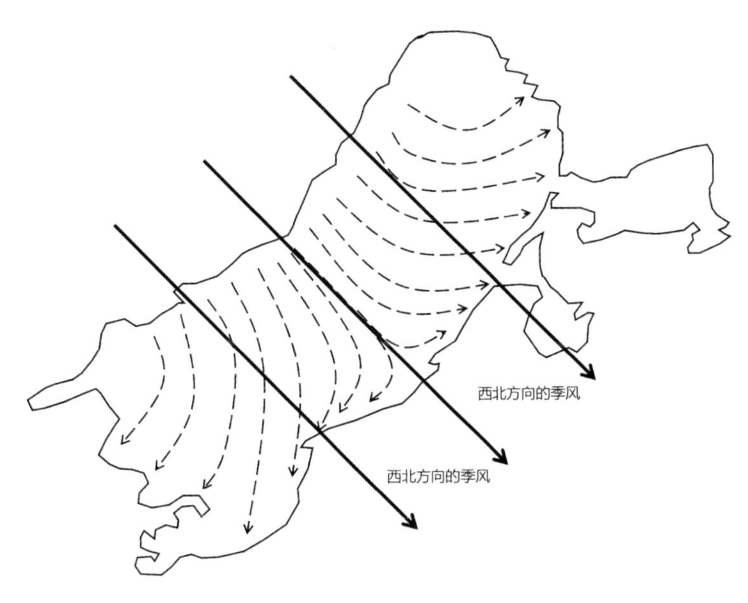

图2-54 呼伦湖受朗缪尔环流影响的水流方向

环的方向也会是多变的、强度是不连续的，但总体是西北—东南方向。

埃克曼螺线产生的表面旋流、全湖范围的表面流，都是理论上的研究结果，在呼伦湖是否全部与理论描述地一样确实存在，还需大量的湖上考察实验证明。特别是呼伦湖常年主导风向西北风上风的西岸地形复杂风向多变使旋流、表面波、环流无规律可循，给实验研究工作增加了难度，这需要少则10年多则数十年的不懈努力才能做到。但准确地掌握水体各种运动形式及对水生物和环境的影响，是必须的刻不容缓的，这也标志着对呼伦湖—贝尔湖水系的研究深度。朗缪尔环流在呼伦湖是确实存在的，通过大量的观察，呼伦湖上的风成条纹是非常明显的；在大风期间湖水浑浊，有湖底的动植物残体、底栖生物被水流卷到水面，说明呼伦湖的深度满足朗缪尔环流的需要，而且水流循环较强。

4. 湖水矿化度

根据2017年对呼伦湖周边29口水井水质的检测，绝大部分地下水氟化物、氨氮、高锰酸盐指数、铁、锰、溶解性总固体等略超正常值（图2-55）。

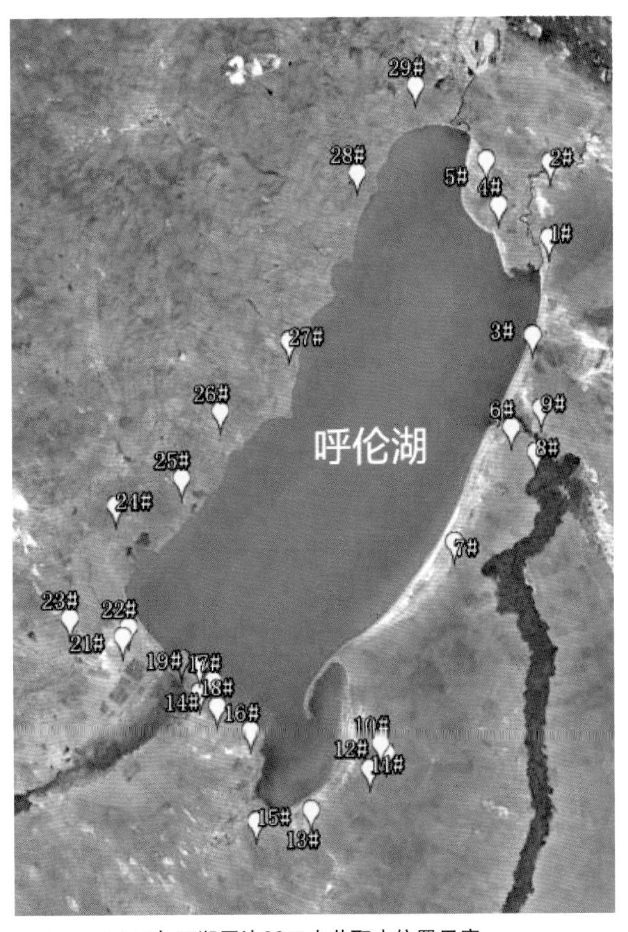

图2-55 2017年环湖周边29口水井取水位置示意

由此推断，地下水在湖底渗出后（每年约

$3\times10^8\,m^3$）增强了湖水的矿化度，这也是水体趋劣的重要原因。入湖的3条河流克鲁伦河、乌尔逊河高锰酸盐指数、COD（化学需氧量）、总磷、氟化物不同程度超标，海拉尔河总磷超标。周边草原、沿河湿地有大面积的盐沼，降雨后地表水流经湿地汇入呼伦湖造成水体pH值升高。

呼伦贝尔高平原气候干旱，蒸发强烈，淋浴作用减弱，在温带草原植被下主要形成了钙层土纲的栗钙土及黑钙土等草原土壤；而位于高平原中心的相对封闭海拔较低的呼伦湖和贝尔湖则经漫长的地质年代积淀了大量从高平原搬运而来的盐分，形成了碱性较强的盐碱土。

由以上讨论可得出结论，造成呼伦湖水体处于Ⅳ类、Ⅴ类的主要原因之一是本底污染。这和地下水超标、流入河流（总计约80多条，包括时令河）水体污染物超标、环流不畅有着直接的因果关系。当然，河流上游城市的点源污染，还有流域内森林草原耕地的大量植物残体和农药化肥等有机质造成的面源污染也是不可忽视的重要原因。也可以认为，呼伦湖水体的水质是独有的，原本就是这样的微咸湖，就像大海是咸的一样。当然，对各种污染的治理，绝不能以此为由得以放松。

5. 具有降水分界线的气候特点

呼伦湖不但有断陷型构造湖的地质特点，而且还有降水分界线的气候特点。

湖东部降水在280 mm以上，向东到大兴安岭山脉分水岭达到400 mm以上；湖西部降水在260～270 mm以下，向西到蒙古高原腹地下降到不足200 mm，甚至更低。加之常年多刮西北方向的季风，又将蒸发的水蒸汽吹向大兴安岭西北坡森林及以下的草甸草原（海拔700～1 200 m），主要集中在牙拉达巴乌拉（山）支脉的西侧，乌日根乌拉（山）支脉的北侧，董哥图山附近主脉山脊上1 250高地—伊贺古格德山一段西侧，形成降雨（这可视为呼伦湖在水圈循环中，对大兴安岭山脉和呼伦贝尔高平原的反馈）。这一气象特点使湖周边降水明显低于他处，特别是呼伦湖以西地区是呼伦贝尔市降水最少的地区（图2-56、图2-57）。

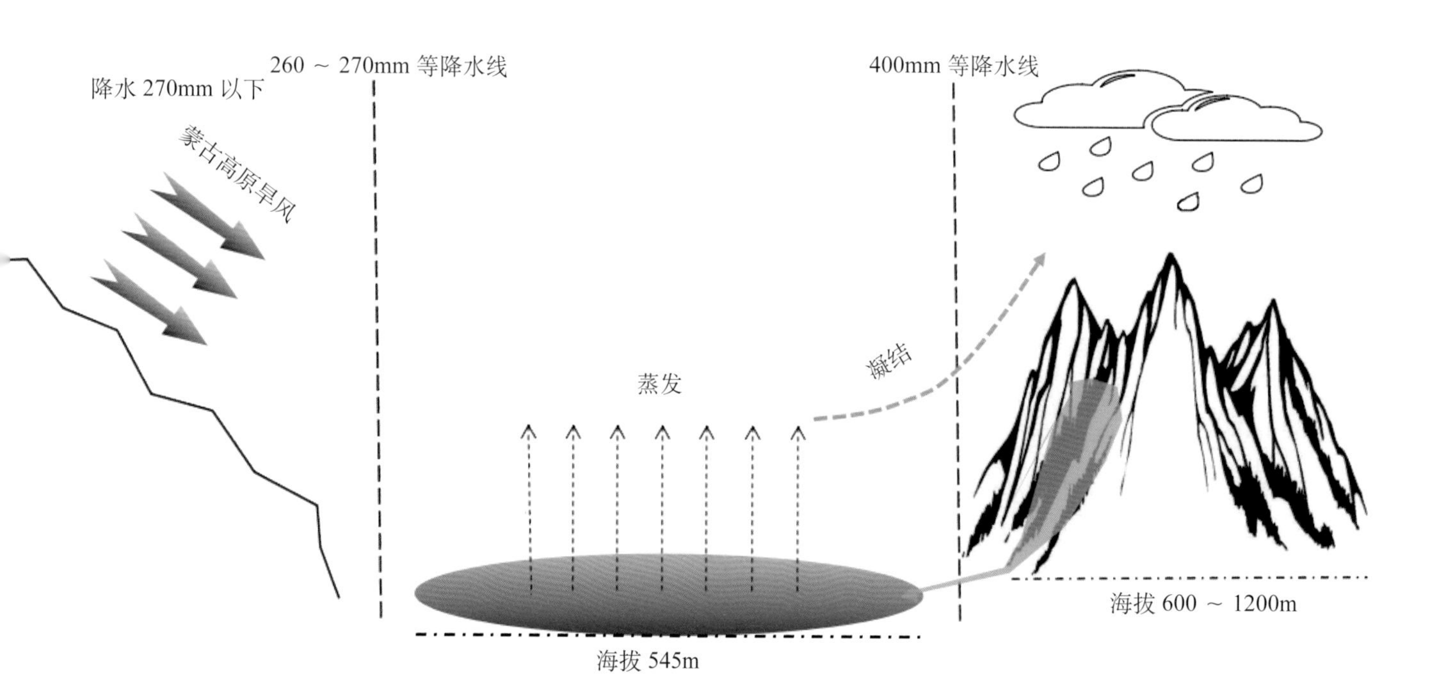

图2-56　湖水蒸发降雨补水示意

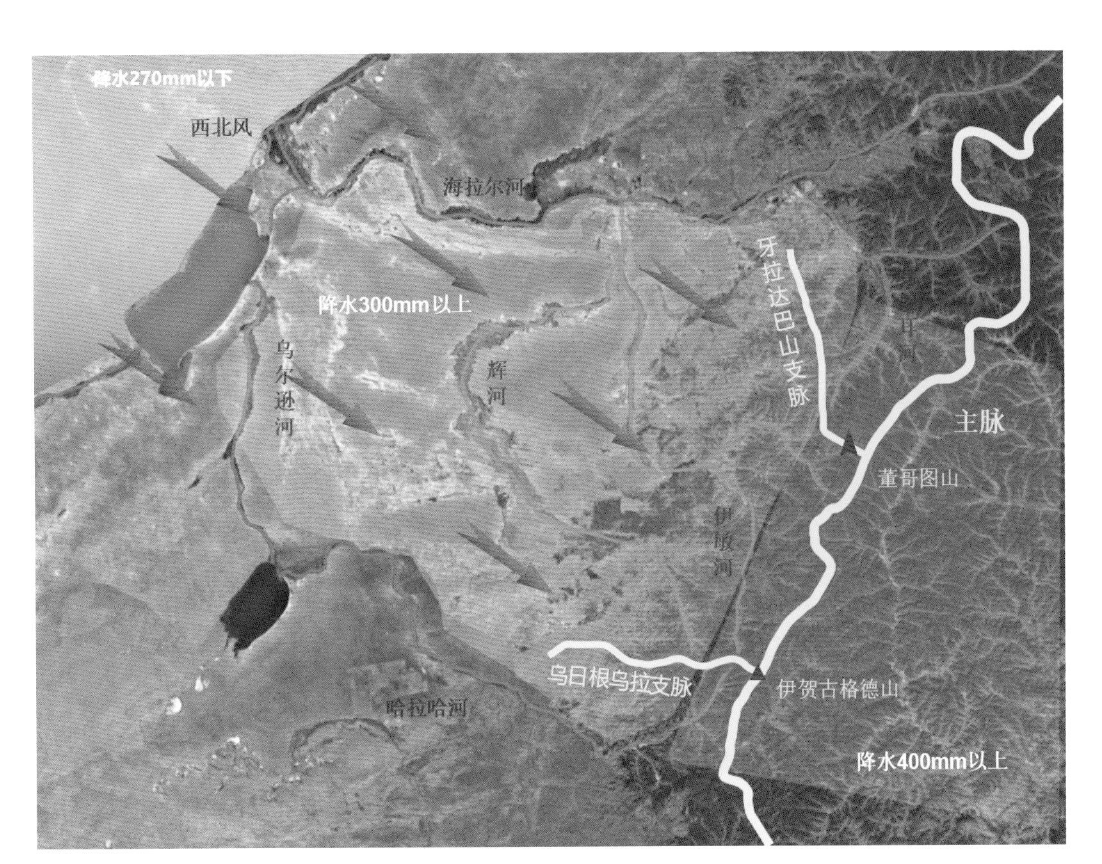

图2-57 受西北方向季风影响呼伦湖周边降水示意

6. 冬季冰层的物理特性对水生生物特别是鱼类的影响

在湖面封冻以后，冰面不是稳固不变的，而是随冰体、水体、大地在热量的交换中发生着复杂的物理变化。结冰后冰面受到向四周水平方向等量作用的膨胀力，下面受到湖水向上的浮力，四面受到周边湖岸不可移动的阻力，只有向上才是脆弱的冰体（图 2-58）。局部膨胀使冰面产生维裂（冰裂通称为冰体龟裂，有 4 种：维裂、干裂、死裂、活裂）（图 2-59至图 2-61）；整体膨胀产生大断裂即连续的

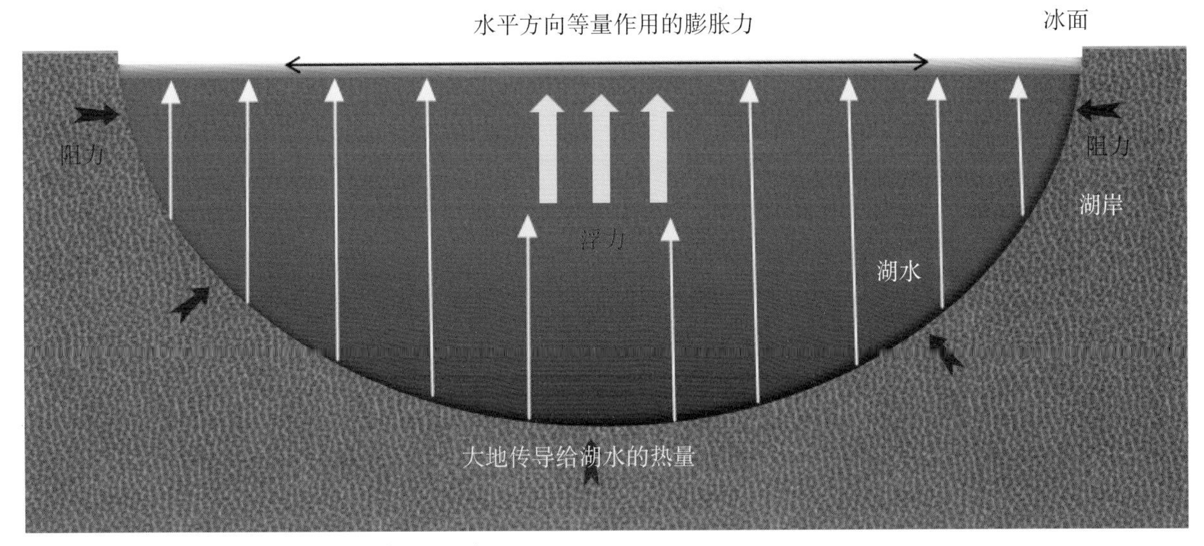

图2-58 呼伦湖冬季冰体受到的各种作用力示意图

图2-59　呼伦湖冬季冰体维裂

图2-60　呼伦湖冬季冰体死裂

图2-61　呼伦湖冬季冰体活裂

活裂。呼伦湖的活裂是由数条沿着湖岸走向于深浅水交接处断裂开而又连通起来的边缘断裂和冰体中心断裂，形成与湖岸走向一致的距岸线一定距离的活裂和中心冰体中间的活裂。呼伦湖面冰体边缘断裂和中心断裂将湖面冰体分成三大块：一块是与湖岸冻结在一起的沿湖岸一周的边缘冰体；另两块是由长方形湖心冰体中间横向断裂产生的南北两块湖心冰体。三大冰体相互作用，经常使某一部分裂开，其他部分又合拢或重叠，这种经常活动的断裂通称作活裂即俗称的“清沟”（图 2-62）。产生活裂的因素很复杂，但主要还是湖水温度高于冰层及冰面表面温度，在风和阳光作用下冰表面的升华不能满足湖水和外界的能量交换而必须通过活裂实现湖水和空气的直接接触，把热能释放到空气中。直接的物理原因就是中心冰体的浮力大于边缘冰体，产生边缘断裂（冬季的湖水导出的热量与冰体吸收的热量平衡，冰体保持原体积，少于则冰体增大。但水体的热量多于导出的热量，就会通过活裂，直接导向空气中。膨胀力作用是现象，热运动是原因），形成绕湖内中心冰体的“清沟”。中心冰体的中间断裂为冰体纵向应力的积累，使应力不均衡发生断裂。当呼伦湖地区气温降至最低 -30C° 以下时，湖水温度下降基本停止在 4℃，热交换减少，这时水的密度最大不可压缩[①]，此时活裂最小。当立春后气温回升，地气也随之上升，湖内水体温度升高体积增大，热交换增多，这时活裂也随之扩大。呼伦湖的活裂，也就是“清沟”不单单只有能量交换的作用，而且还为湖内的生物种群特别是鱼类在极端气候条件下补充了必要的水中溶氧，确保其能在冰下生存。这就解释了为什么每到春季 3 月左右当活裂增大后，有大量的鱼越出“清沟”。此时，湖内水体溶氧经严冬的消耗大量减少，水温的升高又使鱼脱离冬眠状

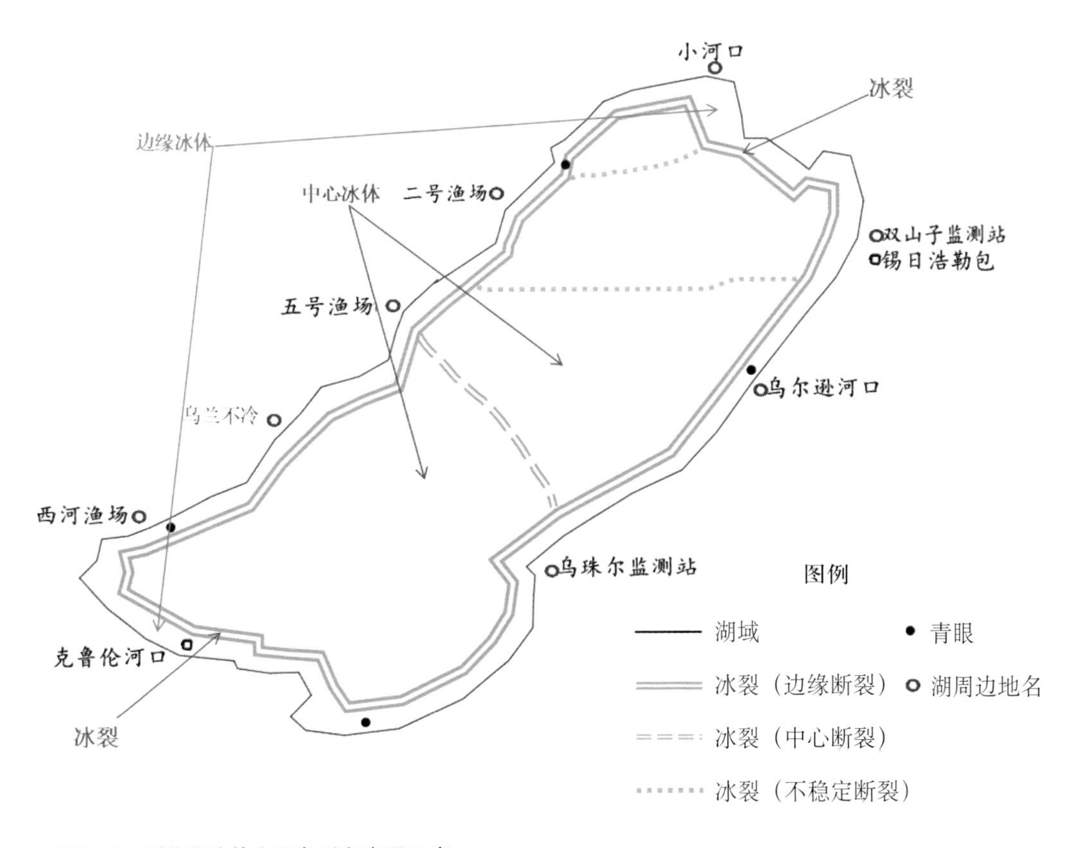

图2-62 呼伦湖冰体主要龟裂和青眼示意

① 在水温降低过程中，水分子之间的距离减小。由于水分子是极性很强的分子，在低温下分子之间的距离减小，就能通过氢键结合成缔合分子（多个水分子组合在一起），体积就变小。氢键是一种比分子间作用力强的多的力，因而可以使很多分子集中在一起，形成超大规模的分子集团，可使物质的溶沸点升高。

态，活动量增加耗氧量剧增，迫其跃出水面直接吸氧。它们频繁的跃出入水，又将大量的氧溶入水中，增加了溶氧量，改善了冰层下鱼类的生存环境。由此我们认识到，如果没有“清沟”，呼伦湖鱼类将无法越冬。同理，这也解释了在其他水域面积较小的湖泊，开春时发生大量鱼和水生物死亡的现象，就是溶氧耗尽，没“清沟”补充。当然，呼伦湖封冻后产生的“青眼”[①]、透过冰层照射到水中的阳光与水中植物的光合作用，也是湖水与外界能量交换和向水体补充产生溶氧的一个重要途径。2012 年 1 月，作者对根河汗马国家级自然保护区牛耳湖冰层和水体以及水中动植物的考查，就证明了冬季冰层下水体中植物的光合作用产生的溶氧，对水生动物的越冬是多么的重要（图 2-63至图2-65）。

图2-63　2012年1月25～28日，根河汗马牛耳湖冬季科考，左一为金河林业局局长宋德才，左二为作者，右一为汗马保护区管理局局长胡金贵（摄影：李晔）

图2-64　2012年1月25～28日，根河牛耳湖冬季科考凿冰取样，当天的温度为零下43℃，冰厚1.2 m，冰面已将水体与大气完全隔绝，在漫长的冬季只有水生植物光合作用产生的溶氧维系着水生动物生命系统在极端气候条件下的生存，相比呼伦湖这里的环境更严酷。左四为北京林业大学教授郭玉民，左五为汗马保护区书记王亚鹏，左六为作者，右一为金河林业局局长宋德才（摄影：李晔）

① 人们习惯上将封湖后没有结冰或者虽然已结冰，但比周围的冰薄的地方称为青眼。青眼形成的一个主要原因是湖底有泉眼，由于泉水温度高，受泉水影响其垂直上方的冰面结冰晚、冰层薄，或未封冻，这一类型的青眼被称为暖泉子，呼伦湖共有这样的暖泉子 10 处。当然还有其他原因形成的青眼，成因主要受封冻前的流冰运动和湖内紊流影响，较为复杂，数目不详。

图 2-65 2012 年 1 月 25 日，在激流河源头牛耳湖中取出的鲜活水草（穗状狐尾藻），它为湖中的鱼、极北鲵、林蛙等水下生物提供了维系生命的溶氧。因在牛耳湖中无“清沟”“青眼”，只有水生植物通过光合作用为越冬的水生动物提供非常珍贵的溶氧，确保水生态系统的健康。呼伦湖的“清沟”“青眼”与大气的联通，使冰下水体的溶氧量大大地高于牛耳湖，所以单位水体内水生动物量明显地多于牛耳湖

中国的中寒温带虽有一定数量的湖泊，但我们对湖面冰体或冰层的研究仅涉其表，特别是对寒旱地区的湖泊更是知之甚少。

7. 太阳光强辐射的影响

夏季太阳光对呼伦湖的强辐射严重影响着湖水热量平衡和光学特性。

了解湖泊水、光、热的基本特征，是研究呼伦湖的重要基础工作。理解湖水的热平衡，就可以明白湖水运动、化学成分、水生生物迁移变化和分布的原因。通过研究湖水光学特性，可以了解湖水中光线透射的深度和照度的大小，知道浮游生物、水生高等植物的生长和分布规律。夏季在强光的照射下，水温升高蒸发产生的表层湖水的单向表面流与全湖范围逆时针方向的表面流相互影响，往往产生水流的偏转和复杂的紊流；高 pH 值呼伦湖水中可溶性盐会增加水的密度和黏稠度，也使水的表面张力增加，保证了一些植物和昆虫通过表面张力停留在水表面，扩大了生物生存活动空间；呼伦湖中的秀丽白虾和其他底栖类水生物白天躲入深水区或水生植物下面，夜晚到浅水区觅食，它们的迁移分布规律受光线的影响很大。

8. 水体中的氧和二氧化碳

湖泊学通常认为溶解氧可被动植物的呼吸作用消耗，而只有在足够的光照与营养条件下溶解氧才由植物的光合作用产生。水体中含氧量较低的原因主要有两个方面：一是空气中氧分压低；另一方面则是氧的溶解性低。这就意味着如果不能从空气中不断补充氧，水中的氧很容易被呼吸作用耗竭。所以，溶解氧长期和短期的变化是反映河流与湖泊营养状况的良好指标。呼伦湖的鱼产量持续走低，即使大量放流也不能明显扭转，一个重要的影响因素就是水体中的溶解氧不足。特别在冬季受结冰造成的“浓缩效应”（concentration effect）[①]作用，问题更为突出。有效缓解根本解决这个问题的出路，除控制禁止有机物、污染物排入外，惟有确保呼伦湖 110×10^8 m³ 以上的蓄水量和 2 000 km² 以上的面积。只有这样，在阳光的作用下，水中的植物才能经光合作用产生弥足珍贵的可供鱼类生存的溶解氧；足够大的水面面积、足够的水深，才能确保足够量的活裂（清沟）、青眼，在维系湖内水体与大气能量交换的前提下使湖水与空气较充分接触，为鱼类提供直接接触空气的

① 呼伦湖水的降温结冰浓缩遵循冰晶与水溶液的固—液相平衡原理。当湖水被冷却结冰后，部分水成冰晶析出。剩余湖水的盐碱浓度会由于温度的不断降低，冰体体积增加而大大提高。这即是呼伦湖水的 pH 值在结冰后升高原因。其过程包括如下 3 步：结晶（冰的形成）、重结晶（冰晶体积增加）、分离（冰体与湖水相分开）。另外，也存在升温蒸发浓缩效应。呼伦湖水吸收太阳辐射能量温度升高产生水蒸气，在大量的水被蒸发后，湖中水体内盐碱的相对量增加，使 pH 值上升。

通道，增加溶氧。湖面面积大，接受的大地传导的热能多，促进了水生植物的光合作用，形成的溶氧多，有利于鱼类的越冬。

在硬度大的水体中（pH 值高，偏碱性），如果光合作用强度大，对二氧化碳的需求高，水体会出现碳酸钙沉淀。这个反应会形成两个常见的现象：一个是水底形成石灰石的波纹层或者石灰岩底质的湖泊周边被侵蚀；另一个是水面出现胶状碳酸钙悬浮物。这在 2017 年的环湖科考中得到了验证。呼伦湖西南方向的下风区沿岸水域就有大面积的胶状碳酸钙悬浮物。可见，呼伦湖的水体 pH 值较高硬度大，在夏季强大的光合作用下出现碳酸钙悬浮物污染了水体，也对水生动物的生长产生不利的影响。

9. 水体中的氮

（1）在水生生态系统中，大多数的氮是以氮气（N_2）的形态存在。各种氮化合物的可获取性影响着水生物的多样性、丰富度和生长状况。在自然水体中硝酸盐和氨并不充沛，可能会限制植物的生长。温暖气候条件下，在那些磷或硅含量相对高，或由于磷污染导致磷含量相对高的湖泊中，氮限制是普遍存在的。这就可以理解，夏季在引海拉尔河入呼伦湖河口区域因总磷含量较高，水体中藻类、水生植物较少的原因。氮的制约,限制了河口区植物生长，在呼伦湖的其他局部区域这种限制也是普遍存在的。

（2）对植物生长，氨是比较受欢迎的一种氮形态，这是因为从硝酸盐到氨基酸的还原代谢过程需要额外的能量及硝酸还原酶的存在，而动物排泄物中的氨可以被植物循环利用。氨在 pH 值比较高的水体中会形成有毒的氢氧化铵，此时产生的氨对动植物是有害的。呼伦湖的 pH 值一直处于一个较高的水平，如夏季高温期在非常小的局部较浅水域和流动性差的水域会出现鱼类较少、夏季牲畜饮用死亡、湖水发臭等现象。通过上面的讨论，对产生的原因我们就得到了满意的解释，即氢氧化铵的存在。从另一个方面看，生长期短、增重快的鱼类，排泄物量大，被植物循环利用的氨就多，会造成水体浮游藻类大量繁殖爆发，反而促使水体富营养化，加重了污染。

（3）氮气最具惰性，只有一些具有固氮能力的蓝藻和细菌才能够利用氮气来促进自身的生长。在某些湖泊中，浮游藻类固氮是一个重要的氮源。

10. 水体中的磷

磷对所有生物来讲都是必需的，生物体内含磷量约为 0.3%（干重）。磷是基因物质 DNA（脱氧核糖核酸）的结构链的组分，也是细胞壁磷脂质外模的成分（磷脂质是皮肤中天然抗老化的脂质，其含量会随着年龄增加而减少），其作用无可取代。磷酸基团在 ATP 里形成高能磷酸键，ATP 又称腺苷三磷酸，是生物体内重要的高能磷酸化合物，它是能量代谢的中心物质，为生物化学反应提供短期能量。从湖水生产力角度看，呼伦湖的鱼、特别是虾的产量与水体中的磷的多寡有着密切的关系，没有磷湖中的虾几乎不能生长。不单单是 DNA 基因物质形成需要磷，细胞壁磷脂质外模的形成更需要磷，特别对生长过程中不断脱壳的软甲纲水生动物来讲，磷是影响生长的重要因素。这也解释了为什么在呼伦贝尔高平原的一些湖泊中生长的草虾远不及呼伦湖中生长的秀丽白虾（beauty white shrimp）体大、额角长，原因就是这些湖泊水体中磷匮乏。正是以上原因使呼伦湖秀丽白虾资源丰富，使之成为食物链底端的主要组成部分，为食物链上游的很多鱼类、鸟类、两栖类动物提供了营养丰富的饵料食物。

在湖泊中磷是浮游藻类生长的一个基本限制因子，主要表现在 4 个方面：一是流域内的岩石风化作用向河流湖泊中释放极少量生物可获取的磷；二是陆域的植物根区截留大部分可溶性磷的化合物；三是磷循环中没有气相存在，因此雨水中几乎没有磷；四是任何进入水体中的溶解态磷酸盐被快速吸附至颗粒物或随其他化合物而沉降，而不易被藻类获取，而在湖底栖息的虾、蚌、底层鱼则可方便的获取磷。只有强风时产生的朗缪尔螺线类型的水流作用，水体的上下交换才可以使磷再融回水体中，

被动植物摄取。呼伦湖中磷的来源，除流域内河流在风化岩石中溶解的磷以外，主要是海拉尔河及其各支流在其上游的森林中浸泡树木的根区溶解出可溶性磷的化合物。在对呼伦沟河入呼伦湖河口磷的多次检测中，证明是富磷的。

（1）湖水敞水带的磷循环。湖泊敞水带磷的最大流失途径是生物体的沉积或化学沉降，其中的绝大部分磷将永久沉积在湖泊底泥中。湖泊底部每年产生的沉积层通常可以用来记录当年该湖泊的磷输入量，计算湖泊磷含量随时间的变化。湖泊中钙、铝和铁等金属元素可以和磷酸盐直接生成无机固态磷酸盐沉淀，与黏土吸附磷酸盐相竞争，逐渐达到固相—液相动态平衡。

（2）磷限制的相对重要性。OECD（1982）通过大量的湖泊调查和藻类营养物限制的生物学评价实验，发现80%的湖泊水体以磷为唯一限制因子，氮为限制因子的湖泊占11%，其余9%的水体属于氮磷共同限制。研究表明，藻类生物量（叶绿素）与湖泊磷浓度的相关性比与氮浓度的相关性更显著、更有价值，氮浓度对藻类生物量不起决定性作用（Vollenwei-der，1982）。中国东部平原湖泊的研究结果（王海军和王洪涛，2009；Wang and Wang，2008a；Wang et al.，2008b）支持湖泊磷限制的观点，他们认为这些湖泊的初级生产力主要受到磷的控制。

11. 湖泊中的其他营养物质

植物和动物的生长还需要硅、铁、钙、镁、钠、钾、硫、氯，以及其他微量金属元素，我们重点仅研究水体污染问题，故对此本章不作深入讨论。

（十）贝尔湖

由于贝尔湖是跨界湖，国内对它研究较少，对湖底地形及年蒸发量都缺少详细资料，结冰后的冰体状况因没有实地勘测也不知详情。同时湖中水生物特别是鱼类的种类、产量也无调查资料和统计资料。我们对这个湖的了解，很大程度上仅是从呼伦湖、乌尔逊河和哈拉哈河表现出的特点和规律中反推。

二、呼伦湖—贝尔湖水系特点

（一）呼伦湖具有吞吐湖泊和内陆湖泊的双重特点

湖水主要来自发源于蒙古国东部的克鲁伦河，以及把它与贝尔湖连接的乌尔逊河。呼伦湖—贝尔湖水系是额尔古纳河水系的重要组成部分，呼伦湖既是海拉尔河洪水吞吐的场所，也是额尔古纳河的源头之一。历史上两者通过达兰鄂罗木河相连，后因扎赉诺尔矿区防洪安全需要，堵截了达兰鄂罗木河，阻隔了海拉尔河和呼伦湖的水力联系。20世纪60年代通过修建新开河、疏浚河道等措施，恢复了海拉尔河和呼伦湖的水力联系。20世纪50～60年代，呼伦湖水位较高，湖水流向海拉尔河；70年代呼伦湖水面缩小，停止外流；1984—1985年湖水又流向海拉尔河，外流入海。从目前看，达兰鄂罗木河（新开河）是一条吞吐性河流，当海拉尔河处于大流量高水位时，海拉尔河水顺着达兰鄂罗木河流入呼伦湖，当呼伦湖水处于高水位时湖水又顺此河流向海拉尔河，水位低时则成为内陆湖。因此，当呼伦湖低水位与海拉尔河无水力联系时，呼伦湖—贝尔湖水系就成为独立的内流水系。

（二）呼伦湖—贝尔湖水系上源皆来自山脉

哈拉哈河、达兰鄂罗木河和呼伦沟河（海拉尔河）源自大兴安岭山脉，克鲁伦河源自蒙古国的肯特山脉，水体中包含了大量的流域内的自然信息和生物因子（图2-66），反映出流域内岩石圈、水圈、生物圈、大气圈等表层系统各圈层相互作用的现象。这些杂乱无章表象各异的现象则在呼伦湖和贝尔湖的水体、地质分析研究中可以得到厘清，确认其因果关系。比如，呼伦湖—贝尔湖水系上游山脉流域均为大面积的原始森林和次生林极易发生森林火灾，若发生大面积的森林火灾，则森林涵养水源的能力大幅下降，在湖区表现出明显的来水不足；在上游林区、草甸草原地区为高寒地区的永久冻土带大面积垦荒耕种，使地下永冻层融化，湿地遭受不

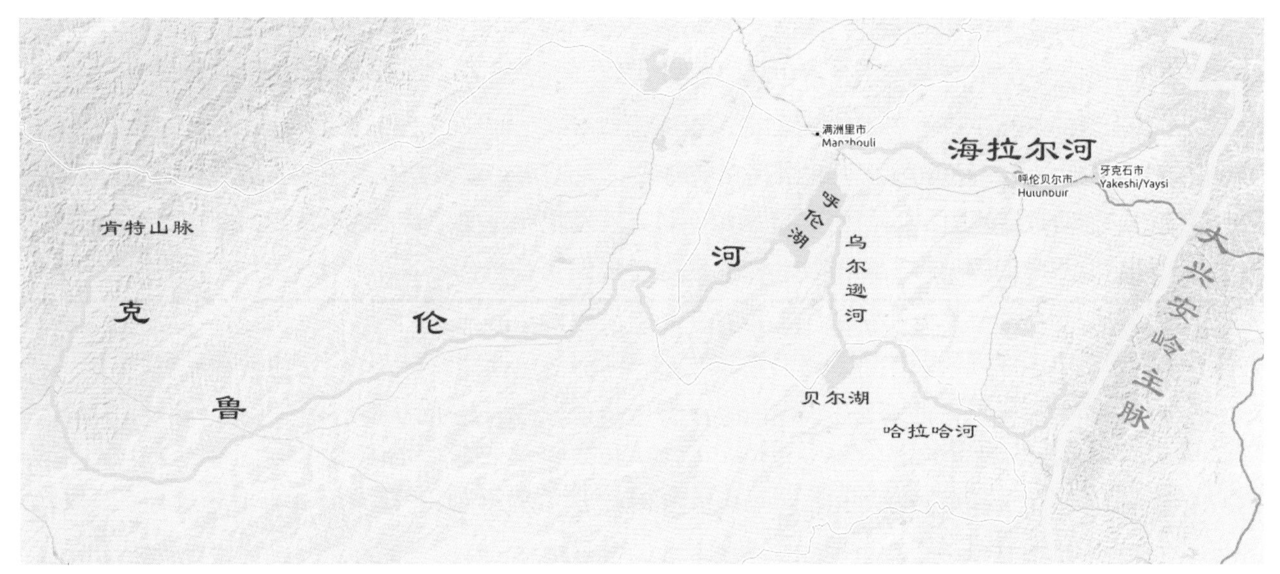

图2-66　呼伦湖—贝尔湖水系上源皆来自山脉

同程度破坏，失去水源涵养能力，会在湖区表现出来水逐年减少、湖面面积持续萎缩、湖水偏向咸水湖、化肥农药类污染增强。在湖水—大气—降雨—河流的水圈循环中，上游流域的空气、水、固体物的污染也会在水系水体中以不同形式体现出来，特别是流域内土壤、岩石内的有害物、矿物会被溶解带入水体当中；这个水系的生物圈系统因其自然环境空间跨度大、极其恶劣，所以十分脆弱；人为地破坏干预，引入外来物种，对这个系统都会产生巨大的不可恢复的破坏作用。如实施不科学的人工工程、盲目引入外来有害生物等。

（三）“浓缩效应”强烈

因呼伦湖—贝尔湖水系处于高平原寒旱气候条件下，冬季冰封期长（近 180 天），冰层厚（约 1.3 m，冰层总体积约 30.41×10^8 m³），夏季蒸发量大。结冰过程和蒸发过程都产生强烈的水体盐碱浓度的“浓缩效应”，其强度大大超过其他水体（图 2-67）。这样就使呼伦湖水在微咸—淡水之间摆动（主要以微咸湖为主），受自然和人为影响极有可能趋向咸水湖。从水系的演化趋势看，这个危险已迫在眉睫。如我们对自然环境因子干预不当或人为对环境采取破坏行为，都将造成其成为咸水湖的生态灾难。

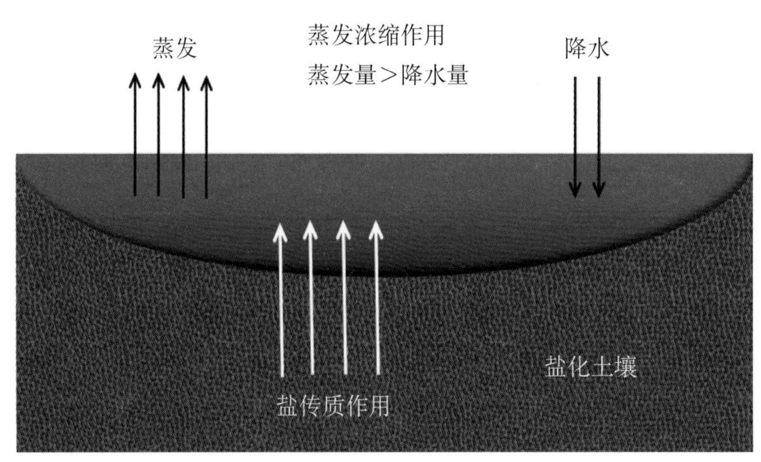

图2-67　呼伦湖浓缩效应示意

（四）主要靠人工水利工程来保证生态环境需要的基本入湖水量

自2002年以来，受持续干旱影响，呼伦湖水位下降、湿地萎缩，生态环境面临危机。通过实施“引河济湖”一期二期工程及“河湖连通”工程，使呼伦湖引水保证率从50%提高到70%，年调水量由数亿立方米增加到更多。2010年以来，已累计向呼伦湖生态补水数十亿立方米。目前，引河济湖工程每年向呼伦湖进行生态补水的总量，已经超过了乌尔逊河与克鲁伦河注入呼伦湖的水量之和，成为呼伦湖补水的主要来源，发挥了巨大的生态效益。引河济湖工程的益处显而易见，使其与同类大型湖泊有了明显的不同，即主要靠人工水利工程来保证生态环境需要的基本入湖水量。虽然呼伦湖湖泊补给系数[①]较大，但流域内平均降雨较少，总体表现为来水不足（图2-68至图2-70，表2-2）。

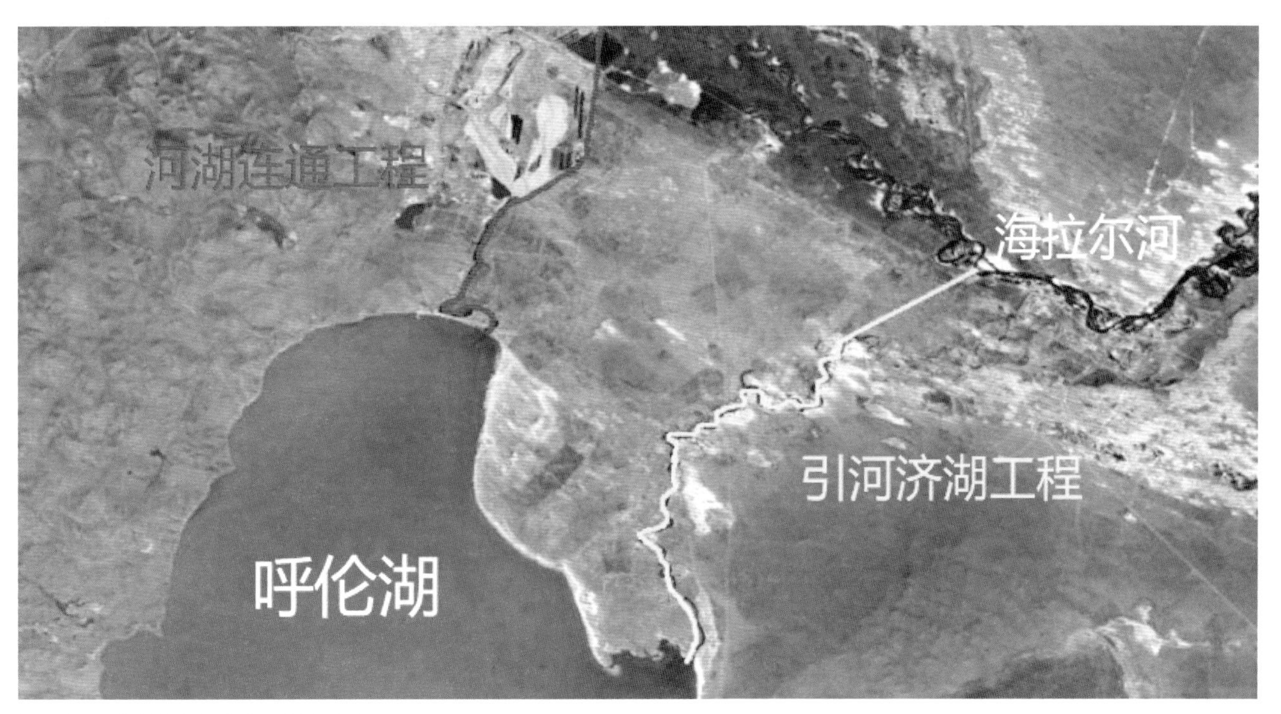

图2-68 呼伦湖引河济湖工程水渠位置示意

图2-69 引河济湖工程水渠闸口

① 湖泊补给系数，为湖泊流域面积与湖泊面积之比值。

图2-70　引河济湖工程鸟瞰

表2-2　引河济湖工程建成后地表水入湖水量（单位：亿m^3）

类别＼年份	2010	2011	2012	2013	2014	2015	2016	合计
克鲁伦河及乌尔逊河	2.65	2.51	6.4	11.03	8.14	12.53	8.07	51.33
占比（%）	30.3	30.8	48.9	39.1	40.6	47.5	47.6	42.2
引河济湖工程	6.1	5.63	6.75	17.16	11.92	13.85	8.89	70.3
占比（%）	69.7	69.2	51.5	60.9	59.4	52.5	52.4	57.8
总计	8.75	8.14	13.1	28.19	20.06	26.38	16.96	121.63

（五）呼伦湖—贝尔湖水系综合型湿地特征明显

呼伦贝尔市域内最大的湿地是呼伦湖—贝尔湖子水系由湖泊湿地、河流湿地、沼泽湿地构成的综合性湿地生态系统。它是世界著名的天然湿地，被誉为“呼伦—贝尔”大泽。它包括呼伦湖（面积约 2 339 km²）、贝尔湖（面积约 608.78 km²）、克鲁伦河下游沼泽湿地（面积约 454.6 km² 入中国境内克尔伦苏木以下，含河流湿地）、达兰鄂罗木河沼泽湿地（面积约 328.71 km² 含河流湿地）、乌尔逊河沼泽湿地（面积约 305.74 km²，包括乌兰诺尔湿地，含河流湿地）、哈拉哈河入贝尔湖三角洲沼泽湿地（面积约 284.48 km²，含河流湿地），总面积约 4 321.31 km²。

呼伦湖—贝尔湖既为湖泊湿地又为沼泽湿地类的草本沼泽型湿地，而克鲁伦河流域、达兰鄂罗木河流域、乌尔逊河流域、哈拉哈河流域既有永久性河流湿地又有季节性河流湿地和洪泛平原湿地及草本沼泽和灌丛沼泽。呼伦湖—贝尔湖沼泽植被以芦苇群落、薹草—小叶章群落、香蒲群落为主。芦苇群落以芦苇为单优势种，其伴生种主要有小叶章、膨囊薹草、眼子菜、沼繁缕等。群落覆盖度在 60%～80%，向北降雨较多，达兰鄂罗木河流域附近覆盖度较高，向南降雨偏少，在贝尔湖周边覆盖度较低，而乌尔逊河流域是它们之间的过渡。薹草—小叶章群落以灰脉薹草与小叶章为建群种，伴生植物主要有地榆、鸢尾、短瓣金莲花等。目前，呼伦湖处于涨落周期的低水位，人为干预后 2017 年达到 2 032.81 km²；新开湖已干涸，它的面积 ＜ 200 km²。与呼伦湖—贝尔湖水系关联的哈拉哈河、克鲁伦河、乌尔逊河、额尔古纳河上游和海拉尔河嵯岗以下(湿地面积约 715km²,海拉尔河嵯岗—阿巴该图，额尔古纳河阿巴该图—三十三[①]）的湿地是维系该水系水生生物繁衍生息的关键所在。这些湿地的总面积约 5 036.31km²，任何形式的对其侵占、阻断、干预都将对生态环境产生不利的影响，特别是对鱼类的产卵洄游极为不利。

（六）呼伦湖微咸湖、浅水湖特征明显

在我国的湖泊学研究中，一直把呼伦湖与青海湖一样列为微咸湖。我国的五大淡水湖是鄱阳湖、洞庭湖、太湖、洪泽湖、巢湖，而与太湖面积相当的呼伦湖并不在其中。呼伦湖 pH 值的多年平均值为 9.1 以上（青海湖 pH 值 9.28），而五大淡水湖的高温丰水期动态平均值在 7.26～9.2 之间，水体中 pH 值的升高主要与水草、藻类等水生植物生长有关，水生植物生长越好，pH 值越高[②]。五大淡水湖的高 pH 值期均在水生植物生长旺盛期，而平均值要低于 8。在 2018 年对呼伦湖湖水多点取样检测中 pH 值的平均值为 9.15，大大地高于淡水湖的标准。在湖泊学研究中以上五大淡水湖及兴凯湖（大部分在俄罗斯境内）等其他十几个较大的湖泊被列为淡水湖系列，而呼伦湖与中国最大的湖泊青海湖等 10 几个较大的湖泊被列为咸水湖（微咸湖），艾比湖、艾丁湖等湖泊被列为盐湖（表 2-3）。

与五大淡水湖形态参数相比呼伦湖有以下不同：

湖泊形态（lake form）包括湖泊长度、宽度、面积、水深、容积、湖泊岸线长度（呼伦湖岸线弯曲系数为 1.88）、岸线发展系数[③]、岛屿率[④]和湖盆坡降等。湖泊形态是湖泊在地质、地貌、水文、土壤和植被等各种内外营力相互作用下的结果，随着湖泊的演变过程、水位的消长、泥沙的冲淤等自然营力的作用而呈现动态变化，人类活动则可对湖泊形态特征施以巨大影响。因此，对湖泊形态度量特征现状和变化过程的分析，不仅具有理论意义，而

① 这一地名的蒙古语汉语谐音为郭辰郭日布 (guochenguoribu)，为蒙古语的数量词，意为 33（个）。因为在这里的高处可以看到额尔古纳河有三十三道弯，故汉语直译，称三十三（道弯）。

② 洞庭湖，pH 值 7.65～7.87（王丽婧，汪星，刘录三等，2013）；洪泽湖，pH 值 9.06（崔彩霞，花卫华，袁广旺等，2013）；鄱阳湖，pH 值 7.66（艾永平，2013）；太湖，pH 值 7.4～9.2（张雪，周洵，李琴等，2015）；巢湖，pH 值 7.82（谢森，何连生，田学达等，2010）。

③ 岸线发展系数，指岸线长度与等于该湖面积的圆的周长的比值。

④ 湖泊岛屿率，指湖泊岛屿总面积与湖泊面积之比。

表2-3　中国主要湖泊形态特征

分类	湖名	水面面积（km²）	湖面高程（m）	最大水深（m）	容积（亿 m³）
淡水湖	兴凯湖	4 380	69	6	27.1
	鄱阳湖	3 583	21	16	248.9
	洞庭湖	2 740	33.5	30.8	178
	太湖	2 420	3.1	4.8	48.7
	洪泽湖	2 069	12.5	5.5	31.3
淡水湖	南四湖	1 268	35.5	6	25.3
	巢湖	820	10	5	36
	高邮湖	663	5.7	1.7	8.9
	鄂陵湖	610.7	4 268.7	30.7	107.6
	扎陵湖	526	4 293.2	13.1	46.7
	洪湖	402	25	1.5	7.5
	滇池	330	1 885	8	15.7
	五大连池	276.2	139	4.6	6.1
	洱海	246	1 965.5	21	30
	抚仙湖	217	1875	151.5	173.5
	镜泊湖	95	350	62	16.3
	白头山天池	9.8	2 194	373	20
	日月潭	7.7	760	21	1.4
咸水湖	青海湖	4 635	3 196	28.7	854.4
	呼伦湖	2 315	545.5	8	131.3
	纳木湖	1 940	4 718	35	—
	奇林湖	1 640	4 530	33	—
	博斯腾湖	1 019	1 048	15.7	99
	扎日南木错	985	4 613	—	—
	当惹雍错	825	4 535	—	—
	乌伦古湖	745	4 854	12	59
	羊卓雍湖	730	4 441	59	160
	乌兰乌拉湖	610	4 854	—	—
	哈拉湖	602	4 078	65	160
	赛里木湖	464	2 071	—	232
	玛旁雍湖	412	4 587	—	202.7
	岱海	165	1 200	18	13.3
盐湖	艾比湖	1 070	189	—	—
	艾丁湖	124	—154	—	—

且也是探讨湖泊开发与保护以及湖泊规范化管理必须掌握的一项基础性资料，具有重要的实践意义。呼伦湖的形态学研究从全面系统角度看，还没有起步，有史以来还未有详细清晰的记录。比如岸线长度、岸线发展系数，呼伦湖、贝尔湖要比五大淡水湖更原始，但没有连续多年的统计资料来证明，致使这两个湖泊形态的量的变化规律也无法定量描述，等等。今后还要加大研究力度（表 2-4）。

五大淡水湖及呼伦湖虽湖面浩渺，但无论与国内高原山区的一些著名湖泊如抚仙湖、青海湖、纳木错等比较，或与世界上一些著名的大湖如贝加尔湖、坦噶尼喀湖、苏必利尔湖等比较，其浅水湖泊（不存在稳定温度跃层的湖泊）的特征显而易见。各湖的面积（km²）与容积（亿 m³）之比，洞庭湖、鄱阳湖、呼伦湖分别为 15.7:1，19.6:1，16.24:1；相比之下，贝加尔湖、坦噶尼喀湖则分别为 1:7.3，1:5.2，形成极大反差（高俊峰，2008）。

通过以上讨论可知，呼伦湖不但是特征明显的微咸湖（咸水湖），而且还是特征明显的浅水湖。因此，研究呼伦湖的气象、湖流、湖面面积、洪泛区发展系数、氧和二氧化碳及氮磷等化合物的变化规律，包括湖水污染物的变化规律，都必须立足于微咸湖和浅水湖的实际。且不可把它看成淡水湖，更不可以因其大而忘记它是浅水湖。

（七）呼伦湖水体蕴含着巨大的能量[①]

与其他较小湖泊相比，呼伦湖还蕴藏着构成复杂的巨大能量。发源于大兴安岭山脉和肯特山脉汇入呼伦湖的各条河流的势能，转化为动能存贮于湖水之中，湖水越多能量越大；呼伦湖区处于富风带［年有效风能贮量 >500 kW · h/（m² · a），见本书第 8 章第 6 节“三、风能资源及区划”］，风能是促使分层湖水运动的主要驱动力，风在气水交界面上形成剪切摩擦力将能量传导给水体，使水体获得部分有效风能，虽然不是全部，但能量仍然是巨大的；流入呼伦湖的水体和湖内水体面积巨大，接受了大量的太阳辐射能量，呼伦湖区为辐射能量丰富区［年太阳辐射总能量为 5 650～5 720 MJ/（m² · a），见本书第 8 章第 6 节“四、太阳能资源及区划”］，湖水吸收了大量的太阳辐射能量，致使夏季水体温度升高热能陡增，湖水运动剧烈；冬季水体温度骤降湖水趋于平静。在冬季水体的温度低于大地的温度（高于地表温度），大量的地热能量传导给湖水，确保了水体的温度≥ 4℃；当然还有生物能等其他形式能量也贮存于水体之中。以上能量最终以热能的形式贮藏于湖水之中，随着四季的轮回、昼夜的变

表2-4 五大淡水湖及呼伦湖形态参数

湖名	面积（km²）	湖长（km）	平均宽（km）	水深（m）		容积（亿 m³）	流域面积（km²）
				平均	最大		
洞庭湖	2625	143.0	17.01	6.39	23.5	167.0	262 800
鄱阳湖	2933	170.0	17.3	5.1	29.19	149.6	162 225
巢湖	769.5	61.7	12.47	2.69	3.77	20.7	13 486
太湖	2425	68.0	35.7	2.12	3.30	51.4	36 895
洪泽湖	1597	65.0	24.6	1.90	4.50	30.4	158 000
呼伦湖	2339	93.0	32	5.8	8.0	144.0	202 000

资料来源：高俊峰，蒋志刚，2012. 中国五大淡水湖保护与发展［M］. 北京：科学出版社：7.

② 呼伦湖水体能量的表现形式主要有：波浪、不同水域间存在温度梯度、朗缪尔螺线产生的漩流、漩涡、紊流、不稳定的湖流、呼伦湖水体与周围环境间温差等。

化使水体在高温热源和低温热源之间不断转换。正是这种热能的复杂连续变化，造就了呼伦湖丰富的动植物生命体系，也影响着水体的质量。通过了解呼伦湖水体能量的主要构成及相互的转化，根据大量观测事实，应用数学工具，通过逻辑推理和演绎，分析总结归纳出确定的、可观测的宏观量之间的关系及其变化规律，正是我们通过热力学方法要达到的目的。目前我们根据物质微观结构的学说，从微观层次出发利用统计的方法阐述水体宏观性质的物理本质方面做了一些工作，即用统计物理方法对呼伦湖进行了研究，但还远远不够。利用热力学和统计物理方法从宏观和微观上准确把握湖水的热能变化、构成水体物质的变化，了解其运动形式，是掌握呼伦湖自然运动规律的重要途径。面对呼伦湖这个巨大的能量体，从能量入手，应是研究工作的一个有效路径，会取得令人满意的效果。

第三节
水系存在的生态问题

一、入湖水量减少

呼伦湖和贝尔湖的来水，除直接降到湖水中的大气降水外，主要靠海拉尔河引河济湖工程、克鲁伦河、乌尔逊河、哈拉哈河以及湖周入流和地下水补给。

1. 降水量

呼伦湖直接承受的年平均降水量为 262.6 mm，折算成水量为 6.14×10^{8} m³。较大年份降水量为 446.4 mm，折算成水量为 10.44×10^{8} m³；较小年份降水量为 102.8 mm,折算成水量为 2.4×10^{8} m³(图 2-71)。

按湖面面积和降水量推算，贝尔湖的平均降水量折算成水量应＜ 1.58×10^{8} m³。

2. 地表径流量

呼伦湖的地表径流量在“引河济湖”工程投入运行前，主要来自克鲁伦河和乌尔逊河的补给，在“引河济湖”工程投入运行后，海拉尔河成为呼伦湖主要补水来源（图 2-72至图 2-74）。

贝尔湖平均来水量，按哈拉哈河年径流总量为 11.5×10^{8} m³，剔除沙尔勒金河分出流量和乌尔逊河的多年平均径流量 6.88×10^{8} m³，应＜ 4.62×10^{8} m³。

3. 湖周入流

呼伦湖湖区汇水面积约 6 639.31 km²，除去湖水面积，还有 4 000 km² 多的坡面面积，其中草原平地、沼泽低洼地、沙丘占大部分，且均属闭流区，不能产生径流。唯有湖西岸有 1 500 km² 的丘陵山地，是平原丘陵草甸草原或平原丘陵草原，除有个别的小泉水沟外，并无侵蚀性沟溪。丘陵洼地中间尚有不少洼地和小湖泊，大部分地区缺水干旱，即使一次降水量较大时，部分地面可能产生径流，也多半集于小湖泡或洼地，难以直接汇流入湖。这一地带属于干旱草原区，降水量偏小，降雨强度不大，暴雨尤为罕见，坡面径流甚微，对呼伦湖影响很小。

贝尔湖周边汇水面积约 2 208.98 km²，其中我国 425.41 km²，蒙古国 1 783.57 km²，情况与呼伦湖相近，湖周入流径流甚微（李标等，2010）。

4. 地下径流补给

每年呼伦湖的地下水补给量约 3×10^{8} m³，主要为湖内 10 多处涌泉和地下水溢出。贝尔湖不详。

5. 呼伦湖蒸发流失的去水量

呼伦湖水面年平均蒸发量为 962.3 mm，折算成水量为 22.5×10^{8} m³，贝尔湖约为 5.86×10^{8} m³，渗漏和工农业用水都较少，呼伦湖和贝尔湖的去水总量约为 28.36×10^{8} m³。

6. 来去相抵后两湖存余的水量

呼伦湖来水总量为引河济湖的呼伦沟河年

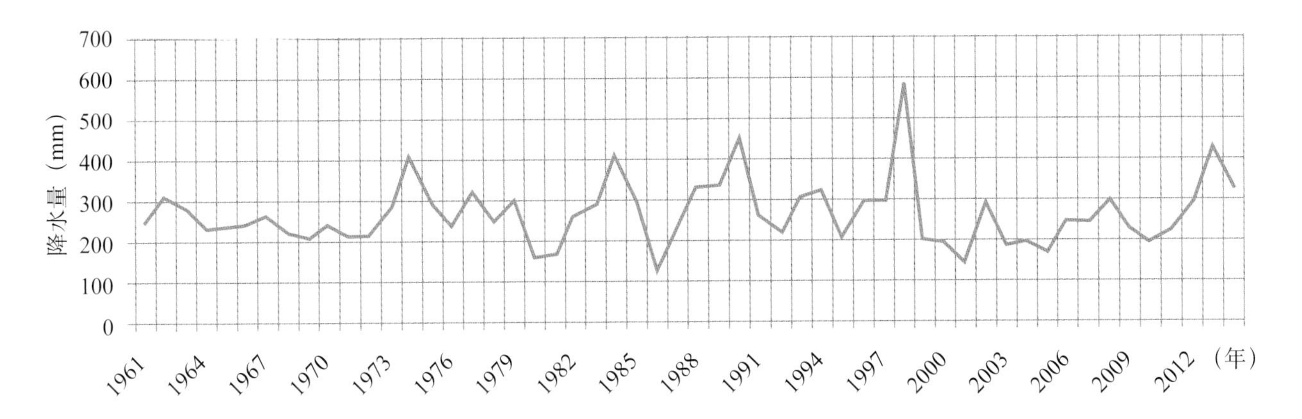

图2-71　呼伦湖流域年均降水量变化（1961—2014年）

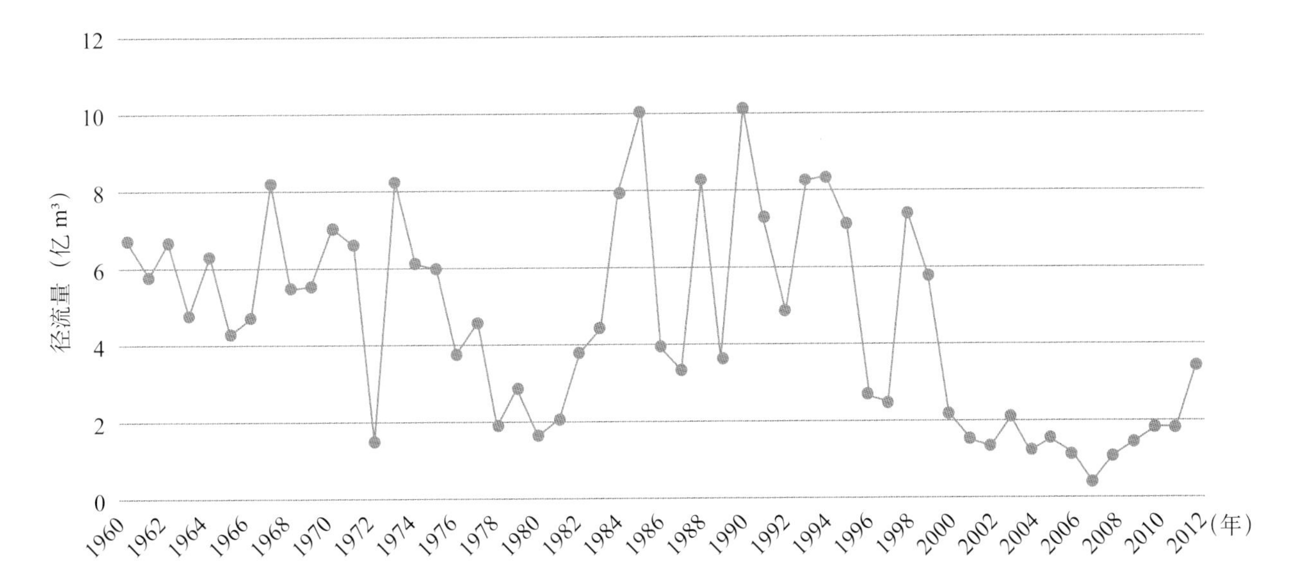

图2-72　克鲁伦河历年入呼伦湖径流量

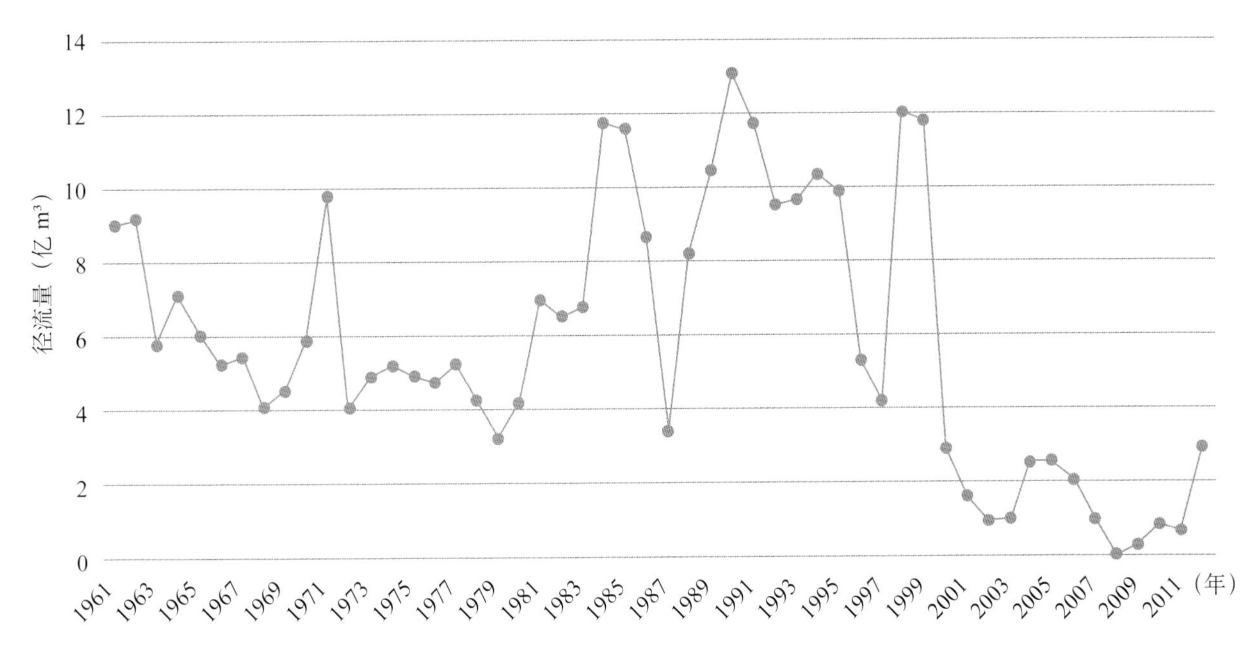

图2-73　乌尔逊河历年入呼伦湖径流量

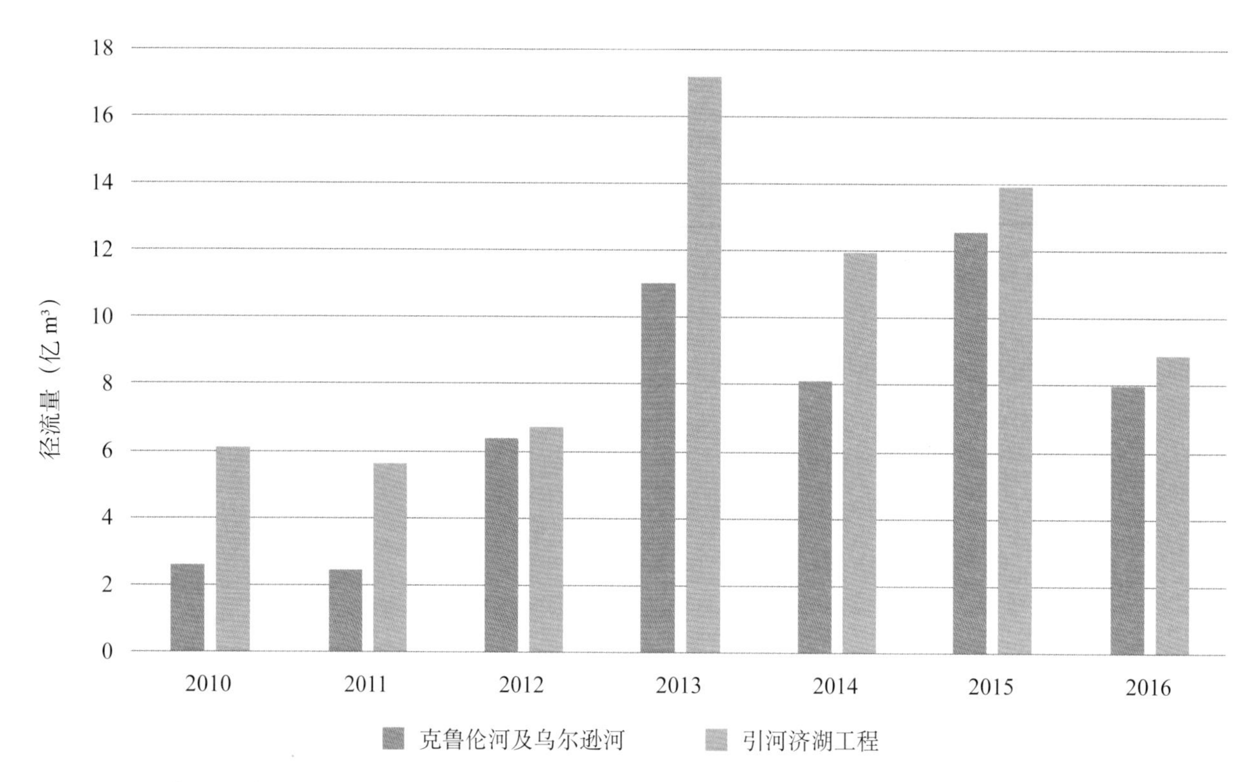

图2-74　引河济湖工程投入运行后地表水入湖量与克鲁伦河乌尔逊河入湖量对比

平均 9.7×10^8 m³，乌尔逊河 6.88×10^8 m³，克鲁伦河 5.22×10^8 m³，降水 6.14×10^8 m³，地下水补充 3×10^8 m³；贝尔湖来水 4.62×10^8 m³，降水 1.58×10^8 m³，总计 37.14×10^8 m³。去水总量主要为呼伦湖蒸发约 22.5×10^8 m³，贝尔湖约 5.86×10^8 m³，总计 28.36×10^8 m³。来去相抵后，余出部分约 8.78×10^8 m³ 经新开河、达兰鄂罗木河湿地汇入海拉尔河。近年由于气候原因降雨减少，从径流量曲线中可以看出乌尔逊河、克鲁伦河的来水远不及平均值。总体看，在人为干预下来水和去水基本相抵，经新开河、达兰鄂罗木河的去水甚微。呼伦沟河的来水与其他河流的亏欠基本相抵，这说明如果没有引河济湖工程，呼伦湖的境况不堪设想。近几年，随着其他几条入湖河流的来水增加，呼伦沟河的来水量基本稳定在 3×10^8～4×10^8 m³。

二、来水不足的问题依然严峻

呼伦湖—贝尔湖子水系和额尔古纳河水系的来水不足的问题主要表现在以下四个方面。

（一）气候

由于气候条件发生变化，降水陡减，呼伦湖—贝尔湖水系流域草场重度退化，绝大部分已失去涵养水源的能力。降水被大量蒸发，因降水减少造成的生态影响被大大地放大，这无疑加重了气候变化的负面影响。

（二）森林遭到严重破坏仍处于恢复阶段

历史上，沿着滨洲铁路沿线的海拉尔河流域沙俄、日本侵略者都对大兴安岭的森林资源进行了掠夺性的采伐，给森林生态系统造成毁灭性的破坏。新中国成立后，林区天然林资源保护工程实施前，海拉尔河中上游各支流流域天然原始森林被大面积砍伐，森林生态功能降低，造成涵养水源能力下降的同时，也使呼伦湖—贝尔湖水系与大气、森林、河流的水圈循环减弱，造成来水不足。目前，森林采伐虽然已经停止，但森林涵养水源的能力仍处于恢复阶段。

（三）人类活动对生态系统影响

水系上中游流域内的森林、湿地、草甸草原、典型草原受到人类农林牧业生产活动的严重影响，特别是大量地开垦耕地，造成水土流失、永久冻土带遭到破坏，致使湿地渗漏，很大一部分失去涵养水源的能力（包括哈拉哈河流域，蒙古国境内）。根据张浩然等对呼伦湖湖泊动态变化及其驱动力方面的研究结论（张浩然，清华等，2018），近16年来，呼伦湖发生了明显的变化，在2000—2010年间，其面积明显减少萎缩，主要变化位于东部和南部，东部基本干涸。2013年以后，面积有了明显的增加，其主要变化位于南部，基本与2005年的形状一致，东部基本无变化。在众多因素中，以总牲畜数、农业产值和工业产值为主的社会因素，可以解释呼伦湖湖泊面积变化的约55%，是呼伦湖动态变化的最主要影响因素。因此，近16年内，在以人类活动为主要影响因素下，再加上气候的波动，造成呼伦湖水面面积的大幅度变化。这充分说明，气候变化对来水的减少有着重要的影响，但人类活动的影响也是不可低估的重要因素。

（四）凌汛消失

以上原因造成的来水不足，使流域内大部分河流的支干流春季已无凌汛（又称桃花水、春汛），形成普遍的“文开”，只有额尔古纳河根河河口以下每年有比较稳定的凌汛，海拉尔河从20世纪90年代中期后就已不见凌汛。这就造成了沿河的大面积湿地得不到春汛的补给，牛轭湖、塔头湿地等干涸，湿地退化。更严重的是，呼伦湖—贝尔湖水系得不到春汛的补给，只靠夏季的来水，致使来水严重不足。

1. 凌汛

凌汛，一般指高寒地区融冰化雪形成的春汛，是一种比较普遍的开河现象。

它的特点是河流的水体中夹有大量固体的冰，形成液固共存的流体，增加了摩擦力，使流速减缓，在河流转弯处等复杂河道极易堆积、阻塞河道，抬高水位。那么，凌汛是怎样对呼伦湖进行补水的呢？以海拉尔河嵯岗段为例，嵯岗镇以北，河是由向西南折流向西，嵯岗镇正处于河道西南方向的延长线上。当凌汛发生时，冰排在此区段大量堆积洪水受阻，河道阻塞，水位抬高，产生河漫滩。水受向西南方向的惯性力作用在嵯岗到301国道嵯岗大桥之间，过滨洲线、嵯岗镇、301国道，按原呼伦沟河故道流向呼伦湖。当凌汛足够大时（包括夏讯），海拉尔河经达兰鄂罗木河向呼伦湖注水，这时从嵯岗镇到新开河桥（公、铁）之间水位高程已超过呼伦湖的水位高程，所以整个区段的漫滩河水因北侧高于南侧，则都可穿过滨洲线和301国道流向南侧的呼伦湖，凌汛的春季补水过程基本如此（图2-75）。夏讯时节，因阿巴该图山对海拉尔河的阻挡，使嵯岗镇以下的湿地贮水量大增、水位高程增加，对呼伦湖的补水量更大。横贯达兰鄂罗木河湿地的海拉尔—满洲里一级路、国道301线、滨洲铁路3个人工工程，在汛期的河漫滩补水中起到了巨大的不可估量的阻塞作用，并对海拉尔河下游湿地和达兰鄂罗木河湿地产生了毁灭性的破坏（图2-76）。这也由此引出对呼伦湖在1900年前后沼泽化干涸原因的推论。根据李翀等学者在《呼伦湖水位变动与20世纪初干涸缘由探讨》（2007）一文中对1961—2002年呼伦湖流域水量平衡分析成果的基础上，结合流域内19世纪末到21世纪初的长序列的气象降雨资料，综合分析气候变化与湖泊水量、水位变动之间的相关关系，并情景分析了1900年气候变化对湖泊水位、容积过程的影响，认为1900年前后呼伦湖的干涸，是在野外调查中，由于一些误解而产生的一个错误认识，是不存在的。但是，根据史料记载和数十年前年长老牧民的回忆，沼泽化干涸确实发生过；渔场在下网捕捞作业时，也确实打捞上来许多游牧生产生活的金属器物和其他物品，说明呼伦湖的部分湖底当时已是草场，处于游牧生产

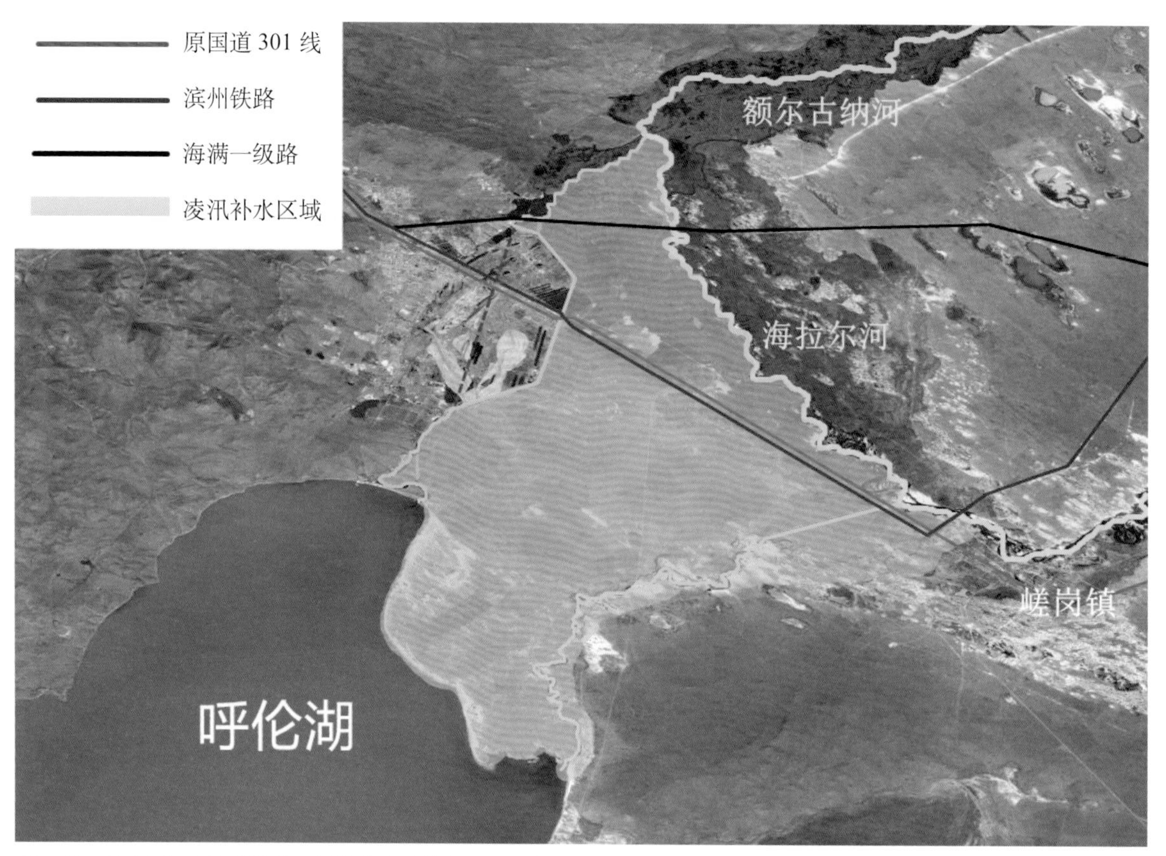

图2-75　海拉尔河对达兰鄂罗木河湿地凌汛补水区域示意

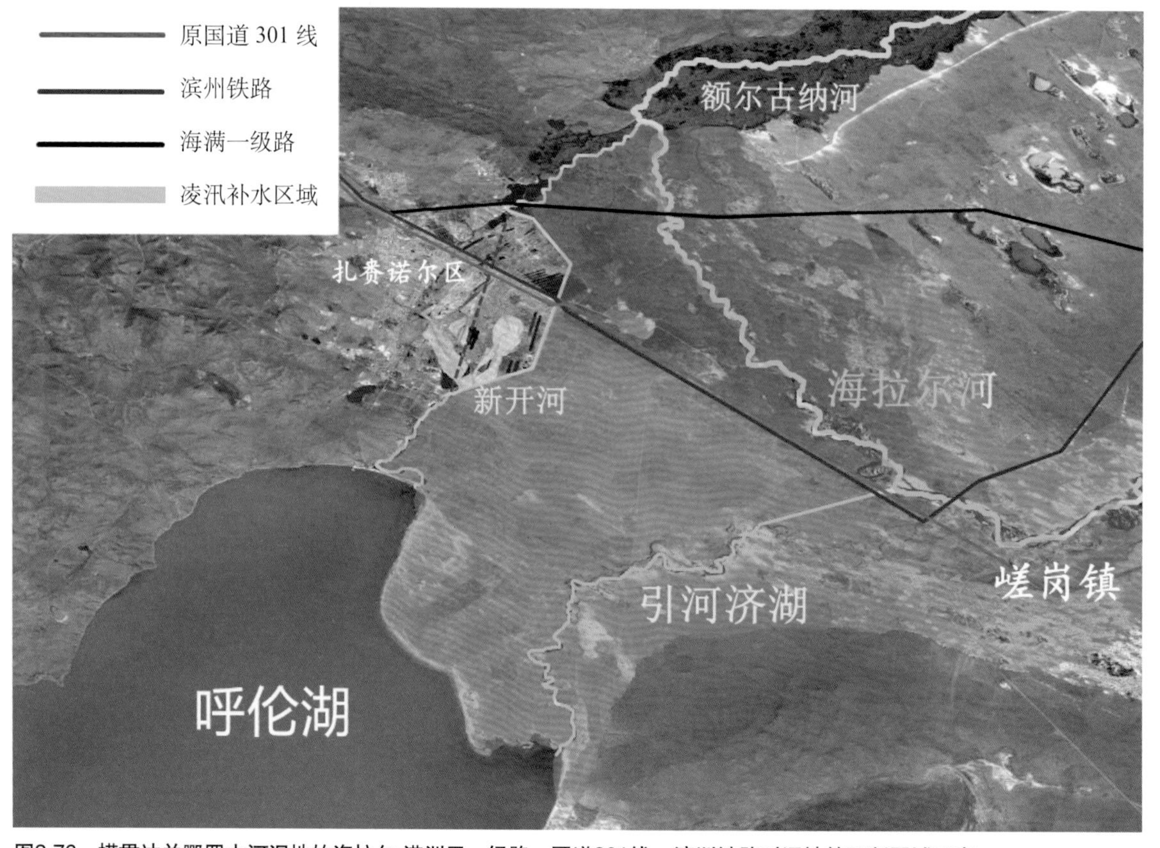

图2-76　横贯达兰鄂罗木河湿地的海拉尔-满洲里一级路、国道301线、滨州铁路对湿地的阻断区域示意

活动空间。如没有断崖式的气候变化，还有一种可能的自然灾害的影响，就是在海拉尔河上游流域几乎同时发生大面积的森林火灾，这个范围应是海拉尔河上游的绝大部分，包括那吉、特泥河、乌尔其汗、免渡河、乌奴耳、维纳河、红花尔基、辉河等以上的上游区域。森林大火不但可将森林化为灰烬，还会造成过火区域吸收大量太阳辐射能量，地温跃升致使永冻层融化，森林失去水源涵养能力，河流来水陡降。

2. 森林火灾

东北林业大学的森林生态学专家王晓春、鲁永现所进行的森林火灾历史统计规律研究，在这些方面给我们提供了很大的帮助。

火灾历史可以通过火灾发生后未烧死树木留下的疤痕记录下来（图 2-77、图 2-78）。通过树年轮火疤重建火灾历史表明，1900 年前后在十八站、韩家园、满归、塔河的盘古、蒙克山、瓦拉干均发生了范围较大的森林火灾（Yao et al, 2017），朱良军等研究也发现 1900—1930 年是过去 150 年来大兴安岭最干旱的时段，因此这一时期火灾频发（图 2-79）。

如上区域即海拉尔河上游流域，那个时间段发生大面积的森林火灾的论据还不十分充分（此区域多为次生林，百年以上的树木分布状况对普查十分不利），但黑龙江大兴安岭的森林火灾历史的普查统计资料又说明，在黑龙江的区域和内蒙古的激流河流域于 20 世纪 20 年代曾发生过大面积的森林火灾［1926 年前后，据当地的鄂温克族猎民证实，在激流河流域（金河、阿龙山、满归、敖鲁古雅、安格林河、白鹿岛）确实发生过大面积的森林火灾］。原因是 1900—1930 年间是过去 150 年来（1868—2018 年），大兴安岭最干旱的时段，火灾频发。这在树木的年轮分析上得到验证，1901—1926 年间的年轮致密，为降雨不足所致。树干中的主要成分为木质素和纤维素。在干旱年份形成的木质素和纤维素质量较差，在生长期较长的树干中易腐烂虫蛀，这在年轮间也显露得非常明显。

两地同为一个山脉同一水系的邻近区域，可以认为，在呼伦湖—贝尔湖的上游流域范围（大兴安

图2-77 火灾后未烧死树木留下的火灾疤痕。每一个立痕可能是一次火灾记录（摄影：王晓春）

图2-78 树年轮火疤圆盘（王晓春和鲁永现，2012）。**图为采自塔河蒙克山兴安落叶松的树年轮火疤圆盘，标间的年代为火灾年份**（摄影：王晓春）

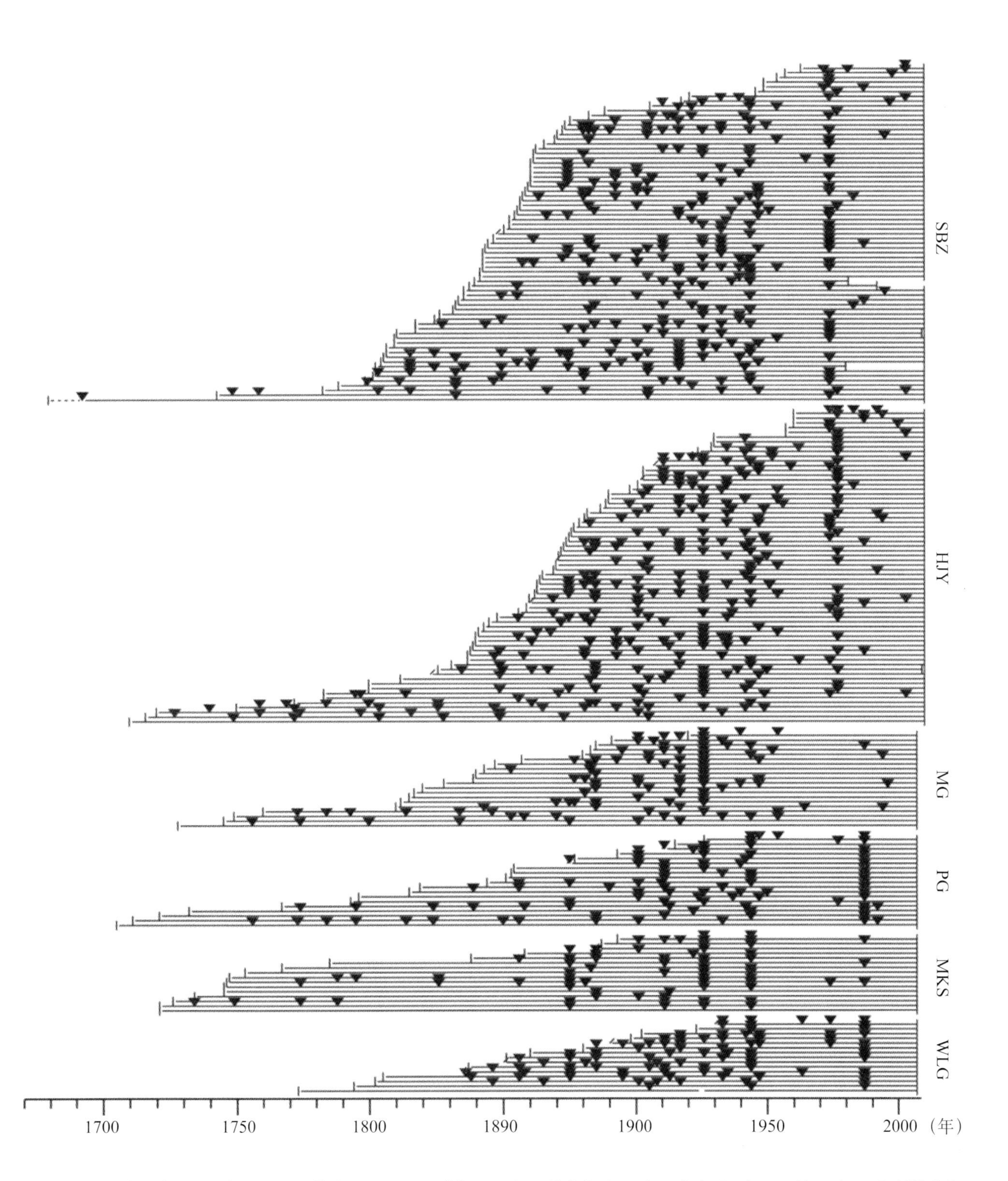

图2-79　大兴安岭地区十八站（SBZ）、韩家园（HJY）、满归（MG）、蒙克山（MKS）、盘古（PG）、瓦拉干（WLG）树轮火灾历史重建（Yao et al., 2017）。每个横线代表一棵树木，每个倒三角代表一次火灾

岭山脉），在那个时间段也是最干旱的，既使没发生大面积的森林火灾，来水量也会锐减。这样，前面李翀等学者《呼伦湖水位变动与20世纪初干涸缘由探讨》一文中的推论，就被实地普查统计结论所推翻，也验证了历史资料记载的正确，呼伦湖的来水确实陡降。

另外，金河的（2003年5月5日）“5.5”大火、免渡河的（2006年5月25日）“5.25”大火过后，根河（过火区域为上游支流雅格河、伊里提河、鲁吉刁河、奥里耶多河、交叉布里河流域，以及金河上游尼吉乃奥罗提河流域）、免渡河（过火区域为上游支流布勒嘎奇河、乌兰德河、四道其龙河、乌挺额河流域）过火区永冻层融化，来水量剧减，凌汛消失，目前仍未恢复到火灾前水平（图2-80、图2-81）。

同时，在这个时间段也未发生诸如较强地震等类似的地质灾害，地形地貌没有位移变动。当其他自然灾害的原因被否定，气候的影响被确定后，造成呼伦湖沼泽化干涸的主要原因就清楚了。但另一个必须考虑的人为因素，更值得我们去认真探讨。根据中俄在1896年签订的《中俄密约》，沙俄根据《中俄密约》第四条，于1896年和1898年与清政府订立“合办东省铁路公司合同章程”。这条“东省铁路”又称“中东铁路”，是一条西起满洲里东至绥芬河，北起哈尔滨南至大连的交通大动脉。而哈尔滨—满洲里的海拉尔至满洲里段，在1900年已开工，经过前面的讨论可以断言：

滨洲铁路建设期正是海拉尔河来水陡降期，行洪水道干涸，是滨—洲铁路阻断了嵯岗—扎赉诺尔间的海拉尔河与呼伦湖的水力联系，在上游干旱、来水减少的情况下，使呼伦湖沼泽化干涸更为严重。而以后的呼伦湖在1903—1904年间得以重现，必是来水增加后，将被滨洲线铁路阻断的行洪通道冲通，使春季凌汛期和夏汛期的达兰鄂罗木河和原呼伦沟河全面沟通了海拉尔河与呼伦湖的水力联系。

呼伦湖来水不足的问题，在哈拉哈河及贝尔湖上也有同样的表现，但问题没有海拉尔河严重。克鲁伦河的问题，流域内蒙古国境内草场退化并不严重，主要还是气候原因。

通过讨论可以认为，来水不足降雨少，气候是一个主要原因，但是森林、草原、湿地遭受到不同程度地破坏更加重了生态的恶化，也是不可忽视的

图2-80　2003年金河“5.5”大火过火区域卫星图，过火面积约1060km²

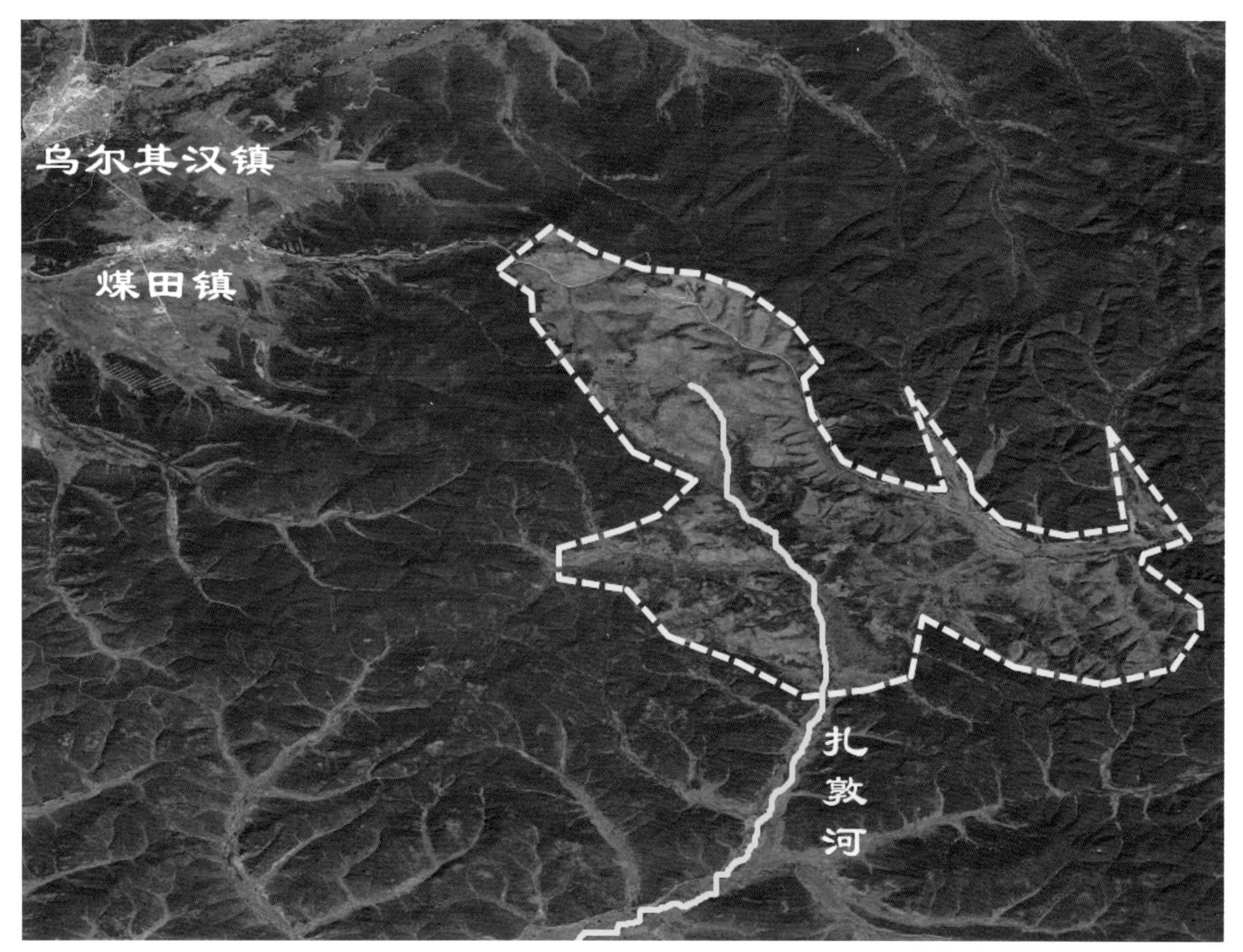

图2-81　2006年免渡河林业局红旗沟“5.25”大火，过火区域卫星图，过火面积约350 km²

重要因素。

三、水体污染

2017年环湖科考中发现，呼伦湖—贝尔湖水系的5条河流都存在着不同程度的污染，但乌尔逊河、克鲁伦河主要是本底，而哈拉哈河、海拉尔河（呼伦沟河、入湖时的达兰鄂罗木河）则是以不同程度的点源和面源污染为主。呼伦湖存在着较为严重的本底污染；贝尔湖污染较轻。通过前文讨论和科考中检测检验结果，对水系的污染问题可以得出如下认识：

（一）海拉尔河、哈拉哈河流域的污染

海拉尔河、哈拉哈河流域的污染主要来自中上游大面积耕地使用农药化肥产生的面源污染。点源污染则来自沿岸的城市海拉尔、牙克石、陈旗（巴彦库仁镇）、满洲里、扎赉诺尔、阿尔山以及流域的乡镇，目前呼伦贝尔市城市排污的水处理净化已提高到AI级，点源污染问题已得到令人满意的解决（图2-82、图2-83）。

（二）克鲁伦河、乌尔逊河的本底污染

这两条河流为呼伦湖主要的自然补水来源，河水水质的好坏直接影响到湖水的质量。通过多次多点的检测，两条河水COD、高锰酸盐指数较高，这是造成湖水两项指标较高的主要原因之一。两条河水COD与高锰酸盐指数两个需氧量指标超标的原因虽有不同，但总体可归纳为大量有机质的注入。克鲁伦河发源于蒙古国肯特山脉，总长1 264 km，其中我国境内长度206 km，沿岸流域并无大型工业企业，皆为牧区。COD与高锰酸盐

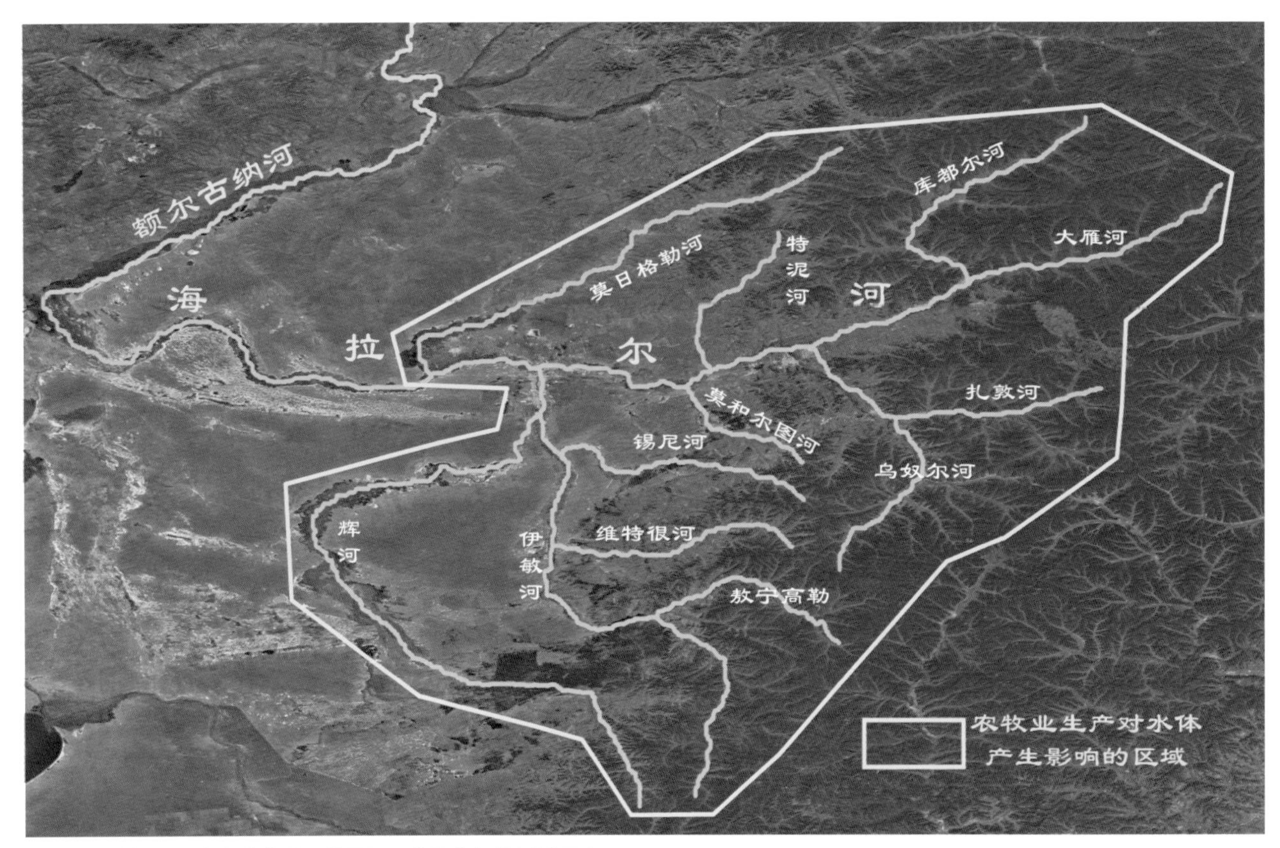

图2-82　海拉尔河中上游森林、草原区，农牧业经营区域示意

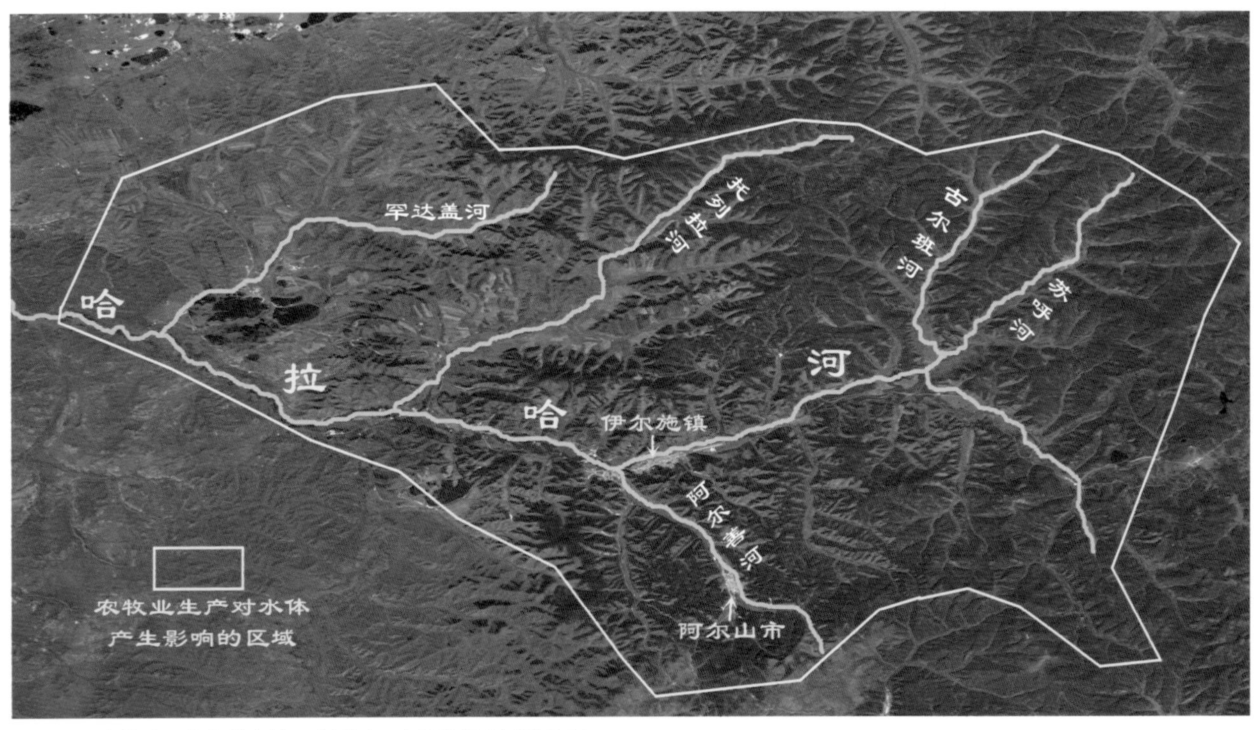

图2-83　哈拉哈河中上游森林、草原区，农牧业经营区域示意

指数较高的主要原因为我国境内沿河大量牧户圈养、网围栏放牧，致使大量牲畜排泄物积累随雨水入河、及枯死植株入河，造成需氧量指标的升高。这也与来水受气候的影响减少，致使污染物相对浓度升高有关。贝尔湖的来水主要源自哈拉哈河，它发源于大兴安岭原始林和次生林区，森林的枯枝落叶产生大量有机质，经雨水浸泡冲刷后由哈拉哈河带入贝尔湖，又由乌尔逊河输送到呼伦湖。加之哈拉哈河流域内中蒙两国有百万亩耕地之多，大量地使用农药化肥，无疑又加重了面源污染。

（三）降雨减少和草原超载的影响

降雨减少和草原超载使周边草原退化，涵养水源与截留、固定污染物的能力减弱。根据草原普查结果，环湖周边地区草场重度退化，地上生物量、植物种类等指标均较低。这就造成草原涵养水源能力不足，植物密度不够不能有效减缓水流防止径流形成，有效截断污染物入河入湖的部分能力丧失。因此，也不能把各类污染物通过植株吸收固定在植物体内，对地表水体的影响减小。

（四）湖内无稳定环流

呼伦湖在地质变迁和湖泊演替过程中，没有形成较稳定的湖内环流，使来水去水的置换周期较长即水力停留时间（hydraulic retention time）[①]较长，加之湖底的本底污染、入湖河流带入的污染，使湖水无法自净，污染物积累，水体质量恶化。呼伦湖是典型温带双混合型湖泊，有两次温度翻转（temperature reversal in lakes）[②]（春季翻转和秋季翻转）。虽然受到春秋两季温度大幅度变化的影响，发生湖水增温和冷却的温度翻转，每年产生季风导致的季节性旋流（朗缪尔螺线产生的旋流），但湖内水体不能确保发生置换，所以对水质的影响有限。

（五）“浓缩效应”强烈

冬夏两季的“浓缩效应”强烈，与环流不畅共同作用，加剧了污染。

（六）水体污染具有内源性

根据宋文杰、张瑾（2018）等对呼伦湖沉积物中有机碳无机碳分布特征研究结果，湖泊流域面积较大，湖泊具有的原始生产力不同造成呼伦湖沉积物中总有机碳（TOC）含量范围较广（9.18～61.68g/kg）；总无机碳（TIC）含量均高于 TOC 含量。有机碳无机碳相关性研究表明，所选 4 个柱芯中有 3 个柱芯底层表现出良好的正相关性，这可能跟年代以及温度有关。表层沉积物中 C/N 的平均值 20.73，柱芯中 C/N 的平均值为 9.51，表明呼伦湖有机质主要来源于湖中水生植物，水体富营养化具有显著的内源性。这也从另一个方面说明，呼伦湖水体的本底影响着水生植物的生长，特别是夏季较高的 pH 值水体在强光辐射和高温下使水生植物特别是藻类生长茂盛，形成内源性的富营养化污染。

四、湖水生产能力大幅度下降问题

前面我们讨论了各种环流的循环、各种化学元素和化合物存在形式对湖水生产力的影响，讨论了水体污染对水生态的影响，下面研究最关键的洪泛区及其湿地对鱼类生存的影响。这里，我们把白俄罗斯共和国萨哈罗夫国际环境大学法申切维斯基（B.Fashchevsky）、乌克兰科学院水生生物学研究所

① 水力停留时间（hydraulic retention time）：为自然流入湖泊的水量填满整个湖泊所需要的时间。呼伦湖约为 6.5 年（河海大学《水利大辞典》编辑修订委员会，2015）。

② 温度翻转（temperature reversal in lakes）：春季温度增温翻转期，自水面冰雪消融后，水温逐步上升当上层水温接近 0℃以上时，底层的 4℃水高于表层水的温度时，上层水下沉底层水上浮，形成春季翻转现象。同时当上下温度相同时，在风的推动下，同密度的湖水上下对流，使翻转更彻底；秋季后自湖水吸收的热量小于传导出的热量开始，水温逐渐下降，由于散热较快表层水的密度增加，表面水团下沉，再度形成秋季降温翻转现象（李小平等，2013）。

廷切恩克（V.Timchenko）、敖科塞克（O.Oksiyuk）3位著名的水生态湖泊学家关于《原苏联大型蓄水工程分布的河流生态水文管理》的论文资料加以引用，来说明呼伦湖在中东铁路修建的百余年来以及国道301线、海拉尔—满洲里一级路、不科学的水利工程、盲目地开垦湿地、草原湿地严重退化对其生态系统特别是洪泛区的破坏，并由此造成了以鱼类为主的水生物的大量减少，水体生产力（Water productivity）①断崖式的下降。

（一）洪泛区发展系数

洪泛区包括下游河谷和在高水位时被淹没的周边湿地。洪水泛滥一般发生在春季（融雪）与夏秋季节（降雨），在某些年份，洪泛区被淹没的情况也可能发生在冬季。一场提早发生的融雪洪水会形成河段的冰塞（ice jam）②。洪水在水生及水下生态系统的生命过程中扮演了相当重要的角色，它能够促进洪泛区森林植被与草甸的生长。现代洪泛区研究的早期奠基人之一，耶雷内维斯卡（Yelenevsky，1936）曾写道："洪泛区就像一个巨大的银行，它储藏着巨大的财富。春季到夏季，洪泛区被一层浅浅的（相比于主河道）且排水不佳的静水所淹没，对流热和直接辐射会使其快速升温，光合作用也会因为潜水区域的大幅增温而变得更加强烈，浮游植物和浮游动物也相继迅速发展起来。最后的结果就是鱼类、水鸟以及哺乳动物的食物与主河道相比要丰富10倍以上"（表2-5至表2-7）。

有一个方法可以衡量一个河流系统的生态价值与经济价值，那就是确定洪泛区的发展系数(Floodplain Development Coefficient)［法申切维斯基（Fashchevsky），1986］，这系数被定义为最高水位时（频率为1%）淹没表面的平均宽度与主河道宽度的比值。洪泛区发展系数通过从源头到河口的平均估计值来计算，即：

$$K_p = \frac{K_{p1}l_1 + K_{p2}l_2 + \cdots K_{pn}l_n}{L}$$

表2-5　瓦赫河（Vah）集水区底栖生物量与生物数量

水体		常见底栖生物		摇蚊科	
		样本数（个/m²）	生物量（g/m²）	样本数（个/m²）	生物量（g/m²）
河水	Vah河主河道	1 038	5.03	229	0.40
	支流	520	1.99	312	1.13
附带湖泊	汊河	1 544	4.51	194	0.33
	回水	3 630	23.33	720	2.85
洪泛区内湖泊	曲流牛轭湖	7 540	79.14	31.60	14.7
	低处洪泛区湖泊	3 705	19.92	14.79	4.61
	高处洪泛区湖泊	1 139	3.72	588	2.60
洪泛区外湖泊	滞留区	1 480	3.02	600	0.63
	流动区	1 053	1.27	407	0.30

资料来源：法申切维斯基（Fashchevsky），1996。

① 水体生产力(Water productivity)：水生维管束植物、浮游植物以无机物为原料，利用太阳能，经光合作用制造有机物的能力。即植物通过光合作用，吸收和固定光能，把无机物转化为有机物的生产过程。以单位水面下水柱在单位时间生产的有机物质量表示（河海大学《水利大辞典》编辑修订委员会，2015）。

② 冰塞（Ice jam）：水面封冻后，冰盖下面的结晶冰体（水内冰）和破碎冰块堵塞过水断面的现象。冰塞通常发生于冬季河流封冻初期。冰塞形成后，河道水流受阻，致使上游水位迅速抬高，严重时，可淹没沿岸土地、城镇（河海大学《水利大辞典》编辑修订委员会，2015）。

表2-6　10km²内不同栖息地的水禽数量

区域名称	洪泛区外		洪泛区内		
	森林	沼泽	森林草地及季节性池塘	低沼泽	池塘
（Taiga）泰加北部	46	238	782	354	510
（Taiga）泰加南部	30	667	318		110

资料来源：法申切维斯基（Fashchevsky），1996。

表2-7　科米（Komy）共和国不同集水区浮游动物与底栖无脊椎动物数量

位置 区域名称 项目	浮游动物（个 /m³）			
	Verhnepechorsky	Spednepechorsky	Nizhnepechorsky	Usinsky
河道	2 600	3 000	—	4 000
洪泛区	38 000	208 000	274 000	56 000
位置 区域名称 项目	底栖无脊椎动物（个 /m²）			
	Verhnepechorsky	Spednepechorsky	Nizhnepechorsky	Usinsky
河道	8 000	16 000	1 000	7 000
洪泛区	20 000	41 000	3 000	8 000

资料来源：索罗夫金娜（Solovkina），1975。

式中：K_p——沿河洪泛区发展系数的估计值；

K_{p1}，K_{p1}，K_{pn}——在各个河段的洪泛区发展系数；

l_1，l_2，l_n——河流各地貌特征之间河段的长度；

L——从源头到河口的总长度（km）。

各河段洪泛区发展系数按下式计算：

$$K_{fd}=\frac{B_0}{B_b}$$

式中：B_0——在频率为 1% 的高水位期间给定地点淹没洪泛区的宽度；

B_b——河道的平均宽度，其值由关系式 $B=f(H)$ 确定，其中 B 和 H 是河道宽度和水位的实测值。

研究者对俄罗斯在同一气候区域的两条大型河流（鄂毕河和叶尼塞河）进行对比，来比较它们的自然潜力，表 2-8 显示叶尼塞河的径流量要比鄂毕河大 30%，但是其捕鱼总量与单位体积（km³）年径流量的捕鱼量都小于鄂毕河，尽管其水质只处于中度污染。鄂毕河的洪泛区平均发展系数比叶尼塞河洪泛区的大 6 倍，鄂毕河沿河的水鸟数量比叶尼塞河的高出 13 倍。鄂毕河洪泛区的潜在干草储量在绝对数量上比叶尼塞河的多 20 多倍，按径流量计的要多 32 倍。鄂毕河洪泛区的发展系数巨大是鄂毕河流域经济和自然发展的一个重要因素。对鄂毕河与叶尼塞河的典型断面进行分析，可以表明这两个流域洪泛区的发展状况，揭示出叶尼塞河洪泛区域在频率为 50% 水位下淹没并不显著，因而其生产能力不可能很大。而在鄂毕河，频率为 50% 的洪水几乎淹没整个洪泛区。

（二）海拉尔河洪泛区发展系数

海拉尔河全流域位于内蒙古自治区呼伦贝尔市西南部，位于额尔古纳河右岸，发源于大兴安岭西坡伊（吉）勒奇克山，河长 708.5 km，流域面积 $5.480\,5 \times 10^4$ km²，南北最大宽度 275 km，东西最大长度 325 km。

因此，根据洪泛区发展系数的计算公式，我们将海拉尔河共分为 4 个河段，其 4 个节点为牙克石水文站、坝后水文站（海拉尔）、嵯岗镇及扎赉诺尔区。结合以往水利工程中海拉尔河道的实测资料及各节点处百年一遇洪峰流量，并在 1：50 万地形图中量得各节点处河道长度，进而计算得到各节点所在河段处的发展系数，计算结果如表 2-9：

根据上述计算出各河段发展系数，海拉尔河全河道河长 708.5 km，计算出海拉尔河洪泛区发展系数①：

$$K_p = \frac{K_{p1} \cdot l_1 + K_{p2} \cdot l_2 + K_{p3} \cdot l_3 + K_{p4} \cdot l_4}{L}$$

$$= \frac{37.5 \times 230 + 7.32 \times 160 + 12.17 \times 290 + 39.29 \times 28}{708.5}$$

$$= 20.36$$

额尔古纳河的上游段阿巴该图—黑山头的洪泛区发展系数因无水文观测记录，无法得到定量的数据。但定性的结论是，它的洪泛区发展系数（K_P）要比海拉尔河的牙克石—扎赉诺尔段高出更多。从表 2-8 与表 2-9 中的海拉尔河与鄂毕河、叶尼塞河的洪泛区发展系数相比，分别是两河的 1.7 倍、10.6 倍。海拉尔河的扑鱼量、水禽数量、干草收获量虽未做调查统计，但如不考虑其他因素，单从洪泛区发展系数看会大大地超过两河。

由水产品产量随时间变化曲线和湖面积随时间变化曲线的比较也可得出水面面积大，产量高的结论，而实质是洪泛区的面积大小决定了水体生产力的大小（图 2-84）。

这段论证说明，洪泛区及湿地的大小及质量是决定河流、湖泊等水体生产力的重要因素。除湖泊表层和恒温的底水层之间的水力混合强度外，与以上所讨论的环流、生态系统可承受的污染、氧和二氧化碳对水体的制约等各因素相比从某种成度上讲洪泛区及湿地是湖泊、河流水体生产力决定性的因素。可想而见，当我们把这样一个洪泛区发展系数如此之高、水体生产能力巨大的水

表2-8　鄂毕河、叶尼塞河和海拉尔河流域的自然力评估

河流	集水区面积（$\times 10^3$km²）	降水量（mm）	年径流量（km³）	洪泛区发展系数	捕鱼量（kg/km³）	水禽数量（只 /km³）	干草收获量（t/km³）
鄂毕河	2 900	543	400	12.2	70 640	6 522	20 000
叶尼塞河	2 580	560	643	1.9	7246	497	633
海拉尔河	54.805	360	3.69	20.36	未调查统计	未调查统计	未调查统计

表2-9　海拉尔河各节点所在河段处的发展系数

序号	节点位置（自上而下）	河长（km）	P=1% 洪峰流量（m³/s）	P=1% 淹没宽度 B_0（km）	河道平均宽度 B_b（km）	各河段发展系数 K_{pn}
1	牙克石站	230	2 340	4.50	0.120	37.50
2	坝后站	160	2 570	1.20	0.164	7.32
3	嵯岗镇	290	2 375	2.80	0.230	12.17
4	扎赉诺尔区	28	2 375	5.50	0.140	39.29

① 洪泛区发展系数 (Floodplain development coefficient)(K_P) 海拉尔河段的数据测量、计算，由呼伦贝尔市水利水电勘测设计院兰有延院长（正高级工程师）提供。

系系统（海拉尔河和额尔古纳河）与呼伦湖阻断后，呼伦湖的水生生物就失去了大部分觅食、产卵、洄游生存的空间，结果就是水产品年产量由近 1.6 × 10^4 t 降至 3000 t。

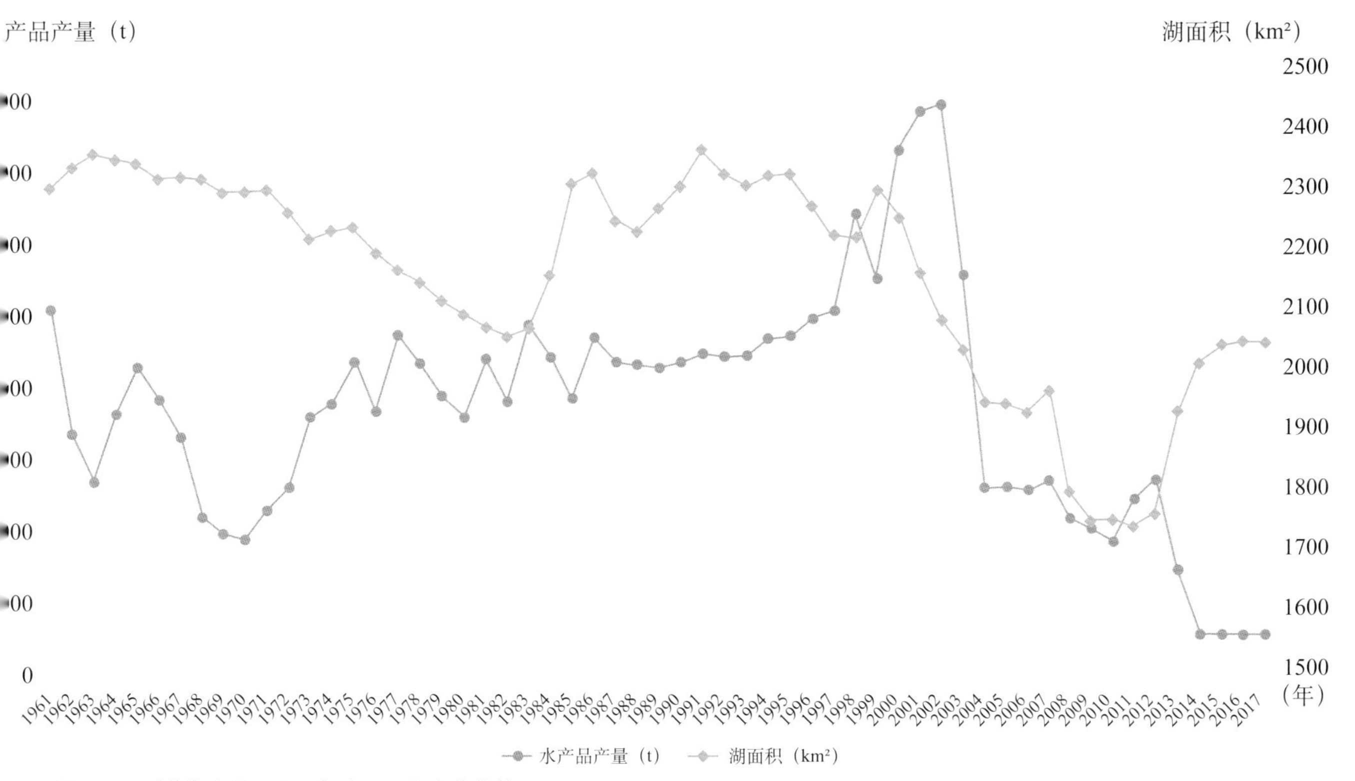

图2-84 呼伦湖水产品产量与水面面积变化趋势

第四节 呼伦贝尔草原与水系

蒙宁甘草原区包括内蒙古、甘肃两省（自治区）的大部和宁夏的全部以及冀北、晋北和陕北草原地区，面积约占全国草原总面积的 30%，呼伦贝尔草原就位于这个草原区的最东端。呼伦湖—贝尔湖水系水质受草原影响非常之大，特别是呼伦贝尔草原决定了水系的诸多特征（图 2-85）。

呼伦贝尔草原是中国唯一一处自然状态保存最完整、草原类型最多、生物生产力最高的自然复合生态系统；也是北极泰加林、东亚阔叶林与欧亚大陆草原相互交融的一个重要生态区；具有中国北方自然生态系统的独特性和多样性，植被类型复杂多样。自然植被类型有寒温性针叶林植被、夏绿阔叶林植被、灌丛和半灌丛植被、草原植被、草甸植被、沼泽植被、水生植被等。它位于大兴安岭西侧的呼伦贝尔高平原上，东西 313 km，南北 245 km，海拔多在 600 m 以上，四周是低山丘陵。山麓丘陵地带广泛堆积着岩屑和冲积物质，地面起伏不平。东部山下丘陵海拔 800～900 m，相对高度 100～200 m，由于受大兴安岭山脉的影响，气候半湿润，是森林草原地带，森林与草原交错分布。边缘山地海拔 900～1 100 m，丘陵与山地的岩石主要由花岗岩组成。地势大致东南稍高，略向西北倾斜，中部稍低，沉积深厚的松散物质，又被称为呼伦贝尔拗陷高平原，南端与蒙古高原第一梯阶连成一片。高原中部为波状起伏的呼伦贝尔台地高平原，位于东部低山丘陵地带的西南，一直延伸到呼伦湖

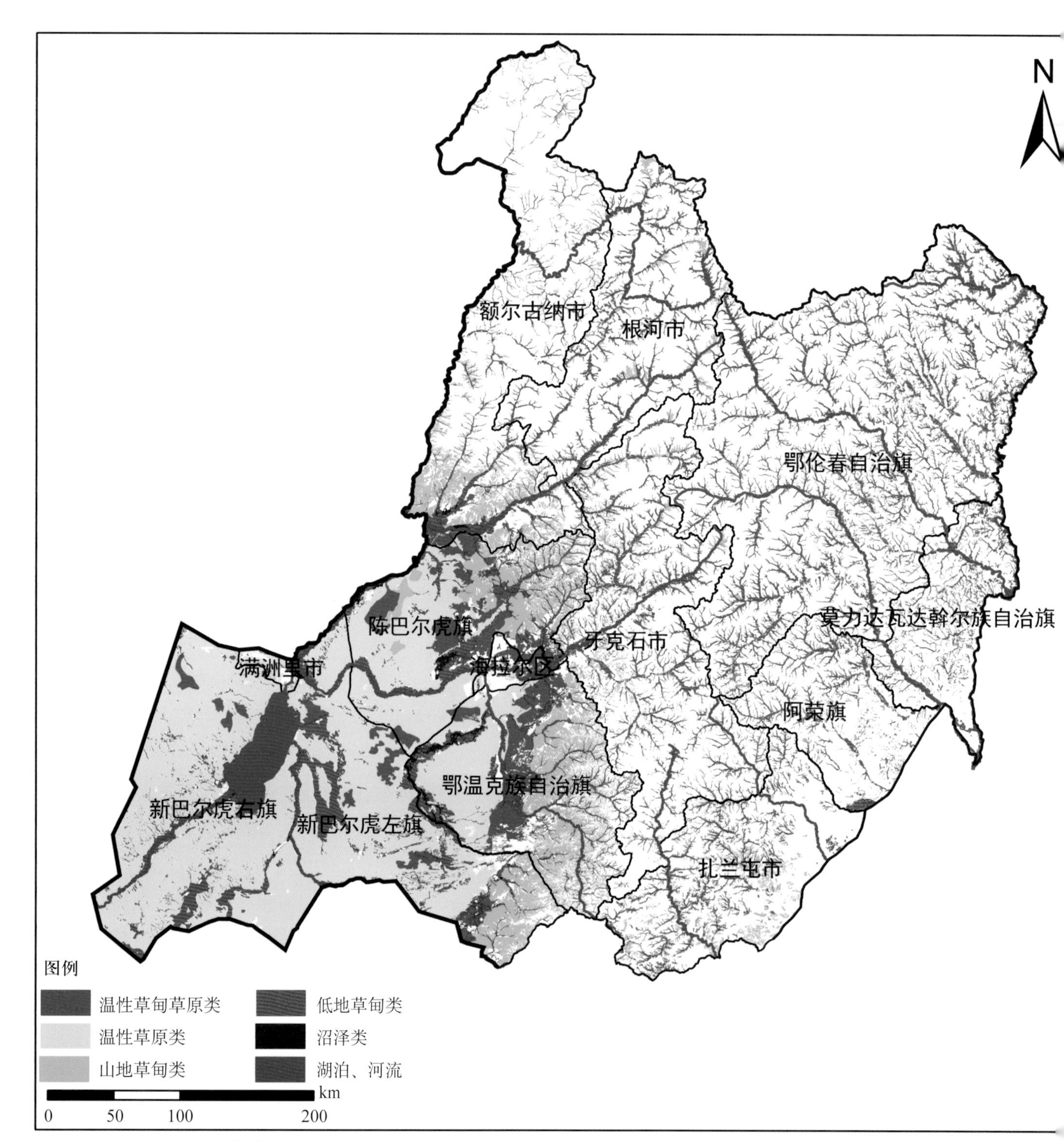

图2-85　呼伦贝尔草地分类

东岸，是构成呼伦贝尔高原的主体。海拉尔以北海拔多在 650～750 m，由南至北缓缓倾斜。低地主要是呼伦湖、贝尔湖、乌尔逊河河谷，其中呼伦湖附近最低，海拔高度仅 544 m。发源于蒙古国肯特山脉的克鲁伦河由西南流入呼伦湖；发源于大兴安岭的哈拉哈河由东南流入贝尔湖，再由乌尔逊河从南面的贝尔湖向北汇入呼伦湖。河湖沿岸形成风沙地形，沙丘、洼地、沼泽、湖泊交错，有明显的带状分布和向西北逐级下降的阶状结构。河流沿岸，阶地不高，经风力侵蚀，形成间断的残丘。大多数河流流向西北，汇入海拉尔河、额尔古纳河等外流水系。部分内陆水系，注入湖泊或消失在低地，形成沼泽的大部分河流河床宽而浅，河身曲折，河谷宽坦。在宽阔的河谷阶地、河漫滩，发育了茂盛的草甸，是水草肥美的理想天然打草场和夏季放牧场。高原西部也属低山丘陵地带，海拔 650～1 000 m 之间，最高的巴彦乌拉（山）为 1 011 m（新巴尔虎右旗阿敦楚鲁西北）。在呼伦贝尔高原上有 3 条沙带和零星沙丘堆积，沙地中固定、半固定沙丘与广阔的丘间低地相间分布，沙丘比高 5～10 m。一条沙带主要集中在海拉尔河两岸，从海拉尔到新巴尔虎左旗嵯岗长约 136 km、宽 4～40 km，以南岸为主。另一条沙带是从新巴尔虎左旗阿木古郎镇一直向东延伸到鄂温克族自治旗辉河苏木，长约 83 km、宽约 6～41 km。第三条沙带是高平原东缘的樟子松林带，从鄂温克族自治旗的巴彦嵯岗苏木的莫和尔图沿着大兴安岭的林缘向南到新巴尔虎左旗的罕达盖苏木，长约 200 km（图 2-86）。

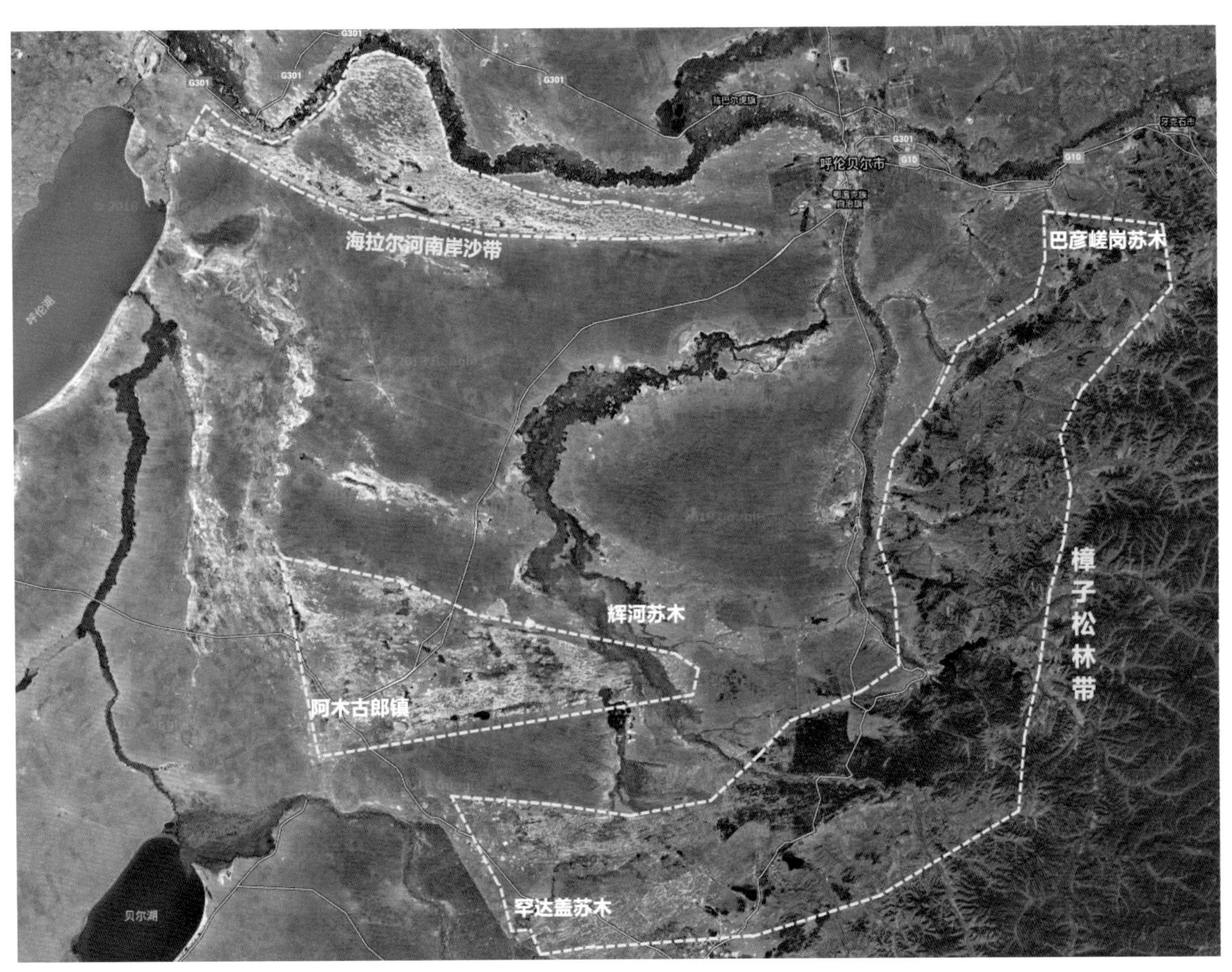

图2-86　三条沙带区域示意

大兴安岭山脉绵延在高原东缘，阻挡了东南季风的交流，主要受蒙古高压气团影响，使呼伦贝尔高原具有明显的大陆性气候特征。东部低山丘陵以流水侵蚀为主，沟谷切割。西部风力加强，往往形成风蚀洼地。大兴安岭西坡至山麓以下，森林与草原交错，形成温性草甸草原类草原，主要由中旱生的线叶菊、贝加尔针茅和羊草分别为建群种，组成不同的群系。这类草场在高平原东部占有较大面积，由于地形条件的不同，由山地草甸和温性草甸草原构成。另外在高原东部的沙地上还分布长有乔木的沙地植被亚类草场。高原的大部分地区及高原西部的低山丘陵地带几乎完全受干旱气流控制，广泛发育了旱生丛生禾草占优势的温性典型草原。又由于地形、土壤基质条件的差异，发育了一定面积的沙质草原。这一类草地是呼伦贝尔高原上的主体草地类型。呼伦贝尔高平原上的草地是全国重点牧区之一，是我国著名的三河牛、三河马繁育基地。

发源于大兴安岭山脉和肯特山脉的呼伦湖—贝尔湖水系的诸条河流，受山脉和呼伦贝尔高平原地形的影响，其形各异，其势不同，其质不齐。如莫尔格勒河蜿蜒曲迴，蛇曲发育到美伦美幻境地；海拉尔河携大兴安岭融冰化雪之水，带来高山森林清纯寒雾之气；伊敏河在鄂温克草原上巧夺天工画出无数优美的河湾曲线，滋润着万物众生；哈拉哈河源出露于阿尔山的火山熔岩湿地，左右两岸风汇中蒙两国草木之香，水融两域泥土之芬芳。这些河流本是草原的一部分，草原是静的，河流是动的，他们共同构成了整体的草原。每条在呼伦贝尔草原上流淌的河流都包含着那片草原的自然环境因子，在它们的水体内可以解析流过地方的自然现象。下面，我们顺沿着每一条主要河流看看每一片草原。

一、哈拉哈河流域的草原

哈拉哈河在努木尔根河从左岸汇入后，就逐步进入了呼伦贝尔草原。它的右岸在托列拉河以北为山地草甸，罕达盖以下开始进入林缘局部伴有盐化低地草甸的草原，经过道涝图—巴润敖格拉嘎日—中蒙国界上拐点达尔罕乌拉一线后进入温性典型草原，包括部分沙质草原。在乌布尔宝力格苏木有面积约为300 km² 的温性典型草原的亚类（草甸）草原，还有盐化低地草甸；在额布都格以下到乌尔逊河右岸（东岸）是温性典型草原，包含部分沙地草原。左岸在努木尔根河汇入哈拉哈河口以下先为蒙古高原第一阶梯的东缘，在罕达盖河口以下左岸逐步过渡到哈拉哈河低地草甸，向西为凸起的高约 30～50 m 的蒙古高原第一梯阶东缘的诺门罕台地；直到贝尔湖，左岸草原均为温性典型草原。哈拉哈河下游流域两岸的低地草甸的总面积＞ 1 000 km²，河谷湿地特征明显。

哈拉哈河，属于俗称的冷水河流，只是在上游天池林场的不冻河一带受地热作用，冬季不结冰，水温并没有提升太多。因此，哈拉哈河里还生长有哲罗鲑、细鳞鲑（俗称冷水鱼），两岸植被受低温河水作用也与其他河流域存在差别。在诺门罕周边草原上，还生长有大量的二色补血草。它是耐盐碱多年生旱生植物，广泛分布于草原带的典型草原群落、沙质草原（沙地植被草场）、内陆盐碱土地上，属盐碱土指示植物，也可分布于荒漠地区。哈拉哈河在呼伦贝尔境内湿地类型属于河流灌丛型湿地，主要植被类型为小红柳灌丛，平均高度 200 cm，盖度 50%，灌丛下草本植物层片也较为发达，有泽芹、巨序剪股颖、大叶章、芦苇、灰脉薹草等。但芦苇因哈拉哈河水温度较低中上游长势较弱，下游渐强。

二、克鲁伦河流域的草原

克鲁伦河进入我国境内后两岸均为温性典型草原，河谷区域为低湿地草甸、盐化低地草甸、温性典型草原。右岸，克尔伦苏木东南约 32 km 处有一长条形、东北—西南走向的、面积约 840 km² 的盐化低地草甸。左岸，克鲁伦河入呼伦湖河口西北，在巴润萨滨诺尔和准萨滨诺尔周边有面积约120 km² 的盐化低地草甸。从呼伦湖的西北方向到呼伦镇再到中俄蒙边界的三角地南侧，分布有四片不相连的温性典型草原的亚类（草甸）草原；最西北靠近中蒙边境的守堡山、海日汗山、阿日腾格日乌拉到阿尔辛陶勒盖周边的一片，面积约 200 km²；在呼伦镇东南乌布日腾格日乌拉、汗乌拉、都乌拉周边的一片，面积约 90 km²；在呼伦镇南偏西的达巴乃罕乌拉周边的一片，面积约 80 km²；在呼伦镇西偏北的哈尼陶勒盖周边的一片，面积约 70 km²。

三、乌尔逊河流域的草原

乌尔逊河全流域都是温性典型草原，河谷区域有盐化低地草甸、低湿地草甸。但右岸，从甘珠尔庙向北到新开湖南侧是一片面积约 1 977 km² 中间包围着两片互不连接的温性典型草原的盐化低地草甸和低湿地草甸。北侧在吉布胡朗图周边包围着的温性典型草原面积约 350 km²，南侧在黄旗庙周边的面积约 198 km²。在乌尔逊河东部，甘珠尔庙东北牙曼岗嘎南的玛普陶勒盖、萨里黑廷希林呑布格日周边分布着面积约 240 km² 的温性典型草原的亚类(草甸)草原。左岸从乌兰诺尔向西南到中蒙边界，是一条长约 90 km，面积约 295 km² 的狭长盐化低地草甸和低湿地草甸（包括乌兰诺尔湿地）。

四、两河（克鲁伦河、乌尔逊河）两湖（呼伦湖、贝尔湖）流域的野生黄羊种群

从嵯岗—锡日浩勒包（双山）—阿穆古郎—额布都格一线向西到中蒙边界的呼伦湖、贝尔湖及乌尔逊河、克鲁伦河流域的广大区域，以温性典型草原为主，零星分布着温性典型草原亚类（草甸）草原、沙质草原、沼泽化低地草甸、盐化低地草甸、低湿地草甸、沼泽，湖泊、河流（时令河）星罗棋布，是食草类野生动物的天堂。这里过去是野生黄羊(蒙原羚）的栖息地，历史上最多时曾达到近百万只，被牧民称之为天羊（图 2-87）。作者在 1988 年初冬去原克尔伦苏木的路上见到过连绵不绝近 10 万只的黄羊群。为使之不与家畜争草场，不时可以看到牧民骑马挥舞着套马杆将其驱离，景象如重返远古的童话。因大量的非法捕杀，加之国界线上修建的网围栏、大密度封围的草库伦以及严重的家畜超载，近 20 年这种景象已不再现。

2-87 蒙原羚

五、海拉尔河流域的草原

海拉尔河、额尔古纳河流域从大兴安岭西侧的林缘到黑山头—罕达盖一线的草原为温性草甸草原，总面积约 2×10^4 km²，是呼伦贝尔草原的重要组成部分，再向西到国界为温性典型草原。

（一）海拉尔河干流从牙克石到莫日格勒河入海拉尔河河口的右岸均为温性草甸草原（山地阴坡，间有白桦、山杨等乔木）

从海拉尔河右岸扎尼河北（海拉尔河北岸）的黑山头向北—风月山—日当山—沿高日很浑迪—特泥河牧场九队—黑牙乌拉—头站的呼和温多日—沿莫日格勒河下游左岸湿地边缘—西大桥与海拉尔河间的闭合区，除湿地外是一片面积约 1 100km² 的温性草甸草原。东侧是谢尔塔拉草原（蒙古语，金黄色的草原之意），中间为宝日希勒草原（蒙古语，褐色山梁上的草原之意），西侧是（海拉尔—拉布达林公路以西）巴彦库仁草原（蒙古语，富饶的院落或被围起来的富饶的地方）。谢尔塔拉草原是温性草甸草原，降雨较多植被生长旺盛，主要以贝加

尔针茅草甸草原、羊草草甸草原为主，局部为大针茅草原。每到秋季草原一片金黄，谢尔塔拉也因此而得名。夏季，当我们从谢尔塔拉草原向西眺望宝日希勒草原时，会看到一个宽大隆起的深绿色的山梁，接近黛绿色或褐色，宝日希勒因此而得名。巴彦库仁北和西面为莫日格勒河、南面为海拉尔河，两河三面围绕，所以可以理解为被河水围绕起来的富饶地方。海拉尔城区对应的河北岸的安本敖包[①]山上有侵华日军构筑的筑垒要塞，它和东山、北山的筑垒工事共同构成了海拉尔要塞。登上安本敖包山向北眺望可见宝日希勒草原，向西北可见巴彦库仁草原、向东北可见谢尔塔拉草原。

（二）海拉尔以北至拉布大林一线，向西到莫日格勒河下游以西至西乌珠尔与胡列也吐一线之间的草原

海拉尔以北至拉布大林一线，向西到莫日格勒河下游以西至西乌珠尔与胡列也吐一线之间是温性草甸草原向温性典型草原过渡带，温性典型草原植被羊草、大针茅、冷蒿、糙隐子草、多根葱、克氏针茅、寸草薹、小叶锦鸡儿等逐步成为优势群落，局部有不连续分布的温性草甸草原。

在莫日格勒河下游的哈达图到巴音哈达一线以北至恩和嘎查的巴特日温都日面积约 870 km²，是温性草甸草原；东乌珠尔北部额尔古纳河右岸的海拉斯图山岭大部分也是温性典型草原的亚类（草甸），总面积约 1 100 km²，其中东部边缘还有一条长约 80 km、宽约 6.5 km、面积约 500 km² 的温性典型草原的亚类（山地草甸）；在海拉图山岭南部的朝宁呼都格（狼井）东南，萨勒黑图（风山）东有面积约 100 km² 的温性典型草原的亚类（山地草甸）。

（1）海拉尔河右岸的东乌珠尔—西乌珠尔之间是一条沙带，为海拉尔河北岸台地沙带向西的延伸，是分布着樟子松、山杨、榆树等乔木的沙地植被温性典型（亚类）草场。

西乌珠尔—胡列也吐一线以西为温性典型草原和海拉尔河下游额尔古纳河上游河谷湿地，分布着数十个湖泊、泡沼，多含盐碱，有盐化低地草甸。

（2）海拉尔河左岸从牙克石到大雁林缘以下为山地草甸，大雁到海拉尔东山（海拉尔东山也称东山台地）为温性草甸草原和沙地草甸草原、温性典型草原。

这片草原横向从毛浩来高勒（扎尼河）以西到海拉尔东山，纵向从海拉尔河以南到锡尼河，以温性典型草原为主，面积约 826 km²，其余为温性草甸草原和沙地草甸草原。在扎罗木得和大雁与海拉尔河南岸之间是深巨山（长约 6.5 km），因山上蛇多又被称为毛盖图山（长虫山），北侧山下的海拉尔河段又被称为毛盖图河（长虫河）。

（3）海拉尔河左岸，辉河入伊敏河河口以下到海拉尔河一线，向西到嵯岗—锡日浩勒包（双山）—呼伦湖东岸乌尔逊河口一线，以温性典型草原为主，局部有沙地草原、盐化低地草甸、草甸草原、沼泽化低地草甸、低湿地草甸等亚类草原。

从海拉尔西山到嵯岗是一条长约 136 km 的沙地草原，东窄西宽，面积约 2 033 km²，局部还有温性典型草原。在这片沙质草原上，原本生长有大片的以樟子松为主的原始森林，后在沙俄修建滨洲铁路时大量砍伐，用以铺设枕木、建设铁路的附属工程、为蒸汽机车提供燃料等，目前仅存少量的樟子松、山杨、榆树构成的次生林，草原退化十分严重。较为特殊的是，在这片草原西端的锡日浩勒包（双山）—嘎拉巴日乌拉周边是面积约为 130 km² 的温性典型草原的亚类（草甸）草原。在这片沙地草原的东端的乌珠尔布尔德南侧与辉河北岸之间，有面积约 465 km² 的温性典型草原的亚类（草甸）草原，南侧沿辉河湿地区域也是丹顶鹤、大鸨等珍稀野生禽类的栖息地。海拉尔河在东乌珠尔与西乌珠尔之

① 安本敖包（Anbenaobao）：清雍正年间巴尔虎蒙古、索伦鄂温克、达斡尔兵丁驻守呼伦贝尔后，在海拉尔城北 3 km 的海拉尔河北岸的高山上堆竖起敖包，由各民族牧民共同祭祀。因呼伦贝尔副都统主持祭祀，就被牧民称其为安本（都统）敖包，意为都统（衙门）祭祀的敖包（内蒙古鄂温克族研究会，黑龙江省鄂温克族研究会，2007）。

间流向由西转向西北，到伊和乌拉又转向西南，到嵯岗又折向西北。在这被海拉尔河围绕的左岸 Ω 形半圆河湾区域内，是呼伦贝尔最美丽的沙地草原，小聚集成片地生长有樟子松、山杨、榆树等乔木和山荆子（山丁子）、稠李子、野刺玫瑰等灌丛，还有十几个湖泊。北面是伊和乌拉山岭和海拉尔河，南面是滨洲铁路和数个 1 km² 以上的湖泊，是野生候鸟水禽的栖息地，尤以大天鹅分布较多，草原面积约 667 km²。在沙带中部南侧呼和诺尔镇的安格尔图、完工、乌布日诺尔、哈日诺尔 4 个嘎查的温性典型草原总面积约 900 km²，这片草原是呼伦贝尔草原上最平展的草原。这片最平的草原西部莫达木吉的北、西北、西，还局部地分布有 4 片相互独立的温性典型草原的亚类（草甸）草原，总面积约 700 km²。海拉尔河左岸嵯岗以下到阿巴该图山为达兰鄂罗木河湿地，分布有呼伦沟河、乌日尔根河、新开河、达兰鄂罗木河。在它们和海拉尔河之间有盐化低地草甸、沙地草原、温性典型草原，最典型的沙地草原为呼伦湖北岸的沙坨子。

（4）特尼河流域的草原。在特尼河流经的特泥河镇以上到其源头的三旗山支脉的山脊以下，分布有山地草甸、中低山山地草甸，再向下就进入了间有白桦、山杨等乔木的中低山山地草甸、温性草甸草原，直到海拉尔河北岸。

（5）莫尔格勒河流域的草原。莫日格勒河在三旗山支脉山脊源头以下，上游为中低山山地草甸、山地草甸；中游以温性草甸草原、山地草甸为主；下游为低湿地草甸。① 从哈吉到头站的莫日格勒河中游区域，是由温性草甸草原、温性典型草原、山地草甸、低湿地草甸构成的陈巴尔虎牧民的传统游牧夏营地，最多年份来这里走夏营地的牲畜多达数十万头只。这里海拔较高，夏季凉爽，依靠莫日格勒河能满足牲畜饮水需要，各类草场种类齐全，年降雨量近 400 mm，牧草生长快，面积达 1 000 km²，有足够的采食空间，是理想的夏季游牧草场。② 莫日格勒河下游由低湿地草甸、沼泽化低地草甸和诸多湖泊组成，海拉尔河的吞吐湖呼和诺尔（18.35 km²）就在最下游。下游的南侧为巴彦库仁草原。

（6）莫和尔图河流域的草原。莫和尔图河源自牙拉达巴山支脉山脊以下，从上往下依次分布着中低山山地草甸、低湿地草甸、温性草甸草原；扎格得木丹以下的中下游以温性草甸草原为主，河谷地带有低湿地草甸；在莫和尔图和阿拉坦敖希特（金星）嘎查之间局部分布着沙地草甸草原。

（7）伊敏河流域的草原。伊敏河右岸大兴安岭主脉山脊源头以下，先以多条支流叶脉状分割着山地草甸草原、低湿地草甸；在其源于主脉的右岸二级支流敖宁高勒流域分布着低湿地草甸，中游点状分布着由森林包围的不连续的中低山山地草甸，下游右岸的中低山山地草甸由不连续逐步过渡到连续成片；在其源于牙拉达巴乌拉支脉山脊的支流维特很高勒、锡尼河的上游河流叶脉状分割着沼泽化低地草甸，被森林穿插隔开的不连续的中低山山地草甸；中游主要分布着中低山山地草甸以及河谷内的沼泽化低地草甸；下游以温性草甸草原为主，伴有少量的沼泽化低地草甸，锡尼河下游右岸有连续成片的温性典型草原。① 乌日根乌拉支脉山脊以下伊敏河左岸与辉河上游右岸之间为山地草甸和被河流分割的低湿地草甸；伊敏河左岸红花尔基以下到伊敏苏木为温性草甸草原，再向北与辉河中下游之间是一片面积约为 3 500 km² 的草原，以温性典型草原为主，局部分布有沙地草原，沿辉河中下游流域还分布着沼泽化低地草甸。② 辉河流域的草原。辉河上游左岸与其支流巴润毛盖音高勒以及哈拉哈河支流托列拉高勒、罕达盖河之间分布着连片的山地草甸和被河流切分的低湿地草甸；中下游有温性草甸草原、沙地草原、温性典型草原，直到海拉尔河南部沙地草原南侧；沿河谷地带分布有盐化低地草甸、沼泽化低地草甸和沼泽。辉河中上游及其支流巴润毛盖音高勒（毛盖图河）中上游分别是鄂温克旗牧民和新巴尔虎左旗牧民的传统夏营地，鄂温克旗牧民以辉河附近的哈克木敖包为中心、新巴尔虎左旗牧民以巴润毛盖音高勒附近的包格德乌拉为中心，每年举办大型的祭敖包仪式和那达慕。在巴润毛盖音高勒（西毛盖图河）下游有面积约 15.3 km² 的超伊钦查干诺尔湖，周边为沙地草原；在乌布日宝力格苏木（锡林贝尔）北 12 km 处，辉河左岸的另一支流沙日勒吉河上游支流沙巴仁高勒上有面积约为 17.93 km² 的呼和诺尔湖；在这两湖周边还有数十个较小的湖泊，部分为咸水湖，其周边为沙地草原和温性典型草原。值得一提的是，超伊钦查干诺尔和呼和诺尔两个湖泊及周边小湖泊是候鸟迁徙的中间泊驻站。特别是大雁迁徙途中为了在无参照物的草原上辩清方位，选择春秋两季的月满时日，太阳刚要落山，明月刚升起时飞临两湖附近，借着湖面全反射的月光和太阳的余晖选准方位落到湖上。这个时日在湖边可以看到月光下大雁遮天蔽日的飞来，落满湖面将反射的月光遮蔽，耳边满是头雁们高昂的鸣叫。再有，秋末两湖及周边湖泊还有大量的天鹅聚集，准备南迁。此时湖面已结冰，有时甚至会在凌晨把天鹅群冻结到湖中央薄薄的冰面上，等到太阳升起，薄冰融化才能游动。到了天鹅群不得不走时候，当年的小天鹅还是不愿离开熟悉的环境。大天鹅无奈，择一大风或风雪交加的天气，高声呼唤着，带领小天鹅冲上云端。当小天鹅再想落到湖面上时大风已把它吹向他方或看不到湖面，只得跟随着父母向南方飞去。这样的迁徙，在这两个湖面上已重复了千百年。

六、呼伦湖周边的草原

湖的东岸从锡日浩勒包（双山）—乌珠尔（乌都鲁）沿岸有一条平均宽约 1.8 km 的沙地草原，乌珠尔（乌都鲁）—呼伦湖南岸—克鲁伦河口沿岸附近也是平均宽约 1.5 km 的沙地草原，西岸、北岸以砾石质温性典型草原为主。在乌尔逊河、克鲁伦河、达兰鄂罗木河入呼伦湖的河口附近分布有面积不等的低湿地草甸、盐化低地草甸、沼泽化低地草甸。沿呼伦湖岸边外延 30 km 范围内主要分布的是温性典型草原，局部有面积较小的温性典型亚类（草甸）草原，点状、线状、不规则片状分布的盐化低地草甸、低湿地草甸、沙地草原等。

呼伦湖周边草原退化情况较为严重。在 2017 年对呼伦湖保护区范围内植物种类、数量、生物量等普查中发现，各项指标下降趋势明显，部分区域每平方米植物种类少于 10 种，而正常情况下每平方米植物种类约 10～20 种。我国境内的贝尔湖一侧的草原主要为温性典型草原，只是在湖岸沿线有一条长约 30 km、宽约 0.25 km 的沙地草原带。

第五节
呼伦贝尔草原与额尔古纳河

在呼伦贝尔草原的北部额尔古纳河上游中俄国界线右侧中方的阿巴该图（Abagaitu）洲渚，面积约 40 km²，是一片极富特色的河流湿地、沼泽湿地，分布着盐化低地草甸、沼泽化低地草甸，是由河流、牛轭湖分割的地形复杂的特殊草原。右岸以下的圈河—楚鲁敖包—孟克西里—胡列也吐—三十三有 18 个洲渚，被称为孟克西里[①]（Mengkexili ）洲渚，是一片面积更大与阿巴该图一样的特殊草原，约 200 km²。这两个洲渚通过 2018 年冬季的科学考察得知，与呼伦湖北岸北侧的沙子山、秃尾巴山[②]一样，是海拉尔河、额尔古纳河的冲积和洪积形成的洲渚，是额尔古纳河上游的海拉尔河夹带的大量大兴安岭山脉和呼伦贝尔高平原上的泥沙动植物残体年复一年叠积而成（图 2-88、图 2-89）。阿巴该

① 孟克西里 (Mengkexili)，蒙古语，意为永恒的高地。这里意为，额尔古纳河洪水涨多大也不会被淹没的高地。
② 蒙古语称“特格力格乌拉（Tegeligewula)”，简称特格山。意为车辆难以通过易陷车的山。

图2-88　额尔古纳河上游阿巴该图段河道右岸洪积物和冲击物的堆积层，洪积物多于冲击物

图段的洪积物明显的多于孟克西里段，说明上游的流速大于下游。两个洲渚上的堆积层为黑钙土和栗钙土的混合土（沙），上面主要分布着盐化低地草甸以及河流灌丛湿地，表现出明显的高pH值环境特征。

图2-89　额尔古纳河上游孟克西里段河道右侧洪积物和冲击物的堆积层，冲击物多于洪积物

额尔古纳河干流右岸的索日博格浑迪（沼泽）到斯格尔吉—希拉乌苏—查干诺尔长约65 km，是盐化低地草甸。额尔古纳河上游右岸与根河左岸之间，八大关—拉布大林—黑山头的三角区域，分布有约900 km² 的温性草甸草原。在根河下游右岸与额尔古纳河右岸所夹区域，包括得耳布尔河、

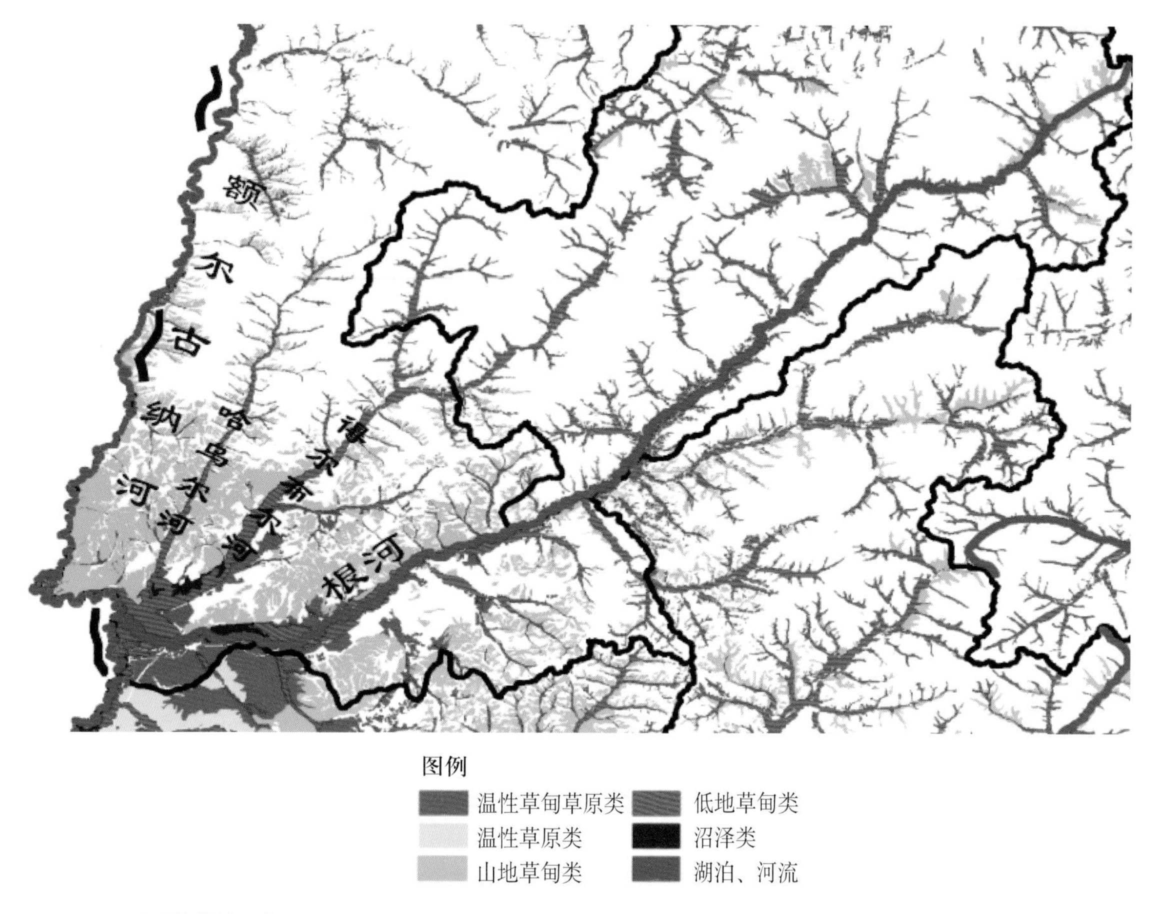

图2-90　三河流域的草地分类

哈乌尔河中下游流域有面积约 2 200 km² 的山地草甸，这里就是著名的三河马的故乡—根河、得耳布尔河、哈乌尔河的三河流域。在这个流域沿着河谷，还分布有沼泽化低地草甸。在根河右岸拉布大林北偏东的乌日根周边，是一小片低湿地草甸（图 2-90）。

一、主要河流的水文特征发生巨大的变化

上游的海拉尔河流域面积达 5.4599×10^4 km²，年平均径流量 36.95×10^8 m³，天然落差 556 m。海拉尔河从海拔千余米、哈拉哈河从 1 700 m 以上、克鲁伦河从 2 700 m 高（肯特山脉主峰阿萨拉尔图峰海拔 2 751 m）的山脉奔腾而下，到经阿巴该图山下折向东北流去的额尔古纳河源头，海拔已降至 543 m，流速减缓；到恩和哈达的三江口，流经 970 km，海拔更降至 302 m，水流缓慢；年径流量由各支流的几千万立方米、几亿立方米、十几亿立方米、数十亿立方米汇聚为 115.2089×10^8 m³，流量剧增；流域面积大幅增加，达 15.3520×10^4 km²（右岸）；河面加宽，水深逐渐增加，悬浮浑浊物减少，颜色逐步变为褐色（黑色），比重增加。如将呼伦湖—贝尔湖水系主要河流的境外流域面积和额尔古纳河境外流域面积统计进来，额尔古纳河的总流域面积大于 30.752453×10^4 km²（哈拉哈河、沙尔勒金河、克鲁伦河的境外流域面积分别为 8 463 km²、51.75 km²、9.4542×10^4 km²，额尔古纳河境外流域面积大于 4.8×10^4 km²，呼伦湖 2 339 km²，贝尔湖 608.78 km²，合计为 15.400453×10^4 km²。），总长约 2 337 km（以克鲁伦河为源头），总径流量不详。流域面积、总长都超过嫩江（嫩江流域面积 29.7×10^4 km²，总长 1 370 km。）。

二、额尔古纳河水体的温度发生逆向循环变化

在夏季呼伦贝尔高平原、蒙古高原太阳光的强辐射下，从山脉流下的低温水体于草原上流淌数百公里、千余公里，温度明显升高。特别在呼伦湖中，因水利停留时间长，经水体整体温度的再平衡（日照、紊流、表面流、朗缪尔水流循环、温度翻转等）已与来时河流有了较大的差别，已特别适应水生生物的繁殖生长。当流归额尔古纳河后，源于高山森林的低温水体的持续不断地注入，温度逐步降低到不适应一些微生物、浮游生物的生长繁殖，耗氧量剧减，河流部分（静水区除外）不断地趋近贫营养化的富氧水体。水系内各支流在草原上夹带的大量泥沙、有机物、矿物在从阿巴该图到黑山头区段缓慢流动的河流和湿地里得到近一步的沉淀；在强光合作用下被挥发、被植物体吸收固定、转变为动物有机体；浑浊度大大降低；当根河、得耳布尔河汇入后，水温逐步降低。水体也逐步完成了由低温—相对高温—低温的温度循环。

在冬季，河流、湖泊被冰雪覆盖，冰下水体的温度基本在 4℃，只有这个季节整个流域水体的温度基本是相同的。

三、pH 值发生逆向循环变化

在进入呼伦贝尔草原前，山上流下的各河流水体浑浊度低清澈透明，pH 值较低显微酸性。溶入了沿岸草原的盐碱及其他矿物、有机物后，逐步由富氧的贫营养水体转向贫氧的富营养水体，水中的二氧化碳、氨氮、总磷等化学指标都发生了较大的变化，水体质量趋劣。在阿巴该图到黑山头流域的各类型湿地的综合作用下，水体又向好的方向转变，质量趋良。但 pH 值较高的状态没有发生大的改变，直到根河、得耳布尔河汇入后情况发生陡变。额尔古纳河黑山头以上区段河水 pH 值、富营养化程度较高，所以冷水里的掠食性鱼类如哲罗鲑等基本无法生存，而以下区段由于像源头一样水质的低温微酸性水体大量汇入，pH 值大幅降低，开始有大量的冷水鱼出现（图 2-91）。根河、得耳布尔河汇入额尔古纳河的区域是一个沼泽化低地草甸与河流湿地相联的洪泛区，是鱼类的集中繁殖地，各种鱼类的分布密度极大，只有下游的恩和哈达三江口能与之相比。这时，水体的质量又趋近它们进入草原前。原因是根河以下的各支流流域森林茂密还有大面积的原始森林，来源于林下的枯枝败叶动植物残体，或者说来源于微生物的生物活动的腐殖质存有量极大，这种黑色的腐殖质普遍存在于陆地、海洋、土壤等自然环境中，这也说明了额尔古纳河下游河水的颜色为什么是偏黑色（黑褐色）。自然腐殖质的主要组成成分是腐植酸，天然弱酸性，在水

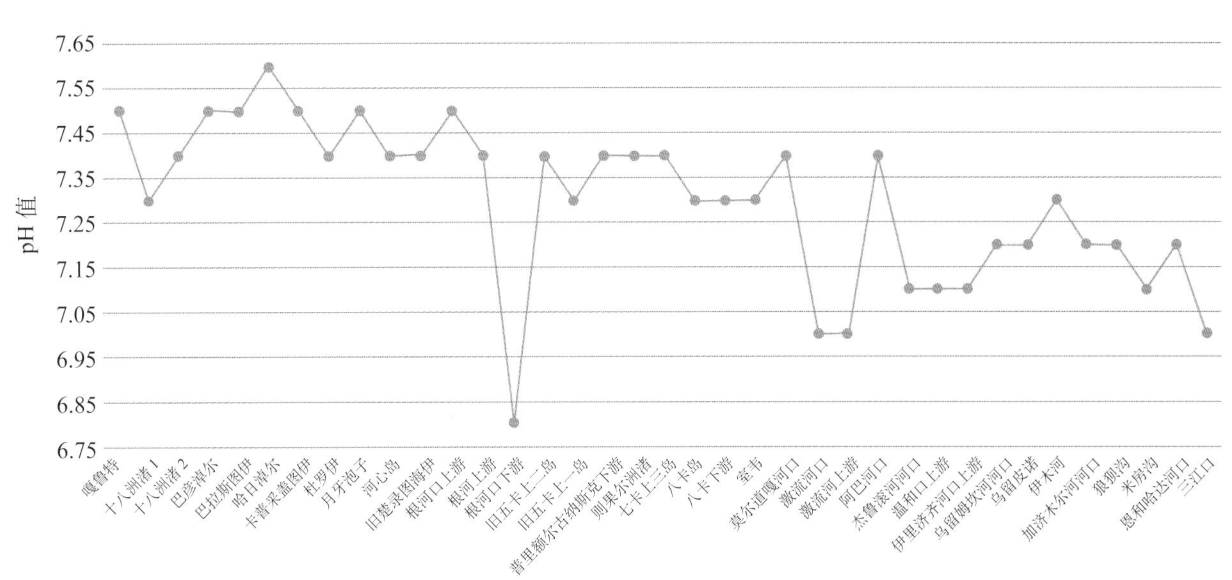

图2-91　2018年额尔古纳河冬季综合科学考察阿巴该图—恩和哈达段，河水pH值变化曲线（2018年1月19～26日额尔古纳河冬季综合科学考察数据）

中的 pH 值为 3～5。当含有大量腐植酸的河水注入额尔古纳河后与 pH 值较高的碱性水体发生中和，使水质发生逐步趋好的转变（这个转变是一个渐进过程，当低温酸性水体汇入额尔古纳河后，碱性和酸性水体发生中合反应释放出热量，抑制了温度的快速下降，使降温过程非常缓慢）。在右岸源于次生森林、原始森林的吉拉林河、莫尔道嘎河、激流河、阿巴河、乌玛河、阿里亚河、恩和哈达河，左岸俄罗斯境内源于草原、森林的乌鲁利云圭河、韦尔赫尼亚亚博尔贾河、斯列德尼亚亚博尔贾河、乌洛夫河、乌留姆坎河、布久木坎河、加济木尔河等河流陆续地汇入额尔古纳河后，水体质量趋好发生反转，恢复甚至超过进入呼伦贝尔草原之前，pH 值变至 6～7，各种有机物、溶氧量、二氧化碳、氨氮、总磷等得到重新再平衡成为贫营养水体，溶解氧又处于饱和状态。可以看出，额尔古纳河的水质从源头森林到草原（高平原）再到下游森林，大部分理化指标发生了逆向循环变化，特别是 pH 值完成了一个低—高—低的循环。这个过程既使在人类活动影响下，也未能从根本上改变其循环方向，自然生态系统仍以其固有的规律遵循自己的法则来达到自己的目的。也就是说，人的干预影响还没有超过自然生态系统所能承受的临界点，一旦超过，生态环境的多米诺骨牌就将坍塌。

四、流域内各个区段的水体生产能力发生巨大变化

以洪泛区面积定性衡量流域内各个区段的水体生产能力也发生了巨大变化。额尔古纳河水系牙克石以上和黑山头以下到恩和哈达三江口两个森林区段的洪泛区面积，较牙克石以下到额尔古纳河黑山头呼伦贝尔草原的区段上小了许多许多。海拉尔河牙克石—阿巴该图段和额尔古纳河阿巴该图—黑山头上游段是额尔古纳河水系呼伦贝尔草原流域的一部分，湿地面积大，发育良好。黑山头—室韦的中游段湿地面积减少，断续有峡谷河段出现；室韦—恩和哈达下游段基本皆为峡江地貌，两岸为崖壁陡岸。这样的地形使额尔古纳河上游的洪泛区范围远远地超过中下游，水体的生产能力也高出中下游多倍。而额尔古纳河另一上源，位于呼伦贝尔草原腹地的呼伦湖—贝尔湖子水系的洪泛区面积，又大大地超过水系内的任何区段。

以上洪泛区面积由于没有水文记录，只能定性地按河流湿地、湖泊湿地和部分区域洪泛区面积的大小进行比较。但也说明，额尔古纳河水系在呼伦贝尔草原段的洪泛区面积是最大的，它的水体生产能力也大大地超过了流域内的山地、森林区域。不但有数万吨的水产品产出，同时洪泛区又灌溉滋润出了水草丰美的呼伦贝尔草原，养育了无数的牛羊和种类繁多、数量巨大的野生动物种群。这让我们清晰地认识到，在生产力低下的古代，甚至远到一万多年前的石器时代呼伦湖及其周边的呼伦贝尔草原上的人类为什么能够在恶劣的自然环境下繁衍生息？这里生存资源的富庶，可见一斑。

通过以上论述可知，在呼伦贝尔这个大的生态系统中，每一个环节都非常重要，湖泊、河流、山脉、草原、湿地等缺一不可。试想，如果大兴安岭的森林不在，呼伦贝尔草原怎能独存？如果草原不在，森林繁茂可续？草原森林皆无，人寄何方？

额尔古纳河水系在流经森林—草原—森林的过程中通过经常的河漫滩、有规律的洪泛、蒸发—大气—降雨循环将生命之水滋润了草原上的万物，又将草原上的一切可裹携的东西容纳带走，用河流特有的自然生命形式完成了对呼伦贝尔草原的承诺。而在这个过程中，呼伦湖—贝尔湖水系融汇两大高原（高平原）河流，聚集天地之能量（风、太阳辐射、地热等），为呼伦贝尔草原上所有生灵奉献了生存之必需，是呼伦贝尔人的命脉所系（图 2-92至图 2-104）。

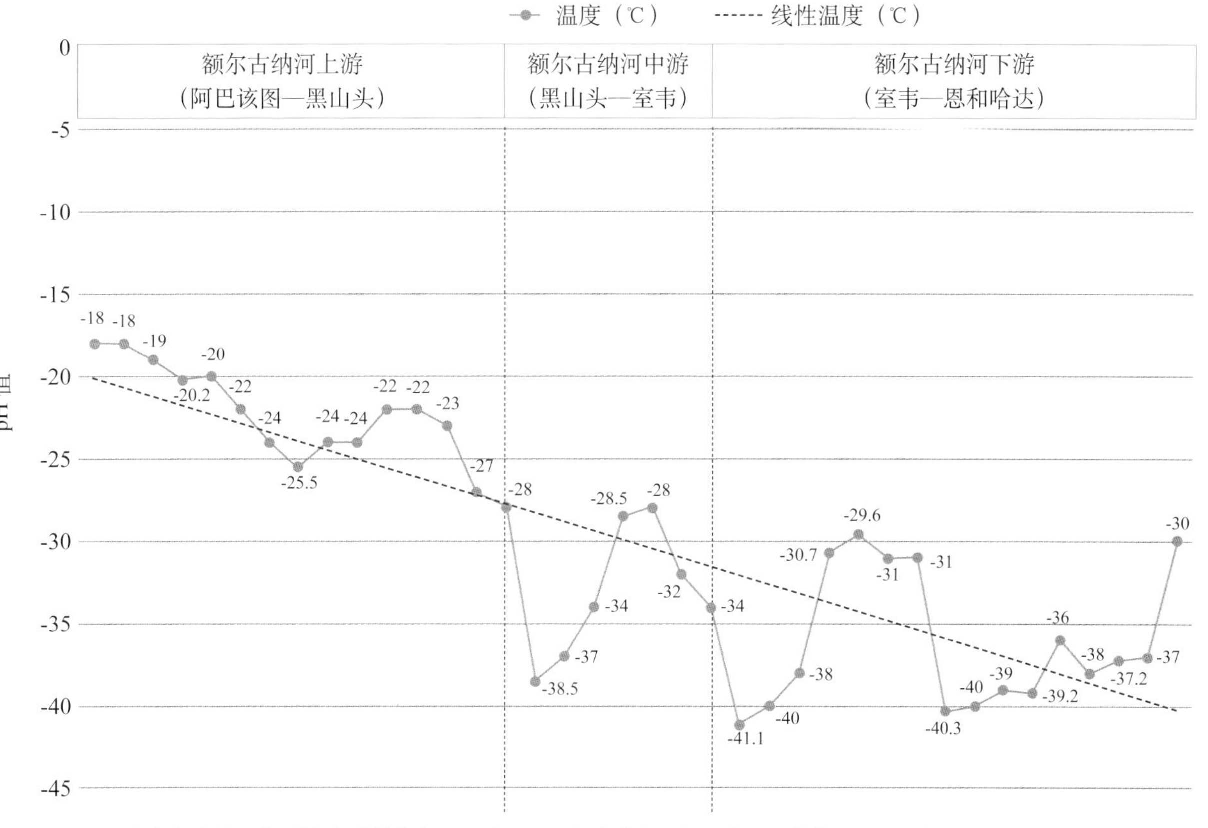

图2-92 2018年额尔古纳河冬季综合科学考察阿巴该图—恩和哈达段昼间温度变化曲线图（2018年1月19～26日额尔古纳河冬季综合科学考察数据）

图2-93 额尔古纳河上游河道右岸

图2-94　额尔古纳河中游河道右岸

图2-95　额尔古纳河中下游峡谷

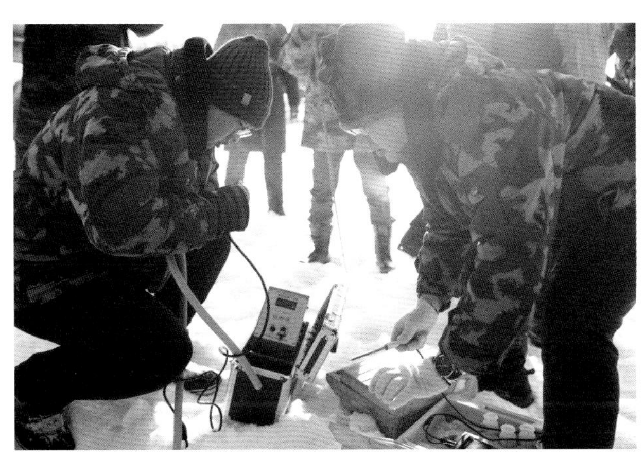

图2-96 额尔古纳河冬季综合科学考察水质分队凿冰取样，左一为李建华、左二为永亮（摄影：娄万飞）

图2-97 额尔古纳河冬季综合科学考察水利水文分队记录冰冻厚度、河水深度、积雪厚度，左一为兰有延，左二为翟文树，右一为孙建臣（摄影：娄万飞）

图2-98 额尔古纳河冬季综合科学考察气象分队曲学斌记录沿途气象数据（摄影：娄万飞）

图2-99 额尔古纳冬季综合科学考察动植物分队在观察动物足迹，左一窦华山，左二张兆勇，左三刘松涛，左四郭玉民（摄影：娄万飞）

图2-100 2018年1月22日，额尔古纳冬季综合科考队在室韦一奇乾段发现了两处鸟类的群巢，共计是371个。集中分布于河道沙洲的树上。依据在巢下采集的羽毛初步判断，应该是普通鸬鹚的巢。如此大群的鸬鹚在此繁殖、度夏，指示着这里的鱼类资源非常丰富。鸬鹚是单配制（一雌一雄制）鸟类，简单估算：371个繁殖巢，对应371个繁殖对，即大约750只成年个体。它们平均每天进食500 g，5～9月的大约150天的居留期，要吃掉大约56 t鱼类

图2-101　2018年8月17日，额尔古纳夏季综合科考队在室韦—奇乾段发现数千只普通鸬鹚

图2-102　额尔古纳河下游河段的石崖

图2-103　额尔古纳河下游河段左岸俄方一侧的基尔皮奇内崖，我国称千层山，为额尔古纳河上的地标

图2-104　额尔古纳下游的崖壁

五、呼伦贝尔市各旗市区各类草原草场

（1）海拉尔区有平原丘陵草甸草原（亚类）375.606 9 km²、山地草甸草原（亚类）5.650 2 km²、平原丘陵草原（亚类）139.276 8 km²、沙地草原（亚类）10.201 5 km²、低湿地草甸（亚类）181.236 6 km²、盐化低地草甸（亚类）7.692 3 km²、沼泽化低地草甸（亚类）31.221 km²，合计：750.885 3 km²；

（2）阿荣旗有平原丘陵草甸草原（亚类）68.930 1 km²、山地草甸草原（亚类）19.949 4 km²、低湿地草甸（亚类）765.245 7 km²、沼泽化低地草甸（亚类）812.903 4 km²、低中山山地草甸（亚类）1.947 6 km²，合计：1 668.976 2 km²；

（3）莫力达瓦达斡尔族自治旗有平原丘陵草甸草原（亚类）0.404 1 km²、山地草甸草原（亚类）4.166 1 km²、低湿地草甸（亚类）1 183.086 9 km²、沼泽化低地草甸（亚类）558.506 7 km²，合计：1 746.163 8 km²；

（4）鄂温克族自治旗有平原丘陵草甸草原（亚类）2 387.061 km²、山地草甸草原（亚类）907.013 7 km²、沙地草甸草原（亚类）170.276 4 km²、平原丘陵草原（亚类）4 234.888 8 km²、沙地草原（亚类）135.887 4 km²、低湿地草甸（亚类）1 276.608 6 km²、盐化低地草甸（亚类）443.807 1 km²、沼泽化低地草甸（亚类）680.697 9 km²、低中山山地草甸（亚类）2 194.972 2 km²、沼泽类 269.613 km²，合计：12 700.826 1 km²；

（5）鄂伦春自治旗有山地草甸草原（亚类）1.256 4 km²、低湿地草甸（亚类）7 802.583 3 km²、沼泽化低地草甸（亚类）1 654.911 km²，合计：9 458.750 7 km²；

（6）陈巴尔虎旗有平原丘陵草甸草原（亚类）3 041.837 1 km²、山地草甸草原（亚类）2 249.401 5 km²、平原丘陵草原（亚类）

6 539.719 5 km²、沙地草原（亚类）705.734 1 km²、低湿地草甸（亚类）1 043.917 2 km²、盐化低地草甸（亚类）309.619 8 km²、沼泽化低地草甸（亚类）702.381 6 km²、低中山山地草甸（亚类）505.309 5 km²、沼泽类 211.391 1 km²，合计：15 309.311 4 km²；

（7）新巴尔虎左旗有平原丘陵草甸草原（亚类）1 421.369 1 km²、山地草甸草原（亚类）1 686.009 6 km²、沙地草甸草原（亚类）10.066 5 km²、平原丘陵草原（亚类）9 961.630 2 km²、沙地草原（亚类）1 896.963 3 km²、低湿地草甸（亚类）803.898 km²、盐化低地草甸（亚类）1 983.013 2 km²、沼泽化低地草甸（亚类）540.171 km²、低中山山地草甸（亚类）27.369 9 km²、沼泽类 45.605 7 km²，合计：18 376.096 5 km²；

（8）新巴尔虎右旗有平原丘陵草甸草原（亚类）420.84 km²、平原丘陵草原（亚类）19 804.095 9 km²、沙地草原（亚类）86.617 8 km²、低湿地草甸（亚类）677.680 2 km²、盐化低地草甸（亚类）1 938.012 3 km²、沼泽化低地草甸（亚类）84.617 1 km²、沼泽类 48.189 6 km²，合计：23 060.052 9 km²；

（9）满洲里有平原丘陵草甸草原（亚类）22.547 7 km²、平原丘陵草原（亚类）411.292 8 km²、低湿地草甸（亚类）16.189 2 km²、盐化低地草甸（亚类）38.410 2 km²、沼泽化低地草甸（亚类）38.299 5 km²、沼泽类 37.474 2 km²，合计：564.213 6 km²；

（10）牙克石市有平原丘陵草甸草原（亚类）59.210 1 km²、山地草甸草原（亚类）441.384 3 km²、低湿地草甸（亚类）3 071.864 7 km²、沼泽化低地草甸（亚类）956.975 4 km²、低中山山地草甸（亚类）556.328 7 km²、沼泽类 0.664 2 km²，合计：5 086.427 4 km²；

（11）扎兰屯市有平原丘陵草甸草原（亚类）57.517 2 km²、山地草甸草原（亚类）722.009 7 km²、低湿地草甸（亚类）1 171.547 1 km²、沼泽化低地草甸（亚类）865.314 9 km²、低中山山地草甸（亚类）0.022 5 km²，合计：2 816.411 4 km²；

（12）额尔古纳市有平原丘陵草甸草原（亚类）472.462 2 km²、山地草甸草原（亚类）2 213.285 4 km²、平原丘陵草原（亚类）0.502 2 km²、低湿地草甸（亚类）1 393.383 6 km²、盐化低地草甸（亚类）4.386 6 km²、沼泽化低地草甸（亚类）1 059.969 6 km²、低中山山地草甸（亚类）1.548 km²、沼泽类 69.386 4 km²，合计：5 214.924 km²；

（13）根河市有山地草甸草原（亚类）85.358 7 km²、低湿地草甸（亚类）2 096.251 2 km²、沼泽化低地草甸（亚类）607.306 5 km²、低中山山地草甸（亚类）450.646 2 km²，合计：3 239.562 6 km²。

全市共计 $9.999\,260\,19 \times 10^4$ km²（呼伦贝尔市农业局，2018）。

第六节
大兴安岭山脉东西两侧草原

一、山脉东侧的草原

大兴安岭山脉东侧的草原（张明华，1995）属中国东北草原区（Northeast grassland area），地处大陆性气候与海洋季风的交错地带，受东亚季风影响，属于半干旱半湿润地区，冬长干寒，夏短湿润。雨量充沛，且多集中在夏季，年降水量东部为 750 mm，中部为 600 mm，西部大兴安岭东麓为 400～550 mm，局部地区受蒙古高原旱风影响＜ 400 mm。雨热同期，与植物生长季节同步。土壤主要为黑土、栗钙土等。这里土地肥沃，地势平坦，景观开阔，植物种类多，野生牧草达400多种，优良牧草近百种，主要有羊草、无芒雀麦、披碱草、鹅观草、冰草、草木栖、花苜蓿、山野豌豆、五脉山黧豆、胡枝子等，亩产鲜草300～400 kg，是中国最好的草原之一。本区饲养着数量巨大的牛马羊等食草类家畜，但羊多分布在靠近大兴安岭山脉的科尔沁草原。位于内蒙古自治区兴安盟、通辽市、赤峰市和黑龙江省、吉林省、辽宁省的科尔沁草原，北依大兴安岭山脉阻挡了蒙古高原旱风和西伯利亚寒流的侵袭，得松辽两大水系滋润，间含山地、丘陵、沼泽、平原，湖泊星罗棋布，雨量适度，气候适宜。科尔沁草地共分五个草地类型：即温性草甸草原类、温性典型草原类、低地草甸类、山地草甸类和沼泽类。

在科尔沁草原北北东向的呼伦贝尔岭东嫩江右岸（西岸）山前平原的草原也属中国东北草原区，包括鄂伦春自治旗、莫力达瓦达斡尔族自治旗、阿荣旗、扎兰屯市的草原。以上四旗市的草原总面积为1.569 03 × 10^4 km²，有四个草地类型：温性草甸草原类、山地草甸类、低地草甸类和沼泽类。与呼伦贝尔草原一样，嫩江右岸山前区的草原和右岸的主要河流也有着密不可分的关系，欧肯河、甘河、诺敏河、阿伦河、雅鲁河等河流在其下游于春汛、夏讯期为低地草甸类和沼泽类草原提供了充裕水源。这些河流溶解的腐殖酸、乔灌木根茎中的磷以及土壤、岩石中的各种矿物质影响了各类牧草的生长，使每条河流流域的草原不完全相同。海拔较高区域多以喜微酸性土壤牧草为主，较低区域多以耐碱性土壤牧草为主。

二、山脉西侧的草原

大兴安岭山脉西侧的草原（潘学清，1992；侯向阳，2013；张明华，1995）属中国蒙宁甘草原区（Mengninggan Grassland）的最东端，由北向南有呼伦贝尔草原、锡林郭勒草原。

呼伦贝尔市位于内蒙古自治区的东北部，介于嫩江和额尔古纳河之间，大兴安岭山脉纵贯全市中部，故分为岭东、岭西两部分。呼伦贝尔草原位于大兴安岭山脉西侧，天然草场总面积8.430 3 × 10^4 km²（包括林间草场），占全市总面积的33.32%，占内蒙古自治区草原总面积的10.73%。其中牧业四旗及岭西草场面积为8.430 23 × 10^4 km²，占全市草场面积的84.3%。降水量由东向西递减，与降水量变化相适应的草原变化明显，从东部由大兴安岭西坡的林缘草甸过渡到以杂类草及丛生禾草、部分地区以根茎禾草为主的温性草甸草原，往西则是以旱生丛生植物为主的温性典型草原。呼伦贝尔草原与额尔古纳河水系的关系前文有详细的讨论，这里不再论述。

呼伦贝尔草原的西南部，大兴安岭山脉西侧即为锡林郭勒草原。它位于内蒙古自治区中部偏东，阴山山脉以北，大兴安岭山脉中、南段以西。东与内蒙古自治区的兴安盟、通辽市和赤峰市相接，西与乌兰察布市毗连，南邻河北省，北与蒙古国接壤，总面积16.67 × 10^4 km²。

锡林郭勒草原是一个以高平原为主体的，兼有多种地貌单元组成的草地区，按土壤植被可分为4个草原区：

东部草甸草原区，处于草原向森林过渡的地段。气候湿润，河流纵横，牧草繁茂，天然植被保存完整，以温性草甸草原为主体，面积2.39 × 10^4 km²，为锡林郭勒草原面积的14.33%，分布在东乌珠穆沁旗、西乌珠穆沁旗、锡林浩特市、正蓝旗和多伦县五地的东部。

中部典型草原区是锡林郭勒草原的主体，分布在东乌珠穆沁旗、西乌珠穆沁旗、锡林浩特市、正蓝旗及多伦县五地西部，苏尼特左旗、苏尼特右旗东部，阿巴嘎旗、镶黄旗、正镶白旗、太仆寺旗，面积8.93 × 10^4 km²，占锡林郭勒草原面积的53.56%。

西部半荒漠草原区，分布在苏尼特左旗及苏尼特右旗西部、二连浩特市，面积2.83 × 10^4 km²，占锡林郭勒草原面积的16.98%。

浑善达克沙区分布于多伦县、正蓝旗、正镶白旗北部，锡林浩特市、阿巴嘎旗、苏尼特左旗南部，苏尼特右旗中、东部，面积 $2.52\times10^4\,km^2$，占锡林郭勒草地面积的 15.12%，75% 为固定沙丘。

锡林郭勒草原东部的温性草甸草原区、中部的温性典型草原区得益于发源于大兴安岭山脉的乌拉盖湿地诸河、锡林河等河流的滋润，这些河流与草原密不可分，是草原的一部分，共同构成了生态系统完整的锡林郭勒草原。与呼伦贝尔草原一样，每条河流流域的草原之间存有差异，按流域特点可清晰地区分每片草原。

在大兴安岭山脉的西侧南端有贡格尔河流经赤峰市的克什克腾草原，达里诺尔湖和贡格尔河与这片草原不可分割，成为一体。

三、内蒙古草原

锡林郭勒草原再向西，即为乌兰察布草原、巴彦诺尔草原、鄂尔多斯草原、阿拉善草原，它们与呼伦贝尔草原、锡林郭勒草原、科尔沁草原共同构成内蒙古草原。内蒙古草原是蒙宁甘草原的主体，东起大兴安岭山脉，西至居延海，绵延 4 000 km，是欧亚大陆草原的重要组成部分。天然草地面积达 $78.6\times10^4\,km^2$，约占自治区面积的 66.4%。

蒙宁甘草原区（Mengninggan Grassland）山地多为中、低山，主要有大兴安岭山脉、阴山山脉、贺兰山脉，高度一般在 2 000 m 以下。由于三条山脉纵横叠置，前两条山脉阻碍着东来、北上的湿润气流西侵、北进。而本区东部受湿润气流的滋润，牧草茂密，加上河湖较多，成为水草丰美的草原；西部则干燥，蒸发强烈，只有耐盐碱干旱的半灌木、灌木可生长。本区是典型的季风气候，年降水量由东部的 380 mm 降至西部的 100 mm 左右，内陆中心甚至在 50 mm 以下，而年蒸发量则高达 1 500～3 000 mm，为降水量的数倍至数十倍。土壤为黑钙土、栗钙土、棕钙土、灰棕荒漠土等。牧草种类丰富，饲用植物达 900 多种，其中有青嫩多汁，营养丰富的优良牧草 200 多种。本区的牲畜主要有牛、马、绵羊、山羊和骆驼等。地方优良品种有滩羊；乌珠穆沁牛、马、羊；呼伦贝尔乳肉兼优的三河牛；数量为全国之首的阿拉善骆驼等。分布于自治区各盟市的蒙古马为世界名马，呼伦贝尔的三河马为中国最著名的挽乘兼用的优良品种（侯向阳，2013）。

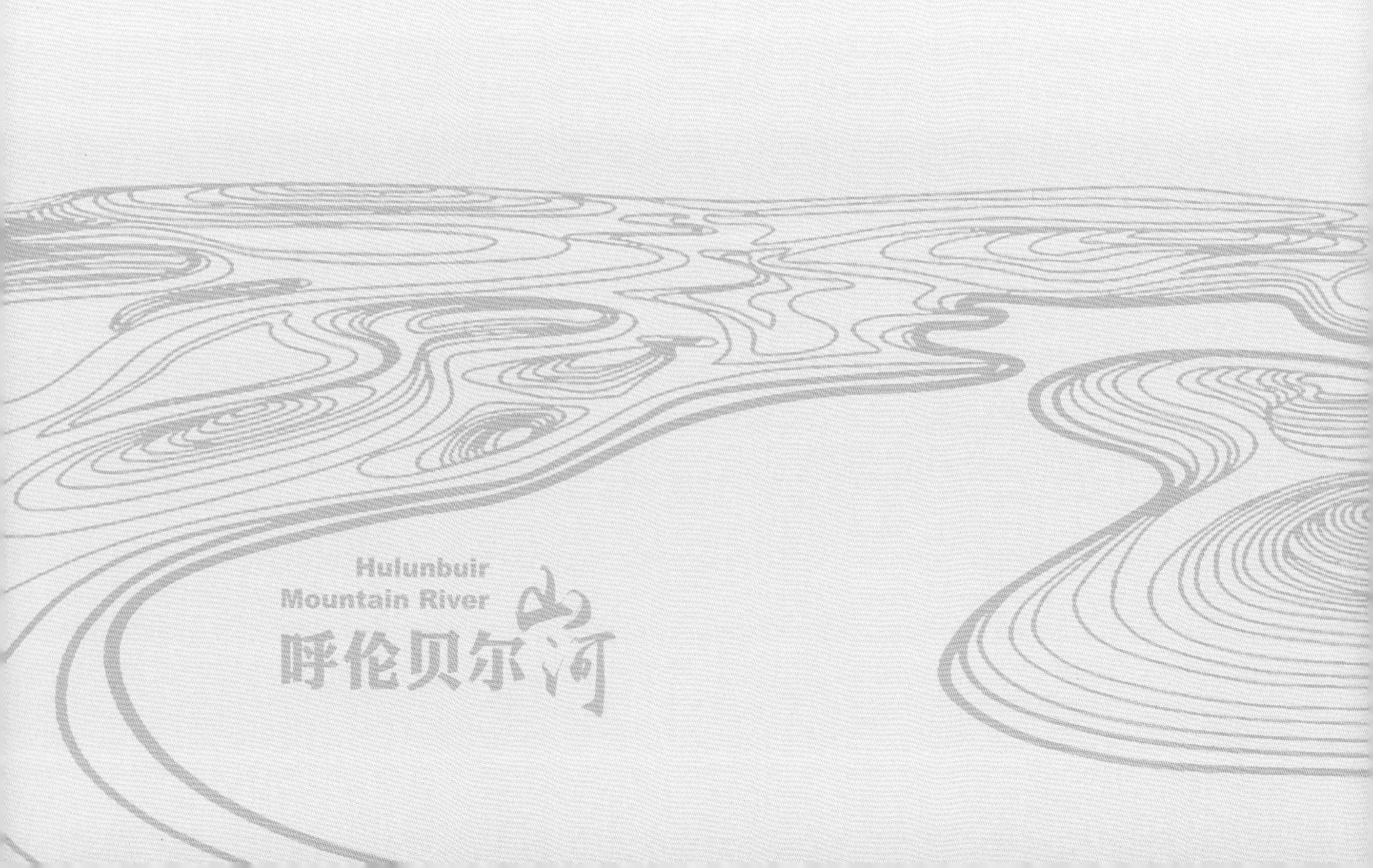
Hulunbuir
Mountain River
呼伦贝尔山河

第二篇

平原　土壤　火山和火山活动　湿地

篇前导言

与平原、土壤、火山、湿地有关的主要名词解释：

平原（plain）：平原是世界五大陆地基本地形之一，顾名思义，它是地面平坦或起伏较小的一个较大区域。平原依据它的海拔高度又可以分为高平原和低平原。高海拔的平原，又称为高原。

平原，都是经夷平作用形成的。夷平作用是外营力作用于起伏的地表，使其削高填洼逐渐变为平面的作用。各种夷平作用形成的陆地平面，包括准平原、高平原、山麓平原、风化剥蚀平原和高寒夷平作用形成的高原等。

高原可以是夷平后整体抬升，也可以在高海拔地区夷平。地面不仅可以抬升，也可以断陷沉降。相对于高原面，其中坳陷地区，因海拔较低被称为盆地（青藏高原就包括柴达木盆地），而盆地中又常有大小不同的平原和丘陵等。低平原主要分布在大河中下游两岸和濒临海洋的地区。

大的平原即可以是独立的地形，有时又是由一些小的平原联合构成。本篇中介绍的嫩江右岸山前平原便是松嫩平原的一部分。

夷平面（planation surface）：夷平面指经夷平作用而形成的较平坦的地面。从地貌学角度认识，夷平面的范畴有大小之分：大部分现今的平原都是现存的夷平面；但更多的时候，地貌学家把夷平面这个概念用在研究山体抬升的构造运动中。当地壳稳定时，地面经长期剥蚀—堆积夷平作用，形成准平原。之后地壳抬升，准平原受切割波坏，残留在山顶或山坡上的准平原，称为夷平面，或称山顶面、山地面。抬升几次，就会出现几级夷平面。

土壤（soil）即地表物质层：是指地球表面的一层疏松的物质。由各种颗粒状矿物质、有机物质、水分、空气、微生物等组成，能生长植物。土壤生态系统由固相物质、液相物质、气相物质共同组成。固相物质包括岩石风化而成的矿物质细粒、动植物残体、各种土壤生物、动植物残体被微生物腐解后产生的有机质和无机质等，液相物质主要指土壤水分，气相物质是存在于土壤孔隙中的空气。土壤中这三类物质构成了一个矛盾的统一体，它们互相联系，互相制约，为作物提供必需的生长条件，是土壤肥力的物质基础。

土壤为植物生长的基地，是农业的最基本资料。土壤圈是位于岩石圈表面的一个不连续的圈层，对地球生态系统有重要的影响。过去、现在和将来，人类的生存和发展都离不开土壤资源。

火山（volcano）：火山是一种常见的地貌形态，是由地下岩浆及其携带的固体碎屑冲出地表后堆积形成的山体。地壳的固态岩石圈之下有一个“液态区”，存在着高温、高压下含气体挥发成分的熔融状硅酸盐物质，即岩浆。它一旦从地壳薄弱的地段冲出地表，就形成了火山。火山分为“活火山”“死火山”和“休眠火山”。火山是地球炽热内部的窗口。火山喷发是地球上最具爆发性的力量，爆发时能喷出多种有害物质，并形成熔岩流、火山灰、火山弹、火山泥石流、有害气体等火山地质灾害。

活火山（active volcano）：正喷发和预期可能再次喷发的火山，如奎勒河—诺敏火山群的大黑山（普斯如乌热），阿尔山—柴河火山群的高山（特尔美峰）、焰山。

死火山（extinct volcano）：指史前曾发生过喷发，但在人类历史时期从来没有活动过的火山。此类火山因长期不曾喷发已丧失了活动能力。

休眠火山（dormant volcano）：休眠火山是指有史以来曾经喷发过，但长期以来处于相对静止状态的火山。此类火山都保存有完好的火山锥形态，仍具有火山活动能力，或尚不能断定其已丧失火山活动能力。

火山活动（volcanic activity）：是指与火山喷发有关的岩浆活动。它包括岩浆冲出地表、产生爆炸、流出熔岩、喷射气体、散发热量、析离出气体、水分蒸发和喷发碎屑物质等活动。

湿地（wetlands）：湿地的定义有约60种，但目前还没有统一的定义，综合各种定义，本书采纳以下解释，这样较为符合呼伦贝尔的实际。

（1）自然或人工形成的带有静止或流动水体的成片浅水区和低潮时水深＜6m的水域。是指地表过湿或经常积水，生长湿地生物的地区。湿地生态系统是湿地植物、栖息于湿地的动物、微生物及其环境组成的统一整体。湿地具有多种功能：保护生物多样性，调节径流，改善水质，调节小气候，以及提供食物及工业原料，提供旅游资源。

（2）1979年，美国鱼类和野生生物保护机构在《美国的湿地深水栖息地的分类》一文中，重新给湿地作定义："陆地和水域的交汇处，水位接近或处于地表面，或有浅层积水，至少有以下特征：① 至少周期性地以水生植物为植物优势种；② 底层土主要是湿土；③ 在每年的生长季节，底层有时被水淹没。定义还指湖泊与湿地以低水位时水深2m处为界，按照这个湿地定义，世界湿地可以分成20多个类型，亦被许多国家的湿地研究者接受，在湿地的研究活动中被普遍采用。湿地的水文条件是湿地属性的决定性因素。水的来源（如降水、地下水、潮汐、河流、湖泊等）、水深、水流方式，以及淹水的持续期和频率决定了湿地的多样性。水对湿地土壤的发育有深刻的影响。湿地土壤通常被称为湿土或水成土。

（3）我国的湿地学家吕宪国先生对湿地的定义是：湿地是分布于陆地系统和水体系统之间的，由陆地系统和水体系统相互作用形成的自然综合体。湿地具有的特殊性质——地表积水或饱和、淹水土壤、厌氧条件和适应湿生环境的动植物——是其既不同于陆地系统也不同于水体系统的本质特征。

第三章 嫩江右岸山前平原及岭东农区的土壤

本章主要介绍嫩江右岸（西岸）山前平原和大兴安岭东部二旗一市的土壤。为了阐明山前平原土壤形成的地质成因，又对古松辽中央大湖的变迁演化作了简要的介绍，这对规划岭东农业的长远发展多有裨益。

第一节 嫩江右岸（西岸）山前平原

嫩江右岸山前平原是指从嫩江右岸支流欧肯河河口以下到嫩江汇入松花江的河口以上的嫩江右岸（西岸）与大兴安岭山脉林缘丘陵之间所夹的狭长区域。它既是山脉向松嫩平原的过渡带又是松嫩平原的一部分，包括位于内蒙古自治区与黑龙江省和吉林省交界处的5个盟市（呼伦贝尔市、兴安盟、齐齐哈尔市、白城市、松源市）（呼伦贝尔盟土壤普查办公室，1992）。这是一个南北长约530 km，东西宽约40～170 km的广大区域，为松嫩平原向大兴安岭山脉的过渡。松嫩平原海拔170 m以下或更低区域，是从白垩纪初期直到第四纪早、中更新世形成的古松辽中央大湖的湖底（张立汉，2005）。在漫长的地质变迁过程中，松辽盆地的中央拗陷和小兴安岭的隆起对目前的山前平原土壤的形成影响很大；松辽盆地的湖相沉积和大兴安岭的山地物质对目前山前平原土壤的形成也产生一定的影响；从对土壤的分析中也得到证实（图3-1）。

称之为山前平原，是一个习惯的叫法。这片平原在大兴安岭山脉的东南，通常称岭南、山南，也就是山前（山北则为山后）。山前平原是松辽平原上的人们对岭东南的农区的普遍称谓。

以下介绍的山前平原专指位于呼伦贝尔市域内部分（与黑龙江省交界），本章只对这一区域进行讨论。

一、山前平原的范围

在呼伦贝尔市域内大兴安岭东南麓向松嫩平原过渡的山前，是南北长约450 km、东西宽约40～60 km，海拔高度多在200～400 m，呈长条状的地域。主要为嫩江及其右岸支流甘河、诺敏河、阿伦河、音河、雅鲁河等河流的下游冲积平原，以及洪积和冰积起源的平原，称为嫩江右岸（西岸）山前平原。平原呈缓坡状起伏，其中也存在着石质丘陵和分割的丘陵状阶地以及其间的低平草甸。岭东鄂伦春自治旗、莫力达瓦达斡尔族自治旗、阿荣旗、扎兰屯市分别占有部分山前平原，其余在黑龙江省境内（呼伦贝尔盟土壤普查办公室,1992）（图3-2）。

鄂伦春自治旗山前平原主要分布在大杨树以下的甘河流域，嫩江右岸40～50 km范围内。

莫力达瓦达斡尔族自治旗山前平原占据了旗域面积的较大部分，主要分布在甘河下游流域、诺敏河下游流域的嫩江右岸40～55 km范围内。

阿荣旗山前平原约占旗域总面积的五分之二，主要分布在格尼河、阿伦河、音河下游流域的金代边壕（成吉思汗边墙）以西40～60 km范围内。

扎兰屯市山前平原约占市域总面积的五分之一，主要分布在音河、雅鲁河中下游的金代边壕（成吉思汗边墙）以西20～40 km范围内。

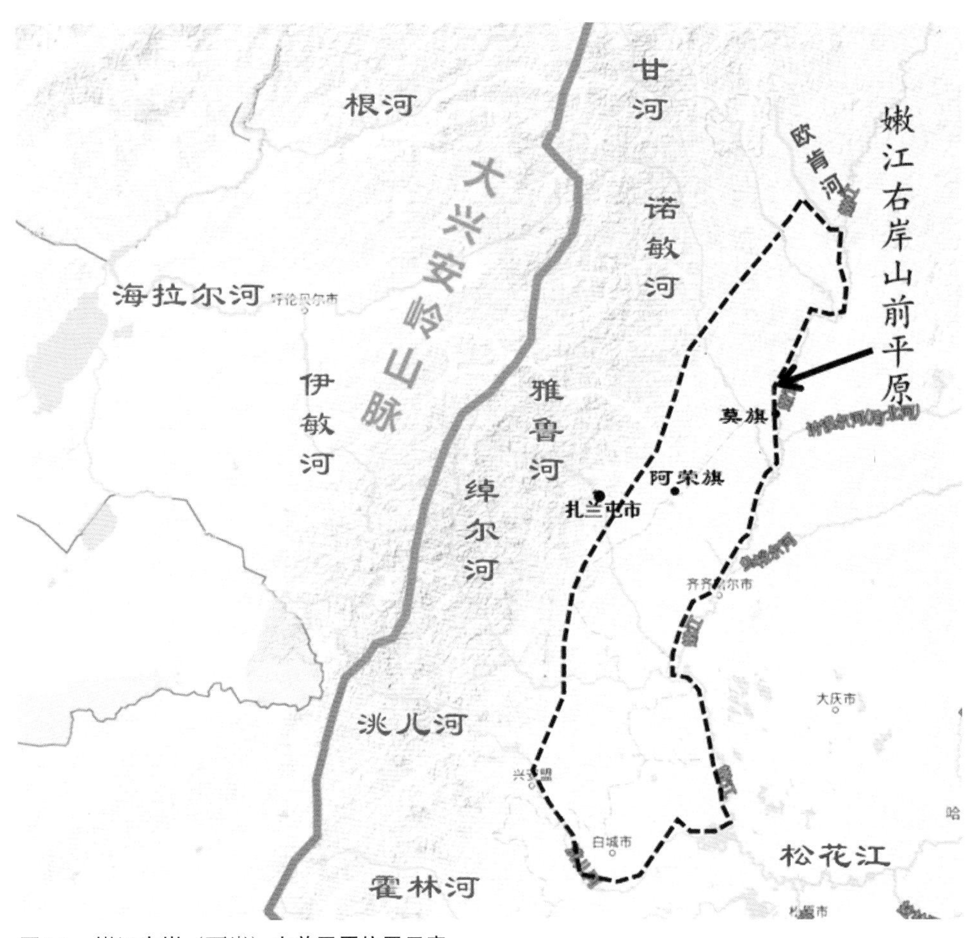

图3-1　嫩江右岸（西岸）山前平原位置示意

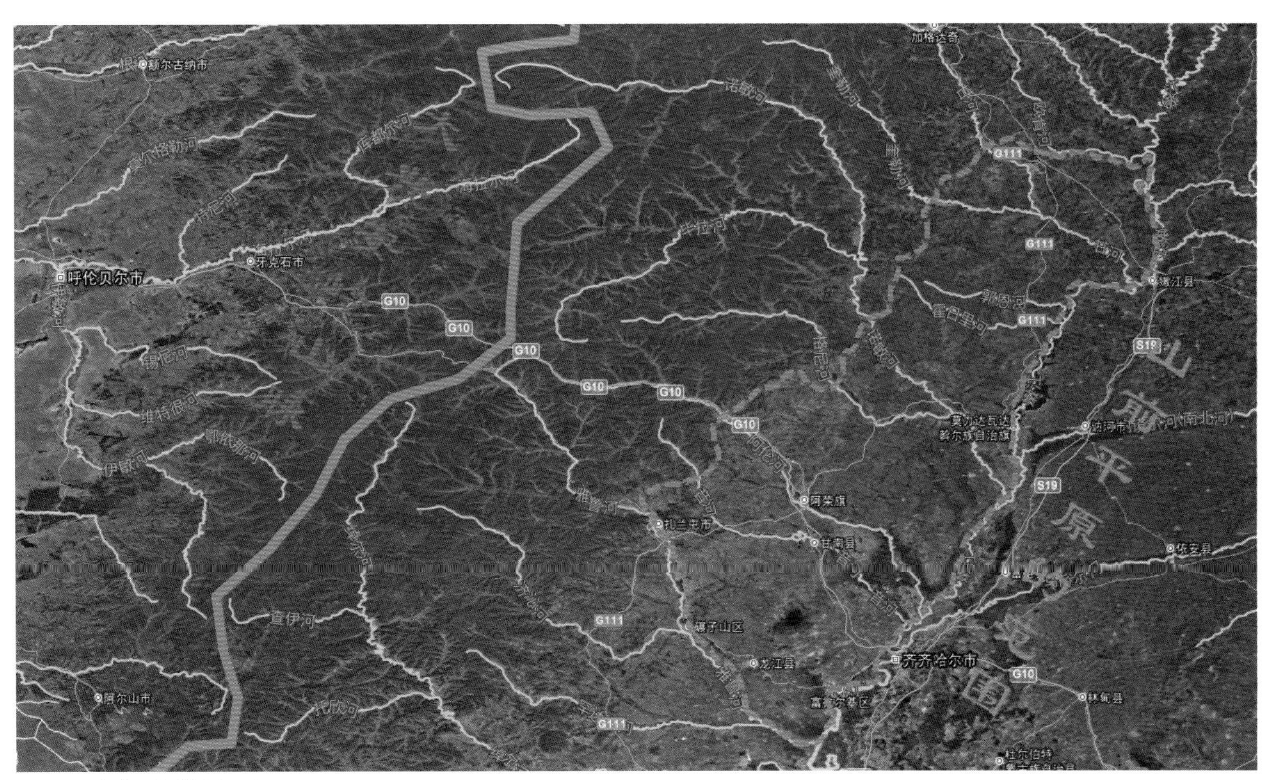

图3-2　山前平原范围示意

二、山前平原北部嫩江上游右岸的低山丘陵区

嫩江源头以下右岸到诺敏河汇入嫩江的河口，是大兴安岭山脉东坡逐步降低到以嫩江为界与小兴安岭相邻区域。这个区域包括南瓮河、罕诺河、那都里河、多布库尔河、欧肯河、甘河、诺敏河等河流的下游区域，未被开垦前多湖泊湿地、沼泽湿地、灌丛湿地、河流湿地，为嫩江的上游水源涵养区。较典型的有前达拉滨和后达拉滨沼泽湿地、湖泊湿地，林缘的灌丛湿地，以及上述等河流的河流湿地。较为著名的有南瓮河湿地、甘河湿地、诺敏河湿地。这一区域主要在鄂伦春自治旗、莫力达瓦达斡尔族自治旗域内，是山前平原今后农业发展的水源保证。特别是从依托尼尔基水库在山前平原实施远程调水工程[①]（＞200 km）、为两旗一市（莫旗、阿荣旗、扎兰屯市）提供持久稳定的水源、支撑工农业和生态产业的发展看，嫩江上游右岸的低山丘陵区生态环境状况关乎今后山前平原的长远发展，应引起高度重视（图 3-3）。

三、与山前平原对应的嫩江左岸松嫩平原

嫩江源头以下到讷谟尔河入嫩江河口的左岸为小兴安岭与大兴安岭以嫩江一线为界相接区域，西为大兴安岭山脉，东为小兴安岭山脉。科洛河、讷谟尔河口以下逐步进入松嫩平原，海拔高度也渐降至 170 m 以下。松嫩平原是北到小兴安岭，南到松辽分水岭，东到张广才岭，西到大兴安岭的广大区域，覆盖黑龙江省 10.36×10^4 km² 的面积和吉林省、内蒙古（呼伦贝尔市、兴安盟）的部分区域。这个区域里很大一部分是古松辽中央大湖的湖底，经嫩江、松花江、辽河的冲积、洪积和古生物残体的长期堆积，形成了厚达 1.5 m 以上的黑土、黑钙土腐殖质土层。而呼伦贝尔市域内的山前平原的土壤正是湖底黑土向丘陵、低山、中山区的草甸土、沼泽土、暗棕壤的过渡。因此，山前平原土壤的水平分布和垂直分布较复杂，与松嫩平原的土壤相比类型较多（图 3-4）。

古松辽大湖形成于白垩纪，由黑龙江水系、辽

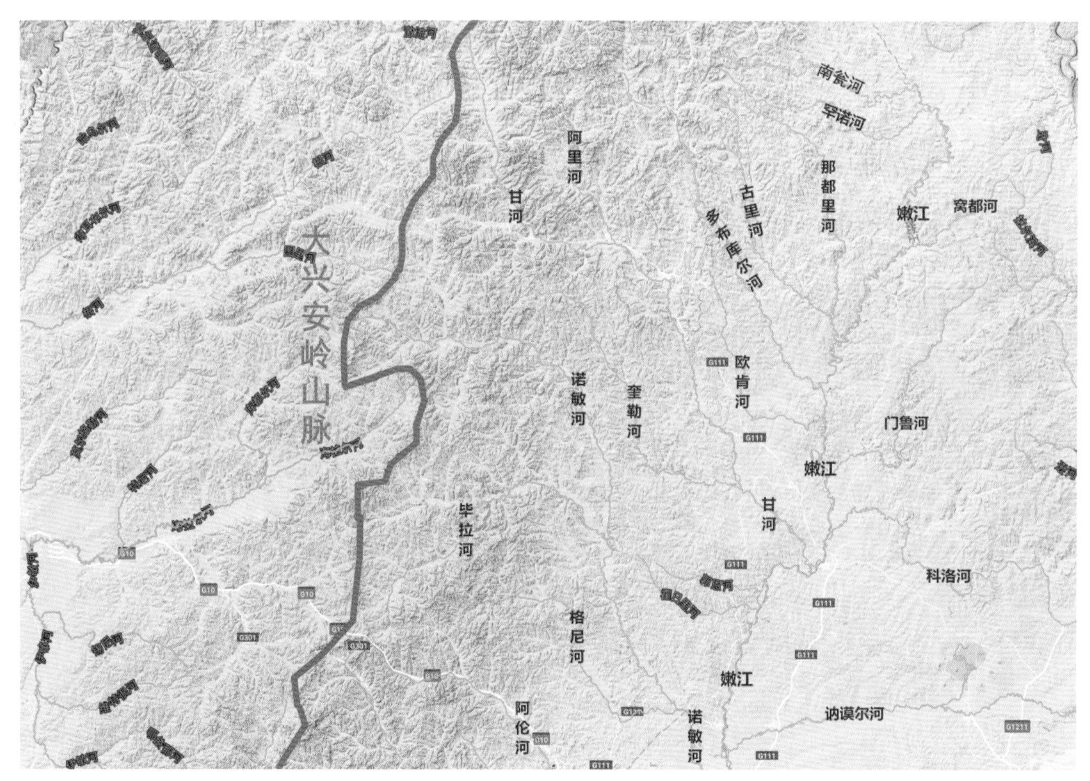

图3-3　山前平原北部嫩江上游右岸的低山丘陵区

① 见本书第八章第六节，一、（四）3.“尼尔基水库提水灌溉工程”。

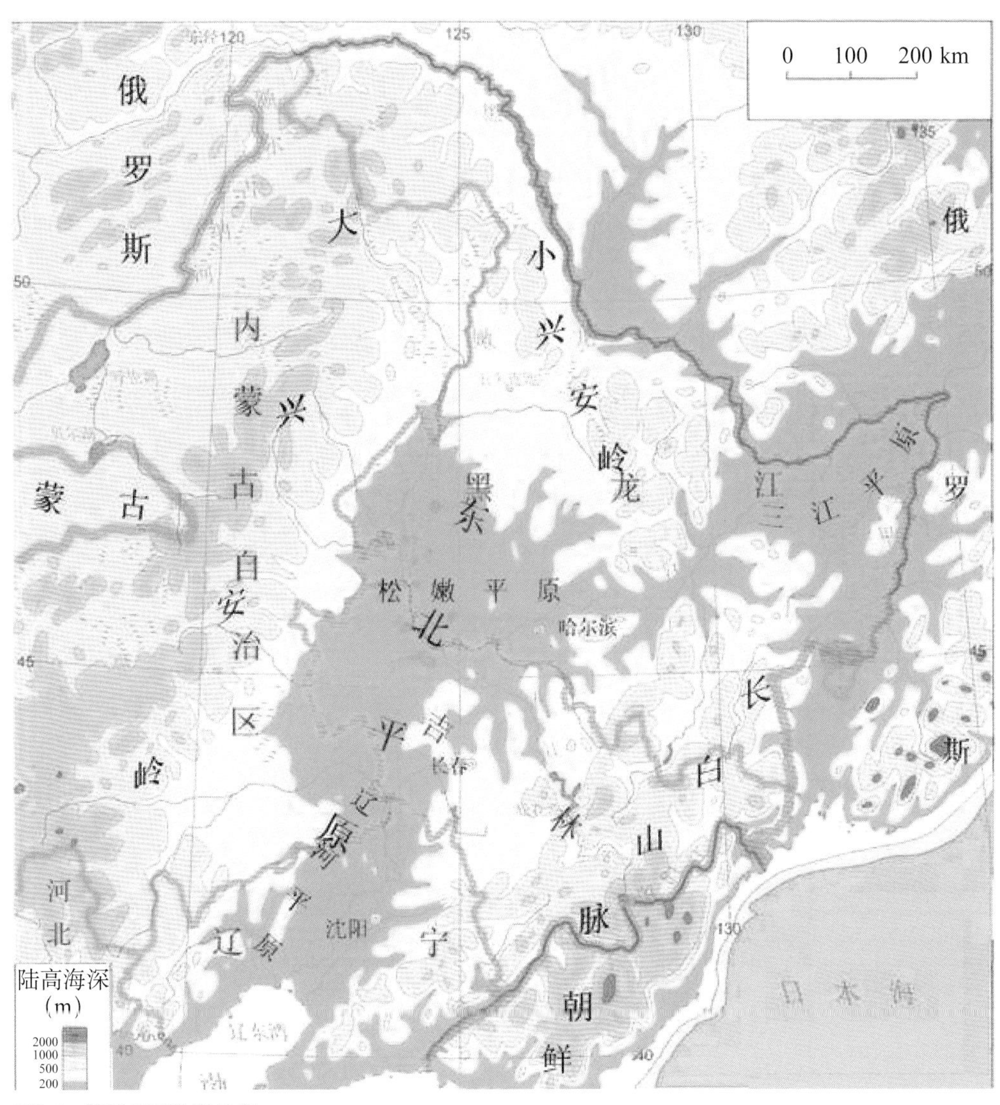

图3-4　松嫩平原位置示意

河水系内聚而成。现代黑龙江及松花江水系的形成，是长期地质演变中形成的。它与大地构造单元、新构造运动以及第四纪地貌结构形式分不开（祁福利，等，2015）。

（一）古松辽中央大湖的变迁、松花江水系的形成

松花江流域内松嫩（松花江、嫩江）平原在大地构造上属于新华夏系第二沉降带的北端，构造网络十分复杂。其中北北东向的大安—双辽深断裂处于松辽盆地中央坳陷的主轴。从白垩纪初期直到第四纪早、中更新世两次出现大规模的坳陷，形成中央大湖区。古嫩江、古松花江、古第二松花江、古伊通河、古东西辽河、古霍林河、古洮儿河、古辽河上游等均汇于此（图 3-5a）。此时松嫩平原为一向心状水系，中央大湖为汇水中心。白垩纪中期是其发展的鼎盛时期，至第四纪中更新世后期或末期，在北北东向断裂控制下，长岭—乾安沉降中心隆起，与此同时，通榆南侧出现横向隆起，其东端在乾安东南与长岭—乾安隆起会接；怀德镇向西也出现横向隆起，在新安镇一带与长岭—乾安隆起会接，构成一个连续的“Z”字形，成为渚河的分水岭（图 3-5b、c）。由于松辽分水岭的相对隆起，松嫩平原和三江平原的相对沉降，河流的向源侵蚀活跃，松花江下游切穿了小兴安岭和张广才岭的隘口，使古松花江

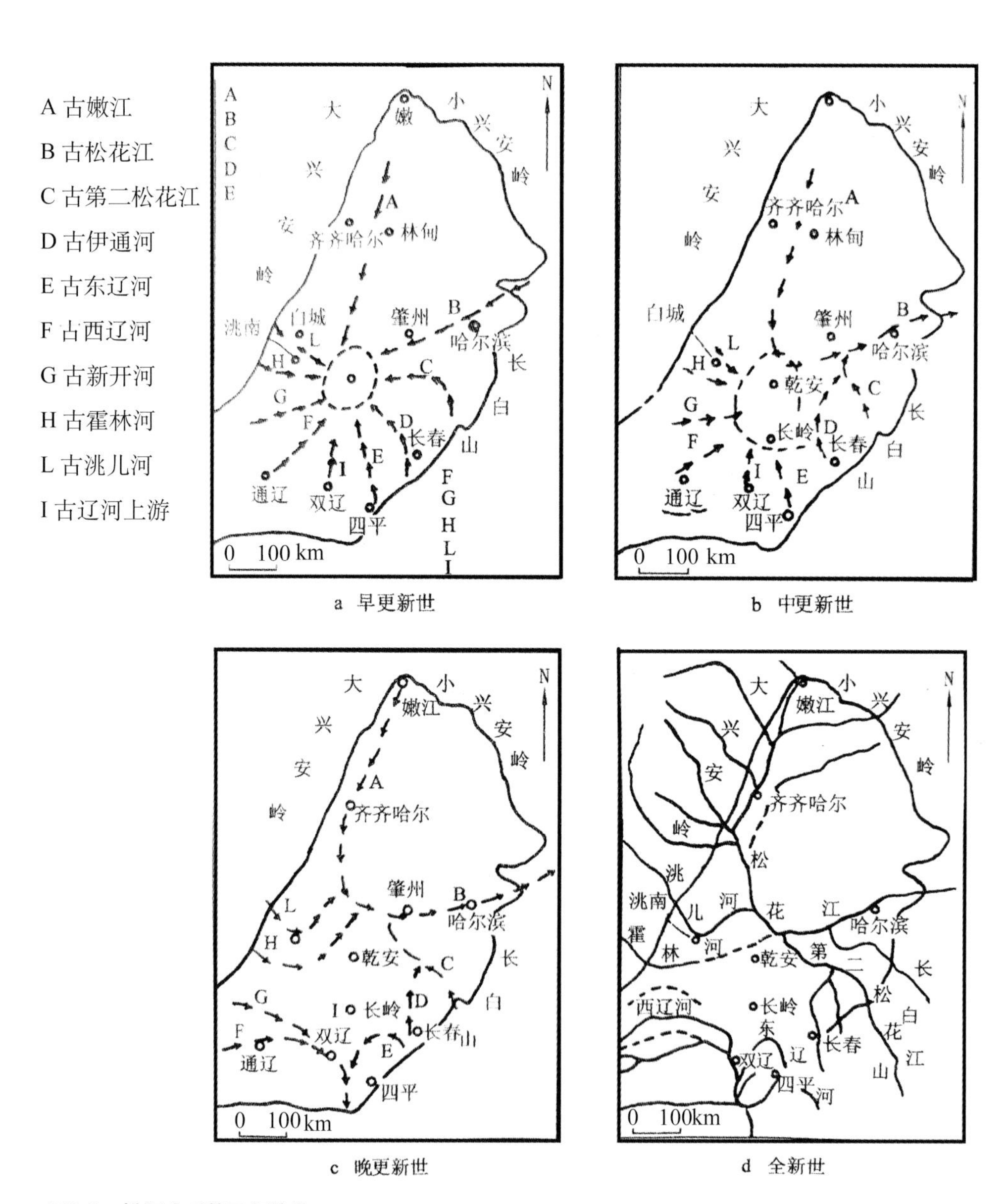

图3-5 松辽水系第四纪演化

北流，破坏了向心状水系的结构，完成了松花江、第二松花江、嫩江的连接，形成了松花江水系的雏形（图 3-5d）（张立汉，2005）。

（二）黑龙江水系的形成

古黑龙江，当时是源于波姆彼耶夫山脉，经三江（松花江、黑龙江、乌苏里江）平原注入鞑靼海峡。古松花江下游源自依兰附近的张广才岭，经三江平原注入古黑龙江。现在的黑龙江上游，包括额尔古纳河、石勒喀河当时都绕过大兴安岭与结雅河共同注入松辽大湖。第三纪末、第四纪初的地壳运动，使小兴安岭隆起，古黑龙江也因三江平原的沉降在嘉阴和萝北间的太平沟一带切穿了小兴安岭，袭夺了黑龙江的上、中游。与此同时，隆起的小兴安岭切断了结雅河和嫩江水系的联系，使结雅河成为黑龙江的支流。嫩江成了断头河而加入到松花江水系中。这样黑龙江就成为一条完整的大河，松花江成了其最大的支流。由此可见，松辽分水岭是在中更新世后期或末期形成的，并在晚更新世和全新世中不断发展和完善，形成了今日黑、松水系的网络。流域的地貌形态也为水系的发展提供了有利条件（张立汉，2005）（图 3-6）。

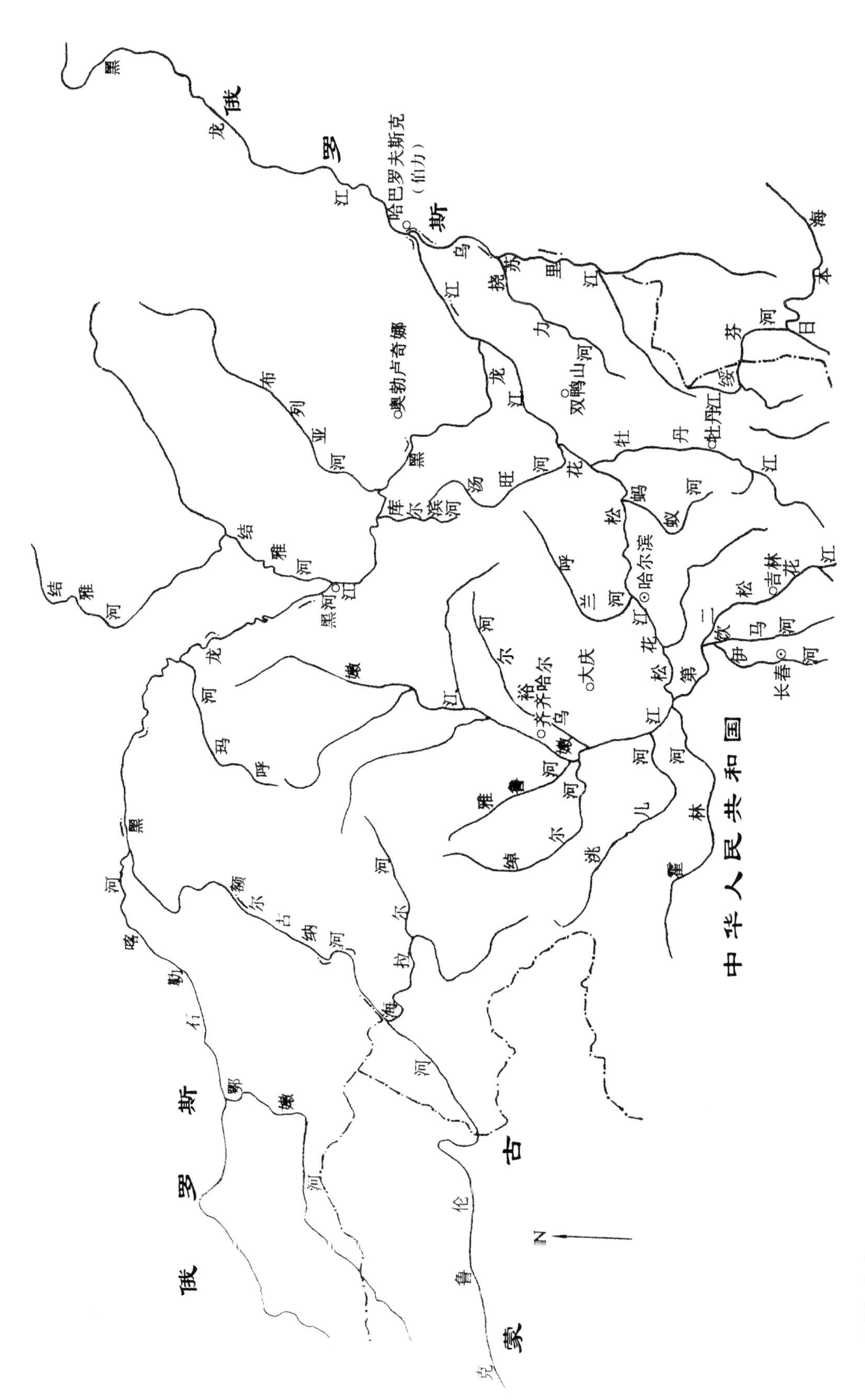

图3-6 黑龙江水系

第二节
岭东三旗一市的土壤

岭东嫩江右岸山前平原一带气候温和湿润，形成既有森林土壤某些特征又有与草原土壤特征相同的均腐殖质土纲的黑土（呼伦贝尔市农业技术推广服务中心，2013）。莫力达瓦达斡尔族自治旗、鄂伦春自治旗、阿荣旗、扎兰屯市三旗一市整体位于大兴安岭山脉和嫩江右岸山前平原，有很大一部分处于山脉向平原的过渡区域，所以土壤形成了明显的森林土壤向草原（东北草原区）土壤的过渡。同时形成两类土壤及其亚类犬牙交错状分布，并随自然环境形成不同的分布规律。

一、莫力达瓦达斡尔族自治旗的土壤

（一）形成土壤的成土母质主要类别

（1）基性岩类形成厚体基性岩暗棕壤。

（2）酸性岩类形成厚体酸性岩暗棕壤。

（3）黄土状物形成厚体黄土状黑土。

（4）中洪积物形成厚体暗色草甸土。

（5）冗积盐类形成厚体泥页岩暗棕壤。

（二）土壤类型、分布

（1）暗棕壤，是全旗分布最广、面积最大的土类，也是主体土壤。主要分布在北部和中部300～600m之间的山地阔叶林、灌木、草丛之下和低山丘陵区。

（2）黑土，主要分布于嫩江右岸（西岸）大兴安岭东麓浅山丘陵区的外缘地带，多集中于嫩江中段河谷平原区，浅山丘陵的中下坡，与暗棕壤亚类区随地势变化而呈犬牙交错状，下接草甸土。

（3）草甸土，主要分布于旗域南部平原区。

（4）沼泽土，主要分布在江河漫滩一级阶地的低洼地区和丘陵浅山区局部封闭的盆地洼地以及小溪两侧低洼地带。

（三）土壤和耕地

（1）莫力达瓦达斡尔族自治旗土地范围图（如图3-7）。

（2）莫力达瓦达斡尔族自治旗土壤分布图（如图3-8）。

（3）莫力达瓦达斡尔族自治旗土地利用现状图（如图3-9）。

二、鄂伦春自治旗的土壤

（一）土壤类型

分4个土纲9个土类：

（1）淋溶土，包括棕色针叶林土、暗棕壤2类；

（2）腐殖质土，包括黑土、暗色草甸土2类；

（3）水成土，包括沼泽土、泥炭土2类；

（4）初育土，包括新积土、石质土、粗骨土3类。

（二）土壤分布

全旗土壤分布规律主要受地形地貌和气候的制约。由于温度的垂直变化受地形高低影响，土壤分布规律和地形地貌变化关系密切。由托扎敏南，诺敏河右岸的赛浪格古达山（海拔1 279m）向东经诺敏河、奎勒河、甘河、欧肯河等直至嫩江，作一土壤剖面图（长162km）。该剖面地貌类型顺序为中山区—低山区—丘陵漫岗区—嫩江河床，与此对应的土壤水平分布为棕色针叶林土—暗棕壤—黑土（暗色草甸土）—沼泽土。

1. 棕色针叶林土水平分布规律

棕色针叶林土水平分布和海拔高度密切相关。在中山区从西北到东南，即从高到低，土壤分布为薄体、中体和厚体棕色针叶林土以及沼泽土。

2. 暗棕壤水平分布规律

在低山丘陵区，凡是坡度较大山体或山、丘顶

部，分布薄体酸性（或基性）岩暗棕壤；而坡度较平缓区域或位于山、丘下部，多为中体酸性（或基性）岩暗棕壤；山（丘）间谷地为沼泽土。

3. 黑土水平分布规律

海拔高度在400m以下的丘陵缓坡漫岗地，土壤为黑土；坡度为5° ～ 15°，坡长500 ～ 1 000m，土壤为薄层坡积黄土状物黑土；坡度小于5°，坡长为1 000 ～ 3 000m，土壤为薄层黄土状物黑土。

（三）土壤和耕地

（1）鄂伦春自治旗土地范围见图3-10。

（2）鄂伦春自治旗土壤分布见图3-11。

（3）鄂伦春自治旗土地利用现状见图3-12。

三、阿荣旗的土壤

（一）土壤类型和分布

全旗土壤分为暗棕壤、黑土、草甸土、沼泽土4个土类。

（1）暗棕壤，表土层养分含量较高，结构良好。分布于全旗各地的坡度较大、冲刷较严重、地表破碎的沟谷区域，是全旗面积第一大土类。

（2）黑土，表土层养分含量高，结构良好，但心土层质地较黏，透水性差，部分土壤存在不同程度的侵蚀。分布于嫩江右岸山前平原区域，在金界壕以西至低山丘陵区较为集中连片，是全旗面积第二大土类。

（3）草甸土，土壤结构良好，保水保肥旱作稳定，但有时发生秋涝。分布于低山丘陵区的漫岗山坡下低洼处，在大兴安岭林缘至低山丘陵区分布较为集中，是全旗面积第三大土类。

（4）沼泽土，土壤潜在养分较高，但易涝。分布于河漫滩一级阶地的低洼地区，闭流区以及低湿地草甸区。

（二）土壤属性

（1）pH值，全旗耕地土壤pH值一般在5.2 ～ 7.3之间，平均值6.2，属微酸性。

（2）容重，全旗耕地土壤容重在0.93 ～ 1.47g/cm³，平均值1.13g/cm³。

（3）耕作层土壤有效厚度，土壤厚度11 ～ 38cm，平均为20.3cm。

（4）地表砾石度，全旗土壤大部分发育在残破积物和洪积物上，土体中砾石含量较高。因处于低山丘陵区，水土流失较为严重，造成土体中的砾石裸露，耕作层土壤中有不同程度的砾石混杂。

（三）土壤和耕地

（1）阿荣旗土地范围见图3-13。

（2）阿荣旗土壤分布见图3-14。

（3）阿荣旗土地利用现状见图3-15。

四、扎兰屯市的土壤

（一）土壤类型及具体分布

市域内主要有6种土壤类型：

（1）棕色针叶林土，主要分布于西部柴河地区。

（2）暗棕壤，广泛分布于市域各地，是分布面积最大的一个土类。

（3）黑土，主要分布于市域东南部至西南部的大河湾—关门山一线的波状平原和丘陵地貌区的坡脚带状区。分布面积自东南向西北逐渐减少，面积列各土类的第三位。

（4）草甸土，广泛分布于市域各地，但以雅鲁河、济沁河和绰尔河流域分布面积较大，是全市仅次于暗棕壤的第二大土类。

（5）沼泽土，在市域内呈零星分布，部分与草甸土构成重叠区。主要分布于楠木鄂伦春民族乡、成吉思汗、库提河、哈多河、浩饶山和萨马街等地的沟谷，河漫滩一级阶地的低洼地区。

（6）水稻土，主要分布于成吉思汗镇、高台子街道办事处和关门山办事处等地。

（二）土壤总体分布

全市境内土壤水平性地带为黑土，属松嫩平原黑土带。由于处于大兴安岭山地与松嫩平原的过渡区域内，地势至西北向东南倾斜，境内山、丘、岗、川交错，土壤类型随生物气候条件、水文地质、地势地形和植被类型的不同而表现出土壤水平地带性分布规律、土壤垂直分布规律、土壤区域性分布规律。

受土壤垂直分布规律控制，海拔 250 ~ 500m 的东南部，为基带地黑土；海拔 500 ~ 800m 的山地多为暗棕壤；海拔 800m 以上的为棕色针叶林土。

（三）土壤和耕地

（1）扎兰屯市土地范围见图 3-16。

（2）扎兰屯市土壤分布见图 3-17。

（3）扎兰屯市土地利用现状见图 3-18。

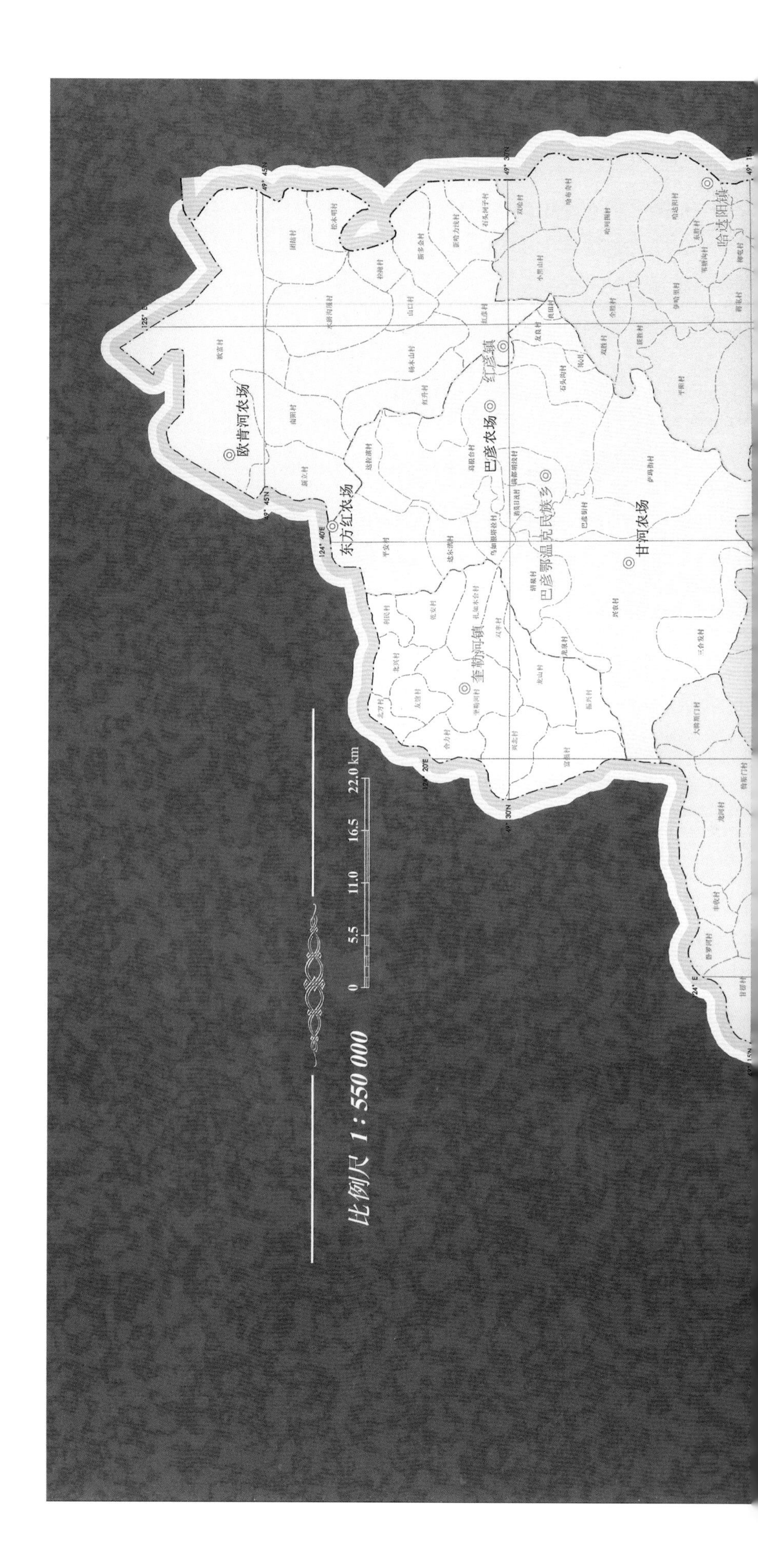

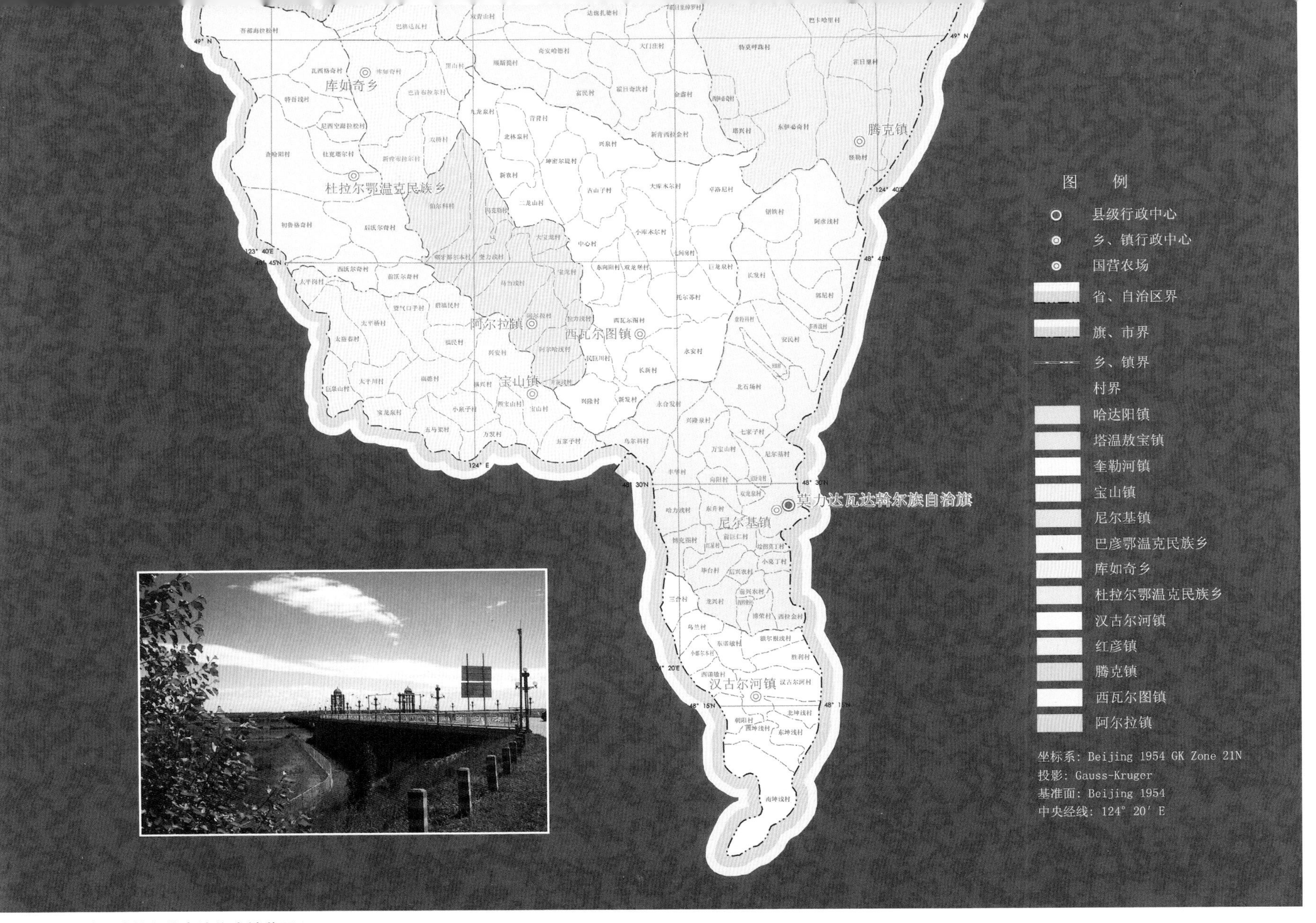

图3-7 莫力达瓦达斡尔族自治旗土地范围

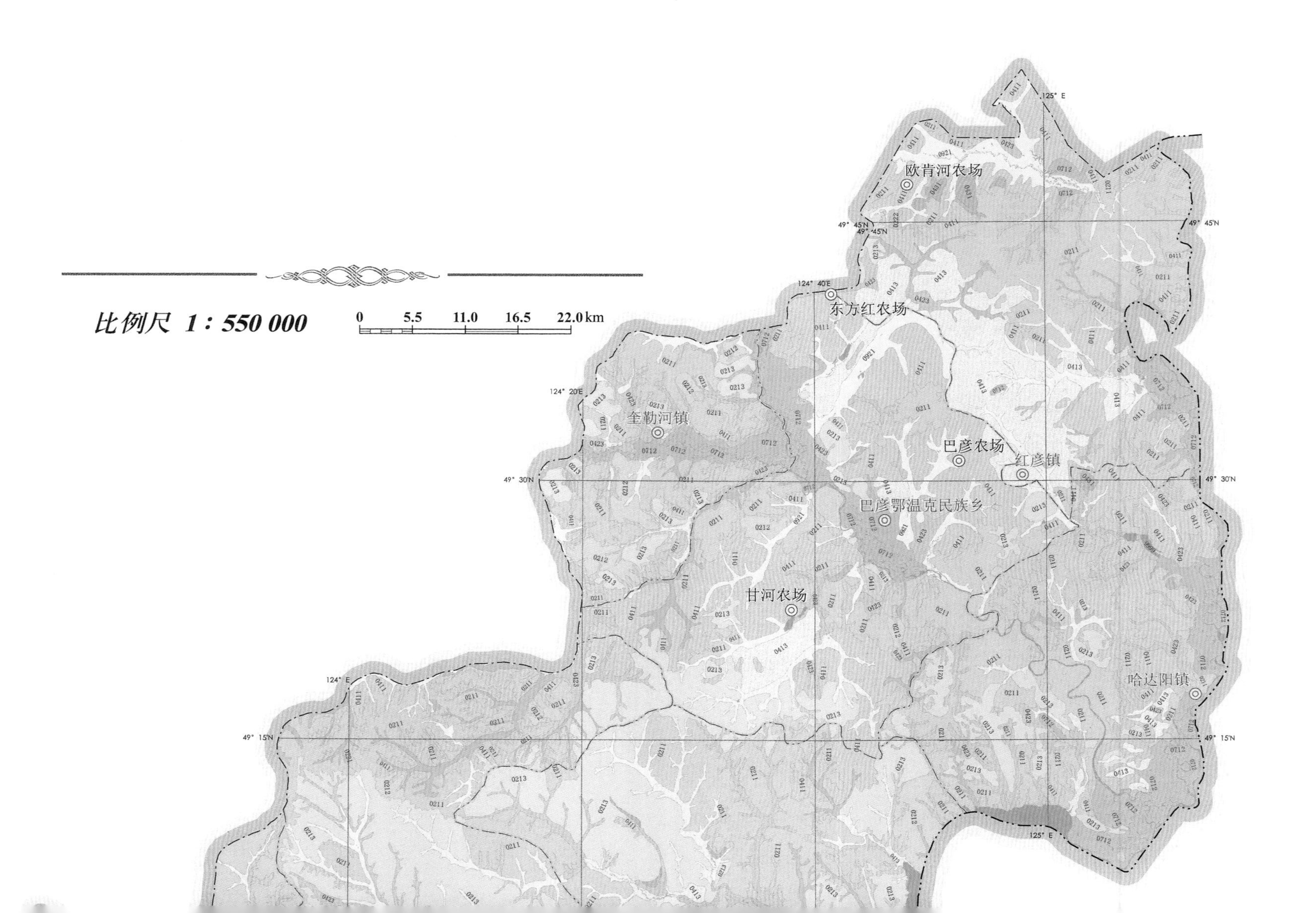
欧肯河农场
东方红农场
巴彦农场
红彦镇
巴彦鄂温克民族乡
奎勒河镇
甘河农场
哈达阳镇
比例尺 1：550 000
0 5.5 11.0 16.5 22.0 km

土壤类型面积

图例	土属代码	土属名称	面积（hm^2）	比例（%）
	0211	结晶岩暗棕壤	339941	32.83
	0212	砂砾岩暗棕壤	19602	1.89
	0213	泥页岩暗棕壤	134940	13.03
	0221	冲积物草甸暗棕壤	849	0.08
	0222	结晶岩草甸暗棕壤	199	0.02
	0411	坡积物黑土	201922	19.50
	0413	洪冲积物黑土	44204	4.27
	0423	洪冲积物草甸黑土	70403	6.80
	0431	黄土状物白浆化黑土	3183	0.31
	0712	壤质暗色草甸土	122139	11.79
	0713	粘质暗色草甸土	3453	0.33
	0911	沼泽土	12551	1.21
	0921	草甸沼泽土	46050	4.45
	9999	水域	36177	3.49

图3-8　莫力达瓦达斡尔族自治旗土壤分布

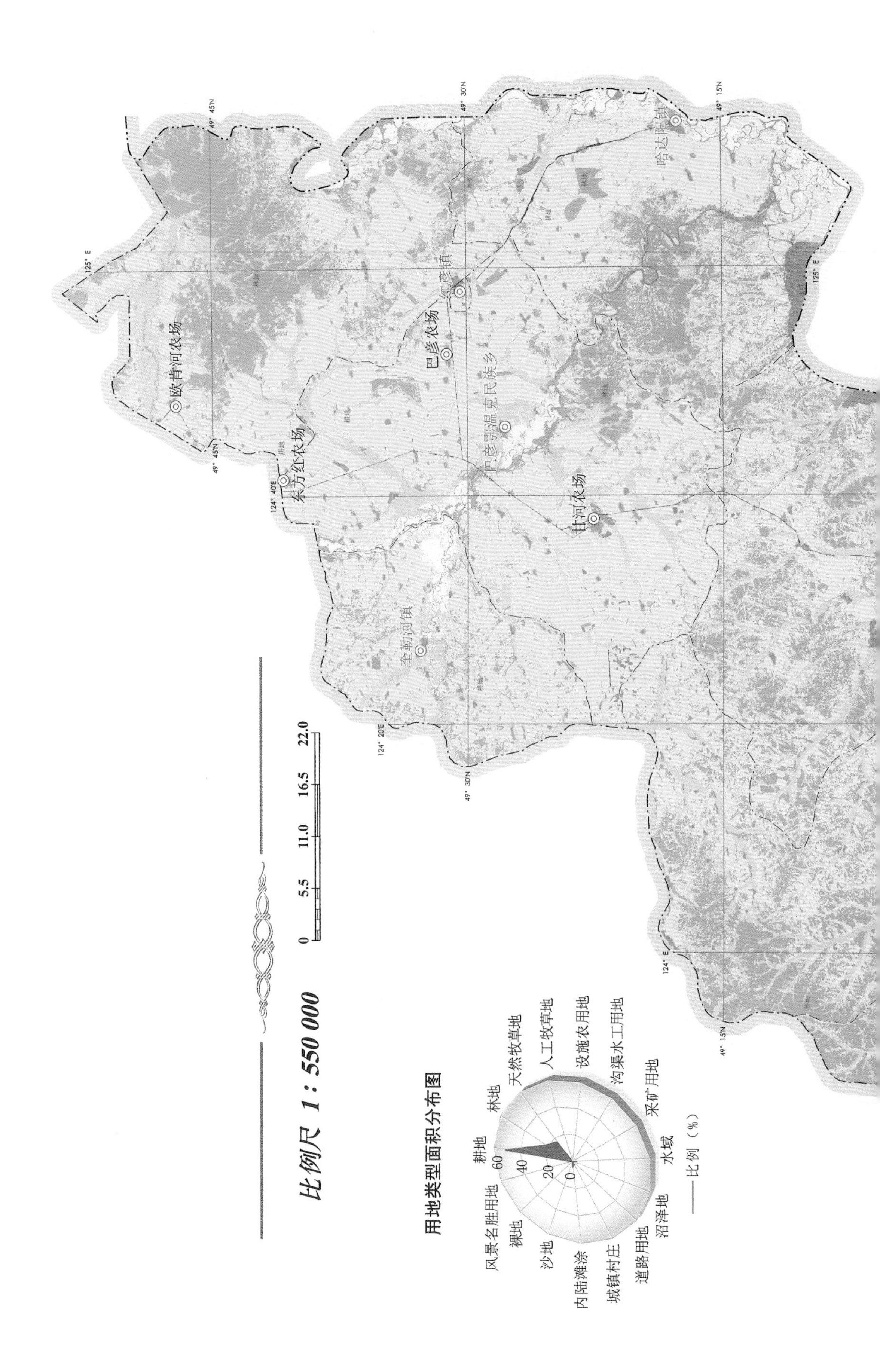
欧肯河农场
东方红农场
巴彦农场
巴彦镇
巴彦鄂温克民族乡
甘河农场
奎勒河镇
哈达阳镇
比例尺 1：550 000
0
5.5
11.0
16.5
22.0
用地类型面积分布图
耕地
林地
天然牧草地
人工牧草地
设施农用地
沟渠水工用地
采矿用地
水域
沼泽地
道路用地
城镇村庄
内陆滩涂
沙地
裸地
风景名胜用地
0
20
40
60
比例（%）

各类用地面积

图例	地类名称	面积（hm^2）	比例（%）
	耕地	528938	51.08
	林地	227136	21.93
	天然牧草地	180415	17.42
	人工牧草地	875	0.08
	设施农用地	82	0.01
	沟渠水工用地	316	0.03
	采矿用地	620	0.06
	水域	36174	3.49
	沼泽地	805	0.08
	道路用地	1512	0.15
	城镇村庄	24064	2.32
	内陆滩涂	33589	3.24
	沙地	3	0.0003
	裸地	762	0.07
	风景名胜用地	322	0.03

图3-9　莫[illegible]达瓦达斡尔族自治旗土地利用现状

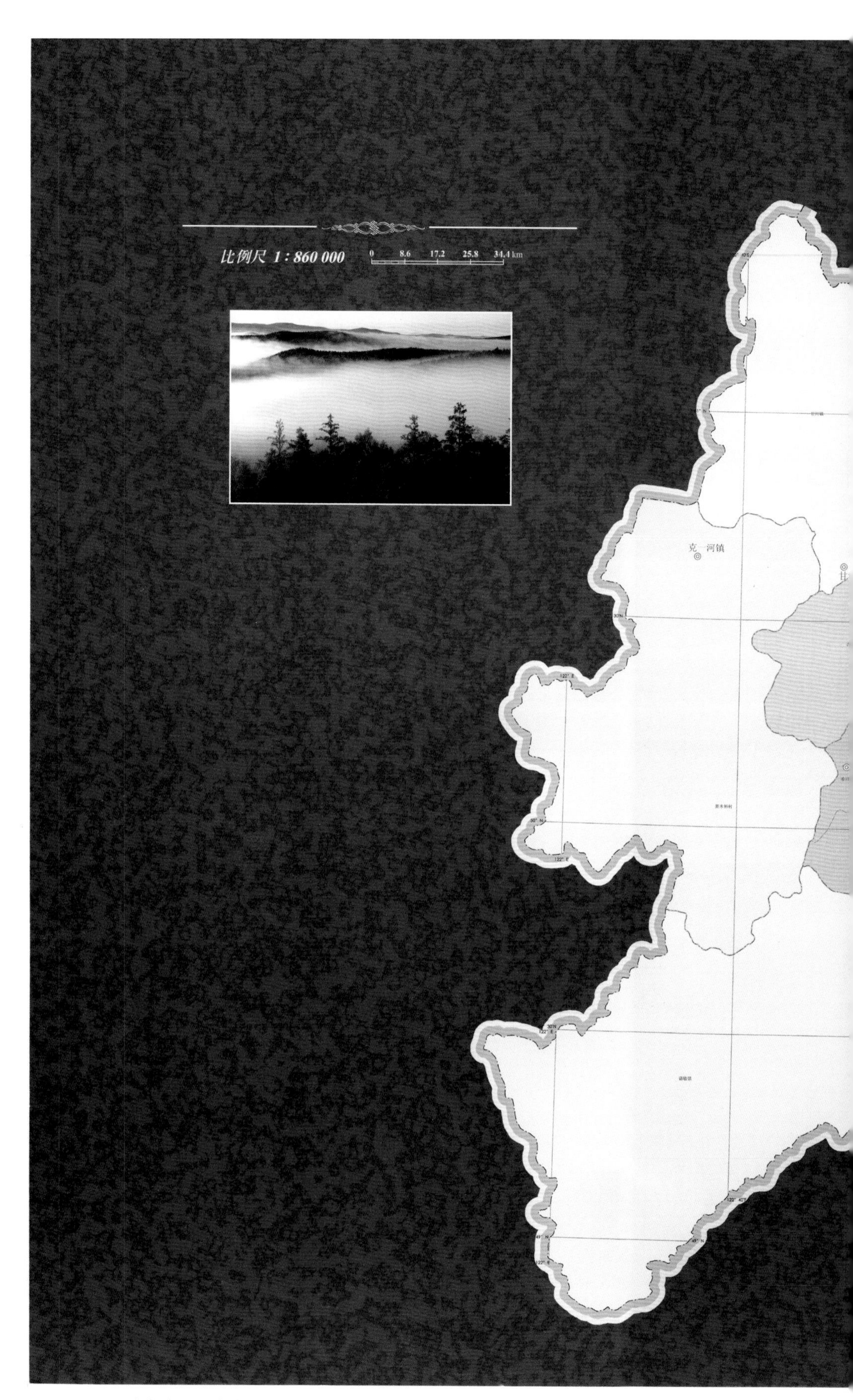

图3-10　鄂伦春自治旗土地范围

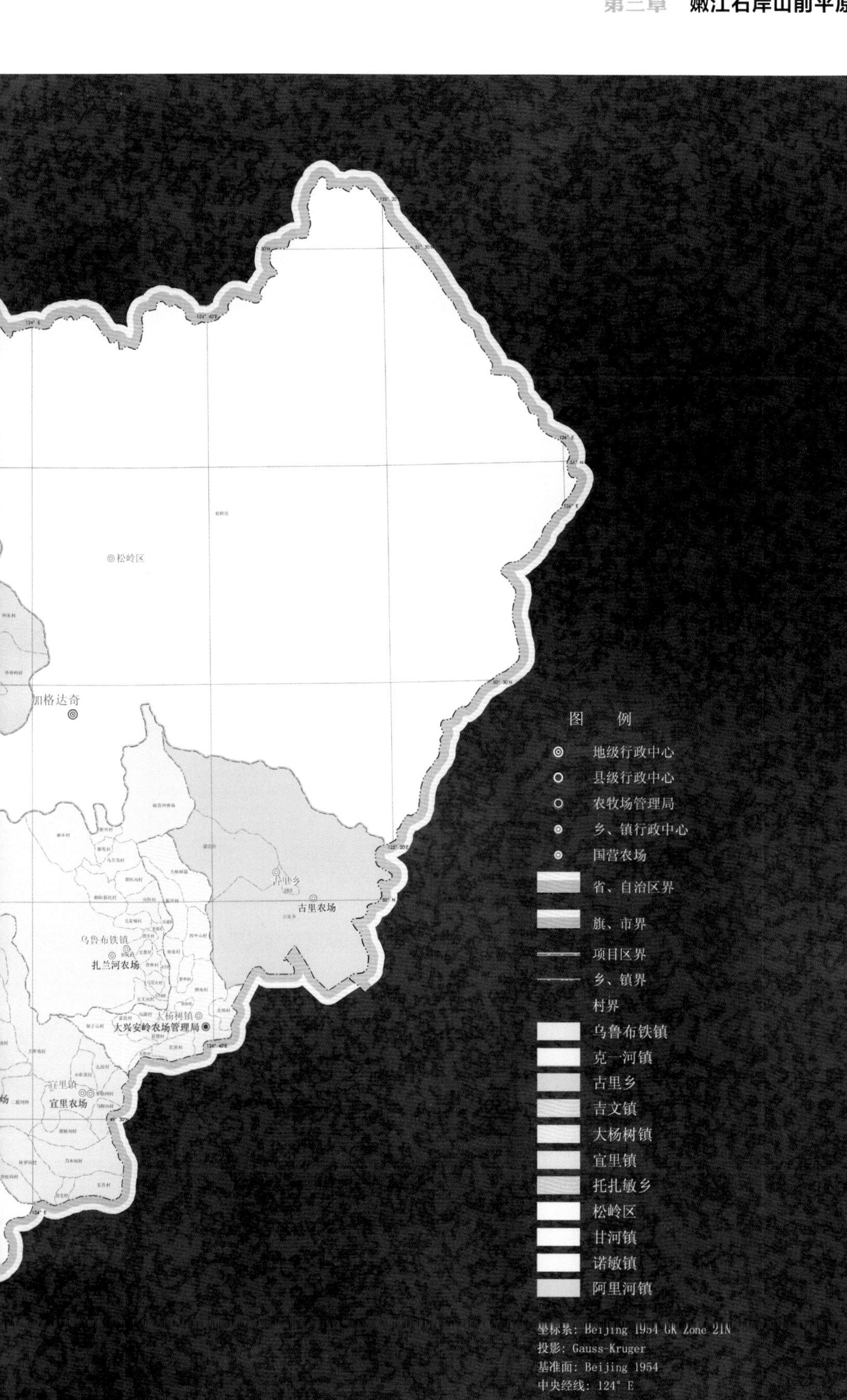

松岭区
加格达奇
古里乡
古里农场
乌鲁布铁镇
扎兰河农场
大杨树镇
大兴安岭农场管理局
宜里镇
宜里农场
图 例
地级行政中心
县级行政中心
农牧场管理局
乡、镇行政中心
国营农场
省、自治区界
旗、市界
项目区界
乡、镇界
村界
乌鲁布铁镇
克一河镇
古里乡
吉文镇
大杨树镇
宜里镇
托扎敏乡
松岭区
甘河镇
诺敏镇
阿里河镇
坐标系：Beijing 1954 GK Zone 21N
投影：Gauss-Kruger
基准面：Beijing 1954
中央经线：124° E

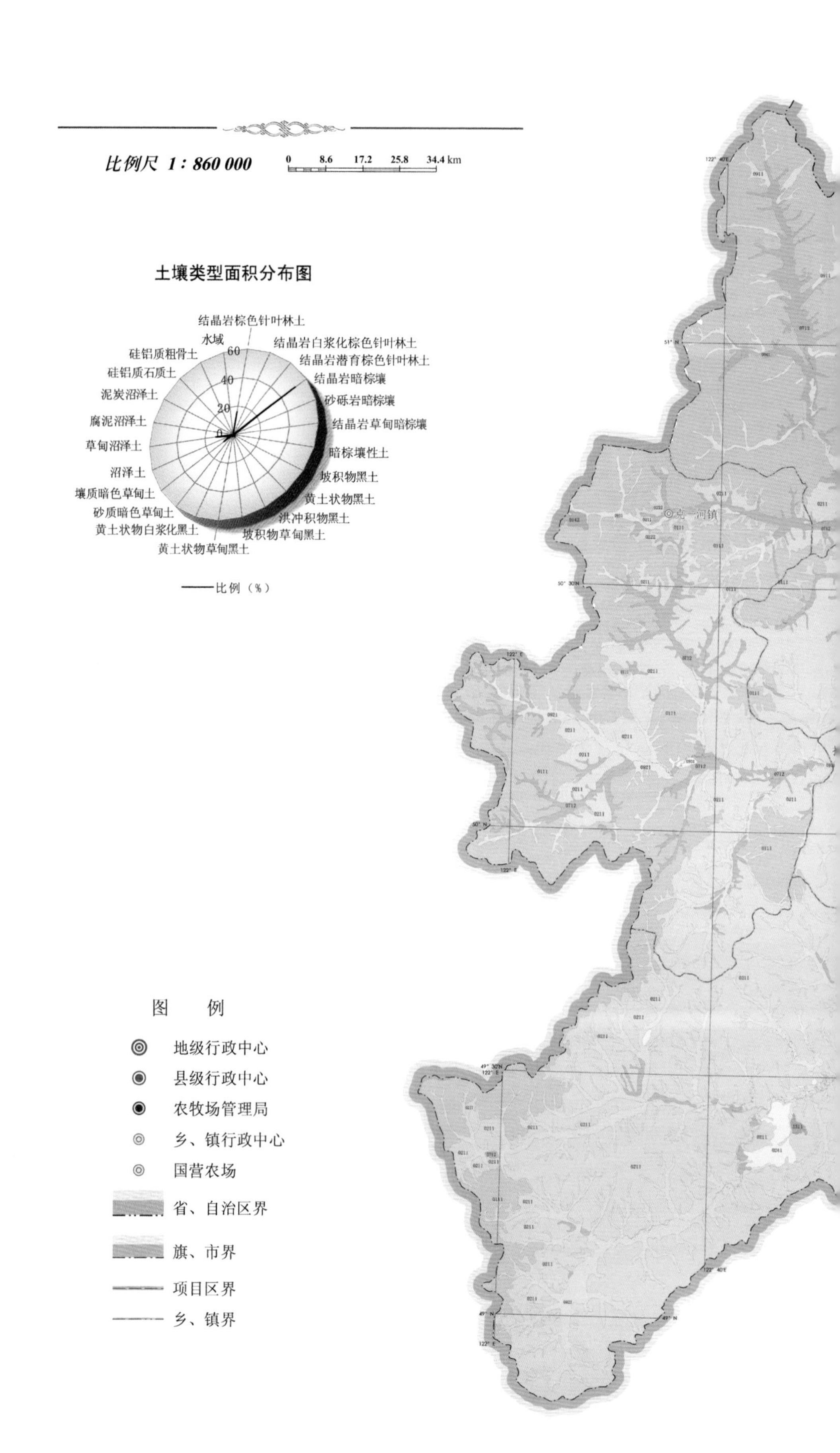
比例尺 1：860 000
0 8.6 17.2 25.8 34.4 km
土壤类型面积分布图
结晶岩棕色针叶林土
结晶岩白浆化棕色针叶林土
结晶岩潜育棕色针叶林土
结晶岩暗棕壤
砂砾岩暗棕壤
结晶岩草甸暗棕壤
暗棕壤性土
坡积物黑土
黄土状物黑土
洪冲积物黑土
坡积物草甸黑土
黄土状物草甸黑土
黄土状物白浆化黑土
砂质暗色草甸土
壤质暗色草甸土
沼泽土
草甸沼泽土
腐泥沼泽土
泥炭沼泽土
硅铝质石质土
硅铝质粗骨土
水域
60
40
20
0
——比例（%）
图　例
地级行政中心
县级行政中心
农牧场管理局
乡、镇行政中心
国营农场
省、自治区界
旗、市界
项目区界
乡、镇界

土壤类型面积

图例	土属代码	土属名称	面积（hm^2）	比例（%）
	0111	结晶岩棕色针叶林土	899966	16.46
	0131	结晶岩白浆化棕色针叶林土	790	0.01
	0142	结晶岩潜育棕色针叶林土	6432	0.12
	0211	结晶岩暗棕壤	2814887	51.47
	0212	砂砾岩暗棕壤	113683	2.08
	0222	结晶岩草甸暗棕壤	44007	0.80
	0241	暗棕壤性土	11781	0.22
	0411	坡积物黑土	83285	1.52
	0412	黄土状物黑土	110108	2.01
	0413	洪冲积物黑土	5223	0.10
	0421	坡积物草甸黑土	10584	0.19
	0422	黄土状物草甸黑土	97439	1.78
	0431	黄土状物白浆化黑土	2078	0.04
	0711	砂质暗色草甸土	1224	0.02
	0712	壤质暗色草甸土	424404	7.76
	0911	沼泽土	128782	2.35
	0921	草甸沼泽土	690454	12.63
	0931	腐泥沼泽土	3932	0.07
	0941	泥炭沼泽土	2163	0.04
	1311	硅铝质石质土	3279	0.06
	1411	硅铝质粗骨土	830	0.02
	9999	水域	13465	0.25

图3-11　鄂伦春自治旗土壤分布

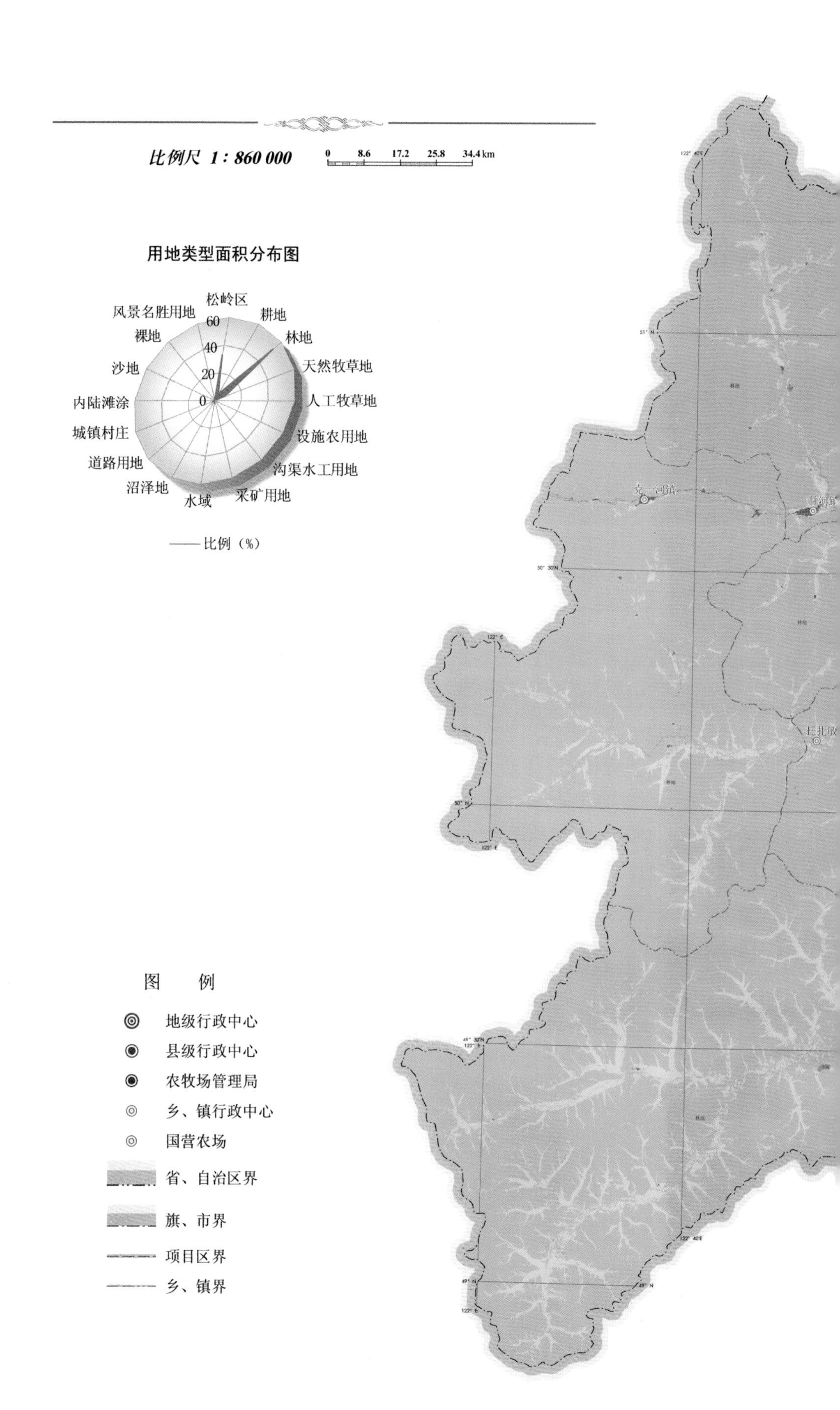
比例尺 1∶860 000
0 8.6 17.2 25.8 34.4 km
用地类型面积分布图
松岭区
耕地
林地
天然牧草地
人工牧草地
设施农用地
沟渠水工用地
采矿用地
水域
沼泽地
道路用地
城镇村庄
内陆滩涂
沙地
裸地
风景名胜用地
60
40
20
0
——比例（%）
图 例
地级行政中心
县级行政中心
农牧场管理局
乡、镇行政中心
国营农场
省、自治区界
旗、市界
项目区界
乡、镇界

各类用地面积

图例	地类名称	面积（hm^2）	比例（%）
	松岭区	1816482	33.21
	耕地	279111	5.10
	林地	2899284	53.02
	天然牧草地	434786	7.95
	人工牧草地	184	0.003
	设施农用地	454	0.008
	沟渠水工用地	99	0.002
	采矿用地	108	0.002
	水域	13428	0.25
	沼泽地	6522	0.12
	道路用地	864	0.02
	城镇村庄	14386	0.26
	内陆滩涂	2682	0.05
	沙地	15	0.0003
	裸地	305	0.006
	机场码头用地	0.4	0.000007
	风景名胜用地	85	0.002

图3-12　鄂伦春自治旗土地利用现状

图 例
县级行政中心
乡、镇行政中心
国营农场
国营农场生产队
省、自治区界
旗、市界
乡、镇界
村界
三岔河镇
亚东镇
六合镇
向阳峪镇
复兴镇
得力其尔鄂温克族乡
新发朝鲜族乡
查巴奇鄂温克族乡
那吉镇
霍尔奇镇
音河达斡尔鄂温克民族乡
坐标系: Beijing 1954 GK Zone 21N
投影: Gauss-Kruger
基准面: Beijing 1954
中央经线: 123° E

图3-13 阿荣旗土地范围

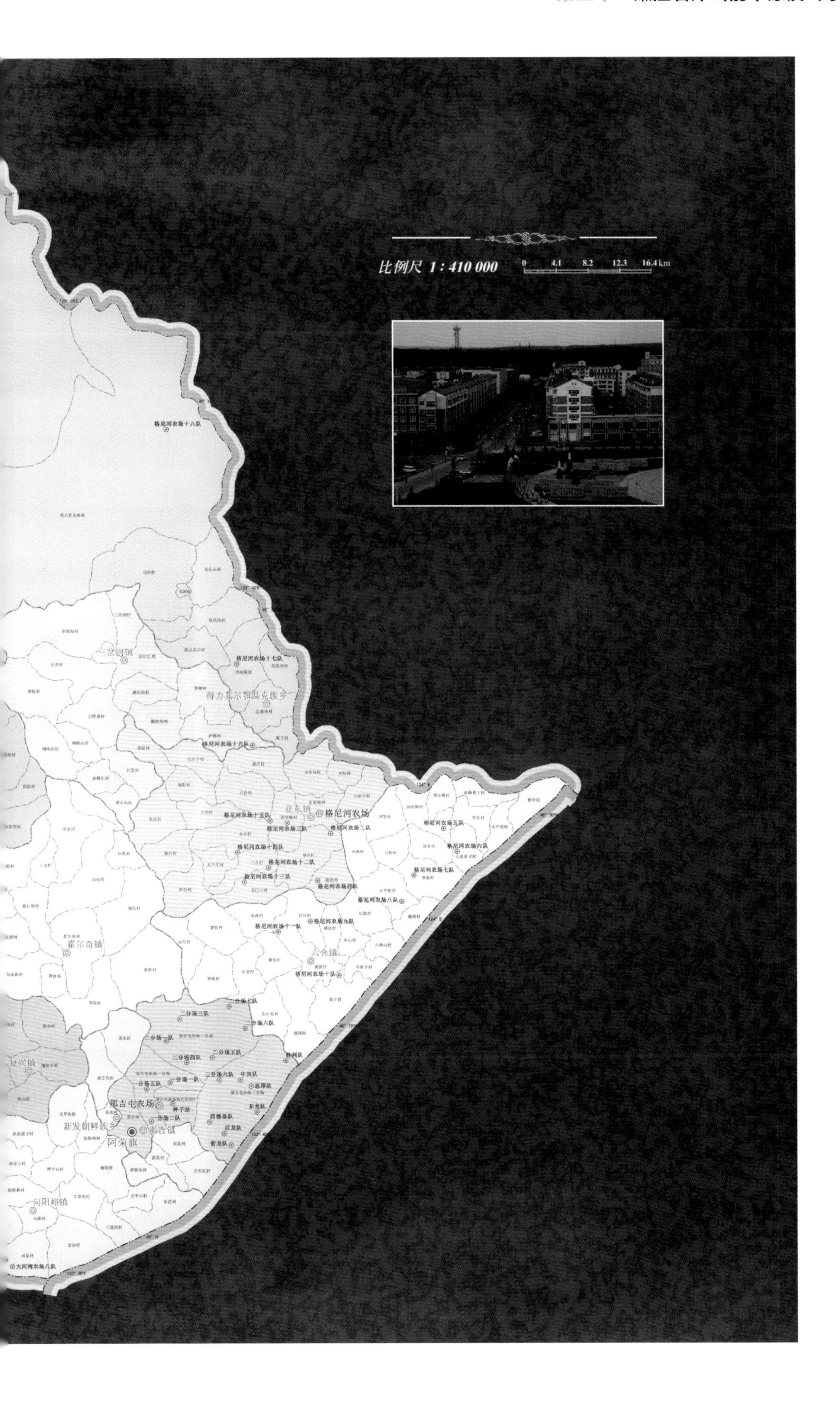

比例尺 1:410 000
0 4.1 8.2 12.3 16.4 km
格尼河农场十八队
得力其尔鄂温克族乡
格尼河农场十七队
亚东镇
格尼河农场
霍尔奇镇
六合镇
复兴镇
那吉屯农场
新发朝鲜族乡
阿荣旗
那吉镇
向阳峪镇

土壤类型面积

图例	土属代码	土属名称	面积（hm^2）	比例（%）
	0211	结晶岩暗棕壤	627268	56.65
	0213	泥页岩暗棕壤	21738	1.96
	0214	碳酸岩暗棕壤	55100	4.98
	0221	冲积物草甸暗棕壤	17652	1.59
	0411	坡积物黑土	98018	8.85
	0412	黄土状物黑土	17350	1.57
	0413	洪冲积物黑土	4413	0.40
	0422	黄土状物草甸黑土	3932	0.36
	0423	洪冲积物草甸黑土	4198	0.38
	0712	壤质暗色草甸土	95053	8.58
	0713	粘质暗色草甸土	36089	3.26
	0921	草甸沼泽土	122838	11.09
	1411	硅铝质粗骨土	106	0.01
	9999	水域	3576	0.32

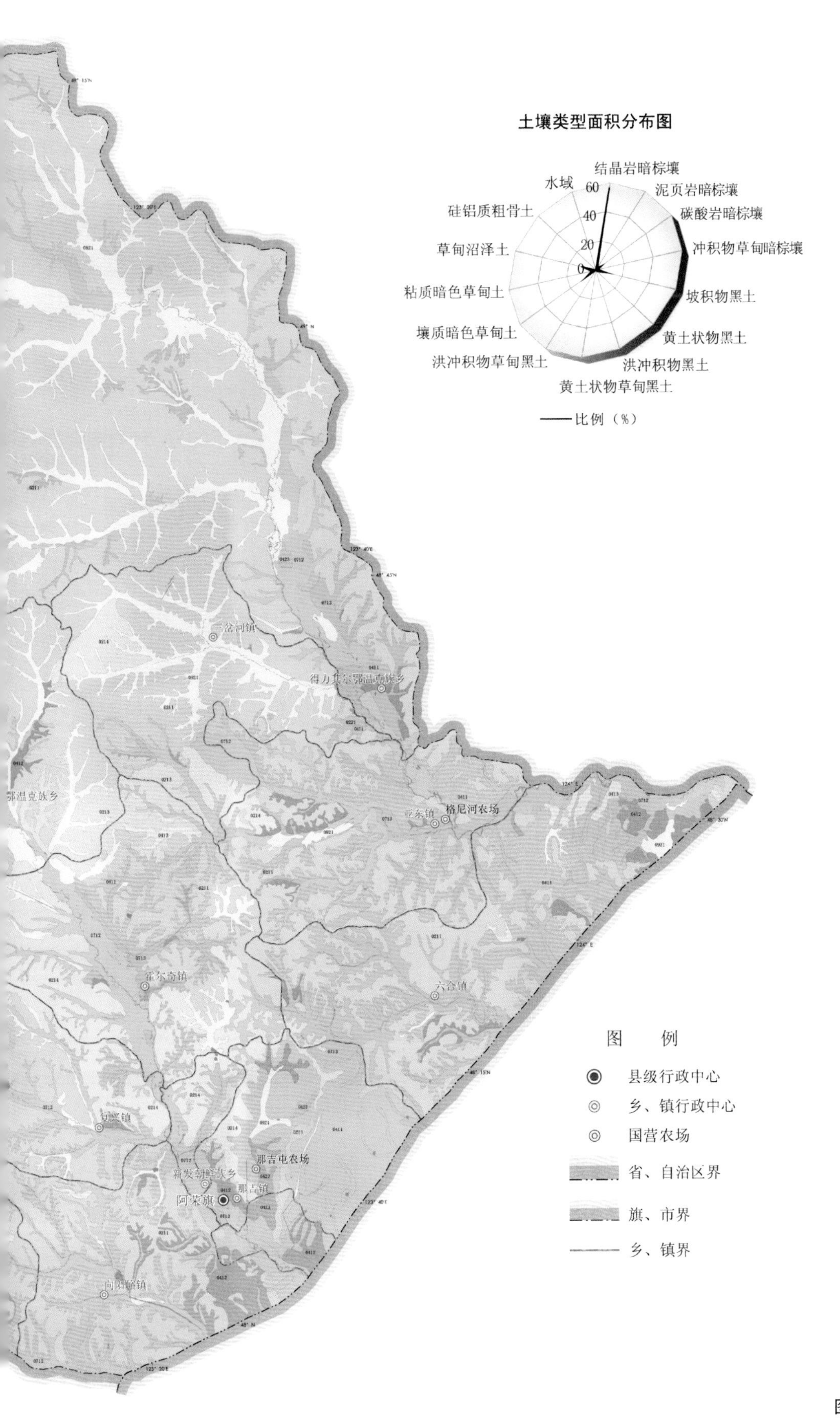

图3-14　阿荣旗土壤分布

各类用地面积

图例	地类名称	面积（hm²）	比例（%）
	耕地	326483	29.48
	林地	588579	53.16
	天然牧草地	136612	12.34
	人工牧草地	19180	1.73
	设施农用地	116	0.01
	沟渠水工用地	2525	0.23
	采矿用地	297	0.03
	水域	3575	0.32
	沼泽地	86	0.01
	道路用地	2248	0.20
	城镇村庄	20893	1.89
	内陆滩涂	5879	0.53
	裸地	486	0.04
	风景名胜用地	372	0.03

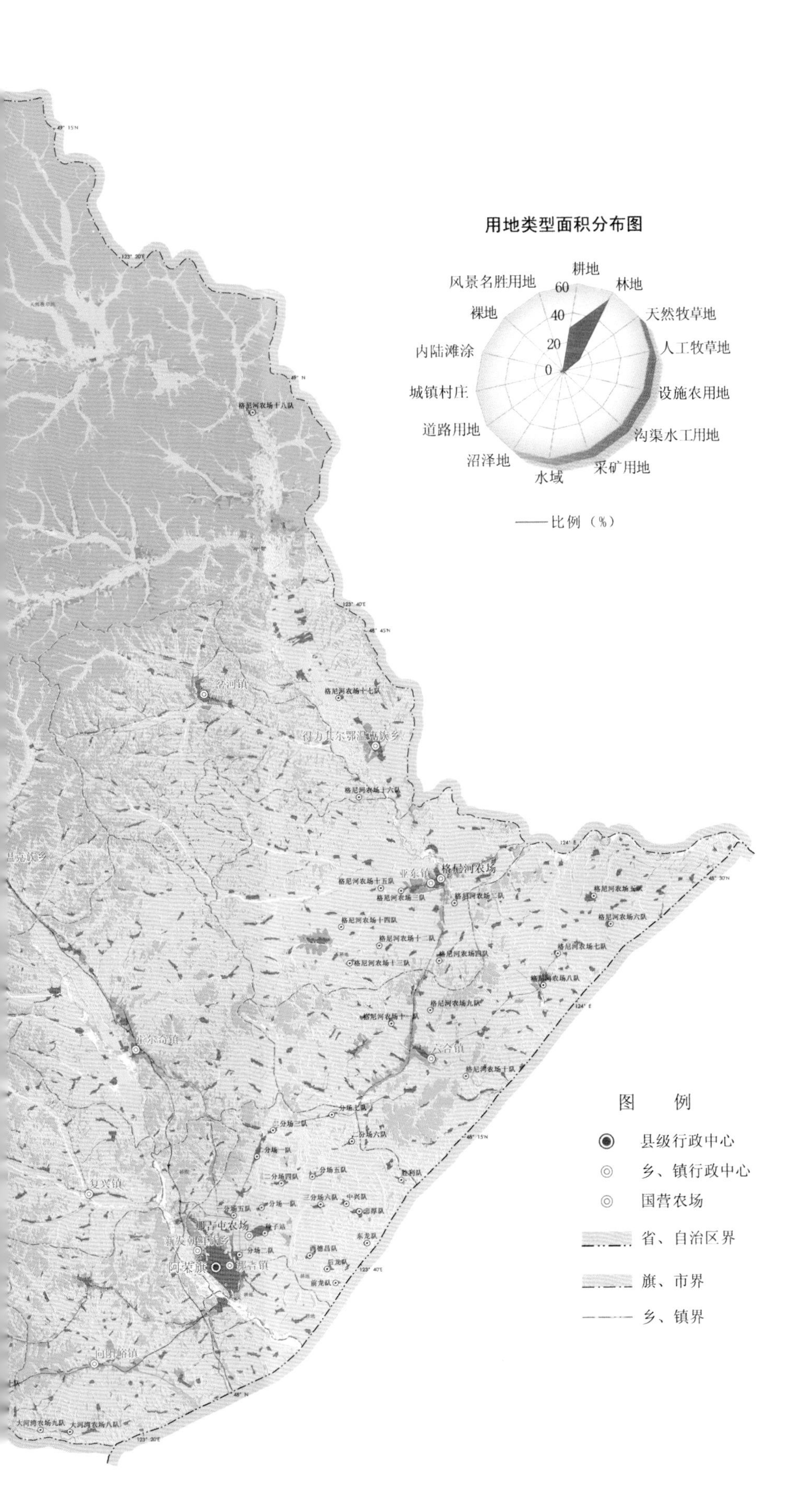

图3-15　阿荣旗土地利用现状

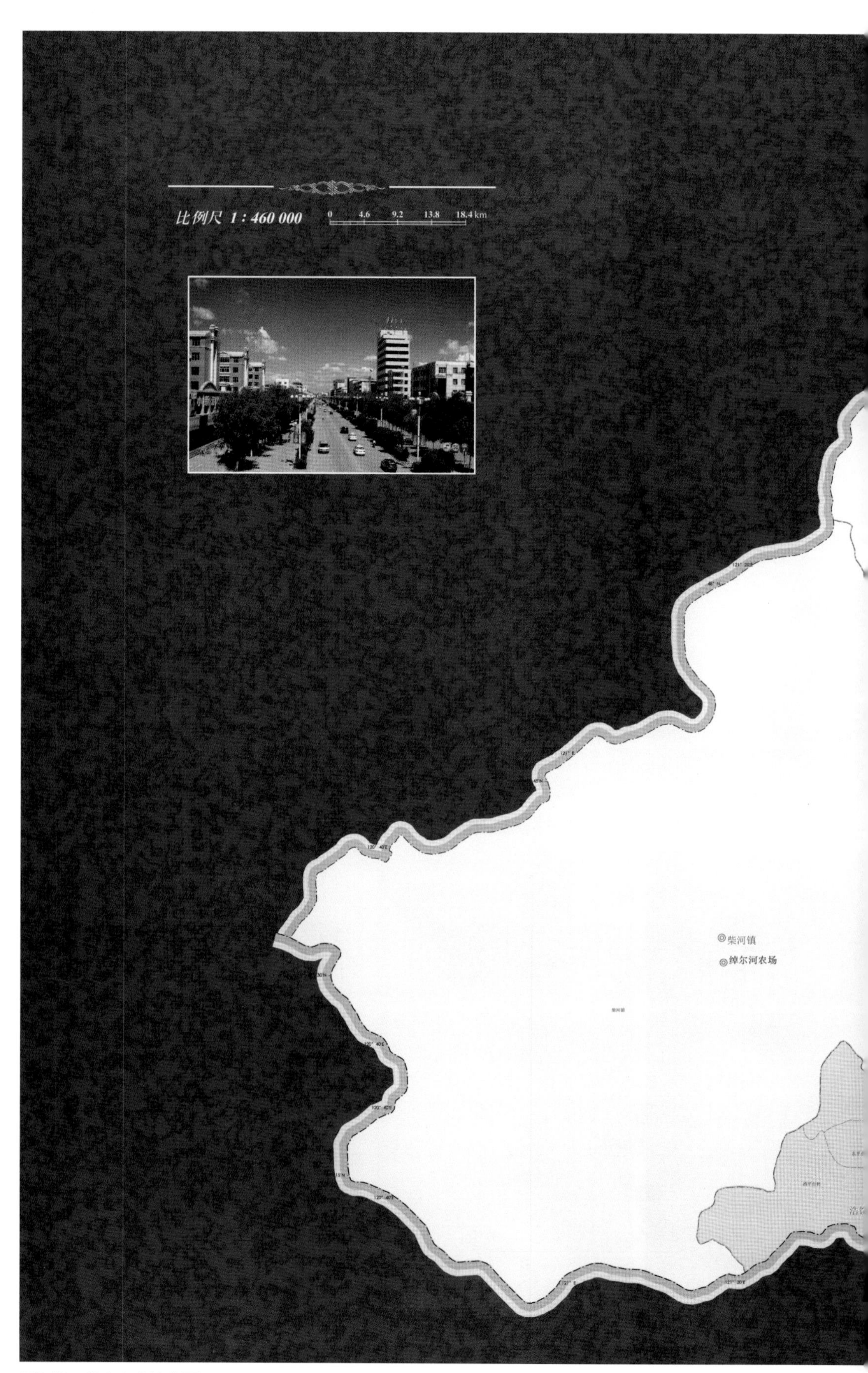

图3-16　兰屯市土地范围

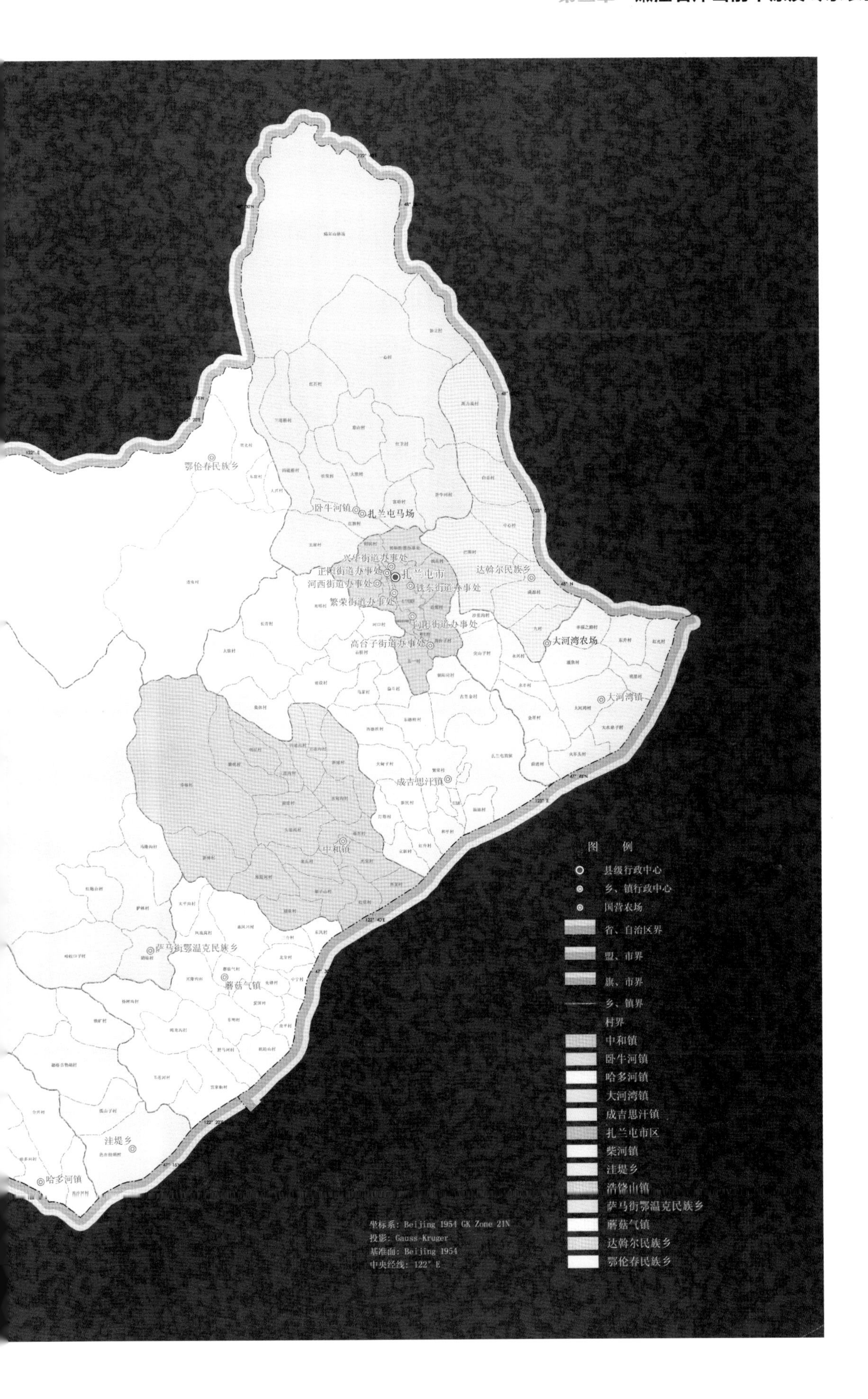

鄂伦春民族乡
卧牛河镇
扎兰屯马场
兴华街道办事处
正阳街道办事处
扎兰屯市
河西街道办事处
铁东街道办事处
繁荣街道办事处
向阳街道办事处
高台子街道办事处
达斡尔民族乡
大河湾农场
大河湾镇
成吉思汗镇
中和镇
萨马街鄂温克民族乡
蘑菇气镇
洼堤乡
哈多河镇
图　例
县级行政中心
乡、镇行政中心
国营农场
省、自治区界
盟、市界
旗、市界
乡、镇界
村界
中和镇
卧牛河镇
哈多河镇
大河湾镇
成吉思汗镇
扎兰屯市区
柴河镇
洼堤乡
浩饶山镇
萨马街鄂温克民族乡
蘑菇气镇
达斡尔民族乡
鄂伦春民族乡
坐标系: Beijing 1954 GK Zone 21N
投影: Gauss-Kruger
基准面: Beijing 1954
中央经线: 122° E

比例尺 1∶460 000　0　4.6　9.2　13.8　18.4 km

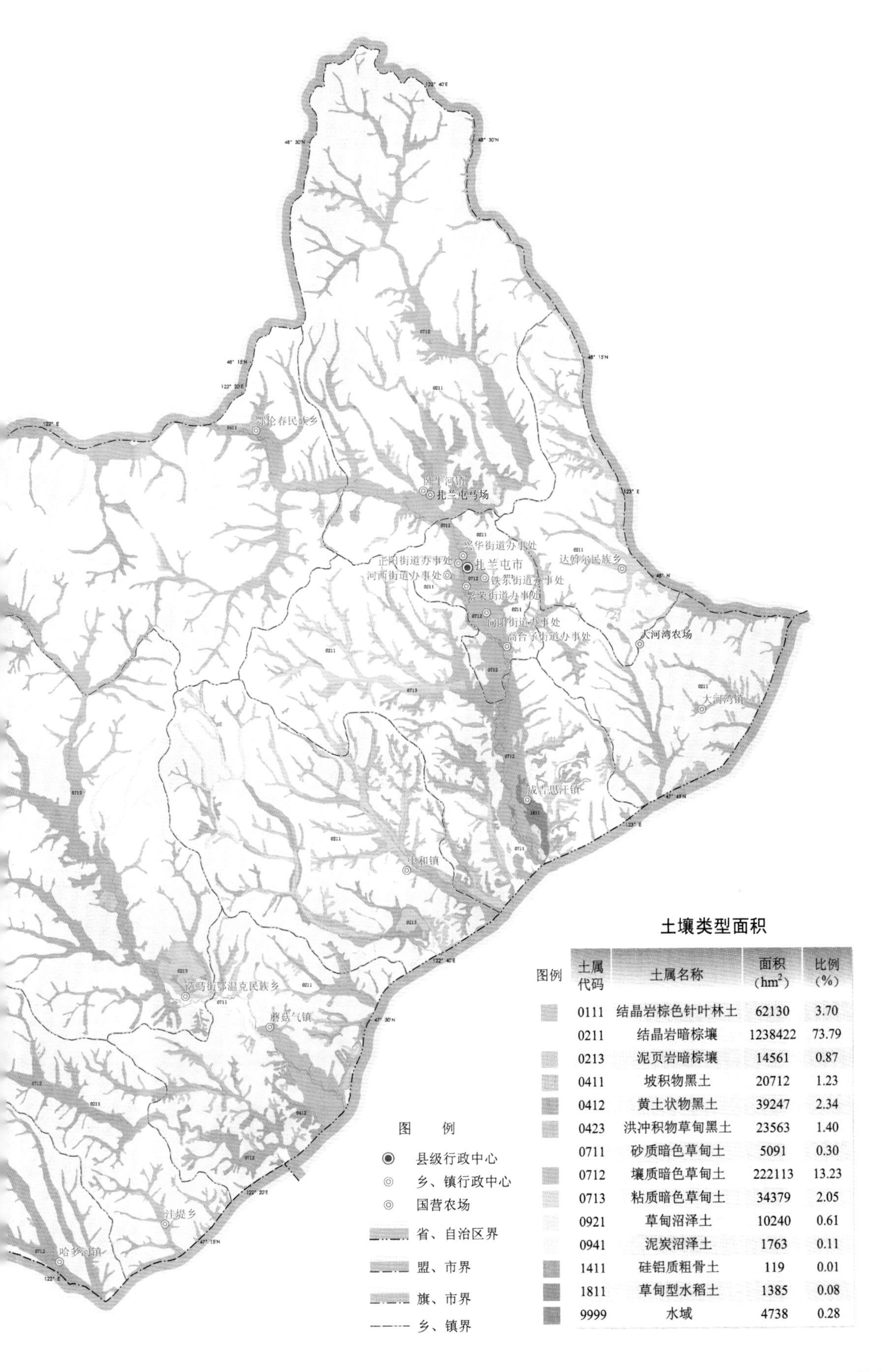

土壤类型面积

图例	土属代码	土属名称	面积（hm^2）	比例（%）
	0111	结晶岩棕色针叶林土	62130	3.70
	0211	结晶岩暗棕壤	1238422	73.79
	0213	泥页岩暗棕壤	14561	0.87
	0411	坡积物黑土	20712	1.23
	0412	黄土状物黑土	39247	2.34
	0423	洪冲积物草甸黑土	23563	1.40
	0711	砂质暗色草甸土	5091	0.30
	0712	壤质暗色草甸土	222113	13.23
	0713	粘质暗色草甸土	34379	2.05
	0921	草甸沼泽土	10240	0.61
	0941	泥炭沼泽土	1763	0.11
	1411	硅铝质粗骨土	119	0.01
	1811	草甸型水稻土	1385	0.08
	9999	水域	4738	0.28

图3-17　兰屯市土壤分布

比例尺 1：460 000

0 4.6 9.2 13.8 18.4 km

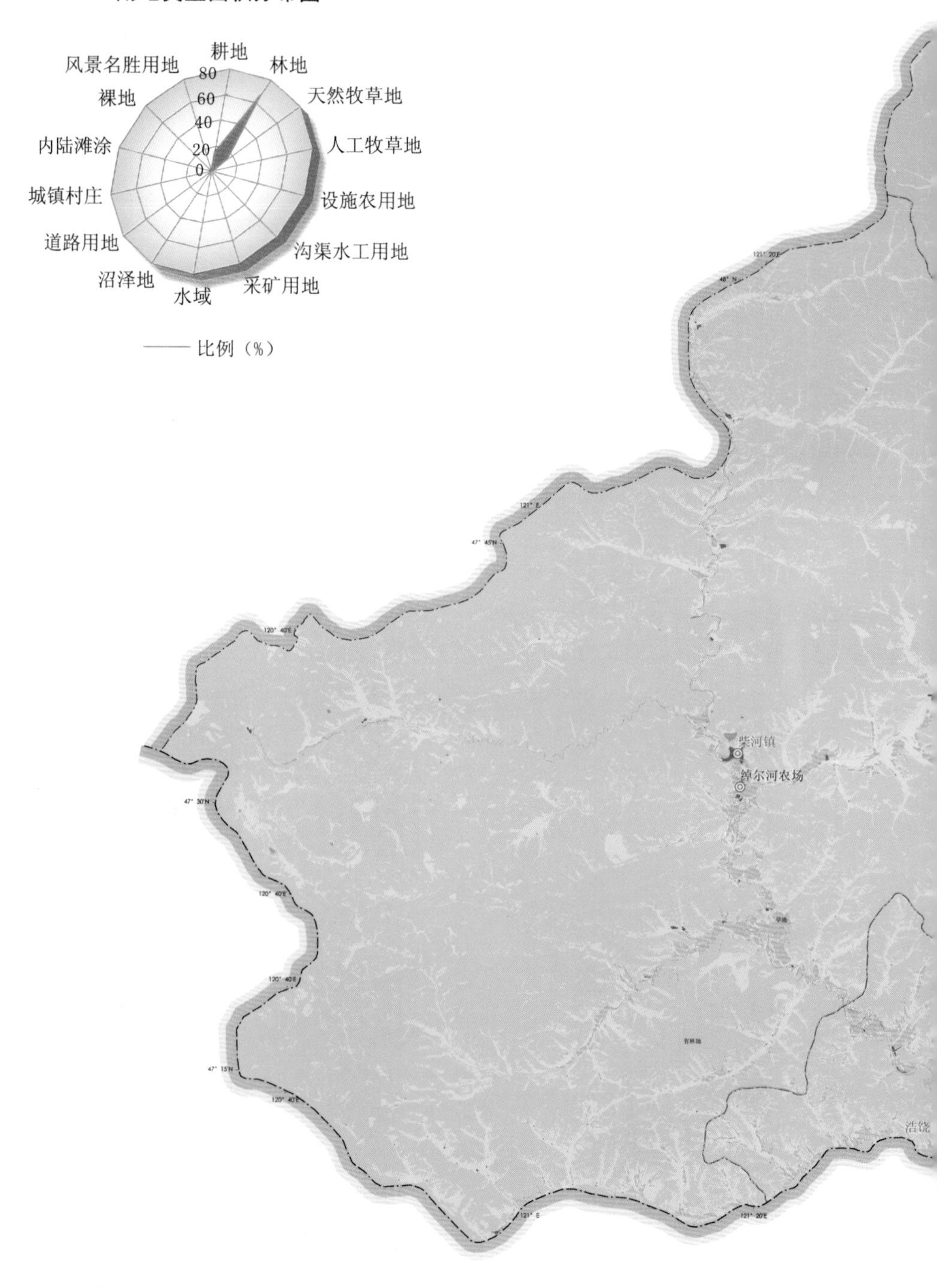

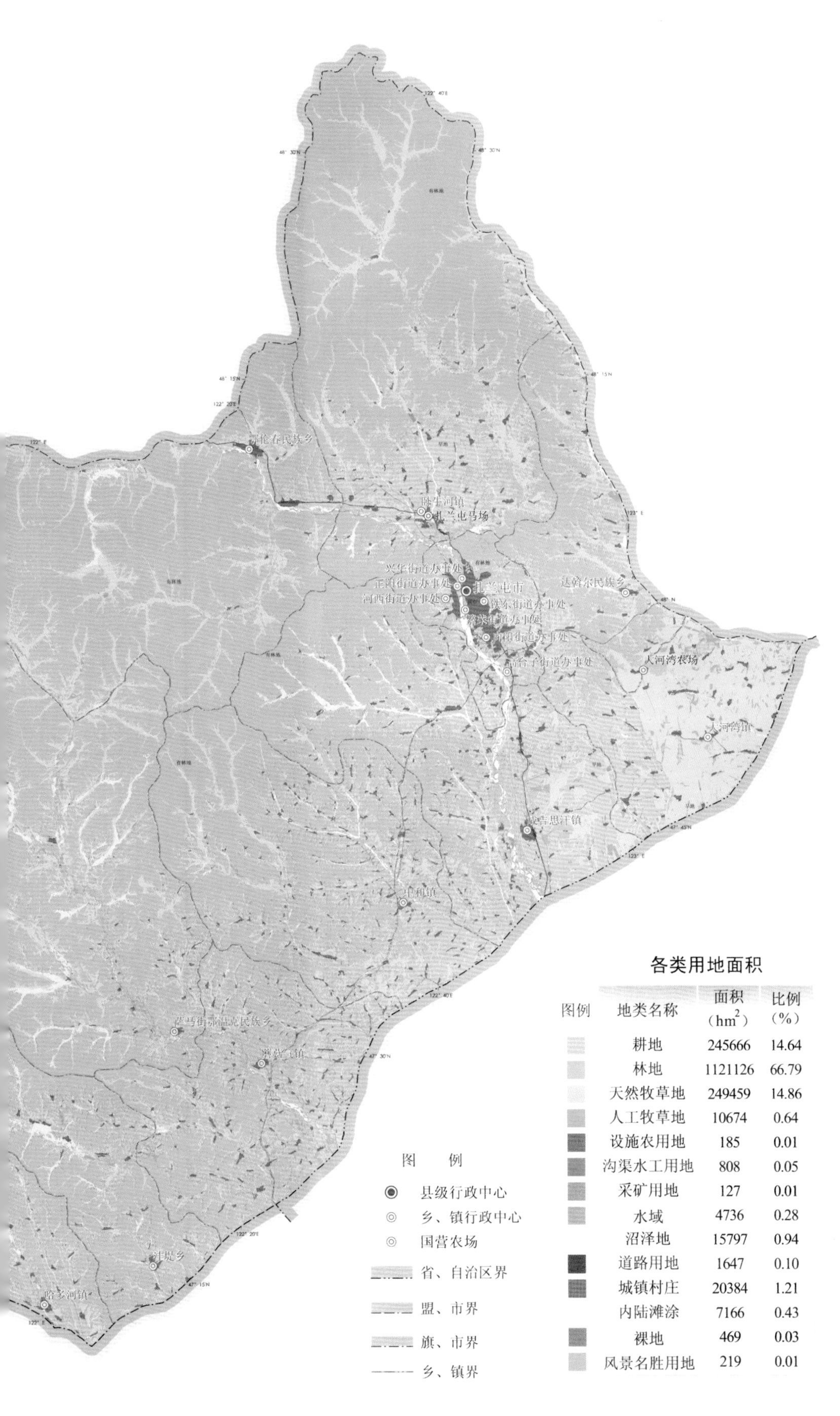

各类用地面积

图例	地类名称	面积（hm^2）	比例（%）
	耕地	245666	14.64
	林地	1121126	66.79
	天然牧草地	249459	14.86
	人工牧草地	10674	0.64
	设施农用地	185	0.01
	沟渠水工用地	808	0.05
	采矿用地	127	0.01
	水域	4736	0.28
	沼泽地	15797	0.94
	道路用地	1647	0.10
	城镇村庄	20384	1.21
	内陆滩涂	7166	0.43
	裸地	469	0.03
	风景名胜用地	219	0.01

图3-18 扎兰屯市土地利用现状

第四章
大兴安岭山脉的火山和北段的火山活动

本章以大兴安岭山脉区的火山和火山活动为主线，从火山活动的角度介绍大兴安岭山脉在地质变迁过程中受到的影响，包括地貌、山脉走向以及依附于环境生长的野生动植物。本章重点对奎勒河—诺敏火山群、阿尔山—柴河火山群进行详细的介绍，所参考的资料有些是最新的研究成果，其中也包括作者的考查记录。目的是显而易见的，就是要通过对火山群全面系统的了解，科学合理地利用开发火山资源，包括地热、矿产、野生动植物、旅游等等。

火山活动是大兴安岭山脉地形形成过程中的重要影响因素，火山地貌也是大兴安岭重要的地形特点。大兴安岭是我国重要的火山分布带，沿着绵延起伏的大兴安岭山脉由北向南到燕山山脉、阴山山脉分布着许多新生代玄武岩，可分为诺敏—奎勒河、阿尔山—柴河、达里诺尔、围场以及集宁5个火山群。其中有3个比较典型火山群分部在大兴安岭山脉北段居中、北段偏南、南段南端（图4-1）。

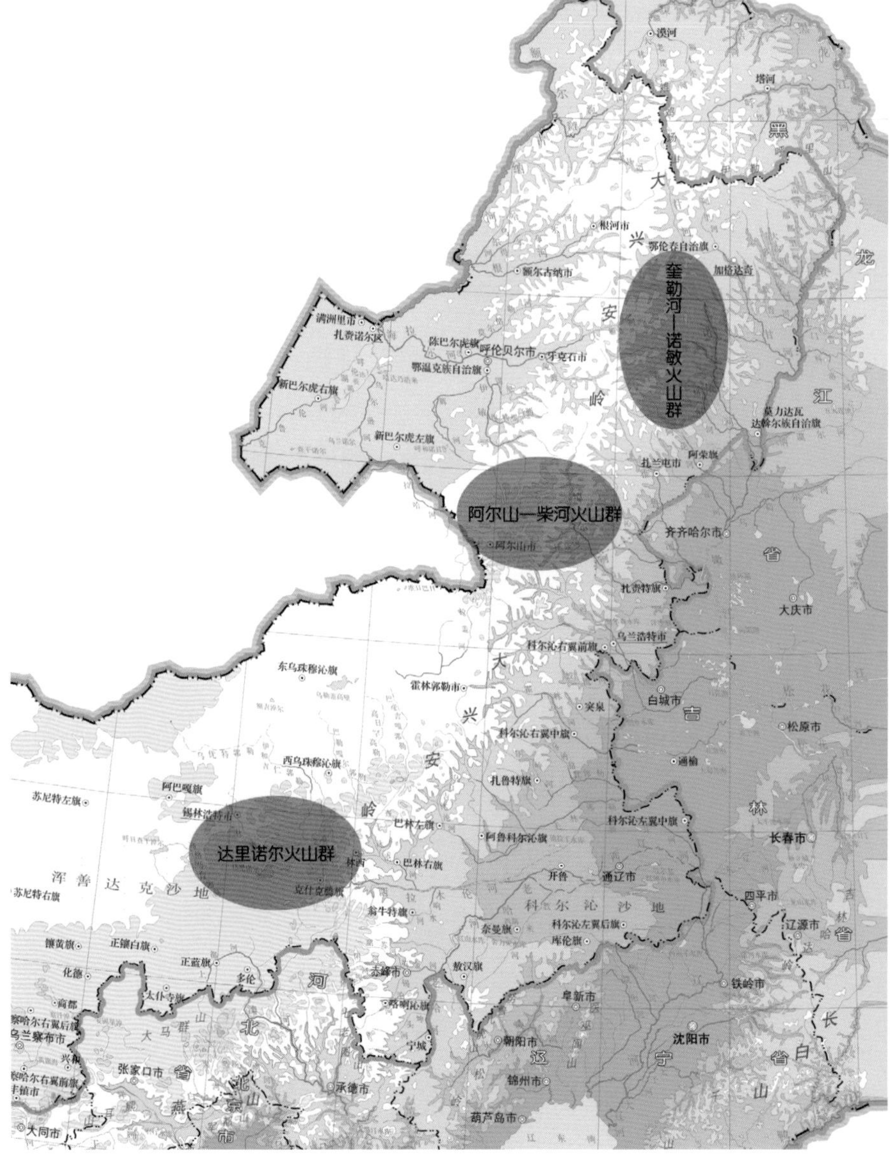

图4-1　大兴安岭山脉火山群分布示意

第一节
奎勒河—诺敏火山群

奎勒河—诺敏火山群位于大兴安岭北段居中东坡，内蒙古东部第四纪①火山喷发带北段，主体处于鄂伦春旗南部的诺敏镇、宜里镇及乌鲁布铁镇，东距著名的五大连池火山群约 160 km。火山群涉及面积约 7 500 km²，但火山岩分布面积仅 820 km² 左右。熔岩流厚度 15～30 m，岩性主要为灰黑色碧玄岩和碱性橄榄玄武岩。火山和火山岩沿嫩江一二级支流诺敏河、甘河、毕拉河、奎勒河等河流河谷分布。晚第四纪有 30 余座火山主要分布于诺敏河中上游、诺敏河支流毕拉河中下游和甘河支流奎勒河中下游河谷区域；其中晚更新世火山约 30 座（刘若新，1995）（图 4-2、图 4-3）。甘河流域有 389 高地、430.8 高地等火山，在奎勒河流域有黑桦梁子（小四方山）、大红花尔基河南高地、克得毕拉罕河口北、博克图大山、根河源头高地等火山；在诺敏河流域有达尔滨呼通、马鞍山、四方山、布宫奇汉、果楞奇、霍日高鲁和小土葫芦山等火山。两处共有 30 余座火山锥（口），火山类型丰富。近期的研究发现，在东部的甘河右岸还有 389 和 430.8 高地两个火山口。使这个火山群的分布范围东移约 28 km，达到甘河右岸（西岸）（表 4-1）。

这个火山群的分布范围按最新的研究成果划分，它的南部边界在加尔敦山支脉北侧的毕拉河右岸各直流流域，个别火山口距支脉山脊较近；东部边界在甘河右岸；北部到小土葫芦山；西到西热克特奇呼通火山西南 5.3 km 处的双锥无名火山。

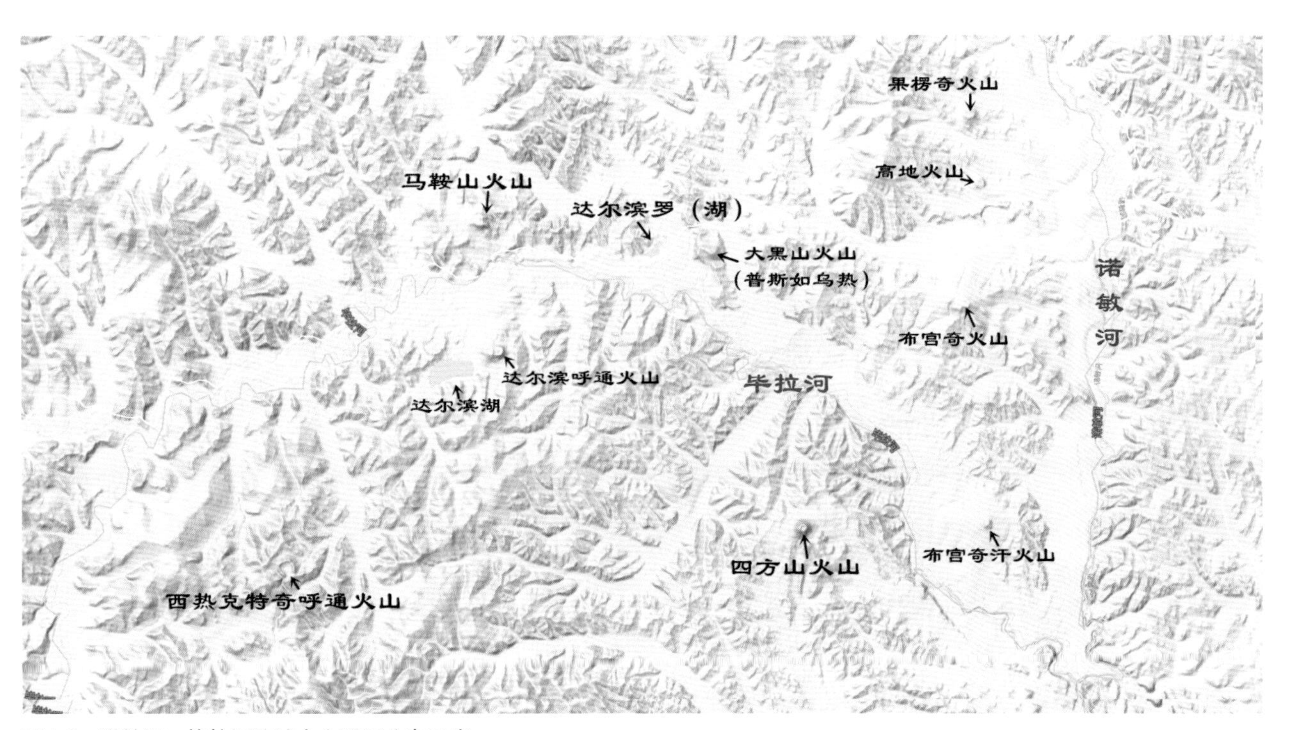

图4-2　诺敏河、毕拉河流域火山群区分布示意

① 第四纪：新生代最新的一个纪，包括更新世和全新世。其下限年代多采用距今 260 万年。从第四纪开始，全球气候出现了明显的冰期与间冰期交替的模式。第四纪生物界的面貌已很接近于现代。哺乳动物的进化在此阶段最为明显，而人类的出现与进化则是第四纪最重要的事件之一。

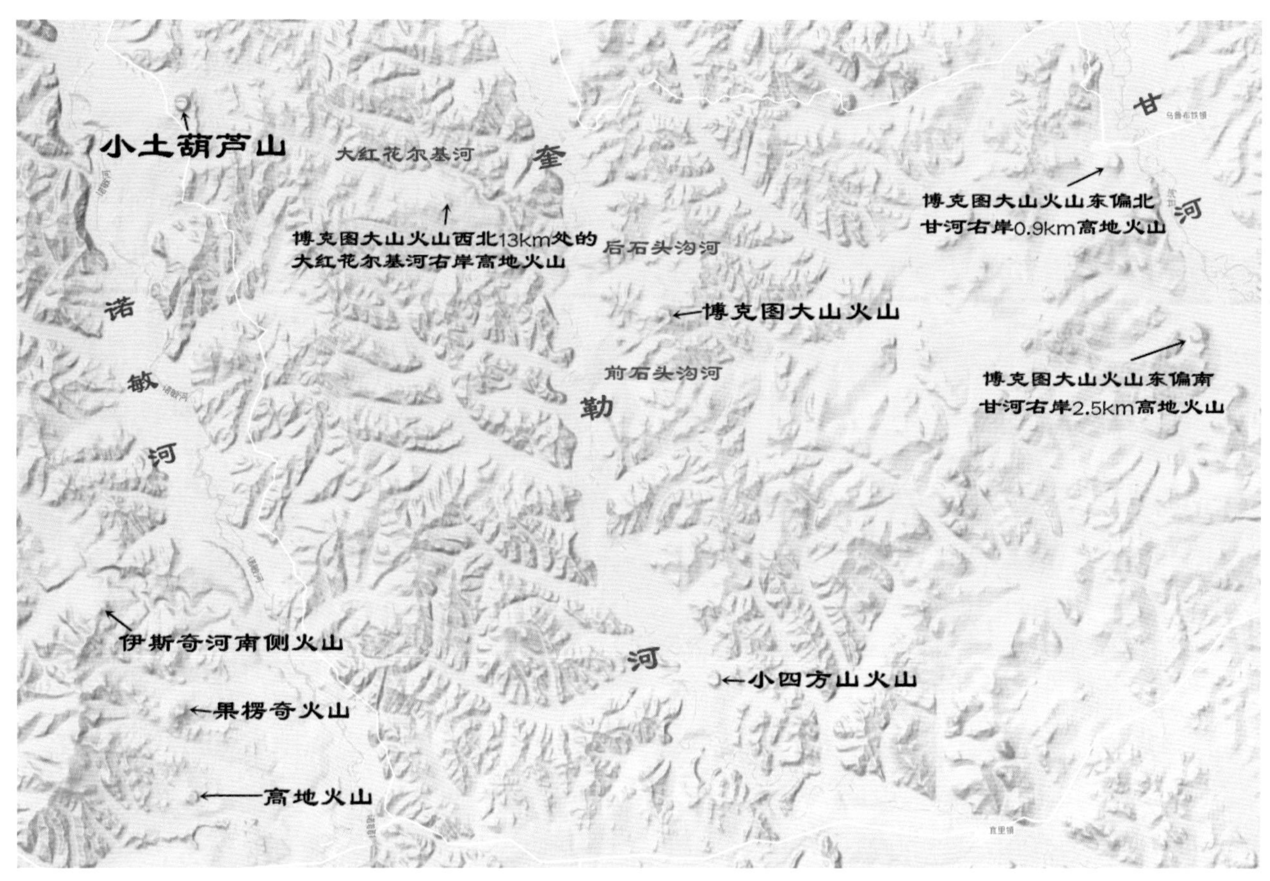

图4-3　甘河—奎勒河流域火山群区位置示意

表4-1　奎勒河—诺敏火山群部分火山锥（口）特征

流域名称	火山名称	火口中心地理位置	溢出口方向	火山锥（口）特征	火口直径（m）	海拔高度（m）	岩流长度（km）
甘河—奎勒河流域火山群区	甘河右岸 389 高地火山	124° 18′ 20″ 49° 52′ 10″	北	单锥	480	389	不详
	甘河右岸 430.8 高地火山	124° 21′ 30″ 49° 47′ 15″	西北	单锥	500	430.8	不详
	黑桦梁子（小四方山）	124º2′ 10″ 49º38′ 40″	南西	截锥状	700	465	4
	根河源头嘎布嘎克河交汇处无名火山	123º51′ 20″ 49º32′ 45″	南北	塌陷火口	400	496	3
	大红花尔基河南侧 571.0m 高地火山	123º48′ 30″ 49º51′ 00″	南东	充填	400	571	8
	奎勒河左岸支流克德毕拉罕河河口北侧无名火山	123º56′ 20″ 49º44′ 10″	北西	崩塌火口	500	375	6
	博克图大山火山	123º59′ 30″ 49º48′ 00″	南东	套迭锥	600	644.3	10
	根河源头 526.0m 高地火山	123º56′ 20″ 49º33′ 50″	北 东 南 西	主、副火口	600	409	25

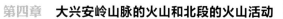

（续）

流域名称	火山名称	火口中心地理位置	溢出口方向	火山锥（口）特征	火口直径（m）	海拔高度（m）	岩流长度（km）
诺敏河—毕拉河流域火山群区	西热克特奇呼通火山	122º59′ 20″ 49º21′ 00″	南	箕状锥	1700	900	22
	1002.0m 高地火山			充填	200	1 002.0	1
	1058.2m 高地火山	122º56′ 50″ 49º21′ 20″	西	充填	600	1 058	5
	布宫奇汉火山	123º38′ 05″ 49º23′ 03″	南西 北东	双锥 火口	400 500	569	7
	布宫奇火山	123º37′ 00″ 49º30′ 03″	北东	单锥	500	719	13
	布宫奇西 1km 无名火山		东	不完整锥副火山	400	660	7
	果楞奇南 4km 无名火山		南东	单锥	500	502	5
	果楞奇火山	123º37′ 50″ 49 º37′ 00″	北东	单锥	500	661	5
	果楞奇南 4.5km 无名火山	123º37′ 55″ 49 º34′ 30″	北东	单锥	500	650	5
	伊斯奇河支流 648.0m 高地西无名火山		南西	单锥	300	600	10
	伊斯毕坎罕河源头 821m 高地西无名火山		南东	单锥	200	890	15
	霍日高鲁河源头火山		北东	单锥	200	620	16
	四方山火山（天池）	123º26′ 30″ 49º22′ 30″	南	单锥（天池）寄生火口 2 个	700	933	
	乌克特毕拉罕河源头无名火山			塌陷火口	400	600	1
	达尔滨呼通火山	123º10′ 45″ 49º28′ 50″	东西	双锥	400 600	760	1
	达尔滨呼通南北副火山			拗陷锥 6 个北东排列	100-150	560-700	10
	马鞍山火山	123º9′ 50″ 49º33′ 30″	东西	东西向双锥北东副火山	500-600	906	46
	五间房西南 597 高地火山	123º20′ 30″ 49º24′ 20″	南	单锥	200	580	10
	霍日高鲁河东侧支流无名火山		北西	单锥	500	520	4
	果楞奇、毕拉罕河源头无名火山	123º33′ 50″ 49º37′ 00″	东南	塌陷火口	300	620	14
	小土葫芦火山	123º37′ 10″ 49º54′ 00″	西	单锥	500 300	668	12
	大黑山 （普斯如乌热）	123° 19′ 34″ 49° 32′ 44″	东北	单锥	700-800	668.2	1.5

这个火山群最大特点是在火山作用的直接或间接影响下堰塞湖（barrier lake）密布。在霍日高鲁湿地、扎文河谷、小气河谷、阿木珠坎河谷、阿木珠苏河谷、小奇河谷分布着大小数不清的堰塞湖。其中阿木珠苏河谷的堰塞湖就达 120 多个，被称为百湖谷，空中鸟瞰甚是震撼（图 4-4）。这些堰塞湖中最大的两个是达尔滨湖和达尔滨罗[①]，面积分别是 4.12km² 和 0.68km²（图 4-5、图 4-6）。在毕拉河与扎文河下游，两河所夹的长约 25.51km 的狭长地带（最宽处约 6.3km，最窄处约 0.464km，面积约 61km²），是火山熔岩流形成的石塘林，上面长满了黄菠萝树（黄檗，*Phellodendron amurense* Rupr.）（图 4-7）和兴安杜鹃（*Rhododendron dauricum* L.）灌丛。这里被鄂伦春族人称之为“阔绰”（Kuochuo），

图4-4　阿木珠苏河谷连珠状分布的堰塞湖（摄影：王忠宝）

图4-5　达尔滨罗（湖）

① 达尔滨（Daerbin），为鄂伦春语，意为大的水域（湖），达尔滨罗（Daerbinluo）是指较小的水域（湖）（鄂伦春自治旗现任旗长，何胜宝先生译解）。

图4-6　达尔滨湖

图4-7　黄菠萝

意为两河之间[①]（图 4-8）。由于地貌特殊，一侧是蜿蜒曲迴的扎文河，另一侧是在神指峡中奔腾咆哮的毕拉河，而且在最窄处两河还有 80 m 的高差，使它成为大兴安岭三个火山群石塘林中最美的。进入石塘林中犹入仙境，石奇、林秀、水灵，让人不知天上人间（图 4-9）！神指峡是毕拉河河谷中发育的一条约 30 多千米长的峡谷，宽 30～80 m，深 10～30 m，是典型的熔岩峡谷，是大兴安岭山脉最大规模的玄武岩（Basalt）[②]峡谷。它从西端峡口到东端谷口长＞ 30 km，有近 180 m 的落差，平均比降约 6‰，是山脉北部落差较大的主要河流之一（图 4-10）。

这个火山群的另一个特点是，火山作用使诺敏河、毕拉河、奎勒河流域的河流湿地、草本沼泽和

---

① 阔绰（Kuochuo）：系鄂伦春语，两条（河流）之间的地方（鄂伦春自治旗现任旗长，何胜宝先生译解）。

② 玄武岩（Basalt）：玄武岩是一种基性喷出岩，其化学成分与辉长岩或辉绿岩相似，SiO_2 含量变化于 45%～52% 之间，K_2O+Na_2O 含量较侵入岩略高，CaO、Fe_2O_3+FeO、MgO 含量较侵入岩略低。矿物成分主要由基性长石和辉石组成，次要矿物有橄榄石，角闪石及黑云母等，岩石均为暗色，一般为黑色，有时呈灰绿以及暗紫色等。呈斑状结构。气孔构造和杏仁构造普遍。玄武岩耐久性甚高，节理多，且节理面多成五边形或六边形，构成柱状节理。

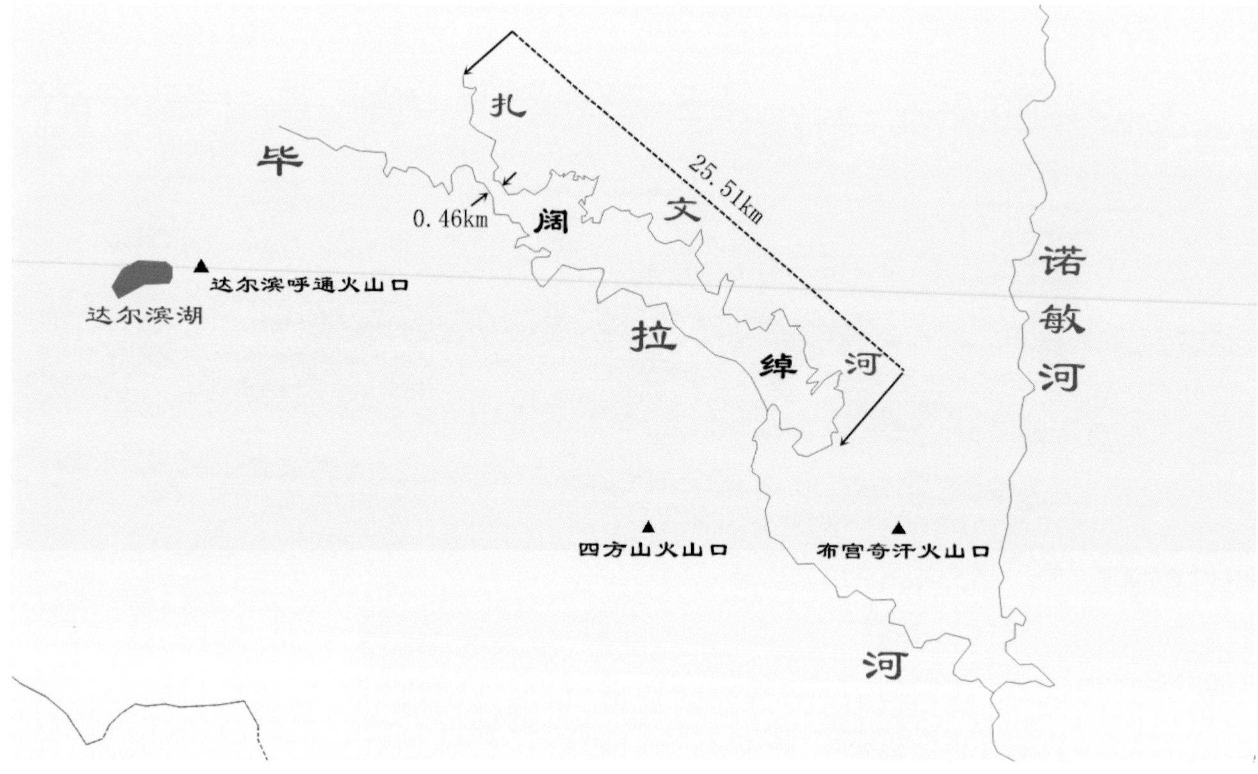

图4-8　阔绰的范围

图4-9　石塘林

图4-10 神指峡（摄影：王忠宝）

灌丛沼泽发育健康丰富、湿地功能更强大，伴生的少量森林盐沼为野生动物的生存提供了不可或缺的盐碱等微量元素。这也是鄂伦春猎民为什么把这里称为“扎克奇（有猎物的地方）”的重要原因之一。

一、小土葫芦山火山

位于诺敏河上游左岸陶来罕红花尔基河口上游约 6 km 处，地理坐标为东经 123° 37′ 10″、北纬 49° 54′ 00″，是典型的夏威夷式火山[①]，它由火山锥体和盾状熔岩流组成，锥体完整但规模小，由溅落堆积的熔结集块岩组成，锥底直径 1000 m，高约 120 m，火口直径约 250 m，深约 58 m，总体呈马蹄形。熔岩从锥体西侧的溢出口涌出，向西流入诺敏河谷，使宽阔的诺敏河谷变成峡谷，并使陶来罕红花尔基河倒流，反向汇入诺敏河。溢出的玄武岩流总体构成东西宽约 5 km、南北长约 10.75 km 的盾状熔岩台地（图 4-11 至图 4-13）。

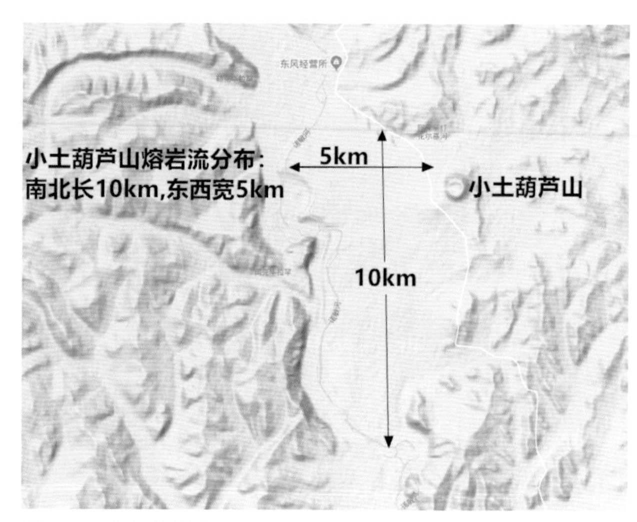

图4-11　小土葫芦山

图4-12　小土葫芦山鸟瞰

① 夏威夷式火山（Hawaiian-type Volcano）：夏威夷式火山是一种平缓的穹窿状火山，即盾形火山。它的山坡倾角在 3° ～ 10° 之间，全部由熔岩组成，火山顶部是一片平坦的地面，其上有一个宽浅的火山口。这类火山在夏威夷群岛分布最多。夏威夷式火山喷发时熔融的岩浆从地下溢出，但没有爆炸现象，气体和火山碎屑喷发物也很少。在熔岩喷发之前，岩浆从地壳下部上涌，直到地表从火山口漫出。有时，熔岩表面形成一层薄壳，然后薄壳裂开，熔岩再流出来。

图4-13　小土葫芦山熔岩流分布区域的熔岩台地已成为人们生产生活空间

二、四方山火山

位于诺敏镇西北约 30 km，毕拉河右岸支流乌克特格热奇毕拉罕河源头，地理坐标为东经 123° 26′ 30″、北纬 49° 22′ 30″。斯通博利式火山[①]，由锥体和熔岩流构成，火山口呈圆形，南侧发育豁口。四方山是该区域海拔最高的山峰，锥体海拔 933.4 m，为圆形套叠锥，相对高度为 283 m，底径约 2 km。火口呈圆形直径约 500 m，深度约 70 m，中心有积水形成火口天池，是这个火山群中最高的天池。火口沿相对平坦，山顶东西长 500 m，南北宽 300 m，状如烽火台，远处望去山顶四四方方，故名四方山，号称“大兴安岭的巨魁”(图 4-14)。锥体主要由降落的松散火山渣组成，晚期叠加了溅落堆积的砖红色熔结集块岩。结壳熔岩流主体向南东流淌，注入敖鲁高洪河和德河，呈带状展布，长约 10 km，面积约 35 km²。四方山是鄂伦春族的圣山，每年有祭祀活动（图 4-15、图 4-16）。[②]

① 斯通博利式火山（Stone Boli Volcanoes）：少或无岩浆喷发的火山。火山口的熔岩有轻度硬结，主要为块状熔岩，由玄武质、安山质成分的岩石组成，熔岩流厚而短，也有少数为绳状，每隔半小时就有气体从中逸出。这种火山韵律性地喷出白热的火山渣、火山砾和火山弹，爆炸较为温和，很多火山碎屑又落回火口，再次被喷出，其它的落到火山锥形成的坡上并滚落周边。如斯通博利火山（意大利）、帕利库廷火山（墨西哥）、维苏威火山（意大利）、阿瓦琴火山、克留契夫火山（苏联），都具有斯通博利型喷发特点。

② 图 4-15、图 4-16 中的女萨满为鄂伦春族最后一位萨满——关扣妮。这是 2016 年 6 月 6 日她主持的最后一次祭祀活动。她 1936 年出生于黑龙江省塔河县十八站（鄂伦春族乡），2019 年 10 月 3 日在呼玛县白银纳鄂伦春族乡病逝，享年 83 岁。她的病逝对中国北方大、小兴安岭森林民族萨满文化的研究将产生较大影响，使这一区域萨满文化研究失去祭祀、驱邪等真实原始宗教活动内容和萨满口述内容，之后将以文史资料为主（现鄂伦春自治旗旗长何胜宝先生介绍）。

图4-14　四方山火山（摄影：莫日根布库）

图4-15　鄂伦春族最后一位萨满关扣妮（摄影：曹同国）

图4-16 鄂伦春族萨满服饰（摄影：曹同国）

三、马鞍山火山

它是全新世火山，具有代表性，其他还有达尔滨呼通、371和358高地等火山，均分布于毕拉河流域。马鞍山火山位于扎文河和毕拉河之间，地理坐标为东经123° 9′ 50″、北纬49° 33′ 30″。火山结构完整，由碎屑锥、碎屑席和熔岩流组成。火山锥为一由双火口构成的复合锥，两火口东西排列，均发育岩浆溢出口，中间共用一火口缘，地貌上状如马鞍，故称马鞍山。锥体高度为246 m,锥底直径东西约1.5 km，南北约1 km。东、西火口均呈马蹄形，西火口深58 m，直径500 m。东口被岩浆溢出形成的塌陷沟取代。锥体主要由降落火山渣构成，渣锥上叠加了溅落堆积的砖红色、杂色熔结集块岩。该火山早期爆破式火山作用较强，在距锥体约2.5 km处，降落的火山碎屑席厚约1.5～2 m。锥体东、西火口均有熔岩溢出，东火口溢出相对较早，熔岩流为结壳熔岩。西火口岩浆溢出相对较晚，岩浆从火口中直接涌出，顺势而下，直抵毕拉河谷,形成壮观的“石塘”。块状玄武岩的岩块直径约1～2 m，岩块裸露，基本无草本和木本植物，仅发育了苔藓。块状熔岩带长约4.5 km，宽约1～2 km，熔岩流轴部有陷落坑发育，有些深达2 m（图4-17）。

图4-17 马鞍山火山

四、达尔滨呼通火山

多期复合型火山[①]，与达尔滨湖相伴，总体由复合锥体和熔岩流组成，其上叠加溅落锥和一系列寄生火山口。火山锥北侧成串珠状分布6个寄生火山口，直径100～150 m，深度在10～20 m，最深约为50 m。熔岩盾西侧堵塞毕拉河右岸支流珠格德力河入毕拉河口以下约10 km处的无名支流水系，形成堰塞湖—达尔滨湖。它是这个火山群中地质结构最复杂的火山。据老猎民和早年退休的老林业工人介绍，在达尔滨呼通火山上还有两个火山熔岩洞，洞深分别约为30 m和80 m。目前，洞口坐标遗失，需经详细踏查方可确定（图4-18至图4-20）。

① 多期复合型火山（Multistage Composite Volcano）：多次喷发形成的火山，喷发的时间跨度大，复合型火山（层状火山）。复合型火山为多次喷发所建造，其复发周期可以是几十万年，也可以是几百年。形成复合型火山的最经常的是安山岩，但也有例外。虽然安山岩复合型火山锥主要由火山碎屑组成，有些岩浆侵入使锥体内部破裂而形成岩墙或岩床。这样多次侵入形成的岩墙或岩床将碎石编织成巨大堆积。这样的构造可以比单独由碎屑物构成的火山锥高 。由于其太高，有可能使其太陡、不稳定而在重力作用下垮塌。地球上1万年来已知1 511座火山喷发，其中699座为层状火山。 地球上最高的火山为层状火山——智利的奥霍斯德尔萨拉多火山（Nevado Ojos del Salado）高6 887 m，历史上喷发过的最高的火山为高6 739 m的尤耶亚科火山（Llullaillaco），二者都在北智利安第斯山脉。

图4-18 由东向西看达尔滨呼通火山，左上方为达尔滨湖

图4-19 由北向南看达尔滨呼通火山，上为主火山口（摄影：闫君）

图4-20 达尔滨湖通火山Ⅳ号寄生火山口

五、西热克特奇呼通火山

玛珥式火山[①]，由低平火山锥、碎屑席和少量熔岩流构成，直径约 1 700 m，低平火山锥呈近圆形，南侧有缺口，熔岩流流入南侧西热克特奇沟中，长约 1.5 km，它是这个火山群中火山口最大的火山（图4-21）。

图4-21 西热克特奇呼通火山

① 玛珥式火山（Maar volcano）：具有低平火山口式的火山，是由火山活动胚胎期微弱的爆发活动而形成的低平小火山口。因为岩浆中的气体或地下水经加热后可产生潜水水汽爆炸，在地表可产生圆形的低平小火山口，而爆炸所产生的碎屑物虽然堆积在小火口的周围，但不能形成火口垣。小火口的底部常低于地下潜水位，从而聚水成为火山口湖。因它多见于德国埃菲尔地区，当地人称为玛珥而得名。

六、其他有名的火山

（1）大黑山（又名普斯如乌热[①]）火山，在扎文河左岸、霍日高鲁河右岸，位于距霍日高鲁河入扎文河河口西北约 4.9 km 处。长半径约 0.8 km，短半径约 0.7km，海拔 668.2 m，单锥。

（2）布宫奇汉火山，位于扎文河入毕拉河河口东南约 6 km 处，双锥。北东火山口长半径约 280 m，短半径约 170 m（图 4-22）。

（3）博克图大山火山，奎勒河左岸，前石头沟北，后石头沟南。

奎勒河—诺敏火山群火山活动总体有自东向西迁徙的趋势，奎勒河最早，毕拉河最晚，全新世火山仅分布在毕拉河流域。

图4-22 布宫奇汗火山（摄影：王忠宝）

① 普斯如乌热（pusiruwure）：系鄂伦春语，喷发着火的山之意（原鄂伦春自治旗旗长，莫日根布库先生译解）。现疑为活火山，但无定论。

第二节

阿尔山—柴河火山群及典型有名的火山、特殊石塘

阿尔山—柴河火山群分布在大兴安岭北段南端哈拉哈河上游和绰尔河及其一级支流柴河流域的广大区域。年轻的火山和熔岩沿着哈拉哈、伊敏、绰尔等河流上游各支流的河谷分布，是世界上具有潜在喷发危险的高风险活火山群之一。是迄今发现的世界上密集程度最高、数量最多的高位火山口湖火山群。经研究确定区域内高山、焰山、十号沟盆地、小东沟和基尔果山天池、子宫山等火山为全新世以来喷发过的活火山。整个火山群有50余个火山锥，其中规模较大、保存完好的火山口湖7个：天池、驼峰岭、双沟山、柴河源、银池、月亮天池、卧牛湖（低位）。这些高位火山口湖多分布在1 200～1 400 m之间，时代属晚更新世，距今约13万～1万年（图4-23）；堰塞湖6个：达尔滨湖（松叶湖如图4-24）、杜鹃湖（图4-25）、仙鹤湖（图4-26）、鹿鸣湖（图4-27）、眼镜湖和乌苏浪子湖。这个火山群的特殊性在于其以火山熔岩湿地[①]这种特殊石塘林类型的湿地构成了三河之源（图4-28），即哈拉哈河、柴河、伊敏河之源。而三河分属两个流域，即嫩江流域、额尔古纳河流域。哈拉哈河是贝尔湖的主要注入河流，柴河是嫩江重要支流绰尔河的主要支流，伊敏河是海拉尔河的最大支流。而且沿伊敏河流域居住着近50万人口，每年GDP总值可达数百亿。可见，这一区域的生态地位非常重要，如若遭到破坏后果不堪设想。这一区域的总面积约1万多平方千米，分属绰尔、柴河、五岔沟、白狼、

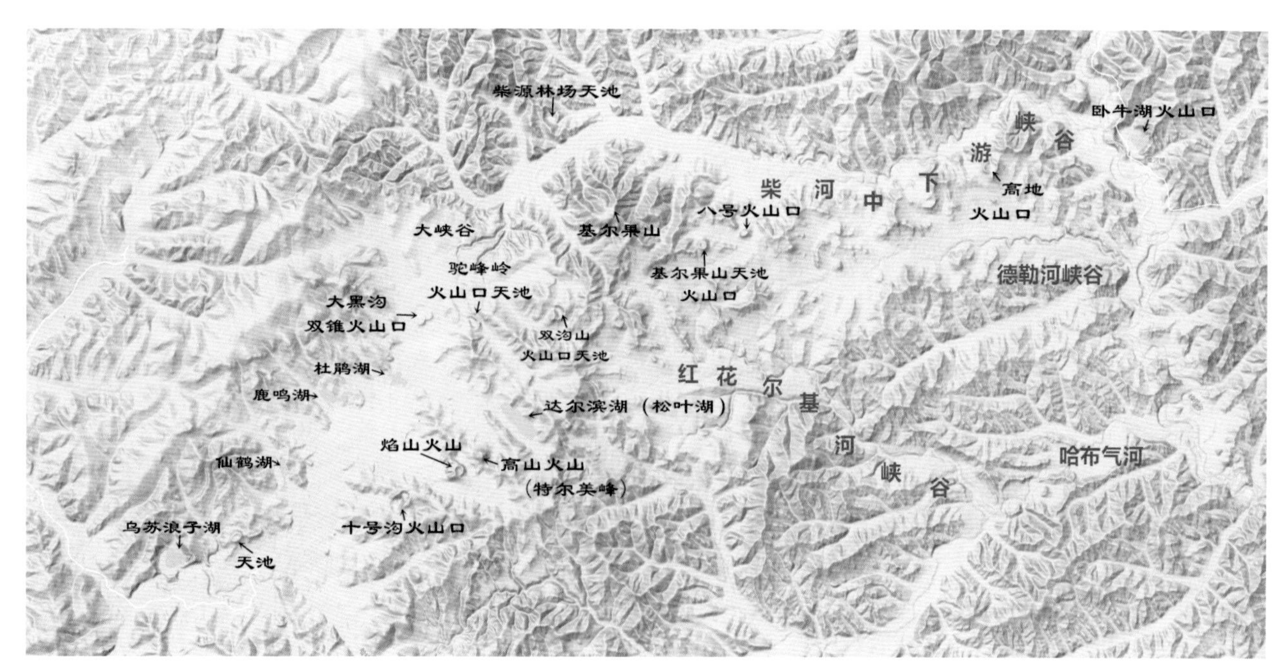

图4-23　阿尔山—柴河火山群主要火山口及堰塞湖示意

① 火山熔岩湿地（volcanic lava wetland）：是指有孔隙的火山熔岩经慢长的自然演化后，在其裸露面上缝隙中逐步生长了苔藓、草本植物、灌木、乔木，形成了低中高的保护层，减少了水分的蒸发，涵养了水源。熔岩孔隙中贮存的水分，在重力的作用下向下滴渗，形成径流、溪水，成为河流源头，哈拉哈河的源头就是这样形成的。部分区段底层还有永久冻土带，河流湿地、沼泽湿地的功能更强。

图4-24　达尔滨湖（松叶湖）（摄影：张金河）

图4-25　阿尔山杜鹃湖（摄影：李洪杰）

图4-26 仙鹤湖（摄影：张金河）

图4-27 鹿鸣湖（摄影：张金河）

图4-28　火山熔岩湿地（摄影：张金河）

阿尔山等林业局的施业区。其中，阿尔山林业局在呼伦贝尔市行政区内面积为 1 461.27 km²，分布在扎兰屯市和鄂温克族自治旗境内。本区峡谷奇峰、玄武岩柱状节理等地质奇观较多（图 4-29至图 4-32）。兴安盟五岔沟林业局在扎兰屯市行政区内有蛤蟆沟林场，占地 252.37 km²，位于托欣河上游火龙沟以北。

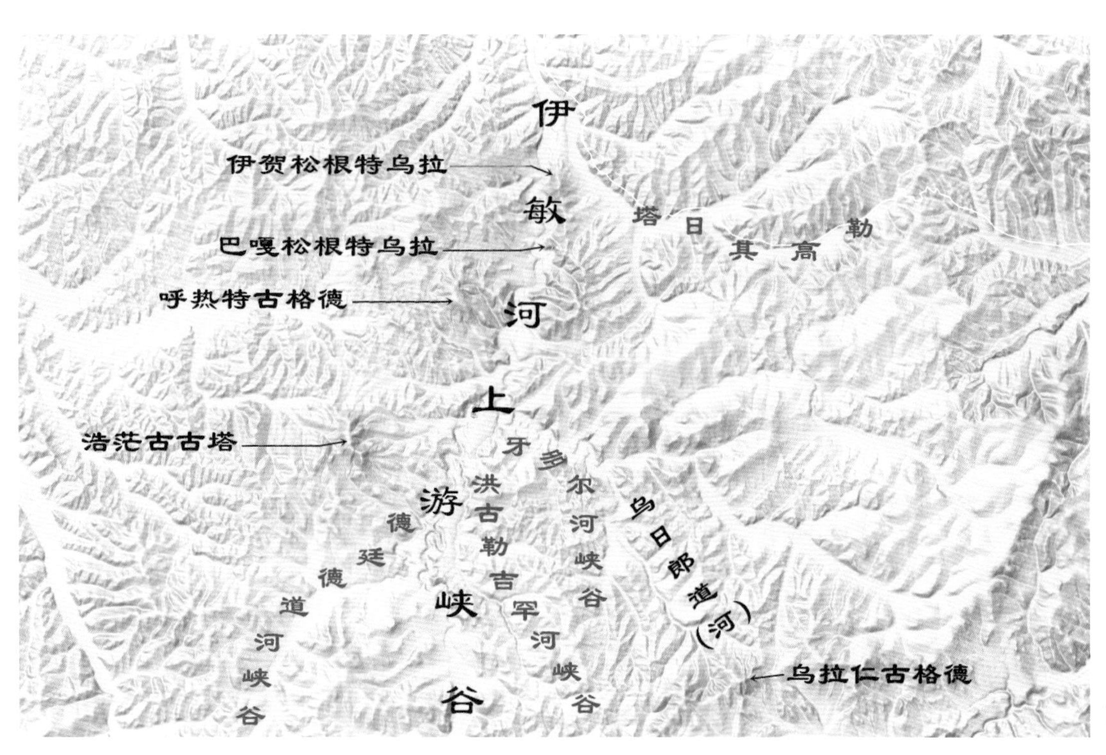

图4-29　鄂温克族自治旗伊敏河峡谷示意

图4-30　牙克石市塔尔气镇莫柯河峡谷示意

图4-31　莫柯河峡谷的玄武岩柱状节理（摄影：孙书程）

图4-32　扎兰屯市柴河镇境内的大峡谷（摄影：张金河）

一、天池

东西长 450 m，南北宽 300 m，面积 0.31 km²。海拔 1 332.3 m，仅次于吉林长白山天池和新疆天山博格达峰天池，海拔高度位居全国第三位（图 4-33）。

图4-33　天池

二、龟背岩

在大黑沟一带形成长达 20 km 的石塘，其势类似五大连池的石龙岩，在这里称之为“龟背岩”(大黑沟玄武岩)，岩性为碱性玄武岩和橄榄玄武岩(图 4-34)。

图4-34　兴安林场附近的龟背岩

三、焰山火山

由火山渣锥、火山碎屑席和熔岩流组成。火山锥为一复式锥，由早期降落锥和晚期溅落锥叠置构成（图 4-35）。在地貌上前者相对平缓，后者陡峭，平面上呈近等轴状。锥底直径约 1 600 m，面积约 2 km²。锥体底部海拔为 1 390 m，顶部为 1 623 m，锥体高度 233 m。该火山早期属较典型的岩渣锥，锥体下部主要为黑色、褐色刚性玄武质岩渣和岩块，岩渣粒度较大，上部主要为褐紫色玄武岩岩渣，岩渣粒度小于 5 cm。晚期溅落锥叠加在岩渣锥之上，但锥体明显偏向东侧，亦即早期岩渣锥和晚期溅落锥的喷火口(火口坑底)不完全一致。锥体坡度较大，为 30° ～35° ，主要由褐红色、紫红色熔结集块岩和少量熔岩组成，熔结集块由火山弹、熔岩饼及塑性熔浆团块构成，局部焊结强烈部位由于发生二次流动而成为碎成熔岩。锥体中部为火山口，火口直径约 400 m，火口沿西高东低，宽度约 10～20 m，火口深度约 140 m。火口内壁陡峭，东南侧有跨塌。锥体西侧发育有豁口，是晚期岩浆溢出的位置（阿尔山市国土资源局、阿尔山国家地质公园管理局，2015）。

火山碎屑席分布在火山锥周围（西侧被后期熔岩流覆盖），厚度＞ 1 cm 的火山渣分布半径约 3 km，面积约 27 km²，为爆破式火山作用堆积物。在近锥体的低洼处厚度较大，如在焰山西南侧约 400 m 处，可见厚度约 3 m。远离锥体厚度逐渐变

图4-35　下方为焰山火山，上方为高山火山，最上方隐约可见达尔滨湖

薄，尤其在中生代火山—侵入体构成的山坡上，由于现代雨水的冲刷，多呈断续分布。这套高度碎屑化的玄武质火山碎屑席的形成，反映了火山喷发时岩浆中挥发分含量较高，爆破式火山作用强烈，在火山口之上已形成了以浮力上升为主要营力的喷发柱，将高度碎屑化的岩浆碎屑物喷向高空，然后在重力作用下降落堆积于火山锥体周围，形成火山碎屑席。焰山是阿尔山—柴河火山群中喷发强度最大的，也是一座距今2 000年以来有过喷发历史的活火山，再次喷发的可能性相当大。

焰山岩浆溢出率较高，熔岩流规模较大，分布面积约50 km²，厚度1～30 m不等。熔岩流展布受地形制约，总体呈扇形展布。熔岩流自锥体西侧岩浆溢出口溢出，沿北西向沟谷倾泻而下，注入近南北向的哈拉哈河谷，阻塞哈拉哈河及其支流，形成5个火山堰塞湖。由南向北依次为：二号泡子（水域和沼泽面积约4km²）、三号泡子（鹿鸣湖，水域面积约1.16 km²）、四号泡子（水域和沼泽面积约1.12 km²）、兴安林场（松鼠湖）和杜鹃湖（水域面积约1.15 km²）。其中二号和四号泡子旱季积水较少。焰山熔岩流的溢出，标志着火山作用后期岩浆中挥发分含量很低，不足以造成碎屑化，岩浆自火山口在密度控制下，沿锥体底部与基底接触面（中浮面）移动，在锥体西侧形成岩浆溢出口，并在向外流动过程中将锥体肢解，使部分锥体碎屑物被驮载运移到锥体之外，形成不规则的驮移次生锥，在主锥体上则留下深沟。熔岩流构造类型为结壳和渣状熔岩，以前者为主。快速溢出的熔浆离开溢出口后沿地势低洼的沟谷迅速倾泻，初步考察至少有4个流动单元，晚期岩流多冲破早期熔岩流的结壳而形成，最长的熔岩流止于地池的西侧，长约5 km。岩浆远距离运移除受岩浆溢出率和地形控制外，熔岩隧道也起着重要作用。结壳熔岩表面形态复杂，有绳状、树干状、波状等，岩流边缘和前缘可见爬虫状或象鼻状次级熔岩流岩枝，局部可见熔岩瀑布。由熔岩隧道塌陷而形成的熔岩塌陷谷也是结壳熔岩中常见的构造，另外，在杜鹃湖一带与兴安林场之间公路两侧还发育有形态完整的喷气锥、喷气碟和熔岩构造，熔岩的规模（直径约 10～42 m，高约 4～18 m）和完好性国内罕见，反映熔岩流曾流经浅水湿地或沼泽河谷地带。渣状熔岩主要分布于近火山口地带，有些“翻花石”是由结壳熔岩的表壳被推挤破碎后形成，犹如“石海”。

另外，西南侧的仙鹤湖（水域面积约 1.2 km²）也是一火山堰塞湖，经野外调查应是十号沟盆地火山熔岩流堰塞的结果。哈拉哈河在仙鹤湖以东被熔岩流完全阻断，宽约 3 km 的河床完全被熔岩掩埋，河流呈暗河在熔岩流底部穿过，在天池林场东约 6 km 处的熔岩流末端，河流又出露地表，再向南流淌。这些特征说明十号沟盆地火山可能是一处相对更新的活火山，初步定年为全新世以后。

四、高山火山（特尔美峰）

该火山海拔 1 711.7 m，是大兴安岭腹地大约距今 2 000 年左右喷发形成的活火山（图 4-36）。位于焰山东北约 500 m 处，火口地理坐标为东经 120° 39′ 6″、北纬 47° 22′ 10″。该火山为一复式火山锥，早期为岩渣锥，晚期为溅落锥。锥体平面近椭圆形，长轴近南北向，长约 2.3 km，短轴

图4-36　高山（特尔美峰），左侧为达尔滨湖

1.8 km，面积约 4 km^2。锥体底部海拔 1 350 m，顶部为 1 711.7 m，相对高差 362 m。锥体之高大在我国玄武质火山碎屑锥中实属罕见。早期岩渣锥主要由灰黄色和灰黑色玄武质浮岩渣组成；晚期溅落锥主要由玄武质熔结集块岩构成。锥体陡峭，坡度一般为 25°～35°，局部地段为 30°～35°。锥体中部火口形态不甚明显，主要是西侧锥体被后期熔岩流破坏肢解了。高山的最高峰位于火口缘上，而喷火口则位于最高峰北西侧，直径约 100 m 的低洼处。熔浆自锥体北侧和西南侧两个岩浆溢出口溢出，形成北部和南部熔岩流，分布面积约 5 km^2，岩浆溢出率低，熔岩流规模小。北部熔岩流由南向北沿河谷流动，止于达尔滨湖边。南部熔岩流向东南流淌，由于向河谷上游流动，缺乏有利地形条件，故岩流长度小，但厚度较大。熔岩构造类型以渣状熔岩为主。此外，阿尔山—柴河火山区的小东沟也是活火山，目前缺乏精确定年资料。

五、驼峰岭天池（扎兰屯市）

驼峰岭天池是火山喷发后，火山口积水而形成的高位湖泊。这里水面海拔 1 284 m，湖面像人的左脚形状，东西宽约 450 m，南北长约 800 m，面积为 0.24 km^2，属于玛珥湖，形成于 30 万年前左右（图 4-37）。

图4-37　驼峰岭天池，又称脚印湖

六、地池

海拔 1 123 m，长轴为北东向，长 150 m，宽 100 m，面积为 0.01 km²，深度可达 39～50 m，周围为致密坚硬的玄武岩，因其水面低于周围地平面而得名，实为塌陷熔岩湖（图 4-38）。

七、柴河卧牛天池（扎兰屯市）

为低平火山口湖，也称玛珥湖。俗称卧牛泡、卧牛湖，是柴河天池中海拔最低的一个。水面标高 610 m，而周围火山锥口却很高，上下高差达到 240 m，长半径 700 m，短半径 450 m。湖面呈倒三角形，面积 1 km²，水深 2～3 m，有一溪补入、一溪溢出。湖的东南侧沿火口塌陷断裂发育有多处泉眼，春秋季水温明显高于湖面水温，就是在严寒的冬季也热气蒸腾，使近半个湖面不冻，为温度较低的温泉。泉水中含有硫化氢，有强烈刺鼻的硫磺味，反映泉水循环可能受深部岩浆活动的影响。卧牛湖火山喷发的年代早期研究认为是中更新世，近期研究又认为喷发延续到晚更新世晚期，形成时代较晚。该火山的熔岩流主要分布在卧牛湖内及其西南的半圆形熔岩流台地处，在湖东北侧的小火山也有少量熔岩流溢出，其分布面积总共约 7 km²。熔岩流以结壳熔岩为主，岩性为碱性橄榄玄武岩。像卧牛湖这种跨越中、新生代继承性喷发的火山在我国实属罕见，对它的研究和保护，具有重要的科学意义。这样保存完好的射气—岩浆爆发型玛珥式火山在内蒙古自治区境内到目前为止是第一处（图 4-39）。

图4-38 地池（摄影：张金河）

图4-39 扎兰屯市柴河镇卧牛天池，上为卧牛岭山岭西南端的陡坡

八、温泉

火山活动与水热活动经常共生，高温岩浆房加热循环的地下水使阿尔山地区水热活动明显。阿尔山全称“哈伦阿尔山”，系蒙古语，其意为“热的神水”。阿尔山有4大温泉群：疗养院矿泉有48眼；金江沟矿泉7眼（图4-40）；银江沟（安全沟）矿泉群5眼；白狼矿泉群3眼及市区附近的五里泉。柴河有卧牛湖温泉群，多眼温泉位于湖底。卧牛湖火山口和金江沟发育硫化氢温泉，结合大地电磁测深资料表明阿尔山—柴河地区第四纪火山之下可能仍有高位岩浆房活动。

九、不冻河

哈拉哈河三潭峡至金江沟林场20km河段，河宽百米，冬季气温零下30℃左右时，河面仍不结冰，有雾气飘起，被称为不冻河（图4-41）。

十、其他已命名的火山

（1）双沟山天池（扎兰屯市），湖泊面积约0.10 km²，长半径约115 m，短半径约65 m，椭圆形，火山口湖。

（2）基尔果山[①]天池，又名月亮天池（扎兰屯市），湖泊面积约0.03 km²，长半径约100 m，短半径约90 m，近圆形，火山口湖，为活火山（图4-42）。

（3）太阳池，湖泊面积约0.01 km²，长半径约50 m，短半径约50 m，近圆形，海拔1296 m，火山口湖。

（4）八号火山口（扎兰屯市），火山口面积约0.68 km²，长半径约444 m，短半径约365 m，椭圆形，低平火山口。位于基尔果山天池东约3 km处（图4-43）。

（5）柴源林场天池（扎兰屯市），火山口面积约0.12 km²，长半径约226 m，短半径约115 m，椭圆形，火山口湖。位于柴源林场西偏北约3.8 km处(图4-44)。

① 基尔果(jierguo)，为蒙古语“心”的谐音，意为心脏，这里指火山的形状像心。在这个火山口的西北约7.3km处，还有一个也称基尔果的山，它是由周围的四条山梁向中间汇聚而成的山峰（海拔1695.9m），使之成为中心，所以也称其为“基尔果”。这个基尔果山又是五条河流的源头，故可以称其为基尔果五条河脑（见第一篇名词解释“河脑”）。

图4-40　金江沟湿地温泉（摄影：张金河）

图4-41　不冻河（摄影：张金河）

图4-42　月亮天池（摄影：李洪杰）

图4-43　八号火山口

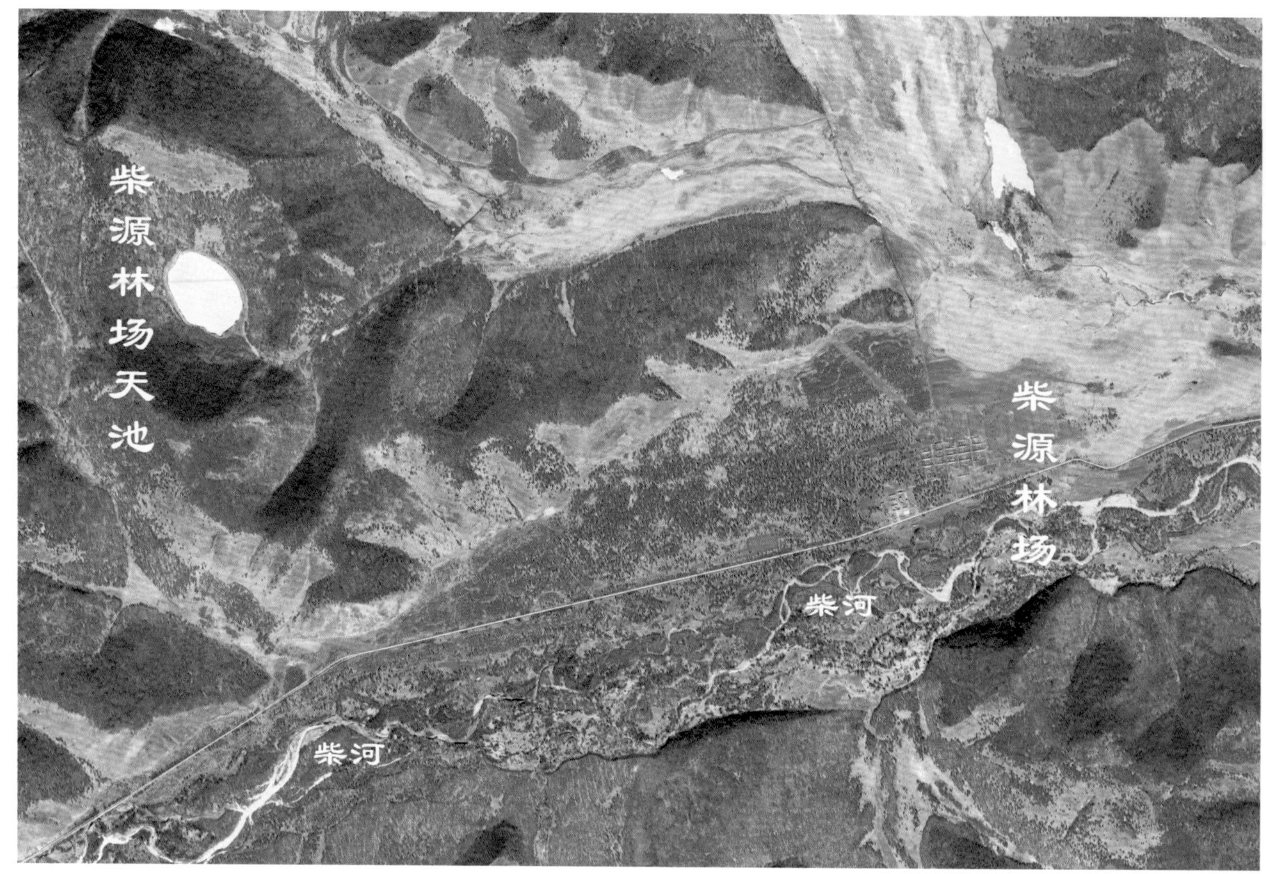

图4-44　柴源林场天池卫星图

第三节
达里诺尔火山群

达里诺尔火山群位于大兴安岭南段南端，分为南北两个独立台地，北部老，南部新，总面积约 1×10^4 km²，火山锥达 240 个，著名的火山有巴彦温都尔、车勒乌拉等（图 4-45）。火山锥普遍低矮和风化严重，已被覆盖为草原，纳入了日常活动空间。南部台地在克什克腾附近，灰腾西里熔岩流由低至高形成三级较为明显的熔岩阶地，代表了三期火山活动（刘嘉麒，1999）。

一、达里诺尔湖

达里诺尔湖源于地质塌陷，为高温火山岩浆喷发后，岩浆房冷却地面塌陷形成的特殊地质地貌。这是这个火山群湖泊的特点，因火山喷发特殊的地质结构形成的湖泊，而非堰塞湖。

二、砧子山

位于达里诺尔湖北约 4.8 km，是典型的古火山口，因为它的外形像打铁用的砧子而得名。海拔 1 347 m，相对高度 110 m。在砧子山陡峭的岩壁上有古人留下的岩画，主要以鹿和马为主（图 4-46）。在其塌落的火山熔岩碎屑斜坡上有明显的水蚀痕迹，标示着古达里诺尔湖的水面标高。这个高度要比现在的湖面高出几十米，可见当时的湖面之大，不愧为“达里诺尔湖——海一样大的湖”！

图4-45　达里诺尔火山群分布示意

图4-46　砧子山

第四节
火山群的重要性

火山和火山岩是重要的地质体，火山活动是重要的地质现象。关于火山和火山岩的研究一直是地质学中最活跃的研究领域之一。火山（岩）是地球内部信息和样品的载体，是窥测地球深部信息的窗口，许多地质问题都与火山作用有关。火山活动除了会给自然和社会带来灾害之外，还会给人类创造财富，许多矿产资源、温泉和矿泉资源、地热资源、旅游资源等都与火山（作用）有关。火山喷发是最壮观的地质现象，火山作用是唯一能惯穿地幔和大气圈、影响地下到空中的地质作用，许多地质问题都与火山作用有关（刘嘉麒，1999）。

在火山活动不是非常活跃的中国大陆，拥有

两个火山群的城市，确实不多。这两个火山群不管从哪个角度讲，对呼伦贝尔都是弥足珍贵的。也正是这个原因，在呼伦贝尔规划发展旅游，就不可能不研究火山。在呼伦贝尔的合适地方，如景区、交通枢纽城镇、中心城区、首府城市建立火山地质博物馆就成为呼伦贝尔人的必然选择。为游客、学生提供增加学识修养的修学旅行之地，为大学科研机构提供研究平台，让人们普遍了解掌握火山的基本知识规律，正是社会发展之需。呼伦贝尔已经有了历史博物馆，从某种程度上讲，有了学习探索研究呼伦贝尔人，在人类历史发展的时空上，从哪里来走向哪里的平台。而现今呼伦贝尔的自然地貌地质成因，以及今后的进化方向，在地质年代的时间和大兴安岭山脉的空间上，也急需一个探索研究的平台—这就是火山地质博物馆。这可大大提高旅游的层次，满足度假、休闲、修学的高端需求，提高呼伦贝尔地区的人们对家乡的科学认识，以此促进当地经济文化的发展和社会进步。

同理，在呼伦贝尔的经济发展、重大项目建设上，位于两个火山群的区域，更应充分考虑到其地质特点和环境特点。比如，已论证多年的诺敏河毕拉河口水库（水电站），就位于奎勒河—诺敏火山群中。这里的大面积火山熔岩、密布的火山口、不确定的隐形活火山、周期性的低强度地震等，可能对水库安全存有重大隐患，都需要认真研究解决。又比如，奎勒河—诺敏火山群和阿尔山—柴河火山群均有大面积的石塘林分布，形成不同特点的火山熔岩湿地。这些火山熔岩湿地构成了奎勒河、毕拉河、哈拉哈河、柴河等河流的上源，若对其进行哪怕是微小的干预破坏，也会像蝴蝶效应一样对下游的河流产生巨大的生态环境影响。1998 年 5 月 13 日，阿尔山林业局兴安林场哈拉哈河上源火山熔岩湿地区域发生雷击火引起的森林火灾，过火面积达 126 km²。火灾后，又对过火林进行了皆伐（木材采运术语，指一次性将全部立木采尽）。森林火灾和不科学的采伐致使森林重度退化、火山熔岩湿地功能锐减，20 多年过去了，目前这里的生态环境（质量）仍未恢复到火灾前水平，使哈拉哈河的来水远不及从前。

再有，许多矿产资源分布都与火山活动有着非常密切的关系，通过对火山的深度研究可以有助于更全面系统地了解大兴安岭成矿带、得耳布干成矿带，对呼伦贝尔的有色金属、黑色金属、能源矿的开发多有帮助。研究火山，除有利于开发以上矿产资源外，还会在宝石类（钻石、宝石、玛瑙等）、火山石、火山灰（渣）等矿产资源的开发上打开一扇新的窗口，进行积极的探索研究，大大增强非金属矿产资源开发的后劲。

第五章
呼伦贝尔湿地

本书将呼伦贝尔湿地单设一章，主要原因是湿地学是一门新兴科学，有关的知识不够普及，需要向读者作以介绍。呼伦贝尔市是一个湿地资源极其丰富的地区，湿地不但是一个相对独立的生态系统，而且与各类草原共同构成举世闻名的呼伦贝尔大草原，是草原的重要组成部分；世界著名的湿地“呼伦—贝尔大泽”就位于呼伦湖—贝尔湖水系的低海拔区，它是呼伦贝尔大兴安岭山脉和高平原的生态指示性水体，对它的准确把握了解，可以解释很多高平原上的自然现象，为保护好环境提供不可或缺的第一手资料。

在研究湿地生态系统中，本章将呼伦贝尔草原划分为多个不同类型的湿地区，而没有按旗市区行政区划分，这样对草原上湿地的研究将更系统深入，便于比较，梳理出规律性的东西。同时，又将呼伦贝尔划分成三个自然特点差异较大的三大湿地空间，即呼伦贝尔草原、大兴安岭山脉、岭东嫩江右岸山前平原，出于同样的考虑也没有按行政区划分。在本章中首次尝试统计出湖泊湿地的数量、河流湿地的数量，同时说明它们是随着自然环境条件的变化增减的变量。

第一节
湿地分类

我国的湿地分类为5类34个型（吕宪国，2008）。

Ⅰ. 河流湿地：有永久河流、季节性或间歇性河流、洪泛平原湿地、喀斯特溶洞湿地4个型；

Ⅱ. 湖泊湿地：有永久性淡水湖、永久性咸水湖、季节性淡水湖、季节性咸水湖4个型；

Ⅲ. 沼泽湿地：有藓类沼泽、草本沼泽、灌丛沼泽、森林沼泽、内陆盐沼、季节性咸水沼泽、沼泽化草甸、地热湿地、淡水泉/绿洲湿地9个型；

Ⅳ. 人工湿地：有库塘、运河/输水河、水产养殖场、稻田/冬水田、盐田5个型。

Ⅴ. 近海与海岸湿地：有浅海水域、潮下水生层、珊瑚礁、岩石海岸、沙石海滩、淤泥质海滩、潮间盐水沼泽、红树林、河口水域、三角洲/沙洲/沙岛、海岸性咸水湖、海岸性淡水湖12个型。

呼伦贝尔市主要有河流湿地①、湖泊湿地②、沼泽湿地③和人工湿地④等湿地4类21个型，其中人工湿地

① 河流湿地包括：a. 永久性河流湿地，常年有河水径流的河流，仅包括河床部分。b. 季节性或间歇性河流湿地，一年中只有季节性（雨季）或间歇性有水径流的河流。

② 湖泊湿地包括：a. 永久性淡水湖泊湿地，由淡水组成的永久性湖泊。b. 季节性淡水湖泊湿地，由淡水组成的季节性或间歇性淡水湖（泛平原湖泊）。c. 永久性咸（盐碱）水湖泊湿地，由咸（盐碱）水组成的永久性湖泊。d. 季节性咸（盐碱）水湖泊湿地，由咸（盐碱）水组成的季节性或间歇性咸（盐碱）水湖（泛平原湖泊）。

③ 沼泽湿地包括：a. 藓类沼泽，发育在有机土壤的、具有泥炭层的以苔藓植物为优势群落的沼泽。b. 草本沼泽，由水生和沼生的草本植物组成优势群落的淡水沼泽。c. 灌丛沼泽，以灌丛植物为优势群落的淡水沼泽。d. 森林沼泽，以乔木森林植物为优势群落的淡水沼泽。e. 沼泽化草甸，为典型草甸向沼泽植被的过渡类型，是在地势低洼、排水不畅、土壤过分潮湿、通透性不良等环境条件下发育起来的，包括分布在平原地区的沼泽化草甸以及高山和高原地区具有高寒性质的沼泽化草甸。f. 地热湿地，由地热矿泉水补给为主的沼泽。g. 淡水泉/绿洲湿地，由露头地下泉水补给为主的沼泽。

④ 人工湿地包括：1. 水产池塘；2. 水塘；3. 灌溉地；4. 农用泛洪湿地；5. 盐田；6. 蓄水区（$>8hm^2$）；7. 采掘区；8. 废水处理场所；9. 运河、排水渠；10. 地下输水系统。

中的水稻田（岭东山前平原三旗一市的水稻田，属我国纬度最高的水稻种植区之一）、盐田（位于新巴尔虎左旗的盐碱湖，在历史上很长一段时间里，生产了大量的盐和碱。其生产方式主要为晾晒蒸发掉水分，在湖岸滩涂形成盐田，这是我国纬度最高的高平原盐田之一）较为特殊。在沼泽湿地类中的高纬度森林盐沼和火山熔岩湿地是更特殊的湿地型，分布在大兴安岭森林和3个火山群中。其中根河汗马国家级自然保护区的高纬度（N51° 20′ 02″～51° 49′ 48″）森林盐沼和毕拉河流域的火山熔岩湿地较为特殊，兴安盟境内哈拉哈河源头的火山熔岩湿地较为典型。这3个湿地类型还没有明确归于何型，有待于研究确认。

根据鄂伦春自治旗老猎民回忆，在奎勒河—诺敏火山群的毕拉河流域曾发现过火山溶岩洞，有河流流入，同时在洞里还见到过大鲵（娃娃鱼）。阿尔山—柴河火山群的哈拉哈河在仙鹤湖以东被熔岩流完全阻断，河流呈暗河在熔岩流底部穿过，在天池林场东熔岩流末端，河流又出露地表，暗河及周边是否存在火山熔岩洞也不确定。两个火山群中的火山熔岩洞湿地类型，还有待进一步实地考察研究，还不能定论。呼伦贝尔市不属于喀斯特地貌区，不存在喀斯特溶洞湿地。

在大兴安岭山脉南端有达里诺尔和岗更诺尔两个湖泊湿地，以及与贡格尔河共同构成的草本沼泽和灌丛沼泽型的沼泽湿地和河流湿地。在西辽河中上游、霍林郭勒（河）中下游和洮儿河中下游，也有大面积的永久性河流、季节性河流和洪泛平原类型的河流湿地及人工湿地。锡林郭勒盟发源于大兴安岭山脉的乌拉盖河等10多条河流，在其下游形成了内陆盐沼[①]类型的乌拉盖湿地。

第二节
湿地资源

包括受大兴安岭山脉发源的河流和气候影响着的呼伦贝尔草原、大兴安岭林区、松嫩平原西侧市域内农区的湿地，都是本章研究讨论的内容。呼伦贝尔地区远离海岸带，湿地生态系统为内陆湿地生态系统，属东北湿地区和内蒙古草原东部湿地区，幅员辽阔，地理环境复杂，地貌类型多样，湿地类型极为丰富。河流湿地既有常年河流，又有季节性、间歇性河流，代表性河流湿地主要有南瓮河、多布库尔河、诺敏河、甘河、雅鲁河、阿伦河、绰尔河、海拉尔河、伊敏河（辉河）、额尔古纳河、哈拉哈河、克鲁伦河、乌尔逊河等（国家林业局，2015）。

湖泊湿地有常年性、间歇性的淡水湖，也有常年性、间歇性的咸水湖。代表性的淡水湖泊湿地主要有贝尔湖（新巴尔虎右旗）、超伊钦查干诺尔（新巴尔虎左旗）、呼和诺尔（陈巴尔虎旗）、古尔班敖包诺尔（鄂温克族自治旗）等。代表性的咸水湖泊湿地主要有塔日干诺尔（新巴尔虎左旗）、查干诺尔（新巴尔虎右旗）、英阿玛吉（鄂温克族自治旗）、乌珠尔布日德诺尔（又名胡吉尔吐诺尔 陈巴尔虎旗）。处于淡水湖泊湿地和咸水湖泊湿地之间的微咸湖湿地最具代表性的就是呼伦湖，而且是在淡水和微咸之间以一定的周期摆动，处于微咸湖的时间要长于淡水湖时间，总体体现的是微咸湖淡水湿地特征。

沼泽湿地包括草本沼泽、森林沼泽、灌丛沼泽、藓类沼泽、沼泽化草甸和内陆盐沼，森林沼泽、藓类沼泽主要分部在大兴安岭林区，同时这里还分布有极特殊的森林冻土湿地和极少量但生态作用极为

① 内陆盐沼：分布于我国北方干旱和半干旱地区的盐沼。由一年生和多年生盐生植物群落组成，水含盐量达0.6%以上，植被覆盖度≥30%。

重要的森林盐沼湿地；草本沼泽和灌丛沼泽主要分布在呼伦湖沼泽、辉河沼泽、绰尔河沼泽、诺敏河沼泽、甘河沼泽；内陆盐沼主要分布在呼伦贝尔草原，新巴尔虎左旗、新巴尔虎右旗略多。其中以草本沼泽、森林沼泽、灌丛沼泽、沼泽化草甸和藓类沼泽为主，内陆盐沼也有少量分布。值得一提的是，在呼伦贝尔市还有少量的淡水泉／绿洲湿地，较典型的有新巴尔虎右旗呼伦镇的达石莫淡水泉湿地。

域内还分布有库塘湿地，包括水库、灌渠、水稻田、水利枢纽等人工湿地。其中代表性的水库有尼尔基水库、复兴水库、红花尔基水库、扎敦水库等，以及鄂伦春自治旗、莫力达瓦达斡尔族自治旗、阿荣旗、扎兰屯市面积不等的水稻田。呼伦贝尔地区湿地类型的多样性，在内蒙古自治区是绝无仅有的，从全国范围看也是比较少见的。

呼伦贝尔市有：

（1）河流湿地。92 959.02 hm²（929.590 2 km²），占全区的 20.05%。

（2）湖泊湿地。263 383.55 hm²(2 633.835 5 km²)，占全区的 46.52%。（呼伦湖按近 10 年，2009～2018 年的平均值计算，面积为 1 924 km²，贝尔湖为界湖未计入。）

（3）沼泽湿地。2619 892.02 hm²(26 198.9202 km²)，占全区的 54.03%。

（4）人工湿地。24 287.66 hm²（242.8766 km²），占全区的 18.43%。（尼尔基水库 498.33 km² 未计入，水稻田 187 km²、28 万亩。）

总计 3 000 522.25 hm²（30 005.222 5 km²，其中内蒙古大兴安岭国有林区湿地 12 000 km²）[①]，占全区湿地总面积的 49.92%。

第三节
湿地区

一、呼伦湖—贝尔湖湖泊湿地区

呼伦贝尔市域内最大的湿地是额尔古纳河水系的吞吐水系呼伦湖—贝尔湖子水系，为由湖泊湿地、河流湿地、沼泽湿地构成的综合性湿地生态系统。它是世界著名的天然湿地，被誉为“呼伦—贝尔”大泽（图 5-1）（姜志国，2013）。它包括呼伦湖（面积约 2 339 km²）、贝尔湖（面积约 609 km²）、克鲁伦河下游沼泽湿地（面积约 454.6 km² 入中国境内克尔伦以下，含河流湿地）、达兰鄂罗木河沼泽湿地（面积约 328.71 km²，含河流湿地）、乌尔逊河沼泽湿地（面积约 305.74 km² 包括乌兰诺尔湿地，含河流湿地）、哈拉哈河入贝尔湖三角洲沼泽湿地（面积约 284.84 km²，含河流湿地，部分在蒙古国境内），包括四湖六河（呼伦湖、贝尔湖、乌兰诺尔、新开湖（哈达乃浩来）、达兰鄂罗木河（新开河）、呼伦沟河、克鲁伦河、乌尔逊河、哈拉哈河、沙勒尔金河），总面积约 4 321.89 km²。呼伦湖—贝尔湖既为湖泊湿地又为沼泽湿地类的草本沼泽和灌丛沼泽型湿地，而克鲁伦河流域、达兰鄂罗木河流域、乌尔逊河流域、哈拉哈河流域既为永久性河流湿地又为季节性河流湿地和洪泛平原湿地及草本沼泽和灌丛沼泽。

呼伦湖—贝尔湖沼泽植被以芦苇群落、薹草—小叶章群落、香蒲群落为主。芦苇群落以芦苇为单优势种，其伴生种主要有小叶章、膨囊薹草、眼子菜、沼繁缕等。群落覆盖度在 60%～80%，向北降雨较多达兰鄂罗木河流域附近覆盖度较高，向南降雨偏少贝尔湖周边覆盖度较低，而乌尔逊河流域

① 此总计数为呼伦湖近 10 年的平均面积计入后的数值，与《中国湿地资源》（内蒙古卷）的呼伦贝尔湿地总面积有差别，略高。

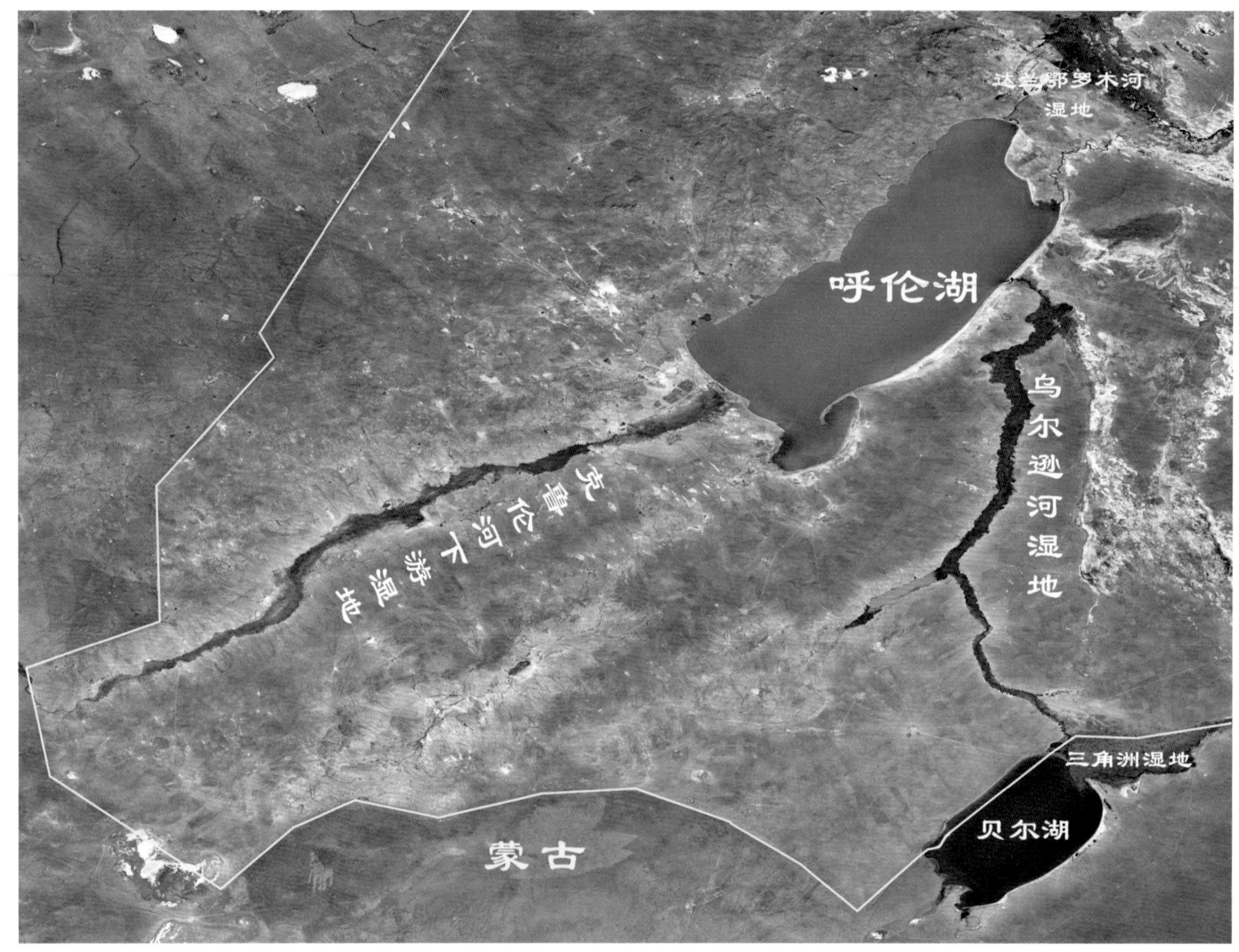

图5-1 呼伦湖—贝尔湖湿地区示意

是他们之间的过渡。薹草—小叶章群落则以灰脉薹草与小叶章为建群种，伴生植物主要有地榆、鸢尾、短瓣金莲花等。目前呼伦湖处于涨落周期的低水位，新开湖已干涸，它的面积约为 200 km²。与呼伦湖—贝尔湖水系关联的哈拉哈河、克鲁伦河、乌尔逊河、达兰鄂罗木河、呼伦沟河、额尔古纳河上游和海拉尔河阿尔公以下（湿地面积约 715 km²，海拉尔河嵯岗—阿巴该图、额尔古纳河阿巴该图—三十三）的湿地是维系该水系水生生物繁衍生息的关键所在。这些湿地的总面积约 2 088.89 km²，任何形式的对其侵占、阻断、干预都将对生态环境产生不利的影响，特别是对鱼类的洄游繁殖极为不利。如海拉尔—满洲里一级公路、国道 G301 和滨洲铁路对海拉尔河下游湿地和达兰鄂罗木河湿地的阻断，S203 公路乌尔逊河引桥对乌尔逊河湿地的阻断；扎赉诺尔露天矿对达兰鄂罗木河湿地产生的严重破坏；哈拉哈河沙尔勒金河口的护岸工程致使沙尔勒金河断流，使哈拉哈河入贝尔湖三角洲湿地大面积萎缩。

二、额尔古纳河—海拉尔河湿地区

额尔古纳河和海拉尔河为河流湿地，但在河谷区还兼有草本沼泽和灌丛沼泽特性。它们除其本身河流湿地类型外，还为河漫滩上的湿地提供充裕的水源，形成大量的其他类型湿地。海拉尔河中下游湿地表现出明显的灌丛沼泽和草本沼泽特征；额尔古纳河上游黑山头以上区段表现出明显的草本沼泽和灌丛沼泽特征。海拉尔河在其中游，由于其支流莫尔格勒河的下游与海拉尔河的海拔高度极为接近，这一区域地形较周边凹陷（地质断陷或其他原因），由此形成了海拉尔河的吞吐湖呼和诺尔湖（面积约 19 km²）、查干诺尔湖（面积约 3.74 km²）、巴嘎呼和诺尔湖（面积约 1.48 km²，又称天鹅湖）。在呼和诺尔湖以上到头站的莫尔格勒河下游地区形成约 309.91 km² 的呼和诺尔湿地，为海拉尔河的吞吐湿地系统（图 5-2）。这片湿地为沼泽湿地的草本沼泽，植被以芦苇群落、薹草—小叶章群落、香蒲群落为主，共有大小湖泊约 41 个。

在头站以上的莫尔格勒河流域内有湖泊 21 个，1 km² 以上的有安森诺尔（阿查乃诺尔）、伊和诺尔。特尼河流域有湖泊 14 个，东大沟 5 个。希拉乌苏—斯格尔吉湿地有湖泊 25 个，1 km² 以上的有查干诺尔、哈日诺尔、公安牧场东南 7 km 处无名湖泊。海拉尔河北岸宝日希勒东侧海拉尔区域内有湖泊湿地 6 个，其中两个无名湖面积均在 1 km² 以上。

在海拉尔河下游嵯岗以下到额尔古纳河上游右岸的海拉斯图山岭三十三山脚下，有风蚀洼地河漫滩或降雨形成的面积较小的湖泊湿地总计约 72 个。面积在 1 km² 以上的有海拉尔河北岸的布日嘎斯特诺尔、和日斯特诺尔、本波诺尔、伊贺诺尔、洪库日诺尔、达日音诺尔、莫斯图查干诺尔、哈日诺尔、萨布图诺尔、阿日布拉格、潘扎诺尔、浩勒包诺尔。这 12 个湖泊为风蚀洼地降水形成的咸水盐沼湖泊湿地。还有巴彦诺尔、波日诺尔、呼列也图诺尔、哈日诺尔（巴里嘎斯湖）、布日嘎斯台诺尔 5 个湖泊为风蚀洼地河漫滩形成的淡水湖泊湿地。最大的湖泊为哈日诺尔（巴里嘎斯湖），面积约 26 km²，是由巴里嘎斯湖、混图诺尔、哈日诺尔、都热哈日诺尔经胡列也吐诺尔人工引额尔古纳河支流高浪河水连成一个水域。引水工程就称哈日诺尔引水工程，该水域也就被称为哈日诺尔（又称哈里湖）。海拉尔河南岸有嵯岗牧场一队附近的呼伦诺尔（新

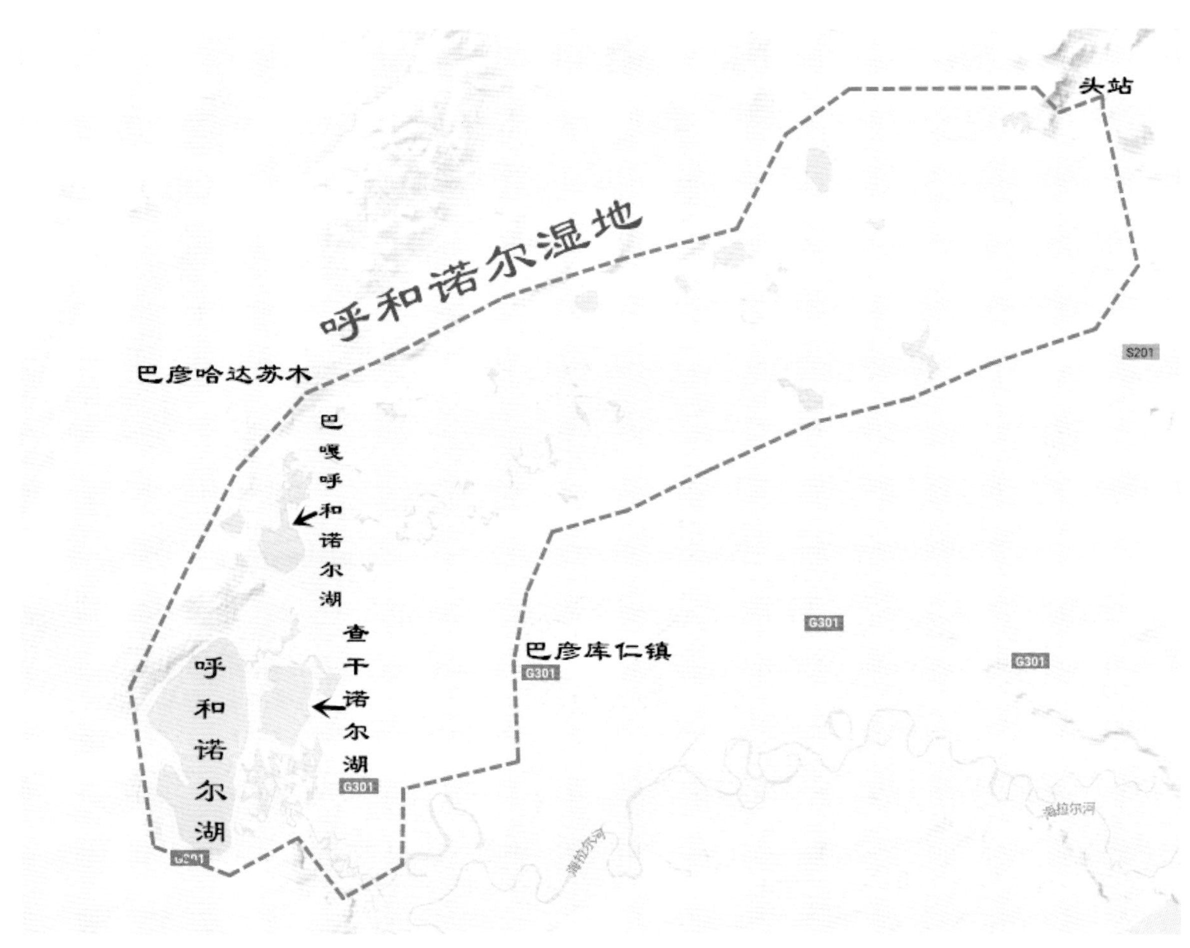

图5-2　呼和诺尔湿地位置示意

命名）、乌力吉图诺尔，均为淡水湖。在海拉尔河南岸台地沙带中分布有大小湖泊湿地总计约 57 个，绝大部分为风蚀洼地降水形成的咸水湖泊湿地。面积在 1 km² 以上的有伊贺诺尔、锡林布日德、浑和日诺尔、哈日廷诺尔、木斯图诺尔、布日罕特诺尔、木斯图淖尔、昂格日图淖尔、包尔图诺尔、乌珠尔布尔德等 10 个湖泊。北岸台地沙带中在陈巴尔虎旗东、西乌珠尔之间分布有 10 个与南岸性质相同的咸水盐沼湖泊湿地，但惟有乌珠尔布日德诺尔是通过人工渠引水成为河漫滩型的微咸湖，可养殖淡水鱼，面积为 1.43 km²，北岸大于 1 km² 的还有吉日班哈嘎（图 5-3）。

海拉尔河从莫尔格勒河口以下到阿巴该图的下游河谷洲渚湿地（含河流）面积约 751.11 km²。额尔古纳河从阿巴该图到黑山头的上游河谷洲渚湿地（含河流）面积约为 772.29 km²。根河黑山头以下和得耳布尔河苏沁以下入额尔古纳河河谷洲渚湿地（含河流）面积约为 316.84 km²（图 5-4）。海拉尔河、额尔古纳河、根河、得耳布尔河等额尔古纳河水系河流的主要湿地总面积约 1840.24 km²，小于它的子水系呼伦湖—贝尔湖湿地的总面积。如果把海拉尔河下游、额尔古纳河上游、呼伦湖—贝尔湖水系 3 个湿地作为一个生态系统考虑（特别是水生物的繁衍、鱼类的洄游和水栖、陆栖动物植物的迁徒驻留繁衍），它们的总面积为 6 162.13 km²。这也是我们今后进行保护开发利用的立脚点。

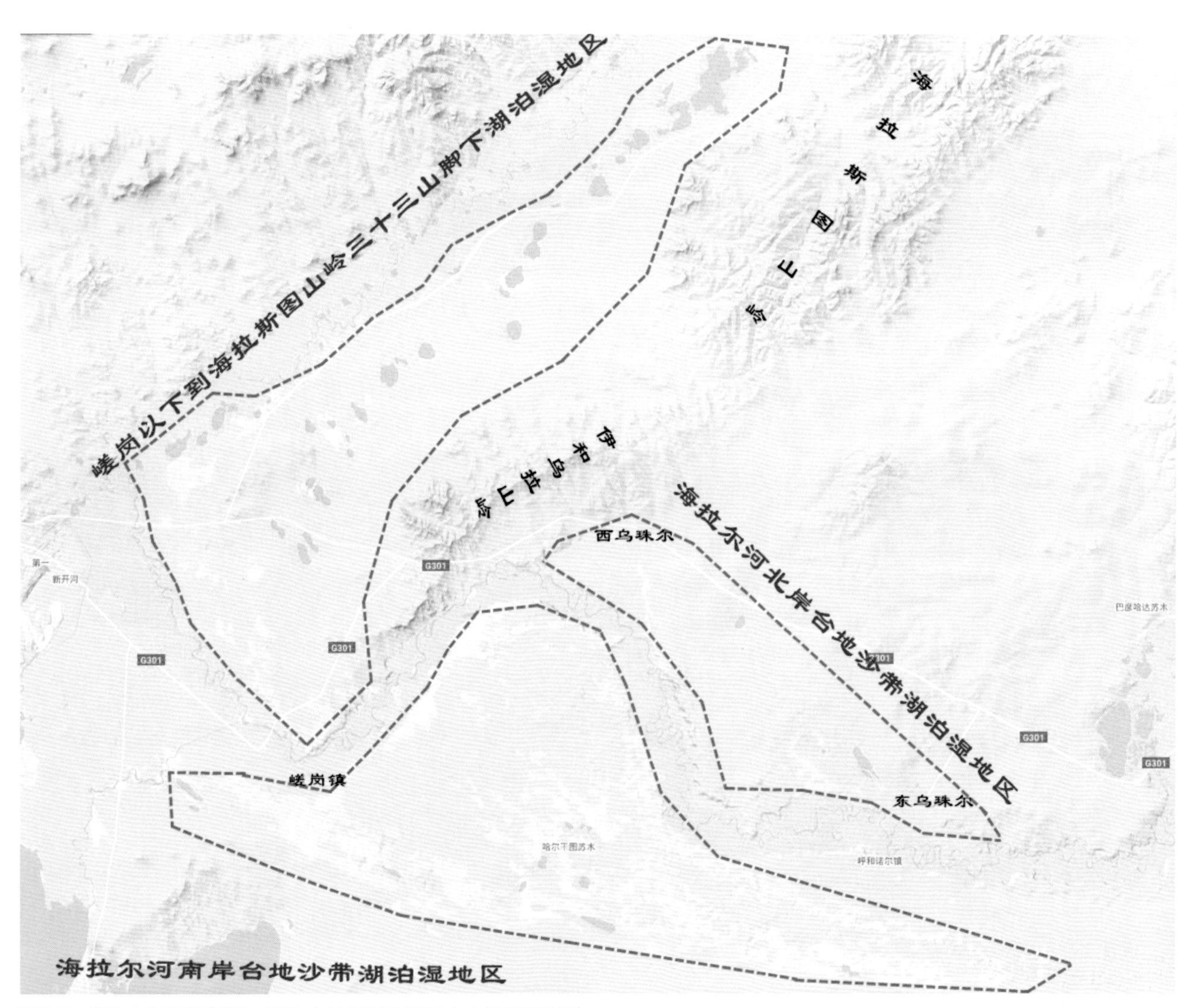

图5-3　海拉尔河下游两岸、额尔古纳河三十三以上右岸湖泊湿地

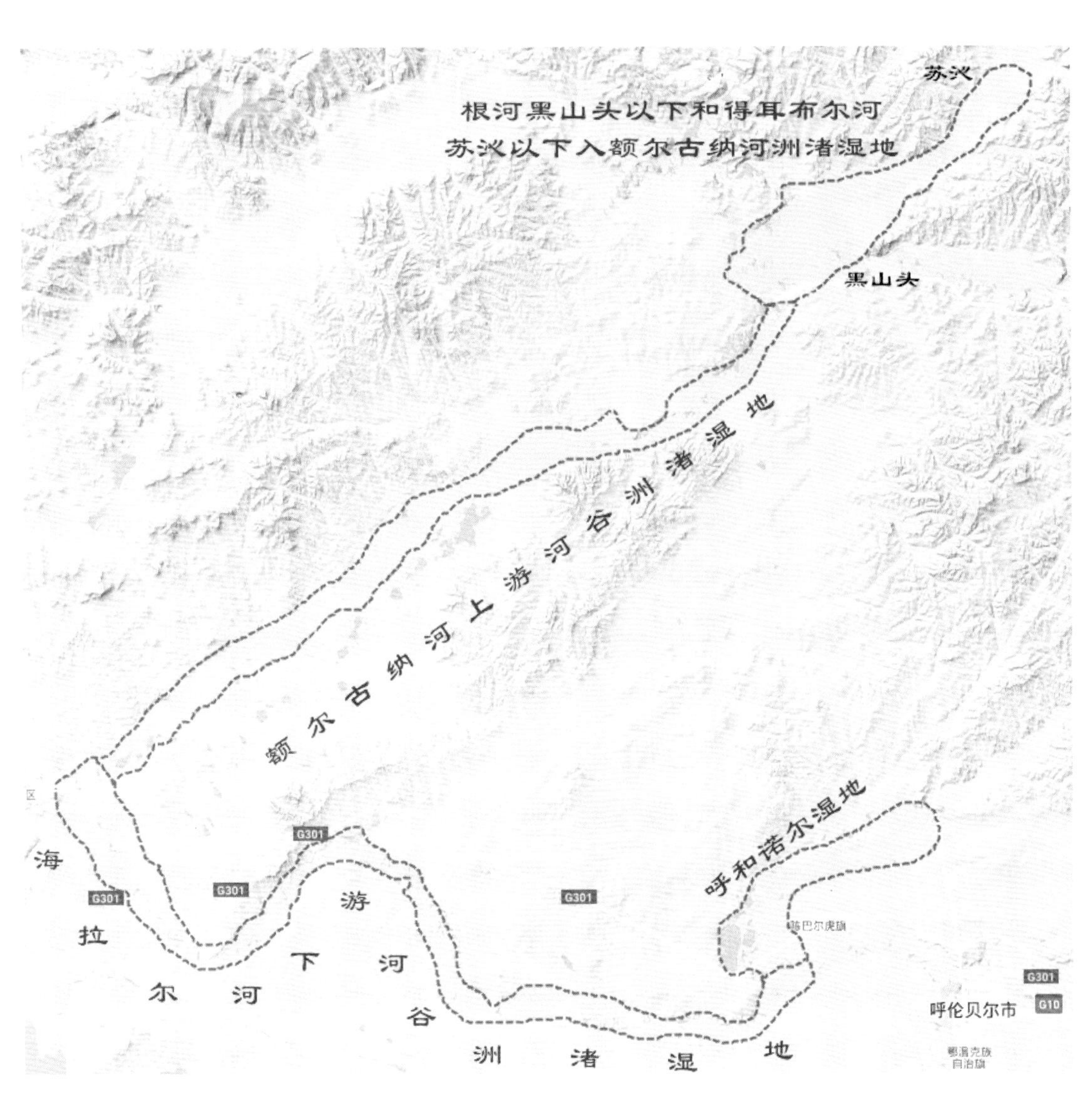

图5-4 额尔古纳河—海拉尔河湿地区

三、辉河（鄂温克族自治旗、新巴尔虎左旗）湿地区

海拉尔河二级支流伊敏河左岸的支流辉河，其流域内中下游有大面积的沼泽湿地，总面积约 895.08 km²（保护区总面积为 3 468.48 km²，分湿地、草甸草原、沙地樟子松疏林 3 部分，核心区面积 684 km²），以草本沼泽和灌丛沼泽为主，并分布着大量淡水湖泊湿地和少量盐沼湖泊湿地（图 5-5、图 5-6），辉河湿地景观见图 5-7（国家林业局，2015；吕世海等，2013；呼伦贝尔市辉河国家级自然保护区管理局，2008）。在辉河湿地自然保护区范围内有湖泊 300 多个，最大的两个是西博嘎查北侧的大牛轭湖，及下游叠坝围堰形成的库塘湿地（面积约 4.18 km²）。另外还有面积大于 1 km² 的湖泊湿地乌兰仁布拉格、嘎鲁特诺尔、古尔班敖包诺尔、英阿玛吉（咸）、额和锡阿玛吉、准查干诺尔、沙巴尔图诺尔（咸）、二道沟牧场南无名泡子（咸）等 8 个。在其上游支流巴润毛盖图音高勒，有面积约为 15.3 km² 的超伊钦查干诺尔水库。在其上游支流沙巴仁高勒上，有面积约为 17.93 km² 的呼和诺尔水库（均位于新巴尔虎左旗）。二者均为库塘湿地。

辉河湿地自然保护区以外的鄂温克族自治旗域内辉河流域还有独立的湖泊湿地约 154 个。

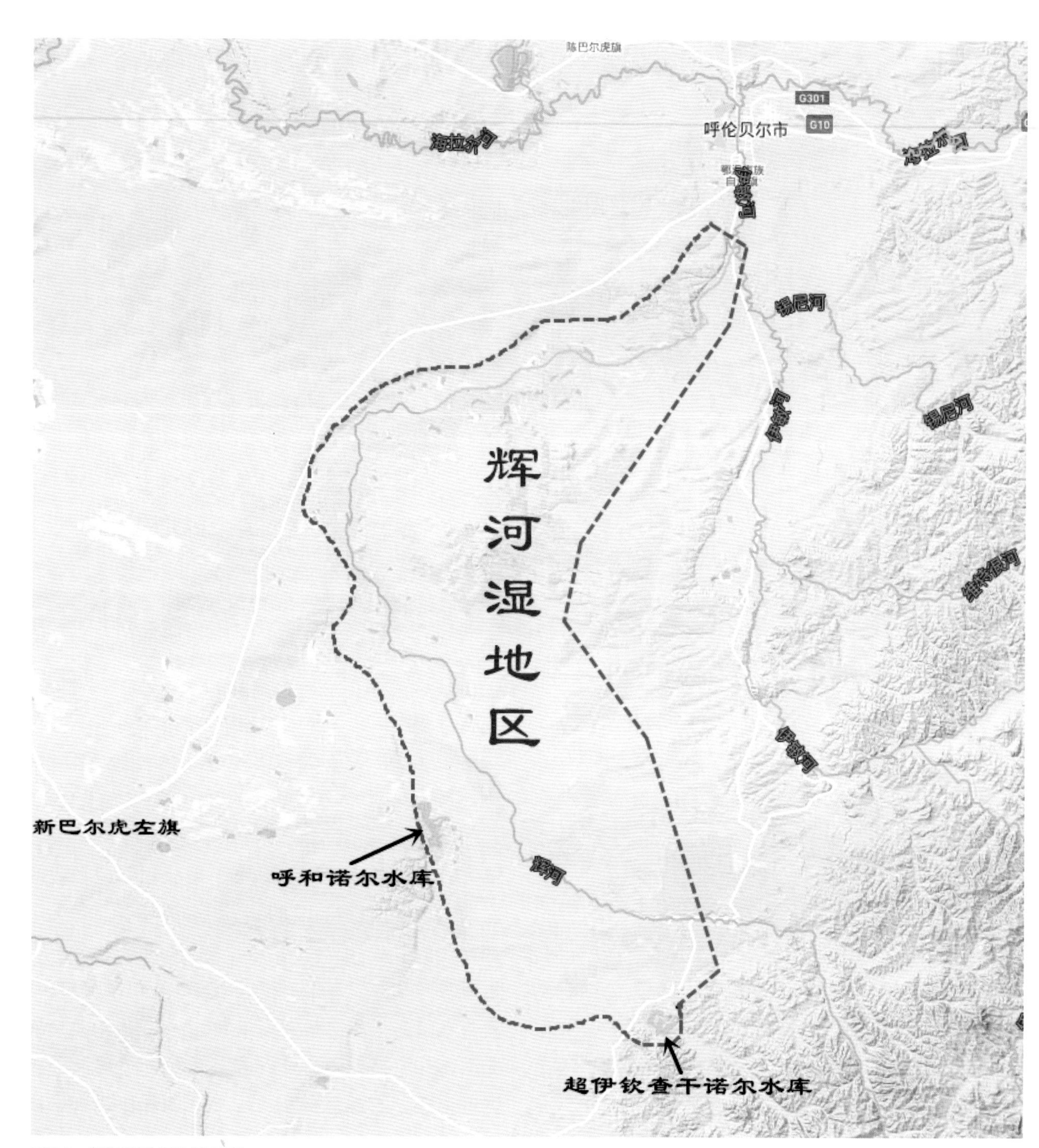

图5-5 辉河湿地区位置示意

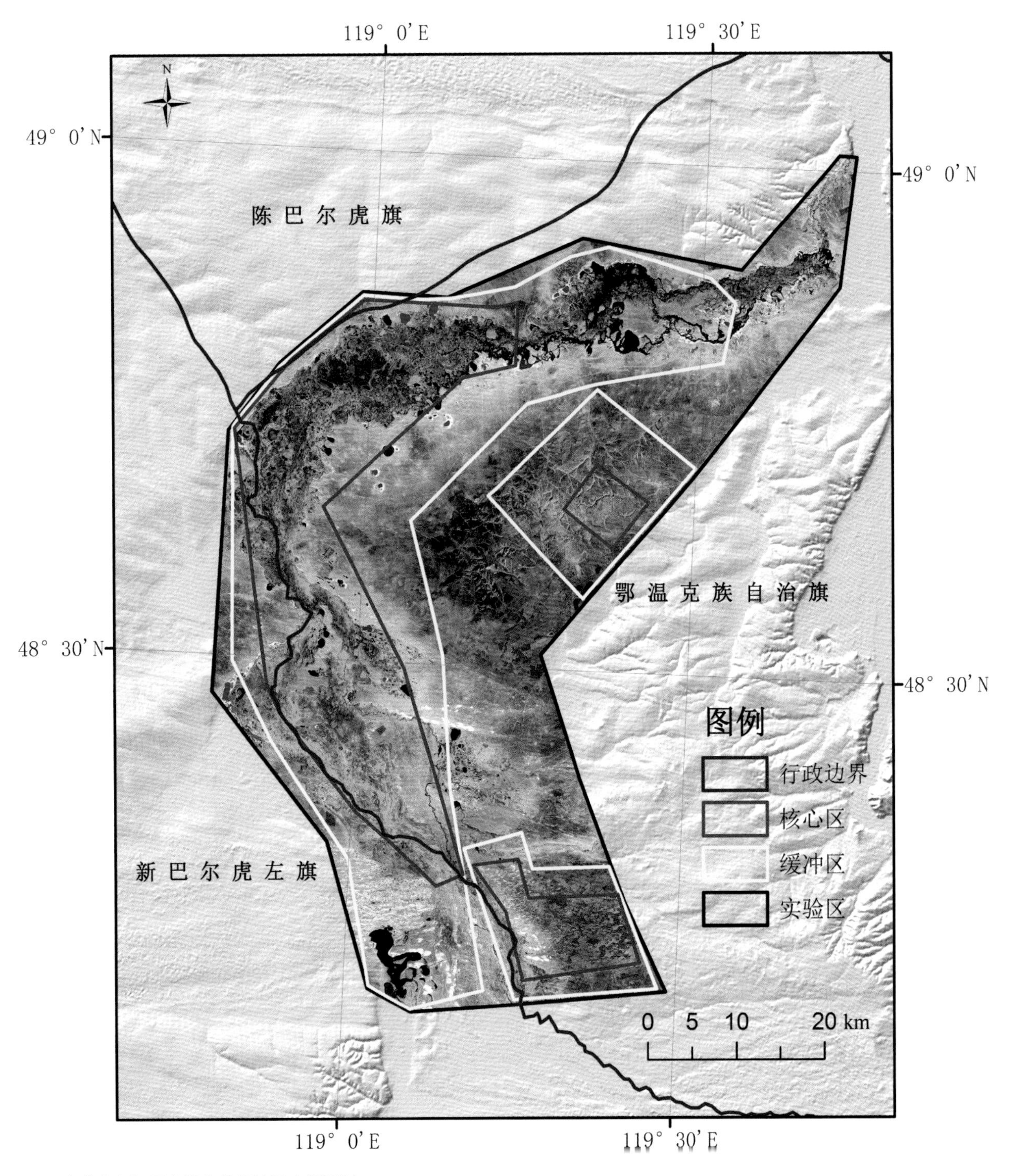

图5-6 内蒙古辉河国家级自然保护区功能区划

图5-7　辉河湿地景观

四、鄂温克族自治旗湖泊湿地区（海拉尔区）

伊敏河各支流流域（辉河流域除外）湖泊湿地数量（包括海拉尔区域内）：锡尼河 23 个、维特根高勒 5 个、尼斯洪雅维纳罕高勒支流尼斯洪维纳罕道人工湖 1 个、伊敏河红花尔基水库以下 72 个。海拉尔河其他支流流域湖泊湿地数量：莫和尔图河 10 个、毛浩来高勒（扎尼河）4 个（3 个为人工湖、1 个是人工补水湖莫和勒诺尔）、海拉尔河漫滩湖泊湿地 1 个（辉图哈日诺尔）。其中，面积 1 km² 以上的有五泉山水库、红花尔基水库、伊敏矿疏干湖（池）、布日丁诺尔、柴达木诺尔（咸）、呼吉日诺尔（咸）、西水泡子、辉图哈日诺尔等 8 个。以上总计 116 个湖泊湿地、库塘湿地。其中包括西水泡子、辉图哈日诺尔（东大泡子）等 7 个湖泊湿地，属海拉尔区（图 5-8）。

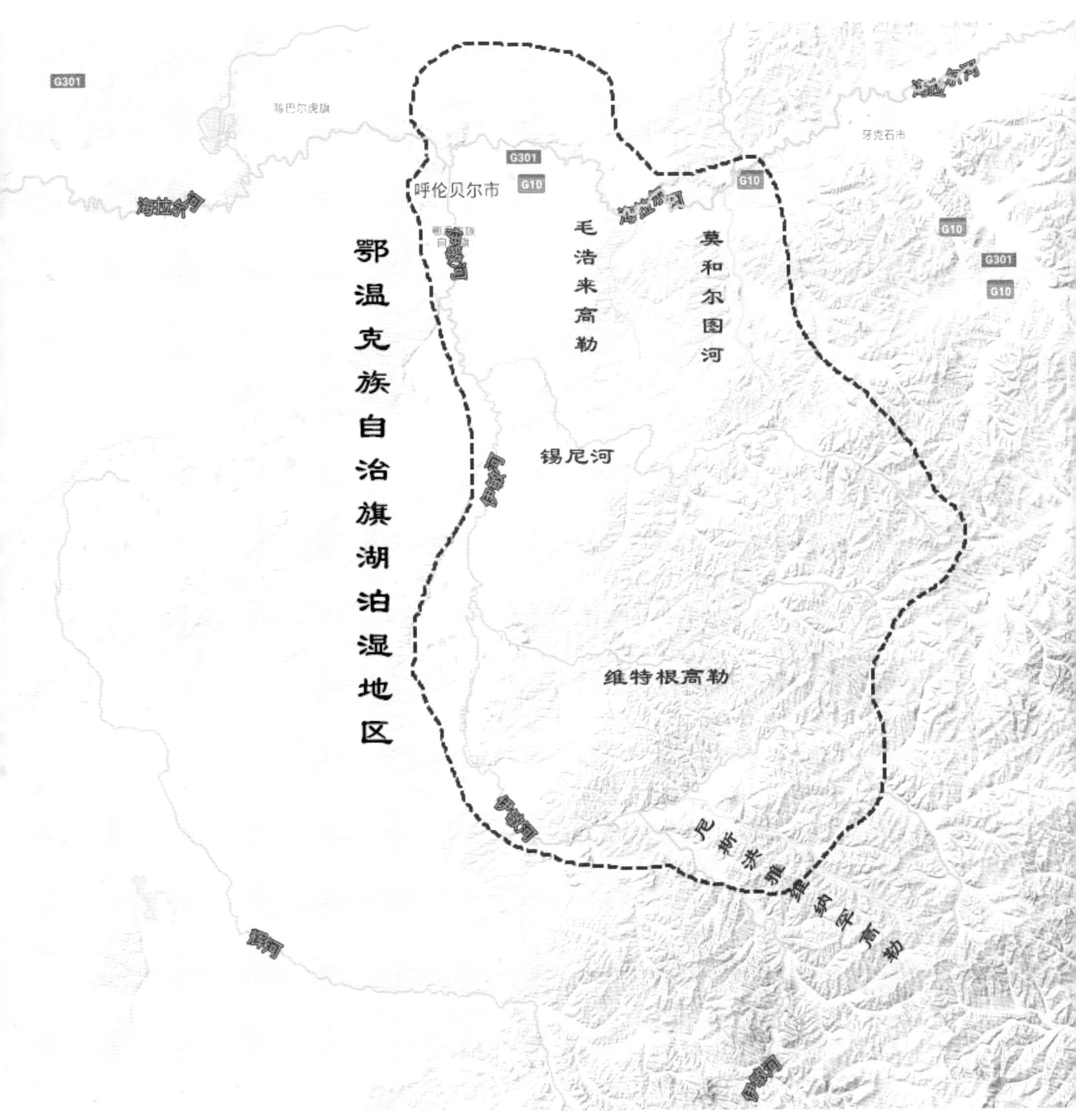

图5-8 鄂温克族自治旗湖泊湿地区位置示意

五、新巴尔虎左旗湖泊湿地区

（一）吉布胡郎图—甘珠儿庙湖泊湿地区

从呼伦湖东侧的吉布胡郎图向东到锡林浩勒包山一线，宽约 31.66 km，向南到甘珠儿庙长约 73.79 km，总面积约 1 921.92 km²，分布着沙带、盐沼和季节性湖泊、河流，局部伴有总计约 550.33 km² 温性典型草原的沼泽类型复杂区域。

有季节性河流准浩来音沟、阿日拉陶勒盖音沟、巴润好来音沟。这里有湖泊湿地约 225 个，多为季节性湖泊，为风蚀洼地降雨所成，部分由季节性河流漫滩所致。其中面积 1 km² 以上的有扎民诺尔、特木仁诺尔、舒特诺尔（咸）、阿拉林诺尔、苏敏诺尔、巴嘎萨宾诺尔、代日音诺尔、绍饶廷诺尔、宝音特布日德、扎日格廷诺尔、沃博仁查干诺尔、阿仁查干诺尔等 12 个湖泊湿地。这条古河道及沙带是 L 型，以上是 L 的一竖。从玛普陶勒盖—甘珠尔庙—阿穆古郎向东到辉河边是 L 的底勾，是一片三角型的半荒漠沙带，面积约 1 592.67 km²。这里有盐沼湖泊型湿地约 70 个，有很大一部分是咸水湖。面积 1 km² 以上的有洪特（咸）、塔日干诺尔（咸）、阿然吉诺尔、巴音诺尔、呼吉日诺尔、伊和沙日乌苏、巴音宝力格诺尔、伊很布日德、超辉特诺尔、准沙巴日特（咸）、哈日干廷布日德、那林、柴达木 [蒙古语，意为有少量积水的盐碱（湖）地]、巴音查干诺尔（咸）、哈日诺尔（咸）、哈布其林查干诺尔等 16 个湖泊湿地。

（二）牙曼岗嘎—敖伦诺尔湖泊湿地区

在以上这片三角型沙区以北约 15 km ，还有一条从牙曼岗嘎到敖伦诺尔嘎查，长 43km，宽 1～6.44 km，面积约 199.79 km² 的沙带，其中有风蚀洼地降雨形成的湖泊型湿地 21 个，一条时令河英根高日和。

（三）诺门罕盐沼湖泊湿地区

由额布都格向东—樟子松林带林缘—向南—经道老图音查干诺尔东侧—S203 线—向西到巴润敖格拉嘎日沙地—中蒙边界达尔罕乌拉—沿中蒙边界—额布都格，这一闭合范围内的面积约为 1 970.04 km²。

这是一片植被覆盖更为复杂的遍布湖泊湿地的有着草本沼泽、森林沼泽、灌丛沼泽和少部分藓类沼泽以及内陆盐沼的大片区的草灌乔植被沙地草原。有风蚀洼地降雨形成的湖泊湿地约 158 个，被称为诺门罕盐沼湖泊湿地区。面积 1km² 以上的有嘎布津托胡鲁克（咸）、乌苏特柴达木 [蒙古语，意为有水的盐碱（湖）地]、超浩尔毛日特诺尔、嘎鲁特诺尔、和日森查干诺尔、阿都特诺尔、乌兰丁图格热格、苏仁干其那日斯、吉日班毛德乃诺日、胡鲁苏图诺尔、道老图音查干诺尔等 11 个湖泊湿地。季节性河流有呼拉斯台河、海清浩来音高勒日和。有温性草甸草原、温性典型草原、半荒漠草原、风蚀沙地和少量的樟子松林带。

以上所计的湖泊数不包括新巴尔虎左旗域内海拉尔河下游湿地和额尔古纳河上游湿地内的湖泊，也不包括辉河湿地区新巴尔虎左旗域内的湖泊（图 5-9）。

六、新巴尔虎右旗（满洲里市）湖泊湿地区

（一）满洲里市域内湖泊湿地

有湖泊湿地、库塘湿地和人工湿地 37 个，面积 1 km² 以上的仅有扎赉诺尔区南 648.8 高地南侧近 1 km 的无名湖（也称月牙湖），此湖西侧在新巴尔虎右旗境内（图 5-10）。

（二）呼伦湖—乌尔逊河以西湖泊湿地

乌尔逊河以西的的新巴尔虎右旗域内有各型湖泊湿地 585 个。其中满洲里—新巴尔虎右旗公路以东到呼伦湖西侧有 86 个；满洲里—新巴尔虎右旗公路以西到中俄蒙边境线 158 个；克鲁伦河南北两岸到乌尔逊河以西 341 个。面积 1km² 以上的有巴润萨宾诺尔（咸）、准萨宾诺尔（咸）、大日给彦乃诺尔（咸）、伊和诺尔（咸）、哈拉诺尔（咸）、陶勒盖廷诺尔（咸）、巴润乌和日廷诺尔（咸）、阿布

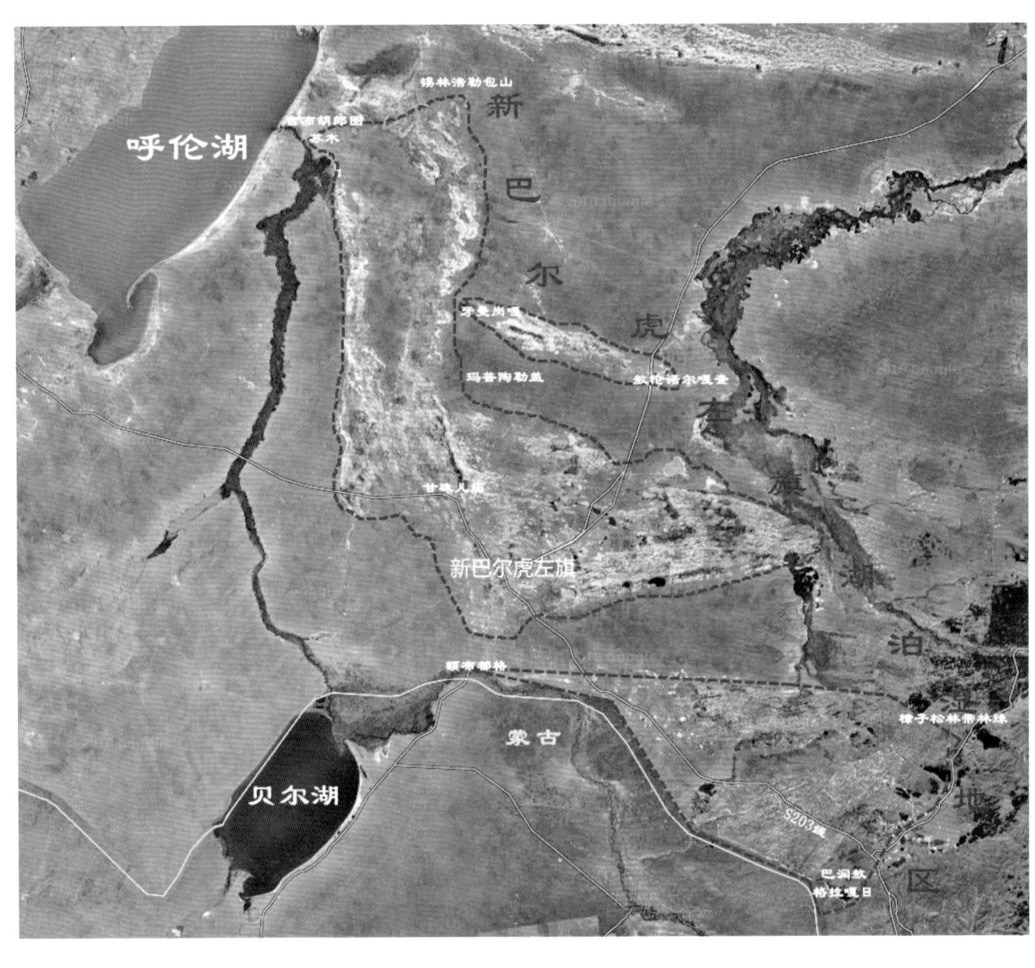

图5-9　新巴尔虎左旗湖泊湿地区位置示意

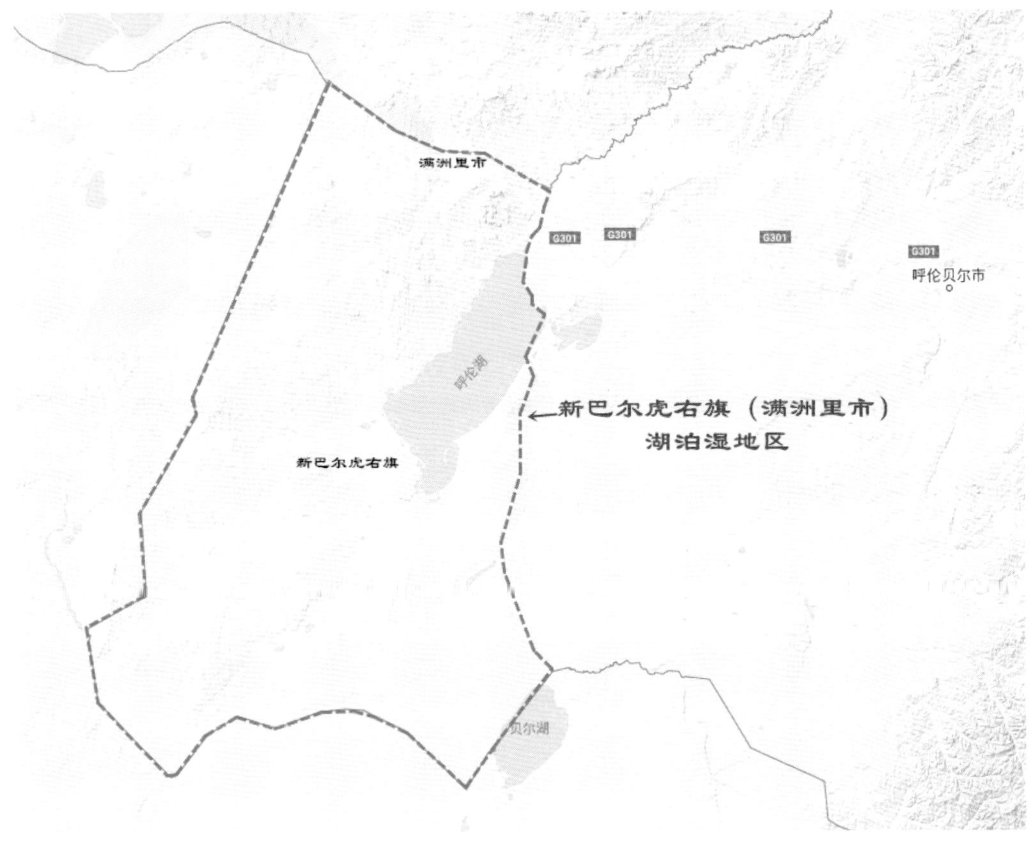

图5-10　新巴尔虎右旗湖泊湿地区

哥特诺尔（咸）、托莫尔特诺尔、巴彦布拉格诺尔（咸）、哈日诺尔（咸）、沃布仁诺尔（咸）、希日给廷诺尔（咸）、阿楞多尔莫湖（咸）、乌兰诺尔（乌兰泡）、哈尔推饶木、都日廷诺尔（咸）、鄂金诺尔（咸）、乌尔塔诺尔（咸）、莫诺格钦根诺尔（咸）、呼吉仁诺尔（咸）、善丁诺尔（咸）、阿尔善乃查干诺尔、查干诺尔（咸）、特日根廷查干诺尔（咸）、和特少尔包诺尔、巴嘎哈伦沙巴尔特诺尔、呼热诺尔、交罗不地湖（咸），总计 29 个，大部分为咸水湖。

七、大兴安岭山脉湖泊湿地区

牙克石市、额尔古纳市、根河市、鄂伦春自治旗湖泊湿地数大部分已被纳入大兴安岭林区。未纳入已命名的有牙克石的扎敦水库（11 km²）云龙湖、凤凰湖（1.32 km²）、下凤凰湖、上凤凰湖以及乌努耳镇的 9 号泡子（长寿湖）。额尔古纳市的黑山头古城西南侧根河北岸古城湖（新命名），根河下游 S201 公路桥以下到额尔古纳河口有湖泊湿地 24 个，得耳布尔河和哈乌尔河有湖泊湿地 11 个，均为河谷湿地的牛轭湖。根河市金河镇汗马自然保护区的牛耳湖和牛心湖、根河源湿地 3 个湖泊（均已统计到大兴安岭林区）均为河源湿地湖泊。鄂伦春自治旗的有达尔滨湖和达尔滨罗（已统计到大兴安岭林区，达尔滨湖面积 1 km² 以上）、那都里河支流古里河的支流上马架河水库（面积约 2.58 km²）、那都里河支流马尔其河水库、嫩江一级支流勃音那河水库、额尔格奇河上源二道沟水库、加格达奇机场西侧水库、阿里河右岸支流西小河水库，总计 48 个湖泊、库塘。另外，鄂伦春自治旗有 200 亩水稻田。

八、嫩江右岸山前平原湖泊湿地区

（一）莫力达瓦达斡尔族自治旗的湖泊、库塘湿地

除尼尔基水库以外，还有甘河支流上前达尔滨泡子（湖）、后达尔滨水库、甘河支流巴彦河上甘河农场燕子湖水库（1.42 km²）、坤密尔提河上的新发水库（3.73 km²）、甘河支流查勒班其哈力河二站水库、嫩江一级支流哈列吐河上的小黑山水库（1 km²）、宝山镇巨泉村格尼河左岸支流太平川河上游巨泉水库、诺敏河支流西瓦尔图河上永安水库，总计 9 个有名的湖泊、水库。其中 1 个为特大型水库（尼尔基水库面积 498.33 km²，库容 86×10^8 m³）。另外，有 16.20×10^4 亩水稻田。

（二）阿荣旗的湖泊、库塘湿地

阿伦河支流索罗奇河上的复兴水库（2.5 km²），黄蒿沟河支流牧奎水库、建国水库、红旗水库、联合水库、兴隆水库，格尼河支流青山卜水库，阿伦河左岸支流砬子沟河下游的霍尔奇镇兴隆水库，唐王沟河上游圣水水库，羊鼻子沟河上游向阳峪水库（2.16 km²），音河支流宽沟河水库西胜水库，那吉屯农场东侧阿伦河支流施家沟河忠厚水库，格尼河支流萨里沟河四合水库，阿伦河支流龙泉水库、富贵水库，阿伦河右岸支流太平沟河上游群英水库、亚东镇格尼河谷大泡子村大泡子，总计 17 个有名的湖泊、水库。另外，有 7.75×10^4 亩水稻田。

（三）扎兰屯市湖泊、库塘湿地

柴河，大黑沟东 1216 海拔堰塞湖、驼峰岭天池火山口湖、呼伦贝尔—兴安盟界哈玛尔山东侧 1 km 的 1 472 高地火山口湖、双沟山天池火山口湖、基尔果山东南约 7.3 km 的月亮天池（基尔果天池）火山口湖（海拔 1 278 m）、柴源林场西偏北 5 km 处火山口湖、阿尔山—柴河公路南侧距月亮天池火山地貌游览区西南 1.2 km 的心形湖、卧牛湖火山口湖。雅鲁河左岸支流卧牛河上游二道桥沟河靠山水库、雅鲁河下游左岸支流一道沟河上游光明沟河曹家屯水库、雅鲁河支流卧牛河扬旗山水利枢纽。大河湾镇音河支流暖泉沟河红星水库、成吉思汗牧场雅鲁河支流犴牛河秀峰水库，以上总计 13 个有名的湖泊、水库。另外，有 4.03×10^4 亩水稻田。

第四节
湖泊湿地与河流湿地

额尔古纳河水系的海拉尔河段流域面积1 000 km²以上的河流22条，流域面积100～1 000 km²的河流178条；湖泊水面面积10 km²以上的9个，1～10 km²的64个。额尔古纳河干流段流域面积1 000 km²以上的河流17条，流域面积100～1 000 km²的河流149条；湖泊水面面积10 km²以上的1个，1～10 km²的5个①（《中国河湖大典》编纂委员会，2014）。

呼伦湖—贝尔湖湖泊湿地区湖泊4个，新巴尔虎左旗湿地区湖泊、库塘约474个，鄂温克旗湿地区约116个，辉河湿地区约454个，额尔古纳河—海拉尔河湿地区约251个，新巴尔虎右旗湿地区约622个，其他旗市湿地区约87个、水稻田28×10^4亩；市域内大兴安岭重点国有林管理局施业区内湖泊201个（全部226个，包括河流湿地内的牛轭湖、库塘），总计约2 209个湖泊、库塘，可称千湖之城（市）②，面积稳定在≥ 1km²的湖泊总计131个（未包括水库）。需说明的是，这些湖泊湿地特别是呼伦贝尔草原上的，随降雨量的多寡，数量每年都有微小变化，规模大小每年也有变化，这是高平原草原上普遍存在的自然现象。

市域内大兴安岭重点国有林管理局施业区内嫩江、额尔古纳河水系的一、二、三、四、五级的各级支流7 410条③，加地方所属林业施业区内和呼伦贝尔草原以及嫩江右岸山前平原一、二、三、四、五级的各级支流近3 000条，总计超过1×10^4条，可为万河之地④。还需说明的是，在林区一场过火面积较大的森林火灾、一定规模的不科学采伐、地质灾害等，都会影响到河流数量的变化。特别是森林火灾和地质灾害在森林里是经常发生的，使河流数量每年都发生着微小的变化。而在呼伦贝尔草原，季节性河流、间歇性河流数量相对较多，也使河流的数量每年都发生着微小的变化。

按我国湿地资源调查技术规程，包括面积8 hm²（含8 hm²，合0.08 km²）以上的近海与海岸湿地、湖泊湿地、沼泽湿地、人工湿地以及宽度10m以上，长度5km的河流湿地，被定义为领土范围内的各类湿地资源。以上我们讨论的湿地范围，比国家规程更为广泛、标准更高，这对具体工作更具实用意义。

---

①《中国河湖大典》（2014）中，额尔古纳河干流流域的经人工改造形成的"哈日诺尔湖"没有统计在内。它的面积为26 km²，位于额尔古纳河右岸陈巴尔虎旗东乌珠尔苏木的胡列也吐。因此，10 km²以上的湖泊由0个变为1个，1～10 km²的湖泊由6个变为5个。

② 这里所说的湖泊湿地数量是一个多年平均数，如2007年那样干旱的年份，数量会明显减少；像1998年、2013年那样降水量特别大的年份，数量会增加。一般年份，数量、规模都有微小变化。

③ 内蒙古大兴安岭重点国有林管理局施业区内共计7 414条河流，呼伦贝尔市域内7 410条，兴安盟境内4条。内蒙古大兴安岭林业管理局《资源名录》（2000年第一版）中，河流总数7 416条，统计有误，多了2条。

④ 一般统计河流的数量，将流域面积20 km²的作为统计的下限。本书未按照流域面积而是将五级的各支流均统计在内。在大兴安岭山脉，五级支流的平均流域面积约为5～20 km²。在呼伦贝尔草原和嫩江右岸山前平原，一般四、五级支流的流域面积要大于20 km²、15 km²。

Hulunbuir
Mountain River
呼伦贝尔山河

第三篇

气候　野生动植物

与气候、野生植物、野生动物有关的主要名词解释：

等降水量线（isohyetal line）：简称等降水线，在地图上将同一时间里降水量相同的各点连接起来的线，称之为等降水量线。在地图上由等降水量线组成的地图，就是等降水量线图。它是研究一个地区同一时段不同地方的降水分布规律和特点的重要工具。等降水量线根据反映的时段不同，大致可以分为3类。分别反应微观、中观、宏观的降水状况。

西伯利亚寒流（Siberian cold front）：蒙古—西伯利亚是北半球冬季最寒冷的地方。在那里的盆地中，来自四面八方的大气冷却收缩下沉，形成北半球最强覆盖面最广的高压。高压中心位置在西伯利亚和蒙古高原一带，为干冷气团控制。冬、春季气团向其东部移动。受此高压控制，天气晴朗、严寒，若有合适的水汽条件也会产生降水。其高压脊经常伸向我国北方，强冷的西北气流南下时常形成寒潮天气。高压前部常有气旋或冷锋配合，多造成大风、沙尘天气。其前部的强冷平流，习惯上被称为西伯利亚寒流。呼伦贝尔地区毗邻西伯利亚和蒙古高原，常处于冷高压移动路径上，受其前部寒流影响较大，为我国冬季严寒之最。

西太平洋暖湿气流（Western pacific warm moist air）：即太平洋副热带高压西侧的偏南气流。副热带高压是指发生在副热带纬度（南北半球纬度20°～40°）地区，对流层中的由动力形成的暖性高压系统。由于海陆热力差异，山脉的存在，造成北半球副热带高压断裂为若干个高压中心，对我国影响最大的为西太平洋副热带高压。副热带高压控制区盛行下沉气流、干旱少雨，其外围风向呈顺时针旋转。西太平洋副热带高压西侧的偏南气流可以将太平洋暖湿空气向我国内陆输送，形成中国夏季主要的雨带。盛夏，随着副热带高压的北进，雨带可北推到华北、东北地区。这时，西太平洋暖湿气流对嫩江右岸山前平原、大兴安岭山脉、呼伦贝尔高平原都产生较强的降雨影响（图A）。

生物圈（biosphere）：生物圈是指地球上一切出现并感受到生命活动影响的地区，是地表有机体包括微生物及其自下而上环境的总称，是行星地球特有的圈层。它也是人类诞生和生存的空间，是地球上最大的生态系统。生物圈是自然灾害主要发生地，它衍生出生态环境灾害。生物圈的范围是：大气圈的底部、水圈大部、岩石圈表面。生物圈是指地球上所有生命与其生存环境的整体，它在地球表面上到平流层、下到海面以下十多千米的深处，形成一个有生物存在的包层。实际上，绝大多数生物生活在陆地之上和海洋表面以下各约100m的大气圈、水圈、岩石圈、土壤圈等圈层的交界处，这是生物圈的核心。

生态圈（ecosphere）：广义的生态圈包含生物圈，还包括地理、气候等，整个地球的环境和地球生命构成地球生态圈。狭义的生态圈就指某一个生态系统而言（例如水生生态圈、陆地生态圈等）。

森林（forest）：是以木本植物为主体的生物群落，是集中的乔木与其他植物、动物、微生物和土壤之间相互依存相互制约，并与环境相互影响，从而形成的一个生态

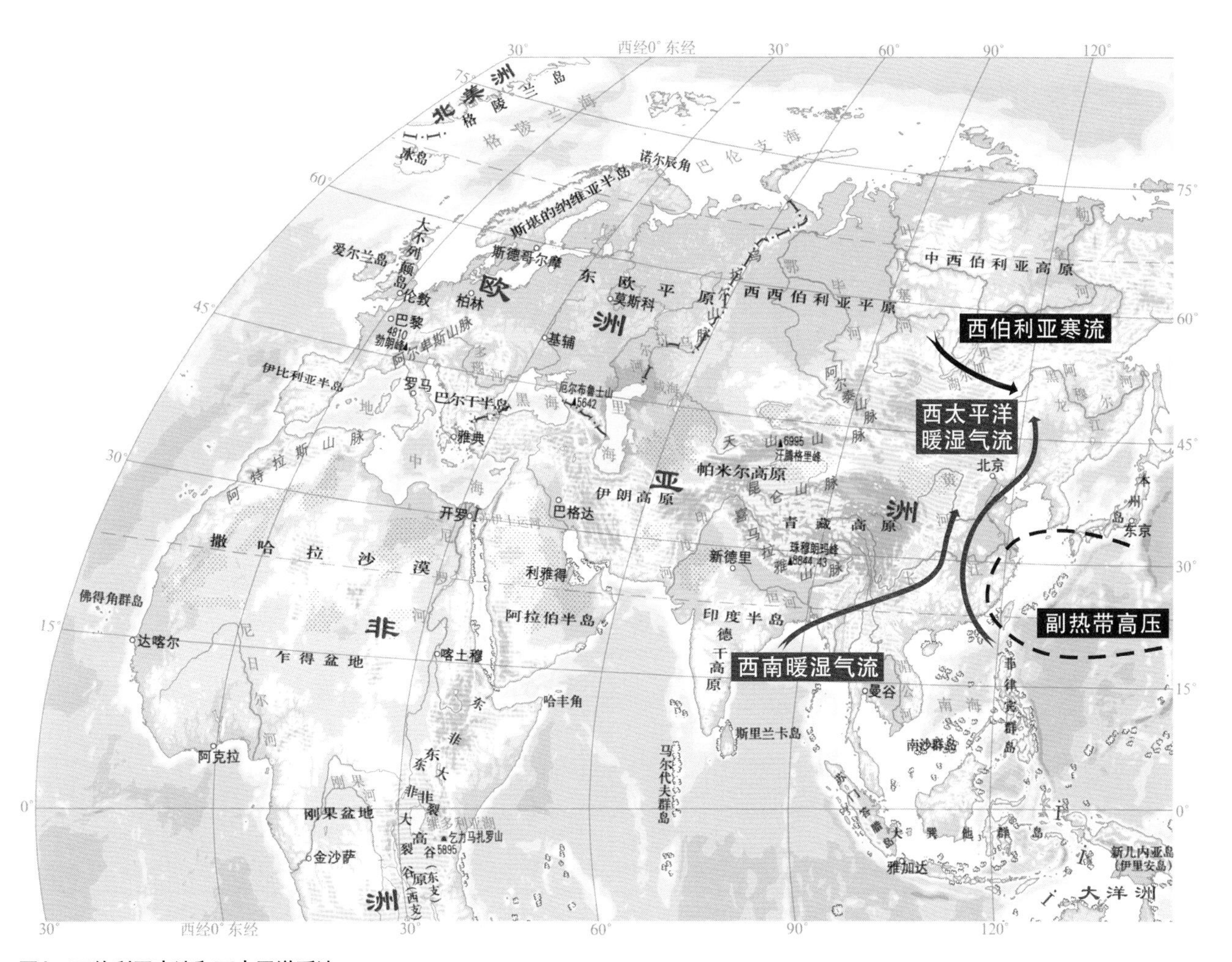

图A　西伯利亚寒流和西太平洋暖流

系统的总体。它具有丰富的物种，复杂的结构，多种多样的功能。森林被誉为“地球之肺”。

野生植物（wild plant）：是指原生地天然生长的植物。野生植物是重要的自然资源和环境要素，对于维持生态平衡和发展经济具有重要作用。

野生动物（wild animal）：顾名思义，为野外环境生长繁殖的动物。一般而言，具有以下特征：野外独立生存，即不依靠外部因素（如人类力量）存活，此外还具有种群及排他性。野生动物在国际上的定义是：所有非经人工饲养而生活于自然环境下的各种动物。学界定义：凡生存在天然自由状态下，或者来源于天然自由状态的虽然已经短期驯养但还没有产生进化变异的各种动物。

植物分类（plant classification）：植物分类学是一门主要研究植物的种类、整个植物界的不同类群的起源、亲缘关系，以及进化发展规律的一门基础学科。也就是把纷繁复杂的植物界分门别类一直鉴别到种，并按系统排列起来，以便于人们认识和利用植物。按照国际植物命名法规（The International Code of Botanical Nomenclature，ICBN），有关植物分类命名（包括真菌）共包括12个主要等级（阶元）。主要分类阶元如下：植物界、门（亚门）、纲（亚纲）、目（亚目）、科（亚科）、族（亚族）、属（亚属）、组（亚组）、系（亚系）、种（亚种）、变种（亚变种）、变型（亚变型）。

由以上主要分类阶元可知，植物界共有22个分类等级，每种植物的命名必须明确在这个阶层系统中的位置，并且只占有一个位置。下表列出全部等级的名称，在这个系统中种是最基本的等级。

植物界分类阶层表

中文	英文	学名
植物界	Vegetable kingbom	Regnum vegetable
门	Division	Divisio，Phylum
亚门	Subdivision	Subdivisio
纲	Class	Classis
亚纲	Subclass	Subclassis
目	Order	Ordo
亚目	Suborder	Subordo
科	Family	Familia
亚科	Subfamily	Subfamilia
族	Tribe	Tribus
亚族	Subtribe	Subtribus
属	Genus	Genus
亚属	Subgenus	Subgenus
组	Section	Sectio
亚组	Subsection	Subsectio
系	Series	Series
亚系	Subseries	Subseries
种	Species	Species
亚种	Subspecies	Subspecies
变种	Variety	Varietas
亚变种	Subvariety	Subvarietas
变形	Form	Forma
亚变型	Subform	Subforma

动物分类（animal classification）：主要研究动物的种类、种类之间的亲缘关系、动物界起源和演化等。主要根据自然界动物的形态、身体内部构造、胚胎发育的特点、生理习性、生活的地理环境等特征，进行综合研究，将特征相同或相似的动物归为一类，并给它们命名。分类学根据生物之间相同、相异的程度与亲缘关系的远近，使用不同等级特征，将生物逐级分类。

动物分类系统，由大而小，有界、门、纲、目、科、属、种等几个重要的分类阶元（分类等级）。任何一个已知的动物均无例外地归属于这几个阶元之中。为了更精确地表达种 的分类地位，还将原有的阶元进一步细分，并在上述阶元之间加入另外一些阶元，来满足要求。加入阶元的名称是在原有阶元名称之前或之后加上总或亚而形成。于是就有了总纲、亚纲、总目、亚目等名称。为此采用的阶元如下表。物种命名采用国际上统一的“双名法”[①]

动物界分类阶元表

中文	英文	学名
动物界	Animal kingdom	Regnum animal
门	Phylum	Phylum
亚门	Subphylum	Subphylum
总纲	Superclass	Superclassis
纲	Class	Classis
亚纲	Subclass	Subclassis
总目	Superorder	Superfamilia
目	Order	Ordo
亚目	Suborder	Subordo
总科	Superfamily（-oidea）	Superfamilia
科	Family（-idae）	Familia
亚科	Subfamily（-inae）	Subfamilia
属	Genus	Genus
亚属	Subgenus	Subgenus
种	Species	Species
亚种	Subspecies	Subspecies

① 双名命名法，又称二名法。依照生物学上对生物种类的命名规则，所给定的学名之形式，自林奈《植物种志》(1753年，Species Plantarum）后，成为种的学名形式。正如“双名”字面的意涵，每个物种的学名由两个部分构成：属名和种加词（种小名）。属名由拉丁语法化的名词形成，但是它的字源可以是来自拉丁词或希腊词或拉丁化的其他文字构成，首字母须大写；种加词是拉丁文中的形容词，首字母不大写。通常在种加词的后面加上命名人及命名时间，如果学名经过改动，则既要保留最初命名人，并加上改名人及改名时间。命名人、命名时间一般可省略。习惯上，在科学文献的印刷出版时，学名之引用常以斜体表示，或是于正排体学名下加底线表示。

第六章 大兴安岭山脉对呼伦贝尔气候的影响

在研究呼伦贝尔气候环境时，首先围绕大兴安岭山脉来讨论区域气候，不但考虑到斯塔诺夫山脉（Stanov Mountains外兴安岭）对呼伦贝尔的影响，还考虑到贝加尔湖（Baikal）东侧雅布洛诺夫山脉（Yablonov Mountains）和蒙古高原的影响。特别是对额尔古纳市、根河市局部地区的气候影响，还考虑到俄罗斯境内额尔古纳河左岸的博尔晓沃奇内山脉（Borchevochny Mountains）的作用。这种在较小地域空间分析山脉对气候影响的方法用于呼伦贝尔，收到非常明显的效果，解释了悬而未解令史学界烦恼的问题①。本章对呼伦贝尔的气候特点的介绍，重点考虑日照、西伯利亚寒流和西太平洋印度洋暖湿气流对山脉和高平原的叠加影响。

大兴安岭山脉保护良好、功能完备的森林生态系统发挥着积极的水文效应，保持区域良好的水平衡和水文情势。大兴安岭森林生态系统首先利用森林茂密的林冠、林下千百年积累的枯枝落叶层和乔灌木发达的根系系统发挥蓄渗作用，延缓流域汇流过程，滞留降水，减少蒸发，调节径流，丰水期抵消强降水带来的影响，延缓和吸收洪峰，枯水期释放水分保持河流流量和湖泊水位稳定。同时，森林生态系统还具有净化水质、涵养水分、生物圈和生态圈的物质和能量交换等重要作用。通过林地和湿地对降水的渗透过滤作用，保持水质清洁，使河流、湖泊、地下水水质水量和泥沙水平等总体保持稳定，降低自然灾害和环境破坏的不良影响，维持区域生态系统平衡。大兴安岭森林生态系统使内蒙古东部和东北地区河流、湖泊、地下水水系长年保持稳定，上游流域水质普遍达到和超过国家地表水环境质量Ⅰ类标准，为我国东北的工农牧业生产和人民生活提供源源不断的清洁用水。本章讨论的呼伦贝尔是一个地域性概念，不专属呼伦贝尔草原，还包括大兴安岭林区和松嫩平原的部分区域。

第一节 大兴安岭山脉与周边山脉、高原气候的相互影响

一、地形地貌

呼伦贝尔市属于高原型地貌，是亚洲中部蒙古高原的组成部分，位于其第二梯级至第一梯级的丘陵平原地带，跨越两个地势梯级（图 6-1）。大兴安岭主脉及其支脉构成本区的地形骨架，嫩江、额尔古纳河水系侵蚀切割着高平原主体。地质构造受东北向新华夏系构造带和东西向的复杂构造带控制，形成大兴安岭山脉、呼伦贝尔高平原、河谷平原低地 3 个较大的地形单元。

在呼伦贝尔市北部黑龙江（阿穆尔河）以北为俄罗斯境内的斯塔诺夫山脉（外兴安岭山脉），西北部为俄罗斯境内雅布洛诺夫山脉，这两个山脉对本区气候也有影响。

① 即解释了冬季额尔古纳河流域室韦—奇乾段河谷地带的温度要高于周边山地，为蒙古室韦部在此长期居留繁衍提供了气候条件。

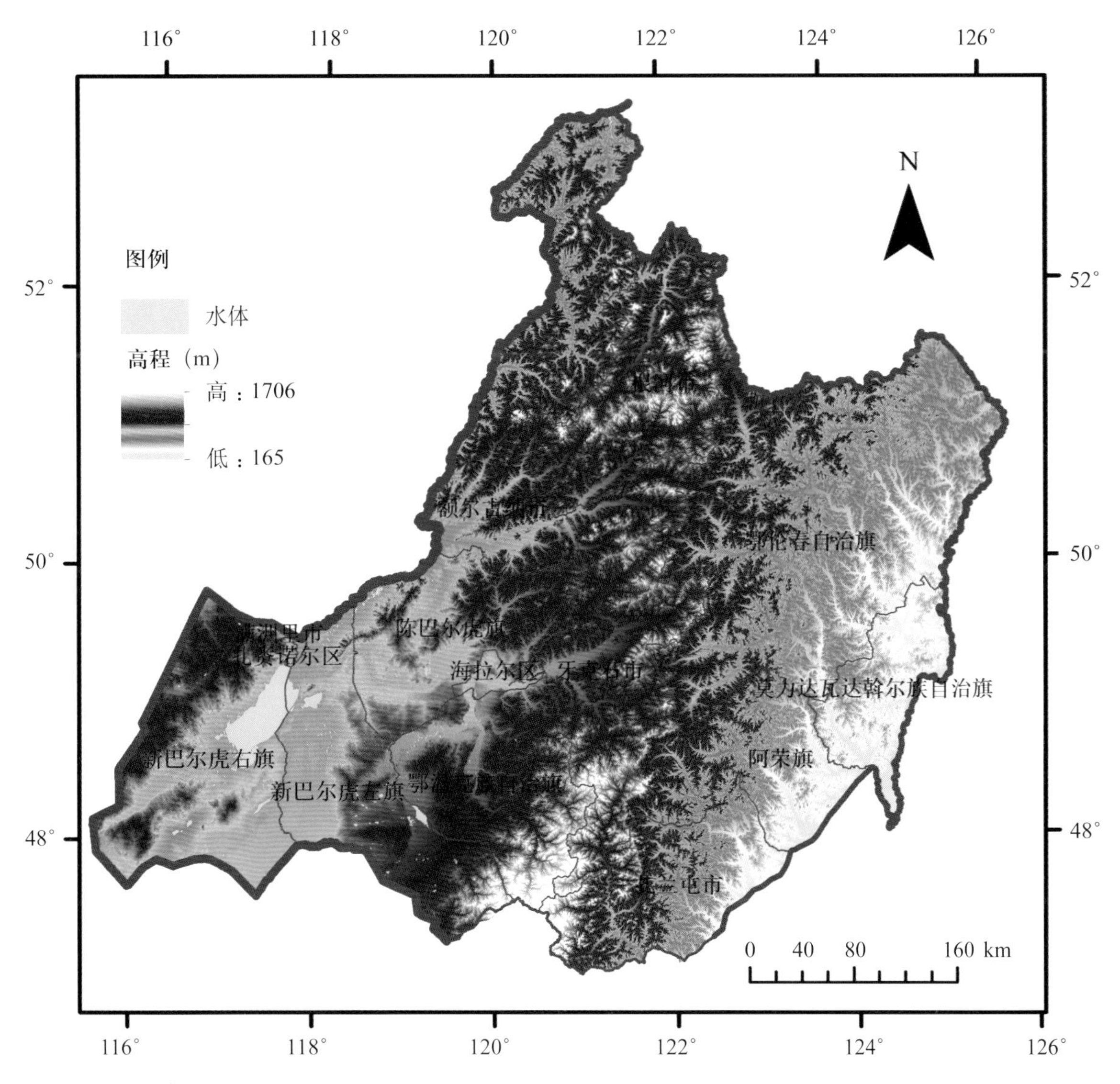

图6-1　呼伦贝尔地势高程

二、气候特征

大兴安岭山脉对气温的影响，冬季主要表现在对入侵冷空气的屏障作用及越山后的焚风效应[①]。在相同的纬度上，1月平均气温相差5℃之多；夏季大兴安岭山脉对气温的影响则主要表现在下垫面[②]和海拔高度方面，在同纬度、同经度上，海拔高度不同，温度相差甚远。而春秋两季下垫面和大兴安岭的焚风效应对气温的影响是同时存在的。

全市无霜期（日最低气温≥2℃）较短，岭西为75～120天，岭东为100～125天，大兴安岭山地为35～85天。

全市平均降水量250～550 mm。由于大兴安岭的地形影响，降水量总趋势是自东向西递减。大兴安岭山地年平均降水量340～550 mm。

大兴安岭山脉与两侧的草原、平原相比，巍峨挺拔，抵御着西伯利亚寒流和蒙古高原旱风的侵袭，与长白山脉和小兴安岭山脉共同作用，使来自东南方向的太平洋暖湿气流在此涡旋，与覆被其上的我国最大的寒温带天然森林生态系统共同调节气候、保持水土，抵御风沙寒流减缓草原退化和沙化，增加降水保持东北平原湿润（图6-2）。

主脉位于寒温带400 mm等降水量线经过的地

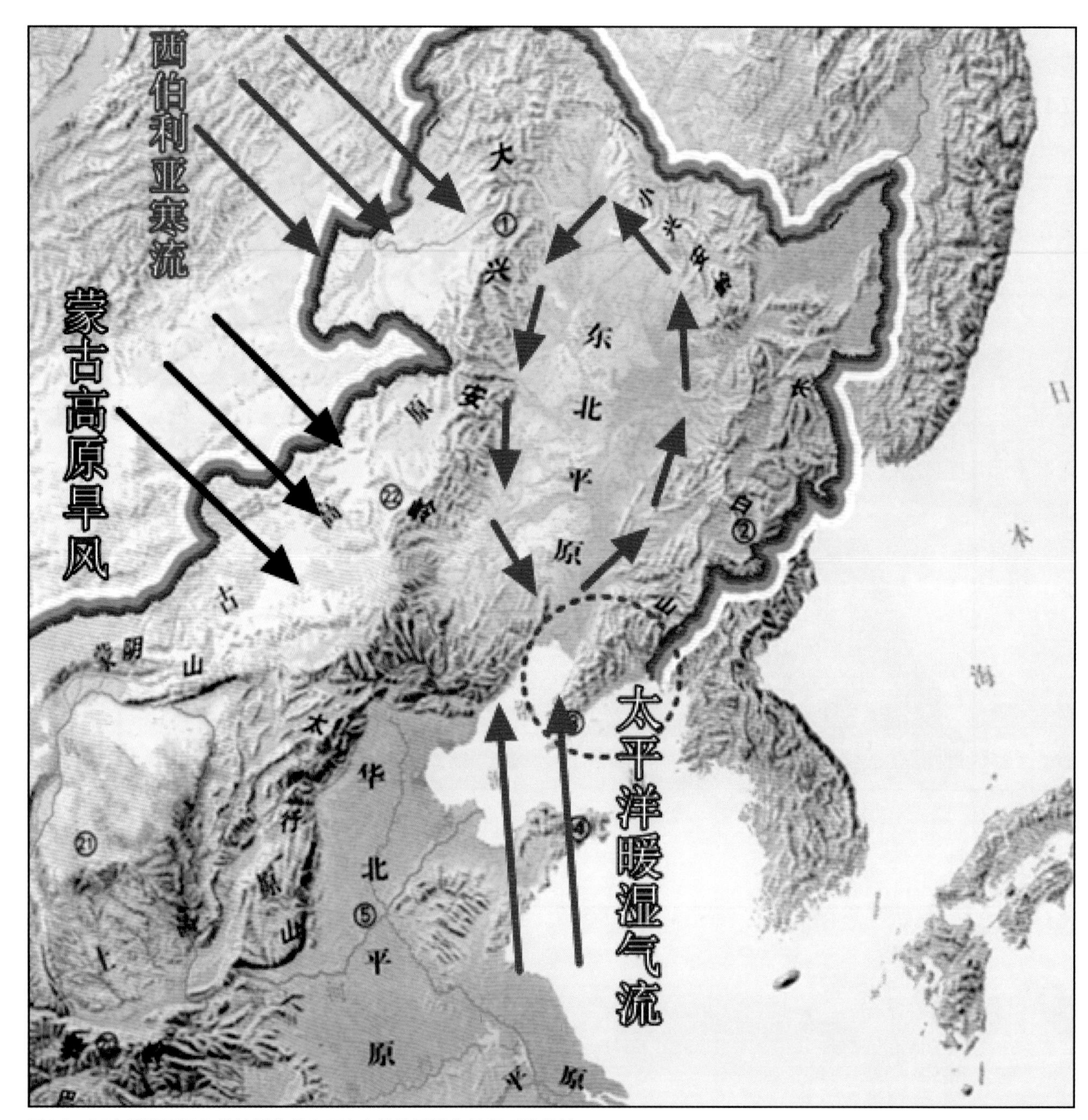

图6-2　西太平洋暖湿气流的副热带高压中心的外围风向呈顺时针旋转

---

① 焚风效应（foehn effect）：焚风效应是指当气流经过山脉时，沿迎风坡上升冷却，在所含水汽达饱和之前按干绝热过程降温，达饱和后，按湿绝热直减率降温，并因发生降水而减少水分。过山后空气沿背风坡下沉，按干绝热直减率增温，故气流过山后的温度比山前同高度上的温度高得多，湿度也显著减少。

干绝热直减率为 1℃ /100m，湿绝热直减率为 0.3 ～ 0.6℃ /100 m。干绝热直减率和湿绝热直减率不一样，风上山的时候刚开始是 1℃ /100 m 降温，饱和之后就是 0.3 ～ 0.6℃ /100m 降温，而下山的时候都是 1℃ /100m 升温。

假设山高 1 000 m，20℃的空气，上升的时候干绝热 500 m，湿绝热（假设湿绝热按 0.5℃ /100 m 算）500m，上到山顶应该是 12.5℃。而下山都是干绝热过程，到山底就成了 22.5℃，最后背风坡就比迎风坡高了 2.5℃。

② 下垫面（underlying surface）：即大气层的下垫面，指与大气下层直接接触的地球表面，包括海洋、陆地及陆上的高原、山地、平原、森林、草原、城市等等。下垫面的性质和形状，对大气的热量、水分、干洁度和运动状况有明显的影响，在气候的形成过程中起着重要的作用。海洋和陆地是性质差异最大的下垫面，无论是温度、水分和表面形状都有很大的不同。下垫面是大气与其下界的固态地面或液态水面的分界面，是大气的主要热源和水汽源，也是低层大气运动的边界面。因此，下垫面的性质对大气物理状态与化学组成的影响很大。不同下垫面的粗糙度、辐射平衡、热量平衡和辐射差额等差别较大，对空气流动的影响也大不一样，常常形成不同的小气候。

方，是季风区和非季风区的分界线、东北乃至华北地区的天然屏障。岭东较岭西气温高，多出半个月以上的无霜期，为岭东粮食生产提供了必要的积温。长白山脉阻隔了太平洋暖湿气流直接进入松嫩、松辽平原，为农作物的生长提供了合适的降水和充分的日照。另外，这个等降水线又是农耕文化和游牧文化的分界线，以西为牧区以东为农区（图 6-3）。在大兴安岭的北端主脉分水岭东部、黑龙江右岸、伊勒呼里山支脉分水岭以北为黑龙江省大兴安岭地区，受主脉和支脉影响产生的大气下垫面遮蔽作用以及黑龙江干流影响，这里虽然处于同样的气候和环境条件，但降雨、年积温与内蒙古大兴安岭林区比略有变化。

大兴安岭山脉与西北部俄罗斯境内雅布洛诺夫山脉、蒙古高原第一梯阶共同影响，使位于其间的呼伦贝尔高平原，受到不同程度的西伯利亚寒流和蒙古高原旱风的影响。同时，太平洋暖湿气流在经过松嫩平原后越过大兴安岭山脉分水岭，对呼伦贝尔草原和额尔古纳河流域也产生了积极的水文效应，每年有 250～410 mm 的降雨，确保了以温性草甸草原和温性典型草原为主的呼伦贝尔草原的牧草生长（图 6-4）。

大兴安岭山脉与小兴安岭山脉和长白山脉为我国营造了松嫩、松辽平原适宜农业生产的自然环境，保护了全国近六分之一的耕地，成为我国粮食生产的重要基地，被誉为“天赐粮仓”。同时，滋养了呼伦贝尔、科尔沁、锡林郭勒优质草地牧场。它影响着黑龙江、吉林、辽宁、内蒙古东部五个盟市 1.21 亿人口，2017 年域内 GDP 为 6.04 万亿元，生态、经济和社会意义极其重要。

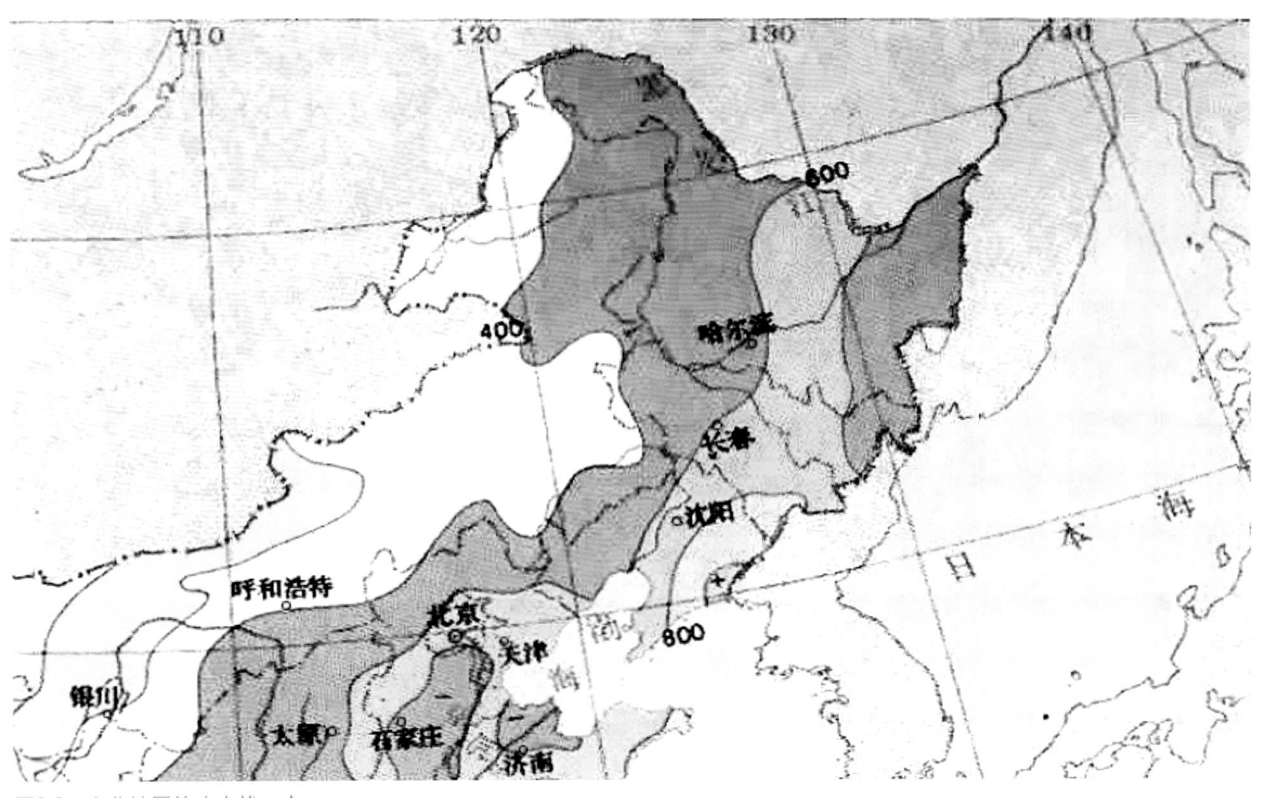

图6-3 东北地区等降水线示意

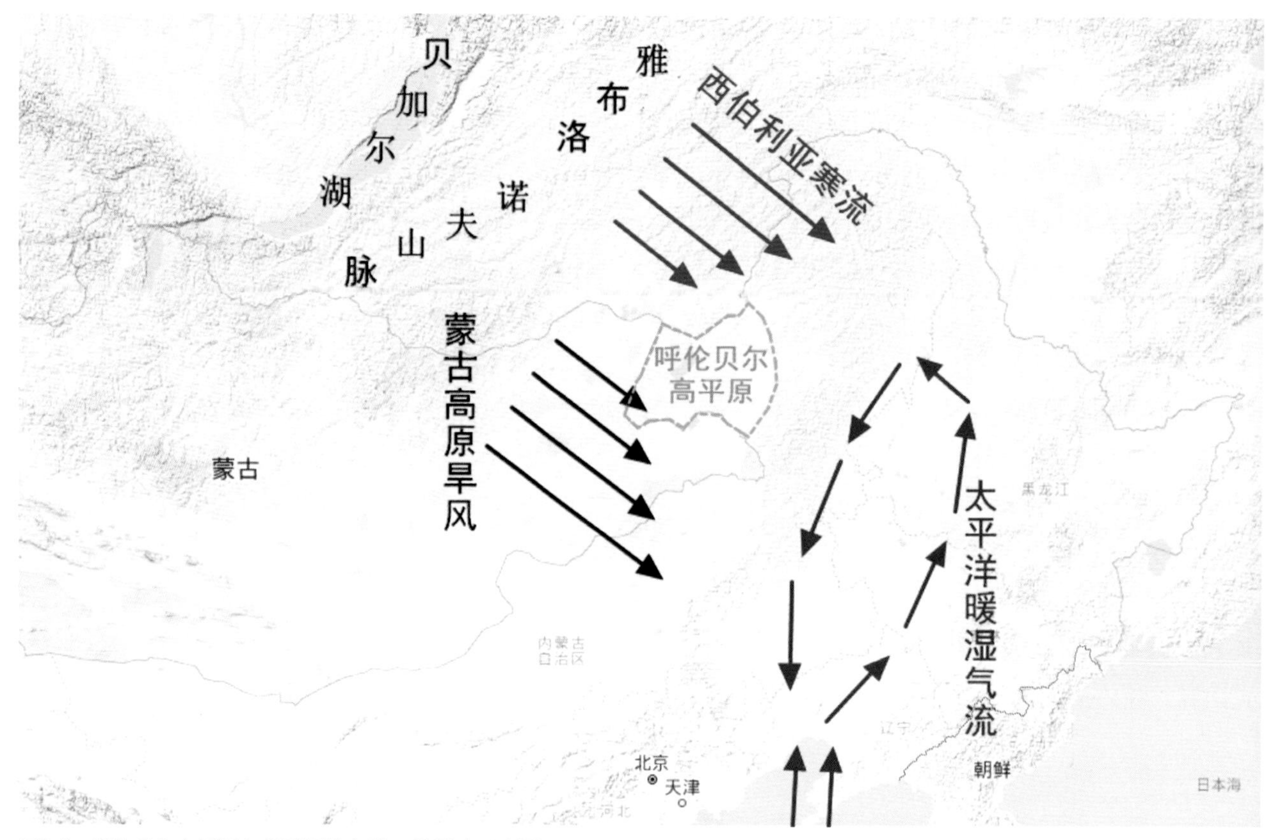

图6-4　呼伦贝尔高平原气候受周边各种环境影响示意图

第二节
大兴安岭山脉影响下的呼伦贝尔市气候特征

一、气候特征

呼伦贝尔市地处欧亚大陆中纬度地带，总的气候特点是冬季寒冷漫长，夏季温凉短促，春季干燥风大，秋季气温骤降。具有霜冻早，热量不足，昼夜温差大，无霜期短，然而作物生长季日照丰富，有利于植物进行光合作用等总体气候特点。按照《气候季节划分》（QX/T 152—2012）（平均气温≥ 22℃为夏季，≤ 10℃为冬季，冬夏之间为春季，夏冬之间为秋季划分，若无夏季则以年最高气温日为春秋界），呼伦贝尔市大部分地区长冬无夏，春秋相连，但一般为了统一每年各季节的开始时间和结束时间，仍普遍以 3，4，5 月为春季，6，7，8 月为夏季，9，10，11 月为秋季，12 月，翌年 1，2 月为冬季，进行气象数据统计。

呼伦贝尔市大部分地区属温带大陆性气候，其中，大杨树—小二沟—苏格河—三河一线以北地区属寒温带大陆性气候。大兴安岭山脉呈东北—西南向纵贯呼伦贝尔市全境，既阻挡了夏季西太平洋东南暖湿季风向西北深入，又拦截了冬季西伯利亚寒流向东南入侵，并分别在大兴安岭两侧形成焚风效应。夏季东南暖湿季风在大兴安岭东侧受地形作用强迫抬升，先以干绝热递减率（1℃ /100m）抬升至饱和后以湿绝热递减率（0.3～0.6℃ /100m）抬升并形成降水。越山后干空气以干绝热递减率下沉，但岭西海拔略高，空气受地形影响抬升的垂直距离比下沉的垂直距离长，最终造成夏季岭东、岭西温度相差不大但岭西降水明显偏多。冬季冷空气在大兴安岭以西干绝热抬升至饱和后以湿绝热抬升并形成降雪，越山后以干绝热下沉增温，加之岭东地区海拔略低，空气在岭东下沉增温的垂直距离比岭西抬升的垂直距离要长，造成冬季同纬度岭东地区的平均气温比岭西平均高 5℃之多。独特的地理环境最终形成了大兴安岭山脉影响下的岭东、岭西、岭上山地气候条件的明显差异，以及呼伦贝尔市复杂的气候特点。

二、气候要素的差异

（一）总辐射

全市年太阳总辐射量 4 670～5 720 MJ/m²，其分布是从大兴安岭山脉向东西两侧逐渐增多。大兴安岭林区阴雨天较多，总辐射量 4 670～5 083 MJ/m²，为全市最少；岭西气候干燥、少云，总辐射量 5 060～5 720 MJ/m²，为全市最多；岭东 5 267～5 341 MJ/m²（图 6-5）。

（二）日照

全市年日照时数 2 454～3 033 h，日照百分率为 55%～68%。岭西日照时数 2 559～3 033 h，日照百分率 57%～68%；大兴安岭山地日照时数 2 454～2 573 h，日照百分率 55%～57%；岭东日照时数 2 518～2 721 h，日照百分率 55%～59%（图 6-6）。

日照分布状况为 5 月最多，240～320 h；12 月为最少，130～180 h。

作物生长期内岭西日照时数最多，为 1 622～1 790 h，占年日照时数的 57%；大兴安岭山地最少，为 1 325～1 510 h，占年日照时数的 53%～56%；岭东为 1 550～1 620 h，占年日照时数的 56%（图 6-7）。

（三）气温

全市年平均气温为 -5.2～2.5℃，其分布是从大兴安岭山脉向东西两侧逐渐升高。大兴安岭山地 -5.2～2.0℃，是全市低温区；岭东 0.0～2.5℃，是全市高温区；岭西 -3.0～0.0 ℃。年较差为

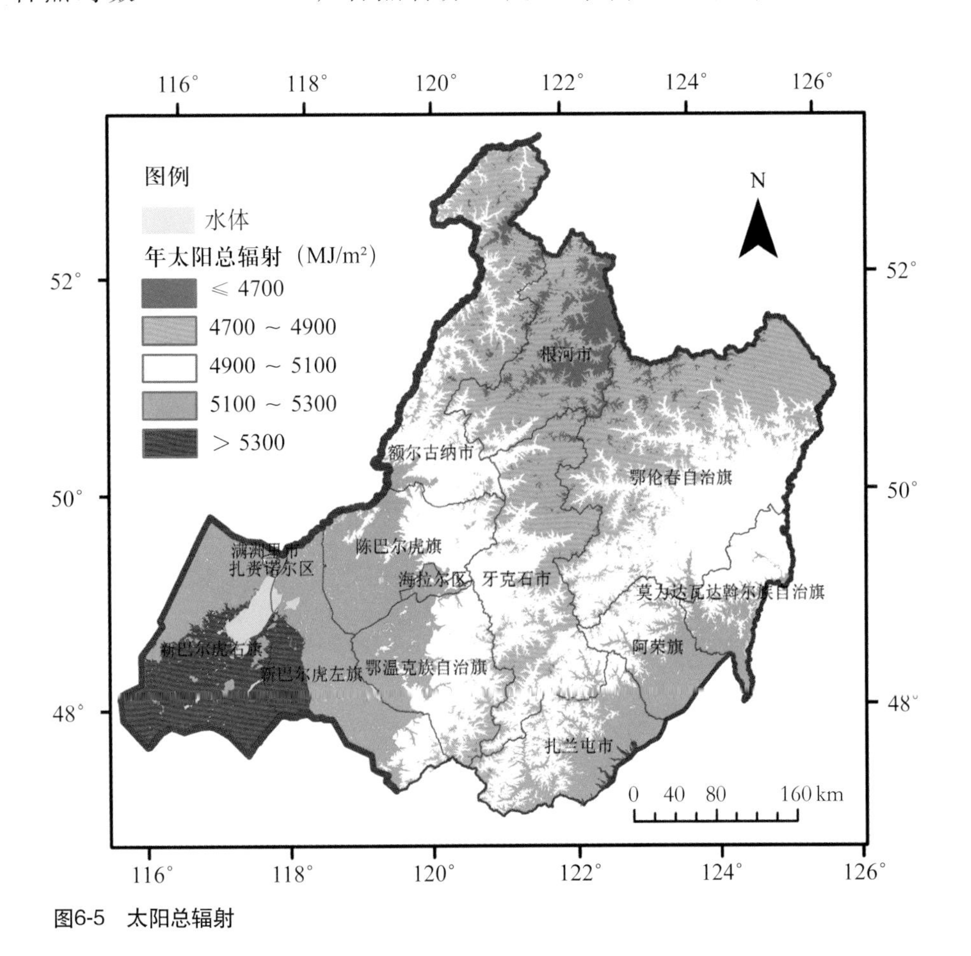

图6-5　太阳总辐射

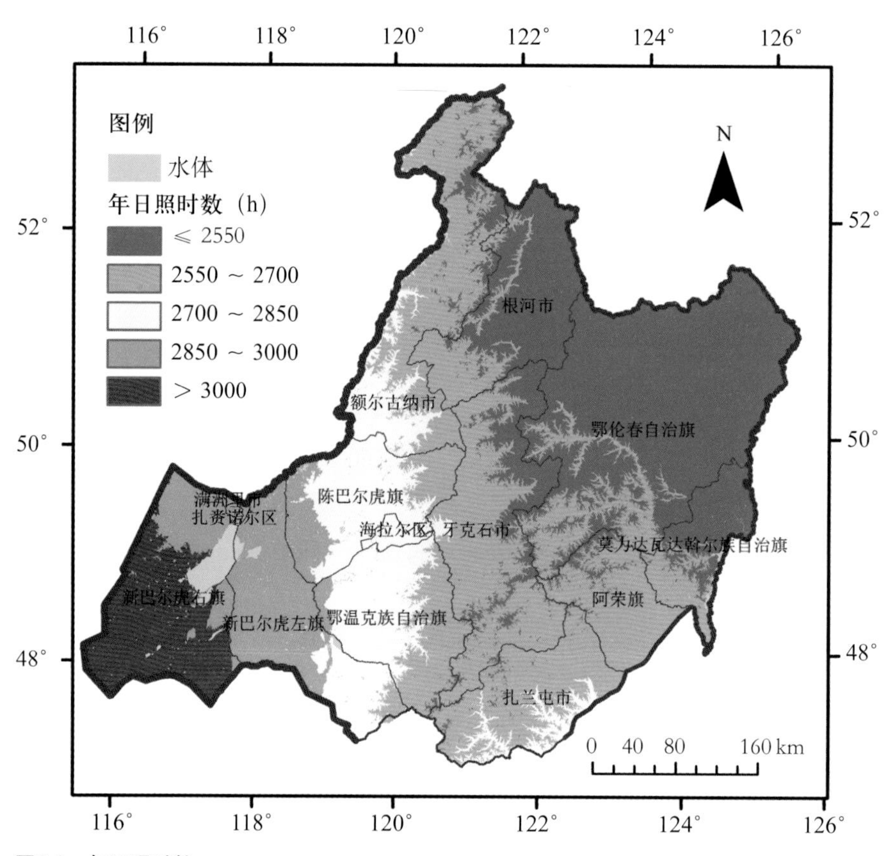

图6-6 年日照时数

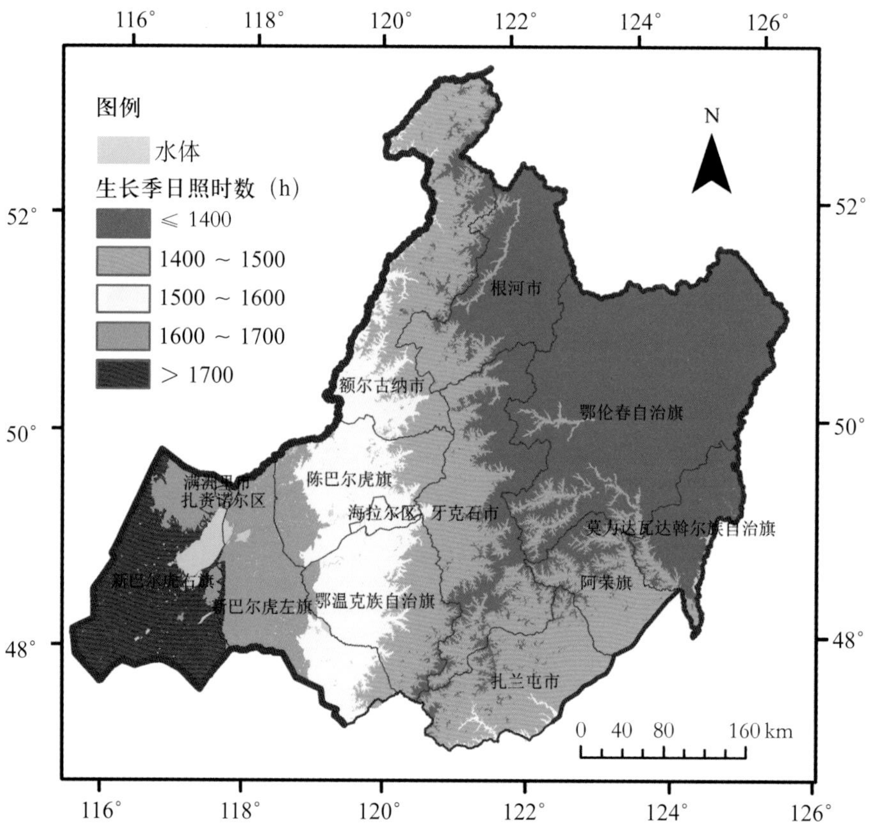

图6-7 生长季日照时数

39.0～48.0 ℃，大兴安岭北部年较差最大（图6-8）。

（四）积温

全市≥0℃积温平均在1 790～2 835 ℃之间。岭东2 747～2 835 ℃，其中尼尔基2 835 ℃，为全市最多；大兴安岭山地1 790～2 445 ℃，其中图里河1 790 ℃，为全市最少；岭西2 279～2 682 ℃（图6-9）。

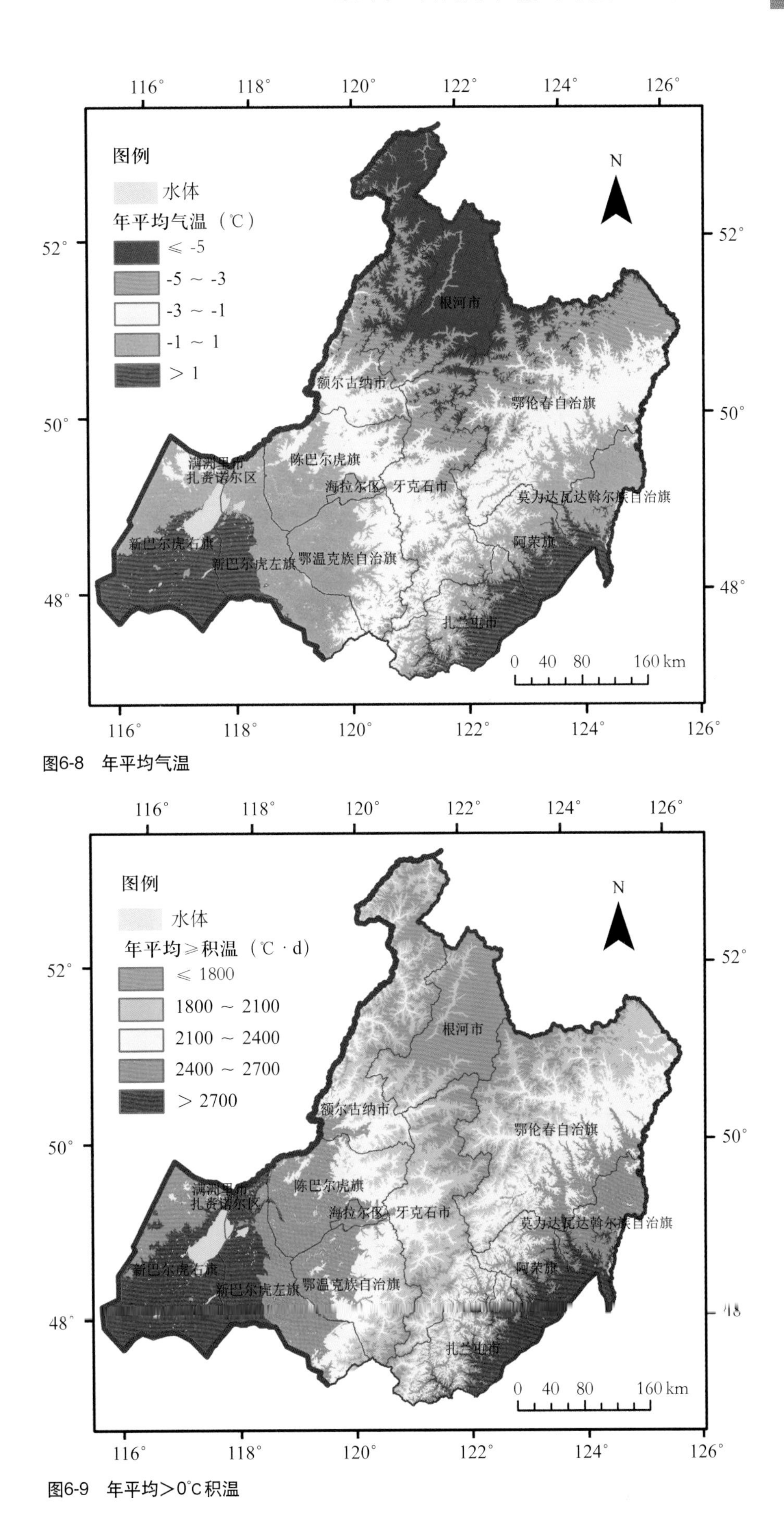

图6-8 年平均气温

图6-9 年平均>0℃积温

（五）地温

全市年平均地面温度在-4.0～4.4℃之间，自大兴安岭山脉向东西两侧逐渐增高。岭东3.3～4.4℃，大兴安岭山地-4.0～0.1℃，岭西-0.9～2.3℃（图6-10）。

（六）冻土

全市冻土最大深度200～>400cm，阿拉坦额莫勒、拉布大林和图里河均>400cm。呼伦贝尔纬度偏高，温度较低，地下有常年冻土层（永冻层），永冻层有连续多年冻土、岛状多年冻土和河谷多年冻土。额尔古纳市、根河市北部的室韦、奇乾、金河、牛耳河、满归等地均为连续多年冻土区。莫力达瓦达斡尔族自治旗、阿荣旗、扎兰屯市部分地区有岛状多年冻土和河谷多年冻土。

（七）降水量

全市年平均降水量为250～514mm，集中于夏季，占年降水量的70%左右。岭东450～550mm，大兴安岭山地360～500mm，岭西250～350mm（图6-11、图6-12）。

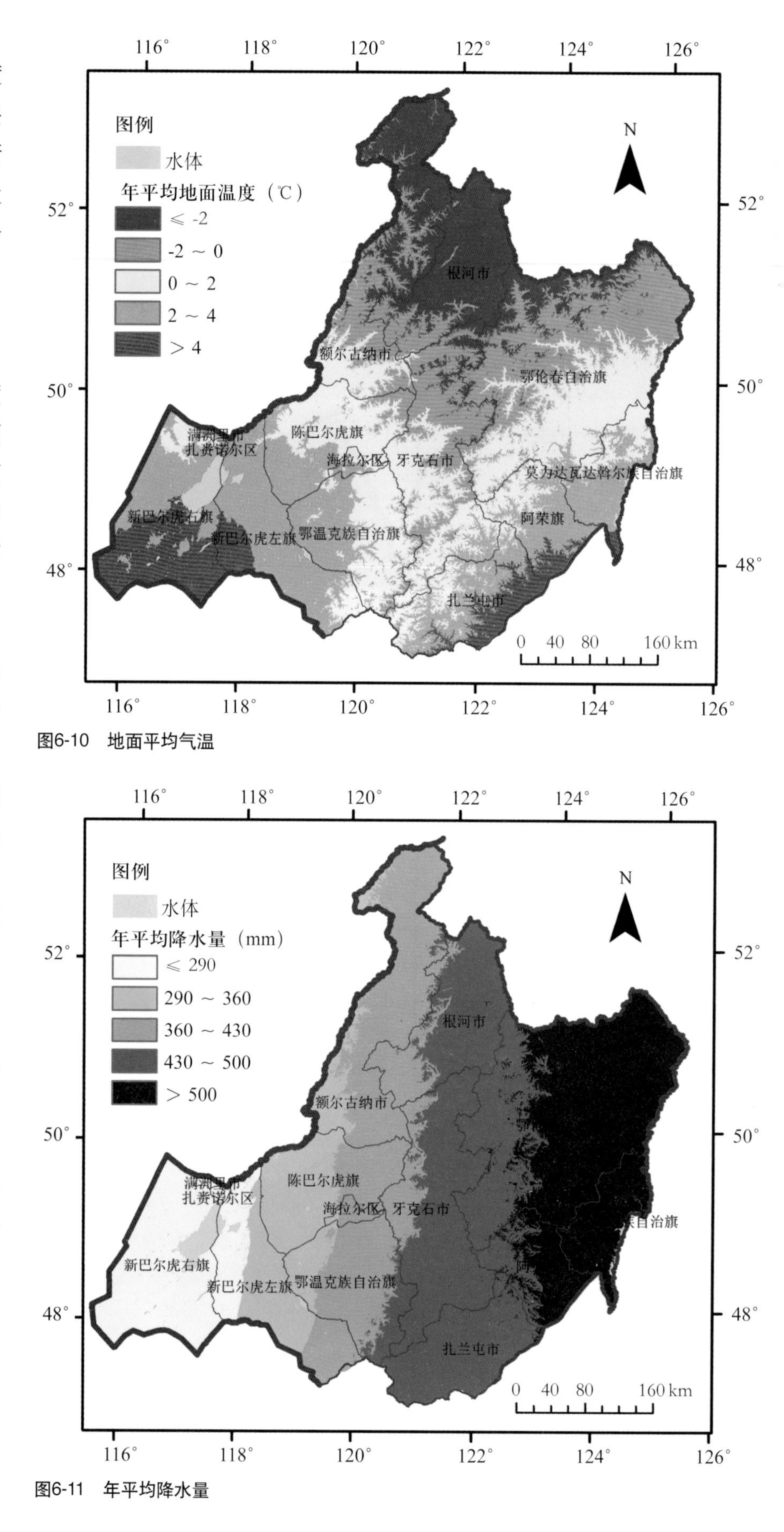

图6-10 地面平均气温

图6-11 年平均降水量

（八）蒸发量

全市年平均蒸发量为928～1 867 mm。其中，岭东1 425～1 482 mm，大兴安岭山地928～1 227 mm，岭西1 131～1 867 mm。各地年蒸发量均大于年降水量2倍以上。阿拉坦额莫勒为最大，年平均蒸发量1 866.5 mm，是年平均降水量的7.4倍。图里河年平均蒸发量928.0 mm，为全市最小值，但仍是年平均降水量的2倍。

（九）无霜期

全市无霜期（日最低气温＞2℃）平均为42～121天。其中岭东115～121天，大兴安岭山地35～94天，岭西84～118天。1979年图里河无霜期仅11天，为全市最短；1964年，根河无霜期16天；1982年，那吉屯无霜期158天，为全市最长（图6-13）。

（十）风速

全市年平均风速1.7～4.3 m/s。岭东2.9～3.4 m/s，大兴安岭山地1.7～3.5 m/ s，岭西3.2～4.3 m/ s。岭西除少数地区受地形影响年平

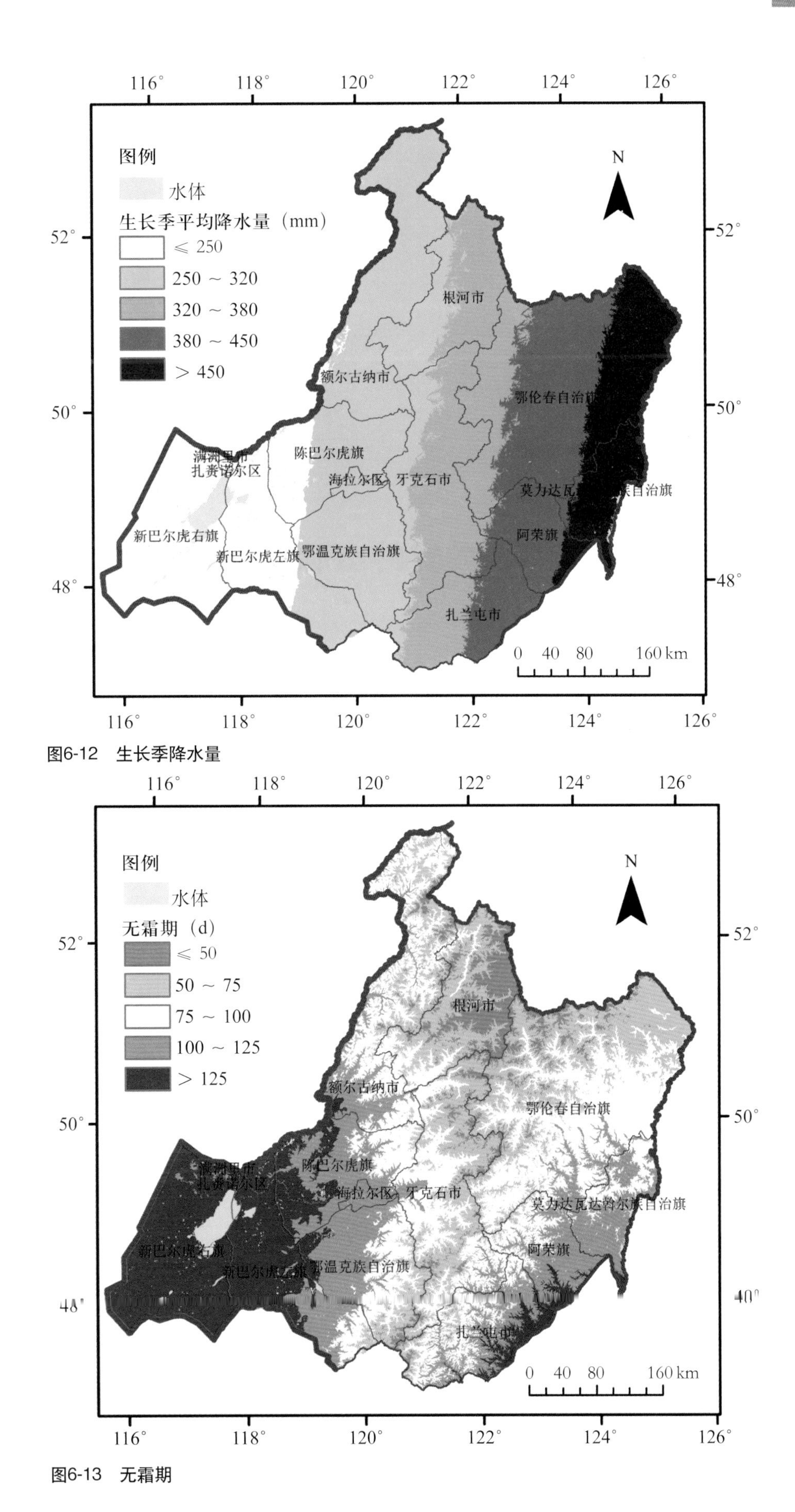

图6-12 生长季降水量

图6-13 无霜期

均风速略小外，均大于其他地区。大兴安岭山地除个别站点外，均小于岭西和岭东。全市平均风速最大区域在从锡日浩勒包（双山子）—宝格德乌拉的呼伦湖东岸和西岸之间，约 4.3 m/s，且最大风速达 27 m/s。

（十一）雷暴

全市雷暴年平均日数 20～37 天。初雷暴日年平均日期在 5 月 11～28 日。最早年初日 4 月 3 日出现。终雷暴日平均日期在 9 月 6～21 日，最晚年终日在 11 月 1 日。雷暴对森林生长危害极大，尤其春季极易因雷击火引起森林火灾。大兴安岭山脉因地形和大兴安岭多金属成矿带、得耳布干多金属成矿带矿床的影响，更易引起干雷暴[①]，使雷电直接接地，诱发森林大火，酿成自然灾害。市域内北纬 50° 以北区域为干雷暴多发区，特别是最北部的原始林区春夏两季发生的森林火灾，大部分为干雷暴引起。

第三节
大兴安岭山脉对气候环境的影响

大兴安岭山脉从南到北，从北纬 42° 到 53°，跨越近 11 个纬度，地理、气候、植被的巨大变化对大兴安岭山脉不同区域动植物资源、农牧业发展和人类社会历史文化产生了巨大影响。大兴安岭山脉大致分为 3 个区段，兴安盟洮儿河以北为北段，洮儿河以南到霍林河以北为中段，霍林河以南到西拉木伦河以北为南段。

大兴安岭是重要的气候分隔带。夏季海洋季风受阻于山地东坡，东坡降水多，西坡干旱，二者对比明显，但整个山区的气候比较湿润。

一、北段

北段长＞670 km，山体低而宽，分水岭海拔 1 000～1 100 m，个别山峰可达 1 700 m 以上，为中低山地。因降水较多，蒸发量少，常年保持湿润，分布有以兴安落叶松林为主的针叶林和局部区域以山杨白桦为主的阔叶林，森林覆盖率达 60% 以上。由于受山地高度变化的影响，植被相应的垂直分布规律明显。此外，在河谷低洼地区，分布有大面积的岛状冻土层、连续永久冻土带，造成地下水位较高，形成潴育化，沼泽遍布，河流下切弱，侧蚀强，谷宽水窄，河道迂迴，形成良好的水源涵养区。因此，额尔古纳河、嫩江水系的上源各支流均分布于这一区域的山脉分水岭两侧。

由于大兴安岭山脉是东北平原向蒙古高原的过渡，因其阻隔，东侧明显表现出受西太平洋暖湿气流的影响较大，多雨；西侧夏季则受蒙古高原旱风影响强烈干燥少雨，冬季还受西伯利亚寒流的影响寒冷多雪。

额尔古纳河水系北纬 50° 以上的二、三级支流河段，受山脉地形影响产生强侧蚀作用，形成了大范围的“倒木圈”（图 6-14）。在海拉尔河、根河、伊敏河、甘河等河流中下游，因侧蚀作用，使河道形成周期性的左右“侧蚀摆振”[②]，造成河道弯曲率频变形

① 干雷暴（dry thunderstorm）：没有降水的闪电、雷鸣现象，称干雷暴。这是一种多发于呼伦贝尔市大兴安岭北纬 50° 以北地区的特殊天气现象。由于天气炎热干燥，上层空气的云层遇到冷空气，形成降雨。但是雨还没落到地面，由于下层地表的高温缘故，雨马上又被蒸发变为潮湿的热空气再次上升到空中。由于空中形成降雨、热冷气团的交会有雷电产生，并伴有大风，极易引起森林大火。在市域内大兴安岭北部原始林区，干雷暴是引起春夏两季森林火灾的主要原因。

② 侧蚀摆振（lateral oscillating）：河流的水文情况随降雨大小变化很大，还受自然、地质等其他灾害的影响。受水文各项因子的影响，河道有规律地左右摆动形成有型的沙淤河滩、河中洲、牛轭湖。而且在这个过程中，河水会将左岸或右岸侵蚀，河道发生规律性的摆动。这种移动，在左右岸表现出很强的周期性，这就是侧蚀摆振。

图6-14 激流河上游的塔里亚河倒木圈

成河水涨落冲积成的沙淤，并表现出明显的周期性（图6-15）。其结果是，河流湿地功能更加强大。

大兴安岭山脉北段是我国最冷地区，冬季严寒，1月平均气温-28℃，极端可达-53℃，无霜期为35～94天。该地区覆被着茂密的森林，有大面积永久冻土层。因此，这里的部分植物也带有北极寒地特征，偃松籽的生长期需2年才能结实成果，在1 350m以上的高山顶部，只有40天左右的生长期，冬眠后第二年才结实成果；永久冻土带上生长的“老头树”[①]也是极寒气候所致；恶劣严酷的气候环境中，不但爬行动物、两栖动物冬眠，兽类熊、獾、貉、旱獭等也冬眠。个别种类的野鸭在冬季河流的清沟中越冬，树洞悬崖石缝内冬眠。[②]

由于不同下垫面的粗糙度、辐射平衡、热量平衡和辐射差额等差别较大，对空气流动的影响也大不一样，常常形成不同的小气候。如在额尔古纳河流域中下游河段，当西伯利亚寒流由西北方向吹向大兴安岭北段北端西坡时，由于额尔古纳河左岸俄罗斯境内的博尔晓沃奇内山脉的高度大大地高于右岸的大部分区域，大气下垫面粗糙度增加，遮蔽了寒流。特别是博尔晓沃奇内山脉的支脉乌留赤姆坎斯山脉紧靠额尔古纳河左岸（相对河谷区额尔古纳河面的高度＞600 m，奇乾海拔410 m、室韦460 m），遮蔽了冬季西北方向的寒流，使额尔古纳河室韦—奇乾段河谷区域的气温高于周边。保证了需要110～120天无霜期的岭东、岭西气候标志性

① 林业上一般把生长在永久冻土带上的树木称为老头树，这是因为冻土带上年积温低，只有30～40天的生长期，年轮致密，只增年轮不见长大，又细又矮。

② 根据多年的观察和实地查看，内蒙古大兴安岭林区个别种类的野鸭在冬季河流清沟中觅食水草、小鱼，直到第二年开春冰雪融化；在冬季位于河流附近的森林里采伐时，有时会在伐倒的空心树内发现多个聚集在一起冬眠的野鸭，这种现象在位于河边的悬崖石缝内也有发现。这是高纬度森林里野生禽类越冬的特殊现象，不具有普遍性，但确实存在。

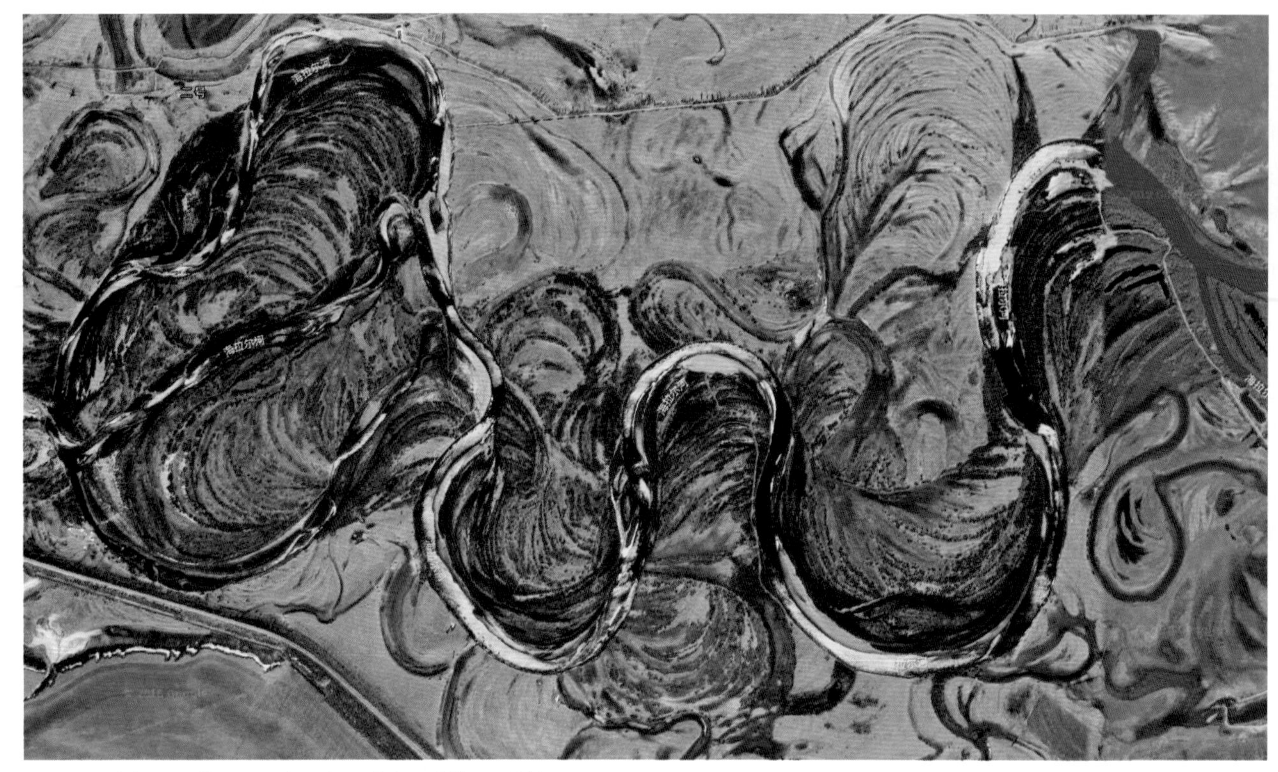

图6-15　海拉尔河扎泥河北部河段卫片表现出的“侧蚀摆振”

植物蒙古栎（柞树）和黑桦两种乔木得以生长（当然，入冬前额尔古纳河吸收太阳辐射热量带入河谷区的的积累；额尔古纳河上游高 pH 值的碱性水体，与中下游的低 pH 值的酸性水体的混合发生的中合反应产生的热量在河谷区的积累；也是 2 种乔木能够生长的重要原因）（见本书第二章第五节“三、pH 值发生逆向循环变化”）。同理，在大兴安岭山脉北段西坡海拔较高区域的图里河、伊图里河、根河、金河、阿龙山、满归等地受大气下垫面影响较小，西伯利亚寒流没有受到遮蔽，致使冬季极寒，是呼伦贝尔最寒冷的区域。

以上所得结论，为史学界蒙古族族源研究提供了气候、地理方面的佐证。在 970 km 长的额尔古纳河流域，为什么当时蒙古族先民会选择在室韦—奇乾段的河谷区域居住越冬，主要是温暖宜居（相对），气温较高，较适宜渔猎采集。气温高则生长的动植物就丰富茂盛，能满足最基本的生存需要。像这样受大气下垫面影响局部气温高于周边的地方在大兴安岭山脉及周边肯定还有多处。

在呼伦贝尔市域内，尤其是大兴安岭山脉和呼伦贝尔草原，冬季寒冷漫长，冰雪覆盖。晶体的雪和固体的冰将地面和水面与寒冷的空气隔绝，保持了一定的地温、湿度，为各种动植物的越冬创造了条件。即使在 -40～-50℃天气条件下的雪面下、冰下水中，也有种类繁多的野生动植物繁衍生息。这里还有一个非常有趣的自然现象，在大兴安岭西部最冷的冬季，呼伦贝尔草原、山地冰层下水体的温度均为 4℃[①]。冬季的冰雪在呼伦贝尔市不但形成银白色梦幻般的童话世界，大自然还在大兴安岭山脉茫茫林海和呼伦贝尔辽阔草原的无际冰层雪原下面，以其无限地魅力创造了我们知之甚少却充满神奇的另一个生命世界。

① 水分子在液态时能够自由移动、相对于固体的冰晶而言，能形成不同的氢键结构夹角。这就使水分子间的结合更紧密，并在 4℃时水体的密度达到最大。当温度持续增加时，加热作用会使水分子氢键结构破裂，并使相邻间分子的距离加大，水密度下降。由于水体在低于 4℃时变的较轻，所以冰层形成于水体表面。

二、中段

中段山体逐渐升高，宽度收窄，长度约 200 km，海拔多在 1 000～1 300 m，这一段位于兴安盟、锡林郭勒盟和通辽市（图 6-16）。中段，寒冷干燥，1 月平均气温约 -18℃，无霜期为 110～130 天。北段的针叶林逐步向针阔混交林变化，伴有高山草原（山地草甸草原）出现。较为典型的有兴安盟科尔沁右翼前旗、科尔沁右翼中旗的草原，通辽市霍林郭勒市的草原，锡林郭勒盟东乌珠穆沁旗东部草原。中段的大兴安岭山脉南北高中间拗陷，使蒙古高原的旱风吹向松嫩、松辽平原，使兴安盟南部，通辽和赤峰的部分地区降水明显低于 400 mm 等降水线（图 6-17）。

图6-16　罕山远眺，远处的高山为罕山主峰吞特尔峰，海拔1444.2 m（摄影：王佐玉）

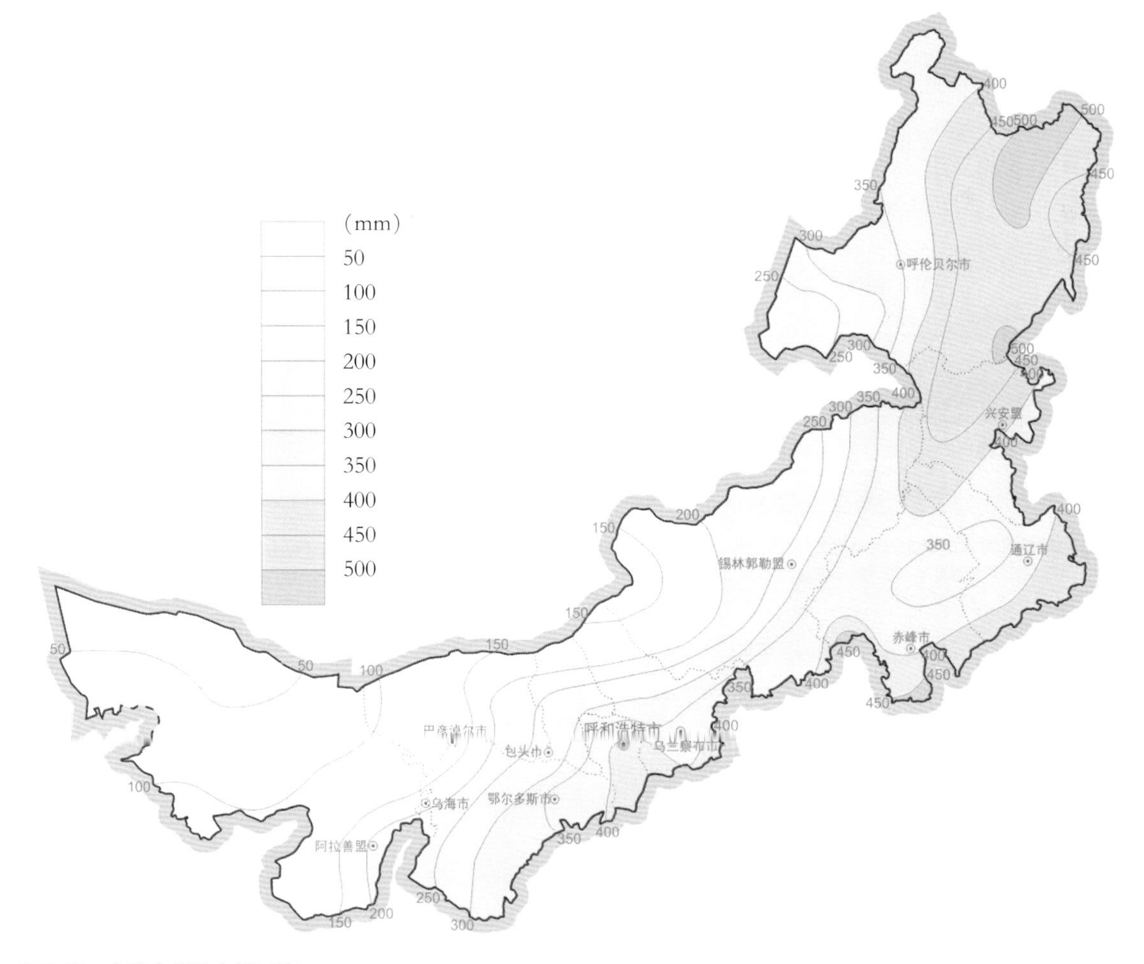

图6-17　内蒙古等降水线示意

三、南段

南段山体高而窄，局部海拔逐步上升到 2 000 m，切割深度 600 m，属中山山地，长度约 550 km，这一段主要位于通辽市、赤峰市（图 6-18）。南段温暖干燥，1 月平均气温约 -10℃，无霜期为 140～160 天。森林植被可覆盖到海拔 1 500 m 以上，多为阔叶林。由于降雨较少偏干旱，草原面积更大，山地草甸草原向高海拔迁移。较为典型的有通辽市扎鲁特旗的草原，赤峰市克什克腾旗、巴林右旗、巴林左旗、阿鲁科尔沁旗草原和锡林郭勒盟西乌珠穆沁旗东部、锡林浩特市东南部等草原。

图6-18　黄岗梁上远眺

第七章 呼伦贝尔动植物资源

对野生动植物的介绍力求全面，采取的方法是分区介绍。鉴于对野生动植物的调查是由不同社会区域背景、出于不同学科目的的人群完成的，所以结果存有不同，只有把每个调查研究成果进行比较，才能全面反映呼伦贝尔地区的真实情况。基于此，本书将《内蒙古大兴安岭林区野生植物资源》《内蒙古大兴安岭汗马自然保护区植物》《呼伦贝尔野生植物》《呼伦贝尔不同草原类型植被物种名录》和《内蒙古大兴安岭林区动物资源》《内蒙古大兴安岭汗马国家级自然保护区脊椎动物》《中国湿地资源（内蒙古卷）》等野生动植物的调查研究成果全面展示给读者。黑龙江省大兴安岭地区与呼伦贝尔市是一个完整的自然生态系统—大兴安岭山脉森林生态系统，属于同一个山脉相邻地区，亦将《黑龙江大兴安岭植物资源》《黑龙江大兴安岭野生动物名录》调查研究成果书于同文，以方便读者对大兴安岭山脉北段的自然生态空间所涉猎的问题分析研究。以上调查研究成果均以附件形式附于书后。为了使读者对呼伦贝尔市的植物资源有一个全面的了解，本章对主要农作物和特殊家饲放养动物也作了专门的介绍。

呼伦贝尔良好的自然生态环境成为各类昆虫的栖息繁殖的天堂，昆虫种类繁多、数量巨大，是全国最丰富的地区之一。在历史上，呼伦贝尔市（盟）对昆虫的调查研究，主要出于消灭草原、森林病虫害的目的。而本书对这方面的介绍研究，则主要考虑对丰富的昆虫资源的开发利用。本书将昆虫作为一种重要的特殊自然生命资源，针对开发利用前景着墨较多，重点是蝗虫、蚂蚁、牛虻、柞蚕、蜜蜂。其中柞蚕和蜜蜂是家饲昆虫，有着数千年的养殖繁育历史，已形成相对独立的专门学科。对呼伦贝尔草原、大兴安岭森林昆虫资源的介绍，充分利用了已有的病虫害防治部门的《呼伦贝尔市草地蝗虫》《有害生物种类、寄主植物、危害部位、分布范围、发生范围》《内蒙古大兴安岭林区昆虫名录》等著作、调查研究成果报告。草原和森林的昆虫资源也没有按旗市区的行政区划介绍，而是依据各类昆虫的分布划分为草原区和森林区。在草原区，重点介绍研究各类蝗虫，以及开发利用的可能；在森林区，除对各类有害昆虫介绍外，还对蚂蚁、牛虻进行研究讨论，作为开发利用的重点。以上两个昆虫区外，嫩江右岸山前平原昆虫区也是非常重要的经济类昆虫开发利用区。山前平原的昆虫，重点介绍研究柞蚕和蜜蜂，这两种昆虫的利用在岭东已形成经济规模，养殖技术日臻成熟。

从呼伦贝尔的野生动植物资源分布、迁徙角度看，它是在一个超越行政区划的生物生态学空间、地理空间，其广阔性远远超出呼伦贝尔市域范围。大兴安岭林区就包括内蒙古自治区大兴安岭林区，黑龙江省大兴安岭林区，兴安盟洮儿河中上游、哈拉哈河上游流域，位于大兴安岭山地的呼伦贝尔市地方林业施业区。所以本章对动植物资源的讨论介绍，首先选择最具代表性的内蒙古大兴安岭林区。这里的动植物资源最为丰富，基本代表了大兴安岭林区，除黑龙江干流流域的个别种类的水生动植物外，域内均有分布。而对湿地动植物资源的介绍，则选择与内蒙古其他湿地区进行比较讨论。湿地的动植物资源，内蒙古大兴安岭林区又是最丰富的，基本代表了大兴安岭林区，种类占据了内蒙古的绝大部分。因此，以内蒙古大兴安岭林区为主线来讨论介绍呼伦贝尔的动植物资源较为简单直接，下面沿此主线逐步展开。

第一节
山脉、草原和平原植物资源

一、野生植物分布

（一）大兴安岭山脉森林分布

大兴安岭山脉沿主脊从东北向西南延伸，纬度逐步降低，山脉由低缓渐转陡峭，降水逐渐减少，形成了独特的气候环境，植物和动物分布既在不同纬度上有类型变化，又在山脉海拔高度上存在垂直分布变化。

大兴安岭山脉植被在不同纬度上，大致可以分为两类：寒温带明亮针叶林带（泰加林）、中温夏绿阔叶林带（落叶阔叶林）。

寒温带明亮针叶林：当针叶林面积在60%以上又被称为泰加林，我国仅分布于大兴安岭北部，其南部边缘在根河支流图里河至伊勒呼里山支脉山脊一线。由于长期大规模采伐，目前仅在内蒙古大兴安岭北部原始林区有集中连片的原始泰加林保留。泰加森林郁闭度不高，林间透光性好，故被称为“明亮针叶林”；树种结构简单，以落叶松、樟子松为主，占到60%以上，伴有白桦、山杨等阔叶树种，林下生长有矮灌丛。大兴安岭林区生长着4种针叶树种：兴安落叶松、樟子松（有2个亚种：山地樟子松、沙地樟子松）、偃松和极少量呈点状分布的西伯利亚红松（图7-1、图7-2）。

中温夏绿阔叶林带：由阔叶落叶树种组成，如以蒙古栎（柞树）、黑桦、白桦、山杨等混交林为主。

图7-1　北部原始林区泰加林

图7-2　北部原始林区泰加林的针阔混交林

树种与海拔高度分布有很大关系，主要分布在大兴安岭东坡。大兴安岭生长着 10 种桦树（包括变种），白桦、黑桦、枫桦（硕桦）、岳桦、英吉里（山）岳桦、油桦、圆叶桦、瘦桦、丛桦（柴桦）、小叶桦（扇叶桦）；4 种杨树，山杨、甜杨、香杨、兴安杨；1 种栎树，蒙古栎。东坡除以上林带，还分布有面积较小、甚至是团状分布的紫椴、水曲柳、胡桃楸、黄檗等阔叶树种。在大兴安岭北部林区根河市域内的得耳布尔林业局花楸山林场，有团状分布的无毛花楸。在大兴安岭东部鄂伦春自治旗域内的毕拉河林业局的诺敏河、毕拉河流域有团状分布的秋子梨（山梨、酸梨、野梨）。

大兴安岭山脉植被的垂直分布，主要以海拔高度为基础，海拔 600 m 以下山地是含白桦、山杨、蒙古栎（东坡）、黑桦（东坡）的草类—兴安落叶松林；海拔 600～1 000 m 为杜鹃（杜香）—兴安落叶松林，局部有樟子松林；海拔 1 100～1 350 m 为偃松（藓类）—兴安落叶松林；海拔 1 350 m 以上的顶部为匍匐生长的偃松矮曲林（图 7-3至图 7-7）。

（二）呼伦贝尔草原植被分布

呼伦贝尔草原位于呼伦贝尔高平原上，属鄂温克族自治旗、陈巴尔虎旗、新巴尔虎左旗、新巴尔虎右旗的行政区，也是通常所称的牧区，总面积 8.43×10^4 km²。大兴安岭西麓距干旱中心稍远，又受山地气候的影响，相对湿润，在广阔的丘陵区发育着种类组成丰富，面积巨大的线叶菊草原、贝加尔针茅草原和羊草草原。这 3 类草原以具有丰富杂类草为特征，四季季相分明。线叶菊草原一般位于丘陵上部。贝加尔针茅草原占据着丘陵中部和下部以及平坦台地，通常群落中具有多量的羊草掺杂，因而多半以贝加尔针茅加上羊草草原的形式出现。

向西部的波伏状高平原过渡时，贝加尔针茅草原明显被少杂类草的大针茅草原所替代。羊草草原

图7-3　海拔600～1000m为杜鹃（杜香）—兴安落叶松林

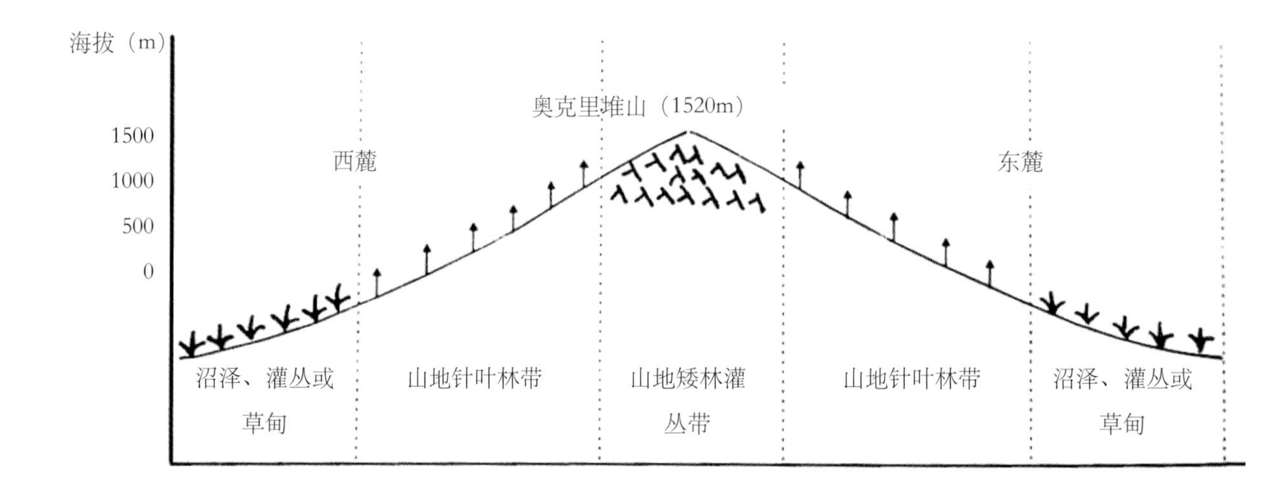

图7-4　林区北部奥科里堆山植被垂直分布示意

图7-5　奥科里堆山海拔1350m以上生长的偃松矮曲林（图中下部）与海拔1100～1350m生长的藓类-兴安落叶松林（图中上部）对比

图7-6　海拔1520m的奥科里堆山顶部匍匐生长的偃松矮曲林

图7-7　海拔1268m的长梁北山顶部生长的偃松矮曲林

多位于开阔的丘陵坡下部与谷地，优越的水分条件和肥沃的土壤是羊草草原发育的前提。当向干旱地带过渡时，羊草草原多依赖水分优越的谷地向西延伸，并表现出羊草与地下水有密切联系，这里的羊草草原已失去草原的特性，更富有草甸的特点。

进入高平原，干旱程度增加，出现内蒙古草原中典型草原的地带性代表类型—大针茅草原。克氏针茅适应干旱的能力较之大针茅更强，因此在大针茅和贝加尔针茅草原分布范围内，由于放牧和侵蚀而导致土壤旱化的某些地段，也常常演变为克氏针茅草原。

在呼伦贝尔大兴安岭西麓，线叶菊草原主要出现在海拔 600～700 m 的丘陵上部，并沿着山地阳坡进入森林地带，与羊茅、银穗草以及多种中生杂类草构成山地草甸草原。向西南过渡时，由于干旱气候的影响，逐渐向高海拔处上升。在线叶菊草原之上，是更具山地草原特点的羊茅草原，具有抗风和适应多砾石的能力，通常伴随线叶菊草原的分布也逐渐上升。这 2 种草原可做为呼伦贝尔山地草原植被垂向地带性分布的代表类型。

呼伦贝尔草原植被水平分布规律主要体现在岭西及呼伦贝尔高平原上，属经向地带性分布。由东到西是草甸草原和典型草原，依次为线叶菊、贝加尔针茅、羊草、大针茅、克氏针茅 5 个群系：

Ⅰ. 线叶菊群系分布于丘陵坡地的中上部，主要植物种类为柴胡、防风、黄芩、蓬子菜、羊茅、日阴菅、沙参、地榆、大萎陵菜、野火球、狭叶青蒿、广布野豌豆；植物种密度 15～25 种 /m²。

Ⅱ. 贝加尔针茅群系分布于丘陵坡地中下部，主要植物种类为日阴菅、麻花头、大针茅、柴胡、羊草、糙隐子草、溚草、达乌里胡枝子、扁蓿豆、线叶菊；植物种密度 20～30 种 /m²。

Ⅲ. 羊草群系分布于高平原丘陵坡地等排水良好的地形部位，主要植物种类为蓬子菜、日阴菅、线叶菊、柴胡、大油芒、山野豌豆、沙参、黄花苜蓿、地榆、冰草、糙隐子草、直立黄芪、知固、唐松草、铁线莲；植物种密度 10～30 种 /m²。

Ⅳ. 大针茅群系分布于高平原中、东部，常与羊草草原交错分布；主要植物种类为溚草、糙隐子草、贝加尔针茅、柴胡、羊草、冷蒿、冰草、伏地肤；植物种密度 10～20 种 /m²。

Ⅴ. 克氏针茅群系分布于高平原西部及西部缓起伏丘陵坡地，主要植物种类为冰草、溚草、寸草薹、冷蒿、糙隐子草、伏地肤；植物种密度 10～15 种 /m²。

以上各群系相互或单独组成以下 12 个不同的主要群落类型：

ⅰ. 线叶菊群系的群落，主要有线叶菊＋贝加尔针茅、线叶菊＋日阴菅，2 个。

ⅱ. 贝加尔针茅群系的群落，主要有贝加尔针茅＋线叶菊、贝加尔针茅＋羊草，2 个。

ⅲ. 羊草群系的群落，主要有羊草＋贝加尔针茅、羊草＋中生杂类草、羊草＋旱生杂类草、羊草＋日阴菅，4 个。

ⅳ. 大针茅群系的群落，主要有大针茅＋羊草、大针茅＋糙隐子草，2 个。

ⅴ. 克氏针茅群系的群落，主要有克氏针茅＋糙隐子草、锦鸡＋克氏针茅，2 个。

（三）嫩江右岸山前平原植物分布

山前平原的野生植物在西部靠近山脉区，总体分布与大兴安岭东坡相同；东部接近松嫩平原，分布基本与东北草原区相近。由于东北草原区在海拔高度上变化不大，所以植被分布在垂直高度上变化也不明显，但在水平分布上受土壤、湖泊、湿地、河流的分隔影响变化较大。牧草有羊草、无芒雀麦、披碱草、花苜蓿、山野豌豆等 400 多种。同时沿河流、湖泊分布有柳灌丛和阔叶乔木，以及水生植物。

由西向东人类的农业生产活动范围逐步扩大，农作物的分布几乎遍布山前平原东部的绝大部分区域。岭东的 4 个旗市，位于山前平原区域的植物基本以农作物为主。农作物的分布，以地利条件栽种适宜生长的粮、油、蔬菜、果树等种类植物。山前平原的野生植物相对农作物比种类较多，而农作物种类虽少但分布面积较大、耕种密度大、总质量大。农作物的大面积耕作，无疑对当地的野生植物的生长产生压迫性的驱离和不可恢复的灭绝，保护农区的野生植物种质资源也是非常迫切的任务。

二、内蒙古大兴安岭林区及山地野生植物资源

（一）概述

内蒙古大兴安岭林区位于中国东北地区、内蒙古东部，是我国五大重点国有林区之一。在这片 10.67×10^4 km² 的高耸山脉之上，蕴藏着丰富的野生植物资源。山地区野生植物资源，在林区生长的最为繁茂，完整地表现出分布特点及生长状况。岭上、岭东、岭西不同区域的植物资源，内蒙古大兴安岭林管局均已全面调查统计，已知野生植物有 203 科 719 属 2 067 种（含变种、变型），其中大型真菌 36 科 89 属 276 种，地衣植物 10 科 15 属 58 种，苔藓植物 59 科 124 属 272 种，蕨类植物 13 科 21 属 47 种，裸子植物 3 科 6 属 9 种，被子植物 92 科 464 属 1 405 种，详见表 7-1。在林区以外的大兴安岭山地，也有着基本相同的各类野生植物。本节所称的山地是除内蒙古大兴安岭林管局施业区以

表7-1 内蒙古大兴安岭林区高等植物统计

植物类别	科数			属数			种数		
	林区	自治区	林区占自治区比例（%）	林区	自治区	林区占自治区比例（%）	林区	自治区	林区占自治区比例（%）
苔藓植物	59	63	93.7	124	184	67.4	272	511	53.2
蕨类植物	13	17	76.5	21	29	72.4	47	61	77.0
裸子植物	3	3	100.0	6	7	85.7	9	25	36.0
被子植物	92	123	74.8	464	682	68.0	1405	2 412	58.3
合计	157	206	76.2	615	902	68.2	1733	3 009	57.6

外的山脉区。

从表 7-1 中可以看出，林区高等植物科数、属数、种数分别占内蒙古自治区高等植物总科数、总属数、总种数的 76.2%、68.2%、57.6%。这些数字说明，林区及山地野生植物资源在内蒙古自治区属于植物最丰富地区。

林区及山地共有树木 27 科 55 属 166 种，其中乔木 35 种，灌木 131 种。

（二）国家及自治区级重点保护植物

依据《国家重点保护野生植物名录（第一批）》[①]，林区共有国家重点保护植物 8 种，详见表 7-2。

依据《内蒙古珍稀濒危保护植物名录》的通知（内政办发〔1988〕118 号），林区共有自治区珍稀濒危保护植物 23 种（表 7-3、图 7-8）。

另外，林区有《国家重点保护野生植物名录（第二批）》6 科 22 属 26 种（表 7-4、图 7-9）。

表7-2　内蒙古大兴安岭林区国家重点保护野生植物名录

序号	中名	学名	科名	保护级别
1	松口蘑（松茸）	*Tricholoma matsutake*（lto et lmai）Singer	口蘑科	II
2	黄檗（黄菠萝）	*Phellodendron amurense* Rupr.	芸香科	II
3	水曲柳	*Fraxinus mandschurica* Rupr.	木犀科	II
4	钻天柳	*Chosenia arbutifolia*（Pall.）A.Skv.	杨柳科	II
5	野大豆	*Glycine soja* Sieb.et Zucc.	豆科	II
6	紫椴	*Tilia amurensis* Rupr.	椴树科	II
7	浮叶慈姑（小慈姑）	*Sagittaria natans* Pall.	泽泻科	II
8	乌苏里狐尾藻	*Myriophyllum propinquum* A.Cunn.	小二仙草科	II

表7-3　内蒙古大兴安岭林区自治区珍稀濒危保护植物名录

序号	中名	学名	科名	保护级别
1	偃松	*Pinus pumila*（Pall.）Regel	松科	II
2	樟子松	*Pinus sylvestris* Linn.var. *mongolica* Litv.	松科	II
3	新疆五针松（西伯利亚红松）	*Pinus sibirica*（Loud.）Mayr	松科	II
4	五味子（北五味子）	*Schisandra chinensis*（Turcz.）Baill.	五味子科	II
5	黄耆（黄芪）	*Astragalus membranaceus*（Fisch.）Bunge	豆科	II
6	蒙古黄耆（蒙古黄芪）	*Astragalus mongholicus* var. *mongholicus*（Bunge）P.K.Hsiao	豆科	II
7	东北岩高兰	*Empetrum nigrum* L.var. *japonicum* K.Koch	岩高兰科	II
8	桔梗	*Platycodon grandiflorus*（Jacq.）A.DC.	桔梗科	II
9	越橘	*Vaccinium vitis-idaea* Linn.	杜鹃花科	II
10	笃斯越桔	*Vaccinium uliginosum* Linn.	杜鹃花科	II

① 1999 年 8 月 4 日国务院批准，1999 年 9 月 9 日国家林业局、农业部第 4 号令发布施行。

序号	中名	学名	科名	保护级别
11	手参（手掌参）	*Gymnadenia conopsea*（L.）R.Br.	兰科	Ⅱ
12	芍药	*Paeonia lactiflora* Pall.	毛茛科	Ⅱ
13	草芍药（卵叶芍药）	*Paeonia obovata* Maxim.	毛茛科	Ⅱ
14	兴安翠雀花	*Dclphinium hsingancnsc* S.H.Li et Z.	毛茛科	Ⅱ
15	毛茛叶乌头	*Aconitum ranunculoides* Turcz.ex Ledeb.	毛茛科	Ⅲ
16	阿穆尔耧斗菜	*Aquilegia amurcnsis* Kom.	毛茛科	Ⅲ
17	兴安升麻	*Gimicifuga dahurica*（Turcz.）Maxim.	毛茛科	Ⅲ
18	山丹（细叶百合）	*Lilium pumilum* DC.	百合科	Ⅲ
19	草苁蓉	*Boschniakia rossica*（Cham.et Schlecht.）Fedtsch.	列当科	Ⅲ
20	鼻花	*Rhinanthus glabcr* Lam.	玄参科	Ⅲ
21	松下兰	*Hypopitys monotropa* Linn.	鹿蹄草科	Ⅲ
22	泡囊草	*Physochlaina physalioides*（L.）G. Don	茄科	Ⅲ
23	大花杓兰	*Cypripedium macranthum* SW.	兰科	Ⅲ

桔梗　芍药

越橘　偃松

图7-8　林区自治区珍稀濒危保护植物（摄影：张重岭）

表7-4 内蒙古大兴安岭林区国家重点保护野生植物名录（第二批）

序号	中名	学名	科名	保护级别
1	东北茶藨子	*Ribes mandshuricum*（Maxim.）Kom.	虎耳草科	II
2	五味子（北五味子）	*Schisandra chinensis*（Turcz.）Baill.	五味子科	II
3	黄耆（黄芪）	*Astragalus membranaceus*（Fisch.）Bunge	豆科	II
4	草苁蓉（不老草）	*Boschniakia rossica*（Cham.et Schlecht.）Fedtsch.	列当科	II
5	北重楼	*Paris verticillata* M.-Bieb.	百合科	II
6	杓兰（黄囊杓兰）	*Cypripedium calceollcs* L.	兰科	I
7	大花杓兰	*Cypripedium macranthum* SW.	兰科	I
8	紫点杓兰	*Cypripedium guttatum* Sw.	兰科	I
9	珊瑚兰	*Corallorhiza trifida* Chat.	兰科	II
10	裂唇虎舌兰	*Epipogium aphyllum*（F.W.Schmidt）Sw.	兰科	II
11	小斑叶兰	*Goodyera repens*（L）R.Br.	兰科	II
12	手参（手掌参）	*Gymnadenia conopsea*（L）R.Br.	兰科	II
13	沼兰	*Malaxis monophyllos*（L）Sw.	兰科	II
14	角盘兰	*Herminium monorchis*（L）R.Br.	兰科	II
15	尖唇鸟巢兰	*Neottianthe acuminate* Schltr.	兰科	II
16	二叶兜被兰	*Neottianthe cuculata*（L）Schltr.	兰科	II
17	二叶舌唇兰	*Platanthera chlorantha* Cust.ex Rchb.	兰科	II
18	密花舌唇兰	*Platanthera hologlottis* Maxim.	兰科	II
19	朱兰	*Pogonia japonica* Rchb.f.	兰科	II
20	绶草	*Spiranthes sinensis*（Pers.）Ames	兰科	II
21	掌裂兰（宽叶红门兰）	*Dactylorhiza hatagirea*（D.Don）Soo.	兰科	II
22	凹舌掌裂兰	*Dactylorhiza viridis*（L）R.M.Bateman	兰科	II
23	广布小红门兰	*Ponerorchis chusua*（D.Don）Soo	兰科	II
24	布袋兰	*Calypso bulbosa*（L）Oakes	兰科	II
25	蜻蜓舌唇兰	*Platanthera souliei* Kraenzl.	兰科	II
26	线叶十字兰	*Habenaria linearifolia* Maxim.	兰科	II

资料来源：CVH 中国数字植物标本馆。

五味子　　草苁蓉

图7-9 林区国家重点保护野生植物（第二批）（摄影：张重岭）

（三）内蒙古自治区级珍稀林木

由《内蒙古自治区珍稀林木保护名录》[①]可知，林区共有内蒙古自治区珍稀林木14科属20属24种，分别占内蒙古自治区珍稀林木保护植物科、属、种的34.2%、28.6%、23.8%，详见表7-5、图7-10。

表7-5 内蒙古自治区珍稀林木名录

序号	中名	学名	科名
1	红皮云杉	*Picea koraiensis* Nakai	松科
2	樟子松	*Pinus sylvestris* Linn. var. *mongolica* Litv.	松科
3	新疆五针松（西伯利亚红松）	*Pinus sibirica*（Loud.）Mayr	松科
4	偃松	*Pinus pumila*（Pall.）Regel	松科
5	兴安圆柏	*Sabina davurica*（Pall.）Ant.	柏科
6	西伯利亚刺柏	*Juniperus sibirica* Burgsd.	柏科
7	钻天柳	*Chosenia arbutifolia*（Pall.）A.Skv.	杨柳科
8	辽东桤木（水冬瓜赤杨）	*Alnus sibirica* Fisch. ex Turcz.	桦木科
9	五味子（北五味子）	*Schisandra chinensis*（Turcz.）Baill.	五味子科
10	海拉尔绣线菊	*Spiraea hailarensis* Liou	蔷薇科
11	花楸树	*Sorbus pohuashanensis*（Hance）Hedl.	蔷薇科
12	小叶金露梅	*Potentilla parvifolia* Fisch. ap. Lehm.	蔷薇科
13	银露梅	*Potentilla glabra* Lodd.	蔷薇科
14	黄檗（黄菠萝）	*Phellodendron amurense* Rupr.	芸香科
15	东北岩高兰	*Empetrum nigrum* L.var. *japonicum* K.Koch	岩高兰科
16	山葡萄	*Vitis amurensis* Rupr.	葡萄科
17	紫椴	*Tilia amurensis* Rupr.	椴树科
18	红瑞木	*Swida alba* L.	山茱萸科
19	越橘	*Vaccinium vitis-idaea* L.	杜鹃花科
20	笃斯越橘	*Vaccinium uliginosum* L.	杜鹃花科
21	黑北极果（天栌）	*Arctous alpinus*（Linn.）Niedenzu var. *japonicus*（Nakai）Ohwi	杜鹃花科
22	小果红莓苔子（毛蒿豆）	*Oxycoccus microcarpus*（Turcz.ex Rupr.）Schmalh.	杜鹃花科
23	水曲柳	*Fraxinus mandschurica* Rupr.	木犀科
24	北极花	*Linnaea borealis* L.	忍冬科

笃斯越橘

东北岩高兰

图7-10 内蒙古自治区珍稀林木（摄影：张重岭）

① 根据内蒙古自治区人民政府于2010年7月8日批准的《内蒙古自治区珍稀林木保护名录》，共计41科70属101种。

（四）国家重点保护野生药材物种

依据《中华人民共和国野生药材资源保护管理条例》[①]，内蒙古大兴安岭林区列入国家重点保护野生药材物种名录共计6科7属12种，详见表7-6、图7-11。

表7-6 内蒙古大兴安岭林区国家重点保护野生药材物种名录

序号	中名	学名	科名	保护级别
1	银柴胡（披针叶叉繁缕）	*Stellaria dichotoma* L. var. *lanceolata* Bge	石竹科	Ⅱ
2	黄芩	*Scutellaria baicalensis* Georgi	唇形科	Ⅲ
3	条叶龙胆（东北龙胆）	*Gentiana manshurica* Kitag.	龙胆科	Ⅲ
4	龙胆	*Gentiana scabra* Bunge	龙胆科	Ⅲ
5	三花龙胆	*Gentiana triflora* Pall.	龙胆科	Ⅲ
6	秦艽	*Gentiana macrophylla* Pall.	龙胆科	Ⅲ
7	防风	*Sapallerocarpus divaricata*（Turcz.）Schischk.	伞形科	Ⅲ
8	红柴胡（狭叶柴胡）	*Bupoerum angustissimum* Willd.	伞形科	Ⅲ
9	兴安柴胡	*Bupoerum sibiricum* Vest	伞形科	Ⅲ
10	远志	*Polygala tenuifolia* Willd.	远志科	Ⅲ
11	西伯利亚远志（卵叶远志）	*Polygala sibirica* L.	远志科	Ⅲ
12	白鲜	*Dictamnus albus* Turcz.	芸香科	Ⅲ

白鲜

秦艽

图7-11 内蒙古大兴安岭林区国家重点保护野生药材物种（摄影：张重岭）

（五）《濒危野生动植物种国际贸易公约》

《濒危野生动植物种国际贸易公约》即《华盛顿公约》（CITES，1973），管制国际贸易的物种，可归类成3项附录：附录Ⅰ的物种为若再进行国际贸易会导致灭绝的动植物，明确规定禁止其国际性的交易；附录Ⅱ的物种则为目前无灭绝危机，管制其国际贸易的物种，若仍面临贸易压力，种群量继续降低，则将其升级入附录Ⅰ；附录Ⅲ是各国视其国内需要，区域性管制国际贸易的物种。我国于1980年12月25日加入了这个公约，并于1981年

① 《国家重点保护野生药材物种名录》（1987年10月30日）及《内蒙古自治区〈野生药材资源保护管理条例〉实施细则》（1989年4月5日）。

4 月 8 日对我国正式生效。

根据《濒危野生动植物种国际贸易公约》(附录Ⅰ、Ⅱ、Ⅲ，2013)，内蒙古大兴安岭林区属于该公约的植物共有 1 科 17 属 21 种，详见表 7-7、图 7-12。

表7-7　内蒙古大兴安岭林区《濒危野生动植物种国际贸易公约》植物名录

序名	中名	学名	科名	附录
1	杓兰（黄囊杓兰）	*Cypripedium calceollcs* L.	兰科	Ⅱ
2	大花杓兰	*Cypripedium macranthum* SW.	兰科	Ⅱ
3	紫点杓兰	*Cypripedium guttatum* Sw.	兰科	Ⅱ
4	珊瑚兰	*Corallorhiza trifida* Chat.	兰科	Ⅱ
5	裂唇虎舌兰	*Epipogium aphyllum*（F.W.Schmidt）Sw.	兰科	Ⅱ
6	小斑叶兰	*Goodyera repens*（L）R.Br.	兰科	Ⅱ
7	手参（手掌参）	*Gymnadenia conopsea*（L）R.Br.	兰科	Ⅱ
8	沼兰	*Malaxis monophyllos*（L）Sw.	兰科	Ⅱ
9	角盘兰	*Herminium monorchis*（L）R.Br.	兰科	Ⅱ
10	尖唇鸟巢兰	*Neottianthe acuminate* Schltr.	兰科	Ⅱ
11	二叶兜被兰	*Neottianthe cuculata*（L）Schltr.	兰科	Ⅱ
12	二叶舌唇兰	*Platanthera chlorantha* Cust.ex Rchb.	兰科	Ⅱ
13	密花舌唇兰	*Platanthera hologlottis* Maxim.	兰科	Ⅱ
14	朱兰	*Pogonia japonica* Rchb.f.	兰科	Ⅱ
15	绶草	*Spiranthes sinensis*（Pers.）Ames	兰科	Ⅱ
16	掌裂兰（宽叶红门兰）	*Dactylorhiza hatagirea*（D.Don）Soo.	兰科	Ⅱ
17	凹舌掌裂兰	*Dactylorhiza viridis*（L）R.M.Bateman	兰科	Ⅱ
18	广布小红门兰	*Ponerorchis chusua*（D.Don）Soo	兰科	Ⅱ
19	布袋兰	*Calypso bulbosa*（L）Oakes	兰科	Ⅱ
20	蜻蜓舌唇兰	*Platanthera souliei* Kraenzl.	兰科	Ⅱ
21	线叶十字兰	*Habenaria linearifolia* Maxim.	兰科	Ⅱ

紫点杓兰

大花杓兰

图7-12　内蒙古大兴安岭林区《濒危野生动植物种国际贸易公约》植物（摄影：张重岭）

（六）野生经济植物资源

内蒙古大兴安岭林区及山地蕴藏着丰富的野生经济植物资源，这些植物资源既是可持续利用的基础，为人们提供衣、食、住、行等生存必需品的原料，又是重要的种质资源与遗传基因库。野生经济植物资源是森林资源的重要组成部分之一，是具有一定经济价值和用途的野生植物总体，可为社会物质生活生产提供足够的基础原料。

林区及山地已知可利用野生经济植物 130 科 894 种。林区的野生经济植物资源，除木材资源外，按其经济用途，可大至划分为 11 大类：

1. 森林蔬菜植物资源

森林蔬菜植物资源丰富，主要有 40 种，以无污染、营养丰富、口感好等特点受到人们的青睐。主要森林蔬菜有蕨（蕨菜）、蒲公英、小黄花菜、沙参（四叶菜）、短毛独活（老山芹）、山韭、蒌蒿（柳蒿芽）、狭叶荨麻（蛰麻菜）等。

2. 药用植物资源

常见的药用植物有 200 多种，其中有些是全国著名的地道药材，如黄芪、黄芩、龙胆、防风、兴安升麻、芍药、桔梗、金莲花、苦参等。

民族传统用药如用蓍草治疗慢性阑尾炎有一定疗效，故俗称“阑尾草”；用狼毒大戟根部治疗毒性肿瘤具有一定效果；鄂温克族民间配方，用龙胆科的尖叶假龙胆（归心草）治疗心脏病，有一定疗效；鄂温克族民间配方，用东北岩高兰（肝复灵）治疗肝病、用麻叶千里光（返魂草）全草治疗心脏病。

3. 纤维饲料植物资源

纤维与饲料植物资源，往往二者是一致的。如小叶章既是良好的纤维植物，又是优良的牧草饲料，含蛋白质 6.8%，比羊草所含蛋白质高 1.6%。各种桦树的嫩枝及山杨嫩枝的芽、越冬雄花序是榛鸡冬季和早春的食物，也是家养动物营养丰富的饲料。

主要纤维、饲料植物有芦苇、大叶章、樟子松、山杨、钻天柳、山野豌豆、灰脉薹草等。

4. 饮料、色素、果酒植物资源

天然分布的野生浆果属于第三代水果，含有丰富的维生素、氨基酸和多种微量元素。主要分布有越橘、笃斯越橘（笃斯）、水葡萄茶藨子（水葡萄）、蓝靛果忍冬（羊奶子）、悬钩子（托盘）等小浆果，含有丰富的营养物质，风味独特，色泽浓艳，是加工制作饮料、果酒、果酱、果糖及提取天然色素的最佳原料。

5. 单宁植物资源

从植物中提取单宁（栲胶）是目前生产单宁的主要途径。兴安落叶松等树皮可提取优质单宁。此外，还有种群数量庞大的杨柳科植物，牻牛儿苗科植物、蔷薇科植物都含有大量单宁，有开发利用价值的主要种类有：大黄柳、粉枝柳、叉分蓼、地榆、蚊子草、兴安老鹳草、黑桦等。

6. 野生花卉和观赏植物资源

野生花卉和观赏植物资源丰富，主要有 90 多种，是林区一大尚未开发利用的野生植物资源。主要花卉和观赏植物有兴安杜鹃、高山杜鹃（小叶杜鹃）、大花杓兰、毛百合、玉蝉花（紫花鸢尾）、柳兰、山丹（细叶百合）、芍药、轮叶贝母 、紫花野菊、大黄菊（黄金菊）、龙胆、兴安石竹、无毛花楸树、光叶山楂、金花忍冬（黄花忍冬）、接骨木等。

7. 淀粉植物资源

从植物中提取淀粉，主要用于工业淀粉原料，如从蒙古栎果实（橡子）提取的淀粉，可制成变性淀粉，是油田开采石油不可缺少的原料。还有其他植物资源也可制造成淀粉。林区含淀粉植物种类不算多，但有些种群较大，蕴藏量很高，如蒙古栎（柞树）、玉竹、小玉竹、毛百合、苍术等。

8. 油料植物资源

林区内的主要可利用油料植物有偃松、榛子、樟子松等，蕴藏的总质量较大。

9. 芳香油植物

从植物中提取芳香油是当今世界上许多国家研究与生产的项目之一。我国也在开展这方面的工作。林区内有蕴藏量很大的芳香油植物资源，如杜香、兴安杜鹃、铃兰等。其中以杜香、兴安杜鹃分布面积最大，蕴藏量最多，且集中连片。

林区内主要芳香油植物还有藿香、香薷、短柄野芝麻（野芝麻）、兴安薄荷、薄荷、高山杜鹃（小叶杜鹃）等。

10. 食（药）用真菌资源

由于具有良好的自然生境，大型食（药）用真菌十分丰富，据调查及文献资料记载，林区已知有大型食（药）用真菌 36 科 89 属 276 种。

食用真菌主要有牛肝菌（粘团子）、马鞍菌、羊肚菌、花脸香蘑、紫丁香蘑、木耳、猴头、松口蘑（松茸）、蜜环菌（榛蘑）、荷叶离褶伞（路基蘑）等。

药用真菌主要有云芝、松杉灵芝、桦褐孔菌（桦树泪）、桦褶孔菌、药用拟层孔菌（苦白蹄、树击子）、单色云芝、木蹄层孔菌（木蹄、桦菌芝、树击子）、大马勃、紫色马勃、栓皮马勃、网纹马勃、尖顶地星等。

11. 农药植物资源

因化学农药污染环境，全世界都在尽量减少使用。由于人类重视改善生态环境，探索出利用药用植物或植物之分泌物来抑制虫菌危害的生物制剂，已成为病虫害防治研究方向，已发现有很多种植物的分泌物能抑制、防治不同种虫危害。在林区内分布的主要种类有兴安藜芦、白屈菜等。

（七）植被

根据调查，结合有关文献资料，主要参照《中国植被》（吴征镒，1980）、《中国东北植被地理》（周以良，1997）、《中国大兴安岭植被》中的植被分类原则，将内蒙古大兴安岭植被划分为森林、灌丛、草甸草原、草甸、沼泽、草塘等 6 大类型（包括施业区以外的林区、山地）。

1. 森林

（1）针叶林。

① 兴安落叶松林（Form. *Larix gmelini*）。是大兴安岭林区及山地最主要植被类型之一，占据绝对优势。其组成树种以兴安落叶松为主的兴安落叶松林。它们在本区分布极广泛，从山麓至山顶部基本纵贯本区各类地形。兴安落叶松在植物区系上属于大兴安岭植物区系成分，适应范围很广，在较干旱瘠薄的石砾山地以及水湿的沼泽地，均能生长成林。

由于兴安落叶松的生态适应范围很广，根据生境条件的差异，兴安落叶松林在植物组成、结构和外貌上有很大变化。在不同海拔高度和水分多寡生境下，落叶松和其他植物构成不同的群落，在大兴安岭林区划分以下 8 个类型：

↓	Ⅷ 偃松—落叶松林	↑海
↓	Ⅶ 杜鹃—落叶松林	↑拔
水↓	Ⅵ 草类—落叶松林	↑升
分↓	Ⅴ 杜香—落叶松林	↑高
增↓	Ⅳ 藓类—杜香—落叶松林	↑400～1 700 m
加↓	Ⅲ 石塘—落叶松林	↑以
↓	Ⅱ 柴桦—落叶松林	↑上
↓	Ⅰ 溪旁—落叶松林	↑

② 偃松—兴安落叶松林（Ass. *Pinus pumila*, *Larix gmelini*）。森林群落结构可分为 3 层：乔木层优势树种兴安落叶松，间或混有极少量白桦或岳桦，郁闭度一般 0.3 左右；灌木层，高 1～4 m，总盖度可达 50%，由偃松为主要组成种，偃松成团状密布，树干斜展，自然高度达 1.5～3.5 m，形成难以通行的灌木层，另混生有少量东北赤杨；林下草本植物稀疏，难以形成独立的层，与草本状小灌木一并构成草本—灌木层。主要有红花鹿蹄草、舞鹤草、七瓣莲、多穗石松、杜香、越橘、北极花、东北岩高兰；苔藓、地衣层，总盖度在 50% 左右，二者镶嵌分布，常见有鹿蕊、曲尾藓、赤茎藓、高山石蕊等。

此类型是本区分布海拔最高的兴安落叶松林，分布于本区北部海拔 900 m 以上山顶、山脊、分水岭和山地上部，到南部的阿尔山则达 1 480～1 670 m 以上。作为高山植被带的偃松矮曲林，其分布的海拔高度，自北向南逐渐升高，但在中间过渡带的牙克石市则没有带状分布，只在牙克石市乌尔其汉林业局的主脉分水岭西侧附近有团状分布。其生境气温低、风大、影响树木生长，仅形成以繁茂的偃松为林下灌木的兴安落叶松疏林。土壤通常为粗骨性薄体针叶林土。分布区域主要位于根河市、额尔古纳市、鄂伦春自治旗西北部、鄂温克族自治旗南部、阿尔山林业局的高山上。

③ 杜鹃—兴安落叶松林（Ass. *Rhododenron dauricum*, *Larix gmelini*）。森林群落结构可分为4层：乔木层优势树种兴安落叶松，郁闭度约0.6，有时混生有少量的白桦和樟子松等树种；灌木层，极发达，总盖度可达80%以上，优势种兴安杜鹃，盖度最高可达90%，形成密集的灌木丛，高约1～1.5m，另有少量刺蔷薇、欧亚绣线菊、崖柳等；草本—灌木层，发育不良，总盖度35%，主要有越橘、矮山黧豆、贝加尔野豌豆、齿叶风毛菊、长白沙参、薹草、东北羊角芹、东方草莓、单花鸢尾、红花鹿蹄草、舞鹤草、铃兰等；苔藓、地衣层，不发育，主要有毛梳藓、曲尾藓、桧叶金发藓等。

此类型一般分布于海拔600～1 200 m，坡度10°～20°的阳坡、半阳坡或分水岭上，大兴安岭林区及山地全域均有分布。

④ 草类—落叶松林（Ass. Herbage，*Larix gmelini*）。森林群落结构可分为3层：乔木层优势树种兴安落叶松，郁闭度0.5～0.7，并常见有单株的白桦、山杨等混生；灌木层极不发育，主要有刺蔷薇、绢毛绣线菊、珍珠梅等；草本—灌木层，十分发育，总盖度可达90%以上，高度为20～100 cm，主要有兴安野青茅、矮山黧豆、贝加尔野豌豆、长白沙参、兴安升麻、缬草、红花鹿蹄草、舞鹤草、唐松草、蚊子草、铃兰、林问荆等；苔藓、地衣层，不发育，主要有曲背藓、曲尾藓、沼泽皱蒴藓、石蕊等。

此类型主要分布于山地下部的阳坡、半阳坡，坡度一般为6～10°。土壤发育为生草棕色泰加林土，大兴安岭林区及山地全域均有分布。

⑤ 杜香—落叶松林（Ass. *Ledum palustre*，*Larix gmelini*）。森林群落结构分为4层：乔木层优势树种兴安落叶松，有时混有白桦，郁闭度0.4～0.7；草本—灌木层，极发育，优势种杜香和越橘盖度可达70～90%，另外有少量柴桦、刺蔷薇、绢毛绣菊、笃斯越橘等；草本层，主要有灰脉薹草、小叶章、矮山黧豆、柳叶野豌豆、越橘、红花鹿蹄草、七瓣莲、舞鹤草、林问荆等；苔藓、地衣层，发育良好，总盖度在40%以上，主要种为沼泽皱蒴藓、桧叶金发藓、粗叶泥炭藓、中位泥炭藓等。

此类型主要分布在坡度5°～10°之间的阴坡、半阴坡下部，在丘漫岗和阶地等比较平缓的地形上，一般海拔600～1 000 m。主要分布于额尔古纳市、根河市、牙克石市、鄂伦春自治旗，以及鄂温克族自治旗、阿荣旗、扎兰屯市的部分山地区域。生境较冷湿，水分充足，并常有滞水现象。土壤为潜育泥炭化棕色针叶林土。

⑥ 藓类—杜香—落叶松林（Ass. Moss，*Ledum palustre*，*Larix gmelini*）。森林群落结构分为3层：乔木层优势树种兴安落叶松，兴安落叶松为优势种，一般为纯林，多形成"小老头树"，郁闭度0.4～0.5，树枝多被松萝覆盖；灌木层，主要有柴桦、笃斯越橘、蓝靛果忍冬、沼柳、越橘柳、细叶杜香、越橘、毛蒿豆等；苔藓、地衣层，比较发达，主要有尖叶泥炭藓、赤茎藓、毛疏藓、石蕊、白腹地卷。

此类型主要分布于本区北部，主要分布于额尔古纳市、根河市、鄂伦春自治旗西北部、牙克石市北部。一般生于山麓阴坡低洼处，小溪两侧、河源尽头两旁，地势比柴桦—兴安落叶松林略高。该类型生境条件差，土壤肥力低，土壤含水量大，地下50 cm即为永冻层，土壤发育为表潜棕色针叶林土，地表积水形成沼泽。

⑦ 石塘—落叶松林（Ass. Tong，*Larix gmelini*）。森林群落结构分为4层：乔木层，优势树种兴安落叶松，通常形成纯林，郁闭度0.3～0.5；灌木层，以柴桦、金露梅等为主；小灌木及草本层，以杜香、越橘、北极花、兴安野青茅为主；苔藓、地衣层，以毛疏藓、塔藓、鹿蕊、高山石蕊为主。

此类型分布于本区北部海拔400～1 000 m的河滩地、河流阶地、地表覆盖大量冰河期冰川运动形成的冰石河上。还分布于林区中部、南部的奎勒河—诺敏、阿尔山—柴河火山群火山喷发形成的火山熔岩石塘上，土壤多为发育粗骨棕色针叶林土。位于额尔古纳市、根河市、牙克石市、鄂温克族自治旗、鄂伦春自治旗、阿尔山林业局。

⑧ 柴桦—落叶松林（Ass. *Betula fruticosa*，*Larix gmelini*）。森林群落结构分为4层：乔木层优势树种兴安落叶松，混少量白桦，郁闭度一般为0.2～0.4；灌木层，优势灌木为柴桦，平均高1.3 m，覆盖度50%～80%，其它有沼柳、越橘柳、笃斯越橘、细叶杜香、绣线菊、五蕊柳；草本层，覆盖度40%～70%，优势种为臌囊薹草，平均高0.4 m，其他有小白花地榆、羊胡子草、灰背老鹳草、山黧豆等；苔藓、地衣层，主要有尖叶泥炭藓、粗叶泥炭藓。

此类型分布于林区北部、中部河流上游。位于根河市、额尔古纳市、牙克石市额尔古纳河水系主要支流恩和哈达河、阿巴河、激流河、根河、海拉尔河上游，鄂伦春自治旗西部的嫩江水系主要支流甘河、诺敏河的上游。一般生于宽阔山谷两侧、山麓、阴向缓坡下部，地势比柴桦灌丛略高。一般季节性积水，地下70cm左右有多年冻土或地下冰，雨水不易下渗，土壤发育为泥炭沼泽土或沼泽土。

⑨ 溪旁—落叶松林（Ass.Tn torrente，*Larix gmelini*）。森林群落结构分为3层：乔木层优势树种兴安落叶松，混少量白桦，郁闭度一般为0.5～0.8；灌木层，主要灌木有柴桦、红瑞木、刺蔷薇、金露梅，覆盖度20%～40%；草本层，覆盖度40%～70%，主要有小叶章、臌囊薹草、蚊子草、红花鹿蹄草、地榆、兴安鹿药、白芷、兴安独活、狭叶荨麻、兴安薄荷等。

此类型一般分布于河流及小溪两旁，大兴安岭林区及山地全域均有分布。一般季节性积水，土壤发育为生草棕色针叶林土。

⑩ 樟子松林（Form. *Pinus sylvestris* var. *mongolica*）。森林群落结构可明显分为3层：乔木层通常为单层林，林木组成单纯，常混有少量兴安落叶松，间或还混有极少白桦，郁闭度0.5～0.8；灌木层，盖度可达50%，主要有兴安杜鹃、绢毛绣线菊、刺蔷薇、欧亚绣线菊等；草本层—小灌木层发育良好，盖度可达50%～70%，常见种为兴安野青茅、矮山黧豆、东方草莓、裂叶蒿、越橘、红花鹿蹄草、地榆、北野豌豆、兴安柴胡、舞鹤草、柳兰、铃兰、薹草类等。苔藓类则发育不良。

樟子松是欧洲赤松的一个变种，但分布范围远不及欧洲赤松。樟子松是喜光树种，在生态适应幅度上与兴安落叶松相近，唯耐水湿不及兴安落叶松，但较兴安落叶松耐干旱，并能适应瘠薄土壤，同时较更抗寒。

樟子松林主要分布在林区北部的额尔古纳市、根河市，一般出现在陡坡的阳坡上部或山脊等部位的粗骨性棕色针叶林土上，也生长在阳向缓坡上，分布范围在海拔400～1 100 m，地形坡度10°～35°，典型类型为越橘—杜鹃—樟子松林。这类樟子松一般生长在山地，又称为山地樟子松。

在内蒙古大兴安岭林管局施业区以外的山脉西坡山地，牙拉达巴乌拉山支脉分水岭的西侧到乌日根乌拉山支脉的北侧，山地林草结合部及沙地上还生长有樟子松，被称为沙地樟子松。沙地樟子松主要分布于鄂温克族自治旗、新巴尔虎左旗以及海拉尔河中游的海拉尔区、陈巴尔虎旗的海拉尔河两岸。

⑪ 西伯利亚红松林（Form. *Pinus sibirica*）。西伯利亚红松为我国稀有的常绿针叶树种，我国渐危种。全国除了仅在新疆北部阿尔泰山西北部有少量分布外，大兴安岭北部其他地区还有零星散生树分布。保护好其生存环境，具有重要科学研究价值。

此类型仅在内蒙古大兴安岭根河市满归林业局、阿龙山林业局、金河林业局以及额尔古纳市莫尔道嘎林业局有极少量分布。西伯利亚红松野生种群数量最多的仅为60多株，树高16～17 m。林下主要植物有杜香、越橘、柴桦、谷柳、笃斯越橘、地衣、苔藓等。

（2）针阔叶混交林。针阔叶混交林是本区内一种过渡植被类型，虽具有不稳定性，但在改善本区森林土壤方面具有重要作用。在大兴安岭林区及山地均有分布。

兴安落叶松—白桦林（Form. *Larix gmelini*，*Betula platyphylla*）森林群落结构可明显分为3层：乔木层，郁闭度为0.3～0.7，由兴安落叶松、白桦构成，有时混生少量山杨；灌木层，发育良好，常见种为兴安杜鹃、越橘、欧亚绣线菊、大黄柳、刺蔷薇、珍珠梅等；草本层，十分发育，常见种有兴安野青茅、柳兰、地榆、歪头菜、蚊子草、裂叶蒿、大叶柴胡、东方草莓、薹草、林问荆、草问荆等。

一般分布于山坡或谷地上，土壤发育为棕色针叶林土。主要分布于根河市、鄂伦春自治旗、额尔古纳市、牙克石市、陈巴尔虎旗三旗山支脉、鄂温克族自治旗。

（3）阔叶林。

① 白桦林（Form. *Betula platyphylla*）。白桦林是本区分布最广泛的阔叶林，分布面积仅次于兴安落叶松林。白桦林大多衍生自原始兴安落叶松林植被，二者的分布范围基本一致，基本纵贯本区各类地形。

a. 兴安杜鹃—白桦林（Ass. *Rhododendron dauricum*，*Betula platyphglla*）。森林群落结构可分为3层：乔木层，郁闭度为0.5～0.9，主要优势种为白桦，常混有少量的兴安落叶松；灌木层，盖度达70%～80%，高度为1～1.5m，常见种有兴安杜鹃、刺蔷微、兴安茶藨子、绢毛绣线菊、东北赤杨等；草本—灌木层，总盖度可达80%左右，常见植物有兴安老鹳草、长白沙参、西伯利亚铁线莲、羽节蕨、地榆、矮山黧豆、杜香、越橘、红花鹿蹄草、凸脉薹草、舞鹤草、东方草莓等。苔藓植物不发育，仅在局部低湿处有小片分布，常见种是塔藓、赤茎藓等。

此类型分布于海拔400～1100 m山坡，是衍生自杜鹃—兴安落叶松或杜鹃—樟子松林及其他森林类型的次生林，又可以称之为向兴安落叶松林和樟子松林带过渡的先锋林型。土壤发育为棕色针叶林土。

b. 草类—白桦林（Ass. *Herbage*，*Betula platyphylla*）。森林群落结构可分为3层：乔木层，郁闭度可达0.8以上，主要为白桦，偶尔混生有山杨、兴安落叶松；灌木层，总盖度为50%左右，高1～2 m，常见种有刺蔷薇、珍珠梅、绢毛绣线菊等；草本层，总盖度可达90%，其高度为20～100 cm，常见植物有地榆、小叶章、柳兰、长白沙参、兴安沙参、毛蕊老鹳草、短瓣金莲花、大叶柴胡、唐松草、凸脉薹草、红花鹿蹄草、单花鸢尾、舞鹤草、蓬子菜等。苔藓植物发育不良，仅见有少量的塔藓、大金发藓等。

此类型多分布在10°以内各种坡向的山麓地带，在额尔古纳市的五河山支脉、牙克石市、陈巴尔虎旗的三旗山支脉分布较多。土壤发育为生草棕色针叶林土。

② 山杨林（Form. *Populus davidiana*）。森林群落结构整齐，明显分为3层：乔木层以山杨为优势，郁闭度为0.6～0.8，常混有少量的白桦和落叶松以及黑桦；灌木层发育良好，盖度20%～60%，主要有兴安杜鹃、刺蔷薇、欧亚绣线菊、绢毛绣线菊等；草本层盖度为50%～90%，以薹草为主，如乌苏里薹草、凸脉薹草等，常见种还有裂叶蒿、地榆、矮山黧豆、兴安野青茅、贝加尔野豌豆、齿叶凤毛菊、铃兰、大叶柴胡、唐松草、蚊子草、七瓣莲、兴安老鹳草、兴安沙参、铃兰、红花鹿蹄草、蕨类等。有时在草本层还混有小灌木杜香、越橘等。

山杨林一般生长在各不同坡向缓坡地带，坡度为6°～10°，面积小，多镶嵌在兴安落叶松或白桦林之间。土壤发育为生草棕色针叶林土或棕色针叶林土。但在鄂伦春自治旗大杨树周边的低山丘陵区域，发育有较大面积的山杨林，由于山杨林下土壤适宜种植农作物，近几十年多被开垦为农田。

③ 蒙古栎林（Form. *Quercus mongolica*）。森林群落结构可分为3层：乔木层由蒙古栎为优势，常混有黑桦，以及少量的白桦和单株散生的兴安落叶松；灌木层较发育，盖度可达50%～70%，主要有胡枝子、榛子、欧亚绣线菊、石生悬钩子、珍珠梅等；草本层也很发育，盖度达40%～80%，主要有地榆、裂叶蒿、单花鸢尾、锯齿沙参、玉竹、铃兰、苍术、小玉竹、毛蕊老鹳草、宽叶山蒿、唐松草、凸脉薹草、东方草莓、北悬钩子、费菜、兴安鹿蹄草。苔藓植物极少，仅偶有呈点状分布的曲尾藓。

蒙古栎是栎属中最耐寒、耐旱的树种。在本区主要分布在东部的鄂伦春自治旗、莫力达瓦达斡尔族自治旗、阿荣旗、扎兰屯市的山地、丘陵区，岭西只有在额尔古纳河室韦至奇乾段河谷区域少有分布。蒙古栎林一般生于低海拔阳坡或半阳坡地带，林下土壤为暗棕色针叶林土。

④ 黑桦林（Form. *Betula dahurica*）。森林群落结构可分为 3 层：乔木层较稀疏，郁闭度为 0.5～0.8，以黑桦为优势种，并混有少量的山杨、蒙古栎、白桦及兴安落叶松；灌木层发育一般，盖度可达 20%～40%，主要有绢毛绣线菊、欧亚绣线菊、刺蔷薇等；草本层发育，盖度为 40%～60%，主要以凸脉薹草为主，其它有铃兰、玉竹、沙参、东方草莓、唐松草、大叶野豌豆、歪头菜、裂叶蒿、蓬子菜、莓叶萎陵菜、万年蒿、白鲜、费菜、聚花风铃草等。

黑桦为强喜光树种，稍耐寒，较耐干燥瘠薄土壤。土壤发育为暗棕色森林土。黑桦林一般分布在大兴安岭低海拔的阳向斜缓坡上，呈斑块状分布，它构成大兴安岭森林植被分布基带。在林区及山地主要分布在东南部及东部的扎兰屯市、鄂伦春自治旗，以及莫力达瓦达斡尔族自治旗、阿荣旗低山丘陵区，岭西只在额尔古纳河室韦至伊木河段河谷区域少有分布。

⑤ 岳桦林（Form. *Betula ermanii*）。森林群落结构可分为 3 层：乔木层，树干高 4～8 m，郁闭度 0.2～0.4；灌木层主要有偃松、兴安杜鹃、西伯利亚刺柏、兴安圆柏、接骨木、库页悬钩子、美丽绣线菊、刺蔷薇、越橘等；草本层主要有白山蒿、白屈菜、黑水楼斗菜、高山蓼、狭叶荨麻等。

此类型主要分布在林区北部的根河市、额尔古纳市、牙克石市北部及南部的鄂温克族自治旗、阿尔山林业局，一般生长在海拔 1000 m 以上高山岩石缝中，呈斑点状分布。岳桦林处于高海拔地区，生境恶劣，风大，土壤瘠薄，林木严重生长不良，树干弯曲，通常斜生。

⑥ 甜杨—钻天柳林（Form. *Populus suavilensis*, *Chosenia arbutifolia*）。森林群落结构可分为 3 层；乔木层以钻天柳为主，另混有甜杨；灌木层稀疏，主要有稠李、山刺玫蔷薇、柳叶绣线菊、红瑞木、光叶山楂、辽东杞木、库页悬钩子，乌苏里鼠李。草本层不发达，主要有小叶章、兴安鹿药、狭叶荨麻、湿薹草、红花鹿蹄草、蚊子草、兴安薄荷、白芷等。钻天柳俗称红毛柳，属东西伯利亚植物区系成分，为我国Ⅱ级重点保护植物。

此类型一般生于林区河流、小溪两岸，林区各地均有分布。钻天柳一般靠近河流、岸边，甜杨位于河岸上湿地，呈带状分布，带宽 30～200 m 不等，土壤发育为冲积草甸土。

⑦ 辽东桤木林（Form. *Alnus sibirica*）。森林群落结构可分为 4 层：乔木层以辽东桤木为建群种，郁闭度为 0.4～0.5，常混有少量的白桦和兴安落叶松；灌木层较发达，总盖度可达 50%，常见种为五蕊柳、笃斯越橘、蓝靛果忍冬、珍珠梅、柳叶绣线菊、山刺玫、红瑞木等；草本层较稀疏，盖度为 10%～30%，以草本地下芽植物层片为优势成分，主要组成种有修氏薹草、小叶章、蚊子草、地榆、灰背老鹳草、七瓣莲、二叶舞鹤草、兴安鹿药、林问荆；苔藓植物层，盖度可达 20%～30%，一般呈小片状分布，主要有桧叶金发藓、粗叶泥炭藓、尖叶泥炭藓和沼泽皱蒴藓等。

此类型林下有大兴安岭珍稀濒危药用植物——草苁蓉，它寄生在辽东桤木根部，保护好辽东桤木林资源，对于它的生存环境、生长繁衍，具有重要生态、科研及经济价值。

此类型一般生于小河两旁或小溪源头两侧，小面积与其他针阔林松散成林，在大兴安岭林区及山地有广泛分布。土壤发育为草甸土。

⑧ 胡桃楸林（Form. *Juglans mandshurica*）。此类型仅在内蒙古大兴安岭扎兰屯市雅鲁河支流济沁河及哈多河流域有极少量团状分布。一般生长在阴向坡小沟两侧。树高 5～6 m，郁闭度 0.2～0.4。

胡桃楸（核桃楸）为东北“三大硬阔叶树种”之一，是国家重点野生保护植物，种群数量稀少，应加强保护种质资源，避免遭受人为破坏，使物种在本地区得以延续生长。

2. 灌丛类型

（1）偃松灌丛（Form. *Pinus pumila*）。此灌丛主要分布在大兴安岭北部海拔 1000 m 以上山顶或分水岭、南部高山区，位于根河市、额尔古纳市、牙克石市、鄂温克族自治旗高海拔区、阿尔山林业局。灌丛高约 3～4 m，干径可达 10 cm 左右，灌丛的高度随海拔的升高而降低，灌丛盖度可达 90%，为本区的森林植被的上限分布带。生境多为平坦而宽阔、地势高、风力强，土层极瘠薄，地表满覆石块，仅石块间有少量土壤。土壤发育为薄层灰化棕色针叶林土、粗骨土和石质土。

群落下植被贫乏，伴生植物有杜香、西伯利亚刺柏、东北岩高兰、越橘、金发藓、泥炭藓、毛疏藓等。

（2）山杏灌丛（Form. *Armeniaca sibirica*）。群落组成植物以喜光、耐寒的旱生或中旱生草原植物占优势，群落结构可分为 2 层：灌木层高 1～1.5 m，盖度可达 50% 左右，以山杏为建群种，还常混有较多的土庄绣线菊、兴安胡枝子、尖叶胡枝子、兴安百里香等；草本层较发育，盖度可达 70%～80%，主要植物有棉团铁线莲、线叶菊、万年蒿、黄芩、远志、漏芦、火绒草、狭叶柴胡、萎陵菜、山蚂蚱草（旱麦瓶草）、贝加尔针茅、岩败酱、白鲜、狼毒、防风、小黄花菜、狼毒大戟等。多生长于阳坡，> 25° 以上的陡坡上，土壤层薄多砾石。

山杏（西伯利亚杏）为大兴安岭植物区系成份，在本区主要分布在东南部、东部、南部及西部边缘地带，位于额尔古纳市、牙克石市、鄂伦春自治旗、莫力达瓦达斡尔族自治旗、阿荣旗、扎兰屯市、阿尔山林业局以及陈巴尔虎旗、鄂温克族自治旗、新巴尔虎左旗的山地区。山杏灌丛一般分布在海拔 900m 以下向阳陡坡上，坡度一般为 25°～35°。土壤发育为粗骨黑钙土。

（3）榛子灌丛（Form. *Corylus heterophylla*）。群落结构可分为 2 层：灌木层盖度可达 50%～90%，除优势种榛子外，主要有胡枝子、山刺玫、土庄绣线菊；草本层盖度 30%～60%，主要植物有乌苏里薹草、万年蒿、铃兰、大叶野豌豆、白鲜、费菜、黄耆、秦艽等。

榛子为长白植物区系成分，在本区主要分布在东南部、东部的鄂伦春自治旗、莫力达瓦达斡尔族自治旗、阿荣旗、扎兰屯市的甘河、诺敏河、阿伦河、雅鲁河、绰尔河中下游流域。较为特殊是，在大兴安岭分水岭西侧的额尔古纳河右岸，室韦—临江村的河谷区，分布有面积较小的榛子灌丛。榛子在大兴安岭是其分布的北界，一般分布在海拔 600m 以下阳坡山麓。土壤发育为草甸暗棕壤。

3. 草甸草原

草甸草原是由草甸、旱生或中旱生植物组成的植被类型，在内蒙古大兴安岭有小面积分布，属于隐域性的次生植被。其形成的原因是本区与草原(呼伦贝尔草原与东北草原区）毗邻有关，为森林向草原过渡地带一种特殊植被类型。

此类型一般生长分布在阳向陡坡上，坡度均在 25° 以上。土壤发育为粗骨黑钙土。植物种类比较丰富。主要灌木有土庄绣线菊、大果榆、兴安胡枝子、山杏等，小灌木有兴安百里香。主要草本植物有贝加尔针茅、线叶菊、小黄花菜、大油芒、桔梗、白鲜、柳兰、狭叶柴胡、麻花头、野罂粟、冷蒿、漏芦、黄芩、棉团铁线莲、狼毒大戟、多裂叶荆芥、兴安繁缕、叉繁缕、山蚂蚱草（旱麦瓶草）、细叶白头翁、防风、钝叶瓦松、费菜、华北蓝盆花、岩败酱、石竹、狼毒、蓬子菜、星毛委陵菜、斑叶堇菜、大丁草、狗舌草、兴安薹草、菊叶委陵菜、斜茎黄耆（斜茎黄芪）、贝加尔针茅等。

4. 草甸

本区内的草甸为原生植被，组成以中生植物或湿中生植物为主，并混有湿生植物。生境湿润，常年积水或仅偶有季节性积水。主要分布在较低海拔地带，一般沿河流、小溪两岸或山谷平坦低湿地段，成带状或小片状镶嵌在沼泽或森林间。位于额尔古纳河和嫩江水系各支流的下游流域。

（1）小叶章草甸（Form. *Calamagrostis angustifolia*）。此类型分布于林缘谷地或河岸两侧，较平坦，坡度一

般不超过3°~5°，土壤发育为草甸土，位于大兴安岭林区及山地的各旗市均有分布。

（2）杂草草甸。此类型是本区分布最广泛的山地草甸类型，大兴安岭山脉东西两侧各旗市区均有分布。一般地形平缓、坡度较小。群落由于种类繁多，很难找出明显的建群种，草层高度在40cm以上，盖度达90%以上。在生长季节里，花期互相交替、花色五彩缤纷，林区一般称为"五花草塘"。

5. 沼泽

沼泽属于湿生植被类型，是由水生、沼生、湿生和中生型植物组成。林区及山地内沼泽类型较齐全。在沟谷、河谷、阶地、河漫滩等水湿地，分布较为普遍，成带状、大片状、岛状分布格局。

（1）灌木沼泽。有以下3种类型：① 蒿柳灌丛沼泽（Form. *Salix viminalis*）；② 扇叶桦（小叶桦）灌丛沼泽（Form. *Betula middendorffii*）；③ 柴桦灌丛沼泽（Form. *Betula fruticosa*）。

（2）草本沼泽。有以下4种类型：① 灰脉薹草沼泽（Form. *Crax appendiculata*）；② 乌拉草沼泽（Form. *Carex schmidtii*）；③ 臌囊薹草（瘤囊薹草）沼泽（Form. *Carex schmidtii*）；④ 漂筏薹草沼泽（Form. *Crax pseudo-curaica*）。

漂筏薹草沼泽一般分布于湖泊、水泡边，多形成"浮毡"型沼泽。此类浮毡型沼泽是湖泊沼泽化形成的初期阶段至中期阶段的一种类型。以前在林区东部、南部湖泊边缘地带分布较多，目前仅存的典型分布区有鄂伦春自治旗的达尔滨湖、达尔滨罗。

6. 草塘

草塘是由分布在水体中的水生植物所组成的植被型，水体是草塘的栖息生境。因此，水是影响草塘分布的主要生态条件。本区山间沟谷中河流、小溪纵横交错，形成较多的泡沼，为草塘提供了良好的生存条件。

（1）沉水型草塘。有以下2种类型：① 狸藻草塘（Form. *Utricularia intermedia*）；② 穗状狐尾藻草塘（Form. *Myriophyllum spicatum*）。

（2）浮叶型草塘。有以下6种类型：① 菱角草塘（Form. *Trapa manshurica*）；② 荇菜草塘（Form. *Nymphoides peltatum*）；③ 浮叶慈姑草塘（Form *Sagittaria natans*）；④ 睡莲草塘（Form. *Nymphaea tetragona*）；⑤ 白花驴蹄草草塘（Form. *Caltha natams*）；⑥ 浮叶眼子菜草塘（Form. *Potamogeton natans*）。

（3）漂浮型草塘。主要为浮萍草塘（Form. *Lemna minor*）。

（4）挺水型草塘。有以下5种类型：① 水葱草塘（Form. *Scirpus tabernaemontani*）；② 黑三棱草塘（Form. *Sparganium stoloniferum*）；③ 芦苇草塘（Form. *Phragmites australis*）；④ 宽叶香蒲草塘（Form. *Typha latifolia*）；⑤ 溪木贼（水问荆或水木贼）草塘（Form. *Equisetum fluviatile*）。

三、内蒙古大兴安岭汗马自然保护区植物

内蒙古汗马国家级自然保护区是内蒙古大兴安岭最大的森林生态系统类型保护区，因其中有着面积较大的湿地，加之很少受到人为干扰，植被类型均保持原始状况。在大兴安岭西坡，森林或湿地的植被群落和植物种都具有突出的代表性和典型性。特别是保护区内的森林盐沼中生长有盐碱性植物，为大型食草类野生动物提供了专食植物。经过多年的科学考察总结，已知该自然保护区有高等植物110科296属620种，其中苔藓植物74种，蕨类植物22种，裸子植物5种，被子植物519种，可以说其植物种的多样性是相当高的（详见附件2《内蒙古大兴安岭汗马国家级自然保护区常见植物名录》，胡金贵等，2013）。

四、黑龙江大兴安岭植物资源

黑龙江省大兴安岭地区与呼伦贝尔市是一个完整的自然生态系统—大兴安岭山脉森林生态系统，属于同一个山脉相邻地区；略有不同的是所处部分区域属黑龙江干流流域，水生动植物有微小差别。因此，本书引用《黑龙江大兴安岭植物资源》调查

研究成果，以方便读者对大兴安岭山脉北段的自然生态空间所涉猎的问题分析研究。

黑龙江大兴安岭共有包括苔藓、蕨类、裸子植物、被子植物在内的166科631属共1 626种野生植物常见植物（详见附件3《黑龙江大兴安岭植物资源植物常见植物》）。

五、呼伦贝尔与内蒙古的湿地植物和植被

呼伦贝尔的湿地位于大兴安岭森林、草甸草原、典型草原发育较为健康的3个生态系统之中，较内蒙古中西部的典型草原、荒漠草原中的各类湿地，植被的覆盖度较高、植物的种类较为丰富。但因与中西部的空间距离较大，荒漠草原上湖泊、河流湿地中的很多植物种与呼伦贝尔湿地区存在明显差异。造成植物种之间这种差异的另一个主要原因是呼伦贝尔地表水资源丰富，湿地水源的补给主要靠降雨和河流等地表水；而荒漠草原上每年只有不足100 mm的降雨，蒸发量极大，河流等地表水对湿地补给严重不足，只能靠丰富的地下水渗析出补给湖泊、靠季节性河流滋养湿地。地表水和地下水的水质受地面土壤植被和地质基岩的构成影响很大，因此水质的不同也严重地影响着湿地植物物种选择。

据2015年国家林业局湿地植物统计，呼伦贝尔地区常见湿地高等植物有90科193属416种。其中苔藓植物25科37属82种；蕨类植物3科3属9种；裸子植物2科2属2种；被子植物60科151属323种。少于内蒙古湿地区的植物种，蕨类植物少2种（节节草、槐叶萍），裸子植物少1种（红皮云杉非土种树，为外来树种），被子植物少43种[蓼科有萹蓄、多叶蓼、齿果酸模、刺酸模4种；藜科有盐爪爪、细枝盐爪爪2种；石竹科有狗筋蔓1种；毛茛科有白毛乌头、高山唐松草2种；十字花科有大叶碎米荠、小花碎米荠2种；蔷薇科有星毛委陵菜1种；蒺藜科有大白刺1种；柳叶菜科有毛脉柳叶菜、柳叶菜、小花柳叶菜3种；鹿蹄草科有鹿蹄草（圆叶鹿蹄草）1种；龙胆科有椭圆叶花锚1种；紫草科有辽西勿忘草（承德勿忘草）1种；玄参科有玄参1种；胡麻科有茶陵1种；菊科有白艾蒿1种；眼子菜科有内蒙眼子菜1种；茨藻科有纤细茨藻、大茨藻、小茨藻3种；禾本科有长芒看麦娘、薏苡、白茅、长芒棒头草、鹅观草、无芒隐子草6种；莎草科有日本薹草、青藏薹草、大针薹草、碎米莎草、贝槽秆荸荠、荆三棱、海三棱藨草、疣草、洮南灯芯草、毛穗藜芦、10种；兰科有沼兰1种]（详见附件4《内蒙古自湿地调查区域植物名录》，国家林业局，2015）。

依据中国湿地植被类型分类系统，呼伦贝尔地区湿地植被可划分为5个植被型组12个植被型61个群系（国家林业局，2015）。较内蒙古其他湿地区植被多1个挺水植物型，1个水葱草塘类。少盐生灌丛植被型的怪柳灌丛、盐爪爪灌丛2类；莎草型湿地植被型的荆三棱、三棱藨草、华扁穗草3类；杂类草湿地植被型的小香蒲、水芹、节节草3类；漂浮植物型的槐叶萍1类；浮叶植物型的丘角菱1类；沉水植物型的大茨藻、小茨藻2类；共计12个群系。

林区及山地湿地植物资源较内蒙古湿地更为丰富，据第二次全国湿地资源调查资料统计，林区共有湿地植物102科241属647种，其中苔藓植物33科51属130种、蕨类植物4科4属12种、裸子植物1科2属2种、被子植物64科184属503种，详见表7-8。

大兴安岭林区及山地湿地植物科数、属数、种数分别占自治区湿地植物总科数、总属数、总种数的99.0%，82.3%，82.6%。

六、呼伦贝尔野生植物资源

呼伦贝尔野生植物是指呼伦贝尔森林、草原、山前平原各种环境条件下生长的野生高等植物，虽然没能将全部植物都纳入，但基本体现了呼伦贝尔植物资源的全貌。本节目共记录野生高等植物107科394属821种（附件5《呼伦贝尔野生植物名录》，王伟共，2018）。

附件5名录所列植物学名主要以《内蒙古植物

志》为准，其中《内蒙古植物志》无记录的植物，以《东北草本植物志》和《中国植物志》为准。由于篇幅所限，本书未对各种野生植物的生境、分布、形态特征等进行全面描述。

七、呼伦贝尔不同草原类型植被物种名录

呼伦贝尔草原生态系统国家野外科学观测研究站自2008年起，历经十余年，以《内蒙古植物志(第二版)》《东北草本植物志》《呼伦贝尔植物检索表》草原植物为本底，对呼伦贝尔的草原植物资源进行了全面调查。本次长时间、大范围的调查，基本将呼伦贝尔草原植物种类的底数摸清，反映出草原植物资源的全貌。依据调查结果，初步确定了呼伦贝尔域内温性草甸草原、温性典型草原、山地草甸、低地草甸和沼泽的植物种共61科305属728种。其中双子叶植物582种、单子叶植物146种（详见附件6《呼伦贝尔不同草原类型植被物种名录》）。由于篇幅所限本书未对各种野生植物的生境、分布、形态特征等进行全面描述。

八、呼伦贝尔农作物资源

农作物是农业上栽培的各种植物，包括粮食作物、经济作物（油料作物、蔬菜作物、花、草、树木）两大类。呼伦贝尔的农作物植物较多，主要有小麦、玉米、大豆、高粱、燕麦、大麦、水稻、谷子、糜子、黍子、饭豆、小杂豆、马铃薯、油菜、向日葵、白瓜子、苏子、蓖麻、线麻籽等，还有种类较多的各种蔬菜以及沙果、苹果、家杏等为主的果树，人工繁育的花卉等，总计约120余种。以上农作物主要分布在岭东嫩江右岸山前平原，岭西也种植了部分诸如小麦、大麦、燕麦、油菜、马铃薯、甜菜、玉米（青储饲料）等生长期较短的农作物。

表7-8　内蒙古大兴安岭林区湿地植物统计

植物类别	科数			属数			种数		
	林区	自治区	林区占自治区比例（%）	林区	自治区	林区占自治区比例（%）	林区	自治区	林区占自治区比例（%）
苔藓植物	33	29	113	51	58	87.9	130	136	95.6
蕨类植物	4	5	80	4	5	80	12	10	120
裸子植物	1	1	100.0	2	3	66.7	2	23	8.7
被子植物	64	68	94.1	184	227	81.1	503	614	81.9
合计	102	103	99.0	241	293	82.3	647	783	82.6

资料来源：内蒙古自治区第一次湿地普查数据。

第二节

山脉和草原动物资源

一、大兴安岭林区及山地动物资源

（一）野生动物的概况

呼伦贝尔地区气温寒冷，森林茂密，成为寒温带野生动物的天堂。以驼鹿、马鹿、狍、原麝、驯鹿、雪兔、蹄兔、旱獭、鼠等食草类动物和狼、猞猁、狐狸、貂熊、獾、貉、鼬、野猪等食肉、杂食类动物以及品种繁多的留鸟、候鸟为主（图 7-13至图7-24）。

根据 1996 年全国第一次陆生野生动物调查结果，内蒙古大兴安岭林区有脊椎动物 390 种，列为国家重点保护野生动物的有 72 种。其中，国家Ⅰ级重点保护野生动物 16 种，国家Ⅱ级重点保护野生动 56 种。

根据自 2005 年以来出版的最新权威资料统计（郑光美，2011；潘清华等，2007；费梁等，2012），内蒙古大兴安岭林区有脊椎动物 403 种（亚）。列为国家重点保护野生动物的有 77 种。其中，国家Ⅰ级重点保护野生动物 14 种，国家Ⅱ级重点保护野生动 63 种。①

图7-13　驼鹿（摄影：李晔）

① 材料引自内蒙古大兴安岭森林调查规划院《内蒙古大兴安岭林区第二次陆生野生动物调查资料》（2015—2017）。

图7-14　汗马保护区红外相机捕捉到11只驼鹿同窗

图7-15　汗马保护区红外相机捕捉到6只驼鹿同窗

图7-16　貂熊（摄影：李晔）

图7-17　狍（摄影：李晔）

图7-18　猞猁（摄影：李晔）

图7-19　紫貂
（摄影：李晔）

图7-20　黑嘴松鸡
（摄影：李晔）

图7-21　银喉长尾山雀（摄影：李晔）

图7-22　北噪鸦（摄影：李晔）

图7-23　雪鸮（摄影：杨旭东）

图7-24　牙克石市凤凰山同巢的3只雏苍鹰

（二）野外放养的驯鹿种群

驯鹿喜冷耐寒，大兴安岭北部驯鹿种群是我国唯一的驯鹿种群，得益于敖鲁古雅鄂温克族人的饲养、使用和传承。驯鹿（*Rangifer tarandus*），又名角鹿，为鹿科，驯鹿属，驯鹿种。是鹿科驯鹿属下的唯一一种动物，共有 17 个亚种。成年的雄性身长约 200cm，肩高 100～120 cm。雌雄皆有角，雄性的角较雌性更发育。角的分枝繁复是其外观上的重要特征。长角分枝有时超过 10 叉，蹄子宽大，悬蹄发达，尾巴极短。驯鹿身体上长有轻盈但极为抗寒的毛皮。驯鹿的主要毛色有褐色、灰白色、花白色和白色。不同亚种、性别的毛色在不同的季节有显著不同。如雄性北美林地驯鹿在夏季时为深棕褐色；而格林兰岛上的为白色。驯鹿主要分布于北半球的环北极地区，包括在欧亚大陆和北美洲北部及一些大型岛屿。在中国驯鹿只见于内蒙古大兴安岭北部林区的环北极泰加林的南部边缘，即根河以北的的大兴安岭主脉分水岭以西、额尔古纳河以东区域。中国内蒙古根河市敖鲁古雅鄂温克族使鹿部落是现今我国唯一放养使用驯鹿的族群。鄂温克人把野生驯鹿捕捉之后，在长期的生产生活中逐步驯养成为今日的半野生驯鹿。驯鹿角似鹿而非鹿，头似马而非马，蹄似牛而非牛，身似驴而非驴，因而俗称“四不像”。

驯鹿善于穿越森林和沼泽，是狩猎敖鲁古雅鄂温克人的主要生产和交通运输工具，并为之提供鹿奶、鹿肉、鹿皮等生存之必须品，成为鄂温克人日常生活中不可缺少的珍贵经济动物，被誉为“林海之舟”，是国家Ⅱ级保护动物。驯鹿具有性情温和，易饲养放牧，主要觅食地衣、苔藓、塔头草、大型真菌类及一些植物的嫩枝叶，适应于大兴安岭北部森林高寒地带繁衍生息等特征。以狩猎和放养驯鹿为生的鄂温克人无论男女老少都非常喜爱驯鹿，驯鹿已与这个民族紧紧的结为一体，他们视驯鹿为吉祥、幸福、进取的民族象征。因此，驯鹿极具民族特色，人们谈及驯鹿都会联想起中国最北部的内蒙古大兴安岭、俄罗斯的西伯利亚和北欧斯堪的纳维亚半岛的使鹿部族。在俄罗斯他们被称之为“埃文吉（aiwenji）”人，在斯堪的纳维亚半岛被称之为“萨米（sami）”人，在呼伦贝尔大兴安岭最北部的被称之为“雅库特（yakute）”使鹿部“鄂温克（ewenke）”人。因雅库特部于 1965 年定居于根河市满归镇的敖鲁古雅，基本结束了游猎游牧生活方式，人们也称他们为敖鲁古雅（aoluguya）鄂温克族使鹿部落。中国的鄂温克族使鹿部落的祖先生活于贝加尔湖周边地区，于清顺治十五年（1658 年）后陆续进入额尔古纳河右岸各支流流域。至清康熙二十八年（1689 年）《中俄尼布楚条约》签订，将额尔古纳河确定为两国的界河时，这支鄂温克人早已越过额尔古纳河进入中国境内（董联生，2007）。

在漫长的迁徙游猎游牧过程中，他们从贝加尔湖到勒拿河流域，又由石勒喀河、额尔古纳河到黑龙江上游流域，他们放养的贝加尔湖驯鹿（*Rangifer tarandus angustirostris*）也与黑龙江上游北部斯塔诺夫山脉（外兴安岭山脉）、勒拿河中游的西伯利亚驯鹿（*Rangifer tarandus valentinae*）发生了自然混血杂交。近年又引进了芬兰驯鹿（*Rangifer tarandus fennicus*）进行了人工干预混血杂交。因此，严格地讲，中国唯一的驯鹿种群应为驯鹿种的第十八个亚种，已与原来的贝加尔湖驯鹿产生很大的变异。特别是它的生境与其他种群差别较大，生活于泰加林纬度最低的南部边缘地区，与其他亚种有着明显的不同。

1. 驯鹿放养的数量、目的

目前在根河市共有驯鹿 1 152 头，鄂温克族放养的驯鹿以保护游牧游猎森林文化和发展旅游业为主，并以此为生。政府机关企事业单位放养的驯鹿以鹿种改良、放养推广、科学实验为主。

目前敖鲁古雅乡鄂温克族雅库特部驯鹿拥有者户主的姓名、氏族及放养数量如下[①]：①马林东（卡

① 资料数据由根河市敖鲁古雅乡政府提供。

尔他昆氏）140 头；②古木森（固德林氏）21 头；③古革军（固德林氏）70 头；④古文强（固德林氏）48 头；⑤何磊（卡尔他昆氏）20 头；⑥马丽亚·索（索罗贡氏）65 头；⑦达瓦（布利托天氏）130 头；⑧阿荣布（索罗贡氏）33 头；⑨索国光（索罗贡氏）34 头；⑩冬霞（布利托天氏）40 头；⑪留霞（索罗贡氏）15 头；⑫刘峰（布利托天氏）48 头；⑬金雪峰（固德林氏）70 头；⑭达玛拉·古（固德林氏）70 头。

政府机关和企事业单位具体放养数量[②]：①乡政府 55 头（鹿种改良）；②根河林业局 259 头（放养推广）；③汗马自然保护区管理局 34 头（保护区生物多样性实验）。

2. 驯鹿放养的前景

驯鹿放养在目前呼伦贝尔林区经济社会发展阶段具有极大的产业发展潜力，是林业产业转型的一个重要方向。驯鹿浑身都是宝，茸、胎、心血、鞭、筋、尾是贵重的中药材，皮是珍贵的裘皮，肉是营养丰富的美味，经济价值极高。在呼伦贝尔林区全面停止森林的商业性采伐后，如何科学利用 16.3×10^4 km² 的森林资源是一个重大的经济课题，也是一个非常重要的政治问题。内蒙古大兴安岭重点国有林管理局在根河林业局进行了积极有益的放养推广探索和尝试。在原国家林业局（现为国家林业和草原局）的支持下从北欧的芬兰先后引进 244 头驯鹿，已产仔 15 头，效果极佳；在汗马国家级自然保护区，进行了生物多样性实验，在驯鹿放养试验区熊、猞猁、狼明显增多，苔藓、塔头草、白头翁（俗称耗子花）等更新明显。本书作者在内蒙古大兴安岭林区中心城市牙克石市担任主要领导期间，于 2008—2011 年在凤凰山进行了驯鹿放养的试验。从俄罗斯引进的 50 头西伯利亚驯鹿与从根河购进的 12 头敖鲁古雅驯鹿，在凤凰山 132 km² 的范围内实行自然散放人工管护、冬季定点投放饲料，有多头母鹿在春季生产了双胞胎，可见环境适宜，养殖方法科学合理。

驯鹿放养的实验探索给我们如下启示：

（1）应该认真学习敖鲁古雅鄂温克使鹿部落对待森林的原始淳朴自然观。大自然给予了人们生存所需的一切，要像爱护自己生命一样爱护森林，有了森林就有了一切，视森林为母亲。他们的自然观、精神世界虽然原始，但是人类古老文化的遗存，对生活于现代高度发达社会的人们仍有非常现实的借鉴意义和参考价值。特别是生活在大兴安岭森林里的人们，向鄂温克族使鹿部学习尊重自然、爱护森林的理念应是必修课。

（2）系统全面的驯鹿放养方法是鄂温克族使鹿部在千百年来的实践中总结出来的，符合森林环境和地域特点，是行之有效的。科学系统地利用现代技术手段将驯鹿放养方法归纳总结出来，并严格地落实到具体实践中去，是当前的首要工作。这也是对鄂温克族使鹿部自然文化遗产的保护和发扬。使鹿部的四个古老神秘氏族：索罗贡氏（suoluogongshi）、卡尔他昆氏（kaertakunshi）、固德林氏（gudelinshi）、布利托天氏（bulituotianshi），每个都有丰富的驯鹿传统放养经验和家族独门绝技，也需详细拆解分析，其中奥妙无穷。使古老原始的生产方式，在现代社会焕发出勃勃生机，本身就是一个非常具有挑战性的工作。

（3）根河林业局的引进放养证明，自然条件完全满足驯鹿放养要求时，人类采取的方式方法就成为关键：驯鹿不能圈养，只能野外放养；绝对不能以投放单一饲料为主，诸如精饲料、牧草等；一年四季，要在不同的海拔高度，不同的植被群落，河流不同区段放养，以便摄取不同的营养和微量元素。这就要求经营管理者必须是特别熟悉环境的森林生态专家、植物专家、野生动物专家。现代化的放养驯鹿需要具有高素质的经营管理者，培养人才是关键所在。当然，掌握鹿科动物现代防疫技术的专家也是不可缺少的。

① 资料数据由根河市敖鲁古雅乡政府、根河林业局、汗马国家级自然保护区管理局提供。

(4) 汗马保护区管理局的试验，非常清晰地揭示出一个规律：食草（木本）类鹿科动物，特别是食物以地衣（鹿蕊、雀石蕊、黑穗石蕊）、苔藓、塔头草、问荆、蘑菇、木本植物的嫩枝叶等植物为主的驯鹿，是植物群落健康发育和部分食肉类动物生存的重要影响因素。在森林里科学适度地放养驯鹿对植物的自然更新促进生长非常重要。其老弱病残群体又成为食肉类和食腐类动物的捕食对象和食物，有利于植物—食草类动物—食肉类动物之间碳—有机质—蛋白质的物质和能量的转换，对森林生态环境是有益的。在大兴安岭森林生态空间，需要一个庞大的驯鹿种群来完成植物过腹转化为有机质。正像在草原上放牧家畜一样，没有科学合理的放牧或不放牧，草原都是要退化的，森林也是一样。

(5) 牙克石凤凰山的实践探索说明，驯鹿的规模化放养区可以南移到北纬49°。在北纬49°以北，大兴安岭主脉分水岭以西，额尔古纳河以东，黑龙江以南的约大于$6\times10^4km^2$的林区（包括地方和国家），是完全适应驯鹿生长繁育的区域。在泰加林以南的针阔混交林区域苔藓减少，牧草增多，多中低山山地草甸；西部林缘位于林草结合部，有大面积的温性草甸草原，可为大批量放养驯鹿提供夏季放牧和冬季越冬牧草；东部分水岭以西海拔800～1 100m区域，生境与根河以北相近，多落叶松林，蔷薇科、杜鹃花科植物增多，苔藓植物多有分布；年平均温度低，冬季奇寒雪大，气候适宜驯鹿生长；但人类活动明显增多，成为驯鹿放养的重要影响因素。

3. 森林可以成为牧场

驯鹿放养的实践证明，森林除具有重要生态功能外，还可以成为森林牧场。在确保生态功能的前提下，遵循鄂温克族使鹿部雅库特人原始森林文化哲理，学习他们的驯鹿放养方法，并用现代技术将其科学化系统化，可以把呼伦贝尔十几万平方千米的森林作为森林牧场放养诸如驯鹿类森林动物，使森林成为能与草原媲美的牧场。人类已经有了经营数千年的草原牧场，也有了已建立并经营几十年的海洋牧场（近海养殖），那我们又有什么理由不去规划发展广阔的森林牧场?

（三）大兴安岭林区及山地放养的动物资源

林区马生长繁殖有诸多天然优势，林缘、林间草场马匹饲料丰富；毗邻呼伦贝尔大草原具有良种生产繁育的悠久文化历史，特别在额尔古纳市三河地区（根河、得尔布耳河、哈乌尔河）的林草过渡带是世界知名的三河马发源地。三河马外貌精壮，体质结实，动作灵敏，具有奔跑速度快、挽力大、持久力强等特点，是优良的挽乘兼用型马。与河曲马、伊犁马并称为中国三大名马的内蒙古三河马，是俄罗斯后贝加尔马、奥尔洛夫马、布琼尼马、日本东洋马、土库曼斯坦的阿哈—捷金马（汗血马）、英国纯血马和蒙古马杂交改良而成的，至今已有上百年的驯养历史，产于内蒙古呼伦贝尔草原三河地区，因此得名。三河马曾被周恩来总理赞誉为“中国马的优良品种”，是国内外知名的良种马。在我国可查的赛马记录中，三河马是唯一能与外国马争雄的国产马。

饲养繁育于额尔古纳市三河地区的三河马多为骝毛色，蹄大胸阔，四腿如柱，拉拽力强，多为挽用；饲养繁育于鄂温克族自治旗白音嵯岗地区大雁种马场的三河马多为栗毛色，形体匀称，头部轻秀，爆发力强，速度快，多为骑乘；饲养繁育于扎兰屯市扎兰屯军马场的三河马，大量使用阿哈—捷金马杂交，毛色除骝毛和栗毛外，还有其他毛色，体型优美，耳如劈尖，速度更快，已完全偏向骑乘型。

根据国家三河马调查队1956年品种鉴定调查结果：成年公马平均体高146.2 cm；体长151.1 cm，体长率（%）103.3；胸围167.9 cm，胸围率（%）114.8；管围19.5 cm，管围率（%）13.4；体重331～430 kg。成年母马平均体高141.1 cm；体长147.6 cm，体长率（%）104.7；胸围165.5 cm，胸围率（%）117.3；管围18.4，管围率（%）13.1；体重376.5～540 kg。遗传性稳定，用于改良蒙古马效果良好。

目前，由于饲养方式的进步、育种科学的普及、以牧户为主体的大范围饲养繁育，使三河马的体尺更加紧凑合理，身高增大；腰尻部结合不紧凑、蹄质欠坚韧等缺点得到根本改变；已选育的优良三河马乘用型新品系与国际上的乘用型优良品系已无明显差距。目前在鄂温克族自治旗巴彦托海科兴马业三河马乘用型新品系核心种群繁育的良马有 1 000 余匹，也是目前三河马最大的核心群。[②]

历史上内蒙古大兴安岭林区木材生产，马匹是重要的运输集材工具，林区各地有着丰富的马匹饲养管理经验。通过 60 多年的努力，依托三河马种群，选育出了耐高寒、负重大、耐力强、适应山地环境的独特品系。在绰尔、绰源的绰尔河流域，牙克石、乌尔其汉、库都尔、免渡河、乌奴耳的海拉尔河流域，马匹繁育较普及数量较大。大兴安岭国有林区这种独特品系的马共有 11 883 匹，核心种群在牙克石市凤凰山卡伦堡大兴安岭马繁育中心，有良马 700 余匹。2016 年 9 月 19 日，国家畜禽遗传资源委员会在海拉尔组织专家召开认定会，确认这个种群为新类群，名称定为：大兴安岭马（图 7-25、图 7-26）。

三河马新类群——大兴安岭马认定会专家组名单：

吴常信　中国农业大学教授、国家畜禽遗传资源委员会委员、中国科学院院士、专家组组长

图7-25　大兴安岭马

① 数据由鄂温克族自治旗科兴马业提供。
② 数据由卡伦堡大兴安岭马繁育中心提供。

大兴安岭马新类群认定意见

2016 年 9 月 18～19 日，根据内蒙古森林工业集团有限责任公司（林管局）的申请，国家畜禽遗传资源委员会办公室和内蒙古自治区农牧业厅组织相关专家对“大兴安岭马新类群”进行了认定。专家组审阅了相关技术材料，考察了大兴安岭马良种马繁育区，现场检查马群现状、马群放牧草场、马群饲养环境，并与马匹繁育技术人员进行座谈交流，抽测了部分个体体尺指标，听取了工作汇报，经质疑和讨论，形成如下意见：

1. 大兴安岭马是内蒙古大兴安岭林区在本地优秀蒙古马、鄂伦春马、后贝加尔马的基础上，与国外多个品种马进行复杂杂交，经过四十多年人工选育而形成的一个新类群。现存栏数量为 11883 匹，主要分布在绰尔、绰源和乌尔旗汉等森工公司（林业局）。

2. 大兴安岭马体型外貌基本一致，毛色主要以骝毛、栗毛和黑毛为主。根据申报材料测定结果，公马平均体高、体长、胸围和管围分别为 149.20 cm、153.80 cm、177.56 cm 和 19.13 cm；母马分别为 147.16 cm、150.98 cm、175.59 cm 和 18.20 cm。马匹特征明显，蹄较三河马大且坚实，具有耐粗饲、抗严寒、抓膘快、抗病力和抗寒性强、合群性好等特点。

3. 大兴安岭马新类群认定材料完整，前期调研工作充分，在其体型外貌等方面选育研究工作取得了阶段性成果，将对大兴安岭林区的生态、生产、生活产生重要的作用。

综上，专家组一致同意认定大兴安岭马作为新类群，建议在进一步突出育种目标，完善种群档案记录，创新育种技术的基础上开展持续选育，向新品种方向努力。

专家组

组长：

组员：

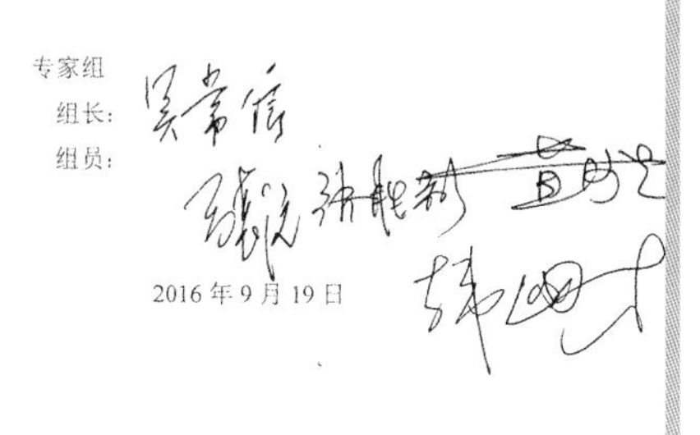

2016 年 9 月 19 日

图7-25　大兴安岭马认定意见

黄路生　江西农业大学校长、教授、国家畜禽遗传资源委员会委员、中国科学院院士、专家组组员

张沅　国家畜禽遗传资源委员会委员、中国农业大学教授、专家组组员

张胜利　国家畜禽遗传资源委员会委员、牛马驼分委员会主任、中国农业大学教授、专家组组员

韩国才　中国农业大学教授、马研究中心副主任、专家组组员

大兴安岭林区和林草结合部放养的动物资源，除马作为主要的交通运输工具外，还有一定数量的牛、羊、猪、禽类等提供肉奶和禽蛋的家饲动物。大兴安岭山脉东部的科尔沁草原、西部的锡林郭勒草原和呼伦贝尔草原与大兴安岭结合部，以畜牧业和农业为主，牛羊存栏量在自治区和全国占有较大比重。

二、内蒙古大兴安岭林区及山地野生动物

内蒙古大兴安岭林区共有鸟类 17 目 49 科 143 属 285 种（308 亚种），其中国家 I 级重点保护野生动物 11 种，国家 II 级重点保护野生动物 51 种（55 亚种）；兽类计 6 目 19 科 42 属 65 种（不包括引入经济物种，如麝鼠、银狐、小家鼠等），其中国家 I 级重点保护野生动物 3 种，国家 II 级重点保护野生动物 8 种；鱼类计 16 科 55 种；两栖、爬行类共 8

科20种（详见附件7《内蒙古大兴安岭林区鸟类名录汇总》；附件8《内蒙古大兴安岭林区兽类名录》；附件9《内蒙古大兴安岭林区鱼类名录》；附件10《内蒙古大兴安岭林区两栖、爬行类名录》[①]。这些名录是在1995年内蒙古大兴安岭林区野生动物资源调查数据的基础上，于2014年依据最新参考文献资料由内蒙古大兴安岭森林调查规划院修订完成，并对外发布的）。

以上调查统计的大兴安岭林区的野生动物也涵盖了大兴安岭山地的所有野生动物，即包括林区施业区以外的隶属额尔古纳市、牙克石市、陈巴尔虎旗、鄂温克族自治旗、新巴尔虎左旗、鄂伦春自治旗、莫力达瓦达斡尔族自治旗、阿荣旗、扎兰屯市行政区划内位于山地部分的动物。在内蒙古大兴安岭林管局施业区内和山地区的野生动物的分布也有微小差别，如林区北部多棕熊，林区南部及山地多黑熊（亚洲黑熊、狗熊、黑瞎子）；林区多小飞鼠（飞鼠），山脉西侧山地则少见；林区多鼠兔（石兔、鸣声兔），山脉西侧山地则少见；林区多原麝（獐子），林区以外则少见；林区旱獭很少见，山脉西侧山地则较多；林区北部多黑嘴松鸡（棒鸡），山地很少见；极北鲵仅见于北部林区等。

三、内蒙古大兴安岭汗马国家级自然保护区脊椎动物

内蒙古汗马[②]国家级自然保护区位于大兴安岭北部，其典型寒温带明亮针叶林生态系统的原始性和完整性在国内属罕见。因其自然生态系统的原始性和自然性，汗马自然保护区已被列入“中国人与生物圈网络”，是大兴安岭珍稀野生动植物资源的天然保存地和避难所。特别是保护区内的森林盐沼，为大量的食草类野生动提供了稀缺的盐碱等微量元素，确保了种群健康、分布密度较大，使汗马自然保护区成为驼鹿、马鹿、狍等动物向周边扩散迁徙的中心。

内蒙古大兴安岭汗马国家级自然保护区脊椎动物名录按照鱼类、两栖爬行类、鸟类、兽类的顺序排列，共列入野生动物227种，其中：鱼类4目5科7种，两栖爬行类4目4科4种，鸟类17目44科194种，兽类4目12科22种（详见附件11《内蒙古大兴安岭汗马国家级自然保护区脊椎动物名录》）。由于篇幅所限，本书未对各种野生动物的生境、分布、形态特征等进行全面描述。

四、黑龙江大兴安岭野生动物

黑龙江大兴安岭地区鱼类17科84种（亚种）；两栖、爬行类7科14种；鸟类38科237种；哺乳类6目56种；总计391种（详见附件12《黑龙江大兴安岭鱼类名录》；附件13《黑龙江大兴安岭两栖纲、爬行纲名录》；附件14《黑龙江大兴安岭鸟类名录》；附件15《黑龙江大兴安岭哺乳动物名录》）（刘洪星，2008）。由于黑龙江大兴安岭地区北部属黑龙江右岸干流流域，干支流中的鱼类较内蒙古大兴安岭林区丰富，鳇鱼、鲟鱼等种类，只洄游到呼伦贝尔市额尔古纳河下游伊木河—恩和哈达一带。由于篇幅所限本书未对各种野生动物的生境、分布、形态特征等进行全面描述。

六、呼伦贝尔与内蒙古的湿地动物

根据2015年国家林业局组织的全国湿地野生动物调查统计，内蒙古自治区有湿地脊椎动物288种，隶属于6纲31目54科。动物种类包括兽类、鸟类、两栖类、爬行类、鱼类及无颌目的圆口类［详见附件16《内蒙古（呼伦贝尔）湿地动物种类》］。呼伦贝尔湿地动物，基本包括了内蒙古自治区湿地动物种类，但有些种类则没有或未调查观察到。这是因为内蒙古地区东西横跨东北、华北、西北地区，直线长约2400km，气候、地理环境差异较大，虽

① 材料引自内蒙古大兴安岭森林调查规划院《内蒙古大兴安岭林区第二次陆生野生动物调查资料》。

② 汗马为这一区域的汉语称为。鄂温克族敖鲁古雅使鹿部称这一区域为“毕什克达兰”，意为激流河的源头。鄂伦春族猎民称这里为“达尔滨”，是因这里的牛耳湖被其称为“达尔滨（湖）”。

然呼伦贝尔市湿地动物种类几乎包括了内蒙古自治区全部湿地动物，但是荒漠草原沙湖湿地、较低纬度盐碱湖湿地、居延海流域胡杨湿地中的部分野生动物，呼伦贝尔湿地则没有。特别是荒漠草原中的独有野生动物，如食虫目猬科的大耳猬等，在呼伦贝尔从未觅见。

（一）鱼类

内蒙古自治区共有鱼类 9 目 16 科 101 种。以鲤科鱼类为主，有 59 种；其次是鳅科，有 20 种。从主要生活水域和洄游习性来看，内蒙古鱼类大体分为 3 个类型：一是在湖泊中生长和繁殖的鱼类，不作有规律的洄游活动，称为定居性鱼类，在呼伦湖、贝尔湖、达里诺尔、岱海、查干湖、乌梁素海等湖泊生活的鱼类属这种类型，如鲤、鲫、鲌、鲶科等；二是在江河、湖泊之间洄游的鱼类，称为半洄游性鱼类，该鱼类主要分布于额尔古纳河、嫩江、贝尔湖、达里诺尔湖等地，如哲罗鲑、东北雅罗鱼、鲫鱼、重唇鱼等；三是河流、山溪定居性鱼类，如细鳞鱼、蛇鮈、格氏北极茴鱼、黑斑狗鱼等。但鲤科的吐鲁番鱥，鳅科的达里湖高原鳅、忽吉图高原鳅、巩乃斯高原鳅、黄河高原鳅、酒泉高原鳅、粗壮高原鳅（粗唇高原鳅）、短尾高原鳅、施氏高原鳅、乳突唇高原鳅在呼伦贝尔市域内没有栖息分布，除此以外绝大部分都有分布。

（二）两栖类

内蒙古自治区湿地两栖类有 8 种，主要有极北鲵、东方铃蟾、中华蟾蜍、花背蟾蜍、无斑雨蛙、黑龙江林蛙、黑斑蛙、中国林蛙。呼伦贝尔湿地较内蒙古西部湿地多出东北雨蛙、黑斑侧褶蛙，两栖类有 8 种，但没有东方铃蟾、黑斑蛙。

（三）爬行类

内蒙古自治区湿地水生和在湿地附近活动的爬行动物有 6 种，主要有鳖、黄脊游蛇、白条锦蛇、红点锦蛇、团花锦蛇、虎斑颈槽蛇。呼伦贝尔湿地未调查观察到团花锦蛇，但蝰科多出中介蝮、乌苏里蝮，爬行纲蛇亚目中包括山前平原湿地中的鳖共有 7 种。

呼伦贝尔湿地爬行纲蜥亚目蜥蜴科有丽斑麻蜥、山地麻蜥、胎生蜥蜴、黑龙江草蜥 4 种。在内蒙古湿地动物中并没有例出蜥亚目鬣蜥科种类。

（四）鸟类

呼伦贝尔湿地的鸟类基本包括了内蒙古自治区湿地鸟类。内蒙古湿地鸟类共有 141 种，隶属于 11 目 21 科（通常，湿地鸟类的统计不包括雀形目及隼形目的鸟类）。湿地鸟类的基本情况详见表 7-9。其中鹤形目种类最多，以涉禽和游禽为主；其次是雁形目与鸥形目的鸟类。在这 141 种湿地鸟类中，有国家Ⅰ级保护鸟类 8 种，有国家Ⅱ级保护鸟类 21 种。有属《中日候鸟保护协定》规定的鸟类 88 种，属《中澳候鸟保护协定》规定的鸟类 38 种，属《濒危野生动植物种国际贸易公约》的鸟类 15 种。

表7-9 湿地鸟类种类基本情况

目 名	科 数	物种数	所占种比例（%）
1. 潜鸟目	1	1	0.71
2. 鸊鷉目	1	5	3.55
3. 鹈形目	2	3	2.13
4. 鹳形目	3	16	11.35
5. 雁形目	1	34	24.11
6. 隼形目	1	1	0.71
7. 鹤形目	3	13	9.22
8. 鸻形目	6	47	33.33
9. 鸥形目	1	17	12.06
10. 鹗形目	1	2	1.42
11. 佛法僧目	1	2	1.42
合计	21	141	100

鸻形目彩鹬，多见于乌梁素海、黄河两岸滩涂；在内蒙古反嘴鹬科的黑翅长脚鹬和反嘴鹬分布范围也很广，呼伦贝尔的黑翅长脚鹬为夏候鸟、反嘴鹬为旅鸟；蛎鹬科的蛎鹬，本次仅见于乌梁素海，呼伦贝尔湿地未调查观察到。

鸥形目的遗鸥主要分在内蒙古西部的鄂尔多

斯，虽然繁殖地从桃力庙—阿拉善湾海子湿地迁至陕西省与内蒙古鄂尔多斯市交界的的红碱淖尔，但其主要栖息地仍在鄂尔多斯，目前鄂尔多斯境内的遗鸥种群仍然保持全世界最大的遗鸥种群数量。

鹗形目自治区湿地见有1科2种，即鸱鹗科毛腿渔鸮和褐泡鸮，主要位于呼伦贝尔市的呼伦湖—贝尔湖、额尔古纳河、嫩江上游等湖泊、河流湿地区，数量稀少。作者在沿额尔古纳河的科考中，仅在中下游段观察到毛腿渔鸮及巢穴中的雏鸟。

在呼伦贝尔湿地除蛎鹬等鸟类外，内蒙古湿地中的鸟类都基本调查观察到，主要为留鸟、候鸟，及少量旅鸟。呼伦湖湿地观察到的遗鸥为旅鸟，其繁殖地在蒙古国境内。

通常，湿地鸟类的统计不包括雀形目，及隼形目的鸟类，国家林业局2015年组织的调查统计也未包括，但在呼伦贝尔各类型湿地区确有广泛分布。雀形目主要有百灵科的短趾百灵、大短趾百灵、蒙古百灵、云雀等；燕科的崖沙燕、家燕等；乌鸦科的北噪鸦、松鸦、灰喜鹊、喜鹊、达乌里寒鸦、大嘴乌鸦、渡鸦（夏侯鸟）等。隼形目主要有鹰科的黑鸢、苍鹰、雀鹰、大鵟、金雕、乌雕、白尾海雕、白肩雕、白尾鹞、鹊鹞等；隼科的游隼、灰背隼、红隼、猎隼等。

（五）兽类

内蒙古自治区在湿地和水域调查收录的兽类有32种，占全区兽类总种数的23.5%。主要有麝鼠、黑线仓鼠、东方田鼠、莫氏田鼠、布氏田鼠、狗獾、雪兔、貉、水獭、狍等。其中貉、狗獾、狍等为陆生，栖水性的为水獭和麝鼠等。但鼬科的黄鼬、伶鼬、白鼬、香鼬、艾鼬、水貂、貂熊（狼獾）等在呼伦贝尔湿地分布的较为普遍，黄羊（蒙原羚）、兔狲（野猫）、豹猫等在呼伦湖—贝尔湖湿地区观察到的概率非常之高。在繁殖季节，狼、狐狸也多在湿地内的台丘上挖穴产仔繁育后代，属湿地内客兽。在呼伦贝尔森林草原湿地区兔形目兔科的雪兔、草原兔（蒙古兔）分布面积广、数量较大，与其他小型啮齿类动物共同构成食物链底端的主要物种，为食肉类动物和猛禽的生存提供了丰富的食物。

在呼伦贝尔，还有养殖的湿地经济动物。主要有貉、麝鼠、水貂（紫貂、雪貂）、狐狸（蓝狐、银狐、火狐）、水獭、狍、马鹿、驯鹿、梅花鹿等兽类和鲤、鲫、鲇、鲢、鳙、葛氏鲈塘鳢等鱼类。兽类养殖集中于林区北部，鱼类养殖集中于山前平原和呼伦贝尔草原的库塘、湖泊湿地。这些养殖的兽类多为外来引进物种，在呼伦贝尔的野外环境下难以存活。

第三节
昆虫资源

一、昆虫的资源价值、生态价值和科学意义

资源昆虫学是一门古老而崭新的学科，中国对资源昆虫学的研究和利用可追溯到几千年前。例如，早期的蚕、蜂、紫胶虫、白蜡虫、五倍子蚜虫、食用昆虫、药用昆虫、天敌昆虫等的利用。资源昆虫学的研究现已逐步完善，从传统资源昆虫研究逐步扩展到授粉昆虫、观赏昆虫、环境昆虫、昆虫仿生学、昆虫细胞利用等较完整的资源昆虫学体系，形成一门完整的学科。

资源昆虫可以分为三大类（陈晓鸣等，2009）：

第一级资源昆虫，虫体本身或其产物能生产出满足人们物质需要或精神需要的昆虫种类，如工业原料虫、药用昆虫、饲用昆虫、食用昆虫、观赏昆虫等。

第二级（中间）资源昆虫，这些昆虫必须通过作用于其他生物而对人类产生利益，如天敌昆虫、

农作物传粉昆虫等。

第三级特殊资源昆虫，包括科学研究用昆虫、环境监测昆虫以及构成生态系统食物链重要环节、今后作为生物工程重要基因库等特殊用途的昆虫种类。狭义的资源昆虫主要指第一级资源昆虫和传粉昆虫。

呼伦贝尔的昆虫资源非常丰富，在我们全面了解其资源量、资源种类、资源分布之前，有必要对昆虫的资源价值、生态价值和科学意义进行一个简明扼要的介绍。

昆虫是地球上最大的生物类群，迄今为止，人类发现和定名的生物种类大概有 180×10^4～240×10^4 种，其中植物、除昆虫外的动物、微生物等大约有 80×10^4 种，昆虫种类有 100×10^4～160×10^4 种，占已知地球上生物种类的 2/3 以上。据专家估计（Erwin，1982，1997），地球上的昆虫种类有 $3\,000 \times 10^4$～$5\,000 \times 10^4$ 种。昆虫不仅种类多，而且种群数量大，生长繁殖迅速，生态适应性广，几乎在地球的每一个角落都能发现昆虫。

昆虫作为一类特殊的生物群体，具有种类多、种群数量大、繁衍十分迅速的特点，同时又具有十分复杂的生命表现形式，区别于植物和其他动物，形成了自己独特的分支。昆虫的许多种类具有社会性特征，称之为社会性昆虫，如蜜蜂、蚂蚁等；昆虫的拟态、保护色等可为生物进化和演替等研究提供有益的材料；昆虫存在两性繁殖，也存在孤雌生殖等特殊的无性生殖现象，通过对昆虫的生殖方式的研究，可以揭示生物生殖繁育的规律；昆虫的捕食和寄生等行为、昆虫细胞结构与功能的特殊性、昆虫细胞内的活性物质等都具有很高的科学意义和经济价值，在产业化方面具有广阔的应用前景。

传统观念中，将昆虫一直视为有害生物，到目前为止这一理念基本没有发生改变。虽然人类绞尽脑汁地与昆虫较量，但也造成严重的后果，滥用化学农药，给环境带来巨大的污染，深度地影响到人类的生存。由于人类不断地为了提高抗虫效果，花样翻新地研制出一代又一代的农药，但昆虫对人类的危害则越来越严重，丝毫没有减弱的迹象。严峻残酷的现实警醒人类，人与昆虫的关系需要重新认识，对昆虫的认识观念和应对策略要进行颠覆性的反思和调整。

昆虫是经过长期进化演变而来的一类特殊的生物资源。在进化的过程中，昆虫演化出许多奇妙的行为、结构和功能。昆虫的许多行为令人惊讶，如昆虫的飞翔和导航，昆虫的视觉、嗅觉，昆虫的力量、速度、弹跳等特征都与昆虫独特的结构和功能有着密切的关系。许多昆虫的自然属性超过了人类，具有很高的科学价值，值得人类学习和借鉴。研究和认识昆虫的结构和功能，利用昆虫的某些独特的结构和功能，创造出用于特殊目的的机器人和先进设备，服务于人类是仿生学研究的一个重要方面。人类对昆虫的了解，还处于一个十分初级的阶段。昆虫的科学价值等待人类去发现、去认识、去创造，昆虫世界是一座丰富神秘的知识和资源宝库。

通过观察自然世界可知，昆虫与人类生活和居住的生态环境密切相关。从人类的衣食住行到高新技术领域，从人类的物质文明到精神文明，无处不在地显示出昆虫的影响作用。蚕丝、蜂蜜、紫胶、白蜡、五倍子、药用昆虫、食用和饲料昆虫、天敌昆虫、环保昆虫、观赏昆虫等这些昆虫产物或昆虫本身作为资源已广泛地在多种行业上得到利用。这方面的例子不胜枚举。

如，蚕给人类提供制衣的蚕丝，以及食用的昆虫类蛋白质——蚕蛹；蜜蜂给人类带来极易消化吸收营养丰富的单糖——蜂蜜、重要的工业原材料——蜂蜡、超级营养食品——蜂王浆。

昆虫授粉使异花授粉的植物得以在地球上生存，在生态系统中起到十分重要的作用；在农业上，各类昆虫的授粉行为促进了基因的交流，使农作物和果树增产，为人类提供赖以生存的粮食。

昆虫作为捕食者和寄生者，可以有效地控制农林业的主要虫害，维持生态平衡。

昆虫的食腐性，使之成为一类特殊的分解者，如粪金龟可以与微生物一道分解腐败食物和粪便，促进物质循环和流动，维持自然生态平衡。

昆虫的产物，如紫胶、白蜡、五倍子、昆虫色素被广泛地应用于工业领域。

昆虫作为药物在中国传统的医药中有着悠久的历史，世界上许多古老的土著民族都有用昆虫作为药物的记载，许多至今仍然在有效地利用，而且已显示出巨大的开发潜力。

昆虫作为食品具有其他许多生物不能替代的优点，昆虫的营养价值已经引起普遍的高度重视，联合国粮食与农业组织对昆虫的营养也给予了高度的评价。

昆虫细胞的科学价值和应用前景十分诱人，昆虫细胞杆状病毒表达系统已经成为基因表达的四大表达系统之一；昆虫细胞内活性物质（抗菌蛋白/肽等）已引起广泛关注，成为昆虫药物研究的热点，前景广阔。

在航空航天、机器人的设计制造等方面，利用昆虫的行为和机能的例子屡见不鲜。

但是，在呼伦贝尔昆虫资源极其丰富的这样一个区域，昆虫的资源价值与它的利用状况相比较，利用的程度和水平还有相当大的差距。昆虫巨大的资源潜力还没有被开发出来。我们仅仅在阿荣旗有一定规模的柞蚕产业，在岭东和额尔古纳市有一定规模的养蜂业，其他旗市在昆虫资源开发方面均为空白。人类在发展进程中面临着人口、资源、环境等一系列的挑战，在人口不断增加的今天，我们也面临着资源承载力和环境承载力的巨大压力。粮食短缺、资源匮乏、环境污染将威胁到人类和地球的生存，也威胁到了呼伦贝尔的环境质量和人的生存质量。

开辟新的生物资源（海洋生物、昆虫等），将是未来农业发展的一个重要组成部分，可以预见，昆虫作为地球上还未被充分开发利用的最大的生物资源将是一个充满活力、前景诱人的资源宝库。昆虫作为经济资源的观念会逐步被我们普遍认同。

本书独立一节专门讨论昆虫，目的就是在呼伦贝尔特殊的自然环境条件下充分认识昆虫的资源价值、生态价值和昆虫学的科学意义。呼伦贝尔良好的森林、草原、湿地、湖泊等生态资源和高纬度地区的山脉、高平原、平原等特殊地理环境，使昆虫资源量巨大、种类繁多，为开发利用和产业化发展提供了物质环境保证。目前，我们应从昆虫是一类宝贵资源的认识出发，研究探索昆虫的自然规律、资源的经济价值、生态价值，通过技术手段达到资源合理利用的目的。随着人类对自然昆虫界认识的深入，对昆虫世界的观念也在改变，认识也越来越接近客观实际，人与自然和谐相处、可持续发展等重要理念被人们普遍接受，为资源昆虫学的发展奠定了科学基础和创造了良好的社会认知环境。科学技术的进步，特别是高新技术在农业上的广泛应用，给昆虫资源利用带来前所未有的促进和发展，昆虫资源的开发利用及产业化已成为经济产业中的热门。怎样抓住这个新兴产业发展的机遇，推动呼伦贝尔的经济社会发展上升到一个新的高度，是我们应认真研究解决的问题。

对昆虫资源的研究讨论还出于以下考虑：

一是，确切的数据显示，全世界的昆虫总质量正以每年 2.5% 的速度下降，这意味着，它们可能在一个世纪的时间内消失；二是，昆虫是最多样化和数量最多的特殊动物，它们是其他生物的食物、传粉者和营养物质回收者，对所有生态系统的正常运作来说都是至关重要的；三是，如果昆虫物种的灭绝无法阻止，这将对地球的生态系统和人类的生存造成灾害性后果；四是，以昆虫为食的很多鸟类、爬行动物、两栖动物和鱼类是受昆虫灭绝影响最大的群体之一；五是，昆虫物种衰落的主要原因是农业的集约化，过去 20 年采用的新型杀虫剂尤其具有破坏性，人们的定期使用使其在环境中存留很久，并杀死所有幼虫，使土壤中的昆虫消失的荡然无存；六是，人类无节制地开垦土地、扩张城市、建设工厂，在盲目地扩张生存空间的同时使昆虫物种失去生存空间，加速了衰落。

因此，人类必须改变自己生产食物的方式和生存方式，这样昆虫资源才可以保留下来，人类良好的生存环境才能得以健康延续。在地球上昆虫资源

不断减少的今天，呼伦贝尔市丰富的昆虫资源可以为人类寻求新的食物生产方式提供较稀有的自然生境。在对粮食、肉、乳、昆虫蛋白等食品非传统的新的生产方式的探寻中，广袤的呼伦贝尔大地为迎接新的产业升级展现出光明的经济发展前景。由此联想到，呼伦贝尔的发展不单单只是人（社会）的发展问题，还有生态健康、环境向好的保护发展问题，还要顾及到生态系统的各个方面，包括各类动植物、昆虫。

二、山前平原昆虫资源利用现状

嫩江右岸山前平原在呼伦贝尔市域内的面积约为 2.25×10^4 km²，分属鄂伦春自治旗旗、莫力达瓦达斡尔族自治旗、阿荣旗和扎兰屯市。这一区域的昆虫资源除与松嫩平原有着许多相同属性外，越接近大兴安岭山脉其特点就越明显，差别也越大。因此，在山前平原形成了独具特色的除自然昆虫资源外的柞蚕、东方蜜蜂（中华蜜蜂）等昆虫资源（陈晓鸣等，2009）。

（一）产丝昆虫

蚕属产丝昆虫。我国的产丝昆虫主要是家蚕。家蚕分布广，在全国大多数地区都能饲养，家蚕所产的蚕茧大约占茧丝的 85% 以上，是传统绢丝生产的主要蚕种。除家蚕外，柞蚕是中国第二大蚕种，主要在东北地区、河南等省份养殖。柞蚕所生产的蚕茧占茧丝的 10% 左右。除家蚕、柞蚕外其他一些产丝昆虫所产的蚕丝具有不同的特点，也具有开发利用价值，但在国内还未形成生产规模。其他的主要产丝昆虫还有天蚕、蓖麻蚕、樗（chū）蚕、樟蚕、乌桕蚕、栗蚕、琥珀蚕等。呼伦贝尔市的产丝昆虫主要是柞蚕，有极少量的家蚕。

柞蚕（*Antheraea pernyi* Guerin-Meneville）在分类上属大蚕蛾科（Saturniidae）柞蚕属，主要分布于黑龙江、吉林、辽宁、内蒙古、山东、贵州、四川、陕西、河南、河北、湖北、浙江、江苏、福建、云南、安徽等省份。国外主要分布于俄罗斯、日本、韩国、朝鲜等国家。内蒙古的柞蚕仅仅分布于呼伦贝尔市的嫩江右岸山前平原，且主要集中分布于阿荣旗。呼伦贝尔市的柞蚕为黑龙江、吉林、辽宁柞蚕的亚种，具有耐寒、抗病、适应性强等特点。柞蚕丝黄色，色泽柔和，具有耐酸碱、耐热、绝缘性好等特性，除用于服装业外，还可用于化工、军工等特殊行业。

柞蚕在呼伦贝尔市一年两代（二化性），一般春茧用作种茧，秋茧用作生产柞蚕丝。在东北地区，二化性柞蚕 4～5 月羽化、交配和产卵，5 月中旬孵化，幼虫 5 龄（四次休眠）后，7 月上旬结茧化蛹，成为春蚕。春蚕 8 月上旬孵化，9 月下旬至 10 月上旬结茧。

柞蚕幼虫主要取食山毛榉科（Fagaceae）栎属（*Quercus*）的辽东栎（*Quercus liaotungensis* Koidz）、麻栎（*Quercus acutissima* Carruth）、青冈栎［*Cyclobalanopsis glauca*（Thunb.）Oerst］、锐齿槲栎（*Q. aliena* var. *acuteserrata* Max）、蒙古栎（*Quercus mongolica* Fisch. ex Ledeb）等植物的叶片。在呼伦贝尔市主要取食蒙古栎和少量其他植物的叶片。

柞蚕除了利用蚕茧外，还有许多可以利用价值。在我国传统的中药中，蚕卵、幼虫、成虫均可入药。除在中药上传统利用外，随着现代科学的发展，全蚕粉降血糖、降血脂、治疗糖尿病的研究，蚕的营养价值和保健价值研究，叶绿素、叶绿素铜钠盐、胡萝卜素、果胶、茄尼醇的研究和蚕的综合利用取得了较大的进展。

1. 全蚕粉降血糖、降血脂等药用价值

在韩国科学家（Ryu et al，1997）首次报道家蚕中含有 1- 脱氧野尻霉素（1-de-oxynojirimycin，DNJ）等多种活性成分，具有降血糖、降血脂等作用后，使由此开始了对家蚕幼虫的药用价值的研究开发。经临床试验表明，患者服用家蚕制成的全蚕粉 4 周后血糖值降低达 20%，全蚕粉降血糖药效显著，而且安全、无毒副作用，优于胰岛素、阿片保新等现行的治疗高血糖药剂。

国内研究表明，全蚕粉具有显著降血糖效果。临床实验表明，患者服用全蚕粉2个月，餐前（空腹）和餐后2 h血糖值分别降低了10.4%～28.3%和27.8%～40.2%，血清甘油三脂和胆固醇分别降低了27.84%和8.44%，对患者的肝功能无不良影响，不增加患者胰岛素细胞的负担，并有改善胰岛素抵抗作用，对Ⅱ型糖尿病患者具有显著疗效。全蚕粉中存在三碘甲腺原氨酸（T3），全蚕粉可能是通过抑制动物体内α-糖苷霉活性，抑制糖的合成，降低饮食后体内的血糖水平，达到控制病情的目的，对非胰岛素依赖型（Ⅱ型）糖尿病患者具有显著疗效，长期服用不会导致低血糖并发症，且无毒副作用，具有很好的安全性。全蚕粉还具有丰富营养价值，有免疫调节和保健功能（桂仲争等，2001，2002，2004；陈智毅等，2002，2005）。

2. 蚕蛹的营养保健价值

在阿荣旗民间和岭东地区，柞蚕蛹作为一种高蛋白食品被广泛地食用。蚕蛹含有丰富的蛋白质、氨基酸、多种维生素和微量元素，具有较高的营养价值。详见表7-10至表7-18。

利用蚕蛹提取蛋白质，可以作为饲料用高蛋白添加剂，也可以制成营养蛋白健康食品；利用蚕蛹提取的氨基酸，水解制备复合氨基酸可达60%～70%，可制成医用氨基酸液，也可制成氨基酸口服液。蚕蛾的利用在我国中药中已有悠久的历史，分析结果表明，雄蛾内含有大量性激素、细胞

表7-10 家蚕蛹和柞蚕的主要氨基酸分析

氨基酸	家蚕（mg/ml）	柞蚕（mg/ml）	氨基酸	家蚕（mg/ml）	柞蚕（mg/ml）	氨基酸	家蚕（mg/ml）	柞蚕（mg/ml）
天冬氨酸	2.70	4.76	胱氨酸	—	0.63	苯丙氨酸	2.70	2.73
苏氨酸	—	2.43	缬氨酸	1.70	3.29	赖氨酸	—	3.41
丝氨酸	—	2.36	蛋氨酸	—	0.90	组氨酸	—	1.45
谷氨酸	5.70	5.30	异亮氨酸	—	3.09	精氨酸	—	2.57
甘氨酸	3.50	2.03	亮氨酸	8.50	3.51	色氨酸	—	0.47
丙氨酸	3.20	3.10	酪氨酸	1.60	3.50	脯氨酸	4.00	2.91

注：周丛熙等，1993；朱珠等1995。

表7-11 家蚕蛹的主要成分分析

类别	水分（%）	粗蛋白（%）	粗脂肪（%）	糖分（%）	甲壳素（%）	灰分（%）	其他（%）
干蛹	7.18	48.98	29.57	4.65	3.73	2.19	3.70
鲜蛹	77.00	14.00	7.00	1.00	—	1.00	—
脱脂蛹	5.49	72.82	0.47	6.92	5.55	3.27	5.43

注：周丛照等，1993。

表7-12 柞蚕鲜蛹的主要成分分析

水分（%）	干物质（%）	粗灰分（%）	盐分（%）	粗蛋白（%）	粗脂肪（%）	粗纤维（%）
71.92	25.06	1.03	0.30	55.01	26.63	3.97

注：朱珠，1995。

表7-13 柞蚕鲜蛹的维生素分析

维生素 B_1（μg/g）	维生素 B_2（μg/g）	胡萝卜素（IU）	维生素A（μg/g）	维生素E（μg/g）
1.05	63.90	3.28	7.50	53.42

注：朱珠，1995。

表7-14 柞蚕鲜蛹的矿物质分析

K (%)	Na (%)	Ca (%)	Mg (%)	Fe (%)
1.336	0.062	0.079	0.380	0.010
P (μg/g)	Cu (μg/g)	Mn (μg/g)	Zn (μg/g)	Si (μg/g)
0.069	19.010	8.730	141.810	0.070

注：朱珠，1995。

表7-15 柞蚕蛾酒的氨基酸分析

氨基酸	含量（mg/ml）	氨基酸	含量（mg/ml）	氨基酸	含量（mg/ml）
天冬氨酸	0.013	胱氨酸	0.010	苯丙氨酸	0.005
苏氨酸	0.008	缬氨酸	0.009	赖氨酸	0.014
丝氨酸	0.011	蛋氨酸	0.009	组氨酸	0.012
谷氨酸	0.041	异亮氨酸	0.006	精氨酸	0.017
甘氨酸	0.017	亮氨酸	0.010	色氨酸	0.040
丙氨酸	0.019	酪氨酸	0.014	脯氨酸	0.018

注：赵锐和何德硕，1991。

表7-16 柞蚕蛾酒的维生素分析

维生素 A（IU/g）	维生素 B_1（mg/kg）	维生素 B_2（mg/kg）	维生素 E（mg/L）
0.63	0.08	0.12	0.28

注：赵锐和何德硕，1991。

表7-17 柞蚕蛾酒的矿物质分析

K (%)	Na (%)	Mg (%)	Fe (%)	P (ug/g)	Cu (ug/g)	Mn (ug/g)	Zn (ug/g)	Si (ug/g)
0.025	5.3	19.8	0.088	0.085	0.059	0.038	0.068	1.40

注：赵锐和何德硕，1991。

表7-18 蚕蛹的脂肪酸分析

软脂酸（%）	硬脂酸（%）	棕榈油酸（%）	油酸（%）	亚油酸（%）	亚麻酸（%）
14.82	2.66	2.36	27.81	24.74	24.87

注：赵锐，1991。

色素c、拟胰岛素、前列腺素及环腺苷酸（cAMP）。用蚕蛾制成的药酒中含有丰富的氨基酸和矿物质。药理实验证实，蚕蛾对内分泌功能有很显著的调节作用，治疗前列腺肥大、壮阳补肾、治疗风湿痹症具有较好的效果（桂仲争，2002）。

蚕蛹中含有25%～30%的脂肪，主要成分为亚油酸类（表7-18），对高胆固醇和慢性肝炎患者、糖尿病患者及营养不良者，均有较好的疗效；脂肪经硫酸化后得到的硫酸化蛹油，在工业生产中有广泛的应用价值，与甘油配合是非常好的美容化妆品原料。另外，还可作为皮革光亮剂及机械润滑剂。在蚕蛹中还含有3.7%的甲壳素，可以作为外科手术线、固定化酶载体、人造皮肤等的重要原料。从蚕中提取的丝素蛋白具有很高的营养价值，具有营养性、较好的保湿性和增白性，是化妆品很好的原料（桂仲争等，2002）。

3. 蚕砂的利用

蚕砂是柞蚕食用蒙古栎叶片后所排泄的虫粪，据分析干蚕粪中：

蛋白占13.47%～14.45%；粗脂肪占2.18%～

2.29%；粗纤维占 15.79%～16.24%；粗灰分占 9.85%～9.95%；可溶物占 56.59%～57.44%；果胶占 10%～12%；叶绿素占 0.8%～1.0%；植物醇占 0.14%～0.16%；β-胡萝卜素占 0.14%～0.28%。

从蚕砂中可提取叶绿素及其衍生物。植物体内含有丰富的叶绿素，鲜蒙古栎叶含有 0.2%～0.3%，家蚕食后大部分未予吸收，残留在粪便中。可从蚕砂中提取叶绿素，然后通过叶绿素皂化、抽提、铜代、酸析、精制、成盐、烘干制得叶绿素铜钠盐成品。叶绿素铜钠盐在医药上可治疗缺铁性贫血、胃十二指肠溃疡、传染性肝炎等疾病，在外科上可治疗灼伤、慢性溃疡、痔疮及子宫疾患等。从蚕砂中可以提取茄呢醇，它是一种重要的医药中间体，是合成铺酶 Q 和维生素 K 的重要原料，具有很高的经济价值。从蚕砂中还可以提取胡萝卜素、果胶等（徐辉德，1989；胡军华等，2005；许金木，2005）。

4. 柞蚕资源在呼伦贝尔市的开发利用现状

呼伦贝尔市现在年养蚕总量约为 4 200 把[①]，其中阿荣旗 4 000 把、扎兰屯 150 把、莫力达瓦达斡尔族自治旗 50 把。每把蚕平均占用蒙古栎林(柞树) 120 亩，每把蚕平均可收获柞蚕茧 1 500kg。每年可产柞蚕茧 630×10^4 kg，产出柞蚕鲜蛹 504×10^4 kg。

5. 适宜养蚕的林木资源

蒙古栎是柞蚕的主要饲料，是发展柞蚕生产的基本生物资源。柞蚕生产是根据蒙古栎生长特性和柞蚕的生理需求，科学合理地利用林木资源，这也是大自然中生物的一种巧妙结合。蒙古栎属于深根性植物，有较强的抵御不良气候的特性，有强大地萌发力，在地面任何部位砍伐后仍然都会萌发。现存的蒙古栎大部分为次生林，生长在浅山地带的嫩江右岸山前平原，这里积温较高适宜柞蚕生长。所以，能成片生长蒙古栎的地区大部分都适宜柞蚕生长。

根据对蒙古栎林调查统计数据表明，呼伦贝尔有蒙古栎林地＞ 1.8×10^4 km²，主要分布于鄂伦春自治旗、莫力达瓦达斡尔族自治旗、阿荣旗、扎兰屯市、牙克石市。按 1999 年《呼盟生态保护实施办法》中对养蚕用蒙古栎林规定办法，初步统计后，呼伦贝尔市实际可利用养蚕的林地总面积＞ 2 000 km²。[其中：鄂伦春自治旗蒙古栎林地面积 0.26×10^4 km²（内蒙古林业施业区内）；莫力达瓦达斡尔族自治旗蒙古栎林地面积 0.13×10^4 km²；阿荣旗蒙古栎林地面积 0.22×10^4 km²；扎兰屯市蒙古栎林地面积 0.28×10^4 km²。] 若全部开发利用，可养蚕 2×10^4 把以上（每年农、工、商产值可达 10 亿元以上）。

柞蚕的替代饲料，主要有蒿柳、果树、山荆子、白桦、枫树。柞蚕还吃沙果树叶、银杏叶等。若将以上在呼伦贝尔市生长的林木种类的资源也纳入到柞蚕放养的资源范畴，呼伦贝尔市的柞蚕业的发展空间更为广大。

6. 呼伦贝尔柞蚕业发展现状

1958 年，自治区政府在扎兰屯试养柞蚕一举成功，创建了在北纬 45° 以北、高寒山区放养柞蚕的记录，同时也填补了自治区蚕业的空白。

呼伦贝尔作为内蒙古柞蚕生产、丝绸加工、蚕丝研发的中心，始终处于全区柞蚕业领先地位。到 1990 年已有 4 个旗市养蚕，在先进的丝绸加工工艺的保障下，产品销售顺畅，经济效益在众多产业中十分显著。20 世纪 90 年代初，蚕业生产曾经被列为呼伦贝尔盟经济发展的支柱产业之一。

1998 年后，随着国家实施生态保护力度的加大，以往乱批滥占蚕场以及管理不当对柞林造成破坏的后果浮出水面，导致养蚕与生态间的关系在一些人的思想中比较混淆，误认为养蚕是毁坏树木，破坏生态，有些地方甚至出台了限制蚕业生产的政策，给呼伦贝尔市的蚕业造成致命的打击。

目前，呼伦贝尔市有阿荣旗、莫力达瓦达斡尔族自治旗、扎兰屯市在开展蚕业生产。年放养柞蚕数量在 4 200 把左右，养蚕用蒙古栎林 3.5 万 hm²，总产量为 630 多万千克，养蚕产值在 2 亿元左右。

① 把，为蚕业生产中的一个计量单位，是指在 120 亩林地（蒙古栎林）投入 5 kg 左右的蚕种，即为一把。

蚕业生产时间短、投资少、效益高，不与农业争时间，一般从7月上旬上山放养，9月上旬蚕茧收获结束，全部生产过程最多不超过60天。

呼伦贝尔市近60年蚕业生产的龙头作用，形成了呼伦贝尔市（并涵盖齐齐哈尔地区）以阿荣旗和扎兰屯市为中心的柞蚕蛹销售的集散地。据不完全统计，从事蚕茧、蚕蛹经营商户多达百余家，其资产从千元到百万元不等，养蚕事业的发展也带动了相关产业繁荣。

（二）蜜蜂、东方蜜蜂

蜜蜂属产蜜昆虫，主要集中在蜜蜂总科，种类繁多，人类最熟悉的是蜜蜂。蜜蜂所产的蜜具有重要的经济价值，已形成一个巨大的产业。养蜂业是现代农业的重要组成部分，是农业生态平衡不可缺少的重要环节，它在国民经济发展中起着独特的作用。养蜂业是资源节约型产业、环境友好型产业，是农业可持续发展的重要保证，有着显著的社会效益、经济效益。

蜜蜂除产蜜外，在采蜜的同时还为农作物授粉，是重要的授粉昆虫，在农牧林业和生态系统中扮演着十分重要的角色。蜜蜂和蜂蜜与人类生活息息相关，具有重要的经济价值和生态效益。蜜蜂的研究较为成熟，已经形成为独立专门的学科——养蜂学。从蜂群培养到病虫害防治，到产品加工利用都形成了一整套的技术。因此，下文重点介绍我国蜜蜂的种类及分布、主要蜂产品，并对嫩江右岸山前平原蜜蜂产业的基本情况和发展前景作以介绍和展望。

1. 蜜蜂的主要种类分布

蜜蜂在分类上属于膜翅目蜜蜂总科蜜蜂科蜜蜂属。蜜蜂总科种类丰富，全世界的蜜蜂种类共有2.5×10^4～3.0×10^4种，其中已记载和定名的大约1.2×10^4种，约占膜翅目昆虫的20%。中国蜜蜂总科有7科，3 000多种（吴艳如，2002）。蜜蜂主要以花粉和花蜜为食，大多数蜜蜂总科的昆虫为独栖性昆虫，只有蜜蜂科的昆虫为社会性昆虫，包括蜜蜂属、熊蜂属和无蜇蜂属。用于养殖和生产蜂蜜的蜜蜂是指蜜蜂科蜜蜂属的蜜蜂。蜜蜂属的蜜蜂在分类上有9个种（陈盛禄，2001）。

（1）大蜜蜂（*Apis dorsata* Fabricius），又称为巨形印度蜜蜂、印度大蜂（giant honey bee；large honey bee）或岩壁蜂、岩峰（rock bee）。国内主要分布于云南南部、海南、广西南部、西藏南部和东南部、台湾。

（2）小蜜蜂（*Apis florea* Fabricius），又称为矮蜜蜂、印度小蜂（dwarf honey bee；little honey bee）。国内主要分布于云南南部、西部和中部地区、广西南部、海南岛、四川西昌和攀枝花等地。

（3）东方蜜蜂（*Apis cerana* Fabricius），又称为中华蜜蜂（中蜂）、东方蜂、东洋蜂、印度蜂等。在中国分布广泛。

（4）西方蜜蜂（*Apis mellifera* L.），又称为西蜂、意大利蜂等。主要起源于欧洲、非洲和中东地区，广泛分布于世界各地。

（5）黑大蜜蜂（*Apis laboriosa* Smith），又称为岩蜂、喜马排蜂、大排蜂等。国内主要分布于云南、四川、广西、西藏等地。

（6）黑小蜜蜂（*Apis andreniformis* Smith），又称为小排蜂、黑色小蜜蜂。国内主要分布于云南南部和西南部。

（7）绿努蜂（*Apis nuluensis* Tingek and Koeniger），主要分布于马来西亚。

（8）印尼蜂（*Apis nigrocincta* Smith），主要分布于印度尼西亚的苏拉威西岛和桑吉群岛。

（9）沙巴蜂（*Apis koschevnikovi* Buttel-Reepen），主要分布于马来西亚、印度尼西亚和斯里兰卡。

2. 主要蜂产品

（1）蜂蜜。主要成分是蔗糖、葡萄糖和果糖的饱和溶液。糖类占70%～80%，水分占10%～30%，还含有蛋白质、氨基酸、维生素、矿物质、有机酸、色素、高级醇、胶质、醇类、蜂花粉、激素等，水分的平均含量占18%。蜂蜜中的糖类以果糖和葡萄糖等单糖[①]为主，单糖占65%以上。双糖[②]以蔗糖占绝对优势，含量在8%以内，其余还有麦芽糖、曲二糖、异麦芽糖和少量的低聚糖。

蜂蜜具有很好的保健作用，提高人体免疫力、抗菌消炎作用、预防心血管疾病、肝脏的保护作用、促进消化、护肤美容、改善睡眠、抗疲劳等。

（2）蜂王浆。主要成分为水分 65%～68%，蛋白质 11%～14%，碳水化合物 14%～17%，脂类 6%，矿物质 0.7%～0.82%，其他物质 2.84%～3.00%。

蜂王浆中含有丰富的蛋白质，占干物质的 50% 左右，2/3 为清蛋白，1/3 为球蛋白。蜂王浆中的蛋白质有多种高活性蛋白质类物质，大体分为 3 类：胰岛素肽、活性多肽和 Y 球蛋白。蜂王浆中有 18 种氨基酸，氨基酸占干物质的 0.8%，其中有人体所必须的 8 种氨基酸。

蜂王浆的医疗保健价值，具有抗菌作用、提高人体免疫能力、抗肿瘤作用、减低血脂和血胆固醇、降血压作用、降血糖作用、促进细胞生长作用、抗疲劳作用。

（3）蜂蜡。主要成分是高级脂肪酸和高级一元醇，其中单脂类和羟基脂类 71%，脂肪酸胆固醇酯 1%，W- 肉豆蔻内酯 0.6%，游离脂肪醇 1%～1.25%，游离脂肪酸 10%～14.5%，饱和脂肪酸 9.1%～10.9%，碳氢化合物 10.5%～13.5%，水和矿物质 1%～2%，还含有类胡萝卜素、维生素 A、芳香物质等。蜂蜡作为一种生物蜡，用途广泛。

（4）蜂胶。主要化学成分有蜂蜡、树脂、香脂、芳香油、脂溶性油、花粉和其他有机物。蜂胶作药用具有降血糖、降血脂、抗菌、抗病毒、抗肿瘤、免疫调剂等作用。

（5）蜂花粉。主要成分为蛋白质、游离氨基酸、糖类物质以及维生素、脂类物质、微量元素、酶类、激素等多种物质。蜂花粉可食用，具有提高机体免疫力、抗衰老、防治心脑血管疾病、防治前列腺疾病、防治贫血、防治糖尿病、调节内分泌、促进脑细胞发育、增强中枢神经功能，对于改善记忆力、促进消化系统功能等也有较好的效果。

（6）蜂毒。是一种成分复杂的混合物，它除了含有大量水分外，还含有若干种蛋白质、多肽类、酶类、生物胺和其他酸类物质及微量元素。蜂毒中含有的多种酶、肽、生物胺等活性物质，能刺激人体淋巴、内分泌系统释放肾上腺皮质激素，具有消炎、镇痛、提高免疫力、抑制肿瘤等功效。蜂毒在医疗上主要用于治疗风湿症、类风湿性关节炎、神经炎、神经痛、高血压、支气管哮喘等疾病。

（7）蜜蜂幼虫和蛹的营养价值。蜜蜂幼虫体内含有丰富的蛋白质和氨基酸。详见表 7-19至表 7-21。蜜蜂幼虫作为一种健康食品，具有较高的蛋白质，较低的脂肪，还含有丰富的维生素和微量元素，其营养价值可以与鸡鸭鱼肉等传统的蛋白质资源媲

表7-19 蜂幼虫的氨基酸分析

氨基酸	含量（g/kg）	氨基酸	含量（g/kg）	氨基酸	含量（g/kg）
天冬氨酸	5.71	胱氨酸	0.32	苯丙氨酸	2.67
苏氨酸	2.36	缬氨酸	3.85	赖氨酸	2.17
丝氨酸	2.55	蛋氨酸	1.26	组氨酸	1.44
谷氨酸	6.83	异亮氨酸	2.70	精氨酸	3.02
甘氨酸	2.32	亮氨酸	4.15	色氨酸	0.58
丙氨酸	2.60	酪氨酸	2.69	脯氨酸	2.87

注：沈平锐和罗光华，1991。

① 单糖(monosaccharide)是指分子结构中含有 3 ～ 6 个碳原子的糖，如三碳糖的甘油醛；四碳糖的赤藓糖、苏力糖；五碳糖的阿拉伯糖、核糖、木糖、来苏糖；六碳糖的葡萄糖、甘露糖、果糖、半乳糖。单糖就是不能再水解的糖类，是构成各种二糖和多糖的分子的基本单位。

② 双糖又名二糖（disaccharide），是由二个分子的单糖通过糖苷键形成，在一种单糖的还原基团和另一种糖的醇羟基相结合的情况下，显示出与单糖的共同化学性质，诸如还原于斐林（Fehling）溶液、变旋光化、脎形成等（如麦芽糖、乳糖）。通过还原基结合的单糖则无这种性质（如蔗糖、海藻糖）。

表7-20 蜜蜂幼虫体内的矿物质分析

元素	含量（mg/100g）	元素	含量（mg/100g）
铅（Pb）	<0.10	砷（As）	0.0026
铜（Cu）	2.41	锌（Zn）	11.50
铁（Fe）	4.20	钾（K）	1489.30
钼（Mo）	2.60	镁（Mg）	152.50
锰（Mn）	0.27	铝（Al）	78.30
钙（Ca）	84.6	硒（Se）	0.0181
镉（Cd）	<0.01	磷（P）	1102.00

注：沈平锐和罗光华，1991。

表7-21 蜜蜂幼虫和蛹的主要成分及维生素分析

类别	主要营养成分（g/kg）				维生素（mg/100g）				
	蛋白质	碳水化合物	脂肪	灰分	维生素 A	维生素 B_1	维生素 B_2	维生素 C	维生素 E
幼虫	50-60	20-30	16	5.3	<0.083	2.5	3.4	18.8	0.20
蛹	20.3	19.5	7.5	9.5					

注：沈平锐和罗光华，1991。

美，是值得深度开发的保健食品。

3. 呼伦贝尔蜜蜂养殖现状

蜜蜂在呼伦贝尔市的大兴安岭山脉东侧的鄂伦春自治旗、莫力达瓦达斡尔族自治旗、阿荣旗、扎兰屯市为主要养殖区，岭西的牙克石市、陈巴尔虎旗、额尔古纳市也有养殖。养殖的蜜蜂品种为意大利蜂、东北黑蜂、高加索蜂、黑—意杂交蜂、美意—高加索杂交蜂、中华蜂、黑蜂、普通蜂、苏丹蜂、中—意杂交蜂、黄蜂等。这些蜜蜂的越冬地多在当地，极个别蜂群迁徙到南方。[①]

呼伦贝尔市蜜蜂的养殖数量为 $2.304\,0\times10^4$ 箱，产蜜 $51.519\,6\times10^4$ kg，产蜂胶 1 525.7 kg，产蜂王浆 6 753.5 kg，产蜂花粉 5 743.8 kg，以上蜜蜂产品的年产值约 700 万元以上[②]。从养殖规模和产值上看，与呼伦贝尔市丰富的蜜源资源相比差距很大，极不相称。同时也反映出呼伦贝尔市在蜜蜂产业上的发展空间及其广阔，在嫩江右岸山前平原、大兴安岭山脉和呼伦贝尔草原有着巨大的潜力。

呼伦贝尔市蜂业发展也与全国一样存在以下问题，一是遗传资源研发严重滞后，蜂种品质退化；二是蜜蜂饲养技术与设备不完善；三是病虫害严重；四是熊蜂、蜜蜂等优良蜂种授粉利用率极低，收益差；五是蜂产品精深加工技术研究滞后；质量控制及检测技术落后。

三、大兴安岭山脉的经济类昆虫和其他昆虫

大兴安岭山脉上除了岭东山前平原人工饲养的大量柞蚕、蜜蜂外，可形成大量种群规模、能产生较大经济效益的昆虫莫过于野生蚂蚁和牛虻。当然，山脉上还有种群数量巨大的其他昆虫，但在开发利用程度上远不如蚂蚁和牛虻（俗称瞎蠓）。

（一）蚂蚁

蚂蚁是一类特殊的社会性昆虫（陈晓鸣等，2009），种类繁多。据统计，全世界的蚂蚁有 2 000～14 000 种，中国的蚂蚁种类至少在 800 种以上。蚂蚁作为捕食者，是不少农林业病虫害的天敌，在生态系统中扮演着十分重要的角色。蚂蚁同时又是一种非常宝贵的生物资源，具有很高的利用价值。在自然界中，尤其在森林生态系统中，作为

①② 资料数据由呼伦贝尔市农业局提供。

捕食者在食物网中对许多森林害虫起到很大的抑制作用，在维护森林生态系统平衡中扮演着十分重要的角色。过渡地、掠夺式地开发蚂蚁资源将会导致严重的生态问题。据统计，我国常食用的蚂蚁有双齿多刺蚁、黄猄蚁、丝光蚁、黄毛蚁、日本弓背蚁、北方蚁、凹唇蚁、叶形刺蚁、拟梅氏刺蚁等十余种。其中，研究食用、药用价值最多的是双齿多刺蚁。

双齿多刺蚁，又称鼎突多刺蚁、黑蚂蚁，是在众多蚂蚁种类中研究和开发利用得最多的一种。国内对双齿多刺蚁的研究主要集中在食疗价值方面，较系统地研究了双齿多刺蚁的氨基酸、蛋白质、矿物质等主要营养成分；在药理方面，对双齿多刺蚁的药用价值做了大量的研究工作。据研究，蚂蚁体内含甾族类、三萜类化合物，类似肾上腺素皮质激素物质及多种衍生物。双齿多刺蚁体内含有丰富的氨基酸、蛋白质、维生素和微量元素（表 7-22至表 7-24），作为食品是一种利用价值很高的营养源；作为药物，蚂蚁能提高人体免疫机能，增加体内的超氧化物歧化酶（SOD）的含量，具有明显的抗衰老作用。

表7-22　双齿多刺蚁的脂肪酸种类及含量

油酸（%）	棕榈酸（%）	棕榈油酸（%）	硬脂酸（%）	亚油酸（%）	亚麻酸（%）	豆酸（%）
62.44	21.14	11.03	2.29	1.39	1.21	0.53

注：以总脂肪酸的 % 计，陈即惠，1983。

表7-23　双齿多刺蚁的氨基酸分析

氨基酸种类	蚁体（mg/ml）	蚁酒（mg/ml）	蚁浸膏（mg/ml）
Asp 天冬氨酸	0.872	0.825	205.5
Thr 苏氨酸	0.454	0.795	92.1
Ser 丝氨酸	0.544	2.055	140.5
Glu 谷氨酸	1.258	2.330	115.5
Pro 脯氨酸	0.672	7.050	347.1
Gly 甘氨酸	1.266	0.397	54.6
Ala 丙氨酸	0.976	3.32	398.6
Cys 半胱氨酸	-	0.555	45.0
Val 缬氨酸	0.574	1.470	172.9
Met 蛋氨酸	0.135	-	9.38
Ile 异亮氨酸	0.670	0.710	92.4
Leu 亮氨酸	0.781	0.930	238.1
Tyr 酪氨酸	0.663	0.155	245.7
Phe 苯丙氨酸	0.462	0.760	143.3
Lys 赖氨酸	0.481	0.950	102.4
His 组氨酸	0.273	0.102	17.9
Arg 精氨酸	-	-	-
Trp 色氨酸	0.424	2.830	181.4

注：容碧娴等，1987；陈即惠等，1985；甘绍虞等，1984。

表7-24 双齿多刺蚁蚁体及蚁膏的矿物质分析

元素	蚁膏（%）	蚁体（%）	元素	蚁膏（%）	蚁体（%）	元素	蚁膏（%）	蚁体（%）
镱（Yb）	0.000449	0.000192	铜（Cu）	0.001331	0.002624	锶（Sr）	0.001275	0.000457
磷（P）	0.126000	0.039960	锑（Ti）	0.000074	0.004303	钡（Ba）	0.000619	0.001642
镍（Ni）	0.001230	0.000536	锆（Zr）	0.000040	0.000065	SiO	0.000000	0.540000
溴（Br）	0.000002	0.000003	钪（Sc）	0.000017	0.000015	锌（Zn）	0.032320	0.011610
Fe_2o_3	0.100000	0.060000	钇（Y）	0.000044	0.000051	镥（Lr）	0.3000 μ g	0.8200 μ g
铬（Cr）	0.000393	0.000120	MgO	0.490000	0.110000	砷（As）	0.6800 μ g	0.4900 μ g
铕（Eu）	0.000227	0.000094	CaO	0.590000	0.017000	钴（Co）	0.6800 μ g	0.6800 μ g
钒（V）	0.000197	0.000111	Al_2O_3	0.110000	0.140000	钼（Mo）	0.0070 μ g	0.0000 μ g
铌（Nb）	0.000209	0.000036	镧（La）	0.000204	0.000115	硒（Se）	0.0023 μ g	0.0013 μ g

注：容碧娴等，1987。

蚂蚁是一类具有特殊价值的昆虫，除双齿多刺蚁外还有许多蚂蚁被食用或药用，常见的有黄猄蚁（*Oecophylla smaragdina*）、凹唇蚁（*Formica sanguinea* Latreille）、北方蚁（*F. aquilonia* Yarrow）、日本弓背蚁（*Camponotus japonicus* Mayr）、黄毛蚁（*Lasius flavus* Fabricius）、叶形刺蚁（*Polyrhachis lamellidens* Smith）、石狩红蚁（*Formica yessensis* Forel）、北京凹头蚁（*Formica beijingensis* Wu）、乌拉尔蚁（*Formica uralensis* Ruzsky）、日本黑褐蚁（*Formica japonica* Motschulsky）、铺道蚁（*Tetramorium caespitum* L.）等，这些蚂蚁作为食物和药用蚂蚁在民间也较为普及。经分析研究，这几种蚂蚁体内也都含有丰富的蛋白质、氨基酸、脂肪酸、维生素和微量元素。作为食用昆虫，这些蚂蚁也具有很高的营养价值，是难得的高蛋白食品；作为药品，这些蚂蚁能治疗许多疑难病症，有十分广阔的开发利用前景。

（二）牛虻

牛虻，又称虻蝇、瞎蠓、虻虫（张雅林，2013），是寄生在牛、马身体上的吸血昆虫。牛虻同时又是一种可以用于活血通经、软坚散瘀的中药材。由于捕捉野生牛虻不能满足市场的需求，致使其价格连年暴涨。在市场高价的驱动下，人工养殖牛虻在我国已悄然兴起。

牛虻属双翅目（Diptera）虻科（Tabanidae），常入药的牛虻有雁虻（*Tabanus pleskei*）、布虻（*Tabanus budda*）、村黄虻（*Atylotus rusticus*）、双斑黄虻（*Atylotus bivittateinus*）、中华虻（*Tabanus mandarinus*）、江苏虻（*Tabanus kiangsuensis*）、黄巨虻（*Tabanus chrysuru*）和三角虻（*Tabanus trigonus* Coquillett）8种。其中以中华虻、双斑黄虻和江苏虻入药最多。中华虻又名华虻、白斑虻和灰虻，广泛分布于全国各地；双斑黄虻又名复带虻，分布于东北、华北和华东地区；江苏虻分布于北京、江苏、浙江、广东、广西和福建等地。

分布于呼伦贝尔市的牛虻主要为中华虻和双斑黄虻，在大兴安岭山脉分布面广数量极大。牛虻多为每年发生1代，少数为2代。5月底至8月底可见成虫活动，以6月下旬至7月中旬为活动盛期。雌成虫喜欢附着在牛、马等牲畜皮肤刺吸血液；雄虫不刺吸血夜，交配后不久即死亡；是家畜重要的吸血害虫之一。雌虫产卵于稻田、沼泽和池塘边植物叶片、岩石或土块上，在呼伦贝尔市的大兴安岭山脉上则主要产于河流湿地的柳树叶、灌木叶、甜杨树叶、辽东桤木叶的背阴面。

牛虻的成分，活虻虫分泌的唾液含抗凝血素，致敏物质和其他毒物。虻虫体含蛋白质和脂肪酸，总脂肪酸含量为1.73%。另外含丰富的微量元素，其中以含铁、锌、锰量最多。还含维生素，对组织缺氧有保护作用。

牛虻的药效，牛虻以雌虫的干燥虫体入药，呈黄绿色。牛虻味苦、性微寒，有毒。具有破瘀、散结、通经、堕胎之功效。主治妇女闭经、血瘀、腑脏蓄血、腹中结块、跌打损伤、痔疮出血。其破血消症功能比水蛭更为猛烈。

（三）蚂蚁和牛虻的养殖方法

1. 蚂蚁的人工养殖方法

（1）场地选择。无论是室内还是室外，都应远离农田和牛马、羊、猪等饲养场，空气新鲜清洁卫生，安静，无环境污染，如山地、林地等。在呼伦贝尔养殖场最好座北朝南、或东南，以利采光和保温。土质最好是沙壤土或腐殖土。

（2）引种。黑蚂蚁（双齿多刺蚁、又称鼎突多刺蚁）是适合呼伦贝尔养殖的品种，最好在春末夏初进行引种。此时温度高、湿度大、食料丰富，有利于蚁群的定居、繁殖和分巢。目前东北地区人工养殖的蚁种一般从大、小兴安岭、长白山、张广才岭等林区采集。采集野外的蚁巢，人工取巢、保存和运输是关键技术。野外取种还要特别注意，不能对当地的蚂蚁资源造成重大破坏，确保可以恢复重建蚁群。另外也可以从其他养殖场直接引进蚁种，引种的关键也是保存和运输。

（3）蚂蚁的养殖引种。分四个重要的阶段，即取巢—保存—运输—放蚁，这四个阶段的每一个阶段都非常重要，采取的方法专业、科学、严谨。由于篇幅所限，对四个阶段不作详细介绍。

（4）养殖方式。由于呼伦贝尔各旗市气候存在较大差异，同样的黑蚂蚁，养殖的方式多有不同。目前饲养黑蚂蚁的方式大体可分为3类，野外自然放养、室内养殖及人工封闭立体高效养殖方式。

（5）饲养管理。黑蚂蚁的饲养管理分7个步骤内容：1）蚁种的投放；2）投食；3）温度和湿度控制；4）越冬期保暖；5）换水和排水；6）防止天敌；7）采收。由于篇幅所限，对以上七个步骤不作详细介绍。

2. 牛虻的人工养殖方法

（1）种苗的获得。生长于呼伦贝尔的牛虻主要为中华虻和双斑黄虻，在呼伦贝尔只能季节性饲养，不能进行周年饲养。牛虻种苗可通过捕捉野生牛虻获得。可以在晚秋季节，牛马圈等场所用网捕捉。即将越冬的雌虫捕捉后放于网箱内，在室内保存，作为来年的种苗。但越冬雌牛虻的死亡率常常很高。在春季气温回升后，还可以在牛棚等场所捕捉出蛰的雌成虫，但此种方法不易获得大量的种苗。

（2）牛虻饲养。牛虻的饲养一般采用室外网笼饲养。先在室外选择向阳、避风的地方挖一长方形的饲养池，面积为2～4m²，深度为40～60cm，数量可根据饲养规模和场地大小来确定。在池内堆放牛圈土或腐殖质土，池底倾斜，低的一面确保有足够的水面。饲养池旁边应有足够的空间，用来栓牛马等。最后整个饲养场地要用笼网封闭成蚊帐状，将种苗放入即可。牛虻一般喜欢在河流湿地附近有阔叶乔木和河柳灌丛、库塘边有阔叶乔木和柳灌丛环境生活栖息，这样的环境也可以经人工改造，建成室外牛虻饲养场。

（3）牛虻的采收。采收时间一般为夏秋两季，早晨用扑虫网捕捉活体，也可用蝇拍轻轻拍打。捕到后捏其头部或用沸水使其致死，泡洗干净，穿线悬挂阴干。也可炮制炒虻虫，将牛虻放入铁锅内，用文火微炒取出，去掉翅、足备用。加工好的虫体，以虫体完整，不掉眼为佳。

（四）其他昆虫

其他昆虫中，目前我们主要研究的是影响森林生长的害虫，称为森林害虫。如果换一个角度去考虑，这些害虫也可以创造出巨大的经济效益。比如从获取蛋白质的角度，森林中的绝大部分昆虫都含有丰富的蛋白质，即便森林害虫也是一样。广袤的16.3×10^4 km²森林，为我们储备了丰富的昆虫蛋白质，怎样科学合理的获取这些宝贵的资源正是我们迫切需要研究解决的问题。

在大兴安岭山脉的昆虫研究中，我们主要记录了森林有害生物（一般都称为有害生物，包括昆虫）种类及其寄生植物、分布范围和病虫害发生的范围。其他信息、资料较为匮乏。将已确认的昆虫介绍给读者，只是极少的一部分，而且是有害的昆虫，绝大部分昆虫还需大量的工作和较长的时间才能确认。

在昆虫的分布上，本书是以地方林业和国家林业的施业区来确定的范围，这是因为这方面的工作主要是由林业部门实施的，因此没有按行政区划范围记述。呼伦贝尔市地方林业施业区详见（附件17《呼伦贝尔市地方林业施业区有害生物种类、寄主植物、危害部位、分布范围、发生范围》），国家林业施业区详见（附件 18《内蒙古大兴安岭林区昆虫名录》）。

四、呼伦贝尔草原的昆虫资源

（一）草地昆虫

呼伦贝尔草原环境复杂，植被类型多样，草地昆虫种类较多，经初步鉴定共计 517 种，分属 7 个目，53 科，其中直翅目昆虫 7 科 37 属 73 种、同翅目有 3 科 9 种、半翅目 9 科 77 种、鞘翅目 10 科 97 种、鳞翅目 16 科 198 种、双翅目 4 科 21 种、膜翅目 4 科 42 种，详见（附件 19《呼伦贝尔草地昆虫名录》）。

（二）草地蝗虫

在呼伦贝尔草原的昆虫中，我们研究最多了解比较全面的要数各种蝗虫。基于对草地病虫害防治的需要，从 1972—2008 年蒙古国、俄罗斯、中国的昆虫学家对呼伦贝尔草原的蝗虫进行了长时间的研究，确认了 58 种蝗虫，进行了区系分析，并对不同植被类型中的蝗虫分布数量进行了统计，这是呼伦贝尔市在昆虫学领域的最新研究成果（吴虎山等，2009）。

蝗虫，又称蚱蜢，是严重危害农作物、草原的一类重要害虫。由于蝗虫种群数量巨大，迁徙飞行能力强，在历史上给我国农牧业生产带来巨大的危害，被称为蝗灾。世界各地都有蝗虫成灾的报道，蝗虫是危害最严重的农牧业害虫之一。虽然蝗虫给人类带来了巨大的危害，但蝗虫本身也是一种资源，可供人类利用，世界各地都有食用蝗虫的习惯。这是因为蝗虫体内含有丰富的蛋白质，含量可达 22.8%；蝗虫体内的氨基酸种类有 18 种，总量为 20.23%；有 8 种人体必需氨基酸，含量为 7.98%，占氨基酸总量的 39.45%；蝗虫体内还含有维生素 B_1、维生素 B_2、维生素 E、维生素 A，胡萝卜素等多种维生素，4 种脂肪酸及丰富的微量元素。详见表 7-25至表 7-29（陈晓鸣等，2009）。

根据（林育真等，2000 年）研究表明，蝗虫还含有丰富的甲壳素。甲壳素被誉为继糖、蛋白质、

表7-25　中华稻蝗的主要成分分析

水分（%）	粗脂肪（%）	粗蛋白（%）	粗纤维（%）	总糖（%）	灰分（%）
73.3	2.2	22.8	2.9	1.2	1.2

注：陈晓鸣等，2009。

表7-26　中华稻蝗体内的氨基酸含量分析

氨基酸	含量（%）	氨基酸	含量（%）	氨基酸	含量（%）
Asp 天冬氨酸	1.50	Cys 半胱氨酸	0.66	Phe 苯丙氨酸	0.73
Thr 苏氨酸	0.70	Val 缬氨酸	1.24	Lys 赖氨酸	1.01
Ser 丝氨酸	0.80	Met 蛋氨酸	0.21	His 组氨酸	0.45
Glu 谷氨酸	2.06	Ile 异亮氨酸	1.79	Arg 精氨酸	1.15
Gly 甘氨酸	1.17	Leu 亮氨酸	1.72	Trp 色氨酸	0.58
Ala 丙氨酸	2.02	Tyr 酪氨酸	1.24	Pro 脯氨酸	1.20

注：陈晓鸣等，2009。

表7-27　中华稻蝗虫的维生素含量

维生素 B_1（mg/kg）	维生素 B_2（mg/kg）	维生素 E（mg/kg）	维生素 A（mg/kg）	胡萝卜素（mg/kg）
0.42	16.2	33.18	3.75	5.10

注：陈晓鸣等，2009。

表7-28　中华稻蝗体内的主要矿物元素含量

钠（Na）（μg/g）	钙（Ca）（μg/g）	镁（Mg）（μg/g）	铁（Fe）（μg/g）	铜（Cu）（μg/g）	锌（Zn）（μg/g）	锰（Mn）（μg/g）	磷（P）（μg/g）	硒（Se）（μg/g）
368	0.11	490	61.5	9.9	37.1	21.0	0.25	6.6

注：陈晓鸣等，2009。

表7-29　中华稻蝗体内的主要脂肪酸含量

软脂酸（C16：0）（%）	硬脂酸（C18：0）（%）	油酸（C18：1）（%）	亚油酸（C18：2）（%）
25.0	26.1	27.1	2.3

注：陈晓鸣等，2009。

脂肪、维生素和矿物质之后人体生命的第六要素；其氨基酸含量非常丰富，比鱼类高出1.8%～28.2%，比肉类和大豆都高，是人类理想的高营养保健食品。蝗虫不但是美味食品，还具有一定的药用价值，它可以单用或配伍使用，能治疗多种疾病。如治疗破伤风、小儿惊风、百日咳、咳喘、气急等，能止痉挛，息内风，也可用于治疗支气管炎、哮喘等，还有降压、减肥、降低胆固醇、滋补强壮、健脾的功能，久食可防止心脑血管疾病的发生。蝗虫还可加工成家畜类食用的高蛋白添加饲料，也可直接喂鸡，大大提高鸡的营养质量，增加产蛋量。据目前的实验养殖结果，适合人工养殖的蝗虫主要有飞蝗和稻蝗，其个体大，产卵多，生产速度快，成活率高（张雅林，2013）。

蝗虫是一类十分危险的农牧业害虫，对农牧业生产有很大的威胁，通常采用化学农药来杀灭蝗虫从而达到防治的效果。这种方法虽然在短期内能够起到很好的防治效果，但化学农药残留将给粮食和环境带来污染，损害人类健康。如果能采用人工诱捕的方法收集蝗虫，既能达到防治效果，又能将蝗虫作为蛋白质资源利用，变害为利，造福人类。在呼伦贝尔 $8.43\times10^4 km^2$ 的草原上，产业化的诱捕蝗虫本身就是一个十分具有挑战性的课题。

（三）呼伦湖区的昆虫奇观

呼伦湖区的昆虫数量巨大种类繁多，与世界一些著名大湖一样，呼伦湖也有昆虫聚集的奇观，而且蔚为壮观。每年秋季，在呼伦湖岸边有大量的有翅蚜虫（又称腻虫、蜜虫）繁殖聚集，在空中形成高达数百米的庞大群体，可看到如黑色的烟雾团绕（图7-27）。有翅蚜虫属同翅目蚜科。蚜虫，是一类植食性昆虫，包括蚜虫总科下的所有成员。目前已经发现的蚜虫总共有10个科约4 400种，其中多数属于蚜科。呼伦贝尔草原上有3种有翅蚜虫，玉米蚜虫［*Rhopalosiphum maidis*（Fitch）］、禾谷缢管蚜［*Rhopalosiphum padi*（Linnaeus）］、豆蚜（苜蓿蚜）［*Aphis craccivora*（Koch）］，在呼伦湖区生长的为何种有翅蚜虫，还不确定，由于没有开展深入的研究，对其生长繁殖情况了解甚少。

图7-27　呼伦湖周边的昆虫聚集奇观（摄影：黎明）

Hulunbuir
Mountain River
呼伦贝尔山河

第四篇

自然生态资源　旅游资源　矿产资源
旗市区在山河间的地理位置

篇前导言

与自然生态、旅游、矿产、地理位置有关的主要名词解释：

自然生态资源（natural ecological resources）：由自然生态系统构成的资源总和，统称为自然生态资源。自然生态系统是指在一定时间和空间范围内，依靠自然调节能力维持的相对稳定的生态系统，如原始森林、海洋等。自然生态系统不但为人类提供食物、木材、燃料、纤维以及药物等社会经济发展的重要组成成分，而且还维持着人类赖以生存的生命支持系统，包括空气和水体的净化、缓解洪涝和干旱、土壤的产生及其肥力的维持、分解废物、生物多样性的产生和维持、气候的调节等。

旅游资源（travel resources）：旅游资源是旅游业发展的前提，是旅游业的基础。旅游资源主要包括自然风景旅游资源和人文景观旅游资源。自然风景旅游资源包括高山、峡谷、森林、火山、江河、湖泊、海滩、温泉、野生动植物、气候等，可归纳为地貌、水文、气候、生物四大类。人文景观旅游资源包括历史文化古迹、古建筑、民族风情、现代建设新成就、饮食、购物、文化艺术和体育娱乐等，可归纳为人文景物、文化传统、民情风俗、体育娱乐四大类。

水资源总量（total water resource ）：降水形成的地表水和地下水之总和。由于地表水与地下水互相联系又互相转化，使河川径流量中包括有山丘区地下水的大部分排泄量，而平原区地下水补给量中有一部分来源于地表水下渗，故不能将河川径流量与地下水资源量直接相加，而应当扣除两者重复计算部分后作为水资源总量。

地下含水层（underground aquifer）：地下水面以下具有透水和给水能力的岩层。构成含水层需具备3个基本条件：① 具有能容纳重力水的空隙；② 有储存和聚集地下水的地质地形条件；③ 有充足的补给水源。按空隙类型，分孔隙含水层、裂隙含水层、岩溶含水层；按埋藏条件，分潜水含水层、承压含水层；按透水性，分均质含水层、非均质含水层。

水资源承载能力（water resources carrying capacity）：一定地区流域的水资源状况能够支撑起经济社会发展和维系其良好生态环境的潜在能力。取决于地区或流域的水资源禀赋条件、经济社会发展水平、人口和生活水平、环境和生态条件、科学技术水平等，是制定地区或流域经济社会发展规划的重要依据。

泉（spring）：地下水的天然露头。按地下水运动性质，分上升泉和下降泉。前者是承压的，后者是无压的。按补给的地下水类型，分上层滞水泉、潜水泉和承压水泉。泉的出露条件要求有合适的地形、岩性和构造条件。按泉水的成因，分与地形侵蚀切割有关的侵蚀泉、出露在含水层与不透水层接触处的接触泉、出露在断层带中的断层泉等。泉的实用意义很大，可作为寻找地下水的标志、供水水源和医疗用水。某些流量很大的泉有较大的国民经济意义。

淡水（fiesh water）：含盐量或矿化度＜1 g/L的水。地球系统中的淡水约占地球总水量的2.5%。主要分布在冰川和江河、湖泊（水库）、浅层地下含水层中。其中江河水、湖泊（水库）水、浅层地下水等是人类所需水资源的主要来源。

咸水（salt water）：含盐量或矿化度≥1 g/L的水。其中含盐量或矿化度在1～3 g/

L的称“微咸水”。地球系统中咸水约占97.5%，主要分布在海洋中，其次分布在内陆湖泊、深层地下含水层和含油地质构造中，不适宜饮用，一般也不适于农业用水；微咸水虽可作为有些作物的灌溉用水，但要注意防止土壤次生盐碱化。

盆地（basin）：盆地是地球表面（岩石圈表面）相对长时期沉降的区域，因整个地形外观与盆子相似而得名。换言之，盆地是基底表面相对于四周地形长期洼陷或坳陷（depression）并接受沉积物沉积充填的地区。沉积盆地既可以接受物源区搬运来的沉积物，也可充填相对近源的火山喷出物质，当然也接受原地化学、生物及机械作用形成的盆内沉积物。因此，沉积盆地既可以是大洋深海、大陆架，也可以是海岸、山前、山间地带。从构造意义上说，盆地是地表的“负性区”。相反，地表高出盆地的其他区域都是遭受侵蚀的剥蚀区，即沉积物的物源区，这种剥蚀区是构造上相对隆起的“正性区”。隆起的正性区遭受侵蚀剥蚀，使其剥蚀下来的物质向负性的盆地迁移，并在盆地中堆积下来，这实际上就是一种均衡调整（或称补偿）作用。

矿产资源（mineral resources）：又名矿物资源，是指经过地质成矿作用而形成的，天然赋存于地壳内部或地表（埋藏于地下或出露于地表），并具有开发利用价值的矿物或有用元素的集合体（可以是固态，也可以是液态或气态）。矿产资源属于非可再生资源，其储量是有限的。目前世界已知的矿产有160多种，其中80多种应用较广泛。按其特点和用途，通常分为4大类：能源矿产11种；金属矿产59种；非金属矿产92种；水气矿产6种。矿物资源是重要的自然资源，是经过几百万年，甚至几亿年的地质变化才形成的，它是社会生产发展的重要物质基础，现代社会人们的生产和生活都离不开矿产资源。

山河间的地理位置（geographical location between mountains and rivers）：即以山峰、山岭与河流、湖泊、特殊自然地标等为坐标，标示出的标的物［城、镇、乡（苏木）、村（嘎查）等，以及其他特殊场所］的空间位置。

第八章
呼伦贝尔自然生态资源

自然生态资源，重点介绍森林面积、有林地面积、活立木蓄积量；草原面积、总产草量；呼伦贝尔水资源、水能资源蕴藏量；可通航水域、可进行商业飞行空域空间；呼伦贝尔的碳汇量；呼伦贝尔的自然洁净能源资源等。在水资源的开发利用方面，还提出建设莫力达瓦达斡尔族自治旗尼尔基水库—阿荣旗—扎兰屯市特大型灌渠（区）的设想。这是一个区域性的超大型基础设施建设工程，只要超前筹划，历史会给予有准备的呼伦贝尔人以打破常规的发展机遇。其中，可通航水域、可进行商业飞行空域空间，呼伦贝尔的碳汇量，呼伦贝尔的自然洁净能源资源3个方面，是从一个全新的角度来看呼伦贝尔的另类资源，以开阔读者的视野，发现呼伦贝尔更多的潜在资源优势。

党的十八大以来，中央提出"尊重自然，顺应自然，保护自然""绿水青山就是金山银山"和"山水林田湖草是一个生命共同体"等生态文明建设新理念。这一理念突出了生态系统的整体性作用，充分肯定了生态系统总体大于部分之和的溢出效益。体量越大、越自然，系统越稳定、功能越强大，充分肯定了气候、环境、空气等无形的综合性生态产品的价值，为自然资源资产参与市场资源配置奠定了基础。山水林田湖草这一生命共同体的基础和关键是森林，森林保持水土、涵养水源、减缓消减自然灾害、调节气候变化，为农牧业生产和人的生存提供必要保障，也为人类文明的发展提供了良好的生态环境。在呼伦贝尔，草原与森林一样同处于生态空间的基础地位，它与森林自然的特殊生境耦合，使二者缺一不可。

在今后的一个相当长的历史时期，生态环境保护和绿色发展理念将作为我国新一轮经济增长和产业升级的重要引擎，释放生态文明建设中自然资源资产的市场效应，拉动在生态环境保护方面做出巨大贡献的欠发展地区的社会民生和经济发展，充分发挥原本闲置和不能参与市场配置的环境、空气、淡水等自然资源作为资本要素的潜力，寻求良好生态系统之外的溢出效益。这种模式的发展，在以前几乎是不可想象的，而现在则是可以实现的。其根本原因就在于基础设施的完善、技术的进步、互联网的迅猛发展和大数据时代（big data age）[①]的到来。我们可以通过互联网系统将资源要素变为资本要素，将对资源的经营变为非货币、透明、可分析、直接交易的大数据（big

---

① 大数据时代（big data age）：数据，已经渗透到当今每一个行业和业务职能领域，成为重要的生产因素。人们对于海量数据的挖掘和运用，预示着新一波生产率增长和消费者盈余浪潮的到来。大数据在物理学、生物学、环境生态学等领域以及军事、金融、通讯等行业存在已久，却因为近年来互联网和信息行业的发展而引起人们关注。这是一场革命，庞大的数据资源使得各个领域开始了量化进程，无论学术界、商界、工农业还是政府，所有领域都将开始这种进程。

a. 大数据的精髓，大数据带给我们的3个颠覆性观念转变：是全部数据，而不是随机采样；是大体方向，而不是精确制导；是相关关系，而不是因果关系。

b. 大数据特征，数据量大、类型繁多、价值密度低、速度快时效高。

第一个特征是数据量大。大数据的起始计量单位至少是P（1 000个T）、E（100万个T）或Z（10亿个T）。

第二个特征是数据类型繁多。包括网络日志、音频、视频、图片、地理位置信息等等，多类型的数据对数据的处理能力提出了更高的要求。

第三个特征是数据价值密度相对较低。如随着物联网的广泛应用，信息感知无处不在，信息海量，但价值密度较低，如何通过强大的机器算法更迅速地完成数据的价值"提纯"，是大数据时代亟待解决的难题。

第四个特征是处理速度快，时效性要求高。这是大数据区分于传统数据挖掘最显著的特征。

既有的技术架构和路线，已经无法高效处理如此海量的数据，而对于相关组织来说，如果投入巨大采集的信息无法通过及时处理反馈有效信息，那将是得不偿失的。可以说，大数据时代对人类的数据驾驭能力提出了新的挑战，也为人们获得更为深刻、全面的洞察能力提供了前所未有的空间与潜力。

c. 思维变革，当数据的处理技术发生翻天覆地的变化时，大数据时代，我们的思维也要变革。

第一个思维变革：利用所有的数据，而不再仅仅依靠部分数据，即不是随机样本，而是全体数据。

第二个思维变革：我们唯有接受不精确性，才有机会打开一扇新的世界之窗，即不是精确性，而是混杂性。

第三个思维变革：不是所有的事情都必须知道现象背后的原因，而是要让数据自己"发声"，即不是因果关系，而是相关关系。

date）[①]，成为资本平台上大家都可参与博弈决策的投资。在对自然生态资源的经营中，当我们把所有经济活动全部通过网络平台，系统地明明白白展现在资本市场上时，自然资源资产的市场效应就会释放出来，成为社会投资的目标。

例如，呼伦贝尔的矿泉水资源极其丰富，经化验确认的有40多眼，每天的流量可达1.5×10^4 t以上，但这些矿泉水的品质相互又有所区别，可以满足不同人群的需求。同时，呼伦贝尔市还有蕴藏量极大的天然高品质饮用水资源。当我们把每眼矿泉的品位、资源量、产量展现在网络平台上时，把每日移动支付的大数据展现在资本平台上时，将来每天的$1\,500\times10^4$ kg，约$>3\,000\times10^4$瓶矿泉水，就会成为中国相对无限大饮品消费市场的紧俏商品，成为投资的热点。同时，在移动支付、大数据以及现代物流的支撑下，还会带动天然高品质饮用水进入饮用水消费市场，使其像粮食、肉类、蔬菜一样成为人们生活中不可或缺的必需品。

又如，以呼伦贝尔草原和岭东嫩江右岸山前平原为主的牧区和农区，自然资源得天独厚，但历史上是属于两个产业空间不关联的地域。而在当今的互联网高度发达的大数据时代，正在催生着市域内农牧区一体化的一场伟大的农牧业产业革命。这场革命的核心内容就是在提高农牧业综合经济效益前提下的岭西牧区和岭东农区畜牧业大空间轮牧、农牧业的全覆盖无死角的有机食品基地建设。其关键点是在气候差异较大的两个地域，充分利用冷热两个资源，实现食草类家畜与天然牧草和农作物之间的物质转换和能量转换；实现农畜产品的无农药、化肥、公害污染的有机化生产。

这样，全市的森林、碳汇、草原、土地、湖泊库塘、河流、湿地等自然资源资产都可以做到资本化，也就实现了投资主体的市场化转换，呼伦贝尔以满足社会消费需求为目标的新的投资拉动便会形成，从而形成内需消费拉动。目前全市信息网络、交通运输、电力能源等基础设施完全能够满足以上发展的需要。我国的自然生态产品、环保产品的生产技术和装备也能满足发展的要求。

按照以上思路，将全市的自然生态资源基本情况作一个简明扼要的介绍（包括森林、草地、水等有形资源和碳汇、风能、太阳能等无形资源），以便于在工作中有一个抓手，在量和质上能有准确的拿捏把握。详细地将研究积累多年的呼伦贝尔市资源情况介绍给各位读者，有利于大家在了解自然生态资源家底的基础上，促进自然资源资产参与市场资源配置，把自然资源作为资本融进经济发展的具体项目中。这样考虑的原因在于呼伦贝尔市是一个生态资源大市，在内蒙古自治区没有任何一个盟市能够比肩，在全国也绝对处于前列，把自然生态资源这篇文章做好，经济发展的质量就会产生极大的飞跃。

另外还有一个目的，就是帮助大家在了解呼伦贝尔市自然生态资源的基础上，逐步树立起正确的资源观。在呼伦贝尔林区，人们头脑中根深蒂固的资源是森林的木材蓄积量、可采伐量，而对森林的综合性生态产出重视不足；农区普遍把耕地作为重要资源，忽略了大面积开垦耕地对生态环境的负面影响；牧区更侧重于草原牧场，把能支撑畜牧业生产的自然资源作为重要依托，而对其他资源重视不够；城市则致力于经济规模、人口的聚集、规划建设，放松了对城区外与城市关联密切的环境资源统筹协调。要充分认识到，呼伦贝尔的自然生态资源不是孤立存在的，是一个统一的整体。山脉、森林、草原、平原、湿地、湖泊、河流等是居于林区、农区、牧区、城市的人们谁也离不开的赖以生存的环境基础，而人是这个自然生态系统的重要影响因素。在社会高度发达的今天，森林的资源属性不只是产出多少木材，更重要的是它的生态功能；耕地的资源属性要求不是量越大越好，而是确保质量的前提下对生态环境的不利影响越小越好；草原牧场的载畜量也不可无限度地增长，它有科学合理的数量，草原还有与森林一样重要的生态功能；城市规模也不是越大越好，城区的外溢必须在较大的生态空间上考虑对环境资源的影响。农牧林区城市每一部分只是呼伦贝尔自然生态系统的局部，而整体才更接近全部，对资源的索取利用必须考虑互相关联着的自然生态环境的全局。这些都需要我们建立起完整、系统、科学的资源观，确保我们在今后的工作中不犯错误或少犯错误。

---

① 大数据（big data）：指无法在一定时间范围内用常规软件工具进行捕捉、管理和处理的数据集合，是需要新处理模式才能具有更强的决策力、洞察发现力和流程优化能力的海量、高增长率和多样化的信息资产。

在维克托·迈尔-舍恩伯格及肯尼斯·库克耶编写的《大数据时代》中，大数据指不用随机分析法（抽样调查）这样捷径，而采用所有数据进行分析处理。大数据的5个特点：大量、高速、多样、低价值密度、真实性。

第一节
森林资源

一、内蒙古大兴安岭重点国有林管理局

内蒙古大兴安岭重点国有林区总面积为 $10.677\,5\times10^4$ km²，其中林地面积 10.296×10^4 km²，占 96.42%。森林面积 $8.370\,2\times10^4$ km²，森林覆盖率 78.39%，活立木总蓄积量 $10.328\,46\times10^8$ m³。活立木总蓄积量和天然林面积均居我国东北地区五大国有林区前列（大兴安岭重点国有林管理局，2018）。

2016 年，内蒙古大兴安岭重点国有林区蕨菜及其他山野菜采集量分别为 809 t、682 t，实现产值分别为 478 万元和 899 万元；食用菌总产量 418.19 t（干），产值 3714 万元。

二、呼伦贝尔市地方林业局

呼伦贝尔地方林地面积 5.75×10^4 km²，森林面积 3.66×10^4 km²，森林蓄积量 2.67×10^8 m³，森林覆盖率 25.5%（呼伦贝尔市林业局，2017）。

呼伦贝尔市地方林区年采集蘑菇、木耳、蕨菜、黄花菜等食用菌和山野菜大概在 1 000 多吨上下。

三、呼伦贝尔各旗市区的森林资源

2017 年，呼伦贝尔市林地面积 16.3×10^4 km²，森林面积 13.00×10^4 km²，其中有林地 12.80×10^4 km²，活立木蓄积量 11.7×10^8 m³，森林覆盖率 51.4%。内蒙古大兴安岭重点国有林区、呼伦贝尔地方林区，互有覆盖。以上未包括黑龙江省托管的鄂伦春自治旗的松岭区和加格达奇区，两地面积约 1.82×10^4 km²，林地面积约 1.46×10^4 km²（呼伦贝尔市林业局，2017）。

（1）额尔古纳市，森林面积 2.00×10^4 km²，其中有林地 1.96×10^4 km²，森林覆盖率 70.3%。

（2）根河市，森林面积 1.93×10^4 km²，其中有林地 1.93×10^4 km²，森林覆盖率 96.84%。

（3）鄂伦春自治旗，森林面积 4.09×10^4 km²，其中有林地 4.09×10^4 km²，森林覆盖率 98.12%（不包括黑龙江托管部分）。

（4）牙克石市，森林面积 2.13×10^4 km²，其中有林地 2.07×10^4 km²，森林覆盖率 77.2%。

（5）莫力达瓦达斡尔族自治旗，森林面积 0.22×10^4 km²，其中有林地 0.22×10^4 km²，活立木蓄积量 0.05×10^8 m³，森林覆盖率 21.11%。

（6）阿荣旗，森林面积 0.57×10^4 km²，其中有林地 0.57×10^4 km²，活立木蓄积量 0.33×10^8 m³，森林覆盖率 41.78%。

（7）扎兰屯市，森林面积 1.10×10^4 km²，其中有林地 1.10×10^4 km²，森林覆盖率 64.98%。

（8）陈巴尔虎旗，森林面积 0.14×10^4 km²，其中有林地 0.12×10^4 km²，活立木蓄积量 0.09×10^8 m³，森林覆盖率 6.6%。

（9）鄂温克族自治旗，森林面积 0.66×10^4 km²，其中有林地 0.63×10^4 km²，森林覆盖率 33.64%。

（10）海拉尔区、满洲里市、扎赉诺尔区、新巴尔虎左旗、新巴尔虎右旗 5 个旗市区的森林面积、有林地面积、活立木蓄积量已计入呼伦贝尔市，由于总量较小未单列。

第二节
草原资源

呼伦贝尔全市草原面积 1.49 亿亩（呼伦贝尔市林业局，2017），2017 年全市天然牧草产量 1 550.82 × 10^4 t（干草），平均单产 103.9 kg/ 亩（干草）（呼伦贝尔市林业局，2017）。

牧业四旗近几年的牧草产量、冷季载畜量、牧业年度牲畜头数如下。详见表 8-1 至表 8-9。

一、陈巴尔虎旗草原面积、总产草量

陈巴尔虎旗草原面积、总产草量详见表 8-1。

表8-1 陈巴尔虎旗草原面积、总产草量（2012—2017年）

行政名称	草原总面积（万亩）	年份	单产（kg 干草 / 亩）	总产量（× 10^4kg 干草）
陈旗	2 257.3	2012	109	246 045.7
		2013	121	273 133.3
		2014	129	291 191.7
		2015	73	164 782.9
		2016	55	124 151.5
		2017	43	97 063.9

注：年平均单产 88.33kg/ 亩（干草）；年平均总产草量 199 394.83 × 10^4 kg（干草）。

二、鄂温克族自治旗草原面积、总产草量

鄂温克族自治旗草原面积、总产草量详见表 8-2。

表8-2 鄂温克族自治旗草原面积、总产草量（2012—2017年）

行政名称	草原总面积（万亩）	年份	单产（kg 干草 / 亩）	总产量（× 10^4kg 干草）
鄂温克旗	1 742.75	2012	113	196 930.75
		2013	124	216 101
		2014	109.9	191 528.23
		2015	71.13	123 961.81
		2016	29.54	51 480.84
		2017	46.33	80 741.61

注：年平均单产 82.32kg/ 亩（干草）；年平均总产 143 457.37 × 10^4 kg（干草）。

三、新巴尔虎左旗草原面积、总产草量

新巴尔虎左旗草原面积、总产草量详见表 8-3。

表8-3 新巴尔虎左旗草原面积、总产草量（2012—2017年）

行政名称	草原总面积（万亩）	年份	单产（kg 干草 / 亩）	总产量（$\times10^4$kg 干草）
新左旗	2 729.06	2012	93.44	255 003.37
		2013	112.87	308 029
		2014	113.2	308 929.59
		2015	85.6	233 607.54
		2016	32.6	88 967.36
		2017	40	109 162.4

注：年平均单产 79.62 kg/ 亩（干草）；年平均总产 217 283.21 × 10^4 kg（干草）。

四、新巴尔虎右旗草原面积、总产草量

新巴尔虎右旗草原面积、总产草量详见表 8-4。

表8-4 新巴尔虎右旗草原面积、总产草量（2012—2017年）

行政名称	草原总面积（万亩）	年份	单产（kg 干草 / 亩）	总产量（$\times10^4$kg 干草）
新右旗	3 424.08	2012	48.86	167 300.55
		2013	59	202 020.72
		2014	60.45	206 985.64
		2015	35.97	123 164.16
		2016	20.65	70 707.25
		2017	29.45	100 839.16

注：年平均单产 42.4 kg/ 亩（干草）；年平均总产草量 145 169.58 × 10^4 kg（干草）。

五、牧业四旗天然草原冷季载畜量

1. 鄂温克族自治旗冷季载畜量

鄂温克族自治旗冷季载畜量详见表 8-5。

表8-5 鄂温克旗冷季载畜量（2012—2018年）

行政名称	年份	可利用面积（万亩）	冷季可食牧草储量（$\times10^4$kg 干草）	冷季载畜量（万绵羊单位）
鄂温克旗	2012	1 630.22	64 077.91	164.51
	2013		73 067.97	178.21
	2014		78 172.40	190.66
	2015		57 076.10	146.54
	2016		24 724.75	60.30
	2017		23 997.77	58.53
	2018		45 476.82	109.85

2. 新巴尔虎右旗冷季载畜量

新巴尔虎右旗冷季载畜量详见表 8-6。

表8-6 新巴尔虎右旗冷季载畜量（2012—2018年）

行政名称	年份	可利用面积（万亩）	冷季可食牧草储量（$\times 10^4$kg 干草）	冷季载畜量（万绵羊单位）
新巴尔虎右旗	2012	3 290.54	62 472.76	160.39
	2013		70 285.93	180.22
	2014		74 995.72	192.30
	2015		62 838.19	161.33
	2016		37 908.47	92.46
	2017		33 335.73	81.31
	2018		48 252.61	116.55

3. 新巴尔虎左旗冷季载畜量

新巴尔虎左旗冷季载畜量详见表 8-7。

表8-7 新巴尔虎左旗冷季载畜量（2012—2018年）

行政名称	年份	可利用面积（万亩）	冷季可食牧草储量（$\times 10^4$kg 干草）	冷季载畜量（万绵羊单位）
新巴尔虎左旗	2012	2 579.02	55 109.09	141.49
	2013		63 134.41	161.88
	2014		66 967.72	171.71
	2015		57 209.58	146.88
	2016		43 642.00	106.44
	2017		39 638.41	96.68
	2018		55 085.60	133.06

4. 陈巴尔虎旗冷季载畜量

陈巴尔虎旗冷季载畜量详见表 8-8。

表8-8 陈巴尔虎旗冷季载畜量（2012—2018年）

行政名称	年份	可利用面积（万亩）	冷季可食牧草储量（$\times 10^4$kg 干草）	冷季载畜量（万绵羊单位）
陈巴尔虎旗	2012	2 125.22	78 268.37	179.10
	2013		90 078.97	219.70
	2014		97 115.64	236.86
	2015		70 008.08	179.74
	2016		37 238.82	90.83
	2017		34 412.57	83.93
	2018		65 106.80	157.26

六、呼伦贝尔市牧业年度牲畜头数

2012～2017 年呼伦贝尔市牧业年度牲畜头数详见表 8-9。

表8-9 全市牧业年度牲畜头数（2012～2017年）

指标 年度	牲畜总计（万头只）	其中（万头只）		同比（%）	大小畜合计（万头只）	其中（万头只）		同比（%）	大牲畜（万头只）	其中（万头只）		同比（%）	羊（万头只）	其中（万头只）		同比（%）	猪（万头只）	其中（万头只）		同比（%）
		农区	牧区			农区	牧区			农区	牧区			农区	牧区			农区	牧区	
2012	1 830.7	1 304.2	526.5	10.84	1 660.9	1 136.3	524.6	8.68	207.5	142.5	65	8.36	1 453.4	993.8	459.6	8.7	169.8	167.96	1.84	37.6
2013	1 881.9	1 370.4	511.52	2.66	1 700.7	1 191.1	509.6	2.4	211.2	148.5	62.7	0.59	1 489.5	1 042.6	446.9	2.48	181.30	179.42	1.88	6.77
2014	1 955.3	1 421.5	533.9	3.9	1 768.04	1 236.21	531.82	4	213.78	149.92	63.86	1.22	1 554.27	1 086.29	467.97	4.35	187.35	185.25	2.09	3.3
2015	2 136.7	1 543.6	593.1	9.27	1 940.8	1 349.64	591.16	9.77	225.68	153.93	71.75	5.57	1 715.1	1 195.7	519.4	10.35	195.86	193.88	1.98	4.54
2016	2 176.3	1 565.5	610.7	1.85	1 978	1 369.1	608.9	1.96	230.6	152.1	78.5	2.17	1 747.4	1 217	530.4	1.88	198.3	196.4	1.8	1.24
2017	2 162.4	1 563	599.4	-0.64	1 978.9	1 381.3	597.6	0.05	226.8	153.8	73	-1.6	1 752	1 227.5	524.5	0.26	183.5	181.7	1.8	-7.5

第三节
水资源

一、水资源总量

呼伦贝尔水资源总量为 316.19×10^8 m^3，其中地表水资源量 298.19×10^8 m^3，地下水资源量 18×10^8 m^3。呼伦贝尔有大小河流 1×10^4 余条，流域面积大于 1 000 km^2 的有 63 条，大于 500 km^2 的有 98 条，大于 100 km^2 有 550 条，其余流域面积小于 100km^2。

大兴安岭重点国有林管理局施业区有大小河流 7 410 条（300 余条与施业区外河流重复交叉），地方林业局施业区、呼伦贝尔草原、岭东嫩江右岸（西岸）山前平原有大小河流约 3 000 余条。湖泊（湖泊湿地）库塘 2 200 余个，其中＞ 1 km^2 的有 138 个，＞ 10 km^2 的有 11 个，＞ 100 km^2 有 3 个（赵宗琛，2011）。

二、嫩江水系水资源

嫩江水系在呼伦贝尔市域内的主要一级支流有二根河、南瓮河、那都里河、多布库尔河、甘河、诺敏河、阿伦河、雅鲁河、绰尔河等。

嫩江水系市域内水资源量＞ 182.979 6×10^8 m^3，嫩江干流在市境内长度 788 km。水系流域面积市域内约 10.817 298×10^4 km^2，其中牙克石市大兴安岭山脉分水岭东侧部分在嫩江水系流域范围内的面积约 0.723 9×10^4 km^2，鄂伦春自治旗、莫力达瓦达斡尔族自治旗、阿荣旗、扎兰屯市的全域都在嫩江水系流域范围。

三、额尔古纳河水系水资源

额尔古纳河水系在呼伦贝尔市域内的主要一级支流（右岸我国境内）有海拉尔河、达兰鄂罗木河、根河、得耳布尔河、莫尔道嘎河、激流河、阿巴河、乌玛河、恩和哈达河等。

额尔古纳河水系市域内水资源量为 115.208 9×10^8 m^3，额尔古纳河干流市域内长度为 970 km，额尔古纳河水系市域内（包括兴安盟域内）流域面积＜ 15.352×10^4 km^2（锡林郭勒盟、蒙古国未计入）。牙克石市大兴安岭山脉分水岭西侧部分在额尔古纳河水系流域范围内，根河市、额尔古纳市、海拉尔区、满洲里市（扎赉诺尔区）、鄂温克族自治旗、陈巴尔虎旗、新巴尔虎右旗、新巴尔虎左旗全域都在额尔古纳河水系流域范围。

四、呼伦湖—贝尔湖水系水资源

呼伦湖—贝尔湖水系包括达兰鄂罗木河（新开河）、乌尔逊河、克鲁伦河、哈拉哈河、沙勒尔金河、呼伦沟河（人工）、呼伦湖、贝尔湖、乌兰诺尔、新开湖（蒙古语称，哈达乃浩来，已干涸）。

哈拉哈河为中蒙界河、跨界河，径流量为 11.5×10^8 m^3（含沙勒尔金河）。克鲁伦河为中蒙跨界河，下游在呼伦贝尔市域内长 206.44km，径流量为 5.22×10^8 m^3。

达兰鄂罗木河为呼伦湖的吞吐河流，最大径流量可达 10×10^8 m^3。呼伦沟河前几年的平均入湖水量即年平均径流量约在 10×10^8 m^3 上下。乌尔逊河径流量为 6.88×10^8 m^3。

呼伦湖面积在达到 2 339 km^2 时，新开湖盈满，总蓄水量为 144.2×10^8 m^3；贝尔湖按平均水深 9 m，面积 609 km^2 计，总蓄水量约为 54.81×10^8 m^3；乌兰诺尔面积按 75 km^2、水深按平均 0.5 m 计，总蓄水量约为 0.375×10^8 m^3。

呼伦湖、贝尔湖、乌兰诺尔最大水资源量为 199.385×10^8 m^3。

五、呼伦贝尔市地下水资源

呼伦贝尔地下水分布广，总补给量 $75.36\times10^8\,m^3$。地下水与地表水之间重复量为 $57.36\times10^8\,m^3$，地下水资源量（扣除复生量）为 $18\times10^8\,m^3$，地下水可开采量 $12.43\times10^8\,m^3$。

呼伦贝尔地下水具有以下特点：

一是水文地质条件较复杂。地质构造、地层岩性、气候、地貌等条件是控制地下水的主要因素。地质构造对地下水起控制作用，气候和地貌对浅层地下水分布影响极大，地层岩性影响地下水的化学成分。大兴安岭山脉纵贯全市中部，是地表水和地下水的天然分水岭。在山脉的东西两侧构成山地、丘陵、波状高平原、盆地等多种地貌形态，相互交错起伏。这些因素的综合作用导致水文地质条件复杂化，造成地下水分布状况特点各异。沿大兴安岭山脉分水岭两侧地区从北向南、从东向西，呈有规律的变化，即地下水埋藏深度沿上述方向逐渐变深，水量逐渐变小，水质逐渐变差。在大兴安岭山地及东侧低山丘陵区、嫩江右岸山前平原降水比较充沛，河网发达，地下水补给充裕，水量比较丰富。而在岭西高平原区降水较少，补给有限，地下水量也少。

二是地下水分布类型较多，主要有裂隙水[①]、潜水[②]、承压水[③]。

裂隙水主要分布于山地、丘陵的基岩带。在大兴安岭北部山地、丘陵地区，基岩广布，地下水多属基岩裂隙水，且比较丰富。嫩江右岸西部的丘陵山区和海拉尔盆地西部地区也是裂隙水主要分布地区。

潜水在呼伦贝尔市高平原、丘陵区、沙地区和嫩江右岸山前平原都有广泛分布，水量多，是地下水的主要类型。其中基岩裂隙水和第四系孔隙潜水居多，前者主要分布于丘陵山区，后者主要分布于高平原区或河谷区。

承压—自流水是埋藏于不透水层之间的具有一定的压力水头的地下水。当这种水被钻透时，压力大的区域可喷出地表，压力小的水位会高出含水层。在呼伦贝尔，承压水有构造盆地承压水和岛状永久性冻土层下承压水。前者主要分布在海拉尔盆地、扎赉诺尔断陷盆地和克鲁伦河拗陷盆地的侏罗系和白垩系砂砾岩层，另外还有许多小型的山间承压水盆地。后者主要分布在海拔较高、气温低的海拉尔河以北大兴安岭山脉西北侧的山地、丘陵区。

三是地下水开采分区明显。浅层地下水供水区地下水埋深在 3～10 m，水源丰富，易开采，主要分布于市域内农区嫩江右岸山前平原；浅层与深层地下水结合供水区，市域内多有分布，埋深不一；深藏地下水供水区主要分布在沙层平原及波状高平原上，水质良好，埋藏深度 30～60 m。

开采地下水资源应注意的问题：

一是，水质评价和水量评价。地下水资源是指存在于地下可以为人类所利用的水资源，是水资源的一部分，并且与大气水资源和地表水资源密切联系、互相转化。既有一定的地下储存空间，又参加自然界水循环，具有流动性和可恢复性的特点。地下水资源的形成，主要来自现代和以前的地质年代的降水入渗和地表水的入渗，资源丰富程度与气候、地质条件等有关，利用地下水资源前，必须对其进行水质评价和水量评价。

二是，杜绝超量开采。地下水开采量超过可开采量，使地下水位持续下降的开采即为超量开采。

---

① 裂隙水（fracture water）：存在于岩石裂隙中的地下水。可能是潜水或上层滞水，也可能是承压水。① 风化带网状裂隙水，存在于花岗岩或其他岩浆和变质岩等的风化带中，埋藏浅，常为潜水；② 裂隙层状水，存在于坚硬的岩层如石英岩、玄武岩和砂岩中，当岩层软硬相间时，常为承压水；③ 裂隙脉状水，主要存在于断裂带中，一些新的、张性的断裂带，特别是巨大的断裂带，常含有丰富的地下水。

② 潜水（unconfined water）：埋藏在地面以下第一个稳定不透水层之上的地下水。具有自由表面，在重力作用下能从高处向低处流动。大气降水和地表水可以渗入地下补给潜水；有时（特别是枯水季节）潜水也可补给地表水，彼此间有密切的水利联系。分布广，埋藏浅，故常用作供水水源。

③ 承压水（confined water）：充满上、下两个不透水层之间具有承压性质的地下水。当侧压水位高于地面高程时，可形成自流水。上部有不透水层隔开，不直接接受大气降水补给，补给区较远，故补给条件比潜水差，开采后易形成降落漏斗。受气象条件影响较小，水质、水量、水位变化也较小。由于承压水分布广泛，水质一般优良，水位、水量也较稳定，故是良好的供水水源。

超量开采地下水，一般可能会导致3种问题：一是引起水位的下降；二是产生区域性的地面沉降；三是可能会引起水质的变化。沿海地区如果地下水开采过量，还会引起海水侵蚀、地下水咸化等更严重的危害。同理，在高pH值水体呼伦湖的周边大量地开采地下水也会产生同样的危害。地下水开发利用不当，或超量开采还会引起其他环境问题。

三是，掌握地下水的特点。优点，地下水的水质更纯净、甘甜，所含矿物质更多，喝了有利于补充身体所需矿物质；潜水由于经地层的渗滤，隔除了大部分悬浮物和微生物，水质物理性状好，细菌含量较少；水质澄清、水温稳定、分布面广。缺点，地下水径流量较小，有的矿化度和硬度较高；地下水资源分布不均，山区很少有地下水；流动较慢水质参数变化慢，一旦污染很难恢复；埋藏深度不同，温度变化规律也不同；取出后水质状况容易发生改变。

合理开采地下水应遵循以下原则（高博文，何俊江，2014）：

一是，促使大气降水转化为地下水。实行林、牧、农并举方针，营造水保林，积极发展经济林，实 行乔、灌、草相结合，通过封山育林、育草、改坡地为梯坡地的林草植被建设等，增加植被覆盖率，可提高降水资源的有效利用，将更多的降水转化为地下水。由于植被具涵养水分功能，增加了降水对地下水的补给量，在地下水储存、调蓄功能作用下，在地下水雨季集中获得补给常年消耗的地下动力特征作用下，对河川来讲削减了洪水产流量，增加清水流量，并调节了水资源时间分布不均衡的差异。

二是，改造城市建设规划，使降水充分被利用，涵养地下水源。呼伦贝尔市的海拉尔、满洲里、牙克石、扎兰屯等主要城市的住房是钢筋混凝土结构，路面是沥青或混凝土铺设，就连广场或其他空地也是砖、石板或陶瓷砖类铺砌，使降水根本无法入渗地下补给地下水，大量降水通过地下管道与城市生活污水混合，排入城郊沟谷或污水处理厂，既浪费了大量降水资源，又增加了污水处理或污水排放量。因此，在建设中应逐步做到雨水与污水分开，逐步改造城市路面、广场等空地的铺砌材料，使降水渗入地下补给地下水水，建设吸纳降水的海绵城市。

三是，全流域水资源统一整体规划。水资源是在整个流域中从上游至下游，大气降水、地表水、地下水不断循环形成的。流域中地表水与地下水不断相互转化、相互制约、相互影响、相互涵养是其自然规律。现在的主要问题是一些不合理的水利工程，将这些自然转化规律弱化或者破坏了。因此，要合理规划利用河流，防止利用不当导致其断流造成生态灾难。因此，必须对海拉尔河、伊敏河、扎敦河、雅鲁河、诺敏河、嫩江等流域的水库进行由政府主导的流量调度调控，确保河流不断流，避免由此引起的各种生态问题发生。

四是，防止地下水污染。呼伦贝尔市地下水资源总体上是比较好的，但在不同程度上已受到局部污染，并有发展的趋势。这不但加剧了地下水资源短缺矛盾，还会直接威胁人民的健康，影响社会经济的可持续发展。地下水污染治理应以防为主。各旗市区应根据地方工业类型，产业结构特点及规划目标，结合科技发展水平，参照国家环境保护法，制定地方性的环保法规条例，建立健全从企业到地方政府的环保管理体系，确立防、管、治的综合措施，从而达到从根本上防治地下的水污染。具体措施有：市政基础建设要逐步完善废污水排放管网化，切断地下水污染源；把好固体废弃物的堆放和处理关，防止固体废弃物在降水和地表水作用下，向地下水渗漏污染地下水；加强防止农业污染，禁止不科学盲目地污水灌溉；把好水源地保护关，依据水文地质条件，在水源地周围建立水源地保护区，在保护区内不准修建对地下水造成污染的企业和进行威胁地下水水质的其他人为活动。

五是，严格控制深层地下水的利用。深层地下水（指地下含水体上面有隔水层所覆盖，降水和地表水不能直接进入的地下水体）是封闭性含水层，不能直接得到降水和地表水的补给，可恢复的能力极差，类似于石油资源，用一点少一点，是不可持续利用的水资源。但是，深层地下水水质好、水温稳定，是天然优质水资源。在水源稀缺的状态下，深层地下水应该“优质优用”。回顾我国开发利用地下水的历史，总是将深层地下水与浅层地下水不加区别地广泛用于工农业和生活用水。结果是可怕的，深层地下水水位大幅度地下降，优质水资源急剧减少并引发了严重的地面沉降和地裂缝灾害。其实，地面沉降的原因早在 20 世纪 60 年代就基本查明，抽汲地下水特别是深层地下水是主要原因。

因为从深层地下含水层抽出的水主要由含水砂层弹性释水量和黏性土层压密释水量构成。也就是说将含水层的水采出后，这个含水层及其临近的黏性土层被脱水、压缩，体现在地表就是沉降量，但这一研究的结论并未起到警示效果。目前，深层地下水还在继续开发利用，开采区域有逐步向全国扩大的趋势，这应引起属后发地区的呼伦贝尔市的高度重视，决不能发生因抽汲地下水而产生地面沉降和裂缝灾害。特别是各市城区、各旗城关镇，更要严格控制深层地下水的开发利用，把其当做一种战略性储备，确实保护好地下水资源。

六、各旗市区的水资源

（一）海拉尔区

海拉尔区的水资源包括地表水河流、湖泊（湖泊湿地）、地下水。

1. 地表水

地表水以海拉尔河为主（包括伊敏河），域内年平均径流量为 $34.5\times10^8\,m^3$。湖泊（湖泊湿地）共计 34 个，面积＞ $0.1\,km^2$ 的共 7 个，其中辉图哈日诺尔（东大泡子）为最大，面积 $1.39\,km^2$。目前由于在城市规划建设中，没有充分考虑到辉图哈日诺尔是通过海拉尔河汛期河漫滩实现补给的，在其补水路径上不科学地建设了养殖场、高速公路等工程，海拉尔河与辉图哈日诺尔的水力联系已完全被阻断，湖内的水仅靠降雨维持，面积大大缩小，现面临干涸。

2. 地下水

（1）第四系松散沉积物孔隙潜水　主要分布在海拉尔河、伊敏河谷河流冲积层内，富水性高，水位埋深 5～6m，单井出水量约 800 t/d。

（2）丘陵区岛状多年冻土承压水　海拉尔区北部的丘陵区，由于第四纪冰川活动的结果，广泛分布有已处于退化阶段的岛状多年冻土，冻层下地下水分布广泛，水量丰富，具有承压水的特点，一般出水量为 100～500 t/d。

（3）海拉尔盆地承压水　城区至哈克以南地区，地下水埋藏深度受到地形影响而有差异，在高台地上一般较深为 50～85 m，而在低洼古河道地带较浅一般为 10～30 m，含水层厚 50 m 左右，单井涌水量为 1 680 t/d。

海拉尔区地下水矿化度＜ 1 g/L，浅层地下水属重污染级，pH 值为 7.1；伊敏河 pH 值为 7.4，海拉尔河 pH 值为 7.6，两河有机物超标；高平地的湖泊均为碱性。

3. 水资源量

海拉尔区地表水资源量 $0.042\,9\times10^8\,m^3$，地下水总量 $0.956\,3\times10^8\,m^3$，地下水可开采量 $0.590\,1\times10^8\,m^3$。

（二）满洲里市（含扎赉诺尔区）

满洲里市的水资源包括地表水河流、湖泊（湖泊湿地），地下水。

1. 地表水

地表水有海拉尔河左岸长度约 9.55 km，海拉尔河全河段（包括左、右岸）长度约 1.5 km，此断面年平均径流量为 $36.9\times10^8\,m^3$；约 16.4 km 长的新开河，约 21.04 km 长的达兰鄂罗木河（包括新开河）；满洲里市有呼伦湖约 5.5 km 长的湖岸；查干湖，面积 $0.25\,km^2$；无名湖，面积 $0.48\,km^2$；小北湖，面积 $0.4\,km^2$。

2. 地下水

满洲里市大地构造处于外贝加尔褶皱系衔接带、额尔古纳—呼伦湖深断裂西北侧，其地貌、地层及地下水等均受控于这一特定的构造环境。

地下水可开采主要分 3 个区域，一是市区第四系可开采区，二是扎赉诺尔区第四系可开采区，三是海拉尔河一级阶地侧渗区。

3. 水资源量

满洲里市地下水年补给总量为 3 889 × 10^4 m³，可开采量为 3 319 × 10^4 m³。其中市区可开采量为 438 × 10^4 m³，扎赉诺尔区为 1 202 × 10^4 m³，海拉尔河一级阶地侧渗取水 1 679 × 10^4 m³。

（三）牙克石市

牙克石市的水资源包括地表水河流、湖泊（湖泊湿地），地下水。

1. 地表水

（1）河流。主要有海拉尔河、雅鲁河、绰尔河、图里河、伊图里河，分属嫩江水系和额尔古纳河水系。

① 海拉尔河市域内干流流长 120km，流域面积 1.566 9 × 10^4 km²，域内年平均径流量 19.9 × 10^8 m³。干支流两岸为原始森林、次生林和山地草甸草原，植被良好，涵养水源能力强，是海拉尔河主要产流区。

② 雅鲁河市域内干流流长 > 100 km，总流域面积 1.911 × 10^4 km²，年平均径流量 4.21 × 10^8 m³。

③ 绰尔河市域内干流流长 > 110 km，总流域面积 1.733 6 × 10^4 km²，塔尔气以上控制流域面积 1 906 km²，市域内年平均径流量 2.87 × 10^8 m³。

④ 图里河市域内河长 134.8 km，域内流域面积 3 647 km²，年平均径流量不详，为根河一级支流。

⑤ 伊图里河市域内河长 96.6 km，域内流域面积 1 122 km²，年平均径流量不详，为根河二级支流。

（2）湖泊、库塘。主要有扎敦水库等 7 个。

① 云龙湖位于海拉尔河流域免渡河左岸，面积 0.5 km²，库容 200 × 10^4 m³。

② 凤凰湖位于海拉尔河流域免渡河左岸，面积 1.32 km²，库容 528 × 10^4 m³。

③ 下凤凰湖位于海拉尔河流域免渡河左岸，面积 0.73 km²，库容 219 × 10^4 m³。

④ 上凤凰湖位于海拉尔河流域免渡河左岸，面积 0.4 km²，库容 20 × 10^4 m³。

⑤ 扎敦水库位于海拉尔河流域免渡河支流扎敦河中游，面积 11.2 km²，总库容 0.930 6 × 10^8 m³。

⑥ 乌奴耳镇的 9 号泡子又名长寿湖，位于免渡河流域乌奴尔河支流九号沟子河上，面积 0.11 km²。

⑦ 乌尔其汉镇南湖，面积 0.25 km²。

2. 地下水

（1）潜水（unconfined water）。牙克石市域内河网密布，地下水补给来源充足，地下径流通畅，在地形陡降处形成地下水出露成泉，水量大质好，埋藏浅易成井。

① 基岩裂隙潜水。广泛分布在域内的山地、丘陵区。基岩裂隙含水带厚度 20～150 m，埋藏深度 0～30 m，在局部构造破碎带和裂隙带形成下降泉溢出地表。井、泉涌水量 50～500 t/d。

② 第四系松散沉积物孔隙潜水。主要分布在海拉尔盆地和各大河流及支流河谷漫滩中积层内。埋藏浅，易成井，水量大，水质优良。地形受切割时，一般出现泉流。

基岩裂隙潜水和降水、融雪水为第四系松散沉积物孔隙潜水主要补水来源。含水层厚度自河流上游向下游逐渐增加，海拉尔河牙克石附近为 20～30 m；在雅鲁河、绰尔河中上游段为 4～10 m。海拉尔河从牙克石到海拉尔段，井涌水量为 130～1 050 t/d；雅鲁河中上游地带井涌水量为 250～500 t/d；绰尔河勘探资料不详。大部分河谷漫滩砂砾层潜水水质良好。

（2）承压水（confined water）。

① 岛状多年冻土层下承压水。牙克石域内冻结层以上埋藏的地下水分布不广，呈上层滞水性质，水量不大。无冻结层间水、冻结层以下地下水分布广泛，水量丰富，水质好，具有承压水特性。

② 构造裂隙承压水。主要分布在雅鲁河、绰尔河流域。含水带多埋藏在地表下 30～40 m，最深可达 50～60 m。含水裂带厚度为 20～40 m，最厚达 140 m 左右。地下水位埋藏深度为 3～10 m，局部深达 33 m。井涌水量为 100～200 t/d，最大地带达

700～1 400 t/d，水质良好。

3. 水资源量

牙克石市地表水资源量42.527 3×10^8 m^3，地下水总量6.041 7×10^8 m^3，地下水可开采量1.262×10^8 m^3。

（四）扎兰屯市

扎兰屯市的水资源包括地表水河流、湖泊（湖泊湿地）、人工湿地（水稻田），地下水。

1. 地表水

（1）河流。主要有雅鲁河、音河、绰尔河，均为嫩江水系的一级支流。

① 雅鲁河，市域内干流流长＞101 km，域内流域面积0.498 893×10^4 km^2，年平均径流量21.371 1×10^8 m^3。全流域内面积在100 km^2以上的一、二级支流有34条。

② 音河，市域内干流长90.75 km，域内流域面积6 637 km^2，年平均径流量1.665 4×10^8 m^3。

③ 绰尔河，市域内干流流长＞135.52 km，域内流域面积6 143 km^2，市域内年平均径流量14.732 7×10^8 m^3。流域内面积100 km^2以上的一、二级支流有18条。

（2）湖泊、水库（库塘）、人工湿地。

（1）湖泊。天然湖泊有卧牛湖等13个。

①大黑沟1 216(m)海拔堰塞湖，面积0.067 km^2。

②驼峰岭天池火山口湖，0.24 km^2。

③呼伦贝尔市—兴安盟界哈玛尔山东侧1 km的1 472高地火山口湖，面积0.008 5 km^2。

④双沟山天池火山口湖，面积0.1 km^2。

⑤基尔果山东南约7.3 km的月亮天池，又名基尔果山天池，面积0.03 km^2，海拔1 278 m，火山口湖。

⑥柴源林场西偏北3.8 km处火山口湖，面积0.12 km^2。

⑦阿尔山—柴河公路南侧距月亮天池火山地貌游览区西南1.2 km的心形湖，面积0.14 km^2。

⑧卧牛湖火山口湖，面积0.883 km^2。

⑨柴河七号泡子，面积0.242 km^2。

⑩成吉思汗泡子，面积0.1 km^2。

⑪大河湾黑鱼泡子，0.046 km^2。

⑫柴河三颗桩泡子，面积0.041 km^2。

⑬哈拉苏战胜泡子，面积0.033 km^2。

（2）水库。水库有扬旗山等5个。

①雅鲁河左岸支流卧牛河支流二道桥沟河上游靠山水库，面积0.5 km^2，库容0.032 69×10^8 m^3。

②雅鲁河下游左岸支流一道沟河上游光明沟河曹家屯水库，面积0.051 km^2，库容0.002 19×10^8 m^3。

③雅鲁河支流卧牛河扬旗山水利枢纽，面积7.1 km^2，库容0.959 8×10^8 m^3。

④大河湾镇音河支流暖泉沟河红星水库，面积0.43 km^2，库容0.014 92×10^8 m^3。

⑤成吉思汗牧场雅鲁河支流牤牛河秀峰水库，面积0.39 km^2，库容0.016 44×10^8 m^3。

（3）人工湿地。人工湿地有水稻田5.5万亩。

2. 地下水

扎兰屯市处于新华夏系大兴安岭隆起带东侧边缘地带，缺乏形成大型自流盆地的地质条件，因此境内的地下水大部分为潜水，局部存在构造裂隙及破碎带承压水。

根据含水层特点，域内地下水大致可分为基岩裂隙潜水和第四系松散沉积物孔隙潜水两大类型。

（1）基岩裂隙潜水。主要分布在各河流中上游丘陵山区。根据地质构造、含水层岩性，基岩裂隙水可分为以下3种类型。

① 中生界火山岩、火山碎屑岩裂隙潜水。主要分布在中低山及部分丘陵区，以楠木、卧牛河、扎兰屯、达斡尔民族乡一线和扎兰屯、萨马街、哈多河、浩饶山、柴河一线与大兴安岭山脉主脉之间的广大区域为主。由于各种岩层对构造应力反应和抗风化强度不同，故裂隙发育程度不一，基岩裂隙水带的富水性差异较大。其中，酸性火山岩富含水岩体地下水埋深随地形而变化，在低洼和缓坡地带埋深一般＜10 m，地势较高地带为20～50 m，局部溢出形成泉水，在汇水条件好的地带，井的涌水量在500～1 000 t/d；富水中等的含水岩体在裂隙不发育、汇水条件不好

的区域，井、泉的涌水量一般为 30～200 t/d，发育条件好的地带可达 300～800 t/d；火山碎屑岩弱含水岩体，由于构造裂隙不发育，透水性、富水性均较差，井、泉涌水量一般为 30～200 t/d。

② 海西期花岗岩及古生界沉积变质岩裂隙潜水，主要分布在低山丘陵区及各河流的中下游区域，以大河湾镇、成吉思汗镇为主。地层含水带厚度变化较大，约在 0～50 m 之间，一般为 10～20 m。地下水埋深随地形而变化，低洼地带为 0～10 m，低势较高的丘陵陡坡地带均＞ 10 m，最深达 40～50 m。井、泉涌水量一般为 100～200 t/d。

③古近系—第四系玄武岩裂隙潜水，主要分布在部分河流中上游河谷地带，即柴河、哈布气河、敖尼尔河等绰尔河一级支流和济沁河、罕达罕河、阿木牛河等雅鲁河一级支流流域。因地下水埋藏深度均在 25 m 以下，如在这一区域打井，最好凿穿玄武岩层，提取下伏砂砾石层的地下水，井的涌水量在 500 t/d 以上。

（2）第四系松散沉积物孔隙潜水。

① 第四系砂砾卵石冲积层潜水，在雅鲁河、音河、绰尔河流域及其支流河谷漫滩内，分布着丰富的第四系冲积层潜水。含水层厚度自河流上游向下游逐渐增厚，雅鲁河中上游含水层厚度为 4～10 m，音河、罕达罕河中上游为 2～5 m，绰尔河中上游为 10～20 m。支流上游及较小河谷中，井的涌水量为 100 t/d 左右；支流中下游为 100～150 t/d；雅鲁河中上游地带井的涌水量为 250～500 t/d；绰尔河中下游地带井的涌水量达 500～1 000 t/d。

② 残积、坡积碎石或亚砂土夹碎石孔隙潜水，主要分布在山地丘陵的缓坡脚下及低缓丘陵地带，含水层厚度一般为 3～8 m，局部＞ 10 m。地下水埋藏深度 1～5 m，局部地势低洼处溢出地表形成下降泉，在地势较高的地方超过 10 m。地下水位变化受降水补给的影响，随季节变化显著，年变幅达 5～6 m；受基岩裂隙潜流补给的水位随季节变化不明显，年变幅 1～2.5 m；井、泉涌水量一般为 50～200 t/d，局部可达 1 000 t/d。

3. 水资源量

扎兰屯市地表水资源量 $25.276\,6 \times 10^8$ m³，地下水总量 $3.780\,9 \times 10^8$ m³，地下水可开采量 $0.847\,9 \times 10^8$ m³。

（五）额尔古纳市

额尔古纳市的水资源包括地表水河流、湖泊（湖泊湿地），地下水。

1. 地表水

（1）河流。河流主要有额尔古纳河干流及其右岸一级支流根河、得耳布尔河、吉拉林河、莫尔道嘎河、激流河、阿巴河、乌玛河、阿里亚河、恩和哈达河等。

① 额尔古纳河干流，市域内流长 671.4 km，域内流域面积 26 000 km²，有一、二级支流数百条。

② 根河，市域内流长＞ 144 km，域内流域面积约 4 384 km²，年平均径流量 $23.301\,3 \times 10^8$ m³。

③ 得耳布尔河，域内流长＞ 100 km，域内流域面积约 3 895 km²；年平均径流量 3.41×10^8 m³。

④ 吉拉林河，河长＞ 40 km，流域面积约 430 km²。

⑤ 莫尔道嘎河，河长 95 km，流域面积 2 674 km²，年平均径流量 4.16×10^8 m³。

⑥ 激流河，域内流长＞ 140 km（全长 514 km），域内流域面积约 5 382 km²；年平均径流量 $30.861\,8 \times 10^8$ m³。

⑦ 阿巴河，河长 132 km，流域面积 2 570 km²，年平均径流量 4.82×10^8 m³。

⑧ 乌玛河，河长 68 km，流域面积 1 997 km²，年平均径流量 3.1×10^8 m³。

⑨ 阿里亚河，河长＞ 38 km，流域面积约 355 km²。

⑩ 恩和哈达河，河长 87 km，流域面积 2 203km²，年平均径流量 3.19×10^8 m³。

（2）湖泊（湖泊湿地）。

① 马雅斯沟小湖（新命名），位于恩和乡九卡附近，面积 0.22 km²。

② 马雅斯沟大湖（新命名），位于恩和乡九卡附近，面积 0.45 km²。

③ 呼鲁海图湖（新命名），位于根河北雪大郭勒屯南，面积 0.35 km²。

④ 下库力南湖（新命名），位于上库力乡下库力西南，面积 0.36 km²。

⑤ 上库力北湖（新命名），位于上库力西北，面积 0.24 km²。

2. **地下水**

额尔古纳市地下水按埋藏条件分为潜水和承压水两大类型。潜水分布广泛，多属基岩裂隙水，地下径流畅通，在地形陡降处一般形成地下出露成泉。在水的强烈交替过程中，水量大，埋藏浅，易成井。承压水分布于小型山间盆地和岛状永久冻土区。

（1）潜水。

① 基岩裂隙潜水，属于古生代变质岩裂隙水，在构造上表现出褶皱剧烈、断层发育、火成岩侵入频繁等特点。在构造断裂带有较丰富裂隙脉状水存在。如上库力、空库力、十五里堆一带的泉水，流量达 86.4～432 t/d。空库力泉由安山岩裂隙中流出，流量达 388 t/d。在一些断裂破碎带地区，裂隙脉状水形成的泉，涌水量较大，上库力、三河的泉涌水量达 2 160～2 592 t/d，多为上升泉。

② 第四系松散沉积物孔隙潜水，主要分布在本市一些盆地和各大河谷内，地形部位较低，埋藏浅，易成井。当地形受切割时，则出现泉流，如河谷谷坡、冲沟、拗沟处，多为侵蚀下降泉，为供水提供了条件。在得耳布尔河、哈乌尔河、根河及其支流的河谷、漫滩冲积砂砾石层中，有岛状多年冻土层分布，融化区潜水多分布在河流拐弯的堆积岸一侧、两河交汇处、古河道地带以及有阔叶灌乔木植物分布的地方，含水层厚度 5～15 m，埋藏深度 0.5～5 m，井涌量 50～2 000 t/d。在得耳布尔河团结屯（土伦堆）附近的泉流，泉涌量为 846 t/d。

（2）承压水。由于新生代第四纪冰川活动的结果，市域内广泛分布已处于退化阶段的岛状多年冻土，其南界在根河南岸一线。分布范围越向北越广泛，到根河以北地区多年冻土已占该区面积的 40%～50%，呈网格状或树枝状分布。承压水以上的冻土顶板埋藏深度为 1～2.5 m。冻土自南向北逐渐增厚，根河南岸较薄，三河、黑山头一带厚达 40 m 左右，活动层厚 1.5～2 m，为衔接型永久性冻土。

在冻结层以上埋藏的地下水，一般分布不广且呈上层滞水性质，供水较困难。冻结层以下的地下水分布广泛，水量丰富，具有承压水的特点。

3. **水资源量**

额尔古纳市地表水资源量 30.3767×10^8 m³，地下水总量 7.8528×10^8 m³，地下水可开采量 0.7853×10^8 m³。

（六）根河市

根河市的水资源包括地表水河流、湖泊（湖泊湿地），地下水。

1. **地表水**

（1）河流。河流主要有以根河、激流河为主的额尔古纳河的一、二、三、四级支流。河长＞20 km、流域面积＞100 km² 的河流有 37 条；流域面积＞1×10^4 km² 的河流 2 条，0.1×10^4～0.5×10^4 km² 河流两条，其余＜0.1×10^4 km²。

① 根河，市域内流长＞270 km，域内流域面积＞6 410 km²，域内上游乌力库玛水文站断面年平均径流量 8.65×10^8 m³。

② 激流河，市域内流长＞374 km（以塔里亚河为源头），域内流域面积约 $1.046\ 3\times10^4$ km²，域内满归水文站断面年平均径流量 17.5×10^8 m³。

③ 金河，为激流河上游一级支流，河长 107 km，流域面积 2 046 km²。

④ 乌鲁吉气河，又名阿龙山河，为激流河右岸一级支流，河长 85.8 km，流域面积 1 144.3 km²。

⑤ 敖鲁古雅河，为激流河右岸一级支流，河长 78.5 km，流域面积 1 390.8 km²。

（2）湖泊（湖泊湿地）。由于根河市全域都位于大兴安岭山脉西北坡，处于主脉和支脉的海拔较高、山高坡陡的地形，因此河流比降较大，无大型积水盆地和构造型成湖地质条件，故没有超过 1 km² 的湖泊。但在根河的源头、激流河源头有较小的湖泊湿地分布。

① 牛耳湖，位于激流河源头河流牛耳河右岸支流塔里亚河下游右岸，面积 0.89 km²。

② 牛心湖、牛腿湖，因两湖的形状分别像牛心和牛腿，故而得名。位于激流河源头河流牛耳河右岸支流塔里亚河下游右岸，面积均约＜ 0.01 km²。

③ 根河源湿地湖泊，位于萨吉气河（萨吉气林场所在河流，新命名）汇入根河交汇口以上。这是一片总面积约 203 km² 的湿地，其中有 3 个较大的湖泊，最大的为马兰胡，面积 0.08 km²；另外两个较小，面积各为 0.03 km²。

2. 地下水

市域内为山地林区，坡陡峰峭，基岩广布，裂隙发育，地下水多属于基岩裂隙水和基岩隙潜水。因缺乏形成大型自流盆地的地质条件，承压水较少，仅在局部地区存在构造裂隙及破碎带承压水。

(1) 裂隙水。域内山地构造裂隙发育，降水丰沛，裂隙比较丰富。地下径流畅通，在水的强烈交换过程中，涌量大，水质优良。但水量随裂隙结构和降水多少而变化，故流量不稳定。在地形陡降处往往形成地下水露出成泉，成为部分河流补给水源。

(2) 基岩裂隙潜水。域内基岩裂隙分布深度约 30～60 m，以表层风化裂隙带的裂隙最为发育，富水性强，向下逐渐减弱。基岩裂隙潜水埋藏深度，一些洼地水位埋深＜ 5 m，斜坡上埋深 10～20 m，分水岭地段埋深＞ 30 m，甚至个别地段＞ 100 m。基岩裂隙潜水受沟谷切割影响，有许多泉水出露。

3. 水资源量

根河市地表水资源量 38.539×10^8 m³，地下水总量 $6.710\,8 \times 10^8$ m³，地下水可开采量 $0.671\,1 \times 10^8$ m³。

（七）鄂伦春自治旗

鄂伦春自治旗的水资源包括地表水河流、湖泊（湖泊湿地），地下水。

1. 地表水

1）河流。河流主要有嫩江源头及旗域内右岸的一、二级支流，二根河、南瓮河为嫩江上源支流，两河交汇后即被称为嫩江；右岸鄂伦春自治旗域内的主要河流有罕诺河、那都里河、多布库尔河、欧肯河、甘河、阿里河、奎勒河、诺敏河、毕拉河。

① 二根河，河长 86.9km，流域面积 959 km²，年平均径流量 1.47×10^8 m³，为内蒙古自治区与黑龙江省的界河。

② 南瓮河，河长＞ 130 km，流域面积＜ 2 295.23 km²，年平均径流量不详。

③ 罕诺河，河长 212.7 km，流域面积 1 384 km²，年平均径流量 2.51×10^8 m³。

④ 那都里河，河长 225 km，流域面积 5 408 km²，年平均径流量 9.73×10^8 m³。

⑤ 多布库尔河，河长 315 km，流域面积 5 761 km²，年平均径流量 12.2×10^8 m³。

⑥ 欧肯河，河长 163 km，流域面积 1 602 km²，年平均径流量不详。

⑦ 甘河，河长 446 km，流域面积 1.9549×10^4 km²，年平均径流量 40.733×10^8 m³。

⑧ 阿里河，河长 124 km，流域面积 2 183 km²，年平均径流量不详。

⑨ 奎勒河，河长 242 km，流域面积 4 733 km²，年平均径流量不详。

⑩ 诺敏河，河长 467 km，流域面积 $2.546\,3 \times 10^4$ km²，年平均径流量 $42.547\,8 \times 10^8$ m³。

⑪ 毕拉河，河长 253 km，流域面积 7 844 km²，年平均径流量不详。

⑫ 嫩江，域内流长约 400 km，域内流域面积 5.988×10^4 km²，全流域年平均径流量 260×10^8 m³。

2）湖泊（湖泊湿地）、库塘、人工湿地。主要有天然湖泊、水库、水稻田。

(1) 湖泊。天然湖泊有达尔滨湖等 5 个。

①达尔滨湖，面积 4.12 km²，为堰塞湖，属毕拉河流域。

②达尔滨罗湖（达赉毕诺湖），面积 0.68 km²，为堰塞湖，属毕拉河流域。

③晓瓦力毕拉罕湖（新命名，原为晓瓦力毕拉罕无名湖，位于古里乡西约 2 km 处），面积 0.28 km²，属欧肯河流域。

④古里农场北无名泡子，面积 0.12 km²，属多布库尔河流域，位于古里乡东北。

⑤大黑山无名泡子，面积 0.11 km²，属多布库尔河流域，位于古里乡东 2.5 km 处。

（2）水库。水库有古里农场水库等 6 个。

①古里农场水库，库容 504.3×10^4 m³，面积 0.88 km²，位于嫩江一级支流勃音那河下游。

②西小河水库，库容 55.1×10^4 m³，面积 0.38 km²，位于阿里河右岸支流。

③马架河水库，面积约 2.58 km²，位于那都里河一级支流古里河右岸支流马架河上。

④马尔其河水库，面积 0.48 km²，位于那都里河右岸一级支流马尔其河上。

⑤二道沟水库，面积 0.28 km²，位于额尔格奇河右岸上源。

⑥加格达奇机场水库，面积 0.26 km²，位于加格达奇机场西侧 1.5 km 处。

（3）人工湿地。人工湿地有水稻田，主要分布在诺敏镇，总面积约 1×10^4 亩，约 6.67 km²。

2. 地下水

鄂伦春自治旗处于大兴安岭山脉东侧，缺乏形成大型自流盆地的条件，域内地下水大部分为潜水，局部存在构造裂隙及破碎带承压水。

按含水层特点可分为基岩裂隙潜水和第四系孔隙潜水两个类型，前者多分布于西部山地及丘陵地区，后者主要分布在东部河谷地带和波伏平原区。

（1）基岩裂隙潜水。主要分布在西半部中低山地和部分丘陵区。基岩主要为多种火山岩及沉积岩，其中以中生代火山岩分布最广，这些岩层裂隙发育，含水丰富。由于受局部地形构造和切割的影响，地下水一般以泉水形式溢出地表。地下水埋藏深度随地形变化，在低洼或缓坡地带，埋深一般＜ 10 m；在地势较高的陡坡地带，埋深一般为 20～50 m。在汇水条件较好的地带，井的涌水量在 500～1000 t/d。水质好，为碳酸氢钙型，矿化度＜ 1 g/L。

（2）第四系孔隙潜水。在甘河、诺敏河及各支流的河谷漫滩内，分布着丰富的第四系冲积层潜水。含水层厚度自上游向下逐渐增厚，在上游含水层厚度约为 2 m 左右，中下游含水层厚度可达 10～20 m。富水性变化规律基本上与含水层厚度变化相一致，上游井涌量 250～500 t/d，中下游地带井涌水量 500～1 000 t/d。这些地带地下水径流交替较强烈，水化学类型为碳酸氢钙或碳酸氢钠型水；局部受地表水体或沼泽的影响，有碳酸氢钠与碳酸钠复合型或硫酸钠与碳酸钠的复合型水，均为矿化度＜ 1 g/L 的淡水。

3. 水资源量

鄂伦春自治旗地表水资源量 113.4119×10^8 m³，地下水总量 20.7097×10^8 m³，地下水可开采量 1.3905×10^8 m³。

（八）莫力达瓦达斡尔族自治旗

莫力达瓦达斡尔族自治旗的水资源包括地表水河流、湖泊（湖泊湿地），地下水。

1. 地表水

1）河流。主要河流有嫩江水系的嫩江干流、甘河、诺敏河、欧肯河、霍日里河等。

①嫩江干流域内右岸长度 206 km，域内流域面积 4 760 km²，域内年平均径流量 104×10^8 m³，水能蕴藏量 22.2954×10^4 kW。

②甘河域内长度 92 km，域内流域面积 2 471 km²，域内年平均径流量 35.3×10^8 m³，水能蕴藏量 5.9470×10^4 kW。

③诺敏河域内长度 152 km，域内流域面积 4 370 km²，域内年平均径流量 51.3577×10^8 m³，水能蕴藏量 14.8414×10^4 kW。

④欧肯河域内干流长度约 50 km，域内流域面积不详，总流域面积 1 602 km²。

⑤霍日里河长度 142 km，流域面积

1 312.39 km²。

2）湖泊、库塘、人工湿地。主要有天然湖泊、水库、水稻田。

（1）湖泊。域内总计有天然湖泊（湖泊湿地）112 处，水域面积 2.956 km²。较大的有月亮泡、雅布堤泡等。

（2）水库。水库有尼尔基等 8 个。

① 尼尔基水库跨蒙黑两省区，库容 86.1×10^8 m³，面积 498.33 km²，水库坝址位于嫩江上游的尼尔基镇。

②永安水库，库容 800×10^4 m³，面积 1.45 km²，位于诺敏河流域西瓦尔图河中游。

③新发水库，库容 $3\,808\times10^4$ m³，面积 3.99 km²，位于诺敏河流域西瓦尔图河下游。

④小黑山水库，库容 630×10^4 m³，面积 1.08 km²，位于嫩江流域哈力图河中游。

⑤二站水库，库容 271.6×10^4 m³，面积 1 km²，位于甘河流域查勒其哈力河上游。

⑥ 达拉滨水库，库容 463.7×10^4 m³，面积 1.42 km²，位于甘河流域后达拉滨沟河。

⑦ 甘河农场燕子湖水库，库容 485.4×10^4 m³，面积 1 km²，位于甘河流域巴彦河下游。

⑧ 东方红农场水库，库容 45.6×10^4 m³，面积 0.17 km²，位于甘河流域后达拉滨沟河支流。

（3）人工湿地。人工湿地有水稻田，22 万亩。

2. 地下水

莫力达瓦达斡尔族自治旗地下水分别蕴藏于大兴安岭隆起带中段水文地质区和松辽沉降带中段两缘水文地质区。

1）大兴安岭隆起带中段水文地质区。该区位于尼尔基镇以北的中、北部广大地区。广泛分布有强循环的基岩成岩裂隙、风化裂隙潜水。在山地丘陵缓坡和坡脚地带，分布有残坡积碎石层孔隙潜水，在河谷漫滩地带蕴藏着第四系冲积砂砾卵石孔隙潜水。

（1）根据岛状多年冻土的分布状况，该区又可划分为南、北两个亚区。

① 南部亚区。主要有 2 种潜水，即第四系全新统冲积砂砾卵石层孔隙潜水和第四系残坡积碎石或亚砂土夹碎石孔隙潜水。

② 北部亚区，以 3 种潜水为主，即河谷漫滩第四系冲积砂卵石层潜水、基岩裂隙融区潜水、多年冻土层下承压水。

（2）两区水质及井涌水量随水文地质的局部差异多有变化。

①第四系全新统冲积砂砾卵石层孔隙潜水，为重碳酸—钙型水，矿化度＜ 1 g/L。在较小河流上游和沟谷地带单井涌水量＜ 96 t/d，在较大支流下游单井涌水量为 480～2 400 t/d。在诺敏河中、下游地带地下水源更为丰富，可达 480～960 t/d。

② 第四系残坡积碎石或亚砂土夹碎石孔隙潜水，为重硝酸或重碳酸—硝酸—钙—镁（钙—钠）型水，矿化度＜ 1 g/L。单井涌水量一般为 48～72 t/d，个别地区可达 960 t/d。

③河谷漫滩第四系冲积砂砾石层潜水，为重碳酸—钠—钙型水，矿化度＜ 0.5 g/L。

④基岩裂隙融区潜水，为重碳酸—钙或钠—镁型水，矿化度＜ 1 g/L。③、④项的单井、泉的涌水量变化较大，在 $72\sim8.88\times10^4$ t/d 之间。

⑤多年冻土承压水，矿化度＜ 1 g/L，单井涌水量为 $2\,400\sim2.4\times10^4$ t/d。

2）松辽沉降带中段两缘水文地质区 该区包括南部尼尔基镇、博荣、兴仁、汉古尔河 4 个乡镇。蕴藏有丰富的孔隙潜水，主要接受河水补给。含水层 30～50 m，地下水埋深＜ 5 m。水质属溶滤型淡水，为重碳酸—钠—钙型水，矿化度＜ 1 g/L。单井涌水量 960～3 000 t/d。

3. 水资源量

莫力达瓦达斡尔族自治旗地表水资源量 $13.997\,5\times10^8$ m³，地下水总量 $3.840\,8\times10^8$ m³，地下水可开采量 $1.068\,5\times10^8$ m³。

（九）阿荣旗

阿荣旗的水资源包括地表水河流、湖泊（湖泊湿地），地下水。

1. 地表水

（1）河流。阿荣旗河流主要有嫩江的一、二级支流诺敏河、阿伦河、音河、黄蒿沟河、格尼河等。

① 诺敏河为嫩江右岸一级支流，格尼河入诺敏河口以下域内干流右岸流长 3 km，域内流域面积 4 km²，域内年平均径流量＜ 51.3577×10^8 m³。

② 阿伦河为嫩江右岸一级支流，域内流长约 103 km，域内流域面积 4 717 km²，域内年平均径流量 6.968×10^8 m³。

③ 音河为嫩江右岸一级支流，域内流长约 90 km，域内流域面积 894 km²，域内年平均径流量 0.74×10^8 m³。

④ 黄蒿沟河为嫩江右岸一级支流，域内流长约 46 km，域内流域面积 490.4 km²，域内年平均径流量 0.344×10^8 m³。

⑤ 格尼河为嫩江右岸二级支流，域内流长约 206 km，域内流域面积 4 975 km²，域内年平均径流量 7.89×10^8 m³。

（2）湖泊（湖泊湿地）、库塘。主要有少量的面积较小的天然湖泊和数量较多的库塘。

① 复兴水库，位于阿伦河流域索勒奇河下游，库容 2211×10^4 m³，面积 2.64 km²。

② 向阳峪水库,位于音河流域羊鼻子沟河中游，库容 1749×10^4 m³，面积 2.22 km²。

③ 宽沟水库，位于音河流域宽沟河下游，库容 25.1×10^4 m³，面积 0.55 km²。

④ 四合水库，位于格尼河流域萨里沟河，库容 131×10^4 m³，面积 0.3 km²。

⑤ 牧奎水库，位于黄蒿沟河支流，库容 22.4×10^4 m³，面积 0.11 km²。

⑥ 建国水库，位于黄蒿沟河支流，库容 40.8×10^4 m³，面积 0.16 km²。

⑦ 红旗水库，位于黄蒿沟河支流，库容 137×10^4 m³，面积 0.55 km²。

⑧ 忠厚水库，位于阿伦河流域施家沟河，库容 156.6×10^4 m³，面积 0.22 km²。

⑨ 圣水水库，位于阿伦河流域唐王沟河，库容 180.3×10^4 m³，面积 0.49 km²。

⑩ 龙泉水库，位于阿伦河支流，库容 46.46×10^4 m³，面积 0.23 km²。

⑪ 兴隆水库（2），位于黄蒿沟河支流，库容 63.3×10^4 m³，面积 0.6 km²。

⑫ 富贵水库，位于阿伦河支流，库容 19.2×10^4 m³，面积 0.1 km²。

⑬ 兴隆水库（1），位于阿伦河流域砬子沟河，库容 135×10^4 m³，面积 0.68 km²。

⑭ 青山卜水库，位于格尼河支流，库容 40×10^4 m³，面积 0.21 km²。

⑮ 群英水库，位于阿伦河支流，库容 138.49×10^4 m³，面积 0.34 km²。

⑯ 西胜水库，位于音河支流，库容 33.4×10^4 m³，面积 0.06 km²。

⑰ 联合水库，位于黄蒿沟河支流，库容 14.9×10^4 m³，面积 0.05 km²。

以上水库总计 17 个。

（3）人工湿地。人工湿地有水稻田 15 万亩。

2. 地下水

根据旗域内水文地质情况、含水层性质埋藏区域、所处地貌单元、地下埋深、含水层厚度及涌水量，全旗共分 4 个供水区。

（1）河谷冲积砂卵石层孔隙潜水。本区含水层岩性为中细砂砾卵石，其埋藏特点是受天然降水及裂隙水补给，供水条件良好。所处区域地貌为河流滩冲积阶地山间宽谷，埋藏深度＜ 5 m，出水量在河流上游为 2 400t～2.4×10^4 t/d，中下游＞ 2.4×10^4 t/d。水质好，矿化度＜ 1 g/L。

（2）波状起伏的低缓丘陵裂隙水。含水层以火山岩为主，花岗岩次之。其埋藏特点是在坡区洼地中坡积、洪积、碎石层与基岩风化带构成统一的裂隙孔隙。潜水含水层常以泉水出露，下部基岩破碎带含裂隙潜水和承压水。分布地貌为低缓丘陵，唯平原化的岗状岩地，宽浅的丘间洼地。地下水埋藏深度，丘间洼地 5～10 m，梁地 0～25 m，局部承压水头较高可自流。含水层厚度，风化带潜水5～16 m，出水量2 400～1.2×10^4 t/d。水质好，矿化度＜1 g/L。

（3）丘间洼地发育的高丘陵裂隙水。含水层以火山岩为主，其次为片岩、石英岩、板岩和花岗岩。埋藏特点是多以坡地和洼地中残坡积碎石层和基岩风化带构成统一的裂隙潜水含水层，并以泉出露。所处地貌为深圆状丘陵,长条状丘间洼地,宽谷梁地。地下水埋藏深度，洼地5～10 m，低坡地0～25 m，岗陵0～50 m，出水量2 400～1.2×10^4 t/d。水质好，矿化度＜1 g/L。

（4）深切割的低山丘陵裂隙水。含水层多为花岗岩、玄武岩、凝灰岩、安山岩、粗面岩、砾岩、石英岩。埋藏于河谷中，以泉水出露。地下水埋藏深度0～80 m，出水量2 400～1.2×10^4 t/d。矿化度＜1 g/L。

3. 水资源量

阿荣旗地表水资源量$18.706\ 3\times10^8 m^3$，地下水总量$3.211\ 1\times10^8 m^3$，地下水可开采量$0.617\ 6\times10^8 m^3$。

（十）鄂温克族自治旗

鄂温克族自治旗的水资源包括地表水河流、湖泊（湖泊湿地），地下水。

1. 地表水

1）河流。河流以海拉尔河的各级支流组成，主要为伊敏河及其各级支流。

① 伊敏河，为海拉尔河一级支流，域内流长359 km，总流域面积$2.263\ 7\times10^4 km^2$，年平均径流量$12.234\ 4\times10^8 m^3$。

② 莫和尔图河，为海拉尔河左岸一级支流，河长85.75 km，流域面积966.5 km^2。

③ 辉河，为伊敏河左岸一级支流，也是与新巴尔虎左旗的界河，河长362.5 km，全流域面积$1.147\ 3\times10^4 km^2$，年平均径流量$1.27\times10^8 m^3$。

④ 锡尼河，为伊敏河右岸一级支流，河长150.69 km，流域面积1 565 km^2。

⑤ 敖宁高勒（维纳河），伊敏河右岸一级支流，河长137.3km，流域面积2 217 km^2。

⑥ 桑都尔河，伊敏河右岸一级支流，河长约35 km，流域面积约293 km^2。

⑦ 牙多尔河，伊敏河右岸一级支流，河长约50 km，流域面积约697 km^2。

⑧ 塔日其高勒，伊敏河右岸一级支流，河长约32 km，流域面积380 km^2

⑨ 德廷德道（河），伊敏河左岸一级支流，河长约28 km，流域面积约190 km^2。

2）湖泊（湖泊湿地）、库塘。

（1）湖泊。天然湖泊大部分分布于辉河流域，域内有大小独立湖泊570个，其中面积较大，有特点的湖泊4个。

①布日德诺尔，位于原锡尼河东苏木，锡尼河中游南侧，面积约3.5 km^2。

②乌兰宝力格诺尔（乌拉仁布拉日），位于辉苏木东北2 km处，面积4 km^2。

③古日班敖包诺尔，位于西博山东4 km处，面积4 km^2。

④斡日切希阿木吉，位于辉苏木南，面积2 km^2。

（2）水库。水库有红花尔基水库等10座水库（塘）。

①红花尔基水库，位于伊敏河中上游，库容$3.222\ 9\times10^8 m^3$，面积19.33 km^2。

②云鹏水库，位于伊敏河流域敖宁高勒右岸支流，库容$22\times10^4 m^3$，面积0.02 km^2。

③布都花水库，位于锡尼河哈尔干那布拉格，库容$225.3\times10^4 m^3$，面积0.8 km^2。

④光明水库，位于伊敏河流域尼斯洪雅维纳罕高勒，库容$134\times10^4 m^3$，面积0.14 km^2。

⑤红花尔基翠月湖水库，位于伊敏河流域道勒古道河，库容$46.47\times10^4 m^3$，面积0.16 km^2。

⑥淖干诺尔水库，位于海拉尔河流域尖山子沟河，库容$419\times10^4 m^3$，面积0.85 km^2。

⑦南达汗水库，位于海拉尔河流域奥洛格浩浑迪，库容$71.2\times10^4 m^3$，面积0.31 km^2。

⑧碧映谭水库，位于海拉尔河流域尖山子沟，库容 35.2×10^4 m³，面积 0.13 km²。

⑨五泉山水库，海拉尔河流域莫和尔图河右岸支流龙头河，库容 363.21×10^4 m³，面积 0.4 km²。

⑩胡斯图水库，伊敏河流域浩勒很浑迪，库容 146.2×10^4 m³，面积 0.11 km²。

2. 地下水

鄂温克族自治旗的地下水受地质构造、地形和降水影响，是由东南流向西北，地下水的分布也基本与地貌单元相吻合。

（1）富水和中等富水的第四系河谷潜水区。主要分布在伊敏河、锡尼河中下游段，含水层厚度 10～50 m，单井最大涌水量 240～720 t/d。矿化度 < 1 g/L。

（2）水量较贫乏的第四系河谷潜水区。主要分布在辉河及其他河流的河谷中上游段。含水层较薄，埋深 < 10 m，一般中游段单井最大出水量 120～240 t/d；上游段最大出水量 < 120 t/d。

（3）水量丰富的第三系侏罗系孔隙、裂隙承压水区。主要分布在伊敏河煤矿以南，巴彦山东南部、西北部的辉河、伊敏河流域高平原的地下水盆地中。最大降深 15～70 m，单井出水量 > 1 440 t/d。含水层埋藏一般在 15～50 m，矿化度 < 1.5 g/L。

（4）水量中等的第三系侏罗系孔隙、裂隙承压水区。主要分布在西南高平原，最大降深 5～40 m，单井出水量 240 t/d。含水层厚度 20～60 m，埋深 20～80 m。矿化度 < 1 g/L。

（5）水量较贫乏的第三系侏罗系孔隙、裂隙承压水区。主要分布在西南高平原。降深 15 m，单井出水量 < 240 t/d。含水层厚度 30～50 m，埋深 < 40 m。

（6）水量较贫乏的基岩裂隙水区。分布在东南山区及巴彦山一带，一般在华力西期花岗岩及东北部侏罗系分布区，单井最大涌水量为 24～120 t/d。

3. 水资源量

鄂温克族自治旗地表水资源量 11.6187×10^8 m³，地下水总量 5.7722×10^8 m³，地下水可开采量 1.3573×10^8 m³。

（十一）陈巴尔虎旗

陈巴尔虎旗的水资源包括地表水河流、湖泊（湖泊湿地），地下水。

1. 地表水

1）河流。河流主要为海拉尔河和额尔古纳河及其支流特泥河、莫尔格勒河、根河等，还有一定数量的闭流区河流。

（1）过境河流。

①额尔古纳河，位于旗域北部为与俄罗斯的界河，域内流长 233 km，域内流域面积（旗域内额尔古纳河水系，包括海拉尔河流域）2.1192×10^4 km²。

②海拉尔河，位于旗域南部在域内穿过，域内流长 224 km，域内流域面积 > 1×10^4 km²，域内多年平均径流量 36.95×10^8 m³。

③根河，位于旗域北部，为与额尔古纳市的界河，域内根河左岸流长约 12.8 km，域内多年平均径流量 23.3013×10^8 m³。

（2）境内河流。

①莫尔格勒河，位于旗域中东部，流长 292 km，流域面积 4 926 km²，多年平均径流量 1.22×10^8 m³。

②特泥河，位于旗域东部，流长 102 km，流域面积 1 405 km²，多年平均径流量 0.11×10^8 m³。

（3）闭流区河流（河流湿地）。

①哈鲁木那格沟，位于西乌珠尔苏木，发源于其北部。在孟克西里南约 7 km 汇入潘扎诺尔（盘托湖）。

②德日斯廷浑迪，位于巴彦哈达苏木，发源于其东北部。在八大关东北汇入额尔古纳河湿地。

③斯格尔吉河，位于东乌珠尔苏木、白彦哈达苏木、鄂温克苏木，发源于东乌珠尔苏木中部萨勒里特南。在鄂日黑门特格日北偏西 6 km 汇入额尔古纳河湿地。

④朝尼呼都格沟河，位于东乌珠尔苏木，发源于其北部海拉斯图山岭的布日勒哈达山。在卡勒素

敖包东南汇入斯格尔吉河湿地。

2）湖泊（湖泊湿地）。陈巴尔虎旗大小湖泊总计 317 个。其中水面面积＞ 0.1 km^2 的有 48 个，面积＞ 10 km^2 有 2 个；面积＞ 1 km^2 的有 23 个。以下 17 个为较典型的湖泊。

① 浩勒包诺尔，位于西乌珠尔苏木额尔古纳河南岸约 7 km 处，为与新巴尔虎左旗界湖，属额尔古纳河流域，面积 2.8 km^2。

② 胡列也吐诺尔，位于东乌珠尔苏木额尔古纳河南岸，属额尔古纳河流域，面积 2.98 km^2。

③ 哈日诺尔（哈里湖），位于东乌珠尔苏木额尔古纳河右岸，属额尔古纳河流域，面积约 26 km^2。

④ 布日嘎斯台诺日，位于东乌珠尔苏木胡列也吐湖东北，属额尔古纳河流域，面积 1.55 km^2。

⑤ 舒特淖尔（硝矿湖），位于西乌珠尔东南 15 km 处，发源于萨拉黑图（山），属闭流区，面积 1 km^2。

⑥ 潘扎诺日，位于西乌珠尔北，额尔古纳河右岸孟克西里南 7 km 处，为与新巴尔虎左旗界湖。源于海拉斯图山岭的闭流区，面积约 1.9 km^2。

⑦ 阿日布拉格，位于西乌珠尔北，潘扎诺尔南 3.5 km 处，面积约 2.3 km^2，为与新巴尔虎左旗界湖，属闭流区。

⑧ 巴彦诺日，位于西乌珠尔北，胡列也吐诺日西南约 4.5 km 处，面积 1.06 km^2，属额尔古纳河流域。

⑨ 乌珠尔布日德诺尔（胡吉尔图诺尔），位于东乌珠尔西北 6.5 km 处，面积 2.8 km^2，属海拉尔河流域。

⑩ 巴嘎呼和诺尔，位于巴彦哈达苏木浩仁都东 1.2 km 处，面积 3.58 km^2，属莫尔格勒河流域。

⑪ 查干诺尔，位于巴彦哈达苏木浩仁都东南 2 km 处，面积 4.2 km^2，属莫尔格勒河流域。

⑫ 呼和诺尔，位于巴彦哈达苏木浩仁都南 2 km 处，面积 18.35 km^2，属莫尔格勒河流域。

⑬ 安森诺尔（阿查乃诺尔），位于鄂温克苏木东北部，莫尔格勒河上游，面积 0.38 km^2。

⑭ 安格尔图诺尔（昂格尔图诺尔），位于安格尔图嘎查西 2.5 km 处，面积 1.46 km^2，属赫尔洪得闭流区。

⑮ 查干淖尔，巴彦哈达苏木头站西偏南约 11 km 处，面积 1.06 km^2，属莫尔格勒河流域。

⑯ 哈日廷诺尔，位于哈日干图嘎查西南 1 km 处，面积约 2.1 km^2，属赫尔洪得闭流区。

⑰ 本斯图淖尔，位于哈尔干图嘎查南偏东 3 km 处，面积约 1.3 km^2，属赫尔洪得闭流区。

2. 地下水

1）松散岩类孔隙水。主要分布于河谷、沟谷、山间平原和高平原。含水层由第四系砂、砂砾石、含黏土砂砾石组成。

（1）河谷及其支谷中第四系孔隙水。分布于莫尔格勒河、海拉尔河和额尔古纳河漫滩及各大谷中，由第四系全新统、中更新统冲积、堆积、湖积砂、砂砾石、含黏土砂组成，厚度变化在 2.89～51.37 m,。涌水量在 131.28～1 054.08 t/d。pH 值 7.5～8.0，属碳酸盐镁—钙和碳酸盐钙—钠型。矿化度 0.2～0.5 g/L。

①莫尔格勒河第四系孔隙潜水，埋深 1～5 m，头站以西 10～22 m，局部 30～50 m。单井涌水量 500～1 000 t/d。

② 海拉尔河谷第四系孔隙水，含水层 17～30 m，分布较稳定，厚度 85～90 m。单井涌水量 500～1 000 t/d，局部＜ 500 t/d。

③ 额尔古纳河滩第四系孔隙承压水，埋深 2.25～10.37 m，单井涌水量 500～1 000 t/d。重碳酸钙钠型水，矿化度＜ 0.5 g/L。

④ 哈达图大沟第四系孔隙承压水，含水层 8.5～20 m，单井涌水量 10 t/d。

（2）河谷倾斜平原第四系孔隙承压水。分布于额尔古纳河河谷右侧，厚度 10～20 m，涌水量 100～500 t/d。pH 值 7～8，矿化度 1～3 g/L。

（3）山间平原及高平原第四系孔隙水。分布于西乌珠尔至斯格尔吉之间的山间平原和东明以东的高平原。含水层 2.34～19.1 m，埋深 6.18～13.68 m，单井涌水量 10～1 000 t/d。

2）碎屑岩类孔隙承压水。分布于胡列也吐湖、完工林场、查干诺尔盆地和东明4个盆地中。

① 西部的胡列也吐湖和中部的查干诺尔盆地，含水层50～100 m，涌水量50～1 000 t/d。为重碳酸氯化物钙钠型水，矿化度1～3 g/L。

② 位于海拉尔河以南的完工林场盆地，含水层在100 m以上，水量为100～500 t/d。

③ 东明盆地，含水层43～84.2 m，单井涌水量500～1 000 t/d。为重碳酸钠型水，矿化度一般为0.9～1.5 g/L。

3）基岩裂隙水　分布于低山、丘陵区，占全旗总面积的三分之二。

（1）构造裂隙水。

①构造裂隙水及断层脉状水，分布于旗域中部以北的广大基岩山区的断裂沟谷中。地下水主要赋存于新华夏系和华夏系的北西向张（扭）性断裂破碎带及东西向压性断裂的破碎带以及由此产生的南北向追踪张性裂隙带中，呈条带状或脉状延伸。水层厚度14.87～43.33 m，一般单井涌水量100～1 000 t/d，或＞ 1 000 t/d。

本区的东北部六一、八一一带断裂比较发育。北西向张性断裂与北东向压（扭）性断裂的阻拦，致使北西向张性断裂带中的地下水位相对抬高，从而造成该地段泉水出露较多。泉水流量一般0.5～10 L/s，泉群最大流量可达65.63 L/s。多为重碳酸钙镁型水，矿化度＜ 0.5 g/L（见陈巴尔虎旗矿泉水调查报告）。

②层间构造裂隙水，主要分布于旗域中部查干诺尔盆地至哈达图大沟之间。一般埋深40～70 m，涌水量100～500 t/d。

（2）风化带网状裂隙水。分布于低山丘陵的广大区域。该区西部的青石山—纳里纳克山一带，处于背斜轴部。裂隙较发育，但相对位置高，地形陡，汇水面积小，含水微弱，水位埋深40～50 m，部分地区＞ 50 m，单井涌水量＜ 10 t/d。为重碳酸钙镁型水，矿化度＜ 1 g/L。

3. 水资源量

陈巴尔虎旗地表水资源量2.0363×10^8 m³，地下水总量$5.591\,1\times10^8$ m³，地下水可开采量$1.564\,4\times10^8$ m³。

（十二）新巴尔虎左旗

新巴尔虎左旗的水资源包括地表水河流、湖泊（湖泊湿地），地下水。

1. 地表水

（1）河流。域内河流均系外流河，属额尔古纳河水系。主要河流有额尔古纳河、海拉尔河、乌尔逊河、辉河、哈拉哈河、达兰鄂罗木河。

① 额尔古纳河位于旗域北部，为中俄水界，过境长度105 km，流域总面积15.352×10^4 km²，年平均径流量＜ 36.95×10^8 m³。

② 海拉尔河位于旗域北部，流经嵯岗镇、嵯岗牧场，过境长度约117.2 km，流域总面积$5.459\,9\times10^4$ km²，年平均径流量36.9×10^8 m³。

③ 乌尔逊河位于旗域西部，为与新巴尔虎右旗的界河，域内长度约214 km，年平均径流量6.88×10^8 m³，域内流域面积约2 422 km²。属呼伦湖—贝尔湖子水系。

④ 辉河位于旗域东南部，为与鄂温克族自治旗的界河，域内长度约190 km，年平均径流量1.27×10^8 m³，总流域面积$1.147\,3\times10^4$ km²。

⑤ 哈拉哈河位于旗域南部，局部段为中蒙界河，域内右岸长度约50 km，域内流域面积7589 km²。属呼伦湖—贝尔湖水系。

⑥ 达兰鄂罗木河位于旗域西北部，为呼伦湖与额尔古纳河的连通河流也是额尔古纳河的上源支流，域内长度约25 km，流域总面积约328.71 km²。属呼伦湖—贝尔湖水系。

（2）湖泊（湖泊湿地）、库塘。新巴尔虎左旗的湖泊（湖泊湿地）总量较多，约为545个，面积1 km²以上的有59个，大部分为盐碱湖泊，较大的淡水湖泊97个。最大的为呼伦湖，另外还有呼和诺尔和超伊钦查干诺尔等较为有名的湖泊。

① 呼伦湖，面积2 339 km²，其东北角有新开湖位于旗域内，域内含呼伦湖和新开湖水面面积

约 362 km²（湖面海拔 545.08 m），域内湖岸线长度 59 km。蓄水量 144.2×10^8 m³ 时，矿化度为 0.7 g/L 左右，属呼伦湖—贝尔湖子水系。

② 呼和诺尔，位于乌布日宝力格苏木锡林贝尔北，面积约 14 km²。现已改造为水库，面积 17.93 km²，属辉河流域。pH 值 9.6，矿化度 1.03 g/L。

③ 超伊钦查干诺尔，位于乌布日宝力格苏木诺干诺尔嘎查西，面积约 5.2 km²。已改造为水库面积 15.3 km²，属辉河流域。

④ 道老图音查干诺尔，位于乌布尔宝力格苏木南部，面积约 1.3 km²，属道老图闭流区。

⑤ 古日班毛德乃诺尔，位于乌布尔宝力格苏木南部，面积约 2.1 km²，属道老图闭流区。

⑥ 伊和沙日乌苏，面积约 5 km²，属阿木古郎东部沙地闭流区。

⑦ 塔日干诺尔，面积约 3.8 km²，属阿木古郎东部沙地闭流区，pH 值＞ 10，为咸水湖。

2. 地下水

（1）潜水。

① 第四系冲积、洪积层、砂砾层潜水，主要分布在海拉尔河、乌尔逊河、辉河、哈拉哈河的河漫滩及一些古河道洼地。埋深 0.5～3 m，局部 5 m，水量丰富。单井涌水量，海拉尔河嵯岗一带为 700～1 500 m³/d；乌尔逊河古道为 100～500 m³/d。为碳酸盐钙型水，矿化度＜ 1 g/L。

② 沙丘潜水，主要分布于新巴尔虎左旗境内的 3 条沙带，一般埋深 5～6 m，沙带中间洼地为 3～4 m，浅处 1～3 m，风蚀坑中水位更浅。北部沙带水化学类型为氯—钠或氯—碳酸氢—钠（Ci-Na 或 Ci-HCO_3-Na）型，矿化度一般为 1～3 g/L，属低矿化咸水；部分为 5 g/L，属中矿化度咸水。中南部沙带中潜水大部分水质较好，属碳酸氢—钠—钙或钙—钠（HCO_3-Na-Ca 或 Ca-Na）型，矿化度＜ 1 g/L，属低矿化淡水。

③ 湖积沙、砂砾石潜水，主要分布在湖泊、泡淖周围。以呼伦湖东北部第四系湖积沙分布较广，最宽达 10 km，含水层厚度 10～15 m，埋深较浅，一般在 1 m 上下。矿化度＜ 1 g/L。

（2）承压水。受呼伦贝尔高平原海拉尔盆地地质构造影响，新巴尔虎左旗境内海拉尔河以南，巴尔图以西，嵯岗、甘珠花以东，中蒙边界以北地区，均系高平原构造承压水区。主要含水层有白垩系、侏罗系砂砾岩、砂岩。锡林贝尔以西、阿木古郎以东、甘珠花以北地段，承压水顶板埋藏较浅，为 20～50 m。阿木古郎东南、乌尔逊河以东地带，顶板埋深 50～170 m。含水层层数、厚度、井的涌水量、承压水埋藏深度均与上述含水层顶板埋藏深度变化一致。

所有承压水水质均较好，属碳酸氢—钠或碳酸氢—硫酸根—钙（HCO_3-Na 或 HCO_3-SO_4-Ca）型水，矿化度＜ 1 g/L。莫达木吉以西高平原深层承压水矿化度为 1.4～1.6 g/L。

（3）山地基岩裂隙水。新巴尔虎左旗南部丘陵地区含水层裂隙岩层为中生界的酸性火山碎屑岩喷出岩。构造裂隙和风化裂隙发育，地下水多蕴藏在北西向张裂隙和风化裂隙带内。裂隙含水层厚度变化较大，为 0～50 m，地下水埋藏大部分 0～5 m。因地形侵蚀切割到地下水位以下，形成下降泉溢出地表。井泉涌水量一般为 50～100 t/d。裂隙水水质较好，属碳酸氢—钠或碳酸氢—硫酸根—钙（HCO_3-Na 或 HCO_3-SO_4-Ca）型水，矿化度＜ 1 g/L。

3. 水资源量

新巴尔虎左旗地表水资源量 $1.655\,5\times10^8$ m³，地下水总量 $6.041\,2\times10^8$ m³，地下水可开采量 1.372×10^8 m³。

（十三）新巴尔虎右旗

新巴尔虎右旗的水资源包括地表水河流、湖泊（湖泊湿地），地下水。

1. 地表水

（1）河流。新巴尔虎右旗因位于呼伦贝尔高平原的西部，处于向蒙古高原的过渡地带，所以河流较少，仅有克鲁伦河和乌尔逊河以及数个闭流区内时令河，河网不发育，属额尔古纳河流域。

① 克鲁伦河，域内流长 206.44 km，域内流域面积 5 243 km^2，年平均径流量 5.22×10^8 m^3，矿化度< 1 g/L。

② 乌尔逊河，域内流长 213.48 km，域内流域面积 4 027 km^2，年平均径流量 6.88×10^8 m^3。

③ 乌兰诺尔汇流区时令河，域内流长约 75 km。流域内分布有斋散乃呼都格、宝日呼舒乃呼都格、敖兰呼都格、哈达廷哈力木［哈力木（halimu），古蒙古语，意为浅的井的汉语谐音，源于古突厥语。哈达廷哈力木（hadatinghalimu），蒙古语意为有石头的浅井］、敖伦呼都格等 15 口水井，故又被称为 15 井时令河。［呼都格（huduge），蒙古语，井、水井的汉语谐音］。

（2）湖泊（湖泊湿地）。

① 呼伦湖，位于新巴尔虎右旗、新巴尔虎左旗、满洲里市之间。面积 2 339 km^2，蓄水量 144.2×10^8 m^3 时，矿化度为 0.7 g/L 左右，属呼伦湖—贝尔湖子水系。

② 贝尔湖，是哈拉哈河的吞入湖，乌尔逊河的吐出湖，位于新巴尔虎右旗南部，为中蒙界湖。面积 608.78 km^2，矿化度 0.28 g/L 左右，属呼伦湖—贝尔湖子水系。

③ 乌兰诺尔（塘），位于乌尔逊河流域左岸（西岸），为乌尔逊河中游的一个长条形滞洪区，经实施水利工程已成为库塘。面积 75 km^2，矿化度 1.061 g/L。

④ 阿尔善乃查干诺尔，位于克尔伦苏木与贝尔苏木之间，面积约 5.6 km^2。海拔为 502 m，低于呼伦湖。

⑤ 查干诺尔，位于克尔伦苏木与贝尔苏木之间，面积约 7 km^2（咸）。海拔为 502 m，低于呼伦湖。

⑥ 巴润萨滨诺尔，位于呼伦湖西岸克鲁伦河入呼伦湖河口西北，面积约 5 km^2。

2. 地下水

新巴尔虎右旗位于海拉尔盆地西缘，地下水埋藏条件比较复杂，地下水类型以潜水为主，火山岩丘陵区为裂隙潜水。

（1）裂隙水。

① 上侏罗统上兴安岭火山岩组裂隙水，在域内有大面积分布，为域内重要的含水带，但富水性不均。地下水赋存的良好地段深度 50～150 m，水量较丰富，单井涌水量 48～480 t/d；泉水涌量 12～120 t/d，潜水位< 5 m。

② 中侏罗统下兴安岭火山岩组裂隙水，主要分布在原额尔敦乌拉苏木以南地段，中蒙边境一带也有分布。张性断层含水带仅在敖尔高瑙根浩雷发现，宽 200～250 m，长 2 km，为一较好的含水带。单井涌水量 58.8 m^3/d，水位埋深< 5 m。

③ 石炭—二迭系轻变质沉积岩裂隙水，这类水仅零星分布于崩哈特山和西北中蒙边境线一带，甲乌拉以东也有分布。在巴彦浩来一带有一张性断层，宽 50～100 m，深 100～120 m，长 12～15 km，较富含水。单井涌水量 157.2 t/d，潜水位 1.60 m。

④ 志留—泥盆系变质岩裂隙水，零星分布于甲乌拉和楚鲁特花以北地区。构造裂隙很发育，但多已被细脉胶结，无水点资料，故水文情况不明。

⑤ 海西晚期花岗岩裂隙水，主要分布于原阿敦础鲁苏木附近。裂隙含水带有十余条，宽 20～70 m，深 150～280 m，长 7～30 km。富水性较强，单井涌水量 120～480 t/d，潜水位< 5 m。

（2）孔隙水。

① 全新统河流冲积砂、砂砾石孔隙水，呈条带状分布于克鲁伦河河漫滩。潜水位埋深< 5 m，单井涌水量 12～96 t/d。

② 上更新统冲积—湖积砂、砂砾石孔隙水，分布于呼伦湖西北滩地。潜水位一般< 5 m，单井涌水量 48～600 t/d。

③ 中、下更新统冲积冰水粉细砂和砂砾石、含砾亚黏土孔隙水，仅分布于阿拉坦额莫勒附近。潜水位 4～5 m，富水性不均，单井涌水量 2.4～24 t/d。

④ 下第三系砂砾岩、砾岩孔隙水，主要分布在阿敦础鲁到特龙特敖包一带，潜水位 10～40 m，单井涌水量 54.48 t/d。

⑤ 下白垩统砂岩、砂砾岩孔隙水，主要分布于

克鲁伦河和呼伦湖地堑中。

3. 水资源量

新巴尔虎右旗地表水资源量 0 m^3（数据来源于《呼伦贝尔水利志》，原因是旗域内虽有汇流面积，但基本不产流，均为过境水），地下水总量 $4.597\,5\times10^8\,m^3$，地下水可开采量 $0.752\,5\times10^8\,m^3$。

第四节 可通航水域、可进行商业飞行空域空间

一、可通航水域

（一）普通航段

1. 界河航线

额尔古纳河，黑山头—室韦—奇乾—伊木河—西口子—恩和哈达（三江口），航程＞640 km。此航线在枯水期较大吨位船舶（＞50 t）无法航行。中下游个别河段为急流航段。

2. 湖泊航线

呼伦湖，小河口—五一嘎查—乌兰布冷—克鲁伦河口，航程约 100 km。沿呼伦湖西岸可航行千吨级内河船舶，为内河 A 级船舶航行区。

3. 库区航线

尼尔基水库，甘河汇入嫩江河口以下—宜斯坎哈力—霍日里—宜斯尔村—腾克镇—登特科—尼尔基镇，航程约 118 km。库区内蒙古一侧（西岸），可航行千吨级内河船舶，为内河 B 级船舶航行区。

（二）急流航段

在丰水期，海拉尔河牙克石以下、额尔古纳河黑山头以上、甘河大杨树以下、诺敏河毕拉河口以下、绰尔河柴河镇以下，可航行吃水＜0.8 m 的小型船艇。除额尔古纳河上游外，大部分为急流航段。

二、可进行商业飞行的空域空间

呼伦贝尔市域面积 $25.3\times10^4\,km^2$，＜100 m 为超低空，100～1 000 m 为低空，1 000～7 000 m 为中空，7 000～1.5×10^4 m 为高空。如选定地面高度为零高度，则超低空、低空、中空、高空的总空域空间受地球表面曲率影响应＞$25.3\times10^4\,km^2\times15$ km，即＞$379.5\times10^4\,km^3$。

呼伦贝尔市除冬季寒冷降雪较多外，整体上有利于商业飞行。

第五节 碳汇资源

一、碳汇的相关重要概念

（1）温室气体。是指大气中吸收和重新放出红外辐射的自然和人为的气态成分，包括二氧化碳（CO_2）、甲烷（CH_4）、氧化亚氮（N_2O）、氢氟碳化物（HFCs）、全氟化碳（PFCs）、六氟化硫（SF_6）和三氟化氮（NF_3）。

（2）碳汇。《联合国气候变化框架公约》将碳汇定义为：从大气中清除二氧化碳的过程、活动或机制。

（3）碳源。是指向大气中释放二氧化碳的过程、活动或机制。

（4）林业碳汇。是指利用森林的储碳功能，通过植树造林、加强森林经营管理、减少毁林、保护

和恢复森林植被等活动，吸收和固定大气中的二氧化碳，并按照相关规则与碳汇交易相结合的过程、活动或机制。林业碳汇是生态系统固碳的最大载体。

（5）草原碳汇。是指草原植物因自身的光合作用将大气中二氧化碳等碳元素固定在自己的机体和浅层土壤中，从而起到减少大气中碳含量的过程。草原碳汇是固定大气中二氧化碳成本最低且副作用最小的方法，具有重要的生态价值和经济价值。

（6）碳排放。是指煤炭、天然气、石油等化石能源燃烧活动和工业生产过程以及土地利用、土地利用变化与林业活动产生的温室气体排放，还有因使用外购的电力和热力等所导致的温室气体排放。

（7）碳排放权。指被管控企业获得的政府或地区允许其排放的权利。

（8）排放配额。是政府分配给重点排放单位指定时期内的碳排放额度，是碳排放权的凭证和载体。1 单位配额相当于 1t 二氧化碳当量。

（9）重点排放单位。是指满足国务院碳交易主管部门确定的纳入碳排放权交易标准且具有独立法人资格的温室气体排放单位。

二、碳汇产业

森林代际和跨区域补偿，是指通过政策调控，采取金融手段，使森林资产资本化。当代人占用后代人的森林资源、区域间占用森林资源，包括森林衍生资源都要用资本（货币）在代际间补偿或在区域间补偿。这种补偿机制还可以延伸到森林草原生态产业、产生生态影响和污染排放产业以及类似相关产业之间。当前，国家快速推进生态文明体制建设，其中一项重要内容就是自然资源负债表。将自然和生态资源编制负债表是将其资产化投放市场的重要一步，也是实现资源可持续利用，在当代和代际间或区域间补偿的前提。呼伦贝尔市是森林、草原、湿地自然资源的富集区和生态效益贡献区，碳汇产业在全市具有广阔的发展空间。呼伦贝尔有约 $16.3\times10^4 km^2$ 的森林（不包括黑龙江省大兴安岭地区托管部分），这片森林的抚育管理和更新造林将产生数额巨大的森林碳汇。通过碳汇和碳排放权交易，将形成新的绿色生态产业增长极，对市域经济形成极大的推动。

我国现已建立全国统一的碳市场，碳排放权交易和林业碳汇将迎来重要发展机遇。我们也应抓住机遇加快推动林业碳汇和碳排放权交易工作。一是，要加快推进大兴安岭重点国有林管理局森林碳汇基地建设，推动林业碳汇产业发展。依托大兴安岭林业规划院（甲级）等科研单位的技术优势，建立和完善碳汇计量监测体系，向区内外提供权威、高效的碳汇计量监测服务；二是，要严格按照碳汇造林方法学和人工林抚育方法学技术标准，开展造林和抚育工作，通过碳汇计量标准核算造林和抚育碳汇量，将其规范为碳减排项目投放市场进行交易，获取生态建设资金。三是，要通过市内排放企业争取更多的企业碳排放权配额（碳排放权由国家相关机构统一管理和发放，是具有价值的资产，可以作为商品在市场上进行交换。排放权不足的企业可以向排放权富裕的企业购买碳排放权，后者替前者完成减排任务，同时也获得收益。专家认为，碳排放权可能超过石油，成为全球交易规模最大的商品），为企业获取更大的发展空间和利益空间。通过国家统一核准的排放权，抵消市内企业污染排放责任，树立呼伦贝尔绿色发展、低碳发展的品牌，奠定呼伦贝尔美丽发展的基础。

碳汇产业在呼伦贝尔市有着广阔的发展空间。只要有部分在代际间、区域间、产行业间进行科学的补偿，那将对全市的经济产生极大地推动作用。

自 20 世纪 80 年代以来，全球气候变化问题日益引起国际社会的广泛关注。据统计，20 世纪地球地表平均温度上升了大约 0.6℃，进入 21 世纪升温趋势更加明显，2017 年全球平均气温比 1951 年至 1980 年平均值高 0.9℃。过去 300 年间，地球前五位最热年均气温均出现在 2010 年后，分别是 2010 年、2014 年、2015 年、2016 年和 2017 年。全球变暖导致海平面上升低地被淹、海岸被侵蚀、地表水和地下水盐分增加等，严重影响占全球人口 1/3

的沿海和岛国居民生活。过去 100 年海平面上升了 14.4 cm，最近 20 年中，英国泰晤士河水位不断升高，当地政府不得不先后 88 次加高防洪堤坝。

导致全球气候变暖的主要原因是人类进入工业革命以来大量使用煤、石油等矿物燃料，排放出大量的二氧化碳等温室气体。太阳辐射主要是短波辐射，地面辐射和大气辐射则为长波辐射，温室气体对长波辐射的吸收力较强，对短波辐射的吸收力比较弱。白天，太阳光照射到地球时，大约 47% 左右的能量被地球表面吸收；夜晚，地球表面以红外线的方式向宇宙散发白天吸收的能量，大部分被大气吸收，致使地球温度积累上升，也就是常说的“温室效应”。

目前，应对气候变暖的基本手段有两个：提高对温室气体的适应能力和增强对气候变化的减缓能力。就后者而言，关键是减少温室气体在大气中的积累，做法一是减少温室气体排放，二是增加温室气体的吸收。降低排放方面主要是降低能耗、提高效能、使用清洁能源等，国家近两年开展的“去产能”就是淘汰落后产能、降低能耗和排放的重要举措。但经济要发展，清洁能源成本太高，现阶段难以全面普及使用。而增加温室气体吸收主要通过森林、草原等绿色植物的光合作用来实现。即绿色植物吸收二氧化碳通过光合作用放出氧气和水，把大气中的二氧化碳固定到植物体和土壤中，起到降低大气中温室气体浓度的作用。陆地生态系统固碳被认为是最经济可行和环境友好的减缓大气温室气体浓度上升的重要途径。

2015 年 11 月，习近平总书记在巴黎气候大会上指出：建设绿色家园是人类的共同梦想。要着力推进国土绿化、建设美丽中国，要通过“一带一路”建设等多边合作机制，互助合作开展造林绿化，共同改善环境，积极应对气候变化等全球性生态挑战。并将增加森林碳汇作为中国应对气候变化国家自主贡献的三大目标之一。同时向国际社会庄严承诺：到 2030 年我国森林蓄积量要比 2005 年增加 45 亿 m^3 左右。由此可见，通过森林、草原等生态系统固碳，抵消温室气体排放带来的气候变化效应已经成为生态文明建设、绿色发展的重要内容。

三、生态系统的碳汇作用

亿万年前，地球陆地几乎为森林所覆盖。估测 1 万年前，即人类文明初期，地球上的森林面积曾一度达到 76×10^8 hm^2。19 世纪减少到 55×10^8 hm^2。据联合国粮农组织（FAO）统计，世界森林面积 20 世纪 70 年代为 43.21×10^8 hm^2，占地球陆地的 33%；90 年代下降到 26.6%，目前这一趋势仍在加剧。而草原出现于新生代，较森林晚很多。据统计，现今全世界草原面积约为 32×10^8 hm^2。尽管森林和草原受到各种因素的影响，面积在减小，但仍为地球上两个最大的陆地生态系统。

森林是陆地生态系统储存碳量的主体，是陆地上净生产力最高的植被类型，每年从大气中吸收的碳占陆地生物碳固定量的 60% 以上，约储存有 1 万亿 t 有机碳，占整个陆地生态系统的 2/3。由此可见，森林作为陆地生态系统中最大的有机碳库，固碳、储碳作用非常明显。能有效缓解温室效应的累积，对社会的贡献极为重要。草原生态系统与森林生态系统均是宝贵的生态资源，具有同样的固碳释氧、涵养水源、保持水土、防风固沙、降低粉尘、净化空气、防治污染和美化环境等功能。全球主要生态系统的面积、净生产力和生物量，详见表 8-10。

陆地生态系统除了森林、草原之外，还有农田、湿地等重要组成部分，同样发挥着重要的固碳储碳作用。根据中国科学院方精云院士等（2015 年）研究显示，中国陆地植被储碳量约为 149×10^8 t，其中森林植被约 78×10^8 t、草地植被约 21×10^8 t、灌丛植被约 34×10^8 t、农田植被约 9.5×10^8 t、荒漠植被约 4.9×10^8 t、湿地植被约 2.5×10^8 t。

内蒙古地域广阔，拥有丰富和完备的森林、草原、湿地、荒漠等生态系统类型，草原、森林和人均耕地面积居全中国第一，也是我国最大的草原牧区，是北方最大的储碳库，发挥着重要的生态安全屏障作用。呼伦贝尔作为北疆生态屏障的

表8-10 全球主要生态系统的面积、净生产力和生物量

生态系统类型	面积（$10^6 km^2$）	总净生产力（$10^{15} g C \cdot a$）	总碳储存量（$10^{15} g C$）
热带雨林	17.0	16.8	344
热带季雨林	7.5	5.4	117
温带常绿林	5.0	2.9	79
温带落叶林	7.0	3.8	95
北方森林（泰加林）	12.0	4.3	108
灌丛	8.5	2.7	22
热带稀树草原	15.0	6.1	27
温带草原	9.0	2.4	6.3
苔原和高山草甸	8.0	0.5	2.3
荒漠	18.0	0.7	5.9
岩石、冰川和沙地	24.0	0.03	0.2
农作物	14.0	4.1	6.3
泥炭沼泽	2.0	2.7	13.5
河流湖泊	2.0	0.4	0.02
总计	149.0	52.8	827

注：Whittaker and Likens，1973。

最东段，拥有 $16.3 \times 10^4 km^2$ 森林、$8.43 \times 10^4 km^2$ 草原、1×10^4 多条河流、2 000 多个湖泊库塘，约 $3\ 000 \times 10^4$ 亩耕地，有着巨大储碳量，固碳潜力极大。

特别是随着气候变化温度的逐年升高，湖泊的碳汇能力成倍地增长，根据张凤菊（2019）等人对呼伦湖的研究结论，1850 年以来呼伦湖无机碳埋藏时空变化研究表明，近百年来呼伦湖无机碳埋藏速率约为 36.15 g/（$m^2 \cdot a$），相应的无机碳储量约为 12.68 TgC。无机碳埋藏速率整体上随时间变化呈现出增加趋势，1950 年之后的埋藏速率分别是 1900 年之前及 1900—1950 年间的 3.94 和 1.56 倍。从空间变化来说，无机碳埋藏速率表现为湖泊中部高、南北两端低的分布格局。此外，无机碳埋藏速率与湖区温度呈显著正相关性，而与人类活动的相关性不明显，表明气候变化特别是温度可能是驱动近百年来呼伦湖无机碳埋藏变化的主控因素，而人类活动的影响可能并不十分显著。另外，根据张凤菊等人（2018）对大暖期[①]中国湖泊沉积物有机碳储量的研究，大暖期我国湖泊有机碳储量与陆地碳库（植被和土壤）的比较表明，湖泊有机碳储量约为陆地有机碳储量的 3%，而湖泊面积约为陆地面积的 2%，加之湖泊沉积物较土壤及森林生物量能够保存更长的时间，因此湖泊在区域乃至全球碳循环中发挥着重要作用，今后在进行区域 / 全球碳循环研究时应将湖泊作为碳汇的贡献考虑在内。根据刘二东等人对湖泊碳循环的研究表明，与海洋相比，虽然内陆水体的面积经常小到被忽略，但由于以下原因：① 内陆水体对人类活动排放的碳有着强烈

① 全新世大暖期（Megathermal）：大暖期一词系哈夫斯坦（U Hafasten）于 1976 年提出的，是指间冰期中最暖阶段。这个时段时限较宽，包括了一些冷波动和在水分热量搭配上的气候不良波动。用大暖期替代以前应用较广但含义较窄的高温期与气候最宜期。哈夫斯坦建议的全新世大暖期起于北欧的孢粉气候分期系列的北方期与大西洋期过渡阶段，约在距今 8200 年前，终于亚北方期的后段，约距今 3300 年。中国研究者提出大暖期或高温期始于距今 10000 ~ 7500 年，止于距今 5000 到 2000 年。大暖期延续约 5500 年，包含了相当多的气候与环境波动。

的汇集；② 内陆水体富营养化对其生产和分解过程有着强力拉动；③ 内陆水体的迅速沉降，造成其碳汇功能十分活跃，因而湖泊对陆地碳循环产生重要影响”（刘二东等，2012）。

由此看来，呼伦贝尔市因有着较大面积的湖泊、库塘，随着气候变化温度逐步升高，碳汇量也会随着增加[①]；湖泊在区域乃至全球碳循环中发挥着重要作用，对本区域陆地碳循环产生重要影响；这是今后碳汇研究的一个重要方面。

四、呼伦贝尔林业碳汇

呼伦贝尔森林的主体是在呼伦贝尔高平原与松嫩平原之间的大兴安岭山脉北段的林区，构成了呼伦贝尔市林业资源的绝大部分。

1. 林业碳储量与增量

呼伦贝尔市境内林地面积 16.3×10^4 km²，占全市总面积的 64.43%，森林覆盖率 51.4%；森林活立木总蓄积量 11.7×10^8 m³，占自治区的 78.2%。按照每生长 1 m³ 林木，森林平均吸收约 1.83t 二氧化碳计算，呼伦贝尔森林储碳总量约为 21.41×10^8 t，是一个巨大的储碳库，对我国应对气候变化具有重要作用。

呼伦贝尔市森林年生长量估计约在 $2\,000\times10^4$～$2\,500\times10^4$ m³，年新增碳汇量约为 $3\,660\times10^4$～$4\,575\times10^4$ t。1 台 1.6 L 的轿车，1 年行驶里程约为 1×10^4 km，按 1 000 L 汽油使用量来计算，年碳排放量约为 2.7 t。呼伦贝尔森林每年吸收和固定的二氧化碳足够抵消 $1\,356\times10^4$～$1\,694\times10^4$ 辆这样汽车 1 年的排放。

2. 碳汇项目试点与交易

通过植树造林、加强森林经营管理、减少毁林、保护和恢复森林植被等活动，吸收和固定大气中的二氧化碳，并按照国家相关规则，开展林业碳汇项目交易，是林业参与应对气候变化和碳减排的重要途径。2013 年至 2017 年 3 月 15 日，全国 CCER（中国经核证减排信用）项目已有 2 920 个项目提交申请，其中，林业碳汇类项目为 96 个，有 5 个项目来自于内蒙古大兴安岭重点国有林区。

呼伦贝尔市林业碳汇项目试点与交易方面，内蒙古大兴安岭重点国有林管理局走在了前列。当前，内蒙古大兴安岭重点国有林管理局试点的 7 个林业项目中有碳汇造林项目 3 个、森林经营项目 2 个、国际核证减排标准（VCS）项目 2 个。其中，完成备案的 2 个为根河碳汇造林项目和绰尔 VCS 项目，正在备案公示项目 5 个，即乌尔其汗、克一河森林经营碳汇项目，满归、金河碳汇造林项目，克一河 VCS 项目。7 个试点项目面积共计 11×10^4 hm²，年减排量共计为 89×10^4 t。

2017 年 12 月、2018 年 1 月，内蒙古大兴安岭重点国有林管理局对绰尔林业局 VCS 项目完成了两次小额碳汇权益的交易，收入共计 120×10^4 元，已经收回该项目投资成本。该项目为林区全面推进碳汇交易迈出了坚实步伐，开启了“碳库”变“钱库”的全新途径，更为林区转型发展和建立跨区域生态补偿机制提供了生动实践。

3. 林业碳汇项目的开发

林业碳汇项目目前可以参考《碳汇造林项目方法学》和《森林经营碳汇项目方法学》，从碳汇造林、森林经营两个方面进行项目开发。整个项目开发可分为 9 个步骤：

（1）项目前期评估；

（2）制定开发方案；

（3）采用经国家发展改革委备案的方法学编制项目设计文件 PDD；

（4）经国家发展改革委备案的第三方审定机构进行项目审定并出具审定报告，审定内容主要包括项目资格条件、项目设计文件、项目描述、方法学选择、项目边界确定、基准线识别、额外性、减排

① 总无机碳（total inorganic carbon，缩写为 TIC），是指总碳与总有机碳（total organic carbon，缩写为 TOC）之差。当样品在 150℃条件下燃烧时，只有无机碳转化为 CO_2，此即为总无机碳（TIC）。当无机碳总量增加，一般总碳量也随着增加。

量计算和监测计划等九个方面；

（5）报国家发展改革委备案；

（6）经国家发展改革委备案通过后，开展项目实施和监测；

（7）项目实施后项目产生了减排量，通过监测并编制监测报告；

（8）经国家发展改革委备案的第三方核证结构进行项目减排量核证并出具核证报告；

（9）报国家发展改革委审批并签发减排量，签发后既可进入市场交易。

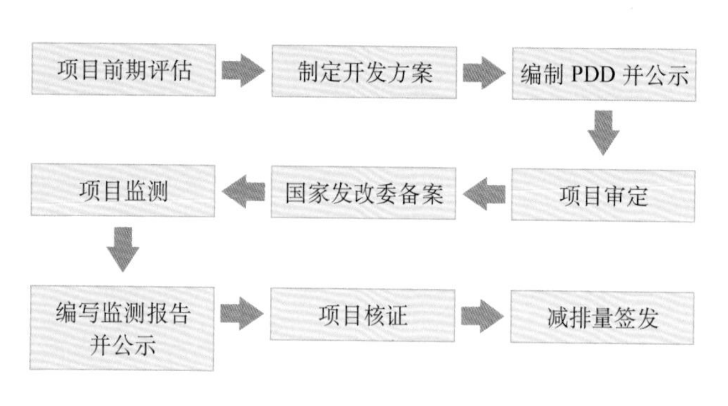

图8-1　林业碳汇开发流程

林业碳汇项目开发时间一般约为 1 ～2 年。项目的评估与识别主要从 5 个方面进行：① 资源性，包括森林面积、树种、树龄、分布等；② 技术性，确定是否符合方法学中适用性的各项要求；③ 合规性，营业执照、林权证、环评证明、土地证明、设计施工批准文件、是否有争议、边界是否清晰等；四经济性，开发成本、开发利润、开发收益。估算碳汇量、碳汇单价、碳汇批准时间、备案时间等；五可操作性，各部门要给予资金支持、政策支持、技术支持、人员支持等。涉及发改、林业、环保、财政、金融、土地等多个部门，需多方配合、协同合作。

4. 林业碳汇的发展潜力

自 2013 年 6 月国内首个试点碳市场启动交易至 2017 年 1 月，全国 7 个碳排放权交易试点累计总成交额超过 90×10^8 元。目前，我国各试点的碳价约 10～50 元 /t，以现有试点交易地区的交易额为参照，初步估计全国碳市场现货交易量最高将达到 80×10^8 元 /a。国家发改委表示，从长期来看，300 元 /t 的碳价是真正能够发挥低碳绿色引导作用的价格标准。

当前，全国碳试点市场的年抵消需求量约 1×10^8 多吨。2020 年后，全国碳市场抵消需求预计每年将有 $3 \times 10^8 \sim 10 \times 10^8$ t。截至 2017 年 3 月 15 日，全国 96 个林业碳汇项目中，已正式取得国家发展改革委项目备案函的仅有 14 个，合计年均预估减排量仅为 187×10^4 t。国家发展改革委已明确表示，限制工业及新能源类项目，鼓励林业碳汇项目参与碳市场，因此全国碳市场抵消需求量缺口巨大。呼伦贝尔市森林面积大，每年开展的植树造林和森林经营数额巨大，可开发的林业碳汇项目资源十分可观。

五、呼伦贝尔草原碳汇

（一）寒温带草原的碳汇作用

草原生态系统与森林生态系统一样，通过绿色植物的光合作用吸收太阳能，固定空气中的二氧化碳，并从大气和土壤中吸收营养物质，然后通过食物链转移给食草动物和食肉动物，经过细菌等微生物分解归还给土壤和大气，如此循环，实现能量流动和物质循环。系统内动植物有机体凋落或死亡后，形成大量的固定了有机碳的凋落物。地下部分的凋落物量大于地上部分，这是草原生态系统独具的特色。即：与森林等其他类型的陆地生态系统不同，草地生态系统不具有固定而明显的地上碳库，其碳储量绝大部分以有机碳的形式集中在地下土壤中。

从地区上看，中国草地 85%以上的有机碳分布于高寒地区和温带地区；从草地类型上分析，高寒草甸、高寒草原和温性草原的碳储量最大，分别为 113×10^8 t、63×10^8 t 和 48×10^8 t。这三类草地占全国草地总碳储量的 51.1%。值得注意的是，在高寒草地中 95% 的碳储存在土壤中，约占全国土壤碳储量的 49%。这主要是由于高寒地区温度低、土壤有机质分解缓慢造成的。该草原类型是我国一个重要的碳汇，并对我国和全球碳循环产生重要影响。方精云院士研究表明，尽管中国草地总体上起着碳汇

表8-11 世界不同地区主要草地类型每平方米年固碳量

草地群落类型		地上部分 [gC/（m²·a)]	地下部分 [gC/（m²·a)]	总量 [gC/（m²·a)]
温带草原	北美温带草原	114.7±13.6	270.6±36.1	408.8±45.7
	欧洲中部温带草原	446.2±127.4	245.3±39.9	796.1±200.3
	东欧温带草原	252.1±53.3	288.6±52.7	572.3±70.4
	俄罗斯温带草原	180.0±16.8	611.0±143.6	813.5±132.4
	中国温带草原	59.6±14.7	164.1±48.4	230.6±64.9
热带草原	澳大利亚草原	376.0	550.8	973.8
	印度热带草原	394.4±114.9	334.2±62.7	1 002.7±203.4
	非洲热带草原	178.4±49.2	672.7	988.2
	南美热带草原	348.4±20.8	430.0	782.1

资料来源：赵娜，邵新庆等．2011．草地生态系统碳汇浅析［J］．草原与草坪，6：75～82.

的作用，但存在着较大的空间异质性。内蒙古东部、天山和藏南等草地起着较为明显的碳汇作用。地处寒温带的呼伦贝尔草原发挥巨大碳汇作用，草原生态保护和草原碳汇项目开发意义重大（表 8-11）。

（二）草原年固碳量估算

根据德国全球变化咨询委员会（WBGU）的估计，全球陆地生态系统的碳储量有 46% 在森林中，23% 在热带及温带草原中，其余的碳储存在耕地、湿地、冻原和高山草地中，可见草原碳储量仅次于森林碳储量（Protoco [R]，1998）。不同学者或机构对全球草地生态系统碳储量进行了估算，平均碳储量约为 $5\,696\times10^8$ t，其中植被层为 729×10^8 t，土壤层为 $4\,966\times10^8$ t（Chang，2001）。方精云等计算了中国各种植被类型的碳储量，其中估算草地的总碳储量约占我国陆地生态系统总碳储量的 16.7%（方精云等，1996）。Fan 等依据中国草地资源调查（1980—1991）数据，估算我国草地植被碳储量约为 33.2×10^8 t。

内蒙古拥有丰富的自然资源和富饶的草原，面积达 8 800 多万公顷，是我国最大的草原碳汇资源，固碳潜力巨大。呼伦贝尔的草原总面积 9.93×10^4 km²（呼伦贝尔市农业局，2017），按照中国温带草原每平方米年固碳 165.7～295.5 g 计算，年固碳量为 $1\,645\times10^4$～$2\,934\times10^4$ t。此外，还有众多边际土地和退耕还草土地可以种植和恢复植被，无疑也会带来碳汇的增加。巨大的增汇潜力，为草原碳汇提供了广阔的发展空间。

（三）草原碳汇项目前景

2004 年，国家草原碳汇管理办公室在内蒙古自治区启动了草原碳汇项目的试点，而且实施的项目是严格意义上的京都规则项目。2014 年 1 月，国家发展改革委在中国自愿减排交易信息平台发布公告，公布第三批备案自愿减排方法学，其中包括《可持续草地管理温室气体减排计量与监测方法学》，为草原碳汇项目开发提供了规范和依据。此外，碳汇交易的理论日趋成熟，同时内蒙古自治区建立碳汇交易有 CDM 的方法学的指导，这些都构成了建立内蒙古自治区草原碳汇交易平台的有利条件。

据专家测算，建设 1 hm² 天然草地，投入约 1 000 元，其固碳能力可达 5t，平均每吨碳的成本约为 200 元。而森林每吨固碳的投入成本约为 450 元，是草原的 2.25 倍。如果用工业减排措施，每吨减碳成本就可高达万元。因此，在成本和投入产出比上草原碳汇更具开发潜力和优势。

（四）草原碳汇发展存在的问题

对草原碳汇和持续发展的认识不足。长期以来，人们把草原当作天然的畜牧场，过度放牧、草地开垦等，使草原生态整体恶化。国家出台相关政策和法规，但民众的生态意识严重滞后，影响了草原生态环境的治理和恢复。草原碳汇提供了一种既可获得治理草原的资金，又可推进草原生态环境可持续发展的全新模式。因此，增强民众草原生态保护意识，转变草原经营观念，通过碳汇项目获得可持续发展和生态保护的资金，是需要解决的首要问题。

生态补偿机制和碳汇市场机制不够健全。合理利用草场资源、保护草原生态环境的关键在于协调好牧民生存发展与资源保护的关系。协调牧民和草原的利益关系，建立草原生态效益补偿机制就显得尤为重要。当前，我国草原生态补偿形式单一，资金来源渠道过窄，草原生态环境保护和修复仅仅停留在政府“输血”式补偿上，效果不明显。与此同时，国内碳汇交易市场不够健全，森林草原碳汇项目的比重太小，仅停留在自愿减排机制中，缺少通过碳汇项目引导森林、草原生态保护建设的有效机制。因此，需要积极开拓草原生态补偿资金的渠道，草原对生态环境所作出的固碳贡献应得到经济上的补偿，这种补偿的实现途径就是草原碳汇交易。

（五）发展草原碳汇的几项建议

（1）加强对畜牧业和农业的监管。通过合理的放牧和农耕管理，有效缓解对草原地表生物量的过量消耗，确保草原生物量和碳汇量沉积。实行禁牧、休牧、轮牧，改变粗放经营方式、饲养方式，发展集约化、生态化的现代畜牧业生产方式，确保草原生态平衡。

（2）注重草原碳汇和生态补偿的实际效果。草原碳汇和生态补偿项目的获益者必须是长期参与和执行草原保护的牧民。在项目设计上，充分肯定牧民是草原生态保护和固碳的主体地位，征求和考虑牧民意愿，共同制定目标和项目实施方案，确保牧民获得项目资金支持，建立完善的牧民主动参与草原固碳项目的制度和机制保障，实现草原固碳的目标。

（3）建立和完善草原生态补偿制度。按照“依法、自愿、有偿”的原则，以合作社、草场产权股份化等多种合作方式，打破草场规模小的限制形成适度规模草场，以实现轮牧、游牧等科学的、持续的草原利用方式。“谁保护、谁受益”，在实现草原固碳生态效益的过程中，明确草原资源与碳汇利益的权属，实现草原保护与碳汇项目的利益链接关系。

（4）加快草原碳汇项目建设。通过试点和合作等方式加大草原碳汇项目建设力度。结合退耕还草、沙化治理等草原生态修复项目大力开展草原碳汇项目开发，让生态效益和固碳效益转化为可见的经济效益。

在全面推进绿色发展，建设生态文明的新时代，依托森林、草原等生态系统持续健康发展，实现从资源消耗型向环境友好型经济模式的转型，是呼伦贝尔发展的一项重要使命。依托森林、草原、湿地持续的碳汇增量，开展碳汇项目交易，通过市场正向反馈激励和引导更多的资金投入生态保护建设，是大兴安岭林区和呼伦贝尔草原可持续发展的重要保障，前景不可低估。

六、呼伦贝尔湿地碳汇

呼伦贝尔湖泊河流水体面积较大，特别是湖泊、库塘总面积（＞ 5 000 km²）在内蒙古自治区和东北地区都处于前列，湿地总面积＞ 30 005.222 5 km²，约占市域陆地面积的 12% 以上。按碳汇方面的专家通常给出的数据，湖泊有机碳储量约为陆地有机碳储量的 3%，根据方精云等（2015）研究成果，中国陆地植被储碳量约为 149×10^8 t，其中湿地植被约 2.5×10^8 t，约占总储碳量的 1.7%。从湖泊所占陆地面积看呼伦贝尔市接近世界平均值的 2%（张凤菊，等，2018），从湿地所占陆地面积看高于全国平均值的 5.6%（国家林业局，2015）。所以，湿地碳汇是呼伦贝尔市的一个重要生态优势，今后应着重研究发展湿地碳汇产业。

湿地是地球上水陆相互作用形成的独特的生态系统，兼有水陆生态系统的属性。在世界自然资源保护联盟（IUCN）、联合国环境规划署（UNEP）和世界自然基金会（WWF）的世界自然保护大纲中，湿地与森林、海洋一起并称为全球三大生态系统。固碳是湿地生态系统参与陆地生态系统碳循环的一项重要服务功能，湿地储存的碳占陆地土壤碳库的18% ～ 30%，是全球最大的碳库之一。自2009年12月在哥本哈根召开联合国气候变化大会以来，湿地在全球碳循环中的作用备受关注。湿地，特别是泥炭湿地，一方面因储存着大量的碳而具有碳“汇”的特征，另一方面因是温室气体的释放源而具有碳“源”的特性，因此它具有碳源、碳汇的双重性。此外，湿地沉积流域生态系统中的碳因溶解释放而进入邻近的生态系统，影响其固碳效率。目前，对湿地固碳能力的研究较少，尤其是缺乏长期实测数据的定量研究。湿地固碳能力的持续性及其对大尺度区域的影响是近年来全球关注的焦点之一。深入开展湿地固碳能力及其对区域环境的影响研究，对于量化全球气候变化条件下敏感区域湿地生态系统的固碳功能具有重要意义。

湿地固碳功能在减缓温室气体升高方面的作用已在全球范围内达成共识。对全球主要的泥炭湿地，如北方泥炭湿地、热带森林泥炭湿地等的研究都旨在解决全球变化条件下泥炭湿地碳储量及碳库稳定性问题。我国主要的天然湿地如三江平原沼泽湿地、若尔盖高寒沼泽湿地及黄河三角洲等重要湿地则正经受气候变化（温度升高、降雨分布不均、冻融格局变化）和人为干扰（土地格局变化、过度放牧、外源性氮和磷输入）的双重胁迫。这些湿地的退化改变着湿地的厌氧环境，加速其所蕴含碳的分解和释放，碳存储量及潜力因而受到严重威胁。研究气候变化及人类干扰双重影响下我国重要湿地生态系统现有碳储存量及其增汇潜力是当前亟待解决的重要科学问题（宋洪涛等，2011）。

呼伦贝尔河流湿地92 959.02hm²（929.590 2 km²），占自治区的20.05 %；湖泊湿地263 383.55 hm²（2 633.835 5 km²），占全区的46.52 %；沼泽湿地2 619 892.02 hm²（26 198.920 2 km²），占全区的54.03%；人工湿地24 287.66 hm²（242.876 6 km²），占全区的18.43 %；总计3 000 522.25 hm²（30 005.222 5 km²），占全区湿地总面积的49.92%。不同类型湿地的年固碳量以沼泽湿地所占比例最大，其次为湖泊湿地，最少为河流湿地。在固碳速率方面各类湿地多有差别，森林沼泽湿地＞草本沼泽湿地＞灌丛沼泽湿地＞永久性湖泊湿地＞永久性河流湿地＞季节性湖泊湿地＞季节性河流湿地＞藓类沼泽湿地（史小红等，2015）。

与中国主要的天然湿地一样，呼伦贝尔湿地目前也面临着气候变化及人类干扰双重影响。确保湿地生态系统现有碳存储量和增汇潜力，是我们今后湿地保护建设工作的重点。一要减少人类活动对湿地的干扰破坏，加大退耕退牧还湿的力度。通过营造森林、草地等生态体系防止水土流失，减少湖河湿地积淤。有计划地严格把控湿地的污染，对受污染和退化的湿地，要科学地开展恢复和重建，因地制宜地恢复湿地功能。二要加强湿地管理和保护，建立完善的管理机制，杜绝湿地管理混乱局面。同时制定相应法律法规，健全相关法律体系，合理开发利用湿地资源，调整产业结构，改变湿地周边人类活动对湖泊、河流、沼泽的依赖状况，减轻湿地生态系统的压力。引导开发生态产业，提倡发展循环经济。三要深入开展宣传教育活动，提高公众的生态保护意识和资源忧患意识，树立全民生态文明观，形成湿地生态保护全民参与的新理念。

第六节

自然洁净能源资源

一、水能资源开发

不包括额尔古纳河干流，呼伦贝尔市水能资源理论蕴藏量为 246×10^4 kW。如若对额尔古纳河中下游进行梯级开发，还可增加约 100×10^4 kW 的水能资源。

仅内蒙古大兴安岭重点国有林区就有一二级河流 984 条，各类湿地 1.2×10^4 km²，是中国北方重要的天然水塔，孕育了黑龙江（阿穆尔河）、嫩江等重要河流水系，水资源极为丰富。呼伦贝尔市有大小河流 1×10^4 余条，2 200 多个湖泊、库塘。下一步要通过建设大型水利设施和枢纽工程，加大对水资源的掌控来获取水资源资产的经济效益，为跨流域生态补偿创造条件，并寻求通过市场获得收益，同时也将增加自治区在区域经济社会发展中的话语权。

（一）可开发利用的水利（水能）资源

经勘察分析研究，在市域内嫩江水系和额尔古纳河水系流域可开发利用（部分已开发利用）的水利（水能）资源主要有以下各处：

（1）多布库尔河绰岔水库（图 8-1）；

（2）甘河镇水库（图 8-2）；

（3）甘河对口山水库（图 8-3）；

（4）诺敏河水利枢纽，以及毕拉河口以上各支流的梯级电站，初步设计装机 $2\times20\times10^4$ kW（图 8-4）；

（5）雅鲁河支流卧牛河扬旗山水利枢纽（已建成）（图 8-5）；

（6）绰尔河敖尼尔至二龙归梯级电站（图 8-6）；

（7）柴河卧牛湖水库（已停工）（图 8-7）；

（8）激流河鸭脖湾水库及中上游的梯级电站（图 8-8）；

（9）扎敦河水库，设计装机 $2\times1\,250$ kW + 1×800 kW（已建成）（图 8-9）；

（10）伊敏河红花尔基水库，装机 $3\times2\,500$ kW（已建成）（图 8-10）；

（11）海拉尔河扎罗木得水库设计装机 $3\times4\,300$ kW + 2×250 kW（在建）坝址位置（图 8-11），伊和乌拉嘎查哈布斯盖图水库坝址位置（图 8-12），嵯岗水库坝址位置（图 8-13）；

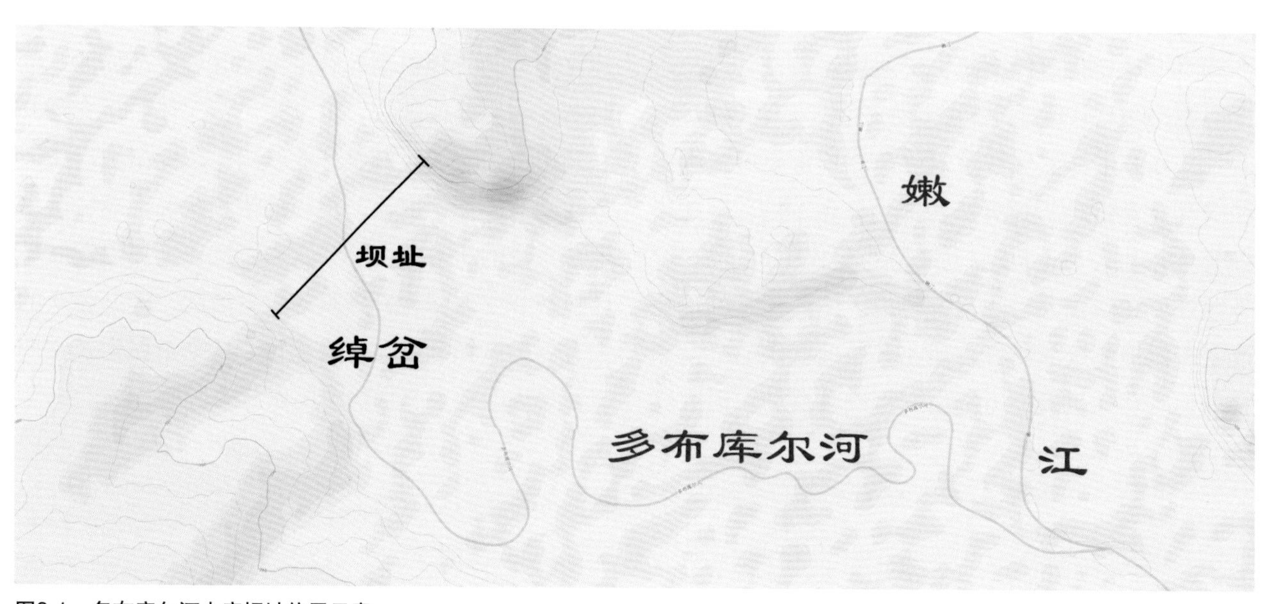

图8-1　多布库尔河水库坝址位置示意

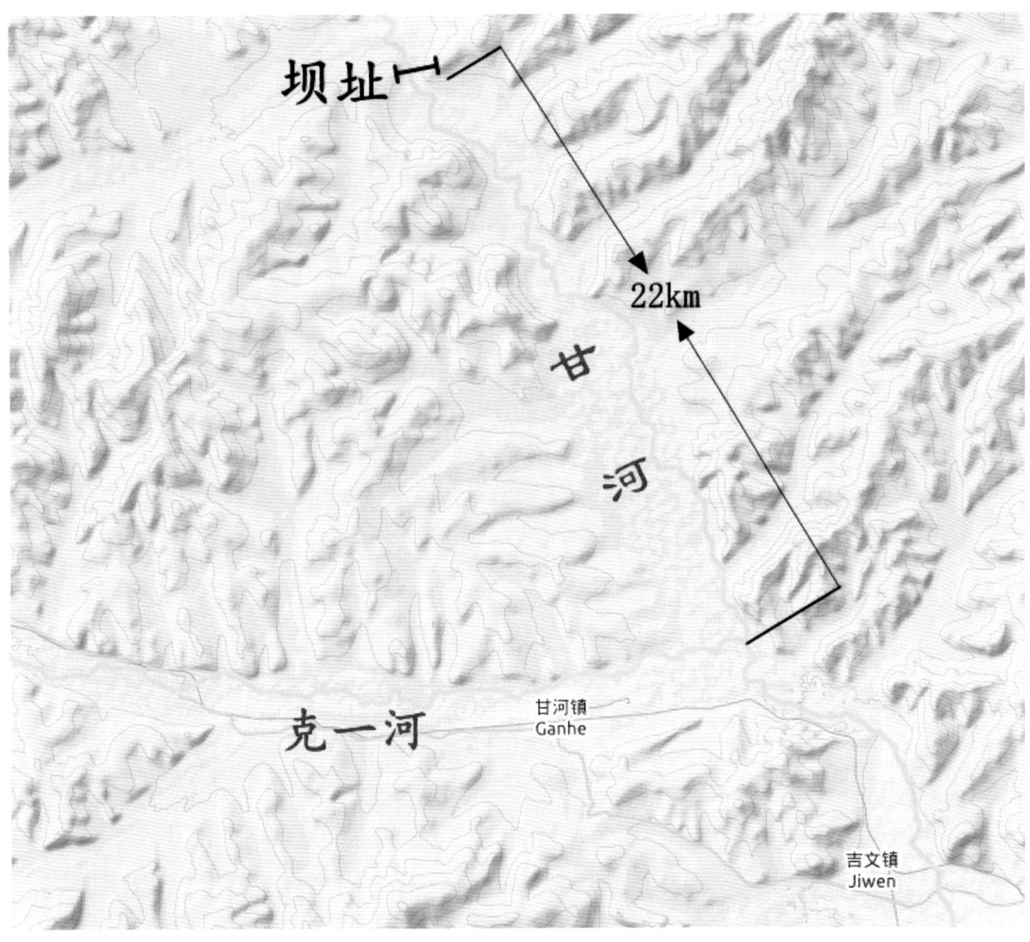

图8-2　甘河镇水库坝址位置示意

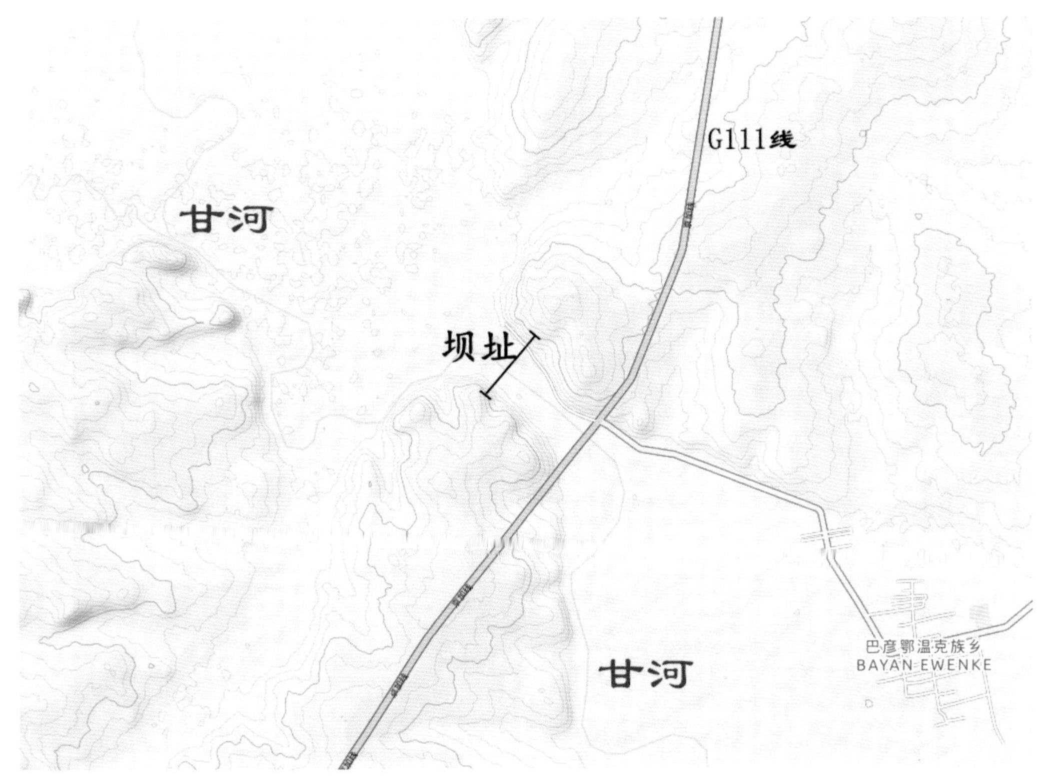

图8-3　甘河对口山水库坝址位置示意

图8-4　诺敏河水利枢纽坝址位置示意

图8-5　雅鲁河支流卧牛河扬旗山水利枢纽位置卫片

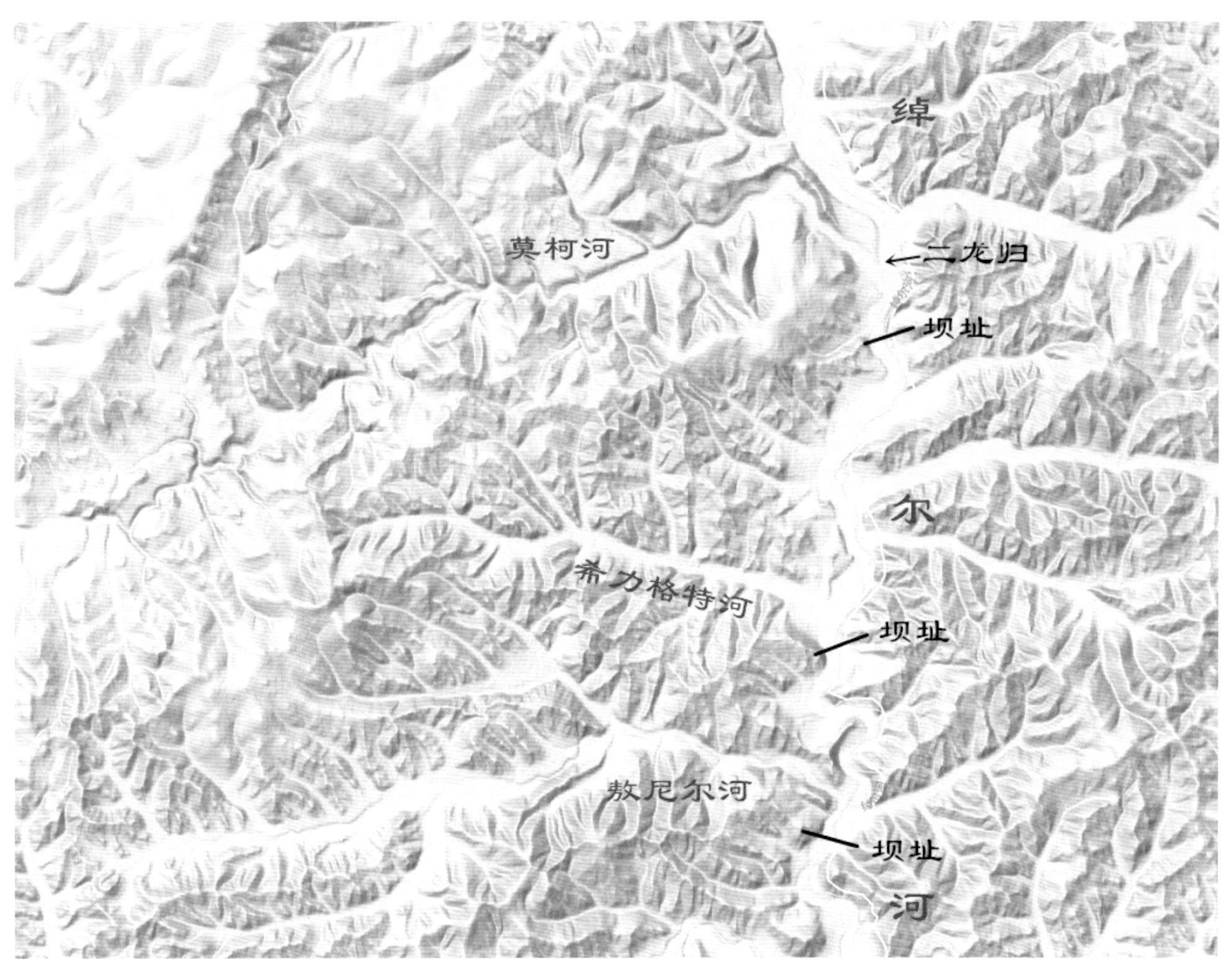

图8-6　绰尔河敖尼尔至二龙归梯级电站坝址示意

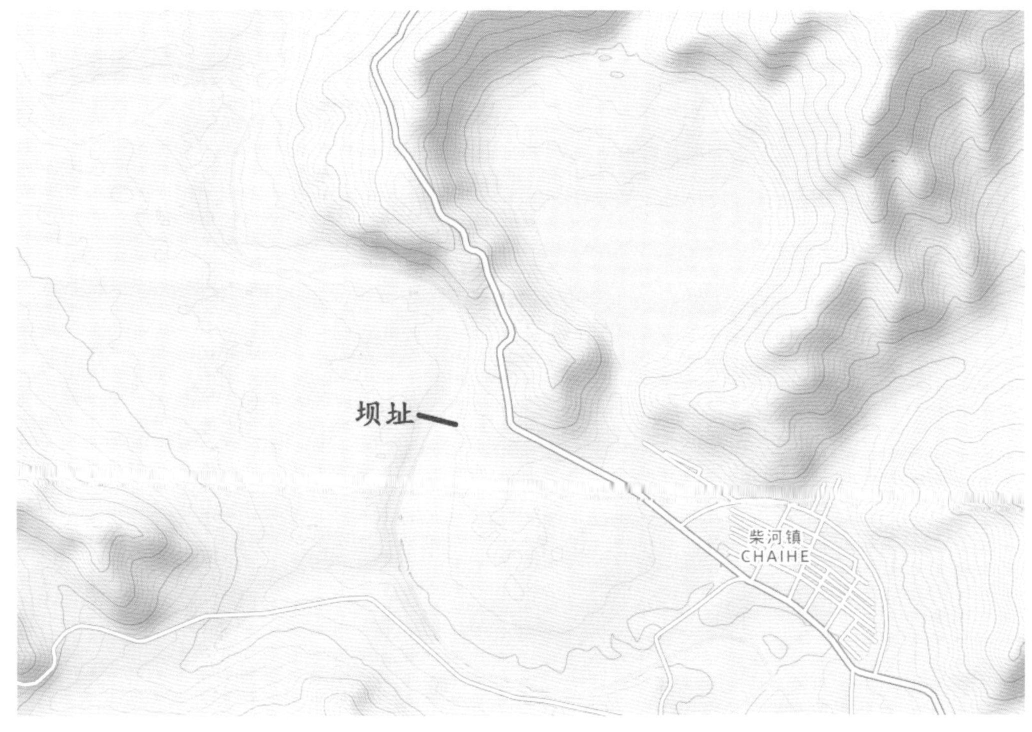

图8-7　柴河卧牛湖水库（已停工）

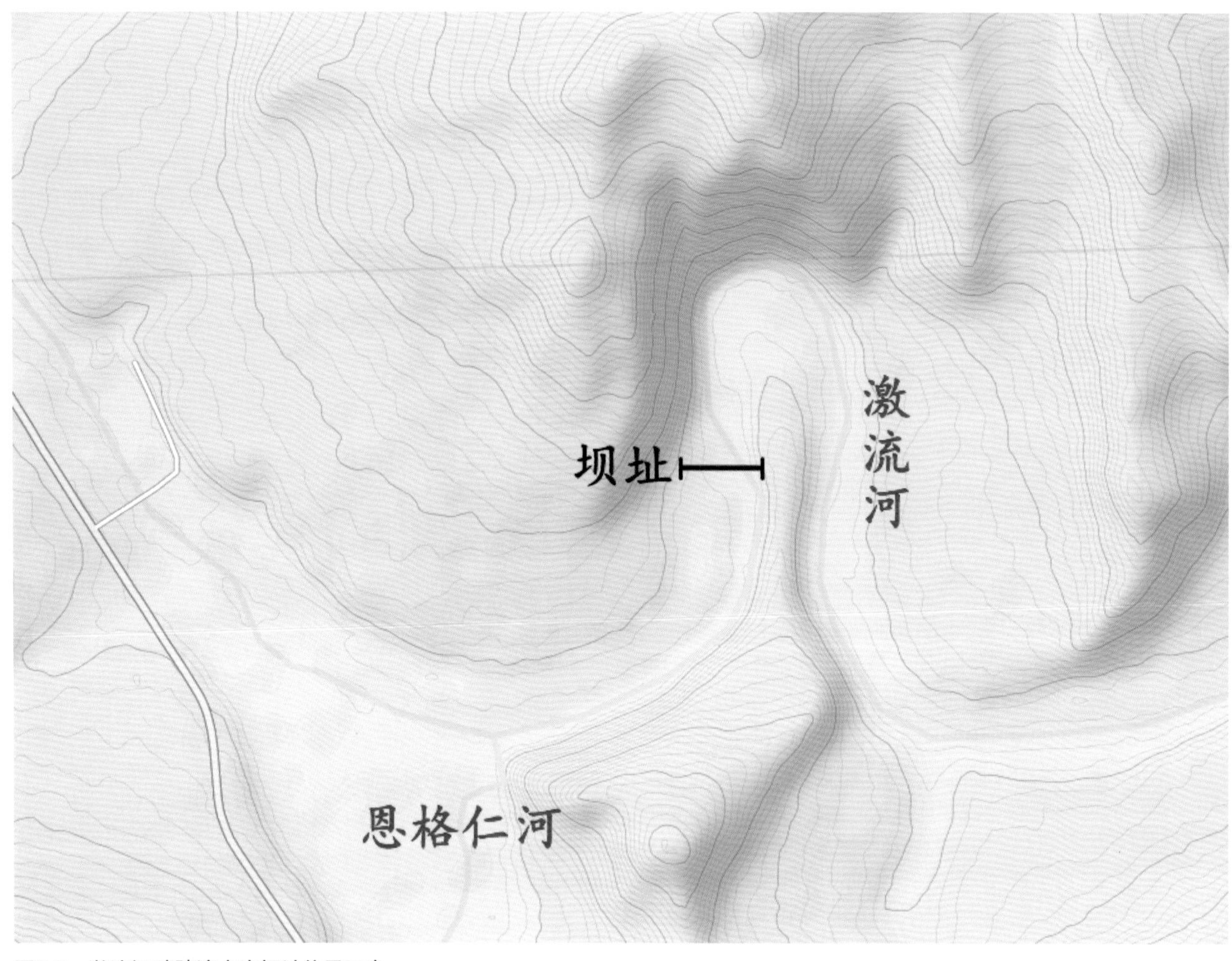

图8-8　激流河鸭脖湾水库坝址位置示意

图8-9　扎敦河水库

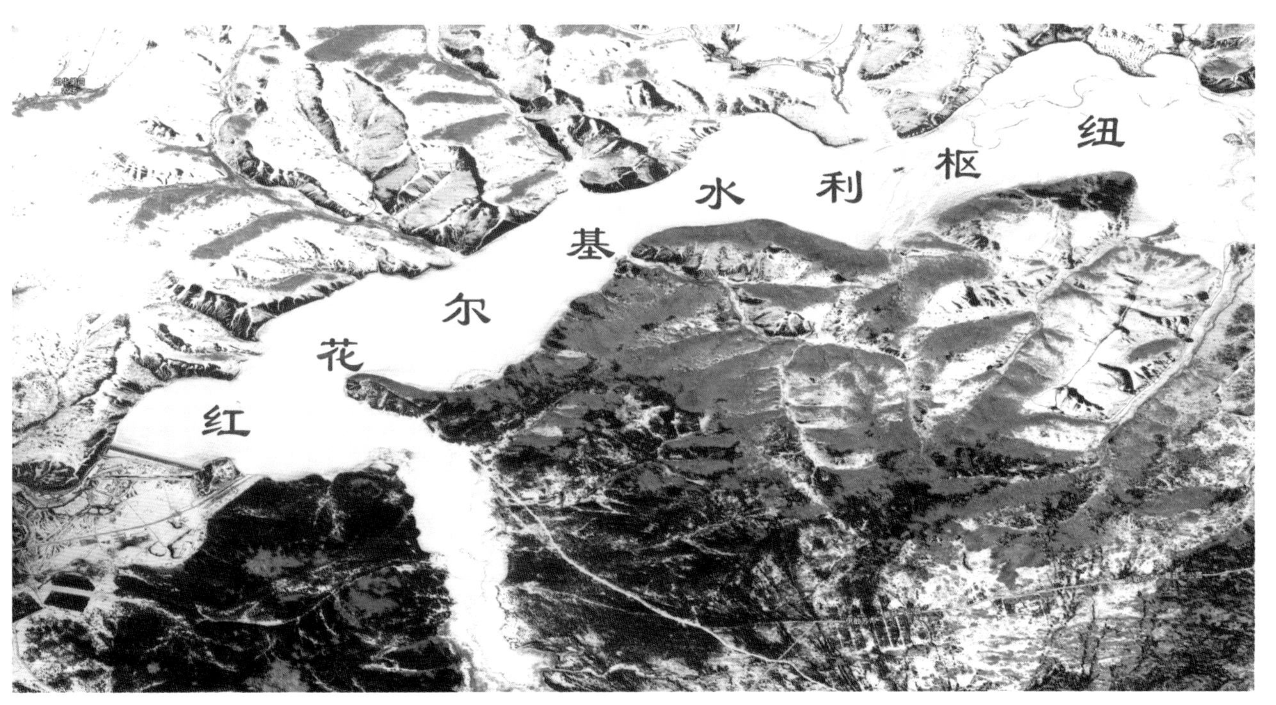

图8-10　伊敏河红花尔基水库坝址位置卫片

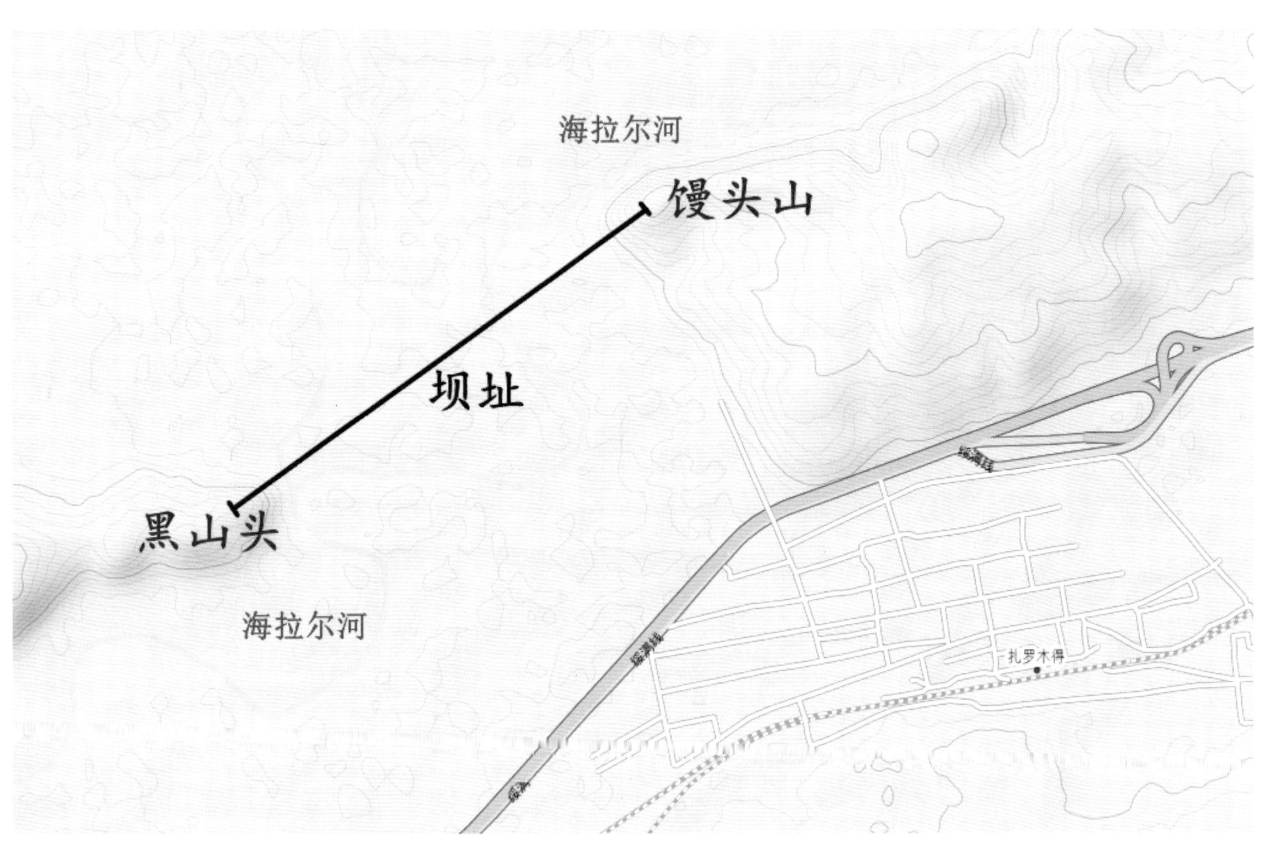

图8-11　海拉尔河扎罗木得水库坝址位置示意（在建）

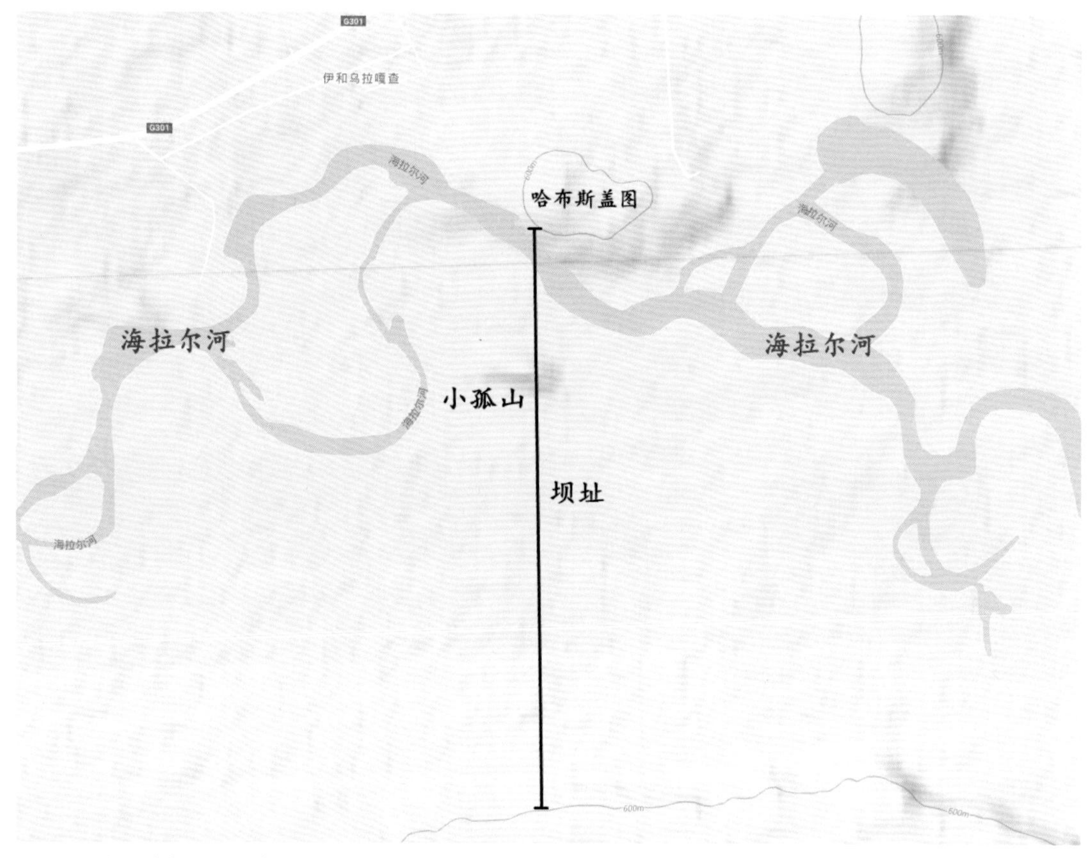

图8-12 伊和乌拉嘎查哈布斯盖图水库坝址位置示意

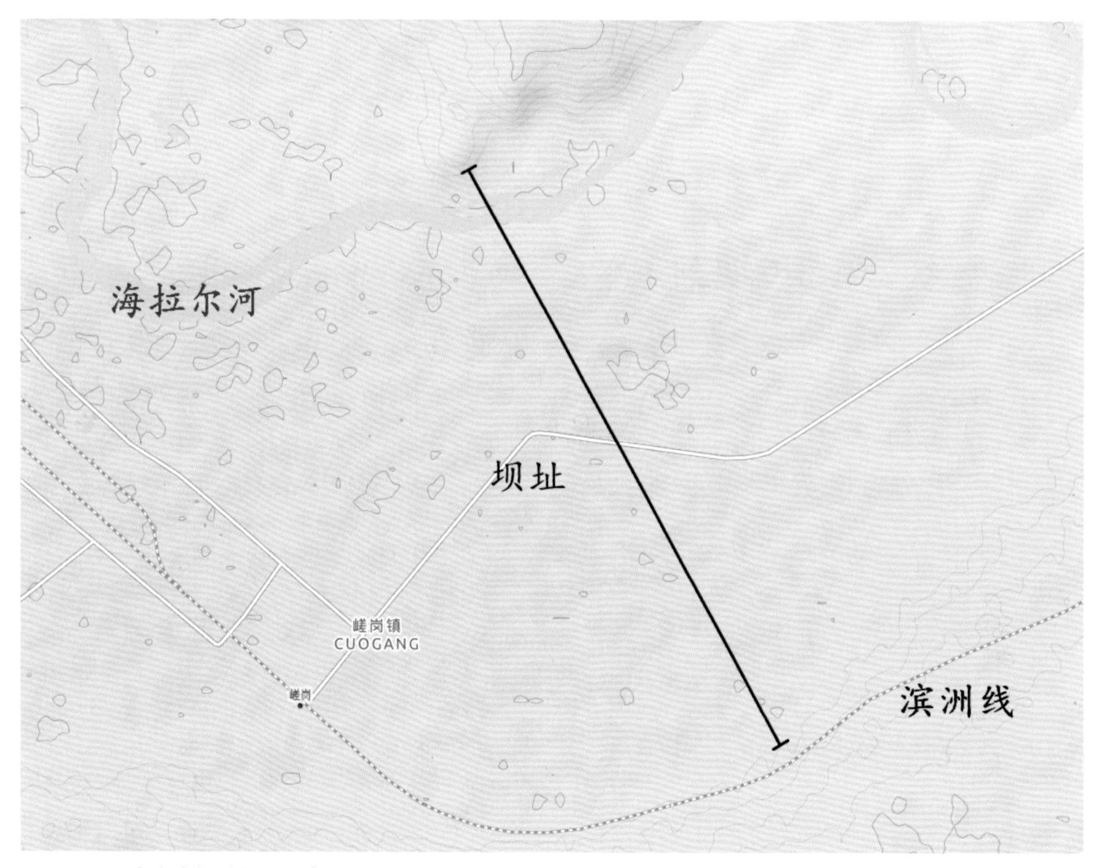

图8-13 嵯岗水库坝址位置示意

（12）额尔古纳河西牛耳河河口以下流域多峡江地带比降较大，可实施梯级水能资源开发，总水能蕴藏量约为 100×10^4 kW；

（13）嫩江尼尔基水库，装机 $4 \times 6.25 \times 10^4$ kW。

（二）水利资源开发现状与相邻地区和国家对比

在大兴安岭山脉的水利资源开发利用上，北部明显落后于中南部。赤峰、通辽已将可能的水资源全部利用。赤峰市在西拉木伦河上阶梯式建了 6 座水库、在老哈河上建了 2 座水库（红山、打虎石）、在查干木伦河上建了 1 座水库（德日苏宝冷），还有其他的小型水库。兴安盟不但有洮儿河上的特大型水库察尔森水库，而且继绰勒水库后，又开工建设绰尔河上特大型水库文特根水库①，并同步建设引绰济辽工程②。而呼伦贝尔市则在水利设施建设和水能资源利用上大大地落后周边地区。呼伦贝尔市的自然地理情况与东北三省差别不大，但在水能资源利用上则差距明显。特别是与中国北部毗邻的俄罗斯的叶尼塞河、安加拉河、结雅河、布列亚河流域的水能资源利用相比，差距更大。

1. 东北三省水能利用情况③

黑龙江，总装机 130×10^4 kW，总库容 277.9×10^8 m³。

吉林，总装机 441.7×10^4 kW，总库容 334.46×10^8 m³。

辽宁，总装机 269×10^4 kW，总库容 375×10^8 m³。

东北三省水电总装机 840.7×10^4 kW，总库容 987.36×10^8 m³。

呼伦贝尔市的面积虽比黑龙江小，但比吉林、辽宁大，考虑到降雨量等因素平均算下来，总装机应 $> 200 \times 10^4$ kW，才较为科学合理。而目前市域内的水电装机仅有 25.75×10^4 kW，总库容 93.83×10^8 m³，可见水电发展严重不足。在不计额尔古纳河干流的情况下，全市的理论水能资源总蕴藏量为 246×10^4 kW，可建 $> 1 \times 10^4$ kW 装机的电站坝址有多处，发展空间巨大。

2. 内蒙古自治区水能利用情况

总装机 132×10^4 kW，总库容 104.78×10^8 m³，其中呼伦贝尔市目前水电总装机为 25.75×10^4 kW。

---

① 文得根水库位于中国内蒙古自治区兴安盟扎赉特旗嫩江右岸一级支流绰尔河流域，是以防洪、调水、灌溉为主，兼有发电功能的大Ⅰ型水库，是嫩江防洪工程体系的骨干工程，下游的绰勒水库是其反调节水库。下游水田灌溉面积将由建设前的 8.41 万亩发展到 101.49 万亩，调水 7 亿 m³。工程静态投资 169 373.74 万元，总投资 174 052.74 万元，其水库移民工程开始于 2012 年。主要由河床沥青混凝土心墙堆石坝、右岸岸坡式溢洪道、引水系统、地面坝后式发电厂房等水工建筑物组成。其中枢纽工程投资 123 845.58 万元，水库淹没处理补偿投资为 46 907.16 万元，水保工程投资 3300 万元，工程建设期 4 年。坝顶长度 1 470 m，坝顶宽 7 m，上、下游边坡均为 1：1.5；岸坡式溢洪道由 7 孔组成，其长、宽为 10 m、13.3 m，最大单孔流量为 125.5 m³/s，校核泄流量为 8785 m³/s。工程量为土方 643.43 万 m³，混凝土 19.77 万 m³。水库校核洪水位 377.34 m、正常蓄水位 373.8 m，死水位 354.0 m，防洪高水位 374.7 m，最低发电水位 360.0 m。总库容 16.4 亿 m³，调节库容 10.89 亿 m³，死库容 1.98 亿 m³，防洪库容 1.56 亿 m³，调洪库容 4.24 亿 m³。电站装机容量为 6.4 万 kW，由 4 台机组组成，最大工作水头为 39.5 m，最小工作水头为 23.0 m。多年平均发电量 1.4 亿 kW · h。

② 引绰济辽工程是为缓解内蒙古西辽河流域严重缺水状况，为蒙东地区实施“水煤组合”战略提供水资源保障，促进区域水资源优化配置和当地经济社会可持续发展，从绰尔河调引适当水量向内蒙古西辽河流域以及沿线城镇供水。引绰济辽工程建设任务是自绰尔河引水至西辽河，向沿线城市和工业园区供水、结合灌溉兼顾发电等综合利用。受水范围为通辽、兴安盟盟府所在地科尔沁区、乌兰浩特市，两盟市所辖的开鲁县、扎鲁特旗、科左中旗、科左后旗、科右前旗、科右中旗、突泉县等 7 个旗（县）城区以及通辽经济开发区、乌兰浩特工业开发区等 10 个工业园区。依据全国及流域水资源综合规划，综合考虑绰尔河流域水资源可利用量和对下游灌溉供水的影响等，引绰济辽工程最大年调水量按不超过 6 亿 m³ 控制。引绰济辽工程是内蒙古“十二五”规划水利重点工程项目，工程建成后，对蒙东地区乃至自治区经济社会发展有着重大意义。由文得根水利枢纽和输水工程两部分组成。文得根水利枢组工程由主坝、副坝、溢洪道、鱼道、引水发电系统等组成。输水工程由取水口、隧洞、暗涵、倒虹吸、压力管道等建筑物组成，输水线路全长 390.26 km，自北向南穿越洮儿河、霍林河采用自流输水的方式，最终到达西辽河干流莫力庙水库。其中，隧道长 173.76 km，PCCP 管道长 203.83 km。引绰济辽工程是内蒙古迄今投资规模最大的水利工程，总投资 252.16 亿元，施工期 56 个月。该程设计平均年调水量 4.54 亿 m³，每年可为沿线灌区提供灌溉用水 2 833 万 m³，直接受益人口约 112.79 万人。

③ 非官方资料，为作者在公开资料中整理。

3. 与呼伦贝市毗邻的俄罗斯各州、区水能利用情况

与呼伦贝市毗邻的俄罗斯各州、区也都建有特大型水电站[①]。

(1) 安加拉河。在伊尔库茨克州贝加尔湖唯一的吐出河安加拉河上建有3座阶梯蓄能电站,分别是:

①伊尔库茨克水电站,装机 66.24×10^4 kW;

②布拉茨克水电站,装机 450.00×10^4 kW;

③乌斯季伊利姆斯克水电站,装机 384×10^4 kW;

以上三个水电站总装机,900.24×10^4 kW。

(2) 叶尼塞河。安加拉河注入的干流是叶尼塞河,在克拉斯诺亚尔斯克边疆区的叶尼塞河上已建成一座水电站,同时又规划设计了3座阶梯电站,分别是:

①博古常水电站,装机 299.7×10^4 kW,已建成;

②下博古常水电站,装机 66×10^4 kW,设计中;

③莫腾津水电站,装机 114.5×10^4 kW,设计中;

④斯特列尔卡水电站,装机 92×10^4 kW,设计中。

以上水电站总装机 572.2×10^4 kW。在叶尼塞河干支流规划设计总装机为 $1\,472.44 \times 10^4$ kW,已建成 $1\,199.94 \times 10^4$ kW。总共7个水电站,是一个水电综合体,水电站群,一个电网,为周边地区的发展提供了充裕的电力能源。

(3) 结雅河和布列亚河。在黑龙江中游俄罗斯境内阿穆尔州的两大支流结雅河(精奇里江)、布列亚河(牛满江)上也分别建有大型水电站:

①结雅水电站,装机 133×10^4 kW;

②布列亚水电站,装机 201×10^4 kW;

③下布列亚水电站,装机 32×10^4 kW,在建。

安加拉河及叶尼塞河水系上的水电综合体称为混联水库水电站群(Hybrid Reservoir Hydropower Station Group),为流域内城镇提供了充裕的电力。阿穆尔州的电力也主要由上述的结雅和布列亚两个水电站提供。

(三) 水能资源开发利用需注意的问题

在水(能)资源利用灌溉、生态修复方面呼伦贝尔的自然环境不同于东北三省,也不同于北部毗邻的俄罗斯西伯利亚和滨海地区,面临着既要开发水能洁净能源,又要保护非常重要的生态环境资源的双重压力。所以,在水能资源的开发利用上还必须遵循以下原则:

一是尽量减少对土地、森林、湿地等资源占用,珍惜自然资源;

二是为各种水生动物保留(重建)与原生存环境类似的环境条件,如鱼类的洄游通道、鸟类的栖息地等(鱼类的洄游通道设计建设以往都没有考虑,或关注不够,在呼伦贝尔自然环境条件下,这对鱼类的生存繁殖非常重要),给野生动物提供足够的生存空间;

三是对坝址以下的河流湿地、沼泽湿地、湖泊湿地等湿地系统不造成严重影响(因呼伦贝尔绝大部分湿地的补水主要靠春季的凌汛"桃花水"和雨季的夏汛,水坝对这两个汛期的补水影响很大,如果规划设计不合理,将对湿地系统产生毁灭性的破坏),保护湿地是重中之重。

在水能资源开发利用中,除遵循以上原则外还应坚持严谨的科学态度,把生态安全放在首位。上面所列可开发水能资源的各处坝址,只是简单地从地形和汇水面积以及流量上考虑,对周边生态环境方面的影响还需谨慎全面的评估,且不可盲动,避免对自然生态造成不可恢复的破坏。

(四) 水(能)资源开发利用初步设想

1. 甘河对口山水库

按初步的设想 $15 \times 10^8 \sim 20 \times 10^8$ m³ 库容(坝址以上汇水面积 $> 1.8 \times 10^4$ km²),可形成约 80×10^4 亩的灌溉能力。其灌溉区域可达奎勒河镇、巴彦乡、

① 非官方资料,为作者在公开资料中整理。

甘河农场、大杨树镇南部等地。

2. 诺敏河毕拉河口水利枢纽

如按354m海拔标高、$24\times10^8m^3$库容、$2\times20\times10^4kW$装机的初步设计，可形成约100×10^4亩以上的灌溉能力。灌溉区域可达诺敏镇到宝山镇的沿诺敏河谷近百千米的百里大川、亚东镇、及金界壕蒙—黑界以西的部分地区。这个项目虽然已完成了初步设计，但能否实施还应充分考虑库区处于奎勒河—诺敏火山群分布区，地质结构不稳定，每年都有低强度的地震；还有不确定的活火山活动（大黑山）；对地质灾害的影响必须进行详细科学的论证。

3. 尼尔基水库提水灌溉工程

尼尔基水库设计之初就是服务于嫩江中游的齐齐哈尔周边地区，在呼伦贝尔市也仅能灌溉诺敏河下游与嫩江所夹的汉古尔河地区的几十万亩农田。但诺敏河毕拉河口水利枢纽若建成，有$2\times20\times10^4kW$的装机、加上尼尔基水库自身的$4\times6.25\times10^4kW$装机，可提供较低的电价，使尼尔基水库提水灌溉成为可能。尼尔基水库正常蓄水位为海拔216 m，如提升100 m达到316 m，则莫力达瓦达斡尔自治旗、阿荣旗、扎兰屯市的7 000多平方千米平原丘陵地带大部分可被灌溉覆盖。这一地带是岭南三旗市地力上乘的黑土地，可灌溉耕地面积约$350\times10^4\sim400\times10^4$亩（图8-14）。

如若能从尼尔基水库修建一条大型灌渠，经莫力达瓦达斡尔族自治旗中南部、阿荣旗中部到扎兰屯市南部，年输水量约$15\times10^8m^3$，则对地方经济

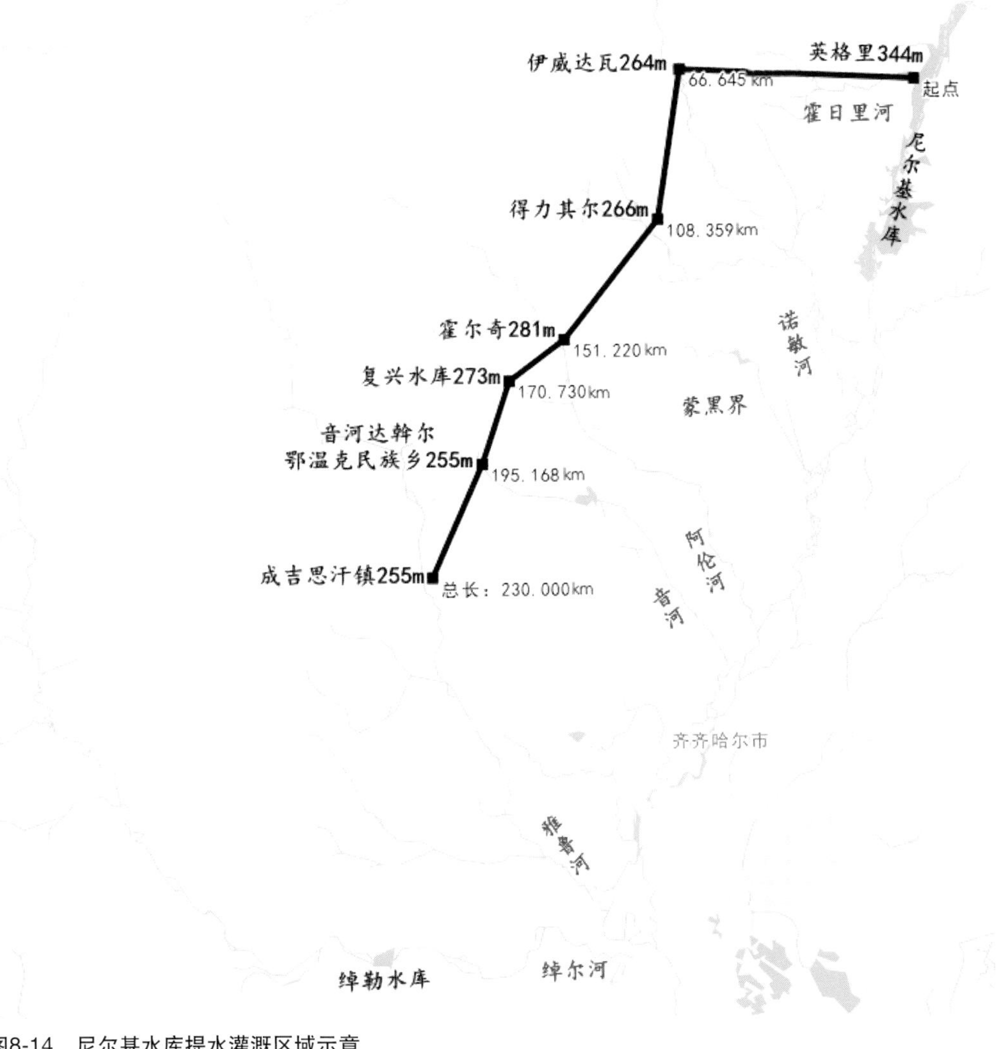

图8-14 尼尔基水库提水灌溉区域示意

的年贡献率可达数百亿元或更多。考虑到综合因素，主灌渠的长度为 220～260 km。

如诺敏河毕拉河口水库项目不可行性，还可以考虑在灌渠跨过诺敏河于伊威达瓦处建一水电站，为提水提供电力，并在该处再提取 10×10^{8} m³ 诺敏河水，使灌渠总输水量达到 25×10^{8} m³。用该水电站和尼尔基水电站提供的电力，完全可以满足 25×10^{8} m³ 水的提水灌溉需要。这些水可以灌溉约 167×10^{4} 亩水田，约 $2\,083\times10^{4}$ 亩水浇地［水田用水 1 500 m³/(亩·a)，旱田水浇地用水 120 m³/(亩·a)］，并为工业项目的发展提供稳定的水源。这个项目与已开工的引绰济辽工程属异曲同工，目的是一样的。但这个工程要比其更宏大、经济效益更显著，不但呼伦贝尔市可以受益，黑龙江省齐齐哈尔市所辖的部分县区也可以受益。这样，在我们实现水资源跨行政区共享的同时，无疑会将其作为重要的有价资源推向市场，获取经济收益，增强内蒙古在区域经济发展中的拉动力。与其他水利工程不同的是，这里的提水完全利用水能转化为电能来实践，更能体现更高水平的绿色发展理念。更大胆的想法是把尼尔基水库提水灌溉工程与引绰济辽工程统筹考虑，将水渠延伸到文特根水库，从根本上解决通辽市缺水问题。

4. 哈布斯盖图水库

新巴尔虎左旗伊和乌拉嘎查附近与陈巴尔虎旗交界处设想规划的哈布斯盖图水库是海拉尔河径流断面最大区段，这个水库如能建成，将对周边的生态环境产生重大的积极影响。特别是对这一区段的海拉尔河南北两岸台地沙带的治理非常有利，形成的小气候可使附近区域的降水稳定在 300mm 以上，能确保高大乔木的生长。这一区域的面积约为 3 500 多平方千米，同时还可以解决满洲里市和扎赉诺尔区发展中的工程性缺水问题。

5. 嵯岗水库

综合考虑生态环境的需要、经济社会发展的需要、地区的均衡发展和海拉尔河流域各旗市累叠的生态效益有一个最佳的释放点，在生态补偿机制下，唯有在距嵯岗镇以上约 2 km 处海拉尔河段上建水库，才是较优的选择。相比扎罗木得、哈布斯盖图水库，嵯岗水库有以下比较优势：

一是，这个水库如能形成 10×10^{8}～15×10^{8} m³ 的库容，那将对下游相距只有约 30～58 km 的扎赉诺尔和满洲里的工农业生产和口岸经济产生不可估量的积极影响。使海拉尔河流域各旗市区叠加的生态效益，在满洲里市和扎赉诺尔区的经济社会发展中得到极大地溢出，为全市的口岸经济提供厚重的生态后盾。

二是，嵯岗水库对下游湿地的影响范围较小，只影响到约 300 km²。已建成运行的伊敏河中游的红花尔基水库，产生的生态问题就是凌汛消失，水库以下的河流湿地大面积萎缩，功能丧失，两岸草原严重退化，前车之鉴应引起我们的高度重视。与哈布斯盖图相比，嵯岗水库汇水面积大，形成的水域也可产生相同的生态效益，且影响面积更大。

三是，也是最重要的一点，嵯岗水库形成后，使水位大大地高于呼伦湖最大面积 2 339 km² 时的水位，海拔 545.08 m。这样，海拉尔河经过嵯岗水库抬高水位，通过原呼伦沟河故道常年可向呼伦湖补水，从根本上解决湖水周期性涨落的问题，也使达兰鄂罗木河成为真正的吐出河，流出的湖水又注入额尔古纳河。当呼伦沟河故道有稳定的流量后，才有望科学规划统筹设计吞入的呼伦沟河、乌尔逊河、克鲁伦河 3 条河流，施以（简单）工程，以期实现顺时针或逆时针的稳定湖内环流。这样，既保证了有稳定的 2 000 km² 以上湖面面积（蓄水量、洪泛区湿地面积）的问题，又解决了水体质量问题。因此，建设嵯岗水库是解决呼伦湖生态问题和综合统筹各旗市区利益的较优方案之一。

6. 达兰鄂罗木河湿地修复工程

建设查岗水库的核心是要解决呼伦湖来水不稳定问题，要科学合理地解决这个问题，还有一个更便捷最佳的生态水利修复工程，那就是从嵯岗到扎赉诺尔的达兰鄂罗木河 300 多平方千米湿地的全面的恢复工程。这是一个逆向思维的生态水利修复工程项目，通过本书第二章的讨论可以认为：呼伦湖的来水不足除气候的原因外，其中一个主要原因是人们对达兰鄂罗木河湿地的严重破坏，影响了春汛（凌汛）和夏汛海拉尔河对呼伦湖的补给。如果全面恢复了湿地的旧貌，那么这一问题就会得到满意的解决。这个工程主要包括原301国道、滨洲线铁路、海拉尔—满洲里G10高速公路达兰鄂罗木河湿地段的高架；湿地区庆—赉路的拆除；拆除围堰退耕还湿等。

7. 原扎赉诺尔露天矿矿坑水库

这是一个以矿区生态治理为目的，充分利用露天矿采后遗留的$>2.3\times10^{8}\,m^{3}$（为倒梯形断面，上底面面积$>4\,000\,m\times1\,000\,m$）容积的废弃矿坑，形成与地表成一个水平面的库塘（图8-15）。这个人工库塘的好处在于，从根本上解决了露天矿的生态恢复问题；使达兰鄂罗木河故道可以南北连通（南接达兰鄂罗木河，北过滨洲线采空塌陷区，恢复与额尔古纳河的水力联系）扩大地湿面积；形成面积约30 km^{2}的库塘、沼泽湿地，为淡水鱼养殖提供了饵料丰富的觅食水面和安全越冬水面；工程成本低，只需数亿元在矿坑底部铺设防渗膜、修建引排水渠、闸门等，与其他同等库容水库相比要节省资金15×10^{8}元左右；可以重塑旧城区，形成新的滨水旅游休闲度假区，提升和调整扎赉诺尔区的产业水平和结构；为扎赉诺尔区的工农业发展提供充裕的水源。

建设这些大型水利设施，岭东除提高粮食单产、增加水产品产量外，更重要的是让出更大的生态空间，确保生态环境的健康化和粮食生产的稳定、黑土地耕作层不流失；为大数据时代农牧业绿色有机食品的生产，提供基础设施和稳定的生产要素保证；大量增加经济林面积，在改善生态环境的前提下增加农民收入，使林果、柞蚕、坚果、蜂蜜等加工业做大成为农区的支柱产业；使阿荣旗、扎兰屯市的大工业用水有一个稳定充裕的保证，让雅鲁河、音河、阿伦河、格尼河等嫩江一二级支流侧重发挥生态和饮水功能；逐步建立市域内嫩江流域下游对上游的生态补偿机制，加快鄂伦春和莫力达瓦达斡尔族两个自治旗的发展。岭西的海拉尔河流域，主要是全面改变海拉尔河南北两岸台地沙带自然环境恶化的现状，大面积植树造林，发展沙产业、旅游业，

图8-15 扎区露天矿坑

转变牧民的生产方式使其增收致富；从根本上解决呼伦湖的来水不稳定，水体质量、水产品产量下降等问题，向好影响呼伦湖—大气—大兴安岭山脉森林—河流的水圈循环；为周边旗市区创造良好的生态环境，也为在海拉尔河流域建立生态补偿机制，进行积极有效地探索；为矿区生态恢复、沉陷区治理走出一条改善环境与经济发展双赢的新路。这些涉及长远的大型水利设施从本质讲，是环境保护项目，所以一定要从各有关旗市生态建设环境保护的角度高度重视，科学规划。

二、风能资源及区划

（一）风能资源区划指标的确定

根据本市有效风能贮量≥3 m/s年累积小时数和30年一遇的最大风速进行风能区划，详见表8-12至表8-14（王希平等，2006）。

一级区划指标采用年有效风能贮量［kW · h/(m² · a)］。它标志某地区风能利用的潜力，是选择风机有无安装价值的一个重要指标。

二级区划指标采用≥3 m/s年累积小时数，它表示一年中某地区可利用风力的时间。全市年有效风速小时数分布的总趋势是由东向西递增，是风能利用价值的重要参数。

三级区划指标采用30年一遇的最大风速，它是风力机最大破坏风速的重要设计指标。

表8-12　年有效风能贮量分区划分指标

分区名称	名称代号	指标
丰富区	Ⅰ	>500 kW · h/（m² · a）
较丰富区	Ⅱ	400～500 kW · h/（m² · a）
可利用区	Ⅲ	300～400 kW · h/（m² · a）
不可利用区	Ⅳ	<300 kW · h/（m² · a）

表8-13　≥3m/s年积累小时数分区划分指标

分区名称	名称代号	指标
最佳区	A	>6 000 h
较佳区	B	4 000～6 000 h
欠佳区	C	3 000～4 000 h
不佳区	D	<3 000 h

表8-14　30年一遇的最大风速分区划分指标

分区名称	名称代号	指标
特强压区	1	>35 m/s
强压区	2	0～35 m/s
中压区	3	5～30 m/s
弱压区	4	<25 m/s

（二）风能资源区划结果

根据上述区划指标，将全市风能资源划分成4个大区7个亚区。分区评述如下（王希平，等，2006）：

1. Ⅰ区：风能丰富区

（1）Ⅰ B_2。这一区年风能密度>130 W/m²，年有效风能贮量为540～890 kW · h/（m² · a），≥3 m/s有效风速时数为4 050～5 850 h，30年一遇的最大风速为30～35 m/s。主要集中在岭西的满洲里、岭上的博克图一带。

（2）Ⅰ B_3。这一区主要包括新右旗一带，年风能密度>120 W/m²，年有效风能贮量在600 kW · h/（m² · a）以上，≥3 m/s有效风速时数为5 100 h，30年一遇的最大风速大于25 m/s。

2. Ⅱ区：风能较丰富区

（1）Ⅱ B_2。这一区范围较大，包括大兴安岭西侧的阿木古郎、陈巴尔虎旗、海拉尔市、鄂温克族自治旗。该区年风能密度为90～120 W/m²，年有效风能贮量在400 kW · h/（m² · a）以上，海拉尔达470 kW · h/（m² · a），≥3 m/s有效风能时数为4 000 h以上，30年一遇的最大风速大于30 m/s。

（2）Ⅱ C_2。这一区域主要是岭上的牙克石。该区域年风能密度110 W/m²以上，年有效风能贮量在400 kW · h/（m² · a）以上，≥3 m/s有效风速时数为3 770 h以上，30年一遇的最大风速大于30 m/h。

3. Ⅲ区，风能可利用区

（1）Ⅲ C_3。这一区域主要包括扎兰屯，年风能密度80 W/m²以上，年有效风能贮量在310 kW · h/（m²·a）以上，≥3 m/s有效风速时数为3 860 h左右，

30 年一遇的最大风速小于 30 m/s。

4. Ⅳ区：风能不可利用区

（1）Ⅳ C_3。该区域主要包括阿荣旗、莫力达瓦达斡尔族自治旗。年风能密度不足 80 W/m²，年有效风能贮量在 260～290 kW·h/（m²·a）之间，≥ 3 m/s 有效风速时数为 3 660 h 左右，30 年一遇的最大风速小于 30m/s。

（2）Ⅳ D_4。该区域主要包括鄂伦春自治旗、根河、额尔古纳市。年风能密度大部不足 60 W/m²，年有效风能贮量在 110～250 kW·h/（m²·a）之间，≥ 3 m/s 有效风速时数为 2 040～2 900 h，30 年一遇的最大风速小于 25 m/s。

四、太阳能资源及区划

（一）太阳能资源区划指标的确定

根据可利用的太阳辐射能量和太阳能最佳利用日数进行太阳能资源区划，详见表 8-15、表 8-16。

一级区划指标采用可利用的太阳辐射能量。可利用的太阳辐射能量的多少，是度量一个地区太阳能丰歉程度的重要指标。

二级区划指标采用太阳能量最佳利用日数。太阳能最佳利用日数的多少，是度量一个地区可利用太阳能时间长短的指示指标。

表8-15　可利用的太阳辐射能量区划指标

名称代号	分区名称	指标
Ⅰ	丰富区	>4 600MJ/（m²·a）
Ⅱ	较丰富区	4 300～4 600MJ/（m²·a）
Ⅲ	贫乏区	<4 300MJ/（m²·a）

表8-16　太阳能最佳利用日数区划指标

名称代号	分区名称	指标
A	很佳区	120～140d
B	较佳区	90～120d
C	欠佳区	<90d

（二）太阳能资源区划结果

根据上述区划指标，将全市太阳能资源划分为 3 个大区 5 个亚区。分区评述如下（王希平，等，2006）：

1. Ⅰ区：太阳能资源丰富区

（1）Ⅰ A。这一区主要包括大兴安岭西侧的新巴尔虎左旗、新巴尔虎右旗等典型草原。年可利用的太阳能辐射能量在 4 670 MJ/（m²·a）以上，太阳能最佳利用日数 120～130 d，年太阳辐射总量为 5 650～5 720 MJ/（m²·a）。该地区太阳能资源开发潜力很大。

（2）Ⅰ B。这一区主要包括大兴安岭西侧的海拉尔、鄂温克族自治旗、陈巴尔虎旗和满洲里市大部。年可利用的太阳辐射能量在 4 670 MJ/（m²·a）以上，太阳能最佳利用日数不足 120d，年太阳辐射总量为 5 200～5 370 MJ/（m²·a）。该地区太阳能资源也有开发价值。

2. Ⅱ区：太阳能资源较丰富区

Ⅱ A。这一区主要包括大兴安岭东侧的扎兰屯市、阿荣旗和莫力达瓦达斡尔族自治旗等地。年可利用的太阳辐射能量在 4 300 MJ/（m²·a）以上，太阳能最佳利用日数 130～140 d，年太阳辐射总量为 5 260～5 350 MJ/（m²·a）。该地区也是太阳能资源理想的开发区。

3. Ⅲ区：太阳能资源贫乏区

（1）Ⅲ A。这一区主要包括大兴安岭山脉中南段的额尔古纳市、牙克石市和鄂伦春自治旗一带。年可利用的太阳辐射能量不到 4 300 MJ/（m²·a），太阳能最佳利用日数为 100～120 d，年太阳辐射总量在 4 670～4 950 MJ/（m²·a）之间。该地区太阳能资源比较贫乏，不具备开发潜力。

（2）Ⅲ B。这一区主要包括大兴安岭北部拥有原始森林的根河市等地。年可利用的太阳辐射能量不到 4 300 MJ/（m²·a），太阳能最佳利用日数不足 90d，年太阳辐射总量在 4 800 MJ/（m²·a）左右。该地区太阳能资源贫乏，没有开发价值。

第九章

呼伦贝尔生态旅游资源

生态旅游资源本属第八章内容，但考虑到其内涵为自然文化范畴，又与人类历史文化融汇，故独成第九章。本章重点对呼伦贝尔的国家公园建设进行较全面深入的讨论，并提出发展思路；对较新颖的城市绿道建设在呼伦贝尔的推广普及提出了规划设想；在体育竞技、休闲康体旅游方面重点引入马作为载体，并以此充分拓展旅游空间，丰富民族文化内涵，扩大马产业对旅游及其他产业链的延长增值；在探险旅游资源的介绍中，引入了“线路长度系数”和“路途难度等级”两个旅游、探险专业概念，使每个旅游、探险项目有了相对量化的指标，让旅游研究学者和旅游者有了可比的量化选择。

呼伦贝尔草原、大兴安岭山脉、嫩江右岸山前平原良好的自然生态系统构成的自然旅游资源，是释放生态系统溢出效益的最佳产业资源。在呼伦贝尔，森林和草原是一个生态系统中缺一不可的两个部分，它们能否健康地存在均以另一方的同等存在为前提，两者关联密不可分。因呼伦贝尔的三大地貌区域自然生态系统的体量巨大、自然原始、健康稳定、功能强大，由大兴安岭广袤森林和呼伦贝尔大草原作为生态主体支撑的全市旅游产业的资源环境基础能够长期地维持溢出效益的稳定。所以，呼伦贝尔高品质旅游业的发展壮大，可以不图一时之快，不计一事之利，扎扎实实地一步一个脚印地在一个相对不是很长的时期来实现。

需强调的是，随着旅游业的发展，呼伦贝尔市已逐步成为人们科考、探险、旅游观光、开发和发展的万众瞩目之地。如果宏观调控不当，它也会成为自然生态资源快速消耗的一个祸根。这里的旅游业处于中国高纬度、高寒地区，生态环境极其脆弱，如若遭到破坏很难恢复。要把保护放在首位，严格控制开发强度，科学厘清呼伦贝尔旅游业质和量的关系，牢牢把握品质质量这个中心，以最小的旅游人数，获取最大的经济效益。

第一节 山脉、草原、山前平原旅游资源

一、大兴安岭山脉特色优势旅游资源

由南向北沿大兴安岭山脉的森林旅游，市场化科学开发程度逐步降低，到了北部的呼伦贝尔观光游览如火如荼，2016 年旅游人数已达 1 417 万人次，但远非休闲度假的高端旅游，而且很大一部分流向了草原。其中很重要的一个原因是我们缺少对这个山脉自然特点科学细致的深度研究，包括自然历史文化。所以也未能规划设计建成适应高端旅游的产品，留住人停下来。度假休闲、娱乐探险、修学研究、文体竞赛等根植于这个山脉自然历史文化的旅游产品没有做到终端极致。前文所述的大兴安岭山脉上的 3 个火山群和发源的各条河流，形成的湖泊及突兀的高山，构成山脉森林旅游的自然构架。在南部以达里诺尔火山群为中心的克什克腾旗，温泉、黄岗梁、“阿斯哈图”地质奇观、西拉木伦河大峡谷得到了较深度的开发。加之距北京较近，其旅游正在接近高端旅游。在中部以阿尔山—柴河火山群为中心的旅游区域内，只在阿尔山林业局施业区内得到了快速发展，近年的景区门票收入均达年 1 亿多元。温泉、堰塞湖、火山口、天池、石塘林自然景观，

哈拉哈河漂流得到一定的开发，但仅仅是观光游览而非度假休闲，距高端旅游还有很长的路要走。

在大兴安岭山脉，可做高端旅游的区域及项目选择。

（一）北部原始林区国家公园

在额尔古纳市域内，内蒙古大兴安岭重点国有林管局下辖的北部原始林区管护局范围内，有着近 1 万 km^2 的原始森林，这是环北极泰加林在我国境内仅存的唯一延伸。区域内沿额尔古纳河的奇乾、十八里、温河、长甸、伊木河、奇雅河、西口子、恩和哈达，是古代“蒙兀室韦”人生活渔猎之地；毛河、八道卡河、塔里娅河、吉兴沟河、乌玛河、赤金口子、腰甸等处自清代以来就是盛产沙金的金矿（图 9-1）。高平山脉偃松层叠，怪石变幻，极目千里，壁立额尔古纳河畔（图 9-2、图 9-3）。沿河峡江风光，高耸的崖壁宛如山水画卷如梦如幻，云雾飘来似仙女下凡，晨光普照疑

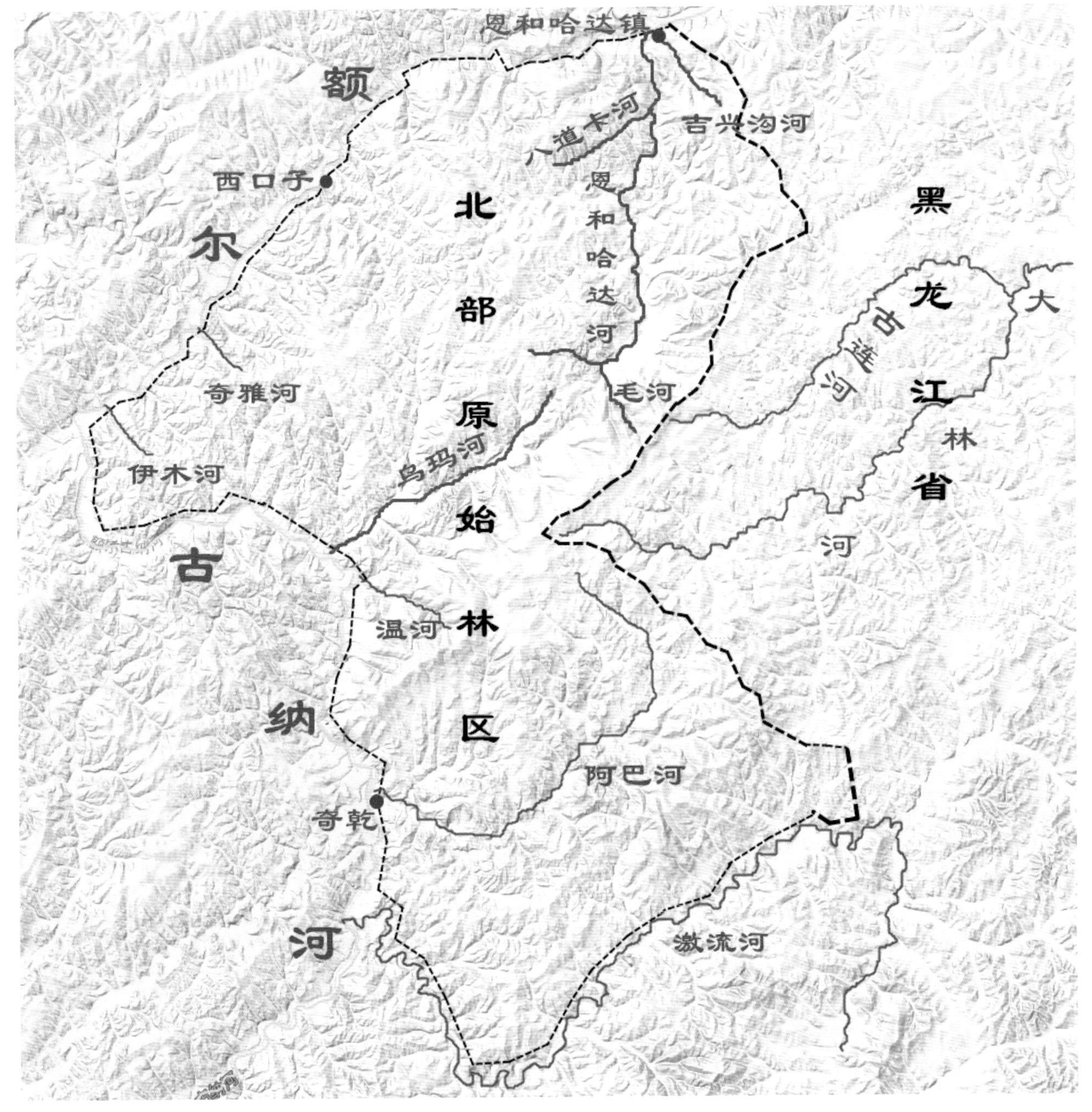

图9-1　北部原始林区范围地形示意

图9-2　额尔古纳河上温河口远眺高平山支脉

图9-3　怪石山

为山神伫立（石壁上的自然图案被鄂温克猎人称之为“奥尼奥尼”即萨满教中的山神）（图 9-4）。受冰川运动和地形影响，高平山石海（石塘）如飞瀑直泻数千米（图 9-5、图 9-6）。这里马鹿、驼鹿、狍子、野猪散游于混交林边；松鸡、飞龙、山鸡轻掠泰加林树梢；高空金雕翱翔、低空鹰隼飞啊；河中哲罗鲑逆水跃浪；林中茸菌诱人浆果飘香。按照世界自然保护联盟对国家公园定义[①]，这里是最适于建国家公园的地方（巴树桓，2015）（详见附件 20）（图 9-7）。

（二）蒙古之源主题景区

额尔古纳市北部的室韦—奇乾，已经开始的以蒙古之源为主题的景区建设。应该依据史学界的研究成果，以大兴安岭山脉周边的古代文化为基础，上溯到 1 万多年前的石器、史前文化时代，将其有形地固化，变为建筑、艺术、文化活动等可使用、视听、发扬继承的精神财富。这个地理空间向北可以延伸到斯塔诺夫山脉（外兴安岭），向南可以到阴山山脉；向西可以延展到蒙古高原、贝加尔湖，向东可以到松嫩平原、长白山脉和锡霍特山脉。因为将这些文化连接起来的阿穆尔河（黑龙江）中上游流域文化的根脉就在蒙古、中国、俄罗斯的额尔古纳河流域、石勒喀河流域、乌苏里江流域、黑龙江（阿穆尔河）流域。而留下很多文化遗存的阿穆尔河（黑龙江）上游的额尔古纳河流域、呼伦湖—贝尔湖流域，正是这个宏大的历史画卷的最令人迷恋部分。所以，这里的旅游区建设必须是在专家学者严谨指导下一步步进行，切不可操之过急（图 9-8）。

图9-4　伊贺奥尼奥尼

① 国家公园：世界自然保护联盟对国家公园定义是，一个广阔区域被指定用来：一为当代或子孙后代保护一个或多个生态系统的生态完整性；二排除与保护目标相抵触的开采或占有行为；三提供在环境上和文化上相容的精神的、科学的、教育的、娱乐的和游览的机会。这一概念和标准得到国际社会的普遍认同和遵循。

图9-5　高平山支脉冰石河（摄影：赵博生）

图9-6　高平山支脉受河谷冰川运动影响形成的多条冰石河（摄影：赵博生）

图9-7　作者（左四）向时任国家发展改革委农林司司长吴晓松（左三）、国家林业局野生动植物保护司司长孟沙（左二）汇报国家公园建设构想（摄影：张亮）

（三）国家步道网络建设

沿主脉和支脉山脊建国际通行的国家步道①，以区域内的各旗（市）为主，最后联通。依托河流源头的湿地湖泊、冰川活动遗留的断崖石壁、特殊的林相，建设用以泊驻的国家公寓②。这里应首先建成开通恩和哈达—汗马自然保护区东界—甘源—伊勒呼里山脊—南瓮河源头的步道，因为这是内蒙古—黑龙江的省界，对两省份的旅游发展非常有利（图 9-9）。

（四）室韦—恩和哈达额尔古纳河的界河风光旅游专线

开展室韦—恩和哈达的沿额尔古纳河的界河风光旅游，进行高标准游船及沿河泊驻区、码头、补给站系统的规划建设，以及为之配套的莫尔道嘎、恩和哈达通用机场的规划和建设。这里的“永安山上一岛”（地名），是沿河地理条件最好的区域，对面为俄罗斯的库季坎斯基卢格景区，可做封闭式深度开发（图 9-10）。这一项目的立足点应充分考虑

① “国家步道”的概念来自于欧美国家。欧美各国的国家步道都是多用途步道，就是步道、直排轮滑道、马道和山地自行车道多用途合一，设计了专门的标识系统部署在步道每处重要节点，不允许各种机动车上路，步道至少 50km 以上，最长的有数千千米。
在我国，“国家步道”的建设刚刚兴起，是指位于我国生态与人文资源富集的山岳、水岸或郊野地区，穿越并连接具有代表性的人文与生态资源，并可串联多样性国家级景区，在为到访者提供自然人文体验、环境与文化教育、健康休闲游憩等多元机会的同时，实现传承保护文化遗产、利用生态资源、促进旅游产业、活络乡村经济的步行廊道系统。

② 国家公寓：是国家步道旅游中的特殊公寓，而非常规概念的公寓。它是指在步道旅游中为旅行者提供的简单的宿营居所，如就地取材利用木材、石块等材料搭建的木屋、撮罗子、石屋；利用崖壁、石洞等施以简单工程构建的避雨、保暖的蜗居。在必要的区段还要为旅行者提供必需的食物、燃料、火种等，并适时给予补充。

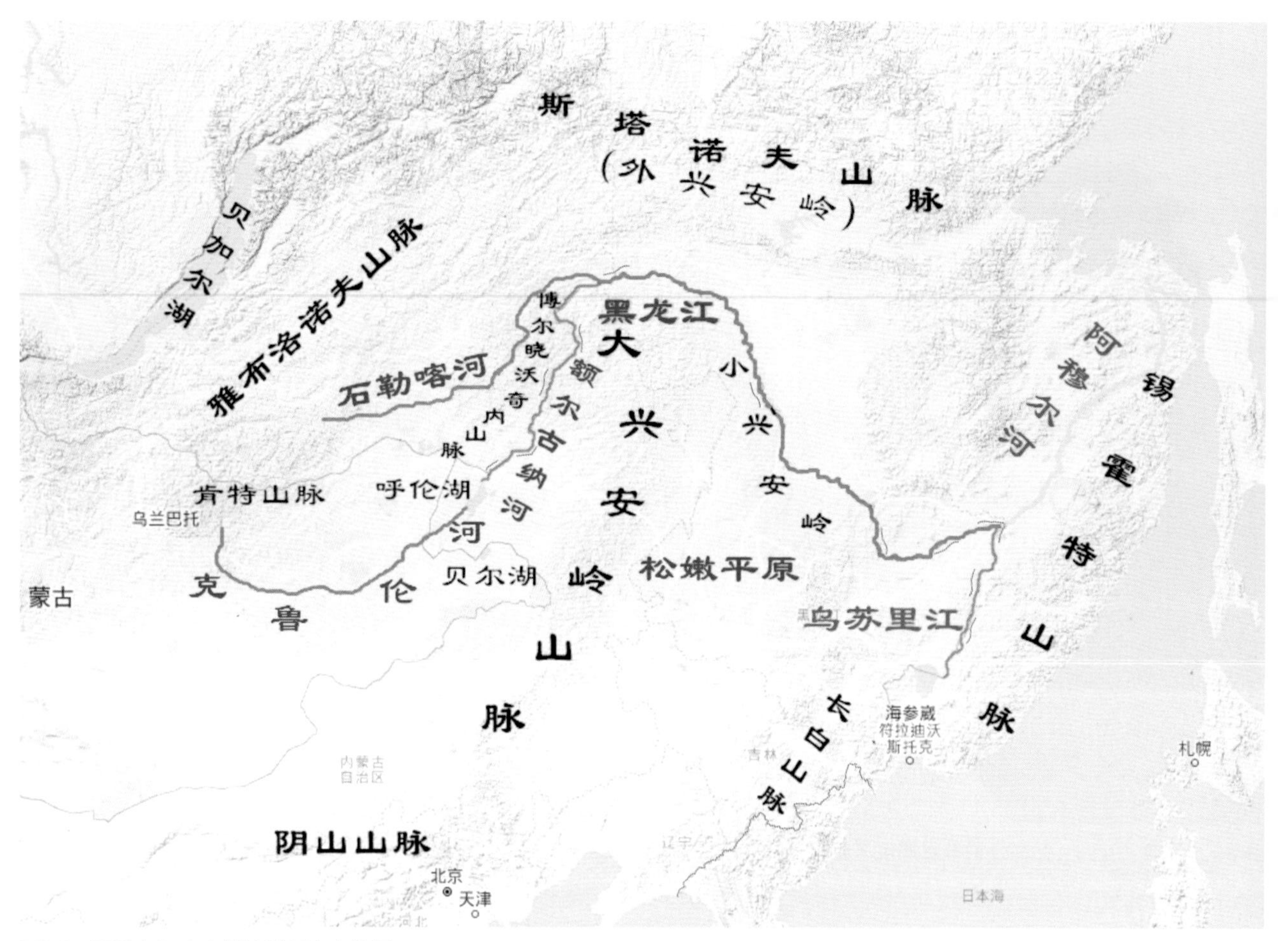

图9-8　阿穆尔河中上游流域历史文化区

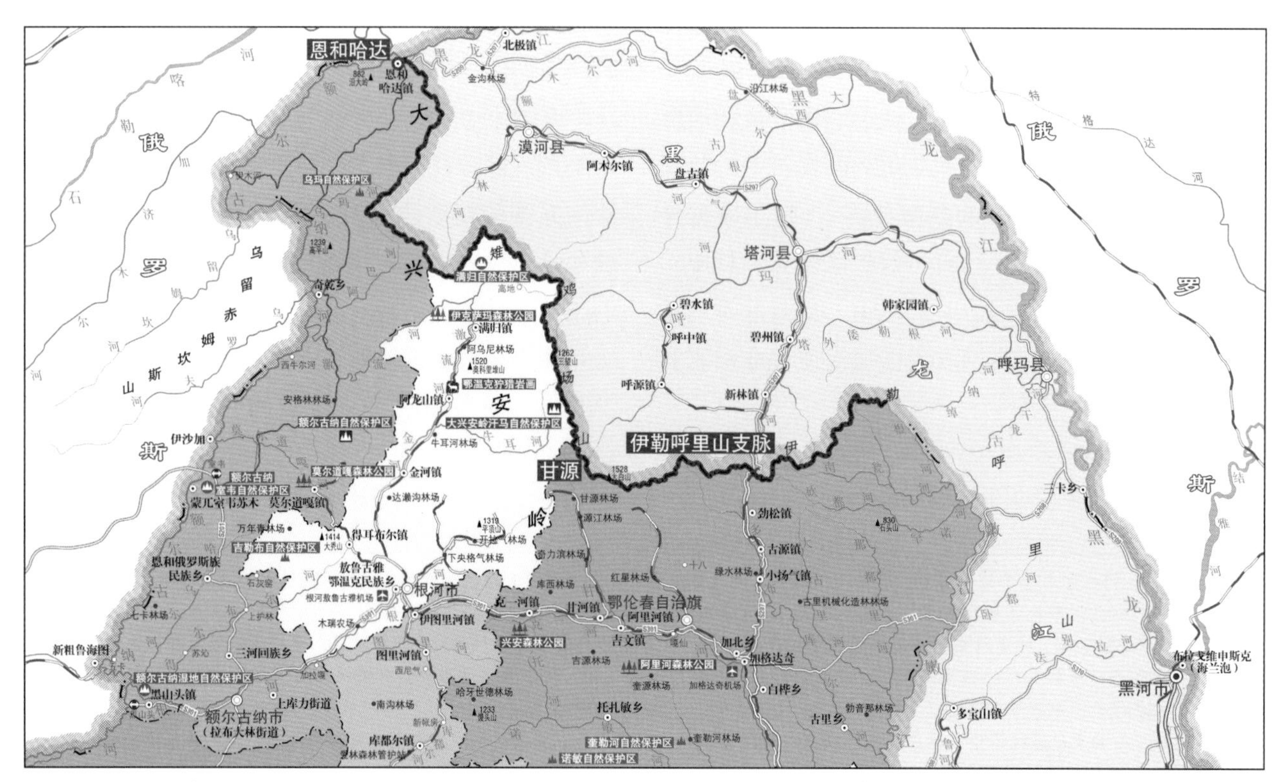

图9-9　蒙—黑界步道位置示意

图9-10　永安山上一岛下游的千米石崖下段

额尔古纳河两端、两岸旅游资源的统筹利用。西端为呼伦贝尔大草原，东端为大界江黑龙江（阿穆尔河）；右岸为中国，左岸为俄罗斯；如果规划科学实施合理，会收到事半功倍的效果。

（五）极地森林文化—驯鹿文化旅游区

以根河为中心的极地森林文化—驯鹿文化旅游区，包括三河流域（根河、得尔布耳河、哈乌尔河）上游、激流河（贝尔茨河）流域（牛耳河、阿龙山河、敖鲁古雅河、安格林河）、阿巴河流域、乌玛河流域。以驯鹿、冰雪为底衬，鄂温克族森林游牧渔猎为主线，构建一个泛极地文化旅游区（将北极圈内各民族特色文化集中展现）。尊重自然，视森林为母亲。像敖鲁古雅鄂温克族人一样与森林结为一体，放慢生活，让心脏的跳动与山川的脉动和拍同步，生活的节律与自然的时韵同频共振。晨雾湿窗唤早起，晚霞染楹安入梦。并在此复制克隆敖鲁古雅鄂温克族的传统生产方式，使之在现代社会焕发出与森林和谐共生的强大生命力。引导现代人在森林里放养驯鹿过程中，得到富裕幸福（图 9-11、图 9-12）。在摈弃采伐林木资源生产方式的前提下，引导各族人民依托原始的森林生态资源，发展现代旅游业、碳汇产业。

（六）奎勒河—诺敏火山群旅游区

以达尔滨罗、达尔滨湖为中心，构建奎勒河—诺敏火山群旅游区，包括四方山、霍日高鲁湿地、扎文河、毕拉河、阔绰（鄂伦春语，意为两河之间，即扎文河毕拉河两河所夹狭长区域）、达尔滨呼通（火山）、马鞍山、阿木珠坎、百湖谷、神指峡、小二红、烟囱石等。这里已经按高端旅游的要求，高标准规划了该区，并在两湖核心区开始了建设。这是以火山地质奇观为自然纹理，以鄂伦春族狩猎文化为主线的精品极致的旅游区。好在刚刚建设，是一块浑金璞玉，为下一步的开发建设提供了无限的创造空间。鄂伦春族的狩猎文化，在中国北方是唯一的极具特色的森林文化（图 9-13）。她不同于其他文化的主要原因，在于其完全以环北极泰加林和

图9-11　内蒙古大兴安岭重点国有林管理局根河林业局引进的芬兰驯鹿

图9-12　使鹿鄂温克族敖鲁古雅部落近百岁老人玛利亚·索（摄影：佚名）

图9-13　正在狩猎的鄂伦春人（摄影：佚名）

以南的中国高纬度森林为自然本底，人们（这里专指森林民族）以狩猎工具为主要劳动工具在争取生存发展的过程中，创造的原始文化。如源于森林狩猎生产生活的文化艺术（图 9-14）、适于森林生存的民俗、萨满教[①]（图 9-15）、人们共同遵循的森林法则等。这些基本特色构成了这一文化的主线。在奎勒河—诺敏火山群这样的自然环境背景下，形状各异的火山、曲折蜿蜒的河流、数不清的堰塞湖、

图9-14　神—逝去的瞬间（树雕）（摄影：莫日根布库）

① 萨满教：为原始宗教，是西伯利亚和中亚各民族自古以来的信仰体系，这个体系的中心就是萨满。萨满是沟通人世和他们所信奉的天上、地下两个“别的”世界的使者。欧亚大陆萨满教最重要的特征是：萨满通过“脱魂”，使自己的意识进入“别的”意识状态。概括地来说就是，萨满精通“脱魂”术，能使（自己或他人）灵魂离开躯体到“别的”世界去。萨满的灵魂通过象征性的、充满虚幻的“其他世界”之行，斡旋于两个世界（天上与地下世界）之间。还可认为，萨满具有凭借“脱魂”通行超越的世界并与之交往的特殊技能，但其条件是：萨满的“脱魂”之行通常是为帮助（氏族）集团成员这一特定目的而进行。萨满经常负有解决危机状况的使命，并以自身承担这种危机所带有的痛苦。（米哈依·霍帕尔，2001）

图9-15　四方山萨满雕像—祈（铁铸）

千姿百态的石塘林、染红层林的杜鹃花、撼人心魄的峡谷湿地、无数的飞禽走兽，围绕这个主线必然会开创营造出无以伦比的原始生态文化旅游区。这个景区的建设，还应围绕“山、峡、谷、洞、湖、塘、脉”（四方山、神指峡、百湖谷、达尔滨呼通火山口熔岩洞、达尔滨湖和达尔滨罗、阔绰石塘林、甘诺山支脉扎克奇山次支脉）进行科学的研究规划，避免建设性地破坏和破坏性地建设。而在火山群周边的城镇阿里河、加格达奇、大杨树、诺敏、乌尔其汉等地都应以火山群为中心，结合鄂伦春族狩猎文化，将区位优势充分地发挥出来，形成奎勒河—诺敏火山群旅游城镇集群。

（七）阿尔山—柴河火山群旅游区

在呼伦贝尔市的南端就是与兴安盟共同拥有的阿尔山—柴河火山群。火山群分布在扎兰屯市柴河、哈布气河、敖尼尔河上游，牙克石市莫克河上游，鄂温克族自治旗伊敏河、辉河上游，新巴尔虎左旗巴润毛盖音河上游。在以上流域分布着丰富的地质景观，基本处于原始状态。这个火山群总体上，两地各半，但已开发旅游的部分彼多我少。在呼伦贝尔市域内分布着卧牛湖、月亮湖天池、双沟山天池、驼峰岭天池、柴源林场湖等火山口湖，还分布着大峡谷、驼峰岭、鬼门关、二龙归、石塘林、九龙泉、老虎洞、水帘洞等地质地貌奇观。因山脉东南侧陡峭西北侧宽缓，扎兰屯市、牙克石市在火山群区域内很少堰塞湖而多火山口湖、多峡谷奇峰，河流湍急。鄂温克族自治旗、新巴尔虎左旗在河流源头的火山群内，则山高林密，沟底为火山熔岩流形成的玄武岩峡谷，中下游进入草原河面逐渐宽阔，野生动物分布密度极大。从伊贺古格德山（蘑菇山）向东南—西南沿呼伦贝尔市—兴安盟边界也应及早开通国家步道（图 9-16）。这是阿尔山—柴河火山群区共享的旅游资源，一侧是密布的堰塞湖和高海拔

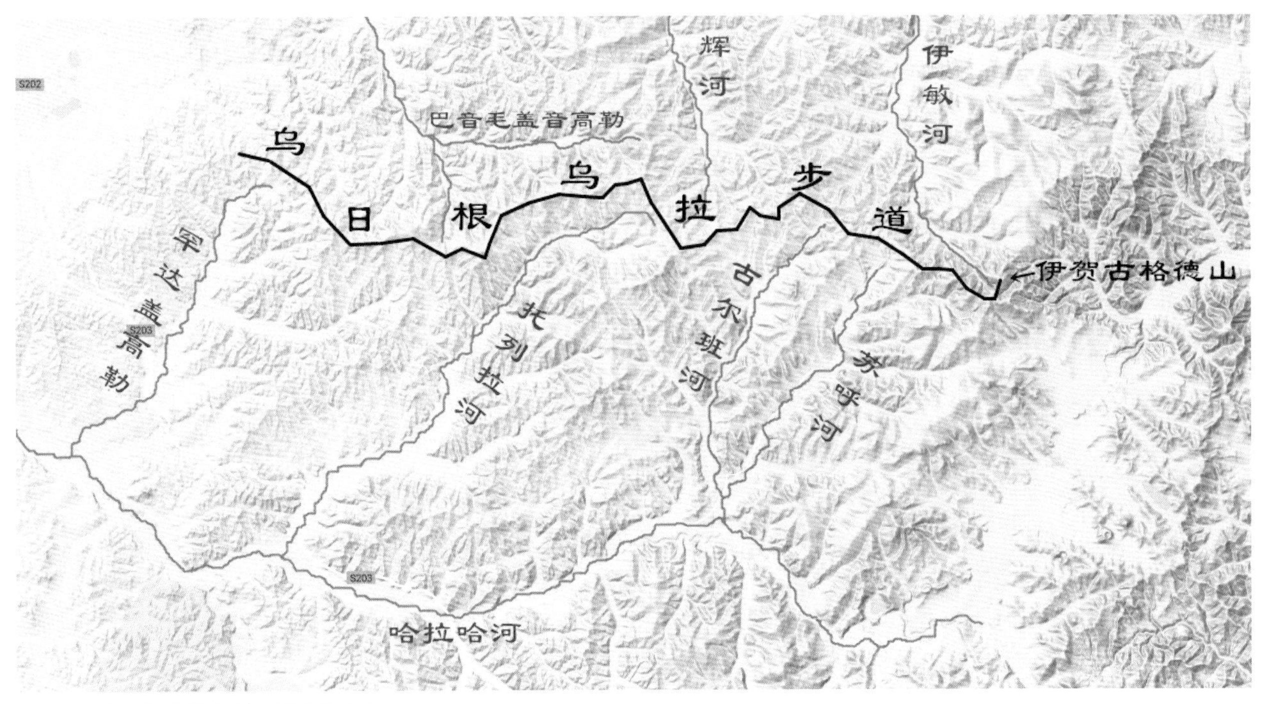

图9-16 乌日根乌拉山脊步道路线示意

火山口天池，另一侧是撼人心魄的峡谷激流和秀丽奇峰，是这个火山群景区最精湛的核心应及早地开发利用。因为呼伦贝尔市—兴安盟边界既是两盟市的行政边界又是山脉的主脊和支脊，虽在同一个火山群但两侧景观截然不同，若互观互游须经步道览胜方入佳境。随着扎兰屯机场的开通，在呼伦贝尔市行政区划内火山群区域的基础设施建设，如公路、别墅、酒店、温泉开发以及像柴河、塔尔气、绰源、红花尔基、罕达盖这样小镇的泛旅游化建设，应一步上升到高端层次。首先，柴河小镇的火山地质博物馆应及早建成，否则地区旅游竞争力将受到影响。同时，呼伦贝尔市域内火山群区的地热温泉的勘探应是当务之急。

（八）滨洲铁路工业文化遗产和侵华日军乌奴耳要塞

在大兴安岭山脉旅游资源中还有一些非自然的人文资源，即从牙克石到博克图、扎兰屯的工业文化遗产：横跨大兴安岭山脉的滨洲铁路以及沿铁路修建的侵华日军17个边境筑垒要塞之一的乌奴耳要塞。滨洲铁路在翻越大兴安岭山脉时留下许多人文遗产，但最具旅游文化价值的是博克图新南沟减缓比降的螺旋展线（图9-17、图9-18）和洞穿分水岭主峰（光头山，海拔1 276 m）的兴安岭隧道——川岭隧道（川指分水岭以东的雅鲁河川、分水岭以西的哈拉沟河川，岭指分水岭，即连通两川一岭的隧道）。螺旋展线及附属建筑物、遂道东西口巨型碉堡（图9-19）、新南沟隧道南北两侧碉堡、新南沟车站（图9-20）、沙力碑、新南沟到博克图28 km铁路、百年蒸汽机机库等已被列入省级工业文化遗产。对此，牙克石市已有一个由同济大学规划院设计的《蒸汽火车旅游专项研究》旅游规划（图9-21），同时螺旋展线分水岭主峰光头山（海拔1 276 m，相对海拔422 m）和博克图东山（海拔1 135 m，相对海拔443 m）又是两个绝佳的滑雪场选址。

乌奴耳要塞是在第二次世界大战接近尾声之际，日本侵略者为挽回其败局，利用占领区大兴安岭极有利的军事地形，在滨洲铁路横穿大兴安岭主脊东、西两侧的崇山峻岭之间，构筑的一条规摸庞大的军事工程—乌奴耳要塞防线。它西北起于牙克石，筑有卓山、凤凰山阵地，沿滨洲铁路向东南筑有免渡河、乌奴耳、博克图阵地。由于主阵地位于

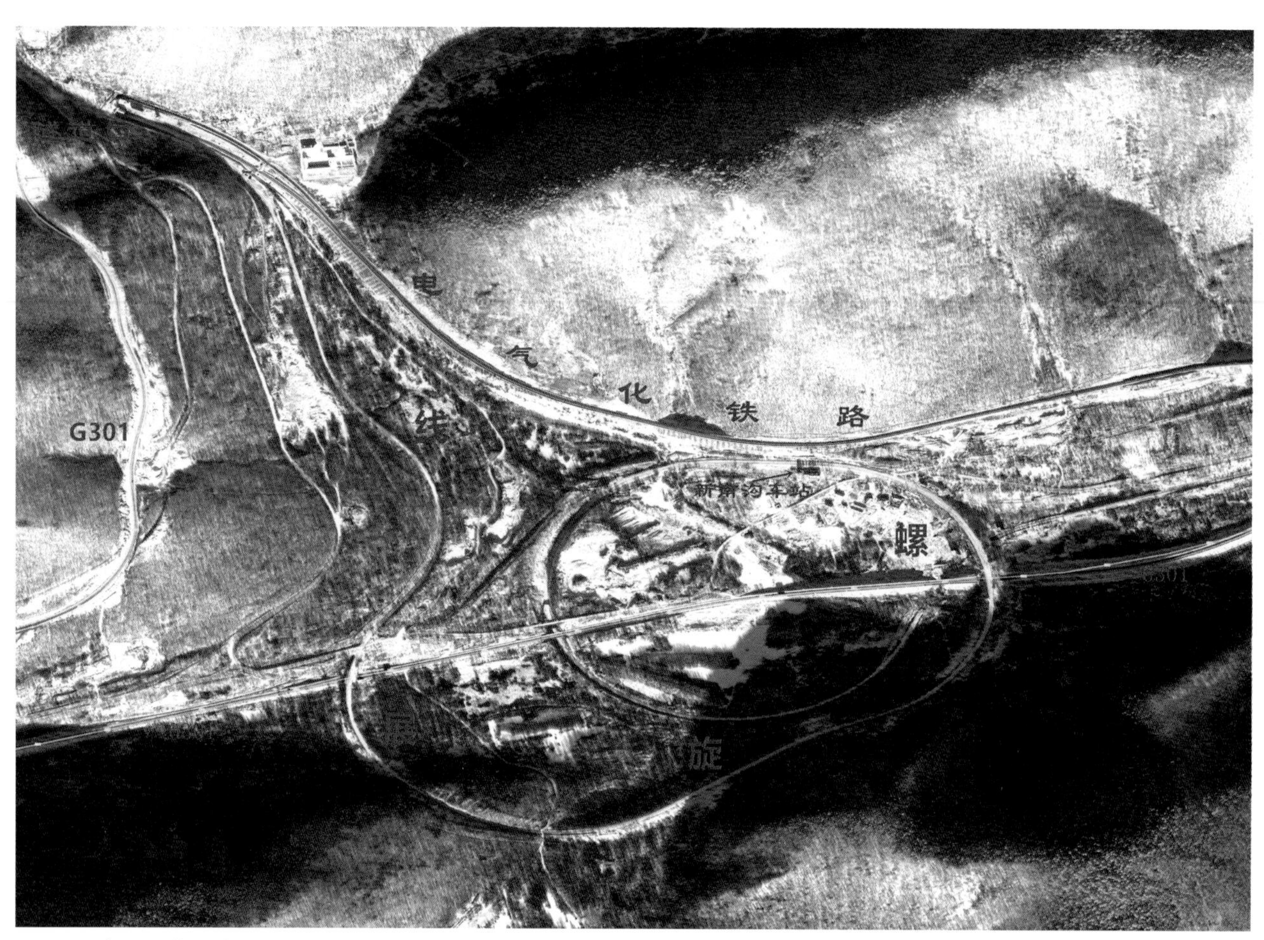

图9-17　螺旋展线卫片

图9-18　滨洲线新南沟螺旋展线（摄影：莫日根布库）

图9-19　巨型碉堡（摄影：莫日根布库）

图9-20　新南沟车站（摄影：莫日根布库）

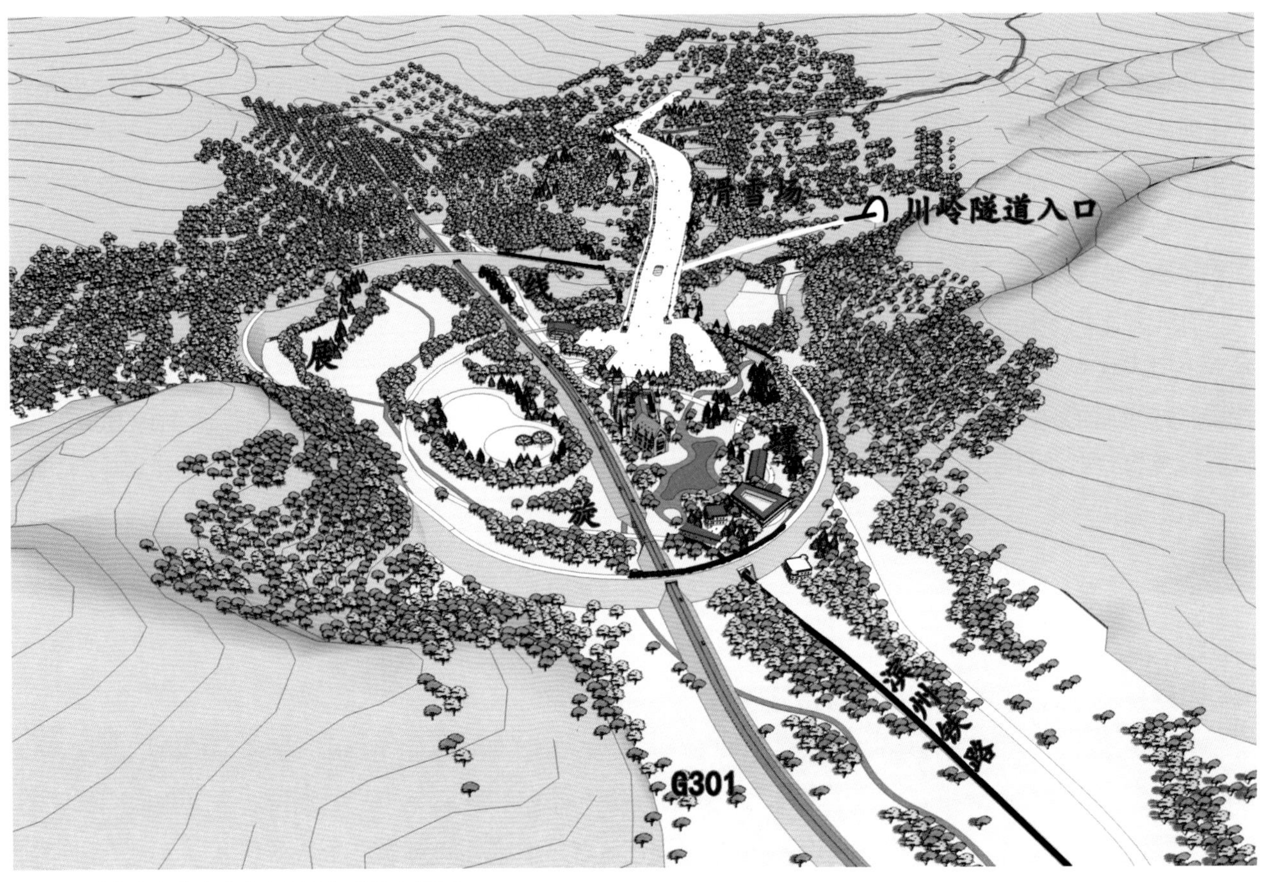

图9-21　“蒸汽火车旅游专项研究”规划鸟瞰图

乌奴耳昆独山二道梁子，所以被称为乌奴耳要塞，同时在绰源建有后方机场（图 9-22至图 9-25）。这是关东军在东北构建的最大、投资最多的 1 处要塞。原计划屯兵 3 个师团，计 7 万余人。日军修筑乌奴耳要塞预计总费用 5 亿伪元，而在战败投降时已经投入 8 000 万伪元，可见工程之复杂浩大（巴树桓，2009）。要塞不仅仅是一个难得的爱国主义教育基地，同时又是一个庞大复杂的待开发的旅游景区。将铁路、要塞、滑雪三方面有机地结合起来，是沿滨洲线在大兴安岭段旅游开发建设的最佳选择。牙克石市在凤凰山建有大型滑雪场、国家体育局建有冬季项目训练基地，扎兰屯市在市区建有中东铁路博物馆，在郊外建有金龙山滑雪场，两市应继续合力打造横跨山脉的这条经典旅游带。

图9-22　乌奴耳要塞M型射击位

图9-23　乌奴耳要塞工事中的单兵甬道

图9-24　乌奴耳要塞交通壕

图9-25　零式战斗机库

（九）甘南—牙克石高速公路（G10）沿线旅游

呼伦贝尔市域内山脉区，甘南—牙克石高速公路（G10）沿线，也是旅游开发的重点。特别是从凤凰山到分水岭，在高速公路建设初期就进行了前期的旅游规划，力图沿高速公路打造一条上百千米长的旅游带。在公路施工中，已做了大量的工程铺垫，取料在河谷平面，形成了大量湖淖；山体立面禁止取料，确保了景观不被破坏；为旅游和防火的需要设立了回转线和便道—高速立交；专为旅游的需要在分水岭西侧小顶山附近，设立兴安岭服务区；为保护野生动物穿越高速公路，设置多处通道；在高速公路建设之前，就完成位于路边的扎敦水库的设计，现已建成。而分水岭东部阿荣旗域内的大时尼奇、库伦沟、查巴奇、霍尔奇也有着丰富的旅游资源和厚重的鄂温克族、鄂伦春族森林文化。G10高速公路已将这些旅游节点连通。这里应尽早协调牙克石和阿荣旗两旗市，进行系统详尽的规划设计，以保护珍贵的旅游资源，以免景观遭到毁坏，为以后的发展留下绿水青山！

（十）伊敏河上游火山熔岩峡谷旅游区

伊敏河上游是阿尔山—柴河火山群火山熔岩区，在桑都尔河流域以下到三道桥以上有大面积裸露的玄武岩石塘，特别是牙多尔高勒（河）下游、德廷德道（河）下游、伊敏河从桑都尔河口以下10 km处到牙多尔河口约20 km长区间，是3个被河水下切侵蚀很深的火山熔岩峡谷（图9-26）。伊敏河段深达约50 m的峡谷，两岸岩壁间或点缀着极具特点的地质景观，被流水切割出的玄武岩石墙、长达2 km的熔岩岩壁石塘、局部的玄武岩柱状节理、伊敏河约6.5‰的较大比降（图9-27、图9-28）；牙多尔河窄而深湾急曲频的河道，两岸多变的自然景观（图9-29）；德廷德道（河）布满巨石的河道（图9-30），繁多的石塘；以及3条峡谷附近丰富的野生动植物

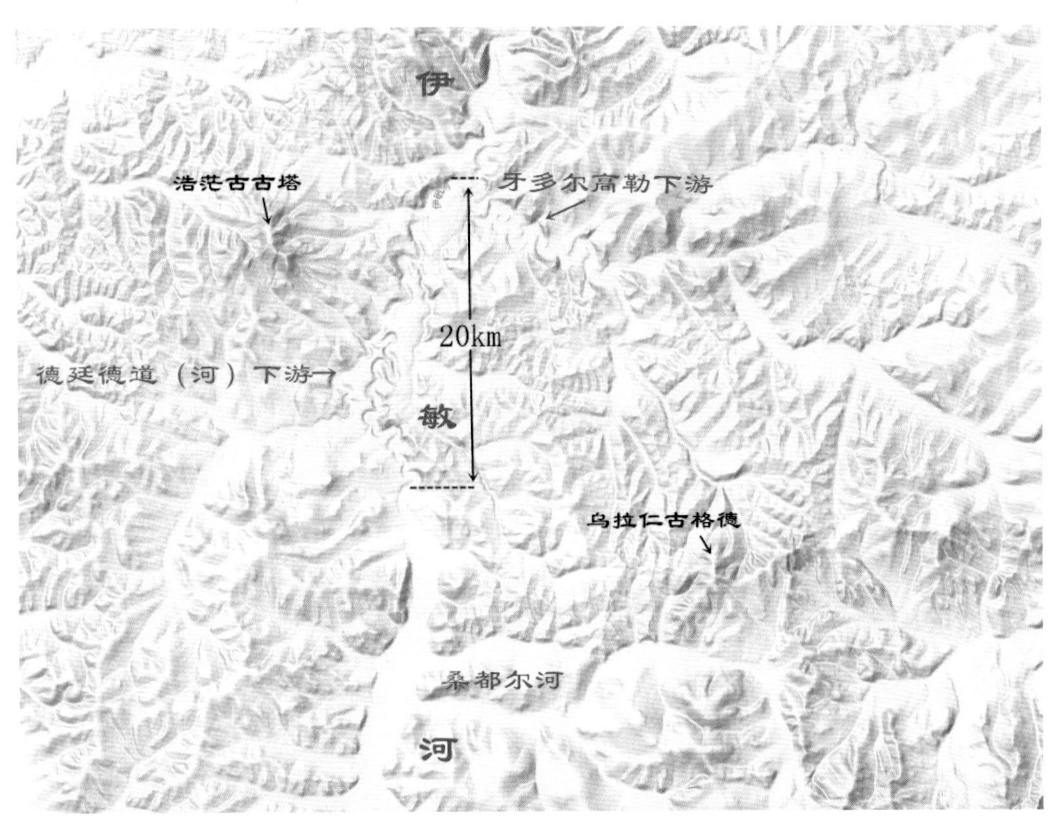

图9-26　伊敏河峡谷卫星地形示意图

图9-27　伊敏河峡谷局部卫片

图9-28　伊敏河峡谷玄武岩柱状节理

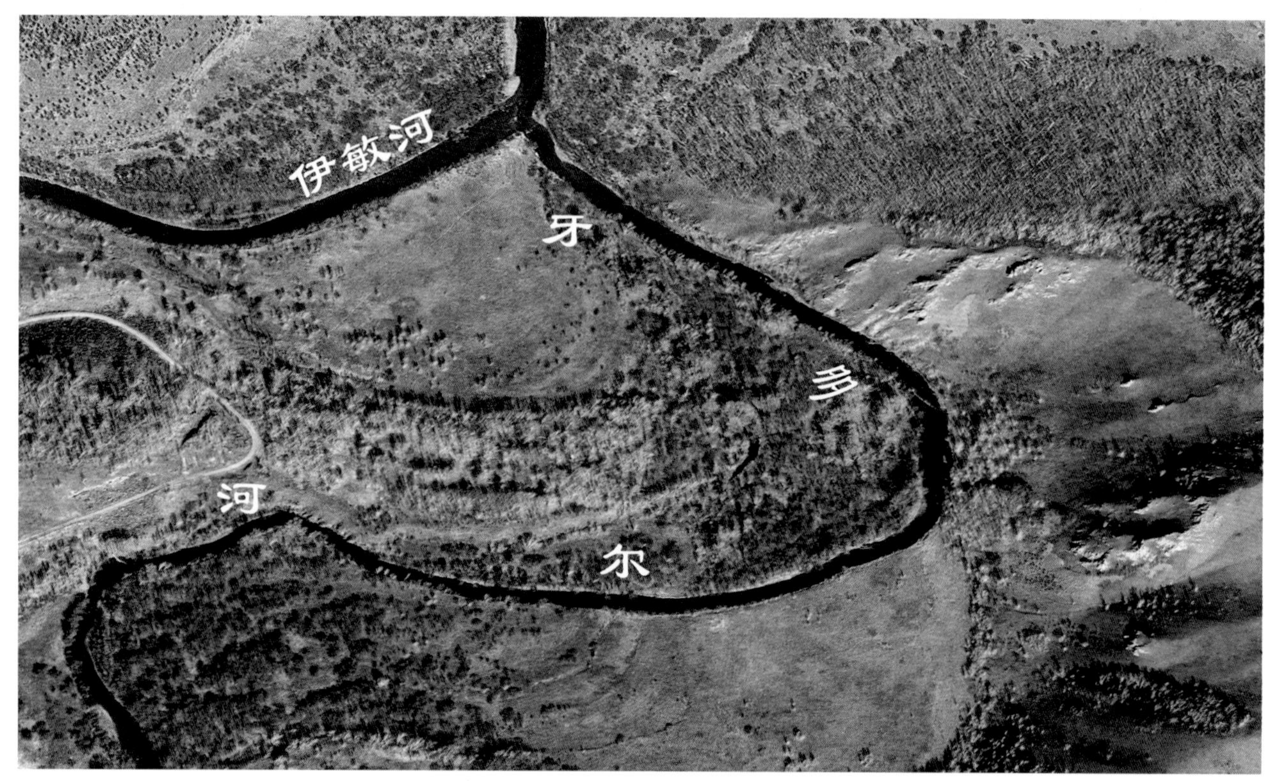

图9-29　牙多尔河下游峡谷卫片

资源，使之成为呼伦贝尔绝无仅有的旅游景观。这一区域的峡谷不同于阿尔山—柴河火山群的大峡谷，也不同于奎勒河—诺敏火山群的神指峡，它是在距火山口较远的区域由河水在火山熔岩流台地上经十几万年的地质年代自然切割侵蚀雕琢而成，其韵味、久远感远非人类的语言能描述，只能身临其境去感受。它是呼伦贝尔地质景观之精华。所以，以这个区域为中心规划设计、建设一个高端旅游区，就成为必然选择。所谓的高端，是指这里的旅游活动应是度假休闲、康体健身、修学研究、体育竞技的以质取胜，而非游览观光的以量取胜。要达到这个目的，必然是在火山文化的背景下，旅游的内容、深度要比照阿尔山，对其进行全面地补充丰富完善，扬长避短使我们的3条峡谷充分展现其魅力，鄂温克族

图9-30 德廷德道（河）下游峡谷卫片

的森林文化得到全面的张扬体现。要做到这些，基础设施的前期规划设计必须先行，红花尔基到阿尔山公路的直接通达应放到重中之重。这样，鄂温克族自治旗南部的旅游开发才能在火山、森林、民族文化的衬托下，焕发出异样的光彩。

（十一）鄂温克族自治旗狩猎文化园、地质博物馆、国际标准滑雪场

围绕鄂温克族自治旗伊敏苏木吉登猎民队的鄂温克族狩猎文化，还应在洪古勒吉道（河）或呼莫高勒（河）流域建设人工封围的野生动物养殖园，面积分别是 265 km²，550 km²。同时也可考虑在有苔藓植被的区域试养驯鹿（图 9-31、图 9-32），以此为依托构建狩猎文化园区，将敖鲁古雅驯鹿狩猎文化进一步弘扬。沿巴彦托海镇—红花尔基一线的旅游小镇建设，要从特色入手，制定符合实际的政策具体实施。旗所在地的巴彦托海镇在发展马文化产业的同时，还应配合火山熔岩峡谷景区的建设，以本区的自然地质特点为本底，规划筹备建设地质博物馆，从软实力上支撑旅游上档次。红花尔基小镇建设应转向森林火山文化小镇，并考虑在打通红花尔基—阿尔山公路的前提下规划选择在乌拉仁古格德（海拔 1 622.2 m，相对高度 382.2 m；西侧 1.5 km 无名山峰约 1 500 多米，相对高度不详）、浩茫古古塔（海拔 1 469 m，相对高度 499m）、纽纽德古古塔（海拔 1 361.9 m，相对高度 261.9 m）、呼热特古格德（海拔 1 412.6 m，相对高度 372 m）、伊贺松根特乌拉（海拔 1 228.8 m，相对高度约 400 m）

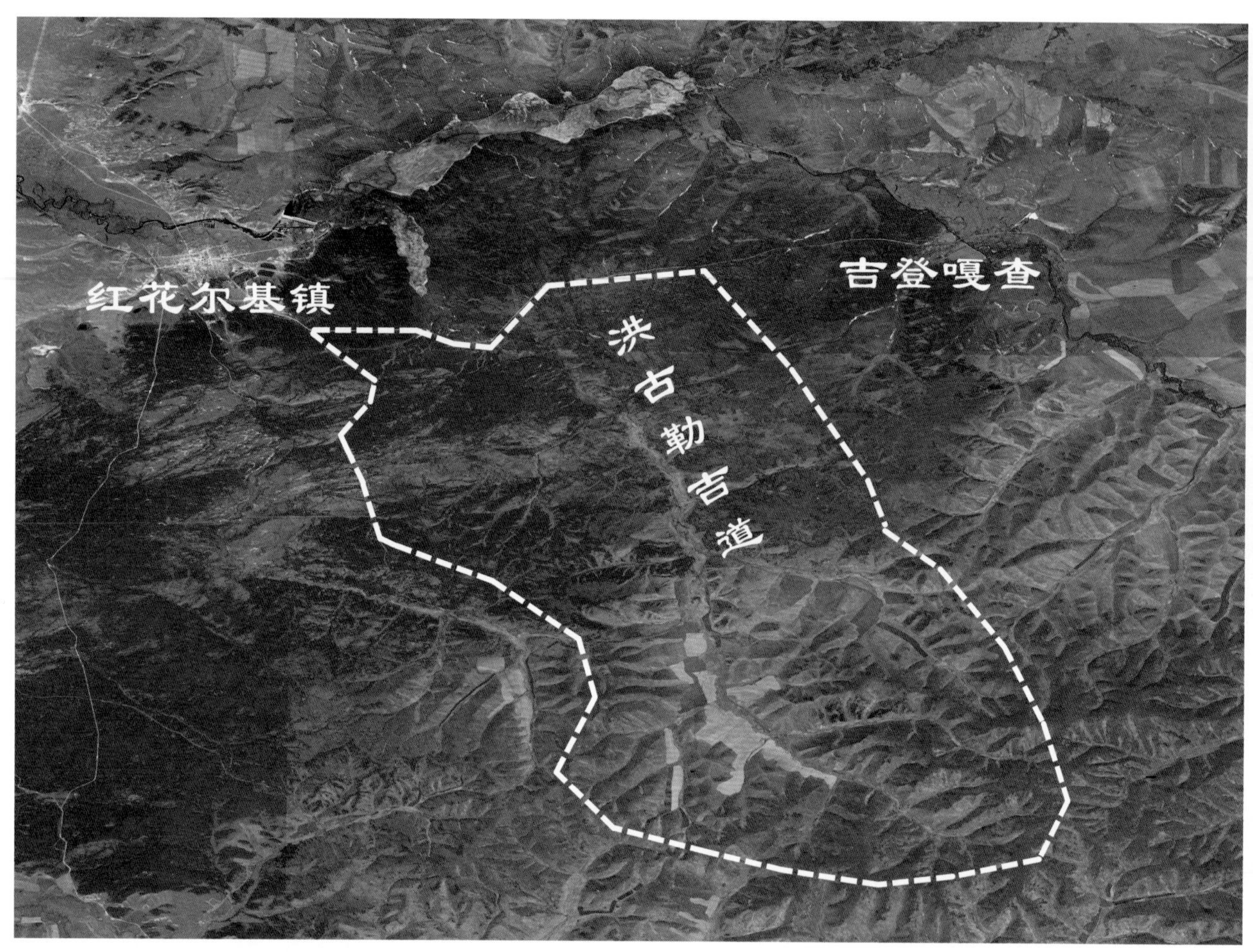

图9-31　洪古勒吉道狩猎文化园范围卫片示意图

图9-32　呼莫高勒狩猎文化园范围卫片示意图

建国际标准的高山滑雪场（相对高度 500 m 左右），用以平衡四季旅游。要争取探出地热温泉，提升旅游的质量。

二、呼伦贝尔草原国家公园特色优势旅游资源

呼伦贝尔草原上的旅游产业经过 20 多年的建设经营，虽然有了突飞猛进的发展，但仍有许多需要亟待解决的问题，即首先要解决我们以往对草原旅游认识不足的问题。随着经济的高速发展，社会已进步到较高的水平，旅游者的目的不只是简单的观光、体验民俗，而是把探索大自然的奥秘和研究考察民族文化作为旅游的内容和目的，以此丰富、完善、提高、修炼自己，将休闲度假、康体养生、修学旅游、体育旅游作为一种生活方式融入在日常生活当中。在帮助旅游者实现其目的的过程中，拿出高水平的旅游产品，满足其精神和物质的需求，正是我们要解决的实际问题。换句话讲，就是要提供旅游的高品质精神和物质产品。在互联网支撑的大数据时代，移动支付平台的建立，为我们打造高品质旅游产品，向社会展现透明的管理和服务，使旅游业经营精细化的操作成为可能，为广泛建立高端旅游产品、发展新型旅游产业创造了条件。

在呼伦贝尔高平原上的呼伦贝尔大草原，除有秀美的自然景观外，她的一草一木、一山一水，从低级到高级的动植物，地质变迁中形成的拗陷、呼伦湖和贝尔湖两个构造型湖泊，连绵起伏的平原丘陵、偶尔出现的草原地堑，纵横交错的河流、湿地、湖泊，四季分明的季节、广袤无垠的冰雪世界、接近极地极端的气象环境等，都为旅游者丰富知识、增加学识、拓展体能、陶冶情操提供了欧亚草原带东端世界高纬度地区最自然原始的草原。为满足旅游者的需求，在呼伦贝尔草原上构建内容不同、各有特点的草原国家公园，为人类营造梦幻般的精神家园，应是我们的不二选择。

草原从视觉上看辽阔宽广，但景色单调。而从科学的角度去观察分析，每片草原又有复杂的不同自然生态系统。因此，在 8 万多平方千米的呼伦贝尔草原构建国家公园，就不可能是千篇一律的，而是各有特色丰富多彩的。世代生活在呼伦贝尔草原上的蒙古族等各民族，由于历史文化等各方面的原因，文化多有差异；又因驻牧于不同的草原，所以每片草原上体现出的人文文化也不尽一样。这就使我们可以明确地以草原的自然生态特点、不同的草原文化为主线来规划设计我们的国家公园。

（一）莫尔格勒河流域河流湿地温性草甸草原国家公园

1. 自然生态特点

莫日格勒河在三旗山支脉山脊源头以下到哈吉流域，两侧的草原仿佛是以干流为主脉，被各支流像叶脉样托起的茫茫如野的巨大绿叶。上游为低山山地草甸、山地草甸；中游以温性草甸草原、山地草甸为主；下游为低湿地草甸。从哈吉到头站的莫日格勒河中游区域，分布着温性草甸草原、温性典型草原，以及山地草甸、低湿地草甸草原等类型复杂多变的草原，草场种类齐全。这里海拔较高，夏季凉爽，降雨近 400 mm，牧草生长快。在春夏季节每隔 7～10 天左右，在绿色的底衬下，草原不时会换上粉白（芍药花）、黄（野罂粟花）、红（百合花）、紫蓝（鸢尾花，俗名马莲花）等复合多种颜色的彩衣，这是草原上 60 多种牧草灌木分期开花形成的自然美景。年复一年，因自然环境因子的影响每年颜色有别。莫尔格勒河中游蛇曲发达，被誉为天下第一曲水，流域面积达 1 000 km²，是理想的夏季游牧草场，是巴尔虎蒙古族牧民传统的游牧夏营地，来此游牧的牲畜多达数十万头只（图 9-33、图 9-34）。

2. 文化特点

莫尔格勒河上游区域生活驻牧着鄂温克族通古斯部，中游为蒙古族陈巴尔虎部的夏营地，行政区为鄂温克苏木。鄂温克通古斯部的语言、服饰、宗教信仰、饮食、畜牧业的生产方式等与蒙古族陈巴尔虎部有着较大的差别，特别是在游牧范围上巴尔虎部要迁徙 100～200 km，因此其游牧的生产生活

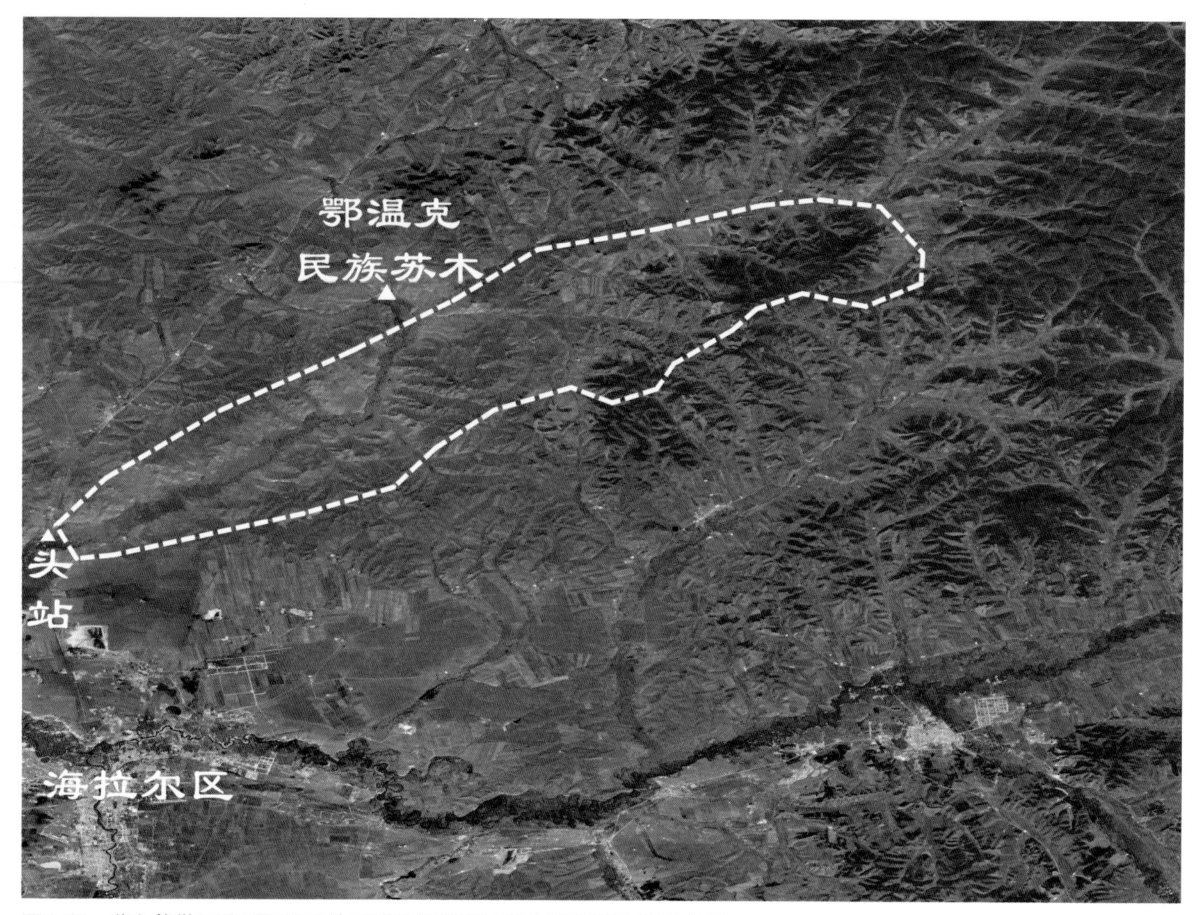

图9-33　莫尔格勒河流域河流湿地温性草甸草原国家公园范围卫片示意图

图9-34　莫日格勒河（摄影：李洪杰）

方式、文化，保留得较完整，若全面实施更科学合理的草原游牧，在这一区域可更好地恢复草原游牧文化，给游人享用游牧文化盛宴。这里的鄂温克族通古斯部，是20世纪初由俄罗斯贝加尔湖东部地区迁徙而来，带有浓郁的森林民族文化特征，既善于狩猎、采集，又从事畜牧业，给游人以不同的草原文化感受。

3. 存在问题

在莫尔格勒河中上游的草原国家公园规划设计中，核心是怎样恢复草原生态。目前状况是还有大面积的环境需严格治理，草原的管理还需加强。其次是在政府系统地组织管理下全面恢复夏季轮牧，统一调度草场，制定科学合理的载畜量，让草原恢复生机。这样才能使良好的草原国家公园自然环境、深厚的旅游文化内涵被营造出来，旅游者在精神物质上才会得到极大的满足。

（二）满洲里扎赉诺尔西山、巴嘎不金乌拉温性典型草原（亚类）国家公园

1. 自然生态特点

扎赉诺尔西山和巴嘎不金乌拉是横亘在扎赉诺尔区和满洲里市区间的两个相连的山岭，南面为呼伦湖，于山岭高处可以远眺呼伦湖及周边的满洲里城区、扎赉诺尔区、达兰鄂罗木河湿地、锡日浩勒包（双山子）。两山的南部为新巴尔虎右旗，而且巴嘎不金乌拉的大部也在新巴尔虎右旗。设想的草原国家公园的面积为100 km²左右，考虑到位于城区之间，应进行封闭式管理（图9-35）。在满洲里这样与俄罗斯

图9-35 扎赉诺尔西山草原国家公园位置示意

相邻，又是发达的边境口岸旅游贸易城市，一个位于城区间的草原国家公园，对每年300多万来自国内和世界各地的旅游者来说是多么的诱人!

这片草原虽然是属温性干(典型)草原分布范围，但是由于大气下垫面的作用承受了呼伦湖蒸发的部分水汽，每年有近300 mm的降水，加之处于富风带，使这一区域的草原在垂直高度上植物种类分布特色鲜明：从623～1 008.6 m的高度分布有低湿地草甸、盐化低地草甸、平原丘陵草原、平原丘陵草甸草原。由于草原类型在垂直高度上的变化，牧草种类也随高度变化，各种食草类动物、掠食类动物、猛禽的栖息随高度分布，生物多样性丰富。这里原本有大量的草原野生动物，但因人类的活动影响，目前数量种类锐减或绝迹。这里应是牛马羊等家畜以及野生的黄羊（蒙原羚）、狼、狐狸、旱獭、貉、野兔、草原雕、鹰、隼、岩鸽（野鸽）等动物的天堂，恢复野生动物种群是国家公园建立的一个重要前提。

2. 草原国家公园文化取向

这里位于城区之间，原有的巴尔虎蒙古族的草原游牧文化已不存，在草原国家公园选择何种文化作为旅游载体，是需要研究讨论的问题。选择呼伦贝尔的草原文化作为载体，显然会与其他旗市区的草原旅游文化雷同，内容上平淡无奇，不会有套娃广场那样的市场效果。如果从满洲里国际知名的旅贸城市角度考虑，面对的是广阔的国际、国内旅游市场，因此公园的市场定位也不能与其他旗市区重复。应从另一个文化范畴来确定草原国家公园的文化载体，那就是泛黑龙江（阿穆尔河）流域的草原、森林文化。黑龙江（阿穆尔河）的南源额尔古纳河上游克鲁伦河—呼伦湖—达兰鄂罗木河，流经蒙古高原的第一梯阶的东侧和第二梯阶的呼伦贝尔高平原，属草原文化流域，下游属森林文化流域；北源石勒喀河上源流经肯特山脉北部鄂嫩河流域森林草原，中下游流经石勒喀河流域雅布洛诺夫山脉与博尔晓沃奇内山脉间的外贝加尔边疆区的广袤森林草原，属草原、森林文化流域。这一广大的黑龙江（阿穆尔河）南北源流域原住民为蒙古族（包括布利亚特和巴尔虎等诸部落）、鄂温克族（埃文吉）等民族。草原文化、森林文化极其丰富厚重，完全可以支撑起位于国际口岸贸易旅游城市国家公园的建设和发展。草原国家公园位于额尔古纳河上游重要生态文化节点的呼伦湖，这里的人类史前文化可以追溯到1.2×10^4年前。特别是古代历史上蒙古族和其他民族都在这里留下了灿烂的游牧渔猎文化和许多美好的传说，近年的蒙古族源研究取得的成果使之更为科学丰富；扎赉诺尔区及呼伦湖周边的自然地理、生态环境、地质分析的研究已经取得了较深层次进展，可以为公园建设提供较全面的理论支撑；呼伦湖及其周边是世界著名的湖泊湿地生态系统“呼伦—贝尔大泽”，是公园依托的重要旅游环境。因此，将黑龙江（阿穆尔河）上游流域的草原、森林文化作为公园的文化脉络加以开发利用是可遇不可求的，是难得的自然历史文化遗产。

（三）巴音嵯岗、锡尼河、伊敏、红花尔基、罕达盖等苏木、镇樟子松林带林间沙地草甸草原国家公园

1. 自然生态特点

在大兴安岭山脉的西麓与呼伦贝尔草原东部的林草结合部的海拉尔河以南，从鄂温克族自治旗白音嵯岗—原锡尼河东苏木—伊敏苏木东部—红花尔基镇—新巴尔虎左旗的巴尔图、罕达盖苏木，是一条长约220 km的大兴安岭林缘沙地樟子松林带，林带中的沙地上生长着呼伦贝尔草原唯一一片沙地草甸草原（图9-36）。这片草原被樟子松森林分割、包围为各个孤立的小片草原，景色多样各有不同。林带中不但分布有樟子松，而且混交有山杨、白桦、山榆、钻天柳、甜杨等乔木和各种灌木。发源于大兴安岭山脉汇入海拉尔河、伊敏河、哈拉哈河的数十条支流穿过林带，其中还有数十个湖泊，秀色可餐。这片樟子松林带的很大一部分是原始林，保留了沙地林带的自然原始风貌。行于林带，一侧是辽阔的大草原，另一侧是高耸的山脉，令人心旷神怡。

图9-36 大兴安岭林缘沙地樟子松林带卫片示意图

2. 沙地草甸草原国家公园文化取向

这里居住着鄂温克族索伦部、蒙古族布利亚特部、蒙古族额鲁特部和达斡尔族。鄂温克族和达斡尔族信奉的宗教为原始宗教萨满教，布里亚特部、额鲁特部蒙古族信奉的是藏传佛教。虽然都是草原上的游牧部族，但由于宗教的不同使文化方面存在差异。白音嵯岗的鄂温克、达斡尔族的萨满教文化，原锡尼河东苏木的锡尼河庙和伊敏苏木的延福寺集中体现的佛教文化以及丰富的草原游牧文化，还有这片樟子松林带丰富的野生动植物资源和奇异的地貌带给人们对历史文化和自然地理奇观的探索欲望，就是这片沙地草甸草原国家公园旅游的文化载体。

（四）嵯岗伊和乌拉海拉尔河南岸沙地草原国家公园

1. 自然生态特点

在这被海拉尔河围绕的左岸“Ω”形半圆河湾区域内，是呼伦贝尔最美丽的沙地草原，小聚集成片地生长有樟子松、山杨、榆树等乔木和山丁子、稠李、山刺玫（刺玫蔷薇）等灌丛，还有哈日廷诺尔等十几个湖泊（图 9-37）。北面是伊和乌拉山岭和海拉尔河，南面是滨州铁路上的赫尔洪得车站和数个 1 km^2 以上的湖泊，是野生候鸟的栖息地，尤以大天鹅分布较多，草原面积约 667 km^2。这里位于呼伦湖以东的温性干草原区，年降水＞ 250 mm，所以沙地草原亚类草地生长得茂盛，加之数个高

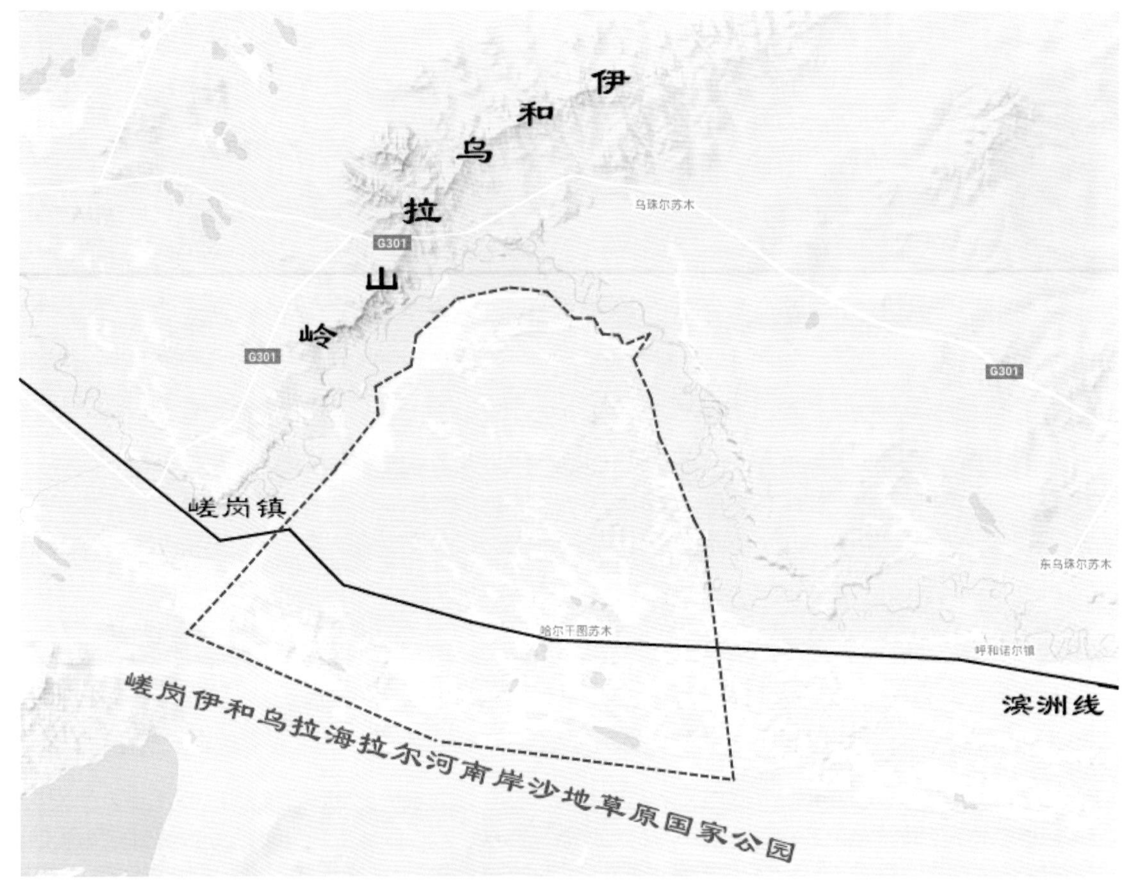

图9-37　嵯岗伊和乌拉海拉尔河南岸沙地草原国家公园范围地形示意图

pH 值湖泊的影响，碱蓬、滨藜等耐碱性植物呈点状分布。由于被海拉尔河所绕，沙丘相对高度较低，造成地下水位较浅，树木、沙地草原植被生长较好。前文曾介绍，这片区域在滨洲铁路修建之初的 100 多年前，是一片繁茂的可以与呼伦贝尔草原东侧林缘的沙地樟子松林带相媲美的海拉尔河南岸樟子松林带。由于沙俄砍伐树木修筑铁路，使森林遭到毁灭性的破坏。在建立草原国家公园的过程中，理应把恢复这片森林规划设计其中，重现其沙地樟子松、沙地草原的原始风貌。

2. 巴尔虎蒙古族文化取向

这里的行政区划分别为新巴尔虎左旗的嵯岗镇和陈巴尔虎旗的呼和诺尔镇，这片草原承载的是巴尔虎蒙古族的游牧文化。

3. 存在问题

在游牧生产中，沙带里避风、温暖，一般选择为冬营地。目前，草原严重超载，畜群无处迁徙，年复一年滞留于沙地，生态环境处于恶性循环之中。科学合理地制定载畜量和确定合理的畜群结构，恢复适度的游牧、恢复重建沙地的乔—灌—草植被，将产业以畜牧业为主调整为畜牧业和旅游业结合的复合型产业，而且旅游业的比重要大大地超过畜牧业。在恢复这里野生动物种群的同时，还应认真地研究能否引进适宜沙地、荒漠、高原恶劣生态环境生长的诸如南美羊驼等食草类动物，以丰富旅游资源。这些问题的解决，还需地方政府从政策扶持、实施方式、科学论证方面做大量的工作。

（五）新巴尔虎右旗中俄蒙三角区温性干（典型）草原蒙原羚国家公园

1. 自然生态特点

蒙原羚俗称黄羊，广泛地分布于市域内温性干草原区的西部，即呼伦湖—乌尔逊河以西地区。目前，这一区域内的蒙原羚数量仅为数十只，且在网围栏内饲养。恢复野生蒙原羚种群已成为人们的共识，在哪个区域的草原建设以蒙原羚保护为主的草原国家公园就成为这一地区政府不得不考虑的问题。首选草原就是位于新巴尔虎右旗境内中、俄、蒙边境三角地区的温性干草原（图 9-38），这里有如下有利的条件。

（1）草质、环境适宜蒙原羚生存，有湖泊、泉水可供饮用；面积约 600 km^2，可供繁殖栖息，以形成足够大的健康种群；与蒙古国的蒙原羚栖息地相联，可以确保其在两国间迁徙。

（2）可以饲养数量合理、品种结构科学的家畜，与野生蒙原羚种群匹配以适应草原自然生态健康化的需要。

（3）此区域的野生动物种群还没有遭到灭绝，在严格的保护下各种食草类、食肉类、食腐类、杂食类野生动物，包括猛禽都会在蒙原羚种群的扩繁中得到繁延发展，公园将成为草原动物栖息的乐园。

（4）最重要的是这片草原大部分为旗政府管理的草场，权属清晰，为公园的建设发展奠定了社会环境基础。

（5）位于满洲里市附近，处于国际贸易旅游城市的旅游辐射范围，到草原国家公园的访客可以方便地进入，每年可以确保数十万的人数，是对呼伦贝尔草原旅游内涵的极大丰富。

2. 温性干（典型）草原蒙原羚国家公园文化取向

此区域的文化载体，应吸纳俄罗斯、蒙古两国的生态保护思想，以树立人与环境、与野生动物、与大自然融为一体的理念，给访客提供学习国外不同生态文化理念和观赏自然原始的草原环境的条件。

最后需要说明的是，国家公园与牧民的生产生活并不冲突。蒙古族世世代代传承下来的逐水草而牧的生产方式，是对草原最科学合理的利用和保护。在草原生态链组中，人和牲畜处于核心地位，缺一不可。草原上如果没有人为组织的科学合理的放牧或者不放牧，生态链都会受到影响破坏，结果都是退化。所以说，草原国家公园的构建必须把牧民作为一个重要的生态、社会环节考虑进来，才能确保整个生态环境的健康发展，而不是把他们剔除在外。另外，在距今近万年的自然进化演变过程中，草原一直受到人类的文化行为影响。正是人和自然的共同作用，才使草原进化到今天的模样。人类文明对草原自然生态环境的影响已深深地镌刻在地球上的绝大部分草原上。

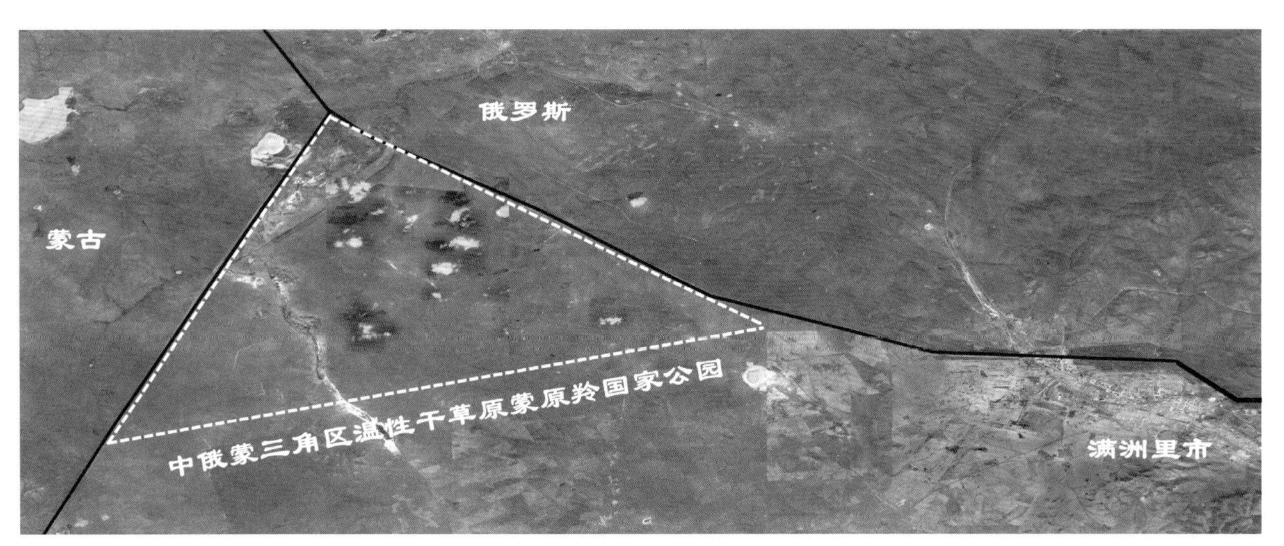

图9-38　新巴尔虎右旗中俄蒙三角区温性干草原蒙原羚国家公园范围卫片示意图

三、山前平原及鄂伦春山地特色优势旅游资源

（一）尼尔基水库库区滨水旅游资源

尼尔基水库位于莫力达瓦达斡尔族自治旗与黑龙江省的交界，按原嫩江河道为界，库区大部分位于黑龙江省境内，但深水区、适宜通航区主要在库区西侧的呼伦贝尔市境内。库区南北狭长，东西狭窄，长约 90 km，宽 1.2～10.2 km 不等，最大水面面积 498.33 km²。库区西侧为低山丘陵地带向大兴安岭山脉的过渡，属林缘地带；东侧是小兴安岭山脉向松嫩平原的过渡属平原地带。库区东浅西深，呈向斜状，西侧库底有旧江道凹槽地堑构造。地质构造上，库区位于嫩江—白城断裂带之上，南端为松嫩平原，北端西侧为大兴安岭山脉，东侧为小兴安岭山脉。尼尔基水库以上控制流域面积 6.6×10^4 km²，占嫩江流域总面积的 22.4%；总库容 86.1×10^8 m³，其中防洪库容 23.68×10^8 m³，兴利库容 59.68×10^8 m³。从生态系统看，以尼尔基水库为中心的嫩江上游所依托的自然环境仍属大小兴安岭山脉的森林生态系统，虽然库区形成了巨量的水体，但并未独立于这个生态系统之外。从库区水体中生长的鱼类看，可以直观地推测其水质为低 pH 值淡水。上游含有大量腐殖酸的水体与松嫩平原的碱性水体注入水库混合后，成为优质淡水，使水库中的哲罗鲑、细鳞鲑、重唇鱼（虫虫）、三角鲂（法罗）、长春鳊（鳊花）、鳜鱼（鳌花）、花鱼骨（鲫花、吉花、鲫花勾）、雅罗鱼、黄颡鱼（嘎牙子）、蛇鮈（船钉子）、黑龙江鲴鱼（斑鳟子）、黄鲴（黄姑子）等名贵鱼种和鲇鱼、鲤鱼、鲫鱼、狗鱼、草鱼、青鱼、葛氏鲈塘鳢（老头鱼）、鲢鱼等经济型鱼类味道鲜美，成为旅游者朵颐的珍稀河鲜。

考虑到冬季枯水期和结冰的不利影响，也考虑到日照和积温的有利因素，库区水体中每年可有数万吨的水产品产出，可为旅游业提供丰富的食材和旅游商品。甘河入嫩江河口以下沿原嫩江故道宜斯坎哈力—霍日里—宜斯尔村—腾克镇—登特科—尼尔基镇可开辟商业运营航道或旅游航线，航程>118 km。库区内蒙古一侧，可航行千吨级船舶。库区位于齐齐哈尔、大庆、哈尔滨、长春等百万人口以上城市的旅游辐射范围，是这些城市人口主要的旅游目的地之一。

库区周边的文化总体体现的是农耕文化，但从文化的源头上看，莫力达瓦达斡尔族自治旗传承的宗教是萨满教，在水库西岸的萨满博物馆已把萨满文化介绍得较为全面。自清康熙初年，达斡尔族莫日登氏一支自黑龙江流域迁此建村定居，已有 300 多年的历史。再向前追溯达斡尔族的历史，更为久远。历史上达斡尔族从事的生产不是单一的，而是农耕、渔猎、放牧、采伐、放排等较为全面，使他们在原始宗教文化影响下，经漫长的历史积淀，创造出绚丽的文化艺术，这些均为构建水库旅游区提供了丰富的文化资源。

在发展库区旅游中，规划建设一座库区自然科学博物馆非常重要。这个博物馆以整个库区生态系统为环境背景，以地质变迁、气候变化、河流水体、库区地形地貌、水生动植物、陆生动植物为主要内容，在天人合一的理念下，教育规范周边人类活动的环境行为，依此增加旅游的知识性和趣味性，提高档次，向高端旅游过渡。

（二）鄂伦春自治旗的游猎文化深度体验旅游

在甘河上游各支流流域和诺敏河上游各支流流域的大兴安岭主脉以东的伊勒呼里山支脉与加尔敦山支脉之间的群山峻岭、茂密森林，均位于鄂伦春自治旗域内，是鄂伦春族世代承袭的最好猎场。这里的甘诺山支脉、扎克奇山次支脉，奎勒河流域、毕拉河流域，诺敏山（海拔 1 218.5 m）、大白山（吐和日）（海拔 1 528.3 m）周边，奎勒河—诺敏火山群区，均为野生动物的栖息地，鱼类资源、动物资源极其丰富。随着天然林资源保护工程的实施，这一数万平方千米森林里的野生动物资源得到全面的恢复，有些区域已超过林区开发前。充分利用这里生态资源、野生动植物资源、自然环境，营造全面体现鄂伦春族狩猎文化的旅游区无疑是一个非常明

智的选择。考虑到各种野生动物的习性，面积应在数百平方千米以上，且在垂直高度上有较大变化；考虑经营的需要，交通要相对便利；为增加旅游内容的科学性、知识性、体验性、趣味性，区域内自然环境反差要强烈，如清塘林、混交林、石塘林、灌丛、石海、石峰、湖泊（堰塞湖、牛轭湖）、河流、沼泽、各类火山口（锥）、激流峡谷等自然地貌类型齐全；野生植物丰富多样，昆虫门类较多；适宜游览观光、休闲度假、修学康体和学习研究鄂伦春族的民俗文化艺术。这样环境的区域在鄂伦春自治旗域内的如上范围多有分布，在哪里规划建设还要明确确定森林的权属，充分考虑到地方政府的意愿。同时，能有效拉动当地的旅游经济，促进鄂伦春民族文化事业的发展。

鄂伦春族是呼伦贝尔市以游猎为主要生产方式的狩猎民族，也是中国北方系统传承了渔猎文化的民族。鄂伦春族信奉萨满教，在广袤的的大小兴安岭森林里，以伊勒呼里山支脉为中心，孕育出蕴涵丰富森林生态文化哲理的鄂伦春本土文化。这是在环北极泰加林和以南的中国高纬度森林复杂多变的自然环境条件下，人们以狩猎工具为主要劳动工具在争取生存发展的过程中，创造的原始文化。如萨满教、源于森林狩猎生产生活的文化艺术、适于森林环境生存的民俗、人们共同遵循的森林法则等。这些特质为鄂伦春族游猎文化深度体验搭建了文化层面的平台，使我们能够在融入自然环境的条件下，找到当代人应选择的文化取向，进而影响我们选择正确的行为方式对待自然环境、对待人类社会的发展。鄂伦春族鲜活的尊重自然、热爱生命理念是当今的生态文化理应参照的活化石，是中华民族的文化瑰宝。在社会高度发达的今天，利用鄂伦春族原始的狩猎文化积极健康向上的思想，教育引导广大的旅游（旅行）者热爱自然、尊重自然、回报自然，正是建设这个旅游区的目的。

第二节
城市绿道旅游资源

呼伦贝尔市的中心城区海拉尔区与牙克石市、鄂温克族自治旗、陈巴尔虎旗以及满洲里市区与扎赉诺尔区的城际绿道。

城际间的绿道是近些年在世界上发展起来的直接为旅游休闲服务的，在不同城市和同一城市人口密集区间依托草原、森林、河流、湖泊、湿地等自然环境景观，为城市居民和旅游者提供徒步、骑自行车、骑马、舟船、垂钓、冰雪运动和休闲娱乐的公共绿色通道。

学术界是这样定义绿道的（弗林克等，2009）：绿道是一种线性开放空间，它通常沿着自然廊道建设，如河岸、河谷、山脉或者在陆地上沿着由铁道改造而成的游憩娱乐通道，一条运河，一条景观道路或者其他线路。绿道开放空间把公园、自然保护区、文化特性、历史遗迹，以及人口密集地区等连接起来了。在某些地区，狭长地带或线性公园被指定为公园道或绿带。

有学者概括并描述了5种类型的绿道：

（1）城市滨河（或者其他水体）绿道，通常沿着一个被忽视的、通常是破败的城市滨水区，被建设成为再发展计划的一部分（或者计划的全部）；

（2）游憩娱乐性绿道。充满个性特色的多种类型道路，距离通常比较长，以自然廊道为基础，例如山谷、废弃铁路、公共通道等；

（3）具有生态意义的自然廊道。通常沿着河流和小溪，有时也沿着山脉线，用于野生动物的迁徙和物种交换，人们的自然学习和打猎等；

（4）景观线路和历史线路。通常沿着一条道路，高速公路或者水路，最典型的是为背包族提供沿着道路的专门通道，使他们至少有一个能避开汽车的空间；

（5）全面的绿道系统或网络。通常基于自然地形，例如山谷和山脉，但有时为了创造一种可供选择的市政或地区绿色基础设施，它仅仅是一些随机组合的绿道或多类型的开放空间。

以上分类让我们了解了绿道的设计类型，而在实际应用中，这些类型往往是混合和叠加的。如何确定绿道类型，是由人们关注的内容决定的。绿道理念表现出的影响力，以及其本身的吸引力归因于绿道类型和功能的多样性。绿道概念具有足够的弹性能够适应由地方需求、价值和社会环境所构成的综合体的发展需要。现代旅游的高速发展，对景观的要求和生态环境的研究成果，促进了人们更合理地对开放空间进行系统科学的规划设计。景观的组成部分，如小溪、河流、山脉（低山丘陵）、沙地草原、樟子松林带、河流湿地等，通常都是呈长条带状的，这些自然景观往往成为绿道工程或网络的骨架。

海拉尔区作为城市中心与牙克石市、鄂温克族自治旗、陈巴尔虎旗的绿道联通有着得天独厚的自然条件，那就是连接三地的海拉尔河、伊敏河。借助两条河谷的自然生态景观，规划建设互相交汇、互通互达的绿道系统是一件惠及4个旗市区的好事。海拉尔区与鄂温克族自治旗旗所在地巴彦托海镇之间的绿道实际上已由伊敏河及两侧的滨河绿带完成了14 km联通，更细部的功能设计还需做大量的工作（图9-39）。海拉尔区与牙克石市的绿道应依托海拉尔河、G10高速公路、滨洲铁路为骨架，经西黑山头（扎泥河北）、东黑山头（莫和尔图河入海拉尔河河口北）、深巨山（长虫山）、龟山（大孤山）、象山（小孤山）来规划设计。海拉尔区与陈巴尔虎旗巴彦库仁镇之间的绿道应依托海拉尔河谷来连接，从敖包山—浩特陶海—巴彦库仁在河流两岸有多条可选择的路线。

满洲里市区与扎赉诺尔区之间的绿道联通可以考虑在巴嘎不金乌拉（满洲里南山）北侧—扎赉诺尔西山的簸箕山北侧—蘑菇山（跨铁路）—二子湖一线进行规划。沿途可以体现草原风情、石器时代文化、中俄边境风光、湿地景观，是对满洲里边境旅游的极大丰富和拓展。这条绿道的规划设计还必须对呈线状、长条状的中俄边界线、G10高速公路、滨洲铁路进行研究，使之成为绿道依托的躯干，以最小的投入获取最大的经济效益和社会效益。

绿道和绿道旅游在中国是新生事物，到目前内蒙古自治区还没有哪个盟市建有绿道，甚至也没有前期的规划设计。因其新颖充满活力，所以会给我们的城市带来许多发展的机遇。

图9-39　联接鄂温克族自治旗和海拉尔区的伊敏河滨河绿带

第三节 体育竞技、休闲康体自然旅游资源

一、马上体育竞技、骑马休闲康体娱乐旅游

呼伦贝尔草原的优良牧场和发达的畜牧业也是发展旅游的绝好资源，其中最具潜力的就是马产业资源。2017 年，呼伦贝尔市马的存栏为 27×10^4 匹，经训练后能够骑乘的马匹约 $2\times10^4\sim3\times10^4$ 匹，训练有素达到骑乘标准的成品马为数千匹，另外还有一定数量的挽马。在内蒙古草原上呼伦贝尔市的马匹存栏数最多，而且有很大一部分为举世闻名的三河马，纯种蒙古马已不足 1 万匹，另外还有一定数量质量优良的三河马与外血马（英纯血、阿拉伯、奥尔洛夫、阿哈—捷金等）杂交品种。详见表 9-1。

数量巨大、品质优良的三河马群，辽阔丰美的草原为各种形式的马上体育竞技、马上康体休闲旅游提供了骑乘的动物伙伴和驰骋空间，草原上的马文化更使旅游的内容丰富多彩。

表9-1 2017年（牧业年度）内蒙古自治区各盟市马存栏数

行政单位	马存栏（匹）
内蒙古自治区	848 465
呼和浩特市	1 568
包头市	15 705
乌海市	369
赤峰市	125 170
通辽市	134 715
鄂尔多斯市	15 922
呼伦贝尔市	270 202
巴彦淖尔市	19 227
乌兰察布市	19 470
兴安盟	60 654
锡林郭勒盟	182 834
阿拉善盟	2 629

（一）马上体育竞技

在呼伦贝尔马上体育竞技可以有如下选择：

第一，举办国际、国内、区域性的马术、盛装舞步等竞技类比赛；

第二，举办国际、国内、区域性的短距离、中距离、长距离、马球等体质耐力竞技类重大赛事；

第三，以世界各地马文化为主线，进行国际间、区域间的驯马、育马比赛和交流；

第四，举办国际、国内、区域性的优良品种马匹的展销，逐步将其做成品牌，使呼伦贝尔市逐步成为世界知名的优良马种的交易中心、展示中心，成为竞技用马、休闲娱乐用马、全球新兴的有机农业役用马交易中心。

目前，在马体育竞技旅游方面呼伦贝尔市已具备了一定的基础设施条件，赛道、场地、马厩、兽医、检疫、运输等一系列保障体系已露初型。以国际标准科学合理的组织统筹设计规划呼伦贝尔市的马体育竞技旅游，急需上升到政府层面落实。特别是在呼伦贝尔市按国际标准，建设马匹封闭式无疫区和国家监督管理下的马属动物进出口检疫系统是重中之重，是确保马产业发展并带动旅游业发展的关键所在。

（二）骑马休闲康体娱乐旅游

呼伦贝尔草原丰富的游牧文化资源、多样的自然环境和美丽风光，是骑马旅游康体健身的绝佳目的地。特别是在林缘的林草结合部，为骑行者提供了不亚于欧洲、北美和世界任何地方的休闲旅游环境。而经专家学者论证认定的由马作为交通工具、能与人类进行浅层感情交流的动物伙伴参与形成的旅游产品，也需政府管理部门在动物学、兽医学、马术等方面给予科学的评估、确认、批准，使这种特殊旅游更具普适性，确保旅游者的安全，便于管理推广。

二、依托冰雪的体育竞技、健身康体旅游

（一）体育竞技、健身康体旅游

呼伦贝尔冬季的极寒气候，给冰雪竞技、健身旅游带来了很大的困难。但是由于冷得早，暖得晚，又使这里初冬早春成为冬季两头旅游市场上的稀缺产品。正是这个原因，使呼伦贝尔的冰雪运动有着极强的吸引力，特别是在冰雪竞技、娱雪健身等方面，有着无以伦比的优势。良好的自然生态资源、大森林、大草原、大水体，让呼伦贝尔的冬季旅游资源异彩纷呈具有多样性。虽然冬季天地一色，室外同温，冰雪给人们的快乐相同，但各种运动的感觉又是各不一样。特别是2020年第十四届全运会的冰雪运动室内场馆和室外场地的建成，为依托城区的冰雪旅游资源开展的冰上、雪上健身运动、竞技比赛更是锦上添花。

（二）冬季汽车、雪地摩托车越野、越野滑雪、各种雪橇竞技比赛

依托牙克石市、陈巴尔虎旗、根河市、额尔古纳市的山地森林环境汽车冬季越野、汽车冰雪路面场地竞赛、雪地摩托车骑行、越野滑雪、马（驯鹿）拉雪橇等娱雪健身运动已初具规模，举办国内专项赛事的条件已具备。

1. 冬季雪地摩托车骑行线路

冬季依托牙拉达巴乌拉、三旗山支脉丰富的野雪资源规划建设雪地摩托车骑行线路

牙拉达巴乌拉支脉和三旗山支脉是大兴安岭山脉向呼伦贝尔高平原降落的中间阶梯，海拔分别为900～1 471 m和892～1 200 m，长度分别为105 km和152 km，面积分别约为2 820 km²、5 246 km²。由于焚风效应，夏季北上的太平洋暖湿气流和冬季南下的西伯利亚寒流都在两个支脉上产生降水（雪），使之成为岭西和呼伦贝尔草原降雪最多的区域，年平均降雪厚度> 30 cm，2012年冬季降雪厚度达1.3 m。丰富的降雪资源为将来雪地车协会领导下的雪地摩托车俱乐部开展经营活动，创造了无以伦比的自然条件。在牙拉达巴乌拉支脉可设计约600 km的雪地摩托车骑行线路，在三旗山支脉可设计约1 000 km的摩托车骑行线路，而且两地的雪情、自然地貌、森林类型差别较大，会给骑行者带来不同的感受。

夏季，在以上两个支脉原有的雪地摩托骑行线路上，经调整和改造可以设计全道路地形车的行驶线路。与冬天不同的是线路上除高山陡坡外，还要穿越湿地沼泽、涉过激流和行驶于泥泞的道路，感受到夏季大自然的勃勃生机。夏季，还可以改造、变通为国家步道，方便人们的徒步或骑马旅行。

2. 运作方式和政策支持

通过以上介绍，呼伦贝尔市域内的牙克石市、鄂温克自治旗、陈巴尔虎旗、额尔古纳市是开展雪地摩托车和全道路地形车运动的理想之地。这里的主要问题，是如何解决这个产业的运作方式和政府提供的政策支持。

加拿大魁北克省的经验和做法可以给我们一定的启迪[①]：

（1）雪地摩托车。在魁北克省154×10^4 km²的管辖区内，现有3.3×10^4 km的雪地摩托车骑行线路。在雪地车协会的统一领导下，分别由200多个俱乐部，486台压雪机分段维护管理。全省现有注册购买线路使用权的会员20多万名，每人每年缴纳会员费400加币（按1:5折合人民币2 000元），另外还要向政府缴纳88加币的车辆年检费。政府每台车返还协会35加币，用于组织管理与线路维护。2018—2019年雪季，全省雪地摩托车运营收入39×10^8加币，上缴税收2×10^8加币，创造1.5×10^4个就业岗位。同时也彻底改变了以往城镇冬季酒店、饭店、加油站、机场关闭或不温不火的状态。

（2）全地形车。在魁北克省154×10^4 km²的管辖区内，现有2.5×10^4 km的可行驶线路，分别有

① 北京双威力冰雪设备有限公司《魁北克省考察报告》，2019年9月。

116 个全地形车俱乐部分段维护管理。全省现有 40 万辆全地形车，注册购买线路使用权的会员 5.6×10^4 人，每人每年缴纳会员费 300 加币，每台车每年还要缴纳政府 65 加币的年检费。政府每台车返协会 16 加币，用于整修道路、购买机械、更新道路指示牌、安全环保宣传和支付协会 13 名工作人员薪金。这一产业为魁北克省 1.4×10^4 人提供了工作岗位，其中 2000 人是 50 岁以上的志愿者。年创造营业收入 10×10^8 加币。

（3）魁北克省的主要经验。在经历了自 20 世纪 60 年代至今的无序发展、破坏环境、事故频发、土地纠纷，逐步过渡形成到政府立法、协会管理、俱乐部执行、厂家支持、土地所有者配合、经济效益显著的四季旅游产业。

3. 现有条件和政策优势

以雪地摩托车和全道路地形车为主的旅游产业发展，在呼伦贝尔市有着诱人的发展前景。主要优势为：

（1）土地产权隶属清晰。两个支脉的土地产权均为国有；全部位于牙克石市、鄂温克族自治旗、陈巴尔虎旗、额尔古纳市，呼伦贝尔市域内行政隶属清晰简单。

（2）有群众基础和社会参与度。雪地摩托车、全道路地形车运动在呼伦贝尔已悄然兴起、从事林业和畜牧业的生产经营者正在大量地使用这些交通工具，具有一定的群众基础和社会参与度，气候环境优越。

（3）经营方式。采取的方式可由呼伦贝尔市政府搭建平台，成立由行业协会、户外运动俱乐部、设备生产厂商以及销售代理商、各有关旗市共同组成的运营管理系统。在行业协会的统一运作下，按有关的政策法规将规划设计的线路分段向户外运动俱乐部招标出让经营权，收取的费用用于整修道路、购买机械等。特别是冬季对来呼伦贝尔参与冰雪旅游的游客，还应给予机票的优惠。吸引境外技术资金，依托东北地区的市场优势可在海拉尔区建立雪地摩托车、全道路地形车的生产研发基地，可在全球市场中特别是东北亚占有一席之地，这也需要政府的政策支持、金融支持。

三、依托大型湖泊、水库的体育竞技、健身康体休闲旅游

呼伦贝尔的河流湖泊、水库众多，为旅游者提供多种可供选择的漂流、垂钓、划船、游泳、花样滑板等水上竞技、健身康体运动型旅游产品，但惟有呼伦湖、贝尔湖、尼尔基水库上的帆船、帆板、滑翔伞冲浪（风筝冲浪）等体育竞技、休闲、健身旅游产品可能最具发展活力和后劲，下面我们逐一进行讨论。

（一）呼伦湖以风为动力的各项水上运动

因呼伦湖位于呼伦贝尔富风带的满洲里市、新巴尔虎右旗和新巴尔虎左旗，属风能丰富区。满洲里年风能密度 >130 W/m²，年有效风能贮量为 540～890 kW · h/（m² · a），≥ 3 m/s 有效风速时数为 4 050～5 850 h，30 年一遇的最大风速为 30～35 m/s。新巴尔虎右旗年风能密度 >120 W/m²，年有效风能贮量在 600 kW · h/（m² · a）以上，≥ 3 m/s 有效风速时数为 5 100 h，30 年一遇的最大风速大于 25 m/s。呼伦湖位于新巴尔虎左旗部分的湖区，风能丰富程度与满洲里市相当。因此，呼伦湖明水期大部分时间的风力均可以确保以风为动力的各项水上运动的开展。

呼伦湖 70% 以上面积的平均深度为 5.8 m，深度 5 m 以上的面积＞ 1 700 km²，这为需要一定吃水深度的各型帆船运动提供了广阔的空间进行竞技比赛、使风驾船、休闲娱乐等水上活动。同时，呼伦湖周边有着无死角自动全天候的监控系统，为湖上的运动娱乐安全提供了保障。呼伦湖不但有着适宜各种水上运动稳定安全的风能资源，还有随风变化着的复杂紊流、各种类型的波浪，随入湖河流流量变化的不稳定环流，这些都为水上运动增添了许多不可预见类似海洋的气象、水文特点，使运动充满趣味性、探索性、科学性（见

本书第二章）。呼伦湖有着6个多月的明水期，除极个别的极端气象条件无法入湖外，其他时间均可开展水上运动，也就是说，每年平均有近6个月的时间可以入湖。这与我国沿海的平均出海旅游运动时间相当。作为经营性的旅游运动产业，显而易见，比较效益明显。

从呼伦湖的地形地貌看，小河口以下约10 km长的达兰鄂罗木河道，是理想的码头选址，可满足各种帆船游船补给、泊驻、避风、维修等需要，也是各类水上运动俱乐部的理想选择。呼伦湖的东岸为一片面积约百余平方千米的浅水沙质滩区，为难得的娱水滩场。

（二）贝尔湖的水上旅游活动

贝尔湖的水上旅游活动受涉外条件限制。

贝尔湖为中蒙界湖，缺乏气象资料，目前无法定量描述风能的情况。同时在这里开展以上水上运动，还需做外交方面的谈判协调。

（三）尼尔基水库以风为动力的水上运动

尼尔基水库以风为动力的水上运动还需做大量的前期气象数据资料采集收集工作。

莫力达瓦达斡尔族自治旗年风能密度不足80 W/m²，年有效风能贮量在260～290 kW·h/（m²·a）之间，≥3 m/s有效风速时数为3 660 h左右，30年一遇的最大风速小于30 m/s，为风能不可利用区。所以，尼尔基水库库区几乎不能有足够的风能来满足我们的需求。让人们还心存的希望是，尼尔基水库库区正位于大小兴安岭之间，西太平洋暖湿气流经松辽平原北上吹向伊勒呼里山支脉前，在尼尔基到甘河河口间形成一定强度的锥管效应，会使库区水面的风速增加，风能增大。但库区水面风能的定量测量数据和多年气象统计资料还十分匮缺，应立即着手工作，为以后的旅游发展提供科学依据。虽然尼尔基水库库区缺乏风能资源，但是娱水空间巨大，特别是库底旧江道地堑的复杂地形和丰富的淡水动植物资源，为广大潜水爱好者提供了理想的科普、探险空间。

第四节
探险型旅游资源

一、山脊和山岭的森林穿越探险

在大兴安岭山脉分水岭区段山脊及几条支脉的山脊和山岭间可以开展森林穿越探险。

（一）山脉北部中段分水岭山脊探险路线

这段探险路线东端位于大兴安岭山脉北部中段，牙克石市与阿荣旗交界的主脉山脊。由绥满高速G10线穿越大兴安岭山脉分水岭的兴安岭隧道口（东、西）—主脉山脊博克图东沟堵腰梁子（海拔1 202.2 m）—沿山脊向西南大兴安岭微波站（海拔1 265.8 m）—国道301线翻越山脉分水岭的最高点沙力碑（海拔1 029 m）的主脉山脊探险路线（图9-40）。海拔1 029～1 265.8 m，距离34 km，路线长度系数（见附件21）1.7，路线长度57.8 km。路途难度等级（见附件21）Ⅱ级，每天行程约25km。此段探险线路两端（西东）位于大兴安岭东坡雅鲁河谷、阿伦河谷河流源头。夏季东南方向松嫩平原暖湿季风在大兴安岭东侧受地形作用强迫抬升并形成降水，致使云低雨密雷电频繁，降雨量>430 mm。而西北侧东西两端为免渡河上游扎敦河左岸支流北大河、免渡河左岸支流乌奴耳河上源，冬季受西伯利亚寒流影响锥管效应强烈，形成较强的西北风。夏季可见云海日出、云海晚霞、云瀑，可进行阿伦河、雅鲁河、北大河、乌奴耳河探源。冬季局部地段可以进行越野滑雪穿越，穿雪踏徒步行进。线路东端东西两侧可分别进入阿伦河流域和免渡河流域，西端可游览沙力碑、滨洲线铁路工业文化遗产螺旋展线，以及滨洲线铁路沙俄工程技术人员设计、意大利工匠施工的兴安岭隧道—川岭隧道（旧）。

（二）高平山支脉山脊探险路线

这段路线位于额尔古纳市高平山支脉，由蒙黑界大石山（海拔 1 112.8 m）向西南到呼伦贝尔市域内怪石山（海拔 1 227.8 m）—爬松岭（海拔 1 209.7 m）—分水岭（海拔 914 m）—长梁北山（海拔 1 268 m）—高平山（海拔 1 240.8 m）—独腊山（海拔 881.8 m）—额尔古纳河右岸的滚兔子岭（海拔 596.4 m），海拔 596.4～1 268 m，距离约 60 km。路线长度系数为 2，路线长度约为 120 km。这是一条在高平山脉山脊上的探险路线，难度较大，大部分路段为偃松林、石塘林、大面积石海、冰川遗迹的断崖、高山河源湿地。其中怪石山、爬松岭、高平山风光极为奇异绚丽，滚兔子岭下山降至额尔古纳河边的路段险峻难行，路途难度为 I 级。每天的行程约 10～15 km，冬季严寒雪大无法到达。进入原始林区域，须经林业主管部门批准。

（三）五河山支脉西段探险路线

位于根河市与额尔古纳市交界处的五河山支脉山脊，五河山支脉得耳布尔河源头上游岭（朝—乌铁路线）以西到吉拉林河源头三岔岩段的探险路线。由上游岭站（海拔 1 157 m）—向西北经吉尔布干河沟堵（海拔 1 074 m）—大平梁（1 069.4 m）—奶头山（海拔 1 195.4 m）—大黑山（海拔 1 404.7 m）—望东山（海拔 1 242.3 m）—三岔岩（海拔 1 086.6 m），距离约 63 km。此段的路线长度系数为 1.5，路线长度为 94.5 km。北侧为莫尔道嘎河源头，南侧为得耳布尔河源头（得耳布干河），西端为吉拉林河源头。沿途可以登上大秃山（海拔 1 414.3 m）西南方向远眺三河流域（根河、哈乌尔河、得耳布尔河）最美的草甸草原，饮用什路斯卡山（海拔 1 040.1 m）苦涩山泉，大黑山（海拔 1 404.7 m）顶西北方向眺望额尔古纳河，三岔岩观看金雕翱翔和金雕岩巢。路途难度为Ⅲ级，每天行程约 25 km。如有好的向导，此段路径可以骑马探险，用时可以缩短。

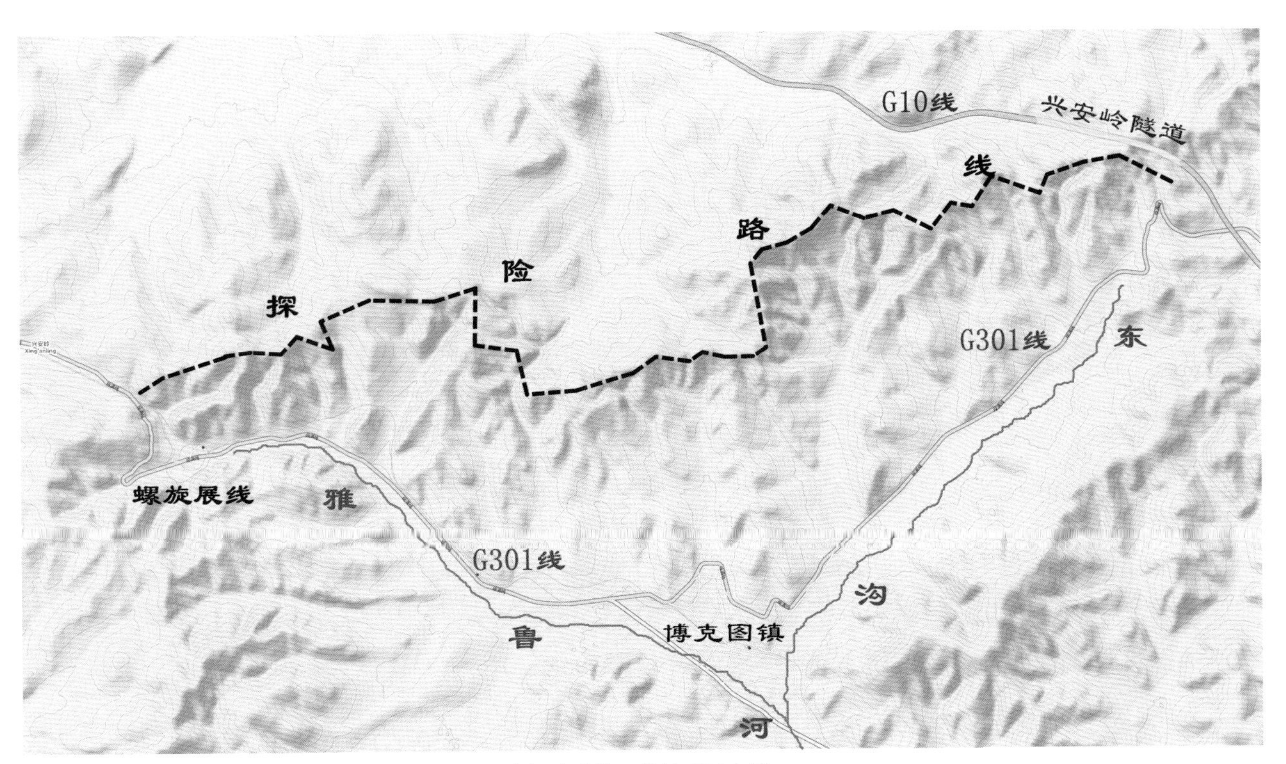

图9-40　牙克石市、阿荣旗大兴安岭山脉分水岭山脊探险路线卫片地形示意图

（四）加尔敦山支脉山脊探险路线

位于鄂伦春自治旗与阿荣旗交界处的加尔敦支脉山脊，由博克图东沟堵腰梁子（海拔 1 202.2 m）—阿伦河上源沟堵（海拔 1 004 m）—二道梁子（海拔 1 008、1 019.4、1 003、937 m）—小时尼气沟堵（海拔 1 045 m）—向东北八宝山（海拔 1 168.5 m）—哈尔纲山（又名绰汗山，海拔 1 002、1 126 m）—加尔敦山岭（海拔 1 041、1 015、1 032 m）—新力奇顶子（海拔 925 m）—大二沟顶子（海拔 889 m），海拔 889～1 202.2 m，距离约为 105 km 的加尔敦山支脉山脊探险路线。此段的路线长度系数为 1.7，路线长度为 178.5 km。北侧为毕拉河流域的奎勒河—诺敏火山群，可见这个火山群中最大火山口火山—西热克特奇呼通（海拔 900 m，火口直径 1 700 m）、著名的圣山四方山火山（海拔 933.4 m）。南侧为阿伦河流域，可见著名的图博勒峰（海拔 1 099.7 m，如登峰顶可远眺西南方向齐齐哈尔城区）。山脊上库伦沟河沟堵为一石头堆起的山峰，北侧看像石头堆砌，被鄂伦春人称为“加都气”。路途难度为Ⅱ级，每天行程约 20～25 km。

（五）卧牛岭[①]山岭探险路线

位于扎兰屯市雅克山支脉西侧，由绰尔河左岸一级支流梁河与县道 313 线交汇处逆梁河而上，距离雅克山支脉山脊 1 227 高地约 26 km，路线长度系数 1.2，路线长度 31.2 km，路途难度Ⅳ级。由支脉山脊向西南沿卧牛岭山脊到柴河镇卧牛湖，海拔 1 076～1 423.5 m，距离 36.7 km，主峰海拔 1 423.5 m。此段路线长度系数为 1.8，路线长度为 66.06 km；路途难度Ⅲ级，每天平均行程约 25 km。路线总长度为 97.26 km，为卧牛岭山岭探险路线（图 9-41）。

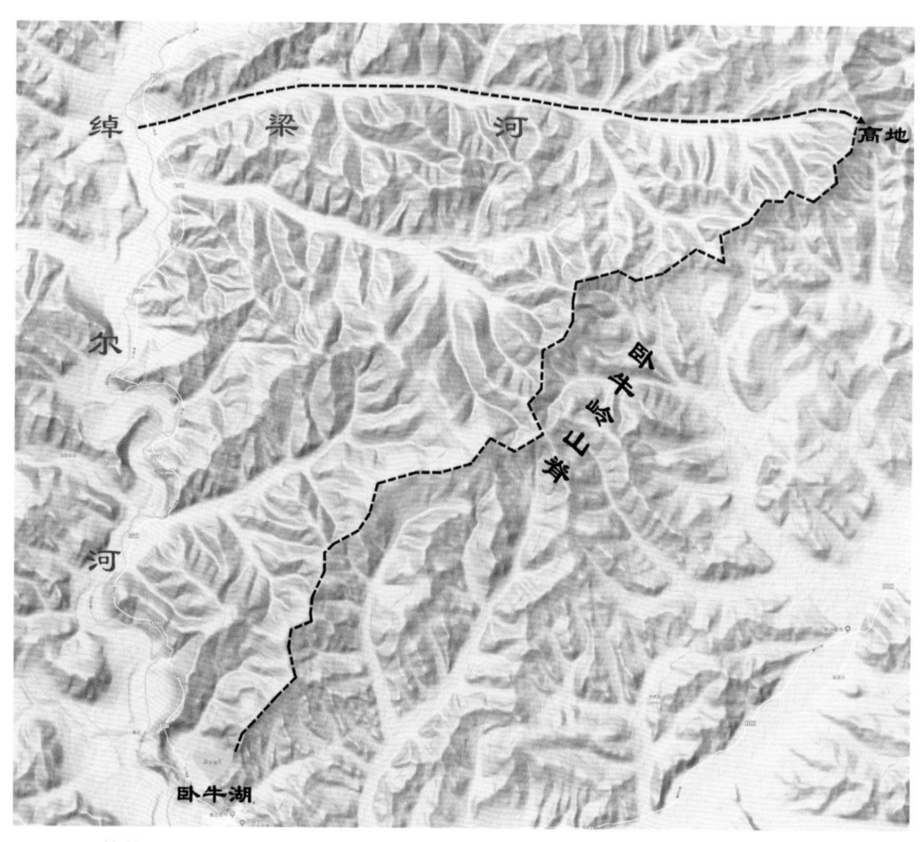

图9-41　扎兰屯市雅克山支脉西侧卧牛岭山岭探险路线地形

① 卧牛岭山岭：西南端为卧牛湖火山口湖，卧牛岭山岭在此于晚更新世（距今 13×10^4 ～ 1×10^4 年前）被火山喷发毁断，使山岭高度陡降至卧牛湖湖面，故而得名。

二、河流峡谷漂流探险

在毕拉河神指峡、百湖谷、伊敏河上游峡谷、莫柯河峡谷，等处可以开展漂流探险。

（一）毕拉河神指峡漂流探险

神指峡位于鄂伦春自治旗诺敏镇，是毕拉河河谷中发育的一条长约30多千米的峡谷，典型的熔岩峡谷。这里是大兴安岭山脉最大规模的玄武岩峡谷，有近180 m的落差，平均比降约6‰，是山脉北部落差最大的主要河流（图9-42）。上游谷口位于小气河入毕拉河河口以下1.6 km，下游的谷口位于阔绰。峡谷水流湍急，暗礁密布险境频现。谷宽30～80 m，两岸为垂直高度10～30 m的悬崖。岸上多为石塘林，乔木以落叶松为主，灌木以兴安杜鹃为主，春季的杜鹃花开为一大美景。上游起点南行9 km路可至达尔滨湖，漂流中段左岸北距达尔滨罗2 km，漂流末端左岸为“阔绰”。路线长度系数1.5，水路漂线流长45 km。属白水级漂线[①]，漂流难度为Ⅰ级，漂流极为危险，非专业运动员不宜参与。

（二）百湖谷河流湿地迷境漂流修学探险

百湖谷位于鄂伦春自治旗诺敏镇，是毕拉河左岸支流阿木珠苏河流域的河谷，由东侧的马鞍山火山喷发的火山熔岩堰塞而成（也有人提出为冰川运动形成），有大小湖泊100多个。上游的迎门山到谷口约20 km，路线长度系数3～5，水路漂线长约60～100 km。河流比降较小，但水道难以寻觅，夏季牛虻、蚊子等吸血寄生类昆虫繁多，漂流难度Ⅲ级。这个河流湿地生态系统健康发达，河流湿地、沼泽湿地、湖泊湿地水生生物链系统未遭到任何破坏，是难得的森林天然湿地水体自然博物馆，为人们提供了科考研究、学习实验之地。

（三）伊敏河上游峡谷漂流探险

伊敏河上游峡谷位于鄂温克族自治旗伊敏苏木南部，伊敏河从桑都尔河口以下10 km处到牙多尔河口的约20 km长区间是被河水下切侵蚀很深的火山熔岩峡谷。深达约50 m的峡谷，两岸岩壁间或点缀着极具特点的地质景观，被水切割出的玄武岩石墙、长达2 km的熔岩岩壁石塘、局部的玄武岩柱状节理(节理是岩石中的裂隙,是没有明显位移的断裂。柱状节理是指裂隙垂直，使岩体看上去为柱体），使这段峡谷在漂流中有极诱人的观赏价值。约6.5‰的比降,使河流湍急激流飞泄;河中明礁密布暗礁凶险,

图9-42　毕拉河神指峡漂流探险（摄影：莫日根布库）

① 白水级，是指河流暗礁密布水流湍急浪花翻腾，比降较大，泛着白色的浪花，河流好似一条白带。漂流行业称之为白水级，意为难度极大，极其危险。

滩险湾急；属白水级漂线，漂流难度为 I 级。路线长度系数为 1.4，水路漂线长 28 km。

（四）莫柯河峡谷漂流探险

位于牙克石市塔尔气镇，莫柯河为绰尔河右岸一级支流，在塔尔气以下约 18 km 处的二龙归汇入绰尔河，是莫柯岭北侧的河流。此河段的漂流探险起点位于中游的河中林场，海拔高度为 895 m。终点为入绰尔河河口，海拔 704 m。落差 191 m，距离约 33 km，比降约为 5.79‰。漂流路线长度系数 1.2，水路漂线长 39.6 km。水中潜石密布，水急河窄弯多，属白水级漂线，漂流难度为 I 级。莫柯河峡谷右岸为高耸的莫柯岭，盛产野生灵芝。左岸多为悬崖石砬，国家 I 级重点保护动物原麝（獐子）分布密度较大，多猞猁、鹿、狍子等。两岸风光秀丽，神韵旖旎。

第五节
自然生态旅游的产业政策

依托自然生态资源实现旅游业高品质发展，边疆、经济欠发达地区有着成功的典型案例，国外发达国家彼彼皆是。根据他们的经验，有如下方面值得关注借鉴：

一是对自然生态资源强烈的珍惜爱护意识，并以法律的形式给予严格的保护；

二是国家制定的法规政策符合实际，特别在自然生态资源作为资本参与旅游市场要素配置方面灵活多样，极具可操作性；

三是立足富民，创造更多的就业机会。政策支持形成较长的产业链，与一、二产业和其他第三产业形成复合型产业。将根植于自然生态资源的旅游业作为龙头，拉动各产业整体发展，增加参与人数扩大就业；

四是旅游各要素的配置严谨科学，必须充分考虑生态环境的承载力和旅游区的内在要求，如国家公园的建设中对环境影响较大的住（非野外宿营）、购、娱等严格控制在公园外的居民区、门区、附近城镇；根据各类国家公园、旅游区、探险路段具体情况，按环境承载力，必须设定每年访客量、旅游人数、探险频次等上线；有些路段、景区的交通运输必须达到零排放，大量使用新能源汽车、轨道电力机车等；

五是全面推广普遍利用现代化网络技术，使管理精细透明，实现扁平化沟通管理。如探险等旅游活动前期网上周密细致的组织，活动中的通讯联络调度；普通访客和旅游者的全程网络服务等等；

六是文化旅游特别是涉及少数民族的文化宗教旅游，一定要在相关政府部门的指导监督下，制定规范、标准，并对从业人员进行严格的专业培训。

第十章
呼伦贝尔矿产资源

本章首先对呼伦贝尔全域的矿产资源进行了概括性的介绍，揭示了“一盆两代一流域”的矿产资源分布规律。利用已公开发表的数据，分旗市区较全面介绍了各类矿产资源，包括地理位置、品位、发热量、储量以及埋藏特点等。同时，对矿业开发中的生态问题进行了讨论，提出了作者的意见。特别是对呼伦贝尔丰富的矿泉资源由面到点进行了较为全面细致的介绍，并将经全面详查的陈巴尔虎旗矿泉资源择要单独介绍。

第一节
矿产资源

一、矿产资源总体分布

呼伦贝尔地处古生代亚洲构造成矿域与中生代环太平洋构造成矿域强烈叠加的地段。多期成矿的复合、叠加和改造使其成矿期次多，地质条件优越。成矿区域上构成了“一盆两带一流域”4个各具特色的矿产资源集中区。海拉尔盆地[①]蕴藏着丰富的煤炭、石油和天然气资源；大兴安岭成矿带[②]和得尔布干成矿带是自治区重要的有色金属、黑色金属富集区；额尔古纳河中下游流域是举世闻名的沙金矿[③]分布区。海拉尔盆地是叠置发育于华北板块和西伯利亚板块之间的古生代碰撞造山带之上的晚中生代—新生代陆相裂谷盆地。它的构造位置在本区内基本占到呼伦贝尔高平原的大部，南到红花尔基，北到黑山头，东到大雁，西到贝尔湖北部西胡里吐。位置主要分布在海拉尔区、鄂温克族自治旗、陈巴尔虎旗、新巴尔虎左旗、新巴尔虎右旗、满洲里市。处于大兴安岭山脉和呼伦贝尔高平原西部的得尔布干成矿带其构造位置广义上分布在得尔布干深断裂的两侧，南东界以海拉尔—根河火山断陷盆地南东缘构造边界为界；位置主要分布在新巴尔虎右旗、陈巴尔虎旗、额尔古纳市、根河市、牙克石市北部。大兴安岭成矿带构造位置上分布在鄂温克族自治旗头道桥—鄂伦春深大断裂的两侧，涵盖两个三级构造单元；位置分布在新巴尔虎左旗南部、鄂温克族自治旗东南部、牙克石市中南部、扎兰屯市、莫旗、鄂伦春旗。额尔古纳河中下游的沙金矿区

① 海拉尔盆地是一个地质学概念，是指在伴随呼伦贝尔拗陷高平原形成的过程中，地层下一定深度范围内各种地质构造的复杂作用发生的隆起拗陷产生的盆地。范围基本涵盖呼伦贝尔高平原的绝大部分，是东起大雁西到贝尔湖北部的西胡里吐，北起黑山头南到红花尔基的广大区域。石油地质学在很大程度上就是沉积盆地地质学，因发现的有工业意义的石油都产自于沉积盆地中。因此，沉积盆地就是石油地质研究的主要对象，是石油勘探、开发的实体。海拉尔盆地正是这样的沉积盆地。

② 成矿带，与成矿区带属同义词，系指在地质构造、地质发展历史以及在成矿作用与矿床特征等方面具有共性的地区。一般呈狭长的带状称为成矿带，长宽比接近的称为成矿区。根据大地构造进一步划分和成矿作用特点等的进一步划分，可将成矿带（区）划分为一级（成矿域）、二级、三级、四级等。

成矿带又称成矿区带，是在地质构造，地质发展历史以及在成矿作用上具有共性的地区，呈狭长的带状分布称为带（长宽比大于2），长宽比接近的称为区（小于2:1）。

③ 砂金矿：其形成主要取决于三个因素：砂金补给源、水动力条件、地貌特点。“含金地质体”是砂金形成的物质基础，并直接影响其分布。所谓“含金地质体”主要有岩金矿化体，伴生金矿床（点）及含金丰度值很高的地层与岩体。能够满足以上三个条件的区域，并有砂金露头，具有一定的储量，称为砂金矿。

构造位置上主要分布在克鲁伦河—呼伦湖—额尔古纳河—黑龙江—阿穆尔河—鄂霍茨克断裂的额尔古纳河中下游；位置主要分布在额尔古纳市室韦以下的额尔古纳河右岸的各个支流流域（呼伦贝尔地方志办公室，1986；《呼伦贝尔盟史志》编纂委员会，1999）。

在呼伦贝尔草原以地质构造定义的“海拉尔盆地”，分布有扎赉诺尔、大雁、伊敏、宝日希勒、扎泥河等大型煤田以及其他中小型煤矿，还有分布于新巴尔虎左旗和新巴尔虎右旗的油气田，以及分布于呼伦贝尔草原储量巨大未探明的煤炭资源。

由典型矿床的分布，可探知两个有色金属、黑色金属成矿带的大致走向。得尔布干成矿带有甲乌拉大型铅锌银、查干布拉格中型铅锌银、哈拉胜中型铅锌银、额仁陶勒盖大型银、乌努克吐山大型铜钼、三河大型铅锌银、三道桥中型铅锌银、二道河子（根河）中型铅锌银、比力亚谷大型铅锌、卡达梯岭中型铅锌银、七一铅锌银、嘎罗索大型钛铁矿砂矿及六卡、下护林小型铅锌银等典型矿床。大兴安岭成矿带有扎兰屯二道河子大型铅锌银、红花尔基大型钨、谢尔塔拉中型铁锌、乌奴耳河北岸中型银铅锌、八岔沟中型铅锌银、银阿铜钼、嘎仙钴镍等典型矿床（图 10-1至图 10-4）。

由已开采过现已闭矿的金矿可知沙金矿产资源的分布，从黑山头以下有小伊诺盖沟金矿、下吉宝沟金矿、吉拉林金矿、吉拉林小西沟金矿、莫尔道嘎金矿、莫尔道嘎砂金矿、加疙瘩金矿、阿尔基玛河金矿、西牛尔河金矿、乌龙干砂金矿、乌玛河金矿、吉克达金矿、阿里亚河金矿、狼狈沟金矿、小西沟金矿、草塘沟金矿、恩和哈达金矿、吉兴沟金矿、毛河金矿等。

在呼伦贝尔市域范围内还分布有非常丰富的非金属矿，在吉文、那吉屯、乌奴耳、日当山有石灰石矿；在新巴尔虎左旗和新巴尔虎右旗分布有丰富的盐碱矿（芒硝矿）、珍珠岩矿等；在其他区域还分布有萤石、云母、大理石、膨润土等矿床。

二、矿产资源储量

截至 2018 年年底，全市已发现矿产 82 种（含亚矿种），占自治区已发现矿产种类的 50%。全市已查明或初步查明资源储量的矿产有 49 种，矿产地 253 处，其中能源矿产地 51 处，金属矿产地 59 处，非金属矿产地 119 处，矿泉水 40 多处。列入自治区矿产资源储量表的矿产有 27 种，矿产地 110 处，其中大型 35 处，中型 38 处。

呼伦贝尔市矿产资源丰富，是自治区重要的矿产资源大市。以煤、石油、天然气为主的能源矿产丰富，是国家重要的能源开发基地。金属矿产以铁、铜、铅、锌、钼、银为主，大中型矿产地多，具备规模化开发利用条件。非金属矿产种类齐全，分布广泛，资源潜力大，优势明显。全市有 18 种矿产保有资源储量居自治区前三位，对国民经济发展具有重要意义的支柱性矿产为煤、石油、铜、钼、铅、锌、银、水泥用灰岩、水泥用大理岩、矿泉水。

截至 2018 年年底，保有铁矿石资源储量 0.93×10^8 t、铜金属量 277.02×10^4 t、钼金属量 113.16×10^4 t、铅金属量 329.69×10^4 t、锌金属量 590.54×10^4 t、钨金属量 4.93×10^4 t、金金属量 28.10 t、银金属量 1.49×10^3 t、硫铁矿 828.07×10^4 t，保有水泥用灰岩矿石 1.99×10^8 t、水泥用大理岩矿石 3.41×10^8 t、冶金用白云岩石量 $5\,332.65 \times 10^4$ t、膨润土量 $2\,050.88 \times 10^4$ t、天然碱矿（Na_2CO_3+$NaHCO_3$）11.1×10^4 t。详见表 10-1。

三、各旗市区目前部分已探明、开采的各种矿产资源

（一）海拉尔区[①]

1. 黑色金属

谢尔塔拉中型铁（锌）矿。矿石品位含铁 20%～50%（最高 61.1%），含锌 0.7%～0.2%（最

① 海拉尔市志编纂委员会，1997、2008。

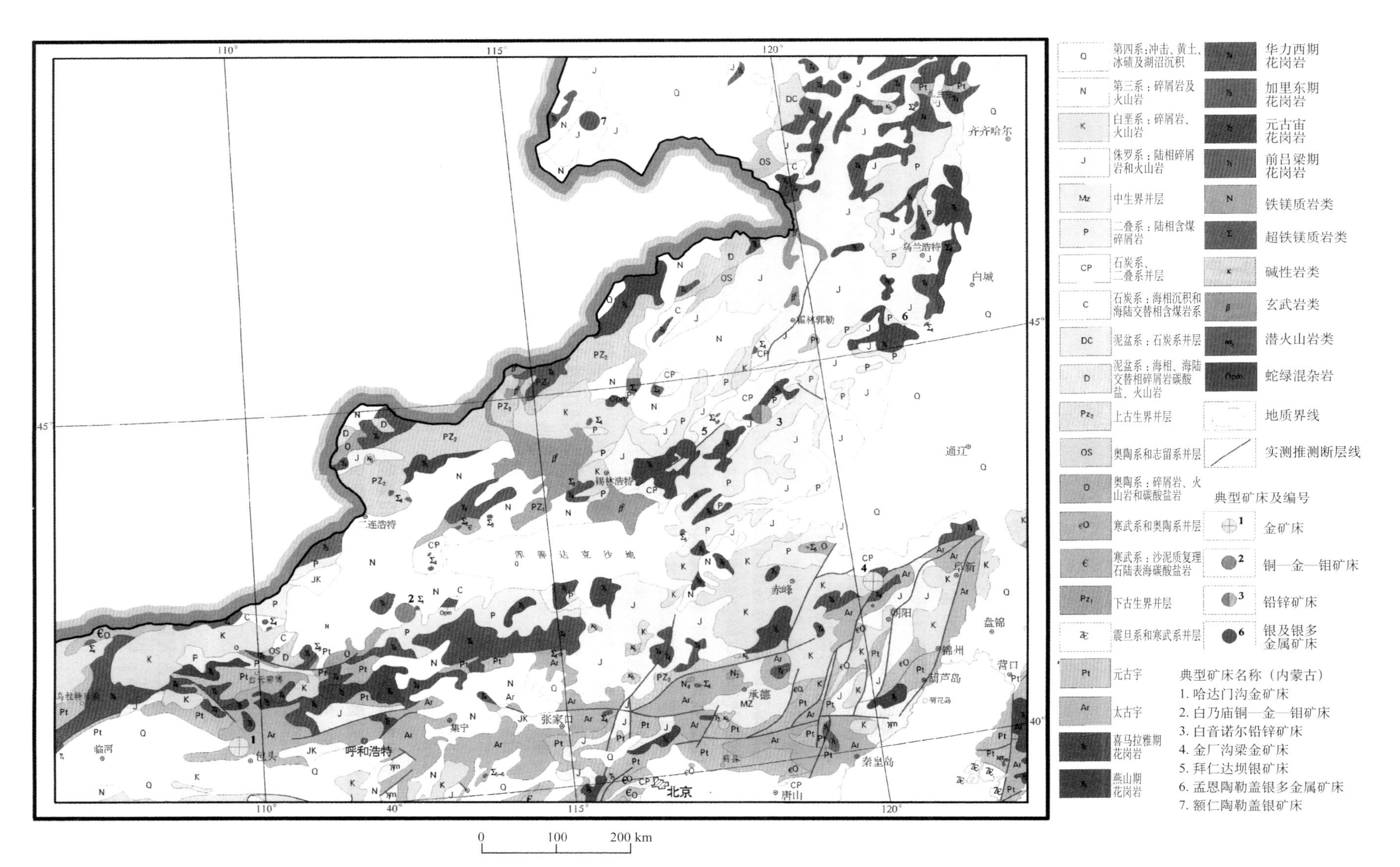

图10-1 内蒙古中东部地区区域地质及金、银多金属矿床分布

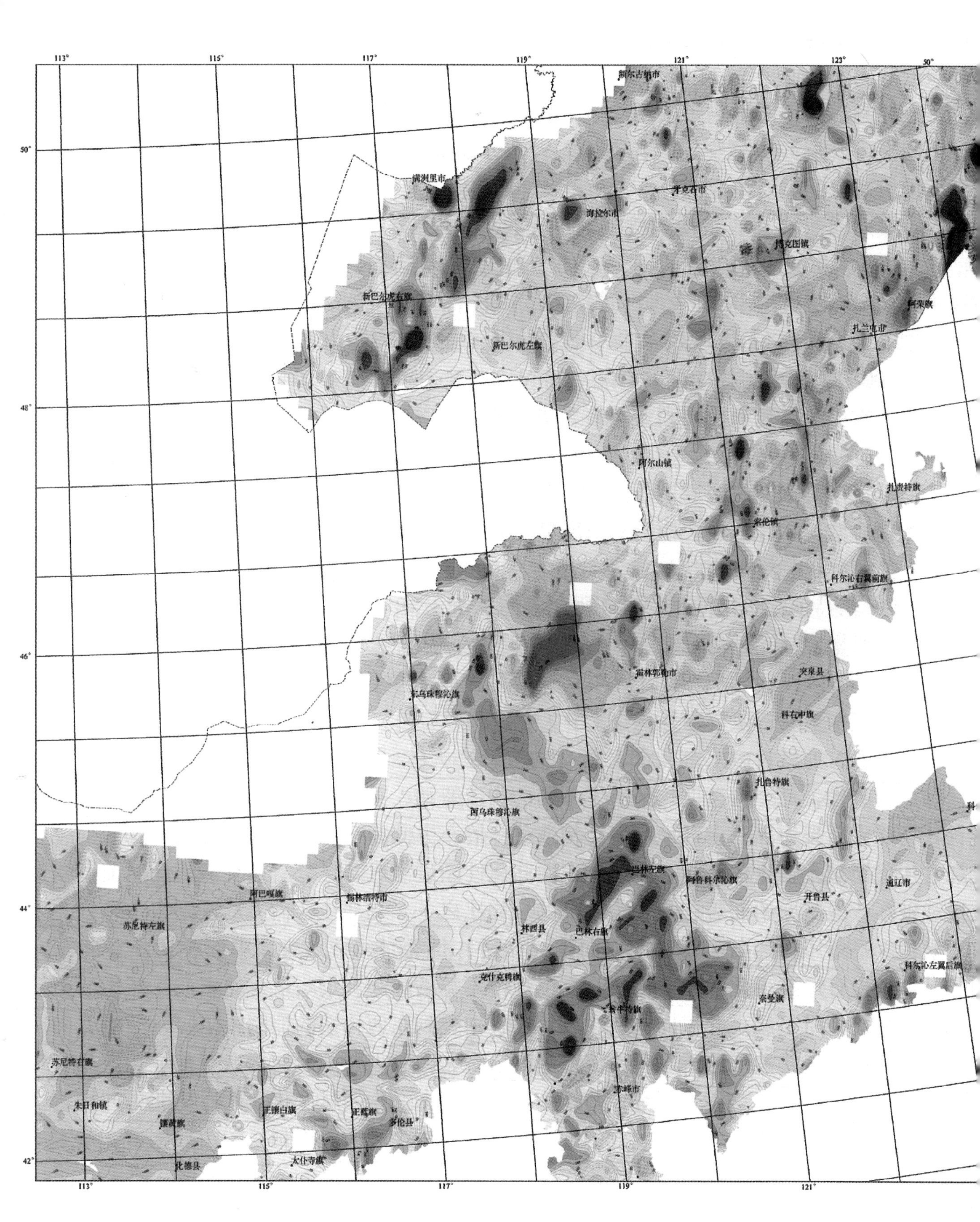

图10-2　内蒙古中东部地区航磁（△T）异常等直线平面示意（航磁异常单位：nT）（据内蒙古自治区地质调查研究院2001年1：150万重磁图整理、改编）

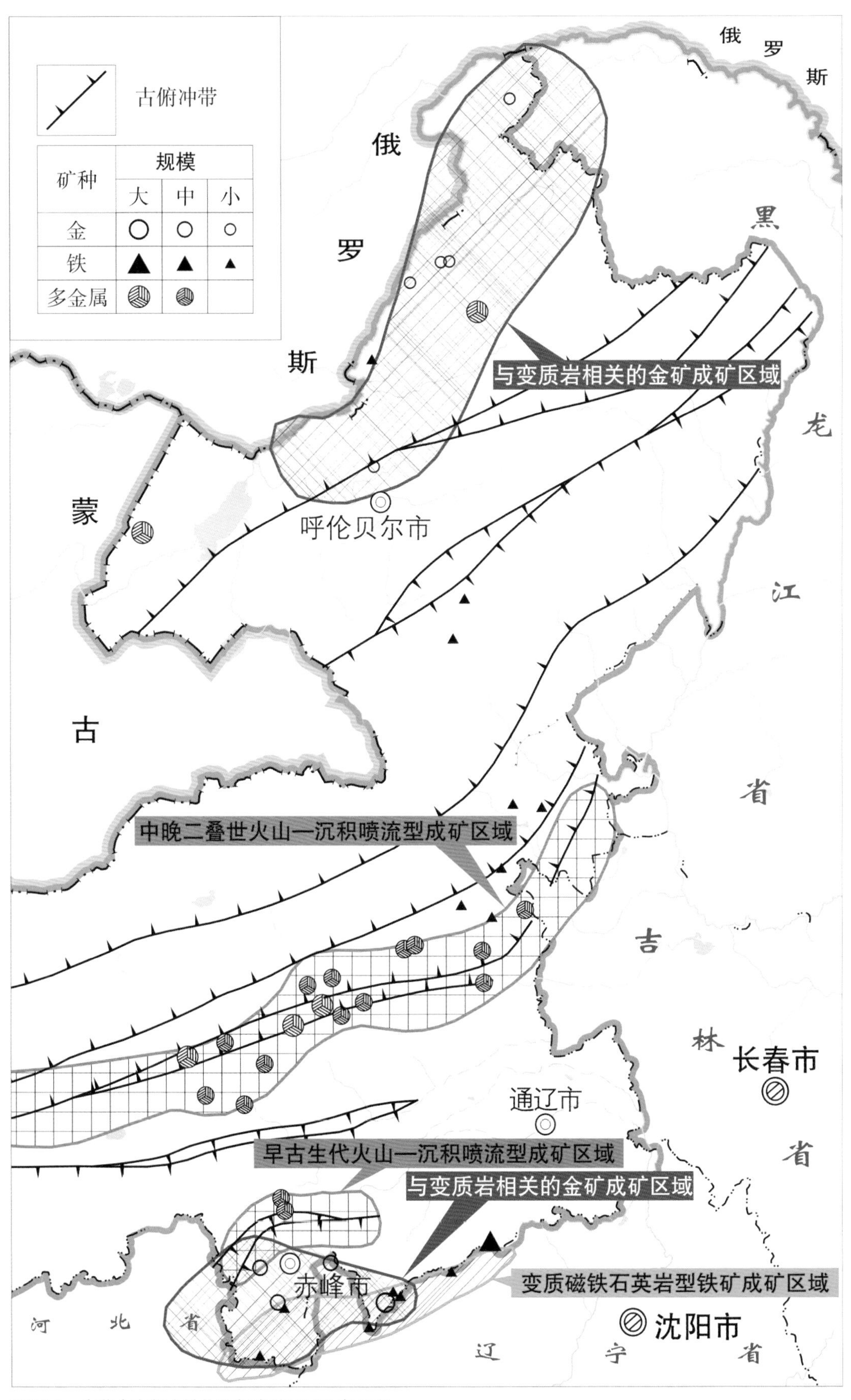

图10-3　内蒙古东部大地构造与成矿区域分布示意

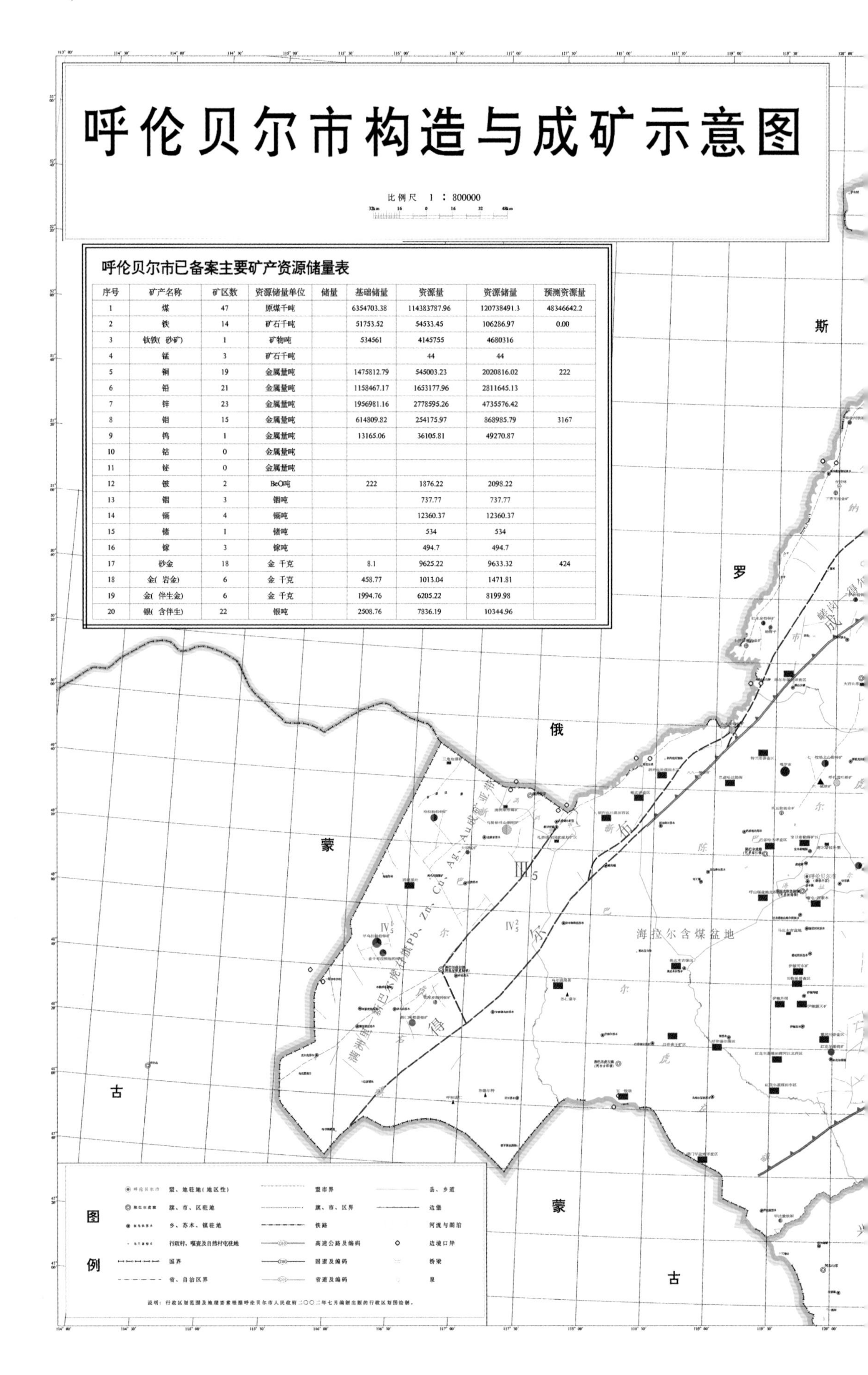

呼伦贝尔市已备案主要矿产资源储量表

序号	矿产名称	矿区数	资源储量单位	储量	基础储量	资源量	资源储量	预测资源量
1	煤	47	原煤千吨		6354703.38	114383787.96	120738491.3	48346642.2
2	铁	14	矿石千吨		51753.52	54533.45	106286.97	0.00
3	钛铁（砂矿）	1	矿物吨		534561	4145755	4680316	
4	锰	3	矿石千吨			44	44	
5	铜	19	金属量吨		1475812.79	545003.23	2020816.02	222
6	铅	21	金属量吨		1158467.17	1653177.96	2811645.13	
7	锌	23	金属量吨		1956981.16	2778595.26	4735576.42	
8	钼	15	金属量吨		614809.82	254175.97	868985.79	3167
9	钨	1	金属量吨		13165.06	36105.81	49270.87	
10	钴	0	金属量吨					
11	铋	0	金属量吨					
12	铍	2	BeO吨		222	1876.22	2098.22	
13	铟	3	铟吨			737.77	737.77	
14	镉	4	镉吨			12360.37	12360.37	
15	锗	1	锗吨			534	534	
16	镓	3	镓吨			494.7	494.7	
17	砂金	18	金 千克		8.1	9625.22	9633.32	424
18	金（岩金）	6	金 千克		458.77	1013.04	1471.81	
19	金（伴生金）	6	金 千克		1994.76	6205.22	8199.98	
20	银（含伴生）	22	银吨		2508.76	7836.19	10344.96	

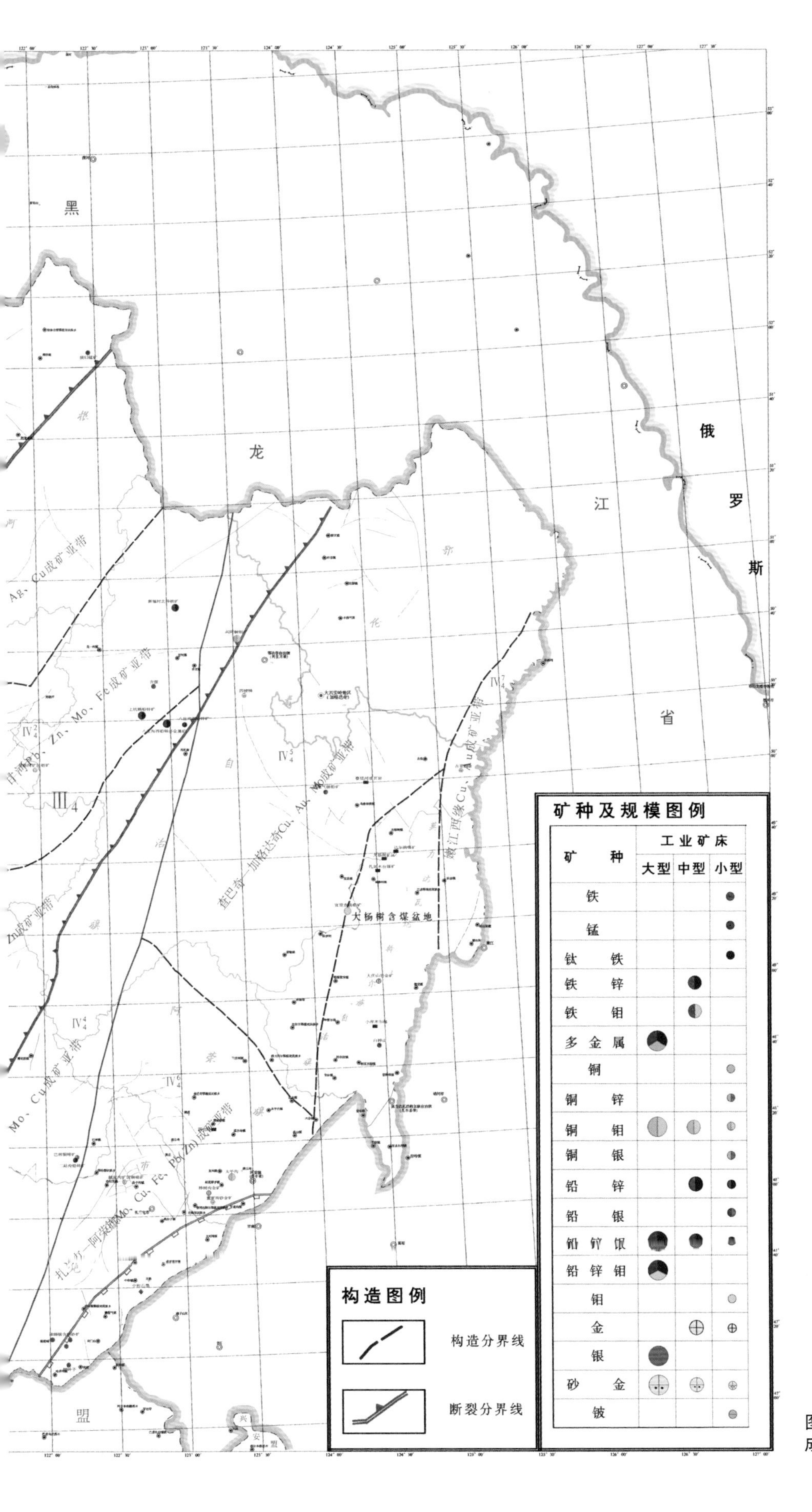

图10-4 呼伦贝尔市构造与成矿示意

表10-1 呼伦贝尔市主要矿产保有资源储量统计

序号	矿产名称	资源储量单位	保有资源储量
1	煤（不含满洲里）	原煤 亿t	878.09
2	铁	矿石 亿t	0.93
3	铜	金属量 万t	277.02
4	钼	金属量 万t	113.16
5	铅	金属量 万t	329.69
6	锌	金属量 万t	590.54
7	钨	金属量 万t	4.93
8	金	金 t	28.10
9	银	银 千t	1.49
10	硫铁矿	矿石 万t	828.07
11	水泥用灰岩	矿石 亿t	1.99
12	水泥用大理岩	矿石 亿t	3.41
13	白云岩	矿石 万t	5 332.65
14	膨润土	矿石 万t	2 050.88
15	天然碱	Na_2CO_3+$NaHCO_3$ 万t	11.10

资料来源：呼伦贝尔市自然资源局。

高23.8%）。伴生有益元素铟、镉达到工业品位。该矿床已探明铁矿石储量5 866×10^4t，锌金属含量40.04×10^4t，铟金属含量160 t，镉金属含量1 202 t。此外，探明海拉尔北山也有铁矿分布。

2. 能源矿

大雁煤田。为陈巴尔虎旗煤田部分延伸至海拉尔盆地，已探明宝日希勒煤田东部区和大雁煤田扎罗木得区，在海拉尔区域内煤炭储量分别为9×10^8t和15×10^8t。

3. 非金属矿

（1）石灰石。海拉尔东北27 km的日当山，有水泥灰岩，CaO平均品位50%，已探明资源储量234.2×10^4t。

（2）硅砂。海拉尔区西山分布有储量可观的大型硅砂矿床1处，SiO_2平均品位88%，已探明原砂储量1 959.18×10^4t。

（二）满洲里市[①]

1. 能源矿

（1）扎赉诺尔煤田。储量为101×10^8t。煤田西起西山断层，南延至呼伦湖底，东至阿尔公断层，北至中俄边界，面积约1 035 km^2。煤质灰分6%～28%，含水分34%，低位发热量1.590 7×10^4 kJ/kg。其中，国家规划矿区，资源储量约41×10^8t。

（2）开放山煤田。位于市区西南15.5 km。奋斗煤矿和开放山煤矿一号井共计资源储量，约为1.02×10^8t。

以上两个区域统称为扎赉诺尔煤田。

① 满洲里市志编纂委员会，1998，2009；扎赉诺尔区志编纂委员会，2010。

2. 非金属矿

（1）珍珠岩。矿床位于市区东北 3 km 处，储于上库力组酸性火岩中，由主矿体和 8 个从属矿体组成。总储量 57.67×10^4 t，适宜露天开采。

（2）膨润土。矿床位于市区西部查干湖周围，膨润系数在 6 倍以上，属钙基膨润土。初步勘察储量约在 $50\times10^4\sim100\times10^4$ t。

（3）明矾石。矿床位于鱼脊山周围，含硫酸铅成分。

（4）硅石。矿床位于南山（巴嘎不金乌拉）石灰窑附近，储量在 $80\times10^4\sim110\times10^4$ t。

（三）牙克石市[3]

1. 黑色金属矿

塔尔气铁矿。位于塔尔气镇，已探明铁矿石储量 710×10^4 t，其中，富铁矿石储量 279.8×10^4 t。还有铁矿点、矿化点 10 处。

2. 有色金属

市域内共有矿点、矿化点 44 处，小型矿床 3 处。其中：

（1）巴林铜锌矿。位于巴林镇，已探明的 C + D 级金属储量，锌为 3.5×10^4 t，铜为 1 401t，伴生银 15.68 t。

（2）梨子山铅锌矿。位于绰源镇，铅锌储量 1.03×10^4 t，平均品位 > 8.5%，附近有 5 个规模较小磁铁矿体。探明铁矿石储量 7 400 t，品位在 48%～53%。

（3）外新河钼铜矿。位于库都尔镇，探明钼、铜金属资源量分别为 2 906 t、$1.596\,1\times10^4$ t。

（4）白井山铅锌钼矿。位于牙克石东十二里沟沟堵，探明钼、铅、锌、银金属资源量分别为 7 097t、1.674×10^4 t、$4.219\,8\times10^4$ t、45 t。

（5）117 km 铅锌钼矿。位于绰源镇博林线铁路 117 km 处狼峰村北，探明钼、铅、锌金属资源储量分别为 4 834 t，2 549 t，3 763 t。

（6）二站沟铅锌矿。位于巴林镇，规模为小型，资源量铅锌各 66 t，391 t。

3. 贵金属

市域内有金银矿矿化点 6 处。其中，库都尔四里地沙金矿点自然重砂分析，见自然金 2 粒。五一林场岩金矿点在人工重砂分析中，见金 2 粒。库鲁柏亚金银矿点地表见有铁帽，岩石普遍黄铁绢英岩化，含金 0.1～0.6 g/t，含银 1.22～22 g/t。

4. 非金属矿

（1）石灰岩矿（大理石）。市域内中部南部地区均有分布。氧化钙含量 48%～55%，镁 < 3%，层位稳定，预测储量在 2×10^8 t 以上。有矿化点 9 处。

① 塔尔气水泥用大理岩矿。水泥用大理岩，规模为大型，CaO 平均品位 48%，预测资源量约 2×10^8 t；电石用大理岩规模为中型，CaO 平均品位 53%，预测资源量约 $1\,157.8\times10^4$ t。

② 巴林水泥用大理岩矿。规模为小型，CaO 平均品位 52%，资源量 56×10^4 t。

③ 梨子山水泥用大理岩矿。规模为小型，CaO 平均品位 52%，资源量 61×10^4 t。

（2）沸石矿。市域内沸石主要分布于中部地区。为斜发沸石，矿石吸钾量 12～22 mg/g，吸铵量 130～150 mg/100 g。储量在 1.3×10^8 t 以上。有矿化点 11 处。

（3）珍珠岩矿。域内珍珠岩矿分布广泛。矿石储量约 129×10^4 t，矿石工业膨爆倍数 KO > 20，成品容量 < 80 kg/m³，工业品级为一级。有矿化点 6 处。

（4）萤石矿。市域内萤石矿主要分布于中部地区，矿石储量约 14.12×10^4 t，有矿床点 6 处。

5. 能源矿

（1）煤矿。市域内煤炭主要分布于煤田镇、免渡河镇、莫拐地区。总储量约 5×10^8 t，保有量约 4×10^8 t。煤质属低硫、低磷的长焰煤。

其中，莫拐煤田一井田、二井田煤炭勘探区、

① 牙克石市志编纂委员会，1996，2010。

五九煤田石瓦鲁矿区和五九矿区，勘探资源储量约为 10×10^8 t，这里统称为牙克石—五九煤田；免渡河煤矿勘探资源储量约 0.5×10^8 t。

（2）铀矿。域内雅鲁铀矿点产生于下侏罗统酸性火山岩中，品位 0.466%，有矿点 3 处。

（四）扎兰屯市[①]

1. 黑色金属

（1）腰岭子铁矿。位于萨马街鄂温克民族乡西南 11 km 处，资源量（333）2.5×10^4 t，控制资源量（332）1.04×10^4 t，为小型铁矿床。

（2）根多河铁矿。位于萨马街鄂温克民族乡根多河林场西 25 km 处，为小型中温热液矿床。矿体以贫矿为主，全铁（TFe）平均品位 30% 左右，最低品位 12.91%，最高品位 45.74%，资源量（333）20.4×10^4 t，控制资源量（332）6.9×10^4 t。

（3）卧牛河铁矿。位于卧牛河镇北西 20 km，全铁（TFe）品位 20%～25%，局部富集达 41.3%，平均品位 25%，资源量（333）9.45×10^4 t，矿床类型属沉积变质型。

（4）色吉拉乎含铁砂石矿。位于洼堤镇青山村和德村，矿区大面积分布侏罗纪斜长花岗岩，斜长石、石英和黑云母、含磁铁矿，其中 mFe 含量平均在 1.44%左右，储量（332）$2.297\,6 \times 10^4$ t。

（5）火燎大山铁矿点。位于新立屯林场北西 880 高地附近，有 5 个小矿化点组成。

2. 有色金属及贵金属

（1）铅锌矿。

① 柴河源铅锌银矿点。位于柴河镇西部柴河林业局柴河源北东 1648 高地附近。矿床位于上侏罗纪酸性火山岩与燕山晚期花岗斑岩接触带处的构造破碎带中，地表发现 7 条铅、锌、银矿化带。7 条矿化带估算地质储量（334）铅 $4.787\,7 \times 10^4$ t，锌 $3.266\,8 \times 10^4$ t，银 9.7 t。该矿是一个有远景的中低温热矿床。

② 柴河源林场北褐铁矿化点（多金属矿）。位于柴河镇柴河源林场北 6 km 的河谷旁。矿化产于燕山早期中粒钾长花岗岩体中，南北两侧为燕山晚期花岗斑岩侵入体。地表拣块分析结果，全铁（TFe）54.51%，铜 0.01%～0.08%，铅 0.07%～0.035%，锌 0.14%～6.24%，钼 0.001%～0.004%，深部可能为铅锌钼矿化。

③ 查岗多金属矿化点。位于楠木鄂伦春民族乡与萨马街鄂温克民族乡交界的济沁河林场南西 15 km 处。铅锌矿化产于上侏罗统龙江组（J3L）酸性火山岩中，见褐铁矿、闪锌矿、方铅矿、黄铁矿化，铅平均品位 0.01%～0.24%，锌 0.01%～0.04%。

④ 二道河铅锌银矿。位于绰尔一支沟林场六支线 1 035 高地附近，铅、银金属资源量分别为 $7.496\,7 \times 10^4$ t，331 t。

（2）钼矿化点。位于柴河镇河源林场北 1 566 高地附近，分布在上侏罗统酸性火山岩与燕山晚期花岗斑岩内接触带附近。蚀变带面积约 800m²，局部见铁帽，两处揭露均见辉钼矿化。最高品位，钼 0.194%，铅 0.06%，三氧化钨 0.004%，锡 0.086%，金 0.16 g/t，银 3.0 g/t。平均品位，钼 0.004%，铅 0.02%，锡 0.02%，银 2 g/t，拣块分析钼品位可达 0.5%。

在区内南部几条水系中，见含辉钼矿化转石，推测矿化范围为东北向或北北东向，长 3～4 km，宽 0.7～1.0 km 带状展布。

（3）铜矿化点。主要分布在柴河、卧牛河、萨马街、蘑菇气一带。

① 杨树沟铜矿化点。位于蘑菇气镇杨树沟附近，铜矿化产于海西晚期花岗岩外接触带老龙头组（P_2L）安山岩中，见 3 条矿化带。

② 头道沟铜矿化点。位于蘑菇气镇头道沟附近，铜矿化产于上二迭统老龙头组安山岩中。拣块化学分析结果，铜品位 12.19%，银品位 126 g/t，金品位 1.98 g/t，铅锌微量。矿化见于绿泥、绿帘石化石英脉中。

① 扎兰屯市史志编纂委员会，1993，2011。

③ 大堡子铜矿化点。位于蘑菇气镇大堡子附近，铜矿化产于燕山早期黑云母花岗岩外接触带的上二迭统老龙头组安山岩中。拣块化学分析结果，铜品位 0.70%，锌品位 0.02%，铅品位 0.01%，银品位 11.2 g/t，金品位 0.21 g/t，。

④ 龙爪沟铜矿化点。位于蘑菇气镇库堤河村幸福三组附近，铜矿化产于蚀变石英闪长岩中，拣块化学分析，铜、铅、锌品位微量。在蚀变石英闪长岩中，见褐铁矿化石英脉，长 20 m，宽 4 m，走向北北西。刻槽取样分析结果，铜品位 0.02%～0.12%，铅品位 0.01%，锌品位 0.01%～0.14%，银品位 12.4 g/t，金品位 0.16 g/t。

⑤ 卧牛河铜矿化点。位于卧牛河镇火车站南东 3 km 处，铜矿化产于上二迭统老龙头组绿泥石化酸性熔岩的北东向裂隙中，附近有海西晚期花岗闪长岩侵入体。拣块分析，铜品位 1.23%。

（4）贵金属。

① 金矿化点。有关门山镇苇莲河石英脉、罗家沟脉金矿化点、卧牛河镇一心屯金矿化点、萨马街碰头岭、柴河巴升河上游、汽车沟等 6 处。其中，关门山镇石英脉刻槽化学取样分析银金品位微量，铜品位 0.04%～0.05%；罗家沟金矿化点刻槽化学分析含量 0.05 g/t。

② 贾家沟银矿化点。位于卧牛河镇贾家沟附近，经少量探槽揭露，见 0.8 m 宽银矿化石英脉。刻槽取样结果，银最高品位 68.0 g/t，一般品位 1.7～8.7 g/t，铜、铅、锌、金、钼含量均为微量。

3. 能源矿

（1）煤碳。

① 太平川煤矿床。位于蘑菇气镇太平川村—惠风川村一带，煤层位于侏罗系中统太平川组煤系地层中。控制煤系地层 90 km²，煤层厚度 0.25～4 m 不等。煤质为亮煤、半亮煤，局部达到无烟煤。煤质分析结果，水分 7.44%，灰分 33%，挥发分 41.55%，干燥基发热量 23 855.2 J/g，固定碳 14.97%。

② 哈多河煤矿床。位于哈多河乡附近，煤层产于下二迭统高家窝棚组（P_2g）地层中，见 5 层薄煤，单层厚 0.2～0.3 m，煤质为贫煤。

（2）铀钍矿。

① 哈拉苏南二道沟铀钍矿化点。位于鄂伦春民族乡楠木林业局阿木牛林场西 872 高地附近，铀钍矿化产于燕山晚期花岗岩中，铀品位 0.016%，钍品位 0.47%，最高强度 400 伽玛（r）。

② 哈拉苏二道沟铀钍矿化点。位于哈拉苏二道沟一带，铀钍矿化分布在上侏罗统龙江组（J_3L）流纹质凝灰岩中，最高强度 1 000 伽玛（r），含铀品位 0.07%，钍品位 0.003%。

③ 庙尔山林场铀钍矿化点。位于卧牛河镇庙尔山林场附近，产于酸性火山岩中，含铀品位 0.319%。

④ 萨马街铀矿化点。位于萨马街鄂温克民族乡哈拉坦西南 2 km 处，矿化产于石炭系黑色泥质粉砂岩及花岗岩中，铀品位 0.843%，异常强度最高 400 伽玛（r）。

4. 非金属矿

（1）重晶石。位于柴河镇巴升河附近，有重晶石矿脉 7 条，远景储量 1.960 441 × 10^4 t，硫酸钡平均含量 60.02%，比重 3.8～4.1 t/m³，矿石矿物为重晶石，脉石矿物为石英石。矿体长 20～46 m，宽 0.7～2.35 m，为块状、角砾状结构。产于上泥盆统大民山组安山岩中的石英脉旁侧，矿体为脉状及透镜状。

（2）碰头岭明矾石矿。位于萨马街乡，规模为大型，平均品位 9.1%，资源量 1 000 × 10^4 t。

（3）其他非金属矿。有音河桥头硅石矿、雅尔根楚硅石矿、哈拉苏硅石矿、哈拉苏水晶矿、洼堤孤山子水晶矿、中和石墨矿等。

（五）额尔古纳市[①]

1. 能源矿

（1）煤炭。拉布大林煤田位于市区附近，远景

① 额尔古纳右旗志编纂委员会，1993，2012。

储量为 13×10^8 t。该煤田煤层埋深在 8.15～311.35 m 之间，平均 180 m 左右。在 6 个煤层中，有 3 个层段含煤性最好，含可开采煤层最大厚度 18.64 m，最小 11.76 m，平均 16.02 m。煤层灰分为 27.31%，硫分为 0.37%，发热量为 22.13 MJ/kg。拉布大林煤田包括大西山煤田和拉布大林勘查区。

2. 黑色金属

（1）于里亚河铁矿。位于莫尔道嘎镇，经详查规模为小型，资源量 68.3×10^4 t。

（2）毕拉河矿区铁矿。位于室韦镇北约 30 km 处，经详查规模为小型，资源量 507.8×10^4 t。

（3）地营子铁矿。位于黑山头镇五卡东南，经普查规模为小型，资源量 21.7×10^4 t。

3. 有色金属

下护林铅锌银矿。位于三河镇，规模为小型，金属资源量分别为 5 223 t、2 689 t、6 t。

4. 贵金属矿

在额尔古纳市五河山支脉北部的额尔古纳河右岸的各个支流流域均普遍有砂金露头，历史上室韦、奇乾、乌玛河、西口子、八道卡、毛河、吉兴沟等被开采过的矿床有 20 多个，主要为沙金。品位在 80%～86% 之间，特别高的可达 96%。

（六）根河市[①]

1. 黑色金属

黄铁矿。位于金河镇东南 4 km 处。

2. 有色金属矿

（1）比利亚谷铅锌矿床。位于得耳布尔镇南西 6 km 的下比利亚谷，经勘探为中大型矿床，目前已探明金属资源量分别为 40.8388×10^4 t、43.8419×10^4 t。

（2）三道桥铅锌矿（原二道河子铅锌银矿床）。位于得耳布尔镇南西约 40 km 处，经勘探规模为中型，金属资源量分别为 14.6025×10^4 t、16.8696×10^4 t。

（3）第三列斯元科沟铅矿床。位于得耳布尔河北岸，第三列斯元科沟东 850 高的附近。

（4）霍尔台河钼矿床。位于根河市区东北 63 km 处，霍尔台河上游。

（5）三河铅锌矿。位于得耳布尔镇南西约 18 km 处，经详查规模为中大型矿床，金属资源量分别为 28.1282×10^4 t，39.3472×10^4 t。

（6）三河矿区北段绿荫山矿段铅锌矿。位于三河铅锌矿北，经详查规模为小中型，金属资源量分别为 6.0449×10^4 t，6.982×10^4 t。

（7）满归锰矿。位于满归镇东约 26km，矿石资源量 4×10^4 t。

3. 能源矿

金河镇铀矿床。位于镇区东南 5 km 处。

3、非金属矿床

（1）嘎拉湾萤石矿床。位于嘎拉湾东北 23 km 处。

（2）满归石灰石矿。位于满归镇，储量 1.7×10^8 t。

（七）鄂伦春自治旗[②]

1. 能源矿

大杨树煤田包括大杨树煤矿、达尔滨煤矿、扎如木台煤矿。其中扎如木台煤矿位于莫力达瓦达斡尔族自治旗。

（1）大杨树煤矿。位于大杨树南西 30 km 处，探明储量 4007.7×10^4 t，保有储量 3920.6×10^4 t。已开采。

（2）达尔滨煤矿。位于大杨树南 20 km 处，经勘探规模为小型，资源量 217×10^4 t。

2. 黑色金属矿

吉源铁矿床。位于吉文镇南吉源林场西北 8 km 处，探明铁矿石资源储量 4.18×10^4 t。

4. 有色金属矿

（1）嘎仙镍矿床。位于嘎仙西北。

（2）八岔沟铅锌矿床。位于吉文镇南“吉文—

---

① 根河市史志编纂委员会，1998，2007。

② 鄂伦春自治旗史志编纂委员会，1991，2001，2011。

托扎敏”公路 50 km 处，吉文林业局吉库林场北 14 km 的八岔沟。矿石储量 1 300 × 10^4 t。

（3）吉峰东区铅锌矿床。位于吉文镇吉文林业局吉峰林场东。

（4）西陵梯钼矿床。位于阿里河林业局西陵梯林场，估计资源储量 4 × 10^4 t。

（5）甘东七运铁锌矿床。位于甘河镇甘东，有含矿破碎带 1 条，见 3 条近平行分布的铁锌矿床，控制长度 300 m。估算资源储量 333 ＋ 334 级铁 400 × 10^4 t 左右、锌 10 × 10^4 t。

5. 非金属矿

（1）吉峰石灰岩矿床。位于吉文镇南 26 km，吉峰林场东 6 km 处，勘探资源储量 2 801 × 10^4 t，保有储量 2 661 × 10^4 t。详查储量 2.042 × 10^8 t，石灰石矿石品位 70%。

（2）哈达汉萤石矿床。位于吉文镇南 70km，吉文林业局吉库林场西 13 km 处。勘查资源储量 8.97 × 10^4 t，保有资源储量 5.2 × 10^4 t。详查储量 42 × 10^4 t，萤石矿矿石品位 70%。

（3）宜里硅石矿床。位于宜里镇，SiO_2 平均品位 99.23%，估计资源量 2 × 10^4 t。

（八）莫力达瓦达斡尔族自治旗[①]

1. 能源矿

（1）小库木尔煤矿。位于西瓦尔图镇小库木尔村，预测资源量 8 000 t。

（2）扎如木台煤矿。位于扎如木台乡，经详查规模为小型，资源量 618.3 × 10^4 t。属大杨树煤田的一部分。

2. 非金属矿

（1）哈达阳轻质页岩矿。位于哈达阳，资源储量 1 000 × 10^4 t。

（2）双河村轻质页岩矿。位于额尔河乡，预测资源储量 3 000 × 10^4 t。

（3）东山轻质页岩矿。位于额尔河乡东山，资源量 10 × 10^4 t。

（4）卓洛尼花岗岩饰面石材矿。位于西瓦尔图镇，荒料率 40%，资源量 546 × 10^4 m^3。

（5）坤密尔堤珍珠岩矿。位于坤密尔堤，资源量 106.2 × 10^4 t。

（6）古山子珍珠岩矿。位于西瓦尔图镇古山子村，膨胀倍数 20，资源量 88.1 × 10^4 t。

（7）奎力浅珍珠岩矿。位于阿尔拉镇奎力浅村，膨胀倍数 20，资源量 112 × 10^4 t。

（8）宝山玛瑙矿。位于宝山镇，平均品位 2.62 kg/m^3，资源量 2 775 t（矿物吨）。

（9）凯河萤石矿。位于额尔河乡，CaF_2 平均品位 71.08%，资源量 1.2 × 10^4 t。

（九）鄂温克族自治旗[②]

1. 能源矿

（1）大雁煤田。位于旗域东北部的大雁镇，东西长 40 km，南北倾斜宽 8km，总面积 320 km^2。地质储量 35.3 × 10^8 t，其中东部地质储量 19 × 10^8 t，工业储量 17.7 × 10^8 t，可开采储量 8.1 × 10^8 t。西部的扎泥河露天矿已探明储量 2.96 × 10^8 t。大雁煤田西区和详查区均位于这一区域。

（2）伊敏煤田。位于旗域中部伊敏河畔，南北长 10.5 km，东西宽 10 km，总面积 105 km^2。地质储量 49.82 × 10^8 t，其中地质精查勘探面积 65 km^2，储量 28.26 × 10^8 t。伊敏煤田外围区面积 526 km^2，预测储量除五牧场外，还有远景储量 120 × 10^8 t。

（3）五牧场煤田。位于伊敏煤田北部，长 7.5 km，斜向宽 4.5 km，面积 33.75 km^2。含 6 个煤层组。

（4）红花尔基煤田。位于伊敏煤田南约 30 km 的红花尔基镇，煤层煤质与伊敏煤田相近，为大型煤田。

2. 黑色金属矿

（1）梨子山铁矿。位于旗域东南部与牙克石市交界附近，在梨子山火车站西 45 km 处。矿石类型

① 莫力达瓦达斡尔族自治旗史志编纂委员会，1998，2008。
② 鄂温克族自治旗志编纂委员会，1997，2008。

为磁铁矿石。主要矿物磁铁矿，其次为赤铁矿、镜铁矿、褐铁矿、针铁矿、辉钼矿、黄铁矿、闪锌矿。矿石以块状为主，条带状和侵染状为次，为富铁矿。矿石储量 A + B + C 级 681.6 × 10^4 t，D 级 34 × 10^4 t。保有储量 680 × 10^4 t。

（2）中道山铁矿。位于梨子山东北 9 km 处，大兴安岭山脉主脉西侧。矿床属接触交代矽卡岩小型贫铁矿床，有两个矿组 16 个矿体组成。矿石的矿物成分简单，以磁铁矿为主，有少量的镜铁矿、赤铁矿、辉铁矿、黄铁矿、闪铁矿。Ⅰ组有 12 个矿体，矿石以贫磁铁矿为主，铁品位在 30～40%。Ⅱ组有 4 个矿体，铁品位较富，全铁含量＞ 45%，其他杂质微量或极少。探明储量，矿石 C 级 31.5 × 10^4 t，D 级 2.2 × 10^4 t，总储量 33.7 × 10^4 t。伴生有铜矿石 848.1 t，锌 2 465.4 t，钼 212.2 t。

（3）塔尔气铁矿。位于鄂温克族自治旗东南与牙克石市交界附近，绰尔林业局全胜林场附近，塔伊干线 25 km—营五支线 8 km 的 8 林班处。矿床类型属矽卡岩型铁矿，所有矿体均为隐伏矿体，埋深 40～100 m，多数在 60 m 左右。塔尔气铁矿由南北两组矿体群 15 个矿体组成。矿石以块状磁铁石为主，边部有侵染状矿石。贫矿平均品位 33%～34%，富矿平均品位 47%～50.73%。矿石成分简单，除磁铁矿外，还有少量的赤铁矿、黄铁矿、闪锌矿。伴生有益组分为锰、钴、钒、铜，含量均未达到综合利用要求。矿石品位 28%～48%，探明地质储量 686 × 10^4 t。

3. 有色金属

（1）1 227 三角点铍矿。位于旗域东南部红花尔基镇东约 80 km 处，绰尔林业局塔伊干线 50 km 处，塔伊林场 47，48 林班。已控制矿化面积 20 km²，发现石英矿脉和云英岩矿脉 30 余条，呈北东 45° 方向展布。其中有 3 条矿脉规模较大，长 20～68 m、厚 0.2～2.57 m。含铍矿物为绿柱石。另有辉钼矿、辉铋矿、黑钨矿、黄铁矿。氧化铍 0.05%～0.2%，最高 1.09%。氧化铍 D 级储量 34.2 t，为小型石英脉状铍矿床。

（2）梨子山铁矿辉钼矿。梨子山铁矿含辉钼矿，钼含量平均 0.048%，可获得储量达 1 400 t。

（十）阿荣旗[1]

1. 有色金属

（1）太平沟铜钼矿。位于旗域内太平沟村，详查面积 23.05 km²。钼金属储量 2.5789 × 10^4 t，铜金属储量 1 130 t。

（2）大白山金矿。位于旗域内霍尔奇镇大白山东侧，勘探面积 32.54 km²，推断出金资源量 0.552 t。

（3）三道沟金矿。位于旗域内三道沟村东部，详查面积 11.95 km²，推断出金资源量 1.7 t。

2. 非金属矿

（1）富贵屯—前后石灰窑大理岩矿区。位于旗域内那吉镇北偏西 25 km，为大理石和微晶灰岩矿。分布范围由霍尔奇镇下富贵屯南山起向北经前石灰窑、大白山一直延伸到后石灰窑以北，长 8 km，地表出露宽度 0.8 km，厚 350 m，总面积 6.4 km²。矿石化学分析，CaO 含量 52%～54%，SiO_2 含量 0.12%～2.23%，MgO、Al_2O_3 含量均小于 0.01%，Fe_2O_3 微量。全矿区灰岩、大理石远景储量 13.9 × 10^8 t。

目前，后石灰窑—大白山—富贵屯南山一带已探明石灰石资源储量 5.06 × 10^8 t，分为 3 个较大的矿区。

①大白山矿区。位于霍尔奇镇富贵屯大白山。探明水泥用大理岩资源储量 1.14 × 10^8 t，CaO 含量 51%～54%，MgO 含量甚微。

②大白山外围西段矿区。位于霍尔奇镇后石灰窑屯西山，大白山矿区北西部。探明大理岩资源储量 2.62 × 10^8 t，CaO 含量 48%～54%，MgO 含量甚微。本区已开采，年最大生产规模为 225 × 10^4 t。

③大白山外围南东段矿区。位于霍尔奇镇前石灰窑中心组东南山，大白山矿区南东部。大理岩资

① 阿荣旗史志编纂委员会，1992，2008。

源储量 1.3×10^8 t。

（2）石家东山硅石矿。位于旗域内三岔河镇石家窝棚村北东 2 km 处，矿区内有硅石矿体两个。两个矿体皆赋存于泥盆系中下统泥鳅河组浅变岩地层中，其产状受北东向断裂的控制，与围岩已侵入式和被侵入式接触。

Ⅰ号矿体呈北东东向展布于矿区西部的山脊及其两侧斜坡地段，呈不规则状产生，长 130 m，平均厚度 19.83 m；SiO_2 含量 99.74%；Al_2O_3 含量 0.05%；Fe_2O_3 含量 0.04%。

Ⅱ号矿体位于Ⅰ号矿体南 100 m 处，呈北东东向展布于山脊及两侧斜坡地段，呈脉状产出，长 85 m，平均厚度 3.40 m；SiO_2 含量 99.53%；Al_2O_3 含量 0.04%；Fe_2O_3 含量 0.04%。

采用地质块段法得到矿石推断的内经济资源（333）级储量 14.83×10^4 t。其中，Ⅰ号矿体 14.27×10^4 t；Ⅱ号矿体 0.56×10^4 t。

（十一）陈巴尔虎旗[①]

1. 能源矿

旗域内有两个大型煤田。一个统称为陈巴尔虎旗煤田，包括宝日希勒煤矿、特兰图煤矿（希拉乌苏）、巴彦哈达勘查区和勘探区、呼山煤盆地北东段区、谢尔塔拉露天矿扩区，规模均为大型，资源总量为 192.84×10^8 t。另一个统称为呼列也吐煤田。煤田东西跨陈巴尔虎旗北部和新巴尔虎左旗北部，包括呼列也吐煤田嵯（嵯岗）北区、西一区、东区，资源总量为 77.33×10^8 t。

（1）宝日希勒煤矿。位于旗域内巴彦库仁镇东南 30km，海拉尔区东北约 13 km。在陈巴尔虎旗的东南部，行政界线与海拉尔市相接。

本区所在构造位置位于海拉尔盆地北缘的陈巴尔虎旗断陷盆地区。地层有上泥盆变质岩系上侏罗统龙江组、扎赉诺尔群大磨拐河组，白垩系上统青岗组，新生界第四系全新统。

上侏罗统扎赉诺尔群大磨拐河组，是煤田的一套含煤系地层，共分 4 个段：① 底部砾岩段；② 下泥岩段；③ 中部砂砾岩段；④ 上层泥岩段（含煤段）。该组地层分布于整个陈巴尔虎旗断陷盆地内，长 46 km，宽 1.5 km 以上不等，面积 700 km²，厚度控制在 1 100～1 200 m。但未见基底。岩性主要由砂岩、泥岩、粉砂岩夹薄层砾岩及煤层组成。共发现可采煤层为 5 层。

煤层赋存于含煤段内，共见可开采煤层 17 层，其中局部可采煤层为 5 层，煤层总厚度 31 m，含煤率 3.1%。

本煤矿属大型煤矿，具有工业价值。

（2）特兰图煤矿。位于旗域内希日乌苏地区，距巴彦库仁镇北西 40 km。盆地呈北东 43° 方向延伸的狭长地带，长约 60 km，中部较宽大，两端变狭，中部宽 13～19 km，北部宽 8～10 km，南部宽 6～9 km，面积 619 km²。盆地被第四系掩盖。周围出露地层以上侏罗统吉祥峰组（J_3J）和上库力组（J_3S）；盆地内为下白垩大磨拐河组（K_1d）煤系地层。经近年普查，该矿规模为大型。

2. 非金属矿

（1）萤石。

①东方红萤石矿。矿区位于旗域内特泥河苏木东方红附近。矿区内出露地层有下寒武统胡山组，由二云母片岩和黑云母石英片岩及千枚岩组成；下石炭统安清泰河组，由变质粉砂及泥板岩组成；上侏罗统龙江组由流纹质晶屑碎屑凝灰岩夹少量角砾凝灰岩及凝灰岩组成。

矿区内的侵入岩主要由海西期的花岗闪长岩的燕山晚期的石英闪长岩以及闪长玢岩和石英斑岩脉。

主要矿体为：CaF_2 和 SiO_2，含量 98.65%～70%，矿产总储量 27×10^4 t。成因类型属中低温热液的中型矿床。

Ⅰ号矿体长 200 m，最大延伸 200 m，最厚 9.36 m，储量为 12.8×10^4 t；Ⅱ号矿体长 150 m，垂

① 陈巴尔虎旗史志编纂委员会，1998。

直平均厚 1.10 m，最大延伸 180 m，储量 3×10^4 t；Ⅲ号矿体长 190 m，平均厚 2.10 m，最大延伸 210 m，储量 4.7×10^4 t；Ⅳ号矿体长 125 m，平均厚 4.30 m，最大延伸 65 m，储量 6.4×10^4 t。

②七一萤石矿。位于旗域内海拉尔—拉布大林公路 71 km 处的北部。区内出露的地层为侏罗统龙江组。岩性为流纹岩、火山碎屑岩、凝灰岩等。侵入岩有燕山晚期的正常斑岩及石英斑岩等脉岩。

矿床产于龙江组流纹岩及火山碎屑凝灰岩的断裂带中。此断裂带长约 3 km，断层面向南倾斜，倾角 60 度。

区内发现 3 条矿体，总储量 9.9045×10^4 t。Ⅰ号矿体平均含量最高；Ⅱ号矿体储藏量最大，可达 6.52×10^4 t。矿石呈透明和半透明致密块状，淡绿、淡紫、淡白色。矿物成分 CaF_2 最低 54.56%，最高 96.2%，平均 70% 以上，手选可达 96%。SiO_2 含量 16.01% 以下，$BaSO_4$ 微量。

③昆库力萤石矿。位于旗域内与额尔古纳市交界的昆库力附近 847.7 高地西南坡。矿区内广泛分布燕山早起花岗岩及蚀变花岗岩。仅在花岗岩体内有残留部分中生代中性火山岩地层，其时代可能为下侏罗统查依河组。

矿床主要有 4 条萤石矿体。萤石远景储量为 3.1613×10^4 t。

（2）芒硝。

修土芒硝矿。位于旗域内滨州铁路完工车站北西 29km，东乌珠尔苏木与西乌珠尔苏木之间，海拉尔—满洲里一级路南侧。本矿床属于现代内陆半沙漠区湖泊沉积的芒硝矿。第四系湖泊沉积层自上至下为：湖泊淤泥层：黑色淤泥 0.5～1.0 cm；下层芒硝矿：埋深 1.8～2.7 m；含泥沙层：厚 1.1～5.0 m。

上层芒硝及含硝淤泥层，矿层顶板覆盖 0.25～1.5 m 以下，厚度 0.5～2.7 m。一般湖泊边部矿层变厚。

表层淤泥层，以黑色淤泥为主。由于风成砂风成堆积影响，成为泥质砂，厚 0.25～0.7 m。

湖岸风成砂分布湖的四周，厚 1～4 m。

芒硝含 Na_2SO_4 一般为 26%，最高 48%，最低 13%，喀斯特 20%。

储量：C_1+C_2 级芒硝 125×10^4 t。其中，C_1 级 95×10^4 t，C_2 级 30×10^4 t。

3. 金属矿

（1）六一硫铁矿。矿床位于旗域内哈达图牧场六一队北东 3 km。矿区所处构造位置为蒙古弧形构造的根河拗陷与莫日根隆起的接壤地带偏隆起一侧。矿床位于二站背斜西北翼，草帽山背斜东南侧，区内构造线方向为北东向。含矿地层为上泥盆统大民山组。为一套海向火山喷发的酸性—中酸性熔岩碎屑熔岩建造。底部主要由各带状酸性熔岩构成，其中有杏仁状酸性熔岩叶蜡石化条带状酸性熔岩，含角砾安山岩质凝灰岩、流汶岩、酸性凝灰熔岩及角砾熔岩等。上部为中酸性碎屑熔岩，石英绢云母片岩、次生石英岩及硫铁矿氧化带组成。（含铜铁矿床存在于此带内）。片岩层上下层之间均呈渐变过渡关系。

矿床主要由矿区中部的长约 233 m、宽 285 m 的一条主矿床及其他 6 个小矿床分布。

矿石的化学成分：硫的含量为 14%～25%，平均为 19.79%，单样最高 48.11%，全铁含量最高为 47.99%，铜含量最高为 0.78%，平均 0.05%，铅锌含量小于 1%，估计局部可能富有成矿。此外还含有银 20 g/t、硒 0.002%、钼 0.01%、钴 0.001%、锶 0.01% 等元素，有的可综合利用。

矿床储量，表内 740×10^4 t，表外 72.7×10^4 t。属中大型矿。

（2）八大关斑岩型铜钼矿。矿区位于旗域内，额尔古纳河右岸八大关。矿区位于蒙古弧形构造体系，得尔布干大断裂构造带与纬向八大关断裂带复合部位。所见地层有上泥盆统大民山组，分布于矿区北部和南部边缘，呈北东—北北东带状分布，倾向东南，倾角 35°～50°，主要有流汶岩质灰熔岩、安山玢岩，凝灰质熔岩、凝灰角砾岩等组成。其间夹有薄层灰岩，黑色板岩及石英片岩等。该组地层遭受不同程度的区域变质，形成明显的片理化变质晕。

矿区侵入岩发育，主要有华力西晚期闪长岩、花岗斑岩、花岗岩。燕山早起侵入岩为石英闪长岩，是成矿母岩。分布于矿区中部侵入于华力西晚期酸性岩中，呈岩株状，出露面积为 2.18 km²。

矿区以断裂构造为主，褶皱构造次之。在断裂构造交叉部位有成矿母岩—石英闪长岩侵入，为矿区的导矿构造。

主要金属矿物为黄铁矿、黄铜矿、辉钼矿、磁铁矿、才铅矿、闪锌矿等。次生矿物有褐铁矿、孔雀石、兰铜矿、辉钼矿等。脉石、石英、长石、方介石、绢云母、绿泥石、黑云母、白云母、和碳酸盐类矿物等。属斑岩型中型矿。

铜储量 11.117 2 × 10^4 t，钼矿体中矿 3.443 7 × 10^4 t，钼总储量 1.343 1 × 10^4 t，铜矿体中钼 6 248 t。

（3）八八一斑岩型铜钼矿。矿区位于旗域内，东乌珠尔苏木北部的布尔嘎斯台（即 881 高地）东坡。矿区位于八大关复背斜东南翼之次一级向斜—青石山向斜东南缘，基本为单斜岩层。区内构造变动强烈，具有继承性和多期性的特点。海西期花岗岩杂岩体分布广泛，侵入于古生界火山沉积变质岩系地层。区内广泛分布上古生界上泥盆大民山组中酸性火山岩系地层，呈北北东带状分布。

区内的构造是控制热液活动和蚀变矿化作用的主导因素，而华力西晚期的中酸性侵入体是成矿的重要因素。

主要金属矿物有黄铜矿、辉钼矿、黄铁矿；其次为孔雀石、兰铜矿、磁黄铁矿、方铅矿及闪锌矿等。

储藏量为：铜 6.151 1 × 10^4 t，钼 4 458 t。为中一小型矿床。

（4）其他金属矿。

① 八大关钛铁矿点。主要矿有钛铁矿、铁磁矿。属残积坡积和洪积型。

② 牙扎盖坤锰铁矿。位于哈达图七一附近。矿石中有褐铁矿、水锰矿、软锰矿、黑锰矿、硬锰矿、赤铁矿和磁美矿。

③ 莫尔格勒河铁锰矿化点。位于陈巴尔虎旗东北部的青格尔屯。矿石中有赤铁矿、水锰矿和软锰矿。

其他还有加鲁汗磁铁矿化点、风雪山铜镍矿、土星山锰矿。

详见表 10-2。

表10-2 陈巴尔虎旗矿产资源（2005年）

矿点编号	矿点名称	矿种	规模	储量（万 t）				品味（%）			备注
				A+B	C	D	估计	最高	最低	平均	
1	宝日希勒煤田	褐煤	大	4.8 亿 t	21 亿 t	16 亿 t					低—特砼 硫中低灰
2	特兰图煤田	褐煤	中～小				0.26 亿 t	21117J/g	14113J/g		劣质褐煤
3	六一硫铁矿	硫铁	中	B+C	+D	740.0	表外 727	48.11	14.00	19.79	伴生铜、银、硒
4	东方红萤石矿	萤石	中		21	6	表外 1.4	98.65	20.00	65.00	采损 6 万 t
5	十一萤矿石	萤石	中			[illegible]		[illegible]	[illegible]	[illegible]	[illegible]
6	一一〇萤石矿	萤石	小			3.2		97.15	72.00	80.00	采出 2 万 t
7	希拉乌苏矿点	萤石	矿点								可进一步工作
8	八大关铜钼矿	铜钼	中	Cu Mo	0.75 0.06	3.16 0.38	伴生 3.44 伴生 0.62			0.43 0.05	表外 D4.76 表外 D0.33

（续）

矿点编号	矿点名称	矿种	规模	储量（万 t）				品味（%）			备注
				A+B	C	D	估计	最高	最低	平均	
9	881 铜钼矿	铜钼	小			Cu1.9 Mo0.1	表外 4.3 表外 0.35	1.3 0.14	0.2 0.02	0.42 0.05	
10	804.4 铜矿	铜	矿点				Cu Mo	0.05 0.07			
11	七六铅锌矿	铅锌银	小型					76			调查中
12	十五里堆铅锌矿	锌铅	矿点				Pb Zn	1.65 5.50			
13	特泥河口铅矿	铅	矿化					0.33			
14	哈达图砂钛矿	钛铁	矿点					65kg/m³	16kg/m³	20kg/m³	范围较大
15	修土芒硝矿	芒硝	小型					85	30	51.2	Na_2SO_4
16	哈日诺尔硝矿	芒硝	矿点					14.40	3.04		可溶盐点取样
17	浩勒包诺尔硝矿	芒硝	矿点					28.78	4.27		点样、总溶盐
18	洪库诺尔硝矿	芒硝	矿点					18.29	7.05		
19	三八珍珠岩矿	珍珠岩	矿点					20 倍	18 倍		脱玻化较强
20	东方红珍珠岩	珍珠岩	矿化								
21	特泥河十队珍珠岩	珍珠岩	矿化								
22	加鲁汗磁铁矿	磁铁矿	矿化					10			目估
23	风云山镍矿	铜镍	矿化					Cuo.02	Nio0.07	Coo.03	
24	六一锰矿	锰	矿点					10.0			
25	毕鲁图锰矿	锰	矿化					1.33			
26	土星山锰矿	锰	矿化					9.0	3.0		
27	乌固诺尔灰岩	石灰石	矿化							34.48	
28	莫尔格勒河灰岩	石灰石	矿化								
29	西乌珠尔硅石矿	硅石	矿点				0.3	99.4			规模小
30	陈旗闪长岩	饰面石材	矿点				6 万 m³				黑色闪长岩

（十二）新巴尔虎左旗①

1. 能源矿

（1）石油。旗域内苏敏诺尔地区、巴音塔拉地区、呼和诺尔地区、霍多诺尔地区为提交储量的 4 个区，石油总资源量 3.9×10^8 t，天然气及二氧化碳资源量 100×10^8 m³ 以上。

（2）煤炭。旗域内已探明煤炭储量 720×10^8 t，圈定煤炭可靠预测区分别为湖北（呼伦湖北部）预测区、莫达木吉预测区、呼和诺尔日（查干诺日）预测区等 3 处。

①鹤门煤炭勘查区。位于呼伦湖北鹤门，经勘探规模为大型矿区。

②莫达木吉煤田。位于新宝力格苏木，经详查规模为大型矿区。

③五一牧场勘查区。位于阿木古郎镇南约 19 km 处，经详查规模为大型矿区。

④诺门罕盆地煤炭详查区。位于诺门罕布尔德嘎查附近，经详查规模为大型矿区。

2. 金属矿产

（1）291 一号带锌矿点。位于旗域内巴日图地区查干湖附近，在华力西晚期，查干诺日闪长岩体与下寒武统板岩外接触带，矿体赋存于长英质角岩的构造破碎带或构造裂隙中，在 ZK4 孔内见主矿体。假厚度 18.49 m，Zn 品位 1.97%，另外见 3 层矿化。在锌矿体附近有不同的围岩蚀变，矿体大致呈北东东走向与蚀变带、构造带及激电导常方向一致，矿体受东西向构造带的控制。该矿体具有工业价值。

（2）291-1～291-5 矿点。在查干诺日闪长岩体的上盘内外接触带见有 291-1 铜矿点、291-2 和 291-3 锌铅矿点、291-4 磁铁矿点以及 2 区中部安山岩体北缘的 291-5 铜矿点。位于旗域内巴尔图地区附近。

（3）292 铜矿点。位于旗域内巴尔图地区附近，处于巴尔图东西向挤压破碎带内。矿体赋存于华力西晚期强片理化蚀变安山岩体内，ZK 孔见到三层铜矿体，最大厚度 4.17 m，铜平均品位 0.4%～1.03%。矿体产状均受东西向挤压破碎大带控制，铜以侵染状、细脉状、薄膜状分布于片理中，其规模较小，又受后期北北东向构造所破坏。

（4）294 铜矿点。位于旗域内巴尔图地区三工区西北部，在华力西晚期闪长岩体与燕山早期花岗斑岩接触带附近，靠近岩体一侧。该处激电异常较好，长 600 m，宽 100 m，推测为铜多金属矿体引起。

（5）295 铜矿化点。位于旗域内巴尔图地区三工区东南部，在华力西晚期蚀变安山岩体内。岩体北部被燕山早期花岗斑岩体侵入，南部被侏罗系火山岩覆盖。在地表铜的含量均在 0.01% 左右，下部未见矿体和矿化。该点规模小，且成矿构成条件不好。

3. 盐类矿

旗域内盐湖有 32 个，储量约 64×10^4 t。其中，24 个盐湖的储量、品位做过地质详查或普查。

（1）达布逊盐硝湖。位于旗域内原巴音诺尔苏木的“海拉尔—阿木古郎”公路西侧，面积 1.53 km²，盐、芒硝储量约 50×10^4 t，以盐为主。枯水期表层卤水和结晶沿层盐碱、硝总储量 16.2×10^4 t。

（2）西林盐湖。位于旗域内巴音塔拉西北乌尔逊河东岸附近，距阿木古郎 45 km。经踏查，估算储量＞ 5×10^4 t。

（3）多罗盐湖群。位于旗域内白音塔拉西部，乌尔逊河东岸，距阿木古郎 60 km，计 4 个盐湖。经踏查，估算储量约 9×10^4 t。

4. 非金属矿产

（1）珍珠岩。位于旗域内巴日图林场东南约 13 km。该区出露地层为上侏罗统龙江组，由酸性熔岩及火山碎屑岩组成，珍珠岩即产生于此层中。珍珠岩矿体在平面上呈椭圆形，剖面上呈喇叭形上宽下窄。出露长约 200 m，宽约 100 m。珍珠岩为白色，珍珠结构，质地较纯，可达到优质品，具有一定规模，容易开采。

（2）云母。伊和乌拉云母矿位于大青山（伊和

① 新巴尔虎左旗史志编纂委员会，2002，2009。

乌拉)1:10 万图幅，M-50-105 处和大青山(伊和乌拉) 1:10 万图幅，M-50-9 处。

云母矿产生于与花岗岩有关的伟晶岩中，主要是白云母伟晶岩脉。一般长 10 cm，宽 0.15 cm，面积约 1.5 cm²。呈白色、淡绿色、晶体厚 0.5～1 cm，易于剥离。

新巴尔虎左旗各种有色金属非金属矿产资源，详见表 10-3。

表10-3　新巴尔虎左旗有色金属非金属矿产资源

矿产资源		成因类型	矿产规模及数量						产地
			大	中	小	矿点	矿点化	合计	
有色金属矿	铜、铅、锌、银、铁、钼	热液	-	-	-	15	-	15	巴日图多金属普查区：一区、二区、三区，阿都图 - 小圆地区，呼斯特乌拉铁矿区，昌达门多银金属地质普查区，道老图银铅普查区，查干诺尔 2 号区，乌日根山铁钼普查区
非金属矿	天然碱	现代盐湖沉积	-	-	1	4	-	5	霍托查干碱湖、新宝力格、好老巴湖、塔日根湖、好纪湖、乃林湖
	芒硝	现代盐湖沉积	-	2	1	11	-	14	扎苏波鲁柯湖、沙里博克、东红克尔湖、陶逊诺尔、坎坷鲁湖、多罗湖之二、多罗湖之三、多罗湖之四、斯巴斯盖湖、塔尔岗湖、塔苏拉海湖、哈苏盖湖、伐布纪托胡鲁湖、巴音查干湖
	湖盐	现代盐湖沉积	-	-	-	1	-	1	哈苏盖湖
	硝盐	现代盐湖沉积	-	-	-	3	-	3	塔苏拉海湖、达布逊湖、多罗湖之一
	珍珠岩	火山岩型	-	-	1	-	-	1	巴日图东南 13km
	黏土	沉积	-	-	1	-	-	1	阿木古郎至阿尔山之间
	云母	伟晶岩型	-	-	-	-	1	1	伊和乌拉（大青山）
合计		-	2	3	35	1	41	-	-

（十三）新巴尔虎右旗

1. 有色金属、贵金属矿

旗域内地下矿藏丰富，呼伦贝尔得耳布干有色金属成矿带南起莫尔斯格办事处(原杭乌拉苏木)—甲乌拉—查干布拉格—乌努图克山—八大关（陈巴尔虎旗）—得耳布尔河流域（额尔古纳市、根河市）。该成矿带在旗域内分布面积较大，已发现大中型银铅多金属矿 7 处，大型铜钼矿 1 处，小型矿床及矿点数十处。其中较大型矿带 4 处。

（1）白音甲乌拉铅锌金属成矿带区。位于旗域内阿拉坦额莫勒镇西北 48 km 处的阿日哈沙特镇(原阿敦础鲁苏木)。矿区地质储量 B + C + D 级矿石量 733×10^4t，可采储量 258.4×10^4t，开采区为勘探区 07-0-4 线范围内的 2 号矿体。

位于该成矿带的甲乌拉铅锌矿，经勘探铅、锌、银矿区，规模均为大型矿。还有伴生铜矿。

（2）额仁陶勒盖银金属成矿区。位于阿拉坦额莫勒镇西南 37 km 处的莫尔斯格办事处（原杭乌拉苏木)。矿山地表矿区范围 3.3 km²，地质储量约万吨。

该成矿区的额仁陶勒盖银矿，经详查规模为大型矿。

（3）乌努图克山铜钼金属成矿区。位于旗域内呼伦镇东北 14 km，满洲里市西南 23 km。经勘探规模为大型矿，还有伴生的银和硫铁矿。

（4）哈拉胜格拉陶勒盖铅锌银矿。位于呼伦镇西偏北 33 km 处，经勘探铅、锌、银各为中、小、中型矿。还有伴生铜矿。

（5）查干布拉格银铅锌矿。位于阿拉坦额莫勒镇西偏北 36 km 处，经详查铅、锌、银各为中、中、大型矿。银储量 1 117 t，铅锌储量 20×10^4t。还有

① 新巴尔虎右旗史志编纂委员会，2004，2011。

伴生金、铜、硫铁矿等。

2. 能源矿

（1）贝尔区油田。海拉尔盆地初步探明石油储量 6.5×10^8 t，原油主产区位于旗域内贝尔苏木、宝格德乌拉苏木和呼伦苏木。

（2）庆升煤矿。位于旗域内呼伦镇。矿区面积 1.6 km²，为褐煤。界内资源储量 456.93×10^4 t，可采储量 434.08×10^4 t。

（3）西胡里吐煤田。位于达赉苏木西约 40 km 处，经详查规模为大型矿，煤炭资源量 6.33×10^8 t。

3. 非金属矿

萤石矿。位于旗域内巴彦乌拉办事处（原克尔伦苏木），阿拉坦额莫勒镇西南方向 110 km 处的得耳布干多金属成矿带的西南端。

第二节
矿泉资源分布

呼伦贝尔市的矿泉资源主要分布于 3 个区域：一是呼伦贝尔高平原，以林草相接的黑山头、哈吉、那吉、特泥河、白音嵯岗、维纳河、红花尔基、罕达盖一线分布有较集中的矿泉和矿泉群，以冷泉居多；二是大兴安岭山脉，从北端的恩和哈达到与兴安盟交界的哈玛尔坝，山脉之上及东西两侧山麓均分布有矿泉和矿泉群，其中以奎勒河—诺敏火山群和阿尔山—柴河火山群矿泉分布较为集中，且以温泉居多；三是嫩江右岸山前平原向大兴安岭山脉过渡的甘河、诺敏河、阿伦河、雅鲁河的中上游流域分布有大量的矿泉，尤以这些河流的河谷区域分布较为密集。

一、呼伦贝尔高平原部分著名的矿泉

（1）黑山头六卡红水泉子。位于额尔古纳市黑山头镇六卡，未普查。

（2）哈达图 14 队矿泉。位于陈巴尔虎旗鄂温克苏木哈达图牧场 14 队。

（3）阿达盖矿泉。位于陈巴尔虎旗鄂温克苏木哈吉阿达盖，为单一矿产，规模为中型，H_2SiO_3 平均品位 34.15 mg/L，资源量 1 750 m³/r。

（4）那吉泉。位于陈巴尔虎旗鄂温克苏木那吉林场，经普查未达到矿泉标准，Sr 和 H_2SiO_3 品位略低，但很接近矿泉。规模为中型，资源量＞2 000 t/r。

（5）特泥河矿泉。位于陈巴尔虎旗特尼河苏木，为单一矿产，规模为中型，Sr 平均品位 0.32 mg/L，资源量 2 000 m³/r。

（6）暖泉村矿泉。位于牙克石市区南暖泉村，为单一矿产，规模为小型，H_2SiO_3 平均品位 34.1 mg/L，资源量 150 m³/r。

（7）五泉山泉。位于鄂温克族自治旗白音嵯岗苏木，经普查该泉铬、锌、铜、铁、铅、锰、砷等微量元素均合格，为高品质生活饮用水，但未达到矿泉水标准。规模为小型，资源量＜ 1 000 t/r。

（8）海拉尔第三中学矿泉。位于海拉尔第三中学院内，为单一矿产，规模为小型，H_2SiO_3 平均品位 41.15 mg/L，资源量 180 m³/r。

（9）海拉尔试验站矿泉。位于哈克东南鄂温克族自治旗巴彦托海镇东北原海拉尔试验站试验场，为单一矿产，规模为小型，H_2SiO_3 平均品位 24.4 mg/L，资源量 100 m³/r。

（10）阿木古郎北，阿尔善矿泉。

（11）达赉湖矿泉。位于新巴尔虎右旗呼伦湖西岸，为单一矿产，规模为小型，H_2SiO_3 平均品位 23.8 mg/L，资源量 80 m³/r。

（12）达石莫矿泉。位于新巴尔虎右旗呼伦镇，为单一矿产，规模为小型，Sr 平均品位 0.49 mg/L，资源量 240 m³/r。

（13）扎赉诺尔灵泉矿泉。位于扎赉诺尔区灵泉，为单一矿产，规模为中型，H_2SiO_3 平均品位 24.64 mg/L，资源量 1 000 m³/r。

二、大兴安岭山地部分著名矿泉

（1）高平山啤酒泉。位于额尔古纳市高平山脉南侧（位置坐标遗失），未普查。

（2）森泉矿泉。位于额尔古纳市莫尔道嘎镇，为单一矿产，规模为小型，Sr 平均品位 0.33 mg/L，资源量 150 m³/r。

（3）阿龙山矿泉。位于根河市阿龙山镇，为单一矿产，规模为小型，H_2SiO_3 平均品位 20.89 mg/L，资源量 150 m³/r。

（4）达赉沟矿泉。位于根河市金河镇达赉沟林场，为单一矿产，规模为小型，H_2SiO_3 平均品位不详，资源量 200 m³/r。

（5）得耳布尔矿泉。位于根河市得耳布尔镇，为单一矿产，规模为小型，Sr 平均品位 1.22 mg/L，资源量 240 m³/r。

（6）根河市东南矿泉。位于根河市区东南，为单一矿产，规模为中型，H_2SiO_3 平均品位 20.89 mg/L，资源量 600 m³/r。

（7）大杨树神泉山夏日矿泉。位于鄂伦春自治旗大杨树镇北神泉山，为单一矿产，规模为小型，H_2SiO_3 平均品位 45.74 mg/L，资源量 60 m³/r。

（8）阿里河镇北天然矿泉。位于鄂伦春自治旗阿里河镇北，为单一矿产，规模为小型，H_2SiO_3 平均品位不详，资源量 142 m³/r。

（9）伊图里河龙泉一号矿泉。位于牙克石伊图里河镇，为单一矿产，规模为小型，H_2SiO_3 平均品位 34.1 mg/L，资源量 470 m³/r。

（10）原林矿泉。位于牙克石库都尔镇原林林场，为单一矿产，规模为小型，H_2SiO_3 平均品位 43.1 mg/L，资源量 120 m³/r。

（11）免渡河矿泉。位于牙克石市免渡河镇17居，为单一矿产，规模为小型，Sr 平均品位 0.33 mg/L，H_2SiO_3 平均品位 24.20 mg/L，资源量 120 m³/r。

（12）博克图铁路给水分段矿泉。位于牙克石博克图镇，为单一矿产，规模为小型，H_2SiO_3 平均品位 27.00 mg/L，资源量 480 m³/r。

（13）维纳河矿泉。位于鄂温克族自治旗维纳河林场，为单一矿产，规模为小型，H_2SiO_3 平均品位 67.25 mg/L，资源量 20 m³/r。

（14）柴河卧牛湖矿泉。为温泉，未普查。

三、大兴安岭东部嫩江右岸山前平原部分著名矿泉

（1）阿尔拉矿泉。位于莫力达瓦达斡尔族自治旗阿尔拉镇，为单一矿产，规模为中型，H_2SiO_3 平均品位 31.12 mg/L，资源量 650 m³/r。

（2）乌吉木矿泉。位于阿荣旗长安乡，为单一矿产，规模为中型，H_2SiO_3 平均品位 48.75 mg/L，资源量 3 400 m³/r。

（3）峰泉矿泉。位于扎兰屯市区啤酒厂院内，为单一矿产，规模为中型，H_2SiO_3 平均品位 29.55 mg/L，资源量 600 m³/r。

四、经详查的陈巴尔虎旗矿泉

在矿泉普查中，陈巴尔虎旗于 1998 年做了全面细致的工作，完成了《天然矿泉水资源详查报告》（巴树恒，1998）。旗域北和东部矿泉分布较密集，西部较稀疏，矿泉水类型主要为锶矿泉水和偏硅酸型矿泉水及锶、偏硅酸复合型矿泉水。锶型矿泉水有 6 处，偏硅酸型矿泉水 5 处，锶、偏硅酸复合型矿泉水 2 处。详见表 10-4。

锶矿泉水主要分布在特泥河牧场 4 队牧业点、特泥河牧场 9 队、雅图盖、神泉（现已断流）、九一、七一牧场等处，锶含量 0.45～2.11 mg/L，其他均符合饮用天然矿泉水标准。

偏硅酸型矿泉水主要分布在特泥河牧场 9 队北 6 km 处、哈达图牧场 14 队、原李景慧牧场、阿达盖、毕鲁特东等处，偏硅酸含量在 31.2～58.5 mg/L，各项指标均符合饮用天然矿泉水标准。其中原李景慧牧场的“奶泉”偏硅酸高达 58.5 mg/L，为治疗消

化系统疾病的医疗用矿泉。

锶、偏硅酸符合型矿泉水主要分布在毕鲁特南4km、哈达图牧场14队等地，锶含量在0.619～1.59 mg/L，偏硅酸含量在35.2～39 mg/L。

表10-4 陈巴尔虎旗饮用天然矿泉水统计

编号	位置	饮用天然矿泉水有益成分含量（mg/L）						水年龄（年）
		Sr	H_2SiO_3	Zn	I	F	HCO_3	
E1	牙图嘎	0.71	18.2	0.05	<0.01	0.39	253.22	3 150
E2	哈达图李景慧牧场	0.04	58.5	0.06	<0.01	0.36	97.63	
E3	哈达图十四队西山	0.364	45.08	0.01	0.0027	0.4	184.34	1 460
E4	哈达图十四队	0.619	35.2	0.005	0.013	0.4	293.63	
E5	九一牧场西北	2.11	13	<0.05	<0.01	0.3	360.00	
E6	神泉	0.79	15.6	<0.05	<0.01	0.28	292.88	
E7	七一牧场	0.804	14.46	<0.025	0.0026	0.6	327.13	6 830
E8	阿达盖	0.168	33.05	0.006	0.0013	0.8	221.5	7 920
E11	必鲁特南 4 km	1.59	39	0.05	<0.01	0.35	64.07	
E12	必鲁特东	0.13	36.4	0.06	<0.01	0.35	210.51	
E13	特尼河 11 队北 5km	0.65	24	<0.01	<0.01	0.4	285.66	
E14	特尼河九队北 6km	0.06	31.2	0.05	<0.01	0.36	311.19	
E15	特尼河四队牧业点	0.45	15.6	0.1	<0.01	0.4	311.19	
M1	东明东 1km		31.2	0.0581			467.4	
M2	头站西 3km		46.8	0.0164		0.9	365.5	
M3	东明		39	0.01	0.1	0.2	704.2	
M4	哈达图牧场一队		59.8	0.04		1.18	328.3	
M5	西乌珠尔三队		36.4	0.05			385.5	
M6	旗砖瓦场东南 1km		48.1	0.06	0.8	1.2	499.8	

第三节

矿产资源开发中的生态问题

大兴安岭、得耳布干两个有色金属、黑色金属成矿带的典型矿床大部分位于河流上游源头、重点国有公益林覆盖区。因此，解决好环境保护和矿产开发的矛盾是发展呼伦贝尔矿业的核心问题。从已开采的几个露天煤矿、油田对环境的影响，综合经济、社会等各个方面效益看，都不尽人意。其主要问题是环境保护、生态修复等方面投入的资金明显不足。这些煤田、油气田开采的核心也是生态环保问题。

目前，国际上的先进生态环保技术完全可以解决在大兴安岭山脉、呼伦贝尔草原这样的自然条件下，生态敏感、河流上游、国有重点公益林覆盖区域、全国重要的草原牧区、世界著名的湖泊湿地的“三废”处理问题和生态恢复问题。而地方、国家林草（管）局也有成熟的技术、实施的能力实现生态的恢复和森林生态系统、湿地生态系统各项环境因子的再造。这样，解决发展与保护的矛盾，实质上就是形成生态环保投入的政策资金洼地问题。能否使企业在生态环保上保持大投入并在收益上不受重大影响达到双赢；在周期较长的生态恢复过程中能否支付得起生态补偿费用，从而在全生产周期中体现出盈余是问题的关键所在。

因此，总结近几十年来呼伦贝尔市矿业发展经验，通观世界矿业发展历史，我们必须非常严格地按生态环境第一、绿色发展的原则来开发矿产资源。“一盆两带一流域”的矿产资源开发必须做到：一是非富矿不取；二是生态环境无法修复的矿体不开；三是破坏周边生态环境的项目不做。简称“三不”。比如目前正在生产的扎泥河、东明、宝日希勒、伊敏露天矿以及已采空闭矿的扎赉诺尔露天矿，在当时的历史条件下是可为的，而今的社会条件下是不可行的。从技术层面上讲，以后类似的矿业开发在呼伦贝尔皆不可继。除非工程技术上有重大突破，破坏草原、森林、湿地的矿业项目均应严禁。

第十一章
各旗市区地理位置及人口特征[1]

本章以当地山河自然地标物为坐标，确定城区、城关镇、乡镇、苏木（嘎查、村）所在地的位置，并对自然环境特点作出严谨科学的描述；将各旗市区的中心城区、城关镇的地理特点较详细地加以介绍，对城区可能发生的自然灾害作出预判。对当地人口特征、性别、民族等作了详细介绍。

本章的目的，是在前10章全面系统科学地介绍呼伦贝尔的资源禀赋，山脉、河流水系、高平原、平原等自然环境前提下，让读者切身感悟到身为呼伦贝尔人，应该找到（我们）在自然界天地、山河间的位置。目前我们定居城市、乡镇苏木、村嘎查的生存方式，是人类进化、社会进步的一种表现，有其合理的方面，但受发展水平的限制还有很多不合理的地方，需要不断地改进。人类社会已高度发达，甚至把当今地质年代定为人类纪，但人仍然是寄生于自然环境中的生命体，与其他生命体一样，只有确保生存环境的健康良好，才有美好的明天。

呼伦贝尔市域面积25.3×10^4 km²，只有253×10^4人口，密度较小，且大部分是自清代以来逐步聚集定居而成的村落（嘎查）、城镇（苏木）。在社会历史发展进程中受民族、文化和经济发展水平等各方面的影响，形成目前14个旗市区的行政区划格局。在这个过程中城市和农区、牧区、林区中心城镇与周边的生态环境、自然资源的内在联系是以人对资源的索取表现出来的，这在前言中已有明确阐述。本章通过对各旗市区的区位、在自然环境中最简单的山河间的位置，说明我们虽然有基本健全的基础设施、不断接近现代化的城区、发展进步的社会，但是我们仍然是依托于自然资源生长发展中的城市。全市只有满洲里市属于边境口岸旅游贸易城市，发展水平受控于资源环境条件、区位气候条件的基本状况没有改变。呼伦贝尔市目前已形成的人口体量、城市规模、经济水平，在社会发展中，寓于其中的人和大自然相互依存的共生关系，需要我们认真梳理归类，使之清湛可见。只有这样，才能对资源的把握做到心中有数，长短有度。这对呼伦贝尔市的经济社会发展，无疑极其重要。

正是出于以上考虑，本章将各旗市区的中心城区、城关镇的地理特点较详细地加以介绍，将农区、牧区的土壤、草原结合地理特点作了简明扼要的介绍。为科学管理城市、林区、牧区、农区的自然资源，把处于一定海拔高度以上的主要山峰以及高地、敖包、草原等，除在第一章、第二章依大兴安岭主脉（支脉、次支脉）、主要河流为参照系进行了详细的介绍外，在本章的各旗市区的行政区划内又择要给予了介绍。这样，使行政区划与山河地貌紧密地联系在一起，这对实际工作中的边界确定、矿产森林土地等资源管理、大数据时代的有机农畜产品的生产、森林防火等更具实用意义。岭东的扎兰屯市在大兴安岭山脉向松嫩平原降落的梯度上较为典型，新巴尔虎右旗的地质地貌在海拉尔盆地具有特殊意义，因此都作了单独的介绍。莫力达瓦达斡尔族自治旗和阿荣旗是以低山山岭、低山丘陵带、丘陵带沿河流逐步向松嫩平原过渡的、对这一特殊的地貌也作了专门的介绍。

注：本章资料数据引自各旗市区统计局编制的《2016年国民经济和社会发展统计公报》。

第一节 海拉尔区

一、在山河间的地理位置

呼伦贝尔市海拉尔区地理坐标为北纬49° 06′～49° 28′，东经119° 28′～120° 34′。东、南部与牙克石市、鄂温克族自治旗接壤，西、北部与陈巴尔虎旗毗邻，区域总面积1 319.8 km²。境域呈狭长状，东西长约77km，南北宽约40 km，城区面积约28 km²。城区东、北与高速G10相通，西北与G301一级路相联。东山地台上距城区6 km，为海拉尔东山国际机场。城区西南约3 km处，为海拉尔西山机场。滨洲线铁路由东至西穿过城区，域内设扎罗木得、哈克、海拉尔等车站。海拉尔区名称源于海拉尔河。海拉尔，系蒙古语，意为"（大兴安岭上）融化下来的（雪）水"之意（图11-1）。城区处于伊敏河与海拉尔河交汇的丁字形区域，伊敏河由南向北穿过城区，在敖包山（海拔743.1 m，也称安本敖包）南侧汇入由东流向西的海拉尔河。河流将城区分割成坐南朝北的品字形，北端为海拉尔河北岸以敖包山为中心的两河圣山旅游景区，伊敏河以东被称为河东，以西被称为河西。伊敏河东侧的东山地台、西侧的西山地台和海拉尔河北岸的敖包山也成品字形布局坐南朝北与城区相携融为一体。海拉尔城区与河流的共域地理分布，也使海拉尔区处于洪灾（夏汛、春汛'凌汛'）的严重威胁之下。冬季海拉尔河、伊敏河流域降雪过大，在气候多变情况下，若春季海拉尔河与伊敏河同时发生武开河（violent break-up）[①]，受制于海拉尔河与伊敏河的特殊流向，凌汛会将城区堤坝摧毁；随气候变暖，降雨极不稳定，夏季若两河流域同时爆发山洪，给海拉尔区的预警时间也只能以天计。

海拉尔区最高点为鄂温克族自治旗巴彦嵯岗

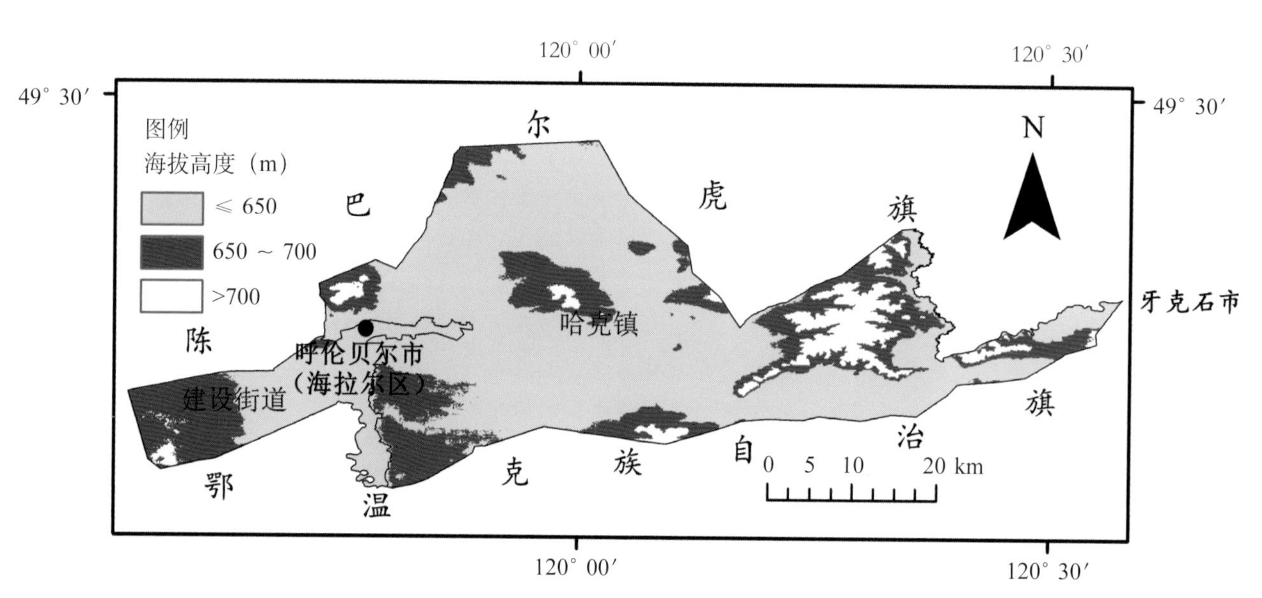

图11-1 海拉尔区高程图

① 武开河(Violent break-up)，主要由水利因素引起的水位、流量急剧变化的河冰融化破裂现象。河流冰封期间，由于上、下河段气温差异较大，冰厚、冰量、冰塞等亦有差异。春季气温升高时，上游河段先行解冻，而下游河段因纬度偏北等原因，冰盖仍然固封。上游冰水齐下，在水量较大时，使下游水鼓冰开。大量冰块在弯曲河道或窄河道内堵塞，形成冰坝，使水位上升，易形成严重凌汛。

苏木阿拉坦敖希嘎查西北海拉尔河北岸的驸马台北偏东高地海拔 776.6 m，最低点为敖包山下的海拉尔河大桥（旧）下 606 m。西山地台西侧有西水泡子及周边湿地约 10 km²，东山地台东侧有辉图哈日诺尔（东大泡子）及周边湿地约 7 km²，海拉尔河北岸敖包山东侧山下碱泡子及其北侧有湿地约 5.5 km²。城区被敖包山、东山地台、西山地台控制在海拔 606～612 m 的海拉尔河、伊敏河河谷盆地内；在伊敏河入海拉尔河河口（海拔 606 m）向东沿海拉尔河地势逐渐抬高，到工业园区达到海拔 611 m；向南沿伊敏河地势也逐步抬高，到与鄂温克自治旗边界的断桥达到海拔 612 m。城区东山地台以东为温性典型草原，海拉尔区域内大部分已开垦为农田；西山地台上分布有樟子松林带为西山樟子松国家森林公园，再向西为海拉尔河南岸台地上的沙地草原和温性典型草原。城区海拉尔河北岸由东向西依次为分属海拉尔区和陈巴尔虎旗的谢尔塔拉草原、宝日希勒草原、巴彦库仁草原。

海拉尔区的气候受大兴安岭山脉和呼伦贝尔高平原的影响，还受海拉尔河和伊敏河的影响。年平均降水量为 310～370 mm。年平均无霜期 116.08 天（为 1981—2017 年间无霜期的平均天数）。

海拉尔区有海拉尔河段长度约 115 km，有伊敏河段长度约 11 km；特泥河右岸长度约 25 km，海拉尔河左岸长度约 20 km，伊敏河右岸长度约 13 km。在海拉尔河南岸扎罗木得以东有深巨山［也称毛盖图山（系蒙古语，意为长虫山），主峰海拔 761 m，长约 6.5 km］。在海拉尔河北岸敖包山以北，还有海拔 727 m 的布敦花山，海拔 715 m 的敦都花山；以及陈巴尔虎旗境内海拔 726 m 的无名山，陈巴尔虎旗盟（市）那达慕会场海拔 695 m 的呼里花敖包山（也称盟“那达慕”敖包山）。站在盟（市）那达慕会场可见 5 座山成扇形由高至低从东南到北排列，顺序依次为敖包山、布墩花山、敦都花山、无名山、呼里花敖包山。在敖包山、东山地台、北山（海拉尔河南岸台地东端）地台，有侵华日军海拉尔要塞及诸阵地的遗迹。

海拉尔区设有胜利、呼伦、健康、正阳、靠山、建设 5 个街道办，郊区设有哈克、奋斗 2 个镇。

二、人口特征

截至 2016 年年末，海拉尔区户籍人口总户数 105 655 户，户籍总人口 282 726 人。其中，城镇人口 272 767 人，乡村人口 9 959 人，各占总人口的 96.5% 和 3.5%。

在总人口中，男性 137 360 人，女性 145 366 人，各占总人口的 48.6% 和 51.4%。汉族人口 218 517 人、蒙古族 36 701 人、回族 8 306 人、满族 8 047 人、朝鲜族 935 人、达斡尔族 7 075 人、鄂温克族 1 659 人、鄂伦春族 173 人、壮族 23 人、藏族 13 人、锡伯族 107 人、苗族 23 人、土家族 45 人、彝族 20 人、俄罗斯族 973 人，其他少数民族 109 人。

第二节
满洲里市

一、在山河间的地理位置

满洲里市地理坐标为北纬 49° 19′～49° 41′，东经 117° 12′～117° 53′。全市总面积 732.44 km²，东部与新巴尔虎左旗接壤，南、西部与新巴尔虎右旗接壤，北部与俄罗斯接壤。滨洲线铁路在此与俄罗斯西伯利亚铁路相接，使之成为全国最大的陆路口岸，域内有扎赉诺尔、满洲里等车站。国道 G301 线一级路内与新巴尔虎左旗、陈巴尔虎旗和海拉尔区相联，外与俄罗斯后贝加尔斯克相通，国界线长约 51 km。市区西南约 7 km，有满洲里国际机场。满洲里，原名“霍勒津布拉格”，系蒙古语，意为“旺盛的泉水”之意。1901 年，因东清铁路修建，车站被俄国人称为“满洲里亚”，意为进入中国东北地区的第一站，音译成汉语为“满洲里”（图 11-2）。

在地质构造上，满洲里包括扎赉诺尔区处于呼伦湖—西山断层的西侧，扎赉诺尔区在断层的边缘上，市区在断层西北约 26 km。扎赉诺尔西山位于满洲里市区与扎赉诺尔区之间，由鱼脊山（海拔 1 009 m）、碉堡山（海拔 875 m）、簸箕山以及新巴尔虎右旗境内的查干特莫图（海拔 827 m）组成，总面积约 143 km²。其中鱼脊山是满洲里市的最高点。在市区的南侧为巴嘎不金乌拉（山）（也称南山，最高点海拔 905 m），满洲里市域内有约 30 km²，其余在新巴尔虎右旗境内。满洲里市区国境线北部是俄罗斯的博尔晓沃奇内山脉的阿尔贡斯基山岭西南端，有布尔加斯塔亚谷河、布古图尔谷河等时令河在宝石山北侧流入我国境内。流经胜天池、污水处理厂后，东流约 2.5 km 后又折流回俄罗斯境内，注入达兰鄂罗木河下游湿地。达兰鄂罗木河最下游的我国境内，是满洲里市的最低点海拔 543 m。满洲里国际机场北侧的察干湖—西山植物园南侧—小北湖—胜天池一线，也为一条时令河，总汇水面积约 401.54 km²，这条河没有明确的河名，一般称为满洲里北河。还有一条时令河从满洲里市区与扎赉诺尔间的达永山向东偏南于前哨火车站北侧约 0.5 km 处，流入新开河铁路北侧湿地。以上时令河在遇有暴雨时，极易短时间内在市区形成洪灾。

从较大的地理空间上看，满洲里市区和扎赉诺尔区整体上处于呼伦湖西侧的呼伦贝尔高平原与额尔古纳河左岸的俄罗斯外贝加尔的博尔晓沃奇内山脉之间，地形由西北向东南和缓倾斜，高差达 110 多米，比降约 3.67‰。满洲里市有呼伦湖约 5.5km 长的湖岸，16.4 km 长的新开河，约 1.5 km 长的海拉尔河（包括左右岸），约 21.04 km 长的达兰鄂罗木河（含新开河），约 9.55 km 长的海拉尔河左岸。

满洲里市的气候受呼伦贝尔高平原和蒙古高原以及俄罗斯境内的博尔晓沃奇内山脉（石勒喀河与额尔古纳河之间所夹的长约 450 km 的山脉，由若干个山岭构成）影响，还受呼伦湖和扎赉诺尔西山、巴嘎不金乌拉（山）的小气候作用。年平均降水量约 250～300 mm。年平均无霜期 105.51 天（为 1981—2017 年间无霜期的平均天数，扎赉诺尔区坎下达兰鄂

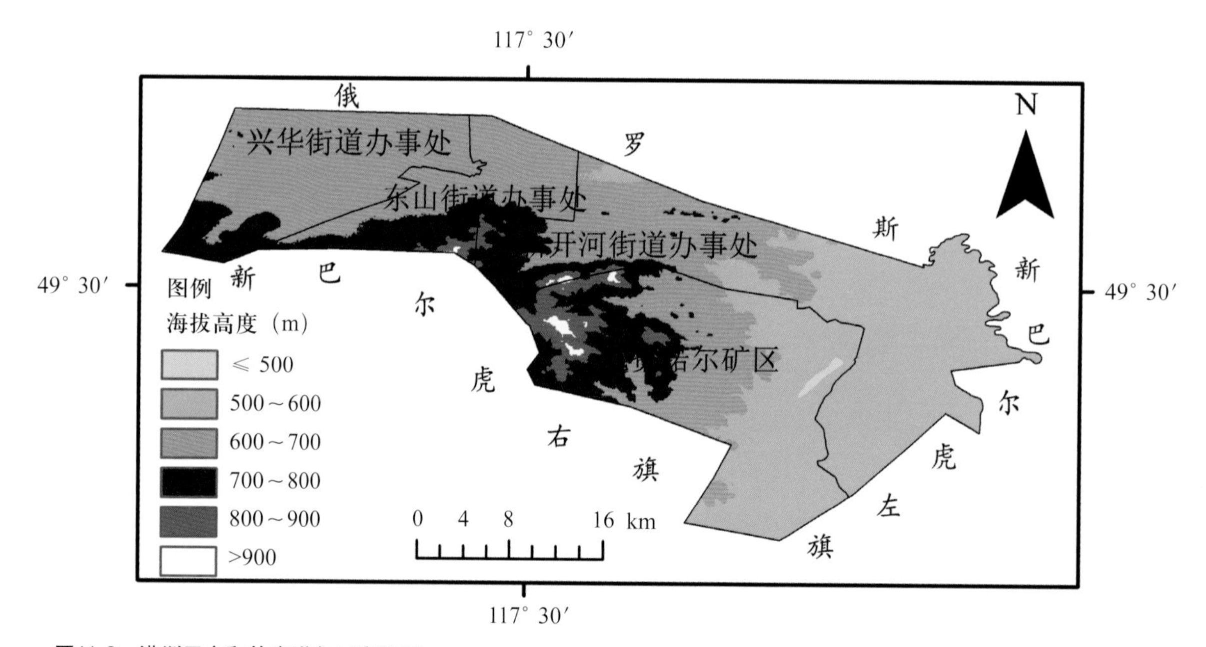

图11-2 满洲里市和扎赉诺尔区高程图

罗木河湿地西侧的旧城区无霜期> 105.51 天)。

满洲里市域内的巴嘎不金乌拉、扎赉诺尔西山为温性典型草原(亚类),在达兰鄂罗木河流域和海拉尔河流域有约 102 km^2 的湿地。湿地上有古海拉尔河冲积形成的沙子山、秃尾巴山(蒙古语,特格力格乌拉)等。与其他城市不同的是,在扎赉诺尔区的露天煤矿采空封矿后形成了容积> 2.3×10^8 m^3 的巨大矿坑和堆积如山的巨量土石方。

满洲里市共辖 6 个乡级行政区,包括 5 个街道、1 个镇,分别是东山街道、道南街道、道北街道、兴华街道、敖尔金街道、新开河镇。此外,满洲里市代管呼伦贝市扎赉诺尔区。

二、人口特征

截至 2016 年年末,满洲里市户籍人口总户数为 75 405 户,其中,扎赉诺尔区 40 283 户。户籍人口为 172 137 人,其中,扎赉诺尔区 87 649 人。从城乡结构看,全部为城镇户籍人口。

在总人口中,男性 85 404 人,女性 86 733 人,各占总人口的 49.6% 和 50.4%。汉族人口 153 191 人、蒙古族 9 932 人、回族 2 541 人、满族 4 433 人、朝鲜族 298 人、达斡尔族 1 021 人、鄂温克族 168 人、鄂伦春族 43 人、壮族 10 人、藏族 1 人、锡伯族 62 人、苗族 17 人、土家族 18 人、彝族 26 人、俄罗斯族 343 人,其他少数民族 33 人。

第三节 牙克石市

一、在山河间的地理位置

牙克石市位于呼伦贝尔市中部,地理坐标为东经 120° 28′～122° 29′,北纬 47° 39′～50° 52′。市境南北长 352 km,东西宽 147 km,全市总面积 2.759×10^4 km^2。域内的最高点为绰尔镇的大黑山海拔 1 600.3 m,最低点在与扎兰屯市交界的雅鲁河河谷海拔 400 m。拥有大兴安岭山脉主脉分水岭长度约 565 km、三旗山支脉长度约 152 km、牙拉达巴(乌拉山)支脉长度约 105 km、雅克山支脉长度约 60 km、莫柯岭支脉长度约 60 km,是拥有分水岭最长的旗市。岭西部分面积约 2.0351×10^4 km^2,岭东部分面积约 7 239 km^2,是呼伦贝尔市面积第三大旗市。牙克石市处于大兴安岭山脉和呼伦贝尔高平原构成的呼伦贝尔市的地理中心,是除海拉尔区以外唯一与外国、外省、外盟市没有接壤的旗市区。市域沿大兴安岭主脉南北分布。岭西北的伊图里河镇、图里河镇、库都尔镇、乌尔其汉镇、免渡河镇东以主脉分水岭为界与鄂伦春旗、阿荣旗接壤;伊图里河镇、图里河镇北部与根河市接壤;图里河镇西部与额尔古纳市接壤;库都尔镇、乌尔其汉镇西部以三旗山支脉分水岭为界与陈巴尔虎旗接壤;免渡河镇、乌奴耳镇西部以牙拉达巴乌拉(山)支脉分水岭为界与鄂温克族自治旗接壤。岭东南的博克图镇、巴林办事处东北部以多伦山支脉分水岭为界与阿荣旗接壤;巴林办事处东部以二道梁子、庙山岭山脊为界与扎兰屯市接壤;巴林办事处南部、绰河源镇东部、绰尔镇东部南部与扎兰屯市接壤;绰河源镇、绰尔镇西部以主脉分水岭为界与鄂温克族自治旗接壤;牧原办事处位居海拉尔河两岸,西与陈巴尔虎旗、鄂温克族自治旗接壤(图 11-3)。

牙克石市的气候受大兴安岭山脉和呼伦贝尔高平原的影响,西坡冬季受西伯利亚寒流影响强烈,东坡夏季受松嫩平原暖湿气流影响强烈。年平均降水量 388.7～477.9 mm,大兴安岭分水岭西侧部分年平均降水量在 400 mm 以下,东侧部分在 400 mm 以上,降雨最多区域为博克图镇的吉祥峰周边。岭上无霜期 70～95 天,城区年平均无霜期 100.05 天(为 1981—2017 年间无霜期的平均天数)。

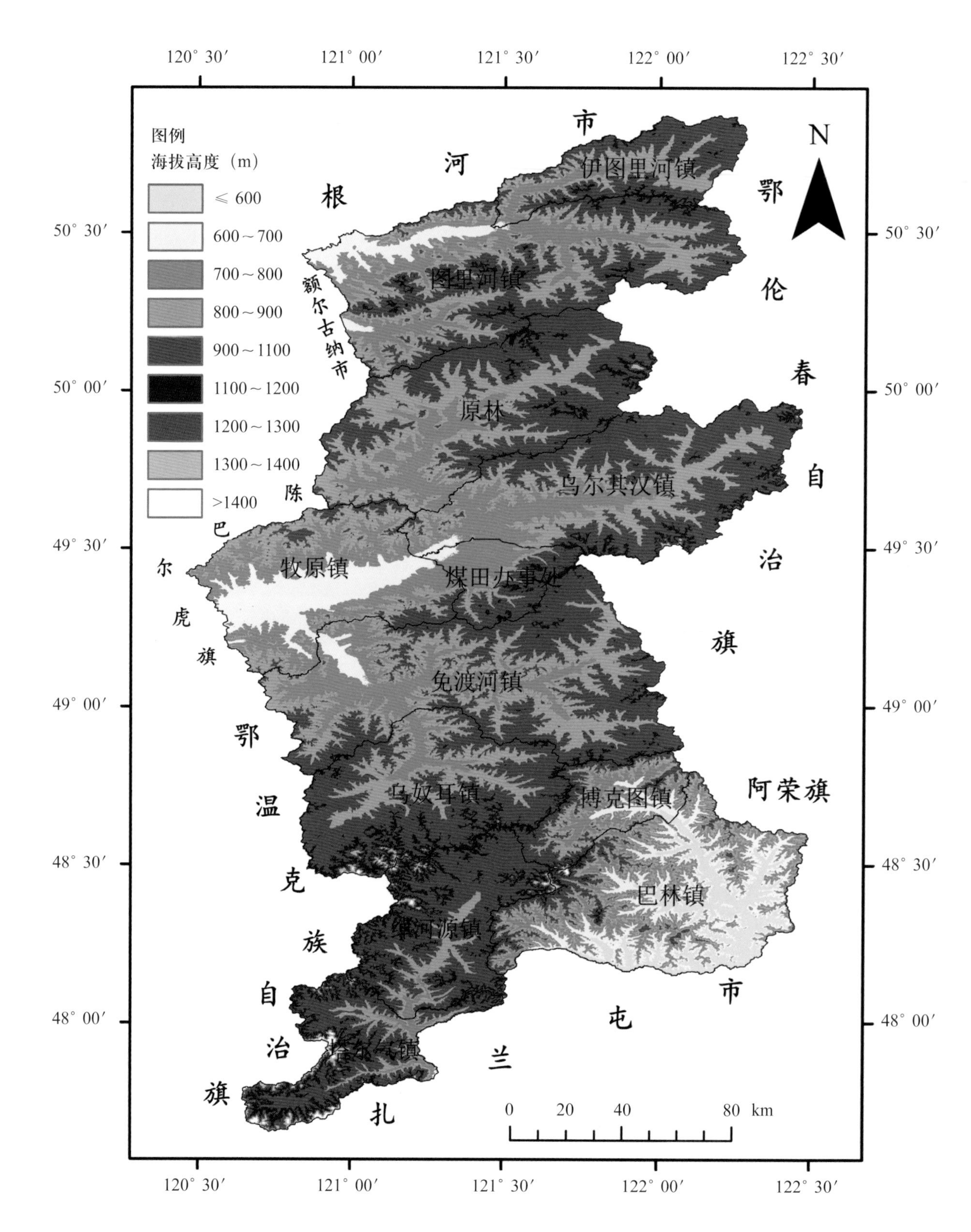

图11-3　牙克石市高程图

牙克石，系满语“雅克萨”(yakesa)的汉语谐音，意为要塞。这是满清时期对扼守呼伦贝尔草原到松嫩平原的大兴安岭要隘的称谓。牙克石市在撤旗设市前为喜桂图旗，“喜桂图”(xiguitu)，系蒙古语的汉语谐音，意为有森林的地方，这是草原上的蒙古族对牙克石市域范围的统称。森林民族鄂温克人称其为“扎敦昂嘎雅克萨”(zhadunanggayakesa)，意为被扎敦河冲塌的河岸。这是因为免渡河历史上曾与其上游支流扎敦河同名，免渡河段也称扎敦河。当免渡河由东向西流经牙克石城区南云龙山下的大桥屯时突然折向北，在河的左岸山体上冲刷出了长约 1km 的圆弧形的陡岸，“牙克石”(yakeshi)(雅克萨)因此而得名。

位于海拉尔以东，海拉尔河上游的牙克石城区与海拉尔城区分布相似，处于免渡河与海拉尔河交汇的丁字形区域，也是被海拉尔河和免渡河的丁字形走势分成了坐南朝北的品字形的布局。只是由南流向北的是免渡河，但仍汇入由东流向西的海拉尔河。不同的是，海拉尔河北岸的以莫拐为主的区域较小，只有一个农场。东岸的新城区初建，绝大部分城区在免渡河西岸的老城区。城区的最高点为大桥屯海拔约 661 m，最低点为城区北海拉尔河摸拐大桥下，海拔约 647 m。城区东侧、南侧为大兴安岭山脉的边缘，海拔 680～1 000 m 的山上生长着大面积的落叶松、樟子松、白桦、山杨、珍珠梅、刺玫蔷薇（刺玫果）等乔灌木；北侧海拉尔河以北为典型草甸草原，间有白桦、山杨、刺玫蔷薇、山杏等乔灌木；西侧沿海拉尔河谷向呼伦贝尔草原展开。城区的东南方向有卓山、凤凰山，两山对峙相距约 600 m，中有免渡河流过，成一隘口，牙克石（即“雅克萨”，要塞）因此得名。在卓山脚下免渡河右岸有清代卡伦（哨卡）遗址，滨洲线铁路在此处通过。城区西北海拉尔河南岸有两个孤立的石山一曰龟山(大孤山)，另一曰象山（小孤山），寓有长寿吉祥之意。城区南的南大沟、暖泉沟为时令河，汇水面积约 90km²，在其下游城区西侧形成面积约为 10km² 的眼镜湖湿地和 1.5 km² 的暖泉河湿地，眼镜湖湿地已有一部分纳入城区。滨洲线铁路、高速 G10 线在城区南部通过。牙克石市是呼伦贝尔拥有铁路里程最长的旗市区，总计 556.719 km，设有 53 个车站(所)，其中一等站免渡河。铁路线分滨州线(哈尔滨—满洲里)、牙林线（牙克石—满归［莫尔道嘎]）、伊加线（伊图里河—加格达奇）、博林线（博克图—塔尔气）。呼伦贝尔市有铁道岔线枢纽 6 个，牙克石就占了 3 个，分别位于牙克石、伊图里河、博克图。

1. 牙克石市横跨大兴安岭分水岭东西两侧

牙克石市的岭西部分属额尔古纳河流域，较大的河流有一级支流海拉尔河，二级支流大雁河、库都尔河、免渡河、图里河（根河支流）。岭东部分为嫩江流域，较大的河流有一级支流雅鲁河、绰尔河，二级支流有雅鲁河支流爰林沟河、阿木牛河（为与扎兰屯市的界河），绰尔河支流塔尔气河、莫柯河。牙克石市位于嫩江水系的雅鲁河流域面积约为 3 988 km²，绰尔河流域面积约为 3 251 km²；额尔古纳河水系的根河流域面积约为 4 671.16 km²；海拉尔河流域面积约为 1.568×10^4 km²。额尔古纳河的源头旧习认为是海拉尔河，新说是克鲁伦河。海拉尔河的源头按长度计，应为库都尔河，而非大雁河。全市水域面积约 733.12 km²。牙克石全域都位于大兴安岭林区，处于呼伦贝尔市的地理中心、大兴安岭山脉主脊北部中段，铁路、公路交通四通八达，成为森林防火重要设防区。

2. 牙克石市域内部分已命名的主要山峰

(1) 海拔 1 200～1 300 m 的山峰。

特尔库勒山，主脊上，海拔 1 221 m；

小特尔库勒山，主脊上，海拔 1 206 m；

庆吉勒图山，位于库都尔镇东北，海拔 1 249 m；

葛尔多图山，库都尔镇与原原林镇东取交界处，海拔 1 261 m；

察尔巴奇山（岭），位于原林南沟河沟堵，海拔 1 209 m；

小桥龙山，又名小绰罗尔山，乌尔其汉南，桥龙河左岸，海拔 1 200 m；

讷门山，乌尔其汉南，主脊上，海拔 1 255 m；

察尔斑萨勒德山，免渡河与博克图交界处，主脊上，海拔 1 296 m；

伊列克得山，乌奴耳与博克图交界处，主脊上，海拔 1 276 m；

阿尔奇山，乌奴耳与鄂温克族自治旗交界处，海拔 1 293 m；

青顶山，主脊西侧，道尖山南约 7 km 处，海拔 1 222 m；

大顶山，主脊西北侧，北大河上源左岸支流水桦子沟河左岸，海拔 1 214 m；

大河山，主脊西南侧，扎敦河源头，海拔 1 274 m；

大尖山，雅克山支脉山脊西侧，美良河源头，海拔 1 262 m。

（2）域内海拔 1 300 m 以上的山峰。

伊克古克达山，新账房东，主脊上，海拔 1396m；

摹天岭，又名王·高格达，绰河源镇西南，主脊上位于牙克石市与鄂温克族自治旗交界处，海拔 1456m；

伊（吉）勒奇克山，中海拉尔河源头，主脊上，海拔 1 340 m；

大桥龙山，又名大绰罗尔山，乌尔其汉南，桥龙河右岸，海拔 1 316 m；

安伊克奇山，免渡河东，主脊上，海拔 1 300 m；

鄂罗奇山，乌奴耳河支流哈拉沟河南源头沟堵，主脊上，海拔 1 369 m；

小古里奇纳山，主脊，海拔 1 355 m；

古利牙山，主脊，海拔 1 394 m；

都拉伯支古克达山岭，博克图与巴林交界处，主峰大光顶山，海拔 1 456 m；

小光顶山，雅克山支脉山脊东侧，大旱山南约 10.75 km 处，海拔 1 324 m；

博罗奇山，乌奴耳与绰河源交界处，主脊上，海拔 1 321 m；

董哥图山，乌奴耳南，乌奴耳河东源西侧，海拔 1 471 m；

雅克山（为两山一名，另一在雅克山支脉上），绰河源西，主脊上，海拔 1 416 m；

绰尔山，绰河源与巴林交界处，海拔 1 481 m；

松吉和奇古克达岭，巴林南，雅克山支脉山脊上，主峰小光顶山，海拔 1 324 m；

北阿鲁塔尔气山岭，主峰大黑山，主脊上，海拔 1 600 m；

南阿鲁塔尔气山岭，莫柯河源头，主脊上，主峰海拔 1 588 m；

通古斯和山，塔尔气南，莫柯岭支脉上，海拔 1 552 m；

霍勒博山岭，塔尔气东北，古营河与鄂勒格特气沟河所夹的山岭，东端始于雅克山支脉，长约 27 km。雅克山支脉山脊 1 328 高地西南侧约 1km 处为主峰，海拔 1 355.8 m。一曰霍勒博系蒙古语“浩勒包（haolebao）”的汉语谐音，意为连在一起的两座山岭；二曰霍勒博系鄂温克语，“两座”相连着的山岭之意，这里指雅克山支脉山脊上的 1 328 高地与霍勒博主峰。

（3）海拔 1 200 m 以下山峰。

诺敏山，主脉山脊上，诺敏河源头，海拔 1 179 m；

乌来德岭，主脉山脊上，海拔 1 091 m；

四楼山，主脊南侧，大雁河右岸支流大牧羊河源头，海拔 1 142 m；

德勒山，主脊西南侧，扎敦河上游三根河林场北约 8.75 km 处，海拔 1 012 m；

赤顶山，主脊西侧，三根河林场南约 5 km 处，海拔 1 067 m，；

道尖山，主脊西侧，赤顶山东南约 10.5 km 处，海拔 1 130 m；

太平岭，主脊西侧，北大河入扎敦河河口北约 4.5 km 处，海拔 968 m；

尖山子，主脊东南侧，博克图东沟堵，海拔 1 103 m；

小顶山，主脊西北侧，水桦子沟河左岸大顶山以下，海拔 1 065 m；

石砬子山，主脊东南侧，博克图沟口南大河上游二道河子南约 2.25 km 处，海拔 927 m；

浩尼钦乌拉，雅克山支脉山脊东侧，楠木崑尼气林场西北约 1.25 km 处，海拔 811 m；

大旱山，雅克山支脉山脊东侧，北大沟林场西偏北约 7 km 处，海拔 1 109 m。

3. 乌奴耳要塞

乌奴耳要塞是在第二次世界大战接近尾声之际，日本侵略者为挽回其败局，利用占领区大兴安岭极有利的军事地形，在滨洲铁路横穿大兴安岭主脊东、西两侧的崇山峻岭之间，构筑的一条规摸庞大的军事工程—乌奴耳要塞防线。它西北起于牙克石，筑有卓山、凤凰山阵地，沿滨洲铁路向东南筑有免渡河、乌奴耳、博克图阵地。由于主阵地位于乌奴耳昆独山二道梁子，所以被称为乌奴耳要塞。要塞全部分布于牙克石市域内，在绰河源镇侵华日军还建有后方机场。

4. 牙克石市各镇（乡）在大兴安岭山脉东西两侧的分布

牙克石市的中北部镇办（办事处）在大兴安岭山脉分水岭的西北侧，包括乌奴耳、免渡河、牧原、煤田、乌尔其汉、库都尔、图里河、伊图里河；南部镇办在分水岭的东南侧，包括博克图、巴林、绰河源、塔尔气。市域内各镇办由北向南沿大兴安岭主脉分水岭两侧成一字形北南排列。牙克石市区、博克图镇是随滨—洲铁路建成而逐步形成的，煤田办事处是与“五九”煤矿同步聚人而成，其他镇办均为伴随着内蒙古牙克石（大兴安岭）林业管理局的发展，在木材资源丰富的大兴安岭山脉分水岭两侧设立的。

各镇（办事处）在山河间的具体位置：

（1）图里河镇。位于西尼气河汇入图里河河口区。

（2）伊图里河镇。位于伊图里河汇入图里河河口北 16.5 km 处的伊图里河北岸。

（3）库都尔镇。位于库都尔河南岸格林达河汇入库都尔河河口处，察尔巴奇山岭北侧。

（4）乌尔其汉镇。位于库都尔河与大雁河交汇河口以上 6 km 处，北斗山（海拔 892 m）东。

（5）煤田办事处。位于大莫拐河中游北岸距牙克石 59 km 的“五九”煤矿矿区，大桥龙山（海拔 1316.1 m）西偏南约 21 km 处。

（6）牧原办事处。位于城区。

（7）免渡河镇。位于扎敦河与乌奴耳河交汇河口以下约 6 km 处的免渡河北岸，红道子山南。

（8）乌奴耳办事处。位于乌尼日河与哈日扎拉嘎河交汇处以下的乌奴耳河右岸（东岸），海拔 1140.6 m 的二道梁子山下。

（9）博克图镇。位于雅鲁河上游，南大河汇入雅鲁河河口以上 10 km 处的大兴安岭主脉分水岭南侧 7.5 km 的雅鲁河河谷北岸地台上，西偏北约 16 km 处为原滨洲铁路的咽喉新南沟螺旋展线和洞穿分水岭的川—岭隧道，东北方向约 16 km 处为绥—满高速公路（G10）洞穿主脉分水岭的兴安岭隧道。

（10）巴林办事处。位于雅鲁河上游，爱林沟河入雅鲁河河口以下 5 km 的喇嘛山南侧山下的雅鲁河两岸，喇嘛山及周边为喇嘛山国家森林公园。

（11）绰河源镇。位于绰尔河上游，十八公里沟河入绰尔河河口处。

（12）塔尔气镇。位于塔尔气河与绰尔河交汇河口以上，塔尔气河左岸的河谷地台上。

牙克石市区设胜利街道、红旗街道、新工街道、永兴街道、建设街道、暖泉街道 6 个办事处。

二、人口特征

截至 2016 年年末，牙克石市户籍人口总户数 140 920 户，户籍总人口 335 827 人。其中，城镇人口 305 435 人，乡村人口 30 392 人，各占总人口的 91% 和 9%。

在总人口中，男性 168 403 人，女性 167 424 人，各占总人口的 50.1% 和 49.9%。汉族人口 296 933 人、蒙古族 17 756 人、回族 5 631 人、满族 9 339 人、朝鲜族 1 049 人、达斡尔族 3 641 人、鄂温克族 417 人、鄂伦春族 88 人、壮族 32 人、藏族 6 人、锡伯族 134 人、苗族 33 人、土家族 20 人、彝族 5 人、维吾尔族 9 人、俄罗斯族 642 人，其他少数民族 92 人。

第四节
扎兰屯市

一、在山河间的地理位置

扎兰屯市地理坐标为东经120°28′51″～123°17′30″，北纬47°5′40″～48°36′34″。市境东西距离210 km，南北距离160 km，总面积1.692 63×10⁴ km²。拥有大兴安岭主脉长度约95 km，雅克山支脉长度约130 km，多伦山支脉长度约30 km。域内最高点为伊贺古格德山海拔1 706.6 m，最低点为成吉思汗镇南与黑龙江省龙江县交界的成吉思汗边墙处海拔243 m。北部以多伦山支脉分水岭为界与阿荣旗接壤；西北部以二道岭、二道梁子、庙山岭、阿木牛河、古营河为界与牙克石市接壤；东部的卧牛河镇、达斡尔民族乡、大河湾镇以东以音河为界与阿荣旗毗邻；南部的大河湾镇、成吉思汗镇、中和镇、蘑菇气镇以成吉思汗边墙为界与黑龙江省的甘南县、龙江县接壤；西南部的洼堤乡、哈多河镇、浩饶山镇在南部以哈多河、托欣河为界与兴安盟的扎赉特旗、阿尔山市接壤，柴河镇在西部以大兴安岭主脉分水岭为界与兴安盟阿尔山市接壤；柴河镇北以莫柯河与敖尼尔河之间的莫柯岭支脉分水岭为界与牙克石接壤，西北部以主脉分水岭为界与鄂温克族自治旗接壤，呼伦贝尔市域内最高山峰伊贺古格德山（海拔1 706.6 m）就位于两旗市边界上。扎兰屯市的气候局部受大兴安岭山脉主脉和雅克山、多伦山支脉的影响，夏季全域受松嫩平原暖湿气流的强烈影响；年降水量处于400 mm等降水线以上，局部地区可达500 mm，并由东向西递减。年平均无霜期127.19天（为1981—2017年间无霜期的平均天数）。

扎兰屯市城区在雅鲁河中游两岸的河谷冲积平原上，城区沿河谷北高南低，北端海拔322 m，南端海拔297 m，东西狭窄约3.5 km，南北狭长约14 km。在城区的东侧有翠屏般的秀水山，西侧有黎明山。城区在雅鲁河两岸南北展开，河东为老城区，河西为新城区。城区以下河谷逐渐开阔，向平原丘陵和松嫩平原过渡。滨洲线铁路在雅鲁河左岸城区通过，设有扎兰屯车站；沿线还设有楠木、卧牛河、成吉思汗等车站；市区建有中东铁路（滨—州铁路）博物馆。雅鲁河畔有著名的吊桥公园，城区南8 km雅鲁河右岸为民航机场，城区南有国道G111线。

“扎兰”系满语，是指清代官府的“参领”。扎兰屯意为“参领”所居之（村、屯）地。“参领”的帽子为圆锥形顶垂红缨，上有顶戴花翎以示官阶。这种帽子被鄂温克族自治旗鄂温克族人称为“扎腊”，被新巴尔虎左旗蒙古人称为“扎拉”。所以在辉河上游左岸新巴尔虎左旗境内与鄂温克族自治旗相邻处有一有名的山峰扎拉山（海拔1 426 m）形似清朝官员的帽子，被两旗的人分别称为扎拉山和扎腊山，这与扎兰谐音同意，泛指清朝官员的帽子，但扎兰屯市的“扎兰”是指官阶。

1. 扎兰屯市的地形地貌

扎兰屯市域处于大兴安岭山脉向松辽平原降落的山顶面以下。大兴安岭山脉在喜马拉雅造山期发生断裂，第三纪形成两级夷平面：一级为1 000～1 100 m的山顶面，一级为500～600 m的山地面。在大兴安岭山脉向松辽平原降落的梯度上，扎兰屯市域内表现得比较清晰完整。最上一级为夷平面上的主脉分水岭和多伦山支脉、雅克山支脉、呼尔雅泰山次支脉（阿木牛河、中和沟河与济沁河之间所夹的山岭，海拔467～1 296 m）、庙山梁（二道梁、二道岭一线，雅鲁河与其支流卧牛河之间所夹的山岭，海拔626～1 000 m）、卧牛岭山岭（绰尔河的一级支流梁河与固里河之间所夹的山岭，海拔1 076～1 424 m）局部海拔1 000 m以上中山山岭的

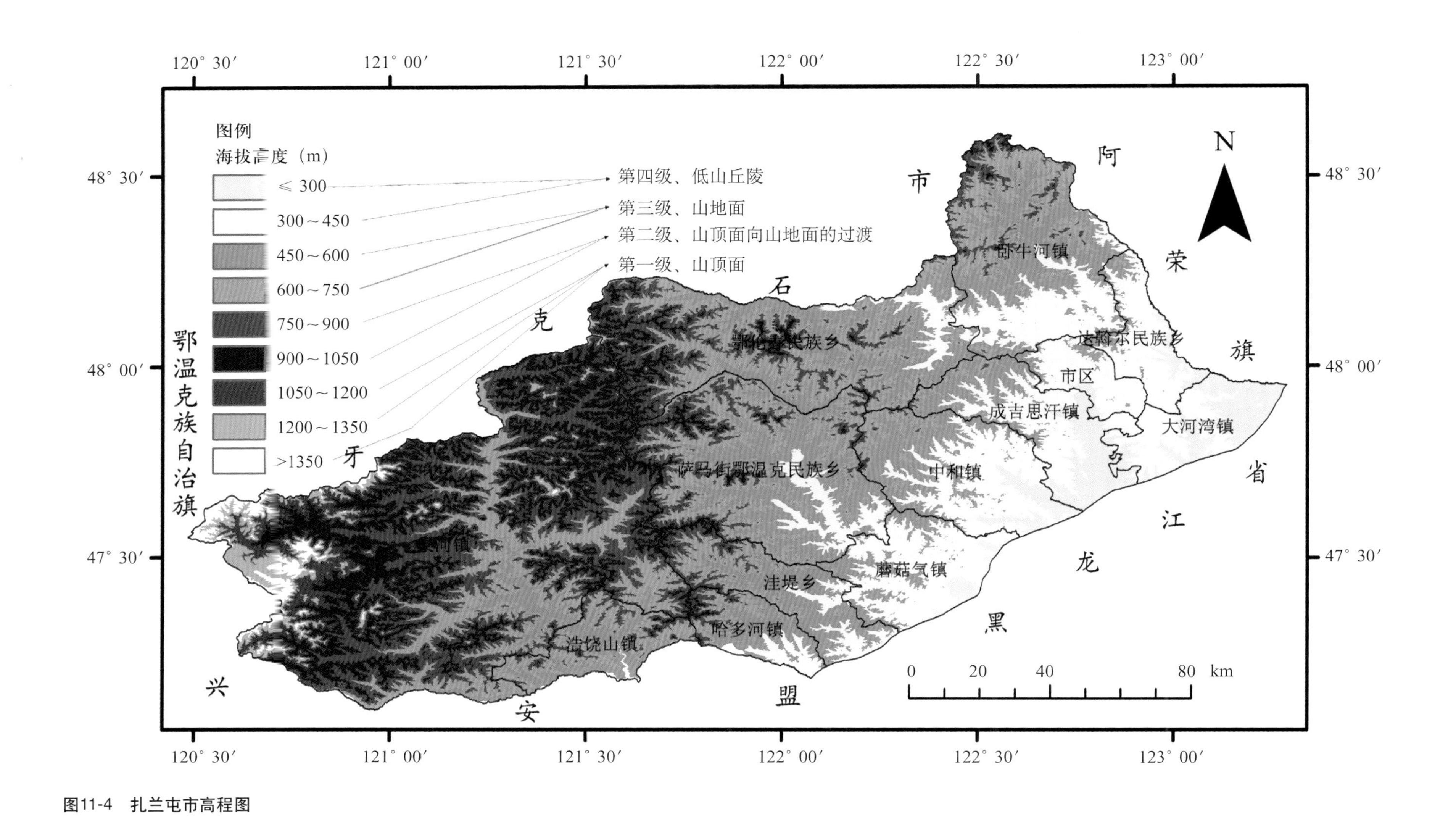

图11-4　扎兰屯市高程图

山顶面；第二级有二道岭山岭（狐仙洞沟西支沟堵—济沁河左岸一级支流马隆河西支沟堵的二道岭，长约 33 km，主峰老平岗海拔 963 m）、火燎山山岭（为雅鲁河右岸一级支流务大哈气河与石门沟河之间的山岭，火燎山—鸡冠砬子。长约 34km，主峰海拔 931 m。）等，是山顶面向山地面的过渡；第三级为沿音河、雅鲁河、绰尔河中下游及其支流流域海拔在 500～600 m 的山地面；第四级为与松辽平原相接海拔在 300～400 m 的低山丘陵（图 11-4）。扎兰屯市属于嫩江水系中游右岸的音河、雅鲁河、绰尔河子水系的流域范围，其中雅鲁河域内流域面积最大约为 $1.0150 \times 10^4 km^2$，音河约为 633 km^2，绰尔河约为 6 143 km^2。所以，全市都处于大兴安岭山脉之中，而且乡镇、耕地大部分位于山脉的河谷区域。从音河右岸到雅鲁河上游支流罕达罕河左岸的金边壕以西，宽约 20～40 km，长约 131 km，为嫩江右岸大兴安岭山前平原的一部分。与山脉西部的旗市不同的是域内的乔灌木树种明显增多，如黑桦、蒙古栎（柞树）、水曲柳、紫椴、胡桃楸等乔木，榛子、苕条（二色胡枝子）等灌木，岭西则没有（额尔古纳河干流室韦—伊木河河谷段除外）。

2. 扎兰屯市域内部分已命名的主要山峰

（1）海拔 1 200m 以上的山峰。

济沁顶子，济沁河源头，海拔 1 298 m；

小脖脖山，雅克山支脉山脊西侧，绰尔一支沟林场东约 10 km 处，海拔 1 249 m；

霍勒博山岭，塔尔气东北，古营河与鄂勒格特气沟河所夹的山岭，山脊为与牙克石市的边界，东端始于雅克山支脉山脊，长约 27 km。雅克山支脉山脊 1 328 高地西南侧约 1 km 处为主峰，海拔 1 356 m；

卧牛岭山岭，雅克山支脉山脊西侧，在固里河与梁河源头支脊上 1 227 高地向西南到柴河镇卧牛湖，长约 36.7 km，主峰海拔 1 424 m。（卧牛岭山岭得名于，该山岭在卧牛湖火山口被火山喷发毁断，形成山岭陡降至卧牛湖湖面，与绰尔河谷平面高差甚小，为新命名）；

敖包希（岭），雅克山支脉山脊西侧，绰尔河左岸支流希力格特河源头，主峰海拔 1 210 m；

通古斯和山，莫柯岭支脉上，海拔 1 552 m；

莫柯岭，绰尔河右岸支流希力格特河（左右两岸各有一条希力格特河）源头，长约 4 km，主峰海拔 1 542 m；

基尔果山，柴河南岸，基尔果山天池西北约 7.3 km 处，海拔 1 696 m；

基尔果山天池（月亮天池），柴河南岸，海拔 1 278 m；

伊贺古格德，柴河源头，扎兰屯市与鄂温克族自治旗交界处，为呼伦贝尔市最高山峰，海拔 1 707 m。

（2）海拔 1 200 m 以下山峰。

二道岭，与牙克石市交界处，主峰海拔 945 m；

二道梁子（岭），与牙克石市交界处，主峰海拔 930m；

二道岭南，与牙克石市交界处，海拔 858 m；

庙山梁（岭），与牙克石市交界处，主峰海拔 951 m；

济沁岭，雅克山支脉山脊上，海拔 1 157 m；

雅克山，雅克山支脉山脊上，海拔 1 192 m；

火龙山，雅克山支脉山脊上，海拔 1 183 m；

固腊卜岗干山，雅克山支脉山脊上，海拔 1 012 m，呼伦贝尔市与兴安盟交界处；

呼尔雅泰山，雅克山支脉山脊东侧，阿木牛河右岸支流大铁古鲁气沟河支流小铁古鲁气沟河源头，海拔 963 m；

大脖脖山，雅克山支脉山脊西侧，小勃勃山北约 4.6 km 处，海拔 1 123 m；

浩饶山，雅克山支脉山脊西侧，塔拉达巴西南约 4.6 km 处，海拔 989 m；

（3）雅鲁河流域两岸主要山峰（见第一章第四节）。

3. 土壤的分类、面积和分布

（1）土壤的分类、面积。

① 棕色针叶林土。分布于柴河地区，面积 580.16 km^2。

②暗棕壤土。广泛分布于全市各地，集中分布在中低山区；东南部与黑土镶嵌，西北向棕色针叶林土过渡；面积 1.261381×10^4 km²。

③黑土。集中分布着东南部的大河湾至关门山一线；以西与暗棕壤镶嵌，面积逐渐减少，呈条状分布于缓坡地；面积 1 281.71 km²。

④暗色草甸土。是市域内分布最广泛的隐域土壤，遍布大小河流两侧和山间河谷地域；以雅鲁河、济沁河和绰尔河流域分布最多；面积 2 259.88 km²。

⑤沼泽土。分布在楠木、成吉思汗、库堤河、哈多河、浩饶乡、和萨马街等地的河谷洼地和山间谷地；地形平坦低洼，长期或季节性积水，往往形成塔头；面积 175 km²。

⑥水稻土。仅分布在成吉思汗、团结、关门山等地；面积 13.3 km²。

⑦粗骨土，零星分布于山丘顶部、陡阳坡；面积 2.41 km²。

（2）土壤的分布。扎兰屯市域的土壤从山顶面向下到嫩江一线厚度逐渐增加，在沿成吉思汗边墙（金边壕）一线的莫力达瓦达斡尔族自治旗、阿荣旗、扎兰屯市的嫩江西岸是古松辽中央大湖的西岸区域，土壤受湖泊变迁影响较大。域内的大兴安岭山脉由山顶面—山地面—低山丘陵—松嫩平原降落的梯度大，造成土壤的水平分布和垂直分布的变率较大。但越接近金界壕，土壤的质量就越好，也越接近松嫩平原的土壤。

特别是与松嫩平原犬牙交错镶嵌的低山丘陵区域是极其肥沃的黑土地，是发展农业最好的地域之一。这一区域及城区以南，都在以尼尔基水库提水灌溉为标准的嫩江上游水源涵养区的海拔标高（316 m）以下，使跨区域利用水资源成为可能，这将为扎兰屯市的经济社会发展预留下巨大的资源空间和生态空间。

4. 扎兰屯市各乡镇的分布

扎兰屯市是呼伦贝尔市人口最多的旗市区，受鄂温克、鄂伦春族狩猎历史文化影响以及地形限制和农业垦荒的需要，乡镇比较集中地沿河流、土壤肥沃区域分布。楠木鄂伦春民族乡、萨马街鄂温克鄂伦春民族乡、达斡尔民族乡分别位于易于渔猎、采集、耕种的深山、浅山区。而其他乡镇则位于交通便利、耕地集中区域和方便木材采运区域。

各乡镇（村）在山河间的具体位置：

（1）达斡尔民族乡。位于音河右岸核心沟沟口。

（2）楠木鄂伦春民族乡。位于雅鲁河左岸，庙山梁南端柞木梁南、石板山北。

（3）卧牛河镇。位于雅鲁河左岸二道桥沟河入雅鲁河河口。

（4）成吉思汗镇。位于雅鲁河左岸，孤山子东南。

（5）蘑菇气镇。雅鲁河支流济沁河中游左岸。

（6）萨马街鄂温克鄂伦春民族乡。位于雅鲁河支流济沁河左岸，大黑山（海拔 653 m）东南。

（7）洼堤镇。位于雅鲁河支流罕达罕河左岸，哈多河入罕达罕河河口处。

（8）柴河镇。位于绰尔河左岸，卧牛湖南。

（9）浩饶山镇。绰尔河左岸，四五六山南侧。

扎兰屯市区设兴华街道、正阳街道、繁荣街道、向阳街道、高台子街道、铁东街道、河西街道 7 个办事处。

二、人口特征

截至 2016 年年末，扎兰屯市户籍人口总户数 166 740 户，户籍总人口 412 011 人，其中，城镇人口 178 014 人，乡村人口 233 997 人，各占总人口的 43.2% 和 56.8%；在总人口中，男性 211 641 人，女性 200 370 人，各占总人口的 51.4% 和 48.6%；汉族人口 350 455 人、蒙古族 22 458 人、回族 1 381 人、满族 27 163 人、朝鲜族 2 375 人、达斡尔族 5 900 人、鄂温克族 1 152 人、鄂伦春族 237 人、壮族 29 人、藏族 35 人、锡伯族 169 人、苗族 34 人、土家族 21 人、彝族 28 人、俄罗斯族 171 人，其他少数民族 83 人。

第五节
额尔古纳市

一、在山河间的地理位置

额尔古纳市地理坐标为东经119°07′～121°49′，北纬50°01′～53°26′。全境东西最窄处约50 km，最宽处121 km，南北长约400 km，与俄罗斯边境线长673.11 km，地域总面积$2.844\,4\times10^4$ km^2，为呼伦贝尔市面积第二大市（旗、区）。拥有大兴安岭山脉主脉长度约170 km，高平山支脉长度约60 km，五河山支脉长度约68 km，三旗山支脉长度约1 km，有阿拉齐山次支脉长度约102 km。域内最高点为奇乾乡与根河市阿龙山镇交界处的阿拉齐山，海拔1 421 m；最低点为恩和哈达镇的额尔古纳河与石勒喀河交汇的三江口，海拔302 m。市域北部的恩和哈达镇、奇乾乡、室韦镇，北和西面隔黑龙江、额尔古纳河与俄罗斯相邻，东面以大兴安岭主脉分水岭山脊为界与黑龙江省漠河县接壤。奇乾乡、室韦镇东南部以阿拉齐山次支脉、吉尔布干河西侧分水岭为界与根河市接壤。莫尔道嘎镇西以额尔古纳河为界与俄罗斯相邻，东以阿拉齐山次支脉山脊为界与根河市接壤。恩和乡西以额尔古纳河为界与俄罗斯相邻，东以吉尔布干河西侧分水岭为界与根河市接壤。黑山头镇西与俄罗斯隔额尔古纳河相邻，南与陈巴尔虎旗接壤。拉布大林办事处南与陈巴尔虎旗接壤。三河回民民族乡东与根河市接壤。上库力乡南与陈巴尔虎旗，东与根河市、牙克石市接壤（图11-5）。

额尔古纳市的气候受大兴安岭山脉和俄罗斯境内石勒喀河与额尔古纳河之间所夹的博尔晓沃奇内山脉影响，还受额尔古纳河高温水流（相对两岸）的作用。在额尔古纳河室韦—奇乾段的河谷区域，由于冬季西北方向吹来的西伯利亚寒流受博尔晓沃奇内山脉阻隔造成的大气下垫面粗糙产生的遮蔽影响，致使河谷区的年平均温度高于周边；无霜期为110～120天，生长了蒙古栎（柞树）、黑桦、榛子、等气候标志性植物。市域年平均降水量为360～410 mm，并由北向南递减，北部多于南部、东部多于西部。年平均无霜期96.46天（为1981—2017年间无霜期的平均天数）。

额尔古纳市名称源于市域内的额尔古纳河，“额尔古纳”为蒙古语，意为拐弯（单数，弯）的河流。这是指海拉尔河由东向西流，受中俄国界处的阿巴该图山的阻挡突然折向东北，转了一个急弯，海拉尔河转过这个急弯后就被叫作额尔古纳河。在古蒙古语中“额尔古纳河”还有水深河宽、大河之意。“额尔古纳”还有另一种解释，鄂温克语的“额尔”是指河流缓慢，“古纳”是指河流湍急。如前文所述，额尔古纳河从阿巴该图到室韦段的上游比降较小，河流平缓，下游的室韦到恩和哈达局部区段比降较大水深流急。所以，鄂温克人将一条河流的两个特性共同表述，把“额尔”和“古纳”连在一起，就有了额尔古纳河的名称。也可认为“额尔古纳河”是森林民族对这条河流的称谓。

额尔古纳市城区在拉布达林，最高点为拉布大林陶勒盖，海拔666 m。最低点为根河左岸，城区北，海拔568 m。拉布大林西北紧靠大西山、拉布大林陶勒盖，北依根河，南有北流的那尔莫格其河在城区西侧绕过汇入根河。城区位于根河下游左岸的河谷盆地，南为隆起的巴尔虎草原，北为逐渐抬高的大兴安岭山脉五河山支脉，西为展开的根河河谷，东为渐渐收窄的根河河谷直抵大兴安岭分水岭。公路S201、S301线在镇区通过。根河至莫尔道嘎铁路自牙林线铁路朝中站起到莫尔道嘎全长75.611 km，沿途设车站6个，其中朝莫、莫尔道嘎2站位于额尔古纳市境内，朝莫站2000年被撤销。拉布大林，系鄂温克语，“尖山”之意，因城区北

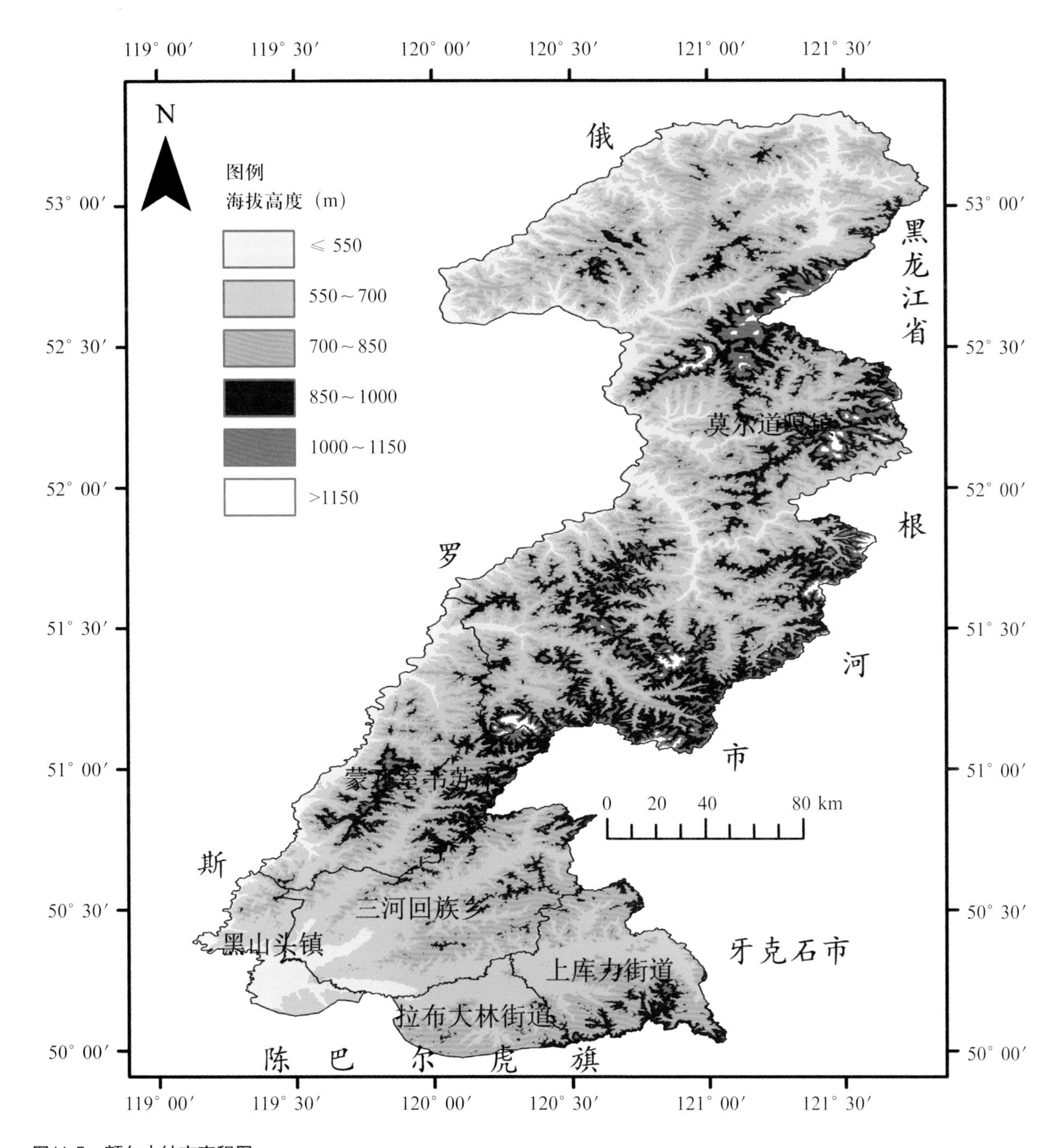

图11-5　额尔古纳市高程图

有一座尖山而得名。

额尔古纳市全域都位于大兴安岭主脉西坡与额尔古纳河之间，整个区域均处于额尔古纳河流域。各主要河流在市域内的流域面积为：恩和哈达河 2 203 km²；乌玛河 1 997 km²；阿巴河 2 570 km²；激流河流域总面积 $1.589\,9 \times 10^4$ km²，域内约 5 382 km²；莫尔道嘎河流域面积 2 674 km²；得耳布尔河流域总面积 6 779 km²，域内约 3 895 km²；根河流域总面积 $1\,579.6 \times 10^4$ km²，域内约 1 301 km²。奇乾乡、恩和哈达镇全域都位于内蒙古大兴安岭北部原始林区，面积 9 477.02 km²。这是我国北方面积最大集中联片的未受人类活动影响的原始林区，也是环北极泰加林在我国仅存的唯一延伸。在莫尔道嘎镇北部，激流河左岸与额尔古纳河右岸之间，沿额尔古纳河右岸从莫尔道嘎河口向北到激流河口间的狭长区域，为额尔古纳国家级自然保护区，主要保护对象为山地原始寒温带针叶林森林生态系统和额尔古纳河源头森林湿地复合生态系统，以及栖息于该生态系统中的珍稀濒危野生动植物物种，以森林及水生野生动植物保护为主，面积 1 245.27 km²。在额尔古纳河右岸、根河右岸及得尔布尔河（哈乌尔河）的三河流域，苏沁乡、黑山头镇、三河回民民族乡境内，有约 2 200 km² 的山地草甸草原，是闻名遐迩的三河马故乡。

1. 额尔古纳市域内部分已命名的主要山峰

（1）海拔 1 300 以上的山峰。

大黑山（南），莫尔道嘎河支流黑山河源头，海拔 1 405 m；

大黑山（北），莫尔道嘎河支流黑山河上游右岸，海拔 1 372 m；

阿拉齐山，阿拉齐山次支脉山脊北端，与根河市交界处，阿龙山镇西北约 21.25 km 处，海拔 1 421 m；

加疙瘩大岭主峰，莫尔道嘎北偏东 13 km，主峰海拔 1 330 m。

有名的共 4 座（无名的，7 座）。

（2）海拔 1 200m～1 300 m 的山峰。

望东山，五河山支脉山脊，海拔 1 242 m；

加疙瘩大岭，莫尔道嘎北偏东 16 km，海拔 1 257 m；

爬松岭，高平山支脉山脊，海拔 1 210 m；

长梁北山，高平山支脉山脊，海拔 1 262 m；

怪石山，高平山支脉山脊，海拔 1 228 m；

共 5 座（无名的，约 26 座）。

2. 域内有特点的山峰

恩和哈达山，大兴安岭山脉主脊最北端，黑龙江边，为内蒙古自治区与黑龙江省最北端省界，海拔 412 m；

怪石山，高平山支脉与主脉相接附近，不同季节、每天不同时间数座山峰、石崖可变换出奇幻神形，海拔 1 228；

伊贺奥尼奥尼，额尔古纳河下游右岸长甸沟河口的长甸卡伦旧址以下约 3 km(伊贺为蒙古语“大”，奥尼奥尼为鄂温克语，指岩石上显示出的各形自然图案，鄂温克猎民将其视为山神，意为大的山神崖壁，相对高度约 279 m，新命名），为额尔古纳河右岸最高的崖壁，海拔 661 m；

啤酒泉山，在高平山支脉，位置坐标遗失，泉水饮用后，有啤酒的味道；

奇乾乡北的小孤山，有蒙古族先民穴居遗迹，海拔 465 m；

三岔岩，五河山支脉西端，为猛禽金雕筑巢栖息之地，海拔 1 087 m 等山峰。

3. 域内有特点的河段

（1）三江口。位于恩和哈达山下，额尔古纳河、石勒喀河、黑龙江在此交汇，为黑龙江（阿穆尔河）源头。

（2）永安山上一岛。额尔古纳河下游右岸，左岸为俄罗斯境内的库季坎斯基卢格景区，以下的额尔古纳河永安山崖壁垂立右岸，高约数十米，长约 1 000 m，被称为千米石崖。

（3）西口子。额尔古纳河下游右岸，西口子河入额尔古纳河河口处，清晚期在此聚集采金人口约万余人，为一闹市。现已被森林覆盖，房屋皆无，空有一片被树木遮蔽的妓女坟。

（4）鸭脖湾（鸭颈湾）。激流河下游，恩格仁河入激流河河口以上 1.5 km 处，风景秀丽。

（5）白鹿岛、苍狼岛。激流河下游，激流河在此形成 S 形河湾、左右两岸构成两个类似太极图的半岛，为著名的旅游区。

4. 额尔古纳市各乡镇的分布

额尔古纳市是呼伦贝尔市人口密度较低的旗市区之一，由于受早期开发以采金、农牧林业为主的影响，城区乡镇大部分在河流沿岸分布。这里的恩和哈达镇、奇乾乡、室韦镇 100 多年前因采金而兴，莫尔道嘎镇因 20 世纪 50 年代森林采伐而建，其他乡镇因农、牧、林、渔业聚户而成。

（1）恩和哈达镇。位于石勒喀河、额尔古纳河、黑龙江交汇的三江口，恩和哈达河入额尔古纳河河口以下的黑龙江右岸，恩和哈达山下。

（2）奇乾乡。位于阿巴河入额尔古纳河河口以上的额尔古纳河右岸，小孤山南。

（3）室韦镇。位于吉拉林河入额尔古纳河河口以上的额尔古纳河右岸，对岸为俄罗斯的奥洛契。

（4）莫尔道嘎镇。位于多博库塞河与莫尔道嘎河交汇处的龙岩山下。

（5）恩和俄罗斯民族乡。位于恩和沟河汇入哈乌尔河河口以上的哈乌尔河中游左岸，恩和北山下。

（6）苏沁乡。位于得耳布尔河下游右岸，小孤山东北。

（7）三河回民民族乡。位于得耳布尔河支流保安河中游南岸。

（8）黑山头镇。位于根河下游南岸，南为查力其牙音浑迪，北隔根河与黑山头山相望。

额尔古纳市设拉布大林街道、上库力街道2个办事处。

二、人口特征

截至2016年年末，额尔古纳市户籍人口总户数33 562户，户籍总人口80 991人。其中，城镇人口58 881人，乡村人口22 110人，各占总人口的72.7%和27.3%。

在总人口中，男性40 942人，女性40 049人，各占总人口的50.6%和49.4%；汉族人口59 807人、蒙古族7 880人、回族6 625人、满族3 024人、朝鲜族135人、达斡尔族633人、鄂温克族135人、鄂伦春族69人、壮族8人、藏族3人、锡伯族3人、苗族44人、土家族17人、彝族3人、维吾尔族1人、俄罗斯族2 591人，其他少数民族13人。

第六节
根河市

一、在山河间的地理位置

根河市地理坐标为东经120°12′～122°55′，北纬50°20′～52°30′。全境东西距离约198.8 km，南北距离约240.4 km，总面积$2.001\,2\times10^4$ km²。域内最高点为阿龙山镇的奥科里堆山，海拔1 520 m；最低点为激流河左岸苏努力旗河入激流河河口，海拔519 m。市域北部、东北部、东部以大兴安岭山脉主脊为界与黑龙江省漠河县、塔河县、呼伦贝尔市鄂伦春自治旗接壤；南部与牙克石市、额尔古纳市接壤；西部以阿拉齐山次支脉山脊为界与额尔古纳市接壤。根河市的气候受西伯利亚寒流的影响较强烈，还受大兴安岭山脉的影响。在根河、金河、阿龙山、满归一线，处于大兴安岭山脉北部西坡，且海拔较高、纬度较高。冬季西北方向吹来的西伯利亚寒流，未受博尔晓沃奇内山脉造成的大气下垫面粗糙产生的遮蔽影响，直接吹到山脉西侧海拔较高的区域，致使这一线的城区乡镇温度极低，使根河市成为我国最寒冷的城市。年平均无霜期仅为88.41天（为1981—2017年间无霜期的平均天数），局部地域不足40天（海拔1350 m以上的山顶），年平均气温-5.3℃。近年，满归镇的极端体感温度曾达-53.6℃。市域年平均降水量为400～500 mm，降雨量由东向西依次减弱（图11-6）。

根河市城区位于根河中上游潮查河汇入根河口两侧的根河北岸，最高点位于城区北端海拔726 m，最低点位于西南的根河发电厂海拔714 m，北高南低。潮查河汇水面积约316 km²，使城区易受山洪影响，形成洪灾。城区西侧约2 km，为著名的敖鲁古雅鄂温克民族乡，是中国唯一饲养驯鹿的鄂温克族使鹿部落。伊图里河—满归线铁路、S301公路在城区通过。根河通用机场位于城区西南12.8 km的根河北岸，设有内蒙大兴安岭航空护林局及下属的

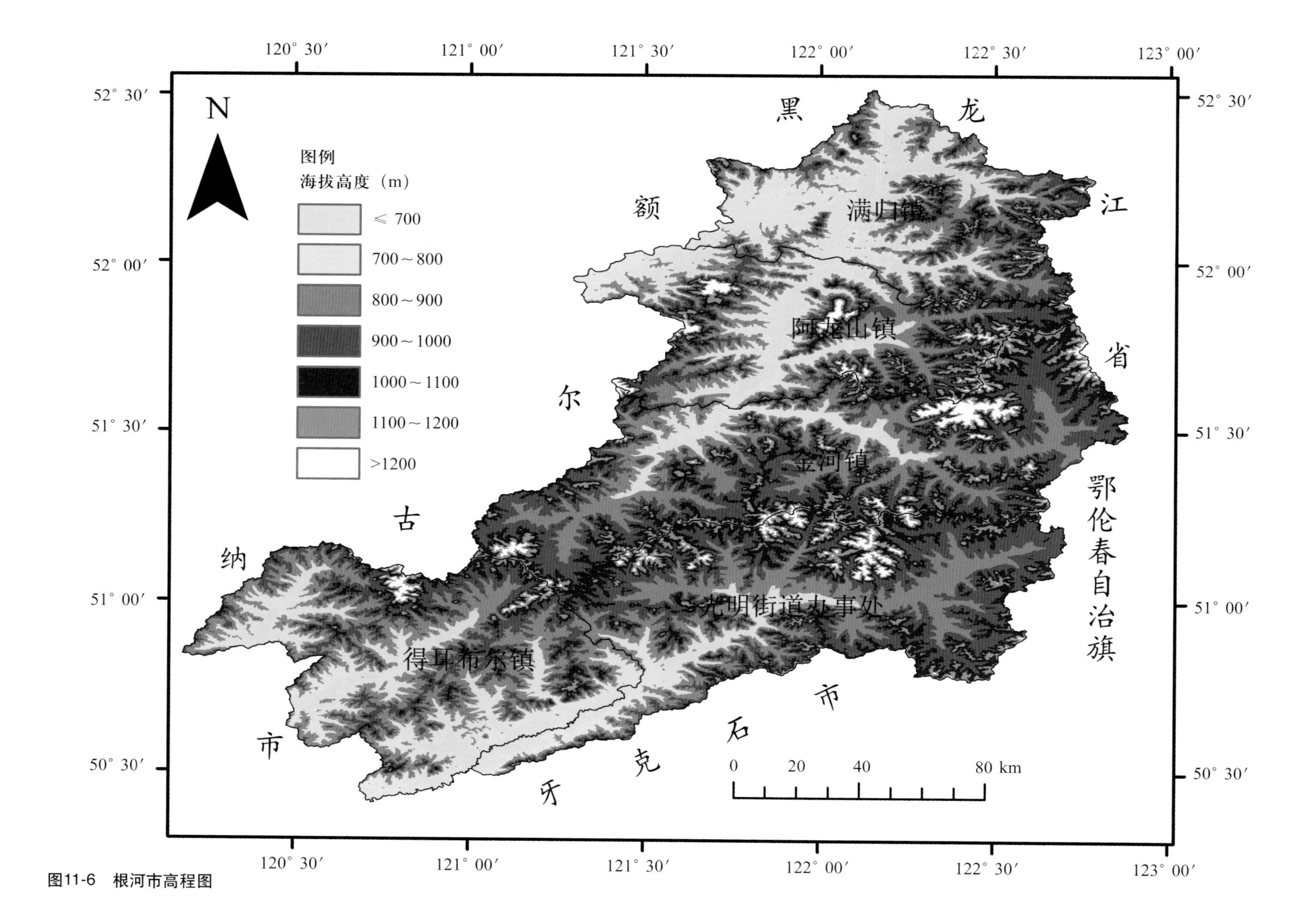
满归镇
阿龙山镇
金河镇
光明街道办事处
得耳布尔镇
黑
龙
江
省
鄂伦春自治旗
额
尔
古
纳
市
牙
克
石
市
图例
海拔高度（m）
≤700
700～800
800～900
900～1000
1000～1100
1100～1200
>1200
N
0
20
40
80 km
52° 30′
52° 00′
51° 30′
51° 00′
50° 30′
120° 30′
121° 00′
121° 30′
122° 00′
122° 30′
123° 00′

图11-6 根河市高程图

根河航空护林站。根河，系蒙古语“葛根高勒”的汉语谐音的简称（葛根，意为清澈，高勒意为河流），意为清澈的河。另外，鄂温克语“根河”，意为诸多河（支）流中，它是干流、主流，也有大河之意。因根河市区木结构房屋、建筑较多，春季多大风，极易造成城区火灾，使城区防火成为重中之重。

额尔古纳河一级支流根河、激流河发源于大兴安岭山脉分水岭，得耳布尔河发源于五河山支脉，三条河流均为域内主要河流。根河中游以上在市域内，中游以下在额尔古纳市、陈巴尔虎旗域内；激流河中上游在市域内，中下游在额尔古纳市域内。根河流出森林后成为呼伦贝尔草原与大兴安岭山脉的分界线，也是温性草甸草原与山地草甸草原的分界线。激流河整个流域都位于环北极泰加林，其上游流域为泰加林次生林，中下游北部呼伦贝尔市域内是泰加林原始森林。得尔布尔河中上游为五河山支脉森林，下游为山地草甸草原。在激流河源头的塔里亚河流域为汗马国家级自然保护区，以驼鹿等鹿科动物保护为主，面积 1 073.48 km^2。市域内根河流域面积约为 $1.141\,2\times10^4 km^2$，激流河流域面积约为 $1.051\,7\times10^4 km^2$，得耳布尔河流域面积约为 2 884km^2。域内有大兴安岭主脉长度约 311km，五河山支脉长度约 162 km，阿拉齐山次支脉长度约 153 km。

1. 根河市域内部分已命名的主要山峰

（1）海拔 1 300 m 以上的山峰。

奥科里堆山，阿龙山镇东偏北约 20 km 处，海拔 1 520 m；

大秃山，上比力亚谷河源头，海拔 1 414 m；

平顶山，开拉气林场北约 8.25 km 处，海拔 1 319 m；

阿拉齐山，阿龙山镇西北约 21.25 km 处，海拔 1 421 m；

有名的以上共 4 座，无名的约 50 座。

(2) 海拔 1 200～1 300 m 的山峰。无名的山峰，约 70 座。

2. 域内有特点的山峰

奥科里堆山（鄂温克语，意为使攀登的人滚落的山峰，喻其山势陡峭），为大兴安岭北部林区最高山峰，林区气候变暖前的 20 世纪 70～80 年代以前，山顶积雪终年不化，被称为中国的富士山，海拔 1 520 m；

什路斯卡山（鄂温克语，“什路斯卡”指味道苦涩的矿泉水），海拔 1 040 m；

卡鲁奔山（鄂温克语，意为山势陡峭又闪闪发光的山。因山顶岩石富含铅锌，远望闪闪发光），海拔 885 m；

静岭（此山原为金岭，指金河源头的山岭。1958 年建金河林业局时，由于当时工作的需要，将金岭改为静岭），位于五河山支脉山脊，岭上为中国最冷的区域之一，有中国冷极标志，海拔 1 081 m；

三界山，汗马国家级自然保护区南端，大兴安岭山脉分水岭与伊勒呼里山支脉的相接处（为黑龙江省塔河县、鄂伦春自治旗、根河市边界交汇点。南为鄂伦春自治旗甘河源头，东为黑龙江省塔河县的呼玛尔河二级支流奥伦诺霍塔库河源头，西为激流河支流杰瓦加坎河源头），海拔 1 188 m；

面包山，敖鲁古雅河源头主脊上，为黑龙江省大兴安岭地区域内著名的西罗尔奇山支脉与主脉分水岭相接处，海拔 1 031 m。

3. 域内有特点的河段

（1）根河源湿地。根河源头，为国家级河源湿地保护区。

（2）塔里亚河湿地。激流河源头，牛尔湖、牛心湖、牛腿湖构成河源湖泊湿地，为汗马国家级自然保护区核心区。

(3) 根河乌力库玛(鄂伦春语,意为出行的原点，起始点）段。为著名的旅游渡假区。

（4）大力亚那河。激流河左岸一级支流，长约 20 km。大力亚那为一位鄂温克女人的名字“达里雅娜”的汉语谐音，据说她是一位勤劳、贤惠的中年妇女，在附近的氏族中较有名望，不幸被结核病夺去了性命。她病故后，人们怀念她，便将这条奔流不息的河流称为“达里雅娜”河，即现在的大力亚那河。

4. 根河市的乡镇分布

根河的乡镇主要是在建国后大兴安岭林区以采伐为主的林业开发建设中形成的，所以均分布在铁路沿线、河流沿岸、森林茂密木材蓄积量多的区域。只有原敖鲁古雅鄂温克民族乡旧址，是猎民下山定居形成的。根河、金河、阿龙山、满归、得耳布尔都建有国家的林业局，早期的乡镇基础设施建设也是由林业局完成的，以保证林业开发的生产生活需要。所以，这些乡镇带有极浓郁的内地人文文化特征和森工文化特征。敖鲁古雅鄂温克民族乡则不同，而是带有环北极泰加林以驯鹿文化为主的森林文化特征。

各乡镇在山河间的具体位置：

（1）金河镇。位于尼吉乃奥罗提河汇入金河河口处，金河的右岸。

（2）阿龙山镇。位于乌鲁古气河与激流河交汇处，激流河的右岸。

（3）满归镇。位于激流河右岸，孟库伊河汇入激流河河口以上的凝翠山下，北约16km处为敖鲁古雅鄂温克民族乡旧址。在镇北激流河左岸（西岸）6km处有满归通用机场，设有隶属内蒙古大兴安岭航空护林局的满归航空护林站。

（4）得耳布尔镇。位于得耳布尔河上游，上比里亚谷谷口东北约4 km处。

（5）敖鲁古雅鄂温克民族乡。位于根河市区西2 km。

根河市设好里堡、河东、河西、森工4个街道办事处。

二、人口特征

截至2016年年末，根河市户籍人口总户数59 032户，户籍总人口140 056人。其中，城镇人口129 726人，乡村人口10 330人，各占总人口的92.6%和7.4%。

在总人口中，男性70 622人，女性69 434人，各占总人口的50.4%和49.6%。汉族人口122 539人、蒙古族8 895人、回族2 827人、满族3 687人、朝鲜族353人、达斡尔族969人、鄂温克族434人、鄂伦春族22人、壮族15人、藏族3人、锡伯族44人、苗族5人、土家族6人、彝族1人、俄罗斯族232人，其他少数民族24人。

第七节 莫力达瓦达斡尔族自治旗

一、在山河间的地理位置

莫力达瓦达斡尔族自治旗地理坐标为东经123°32′55″～125°16′14″，北纬48°05′10″～49°50′55″。全境东西宽约125 km，南北长203.2 km，总面积1.0383×10^4 km²。域内最高点为与阿荣旗交界处的阿塔达瓦低山山岭分水岭上高地（海拔652 m），最低点为汉古尔河镇诺敏河与嫩江交汇河口处的南坤浅村南（海拔169 m）。东隔嫩江与黑龙江省嫩江市、讷河市相望，西南与黑龙江省甘南县隔诺敏河为邻，北以鄂伦春自治旗的诺敏、宜里、大杨树三镇南部为界与其接壤，西以诺敏河与格尼河分水岭山脊和格尼河下游干流为界与阿荣旗相邻。旗域地处大兴安岭东麓浅山区，西北部是伊勒呼里山支脉和加尔敦山支脉一线向松嫩平原的过渡区，为低山丘陵；南部系松嫩平原的北部边缘，为丘陵和小面积的平原。地势西北高，东南低，并呈阶梯状降落至嫩江右岸。从欧肯河入嫩江河口到诺敏河入嫩江河口的嫩江右岸，东西宽约40～50 km，南北长约180 km，为嫩江右岸（西岸）山前平原。汉古尔河镇（原博荣乡）的博荣山，

为呼伦贝尔市境内松嫩平原上最北部的名山［博荣(borong)，系达斡尔语，草垛，意为远看像草垛一样的山］。

莫力达瓦达斡尔族自治旗的“莫力达瓦(molidawa)”，是指尼尔基镇西北方向诺敏河左岸的伊威达瓦村东南的莫力达瓦山(海拔 455 m)。“莫力达瓦”系达斡尔语，意为形状像马背一样的山。鄂温克语“莫力达瓦”，意为马爬不上去的（陡峭）山坡。

齐—加线铁路（齐齐哈尔—加格达奇）在旗域内东北部通过，域内长 56.5 km，设哈达阳、哈力图、小黑山、红彦、杨木山、达拉滨 6 个车站。

旗所在地为尼尔基镇，位于嫩江右岸的老山头（尼尔基哈德）下的尼尔基水库大坝的西侧。尼尔基（nierji），系达斡尔语，“寓热烈、兴旺”之意。清康熙初年，达斡尔族莫日登氏一支自黑龙江流域迁此建村定居，为尼尔基镇之初始。尼尔基镇区最高点为镇北海拔 213 m，最低点为镇南嫩江右岸海拔 186 m。镇区西有国道（111）线，尼尔基水库库区和水库下游的嫩江干流可通航，镇区西南 10 km 有尼尔基通用机场。

莫力达瓦达斡尔族自治旗域内的河流均为嫩江水系，嫩江干流在域内流长 206 km，干流流域面积 4 760 km^2。嫩江流域最大的两条支流诺敏河、甘河都在旗域内汇入嫩江。域内嫩江一级支流诺敏河干流长度约 152 km，流域面积约 3 470 km^2；域内甘河干流长度约 92 km，流域面积约 2 471 km^2；域内欧肯河干流长度约 50 km，流域面积不详。嫩江右岸一级支流哈列吐河、郭恩河、霍日里河的全流域都在旗域内。格泥河域内干流长度约 27 km，域内流域面积约 76 km^2。域内除有尼尔基特大型水库(面积 498.33 km^2，旗域内面积＞ 210 km^2，最大库容 $86 \times 10^8 m^3$）外，还有 8 个水库。尼尔基水库库容为呼伦贝尔市和内蒙古自治区最大，也是设计灌溉面积最大的水利枢纽。

莫力达瓦达斡尔族自治旗的气候受松嫩平原暖湿气流的影响较大，局部还受伊勒呼里山支脉、加尔敦山支脉影响。旗域年平均降水量为 400～500 mm，由北向南依次减弱，在伊威达瓦、卧罗河最大降水量≥ 500 mm。无霜期 100～134 天，年平均无霜期 127.68 天（为 1981—2017 年间无霜期的平均天数）。

1. 旗域内丘陵、低山岭分布特点

旗域全境被河流分割为两个丘陵带、两个低山丘陵带和一个低山山岭，并随河流走向有 4 个为西北到东南，一个为东北向西南后又折向东南（图 11-7）。

丘陵带、低山丘陵带、低山山岭从东北向西南依次为：

（1）浑都敖勒敖勒丘陵带。由嫩江右岸一级支流欧肯河入嫩江河口向西南到前达尔滨沟堵后折向东南止于浑都敖勒敖勒南。海拔≤ 448 m，长度约 55 km。

（2）敖包山丘陵带。由嫩江右岸甘河口到郭恩河口间嫩江各级支流与甘河下游卧罗河口以下右岸各级支流之间所夹丘陵组成。海拔≤ 477 m，长度约 80 km。

（3）德勒斯克山低山丘陵带。由嫩江右岸一级支流郭恩河与霍日里河之间所夹低山丘陵组成。海拔≤ 612 m，长度约 56 km。

（4）卓洛尼哈德低山丘陵带。由霍日里河与诺敏河之间所夹低山丘陵组成。海拔≤ 569 m，长度约 65 km。

（5）阿塔达瓦低山山岭。由诺敏河与格尼河之间所夹低山组成。海拔≤ 652 m，长度约 64 km。

2. 旗域内部分已命名的主要山峰

莫力达瓦（山），诺敏河左岸的伊威达瓦村东南，海拔 455 m；

阿尔拉敖勒，诺敏河左岸，海拔 374 m；

黑格敖勒，诺敏河左岸，海拔 377 m；

瓦希克奇敖勒，坤密尔堤河上游左岸，海拔 471 m；

塔温敖宝，霍日里河左岸，海拔 402 m；

博荣山，嫩江右岸，诺敏河左岸，海拔 238 m；

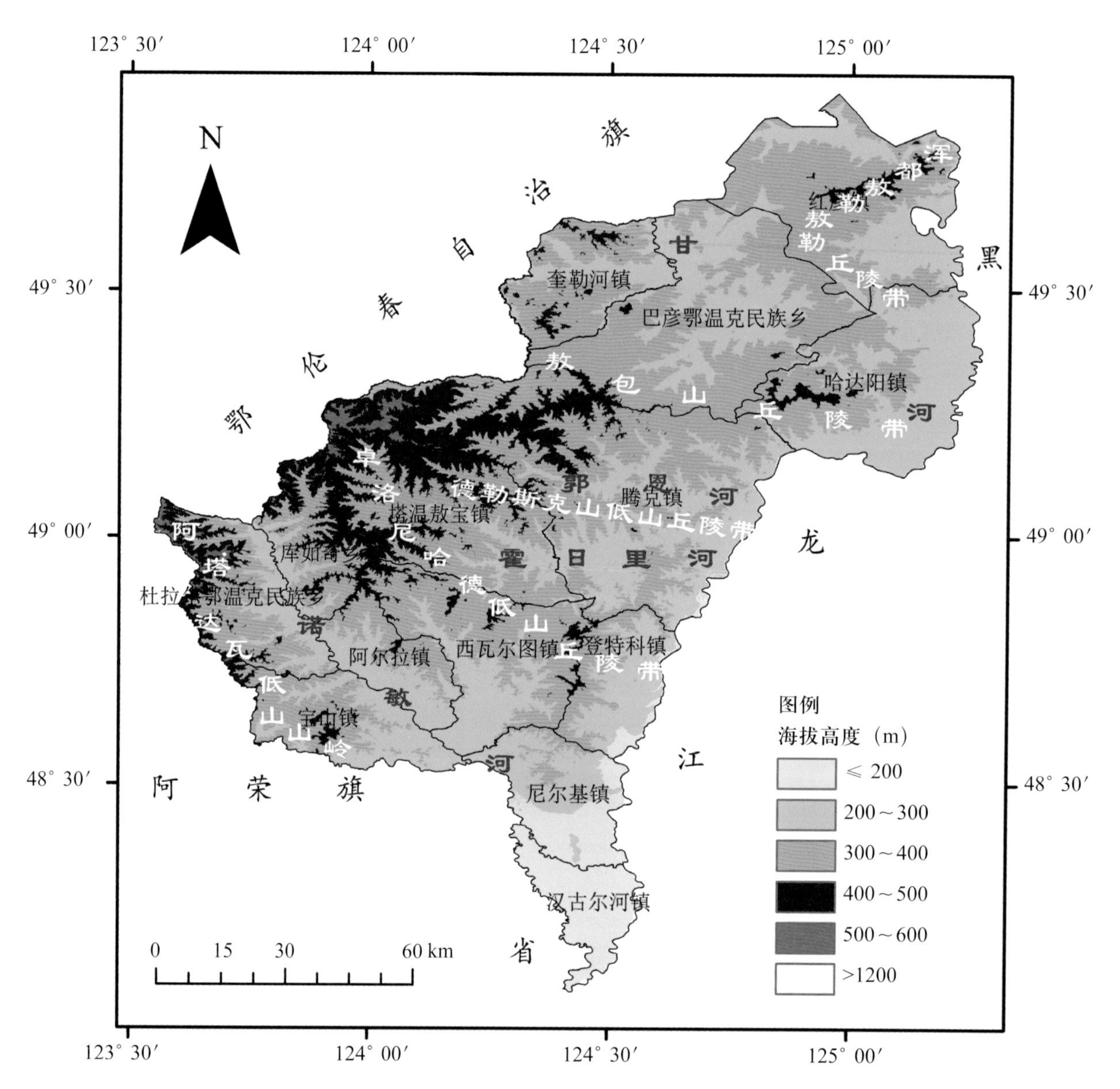

图11-7　莫旗高程图

老黑山，尼尔基水库西岸，海拔 332 m；

阿塔达瓦山岭，诺敏河右岸，主峰海拔 652 m；

卓洛尼哈德，霍日里河与诺敏河之间，海拔 569 m；

德勒斯克山，郭恩河与霍日里河之间，海拔 612 m；

浑都敖勒敖勒，水磨沟河与哈列吐河之间，海拔 406 m；

瓦希克奇郭乌都，诺敏河右岸，瓦希格奇村西 5 km 处，海拔 639 m。

3. 古松辽中央大湖与莫力达瓦达斡尔族自治旗的土壤

松嫩平原是从白垩纪到第四纪早、中更新世两次发生大规模拗陷后，形成的古松辽中央大湖区湖底的一部分。莫力达瓦达斡尔族自治旗的土壤形成与中央大湖的变迁有着密切的关系，由此影响了旗域内各类土壤的分布。由西北向东南土壤的分布为，暗棕壤、黑土、草甸土、沼泽土。其中暗棕壤主要分布在北部和中部的低山、丘陵区，黑土主要分布于嫩江右岸丘陵区以下的河谷平原区，草甸土分布于嫩江、诺敏河流域的松嫩平原部分。而沼泽土主要分布在江河漫滩一级阶地的低洼区、浅山丘陵闭流区的盆地以及河流两侧的低洼地。利于耕作的暗棕壤、黑土、草甸土（厚体草甸土）约占全旗总面积的 91.28%，可见农业发展潜力巨大。莫力达瓦达斡尔族自治旗在岭南三旗市中是唯一拥有面积＞500 km² 的三角洲湿地的旗市，即诺敏河与嫩江交汇处的汉古尔河三角洲湿地，也是呼伦贝尔市唯一拥有部分松嫩平原的旗市。

4. 各乡镇的分布

莫力达瓦达斡尔族自治旗的乡镇受历史和生产方式的影响，主要分布在宜居住，饮水、交通方便的河流沿岸，便于农牧业生产的耕地集中区，有利于鱼猎、采集的低山区等。

各乡镇（村，旧称）在山河间的地理位置：

（1）汉古尔河镇。位于松嫩平原的北部边缘的嫩江和诺敏河所夹的三角洲上，东距嫩江约 6 km，西距诺敏河约 4 km。

（2）西瓦尔图镇。位于西瓦尔图河右岸，新发水库东北约 4 km 处。

（3）红彦镇。位于哈列吐河右岸，鸡冠山（海拔 365m）西北约 5.5 km 处的红彦村。

（4）阿尔拉镇。位于诺敏河左岸，阿尔拉敖勒（海拔 374 m）南。

（5）哈达阳镇。位于嫩江右岸，对岸为科洛河入嫩江河口。

（6）宝山镇。位于诺敏河右岸，宝山沟河左岸，宝山沟河入诺敏河河口西约 1.5 km 处。

（7）太平乡。位于格尼河左岸支流太平川河上游，马鞍山（海拔 455 m）东约 6 km 处的太平川村。

（8）扎如木台乡。位于扎兰河入奎勒河河口处，奎勒河北岸的奎勒河村。

（9）乌尔科乡。位于诺敏河左岸王八脖子山（海拔 221 m）北约 1 km 处前乌尔科村。

（10）巴彦鄂温克民族乡。位于甘河左岸，右岸支流乌鲁其河汇入甘河口北约 5 km 处的满都胡浅村。

（11）兴仁乡。位于诺敏河左岸，四方山（海拔 224 m）东约 5.5 km 处的前巨仁村。

（12）兴隆乡。位于诺敏河左岸与坤密尔堤河右岸之间，两河交汇河口北约 3 km 处的前兴隆村。

（13）杜拉尔鄂温克民族乡。位于嘎尔墩毕拉罕河汇入诺敏河口西约 1.5 km 处的查哈阳村。

（14）库如奇乡。位于诺敏河左岸，黑格敖勒（海拔 377 m）南的库如奇村。

（15）坤密尔堤乡。位于坤密尔堤河上游左岸，瓦希克奇敖勒（海拔 471 m）南约 8 km 处的坤密尔堤村。

（16）卧罗河乡。位于卧罗河南岸，伊斯卡奇河入卧罗河口南的卧罗河村。

（17）塔温敖宝乡。位于霍日里河左岸，塔温敖宝（海拔 402 m）西南约 2 km 处。

（18）原博荣乡。位于嫩江右岸，博荣山（海拔 238 m）东北约 5.5 km 处的后西拉金村。

（19）登特科乡。位于尼尔基水库西岸，老黑山（海拔 332 m）南 6.5 km 处安民村。

（20）腾克镇。位于尼尔基水库西岸，沃勒山（海拔 397 m）南 2 km 处。

（21）额尔和乡。位于甘河左岸，甘河入嫩江河口西北约 6 km 处的额尔和村。

二、人口特征

截至 2016 年年末，莫力达瓦达斡尔族自治旗户籍人口总户数 134 467 户，户籍总人口 319 345 人。其中，城镇人口 87 450 人，乡村人口 231 895 人，各占总人口的 27.4% 和 72.6%。

在总人口中，男性 164 462 人，女性 154 883 人，各占总人口的 51.5% 和 48.5%；汉族人口 249 766 人、蒙古族 8 640 人、回族 231 人、满族 18 853 人、朝鲜族 1 078 人、达斡尔族 33 296 人、鄂温克族 6 836 人、鄂伦春族 335 人、壮族 21 人、锡伯族 175 人、苗族 36 人、土家族 13 人、彝族 5 人、俄罗斯族 1 人，其他少数民族 59 人。

第八节

鄂伦春自治旗

一、在山河间的地理位置

鄂伦春自治旗地理坐标为东经121°55′～126°10′，北纬48°51′～51°25′。全境东西距离约248 km，南北距离约321 km，总面积5.988×10^4 km²，为呼伦贝市面积最大的旗（市、区）。域内最高点为伊勒呼里山支脉主峰大白山（吐和日），海拔1 528 m；最低点为嫩江右岸与莫力达瓦达斡尔族自治旗交界处的嫩江河谷，海拔256 m。旗域北部的甘河镇、阿里河镇、古里乡以伊勒呼里山支脉分水岭为界与黑龙江省塔河县、呼玛县接壤；古里乡东部以嫩江为界与黑龙江省黑河市相邻；西部的克一河镇、托扎敏乡、诺敏镇以大兴安岭主脉分水岭为界与根河市、牙克石市接壤；南部诺敏镇以加尔敦山支脉分水岭为界与阿荣旗接壤；东南部以大杨树镇南的卧勒河、库鲁其河、东方红农场、欧垦河农场一线为界与莫力达瓦达斡尔族自治旗接壤（图11-8）。

鄂伦春自治旗的气候受大兴安岭主脉和伊勒呼里山、加尔敦山支脉影响，还受松嫩平原的暖湿气流的强烈作用。旗域年平均降水量为400～550 mm，由北向南依次减弱，但在阿里河流域为最大，约≥550 mm，这也是呼伦贝尔市降水最多的区域之一。年平均无霜期103.38天（为1981—2017年间无霜期的平均天数）。

旗所在地为阿里河镇，位于甘河中游左岸（北岸），阿里河汇入甘河河口以上的东西两岸。镇区南9km有著名的冰臼地质奇观窟窿山，西北9 km有古代鲜卑人祖居石室嘎仙洞，北为南流的阿里河源头伊勒呼里山。伊图里河—加格达奇线铁路在镇区南通过设阿里河车站，省道S301在镇区南穿过。加格达奇民航机场在加格达奇城区南的甘河右岸，距阿里河镇约40 km。最高点在镇区北端的阿里河谷海拔430 m，最低点在镇区南端的甘河北岸海拔416 m。阿里（ali），系鄂伦春语，意为“有灵神的地方”。阿里河，意为其流域有灵气，有神灵[①]。

伊勒呼里山支脉山脊南侧鄂伦春自治旗域内由东向西依次为二根河、南瓮河、罕诺河、那都里河、多布库尔河、欧垦河、甘河的源头，这些河流均为嫩江的上源和一级支流，构成嫩江上游流域水系的大部，为嫩江水系上游的重要水源涵养区。二根河为内蒙古自治区与黑龙江省的界河。旗域内大兴安岭主脉东侧由北向南构成了甘河上源、诺敏河及其支流毕拉河源头。诺敏河为嫩江水系最大支流，是嫩江上游水系的主要组成部分；甘河次之也是嫩江上游水系的主要组成部分。二根河流域面积约为959 km²；南瓮河流域面积约为2 792 km²；罕诺河流域面积约为1 384 km²；那都里河流域面积约为5 408 km²；多布库尔河流域面积约为5 761 km²；欧肯河流域总面积约为1 597 km²；甘河流域总面积为$1.954\,9\times10^4$ km²；诺敏河流域总面积为$2.546\,3\times10^4$ km²。欧肯河、甘河、诺敏河流域绝大部分分布在鄂伦春自治旗境内，部分在莫力达瓦达斡尔族自治旗、阿荣旗境内。二根河左岸流域分布在黑龙江省境内。域内有大兴安岭主脉长度约483 km，伊勒呼里山支脉长度约254 km（全长277 km），甘诺山支脉长度约256 km，扎克奇山次支脉长度约178 km，加尔敦山支脉长度约100 km。域内山前平原主要分布在欧肯河下游以南，大杨树以下的甘河流域的嫩江右岸50～60 km范围内。

① 鄂伦春自治旗原旗长莫日根布库先生译解。

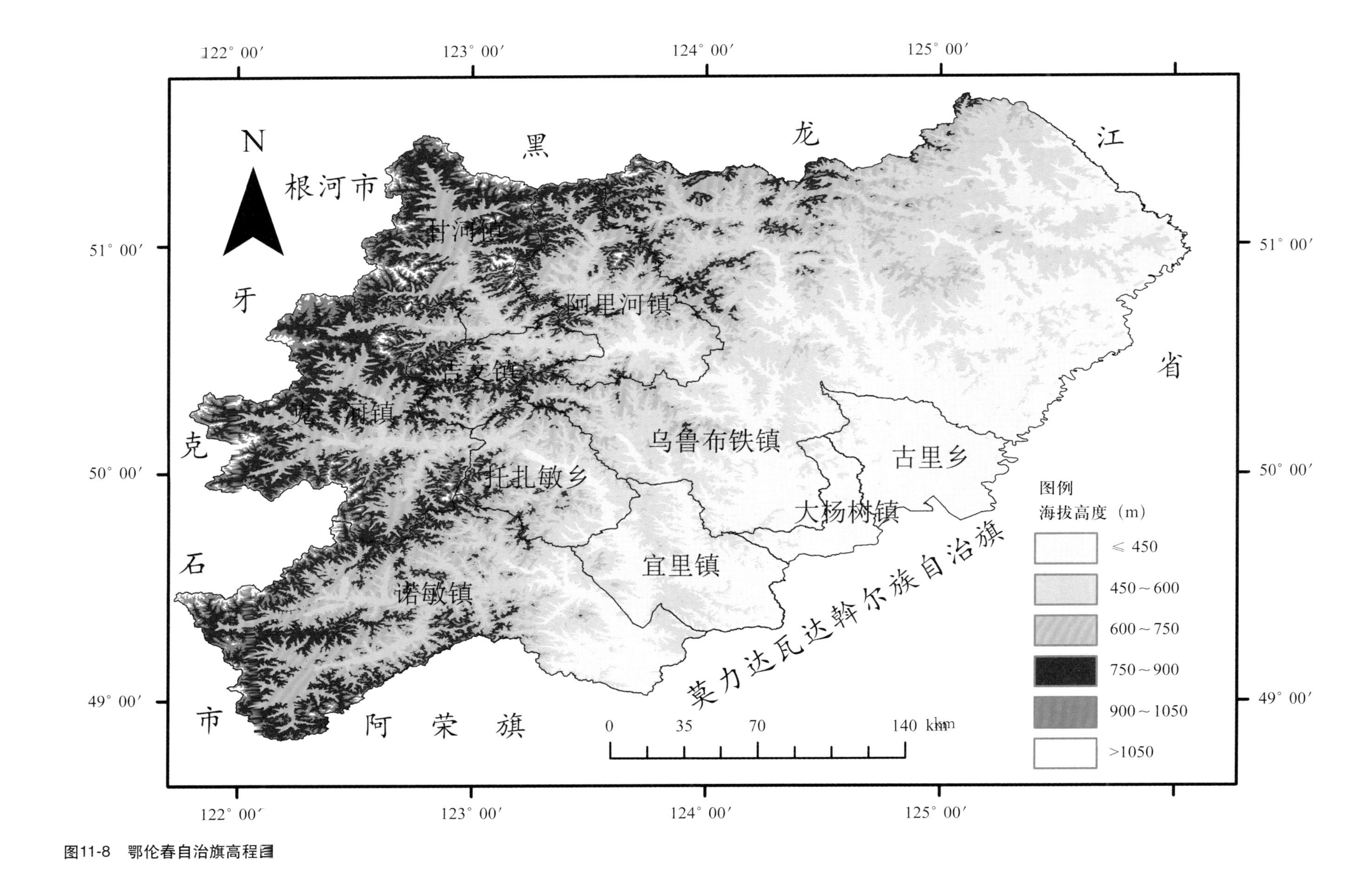

图11-8 鄂伦春自治旗高程图

1. 旗域内部分已命名的主要山峰

（1）海拔 1 300 m 以上山峰。

大白山，甘河源头乌力特，伊勒呼里山支脉分水岭上，海拔 1 528 m；

1 391 高地，甘河源头乌力特，海拔 1 391 m；

1 318 高地，甘河源头乌力特，海拔 1 318 m；

1 322 高地，诺敏牛尔坑，海拔 1 322 m；

古利牙山，主脉分水岭，海拔 1 394 m；

小古里奇纳山，主脉分水岭，海拔 1 355 m。

（2）海拔 1 200～1 300 m 的山峰。

诺敏大山，诺敏河左岸一级支流布鲁布地河源头，海拔 1 219 m；

伊山，阿里河源头，伊勒呼里山支脊上，海拔 1 273 m；

大岭东山，伊勒呼里山支脉山脊上，海拔 1 266 m；

赛浪格古达，牛尔坑河入诺敏河河口南约 25 km 处，海拔 1 279 m；

无名的山峰，约 39 座。

2. 域内有特点的主要山峰

大白山，伊勒呼里山支脉主峰，大兴安岭气候变暖前，山顶积雪终年不化，远看白雪皑皑，海拔 1 528 m；

诺敏大山，吉文镇境内诺敏河左岸一级支流布鲁布地河源头，周围数百平方千米范围内野生动物密度较大，野生植物种类丰富，海拔 1 219 m；

四方山，毕拉河右岸，火山口，为鄂伦春族圣山，上有铁铸萨满雕像、祭坛，海拔 933.4 m；

小土葫芦山，位于诺敏河上游左岸陶来罕红花尔基河口上游约 6 km 处，是奎勒河—诺敏火山群中锥体最完整、规模最小的火山口，易游览考察，海拔 668 m；

窟窿山，阿里河镇甘河南岸，山上石崖顶部遗存有第四纪冰川期形成的大量冰臼，具有重要的地质学研究价值，海拔 684 m；

嘎仙洞，阿里河镇西北 9 km 处，为拓跋鲜卑石室旧址，具有重要的史学价值，1988 年 1 月被国务院批准为全国重点文物保护单位，列为一级保护文物；

奎勒河—诺敏火山群，位于大兴安岭山脉北部东坡，全部分布在鄂伦春旗境内，约有 30 余座火山锥口，石塘林、熔岩峡谷、堰塞湖神奇秀美，具有重要的科学研究价值，旅游开发空间巨大。

3. 域内有特点的河段

（1）甘河源头的甘上段。北侧主脉以北为汗马国家级自然保护区，西侧为激流河、根河源头（根河源湿地保护区），东侧为伊勒呼里山支脉山脊。

（2）阿里河源头的阿源段（分为西支源和东支源，均位于第四纪冰川运动的冰石河上，已演化成为石塘林）。东支源的源头为一涌泉，海拔约 1 000 m，泉边长有一株荷花，每年开花。据当地鄂伦春族老猎人讲，观其花开，闻其花香，会得神灵保佑。

（3）二根河与南瓮河交汇处的嫩江源。属著名的南瓮河湿地范围，是国家级湿地自然保护区。

（4）烟囱石。位于诺敏河与毕拉河交汇处，为一孤立于河中的巨石，形似烟囱，周边风景秀美（冰川学家认为是冰川运动形成，火山学者认为是火山喷发后的火山口锥心凝固的地下岩浆，目前还无定论）。

（5）神指峡。是毕拉河河谷中发育的一条约 30 多千米长峡谷，有近 180 m 的落差（宽 30～80 m，深 10～30 m，典型的熔岩峡谷，是大兴安岭山脉最大规模的玄武岩峡谷），平均比降约 6‰，是山脉北部落差最大的河段之一，河流湍急。

（6）百湖谷。阿木珠苏河流域，有火山喷发形成的堰塞湖 100 多个（也有学者提出为冰川运动所致），被称为百湖谷。

（7）扎文河（下游段）。在毕拉河与扎文河下游，两河所夹的约 25.51 km 长的狭长地带（最宽处约 6.3 km，最窄处约 0.464 km，面积约 61 km^2）的石塘林，被鄂伦春人称之为“阔绰”（kuochuo），意为两河之间。由于地貌特殊，一侧是蜿蜒曲迴的扎文河，另一侧是在神指峡中奔腾咆哮的毕拉河，而

且在最窄处两河还有 80 m 的高差，使它成为大兴安岭山脉 3 个火山群石塘林中最美的。

4. 鄂伦春自治旗各乡镇分布

鄂伦春自治旗的乡镇由于受当初以森林采伐为主的早期大兴安岭开发的影响，大部分在铁路沿线和沿森林茂密木材蓄积量多的河流分布，如克一河镇、甘河镇、吉文镇、阿里河镇、加格达奇区、小杨气镇（松岭区）、古源镇、劲松镇、大杨树镇，这些镇区均设有归国家管理的林业局，并由伊图里河—加格达奇和齐齐哈尔—西林吉铁路连通。还有一部分乡镇早期受原住民鄂伦春族定居和狩猎生产生活方式的影响，在猎物比较丰富的山脉（岭）、河流两岸分布。如讷尔格气乡、乌鲁布铁镇、甘奎乡，在甘河、奎勒河流域的扎克奇山次支脉；古里乡在南瓮河、罕诺河、古里河、那都里河、多布库尔河流域的伊勒呼里山支脉；托扎敏乡在托河、扎文河、诺敏河流域的大兴安岭主脉和甘诺山支脉；诺敏镇（小二沟）在诺敏河、毕拉河、奎勒河流域的大兴安岭主脉、甘诺山支脉、加尔敦山支脉。

各乡镇（村）在山河间的具体位置：

（1）克一河镇。位于霍都奇河汇入克一河河口处的克一河左岸。

（2）甘河镇。位于克一河汇入甘河河口西侧约 3.5 km 处的克一河左岸，甘河右岸。

（3）吉文镇。位于吉文河汇入甘河河口处的甘河右岸。

（4）加格达奇区。位于甘河左岸与额尔格奇河右岸之间所夹的甘河北岸（黑龙江省托管）。

（5）小杨气镇（松岭区）。位于多布库尔河与小杨气河交汇河口以下的多布库尔河右岸（黑龙江省托管）。

（6）古源镇。位于八代河汇入多布库尔河河口以下的多布库尔河左岸（黑龙江省托管）。

（7）劲松镇。位于库除河汇入多布库尔河河口以下的多布库尔河左岸（黑龙江省托管）。

（8）讷尔格气乡。位于额尔格气河入甘河口以上的额尔格气河左岸。

（9）乌鲁布铁镇。位于甘河左(东)岸，马尾山北。

（10）大杨树镇。位于甘河左岸線轱辘山东。

（11）甘奎乡。位于大杨树镇。

（12）古里乡。位于多布库尔河右岸加格达奇河汇入多布库尔河口以上，四所西山（海拔 369m）北。

（13）托扎敏乡（西日特奇村）。位于西日特奇汗河汇入诺敏河口以上的诺敏河左岸。

（14）诺敏镇。位于诺敏河左岸，白格热河汇入诺敏河口以上。

二、人口特征

截至 2016 年年末，鄂伦春旗户籍人口总户数 112 450 户，户籍总人口 254 566 人。其中，城镇人口 191 684 人、乡村人口 62 882 人，各占总人口的 75.3% 和 24.7%。

在总人口中，男性 129 355 人，女性 125 211 人，各占总人口的 50.8% 和 49.2%。汉族人口 222 989 人、蒙古族 11 108 人、回族 916 人、满族 6 164 人、朝鲜族 513 人、达斡尔族 6 440 人、鄂温克族 3 456 人、鄂伦春族 2 782 人、壮族 19 人、藏族 1 人、锡伯族 68 人、苗族 38 人、土家族 10 人、彝族 3 人、俄罗斯族 25 人，其他少数民族 34 人。

第九节

鄂温克族自治旗

一、在山河间的地理位置

鄂温克族自治旗地理坐标为东经118° 48′ 02″～121° 09′ 25″，北纬47° 32′ 50″～49° 15′ 37″。全境东西宽173.25 km，南北长187.75 km，地域总面积1.911 1×10⁴ km²。域内最高点为伊贺古格德山，海拔1 707 m；最低点为伊敏河谷与海拉尔市相邻的断桥处海拔612 m。旗域北部的大雁镇、巴彦嵯岗苏木、巴彦托海镇北与海拉尔区、陈巴尔虎旗接壤，大雁镇、巴彦嵯岗苏木东以海拉尔河河谷、牙拉达巴乌拉（山）支脉山脊为界与牙克石市接壤；东部的原锡尼河东苏木、伊敏苏木以牙拉达巴乌拉（山）支脉山脊、大兴安岭主脉分水岭、乌日根乌拉（山）支脉山脊为界与牙克石市、扎兰屯市、兴安盟阿尔山市接壤；西北部的巴彦托海镇、巴彦塔拉达斡尔民族乡，西部的锡尼河西苏木，西南部的辉河苏木在北部和西部及南部，分别与陈巴尔虎旗、新巴尔虎左旗及兴安盟阿尔山市接壤。旗域面积几乎全部处于伊敏河流域，只有巴彦嵯岗苏木、大雁镇的约1 130 km² 位于莫和尔图河流域和海拉尔河干流流域，伊敏河支流辉河上游左岸的部分区域位于新巴尔虎左旗境内。伊敏河仅在汇入海拉尔河口以上约11 km才进入海拉尔区，其余干、支流流域绝大部分在鄂温克族自治旗境内，流域总面积为2.263 7×10⁴ km²。以伊敏河为南北中轴线，东部从大兴安岭山脉海拔1 000 m以下依次为森林、山地草甸草原、中低山山地草甸、沙地草甸草原、温性草甸草原、温性典型草原，西部为沙地草甸草原、温性典型草原、沙地草原，还有部分盐化低地草甸（图11-9）。

旗域的气候受大兴安岭主脉和牙拉达巴乌拉山、乌日根乌拉山支脉影响，受西伯利亚寒流影响强烈。年平均降水量350～400 mm，并由东向西递减。年平均无霜期113.89天（为1981—2017年间无霜期的平均天数）。

旗所在地为巴彦托海镇，位于海拉尔区正南以断桥为界的伊敏河左岸的河谷盆地上，是海拉尔河谷盆地向伊敏河谷的延伸。西北侧为3个湖泊，最大的是约1 km² 的呼吉日诺尔（碱），另外两个较小无名。西北部约3 km处为海拉尔西山机场。西和西南为伊敏河左岸隆起的地台，南为展开的伊敏河河谷。巴彦托海镇区最低点在伊敏河谷北部断桥处海拔612 m，最高点为镇区南端的伊敏河谷海拔619 m。巴彦托海，系蒙古语，意为“富饶的河湾”之意。

由大兴安岭山脉的一段主脉和两条支脉在东部旗界和南部旗界共同构成以伊敏河为主的河流源头，一段主脉是指从敖宁高勒源头主脉上海拔1 327 m山峰到伊贺古格德山，长约158 km；一条支脉是东侧的牙拉达巴乌拉山脉，长约105 km；另一条支脉是南侧的乌日根乌拉山脉，总长约98 km，旗域内长度约24 km。

1. 鄂温克族自治旗境内部分已命名的主要山峰

（1）海拔1 300 m以上山峰。

伊贺古格德，伊敏河源头，与扎兰屯市交界的大兴安岭山脉分水岭上，海拔1 707 m；

浩芒古古塔，洪古勒吉罕河入伊敏河河口西约7.8 km处，海拔1 470 m；

乌拉仁古格德，主脉分水岭西侧，绰尔林业局五一林场西偏北约13.75 km处，海拔1 622 m；

呼热特古格德，伊和松棍特乌拉西南约10 km处，海拔1 413 m；

摹天岭，（又名王·高格达，高格达为鄂温克语，意为高，因其高于周围诸山为众山之王而得名），位于与牙克石交界的主脉分水岭上，海拔1 456 m；

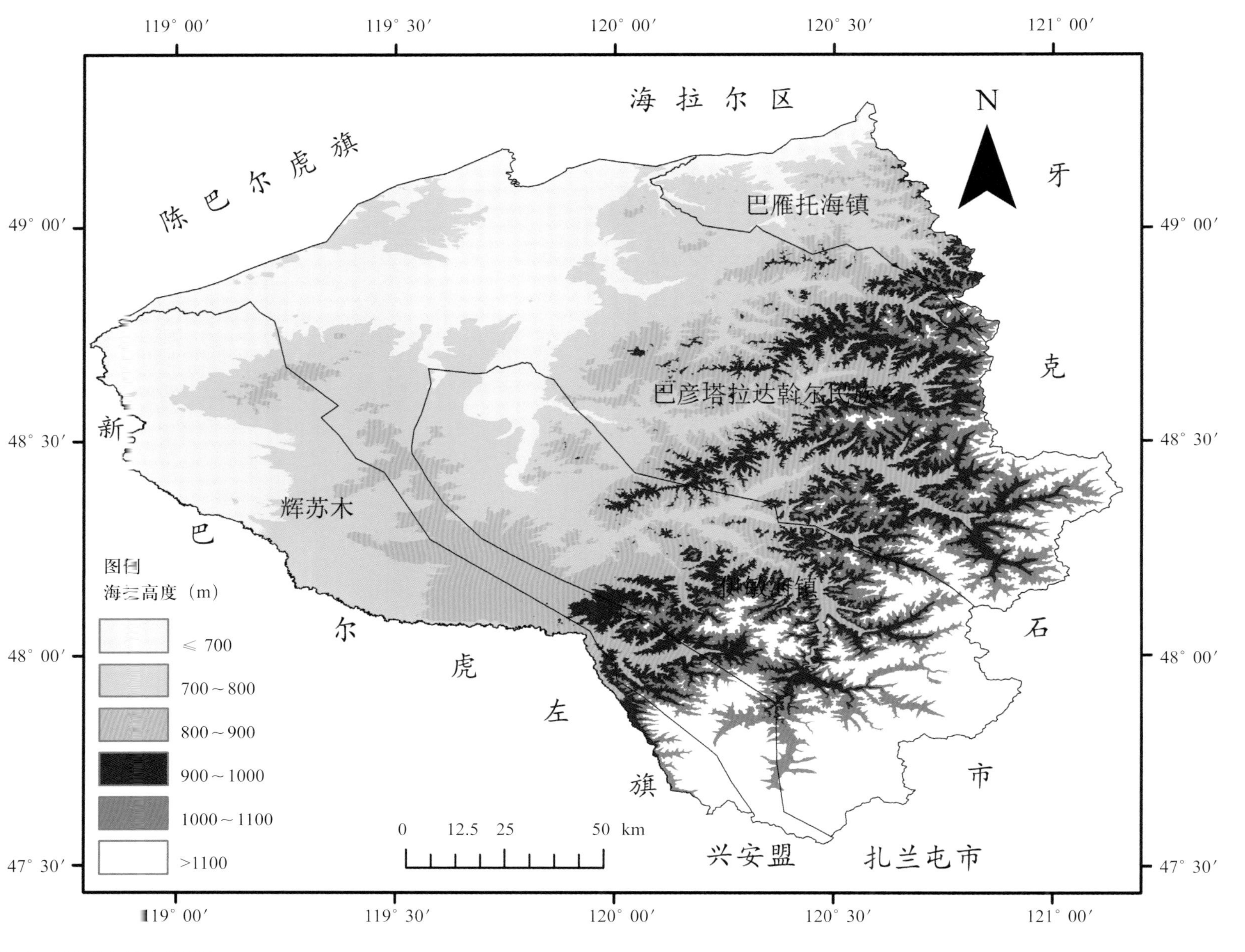

图11-9　鄂温克自治旗高程图

纽纽德古古塔，主脉分水岭西侧，梨子山南偏西约 17.5 km 处，海拔 1 362 m；

无名的，还有 33 座。

前面介绍的伊贺古格德、浩茫古古塔、乌拉仁古格德、呼热特古格德、王·高格达（摹天岭）、纽纽德古古塔中的古格德、高格达、占古塔，均为鄂温克语中的“gugede（古格德）”的汉语谐音，意为高。古格德、高格达、古古塔同意，只是汉语谐音的写法不同。

（2）海拔 1 200～1 300 m 部分已命名的山峰。

伊和布德尔山，锡尼河源头，（伊和，蒙古语意为大；布德尔，鄂温克语，意为斑点、斑纹，即大斑点、斑纹山）海拔 1 257 m；

梨子山，主脉分水岭西侧，绰源翠岭林场北约 4.8 km 处，海拔 1 205 m；

塔日巴格台布格其，呼莫高勒源头，海拔 1 227 m；

乌其哈锡，伊和松棍特乌拉西北约 14.5 km 处，海拔 1 259 m；

伊和松棍特乌拉（上），三道桥南约 5 km 处，海拔 1 229 m；

（3）白音呼舒敖包。在巴彦托海镇南 39 km 的伊敏河西岸海拔 702 m 的高地，有鄂温克族自治旗祭祀的敖包—白音呼舒敖包，每年都有盛大的祭祀活动。这里也是呼伦贝尔市著名的草原旅游景区。

2. 鄂温克族自治旗的自然地理特点

鄂温克族自治旗是呼伦贝尔市拥有 1 500 m 以上山峰较多的旗（市、区），共计 17 座。和扎兰屯市共同拥有市域内的最高山峰伊贺古格德；和新巴尔虎左旗共同拥有自治区唯一的天然沙地樟子松林带；独有阿尔山—柴河火山群最长的伊敏河上游火山熔岩峡谷（包括伊敏河支流的德廷德道河峡谷和牙多尔河峡谷）。在呼伦贝尔市只有鄂温克族自治旗的沙地樟子松林带里，分布有沙地草甸草原。

旗域内有 1 km² 以上的湖泊 14 个；最大的为西博嘎查北侧经围堰改造的牛轭湖，面积约 4.18 km²；最大的水库，红花尔基水库，库容 $3.171\,6\times10^{8}$ m³（见本书第五章第三节三、四）。

3. 鄂温克族自治旗各苏木乡镇分布

鄂温克族自治旗的苏木乡镇均分布于河流沿岸。巴彦嵯岗、锡尼河东、锡尼河西、巴彦塔拉、巴彦托海、孟根、伊敏、辉河等苏木（镇）是早期在游牧或游猎生产方式下逐步形成的，分布于易于游牧或游猎的有水源的草场、林缘区域；大雁镇、伊敏镇是随煤炭的开发建设形成的，是煤田上的城镇；红花尔基镇是随森林采伐、保护建设形成的。

各苏木乡镇（嘎查）在山河间的具体位置：

（1）大雁镇。位于海拉尔河南岸，西为海拉尔市扎罗木得村的深巨山，东与牙克石市区相接。

（2）巴彦嵯岗苏木。位于海拉尔河左岸一级支流莫和尔图河流域，苏木所在地位于莫和尔图河干流东岸乌勒古格德西侧山下。

（3）红花尔基镇。位于伊敏河上游流域樟子松林带的北部边缘，洪古勒吉温都日山北。

（4）伊敏苏木。位于伊敏河左岸的布勒格音敖包山北。

（5）伊敏镇。位于伊敏河左岸的特莫胡珠（系蒙古语，骆驼脖子之意）东南端的特莫陶勒盖（系蒙古语，骆驼头之意，海拔 754 m）东侧。

（6）孟根楚鲁苏木（原）。位于伊敏河左岸，白音呼舒敖包南。

（7）锡尼河西苏木（木腊莫日登）。位于伊敏河左岸，锡尼河汇入伊敏河口对岸。

（8）锡尼河东苏木（原）。位于伊敏河右岸一级支流锡尼河北岸，巴润哈木尼干浑迪东。

（9）白彦塔拉达斡尔民族乡。位于伊敏河左岸辉河汇入伊敏河口处的辉阿木斯日（辉河口），白土山山下。

（10）辉河苏木所在地胡日干阿木吉。位于辉河右岸的浩日布拉热（湖）东岸。

二、人口特征

截至 2016 年年末，鄂温克旗户籍人口总户数

54 780 户，户籍总人口 139 403 人。其中城镇人口 117 135 人，乡村人口 22 268 人，各占总人口的 84% 和 16%。

在总人口中，男性 71 230 人，女性 68 173 人，各占总人口的 51.1% 和 48.9%；汉族人口 80 426 人、蒙古族 28 132 人、回族 1 321 人、满族 3 411 人、朝鲜族 191 人、达斡尔族 13 900 人、鄂温克族 1 1 578 人、鄂伦春族 69 人、壮族 5 人、藏族 14 人、锡伯族 101 人、苗族 7 人、土家族 13 人、彝族 5 人、维吾尔族 2 人、俄罗斯族 176 人，其他少数民族 52 人。

第十节
阿荣旗

一、在山河间的地理位置

阿荣旗地理坐标为东经 122° 2′ 30″～124° 5′ 40″，北纬 47° 56′ 54″～49° 19′ 35″。全境南北长 151.9 km，东西宽 149.6 km，总面积为 $1.364\ 1 \times 10^4$ km^2。旗域最高点为大兴安岭主脊上博克图东沟堵的腰梁子，海拔 1 202.2 m；最低点为阿伦河河谷与黑龙江省甘南县交界处，海拔 197 m。西与扎兰屯市以音河为界隔河相望；东以格尼河与诺敏河之间的从新力奇顶子到阿塔达瓦以下的低山山岭山脊为界，与莫力达瓦达斡尔族自治旗接壤；北以加尔敦山支脉山脊为界与鄂伦春自治旗接壤；南以金界壕为界和黑龙江省甘南县毗邻；西北以大兴安岭主脉分水岭为界与牙克石接壤。旗域内有阿伦河源头沟堵的大兴安岭主脉长约 2.5 km，加尔敦山支脉长约 105 km，多伦山支脉长约 118 km，阿塔达瓦低山山岭长约 64 km，萨起山岭长约 30 km，沃尔会南岭长约 15 km。

阿荣旗气候受松嫩平原暖湿气流的影响强烈，局部还受大兴安岭山脉主脉、加尔敦山支脉、多伦山支脉的影响。受松嫩平原和这些山脉的影响，旗域内的温度、降水量由东南向西北沿格尼河、阿伦河、音河随海拔高度按梯度下降、增加。年平均降水量 470～570 mm，北部的库伦沟林场最大降水量约 570 mm，南部的那吉镇最小约 470 mm，库伦沟也是呼伦贝尔市降水最多的地区之一。无霜期北部 100～110 天，中东部为 110～125 天，南部 125～135 天；年平均无霜期 133.14 天（为 1981—2017 年间无霜期的平均天数）。

“阿荣”为“阿伦（alun）”的汉语谐音，系鄂温克语，“清洁干净”之意。阿荣旗得名于阿伦河的清澈干净。

旗所在地为那吉镇，位于阿伦河下游的左岸索勒奇河口以下、阿伦河右岸闹宝山（海拔 243 m）东北约 2 km 处。那吉（naji）为鄂温克语，意为鱼窝子。镇区最高点为北端高地（海拔 245 m），最低点为阿荣大桥下的阿伦河谷（海拔 212 m）。阿伦河从西北向东南在镇西流过，那吉镇地处宽约 3.5 km 的狭长河谷地带，原为平坦的河谷湿地比降较小约为 1.4‰，现已开垦为水稻田，成为人工湿地。国道 G111 线和绥—满高速（G10）线在镇区南交汇，分西南—东北向和东南—西北向在镇区通过。

阿荣旗大部分位于大兴安岭山脉的中低山和丘陵区，少部分位于松嫩平原向山区的过渡带。发源于加尔敦山支脉的格泥河、大兴安岭山脉分水岭的阿伦河、多伦山支脉的音河，将旗域分成三条西北—东南向的中低山丘陵带（图 11-10）。由东北向西南依次为格泥河流域中低山丘陵带（旗域内长约 142 km，旗域内流域面积约 4 975 km^2），阿伦河流域中低山丘陵带［旗域内长约 103km（全长 171 km），总流域面积约 7 417 km^2（包括黑龙江省甘南县境内的流域面积）］，音河流域中低山丘陵带［旗域内长约 90 km（全长 165 km），旗域内流域面

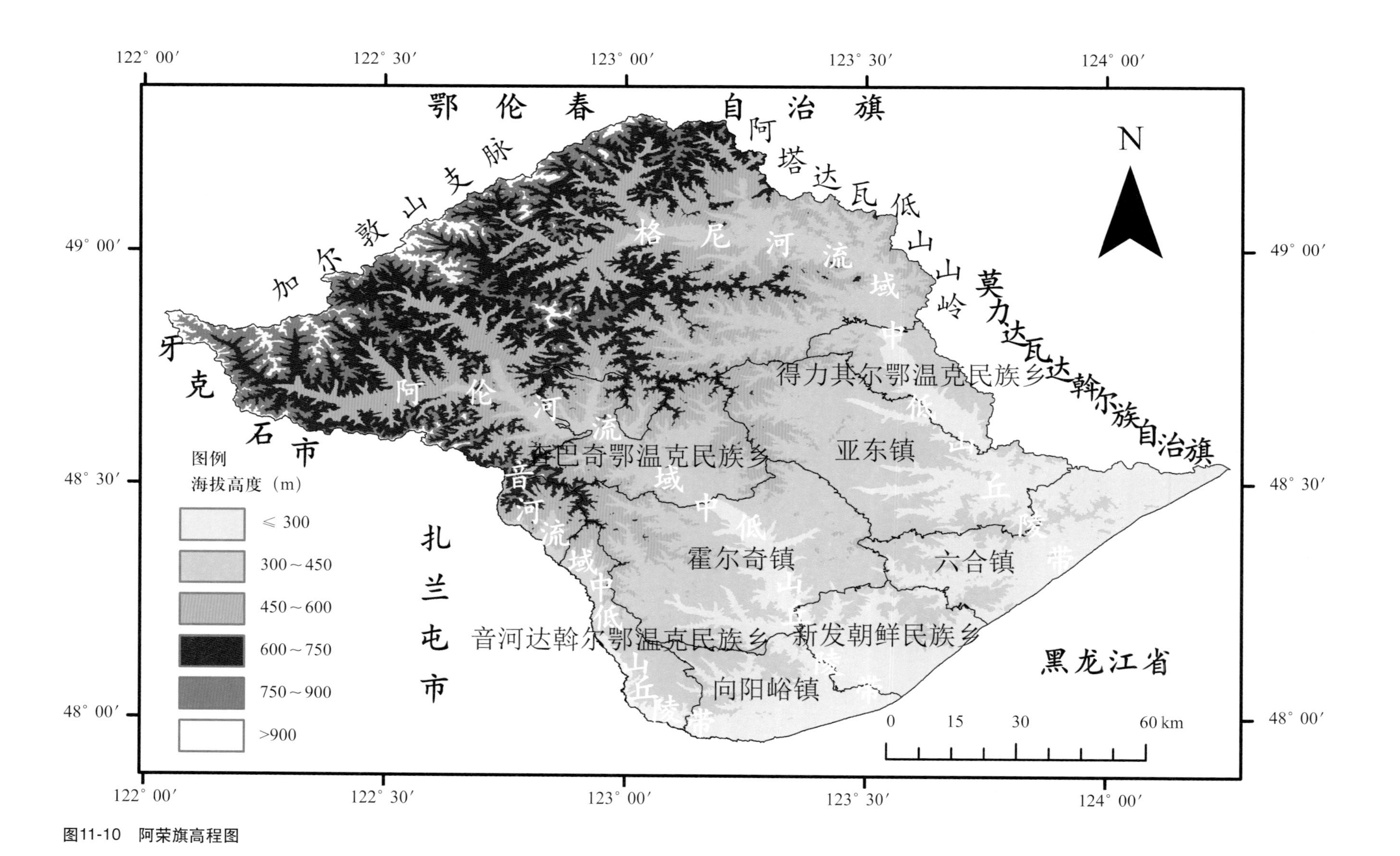

图11-10　阿荣旗高程图

积约 894 km²]。这些中低山丘陵带除包括山地、丘陵以外还有大量的河流湿地和沼泽湿地，它们基本以河流的干流为中心，以两侧的分水岭山脊为边界，形成了不同地貌、不同降水、不同积温并随海拔高度土壤分布不断变化的生态环境各异的区域。从诺敏河右岸到音河左岸沿金边壕（成吉思汗边墙）一线以西，东南到西北宽约 40～60 km，东北到西南长约 97 km，为嫩江右岸山前平原。

1. 阿荣旗域内部分已命名的主要山峰

（1）多伦山支脉海拔 1 000 m 以上的山峰

乌色奇山，多伦山支脉山脊上，海拔 1 147 m；

哈德乌努，多伦山支脉山脊上，海拔 1 039 m；

腰梁子，博克图东沟堵主脉山脊，海拔 1 202 m。

（2）加尔敦山支脉海拔 1 000 m 以上的山峰

八宝山，加尔敦山支脉山脊上，海拔 1 169 m；

平顶山，支脊东南侧，阿力格亚林场西约 12 km，格尼河上源支流大沙尔巴沟河源头南约 3 km 处，主峰海拔 1 101 m；

哈尔纲山，加尔敦山支脉山脊上，又名绰汗山，海拔 1 002、1 126 m；

加尔敦山岭，加尔敦山支脉山脊上，主要山峰海拔 1 041、1 015、1 032 m；

（3）阿伦河流域（第一章第四节）。

（4）格尼河流域（第一章第四节）。

2. 土壤的类型、面积、分布区域

（1）黑土。面积 1 389 km²，分布于霍尔奇、那吉镇、三道沟、新发、图布新、长安、自来井、六合、兴安各乡镇村及那吉屯农场、太平庄东南部、格尼的东南部。

（2）草甸土。面积 1 310 km²，分布于音河、阿伦河、格尼河水系的河流两岸及丘间溪旁较高地取。成土母质主要为洪积物和冲积物。

（3）沼泽土。面积 1 133 km²，分布于河漫滩低洼地、丘间和谷间洼地，闭流区沟谷盆地。

（4）暗棕壤。面积 8 140 km²，分布于区域各地，是旗域内主体土壤约占总面积的 68%。

3. 土壤的垂直和水平分布

（1）土壤的垂直分布。在河流上游山体海拔 800～1 100 m 左右的西北部中山区的格尼河上游得力其尔、三号店、阿力亚格，阿伦河上游三道岭、大时尼奇、库伦沟、查巴奇，乌色奇山等地区，土壤垂直分布变化较明显。山体的顶部一般为粗骨质暗棕壤；中山坡为薄体暗棕壤；低底坡的平缓区域为厚体暗棕壤或草甸暗棕壤；草甸暗棕壤下接林间草地的草甸土或河流湿地和沼泽湿地的草甸土和沼泽土。

旗域中部地区的格尼河、阿伦河中下游，音河流域一般山体较低、平矮，土壤的垂直分布类型也较为简单，一般没有粗骨质暗棕壤和草甸暗棕壤，多以生草暗棕壤为主。

在丘陵区以下到金边壕的漫岗地区上部为粗骨质黑土、草甸土和沼泽土，下部低地为沼泽土。

（2）土壤的水平分布。旗域内地带性水平分布的土壤主要是暗棕壤，其次为黑土。域内黑土属松嫩平原黑土区的西北部为内蒙古黑土分布地域的南端，位于格尼河、阿伦河、音河的下游丘陵以下金界壕以上的漫岗区域。在丘陵与漫岗相接地带，暗棕壤土与黑土呈犬牙状交错分布。隐域性土壤有草甸土、沼泽土，并相间分布。

（3）土壤形成与地质变迁。阿荣旗的土壤形成除与大兴安岭山脉的隆起关系密切外，在低山丘陵漫岗区还受古松辽中央大湖变迁的影响，致使旗域内的黑土分布区与松嫩平原联为一体，成为其组成部分。金界壕以西到旗域内的丘陵地带边缘，是松嫩平原向大兴安岭山脉的过渡带。可以认为这一过渡带是与在白垩纪到第四纪早、中更新世形成的古松辽中央大湖的湖岸、湖底之间有重要演替联系的区域。

4. 阿荣旗各乡镇分布

阿荣旗的乡镇大部分是随农业的发展逐步形成的，但那吉镇、那克塔村（原那克塔镇）、得力其尔鄂温克族乡、音河达斡尔鄂温克民族乡、查巴奇鄂温克族乡、霍尔奇镇早期乡镇发轫之初的雏形是由游猎的鄂温克族和鄂伦春族以及达斡尔族的定居农耕才逐步形成的，所以在这些乡镇均表现出与周边不同的狩猎文化特质、森林文化特质。

各乡镇（村）在山河间的具体位置：

（1）亚东镇。位于萨里沟河汇入格尼河河口以上的格尼河右岸。

（2）霍尔奇镇。位于鸭尔代河汇入阿伦河河口处的鸭尔代河左岸。

（3）六合镇。位于歪顶子山（海拔 423 m）北约 3.7 km。

（4）向阳峪镇。位于羊鼻子沟河右岸，向阳峪水库西约 2 km 处。

（5）新发朝鲜族乡。位于那吉镇。

（6）查巴奇鄂温克族乡。位于阿伦河中游左岸，哈特额高格达（海拔 574 m）西南约 3.5 km 处。

（7）音河达斡尔鄂温克民族乡。位于核心沟河汇入音河口以上 1.5 km 处音河左岸的音河村。

（8）得力其尔鄂温克族乡。格尼河左岸尖山子（海拔 512 m）西南约 4 km 处的忠诚堡村。

（9）太平庄镇。人头山（海拔 405 m）西约 6 km 处。

（10）复兴镇。位于红毛沟河汇入索勒奇河口的索勒奇河左岸，地房子村。

（11）原孤山镇。在孤山子村，今为六合镇。

（12）三岔河镇。位于格尼河右岸支流沃尔会河左岸，徐志明沟河汇入沃尔会河口处的三岔河村。

（13）原红花梁子镇。位于红花梁子岭后（山）（海拔 424 m）南 1.5 km，向阳峪水库北偏东约 7 km 处的红荣村。

（14）原三道沟镇。现为三道沟村。位于羊鼻子沟河左岸，金边壕西北约 2.5 km 处。

（15）原那克塔镇。现为那克塔村。位于阿伦河右岸额讷德高格达（海拔 616 m）东 14 km 的处。

（16）原长安乡。现为图布新村。位于尖山（海拔 422 m）西偏北约 5.5 km，大砬子山（海拔 396 m）西 8.5 km 处。

（17）原兴安乡。现为金边堡村。位于格尼河右岸青山水库南 3 km，金边壕西北 6 km 处。

（18）原自来井乡。现为老自来井村。位于现六合镇北 2.5 km 处。

二、人口特征

截至 2016 年年末，阿荣旗户籍人口总户数 136 779 户，户籍总人口 320 766 人。其中城镇人口 88333 人，乡村人口 232 433 人，各占总人口的 27.5% 和 72.5%。

在总人口中，男性 166 388 人，女性 154 378 人，各占总人口的 51.9% 和 48.1%；汉族人口 282 932 人、蒙古族 9 846 人、回族 227 人、满族 19 894 人、朝鲜族 1 865 人、达斡尔族 2 454 人、鄂温克族 2 917 人、鄂伦春族 211 人、壮族 33 人、藏族 15 人、锡伯族 239 人、苗族 14 人、土家族 7 人、彝族 4 人、俄罗斯族 4 人，其他少数民族 104 人。

第十一节
陈巴尔虎旗

一、在山河间的地理位置

陈巴尔虎旗地理坐标为东经 118° 22′ 30″～121° 10′ 45″，北纬 48° 43′ 18″～50° 10′ 35″。全境东西长 182 km，南北宽 143 km，总面积 2.1192×10^4 km²。旗域最高点为莫尔格勒河右岸支流巴嘎查力其格那浑迪河沟堵与额尔古纳市的交界处，海拔 1 127 m；最低点为额尔古纳河右岸小圆山附近与额尔古纳市交界处的河谷，海拔 518 m。陈巴尔虎旗东以三旗山支脉山脊为界与牙克石市接壤；西与新巴尔虎左旗接壤；南与鄂温克族自治旗、海拉尔区接壤；西北与俄罗斯以额尔古纳河为界相邻，中俄水界长 233 km；北与额尔古纳市接壤。旗域全境都位于海拉尔河流域和额尔古纳河干流流域。特泥河镇位于海拉尔河右岸一级支流特泥河流域；白音哈达苏木、巴彦库仁镇北部、哈达图苏木、鄂温克民族苏木位于海拉尔河右岸一级支流莫尔格勒河流域、额尔古纳河流域；东乌珠尔、西乌珠尔苏木位于海拉尔河、额尔古纳河流域；呼和诺尔镇位于海拉尔河及其二级支流辉河流域；巴彦库仁镇南部、宝日希勒镇位于海拉尔河干流流域。旗域内额尔古纳河水系的流域面积为 $2.119\,2\times10^4$ km²（包括海拉尔河流域）。从三旗山支脉山脊向西南高度逐步降低，依次为针阔混交林、阔叶林、中低山山地草甸、山地草甸草原、温性草甸草原、温性典型草原、局部的沙地草原，莫尔格勒河下游为沼泽化低地草甸（图 11-11）。

陈巴尔虎旗的气候除冬季受西伯利亚寒流强烈影响外，局部还受三旗山支脉、五河山支脉的影响，西南部夏季受蒙古高原的旱风的影响。部分地区的湿度、降雨还受海拉尔河、额尔古纳河的微扰。年平均降水量东部 350～400 mm，中部 300～350 mm，西南部 250～300 mm，降水量由东北向西南逐步减弱。年平均无霜期 115.14 天（为 1981—2017 年间无霜期的平均天数）。

清雍正十年（1732 年），巴尔虎蒙古人从布特哈地区迁来呼伦贝尔戍边，组建索伦左右两翼八旗。1919 年，单独成立了陈巴尔虎旗。清雍正十二年（1734 年），从喀尔喀蒙古车臣汗部又迁来巴尔虎蒙古族。人们把先来的称为陈巴尔虎蒙古族，后到的称为新巴尔虎蒙古族，陈巴尔虎旗因此得名。

旗所在地为巴彦库仁镇，位于海拉尔河北岸，东距海拉尔安本敖包约 22 km；西距海拉尔河的吞吐湖呼和诺尔湖约 13 km；南距海拉尔河干流约 4 km；北距莫尔格勒河下游湿地约 4 km。南、北、西三面被海拉尔河、莫尔格勒河包围，只有东面是草原。镇区的最高点为东端的石油公司附近的沙子山（海拔 608 m），最低点为西南的海拉尔河右岸（海拔 597 m）。海拉尔—满洲里一级路（G301）在镇区北侧通过，滨洲线铁路在海拉尔河南岸东西向贯通旗境，设有完工、赫尔洪得等车站。巴彦库仁，系蒙古语，意为“富饶的院落”。

陈巴尔虎旗位于呼伦贝尔高平原的东北部，东部为高平原的边缘，也是大兴安岭的林缘，有三旗山支脉长度约 54 km。自东北向西南由中低山、丘陵向高平原过渡；海拔由 800～1127 m 逐步降至 518～600 m，构成山地、高平原两大地貌主体。发源于三旗山支脉的特泥河、莫尔格勒河都属境内河流。特泥河流域面积为 1 400 km²，莫尔格勒河流域面积 4 926 km²。域内 1 km² 以上的湖泊 23 个，最大的为哈日诺尔湖，面积约 26 km²（见本书第五章）。海拉尔河过境长度为 224 km，额尔古纳河过境长度为 233 km。海拉尔河莫尔格勒河口以下到与新巴尔虎左旗交界的哈布斯盖图小孤山段，地貌变化较大，两岸的台地沙带上生长有以樟子松为主的乔木和其他灌木，河谷多牛轭湖间有低湿地草甸，是呼伦贝尔最美的河流湿地。位于莫尔格勒河中下游北侧一线到额尔古纳河右岸海拉斯图山岭的山地草甸草原、温性草甸草原、温性典型草原，分属鄂温克民族苏木、白音哈达苏木、东乌珠尔苏木，是呼伦贝尔草原的皇冠，为世界质量最好的草原之一，更是最美的草原，面积约 5500 km²。在呼和诺尔苏木南部的温性典型草原，是呼伦贝尔草原上最平展的草原，面积约 900 km²。域内额尔古纳河干流流域的孟克西里十八洲渚，面积约 200 多平方千米，为额尔古纳河上最大洲渚湿地。

1. 陈巴尔虎旗域内部分已命名的主要山峰

（1）三旗山支脉山脊西侧。

朝其格日查干，莫尔格勒河源头，海拔 1 007 m；

丁字山，支脊上敦达舒林温都日西北约 6 km 处，海拔 1 031 m；

巴彦温都日，丁字山西北约 5.8 km 处，海拔 960 m；

巴田山，支脊上乌日达舒林温都日西约 8.8 km 处，海拔 1 085 m；

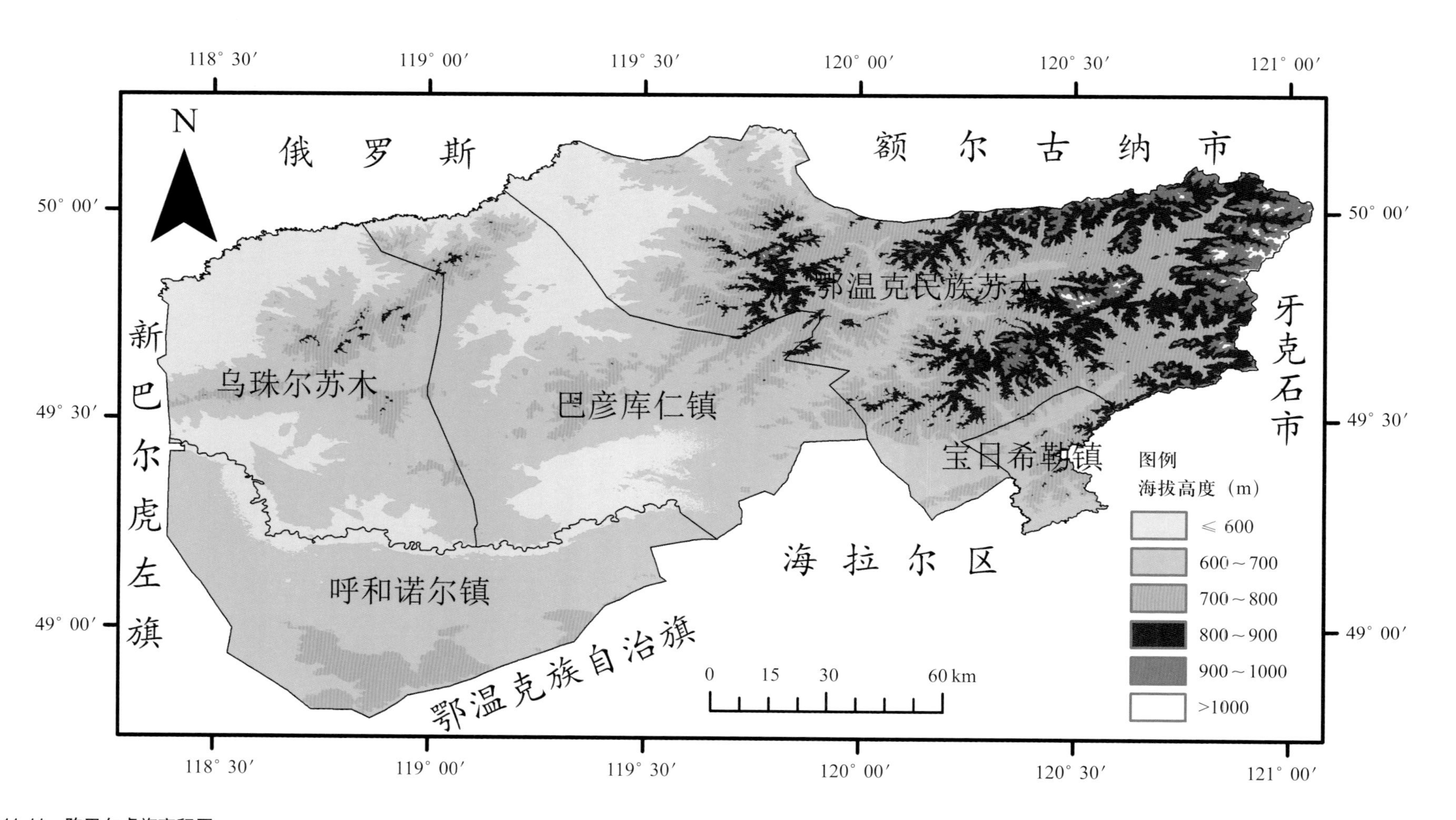

图11-11　陈巴尔虎旗高程图

1 127 高地，为无名山峰，莫尔格勒河右岸支流巴嘎查力其格那浑迪河沟堵与额尔古纳市的交界处，海拔 1 127 m，为域内最高点。

（2）特泥河流域（第一章第四节）。

（3）莫尔格勒河流域（第一章第四节）。

（4）塔日雅图音敖包　在呼和诺尔湖西南海拉尔河北岸的白音哈达苏木与东乌珠尔苏木交界处的塔日雅图音高地（海拔 708 m），有陈巴尔虎旗祭祀的敖包——塔日雅图音敖包，每年都有盛大的祭祀活动。这里与呼和诺尔和白音哈达两个著名的草原旅游景区较近，位于白音哈达旅游区的正西。

2. 陈巴尔虎旗各苏木镇分布

陈巴尔虎旗的各苏木、镇大部分是在早期游牧游猎生产生活方式下集聚定居形成的，多分布于河流、湖泊、湿地等水源区和适宜游牧狩猎的草场林缘，如巴彦库仁、白音哈达、东乌珠尔、西乌珠尔、呼和诺尔（哈日干图）、鄂温克等苏木镇。哈达图、特泥河镇是 20 世纪 50～80 年代在农垦开发建设中逐步形成的，主要为国营农场的生产生活服务，位于莫尔格勒河和特泥河流域的黑钙土、栗钙土土壤分布较集中的区域。宝日希勒镇是在 20 世纪 80 年代随宝日希勒煤矿的开发建设逐步形成的，是居于煤田上的镇。

苏木各（乡）镇（嘎查）在山河间的具体位置：

（1）鄂温克民族苏木。位于恩和音浑迪沟河与岩台淖日音浑迪沟河交汇处，哈日呼舒山北。

（2）哈达图（牧场）。位于呼都根温都日南 6 km。

（3）宝日希勒镇。位于海拉尔河北岸，安本敖包北 6 km 的宝日希勒草原。

（4）东乌珠尔苏木。位于海拉尔河右岸（北岸）台地沙带的东端。

（5）西乌珠尔苏木。位于海拉尔河右岸（北岸）台地沙带的西端。

（6）呼和诺尔苏木。位于海拉尔河左岸台地沙带北侧地台上，北隔海拉尔河与东乌珠尔相望相距 8 km，滨州线铁路在镇区通过设有完工火车站。

（7）哈日干图。位于哈日廷诺日北，海拉尔河左岸沙带中，滨洲线铁路在此通过设有赫尔洪得火车站。

（8）特泥河镇。位于特泥河右岸，海日汗温都日北约 6.5 km 处。

（9）白音哈达苏木。位于呼和诺尔湖北偏东 9 km。

（10）浩特陶海（牧场）。位于巴彦库仁镇东 12 km 的海拉尔河北岸。

二、人口特征

截至 2016 年年末，陈巴尔虎旗户籍人口总户数 24 292 户，户籍总人口 56 400 人。其中，城镇人口 38 013 人，乡村人口 18 387 人，各占总人口的 67.4% 和 32.6%。

在总人口中，男性 28 755 人，女性 27 645 人，各占总人口的 51% 和 49%；汉族人口 25 305 人、蒙古族 25 953 人、回族 626 人、满族 961 人、朝鲜族 32 人、达斡尔族 1 299 人、鄂温克族 2 118 人、鄂伦春族 17 人、壮族 4 人、藏族 2 人、锡伯族 13 人、苗族 2 人、俄罗斯族 35 人，其他少数民族 33 人。

第十二节
新巴尔虎左旗

一、在山河间的地理位置

地理坐标为东经 117° 33′～120° 12′，北纬 46° 10′～49° 47′。旗域南北狭长，长约 309 km；东西最宽约 165 km，最窄约 39 km；总面积为 $2.163\ 4 \times 10^4$ km²。最高点为与兴安盟交界处的乌日根乌拉山，海拔 1 572 m；最低点为额尔古纳河右岸与陈巴尔虎旗交界处的河谷，海拔 534 m。域内中俄国界水界长 96.18 km，中蒙国界长 215.06 km。地貌呈半月形，除北、东南有部分山地外，其他地区均为宽阔平坦的草原，为呼伦贝尔高平原的重要组成部分。高平原地势总走向自南向北，由东向西逐渐降低，海拔 800m～560 m。东南部为大兴安岭山脉西坡的乌日根乌拉山支脉北侧山地，主要由中山、低山、丘陵组成，地势东高西低，海拔为 900～1 572 m。新巴尔虎左旗东南以辉河为界与鄂温克族自治旗接壤；东北与陈巴尔虎旗接壤；西北以达兰鄂罗木河、新开河为界与满洲里市相邻；西以呼伦湖、乌尔逊河为界与新巴尔虎右旗为邻；北与俄罗斯以额尔古纳河为界，隔河相望；西南与蒙古国以哈拉哈河为界隔河相望；南以乌日根乌拉山支脉山脊为界与兴安盟阿尔山市接壤。域内从西南部的大兴安岭山脉乌日根乌拉山支脉向西北海拔高度逐步降低，植被由针（落叶松）—阔混交林逐步过渡到阔—灌混交林、针（樟子松）—草灌混交林，向下依次为山地草甸草原、温性草甸草原、局部的沙地草原、温性典型草原、局部的盐化低地草甸、呼伦湖湖区湿地（图 11-12）。

新巴尔虎左旗的气候局部受乌日根乌拉山支脉、呼伦湖的影响，夏季受蒙古高原旱风的影响强烈。年平均降水 287.4 mm。年平均无霜期 120.49

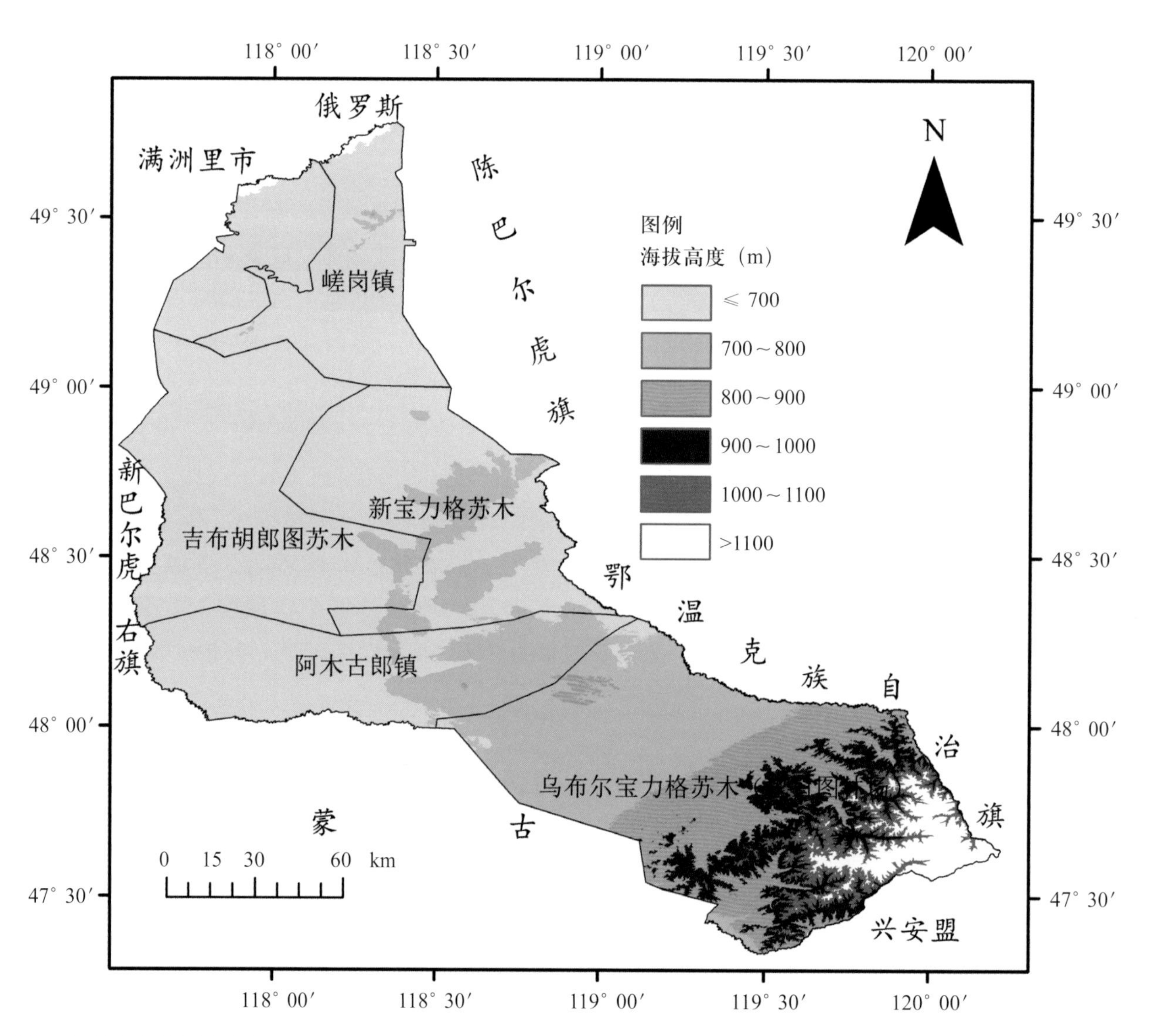

图11-12 新巴尔虎左旗高程图

天（为 1981—2017 年间无霜期的平均天数）。旗域内呼伦湖东岸的锡日浩勒包（双山）到新巴尔虎右旗的宝格德乌拉（山）之间，为呼伦贝尔市风能密度最大区域，即风力最大区域。

新巴尔虎左旗是由乌尔逊河东部的新巴尔虎蒙古族建立的，所以被称为新巴尔虎左旗。新巴尔虎蒙古族于清雍正十二年（1734 年），由喀尔喀蒙古车臣汗部迁入呼伦贝尔，晚于雍正十年（1732 年）由布特哈地区迁入呼伦贝尔的巴尔虎蒙古族，所以被称为新巴尔虎蒙古族，早两年来到的被称为陈巴尔虎蒙古族。蒙古语中“左”与“东”同意，意为人们面南而立左即东，右即西。因位于乌尔逊河以东，通常人们也称新巴尔虎左旗为东旗，这样乌尔逊河西部的新巴尔虎右旗,也被称为西旗。海拉尔—阿木古郎一级公路（S201）和伊敏—伊尔施铁路线在旗域南部通过。阿尔山—阿木古郎—阿拉坦额莫勒—满洲里的一级公路（S203）在旗域西南部通过。哈尔滨—满洲里铁路线在旗域北部通过，设有嵯岗、湖北车站。

新巴尔虎左旗所在地为阿木古郎镇。阿木古郎，系蒙古语，为“太平、平安”之意。位于乌尔逊河东部的盐化低地草甸南端，甘珠尔庙南 18km。1927 年（民国 16 年）新巴尔虎左翼四旗总管额尔钦巴图将总管衙门定居于新巴尔虎左翼正白旗第一佐游牧地区的沙赉特氏人祭祀的“十三敖包”，即今天的阿木古朗。结束了近 200 余年的游牧办公生活状态，这就是阿木古朗镇的发轫之初。镇区最高点为镇北海拔 643 m，最低点为镇南海拔 598m，位于低缓丘陵之上。海拉尔—阿木古郎—阿尔山一级路在镇区南通过，阿尔山—阿木古郎—阿拉坦额莫勒—满洲里的一级公路在镇区西通过。

1. 新巴尔虎左旗河流、湖泊，有特点的地形地貌

新巴尔虎左旗位于呼伦贝尔高平原的中部，东为陈巴尔虎草原和鄂温克草原，西为呼伦贝尔高平原向蒙古高原第一梯阶过渡的呼伦贝尔草原西部乌尔逊河西岸的新巴尔虎右旗草原。地形南高北低，南部的乌日根乌拉（山）支脉在旗域内的长度约 74 km。

（1）各主要河流长度。域内哈拉哈河长度约 50 km；乌尔逊河域内长度约 223.28 km；辉河域内长度约 190 km；达兰鄂罗木河域内长度约 25 km；沙勒尔金河长度约 52 km；海拉尔河过境长度约 117.2 km；额尔古纳河过境长度 105 km。

（2）主要河流流域面积、湖泊面积。哈拉哈河流域总面积为 $1.723\,2\times10^4$ km²，旗域内为 7 589 km²；乌尔逊河流域总面积 6 449 km²，旗域内约 2 422 km²；辉河流域总面积 $1.147\,3\times10^4$ km²，域内不详；达兰鄂罗木河流域总面积约 328.71 km²，域内不详；沙勒尔金河流域面积 363 km²，旗域内 311.5 km²；海拉尔河流域总面积 $5.459\,9\times10^4$ km²，域内不详；额尔古纳河流域总面积 15.352×10^4 km²，域内不详。旗域内有 1 km² 以上的湖泊 59 个，多为咸水湖（见本书第五章第三节五）。旗域内新开湖面积 < 200 km²；最大的为呼伦湖，总面积 2 339 km²，旗域内岸线长度约 59 km、面积约 162 km²；其次有乌布尔宝力格苏木的呼和诺尔湖，面积约 17.93 km²；再其次有诺干诺尔附近的超伊钦查干诺尔湖，面积约 15.3 km²。

（3）包格达乌拉（山）。在罕达盖、巴尔图林场、辉河一线，是与鄂温克族自治旗南部的樟子松林带同林型相连的林带，也是林缘向草原的过渡地带。南部的辉河二级支流巴润毛盖音高勒（西毛盖图河）和准毛盖音高勒（东毛盖图河）之间有包格达乌拉（山），海拔 1 262 m，上有敖包，被尊崇为新巴尔虎左旗的圣山。登顶东南眺望可见连绵起伏的大兴安岭山脉和卓然耸立的乌日根乌拉（山，海拔 1 572 m）、扎拉山（海拔 1 426 m）和隐约可见的伊贺古格德山（海拔 1 707 m），北望为茫茫无际的新巴尔虎草原。

（4）山峰、山岭、洲渚。呼伦贝尔高平原的鄂温克族自治旗和新巴尔虎左旗的南部，因大兴安岭山脉向南的逐渐隆起，山峰较高，新巴尔虎左旗海拔 1 000 m 以上的高山明显的多于新巴尔虎右旗、陈巴尔虎旗，但少于鄂温克族自治旗。旗域北部，呼伦湖的东岸，嵯岗南有海拔 670 m 的锡日浩勒包（双山子），为呼伦湖上行船捕鱼的方向参照高点。在海拉尔河北岸陈巴尔虎旗西乌珠尔北偏东的敖瑞音查干(海拔 752 m)到新巴尔虎左旗呼和哈达(嵯岗牧场)东北的毛优迪之间有伊和乌拉山岭，长约 44.65 km，新巴尔虎左旗域内长度约 27.74 km。主峰伊和乌拉(海拔 773 m)，为南、东方向 90 km 范围内草原上游牧的方向参照高点。在额尔古纳河阿巴该图以下的新巴尔虎左旗域内的河谷，有额尔古纳河上的第二大的洲渚湿地阿巴该图洲渚，面积约 61 km²。

2. 新巴尔虎左旗各苏木（镇）分布

因受早期的游牧生产方式的影响，新巴尔虎左旗的苏木、镇均分布于河流、湖泊附近和水草丰盛处。

各苏木镇（嘎查）在山河间的具体位置：

（1）昆都仑（原白彦塔拉苏木）嘎查。位于乌尔逊河与沙勒尔金河交汇处的两河右岸。

（2）乌布尔宝力格苏木（锡林贝尔）。位于呼和诺尔湖南 10 km 处。

（3）鸿廷庙（原塔日根诺尔苏木）。位于洪特湖北。

（4）巴尔图林场。位于巴尔廷乌拉东。

（5）阿拉坦哈达（原苏木）嘎查。位于超伊钦查干诺尔湖东北 2 km 处。

（6）诺门罕布日德（原苏木）嘎查。位于和日森查干诺日北。

（7）罕达盖苏木。位于罕达盖高勒右岸，罕达盖音达巴（海拔 901 m）西南 2.5 km 处。

（8）甘珠尔苏木。位于扎很诺日西，哈日诺日南偏西，哈力木湖东。

（9）新宝力格（原新宝力格东苏木）苏木（莫达木吉）。位于辉河左岸，巴润·查干诺尔北岸。

（10）善达宝力格（原新宝力格苏木）。位于珠哈廷扎拉嘎与木吉黑音扎拉嘎交汇处。

（11）吉布胡郎图苏木（甘珠花）。位于乌尔逊河汇入呼伦湖河口以上的右岸，甘珠花敖包山下。

（12）嵯岗镇（原嘎拉布尔苏木所在地）。位于旗域内海拉尔河由东北向西南流转向西北流的左岸拐点处南部，伊和乌拉西南约 18 km。

二、人口特征

截至 2016 年年末，新巴尔虎左旗户籍人口总户数 20 531 户，户籍总人口 42 093 人。其中，城镇人口 18 275 人，乡村人口 23 818 人，各占总人口的 43.4% 和 56.6%。

在总人口中，男性 21 128 人，女性 20 965 人，各占总人口的 50.2% 和 49.8%；汉族人口 8 543 人、蒙古族 3 2453 人、回族 37 人、满族 213 人、朝鲜族 12 人、达斡尔族 671 人、鄂温克族 121 人、鄂伦春族 20 人、锡伯族 1 人、土家族 2 人、彝族 1 人、俄罗斯族 9 人，其他少数民族 10 人。

第十三节 新巴尔虎右旗

一、在山河间的地理位置

新巴尔虎右旗位于呼伦贝尔高平原的西部，蒙古高原第一梯阶的东部边缘以东，地理坐标为东经 115° 31′～117° 43′，北纬 47° 36′～49° 50′。东部以乌尔逊河、呼伦湖东侧部分水域和部分东岸为界，与新巴尔虎左旗相邻；东北以巴嘎不金乌拉、扎赉诺尔西山、小河口一线为界与满洲里市毗邻；南、西、北同蒙古国和俄罗斯接壤。国界线长达 515.4 km，其中 468.4 km 为中蒙国界，47 km 为中俄国界。旗域南北长 245 km，东西宽 168.34 km，总面积 $2.519\,4 \times 10^4$ km²，其中水域面积 2 217.4 km²。旗域内最高点为巴彦乌拉，海拔 1 011.3 m；最低点为阿尔善乃查干诺尔，海拔 502 m。

新巴尔虎右旗的气候受蒙古高原的旱风影响比较明显，形成北部的干旱温凉区和南部半干旱—干旱温暖区，同时局部还受呼伦湖—乌尔逊河—贝尔湖一线的水体影响，形成小气候。旗域内降水量北部偏多，南部偏少，年平均降水量为 262.3 mm。年平均无霜期为 122.16 天（为 1981—2017 年间无霜期的平均天数）。

有满洲里—阿拉坦额莫勒—阿木古郎—阿尔山的（S203）一级路由北向南贯通旗境，阿拉坦额莫勒镇还有宝格达通用机场与市内部分旗市区通航。

新巴尔虎右旗所在地为阿拉坦额莫勒镇，阿拉坦额莫勒，系蒙古语，意为“金鞍”。因镇西南克鲁伦河南岸有阿拉坦乌拉（“阿拉坦乌拉”系蒙古语，意为金山。海拔 580 m），对应的北岸有额莫勒乌拉（“额莫勒乌拉”系蒙古语，意为鞍子山。海拔 596 m），由此而得名。清朝时期，阿拉坦额莫勒地区为新巴尔虎右翼正黄旗属地，设立新巴尔虎右旗后为旗所在地。阿拉坦额莫勒镇位于克鲁伦河入呼伦湖河口以上约 18 km 的克鲁伦河左岸，北高南低，镇区最高点为镇区北 581.5 高地，最低点为镇区南的克鲁伦河岸边海拔 551 m。镇区周边的草原大部分为温性典型草原，局部的盐沼湿地、湖泊湿地、克鲁伦河湿地分布有盐化低地草甸。新巴尔虎蒙古族于清雍正十二年（1734 年），由喀尔喀蒙古车臣汗部迁入呼伦贝尔，晚于雍正十年（1732 年）由布特哈地区迁入呼伦贝尔的巴尔虎蒙古族，所以被称为新巴尔虎蒙古族，早两年来到的被称为陈巴尔虎蒙古族。蒙古语中“右”与“西”同意。当人们面南而立时左即东，右即西。这样乌尔逊河西部的新巴尔虎右旗，也被称为西旗。

1. 区位特点

（1）区位特殊。新巴尔虎右旗位于扎赉诺尔西山、呼伦湖、乌尔逊河一线以西，向西平均海拔由呼伦湖边的 543m 上升到中蒙俄国界一线的 584～863 m，再向西逐步过渡到平均海拔约 1 000 m 以上的蒙古高原第一梯阶。是呼伦贝尔高平原向蒙古高原第一阶梯过渡的最典型区域，区位特殊。

（2）主要湖泊、河流。旗域内有呼伦湖 1 967 km² 和大部分湖岸线，有贝尔湖 40.26 km² 面积和约 30 km 长的湖岸线，有克鲁伦河 206 km 的下游长度和 3 167 km² 的流域面积，有乌尔逊河长 213.48 km 和 4 027 km² 的流域面积。域内除呼伦湖和贝尔湖外，还有大于 1 km² 的湖泊 29 个，多为咸水湖（见本书第五章第三节六）。

（3）宝格达乌拉（山）。在乌尔逊河以西、乌兰诺尔西部有巴尔虎三旗（新巴尔虎左旗、新巴尔虎右旗、陈巴尔虎旗）的圣山宝格德乌拉山（海拔 922 m），也是呼伦贝尔市著名的祭祀圣山，每年有数次较大的祭祀活动，此山为周边 80 km 范围内牧民游牧的方向参照高点。

（4）山岭。旗域内没有高大的山脉，只有高度在海拔 1 000 m 以下的低山山岭。较大的山岭在旗域的北部，有巴嘎不金乌拉（主峰海拔 941.1 m）、哈日辛陶勒盖（主峰阿日腾格日，海拔 977.3 m）、哈尼塔能陶勒盖（主峰海拔 941.1 m），而且这三个山岭上均分布着温性典型草原（亚类）。

（5）草原类型。新巴尔虎右旗除在北部的巴嘎不金乌拉、哈拉诺尔东北中俄国界附近、呼伦镇周边有 6 片面积不等的温性典型草原（亚类）外主要为温性典型草原，局部的河流、湿地分布有盐化低地草甸。

2. 新巴尔虎右旗的地形地貌

新巴尔虎右旗属呼伦贝尔断陷盆地地貌，山地（岭）走向与河流流向多与地质构造线相吻合，克鲁伦河、呼伦湖、扎赉诺尔西山断陷带将旗域分成南北两个差别较大的地貌类型。旗域地形西北高，东南低，层状地形较明显，并依次分为剥蚀地形、侵蚀地形和堆积地形。

（1）剥蚀地形。分布于低山区、丘陵区和构造剥蚀地形区。

① 低山区 主要分布在旗域西北部，海拔在 700～1 000 m，相对高差约 80～150 m，地势陡峭，沟谷深面宽，靠近东南部的断陷带山谷谷低较平坦，

山顶多呈浑圆状，岩石裸露。由于呼伦湖是因地质断陷形成的构造湖泊，在小河口到克鲁伦河口的西岸，多为陡峭的断崖和山地。

② 丘陵区　主要分布在旗域中部的克鲁伦河东南部，呈西南—东北走向。特征是以旗域南部中蒙国界拐点呼日德拉苏向东北—查干诺尔—阿尔善乃查干诺尔—嘎顺浩来—都日廷诺尔—下波特湖—呼伦湖南端一线的海拔 550 m 上下的低地为一线；再向南以中蒙国界处的呼都根呼舒向北沿乌兰诺尔上游盐沼湿地—巴润乌兰诺尔—向东到苏金呼都格—乌兰诺尔—乌尔逊河—呼伦湖乌尔逊河口一线的海拔 555 m 上下的低地为一线，将丘陵区分成 3 个部分。由克鲁伦河右岸向东南依次分成西北丘陵带(西南—东北长度约 145 km)、中间丘陵带（西南—东北长度约 154 km)、东南丘陵带（西南—东北长度约 68 km)（图 11-13)。西北丘陵带大面积的温性典型草原和盐化低地草甸是野生蒙原羚（黄羊）最理想的栖息地；中间丘陵带虽无复杂地形变化，但中部有草原上高耸的宝格达乌拉山；东南丘陵带是以贝尔苏木布达图为中心的起伏变化较小面积较大的台平面，也是新巴尔虎右旗最平展的温性典型草原，面积约 2 100 km²。丘陵区总体海拔 550～700 m，相对高差 30～80 m，坡度平缓，丘陵多具明显的台平面，多剥蚀成闭合洼地。旗域内最低点的阿尔善乃查干诺尔（海拔 502 m）以及查干诺尔就位于这一丘陵区，属剥蚀洼地聚水而成。

③ 构造剥蚀地形区　主要分布于阿敦础鲁以北，海西晚期的花岗岩低山丘陵地。海拔约

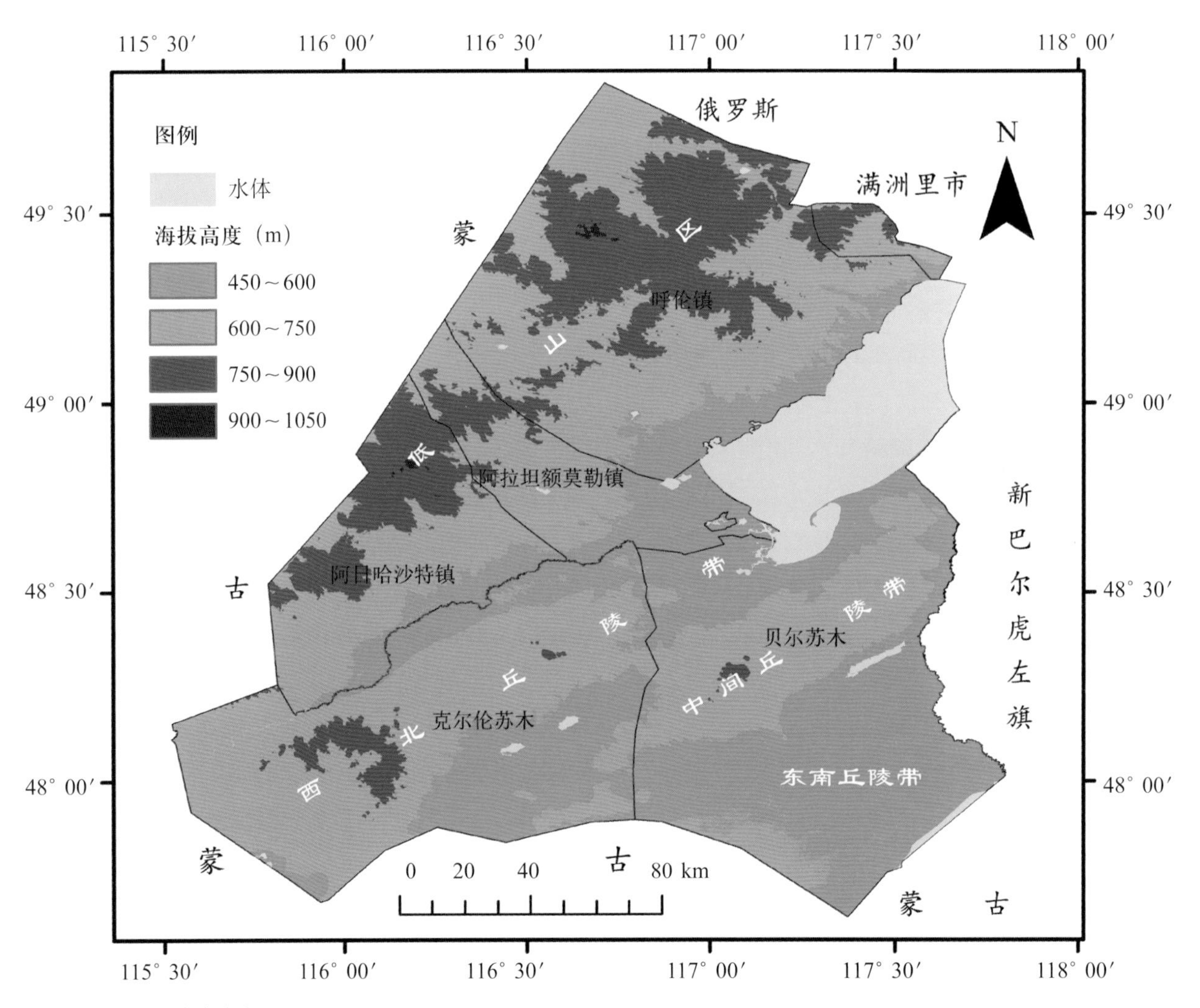

图11-13　新巴尔虎右旗高程图

620～860 m，相对高差 30～50 m。由于岩石类型耐风化剥蚀，又因受不同地质构造穿插作用，在地表形成高出地面约 10～20 m 左右的山脊和格子状浅丘，密集的浅丘间形成星罗棋布的封闭洼地。在复杂的地质构造力作用下，有色（多金属）金属成矿带在此多处露头，如甲乌拉（海拔 943 m）、查干敖包图（海拔 800 m）、冬乌拉（海拔 848 m）、查干布拉根敖包（海拔 790.1 m）等。旗域内的最高山峰巴彦乌拉（海拔 1 011 m），就位于这一区域。

（2）侵蚀地形 指克鲁伦河侵蚀作用形成的一级侵蚀阶地，主要分布于克鲁伦河两岸的阿敦础鲁和赛汉塔拉一带，一般阶面平坦，宽窄多在 0.5～4 km 之间。

（3）堆积地形 主要以湖积滩地和河漫滩地两种类型为主。湖积滩地主要分布在东庙、西庙、蓝旗庙及呼伦湖西南沿岸一带，海拔 540～560 m，地势平坦，土壤母质为湖相沉积、冲积物，仅在滩地边缘处有起伏不大的浅丘。河漫滩地主要分布于克鲁伦河两岸，呈条带状，其中高河滩地较低河滩地高出约 1～2 m，边缘处有风积沙丘、沙岗和盐碱洼地镶嵌；低河滩地随河床弯曲形成河曲和牛轭湖。

3. 新巴尔虎右旗各苏木镇分布

受早期游牧生产方式的影响，新巴尔虎右旗的苏木（镇）大部分位于河流、湖泊附近水草繁茂处，只有随边境贸易发展设立的阿日哈沙特镇位于中蒙国界附近。

各苏木、镇（嘎查）在山河间的具体位置：

（1）呼伦镇（原达赉准苏木，所在地为达石莫格）。达石莫格敖包山（海拔 739 m）西北约 1.5 km 处。

（2）达赉苏木（原苏木、所在地为布尔敦）。毛盖廷宝格德乌拉东约 8 km 处。

（3）珠勒格特（原额尔敦乌拉苏木）。珠勒格廷诺尔北，东距呼伦湖约 20 km。

（4）西庙（原阿尔山苏木）。克鲁伦河入呼伦湖河口以上约 12 km 的北岸。

（5）阿敦础鲁（原苏木）。克鲁伦河北岸，德冷乌拉（海拔 641 m）南 2.5 km 处，巴彦特布尔德东北。

（6）阿日哈沙特镇。中蒙国界西部拐点扎腊乌拉（海拔 829 m）北约 10 km 处。

（7）贝尔苏木。贝尔湖西北约 18 km 处的布达图。

（8）宝格达乌拉苏木。呼伦湖南约 13 km、宝格达乌拉（海拔 922 m）北偏东约 23 km 处。

（9）蓝旗庙（原呼伦苏木，所在地为白音德日苏）。克鲁伦河入呼伦湖河口以上约 15 km 的南岸。

（10）莫尔斯格办事处（原杭乌拉苏木，所在地为木日格车格）。克鲁伦河南岸、莫诺格钦根诺尔东。

（11）克尔伦苏木（原赛汉塔拉苏木，所在地为道布德日新）。克鲁伦河右岸，阿敦础鲁南克鲁伦河对岸约 10 km 处。

（12）巴彦乌拉办事处（原克尔伦苏木，所在地为白音乌拉）。巴彦乌拉都日博勒金（海拔 733 m）西北约 3 km 处。

二、人口特征

截至 2016 年年末，新巴尔虎右旗户籍人口总户数 15 290 户，户籍总人口 35 138 人。其中，城镇人口（主要在阿拉坦额莫勒镇）16 689 人，乡村人口 18 449 人，各占总人口的 47.5% 和 52.5%。

在总人口中，男性 17 552 人，女性 17 586 人，各占总人口的 49.95% 和 50.05%；汉族人口 4 973 人、蒙古族 29 364 人、回族 30 人、满族 120 人、朝鲜族 21 人、达斡尔族 332 人、鄂温克族 61 人、鄂伦春族 6 人、壮族 1 人、彝族 1 人，其他少数民族 6 人。

主要参考文献

呼　伦　贝　尔　山　河

（美）施瓦茨，弗林克，西恩斯，2009. 绿道规划·设计·开发［M］. 余青、柳晓霞、陈琳琳. 北京：中国建筑工业出版社.

扎赉诺尔区志编纂委员会，2010. 扎赉诺尔区志［M］. 呼伦贝尔：内蒙古文化出版社.

《中国河湖大典》编纂委员会，2014. 中国河湖大典［M］. 北京：中国水利水电出版社.

David Harper（大卫·哈珀），Maciej Zalewski（马切伊·察莱夫斯基），Nic Pacini（尼可·帕希尼），2012. 生态水文学：过程、模型和实例——水资源可持续管理的方法［M］. 严登华，秦天玲，翁白莎，张学林，译. 北京：中国水利水电出版社.

阿尔山市国土资源局，阿尔山国家地质公园管理局，2015. 阿尔山火山地质研究［M］. 呼和浩特：内蒙古大学出版社.

阿荣旗史志编纂委员会，1992. 阿荣旗志［M］. 呼和浩特：内蒙古人民出版社.

阿荣旗志编纂委员会，2008. 阿荣旗志（1991～2005年）［M］. 呼伦贝尔：内蒙古文化出版社.

艾永平，2013. 鄱阳湖丰水期水化学特征分析［J］. 江西科学，31（4）：488～490.

巴树桓，1998. 陈巴尔虎旗天然矿泉水资源详查报告［R］. 陈巴尔虎旗矿产资源管理办公室，地质矿产部九0四水文地质工程地质大队（内部资料）.

巴树桓，2008. 森林防扑火概论［M］. 北京：中国林业出版社.

巴树桓，2009. 侵华日军乌奴耳要塞考［M］. 呼和浩特：内蒙古人民出版社.

巴树桓，2015. 建立国家公园体制的探讨与思考［N］. 呼和浩特：内蒙古日报，4-13.

巴树桓，1998. 陈巴尔虎旗天然矿泉水资源详查报告［R］. 陈巴尔虎旗矿产资源管理办公室，地质矿产部九0四水文地质工程地质大队.

白志达，等，2015. 内蒙古东部晚第四纪火山活动与新构造［P］// 阿尔山市国土资源局，阿尔山国家地质公园管理局. 阿尔山火山地质研究［M］. 呼和浩特：内蒙古大学出版社：6～17.

白志达，等，2015. 焰山、高山—内蒙古阿尔山火山群中的两座活火山［P］// 阿尔山市国土资源局，阿尔山国家地质公园管理局. 阿尔山火山地质研究［M］. 呼和浩特：内蒙古大学出版社：1～5

北京双威力冰雪设备有限公司，2019. 魁北克省考察报告.

孛尔只斤·嘎尔迪敖其尔，等，2014. 呼伦贝尔蒙古地名之我见［M］. 呼伦贝尔：内蒙古文化出版社.

陈巴尔虎旗史志编纂委员会，1998. 陈巴尔虎旗志［M］. 呼伦贝尔：内蒙古文化出版社.

陈晓鸣，等，2009. 资源昆虫学概论［M］. 北京：科学出版社.

崔彩霞，花卫华，袁广旺，等，2013. 洪泽湖水质现状评价与趋势分析［J］. 中国资源综合利用，31（10）：44～47.

崔显义，等，2013. 沧桑呼伦湖［M］. 呼伦贝尔：内蒙古文化出版社：1～61.

董联生,2007. 中国最后的狩猎部落 [M] . 呼和浩特：内蒙古人民出版社：22～26.
董联声,2007. 中国最后的狩猎部落 [M] . 呼和浩特：内蒙古人民出版社 .
额尔古纳市志编纂委员会，2012. 额尔古纳市志（1991～2005 年）[M] . 呼伦贝尔：内蒙古文化出版社 .
额尔古纳右旗志编纂委员会，1993. 额尔古纳右旗志 [M] . 呼伦贝尔：内蒙古文化出版社 .
鄂伦春自治旗史志编纂委员会，1991. 鄂伦春自治旗志（1951 ～ 1991 年）[M] . 呼和浩特：内蒙古人民出版社 .
鄂伦春自治旗史志编纂委员会，2001. 鄂伦春自治旗志（1989～1999 年）[M] . 呼和浩特：内蒙古人民出版社 .
鄂伦春自治旗史志编纂委员会，2011. 鄂伦春自治旗志（2000 ～ 2009 年）[M] . 呼伦贝尔：内蒙古文化出版社 .
鄂伦春自治旗史志编纂委员会，2011. 鄂伦春自治旗志（2000～2009 年）[M] . 呼伦贝尔：内蒙古文化出版社 .
鄂伦春自治旗史志编纂委员会，2011. 鄂伦春自治旗志 [M] . 呼伦贝尔：内蒙古人民出版社 .
鄂温克族自治旗史志编纂委员会，2008. 鄂温克族自治旗志（1991～2005 年）[M] . 呼伦贝尔：内蒙古文化出版社 .
鄂温克族自治旗志编纂委员会，1997. 鄂温克族自治旗志(1958～1996 年)[M]. 北京：中国城市出版社 .
方曙，等，2013. 内蒙古东部大地构造 [M] . 北京：地质出版社 .
高博文,何俊江,2014. 地下水资源的合理利用 [J] . 建筑工程技术与设计 水电工程，12：611.
高俊峰，蒋志刚，等，2012. 中国五大淡水湖保护与发展 [M] . 北京：科学出版社 .
根河市史志编纂委员会，1998. 根河市志 [M] . 呼伦贝尔：内蒙古文化出版社 .
根河市史志编纂委员会，2007. 根河市志（1996～2005 年）[M] . 呼伦贝尔：内蒙古文化出版社 .
国家林业局,2015. 中国湿地资源（内蒙古卷）[M] . 北京：中国林业出版社 .
国家林业局,2015. 中国湿地资源(总卷) [M] . 北京：中国林业出版社 .
海拉尔区志编纂委员会，2008. 海拉尔区志 (1991～2005) [M] . 呼伦贝尔：内蒙古文化出版社 .
海拉尔市志编纂委员会，1997. 海拉尔市志 [M] . 呼和浩特：内蒙古人民出版社 .
河海大学《水利大辞典》编辑修订委员会，2015. 水利大辞典 [M] . 上海：上海辞书出版社 .
侯向阳,2013. 中国草原科学[M]. 北京：科学出版社 .
呼伦贝尔盟地方志办公室,1986. 呼伦贝尔盟情 [M]. 呼和浩特：内蒙古人民出版社 .
呼伦贝尔盟史志编纂委员会，1999. 呼伦贝尔盟志 [M] . 呼伦贝尔：内蒙古文化出版社 .
呼伦贝尔盟土壤普查办公室，1992. 呼伦贝尔土壤 [M] . 呼和浩特：内蒙古人民出版社 .
呼伦贝尔市农业技术推广服务中心，2013. 呼伦贝尔市土壤与耕地地力图集 [M] . 北京 : 中国地图出版社：59 ～ 189.
呼伦贝尔水利局，2011. 呼伦贝尔水利志（1947～2009）. [M] 呼伦贝尔市：呼伦贝尔政府印刷厂 .
胡金贵，等，2013. 内蒙古大兴安岭汗马国家级自然保护区植物原色图谱 [M] . 北京：世界图书出版公司 .
江思宏，等，2016. 内蒙古中东部地区重要金、银多金属矿成矿规律研究 [M] . 北京：地质出版社 .
姜志国，2013. 内蒙古达赉湖（呼伦湖）国家级自然保护区综合考察报告 [R] . 呼和浩特：内蒙古大学出版社 .
康烈年，等，1992. 呼伦贝尔土壤 [M] . 呼和浩特：内蒙古人民出版社 .
李标，等，2010. 基于空间信息技术的呼伦湖流域研究 [J] . 环境污染与防治 ,32（8）：18 ～ 22.
李铁生，谢中元，布仁巴雅尔，2018. 蒙古语姓名地名民俗便览[M]. 呼和浩特：内蒙古大学出版社 .
李小平，等，2013 . 湖泊学 [M] 北京：科学出版社，79-81.
李志刚,2008. 呼伦湖志(续志二 .1998 ～ 2007) [M]. 呼伦贝尔：内蒙古文化出版社，2～55.

梁昆淼，1980. 力学［M］. 北京：人民教育出版社.
刘二东，杨耀，2012. 湖泊碳汇研究方法［J］. 北方环境，24（2）：201～204.
刘洪星，2008. 大兴安岭旅游与文化尽览瑰宝——大兴安岭生态旅游资源［M］. 哈尔滨：黑龙江教育出版社.
刘洪星，2008. 尽览瑰宝——大兴安岭生态旅游资源［M］. 哈尔滨：黑龙江教育出版社：107～162.
刘嘉麒. 1999. 中国火山［M］. 北京：科学出版社.
刘凌云，郑光美，2009. 普通动物学［M］. 4 版. 北京：高等教育出版社.
刘若新，1995. 火山作用与人类环境［M］. 北京：地震出版社.
吕世海，等，2013. 辉河国家级自然保护区生物多样性［M］. 北京：中国环境出版社.
吕宪国，2008. 中国湿地与湿地研究［M］，石家庄：河北科学技术出版社.
马炜梁，等，2015. 植物学［M］. 2 版. 北京：高等教育出版社.
满洲里市志编纂委员会，1998. 满洲里市志［M］. 呼伦贝尔：内蒙古文化出版社.
满洲里市志编纂委员会，2009. 满洲里市志（1997～2005 年）［M］. 呼伦贝尔：内蒙古文化出版社.
芒来，等，2016. 大兴安岭马综合研究（多篇）［J］. 内蒙古农业大学学报，自然科学版（增刊）：1～35，40～92.
莫力达瓦达斡尔族自治旗史志编纂委员会，2008. 莫力达瓦达斡尔族自治旗志（1993～2005 年）［M］. 呼伦贝尔：内蒙古文化出版社.
莫力达瓦达斡尔族自治旗史志编纂委员会，1998. 莫力达瓦达斡尔族自治旗志［M］. 呼和浩特：内蒙古人民出版社.
那顺巴图，娜日苏，2014. 我爱蒙古语［M］. 呼和浩特：内蒙古人民出版社.
内蒙古大兴安岭林管局，1999. 内蒙古大兴安岭资源名录［M］. 呼伦贝尔：内蒙古文化出版社.
内蒙古大兴安岭林管局，2000. 森林［M］. 海拉尔：内蒙古文化出版社：8～23.
内蒙古鄂温克族研究会，黑龙江省鄂温克族研究会，2007. 鄂温克地名考［M］. 北京：民族出版社.
欧阳华，陈毅锋，等，2016. 中国北方及其毗邻地区生物多样性考察报告［R］. 北京：科学出版社：1～43.
潘学清，等，1992. 呼伦贝尔草地［M］. 长春：吉林科学出版社.
祁福利，等，2015. 三江平原第四纪地质［M］. 北京：地质出版社.
三河马调查队，1956. 三河马调查报告［R］. 北京：科学出版社.
宋洪涛，等，2011. 湿地固碳功能与潜力［J］. 世界林业研究，24（6）.
宋文杰，张瑾，等，2018. 呼伦湖沉积物中有机碳无机碳分布特征研究［J］. 环境与发展，97（4）：97～100.
塔河县志编纂委员会，2000. 塔河县志［M］. 北京：中华书局.
陶奎元，2015. 火山地质遗迹与地质公园研究［M］. 南京：东南大学出版社.
田明中，等，2012. 贡格尔河牛轭湖对草地土壤表层含水量时空格局的影响［R］// 希吉日塔娜，等. 克什克腾世界地质公园科学研究论文集［M］. 北京：地质出版社：939.
田明中，等，2012. 克什克腾世界地质公园科学研究论文集［P］. 北京：地质出版社.
万天丰，2011. 大地构造学［M］. 北京：地质出版社.
王继志，2017. 现代天气学研究［M］. 北京：气象出版社.
王丽婧，汪星，刘录三，等，2013. 洞庭湖水质因子的多元分析［J］. 环境科学研究，26（1）：1-7.
王伟共，2018. 呼伦贝尔野生植物［M］. 北京：中国农业科学技术出版社.
王希平，等，2006. 内蒙古呼伦贝尔市林木农业气候资源与区划［M］. 北京：气象出版社.
乌力吉，2013. 东乌珠穆沁旗志［M］. 呼伦贝尔：内蒙古文化出版社.
乌云达赉，2018. 鄂温克族的起源［M］. 乌热尔图整理. 呼和浩特：内蒙古大学出版社.
吴虎山，等，2009. 呼伦贝尔市草地蝗虫［M］. 北京：中国农业出版社.

吴虎山,2006. 中国呼伦贝尔草原有害生物防治[M]. 北京：中国农业出版社.

吴杰,2012. 蜜蜂学[M]. 北京：中国农业大学出版社.

希吉日塔娜，等，2012. 贡格尔河牛轭湖对草地土壤表层含水量时空格局的影响 [P].

锡林郭勒盟党史地方志办公室，2018. 锡林郭勒盟志 [M]. 呼伦贝尔：内蒙古文化出版社.

锡林浩特市志编纂委员会,1999. 锡林浩特市志[M]. 呼和浩特：内蒙古人民出版社.

谢森，何连生，田学达，等，2010. 巢湖水质时空分布模式研究 [J]. 环境工程学报，4 (3)：531 ~ 538.

新巴尔虎右旗史志编纂委员会，2004. 新巴尔虎右旗志 [M]. 呼伦贝尔：内蒙古文化出版社.

新巴尔虎右旗志编纂委员会，2011. 新巴尔虎右旗志(1991~2005年)[M]. 呼伦贝尔：内蒙古文化出版社.

新巴尔虎左旗史志编纂委员会，2002. 新巴尔虎左旗志 [M]. 呼伦贝尔：内蒙古文化出版社.

新巴尔虎左旗史志编纂委员会，2009. 新巴尔虎左旗志（1997~2005 年）[M]. 呼伦贝尔：内蒙古文化出版社.

徐九华，谢玉玲，李克庆，李媛，1978. 地质学 [M] .2015 第 5 版. 北京：冶金工业出版社.

徐亚勤，等，1995. 对大兴安岭“甘奎”火山群的新认识 [P] // 刘若新. 火山作用与人类环境 [M]. 北京：地震出版社：71 ~ 79.

徐占江，等，1989. 呼伦湖志 [M]. 长春：吉林文史出版社：9 ~ 164，181 ~ 239.

牙克石市志编纂委员会，1996. 牙克石市志 [M]. 呼和浩特：内蒙古人民出版社.

牙克石市志编纂委员会，2010. 牙克石市志(1990~2005 年) [M]. 呼伦贝尔：内蒙古文化出版社.

扎赉诺尔区志编纂委员会,2010. 扎赉诺尔区志[M]. 呼伦贝尔：内蒙古文化出版社.

扎兰屯市史志编纂委员会，1993. 扎兰屯市志 [M]. 天津：百花文艺出版社.

扎兰屯市志编纂委员会，2011. 扎兰屯市志（1991~2006）[M]. 呼伦贝尔：内蒙古文化出版社.

张凤菊，薛滨，姚书春，2018. 大暖期中国湖泊沉积物有机碳储量的初步估算研究[J]. 第四纪研究，38（4）：894.

张凤菊，薛滨，姚书春，2019. 1850 年以来呼伦湖沉积物无机碳埋藏时空变化[J]. 湖泊科学,31(6)：1770 ~ 1779.

张浩然，清华，等，2018. 呼伦湖湖泊动态变化及其驱动力分析[J]. 内蒙古大学学报(自然科学版)，49（1）：102 ~ 107.

张立汉,2005. 中国山河全书[M]. 青岛：青岛出版社，1968 ~ 1970.

张明华,1995. 中国的草原 [M]. 北京：商务印书馆.

张雪，周洵，李琴，等，2015. 太湖原水 pH 值季节性变化规律及突变成因探索 [J]. 供水技术,9(5)：13 ~ 17.

张雅林，2013. 资源昆虫学 [M]. 北京：中国农业出版社.

张志波,等,1998. 呼伦湖志（续志一）[M]. 海拉尔：内蒙古文化出版社，1 ~ 83.

张志波,姜风元,等,1998. 呼伦湖志(续志)(1987 ~ 1997). [M]. 海拉尔：内蒙古文化出版社.

赵娜,邵新庆,等,2011. 草地生态系统碳汇浅析 [J]. 草原与草坪，6：75 ~ 82.

赵宗琛，2011. 呼伦贝尔水利志(1947~2009) [J]. 第一版.

中国地质大学第四纪地质与生态环境规划研究所，2015. 内蒙古阿尔山国家地质公园地质遗迹资源调查 [R].

突泉县志编纂委员会，1993. 突泉县志 [M]. 呼和浩特：内蒙古人民出版社.

地质矿产部《地质词典》办公室,1983. 地质词典 [M]. 北京：地质出版社.

附件

呼 伦 贝 尔 山 河

附件 1
湖泊学中的主要能谱和螺线

一、动力学能谱（Kinetic energy spectrum）

动力学能量从风转移到湖水表面后，能量在水体中进行垂直分配。能量并非分配给湖泊整体，而是根据湖泊的形态和纬度以及风的不规则特点进行不规则转移。风驱动的表面自由波的波长约为 10m，周期约为 1s，波长和周期取决于风吹过的开放水域的距离。表面波只能留住很小一部分的风能，水流质点产生很小的椭圆振荡运动(图 2-105)。而风能驱动的水平湖流的运动范围涵盖了整个湖泊流域，大型湖泊产生的旋流直径可达 100km，不规律周期约为 105s。这种大范围的水流运动留住了大部分风能，在水体内部引起强烈的水平和垂直混合。

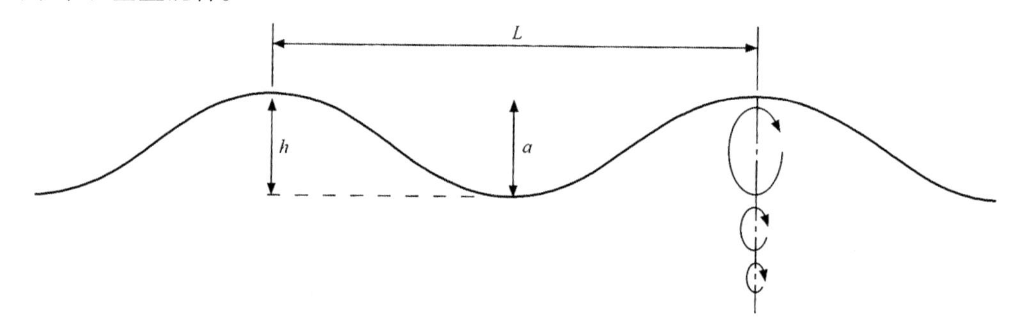

图 2-105　水流质点产生椭圆振荡运动但无侧向位移

水流质点产生椭圆振荡运动但无侧向往移。水流质点的运动很难精确质量，其随着深度的增加呈指数减少。L 为波长；h 为波高；a 为振幅

呼伦湖为大型湖泊，在理想状态下的能谱如(图 2-106)所示，其中包括各种尺度的水流运动形式。对波长和能量关系曲线进行对数处理后得到平滑的能量峰值曲线，可以表现从风暴驱动的全湖大型旋流到小漩涡的能量梯度变化，还能表现动能转化成热能消散的过程。波和水流运动在能谱密度曲线上表示为谱峰，是很好的时间和空间尺度上的表现形式。能量峰由平滑曲线连接，表明能量以能谱梯度的形式在紊流和旋流之间进行再分配。

湖泊水体运动的一个重要特点是紊流旋涡的时空尺度差异，这些运动的大小和能量如(图 2-107)和(表 2-10)所示。湖泊可以被认为是由一系列水团组成，每个水团的物理和化学成分略有区别。浮游生物在不同水团之间的运动主要由水团大小、周围紊流漩涡的强度和大小、生物体的漂流能力等因素决定。能量最强的紊流运动波长一般大于 100m 或 1 000m，运动周期通常持续几个小时；这种紊流运动如果流经 50m 大小的水团，水团内的有机体只会随着水团的剧烈漩涡运动而移动。周期短的小漩涡才可能穿透水团，增加水团内生物体的分散度。能够自由移动的浮游生物，如水蚤(daph-nia)、可浮起的蓝藻(buoyant blue-green algae)每小时可移动数米，因此它们可以抵抗小漩涡，选择离开或留在水团中。其他不能自由移动的浮游生物(如多数藻类)，则只能完全依靠低能量的小型紊流运动将它们从营养耗竭的水团带入富养丰富的水域。

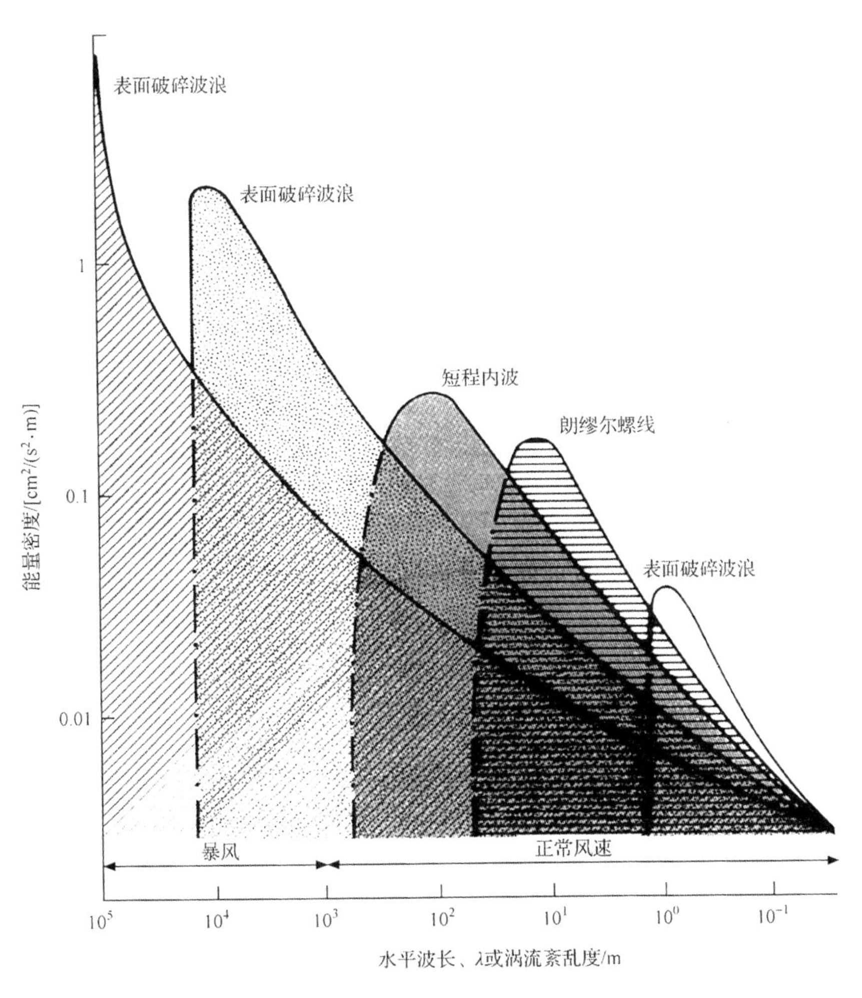

图 2-106　某假设大型湖泊的风能分布

表 2-107　湖泊中主要水流形式的大小、出现频率、速率和重要性（Boyce，1974）

运动类型		方向		时间	速度（cm/s）	对动力学能谱的重要性	对浮游生物 P_t 或营养物循环 R 的重要性
		水平	垂向				
水平表面系统	风驱动的表面重力波	1~10m	1m	1s	1000	小	小
	静止表面重力波（表面定振波）	1~100km	10cm	2~10h	2	小	小
	表面风运动和全湖环流	1km 以上	1~25m	数天	1~30	大	大
深水系统	短程自由传导内波	100m	2~10m	2~10min	2	在温跃层的主要混合能量；	R：夏季中等
	湖泊形状产生的长程自由传导内波（包括内定振波）	约 10km	2~20m	1 天	50	在大型湖泊中底水层的水体运动的驱动力	中等
表水层垂向随机流	动量的垂直扩散	1~100cm	1cm~10m	1min	1	主要垂直动力	大
	破碎波	1m	1m	数分钟	50~500	中到小	P：中等
	组织流（朗缪尔螺线）	50~100m	2~20m	5min	0~8	中到小	P_t：对清水湖泊
	底水层	1km 以上	高达 200m	长	0.5	小	P_t：对清水湖泊很重要；R：小

我们在应用能量密度（或能谱）概念时，通常要了解湖泊水流运动的尺度或波长，能谱图能够反映在该波长范围内水流运动的大致能量。以两种不同的水流运动为例，推流具有特定的方向，使物质在湖泊

内产生平流移动，而紊流的方向随机变化，引起水团的扩散和分离。对流和扩散运动的相对能量也体现在能谱图中(图 2-106)。

湖泊的动能最终以热能的形式消散于大小约为 0.01m 的小漩涡，风能的输入不能使湖泊升温，这是由于水的热容量很大，水流在运动过程中温度的变化不大(李小平，等，2013)。

二、埃克曼螺线 (Ekman spiral)

瑞典海洋物理学家 V. W. 埃克曼于 1905 年提出了描写边界层内风矢随高度变化的一种模式分布，按此模式风向随高度增大而向右转(北半球)，风速随高度增加而增大，不同高度的风矢末端的连线为一螺线，即为埃克曼螺线。他提出的经典解法，给出了埃克曼层风速随高度分布方程的分析解，并且根据分析解画出了埃克曼螺线。在人们研究海洋洋流的过程中，发现海洋表面附近的洋流因为风和科氏力的作用造成海流方向的旋转，应用这一理论对洋流进行了随深度变化分析，画出了洋流的埃克曼螺线(王继志，2017)。后来发现它对大型深水湖泊的环流也能定性描述，就被广泛应用到湖泊学研究中。在不稳定的大风条件下或水深不规则的湖泊流域，实际水流运动螺线与标准艾克曼螺线偏差很大。特别是在稳定强风条件下，经典艾克曼螺线对大型湖泊和海洋流场的简化非常重要。

下图 2-107 为理论(a)和实测(b)的埃科曼螺线。

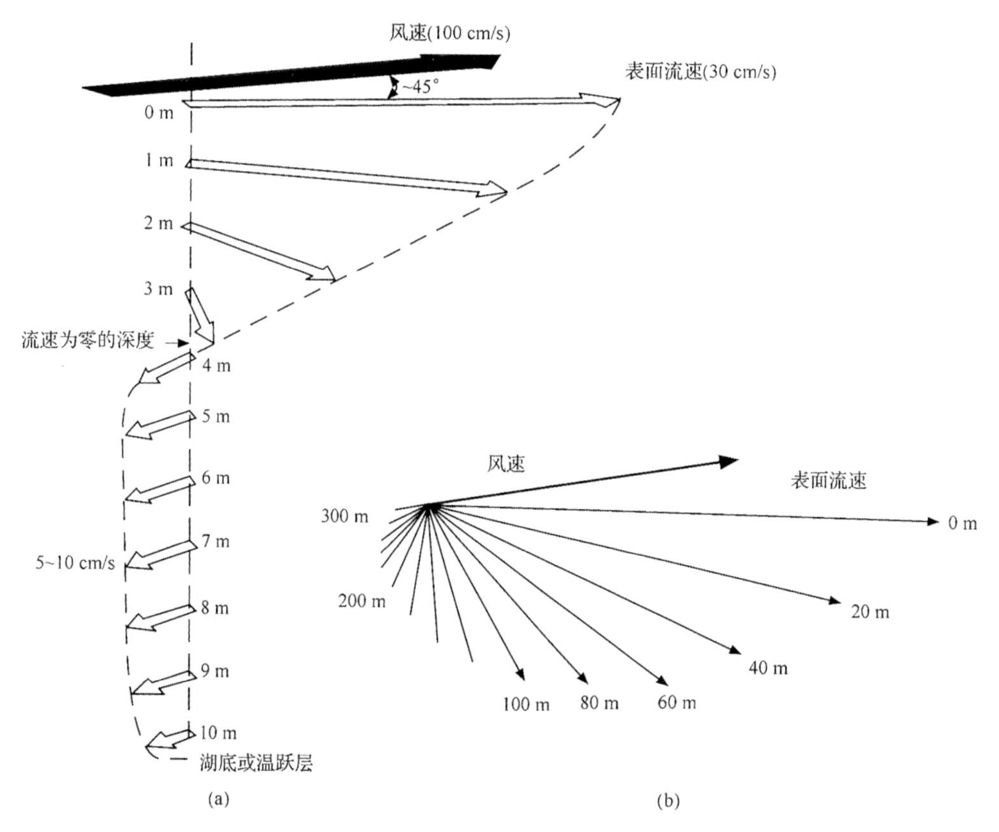

图 2-107　理论(a)和实测(b)的埃克曼螺线

三、朗缪尔螺线 (Langmuir spiral)

首先朗缪尔旋流形成机制较为复杂，但主要是在风的推动下相邻近的水体受到大小不同的但为同一个方向的力，在左右剪切力的作用下形成旋转面与水面平行的垂直旋涡(图 2-108a)。其次是湖水在由湖

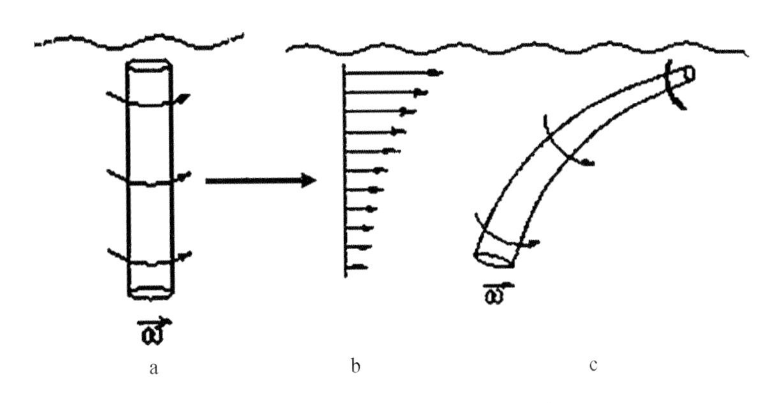

图 2-108　朗缪尔环流形成机制示意图

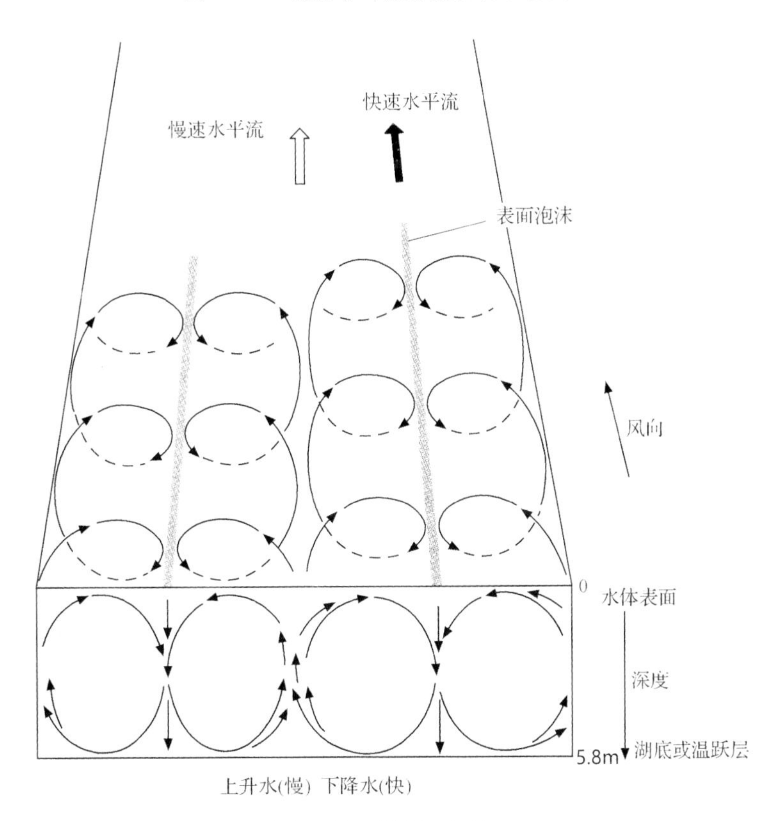

图 2-109　朗缪尔螺线

底到水面的流速按梯层逐步增大的情况下(图 2-108b)，将垂直的旋涡沿风向逐渐拉平，形成旋转面垂直于湖底(水面)的旋流(图 2-108c)。当把旋流边缘不同时间的同一个点沿流向连接起来就成为一个螺线，这个螺线被称为朗繆尔螺线(图 2-109)(李小平，等，2013)。在朗繆尔螺线类型的水流循环形成过程中，表面波始终是重要的成因，螺线是它和风驱动水流共同作用的结果。在许多情况下，螺线的直径约为温跃层的厚度或浅水湖泊的深度。朗繆尔螺线类型的水流循环作用，不但使深水湖泊温越层以上的水体实现交换，还使浅水湖泊水体实现上下交换，同时沿着风向形成全湖或大范围的湖流。表水层和恒温的底水层之间的水利混合强度是决定湖泊生产力的主要因素，而朗繆尔螺线类型的水流循环在一定程度上实现了上下水体混合。在浅水湖泊，这种水利混合的强度较大，特别是位于富风带的湖泊，它是影响湖泊水体生产力的重要因素。

附件 2
内蒙古大兴安岭汗马国家级自然保护区常见植物名录

内蒙古大兴安岭汗马国家级自然保护区常见植物名录①

序号	科	序号	中文名	学名	别名
01 地衣植物门					
一	石耳科 Umbilicariaceae	1	黑脐衣	*Umbilicaria tornata*(Ach.) Del.	黑石耳
二	珊瑚枝科 Stereocaulaceae	1	东方珊瑚枝	*Stereocaulon paschale*(L.) Hoffm.	石寄、生东方衣、指珊瑚枝
三	石蕊科 Cladoniaceae	1	高山石蕊	*Cladonia alpestris*(L.) Rabenh.	太白花、山岭石蕊
		2	鹿蕊	*Cladonia rangiferina*(L.) Web.	山石蕊、石花、石蕊、驯鹿地衣、驯鹿苔
02 苔藓植物门					
一	泥炭藓科 Sphagnaceae	1	粗叶泥炭藓	*Sphagnum squarrosum* Crome Samml.	水苔、地毛衣
二	水藓科 Fontinalaceae	1	水藓	*Fontinahis antipyretica* Hedw.	
三	灰藓科 Hypnaceae	1	毛梳藓	*Ptilium crista-catreensis*(Hedw.) De Not.	
四	塔藓科 Hylocomiaceae	1	塔藓	*Hylocomium splendens*(Hedw.) B. S. G	
五	金发藓科 Polytrichaceae	1	大金发藓	*Polytrichum commune* Hedw.	
03 蕨类植物门					
一	石松科 Lycopodiaceae	1	多穗石松(杉蔓石松)	*Lycopodium annotinum* L.	多穗石松、杉叶蔓石松
二	卷柏科 Selaginellaceae	1	西伯利亚卷柏	*Selaginella sibirica*(Milde) Hieron.	
三	木贼科 Equisetaceae	1	木贼	*Equisetum hiemale* L.	节节草、磨擦草、眉垂、笔筒草、锤草
		2	草问荆	*Equisetum pratense* Ehrh.	节节草、节骨草
		3	林木贼(林问荆)	*Equisetum sylvalicum* L.	林木贼
四	蕨科 Preridiaceae	1	蕨	*Pteridium aquilinum*(L.) Kuhn var. *latiusculum*(Desv.) Underw.	蕨菜、如意菜
五	蹄盖蕨科 Athyriaceae	1	多齿蹄盖蕨	*Athyrium multidentatum*(Doll.) Ching	猴腿蹄盖蕨、东北蹄盖蕨
		2	羽节蕨	*Gymnocarpium jessoense* (Koidz.) Koidz.	
六	球子蕨科 Onocleaceae	1	荚果蕨	*Matteuccia struthiopteris*(L.) Todaro, Syn.	广东菜
七	岩蕨科 Woodsiaceae	1	岩蕨	*Woodsia ilvensis*(L.) R. Br.	
八	鳞毛蕨科 Dryopteridaceae	1	香鳞毛蕨	*Dryopteris fragrans*(L.) Schott. Gen.	
九	水龙骨科 Polypodiaceae	1	东北多足蕨	*Polypodium virginianum* L.	小水龙骨
04 裸子植物门					
一	松科 Pinaceae	1	兴安落叶松	*Larix gmelinii*(Rupr.) Rupr.	落叶松、意气松
		2	偃松	*Pinus pumila*(Pall.) Regel	马尾松、爬松
		3	樟子松	*Pinus sylvestris* L. var. *mongolica* Litv.	海拉尔松、蒙古赤松

① 胡金贵等,2013

（续）

序号	科	序号	中文名	学名	别名
二	柏科 Cupressaceae	1	西伯利亚刺柏	*Juniperus sibirica* Burzsd.	高山桧、矮桧、西伯利亚杜松
		2	兴安圆柏	*Sabina davurica*(Pall.) Ant.	兴安桧
05 被子植物门					
一	杨柳科 Salicaceae	1	钻天柳	*Chosenia arbutifolia*(Pall.) A. Skv.	红毛柳、上天柳、朝鲜柳
		2	山杨	*Populus davidiana* Dode	火杨、大叶杨、响叶杨
		3	甜杨	*Populus suaveolens* Fisch.	西伯利亚杨
		4	兴安柳	*Salix hsinganica* Chang et Skv.	山柳
		5	朝鲜柳	*Salix koreensis* Anderss.	
		6	谷柳	*Salix taraikensis* Kimura	
		7	越桔柳	*Salix myrtilloides* L.	
		8	五蕊柳	*Salix pentandra* L.	
		9	鹿蹄柳	*Salix pyrolaefolia* Ledeb.	
		10	大黄柳	*Salix raddeana*Laksch. ex Nas.	王八柳
		11	粉枝柳	*Salix rorida* Laksch.	
		12	细叶沼柳	*Salix rosmarinifolia* L.	西伯利亚沼柳
		13	蒿柳	*Salix viminalis* L.	
		14	崖柳	*Salix xerophila* Floid.	山柳
二	桦木科 Betulaceae	1	东北桤木(东北赤杨)	*Alnus mandshurica* (Callier ex C. K. Schneider) Hand. -Mazz.	矮赤杨、东北桤木
		2	辽东桤木(水冬瓜赤杨)	*Alnus sibirica* Fisch. ex Turcz.	毛赤杨、辽东桤木、水冬瓜
		3	枫桦	*Betula costata* Trautv.	硕桦、凤桦
		4	岳桦	*Betula ermanii* Cham.	
		5	瘦桦	*Betula exilis* Suk.	
		6	柴桦	*Betula fruticosa* Pall.	丛桦、柴桦条子
		7	扇叶桦	*Betula middendorffii* Trautv. et Mey.	小叶桦
		8	白桦	*Betula platyphylla* Suk.	粉桦、桦木
三	荨麻科 Urticaceae	1	狭叶荨麻	*Urtica angustifolia* Fisch. ex Hornem.	螫麻子、小荨麻、哈拉海
四	蓼科 Polygonaceae	1	叉分蓼	*Polygonum divaricatum* L.	酸模浆、酸不溜、分叉蓼
		2	耳叶蓼	*Polygonum manshuriense*V. Petr. ex Kom.	草河车、刀剪药、刀枪药、倒根草、拳参
		3	酸模叶蓼	*Polygonum lapathifolium* L.	
		4	密序大黄	*Rheum compactum*L.	大黄
		5	毛脉酸模	*Rumex gmelinii* Turcz.	
五	石竹科 Caryophyllaceae	1	莫石竹	*Moehringia lateriflora*(L.) Fenz. Vers.	种阜草
		2	叉繁缕	*Stellaria dichotoma* L.	叉枝繁缕
		3	赛繁缕	*Stellaria neglecta* Weihe	鸡肠繁缕
		4	繸瓣繁缕(垂梗繁缕)	*Stellaria radians* L.	繸瓣繁缕 鸭嘴菜
		5	兴安石竹	*Dianthus versicolor* Franch. et. Sav.	
		6	山蚂蚱草(旱麦瓶草)	*Silene jenisseensis* Willd.	麦瓶草、山蚂蚱草、山银柴胡

（续）

序号	科	序号	中文名	学名	别名
五	石竹科 Caryophyllaceae	7	蔓茎蝇子草（毛萼麦瓶草）	*Silene repens* Part.	蔓茎蝇子草
		8	白玉草（狗筋麦瓶草）	*Silene vulgaris*（Moench.）Garcke	白玉草
六	毛茛科 Ranunculaceae	1	细叶黄乌头	*Aconitum barbatum* Pers. Syn.	牛扁、扁毒
		2	北乌头	*Aconitum kusnenzoffii* Reichb.	草乌、五毒根
		3	细叶乌头	*Aconitum macrorhynchum*Turcz.	
		4	蔓乌头	*Aconitum volubile* Pall. ex Koelle	
		5	红果类叶升麻	*Actaea erythrocarpa* Fisch.	
		6	二岐银莲花	*Anemone dichotoma* L.	草玉梅
		7	阿穆尔耧斗菜	*Aquilegia amurensis* Kom.	
		8	小花耧斗菜	*Aquilegia parviflora* Ledeb.	
		9	尖萼耧斗菜	*Aquilegia oxysepala* Trautv. et C. A. Mey.	
		10	白花驴蹄草	*Caltha natans* Pall.	
		11	三角叶驴蹄草	*Caltha palustris* var. *sibirica* Regel in Bull.	
		12	兴安升麻	*Cimicifuga dahurica*（Turcz.）Maxim.	北升麻
		13	林地铁线莲	*Clematis brevicaudata* DC.	短尾铁线莲
		14	棉团铁线莲	*Clematis hexapetala* Pall.	山蓼、棉花团、山辣椒秧莲
		15	西伯利亚铁线莲	*Clematis sibirica*（L.）Mill.	
		16	翠雀	*Delphinium grandiflorum* S. H. Li et Z. F. Fang	大花飞燕草、鸽子花、飞燕草
		17	兴安翠雀花	*Delphinium hsinganense*S. H. Li et Z. F. Fang	
		18	掌叶白头翁	*Pulsatilla patens*（L.）Mill. var. *multifida*（Pritz）S. H. Li	白头草、老姑草、菊菊苗、老翁花、老冠花、猫抓子花
		19	细叶白头翁	*Pulsatilla turczaninovii*Kryl. et Serg.	老公花、毛姑朵花、耗子花、老翁花
		20	长叶水毛茛	*Batrachium kauffmanii*（Clerc）V. Krecz.	
		21	翼果唐松草	*Thalictrum aquilegifolium* L. var. *sibiricum* Regel et Tiling	唐松草、土黄连
		22	箭头唐松草	*Thalictrum simplex* L.	
		23	金莲花	*Trollius chinensis* Bunge	
		24	短瓣金莲花	*Trollius ledebouri* Rchb.	
		25	长瓣金莲花	*Trollius macropetalus* Fr. Schmidt in Mem.	
七	金丝桃科（藤黄科）Hypericaceae	1	黄海棠（长柱金丝桃）	*Hypericum ascyron* L.	红旱莲、牛心茶、鸣心茶、金丝桃、红心莲、黄海棠
八	罂粟科 Papaveraceae	1	白屈菜	*Chelidonium makus* L.	土黄连、山黄连、牛金花
		2	北紫堇	*Corydalis sibirica*（L. f.）Pers.	
		3	齿瓣延胡索	*Corydalis turschaninovii* Bess.	蓝雀花、蓝花菜、元胡
		4	野罂粟	*Papaver nudicaule* L.	山大烟、山 m 壳、野大烟、岩罂粟、山罂粟、小罂粟

（续）

序号	科	序号	中文名	学名	别名
九	十字花科 Cruciferae	1	水田碎米荠	*Cardamine lyrata* Bunge	水芥末
		2	细叶碎米荠	*Cardamine schulziana* Baehne	
十	景天科 Crassulaceae	1	白八宝	*Hylotelephium pallescens*(Freyn) H. Ohba	白景天、白花景天、长茎景天
		2	紫八宝	*Hylptelephium purpureum*(L.) H. Ohba.	紫景天
		3	钝叶瓦松	*Orostachys malacophyllus*(Pall.) Fisch.	石莲华
		4	黄花瓦松	*Orostachys spinosus*(L.)C. A. Mey.	
		5	费菜	*Sedum aizoon* L.	土三七、旱三七、血山草、草三七、三七草
		6	宽叶费菜	*Sedum aizoon* L. var. *latifolium* Maxim.	
		7	狭叶费菜	*Sedum aizoon* L. f. *angustifolium* Franch.	
十一	虎耳草科 Saxifragaceae	1	五台金腰(互叶金腰)	*Chrysosplenium altermifolium* L.	五台金腰
		2	梅花草	*Parnassia palustris* L. var. *multiseta* Ledeb.	多枝梅花草
		3	长白茶藨子	*Ribes komarovii* A. Pojark.	
		4	东北茶藨子	*Ribes mandshuricum*(Maxim.)Kom.	灯笼果
		5	英吉利茶藨子	*Ribes palczewskii* Pojark.	
		6	黑茶藨子	*Ribes nigrum* L.	兴安茶藨子 旱葡萄、紫不老吉
		7	水葡萄茶藨子	*Ribes procumbens* Pall.	水葡萄
		8	矮茶藨子	*Ribes triste* Pall.	
十二	蔷薇科 Rosaceae	1	假升麻	*Aruncus sylvester* Kostel.	棣棠卉麻
		2	珍珠海	*Sorbaria sorbifolia*(L.)A. Br.	东北珍珠梅、华楸珍珠梅、山高粱条子
		3	美丽绣线菊	*Spiraea elegans* Pojark.	丽绣线菊
		4	欧亚绣线菊	*Spiraea media* Schmidt	石棒绣线菊、石棒子
		5	柳叶绣线菊	*Spiraea salicifolia* L.	绣线菊、空心柳
		6	绢毛绣线菊	*Spiraea sericea* Turcz.	
		7	龙芽草	*Agrimonia pilosa* Ledeb.	仙鹤草、龙芽菜
		8	沼委陵菜	*Comarum palustre* L.	沼委陵菜
		9	细叶蚊子草	*Filipendula angustiloba*(Turcz.) Maxim.	
		10	蚊子草	*Filipendula palmata*(Pall)Maxim.	合叶子
		11	东方草莓	*Fragaria orientalis* Losina-Losinsk	高粱果、野草莓
		12	路边青(水杨梅)	*Geum aleppicum*Jacq.	草本水杨梅、追风七
		13	蕨麻(鹅绒委陵菜)	*Potenilla ansrina* L.	莲花菜、人参果 蕨麻
		14	菊叶委陵菜	Potentilla tanacetifolia Willd. ex Schlecht.	
		15	莓叶委陵菜	*Potentilla fragarioides* L.	雉子筵、满山红
		16	金露梅	*Potentilla fruticosa* L.	金老梅、金蜡梅、老鸹爪、药王茶、棍儿茶
		17	银露梅	*Potenilla glabra* Lodd.	银老梅、白花棍儿茶

（续）

序号	科	序号	中文名	学名	别名
		18	小叶金露梅	Potentilla tenuifolia Will. ex Schlech.	小叶金老梅
		19	刺蔷薇	*Rosa acicularis* Lindl.	大叶蔷薇、刺玫果
		20	山刺玫	*Rosa davurica*Pall.	刺玫果、刺玫蔷薇
		21	北悬钩子	*Rubus arcticus* L.	小托盘、高丽果
		22	矮悬钩子	*Rubus humilifolius* C. A. Mey.	
		23	库页悬钩子	*Rubus sachalinensis* Leveille	白毛悬钩子、沙窝窝、毛叶悬钩子、树梅、马林果
		24	石生悬钩子	*Rubus saxatilis* L.	
		25	直穗粉花地榆	*Sanguisorba grandiflora*（Maxim.）Makino	
		26	地榆	*Sanguisorba officinalis* L.	黄瓜香
		27	小白花地榆	*Sanguisorba teriuifolia*var. *alba* Trautv.	
		28	光叶山楂	*Crataegus dahurica* Koehne ex Schneid.	面果
		29	山荆子	*Malus baccata*（L.）Borkh.	山丁子、林荆子
		30	花楸树	*Sorbus pohuashanensis*（Hance）Hedl.	山槐子、百华花楸、马加木
		31	稠李	*Padus racemosa*（Lam.）Gilib.	臭李子
十三	豆科 Leguminosae	1	高山黄耆	*Astragalus alpinus* L.	
		2	斜茎黄耆	*Astragalus adsurgens* Pall.	直立黄耆、地丁青、沙打旺、二人抬
		3	黄耆	*Astragalus membranaceus*（Fisch.）Bunge	黄耆、膜荚黄芪
		4	山岩黄耆	*Hedysarum alpinum*L.	
		5	矮山黧豆	*Lathyms humilis*（Ser.）Spreng.	矮香豌豆
		6	尖叶铁扫帚（尖叶胡枝子）	*Lespedeza juncea*（L. f.）Pers.	尖叶铁扫帚
		7	野火球	*Trifolium lupinaster* L.	
		8	山野豌豆	*Vicia amoena* Fisch.	落豆秧、透骨草
		9	广布野豌豆	*Vicia cracca* L.	
		10	多茎野豌豆	*Vicia multicaulis* Ledeb.	豆豌豌
		11	贝加尔野豌豆	*Vicia ramuliflora*（Maxim.）Ohwi f. *ramuliflora*（Maxim.）Ohwi	
		12	歪头菜	*Vicia unijuga*A. Br.	两叶豆苗、豆菜
		13	柳叶野豌豆	*Vicia venosa*（Willd.）Maxim.	脉叶野豌豆
十四	牻牛苗儿科 Geraniaceae	1	毛蕊老鹳草	*Geranium eriostemon* Fisch. ex DC.	
		2	兴安老鹳草	*Geranium maximowiczii*Regel et Maack	
		3	灰背老鹳草	*Geranium vlassowianum* Fisch. ex Link	
十五	远志科 Polygalaceae	1	西伯利亚远志	*Polygala sibirica* L.	卵叶远志
十六	凤仙花科 Balsaminaceae	1	水金凤	*Impatiens noli-tangere* L.	辉菜花
十七	鼠李科 Rhamnaceae	1	乌苏里鼠李	*Rhamnus ussuriensis* J. Vass.	
十八	瑞香科 Thymelaeaceae	1	狼毒	*Stellera chamaejasme* L.	断肠草、火柴头花、瑞香狼毒
十九	堇菜科 Violaceae	1	鸡腿堇菜	*Viola acuminata* Ledeb.	鸡腿菜

（续）

序号	科	序号	中文名	学名	别名
二十	柳叶菜科 Onagraceae	1	柳兰	*Epilobium angustifolium* L.	
		2	水湿柳叶菜	*Epilobium palustre* L.	独木牛、沼生柳叶菜
二十一	小二仙草科 Haloragidaceae	1	穗状狐尾藻	*Myriophyllum spicatum* L.	
二十二	杉叶藻科 Hippuridaceae	1	杉叶藻	*Hippuris vulgaris* L.	
二十三	山茱萸科 Cornaceae	1	红瑞木	*Cornus alba* L.	红瑞山茱萸
二十四	伞形科 Umbelliferae	1	黑水当归	*Angelica cincta* Boiss.	朝鲜白芷、阿穆个独活、叉子芹、碗儿芹
		2	白芷(大活)	*Angelica dahuria* (Fisch. ex Hoffm.) Benth. et Hook. f.	走马芹、兴安白芷、白芷
		3	大叶柴胡	*Bupleurum longiradiarum* Turcz.	
		4	红柴胡(狭叶柴胡)	*Bupleurum scorzonerifolium* Willd.	香柴胡、狭叶柴胡
		5	短毛独活(兴安独活)	*Heracleum moellendorffii* Hance	土当归、老山芹、短毛独活
		6	全叶山芹	*Ostericum maximowiczii* (Fr. Sch－midt ex Maxim.) Kitag.	
		7	泽芹	*Sium suave* Walt.	
二十五	鹿蹄草科 Pyrolaceae	1	钝叶单侧花	*Orthilia obtusata* (Turcz.) Hara	团叶单侧花
		2	红花鹿蹄草	*Pyrola incarnata* Fisch.	鹿衔草
二十六	杜鹃花科 Ericaceae	1	黑果天栌	*Arctous japonicus* Nakai	黑北极果
		2	地桂(甸杜)	*Chamaedaphne calyculata* Moench	湿原踯躅、地桂
		3	细叶杜香	*Ledum palustre* L. var. *angustum* N. Busch	狭叶杜香、杜香、喇叭茶、绊脚丝、香草
		4	宽叶杜香	*Ledum palustre* L. var. *dilatatum* Wahlenberg	喇叭茶、绊脚丝、香草
		5	小果红莓苔子(毛蒿豆)	*Vaccinium microcarpum* (Turcz.) Schm.	小果红莓苔子
		6	兴安杜鹃	*Rhododendron dauricum* L.	大头香、迎山红、达乌里杜鹃、达子香
		7	白花兴安杜鹃	*Rhododendron dauricum* L. var. *albiflorum* Turcz.	
		8	高山杜鹃(小叶杜鹃)	*Rhododendron parvifolium* Adams	高山杜鹃
		9	越桔	*Vaccinium vitis-idaea* L.	红豆、牙疙瘩
		10	笃斯越桔	*Vaccinium uliginosum* L.	笃斯、甸果、地果、都柿
二十七	岩高兰科 Empetraceae	1	东北岩高兰	*Empetrum nigrum* L. var. *japonicum* K. Koch	岩高兰、肝复灵
二十八	报春花科 Primulaceae	1	黄连花	*Lysimachia davurica* Ledeb.	
		2	翠南报春	*Primula sieboldii* E. Morren.	樱草
		3	七瓣莲	*Trientalis europaea* L.	
		4	雪山点地梅	*Androsace septentrionalis* L.	
二十九	龙胆科 Gentianaceae	1	秦艽	*Gentiana macrophylla* Pall.	大叶龙胆、秦艽
		2	三花龙胆	*Gentiana triflora* Pall.	
		3	扁蕾	*Gentianopsis barbata* (Froel.) Ma	剪帮龙胆
		4	花锚	*Halenia corniculata* (L.) Cornaz.	金锚
三十	睡菜科 Menyanthaceae	1	荇菜(莕菜)	*Nymphoides peltatum* (Gmel.) O. Kuntze	莕菜、莲叶莕菜、驴蹄菜、水荷叶

（续）

序号	科	序号	中文名	学名	别名
三十一	茜草科 Rubiaceae	1	北方拉拉藤	*Galium boreale* L.	
		2	兴安拉拉藤	*Galium dahuricum* Turcz.	
		3	蓬子菜	*Galium verum* L.	月经草、黄 m 花、疗毒篙、鸡肠草
三十二	花荵科 Polemoniaceae	1	花荵	*Polemonium liniflorum* V. Vassil.	电灯花、小花荵
三十三	紫草科 Boraginaceae	1	湿地勿忘草	*Myosotis caepitosa* Schultz Prodr.	
三十四	水马齿科 Callitrichaceae	1	沼生水马齿	*Callitrichepalustris* L.	
三十五	唇形科 Lamiaceae	1	短柄野芝麻	*Lamium album* L.	野芝麻、山苏子、白花菜、山芝麻
		2	兴安薄荷	*Mentha dahurica* Fisch. ex Benth.	野薄荷
		3	多裂叶荆芥	*Schizonepeta multifida*(L.) Briq.	假苏
		4	毛水苏	*Stachys baicalensis* Fisch. ex Benth	
		5	狭叶黄芩	*Scutellaria regeliana* Nakai in Bot.	
		6	并头黄芩	*Scutellaria scordifolia* Fisch. ex Schrank	头巾草
		7	兴安百里香	*Thymus dahuricus* Serg	地花椒、亚洲百里香
三十六	玄参科 Scrophulariaceae	1	小米草	*Euphrasia pectinata* Ten.	
		2	柳穿鱼	*Linaria vulgaris* Mill. subsp. sinensis Bebeaux) Hong	
		3	返顾马先蒿	*Pedicularis resupinata* L.	马先蒿
		4	兔儿尾苗(长尾婆婆纳)	*Veronica longifolia* L.	长叶婆婆纳、长叶水苦荬、兔儿尾苗
		5	草本威灵仙	*Veronicastrum sibiricum*(L.) Pennell.	轮叶婆婆纳、轮叶腹水草、斩龙剑
三十七	列当科 Orobanchaceae	1	草苁蓉	*Boschniakia rossica* (Cham. et Schltdl.) Fedtsch. et Flerov.	不老草
三十八	狸藻科 Lentibulariaceae	1	狸藻	*Utricularia vulgaris* L.	
三十九	车前科 Plantaginaceae	1	北车前	*Plantago media* L.	车轮菜
四十	忍冬科 Caprifoliaceae	1	北极花	*Linnaea borealis* L.	北极林奈草、林乃木、林奈花
		2	蓝靛果忍冬	Lonicera edulis Turcz.	洋奶子、蓝靛果
		3	毛接骨木	*Sambucus buergeriana*Blnme ex Nakai	马尿骚
四十一	五福花科 Adoxaceae	1	五福花	*Adoxa moschatellina* L.	
四十二	败酱科 Valerianaceae	1	缬草	*Valeriana officinalia* L.	欧缅草
四十三	川续断科 Dipsacaceae	1	华北蓝盆花	*Scabiosa tschiliensis* Grun.	
四十四	桔梗科 Camlanulaceae	1	长白沙参	*Adenophora pereskiifolia*(Fisch. ex Roem. et Schult.) G. Don	
		2	轮叶沙参	*Adenophora tetraphylla*(*Thunb.*) *Fisch.*	南沙参、四叶菜
		3	锯齿沙参	*Adenophora tricuspidata*(Fisch. ex Roem. et Schult.) A. DC.	
		4	多歧沙参	*Adenophora wawreana* Zahlbr.	
		5	聚花风铃草	*Campanula glomerata* L.	
		6	紫斑风玲草	*Campanula punctata* L.	灯笼花、吊钟花
四十五	菊科 Compositae	1	高山紫菀	*Aster alpinus* L.	高岭紫菀
		2	紫菀	*Aster tataricus* L. F.	青菀、返魂草、山白菜

（续）

序号	科	序号	中文名	学名	别名
		3	长茎飞蓬	*Erigeron elongatus* Ledeb.	
		4	山马兰	*Kalimeris lautureana*(Debx.) Kitam.	山野粉团花
		5	兴安一枝黄花	*Solidagodahurica*(Kitag) Kitag.	毛果一枝黄花变种
		6	柳叶旋覆花	*Inula salicina* L.	歌仙草
		7	羽叶鬼针草	*Bidens maximoviczіana* Oett.	
		8	狼杷草	*Bidens tripartita* L.	狼巴草、鬼叉、鬼针、鬼刺
		9	齿叶蓍	*Achillea acuminata*(Ledeb.) Sch. -Bip.	
		10	高山蓍	*Achillea alpina* L.	羽衣草、蚰蜒草、锯齿草
		11	亚洲蓍	*Achillea asiatica* Serg.	
		12	短瓣蓍	*Achillea ptarmicoides* Maxim.	
		13	白山蒿	*Artemisia lagocephala* (Fisch. ex Bess.) DC.	狭叶蒿、石艾、高山艾
		14	蒌蒿(水蒿)	*Artemisia selengensis* Turcz.	蒌蒿、水蒿、柳叶蒿
		15	裂叶蒿	*Artemisia tanacetifolia* L.	裂蒿、细裂叶蒿
		16	紫花野菊	*Chrysanthemum zawadskii* Herbich	山菊、西伯利亚菊、山菊
		17	无毛山尖子	*Parasenecio hastatus* (L.) H. Koyama var. *glaber* (Ledeb.) Y. L. Chen	戟叶兔儿伞、山尖菜
		18	蹄叶橐吾	*Ligularia fischeri*(Ledeb.) Turcz.	马蹄叶、贤叶橐吾、贤叶囊舌
		19	麻叶千里光	*Senecio cannabifolius* Less.	宽叶还魂草
		20	黄菀(林荫千里光)	*Senecio nemoresis* L.	森林千里光
		21	狗舌草	*Tephroseris campestris*(Rutz.) Rchb.	狗舌头草
		22	红轮狗舌草	*Tephroseris flammea* (Turcz. ex DC.) Holub.	红轮千里光
		23	湿生狗舌草	*Tephroseris palustris*(L.) Four.	
		24	烟管蓟	*Cirsium pendulum* Fisch. ex DC.	马蓟、刺蓟
		25	绒背蓟	*Cirsium vlassovianum* Fisch.	
		26	漏芦(祁州漏芦)	*Rhaponticum uniflorum*(L.) DC.	祁州漏卢、大脑袋花、大口袋、和尚头
		27	柳叶风毛菊	*Saussurea epilobiodes* Maxim.	
		28	羽叶风毛菊	*Saussurea maximowiczii* Herd.	
		29	齿叶风毛菊	*Saussurea neoserrata* Nakai	燕尾菜、燕子尾
		30	林风毛菊	*Saussurea sinuata* Kom.	
		31	山风毛菊	*Saussurea umbrosa* Kom.	
		32	山牛蒡	*Synurus deltoides*(Ait.) Nakai	乌苏里风毛菊
		33	屋根草	*Crepis tectorum* L.	
		34	山柳菊	*Hieracium umbellatum* L.	伞花山柳菊
		35	北山莴苣	*Mulgediumsibiricum*(L.) Sojak	山莴苣、山苦菜、西伯利亚山莴苣
		36	华北鸦葱	*Scorzonera albicaulis* Bunge	毛管草、白茎鸦葱
		37	鸦葱	*Scorzonera austriaca* Willd.	笔管草、老观笔
		38	亚洲蒲公英	*Taraxacum asiaticum* Dahlst.	婆婆丁
		39	蒲公英	*Taraxacum mongolicum* Hand. Mazz.	婆婆丁

（续）

序号	科	序号	中文名	学名	别名
		40	东北蒲公英	*Taraxacum ohwianum* Kitam.	婆婆丁
四十六	泽泻科 Alismataceae	1	泽泻	*Alisma plantago-aquatica* L.	水泻
四十七	百合科 Liliaceae	1	山韭	*Allium senescens* L.	野韭、山葱、蒙古葱
		2	铃兰	*Convallaria makalis* L.	草玉铃、香水花
		3	轮叶贝母	*Fritillaria maximowiczii* Freyn	
		4	小黄花菜	*Hemerocallis minor* Mill.	黄花菜
		5	毛百合	*Lilium dauricum* L.	
		6	细叶百合	*Lilium pumilum*DC.	山丹、山丹百合
		7	舞鹤草	*Maianthemum bifolium* (L.) Fr. Schmidt	二叶舞鹤草
		8	北重楼	*Paris verticillata* M. -Bieb.	七叶一枝花、轮叶王孙
		9	小玉竹	*Polygonatum humile* Fisch. ex Maxim.	
		10	玉竹	*Polygonatum odoratum*(Mill.) Druce	铃铛菜
		11	兴安鹿药	*Smilacina dahurica* Turcz. ex Fisch. et Mey.	鹿药、偏头七、山糜子、盘龙七、小鹿药
		12	三叶鹿药	*Smilacina trifolia*(L.) Desf.	
		13	藜芦	*Veratrum nigrum* L.	山葱、鹿葱、葱芦、旱葱、人头发、毒药草
		14	兴安藜芦	*Veratrum dahuricum*(Turcz.) Loes. F.	
四十八	鸢尾科 Iridaceae	1	野鸢尾	*Iris dichotoma* Pall.	射干鸢尾
		2	溪荪	*Iris sanguinea* Donn ex Horn.	
		3	单花鸢尾	*Iris uniflora* Pall.	
四十九	禾本科 Gramineae	1	菵草	*Beckmannia syzigachne* (Stend.) Fern.	水稗子、菵 m
		2	大叶章	*Calamagrostis langsdorffii* (Link) Trin.	
五十	浮萍科 Lemnaceae	1	浮萍	*Lemna minor* L.	青萍、田萍、浮萍草
五十一	黑三棱科 Sparganiaceae	1	短序黑三棱	*Sparganium glomeratum* Laest. ex Beurl.	
五十二	香蒲科 Typhaceae	1	宽叶香蒲	*Typha latifolia* L.	蒲棒、蒲黄
五十三	莎草科 Cyperaceae	1	大穗薹草	*Carex rhynchophysa* C. A. Mey.	
		2	东方羊胡子草	*Eriophorum polystachion* L.	宽叶羊胡子草
		3	臌囊薹草	*Carex schmidtii* Meinsh.	瘤囊薹草、修氏薹草
		4	灰脉薹草	*Carex appendiculata*(Trautv.) Kukenth.	
五十四	兰科 Orchidaceae	1	紫点杓兰	*Cypripedium guttatum* Sw.	斑花杓兰
		2	大花杓兰	*Cypripedium macranthum* Sw.	大口袋花
		3	手参	*Gymnadenia conopsea*(L.) R. Br.	佛手参、手掌参、手儿参
		4	绶草	*Spiranthes sinensis*(Pers.) Ames	盘龙参

附件 3
黑龙江大兴安岭植物资源

黑龙江大兴安岭植物资源[①]

序号	科	属	中文名	学名	别名	形态
一、主要乔木树种						
1	松科	落叶松属	落叶松	*Larix gmelini*(Rupr.)Rupr.	兴安落叶松、意气松、大果兴安落叶松	落叶乔木,高达35m,胸径60~90cm
2	松科	松属	樟子松	*Pinus sylvestris*L. var. *mongolica* Litv.		乔木,高达30m,胸径可达100cm。
3	桦木科	桦木属	白桦	*Betula platyphylla* Suk.	桦木、桦皮树、粉桦	乔木。树皮白色
4	杨柳科	杨属	甜杨	*Populus suaveolens* Fisch.	西伯利亚杨	乔木,高达30m,胸径达1m
5	杨柳科	钻天柳属	钻天柳	*Chosenia arbutifolia* (Pall.) A. Skv.	上天柳、红毛柳、顺河柳	乔木,高10~30m;树皮棕灰色
6	松科	云杉属	鱼鳞云杉	*Picea jezoensis*Carr. var. *microsperma*(Lindl.)Cheng et L.	鱼鳞松	常绿乔木,高达30~40m,胸径可达0.8~1m
7	松科	云杉属	红皮云杉	*Picea koraiensis* Nakai	红皮臭	常绿乔木,高达30m以上,胸径可达0.6~0.8m
二、其他木本植物						
1	松科	松属	偃松	*Pinus pumila*(Pall.)Regel		灌木,稀小乔木,高3~6m,径可达15cm
2	五味子科	五味子属	五味子	*Schisandra chinensis* (Turcz.) Baill.	北五味子、山花椒、花椒秧、花椒藤	落叶木质藤本,长达8m
3	虎耳草科	茶藨属	英吉利茶藨子	*Ribes palczewskii* (Jancz.) Pojark		灌木,高1~1.5m
4	虎耳草科	茶藨属	水葡萄茶藨子	*Ribes procumbens* Pall.	水葡萄、穗状醋栗	灌木,高20~40cm
5	虎耳草科	茶藨属	黑茶藨子(兴安茶藨子)	*Ribes nigrum* L.	旱葡萄、黑加仑、穗状醋栗	灌木,高1.5m
6	蔷薇科	蔷薇属	刺蔷薇	*Rosa acicularis* Lindl.	大叶蔷薇、刺玫果、野刺玫、山刺玫	灌木,高约1m。多分枝
7	蔷薇科	苹果属	山荆子	*Malus baccata*(L.)Borkh.	山丁子、林荆子	乔木,高达10m
8	蔷薇科	山楂属	光叶山楂	*Crataegus dahurica* Schneid.	面都落、一把抓	灌木或小乔木,高2~6m
9	蔷薇科	李属	稠李	*Padus racemosa*(Lam.)Gilib.	臭李子、稠梨子、夜合	乔木,少有灌木,高达15m
10	蔷薇科	悬钩子属	石生悬钩子	*Rubus saxatilis* L.	小悬钩子、天山悬钩子、托盘、地豆豆	多年生草本,高20~30cm
11	蔷薇科	悬钩子属	库页悬钩子	*Rubus matsumuranus* Levl. et Vant.	毛叶悬钩子、马林果、托盘、沙窝窝	灌木,高40~100cm
12	蔷薇科	绣线菊属	绣线菊	*Spiraea salicifolia* L.	柳叶绣线菊、空心柳、马尿溲	直立灌木,高1~2m
13	蔷薇科	珍珠梅属	珍珠梅	*Sorbaria sorbifolia*(L.)A. Br.	山高梁、东北珍珠梅、八木条	灌木,高2m

① 刘洪星,等.2008.尽览瑰宝——大兴安岭生态旅游资源[M].哈尔滨:黑龙江教育出版社:107~162.

（续）

序号	科	属	中文名	学名	别名	形态
14	蔷薇科	花楸属	花楸树	*Sorbus pohuashanensis*(Hance) Hedl.	无毛花楸、马加木、东北花楸、山槐子、红果臭山槐	乔木，高约 8m
15	蔷薇科	委陵菜属	金露梅	*Potentilla fruticosa* L.	金老梅、金蜡梅、药王茶	落叶灌木，高达 1.5m
16	忍冬科	忍冬属	蓝靛果忍冬（蓝果忍冬）	*Lonicera caerulea* Turcz.	羊奶子、蓝靛果	灌木，高 1~1.5m
17	忍冬科	接骨木属	东北接骨木	*Sambucus manshurica* Kitag.	马尿骚	灌木，具长而直立的枝，树皮红灰色
18	杜鹃花科	杜香属	细叶杜香（杜香）	*Ledum palustre* L..	狭叶杜香、万年青、香草	小灌木，直立或下部俯卧，高达 50cm，多分枝，全株有浓烈香味
19	杜鹃花科	杜鹃花属	兴安杜鹃	*Rhododendron dauricum* L	满山红、映山红、迎山红、鞑子香、金达来、东北满山红	半常绿灌木，高 1~2m，多分枝
20	山茱萸科	山茱萸属	红瑞木	*Cornus alba* L.	红瑞山茱萸、红柳条	落叶灌木，高 3m
三、观赏及药用草本植物						
1	石竹科	石竹属	石竹	*Dianthus chinensis* L.	东北石竹、石竹子花	多年生草本，高约 30cm
2	石竹科	剪秋萝属	大花剪秋萝	*Lychnis fulgens* Fisch.	剪秋萝、毛叶剪秋萝	多年生草本，向 25~85cm
3	石竹科	鹅不食属	老牛筋	*Arenaria juncea* Bieb.	毛轴鹅不食、毛轴蚤缀、灯芯蚤缀、银柴胡	多年生草本，高 20~60cm
4	石竹科	麦瓶草属	山蚂蚱草	*Silene jenisseensis* Willd.	旱麦瓶草、银柴胡、山银柴胡	多年生草本，高 20~50cm
5	毛茛科	类叶升麻属	红果类叶升麻	*Actaea erthrocarpa* Fisch.		多年生草本，高 60~80cm
6	毛茛科	耧斗菜属	尖萼耧斗菜	*Aquilegia oxysepala* Trautv. et C. A. Mey.	血见愁、猫爪花	多年生草本，高 50~90cm
7	毛茛科	耧斗菜属	小花耧斗菜	*Aquilegia parviflora* Ledeb.	血见愁、猫爪花	多年生草本，高 30~60cm
8	毛茛科	驴蹄草属	三角叶驴蹄草	*Caltha palustris* L. var. *sibirica* Regel	驴蹄草	多年生草本，高 5~40cm
9	毛茛科	金莲花属	短瓣金莲花	*Trollius ledebouri* Rchb.	金莲花、旱金莲	多年生草本，高 40~110cm
10	毛茛科	铁线莲属	棉团铁线莲	*Clematis hexapetala* Pall.	威灵仙、灵仙、棉花团花、铁扫帚	多年生草本，高 40~100cm
11	毛茛科	铁线莲属	长瓣铁线莲	*Clematis macropetala* Ledeb.	大瓣铁线莲、大萼铁线莲	藤本，叶长达 15cm，为二回三出复叶
12	毛茛科	白头翁属	兴安白头翁	*Pulsatilla dahurica* (Fisch. ex-DC.) Spreng	毛姑都花、耗子花	多年生草本植物。基生叶 7~9。叶片轮廓卵形，长 4.5~7.5cm，宽 3~6cm，二回 3 全裂
13	毛茛科	翠雀属	翠雀	*Delphinium grandiflorum* L.	飞燕草、翠雀花、大花飞燕草、猫眼花	多年生草本，茎高 35~65cm
14	芍药科	芍药属	芍药	*Paeonia lactiflora* Pall.	赤芍、芍药	多年生草本，茎高 40~60cm
15	罂粟科	白屈菜属	白屈菜	*Chelidonium majus* L.	土黄连、地黄连、断肠草	多年生草本，高 30~100cm
16	罂粟科	罂粟属	黑水罂粟	*Papaver nudicaule* L. subsp. *amurense* N. Busch	野大烟花、山大烟	多年生草本，植株高 40~60cm，全株密被硬伏毛，花白色
17	景天科	景天属	费菜	*Sedum aizoon* L.	土三七、细叶费菜	多年生草本，高 20~50cm

（续）

序号	科	属	中文名	学名	别名	形态
18	景天科	瓦松属	黄花瓦松	*Orostachys spinosus*（L.）C. A. Mey.	刺叶瓦松、干滴落	
19	虎耳草科	金腰属	五台金腰	*Chrysosplenium alternifolium* L.	互叶金腰	多年生草本，全株较小，高约10cm
20	蔷薇科	草莓属	东方草莓	*Fragaria orientalis*Losina－Losinsk.	高丽果、高梁果	多年生草本，有长匍匐茎，生柔毛
21	蔷薇科	地榆属	地榆	*Sanguisorba officinalis* L.	黄瓜香、马猴枣、山枣子	多年生草本，高1～2m
22	豆科	黄芪属	黄耆	*Astragalus membranaceus*Bunge	黄芪、膜荚黄芪、东北黄芪、绵黄芪	高大草本，茎高60～150cm，有长柔毛
23	豆科	野豌豆属	大叶野豌豆	*Vicia pseudorobus* Fisch. etC. A. Mey.	假香野豌豆、大叶草藤、槐条花	多年生草本，高50～150cm
24	豆科	山黧豆属	山黧豆	*Lathyrus quinquenervius*（Miq.）Litv.	毛山黧豆	多年生草本，高30～50cm
25	豆科	车轴草属	野火球	*Trifolium lupinaster* L.	也火秋、野车轴草	多年生草本，高30～60cm，有柔毛
26	芸香科	白鲜属	白鲜	*Dictamnus dasycarpus* Turcz.	八股牛、白羊鲜、羊癣草	多年生草本，高约1m
27	大戟科	大戟属	乳浆大戟	Euphorbia esula L.	烂疤眼、鸡肠狼毒、猫眼草	多年生草本，高15～40cm，有白色乳汁
28	岩高兰科	岩高兰属	东北岩高兰	*Empetrum nigrum* L. var. *japonicum* K. Koch.	东亚岩高兰	常绿匍匐状小灌木，高20～50cm，分枝多而稠密
29	瑞香科	狼毒属	狼毒	*Stellera chamaejasme* L.	断肠草、洋火头花、红狼毒、瑞香狼毒	多年生草本，茎直立，丛生，高20～45cm，有粗大圆柱形木质根状茎
30	柳叶菜科	柳兰属	柳兰	*Chamaenerion angustifolium*（L.）Scop	红筷子、柳叶兰、遍山红	多年生草本，高约1m
31	伞形科	牛防风属	短毛独活	*Heracleum moellendorffii* Hance	兴安牛防风、老山芹、牛防风、兴安独活	多年生草本，高70～150cm
32	伞形科	当归属	白芷	*Angelica dahurica*（Fisch.）Benth. et Hook.	大活、兴安白芷、独活、香大活、走马芹、狼山芹	多年生草本，高1～2m
33	鹿蹄草科	鹿蹄草属	红花鹿蹄草	*Pyrola incarnata* Fisch. ex DC.	鹿含草、鹿蹄草、鹿衔草	多年生常绿草本
34	报春花科	七瓣莲属	七瓣莲	*Trientalis europaea* L.		多年生草本，高5～20cm
35	龙胆科	龙胆属	秦艽	*Gentiana macrophylla* Pall.	大叶龙胆、西秦艽、萝卜艽、秦胶	多年生草本，高30～60cm，基部为残叶纤维所包围
36	花荵科	花荵属	花荵	*Polemonium liniflorum* V. Vassil.	小花葱、电灯花	多年生草本，高40～70cm
37	唇形科	黄芩属	并头黄芩	*Scutellaria scordifolia* Fisch. ex Schrank	山麻子、头巾草	多年生直立草本，茎高12～36cm
38	唇形科	夏枯草属	东北夏枯草	*Prunella asiatica* Nakai	夏枯草、山苏子、山菠菜	多年生草本，高（5）20～50cm
39	玄参科	马先蒿属	鸡冠马先蒿	*Pedicularis mandshuricum* Maxim.	鸡冠子花	多年生草本，植物高25～40cm
40	玄参科	腹水草属	草本威灵仙	*Veronicastrum sibiricum*（L.）Pennell	轮叶腹水草、轮叶婆婆纳、狼尾巴、草本威灵仙	多年生草本，高100cm左右
41	列当科	草苁蓉属	草苁蓉	*Boschniakia rossica*（Cham. etSchlecht.）Fedtsch	苁蓉、不老草、肉苁蓉	多年生草本，高15～35cm
42	败酱科	败酱属	败酱	*Patrinia scabiosaefolia* Fisch. ex Trev.	黄花败酱、龙牙败酱	多年生大草本，高达150cm
43	败酱科	缬草属	黑水缬草	*Valeriana amurensis* Smirn. ex Kom.	缬草、拨地麻、野鸡膀子	多年生草本，高达1～5m

（续）

序号	科	属	中文名	学名	别名	形态
44	桔梗科	桔梗属	桔梗	*Platycodon grandiflorum* (Jacq.) DC.	包袱花、铃铛花	多年生草本，有白色乳汁
45	桔梗科	沙参属	轮叶沙参	*Adenophora tetraphylla* (Thunb.) Fisch.	南沙参、沙参、四叶沙参、泡沙参、铃儿草	多年生草本，有白色乳汁，根胡萝卜形，黄褐色，有横纹，茎高 60～90cm，无毛或近无毛，在花序之下不分枝
46	菊科	祁州漏芦属	漏芦	*Rhaponticum uniflorum* (L.) DC.	祁州漏芦 大花蓟 郎头花	多年生草本，高 20～70cm
47	菊科	蒲公英属	蒙古蒲公英	*Taraxacum mongolicum* Hand. -Mazz.	蒲公英、婆婆丁、黄花地丁、白鼓丁、婆婆英	无茎多年生草本，高 10～30cm
48	菊科	蒿属	柳蒿	*Artemisia integrifolia* L.	柳叶蒿	多年生草本，茎直立，高 60～120cm
49	菊科	莴苣属	北山莴苣	Lactuca sibirica (L.) Benth. ex Maxim.	山莴苣	多年生草本，高 20～90cm
50	百合科	葱属	山韭	*Allium senescens* L.	山葱	草本，高 30～80cm
51	百合科	铃兰属	铃兰	*Convallaria keiskei* Miq.	香水花、鹿铃花、草玉铃、草玉兰、小芦藜、山包米	多年生草本。根状茎细长，具节，于节处生多数分枝状的须根
52	百合科	贝母属	轮叶贝母	*Fritillaria maximowiczii* Freyn	一轮贝母、马氏贝母、北贝	多年生草本，高 25～50cm
53	百合科	萱草属	小黄花菜	*Hemerocallis minor* Mill.	萱草、黄花、金针、小萱草、黄花菜、金针菜、细叶萱草	多年生草本。须根粗壮，绳索状，表面具横皱纹
54	有斑百合	百合属	百合科	*Lilium concolor* Salisb. var. *pulchellum* (Fisch.) Regel		多年生草本，高 30～60cm
55	百合科	百合属	山丹	*Lilium pumilum* DC.	细叶百合、百合	多年生草本，高 25～60cm
56	百合科	舞鹤草属	舞鹤草	*Maianthemum bifolium* (L.) F. W. Schm.	二叶舞鹤草	多年生小草本，根状茎细长匍匐
57	百合科	重楼属	北重楼	*Paris verticillata* M. -Bieb	上天梯、王孙、轮叶王孙、七叶一枝花	多年生草本，高 22～40cm
58	百合科	黄精属	玉竹	*Polygonatum odoratum* (Mill.) Druce	山包、大叶卢、玉竹参、铃铛菜	多年生草本，高 25～60cm
59	百合科	鹿药属	兴安鹿药	*Smilacina dahurica* Turcz.	鹿药	多年生草本，高 30～60cm
60	鸢尾科	鸢尾属	单花鸢尾	*Iris uniflora* Pall. ex Link	钢笔水花	多年生草本，高 20～35cm
61	兰科	杓兰属	大花杓兰	*Cypripedium macranthum* Sw.	大口袋花、大花囊兰、狗卵子花	陆生兰，高 25～50cm
62	兰科	杓兰属	紫点杓兰	*Cypripedium guttatum* Swartz.	斑花杓兰、小口袋兰	陆生兰，高 15～35cm
63	兰科	手参属	手参	*Gymnadenia conopsea* (L.) R. Br.	手掌参、佛手参、掌参	高 20～75cm
64	兰科	绶草属	绶草	*Spiranthes sinensis* (Pers.) A-mes	盘龙参、拧劲兰	陆生兰，高 15～40cm
四、地衣和蕨类植物						
1	管枝衣科		雪地茶	*Thamnolia subuliformis* (Ehrh.) W. Culb. Brittonis	高山雪茶、太白茶、石白茶	地衣体枝状，高 4～8cm，粗 2～4mm，稠密丛生
2	石松科	扁枝石松属	扁枝石松	*Diphasiastrum complanatum* (L.) Holub	地刷子石松、伸筋草、扁心草	多年生草本，植株高 10～25cm
3	石松科	石松属	多穗石松	*Lycopodium annotinum* L.	杉蔓石松、伸筋草、杉曼	多年生草本，高 20～30cm，黄绿色

（续）

序号	科	属	中文名	学名	别名	形态
4	木贼科	问荆属	草问荆	*Equisetum pratense* Ehrh.		多年生草本
5	球子蕨科	荚果蕨属	荚果蕨	*Matteuccia struthiopteris*（L.）Todaro	广东菜、黄瓜香、野鸡膀子	植株高50~90cm
6	鳞毛蕨科	鳞毛蕨属	香鳞毛蕨	*Dryopteris fragrans*（L.）Schott		植株高20~30cm
五、菌类名产						
1	木耳科		木耳	*Auricularia auricular*（L. Hook.）Vnderw.	黑木耳、光木耳、云耳、树鸡、耳子、细木耳（贵州）	担子果薄，有弹性，胶质，半透明、中凹、往往呈耳状或杯状，渐变为叶状，平滑，或有脉状皱纹，常呈红褐色，直径达12cm
2	齿菌科	猴头菌属	猴头	*Hericium erinaceus* Bull.	猴菇、猴头菇、刺猬菌、猬菌	子实体（担子果）肉质，新鲜时白色，干燥后浅黄色至浅褐色，块状，形似猴子的头，直径3~10cm
3	多孔菌科	灵芝属	灵芝	*Ganoderma lucidum*（Leyss. Fr.）Karst.	赤芝（通称）、潮红灵芝、灵芝草、菌灵芝、木灵芝（贵州）、红芝、万年蕈	菌盖木栓质，有柄，半圆形或肾形，罕近圆形，可达12×20cm，厚达2cm
4	口蘑科	蜜环菌属	蜜环菌	*Armillaria mellea*（Vahl. Fr.）Karst.	榛蘑、蜜色环蕈、蜜蘑、栎蘑、根索菌、密环菌、根腐草（《中国药用真菌》）、假密环菌（《中国中药资源志要》）	中部较多，边缘有条纹；菌肉白色或近白色，柄长5~13cm，直径6~18mm
5	口蘑科	口蘑属	松口蘑	*Tricholoma matsutake*（Ito. Imei.）Sing.	松茸、松蕈	菌盖肉质，宽5~20cm

附件 4
内蒙古湿地调查区域植物名录(呼伦贝尔)湿地植物

内蒙古温地调查区域植物名录[呼伦贝尔]温地植物①

序号	科	属	种名	
			中文名	学名
一、苔藓植物				
1	毛叶苔科	毛叶苔属	毛叶苔	*Ptilidium ciliare* (L.) Hamp.
2	裂叶苔科	挺叶苔属	小挺叶苔	*Anastophyllum minutum*(Schreb. ex Cranz.) Schust.
3		细裂瓣苔属	二裂细裂瓣苔	*Barbilophozia kunzeana*(Hnben.) K. Mull.
4	齿萼苔科	裂萼苔属	多苞裂萼苔	*Chiloscyphus Polyanthus* (L.) Corda
5	地钱科	地钱属	地钱	*Marchaantia plymorpha* L.
6	钱苔科	浮苔属	浮苔	*Riccocarpus natans* (L.) Cord
7		钱苔属	叉钱苔	*Riccia fluitans* L.
8	泥炭藓科	泥炭藓属	尖叶泥炭藓	*Sphagnum capillifolium* (Ehrh.) Hedw.
9			狭叶泥炭藓	*Sphagnum cuspidatum* Ehrh. ex Hoffm.
10			绣色泥炭藓	*Sphagnum fuscum* (Schimp.) Klinggr.
11			白齿泥炭藓	*Sphagnum girgensohnii* Russ.
12			毛壁泥炭藓	*Sphagnum imbricatum* Hornsch. ex Russ.
13			垂枝泥炭藓	*Sphagnum jensenii* Lindl.
14			中位泥炭藓	*Sphagnum magellanicum* Brid.
15			稀孔泥炭藓	*Sphagnum oligoporum* C. Hartm.
16			广舌泥炭藓	*Sphagnum russowii* Warnst.
17			粗叶泥炭藓	*Sphagnum squarrosum* Crome
18			偏叶泥炭藓	*Sphagnum subsecundum* Ness ex Sturm.
19			细叶泥炭藓	*Sphagnum teres* (Schimp.) Aongstr. ex C. Hartm.
20	牛毛藓科	角齿藓属	角齿藓	*Ceratodon purpureus* (Hedw.) Brid.
21		牛毛藓属	黄牛毛藓	*Ditrichum pallidum* (Hedw.) Hamp.
22	曲尾藓科	曲尾藓属	细助曲尾藓	*Dicranum bonjeanii* De Not.
23			长叶曲尾藓	*Dicranum elongatum* Schleich. ex Schwaegr.
24			折叶曲尾藓	*Dicranum fragilligolium* Lindb.
25			棕色曲尾藓	*Dicranum fuscescens* Turn.
26			波叶曲尾藓	*Dicranum polysetum* Sw.
27			曲尾藓	*Dicranum scoparium* Hedw.
28			邹叶曲尾藓	*Dicranum undulatum* Schrad. ex Brid.

① 国家林业局,2015. 中国湿地资源(内蒙古卷)[M]. 北京:中国林业出版社:123~135.

（续）

序号	科	属	种名	
			中文名	学名
29	凤尾藓科	凤尾藓属	卷叶凤尾藓	*Fissdens cristatus* Wils. ex Mitt.
30			欧洲凤尾藓	*Fissdens osmundoides* Hedw.
31	丛藓科	拟合睫藓属	拟合睫藓	*Pseudosymblepharis papillosrla*(Card. et Ther) Broth.
32	葫芦藓科	葫芦藓属	葫芦藓	*Funaria hygrometrica* Hedw.
33	真藓科	丝瓜藓属	泛生丝瓜藓	*Pohia cruda* (Hedw.) Lindb.
34			黄丝瓜藓	*Pohia nutans* (Hedw.) Lindb.
35			卵蒴丝瓜藓	*Pohia proligera* (Kindb. ex Limpr.) Lindb.
36			大丝瓜藓	*Pohia sphagnicola* (B. S. G.) LinDb.
37		薄囊藓属	薄囊藓	*Leptobryum pyriforme* (Hedw.) Wils.
38		真藓属	高山真藓	*Bryum alpinum* Huds. ex With.
39			极地真藓	*Bryum arcticum* (R. Brown.) B. S. G.
40			真藓	*Bryum argenteum* Hedw.
41			丛生真藓	*Bryum caespiticium* Hedw.
42			刺叶真藓	*Bryum cirrhatum* Hopp. et Hornsch.
43			黄色真藓	*Bryum pallescens* Schleich. ex Schwaegr.
44			拟三列真藓	*Bryum pseudotriquetriquetrum* (Hedw.) Gaern.
45			垂蒴真藓	*Bryum uliginosum* (Brid.) B. S. G.
46	邹蒴藓科	邹蒴藓属	异枝邹蒴藓	*Aulacomnium heterostichum* (Hedw.) B. S. G.
47			沼泽邹蒴藓	*Aulacomnium palustre* (Hedw.) Schwaegr.
48			大邹蒴藓	*Aulacomnium turgidum* (Walenb.) Schwaegr.
49	寒藓科	寒藓属	三叶寒藓	*Meeisa triquetra* (Richt.) Aongstr.
50			钝叶寒藓	*Meeisa uliginosa* Hedw.
51	珠藓科	泽藓属	泽藓	*Philonotisfontana* (Hedw.) Brid.
52			齿缘泽藓	*Philonotis seriata* Mitt.
53	水藓科	水藓属	水藓	*Fontinalis antipyretica* Hedw.
54	万年藓科	万年藓属	万年藓	*Climacium dendroides* (Hedw.) Web.
55	薄罗藓科	细罗藓属	细罗藓	*Leskeella nervosa* (Brid.) Loesk.
56	羽藓科	沼羽藓属	狭叶沼羽藓	*Helodium paludosum* (Aust.) Broth.
57	柳叶藓科	湿原藓属	湿原藓	*Calliergon cordifolium* (Hedw.) Kindb.
58			大叶湿原藓	*Calliergon giganteum* (Schimp.) Kindb.
59			蔓枝湿原藓	*Calliergon sarmentosum* (Wahlenb.) Kindb.
60			黄色湿原藓	*Calliergon stramineum* (Brid.) Kindb.
61		大湿原藓属	大湿原藓	*Calliergonella cuspidata* (Hedw.) Loesk.
62		细湿藓属	黄叶细湿藓	*Campylium chrysophyllum* (Brid.) J. Lange
63			长肋细湿藓	*Campylium polygamum*(B. S. G.) C. Jens.
64			仰叶细湿藓	*Campylium stellatum* (Hedw.) C. Jens.
65		牛角藓属	牛角藓	*Cratoneuron filicinum* (Hedw.) Spruc.
66		镰刀藓属	镰刀藓	*Drepanocladus aduncus* (Hedw.) Warnst.
67			多果镰刀藓	*Drepanocladus aduncus* var. *polycarous*

（续）

序号	科	属	种名	
			中文名	学名
68			大镰刀藓	*Drepanocladus exannulatus*(B. S. G.) Warnst.
69			浮水镰刀藓	*Drepanocladus fluitans* (Hedw.) Warnst.
70			褶叶镰刀藓	*Drepanocladus lycopodioides* (Brid.) Warnst.
71			扭叶镰刀藓	*Drepanocladus revolvens* (Sw.) Warnst.
72			粗肋镰刀藓	*Drepanocladus sendtneri* (Schimp.) Warnst.
73			钩枝镰刀藓	*Drepanocladus uncinatus* (Hedw.) Warnst.
74	青藓科	青藓属	溪边青藓	*Brachythecium rivulare* B. S. G.
75		毛尖藓属	毛尖藓	*Cirriphyllum cirrosum*(Schwaegr.) Grout.
76			粗肋毛尖藓	*Cirriphyllum crassinervium* (Tayl.) Loesk. et Fleisch.
77		毛青藓属	毛青藓	*Tomenthypnum nitens* (Hedw.) Loeske
78	灰藓科	毛梳藓属	毛梳藓	*Ptilium crista-castrensis* (Hedw.) De Not.
79	垂枝藓科	垂枝藓属	垂枝藓	*Rhytidium rugosum* (Hedw.) Kindb.
80	塔藓科	塔藓属	塔藓	*Hylocomium splendens* (Hedw.) B. S. G.
81	金发藓科	仙鹤藓属	波叶仙鹤藓	*Atrichum undulatum* (Hedw.) P. Beauv.
82		金发藓属	大金发藓	*Polytrichum commune* Hedw.
二、蕨类植物植物				
1	木贼科	木贼属	问荆	*Equisetum arvense* L.
2			溪木贼(水问荆)	*Equisetum fluviatile* L.
3			木贼	*Equisetum hiemale* L.
4			犬问荆	*Equisetum palustre* L.
5			蔺木贼(小木贼)	*Equisetum scirpoides* Michoux
6			林木贼	*Equisetum sylvaticum* L.
7			斑纹木贼(兴安木贼)	*Equisetum variegatum* Schleich. ex F. Weber et D. Mohr
8	金星蕨科	沼泽蕨属	沼泽蕨	*Thelypteris palustris* Schott
9	球子蕨科	球子蕨属	球子蕨	*Onoclea sensibilis* L.
三、裸子植物植物				
1	松科	落叶松属	兴安落叶松(落叶松)	*Larix gmelinii* (Rupr.) Kuzen.
2		松属	偃松	*Pinus pumila* (Pall.) Regel
四、被子植物植物				
1	杨柳科	钻天柳属	钻天柳	*Chosenia arbutifolia* (Pall.) A. Skv.
2		杨属	香杨	*Populus koreana* Rehd.
3			甜杨	*Populus suaveolens* Fisch.
4		柳属	乌柳	*Salix cheilophila* Schneid.
5			兴安柳	*Salix hsinganica* Y. L. Chang et Skv.
6			杞柳	*Salix integra* Thunb.
7			砂杞柳	*Salix kochiana* Trautv.
8			朝鲜柳	*Salix koreensis* Anderss.
9			旱柳	*Salix matsudana* Koidz.
10			小穗柳	*Salix microstachya*Turcz.

（续）

序号	科	属	种名	
			中文名	学名
11			越桔柳	*Salix myrtilloides* L.
12			五蕊柳	*Salix pentandra* L.
13			粉枝柳	*Salix rorida* Laksch.
14			细叶沼柳	*Salix rosmarinifolia* L.
15			沼柳	*Salix rosmarinifolia* var. *brachypoda* (Trautv. et Mey.) Y. L. Chou
16			卷边柳	*Salix siuzevii* Seemen
17			松江柳	*Salix sungkianica* Y. L. Chou et Skv. ,
18			谷柳	*Salix taraikensis* Kimura
19			三蕊柳	*Salix triandra* L.
20			蒿柳	*Salix viminalis* L.
21	桦木科	赤杨属(桤木属)	辽东桤木	*Alnus sibirica* Fisch. ex Turcz.
22		桦木属	柴桦	*Betula fruticosa* Pall.
23			油桦	*Betula ovalifolia* Rupr.
24			白桦	*Betula platyphylla* Suk.
25	荨麻科	冷水花属	透茎冷水花	*Pilea pumila* A. Gray
26	蓼科	蓼属	两栖蓼	*Polygonum amphibium* L.
27			水蓼	*Polygonum hydropiper* L.
28			狭叶水蓼	*Polygonum hydropiper* var. *angustifolium*
29			东方蓼(红蓼)	*Polygonum orientale* Kitag.
30			桃叶蓼(春蓼)	*Polygonum persicaria* L.
31			西伯利亚蓼	*Polygonum sibiricum* Laxm.
32			戟叶蓼	*Polygonum thunbergii* Sieb. et Zucc.
33			珠芽蓼	*Polygonum vivparum* L.
34		酸模属	皱叶酸模	*Rumex crispus* L.
35			毛脉酸模	*Rumex gmelinii* Turcz. ex Ledeb.
36			酸模	*Rumex acetosa* L.
37			巴天酸模	*Rumex patientia* L.
38	藜科	滨藜属	滨藜	*Atriplex patens* (Litv.) Iljin
39		碱蓬属	角果碱蓬	*Suaeda corniculata* (C. A. Mey.) Bunge
40			碱蓬	*Suaeda glauca* (Bunge) Bunge
41		藜属	藜	*Chenopodium album* L.
42			灰绿藜	*Chenopodium glaucum* L.
43	石竹科	剪秋萝属	浅裂剪秋萝	*Lychnis cognata* Maxim.
44		漆姑草属	漆姑草(日本漆姑草)	*Sagina japonica* (Sw.) Ohwi
45		绳子草属	毛萼麦瓶草(蔓茎蝇子草)	*Silene repens* Patr.
46		繁缕属	翻白繁缕	*Stellaria discolor* Turcz.
47			沼生繁缕(沼繁缕)	*Stellaria palustris* Ehrh. Retz.
48			垂梗繁缕(繸瓣繁缕)	*Stellaria radians* L.

（续）

序号	科	属	种名	
			中文名	学名
49	睡莲科	睡莲属	睡莲（茈珀花）	*Nymphaea tetragona* Georgi
50	金鱼藻科	金鱼藻属	金鱼藻	*Ceratophyllum demersum* L.
51			东北金鱼藻	*Ceratophyllum manschuricum* (Miki) Kitag.
52	毛茛科	乌头属	细叶乌头	*Aconitum macrorhynchum* Turcz.
53			北乌头	*Aconitum kusnezoffii* Reichb.
54		银莲花属	二岐银莲花	*Anemone dichotoma* L.
55			大花银莲花	*Anemone silvestris* L.
56		水毛茛属	水毛茛	*Batrachium bungei* (Steud.) L. Liou
57			小水毛茛	*Batrachium eradicatum*(Laest.) Fr.
58			北京水毛茛	*Batrachium pekinense* L. Liou
59			毛柄水毛茛	*Batrachium trichophyllum* (Chaix ex Villars) Bosch
60		驴蹄草属	白花驴蹄草	*Caltha natans* Pall.
61			驴蹄草	*Caltha palustris* var. sibirica
62			薄叶驴蹄草（膜叶驴蹄草）	*Caltha palustris var. membranacea* Turcz.
63			三角叶驴蹄草	*Caltha palustris var. sibirica* Regel
64		铁线莲属	西伯利亚铁线莲	*Clematis sibirica* (L.) Mill.
65		碱毛茛属	水葫芦苗	*Halerpestes cymbalaria* (Pursh) Green
66			三裂碱毛茛	*Halerpestes tricuspis* (Maxim.) Hand. -Mazz.
67		毛茛属	高原毛茛	*Ranunculus tanguticus* (Maxim.) Ovcz.
68			茴茴蒜	*Ranunculus chinensis* Bunge
69			小掌叶毛茛	*Ranunculus gmelinii* DC.
70			毛茛	*Ranunculus japonicus* Thunb.
71			单叶毛茛	*Ranunculus monophyllus* Ovcz.
72			浮毛茛	*Ranunculus natans* C. A. Mey.
73			沼地毛茛	*Ranunculus radicans* C. A. Mey.
74			松叶毛茛	*Ranunculus reptans* L.
75			匍枝毛茛	*Ranunculus repens* L.
76			石龙芮	*Ranunculus sceleratus* L.
77			兴安毛茛	*Ranunculus japonicus* var. *smirnovii* (Ovcz.) L.
78			长嘴毛茛	*Ranunculus tachiroei* Franch. et Sav.
79		唐松草属	箭头唐松草	*Thalictrum simplex* L.
80	毛茛科	金莲花属	短瓣金莲花	*Trollius ledebouri* Reichb.
81	罂粟科	紫堇属	齿瓣延胡索	*Corydalis turtschaninovii* Bess.
82	十字花科	碎米荠属	草甸碎米荠	*Cardamine pratensis* L.
83			伏水碎米荠	*Cardamine prorepens* Fisch. ex DC.
84		蔊菜属	山芥叶蔊菜	*Rorippa barbareifolia* (DC.) Kitag.
85			球果蔊菜（风花菜）	*Rorippa globosa*(Turcz.) Hayek
86			沼生蔊菜	*Rorippa islandica* (Oed.) Borb.
87	虎耳草科	金腰属	五台金腰（互叶金腰）	*Chrysosplenium serreanum* Hand. -Mazz.

(续)

序号	科	属	种名	
			中文名	学名
88		梅花草属	多枝梅花草(梅花草)	*Parnassia palustris* var. *multiseta* Ledeb.
89	蔷薇科	沼委陵菜属	沼委陵菜	*Comarum palustre* L.
90		蚊子草属	翻白蚊子草	*Filipendula intermedia* (Glehn) Juzep.
91			光叶蚊子草	*Filipendula palmata* (*Pall.*) *Maxim.* var. *glabra* Ledeb. ex Kom.
92			蚊子草	*Filipendula palmata* (Pall.) Maxim.
93		委陵菜属	金露梅(金老梅)	*Dasiphora fruticosa*
94			蕨麻(鹅绒委陵菜)	*Potentilla anserina* L.
95			匍枝委陵菜	*Potentilla flagellaris* Willd. ex Schlecht.
96		地榆属	地榆	*Sanguisorba officinalis* L.
97			细叶地榆	*Sanguisorba tenuifolia* Fisch.
98		绣线菊属	楼斗叶绣线菊	*Spiraea aquilegifolia* Pall.
99			柳叶绣线菊(绣线菊)	*Spiraea salicifolia* L.
100		苹果属	山荆子(山丁子)	*Malus baccata* Borkh.
101		蔷薇属	刺蔷薇	*Rosa acicularis* Lindl.
102	豆科	山黧豆属	山黧豆	*Lathyrus quinquenervius* (Miq.) Litv.
103		车轴草属	野火球	*Trifolium lupinaster* L.
104			白车轴草	*Trifolium repens* L.
105		野豌豆属	广布野豌豆	*Vicia cracca* L.
106	牻牛儿苗科	老鹳草属	毛蕊老鹳草	*Geranium platyanthum* Duthie
107			兴安老鹳草	*Geranium maximowiczii* Regel et Maack
108			大花老鹳草	*Geranium himalayense* Klotzsch
109			老鹳草	*Geranium wilfordii* Maxim.
110	水马齿科	水马齿属	线叶水马齿	*Callitriche hermaphroditica* L.
111			沼生水马齿	*Callitriche palustris* L.
112	凤仙花科	凤仙花属	水金凤	*Impatiens noli-tangere* L.
113	藤黄科	金丝桃属	黄海棠(长柱金丝桃)	*Hypericum ascyron* L.
114			短柱黄海棠(短柱金丝桃)	*Hypericum hookerianum* Wight et Arn.
115	堇菜科	堇菜属	鸡腿堇菜	*Viola acuminata* Ledeb.
116			溪堇菜	*Viola epipsila* Ledeb.
117			堇菜	*Viola verecunda* A. Gray
118	千屈菜科	千屈菜属	千屈菜	*Lythrum salicaria* L.
119	柳叶菜科	柳叶菜属	多枝柳叶菜	*Epilobium fastigiatoramosum* Nakai
120			沼生柳叶菜	*Epilobium palustre* L.
121	菱科	菱属	欧菱(丘角菱)、格菱、东北菱、冠菱	*Trapa natans* L.
122	小二仙草科	狐尾藻属	穗状狐尾藻	*Myriophyllum spicatum* L.
123			轮叶狐尾藻(狐尾藻)	*Myriophyllum verticillatum* L.
124	杉叶藻科	杉叶藻属	杉叶藻	*Hippuris vulgaris* L.
125	伞形科	毒芹属	毒芹	*Cicuta virosa* L.

（续）

序号	科	属	种名	
			中文名	学名
126		蛇床属	蛇床	*Cnidium monnieri* Cuss.
127		水芹属	水芹	*Oenanthe javanica* (Bl.) DC.
128		茴芹属	东北茴芹(羊红膻)	*Pimpinella thellungiana* Wolff
129		泽芹属	泽芹	*Sium suave* Walt.
130	山茱萸科	山茱萸属	红瑞木	*Swida alba* Opiz
131	杜鹃花科	地桂属	地桂(甸杜)	*Chamaedaphne calyculata* Moench
132		杜香属	狭叶杜香	*Ledum palustre* var. *angustum*
133			宽叶杜香	*Ledum palustre* var. *dilatatum* Wahlenberg
134		杜鹃花属	高山杜鹃(小叶杜鹃)	*Rhododendron lapponicum* Wahl.
135		越桔属	小果红莓苔子(毛蒿豆)	*Vaccinium microcarpum*(Turcz. ex Rupr.) Schmalh.
136			越桔	*Vaccinium vitis-idaea* L.
137			笃斯越桔	*Vaccinium uliginosum* L.
138	报春花科	点地梅属	东北点地梅	*Androsace filiformis* Retz.
139			小点地梅	*Androsace gmelinii* (Gaertn.) Roem. et Schuit.
140		海乳草属	海乳草	*Glaux maritima* L.
141		报春花属	粉报春	*Primula farinosa* L.
142	龙胆科	龙胆属	假水生龙胆	*Gentiana pseudoaquatica* Kusnez.
143			龙胆	*Gentiana scabra* Bunge
144		肋柱花属	辐状肋柱花	*Lomatogonium rotatum* (L.) Fries ex Nyman var. rotatum
145		花锚属	花锚	*Halenia corniculata* Cornaz
146		睡菜属	睡菜	*Menyanthes trifoliata* L.
147		莕菜属	莕菜	*Nymphoides peltatum* (Gmel.) O. Kuntze
148		獐牙菜属	瘤毛獐牙菜	*Swertia pseudochinensis* Hara
149	花荵科	花荵属	花荵	*Polemonium coeruleum* L.
150	紫草科	勿忘草属	湿地勿忘草	*Myosotis caespitosa* Schultz
151		附地菜属	朝鲜附地菜	*Trigonotis coreana* Nakai
152			水甸附地菜	*Trigonotis myosotidea* (Maxim.) Maxim.
153	唇形科	水棘针属	水棘针	*Amethystea caerulea* Linn.
154		薄荷属	兴安薄荷	*Mentha dahurica* Fisch. ex Benth.
155			薄荷	*Mentha haplocalyx* Briq.
156		黄芩属	纤弱黄芩	*Scutellaria dependens* Maxim.
157			塔头狭叶黄芩	*Scutellaria regeliana* var. *ikonnikovii*(*juz.*) C. Y. Wu et H. W. Li
158		水苏属	毛水苏	*Stachys baicalensis* Fisch. ex Benth
159	玄参科	母草属	陌上菜	*Lindernia procumbens* (Krock.) Philcox
160		通泉草属	弹刀子菜	*Mazus stachydifolius* (Turcz.) Maxim.
161		马先蒿属	大花马先蒿(野苏子)	*Pedicularis grandiflora* Fisch.
162			沼生马先蒿	*Pedicularis palustris* Linn.
163			旌节马先蒿	*Pedicularis sceptrum-carolinum* L.

（续）

序号	科	属	种名	
			中文名	学名
164			穗花马先蒿	*Pedicularis spicata* Pall.
165		婆婆纳属	北水苦荬	*Veronica anagallis-aquatica* L.
166			长果水苦荬	*Veronica anagalloides* Guss.
167			兔儿尾苗(长尾婆婆纳)	*Veronica longifolia* L.
168			蚊母草	*Veronica peregrina* L.
169			水苦荬	*Veronica undulata* Wall.
170	狸藻科	狸藻属	细叶狸藻	*Utricularia minor* L.
171			狸藻(闸草)	*Utricularia vulgaris* L.
172	车前科	车前属	车前	*Plantago asiatica* L.
173			平车前	*Plantago depressa* Willd.
174	茜草科	拉拉藤属	北方拉拉藤	*Galium boreale* Linn.
175			三瓣猪殃殃(小叶猪殃殃)	*Galium trifidum* L.
176			蓬子菜	*Galium verum* Linn.
177	忍冬科	忍冬属	蓝靛果忍冬(蓝靛果)	*Lonicera caerulea* var. *edulis* Turcz. ex Herd.
178			小花金银花(金银忍冬)	*Lonicera maackii* (Rupr.) Maxim.
179	败酱科	缬草属	毛节缬草(缬草)	*Valeriana officinalis* L.
180	葫芦科	盒子草属	盒子草	*Actinostemma tenerum* Griff.
181	桔梗科	半边莲属	山梗菜	*Lobelia sessilifolia* Lamb.
182	菊科	蒿属	碱蒿	*Artemisia anethifolia* Web. ex Stechm
183			莳萝蒿	*Artemisia anethoides* Mattf.
184			柳叶蒿	*Artemisia integrifolia* L.
185			宽叶蒿	*Artemisia latifolia* Ledeb.
186			野艾蒿	*Artemisia lavandulaefolia* DC.
187			蒌蒿(水蒿)	*Artemisia selengensis* Turcz. ex Bess.
188		鬼针草属	柳叶鬼针草	*Bidens cernua* L.
189			大狼杷草	*Bidens frondosa* L.
190			羽叶鬼针草	*Bidens maximowicziana* Oett.
191			小花鬼针草	*Bidens parviflora* Willd.
192			狼杷草	*Bidens tripartita* L.
193		鼠麴草属	湿生鼠麴草	*Gnaphalium tranzschelii* Kirp.
194		旋覆花属	欧亚旋覆花	*Inula britanica* L.
195			线叶旋覆花	*Inula lineariifolia* Turcz.
196		橐吾属	蹄叶橐吾	*Ligularia fischeri* (Ledeb.) Turcz.
197		风毛菊属	羽叶风毛菊	*Saussurea maximowiczii* Herd.
198		千里光属	琥珀千里光	*Senecio ambraceus* Turcz. ex DC.
199		蒲公英属	芥叶蒲公英	*Taraxacum brassicaefolium* Kitag.
200			碱地蒲公英	*Taraxacum borealisinense* Kitam.
201	香蒲科	香蒲属	水烛	*Typha angustifolia* L.
202			宽叶香蒲	*Typha latifolia* Linn.

（续）

序号	科	属	种名	
			中文名	学名
203			拉氏香蒲（无苞香蒲）	*Typha laxmannii* Lepech.
204			小香蒲	*Typha minima* Funk.
205	黑三棱科	黑三棱属	线叶黑三棱	*Sparganium angustifolium* Michx.
206			矮黑三棱	*Sparganium minimum* Wallr.
207			小黑三棱	*Sparganium simplex* Huds.
208			黑三棱	*Sparganium stoloniferum* (Graebn.) Buch. -Ham. ex Juz.
209	眼子菜科	眼子菜属	单果眼子菜	*Potamogeton acutifolius* Link
210			菹草	*Potamogeton crispus* L.
211			眼子菜	*Potamogeton distinctus* A. Benn.
212			光叶眼子菜	*Potamogeton lucens* L.
213			钝脊眼子菜	*Potamogeton octandrus* Poir. var. *miduhikimo* (Makino) Hara
214			穿叶眼子菜	*Potamogeton perfoliatus* L.
215			小眼子菜	*Potamogeton pusillus* L.
216			龙须眼子菜（篦齿眼子菜）	*Potamogeton pectinatus* L.
217	角果藻科	角果藻属	角果藻	*Zannichellia palustris* L.
218	水麦冬科	水麦冬属	海韭菜	*Triglochin maritimum* L.
219			水麦冬	*Triglochin palustre* Linn.
220	泽泻科	泽泻属	草泽泻	*Alisma gramineum* Lej.
221			泽泻	*Alisma plantago-aquatica* L.
222		慈姑属	浮叶慈姑	*Sagittaria natans* Pall. ,
223			野慈姑（慈姑）	*Sagittaria trifolia* L.
224	花蔺科	花蔺属	花蔺（猪尾巴菜）	*Butomus umbellatus* L.
225	禾本科	芨芨草属	芨芨草	*Achnatherum splendens* (Trin.) Nevski
226		看麦娘属	看麦娘	*Alopecurus aequalis* Sobol.
227			苇状看麦娘	*Alopecurus arundinaceus* Sobol.
228		荩草属	荩草	*Arthraxon hispidus* (*Thunb.*) Makino
229		菵草属	菵草	*Beckmannia syzigachne* (Steud.) Fern.
230		拂子茅属	拂子茅（狼尾草）	*Calamagrostis epigeios* Roth
231			假苇拂子茅	*Calamagrostis pseudophragmites* (Hall. f.) Koel.
232		沿沟草属	沿沟草	*Catabrosa aquatica* Beauv.
233		野青茅属	大叶章	*Deyeuxia langsdorffii* (Link) Kunth
234			小叶章	*Deyeuxia angustifolia* (Kom.) Y. L. Chang
235			忽略野青茅（小花野青茅）	*Deyeuxia neglecta* (Ehrh.) Kunth Rev. Gram.
236		发草属	发草	*Deschampsia caespitosa* Beauv.
237		虉草属	虉草	*Phalaris arundinacea* L.
238		稗属	长芒稗	*Echinochloa caudata* Roshev.
239			稗	*Echinochloa crusgalli* Beauv.
240			无芒稗	*Echinochloa crusgalli* Beauv. var. *mitis* (Pursh) Peterm.
241		野黍属	野黍	*Eriochloa villosa* (Thunb.) Kunth

（续）

序号	科	属	种名	
			中文名	学名
242		甜茅属	狭叶甜茅	*Glyceria spiculosa* (Schmidt) Roshev.
243			东北甜茅(水甜茅)	*Glyceria triflora* (Korsh.) Kom.
244		牛鞭草属	大牛鞭草	*Hemarthria altissima* (Poir.) Stapf et C. E. Hubb.
245		茅香属	茅香	*Hierochloe odorata* Beauv.
246		荻属	荻	*Triarrhena sacchariflora* Beauv.
247		稷属(黍属)	黍(稷)	*Panicum miliaceum* L.
248		芦苇属	芦苇	*Phragmites australis* (Cav.) Trin. ex Steud.
249		早熟禾属	早熟禾	*Poa annua* L.
250			草地早熟禾	*Poa pratensis* L.
251			散穗早熟禾	*Poa subfastigiata* Trin.
252		碱茅属	星星草	*Puccienllia tenuiflora* Griseb. ex Ledeb.
253		菰属	菰	*Zizania caduciflora*(Turcz.)Hand. -Mazz.
254		披碱草属	披碱草	*Elymus dahuricus* Turcz.
255		赖草属	赖草	*Leymus secalinus*(Georgi) Tzvel.
256			羊草	*Leymus chinensis* (Trin.) Tzvel.
257		狗尾草属	狗尾草	*Setaria viridis* Beauv.
258		虎尾草属	虎尾草	*Chloris virgata* Sw.
259	莎草科	薹草属	灰脉薹草	*Carex appendiculata* (Trautv.) Kukenth.
260			麻根薹草	*Carex arnellii* Christ ex Scheutz
261			丛薹草	*Carex caespitosa* L.
262			扁囊苔草	*Carex coriophora* Fisch. et C. A. Mey. ex Kunth
263			莎薹草	*Carex bohemica* Schreb.
264			弯囊苔草(皱果薹草)	*Carex dispalata* Boott ex A. Gray
265			无脉薹草	*Carex enervis* C. A. Mey.
266			异鳞薹草	*Carex heterolepis* Bge.
267			显脉薹草	*Carex kirganica* Kom.
268			毛薹草	*Carex lasiocarpa* Ehrh.
269			疏薹草(稀花薹草)	*Carex laxa* Wahlenb.
270			尖嘴薹草	*Carex leiorhyncha* C. A. Mey.
271			沼薹草	*Carex limosa* L.
272			乌拉草	*Carex meyeriana* Kunth
273			直穗薹草	*Carex orthostachys* C. A. Mey.
274			疣囊薹草	*Carex pallida* C. A. Mey.
275			粗脉薹草	*Carex rugulosa* Kukenth.
276			漂筏薹草	*Carex pseudocuraica* F. Schmidt
277			瘤囊薹草(膨囊薹草)	*Carex schmidtii* Meinsh.
278			膨囊薹草	*Carex lehmanii* Drejer
279			寸草	*Carex duriuscula* C. A. Mey.
280		莎草属	球穗莎草(异型莎草)	*Cyperus difformis* L.

（续）

序号	科	属	种名	
			中文名	学名
281			头穗莎草(头状穗莎草)	*Cyperus glomeratus* L.
282			黄颖莎草(具芒碎米莎草)	*Cyperus microiria* Steud.
283			毛笠莎草(三轮草)	*Cyperus orthostachyus* Franch. et Savat.
284		荸荠属	扁基荸荠	*Heleocharis fennica* Palla ex Kneuck.
285			卵状荸荠(卵穗荸荠)	*Heleocharis Soloniensis* (Dubois) Hara
286			牛毛毡	*Heleocharis yokoscensis* (Franch. et Savat.) Tang et Wang
287			羽毛荸荠	*Heleocharis wichurai* Bocklr.
288		羊胡子属	细秆羊胡子草	*Eriophorum gracile* Koch
289			东方羊胡子草	*Eriophorum polystachion* Auct. not L.
290			红毛羊胡子草	*Eriophorum russeolum* Fries
291		飘拂草属	飘拂草(两歧飘拂草)	*Fimbristylis dichotoma* Vahl
292		水莎草属	花穗水莎草	*Juncellus pannonicus* (Jacq.) C. B. Clarke
293			水莎草	*Juncellus serotinus* (Rottb.) C. B. Clarke
294		扁莎属	球穗扁莎	*Pycreus globosus* (All.) Reichb.
295			槽鳞扁莎	*Pycreus korshinskyi*(Meinsh.)V. Krecz.
296		藨草属	东方藨草	*Scirpus orientalis* Ohwi
297			扁秆藨草	*Scirpus. planiculmis* Fr. Schmidt
298			单穗藨草(东北藨草)	*Scirpus radicans* Schk.
299			球穗藨草	*Scirpus strobilinus* Roxb.
300			水葱藨草(水葱)	*Scirpus validus* Vahl
301			矮针蔺	*Trichoporum pumilum*(Vahl)Schinz.
302	天南星科	菖蒲属	菖蒲	*Acorus calamus* L.
303		水芋属	水芋	*Calla palustris* L.
304	浮萍科	浮萍属	浮萍	*Lemna minor* L.
305			品藻	*Lemna trisulca* L.
306		紫萍属	紫萍(水萍)	*Spirodela polyrrhiza* Schleid.
307	谷精草科	谷精草属	宽叶谷精草	*Eriocaulon robustius* (Maxim.) Makino
308	鸭跖草科	鸭跖草属	鸭跖草	*Commelina communis* L.
309	雨久花科	雨久花属	雨久花	*Monochoria korsakowii* Regel et Maack
310	灯心草科	灯心草属	乳头灯心草	*Juncus papillosus* Franch. et Savat.
311			小灯心草	*Juncus bufonius* L.
312		地杨梅属	多花地杨梅	*Luzula multiflora* (Retz.) Lej.
313			火红地杨梅	*Luzula rufescens* Fisch. ex E. Mey.
314	百合科	鹿药属	三叶鹿药	*Smilacina trifolia* (L.) Desf.
315		藜芦属	兴安藜芦	*Veratrum dahuricum* (Turcz.) Loes. f.
316	鸢尾科	鸢尾属	溪荪	*Iris sanguinea* Donn ex Horn.
317			紫苞鸢尾	*Iris ruthenica* Ker. -Gawl.
318			北陵鸢尾	*Iris typhifolia* Kitagawa
319			单花鸢尾	*Iris uniflora* Pall. ex Link

（续）

序号	科	属	种名	
			中文名	学名
320			马蔺	*Iris lactea* Pall. var. *chinensis* (Fisch.) Koidz.
321	兰科	手参属	手掌参(手参)	*Gymnadenia conopsea* R. Br.
322		红门兰属	宽叶红门兰	*Orchis latifolia* L.
323		绶草属	绶草	*Spiranthes sinensis* (Pers.) Ames

附件 5
呼伦贝尔野生植物名录

呼伦贝尔野生植物名录①

序号	科	属	种名
苔藓植物门 Bryophyta			
一	地钱科 Marchantiaceae	地钱属 *Marchantia* L.	地钱 *Marchantia polymorpha* L.
二	葫芦藓科 Funariaceae	葫芦藓属 *Funaria* Hedw.	葫芦藓 *Funaria hygrometrica* Hedw.
蕨类植物门 Pteridophyta			
三	石松科 Lycopodiaceae	石松属 *Lycopodium* L.	多穗石松(杉蔓石松) *Lycopodium annotinum* L.
			扁枝石松属 *Diphasiastrum* Holub
			扁枝石松 *Diphasiastrum complanatum*(L.)Holub
			地刷子 *Diphasiastrum complanatum* (L.) Holub var. anceps (Wallr.)Ching
四	卷柏科 Selaginellaceae	卷柏属 *Selaginella* Spring	卷柏 *Selaginella tamariscina*(Beauv.)Spring
			中华卷柏 *Selaginella sinensis*(Desv.)Spring
五	木贼科 Equisetaceae	木贼属 *Equisetum* L.	问荆 *Equisetum arvense* L.
			林木贼(林问荆) *Equisetum sylvaticum* L.
			草问荆 *Equisetum pratense* Ehrh.
			犬问荆 *Equisetum palustre* L.
			节节草 *Equisetum ramosissim* Desf.
			溪木贼(水木贼) *Equisetum fluviatile* L.
六	阴地蕨科 Botrychiaceae	阴地蕨属 *Botrychium* Sw.	扇羽阴地蕨 *Botrychium lunaria*(L.)Sw.
七	蕨科 Pteridiaceae	蕨属 Pteridium Scop.	蕨 *Pteridium aquilinum* (L.) Kuhn var. latiusculum (Desv.) Underw. ex Heller.
八	中国蕨科 Sinopteridaceae	粉背蕨属 *Aleuritopteris* Fée	银粉背蕨 *Aleuritopteris argentea*(Gmel.)Fée
九	裸子蕨科 Hemionitidaceae	金毛裸蕨属 *Gymnopteris* Bernh.	耳羽金毛裸蕨 *Gymnopteris bipinnata* Christ var. auriculata (Franch.)Ching
十	蹄盖蕨科 Athyriaceae	蹄盖蕨属 *Athyrium* Roth	中华蹄盖蕨 *Athyrium sinense* Rupr.
		冷蕨属 *Cystopteris* Bernh.	冷蕨 *Cystopteris fragilis*(L.)Bernh.
		短肠蕨属 *Allantodia* R. Br.	黑鳞短肠蕨 *Allantodia crenata*(Sommerf.)Ching
		羽节蕨属 *Gymnocarpium* Newman	羽节蕨 *Gymnocarpium disjunctum*(Rupr.)Ching
			欧洲羽节蕨 *Gymnocarpium dryopteris*(L.)Newman
十一	金星蕨科 Thelypteridaceae	沼泽蕨属 *Thelypteris* Schmidel	沼泽蕨 *Thelypteris palustris*(Salisb.)Schott
十二	球子蕨科 Onocleaceae	荚果蕨属 *Matteuccia* Todaro	荚果蕨 *Matteuccia struthiopteris*(L.)Todaro
十三	岩蕨科 Woodsiaceae	岩蕨属 *Woodsia* R. Br.	岩蕨 *Woodsia ilvensis*(L.)R. Br.
十四	鳞毛蕨科 Dryopteridaceae	鳞毛蕨属 *Dryopteris* Adans.	香鳞毛蕨 *Dryopteris fragrans*(L.)Schott
十五	水龙骨科 Polypodiaceae	多足蕨属 *Polypodium* L.	小多足蕨 *Polypodium virginianum* L.

① 王伟共,2018

（续）

序号	科	属	种名
十六	槐叶苹科 Salviniaceae	槐叶苹属 *Salvinia* Adans.	小多足蕨 *Polypodium virginianum* L.
裸子植物门 Gymnospermae			
十七	松科 Pinaceae	落叶松属 *Larix* Mill.	兴安落叶松 *Larix gmelinii*(Rupr.) Rupr.
			华北落叶松 *Larix principis-rupprechtii* Mayr.
		云杉属 *Picea* Dietr.	白扦 *Picea meyeri* Rehd. et Wils.
			红皮云杉 *Picea koraiensis* Nakai
		松属 *Pinus* L.	樟子松 *Pinus sylvestris* L. var. mongolica Litv.
			西伯利亚红松 *Pinus sibirica*Du Tour
			偃松 *Pinus pumila*(Pall.) Regel
十八	柏科 Cupressaceae	刺柏属 *Juniperus* L.	西伯利亚刺柏 *Juniperus sibirica* Burgsd.
		圆柏属 *Sabina* Mill.	兴安圆柏 *Sabina davurica*(Pall.) Ant.
十九	麻黄科 Ephedraceae	麻黄属 *Ephedra* L.	草麻黄 *Ephedra sinica* Stapf.
			单子麻黄 *Ephedra monosperma* Gmel. ex Mey.
			中麻 *Ephedra intermedia* Schrenk ex Mey.
被子植物门 Angiospermae			
二十	杨柳科 Salicaceae	杨属 Populus L.	山杨 *Populus davidiana* Dode
		钻天柳属 *Chosenia* Nakai	钻天柳 *Chosenia arbutifolia*(Pall.) A. Skv.
		柳属 *Salix* L.	小红柳 *Salix microstachya* Turcz. apud Trautv. var. *bordensis*(Nakai) C. F. Fang
			筐柳 *Salix linearistipularis*(Franch.) Hao
			兴安柳 *Salix hsinganica* Chang et Skv.
			五蕊柳 *Salix pentandra* L.
			三蕊柳 *Salix triandra* L.
			越橘柳 *Salix myrtilloides* L.
			细叶沼柳 *Salix rosmarinifolia* L.
			沼柳 *Salix rosmarinifolia* L. var. *brachypoda*(Trautv. et Mey.) Y. L. Chou
			砂杞柳 *Salix kochiana* Trautv.
二十一	桦木科 Betulaceae	桦木属 *Betula* L.	白桦 *Betula Platyphylla* Suk.
			黑桦 *Betula dahurica* Pall.
			柴桦 *Betula fruticosa* Pall.
		桤木属 *Alnus* Mill.	水冬瓜赤杨 *Alnus sibirica* Fisch. ex Turcz.
		榛属 *Corylus* L.	榛 *Corylus heterophylla* Fisch. ex Trautv.
二十二	榆科 Ulmaceae	榆属 *Ulmus* L.	大果榆 *Ulmus macrocarpa* Hance
			家榆 *Ulmus pumila* L.
			春榆 *Ulmus davidiana* Planch. var. *japonica*(Rehd.) Nakai
二十三	壳斗科 Fagaceae	栎属 *Quercus* L.	蒙古栎 *Quercus mongolica* Fisch. ex Turcz.
二十四	桑科 Moraceae	桑属 *Morus* L.	蒙桑 *Morus mongolica* Schneid.
		葎草属 *Humulus* L.	葎草 *Humulus scandens*(Lour.) Merr.
		大麻属 *Cannabis* L.	野大麻(变型) *Cannabis sativa* L. f. ruderalis(Janisch.) Chu.
二十五	荨麻科 Urticaceae	荨麻属 *Urtica* L.	麻叶荨麻 *Urtica cannabina* L.

（续）

序号	科	属	种名
			狭叶荨麻 *Urtica angustifolia* Fisch. ex Hornem.
		墙草属 *Parietaria* L.	小花墙草 *Parietaria micrantha* Ledeb.
二十六	檀香科 Santalaceae	百蕊草属 *Thesium* L.	百蕊草 *Thesium chinense* Turcz.
			长叶百蕊草 *Thesium longifolium* Turcz.
			急折百蕊草 *Thesium refractum* C. A. Mey.
二十七	桑寄生科 Loranthaceae	槲寄生属 *Viscum* L.	槲寄生 *Viscum coloratumg*(Kom.) Nakai.
二十八	蓼科 Polygonaceae	大黄属 *Rheum* L.	波叶大黄 *Rheum undulatum* L.
			密序大黄 *Rheum compactum* L.
		酸模属 *Rumex* L.	小酸模 *Rumex acetosella* L.
			酸模 *Rumex acetosa* L.
			毛脉酸模 *Rumex gmelinii* Turcz.
			皱叶酸模 *Rumex crispus* L.
			狭叶酸模 *Rumex stenophyllus* Ledeb.
			巴天酸模 *Rumex patientia* L.
			长刺酸模 *Rumex maritimus* L.
			盐生酸模 *Rumex marschallianus* Rchb.
		木蓼属 *Atraphaxis* L.	东北木蓼 *Atraphaxis manshurica* Kitag.
		蓼属 *Polygonum* L.	萹蓄 *Polygonum aviculare* L.
			两栖蓼 *Polygonum amphibium* L.
			桃叶蓼 *Polygonum persicaria* L.
			水蓼 *Polygonum hrdropiper* L.
			酸模叶蓼 *Polygonum lapathifolium* L.
			西伯利亚蓼 *Polygonum sibiricum* Laxm.
			细叶蓼 *Polygonum angustifolium* Pall.
			叉分蓼 *Polygonum divaricatum* L.
			拳参 *Polygonum bistorta* L.
			耳叶蓼 *Polygonum manshuriense* V. Petr. ex Kom.
			穿叶蓼 *Polygonum perfoliatum* L.
			箭叶蓼 *Polygonum sieboldii* Meisn.
			卷茎蓼 *Polygonum convolvulus* L.
		荞麦属 *Fagopyrum* Gaertn.	苦荞麦 *Fagopyrum tataricum*(L.) Gaetn.
二十九	藜科 Chenopodiaceae	驼绒藜属 *Ceratoides*(Tourn.) Gagnebin	驼绒藜 *Ceratoides latens*(J. F. Gmel.) Reveal et Holmgren
		猪毛菜属 *Salsola* L.	刺沙蓬 *Salsola pestifer* A. Nelson
			猪毛菜 *Sasola collina* Pall.
		地肤属 *Kochia* Roth	木地肤 *Kochia prostrata*(L.) Schrad.
			地肤 *Kochia scoparia*(L.) Schrad.
			碱地肤 *Kochia scoparia*(L.) Schrad. var. sieversiana(Pall.) Ulbr. ex Aschers. et Graebn.
		盐爪爪属 *Kalidium* Moq.	盐爪爪 *Kalidium foliatum*(Pall.) Moq.
			尖叶盐爪爪 *Kalidium cuspidatum*(Ung. -Sternb.) Grub.

（续）

序号	科	属	种名
		滨藜属 *Atriplex* L.	滨藜 *Atriplex patens*(Litv.) Iljin
			西伯利亚滨藜 *Atriplex sibirica* L.
			野滨藜 *Atriplex fera*(L.) Bunge
		碱蓬属 *Suaeda* Forsk.	碱蓬 *Suaeda glauca*(Bunge) Bunge
			角果碱蓬 *Suaeda corniculata*(C. A. Mey.) Bunge
			盐地碱蓬 *Suaeda salsa*(L.) Pall.
		沙蓬属 *Agriophyllum* M. Bieb.	沙蓬 *Agriophyllum pungens*(*Vahl*) Link ex A. Dietr.
		虫实属 *Corispermum* L.	蒙古虫实 *Corispermum mongolicum* Iljin
			兴安虫实 *Corispermum chinganicum* Iljin
			绳虫实 *Corispermum declinatum* Steph. ex Stev.
		轴藜属 *Axyris* L.	轴藜 *Axyris amaranthoides* L.
			杂配轴藜 *Axyris hybrida* L.
		雾冰藜属 *Bassia* All.	雾冰藜 *Bassia dasyphylla*(Fisch. et Mey.) O. Kuntze
		藜属 *Chenopodium* L.	刺藜 *Chenopodium aristatum* L.
			灰绿藜 *Chenopodium glaucum* L.
			尖头叶藜 *Chenopodium acuminatum* Willd.
			狭叶尖头叶藜 *Chenopodium acuminatum* Willd. subsp. *virgatum* (Thunb.) Kitam.
			东亚市藜 *Chenopodium urbridum* L.
			杂配藜 *Chenopodium hybridum* L.
			藜 *Chenopodium album* L.
			菱叶藜 *Chenopodium bryniaefolium* Bunge
		蛛丝蓬属 *Micropeplis* Bunge	蛛丝蓬 *Micropeplis arachnoidea*(Moq.) Bunge
三十	苋科 Amaranthaceae	苋属 *Amaranthus* L.	凹头苋 *Amaranthus lividus* L.
			反枝苋 *Amaranthus retroflexus* L.
			北美苋 *Amaranthus blitoides* S. Watson
			白苋 *Amaranthus albus* L.
三十一	马齿苋科 Portulacaceae	马齿苋属 *Portulaca* L.	马齿苋 *Portulaca oleracea* L.
三十二	石竹科 Caryophyllaceae	蚤缀属 *Arenaria* L.	毛梗蚤缀 *Arenaria capillaris* Poir.
			灯心草蚤缀 *Arenaria juncea* Bieb.
		种阜草属 *Moehringia* L.	种阜草 *Moehringia lateriflora*(L.) Fenzl
		繁缕属 *Stellaria* L.	二柱繁缕 *Stellaria bistyla* Y. Z. Zhao
			垂梗繁缕 *Stellaria radians* L.
			叉歧繁缕 *Stellaria dichotoma* L.
			银柴胡 *Stellaria dichotoma* L. var. *lanceolata* Bunge
			兴安繁缕 *Stellaria cherleriae*(Fisch. ex Ser.) Williams
			长叶繁缕 *Stellaria longifolia* Muehl.
			叶苞繁缕 *Stellaria crassifolia* Ehrh. var. *linearis* Fenzl
		卷耳属 *Cerastium* L.	六齿卷耳 *Cerastium cerastoides*(L.) Britton
		高山漆姑草属 *Minuartia* L.	高山漆姑草 *Minuartia laricina*(L.) Mattf.

（续）

序号	科	属	种名
		剪秋罗属 *Lychnis* L.	狭叶剪秋罗 *Lychnis sibirica* L.
			大花剪秋罗 *Lychnis fulgens* Fisch.
		女娄菜属 *Melandrium* Roehl.	女娄菜 *Melandrium apricum*(Turcz. ex Fisch. et Mey.) Rohrb.
		麦瓶草属 *Silene* L.	狗筋麦瓶草 *Silene venosa*(Gilib.) Aschers.
			兴安女娄菜 *Melandrium brachypetalum*(Horn.) Fenzl
			细叶毛萼麦瓶草 *Silene repens* Part. var. *angustiflora* (Turcz.) Schischk.
			旱麦瓶草 *Silene jenisseensis* Willd.
			小花旱麦瓶草 *Silene jenisseensis* Willd. f. *parviflora*(Turcz.) Schischk.
		丝石竹属 *Gypsophila* L.	草原丝石竹 *Gypsophila davurica* Turcz. ex Fenzl
		石竹属 *Dianthus* L.	瞿麦 *Dianthus superbus* L.
			簇茎石族 *Dianthus repens* Willd.
			石竹 *Dianthus chinensis* L.
			兴安石竹 *Dianthus chinensis* L. var. *veraicolor*(Fisch. ex Link) Ma
			蒙古石竹 *Dianthus chinensis* L. var. *subulifolius*(Kitag.) Ma
		王不留行属 *Vaccaria* Medic	王不留行 *Vaccaria segetailis*(Neck.) Garcke
三十三	睡莲科 Nymphaeaceae	睡莲属 *Nympaea* L.	睡莲 *Nympaea tetragona* Georgi
		萍蓬草属 *Nuphar* J. E. Smith	萍蓬草 *Nuphar pumilum*(Timm) DC.
三十四	金鱼藻科 Ceratophyllaceae	金鱼藻属 *Ceratophyllum* L.	金鱼藻 *Ceratophyllum demersum* L.
			五刺金鱼藻 *Ceratophyllum oryzetorum* Kom.
三十五	毛茛科 Ranunculaceae	驴蹄草属 *Caltha* L.	驴蹄草 *Caltha palustris* L.
			三角叶驴蹄草 *Caltha palustris* L. var. *sibirica* Regel
		金莲花属 *Trolius* L.	短瓣金莲花 *Trolius chinensis* Bunge
		升麻属 *Cimicifuga* L.	兴安升麻 *Cimicifuga dahurica*(Turcz.) Maxim.
			单穗升麻 *Cimicifuga simplex* Woromsk.
		耧斗菜属 *Aquilegia* L.	耧斗菜 *Aquilegia viridiflora* Pall.
		蓝堇菜属 *Leptopyrum* Reichb.	蓝堇菜 *Leptopyrum fumarioides*(L.) Reichb.
		唐松草属 *Thalictrum* L.	翼果唐松草 *Thalictrum aquilegifolium* L. var. *sibiricum* Regel et Tiling
			瓣蕊唐松草 *Thalictrum petaloideum* L.
			香唐松草 *Thalictrum foetidum* L.
			展枝唐松草 *Thalictrum squarrosum* Steph. ex Willd.
			箭头唐松草 *Thalictrum simplex* L.
			锐裂箭头唐松草（变种）*Thalictrum simplex* L. var. *affine*(Ledeb) Regel
			欧亚唐松草 *Thalictrum minus* L.
		银莲花属 *Anemone* L.	二歧银莲花 *Anemone dichotoma* L.
			大花银莲花 *Anemone silvestris* L.
			长毛银莲花 *Anemone crinita* Juz.
		白头翁属 *Pulsatilla* Adans.	掌叶白头翁 *Pulsatilla patens*(L.) Mill. var. *multifida*(Pritz.) S. H. Li et Y. H. Huang

（续）

序号	科	属	种名
			细叶白头翁 *Pulsatilla turczaninovii* Kryl. et Serg.
			细裂白头翁 *Pulsatilla tenuiloba*(Hayek)Juz.
			蒙古白头翁 *Pulsatilla ambigua* Turcz. ex Pritz.
			黄花白头翁 *Pulsatilla sukaczewii* Juz.
			兴安白头翁 *Pulsatilla dahurica*(Fisch. ex DC.)Spreng.
		侧金盏花属 *Adonis* L.	北侧金盏花 *Adonis sibiricus* Patr. ex Ledeb.
		水毛茛属 *Batrachium* J. F. Gray	小水毛茛 *Batrachium eradicatum*(Laest.)Fries.
			毛柄水毛茛 *Batrachium trichophyllum*(Chaix)Bossche
			水毛茛 *Batrachium bungei*(steud.)L. Liou
		水葫芦苗属 *Halerpestes* Greene	黄戴戴 *Halerpestes ruthenica*(Jacq.)Ovcz.
			水葫芦苗 *Halerpestes sarmentosa*(Adams)Kom. &Aliss.
		毛茛属 *Ranunculus* L.	石龙芮 *Ranunculus sceleratus* L.
			小掌叶毛茛 *Ranunculus gmelinii* DC.
			毛茛 *Ranunculus japonicus* Thunb.
			回回蒜 *Ranunculus chinensis* Bunge.
		铁线莲属 *Clematis* L.	棉团铁线莲 *Clematis hexapetala* Pall.
			短尾铁线莲 *Clematis brevicaudata* DC.
			半钟铁线莲 *Clematis sibirica*(L.)Mill. var. *ochotensis*(Pall.)S. H. Li et Y. H. Huang
			褐毛铁线莲 *Clematis fusca* Turcz.
		翠雀花属 *Delphinium* L.	东北高翠雀花 *Delphinium korshinskyanum* Nevski
			翠雀 *Delphinium grandiflorum* L.
		乌头属 *Aconitum* L.	细叶黄乌头 *Aconitum barbatum* Pers.
			薄叶乌头 *Aconitum fischeri* Reichb.
			草乌头 *Aconitum kusnezoffii* Reichb.
			露蕊乌头 *Aconitum gymnandrum* Maxim.
			匐枝乌头 *Aconitum macrorhynchum* Turcz.
		芍药属 *Paeonia* L.	芍药 *Paeonia lactiflora* Pall.
三十六	防已科 Menispermaceae	蝙蝠葛属 *Menispermum* L.	蝙蝠葛 *Menispermum dahuricum* DC.
三十七	木兰科 Magnoliaceae	五味子属 *Schisandra* Michx.	五味子 *Schisandra chinensis*(Turcz.)Baill.
三十八	罂粟科 Papaveraceae	白屈菜属 *Chelidonium* L.	白屈菜 *Chelidonium majus* L.
		罂粟属 *Paoaver* L.	野罂粟 *Papaver nudicaule* L.
		角茴香属 *Hypecoum* L.	角茴香 *Hypecoum erectum* L.
		紫堇属 *Corydalis* DC.	齿瓣延胡索 *Corydalis turtschaninovii* Bess.
三十九	十字花科 Cruciferae	菘蓝属 Isatis L.	长圆果菘蓝 *Isatis oblongata* DC.
			三肋菘蓝 *Isatis costata* C. A. Mey.
		蔊菜属 *Rorippa* Scop.	风花菜 *Rorippa islandica*(Oed.)Borbas
		遏蓝菜属 *Thlaspi* L.	遏蓝菜 *Thlaspi arvense* L.
			山遏蓝菜 *Thlaspi thlaspidioides*(Pall.)Kitag.
		独行菜属 *Lepidium* L.	宽叶独行菜 *Lepidium latifolium* L.

（续）

序号	科	属	种名
			独行菜 *Lepidium apetalum* Willd.
		亚麻荠属 *Camelina* Crantz.	小果亚麻荠 *Camelina microcarpa* Andrz.
		葶苈属 *Draba* L.	葶苈 *Draba nemorosa* L.
		庭荠属 *Alyssum* L.	北方庭荠 *Alyssum lenense* Adams.
			西伯利亚庭荠 *Alyssum sibiricum* Willd.
		燥原荠属 *Ptilotrichum* C. A. Mey.	燥原荠 *Ptilotrichum canescens* C. A. Mey.
			薄叶燥原荠 *Ptilotrichum tenuiflium*(Steoh.)C. A. Mey.
		花旗竿属 *Dontostemon* Andrz.	小花花旗竿 *Dontostemon micranthus* C. A. Mey.
			无腺花旗竿 *Dontostemon eglandulosus*(DC.)Ledeb.
			多年生花旗竿 *Dontostemon perennis* C. A. Mey.
			全缘叶花旗竿 *Dontostemon integrifolifolius*(L.)
		碎米荠属 *Cardamine* L.	水田碎米荠 *Cardamine lyrata* Bunge
			草甸碎米荠 *Cardamine pratensis* L.
		播娘蒿属 *Descurainia* Webb. et Berth.	播娘蒿 *Descurainia sophia*(L.)Webb. ex Prantl
		糖芥属 *Erysimum* L.	蒙古糖芥 *Erysimum flavum*(Georgi)Bobrov
			小花糖芥 *Erysimum cheiranthoides* L.
		南芥属 *Arabis* L.	粉绿垂果南芥 *Arabis pendula* L. var. hypoglauca Franch.
			硬毛南芥 *Arabis hirsuta*(L.)Scop.
四十	景天科 Crassulaceae	瓦松属 *Orostachys* Fisch.	钝叶瓦松 *Orostachys malacophyllus*(Pall.)Fisch.
			瓦松 *Orostachys fimbriatus*(Turcz.)Berger
			黄花瓦松 *Orostachys spinosus*(L.)C. A. Mey.
			狼爪瓦松 *Orostachys cartilaginea* A. Bor.
		八宝属 *Hylotelephium* H. Ohba	紫八宝 *Hylotelephium purpureum*(L.)Holub
		景天属 *Sedum* L.	费菜 *Sedum aizoon* L.
四十一	虎耳草科 Saxifragaceae	梅花草属 *Parnassia* L.	梅花草 *Parnassia palustris* L.
		金腰属 *Chrysosplenium* L.	互叶金腰子 *Chrysosplenium alternifollium* L.
		茶藨属 *Ribes* L.	水葡萄茶藨子 *Ribes procumbens* Pall.
			兴安茶藨子 *Ribes pauciflorum* Turcz. ex Pojark.
			楔叶茶藨子 *Ribes diacanthum* Pall.
			小叶茶藨子 *Ribes pulchellum* Turcz.
四十二	蔷薇科 Rosaceae	绣线菊属 *Spiraea* L.	柳叶绣线菊 *Spiraea salicifolia* L.
			楼斗叶绣线菊 *Spiraea aquilegifolia* Pall.
			海拉尔绣线菊 *Spiraea hailarensis* Liou
			土庄绣线菊 *Spiraea pubescens* Turcz.
			绢毛绣线菊 *Spiraea sericea* Turcz.
			欧亚绣线菊 *Spiraea media* Schmidt
		珍珠梅属 *Sorbaria* A. Br. ex Aschers.	珍珠梅 *Sorbaria sorbifolia*(L.)A. Br
		栒子属 *Cotoneaster* B. Ehrhart	全缘栒子 *Cotoneaster integerrimus* Medic.
			黑果栒子 *Cotoneaster melanocarpus* Lodd.

（续）

序号	科	属	种名
		山楂属 *Crataegus* L.	山楂 *Crataegus pinnatifida* Bunge
			辽宁山楂 *Crataegus sanguinea* Pall.
		花楸属 *Sorbus* L.	花楸树 *Sorbus pohuashanensis*(Hance)Hedl.
		苹果属 *Malus* Mill.	山荆子 *Malus baccata*(L.)Borkh.
		蔷薇属 *Rosa* L.	山刺玫 *Rosa davurica* Pall.
			大叶蔷薇 *Rosa acicularis* Lindl.
		龙牙草属 *Agrimonia* L.	龙牙草 *Agrimonia pilosa* Ledeb.
		地榆属 *Sanguisorba* L.	地榆 *Sanguisorba officinalis* L.
			长蕊地榆 *Sanguisorba officinalis* L. var. longifila(Kitag.)Yu et Li
			小白花地榆 *Sanguisorba tenuifolia* Fisch. ex Link var. *alba* Trautv. et Mey.
		蚊子草属 *Filipendula* Mill.	蚊子草 *Filipendula palmata*(Pall.)Maxim.
			细叶蚊子草 *Filipendula angustiloba*(Turcz.)Maxim.
		悬钩子属 Rubus L.	石生悬钩子 *Rubus saxatilis* L.
			北悬钩子 *Rubus arcticus* L.
		水杨梅属 *Geum* L.	水杨梅 *Geum aleppicum* jacq.
		草莓属 *Fragaria* L.	东方草莓 *Fragaria orientalis* Losinsk.
		委陵菜属 *Potentilla* L.	金露梅 *Potentilla fruticosa* L.
			小叶金露梅 *Potentilla parvifolia* Fisch. apud Lehm.
			匍枝委陵菜 *Potentilla flagellaris* Willd. ex Schlecht.
			银露梅 *Potentilla glabra* Lodd.
			鹅绒委陵菜 *Potentilla anserina* L.
			二裂委陵菜 *Potentilla bifurca* L.
			高二裂委陵菜 *Potentilla bifurca* L. var. major Ledeb.
			星毛委陵菜 *Potentilla acaulis* L.
			三出委陵菜 *Potentilla betonicaefolia* Poir.
			莓叶委陵菜 *Potentilla fragarioides* L.
			铺地委陵菜 *Potentilla supina* L.
			轮叶委陵菜 *Potentilla verticillaris* Steph. ex Willd.
			绢毛委陵菜 *Potentilla sericea* L.
			多裂委陵菜 *Potentilla multifida* L.
			掌叶多裂委陵菜 *Potentilla multifida* L. var. ornithopoda Wolf.
			菊叶委陵菜 *Potentilla tanacetifolia* Willd. ex Schlecht.
			腺毛委陵菜 *Potentilla longifolia* Willd. ex Schlecht.
			茸毛委陵菜 *Potentilla strigosa* Pall. ex Pursh
			红茎委陵菜 *Potentilla nudicaulis* Willd. ex Schlecht.
		沼委陵菜属 *Comarum* L.	沼委陵菜 *Comarum* Palustre L.
		山莓草属 *Sibbaldia* L.	伏毛山莓草 *Sibbaldia adpressa* Bunge
			绢毛山莓草 *Sibbaldia sericea*(Grub.)Sojak.
		地蔷薇属 *Chamaerhodos* Bunge	地蔷薇 *Chamaerhodos erecta*(L.)Bunge

（续）

序号	科	属	种名
			毛地蔷薇 *Chamaerhodos canescens* J. Krause
			三裂地蔷薇 *Chamaerhodos trifida* Ledeb.
		李属 *Prunus* L.	山杏(西伯利亚杏)*Prunus sibirica* L.
			稠李属 *Padus* Mill.
			稠李 *Prunus padus* L.
四十三	豆科 Leguminosae	槐属 Sophora L.	苦参 *Sopora flavescens* Soland.
		野决明属 *Thermopsis* R. Br.	披针叶黄华 *Thermopsis lanceolata* R. Br.
		苜蓿属 *Medicago* L.	天蓝苜蓿 *Medicago lupulina* L.
			黄花苜蓿 *Medicago falcata* L.
			花苜蓿 *Medicago ruthenica* (Linn.) Trautv.
		草木樨属 *Melilotus* Mill.	草木樨 *Melilotus suaveolens* Ledeb.
			细齿草木樨 *Melilotus dentatus*(Wald. et Kit.)Pers.
			白花草木樨 *Melilotus albus* Desr.
		车轴草属 *Trifolium* L.	野火球 *Trifolium lupinaster* L.
			白车轴草 *Trifolium repens* L.
			红车轴草 *Trifolium pratense* L.
		锦鸡儿属 *Caragana* Fabr.	狭叶锦鸡儿 *Caragana stenophylla* Pojark.
			小叶锦鸡儿 *Caragana microphylla* Lam.
		米口袋属 *Gueldenstaedtia* Fisch.	少花米口袋 *Gueldenstaedtia verna*(Georgi)Boriss.
			狭叶米口袋 *Gueldenstaedtia stenophylla* Bunge
		甘草属 *Glycyrrhiza* L.	甘草 *Glycyrrhiza uralensis* Fsich.
		黄芪属 *Astragalus* L.	华黄芪 *Astragalus chinensis* L. f.
			草木樨状黄芪 *Astragalus melilotoides* Pall.
			细叶黄芪 *Astragalus melilotoides* Pall. var. tenuis Ledeb.
			草原黄芪 *Astragalus dalaiensis* Kitag.
			蒙古黄芪 *Astragalus memdranaceus* Bunge var. *mongholicus* (Bunge) Hsiao
			达乌里黄芪 *Astragalus dahuricus*(Pall.)DC.
			细弱黄芪 *Astragalus miniatus* Bunge
			白花黄芪 *Astragalus galactites* Pall.
			卵果黄芪 *Astragalus grubovii* Sancz.
			斜茎黄芪 *Astragalus adsurgens* Pall.
			糙叶黄芪 *Astragalus scaberrimus* Bunge
		棘豆属 *Oxytropis* DC.	大花棘豆 *Oxytropis grandiflora*(Pall.)DC.
			薄叶棘豆 *Oxytropis leptophylla*(Pall.)DC.
			多叶棘豆 *Oxytropis myriophylla*(Pall.)DC.
			砂珍棘豆 *Oxytropis gracilima* Bunge
			海拉尔棘豆 *Oxytropis hailarensis* Kitag.
			平卧棘豆 *Oxytropis prostrata*(Pall.)DC.
		岩黄芪属 *Hedysarum* L.	山竹岩黄芪 *Hedysarum fruticosum* Pall.

（续）

序号	科	属	种名
			山岩黄芪 *Hedysarum alpinum* L.
			华北岩黄芪 *Hedysarum gmelinii* Ledeb.
		胡枝子属 *Lespedeza* Michx.	绒毛胡枝子 *Lespedeza tomentosa*(Thunb.)Sieb. ex Maxim.
			牛枝子 *Lespedeza davurica*(Laxm.)Schindl. var. *potaninii*(V. Vassil.)Liou f.
			胡枝子 *Lespedeza bicolor* Turcz.
			尖叶胡枝子 *Lespedeza hedysaroides*(Pall.)Kitag.
		鸡眼草属 *Kummerowia* Schindl.	鸡眼草 *Kummerowia striata*(Thunb.)Schindl.
		野豌豆属 *Vicia* L.	广州野豌豆 *Vicia cracca* L.
			大叶野豌豆 *Vicia pseudorobus* Fisch. et C. A. Mey
			狭叶山野豌豆 *Vicia amoena* Fisch. var. *oblongifolia* Regel
			多茎野豌豆 *Vicia multicaulis* Ledeb.
			歪头菜 *Vicia unijuga* R. Br.
		山黧豆属 *Lathyrus* L.	矮山黧豆 *Lathyrus humilis*(Ser. ex DC.)Spreng.
		大豆属 *Glycine* Willd.	野大豆 *Glycine soja* Sieb. et Zucc.
四十四	牻牛儿苗科 Geraniaceae	牻牛儿苗属 *Erodium* L Her.	牻牛儿苗 *Erodium stephanianum* Willd.
		老鹳草属 *Geranium* L.	草原老鹳草 *Geranium pratense* L.
			大花老鹳草 *Geranium transbaicalicum* Serg.
			灰背老鹳草 *Geranium wlassowianum* Fisch. ex Link
			兴安老鹳草 *Geranium maximowiczii* Regel et Maack
			粗根老鹳草 *Geranium dahuricum* DC.
			鼠掌老鹳草 *Geranium sibiricum* L.
四十五	亚麻科 Linaceae	亚麻属 *Linum* L.	野亚麻 *Linum stelleroides* Planch.
			宿根亚麻 *Linum perenne* L.
四十六	蒺藜科 Zygophyllaceae	白刺属 *Nitraria* L.	小果白刺 *Nitraria sibirica* Pall.
		蒺藜属 *Tribulus* L.	蒺藜 Tribulus terrestris *L.*
四十七	芸香科 *Rutaceae*	拟芸香属 Haplophyllum *Juss.*	北芸香 Haplophyllum dauricum(*L.*)*Juss.*
		白鲜属 *Dictamnus L.*	白鲜 *Dictamnus albus L. subsp. dasycarpus*(Turcz.)Wint.
四十八	远志科 Polygalaceae	远志属 *Polygala* L.	远志 *Polygala tenuifolia* Willd.
四十九	大戟科 Euphorbiaceae	大戟属 *Euphorbia* L.	乳浆大戟 *Euphorbia esula* L.
			地锦 *Euphorbia humifusa* Willd.
			狼毒大戟 *Euphorbia fischeriana* Steud.
			锥腺大戟 *Euphorbia savaryi* Kiss.
五十	水马齿科 Callitrichaceae	水马齿属 *Callitriche* L.	沼生水马齿 *Callitriche palustris* L.
五十一	岩高兰科 Empetraceae	岩高兰属 *Empetrum* L.	东北岩高兰 *Empetrum nigrum* L. var. *japonicum* K.
五十二	卫矛科 Celastraceae	卫矛属 *Euonymus* L.	桃叶卫矛 *Euonymus bungeanus* Maxim.
五十三	槭树科 Aceraceea	槭树属 *Acer* L.	茶条槭 *Acer ginnala* Maxim.
五十四	凤仙花科 Balsaminaceae	凤仙花属 *lmpatiens* L.	凤仙花 *lmpatiens balsamina* L.
			水金凤 *lmpatiens noli-tangere* L.
五十五	鼠李科 Rhamnaceae	鼠李属 *Rhamnus* L.	鼠李 *Rhamnus dahurica* Pall.

（续）

序号	科	属	种名
			乌苏里鼠李 *Rhamnus ussuricnsis* J. Vass.
五十六	葡萄科 Vitaceae	地锦属 *Parthenocissus* Planch.	五叶地锦 *Parthenocissus quinquefolia*(L.)Planch.
		葡萄属 *Vitis* L.	山葡萄 *Vitis amurensis* Rupr.
五十七	锦葵科 Malvaceae	木槿属 *Hibiscus* L.	野西瓜苗 *Hibiscus trionum* L.
		锦葵属 *Malva* L.	锦葵 *Malva sinensis* Cavan.
			野葵 *Malva verticillata* L.
		苘麻属 *Abutilon* Mill.	苘麻 *Abutilon theophrasti* Medic.
五十八	藤黄科(金丝桃科) Hypericaceae	金丝桃属 *Hypericum* L.	长柱金丝桃 *Hypericum ascyron* L.
			乌腺金丝桃 *Hypericum attenuatum* Choisy
五十九	柽柳科 Tamaricaceae	红沙属 *Reaumuria* L.	红砂 *Reaumuria soongorica*(Pall.)Maxim.
六十	堇菜科 Violaceae	堇菜属 *Viola* L.	奇异堇菜 *Viola mirabilis* L.
			鸡腿堇菜 *Viola acuminata* Ledeb.
			裂叶堇菜 *Viola dissecta* Ledeb.
			兴安堇菜 *Viola gmeliniana* Roem.
			紫花地丁 *Viola yedoensis* Makino
			斑叶堇菜 *Viola variegata* Fisch. ex Link
			兴安圆叶堇菜 *Viola brachyceras* Turcz.
			蒙古堇菜 *Viola mongolica* Franch.
六十一	瑞香科 Thymelaeacae	狼毒属 *Stellera* L.	狼毒 *Stellera chamaejasme* L.
六十二	胡秃子科 Elaeagnaceae	沙棘属 *Hippophae* L.	中国沙棘 *Hippophae rhamnoides* L. subsp. *sinensis* Rousi
六十三	千屈菜科 Lythraceae	千屈菜属 *Lythrum* L.	千屈菜 *Lythrum salicaria* L.
六十四	柳叶菜科 Onagraceae	露珠草属 *Circaea* L.	高山露珠草 *Circaea alpina* L.
		柳叶菜属 *Epilobium* L.	柳兰 *Epilobium angustifolium* L.
			沼生柳叶菜 *Epilobium palustre* L.
			多枝柳叶菜 *Epilobium fastigiatoramosum* Nakai
		月见草属 *Oenothera* L.	月见草(夜来香) *Oenothera biennis* L.
六十五	小二仙草科 Haloragaceae	狐尾藻属 *Myriophyllum* L.	狐尾藻 *Myriophyllum spicatum* L.
			轮叶狐尾藻 *Myriophyllum verticillatum* L.
六十六	杉叶藻科 Hippuridaceae	杉叶藻属 *Hippuris* L.	杉叶藻 *Hippuris vulgaris* L.
六十七	伞形科 Umbelliferae	葛缕子属 *Carum* L.	葛缕子 *Carum carvi* L.
		柴胡属 *Bupleurum* L.	大叶柴胡 *Bupleurum longiradiatum* Turcz.
			锥叶柴胡 *Bupleurum bicaule* Helm
			红柴胡 *Bupleurum scorzonerifolium* Willd.
		毒芹属 *Cicuta* L.	毒芹 *Cicuta virosa* L.
		茴芹属 *Pimpinella* L.	羊洪膻 *Pimpinella thellungiana* Wolff.
		泽芹属 *Sium* L.	泽芹 *Sium suave* Walt.
		蛇床属 *Cnidium* Cuss.	兴安蛇床 *Cnidium dahuricum*(Jacq.)Turcz. ex Mey.
			蛇床 *Cnidium monnieri*(L.)Cuss.
		当归属 *Angelica* L.	兴安白芷 *Angelica dahurica*(Fisch.)Benth. et Hook. ex Franch. et Sav.

（续）

序号	科	属	种名
		柳叶芹属 *Czernaevia* Turcz.	柳叶芹 *Czernaevia laevigata* Turcz.
		胀果芹属 *Phlojodicarpus* Turcz.	胀果芹 *Phlojodicarpus sibiricus*(Steph. ex Spreng.) K. -Pol.
		前胡属 *Peucedanum* L.	石防风 *Peucedanum terebinthaceum*(Fisch.) Fisch. ex Turcz.
		独活属 *Heracleum* L.	短毛独活 *Heracleum lanatum* Mickx.
		防风属 *Saposhnikovia* Schischk.	防风 *Saposhnikovia divaricata*(Turcz.) Schischk.
六十八	山茱萸科 Cornaceae	梾木属 *Swida* Opiz	红瑞木 *Swida alba* Opiz.
六十九	鹿蹄草科 Pyrolaceae	鹿蹄草属 *Pyrola* L.	鹿蹄草 *Pyrola rotundifolia* L.
			红花鹿蹄草 *Pyrola incarnata* Fisch. ex DC.
七十	杜鹃花科 Ericaceae	杜香属 *Ledum* L.	狭叶杜香 *Ledum palustre* L. var. *angustum* N. Busch.
		杜鹃花属 *Rhododendron* L.	兴安杜鹃 *Rhododendron dauricum* L.
			白花兴安杜鹃 *Rhododendron dauricum* L. var. *albiflorum* Turcz.
			高山杜鹃(小叶杜鹃) *Rhododendron parvifolium* Adams
		越橘属 Vaccinium L.	越橘 *Vaccinium vitis-idaea* L.
			笃斯越橘 *Vaccinium uliginosum* L.
七十一	报春花科 Primulaceae	报春花属 Primula L.	粉报春 *Primula farinosa* L.
			翠南报春 *Primula sieboldii* E. Morren
			段报春 *Primula maximowizii* Regel
			天山报春 *Primula nutans* Georgi
		点地梅属 *Androsace* L.	东北点地梅 *Androsace filiformis* Retz.
			北点地梅 *Androsace septentrionalis* L.
			大苞点地梅 *Androsace maxima* L.
		海乳草属 *Glaux* L.	海乳草 *Glaux maritima* L.
		珍珠菜属 *Lysimachia* L.	黄莲花 *Lysimachia davurica* Ledeb.
			狼尾花 *Lysimachia barystachys* Bunge
		七瓣莲属 *Trientalis* L.	七莲瓣 *Trientalis europaea* L.
七十二	白花丹科 Plumbaginaceae	驼舌草属 Goniolimon Boiss.	驼舌草 *Goniolimon speciosum*(L.) Boiss.
		补血草属 *Limonium* Mill.	黄花补血草 *Limonium aureum*(L.) Boiss.
			曲枝补血草 *Limonium flexuosum*(Linn.) Kuntze
			二色补血草 *Limonium bicolor*(Bunge) O. Kuntze
七十三	龙胆科 Gentianaceae	龙胆属 *Gentiana* L.	鳞叶龙胆 *Gentiana squarrosa* Ledeb.
			秦艽 *Gentiana macrophylla* Pall.
			达乌里龙胆 *Gentiana dahurica* Fisch.
		扁蕾属 *Gentianopsis* Ma	扁蕾 *Gentianopsis barbata*(Froel.) Ma
		獐牙菜属 *Swertia* L.	瘤毛獐牙菜 *Swertia pseudochinensis* Hara
		花锚属 *Halenia* Borkh.	花锚 *Halenia corniculata*(L.) Cornaz
		荇菜属 *Nymphoides* Hill	荇菜 *Nymphoides peltata*(S. G. Gmel.) Kuntze
七十四	萝藦科 Asclepiadcaeae	鹅绒藤属 *Cynanchum* L.	紫花合掌消 *Cynanchum amplexicaule*(Sieb. et Zucc.) Hemsl. var. *castaneum* Makino
			徐长卿 *Cynanchum paniculatum*(Bunge) Kitag.
			紫花环冠藤 *Cynanchum purpureum*(Bunge) Kitag.

（续）

序号	科	属	种名
			地梢瓜 *Cynanchum thesioides*(Freyn) K. Schum.
			鹅绒藤 *Cynanchum chinense* R. Br.
		萝藦属 Metaplexis R. Br	萝藦 *Metaplexis japonica*(Thunb.) Makino
七十五	旋花科 Convolvulaceae	打碗花属 *Calystegia* R. Br.	打碗花 *Calystegia hederacea* Wall. ex Roxb.
			宽叶打碗花 *Calystegia sepium*(L.) R. Br.
			藤长苗 *Calystegia pellita*(Ledeb.) G. Don
		旋花属 *Convolvulus* L.	银灰旋花 *Convolvulus ammannii* Desr.
			田旋花 *Convolvulus arvensis* L.
		鱼黄草属 *Merremia* Dennst.	北黄鱼草 *Merremia sibirica* (Linn.) Hall. f.
		菟丝子属 *Cuscuta* L.	菟丝子 *Cuscuta chinensis* Lam.
			大菟丝子 *Cuscuta europaea* L.
七十六	花荵科 Poiemoniaceae	花荵属 *Polemonium* L.	中华花荵 *Polemonium chinense*(Brand) Brand
七十七	紫草科 Boraginaceae	砂银草属 *Messerschmidia* L.	砂引草 *Messerschmidia sibirica L. var. angustior*(DC.) W. T. Wang
		琉璃草属 *Cynoglossum* L.	大果琉璃草 *Cynoglossum divaricatum* Steph.
		鹤虱属 *Lappula* V. Wolf	卵盘鹤虱 *Lappula redowskii*(Horn.) Greene
			鹤虱 *Lappula myosotis* V. Wolf.
			异刺鹤虱 *Lappula heteracantha*(Ledeb.) Gtirke
		齿缘草属 *Eritrichium* Schrad.	北齿缘草 *Eritrichium borealisinense* Kitag.
		附地菜属 *Trigonotis* Stev.	附地菜 *Trigonotis peduncularis*(Trev.) Benth. ex Baker et Moore
		勿忘草属 *Myosotis* L.	湿地勿忘草 *Myosotis caespitosa* Schultz.
			勿忘草 *Myosotis sylvatica* Hoffm.
			草原勿忘草 *Myosotis suaveolens* Wald. et Kit.
		钝背草属 *Amblynotus* Johnst.	钝背草 *Amblynotus obovatus*(Ledeb.) Johnst.
七十八	马鞭草科 Verbenaceae	莸属 *Caryopteris* Bunge	蒙古莸 *Caryopteris mongholica* Bunge
七十九	唇形科 Labiatae	水棘针属 *Amethystea* L.	水棘针 *Amethystea coerulea* L.
		黄芩属 *Scutellaria* L.	黄芩 *Scutellaria baicalensis* Georgi
			并头黄芩 *Scutellaria scordifolia* Fisch. ex Schrank
			盔状黄芩 *Scutellaria galericulata* L.
		夏至草属 *Lagopsis* Bunge ex Benth.	夏至草 *Lagopsis supina*(Steph.) lk. -Gal. ex Knorr.
		藿香属 *Agastache* Clayt.	藿香 *Afastache rugosa.* (Fisch. et Mey.) O. Ktze.
		裂叶荆芥属 *Schizonepeta* Briq.	多裂叶荆芥 *Schizonepeta multifida*(L.) Briq.
		青兰属 *Dracocephalum* L.	光萼青兰 *Dracocephalum argunense* Fisch.
			青兰 *Dracocephalum ruyschiana* L.
			香青兰 *Dracocephalum moldavica* L.
		糙苏属 *Phlomis* L.	块根糙苏 *Phlomis tuberosa* L.
			串铃草 *Phlomis mongolica* Turcz.
		鼬瓣花属 *Galeopsis* L.	鼬瓣花 *Galeopsis bifida* Boenn.
		野芝麻属 *Lamium* L.	短柄野芝麻 *Lamium album* L.
		益母草属 *Leonurus* L.	细叶益母草 *Leonurus sibiricus* L.
			兴安益母草 *Leonurus tataricus* L.

（续）

序号	科	属	种名
		水苏属 *Stachys* L.	毛水苏 *Stachys riederi* Cham. ex Benth.
		百里香属 *Thymus* L.	亚洲百里香 *Thymus serpyllum* L. var. asiaticus Kitag.
			百里香 *Thymus serpyllum* L. var. *mongolicus* Ronn.
		地笋属 *Lycopus* L.	地笋 *Lycopus lucidus* Turcz. ex Benth.
		薄荷属 *Mentha* L.	薄荷 *Mentha haplocalyx* Briq.
		香薷属 *Elsholtzia* Willd.	细穗香薷 *Elsholtzia densa* Benth. var. *ianthina*（Maxim. et Kanitz）C. Y. Wu et S. C. Huang
			香薷 *Elsholtzia ciliata*（Thunb.）Hyland.
八十	茄科 Solanaceae	泡囊草属 *Physochlaina* G. Don	泡囊草 *Physochlaina physaloides*（L.）G. Don
		天仙子属 *Hyoscyamus* L.	天仙子 *Hyoscyamus niger* L.
		假酸浆属 *Nicandra* Adans.	假酸浆 *Nicandra physaloides*（L.）Gaertn.
		茄属 *Solanum* L.	龙葵 *Solanum nigrum* L.
		曼陀罗属 *Datura* L.	曼陀罗 *Datura stramonium* L.
八十一	玄参科 Scrophulariaceae	玄参属 *Scrophularia* L.	砾玄参 *Scrophularia incisa* Weinm.
		通泉草属 *Mazus* Lour.	弹刀子菜 *Mazus stachydifolius*（Turcz.）Maxim.
		柳穿鱼属 *Linaria* Mill.	柳穿鱼 *Linaria vulgaris* Mill. subsp. *sinensis*（Beaux）Hong
			多枝柳穿鱼 *Linaria buriatica* Turcz. ex Benth.
		腹水草属 *Veronicastrum* Heist. ex Farbic.	草本威灵仙 *Veronicastrum sibiricum*（L.）Pennell
		婆婆纳属 *Veronica* L.	细叶婆婆纳 *Veronica linariifolia* Pall. ex Link
			白婆婆纳 *Veronica incana* L.
			大婆婆纳 *Veronica dahurica* Stev.
			兔儿尾苗 *Veronica anagallis-aquatica* L.
			北水苦荬 *Veronica anagallis-aquatica* L.
		小米草属 *Euphrasia* L.	小米草 *Euphrasia pectiata* Ten.
		疗齿草属 *Odontitea* Ludwig	疗齿草 *Odontites serotina*（Lam.）Dum.
		马先蒿属 *Pedicularis* L.	旌节马先蒿 *Pedicularis sceptrum-carolinum* L.
			卡氏沼生马先蒿 *Pedicularis palustriskaroi* L. subsp. *karoi*（Freyn）Tsoong.
			拉布拉多马先蒿 *Pedicularis labradorica* Wirsing
			红纹马先蒿 *Pedicularis striata* Pall.
			返顾马先蒿 *Pedicularis resuplarta* L.
			轮叶马先蒿 *Pedicularis verticillata* L.
		阴行草属 *Siphonostegia* Benth.	阴行草 *Siphonostegia chinensis* Benth.
		芯芭属 *Cymbaria* L.	达乌里芯芭 *Cymbaria dahurica* L.
八十二	紫葳科 Bignoniaceae	角蒿属 *Incarvillea* Juss.	角蒿 *Incarvillea sinensis* Lam.
八十三	列当科 Orobanchaceae	列当属 *Orobanche* L.	列当 *Orobanche coerulescens* Steph.
			黄花列当 *Orobanche pycnostachya* Hance
八十四	狸藻科 Lentibulariaceae	狸藻属 *Utricularia* L.	狸藻 *Utricularia vulgaris* L.
八十五	车前科 Plantaginaceae	车前属 *Plantago* L.	盐生车前 *Plantago maritima* L. var. *salsa*（Pall.）Pilger
			北车前 *Plantago media* L.

（续）

序号	科	属	种名
			平车前 *Plantago depressa* Willd.
			车前 *Plantago asiatica* L.
八十六	茜草科 Rubiaceae	拉拉藤属 *Galium* L.	北方拉拉藤 *Galium boreale* L.
			蓬子菜 *Galium verum* L.
		茜草属 *Rubia* L.	茜草 *Rubia cordifolia* L.
			披针叶茜草 *Rubia lanceolata* Hayata
八十七	忍冬科 Caprifoliaceae	忍冬属 *Lonicera* L.	蓝锭果忍冬 *Lonicera caerulea* L. var. *edulis* Turcz. ex Herd.
			黄花忍冬 *Lonicera chrysantha* Turcz.
		接骨木属 *Sambucus* L.	接骨木 *Sambucus williamsii* Hance
			钩齿接骨木 *Sambucus foetidissima* Nakai et Kitag
			宽叶接骨木 *Sambucus latipinna* Nakai
八十八	败酱科 Valerianaceae	败酱属 *Patrinia* Juss.	西伯利亚败酱 *Patrinia sibirica* Juss.
			岩败酱 *Patrinia rupestris*(Pall.)Juss.
			糙叶败酱 *Patrinia rupestris*(Pall.)Juss. subsp. *scabra*(Bunge)H. J. Wang
		缬草属 *Valeriana* L.	毛节缬草 *Valeriana alternifolia* Bunge
八十九	川续断科 Dipsacaceae	蓝盆花属 *Scabiosa* L.	窄叶蓝盆花 *Scabiosa comosa* Fisch. ex Roem. et Schult
			华北蓝盆花 *Scabiosa tschiliensis* Grunning
九十	葫芦科 Cucuibitaceae	赤瓟属 *Thladiantha* Bunge	赤瓟 *Thladiantha dubia*Bunge
九十一	桔梗科 Campanulaceae	桔梗属 *Platycodon* A. DC.	桔梗 *Platycodon grandiflorus*(Jzcq.)A. DC.
			白花桔梗 *Platycodon grandiflorum* var. *album* Hort.
		风铃草属 *Campanula* L.	紫斑风玲草 *Campanula puntata* Lamk.
			聚花风铃草 *Campanula glomerata* L. subsp. *cephalotes*(Nakai)Hong
		沙参属 *Adenophora* Fisch.	长白沙参 *Adenophora pereskiifolia*(Fisch. ex Roem. et Schult)G. Don
			狭叶沙参 *Adenophora gmelinii*(Spreng.)Fisch.
			紫沙参 *Adenophora paniculata* Nannf.
			轮叶沙参 *Adenophora tetraphylla*(Thunb.) Fisch
			长柱沙参 *Adenophora stenanthina*(Ledeb.)Kitag.
			皱叶沙参 *Adenophora stenanthina*(Ledeb.)Kitag. var. *crispata*(Korsh.)Y. Z. Zhao
			丘沙参 *Adenophora stenanthina*(Ledeb.) Kitag. var. *collina*(Kitag.)Y. Z. Zhao
			草原沙参 *Adenophora pratensis* Y. Z. Zhao
九十二	菊科 Compositae	泽兰属 *Eupatorium* L.	林泽兰 *Eupatorium lindleyanum* DC.
		一枝黄花属 *Solidago* L.	兴安一枝黄花 *Solidago virgaurea* L. var. dahurica Kitag.
		马兰属 *Kalimeris* Cass.	金叶马兰 *Kalimeris integrifolia* Turcz. ex DC.
			北方马兰 *Kalimeris mongolica*(Franch.)Kitam.
		狗娃花属 *Heteropappus* Less.	阿尔泰狗娃花 *Heteropappus altaicus*(Willd.)Novopokr.
			多叶阿尔泰狗娃花 *Heteropappus altaicus*(Willd.)Novopokr var. *millefolius*(Vant.)Wang
		乳菀属 *Galatella* Cass.	兴安乳菀 *Galatella dahurica* DC.

（续）

序号	科	属	种名
		紫菀属 *Aster* L.	高山紫菀 *Aster alpinus* L.
			紫菀 *Aster tataricus* L. f.
		莎菀属 *Arctogeron* DC.	莎菀 *Arctogeron gramineum*(L.)DC.
		碱菀属 *Tripolium* Nees	碱菀 *Tripolium vulgare* Nees.
		短星菊属 *Brachyactis* Ledeb.	短星菊 *Brachyactis ciliata* Ledeb.
		飞蓬属 *Erigeron* L.	长茎飞蓬 *Erigeron elongatus* Ledeb.
		白酒草属 *Conyza* Less.	小蓬草 *Conyza canadensis*(L.)Crongq.
		火绒草属 *Leontopodium* R. Br.	火绒草 *Leontopodium leontopodioides*(Willd.)Beauv.
			绢茸火绒草 *Leontopodium smithianum* Hand. -Mazz.
		鼠麴草属 *Gnaphalium* L.	湿生鼠麴草 *Gnaphalium tranzschelii* Kirp.
		旋覆花属 *Inula* L.	欧亚旋覆花 *Inula britanica* L.
			棉毛旋复花 *Inula britannica* L. var. *sublanata* Kom.
			棉毛欧亚旋复花 *Inula britanica* L. var. *sublanata* Kom.
		苍耳属 *Xanthium* L.	苍耳 *Xanthium sibiricum* Patrin ex Widder
			蒙古苍耳 *Xanthium mangolicum* Kitag.
		鬼针草属 *Bidens* L.	柳叶鬼针草 *Bidens cernua* L.
			狼把草 *Bidens tripartita* L.
			小花鬼针草 *Bidens parviflora* Willd.
		牛膝菊属 *Galinsoga* Ruiz et Pav.	牛膝菊 *Galinsoga parviflora* Cav.
		蓍属 *Achillea* L.	齿叶蓍 *Achillea acuminata*(Ledeb)Sch. -Bip.
			蓍 *Achillea millefolium* L.
			丝叶蓍 *Achillea setacea* Waldst
			高山蓍 *Achillea alpina* L.
		小滨菊属 *Leucanthemella* Tzvel.	小滨菊 *Leucanthemella linearis*(Mstsum.)Tzvel.
		菊属 *Dendranthema* (DC.) Des Moul.	细叶菊 *Dendranthema maximowiczii*(Kom.)Tzvel.
			楔叶菊 *Dendranthema naktongense*(Nakai)Tzvel.
		母菊属 *Matricaria* L.	同花母菊 *Matricaria matricarioides*(Less.)Porter ex Britton
		菊蒿属 *Tanacetum* L.	菊蒿 *Tanacetum vulgare* L.
		亚菊属 *Ajania* Poljak.	蓍状亚菊 *Ajania achilloides*(Turcz.)Poljak. ex Grub.
		线叶菊属 *Filifolium* Kitam.	线叶菊 *Filifolium sibiricum*(L.)Kitam.
		蒿属 *Artemisia* L.	大籽蒿 *Artemisia sieversiana* Ehrhart ex Willd.
			碱蒿 *Artemisia anethifolia* Web. ex Stechm.
			莳萝蒿 *Artemisia anethoides* Mattf.
			冷蒿 *Artemisia frigida* Willd.
			紫花冷蒿 *Artemisia frigida* Willd. var. *atropurpurea* Pamp.
			宽叶蒿 *Artemisia latifolia* Ledeb.
			白莲蒿 *Artemisia sacrorum* Ledeb.
			密毛白莲蒿 *Artemisia sacrorum* Ledeb. var. *esserchmidtiana*(Bess.) Y. R. Ling
			黄花蒿 *Artemisia annua* L.

（续）

序号	科	属	种名
			黑蒿 *Artemisia palustris* L.
			艾 *Artemisia argyi* Levl. et Van.
			野艾蒿 *Artemisia lavandulaefolia* DC.
			柳叶蒿 *Artemisia integrifolia* L.
			蒙古蒿 *Artemisia mongolica* Fisch. ex Bess.
			龙蒿 *Artemisia dracunculus* L.
			差不嘎蒿 *Artemisia halodendron* Turcz. ex Bess.
			光沙蒿 *Artemisia oxycephala* Kitag.
			柔毛蒿 *Artemisia pubescens* Ledeb.
			猪毛蒿 *Artemisia scoparia* Waldst. et Kit.
			东北牡蒿 *Artemisia manshurica*(Kom.)Kom.
			漠蒿 *Artemisia desertorum* Spreng.
		绢蒿属 *Seriphidium*(Bess.) Poljak.	东北蛔蒿 *Seriphidium finitum*(Kitag.)Ling et Y. R. Ling
		兔儿伞属 *Syneilesis* Maxim.	兔儿伞 *Syneilesis aconitifolia*(Bunge)Maxim.
		蟹甲草属 *Cacalia* L.	山尖子 *Cacalia hastata* L.
			无毛山尖子 *Cacalia hastam* L. var. *glabra* Ledeb.
		栉叶蒿属 *Neopallasia* Poljak.	栉叶蒿 *Neopallasia pectinata*(Pall.)Poljak.
		狗舌草属 *Tephroseris*(Rrichenb,) Reichenb.	狗舌草 *Tephroseris kirilowii*(Turcz. ex DC.)Holub
			红轮狗舌草 *Tephroseris flammea*(Turcz. ex DC.)Holub
		千里光属 *Senecio* L.	欧洲千里光 *Senecio vulgaris* L.
			湿生千里光 *Senecio arcticus* Rupr.
			麻叶千里光 *Senecio cannabifolius* Less.
			额河千里光 *Senecio argunensis* Turcz.
			林荫千里光 *Senecio nemorensis* L.
		橐吾属 *Ligularia* Cass.	蹄叶橐吾 *Ligularia fischeri*(Ledeb.)Turcz.
			黑龙江橐吾 *Ligularia sachalinensis* Nakai
		蓝刺头属 *Echinops* L.	驴欺口 *Echinops latifolius* Tausch.
			砂蓝刺头 *Echinops gmelinii* Turcz.
		苍术属 *Atractylodes* DC.	苍术 *Atractylodes laccea*(Thunb.)DC.
		风毛菊属 *Saussurea* DC.	美花风毛菊 *Saussurea pulchella*(Fisch.)Fisch.
			草地风毛菊 *Saussurea amara*(L.)DC.
			翼茎风毛菊 *Saussurea japonica* (Thunb.) DC. var. *alata* (Regel)Kom.
			达乌里风毛菊 *Saussurea davurica* Adam.
			柳叶风毛菊 *Saussurea salicifolia*(L.)DC.
			碱地风毛菊 *Saussurea runcinata* DC.
			羽叶风毛菊 *Saussurea maximowiczii* Herd.
			密花风毛菊 *Saussurea aceminata* Turcz.
		飞廉属 *Carduus* L.	飞廉 *Carduus crispus* L.
		鳍蓟属 *Olgaea* Iljin	鳍蓟 *Olgaea leucophylla*(Turcz.)Iljin

（续）

序号	科	属	种 名
		蓟属 *Cirsium* Mill. emend. Scop.	绒背蓟 *Cirsium vlassovianum* Fisch.
			莲座蓟 *Cirsium esculentum*(Sievers) C. A. Mey.
			烟管蓟 *Cirsium pendulum* Fisch. ex DC.
			刺儿菜 *Cirsium segetum* Bunge
			大刺儿菜 *Cirsium setosum*(Willd.) MB.
		麻花头属 *Serratula* L.	伪泥胡菜 *Serratula coronata* L.
			麻花头 *Serratula centauroides* L.
		山牛蒡属 *Synurus* Iljin	山牛蒡 *Synurus deltoides*(Ait.) Nakai
		漏芦属 *Stemmacantha* Cass.	漏芦 *Stemmacantha uniflora*(L.) Dittrich
		大丁草属 *Leibnitzia* Cass.	大丁草 *Leibnitzia anandria*(L.) Turcz.
		猫儿菊属 *Achyrophorus* Adans.	猫儿菊 *Achyrophorus ciliatus*(Thunb,) Sch. -Bip.
		婆罗门参属 *Tragopogon* L.	东方婆罗门参 *Tragopogon orientalis* L.
		鸦葱属 *Scorzonera* L.	笔管草 *Scorzonera albicaulis* Bunge
			毛梗鸦葱 *Scorzonera radiata* Fisch.
			丝叶鸦葱 *Scorzonera curvata*(Popl.) Lipsch.
			桃叶鸦葱 *Scorzonera sinensis* Lipsch.
		毛连菜属 *Picris* L.	毛连菜 *Picris davurica* Fisch.
			日本毛连菜 *Picris japonica* Thunb
		蒲公英属 *Taraxacum* Weber	白花蒲公英 *Taraxacum pseudo-albidum* Kitag.
			东北蒲公英 *Taraxacum ohiwianum* Kitam.
			蒲公英 *Taraxacum mongolicum* Hand. -Mazz.
			兴安蒲公英 *Taraxacum falcilobum* Kitag.
			异苞蒲公英 *Taraxacum heterolepis* Nakai et Koidz. ex Kitag.
			光苞蒲公英 *Taraxacum lamprolepis* Kitag.
			红梗蒲公英 *Taraxacum erythropodium* Kitag.
		苦苣菜属 *Sonchus* L.	苣荬菜 *Sonchus arvensis* L.
		山莴苣属 *Lagedium* Sojak	山莴苣 *Lagedium sibiricum*(L.) Sojak
		莴苣属 *Lactuca* L.	野莴苣 *Lactuca seriola* Torner
		还阳参属 *Crepis* L.	屋根草 *Crepis tectorum* L.
			还阳参 *Crepis crocea*(Lam.) Babc.
		黄鹌菜属 *Youngia* Cass.	细茎黄鹌菜 *Youngia tenuicaulis*(Babc. et. Stebb.) Czerep.
			细叶黄鹌菜 *Youngia tenuifolia*(Willd.) Babc. et Stebb.
		苦荬菜属 *Ixeris* Cass.	抱茎苦荬菜 *Ixeris sonchifolia*(Bunge) Hance
			山苦荬 *Ixeris chinensis*(Thunb.) Nakai
		山柳菊属 *Hieracium* L.	全缘山柳菊 *Hieracium hololeion* Maxim.
			山柳菊 *Hieracium umbellatum* L.
		金光菊属 *Rudbeckia* L.	黑心金光菊 *Rudbeckia hirta* L.
九十三	香蒲科 Typhaceae	香蒲属 *Typha* L.	宽叶香蒲 *Typha latifolia* L.
			水烛 *Typha angustifolia* L.
			小香蒲 *Typha minima* Funk

（续）

序号	科	属	种名
			拉氏香蒲 *Typha laxmanni* Lepech.
九十四	黑三棱科 Sparganiaceae	黑三棱属 *Sparganium* L.	黑三棱 *Sparganium stoloniferum*(Graebn.)Buch. -Ham. ex Juz.
			小黑三棱 *Sparganium simplex* Huds.
九十五	眼子菜科 Potamogetonacese	眼子菜属 *Potamogeton* L.	穿叶眼子菜 *Potamogeton perfoliatus* L.
九十六	水麦冬科 Juncaginaceae	水麦冬属 *Triglochin* L.	海韭菜 *Triglochin maritimum* L.
			水麦冬 *Triglochin palustre* L.
九十七	泽泻科 Alismataceae	泽泻属 *Alisma* L.	泽泻 *Alisma orientala*(G. Sam.)Juz.
			草泽泻 *Alisma gramineum* Lejeune
		慈姑属 *Sagittaria* L.	野慈姑 *Sagittaria trifolia* L.
			浮叶慈姑 *Sagittaria natans* Pall.
九十八	花蔺科 Butomaceae	花蔺属 *Butomus* L.	花蔺 *Butomus umbellatus* L.
九十九	禾本科 Gramineae	菰属 Zizania L.	菰 *Zizania latifolia*(Griseb.)Turcz. ex Stapf
		芦苇属 *Phragmites* Adans.	芦苇 *Phragmites australis*(Cav.)Trin. ex Steudel
		臭草属 *Melica* L.	大臭草 *Melica turczaninowiana* Ohwi
		甜茅属 *Glyceria* R. Br.	水甜茅 *Glyceria triflora*(Korsh.)Kom.
		沿沟草属 *Catabrosa* Beauv.	沿沟草 *Catabrosa auqatica*(L.)Beauv.
		羊茅属 *Festuca* L.	达乌里羊茅 *Festuca dahurica*(St. -Yves)V. Krecz. et Bobr.
			羊茅 *Festuca ovina* L.
		早熟禾属 *Poa* L.	散穗早熟禾 *Poa subfastigiata* Trin.
			草地早熟禾 *Poa pratensis* L.
			硬质早熟禾 *Leymus sphondylodes*(Trin.)Bunge
		碱茅属 *Puccinellia* Parl.	星星草 *Puccinellia tenuiflora*(Griseb.)Scribn. et Merr.
		雀麦属 *Bromus* L.	无芒雀麦 *Bromus inermis* Leyss.
		披碱草属 *Elymus* L.	垂穗披碱草 *Elymus nutans* Griseb.
			披碱草 *Elymus dahuricus* Turcz. ex Griseb.
			圆柱披碱草 *Elymus cylindricus*(Franch.)Honda
		鹅观草属 *Roegneria* C. Koch	紫穗鹅观草 *Roegneria purpurascens* Keng
		偃麦草属 *Elytrigia* Desv.	偃麦草 *Elytrigia repens*(L.)Desv. ex Nevski
		冰草属 *Agropyron* Gaetn.	冰草 *Agropyron cristatum*(L.)Gaertn.
		赖草属 *Leymus* Hochst.	羊草 *Leymus chinensis*(Trin.)Tzvel.
			赖草 *Leymus secalinus*(Georgi)Tzvel.
		大麦属 *Hordeum* L.	短芒大麦草 *Hordeum brevisubulatum*(Trin.)Link
			芒麦草 *Hordeum jubatum* Linn.
		溚草属 *Koeleria* Pers.	溚草 *Koeleria cristata*(L.)Pers.
		燕麦属 *Avena* L.	野燕麦 *Avena fatua* L.
		黄花茅属 *Anthoxanthum* L.	光稃茅香 *Hierochloa glabra* Trin.
		看麦娘属 *Alopecurus* L.	短穗看麦娘 *Alopecurus brachystachyus* Bieb.
			苇状看麦娘 *Alopecurus arundinaceus* Poir.
			看麦娘 *Alopecurus aequalis* Sobol.
		拂子茅属 *Calamagrostis* Adans.	大拂子茅 *Calamagrostis macrolepis* Litv.

（续）

序号	科	属	种名
			拂子茅 *Calamagrostis epigejos*(L.) Roth
			假苇拂子茅 *Calamagrostis pseudophragmites*(Hall. f.) Koeler.
		野青茅属 *Deyeuxia* Clarion ex Beauv.	大叶章 *Deyeuxia langsdorffii*(Link) Kunth
		剪股颖属 *Agrostis* L.	巨序剪股颖 *Agrostis gigantea* Roth.
			歧序剪股颖 *Agrostis divaricatissima* Mez.
		菵草属 *Beckmannia* Host	菵草 *Beckmannia syzigachne*(Steud.) Fernald
		针茅属 *Stipa* L.	克氏针茅 *Stipa krylovii* Roshev.
			小针茅 *Stipa klemanzii* Roshev.
			贝加尔针茅 *Stipa baicalensis* Roshev.
			大针茅 *Stipa grandis* P. Smirn.
		芨芨草属 *Achnatherum*Beauv	芨芨草 *Achnatherum splendens*(Trin.) Nevski
			羽茅 *Achnatherum sibiricum*(L.) Keng
		画眉草属 *Eragrostis* Wolf	画眉草 *Eragrostia pilosa*(L.) Beauv.
			无毛画眉草 *Eragrostis pilosa*(L.) Beauv. var. imberbis Franch.
			小画眉草 *Eragrostis minor* Host.
		隐子草属 *Cleistogenes* Keng	糙隐子草 *Cleistogenes squarrosa*(Trin.) Keng
			中华隐子草 *Cleistogenes chinensis*(Maxim.) Keng
		草沙蚕属 *Tripogon* Roem. et Schult.	中华草沙蚕 *Tripogon chinensis*(Fr.) Hack.
		虎尾草属 *Chloris* Swartz	虎尾草 *Chloris virgata* Swartz.
		稗属 *Echinochloa* Beauv.	无芒稗 *Echinochloa crusgalli*(L.) Beauv. var. *mitis*(Pursh) Peterm.
			长芒稗 *Echinochloa canudata* Roshev.
		马唐属 *Digitaria* Haller	止血马唐 *Digitaria ischaemum*(Schreb.) Schreb. ex Muhl.
		狼尾草属 *Pennisetum* Rich.	白草 *Pennisetum centrasiaticum* Tzvel.
		狗尾草属 *Setaria* Beauv.	金色狗尾草 *Setaria glauca*(L.) Beauv.
			断穗狗尾草 *Setaria arenaria* Kitag.
			狗尾草 *Setaria viridis*(L.) Beauv.
			紫穗狗尾草 *Setaria viridis*(L.) Beauv. var. *purpursaxens* Maxim.
		大油芒属 *Spodiopogon* Trin.	大油芒 *Spodiopogon sibiricus* Trin.
一〇〇	莎草科 Cyperaceae	藨草属 *Scirpus* L.	荆三棱 *Scirpus yagara* Ohwi
			扁秆藨草 *Scirpus planiculmis* Fr. Schmidt
			单穗藨草 *Scirpus radicans* Schkuhr
			东方藨草 *Scirpus orientalis* Ohwi
			水葱 *Scirpus tabernaemontani* Gmel.
		羊胡子草属 *Eriophorum* L.	羊胡子草 *Eriophorum vaginatum* L.
			东方羊胡子草 *Eriophorum polystachion* L.
		荸荠属 *Eleocharis* R. Br.	卵穗荸荠 *Eleocharis ovata*(Roth) Roem. et Schult.
			中间型荸荠 *Eleocharis intersita* Zinserl.
		水莎草属 *Juncellus*(Kunth) C. B. Clarke	花穗水莎草 *Juncellus pannonicus*(Jacq.) C. B. Clarke

（续）

序号	科	属	种名
		扁莎属 *Pycreus* Beauv.	球穗扁莎 *Pycreus globosus*(All.)Reichb.
		苔草属 *Carex* L.	尖嘴薹草 *Carex leiorhyncha* C. A. Mey.
			假尖嘴薹草 *Carex laevissima* Nakai
			寸草 *Carex duriuscula* C. A. Mey
			砾薹草 *Carex stenophylloides* V. Krecz.
			小粒薹草 *Carex karoi* Freyn
			细形薹草 *Carex tenuiformis* Levl.
			脚薹草 *Carex pediformis* C. A. Mey.
			离穗薹草 *Carex eremopyroides* V. Krecz.
			扁囊薹草 *Carex coriophora* Fisch. et Mey. ex Kunth
			黄囊薹草 *Carex korshinskyi* Kom.
一〇一	天南星科 Araceae	菖蒲属 *Acorus* L.	菖蒲 *Acorus calamus* L.
一〇二	浮萍科 Lemnaceae	浮萍属 *Lemna* L.	浮萍 *Lemna minor* L.
		紫萍属 *Spirodela* Schleid.	紫萍 *Spirodela polyrhiza*(L.)Schleid.
一〇三	鸭跖草科 Commelinaceae	鸭跖草属 *Commelina* L.	鸭跖草 *Commelina communis* L.
一〇四	灯心草科 Juncaceae	灯心草属 *Juncus* L.	细灯心草 *Juncus gracillimus*(Buch.)Krecz. et Gontsch.
一〇五	百合科 Liliaceae	棋盘花属 *Zigadenus* Rich.	棋盘花 *Zigadenus sibiricus*(L.). A. Gray
		藜芦属 *Veratrum* L.	藜芦 *Veratrum nigrun* L.
			兴安藜芦 *Veratrum dahuricum*(Turcz.)Loes. f.
		萱草属 *Hemerocallis* L.	小黄花菜 *Hemerocallis minor* Mill.
		顶冰花属 *Gagea* Salisb.	少花顶冰花 *Gagea pauciflora* Turcz.
		贝母属 *Fritillaria* L.	轮叶贝母 *Fritillaria maximowiczii* Freyn
		百合属 *Lilium* L.	有斑百合 *Lilium concolor* Salisb. var. pulchellum(Fisch.)Regel
			山丹 *Lilium pumilum* DC.
			毛百合 *Lilium dauricum* Ker. -Gawl.
		葱属 *Allium* L.	辉韭 *Allium strichum* Schard.
			野韭 *Allium ramosum* L.
			碱韭 *Allium polyrhizum* Turcz. ex Regel
			蒙古韭 *Allium mongolicum* Regel
			砂韭 *Allium bidentatum* Fisch. ex Prokh.
			细叶韭 *Allium tenuissimum* L.
			山韭 *Allium senescens* L.
			矮韭 *Allium anisopodium* Ledeb.
			黄花葱 *Allium condensatum* Turcz.
		铃兰属 *Convallaria* L.	铃兰 *Convallaria majalis* L.
		舞鹤草属 *Maianthemum* Web.	舞鹤草 *Maianthemum bifolium*(L.)F. W. Schmidt
		黄精属 *Polygonatum* Mill.	小玉竹 *Polygonatum humile* Fisch. ex Maxim.
			玉竹 *Polygonatum odoratum* (Mill.)Druce
			黄精 *Polygonatum sibiricum* Redoute
		天门冬属 *Asparagus* L.	兴安天门冬 *Asparagus dauricus* Link

（续）

序号	科	属	种名
一〇六	鸢尾科 Iridaceae	鸢尾属 *Iris* L.	射干鸢尾 *Iris dichotoma* Pall.
			细叶鸢尾 *Iris tenuifolia* Pall.
			囊花鸢尾 *Iris ventricosa* Pall.
			粗野鸢尾 *Iris tigridia* Bunge ex Ledeb.
			紫苞鸢尾 *Iris ruthenica* Ker. -Gawl.
			白花马蔺 *Iris lactea* Pall.
			马蔺 *Iris lactea Pall. var. chinensis*(Fisch.) Koidz.
			溪荪 *Iris sanguinea* Donn ex Horem
			石生鸢尾 *Iris potaninii* Maxim.
			黄花鸢尾 *Iris flavissima* Pall.
一〇七	兰科 Orchidaceae	杓兰属 *Cypripedium* L.	紫点杓兰(斑花杓兰) *Cypripedium guttatum* Sw.
			大花杓兰 *Cypripedium macranthos* Sw.
		红门兰属 *Orchis* L.	宽叶红门兰 *Orchis latifolia* L.
		舌唇兰属 *Platanthera* Rich.	密花舌唇兰 *Platanthera hologlottis* Maxim.
		角盘兰属 *Herminium* L.	角盘兰 *Herminium monorchis*(L.) R. Br.
		兜被兰属 *Neottianthe* Schltr.	二叶兜被兰 *Neottianthe cucullata*(L.) Schltr
		手参属 *Gymnadenia* R. Br.	手参(手掌参) *Gymnadenia conopsea*(L.) R. Br.
		绶草属 *Spiranthes* Rich	绶草 *Spiranthes sinensis*(Pers.) Ames.

附件 6
呼伦贝尔不同草原类型植被物种名录

呼伦贝尔草原植被物种名录①

序号	科	属	种名中文名	学名	蒙古文名	别名	温性草甸草原	温性典型草原	山地草甸	低地草甸	沼泽	生境
1	卷柏科	卷柏属	圆枝卷柏	*Selaginella sanguinolenta*(*L.*)*Spring*	乌兰—麻特日音—好木苏	红枝卷柏	1		1			生于阳坡岩石上
2	木贼科	木贼属	问荆	Equisetum arvense *L.*		土麻黄	1		1	1		生于森林带和草原带的草地、河边、沙地
3	麻黄科	麻黄属	草麻黄	Ephedra sinica *Stapf*	哲格日根讷	麻黄		1				生于丘陵坡地、平原、砂地,为石质和沙质草原的伴生种,局部地段可形成群聚。
4	麻黄科	麻黄属	单子麻黄	Ephedra monosperma *Gmel. ex Mey.*	雅曼—哲格日根讷	小麻黄		1				旱生矮小草本状灌木。喜生于森林草原和草原带的石质山坡或山顶石缝,亦见于荒漠区山地草原带的干燥山坡
5	麻黄科	麻黄属	木贼麻黄	Ephedra equisetina *Bunge*	哈日—哲格日根讷	山麻黄		1				生于干旱与半干旱地区的山顶、山谷,砂地及石砬上
6	桑科	大麻属	野大麻	Cannabis sativa *L. f. ruderalis* (*Janisch.*) *Chu*	敖鲁苏	火麻、线麻	1	1	1			生于森林带和草原带的向阳干山坡、固定沙丘、丘间低地
7	荨麻科	荨麻属	麻叶荨麻	Urtica cannabina *L.*	哈拉盖	焮麻	1	1				生于人和畜经常活动的干燥山坡、丘陵坡地、沙丘坡地、山野路旁、居民点附近
8	荨麻科	荨麻属	狭叶荨麻	Urtica angustifolia *Fisch. ex Hornem.*	奥存—哈拉盖	螯麻子	1	1	1	1	1	生于山地林缘、灌丛间、溪沟边、湿地,也见于山野阴湿处、水边沙丘灌丛间
9	荨麻科	墙草属	小花墙草	Parietaria micrantha*Ledeb.*	麻查日干那	墙草				1		生于山坡阴湿处、石隙间或湿地上
10	檀香科	百蕊草属	长叶百蕊草	Thesium longifolium *Turcz.*	乌日特—麦令嘎日		1		1			生于森林带和草原带的沙地、沙质草原、山坡、山地草原、林缘、灌丛中,也见于山顶草地、草甸上
11	檀香科	百蕊草属	急折百蕊草	Thesium refractum *C. A. Mey.*	毛瑞—麦令嘎日		1	1	1			多年生中旱生草本。生于森林带和草原带的山坡草地、砾石质坡地、草原、林缘、草甸
12	檀香科	百蕊草属	百蕊草	Thesium chinense *Turcz. var.* chinense	麦令嘎日	珍珠草		1				生于阔叶林带和草原带的砾石质坡地、干燥草坡、山地草原、林缘、灌丛间、沙地边缘及河谷干草地
13	蓼科	木蓼属	东北木蓼	Atraphaxis manshurica *Kitag.*	照巴戈日—额木根—希力毕	东北针枝蓼		1				生于典型草原地带东北部的沙地和碎石质坡地

① 呼伦贝尔草原生态系统国家野外科学观测研究站,2018

（续）

序号	科	属	种名中文名	学名	蒙古文名	别名	温性草甸草原	温性典型草原	山地草甸	低地草甸	沼泽	生境
14	蓼科	酸模属	小酸模	*Rumex acetosella* L.	吉吉格—爱日干纳		1	1				生于草甸草原及典型草原地带的砂地、丘陵坡地、砾石地和路旁
15	蓼科	酸模属	酸模	*Rumex acetosa* L.	爱日干纳	山羊蹄、酸溜溜、酸不溜	1		1	1		生于森林带和草原带的山地、林缘、草甸、路旁等
16	蓼科	酸模属	东北酸模	*Rumex thyrsiflorus* Finjerh.	满吉—爱日干纳	直根酸模	1		1	1		生长于草原区东部山地、河边、地湿地和比较湿润的固定沙地
17	蓼科	酸模属	皱叶酸模	*Rumex crispus* L.	衣曼—爱日干纳	羊蹄、土大黄	1		1	1		生于阔叶林区及草原区的山地、沟谷、河边，也进入荒漠区海拔较高的山地
18	蓼科	酸模属	毛脉酸模	*Rumex gmelinii* Turcz. ex Ledeb.	乌苏图—爱日干纳				1	1	1	多散生于森林区和草原区的河岸、林缘、草甸或山地
19	蓼科	酸模属	长刺酸模	*Rumex maritimus* L.	纳木格音-爱日干纳				1	1		生长于河流沿岸及湖滨盐化低地
20	蓼科	酸模属	盐生酸模	*Rumex marschallianus* Rchb.	好吉日萨格—爱日干纳	马氏酸模				1	1	群生或散生于草原区湖滨及河岸低湿地或泥泞地
21	蓼科	蓼属	萹蓄	*Polygonum aviculare* L.	布敦纳音—苏勒	萹竹竹、异叶蓼	1	1	1	1		群生或散生于田野、路旁、村舍附近或河边湿地等处
22	蓼科	蓼属	水蓼	*Polygonum hydropiper* L.	奥存—希没乐得格	辣蓼					1	多散生或群生于森林带、森林草原带、草原带的低湿地、水边或路旁
23	蓼科	蓼属	两栖蓼	*Polygonum amphibium* L.	努日音—希没落得格	醋柳				1	1	生于河溪岸边、湖滨、低湿地以至农田
24	蓼科	蓼属	柳叶刺蓼	*Polygonum bungeanum* Turcz.	乌日格斯图—塔日纳	本氏蓼		1				常散生于夏绿阔叶林区和草原区的沙质地、田边和路旁湿地
25	蓼科	蓼属	酸模叶蓼	*Polygonum lapathifolium* L. var. *lapathifolium*	好日根—希没乐得格	旱苗蓼、大马蓼			1	1		多散生于阔叶林带、森林草原、草原以及荒漠带的低湿草甸、河谷草甸和山地草甸
26	蓼科	蓼属	细叶蓼	*Polygonum angusstifolium* Pall.	好您—塔日纳							散生于森林、森林草原带的林缘草甸和山地草甸草原
27	蓼科	蓼属	卷茎蓼	*Polygonum convolvulus* L.	萨嘎得音—奥日阳古	荞麦蔓			1			多散生于阔叶林带、森林草原带和草原带的山地、草甸和农田
28	蓼科	蓼属	箭叶蓼	*Polygonum sieboldii* Meisn.	苏门—希没乐得格				1	1	1	多散生于山间谷地、河边和低湿地，为草甸、沼泽化草甸的伴生种
29	蓼科	蓼属	叉分蓼	*Polygonum divaricatum* L.	希没乐得格	酸不溜			1			生于森林草原、山地草原的草甸和坡地，以至草原区的固定沙地
30	蓼科	蓼属	拳参	*Polygonum bistorta* L.	乌和日—没和日	紫参、草河车			1			多散生于山地草甸和林缘
31	蓼科	蓼属	狐尾蓼	*Polygonum alopecuroides* Turcz. ex Besser	哈日—没和日					1		生于针叶林地带和森林草原地带的山地河谷草甸
32	藜科	驼绒藜属	驼绒藜	*Krascheninnikovia ceratoides* (L.) Gueld	特斯格	优若藜		1				生于草原区西部和荒漠区沙质、砂砾质土壤
33	藜科	猪毛菜属	刺沙蓬	*Salsola tragus* L.	乌日格斯图—哈木呼乐	沙蓬、苏联猪毛菜		1				生于砂质或砂砾质土壤上，喜疏松土壤

（续）

序号	科	属	种名中文名	学名	蒙古文名	别名	温性草甸草原	温性典型草原	山地草甸	低地草甸	沼泽	生境
34	藜科	猪毛菜属	猪毛菜	*Salsola collina* Pall.	哈木呼乐	山叉明棵、札蓬棵、沙蓬		1				喜生于松软的沙质土壤上，为温带地区的习见种
35	藜科	地肤属	木地肤	*Kochia prostrata*（L.）Schrad. var. *prostrata*	道格特日嘎纳	伏地肤		1				多生于草原区和荒漠区东部的粟钙土和棕钙土上
36	藜科	地肤属	地肤	*Kochic scoparia*（L.）Schrad. var. *scoparia*	疏日—诺高	扫帚菜			1			多见于夏绿阔叶林区和草原区的撂荒地、路旁、村边
37	藜科	地肤属	碱地肤	*Kochia scoparia*（L.）Schrad. Var. *sieversiana*（Pall.）Ulbr. ex Aschers. et Graebn.	好吉日萨格—道格特日嘎纳	秃扫儿				1		广布于草原带和荒漠地带，多生长在盐碱化的低湿地和质地疏松的撂荒地上，亦为常见农田杂草和居民点附近伴人植物
38	藜科	盐爪爪属	盐爪爪	*Kalidium foliatum*（Pall.）Moq. - Tandon	巴达日格纳	着叶盐爪爪、碱柴、灰碱柴		1				广布于草原区和荒漠区的盐碱土上，尤喜潮湿疏松的盐土
39	藜科	盐爪爪属	细枝盐爪爪	*Kalidium gracile* Fenzl.	希日—巴达日格纳	绿碱柴		1				生于草原区和荒漠区盐湖外围和盐碱土上
40	藜科	盐爪爪属	尖叶盐爪爪	*Kalidium cuspidatum*（Ung. -Sternb.）Grub. var. *cuspidatum*	苏布格日—巴达日格纳	灰碱柴		1				生于草原区和荒漠区的盐土或盐碱土上
41	藜科	滨藜属	滨藜	*Atriplex patens*（Litv.）Iljin	绍日苏—嘎古代	碱灰菜		1				生于草原区和荒漠区的盐渍化土壤上
42	藜科	滨藜属	西伯利亚滨藜	*Atriplex sibirica* L.	西伯日—绍日乃	刺果粉藜、麻落粒		1				生于草原区和荒漠区的盐土和盐化土壤上，也散见于路边及居民点附近
43	藜科	滨藜属	野滨藜	*Atriplex fera*（L.）Bunge var. *fera*	希日古恩—绍日乃	三齿滨藜、三齿粉藜				1		生于草原区的湖滨、河岸、低湿的盐化土及盐碱土上，也生于居民点、路旁及沟渠附近
44	藜科	碱蓬属	碱蓬	*Suaeda glauca*（Bunge）Bunge var. *glauca*	和日斯	猪尾巴草、灰绿碱蓬		1				生于盐渍化和盐碱湿润的土壤上
45	藜科	碱蓬属	角果碱蓬	*Suaeda corniculata*（C. A. Mey.）Bunge	额伯日特—和日斯			1				生于盐碱或盐湿土壤
46	藜科	碱蓬属	盐地碱蓬	*Suaeda salsa*（L.）Pall.	哈日—和日斯	黄须菜、翅碱蓬		1				生于盐碱或盐湿土壤上
47	藜科	沙蓬属	沙蓬	*Agriophyllum squarrosum*（Bunge.）Korow.	楚力给日	沙米、登相子		1				生于流动、半流动沙地和沙丘
48	藜科	轴藜属	轴藜	*Axyris amaranthoides* L.	查干—图如				1			散生于森林区和草原区的沙质撂荒地和居民点周围
49	藜科	轴藜属	杂配轴藜	*Axyris hybrida* L.	额日力斯—查干—图如				1			为沙质撂荒地上常见植物，也见于固定沙地、干河床
50	藜科	雾冰藜属	雾冰藜	*Bassia dasyphylla*（Fisch. et Mey.）O，Kuntze	马能—哈麻哈格	巴西藜、肯诺藜、五星蒿、星状刺果藜		1				散生或群生于草原区和荒漠区的沙质和沙砾质土壤上，也见于沙质撂荒地和固定沙地，稍耐盐
51	藜科	藜属	灰绿藜	*Chenopodium glaucum* L.	呼和—诺干—诺衣乐	水灰菜	1	1	1			生于草原区和森林草原区的居民点附近和轻度盐渍化农田

（续）

序号	科	属	种名中文名	学名	蒙古文名	别名	温性草甸草原	温性典型草原	山地草甸	低地草甸	沼泽	生境
52	藜科	藜属	菱叶藜	*Chenopodium bryoniaefolium* Bunge	古日伯乐金—诺衣乐				1	1		生于森林带和草原带的湿润而肥沃的土壤上，偶见于河岸低湿地
53	藜科	藜属	尖头叶藜	*Chenopodium acuminatum* Willd. Subsp. *acuminatum*	道古日格—诺衣乐	绿珠藜、渐尖藜、油杓杓		1		1		生于草原区的盐碱地、河岸砂质地、撂荒地和居民点的砂壤质土壤上
54	藜科	藜属	杂配藜	*Chenopodium hybridum* L.	额日力斯—诺衣乐	大叶藜、血见愁				1		生于林缘、山地沟谷、河边及居民点附近
55	藜科	藜属	藜	*Chenopodium album* L.	诺衣乐	白藜、灰菜				1	1	生长于田间、路旁、荒地、居民点附近和河岸低湿地
56	藜科	刺藜属	刺藜	*Dysphania aristata* (L.) Mosyakin et Clemants var. *aristata*	塔黑彦—希乐毕—诺高	野鸡冠子花、刺穗藜、针尖藜	1	1				生于森林区和草原区的沙质地或固定沙地，为农田杂草
57	苋科	苋属	反枝苋	*Amaranthus retroflexus* L.	阿日白—诺高	西风古、野千穗谷、野苋菜	1	1	1			多生于田间、路旁、住宅附近
58	苋科	苋属	凹头苋	*Amarathus blitum* L.			1	1	1			生于草原带的田边、路旁、居民地附近的杂草地上
59	苋科	苋属	北美苋	*Amaranthus blitoides* S. Watson	虎日—萨日伯乐吉		1	1	1			生于草原带的田边、路旁、居民地附近等
60	苋科	苋属	白苋	*Amaranthus albus* L.	查干—阿日白—诺高		1	1	1			生于草原带的田边、路旁、居民地附近的杂草地上
61	马齿苋科	马齿苋属	马齿苋	*Portulaca oleracea* L.	娜仁—淖嘎	马齿草、马苋菜	1	1	1			生于田间、路旁、菜园，为习见田间杂草
62	石竹科	牛膝姑草属	牛膝姑草	*Spergularia marina* (L.) Griseb.	达嘎木	拟膝姑				1		生于盐化草甸及沙质轻度盐碱地
63	石竹科	蚤缀属	卵叶蚤缀	*Arenaria serpyllifolia* L.	温得格乐金—得伯和日格纳	鹅不食草、蚤缀、无心菜			1			生于石质山坡、路旁荒地及田野中
64	石竹科	蚤缀属	灯心草蚤缀	*Arenaria juncea* Bieb. var. *juncea*	查干—得伯和日格纳	毛轴鹅不食、毛轴蚤缀、老牛筋	1	1				生于森林带和草原带的石质山坡、平坦草原
65	石竹科	蚤缀属	毛叶蚤缀	*Arenaria capillaris* Poir. in Lam	得伯和日格纳	兴安鹅不食、毛叶老牛筋	1	1				生于森林带和草原带的石质干山坡、山顶石缝间
66	石竹科	种阜草属	种阜草	*Moehringia lateriflora* (L.) Fenzl	奥衣音—查干	莫石竹	1	1	1	1		生于森林带和草原带的山地林下、灌丛、沟谷溪边
67	石竹科	繁缕属	垂梗繁缕	*Stellaria radians* L.	查察日根—阿吉干纳	遂瓣繁缕				1	1	生于森林带和草原带沼泽草甸、河边、沟谷草甸、林下
68	石竹科	繁缕属	繁缕	*Stellaria media* (L.) Villars	阿吉干纳				1			生于村舍附近杂草地、农田中
69	石竹科	繁缕属	银柴胡	*Stellaria lanceolata* (Bunge) Y. S. Lian	那林—那布其特—特门—章给拉嘎	披针叶叉繁缕、狭叶岐繁缕			1			生于森林草原带和草原带的固定或半固定沙丘、向阳石质山坡、山顶石缝间、沙质草原
70	石竹科	繁缕属	细叶繁缕	*Stellaria fillicaulis* Makino	那林—阿吉干纳					1		生于森林带和草原带的河滩草甸

（续）

序号	科	属	种名中文名	学名	蒙古文名	别名	温性草甸草原	温性典型草原	山地草甸	低地草甸	沼泽	生境
71	石竹科	繁缕属	沼繁缕	*Stellaria palustris* Retzius	纳木根—阿吉干纳	沼生繁缕				1		生于草原带和森林草原带的河滩草甸、沟谷草甸、白桦林下、固定沙丘阴坡
72	石竹科	卷耳属	无毛卷耳	*Cerastium arvense* L. var. *flabellum* Fenzl		给乐格日—淘高仁朝日		1				生于草原沙质地、沙丘樟子松林下
73	石竹科	卷耳属	腺毛簇生卷耳	*Cerastium caespitosum* Gilib. var. *glaudulosum* Wirtgen	乌苏图—淘高仁朝日	卷耳			1			生于林缘、草甸
74	石竹科	卷耳属	卷耳	*Cerastium arvense* L. subsp. *strictum* Gaudin	淘高仁朝日				1			生于森林带和草原带的山地林缘、草甸、山沟溪边
75	石竹科	卷耳属	细叶卷耳	*Cerastium arvense* L. var. *anstifolium* Fenzl	那林—淘高仁朝日				1			生于林缘草甸、固定沙丘、山坡、山沟草甸
76	石竹科	剪秋萝属	狭叶剪秋萝	*Lychnis sibilica* L.	西伯日—谁没给力格—其其格		1			1		生于森林带和森林草原带的樟子松林下、丘顶、盐生草甸、山坡
77	石竹科	女娄菜属	兴安女娄菜	*Melandrium brachypetalum* (Horn.) Fenzl	兴安内-苏尼吉没乐-其其格				1			生于森林带和草原带的山地林缘、草甸
78	石竹科	女娄菜属	女娄菜	*Melandrium apricum* (Turcz. ex Fisch. et Mey.) Rohrb.	苏尼吉没乐-其其格	桃色女娄菜		1				生于石砾质坡地、固定沙地、疏林及草原中
79	石竹科	女娄菜属	内蒙古女娄菜	*Melandrium orientalimongolicum* (Kozhevn.) Y. Z. Zhao	蒙古乐-苏尼吉没乐-其其格					1		生于草原区的低湿草甸或撂荒地
80	石竹科	麦瓶草属	狗筋麦瓶草	*Silene venosa* (Gilib.) Aschers.	哈特日音-舍日格纳				1			生于森林带沟谷草甸
81	石竹科	麦瓶草属	旱麦瓶草	*Silene jenisseensis* Willd.	额乐存-舍日格纳	麦瓶草、山蚂蚱	1	1				生于森林草原带和草原带的砾石质山地、草原及固定沙地
82	石竹科	麦瓶草属	丝叶旱麦瓶草	*Silene jenisseensis* Willd. f. *setifolia* (Turcz.) Schischk.	那林-希日-额乐存-舍日格纳		1	1				生于石质坡地 、干草原
83	石竹科	麦瓶草属	宽叶旱麦瓶草	*Silene jenisseensis* Willd. var. *latifolia* (Turcz.) Y. Z. Zhao	乌日根-额乐存-舍日格纳				1	1		生于五花草甸、河岸草甸
84	石竹科	麦瓶草属	小花旱麦瓶草	*Silene jenjsseensis.* Willd. f. *parviflora* (Turcz.) Schischk.	乌斯图-额乐存-舍日格纳			1				生于沙质草原、丘陵性草原、沙丘、干山坡及石缝间
85	石竹科	麦瓶草属	毛萼麦瓶草	*Silene repens* Patr.	模乐和-舍日格纳	蔓麦瓶草、匍生蝇子草			1	1		生于山坡草地、固定沙丘、山沟溪边、林下、林缘草甸、沟谷草甸、河滩草甸、泉水边及撩荒地
86	石竹科	麦瓶草属	细叶毛萼麦瓶草	*Silene repens* Patr. var. *angustifolia* Turcz.	那林—模乐和—舍日格纳			1				生于平坦沙质地
87	石竹科	麦瓶草属	宽叶毛萼麦瓶草	*Silene repens* Patr. var. *latifolia* Turcz.	乌日根—模乐和—舍日格纳				1	1		生于河滩草甸和灌丛

（续）

序号	科	属	种名中文名	学名	蒙古文名	别名	温性草甸草原	温性典型草原	山地草甸	低地草甸	沼泽	生境
88	石竹科	丝石竹属	草原丝石竹	*Gypsophila davurica* Turcz. ex Fenzl	达古日—台日	草原石头花、北丝石竹		1	1			生于草原区东部的典型草原、山地草原
89	石竹科	丝石竹属	狭叶草原丝石竹	*Gypsophila davurica* Turcz. ex Fenzl var. *angustifolia* Fenzl	那林—达古日—台日	狭叶草原霞草		1				生于草原、砾石质草原、固定沙地
90	石竹科	石竹属	瞿麦	*Dianthus superbus* L.	高要—巴希卡	洛阳花			1			生于夏绿阔叶林带的林缘、疏林下、草甸、沟谷溪边
91	石竹科	石竹属	簇茎石竹	*Dianthus repens* Willd. var. *repens*	宝特力格—巴希卡				1			生于森林带的山地草甸
92	石竹科	石竹属	石竹	*Dianthus chinensis* L. var. *chinensis*	巴希卡—其其格	洛阳花	1		1			生于森林带和草原带的山地草甸及草甸草原
93	石竹科	石竹属	兴安石竹	*Dianthus chinensis* L. var. *veraicolor* (Fisch. ex Link.) Y. C. Ma	兴安—巴希卡		1	1				生于草原、草甸草原
94	石竹科	石竹属	蒙古石竹	*Dianthus chinensis* L. var. *subulifolius* (Kitag.) Y. C. Ma	蒙古乐—巴希卡	丝叶石竹		1	1			生于山地草原、典型草原
95	毛茛科	驴蹄草属	三角叶驴蹄草	*Caltha palustris* L. var. *sibirica* Regel	西伯日—巴拉白	西伯利亚驴蹄草				1	1	生于森林带和草原带的沼泽草甸、盐化草甸、河岸
96	毛茛科	金莲花属	短瓣金莲花	*Trollius ledebouri* Reichb Ic. Pl. Crit.	宝古尼—阿拉坦花					1	1	生于森林带的林缘草甸、沟谷湿草甸及河滩湿草甸
97	毛茛科	蓝堇草属	蓝堇草	*Leotopyrum fumarioides* (L.) Reichb.	巴日巴达				1			一年生中生草本。生于田野、路边或向阳山坡
98	毛茛科	唐松草属	香唐松草	*Thalictrum foetidum* L.	乌努日特—查存—其其格	腺毛唐松草			1			生于山地草原及灌丛中
99	毛茛科	唐松草属	展枝唐松草	*Thalictrum squarrosum* Steph. ex Willd.	莎格莎嘎日—查存—其其格、汉腾、铁木尔—额布斯	叉枝唐松草、歧序唐松草、坚唐松草	1	1				生于典型草原、沙质草原群落中。为常见的伴生植物
100	毛茛科	唐松草属	瓣蕊唐松草	*Thalictrum petaloideum* L. var. *petaloideum*	查存—其其格	肾叶唐松草、花唐松草、马尾黄连	1		1			生于森林带和草原带的草甸、草甸草原及山地沟谷中
101	毛茛科	唐松草属	卷叶唐松草	*Thalictrum petaloideum* L. var. *supradecompositum* (Nakai) Kitag.	保日吉给日—查存—其其格	蒙古唐松草、狭裂瓣蕊唐松草		1				生于干燥草原和沙丘上。为草原中旱生杂类草
102	毛茛科	唐松草属	箭头唐松草	*Thalictrum simplex* L. var. *simplex*	楚斯、希日—查存—其其格	水黄连、黄唐松草			1	1		生于森林带和草原带的河滩草甸及山地灌丛、林缘草甸
103	毛茛科	唐松草属	东亚唐松草	*Thalictrum minus* L. var. *hypoleucum* (Sieb. et Zucc.) Miq.	淘木—查存—其其格	腾唐松草、小金花			1	1		生于山地灌丛、林缘、林下、沟谷草甸
104	毛茛科	银莲花属	二歧银莲花	*Anemone dichotoma* L.	保根—查干—其其格	草玉梅			1	1		生于森林带的林下、林缘草甸及沟谷、河岸草甸
105	毛茛科	银莲花属	大花银莲花	*Anemone silvestris* L.	奥依音—保根—查干—其其格	林生银莲花			1	1		生于森林带和草原带的山地林下林缘及沟谷草甸

（续）

序号	科	属	种名中文名	学名	蒙古文名	别名	温性草甸草原	温性典型草原	山地草甸	低地草甸	沼泽	生境
106	毛茛科	白头翁属	白头翁	*Pulsatilla chinensis* (Bunge) Regel.	额格乐—伊日贵	毛姑朵花			1			生于森林带和草原带的山地林缘和草甸
107	毛茛科	白头翁属	掌叶白头翁	*Pulsatilla patens* (L.) Mill. subsp. *multifida* (Pritz.) Zamels	萨日巴嘎日—古拉盖				1			生于森林带的林间草甸和上地草甸
108	毛茛科	白头翁属	兴安白头翁	*Pulstilla dahurica* (Fisch. ex DC.) Spreng.	达古日—伊日贵				1			生于森林带的山地河岸草甸、石砾地、林间空地
109	毛茛科	白头翁属	细叶白头翁	*Pulsatilla turczaninovii* Kryl. Et Serg.	古拉盖—花儿、那林—高乐贵	毛姑朵花	1	1				生于典型草原及森林草原带的草原与草甸草原群落中
110	毛茛科	白头翁属	蒙古白头翁	*Pulsatilla ambigua* (Turcz. ex Hayek.) Juzepczuk	伊日贵、呼和—高乐贵	北白头翁	1	1				生于森林草原带和典型草原带的山地草原或灌丛
111	毛茛科	白头翁属	细裂白头翁	*Pulsatilla tenuiloba* (Turez. Ex Hayek) Juz.	萨拉没乐—伊日贵			1				生于草原区的丘陵石质坡地
112	毛茛科	白头翁属	黄花白头翁	*Pulsatilla sukaczewii* Juz.	希日—高乐贵			1				生于草原区石质山地及丘陵坡地和沟谷中
113	毛茛科	侧金盏花属	侧金盏花	*Adonis amurensis* Regel et Raddle					1	1		
114	毛茛科	侧金盏花属	北侧金盏花	*Adonis sibirica* Patr. ex Ledeb.	西伯日—阿拉坦—浑达嘎				1			生于森林带的山地林缘草甸
115	毛茛科	水葫芦苗属（碱毛茛属）	长叶碱毛茛	*Halerpestes ruthenica* (Jacq.) Ovcz.	格乐—其其格	金戴戴、黄戴戴				1		生于低湿地草甸及轻度盐化草甸
116	毛茛科	水葫芦苗属（碱毛茛属）	圆叶碱毛茛	*Halerpestes cymbalaria* (Pursh) Green	那木格音—格乐—其其格	水葫芦苗				1		生于森林带和草原带的低湿地草甸及轻度盐化草甸
117	毛茛科	毛茛属	石龙芮	*Ranunculus sceleratus* L.	乌热乐和格—其其格					1	1	生于森林带和草原带的沼泽草甸及草甸
118	毛茛科	毛茛属	匍枝毛茛	*Ranunculus repens* L.	哲乐图—好乐得存—其其格	伏生毛茛				1	1	生于森林带和草原带的草甸及沼泽草甸
119	毛茛科	毛茛属	毛茛	*Ranunculus japonicus* Thunb. var. *japonicas*	好乐得存—其其格				1	1	1	生于森林带和草原带的山地林缘草甸、沟谷草甸、沼泽草甸中
120	毛茛科	毛茛属	单叶毛茛	*Ranunculus monophyllus* Ovcz.	甘查嘎日特—好乐得存—其其格				1	1		生于森林带的河岸湿草甸及山地沟谷湿草甸
121	毛茛科	毛茛属	掌裂毛茛	*Ranunculus rigescens* Tucz. ex Ovcz.	塔拉音—好乐得存—其其格				1			生于山地沟谷草甸、泉边
122	毛茛科	铁线莲属	棉团铁线莲	*Clematis hexapetala* Pall.	山蓼、山棉花	山蓼、山棉花	1	1				生于森林、典型草原、森林草原及山地草原带的草原及灌丛群落中，，亦生长于固定沙丘或山坡林缘、林下

（续）

序号	科	属	种名中文名	学名	蒙古文名	别名	温性草甸草原	温性典型草原	山地草甸	低地草甸	沼泽	生境
123	毛茛科	翠雀花属	翠雀花	*Delphinium grandiflorum* L. var. *grandiflorum*	伯日—其其格	大花飞燕草、鸽子花、摇咀咀花	1		1			生于森林草原、山地草原及典型草原带的草甸草原、沙质草原及灌丛中，也可生于山地草甸及河谷草甸中
124	毛茛科	翠雀花属	东北高翠雀花	*Delphinium korshinskyanum* Nevski	淘日格—伯日—其其格	科氏飞燕草			1	1		生于森林带的河滩草甸及山地五花草甸
125	毛茛科	芍药属	芍药	*Paconia lactiflora* Pall.	查那—其其格				1			生于森林带和草原带的山地和石质丘陵的灌丛、林缘、山地草甸及草甸草原群落中
126	毛茛科	芍药属	毛果芍药	*Pconialactiflora* Pall. var. *trichocarpa* (Bunge) Stern	查那—其其格	毛蕊芍药			1			生于山地和石质丘陵的灌丛、林缘草甸
127	罂粟科	白屈菜属	白屈菜	*Chelidonium majus* L.	希古得日格纳、希日—好日	山黄连			1			生于森林带和草原带的山地林缘，林下，沟谷溪边
128	罂粟科	罂粟属	野罂粟	*Papaver nudicaule* L. var. *nudicaule*	哲日利格—阿木—其其格	野大烟、山大烟			1			生于森林带和草原带的山地林缘、草甸、草原、固定沙丘
129	罂粟科	角茴香属	角茴香	*Hypecoum erectum* L.	嘎伦—塔巴格				1			生于草原与荒漠草原地带的砾石质坡地、沙质地、盐化草甸等处，多为零星散生
130	罂粟科	紫堇属	齿瓣延胡索	*Corydalis turtschaninovii* Bess.	希都日呼—萨巴乐干纳				1	1		生于森林带和草原带的山地林缘、沟谷草甸、河滩及溪沟边
131	罂粟科	紫堇属	北紫堇	*Corydalis sibirica* (L. f.) Pers.	西伯日—萨巴乐干纳				1			生于森林带和草原带的山地林下、沟谷溪边
132	十字花科	菘蓝属	三肋菘蓝	*Isatis costata* C. A. Mey.	苏达拉图—呼呼日格纳	肋果菘蓝			1			生于草原带的干河床、芨芨草滩、山坡或沟谷
133	十字花科	球果芥属	球果芥	*Neslia paniculata* (L.) Desv.	布木布根纳				1			生于森林区居民点附近的路边或田边
134	十字花科	匙芥属	匙芥	*Bunias cochlearoides* Murr.	塔林—布奶斯				1			生于草原带的湖边草甸
135	十字花科	蔊菜属	山芹叶蔊菜	*Rorippa barbareifolia* (DC.) Kitag.	哈拉巴根—萨日布				1			生于针叶林带的林缘草甸、河边草甸
136	十字花科	蔊菜属	风花菜	*Rorippa palustris* (L.) Bess.	那木根—萨日布	沼生蔊菜				1	1	生于水边、沟谷，为沼泽草甸或草甸种
137	十字花科	遏蓝菜属	遏兰菜	*Thlaspi arvense* L.	淘力都—额布斯	菥蓂			1			生于山地草甸、沟边、村庄附近
138	十字花科	遏蓝菜属	山遏蓝菜	*Thlaspi cochleariforme* DC.	马拉音—淘力都—额布斯	山菥蓂	1	1				生于森林带和草原带的山地石质山坡或石缝间
139	十字花科	独行菜属	独行菜	*Lepidium apetalum* Willd.	昌古	腺茎独行菜、辣辣根、辣麻麻	1	1				生于村边、路旁、田间、撂荒地，也生于山地、沟谷
140	十字花科	独行菜属	碱独行菜	*Lepidium cartilagineum* (J. May.) Thell.	好吉日色格—昌古					1		生于草原带的盐化低地及盐土上

（续）

序号	科	属	种名中文名	学名	蒙古文名	别名	温性草甸草原	温性典型草原	山地草甸	低地草甸	沼泽	生境
141	十字花科	独行菜属	宽叶独行菜	*Lepidium latifolium* L.	乌日根—昌吉	羊辣辣			1	1		生于草原带和荒漠带的村舍旁、田边、路旁、渠道边及盐化草甸等
142	十字花科	葶苈属	葶苈	*Draba nemorosa* L.	哈木比乐				1			
143	十字花科	葶苈属	光果葶苈	*Draba nemorosa* L. var. *leiocarpa*. Lindbi.	格鲁格日—哈木比乐				1			本变种与正种不同点在于果实光滑无毛
144	十字花科	庭荠属	北方庭荠	*Alyssum lenense* Adams.	希日—得米格	条叶庭荠、线叶庭荠	1					生于森林带和草原带的石质丘顶、丘陵坡地、沙地
145	十字花科	庭荠属	西伯利亚庭荠	*Alyssum sibiricum* Willd.	西伯日—希日—得米格				1			生于山地草原、石质山坡
146	十字花科	荠属	荠属	*Capsella bursa-pastoris* (L.) Medik.	阿布嘎	荠菜			1			生于森林带和草原带的田边、村舍附近、路旁
147	十字花科	燥原荠属	燥原荠	*Ptilotricum canescens* (DC.) C. A. Mey.	其黑—好日格			1				生于荒漠带的砾石质山坡、干河床
148	十字花科	大蒜芥属	垂果大蒜芥	*Sisymbrium heteromallum* C. A. Mey.	文吉格日—哈木白	垂果蒜芥			1	1		生于森林草原及草原带的山地林缘、草甸及沟谷溪边。
149	十字花科	大蒜芥属	多型蒜芥	*Sisymbrium polymorphum* (Murr.) Roth	敖兰其—哈木白	寿蒜芥		1				生于草原地区的山坡或草地
150	十字花科	花旗杆属	花旗杆	*Dontostemon dentatus* (Bunge) Ledeb.	巴格太—额布苏	齿叶花旗竿			1			生于森林带的山地林下、林缘草甸。
151	十字花科	花旗杆属	全缘叶花旗杆	*Dontostemon integrifolius* (L.) C. A. Mey.	布屯—巴格太	线叶花旗杆		1				生于草原沙地或沙丘上、山坡
152	十字花科	花旗杆属	无腺花旗杆	*Dontostemon eglandulosus* (DC.) Ledeb.	陶木—巴格太—额布斯			1				生于草原、石质坡地
153	十字花科	花旗杆属	小花花旗杆	*Dontostemon micranthus* C. A. Mey.	吉吉格—巴格太—额布斯				1	1		生于森林带和草原带的山地林缘草甸、沟谷、河滩、固定沙丘
154	十字花科	碎米荠属	水田碎米荠	*Cardamine lyrata* Bunge	奥存—照古其	水田芥			1	1	1	生于深林带的沟谷、湿地、溪边
155	十字花科	播娘蒿属	播娘蒿	*Descurainia sophia* (L.) Webb ex Prantl	希热乐金—哈木白	野芥菜			1	1		生于森林带和草原带的山地草甸、沟谷、村旁、田边
156	十字花科	糖芥属	蒙古糖芥	*Erysimum flavum* (Georgi) Bobrov	希日—高恩淘格	阿尔泰糖芥	1	1	1	1		生于森林带的山坡、河滩及草原、草甸草原
157	十字花科	糖芥属	兴安糖芥	*Erysimum flavum* (Georgi) Bobrov var. *shinganicum* (Y. L. Chang) K. C. Kuan	兴安—高恩淘格							生于山坡、河滩地
158	十字花科	糖芥属	小花糖芥	*Erysimum cheiranthoides* L.	高恩淘格	桂竹香糖芥	1	1	1	1		生于森林带和草原带的山地林缘、草原、草甸、沟谷
159	十字花科	糖芥属	草地糖芥	*Erysimum marscbllianum* Andrz.				1		1		生于草原地区的河岸或草地、铁路旁草地上
160	十字花科	曙南芥属	曙南芥	*Stevenia cheiranthoides* DC.	好日格			1				生于森林草原带的山地石质坡地、岩石缝。

（续）

序号	科	属	种名中文名	学名	蒙古文名	别名	温性草甸草原	温性典型草原	山地草甸	低地草甸	沼泽	生境
161	十字花科	南芥属	硬毛南芥	*Arabis hirsuta* (L.) Scop.	希日根—少布都海	毛南芥			1	1		生于森林带和草原带的山地林下、林缘、湿草甸、沟谷溪边
162	十字花科	南芥属	垂果南芥	*Arabis pendula* L. var. *pendula*					1	1	1	生于森林带和草原带的山地林缘、灌丛、沟谷、河边
163	景天科	瓦松属	钝叶瓦松	*Orostachys malacophyllus* (Pall.) Fisch.	矛回日—斯琴—额布斯、矛回日—爱日格—额布斯		1	1				多生于森林带和草原带的山地、丘陵的砾石质坡地及平原的沙质地
164	景天科	瓦松属	瓦松	*Orostachys fimbriata* (Turcz.) A. Berger	斯琴—额布斯、爱日格—额布斯	酸溜溜、酸窝窝		1				生于石质山坡、石质丘陵及沙质地
165	景天科	瓦松属	黄花瓦松	*Orostachys spinosa* (L.) Sweet	希日—斯琴—额布斯			1				生于森林带和草原带的山坡石缝中及林下岩石上
166	景天科	瓦松属	狼爪瓦松	*Orostachys cartilaginea* A. Bor.	查干—斯琴—额布斯	辽瓦松、瓦松、干滴落	1	1				生长于石质山坡
167	景天科	八宝属	紫八宝	*Hylotelephium triphyllum* (Haworth) Holub	宝日—黑鲁特日根纳	紫景天			1			生于森林带和草原带的山坡林缘草甸、山坡草甸、岩石缝、路边
168	景天科	八宝属	白八宝	*Hylotelephium pallescens* (Freyn) H. Ohba	查干—鲁特日根纳	白景天、长茎景天			1	1		生于森林带和草原带的山地林缘草甸、河谷湿草甸、沟谷、河边石砾滩
169	景天科	费菜属	费菜	*Phedimus aizoon* (L.) Hart. var. *aizoon*	矛钙—伊得	土三七、景天三七、见血散	1		1	1		生于森林带和草原带的山地林下、林缘草甸、沟谷草甸、山坡灌丛
170	虎耳草科	梅花草属	梅花草	*Parnassia palustris* L.	孟根—地格达	苍耳七				1		多在森林带和草原带山地的沼泽化草甸中零星生长
171	蔷薇科	龙芽草属	龙芽草	*Agrimonia pilosa* Ledeb.	淘古如—额布苏	仙鹤草、黄龙尾			1	1		散生于森林带和草原带的山地林缘草甸、低湿地草甸、河边、路旁；主要见于落叶阔叶林地区，往南可进入常绿阔叶林北部
172	蔷薇科	地榆属	细叶地榆	*Sanguisorba tenuifolia* Fisch. et Link var. *tenuifolia*	那林—苏都—额布斯				1			生于森林带的山坡草地、草甸及林缘
173	蔷薇科	地榆属	小白花地榆	*Sanguisorba tenuifolia* Fisch. ex Link var. *alba* Traut et C. A. Mey.	查干—苏都—额布斯				1			生于森林带的湿地、草甸、林缘及林下
174	蔷薇科	地榆属	地榆	*Sanguisorba officinalis* L. var. *officinalis*	苏都—额布斯	蒙古枣、黄瓜香	1		1			为林缘草甸（五花草塘）的优势种和建群种，是森林草原地带起重要作用的杂类草，生态幅度比较广，在落叶阔叶林中可生于林下，在草原区则见于河滩草句及草甸草原中，但分布最多的是森林草原地带

（续）

序号	科	属	种名中文名	学名	蒙古文名	别名	温性草甸草原	温性典型草原	山地草甸	低地草甸	沼泽	生境
175	蔷薇科	地榆属	腺地榆	*Sanguisorba officinalis* L. var. *glandulosa* (Kom.) vorosch.	宝乐其日海特—苏都—额布斯				1			生于森林带的山谷阴湿林缘处
176	蔷薇科	地榆属	粉花地榆	*Sanguisorba offocinais* L. var. *carnea* (Fisch. ex Link) Regel ex Maxim.	牙干—苏都—额布斯			1				生于草原带的山地阴坡
177	蔷薇科	蚊子草属	蚊子草	*Filipendula palmata* (Pall.) Maxim.	塔布拉嘎—额布斯	合叶子			1			生于森林带和草原带的山地河滩沼泽草甸、河岸杨柳林及杂木灌丛,亦散生于林缘草甸及针阔混交林下
178	蔷薇科	蚊子草属	翻白蚊子草	*Filipeudula intermedia* (Glehn) Juz.	阿拉嘎—塔布拉嘎—额布斯				1			生于森林带海拔 300~800 m 的山地草甸、河岸边
179	蔷薇科	蚊子草属	绿叶蚊子草	*Filipendula glabra* (Ledeb. ex Kom. et Alissova - Klobulova) Y. Z. Zhao	诺干—塔布拉嘎—额布斯	光叶蚊子草			1			生于森林带和草原带海拔 800~1300 m 的山谷溪边、灌丛下
180	蔷薇科	蚊子草属	细叶蚊子草	*Filipendula angustiloba* (Turcz.) Maxim.	那林—塔布拉嘎—额布斯				1	1		生于森林带和森林草原带海拔 300~1200 m 的山地林缘、草甸、河边
181	蔷薇科	水杨梅属	水杨梅	*Geum aleppicum* Jacq.	高哈图如	路边青			1	1		生于森林带和草原带的林缘草甸、河滩沼泽草甸、河边
182	蔷薇科	委陵菜属	小叶金露梅	*Potentilla parvifolia* Fisch.	吉吉格—乌日阿拉格	小叶金老梅		1				多生于草原带的山地与丘陵砾石质坡地,山地石缝,也见于荒漠区的山地
183	蔷薇科	委陵菜属	匍枝委陵菜	*Potentilla flagellaris* Willd. ex Schlecht.	哲勒图—陶来音—汤乃	蔓委陵菜			1			山地林间草甸及河滩草甸的伴生植物,可在局部成为优势种,也可见于落叶松林及桦木林下的草本层中
184	蔷薇科	委陵菜属	星毛委陵菜	*Potentilla acaulis* L.	纳布塔嘎日—陶来音—汤乃	无茎委陵菜	1	1				于典型草原带的沙质草原、砾石质草原及放牧退化草原
185	蔷薇科	委陵菜属	三出委陵菜	*Potentilla betonicifolia* Poir.	沙嘎吉钙音—萨日布	白叶委陵菜、三出叶委陵菜、白萼委陵菜	1					生于草原带和森林草原带的向阳石质山坡、石质丘顶及粗骨质土壤上
186	蔷薇科	委陵菜属	鹅绒委陵菜	*Potentilla anserina* L.	陶来音—汤乃	河篦梳、蕨麻委陵菜、曲尖委陵菜				1		于低湿地,常见于苔草草甸、矮杂类草草甸、盐化草甸、沼泽化草甸等群落中,在灌溉农田上也可成为农田杂草,也可见于居民点附近、路旁
187	蔷薇科	委陵菜属	二裂委陵菜	*Potentilla bifurca* L. var. *bifurca*	阿叉—陶来音—汤乃	叉叶委陵菜	1	1				是草原及草甸草原的常见伴生种,在荒漠草原带的小型凹地、草原化草甸、轻度盐化草甸、山地灌丛、林缘、农田、路边等生境中也常有零星生长

（续）

序号	科	属	种名中文名	学名	蒙古文名	别名	温性草甸草原	温性典型草原	山地草甸	低地草甸	沼泽	生境
188	蔷薇科	委陵菜属	铺地委陵菜	*Potentilla supina* L.	诺古音—陶来音—汤乃	朝天委陵菜、伏委陵菜、背铺委陵菜				1		生于草原区及荒漠区的低湿地上，也常见于农田及路旁
189	蔷薇科	委陵菜属	莓叶委陵菜	*Potentilla fragarioides* L.	奥衣音—陶来音—汤乃	雉子莛			1			生于森林带和森林草原带的山地林下、林缘、灌丛、林间草甸，也稀见于草甸化草原
190	蔷薇科	委陵菜属	腺毛委陵菜	*Potentilla longifolia* Willd. ex Schlecht.	乌斯图—陶来音—汤乃	粘委陵菜	1	1				是草原和草甸草原的常见伴生种
191	蔷薇科	委陵菜属	菊叶委陵菜	*Potentilla tanacetifolia* Willd. ex Schlecht.	希日勒金—陶来音—汤乃	蒿叶委陵菜、沙地委陵菜	1	1				为典型草原和草甸草原的常见伴生植物
192	蔷薇科	委陵菜属	翻白草	*Potentilla discolor* Bunge	阿拉格—陶来音—汤乃	翻白委陵菜			1			生于阔叶林带的山地草甸、疏林下
193	蔷薇科	委陵菜属	茸毛委陵菜	*Potentilla strigosa* Pall. ex Pursh	阿日扎格日—陶来音—汤乃	灰白委陵菜	1	1	1			是典型草原、草甸草原和山地草原的伴生种，也见于山地草甸、沙丘
194	蔷薇科	委陵菜属	大萼委陵菜	*Potentilla conferta* Bunge	都如特—陶来音—汤乃	白毛委陵菜、大头委陵菜	1	1				生于典型草原及草甸草原
195	蔷薇科	委陵菜属	多茎委陵菜	*Potentilla multicaulis* Bunge	宝都力格—陶来音—汤乃		1	1				是草甸草原及干草原的伴生种，亦生于田边、向阳砾石山坡、滩地
196	蔷薇科	委陵菜属	轮叶委陵菜	*Potentilla verticillaris* Steph. ex Willd.	道给日存—陶来音—汤乃		1	1				零星生长于典型草原中，为其常见的伴生种
197	蔷薇科	委陵菜属	绢毛委陵菜	*Potentilla sericea* L.	给拉嘎日—陶来音—汤乃		1	1				是典型草原群落的伴生植物，也稀见于荒漠草原群落中
198	蔷薇科	委陵菜属	委陵菜	*Potentilla chinensis* Ser.	希林—陶来音—汤乃		1	1				为草原、草甸草原的偶见伴生种，也见于山地林缘、灌丛中
199	蔷薇科	委陵菜属	多裂委陵菜	*Potentilla multifida* L. var. *multifida*	奥尼图—陶来音—汤乃	细叶委陵菜			1			生于森林带和草原带的山地草甸、林缘
200	蔷薇科	委陵菜属	掌叶多裂委陵菜	*Potentilla multifida* L. var. *ornithopoda* (Tausch) Th. Wolf.			1	1				是典型草原的常见伴生种，偶见于荒漠草原及草甸草原群落中，为草原群落的杂类草。
201	蔷薇科	山莓草属	伏毛山莓草	*Sibbaldia adpresa* Bunse	贺热格黑		1	1				生于沙质土壤及砾石性土壤的干草原或山地草原群落中
202	蔷薇科	地蔷薇属	地蔷薇	*Chamaerhodos erecta* (L.) Bunge	图门—塔那	直立地蔷薇		1				生于草原带的砾石质丘坡、丘顶及山坡，也可生在沙砾质草原
203	蔷薇科	地蔷薇属	毛地蔷薇	*Chamaerhodos canescens* J. Krause	乌斯图—图门—塔那			1				生于森林草原带的砾石质、沙砾质草原及沙地
204	蔷薇科	地蔷薇属	三裂地蔷薇	*Chamaerhodos trifida* Ledeb.	海日音—图门—塔那	矮地蔷薇		1				生于草原带的山地、丘陵砾石质坡地及沙质土壤上
205	豆科	黄华属	披针叶黄华	*Thermopsis lanceolata* R. Br.	他日巴干—希日	苦豆子、面人眼睛、绞蛆爬、牧马豆	1	1				为草甸草原带和草原带的草原化草甸、盐化草甸的伴生种，也见于荒漠草原和荒漠区的河岸盐化草甸、沙质地或石质山坡

（续）

序号	科	属	种名中文名	学名	蒙古文名	别名	温性草甸草原	温性典型草原	山地草甸	低地草甸	沼泽	生境
206	豆科	扁蓿豆属	扁蓿豆	*Melilotoides ruthenica* (L.) Sojak	其日格—额布苏	花苜蓿、野苜蓿	1	1				生于草原带和森林草原带的丘陵坡地、山坡、林缘、路旁、沙质地、固定或半固定沙地，为典型草原或草甸草原常见的伴生成分，有时多度可达次优势种，在沙质草原也可见到
207	豆科	苜蓿属	天蓝苜蓿	*Medicago lupulina* L.	呼日—查日嘎苏	黑荚苜蓿			1	1		多生于微碱性草甸、沙质草原、田边、路旁等处
208	豆科	苜蓿属	黄花苜蓿	*Medicago falcata* L.	希日—查日嘎苏	野苜蓿、镰荚苜蓿	1					喜生于沙质或沙壤质土，多见于河滩、沟谷等低湿生境中，在森林草原带和草原带的草原化草甸群落中可形成优势种或伴生种
209	豆科	草木樨属	细齿草木樨	*Melilotus dentatus* (Wald. et Kit.) Pers.	纳日音—呼庆黑	马层、臭苜蓿			1	1		多生于低湿草甸、路旁、滩地，在森林草原带和草原带的草甸及轻盐化草甸群落中是常见的伴生种
210	豆科	草木樨属	草木樨	*Melilotus officinalis* (L.) Lam.	呼庆黑	黄花草木樨、马层子、臭苜蓿				1		原产欧洲，为欧洲种。外来入侵种，现多逸生于河滩、沟谷、湖盆洼地等低湿生生境中，在森林草原带和草原带的草甸或轻度盐化草甸中为常见伴生种，并可进入荒漠草原的河滩低湿地，以及轻度盐化草甸
211	豆科	草木樨属	白花草木樨	*Melilotus albus* Medik.	查干—呼庆黑	白香草木樨			1			生于路边、沟旁、盐碱地及草甸，外来入侵种
212	豆科	车轴草属	野火球	*Trifolium lupinaster* L.	和日音—好希扬古日	野车轴草	1		1			在森林草原地带是林缘草甸(五花草塘)的伴生种或次优势种，也见于草甸草原、山地灌丛及沼泽化草甸，多生于肥沃的壤质黑钙土及黑土上，但也可适应于砾石质粗骨土
213	豆科	车轴草属	白车轴草	*Trifolium repens* L.	查干—好希扬古日	白三叶			1			生于海拔800~1200米的针阔叶混交林林间草地及林缘路边，见于大兴安岭林间草地
214	豆科	车轴草属	红车轴草	*Trifolium pratense* L.	乌兰—好希扬古日	红三叶			1			生于海拔约1000米的针阔叶混交林间草地及林缘路边，见于大兴安岭林间草地
215	豆科	苦马豆属	苦马豆	*Sphaerophysa salsula* (Pall.) DC.	洪呼图—额布斯	羊卵蛋、羊尿泡				1		在草原带的盐碱性荒地、河岸低湿地、沙质地上常可见到，也进入荒漠带
216	豆科	锦鸡儿属	狭叶锦鸡儿	*Caragana stenophylla* Pojark.	纳日音—哈日嘎纳	红柠条、羊柠角、红刺、柠角	1	1				生于典型草原带和荒漠草原带及草原化荒漠带的高平原、黄土丘陵、低山阳坡、干谷、沙地，喜生沙砾质土壤、覆沙地及砾石质坡地，可在典型草原、荒漠草原、山地草原及草原化荒漠等植被中成为稳定的伴生种

（续）

序号	科	属	种名 中文名	学名	蒙古文名	别名	温性草甸草原	温性典型草原	山地草甸	低地草甸	沼泽	生境
217	豆科	锦鸡儿属	小叶锦鸡儿	*Caragana microphylla* Lam.	乌禾日—哈日嘎纳、阿拉他嘎纳	柠条、连针	1	1				生于草原区的高平原、平原及沙地
218	豆科	米口袋属	少花米口袋	*Gueldenstaedtia verna* (Georgi) Boriss.	莎勒吉日 肖布音—他不格	甘肃米口袋、狭叶米口袋		1				散生于草原带的沙质草原或石质草原，虽多度不高，但分布稳定，少量向东进入森林草原带，向西渗入荒漠草原带
219	豆科	米口袋属	狭叶米口袋	*Cueldenstaedtia stenophylla* Bunge	纳日音—莎勒吉日	地丁	1	1				为草原带的沙质草原伴生种，少量向东进入森林草原带，往西渗入荒漠草原带
220	豆科	甘草属	甘草	*Glycyrrhiza uralensis* Fisch. ex DC.	希禾日—额布斯	甜草苗		1				生于碱化沙地、沙质草原、具沙质土的田边、路旁、低地边缘及河岸轻度碱化的草甸
221	豆科	黄芪属	草原黄芪	*Astragalus dalaiensis* Kitag.	塔拉音—好恩其日			1				生于草原及森林草原带的草原群落中
222	豆科	黄芪属	达乌里黄芪	*Astragalus dahuricus* (Pall.) DC.	禾伊音干—好恩其日	驴干粮、兴安黄芪、野豆角花	1		1			为草原化草甸及草甸草原的伴生种，在农田、撂荒地、及沟渠边也常有散生
223	豆科	黄芪属	皱黄芪	*Astragalus tataricus* Franch.	他特日—好恩其日	密花黄芪、鞑靼黄芪、小果黄芪、小叶黄芪			1			生于小溪旁、干河床砾石地或草原化草甸及山地草原中有零星生长
224	豆科	黄芪属	蒙古黄芪	*Astragalus mongholicus* Bunge	蒙古勒—好恩其日	黄芪、绵黄芪、内蒙黄芪	1		1			生于森林草原带的山地草原、灌丛、林缘、沟边
225	豆科	黄芪属	黄芪	*Astragalus membranaceus* Bunge	好恩其日	膜荚黄芪			1			生于山地林缘、灌丛及疏林下，在森林带、森林草原带和草原带的林间草甸中为稀见的伴生杂草类，也零星渗入林缘灌丛及草甸草原群落中
226	豆科	黄芪属	华黄芪	*Astragalus chinensis* L. f.	道木大图音—好恩其日	地黄芪、忙牛花	1					生于轻度盐碱地，沙砾地，在草原带的草甸草原群落中为多度不高的伴生种
227	豆科	黄芪属	小米黄芪	*Astrgalus satoi* Kitag.					1			生于草原带的山地草甸草原，为其伴生种，也出现于灌丛间
228	豆科	黄芪属	草木樨状黄芪	*Astragalus melilotoides* Pall.	哲格仁—希勒比	扫帚苗、层头、小马层子	1	1				为典型草原及森林草原最常见的伴生植物，在局部地段可成为次优势成分，多适应于沙质及轻壤质土壤
229	豆科	黄芪属	细叶黄芪	*Astragalus tenuis* Turcz.	纳日音—好恩其日			1				为典型草原常见的伴生植物，喜生于轻壤质土壤上
230	豆科	黄芪属	细弱黄芪	*Astragalus miniatus* Bunge	塔希古—好恩其日	红花黄芪、细茎黄芪		1				生于草原带和荒漠草原带的砾石质坡地及盐化低地

（续）

序号	科	属	种名中文名	学名	蒙古文名	别名	温性草甸草原	温性典型草原	山地草甸	低地草甸	沼泽	生境
231	豆科	黄芪属	斜茎黄芪	*Astragalus laxmannii* Jacq.	矛日音—好恩其日	直立黄芪、马拌肠	1		1	1		在森林草原及草原带中是草甸草原的重要伴生种或亚优势种。有的渗入河滩草甸、灌丛和林缘下层成为伴生种，少数进入森林带和草原带的山地
232	豆科	黄芪属	湿地黄芪	*Astragalus uliginosus* L.	珠勒格音—好恩其日					1	1	为森林区的林下草甸、沼泽化草甸的伴生种，草原带的山地河岸边、柳灌丛下层也有零星生长
233	豆科	黄芪属	卵果黄芪	*Astragalus grubovii* Sancz.	湿得格勒金—好恩其日	新巴黄芪、拟糙叶黄芪		1				生于荒漠草原带和荒漠带的砾质或沙砾质地、干河谷、山麓或湖盆边缘
234	豆科	黄芪属	糙叶黄芪	*Astragalus scaberrimus* Buuge	希日古恩—好恩其日	春黄芪、掐不齐		1				为草原带常见的伴生植物，多生于山坡、草地、沙质地，也见于草甸草原、山地、林缘
235	豆科	黄芪属	乳白花黄芪	*Astragatus galactites* Pall.	希敦—查干查干—好恩其日	白花黄芪		1				草原区广泛分布的植物种，也进入荒漠草原群落中，春季在草原群落中可形成明显的开花季相。喜生于砾石质和沙砾质土壤，尤其在放牧退化的草场上大量繁生
236	豆科	棘豆属	多叶棘豆	*Oxytropis myriophylla* (Pall.) DC.	达兰—奥日图哲	狐尾藻棘豆、鸡翎草	1	1				生于森林草原带的丘陵顶部和山地砾石性土壤上。为草甸草原群落的伴生成分或次优势种；也进入干草原地带和森林带的边缘，但总生长于砾石质或沙质土壤上
237	豆科	棘豆属	砂珍棘豆	*Oxytropis racemosa* Turcz.	额勒苏音—奥日图哲、炮静—额布斯	泡泡草、砂棘豆	1	1				生于沙丘、河岸沙地、沙质坡地，在草原带和森林草原带的沙质草原中为伴生成分，是沙质草原群落的特征种
238	豆科	棘豆属	平卧棘豆	*Oxytropis prostrata* (Pall.) DC.				1				生于草原带的湖边砾石质滩地
239	豆科	棘豆属	海拉尔棘豆	*Oxytropis hailarensis* Kitag.	海拉日—奥日图哲	山棘豆、呼伦贝尔棘豆		1				稀疏地生于草原带的沙质草原中，有时也进入石质丘陵坡地
240	豆科	棘豆属	小花棘豆	*Oxytropis glabra* (Lam.) DC.	扫格图—奥日图哲、扫格图—额布斯、霍勒—额布斯	醉马草、包头棘豆				1		生于草原带、荒漠草原带和荒漠带的低湿地上，在湖盆边缘或沙地间的盐湿低地上有时可成为优势种，也伴生于芨芨草盐生草甸群落中，为轻度耐盐的盐生草甸种
241	豆科	棘豆属	硬毛棘豆	*Oxytropis hirta* Bunge	希如文—奥日图哲	毛棘豆	1		1			常伴生于森林草原带和草原带的山地杂类草草原和草甸草原群落中

（续）

序号	科	属	种名中文名	学名	蒙古文名	别名	温性草甸草原	温性典型草原	山地草甸	低地草甸	沼泽	生境
242	豆科	棘豆属	薄叶棘豆	*Oxytropis leptophylla* (Pall.) DC.		山泡泡、光棘豆	1	1				生于森林草原带和典型草原带的砾石质和沙砾质草原群落中，为多度不高的伴成成分
243	豆科	棘豆属	鳞萼棘豆	*Qxytropis squammulosa* DC.	查干—奥日图哲			1				生于荒漠草原带和草原带的砾石质山坡与丘陵、沙砾质河谷阶地薄层的沙质土上
244	豆科	棘豆属	大花棘豆	*Oxytropis grandiflora* (Pall.) DC.	陶木—奥日图哲				1			主要生于森林草原带的山地杂类草草甸草原，是常见的伴生植物
245	豆科	棘豆属	蓝花棘豆	*Oxytropis caerulea* (Pall.) DC.	蔓吉—奥日图哲	东北棘豆			1	1		生于森林带和森林草原带的林间草甸、河谷草甸、草原化草甸，为其伴生种
246	豆科	棘豆属	线棘豆	*Oxytropis filiformis* DC.	乌他存—奥日图哲			1				生于典型草原带的山地或丘陵砾石质坡地，为稀疏生长的伴生成分，是山地丘陵砾石质草原群落的特征种
247	豆科	岩黄芪属	华北岩黄芪	*Hedysarum gmelinii* Ledeb.	伊曼—他日波勒吉	刺岩黄芪、矮岩黄芪	1	1				常生于森林草原、典型草原、荒漠草原带的山地、石质或砾石质坡地
248	豆科	岩黄芪属	山岩黄芪	*Hedysarum alpinum* L.	乌拉音—他日波勒吉				1	1		多生于森林带和森林草原带海拔的山地林间草甸、林缘草甸、山地灌丛、河谷草甸，为耐寒的高山或亚高山草甸伴生种
249	豆科	山竹子属	山竹岩黄芪	*Corethrodendron fruticosum* (Pall.) B. H. Choi et H. Ohashi	他日波勒吉	山竹子	1	1				生于森林草原带、典型草原带、荒漠草原带及草原化荒漠带的沙丘和沙地以及戈壁红土断层冲刷沟沿砾石质地
250	豆科	岩黄耆属	木岩黄芪	*Hedysarum fruticosum* Pall	矛日音—他日波勒吉			1				生于草原区的沙丘及沙地，也进入森林草原区
251	豆科	胡枝子属	达乌里胡枝子	*Lespedeza davurica* (Laxm.) Schindl	呼日布格	牤牛茶、牛枝子	1	1				罗喜温暖，生于森林草原和草原带的干山坡、丘陵坡地、沙地、以及草原群落中
252	豆科	胡枝子属	尖叶胡枝子	*Lespedeza juncea* (L. f.) Pers.	好尼音—呼日布格	尖叶铁扫帚、铁扫帚、黄蒿子	1					生于草甸草原带的丘陵坡地、沙质地，也见于栎林边缘的干山坡
253	豆科	胡枝子属	细叶胡枝子	*Lespedeza hedysaroides* (Pall.) Kitag. var. *subsericea* (Kom.) Kitag.				1				生于山坡灌木丛、草丛间、路旁等处
254	豆科	野豌豆属	歪头菜	*Vicia unijuga* A. Br.	好日黑纳格—额布斯	草豆	1		1			生于森林带和森林草原带的山地林下、林缘草甸、丹迪灌丛及草甸草原
255	豆科	野豌豆属	北野豌豆	*Vicia ramuliflora* (Maxim.) Ohwi	奥衣音—给希	贝加尔野豌豆			1			生于针阔叶混交林下、林缘草地、山坡等生境中

（续）

序号	科	属	种名中文名	学名	蒙古文名	别名	温性草甸草原	温性典型草原	山地草甸	低地草甸	沼泽	生境
256	豆科	野豌豆属	柳叶野豌豆	*Vicia venosa* (Willd.) Maxim.	乌达力格—给希	脉叶野豌豆			1			生于针阔叶混交林下，林间、林缘草地等
257	豆科	野豌豆属	多茎野豌豆	*Vicia multicaulis* Ledeb.	萨格拉嘎日—给希				1			生于森林草原带和草原带的山地及丘陵地，散见于林缘、灌丛、山地森林上限的草地、也进入河岸沙地与草甸草原
258	豆科	野豌豆属	大叶野豌豆	*Vicia peseudo-orobus* Fisch. et C. A. Mey	乌日根—纳布其特—给哈	假香野豌豆、大叶草藤			1			生于落叶阔叶林下、林缘草甸、山地灌丛以及森林草原带的丘陵阴坡，多散生
259	豆科	野豌豆属	山野豌豆	*Vicia amoena* Fisch. ex Seringe	乌拉音—给希	山黑豆、落豆秧、透骨草	1	1				生于山地林缘、灌丛和广阔的草甸草原群落中
260	豆科	野豌豆属	狭叶山野豌豆	*Vicia amoena*Fisch. var. *oblongifolia* Regel	那 林—乌 拉音—给希	芦豆苗			1			生于丘陵低湿地、河岸、沟边、山坡、沙地、林缘、灌丛等处
261	豆科	野豌豆属	广布野豌豆	*Vicia cracca* L.	伊曼—给希	草藤、落豆秧			1	1		生于草原带的山地和森林草原带的河滩草甸、林缘、灌丛、林间草甸，亦生于林区的撂荒地
262	豆科	野豌豆属	灰野豌豆	*Vicia cracca* L. var. *canescens* (Maxim.) Franch. et Sav.	柴布日—乌拉音—给希				1			生于林间草地、林缘草甸、灌丛、沟边等生境
263	豆科	野豌豆属	东方野豌豆	*Vicia japonica* A. Gray	道日那音—给希				1	1		生于河岸湿地、沙质地、山坡、路旁
264	豆科	野豌豆属	黑龙江野豌豆	*Vicia amurensis* Oett.	阿木日—给希				1	1		生于森林带的林间草甸、林缘草甸、灌丛、河滩
265	豆科	山黧豆属	矮山黧豆	*Lathyus humilis* (Ser.) Spreng	宝古尼—扎嘎日—豌豆	矮香豌豆			1			生于森林带的针阔混交林及阔叶林下，可成为优势植物，森林带和草原带的灌丛草甸群落中常作为伴生种出来
266	豆科	山黧豆属	山黧豆	*Lathyrus quinquenervius* (Miq.) Litv.	他布都—扎嘎日—豌豆	五脉山黧豆、五脉香豌豆	1		1			为森林草原带山地草甸、河谷草甸群落的伴生种，也进入草原带的草甸草原群落
267	豆科	山黧豆属	毛山黧豆	*Lathyrus palustris* L. var. *pilosus* (Cham.) Ledeb.	乌斯图—扎嘎日—豌豆	柔毛山黛豆			1	1		是森林草原和草原带的沼泽化草甸和草甸群落的伴生种，也进入山地林缘和沟谷草甸。
268	豆科	大豆属	野大豆	*Glycine* Soja Sieb. et Zucc.	哲日勒格—希日—宝日其格	乌豆				1	1	生于森林带和草原带的湿草甸、山地灌丛和草甸、田野
269	牻牛儿苗科	牻牛儿苗属	牻牛儿苗	*Erodium stephanianum* Willd.	曼久亥	太阳花	1	1				生于山坡、干草地、河岸、沙质草原、沙丘、田间、路旁
270	牻牛儿苗科	老鹳草属	毛蕊老鹳草	*Geranium platyanthum* Duthie	乌斯图—西木德格来				1			生于森林带和草原带的山地林下、林间、林缘草甸、灌丛

（续）

序号	科	属	种名中文名	学名	蒙古文名	别名	温性草甸草原	温性典型草原	山地草甸	低地草甸	沼泽	生境
271	牻牛儿苗科	老鹳草属	草地老鹳草	*Geranium pratense* L.	塔拉音—西木德格来	草甸老鹳草	1		1			生于森林带和草原带的山地林下、林缘草甸、灌丛、草甸、河边湿地
272	牻牛儿苗科	老鹳草属	大花老鹳草	*Geranium transbaicalicum* Serg.	陶日格—西木德格来				1			生于山坡草地、河边湿地、林下、林缘、丘间谷地及草甸
273	牻牛儿苗科	老鹳草属	鼠掌老鹳草	*Geranium sibiricum* L	西比日—西木德格来	鼠掌草			1	1		生于森林带和草原带的居民点附近、河滩湿地、沟谷、林缘、山坡草地
274	牻牛儿苗科	老鹳草属	粗根老鹳草	*Geranium dahuricum* DC.	达古日音—西木德格来	块根老鹳草			1	1		生于森林带和草原带的山地林下、林缘草甸、灌丛、湿草甸
275	牻牛儿苗科	老鹳草属	突节老鹳草	*Geranium japonicum* Franch. et Sav.	委图—西木德格来				1	1		生于森林带和森林草原带的山地林缘草甸、灌丛、草甸、路边湿地
276	牻牛儿苗科	老鹳草属	灰背老鹳草	*Geranium wlassowianum* Fisch. ex Link	柴布日—西木德格来				1	1		生于森林带和草原带的山地林下、沼泽草甸、河岸湿地
277	牻牛儿苗科	老鹳草属	兴安老鹳草	*Geranium maximowiczii* Regel et Maack	兴安—西木德格来				1	1		生于森林带和森林草原带的山地林下、林缘草甸、灌丛、湿草地、河岸草甸
278	亚麻科	亚麻属	野亚麻	*Linum stelleroides* Planch.	哲日力格—麻嘎领古	山胡麻	1	1				生于草原带的干燥山坡、路旁
279	亚麻科	亚麻属	宿根亚麻	*Linum perenne* L.	塔拉音—麻嘎领古		1	1				生于草原带的沙砾质地、山坡、为草原群落的伴生种，也见于荒漠区的山地
280	亚麻科	白刺属	小果白刺	*Nitraria sibirica* Pall.	哈日莫格	西伯利亚白刺、哈蟆儿		1				生于轻弃盐渍化低地、湖盆边缘、干河床边，可成为优势种并形成群落
281	亚麻科	蒺藜属	蒺藜	*Tribulus terrestris* L.	伊曼—章古		1	1				生于荒地、山坡、路旁、田间、居民点附近，在荒漠区亦见于石质残丘坡地、白刺堆间沙地及干河床边
282	亚麻科	骆驼蓬属	骆驼蓬	*Peganum harmala* L.	乌没黑—超布苏			1		1		生于荒漠地带干旱草地，绿洲边缘轻盐渍化荒地、土质低山坡，积极草滩、路旁
283	亚麻科	骆驼蓬属	匍根骆驼蓬	*Peganum nigellastrum* Bunge	哈日—乌没黑—超布苏	骆驼蓬、骆驼蒿		1				多生于居民点附近、旧舍地、水井边、路旁、白刺堆间、芨芨草植丛中
284	芸香科	拟芸香属	北芸香	*Haplophyllum dauricum* (L.) G. Don	呼吉—额布苏	假芸香、单叶芸香、草芸香	1		1			生于草原和森林草原地区，亦见于荒漠草原带的山地
285	芸香科	白藓属	白鲜	*Dictamnus dasycarpus* Turcz.	阿格查嘎海	八股牛、好汉拔、山牡丹			1			生于森林带和森林草原带的山地林缘、疏林灌丛、草甸

（续）

序号	科	属	种名中文名	学名	蒙古文名	别名	温性草甸草原	温性典型草原	山地草甸	低地草甸	沼泽	生境
286	远志科	远志属	细叶远志	*Polxgala tenuifolia* Willd.	吉如很—其其格	远志、小草		1				多生于石质草原、山坡、草地、灌丛
287	远志科	远志属	卵叶远志	*Polygala sibirica* L.	西比日—吉如很—其其格	瓜子金、西伯利亚远志	1	1				生于山坡、草地、林缘、灌丛
288	大戟科	大戟属	地锦	*Euphorbia humifusa* Willd.	马拉盖音—扎拉—额布苏	铺地锦、铺地红、红头绳	1	1				生田野、路旁、河滩及固定沙地
289	大戟科	大戟属	乳浆大戟	*Euphorbia esula* L.	查干—塔日努	猫儿眼、烂疤眼	1	1				多零散生于草原、山坡、干燥沙质地、石质坡地、路旁多零散生于草原、山坡、干燥沙质地、石质坡地、路旁
290	大戟科	大戟属	狼毒大戟	*Euphorbia fischeriana* Steud.	塔日努	狼毒、猫眼草	1	1				生于森林草原及草原区石质山地向阳山坡
291	锦葵科	木槿属	野西瓜苗	*Hibiscus trionum* L.	塔古—诺高	和尚头、香铃草	1		1			生于田野、路旁、村边、山谷等处
292	锦葵科	锦葵属	北锦葵	*Malva mobilviensia* Downar					1			生于杂草地、庭园、人家附近及山坡
293	锦葵科	苘麻属	苘麻	*Abutilon theophrasti* Medik.	黑衣麻—敖拉苏	青麻、白麻、车轮草				1		生于田野、路旁、荒地和河岸等处
294	藤黄科	金丝桃属	乌腺金丝桃	*Hypericum attenuatum* Fisch. ex Choisy	宝拉其日海图—阿拉丹—车格其乌海	野金丝桃、赶山鞭	1		1			生于森林带和森林草原带的山地林缘和灌丛中，草甸草原
295	藤黄科	金丝桃属	长柱金丝桃	*Hypericum ascyron* L.	陶日格—阿拉丹—车格其乌海	黄海棠、红旱莲、金丝蝴蝶			1			生于森林带及森林草原带的林缘、山地草甸和灌丛中
296	柽柳科	红砂属	红砂	*Reaumuria soongorica* (Pall.) Maxim.	乌兰—宝都日嘎纳	枇杷柴、红虱		1				广泛生于荒漠带及荒漠草原地带，在荒漠带为重要的建群种，常在砾质戈壁上与珍珠柴（*Salsola passerina* Bunge）球果白刺（*Nitraria sphaerocarpa* Maxim.）等共同组成大面积的荒漠群落；在荒漠草原带仅见于盐渍低地，在干湖盆、干河床等盐渍土上形成隐哉性红沙群落。此外，并能沿盐渍地深入到干草原地带
297	堇菜科	堇菜属	鸡腿堇菜	*Viola acuminata* Ledeb.	奥古特图—尼勒—其其格	鸡腿菜			1			多年生中生草本。生于森林的和森林草原的山地林缘、疏林下、灌丛间、山坡草甸、河谷湿地
298	堇菜科	堇菜属	裂叶堇菜	*Viola dissecta* Ledeb.	奥尼图—尼勒—其其格				1			生长于森林带和草原带的山地林下、林缘草甸、河滩地
299	堇菜科	堇菜属	兴安堇菜	*Viola gmeliniana* Rcem. et Schult.	兴安乃—尼勒—其其格				1			生于森林带的山地疏林下、林缘草甸、灌丛
300	堇菜科	堇菜属	斑叶堇菜	*Viola variegata* Fisch. ex Link.	导拉布图—尼勒—其其格		1	1	1			生于森林带和草原带的山地荒地、草坡、山坡砾石地、林下岩石缝、疏林地及灌丛间

（续）

序号	科	属	种名中文名	学名	蒙古文名	别名	温性草甸草原	温性典型草原	山地草甸	低地草甸	沼泽	生境
301	堇菜科	堇菜属	早开堇菜	*Viola prionantha* Bunge	合日其也斯图—尼勒—其其格	尖瓣堇菜、早花地丁		1	1			生于森林带和草原带的丘陵谷底、山坡、草地、荒地、路旁、沟边、庭园、林缘
302	瑞香科	狼毒属	狼毒	*Stellera camaejasme* L.	达伦—图茹	断肠草、小狼毒、红火柴头花、棉大戟	1	1				广泛生于草原区，为草原群落的伴生种，在过度放牧影响下，数量常常增加，成为景观植物
303	千屈菜科	千屈菜属	千屈菜	*Lythrum salicaria* L.	西如音—其其格					1	1	生于森林带和草原带的河边，下湿地，沼泽
304	柳叶菜科	柳叶菜属	沼生柳叶菜	*Epilobium palustre* L.	那木嘎音—呼崩朝日	沼泽柳叶菜，水湿柳叶菜				1	1	生于草原带的沼泽地、山沟溪边、河边或沼泽草甸
305	伞形科	迷果芹属	东北迷果芹	*Sphallerocarpus gracilis* (Bess. ex Trev.) K.-Pol.	朝高日乐吉	东北迷果芹			1			生于田野村旁，撂荒地、山地林缘草甸
306	伞形科	柴胡属	兴安柴胡	*Bupleurum sibiricum* Vest ex Sprengel	兴安乃—宝日车—额布苏				1			生于森林草原及山地草原，亦见于山地灌丛及林缘草甸
307	伞形科	柴胡属	锥叶柴胡	*Bupleurum bicaule* Helm	疏布格日—宝日车—额布苏				1			生于森林草原带及草原带的山地石质坡地
308	伞形科	柴胡属	红柴胡	*Bupleurum scorzonerifolium* Willd.	乌兰—宝日车—额布苏	狭叶柴胡、软柴胡	1	1				生于森林草原带和草原带的草甸草原、草原、固定沙丘、山地灌丛，为草原群落的优势杂类草，亦为沙地植被的常见伴生种
309	伞形科	毒芹属	毒芹	*Cicuta virosa* L.	好日图—朝吉日	芹叶钩吻				1	1	生于森林带和草原带的河边、沼泽、沼泽草甸和林缘草甸
310	伞形科	葛缕子属	葛缕子	*Carum carvi* L.	哈如木吉	野胡萝卜、黄蒿			1	1		生于森林带和草原带的山地林缘草甸，盐化草甸及田边路旁
311	伞形科	茴芹属	羊洪膻	*Pimpinella thellungiana* H. Wolff	和勒特日黑—那部其特—其禾日	缺刻叶茴芹、东北茴芹			1	1		生于森林带和草原带的林缘草甸、沟谷及河边草甸
312	伞形科	羊角芹属	东北羊角芹	*Aegopodium alpestre* Ledeb.	乌拉音—朝古日	小叶芹			1	1		生于森林带的山地林下、林缘草甸及沟谷
313	伞形科	泽芹属	泽芹	*Sium suave* Walt.	那木格音—朝古日					1	1	生于森林带和草原带的沼泽、池沼边、沼泽草甸
314	伞形科	岩风属	香芹	*Libanotis seselioides* (Fisch. et C. A. Mey. ex Turcz.) Turcz.	昂给拉玛—朝古日	邪蒿			1			生于森林的和森林草原带的山地草甸、林缘
315	伞形科	蛇床属	蛇床	*Cnidium monnieri* (L.) Cuss.	哈拉嘎拆				1	1		生于森林带和草原带的河边或湖边草地、田边
316	伞形科	蛇床属	兴安蛇床	*Cnidium dahuricum* (Jacq.) Fesch. ex C. A. Mey.	兴安乃—哈拉嘎拆	山胡萝卜			1	1		生于森林带和草原的山地林缘、河边草地

（续）

序号	科	属	种名中文名	学名	蒙古文名	别名	温性草甸草原	温性典型草原	山地草甸	低地草甸	沼泽	生境
317	伞形科	蛇床属	碱蛇床	*Cnidium salinum* Turcz.	好吉日色格—哈拉嘎拆					1		生于森林带和草原带的河边草甸、湖边草甸碱湿草甸
318	伞形科	山芹属	全叶山芹	*Ostericum maximowiczii* (F. Schmidt ex Maxim.) Kitag.	布屯—哲日力格—朝古日					1		生于森林带和草原带的山地河谷草甸、林缘或林下草甸
319	伞形科	山芹属	绿花山芹	*Ostericum viridiflorum* (Turcz.) Kitag.	脑干—哲日力格—朝古日	绿花独活				1		生于森林带和草原带的河边湿草甸、沼泽草甸
320	伞形科	当归属	兴安白芷	*Angelica dahurica* (Fisch. ex Hoffm.) Benth. et Hook. f. ex Franch. et Sav.	朝古日高那	大活（东北）、独活（辽宁）、走马芹（东北）			1			散生于森林带和落叶阔叶林的山沟溪旁灌丛下、林缘草甸
321	伞形科	柳叶芹属	柳叶芹	*Czernaevia laevigata* Turcz.	乌日—朝古日高那	小叶独活			1	1		生于森林带和森林草原带的河边沼泽草甸、山地灌丛、林下、林缘草甸
322	伞形科	胀果芹属	胀果芹	*Phlojodicarpus sibiricus* (Fisch. ex Spreng.) K. -Pol.	达格沙 都日根—查干	燥芹、膨果芹		1				生于草原带的石质山顶、向阳山坡
323	伞形科	独活属	短毛独活	*Heracleum moellendorffii* Hance	巴勒其日嘎那	短毛白芷、东北牛防风、兴安牛防风			1	1		生于森林带和森林草原带的林下、林缘、溪边
324	伞形科	防风属	防风	*Saposhnikovia divaricata* (Turcz.) Schischk.	疏古日根	关防风、北防风、旁风	1	1				生于森林带和草原带的高平原、丘陵坡地、固定沙丘，常为草原植被的伴生种
325	报春花科	报春花属	粉报春	*Primula farinose* L.	嫩得格特—乌兰—哈布日西乐—其其格	黄报春、红花粉叶报春			1	1		生于森林带和草原带的低湿地草甸，沼泽化草甸、亚高山草甸及沟谷灌丛中，也进入稀疏落叶松林下，在许多草甸群落中可达中度多度，或此优势种，开花时形成季相
326	报春花科	报春花属	天山报春	*Primula nutans* Georgi	西比日—哈布日西乐—其其格				1	1		生于森林带和草原带的山地草甸、河谷草甸、碱化草甸
327	报春花科	点地梅属	小点地梅	*Androsace gmelinii* (L.) Roem. et Schult.	吉吉格—达邻—套布其	高山点地梅、兴安点地梅			1	1		生于草原带的山地沟谷、河岸草甸及林缘草甸
328	报春花科	点地梅属	大苞点地梅	*Androsace maxima* L.	伊和—达邻—套布其			1				生于草原带和荒漠带的山地砾石质坡地、固定沙地、丘间低地及撂荒地
329	报春花科	点地梅属	东北点地梅	*Androsace fillformis* Retz.	那林—达邻—套布其	丝点地梅			1	1		生于森林带和森林草原带的山地林缘、低湿草甸、沼泽草甸、及沟谷
330	报春花科	点地梅属	北点地梅	*Androsace septentrionalis* L.	塔拉音—达邻—套布其	雪山点地梅	1		1			生于森林带、草原带和荒漠带的山地草甸、草甸草原、砾石质草原、林缘及沟谷中

（续）

序号	科	属	种名中文名	学名	蒙古文名	别名	温性草甸草原	温性典型草原	山地草甸	低地草甸	沼泽	生境
331	报春花科	海乳草属	海乳草	*Glaux maritima* L.	苏子—额布斯					1		生于低湿地矮草草甸、轻度盐化草甸，可成为草甸优势成分之一
332	报春花科	珍珠菜属	球尾花	*Lysimachia thyrsiflora* L.	好宁—好日木					1	1	生于森林带和森林草原带的沼泽、沼泽化草甸
333	报春花科	珍珠菜属	黄连花	*Lysimachia davurica* Ledeb.	兴安奈—侵娃音—苏乐				1			生于森林带和草原带的山地林缘、草甸、灌丛、林缘及路旁
334	报春花科	珍珠菜属	狼尾花	*Lysimachia barystachys* Bunge	侵娃音—苏乐	重穗珍珠菜			1			生于森林带和草原带的山地灌丛、草甸、沙地、及路旁
335	白花丹科	驼舌草属	驼舌草	*Goniolimon speciosum* (L.) Boiss.	和乐日格—额布斯	棱枝草，刺叶矶松		1				生于草原带及森林草原带的石质丘陵山坡或平原
336	白花丹科	补血草属	黄花补血草	*Limonium aureum* (L.) Hill	希日—义拉干—其其格	黄花苍蝇架、金匙叶草、金色补血草		1				散生于荒漠草原带和草原带的盐化低地上，适应于轻度盐化的土壤及砂砾质、砂质土壤，常见于芨芨草草甸群落，芨芨草加白刺群落
337	白花丹科	补血草属	曲枝补血草	*Limonium flexuosum* (L.) Kuntze	塔黑日—义拉干—其其格			1				散生于草原
338	白花丹科	补血草属	二色补血草	*Limonium bicolor* (Bunge) O. Kuntze	义拉干—其其格	苍蝇架、落蝇子花	1	1				散生于草原、草甸草原及山地，能适应于沙质土、沙砾质土及轻度盐化土壤，也偶见于旱化的草甸群落中
339	龙胆科	百金花属	百金花	*Centaurium pulchellum* (Swartz) Druce var. *altaicum* (Griseb.) Kitag. et H. Hara	森达日阿—其其格	麦氏埃蕾				1		生于草原带的低湿草甸、水边
340	龙胆科	龙胆属	鳞叶龙胆	*Gentiana squarrosa* Ledeb.	希日根—主力根—其木格	小龙胆、石龙胆	1		1			散生于山地草甸、旱化草甸及草甸草原
341	龙胆科	龙胆属	达乌里龙胆	*Gentiana dahurica* Fisch.	达古日—主力格—其木格	小秦艽、达乌里秦艽	1	1	1			生于草原、草甸、山地草原
342	龙胆科	龙胆属	秦艽	*Gentiana macrophylla* Pall.	套日格—主力根—其木格	大叶龙胆、萝卜艽、西秦艽			1			生于森林带和草原带的山地草甸、林缘、灌丛与沟谷
343	龙胆科	龙胆属	龙胆	*Gentiana scabra* Bunge	主力根—其木格	龙胆草、胆草、粗糙龙胆			1			生于森林带的山地林缘、灌丛、草甸
344	龙胆科	龙胆属	条叶龙胆	*Gentiana manshurica* Kitag.	少布给日—主力根—其木格	东北龙胆			1			生于森林带的山地林缘、灌丛、草甸
345	龙胆科	龙胆属	三花龙胆	*Gentiana triflora* Pall.	勾日本—其其特—主力根—其木格				1			生于森林带的山地林缘、灌丛、草甸
346	龙胆科	扁蕾属	扁蕾	*Gentianopsis barbata* (Froel.) Y. C. Ma	乌苏图—特木日—地格达	剪割龙胆	1		1			生于森林带和草原带的山坡林缘、灌丛、低湿草甸、沟谷及河滩砾石层处
347	龙胆科	花锚属	花锚	*Halenia corniculata* (L.) Cornaz	章古图—其其格	西伯利亚花锚	1		1			生于森林带和草原带的林缘草甸及低湿草甸

（续）

序号	科	属	种名中文名	学名	蒙古文名	别名	温性草甸草原	温性典型草原	山地草甸	低地草甸	沼泽	生境
348	龙胆科	肋柱花属	小花肋柱花	*Lomatogonium rotatum* (L.) Fries ex Nym.	巴嘎—哈比日干—其其格	辐花侧蕊、肋柱花		1	1	1		生于林缘草甸、沟谷溪边、低湿草甸
349	龙胆科	獐牙菜属	岐伞獐牙菜	*Swertia dichotoma* L.	萨拉图—地格达	腺鳞草、歧伞当药			1			生于河谷草甸
350	龙胆科	獐牙菜属	瘤毛獐牙菜	*Swertia pseudochinensis* H. Hara	比拉出特—地格达	紫花当药	1		1			生于森林带和草原带的林缘草甸、草甸
351	萝藦科	鹅绒藤属	紫花杯冠藤	*Cynanchum purpureum* (Pall.) K. Schum.	布日—特木根—呼呼	紫花白前、紫花牛皮消	1		1			生于森林带和森林草原带的石质山地及丘陵阳坡、山地灌丛、林缘草甸、草甸草原
352	萝藦科	鹅绒藤属	徐长卿	*Cynanchum paniculatum* (Bunge) Kitag.	那林—好同和日	了刁竹、土细辛	1		1			生于森林带和森林草原带的石质山地及丘陵阳坡
353	萝藦科	鹅绒藤属	地梢瓜	*Cynanchum thesioides* (Freyn) K. Schum.	特木根—呼呼	沙奶草、地瓜瓢、沙奶奶、老瓜瓢	1	1				生于干草原、丘陵坡地、沙丘、撩荒地、田埂
354	萝藦科	萝藦属	萝藦	*Metaplexis japonica* (Thunb.) Makino	阿古乐朱日—吉米斯	赖瓜瓢、婆婆针线包		1				生于草原带的河边沙质坡地
355	旋花科	菟丝子属	日本菟丝子	*Cuscuta japonica* Choisy	比拉出特—希日—奥日义羊吉	金灯藤		1				常见寄生于草原植物及草甸植物
356	旋花科	菟丝子属	菟丝子	*Cuscuta chinensis* Lam.	希日—奥日义羊古	豆寄生、无根草、金丝藤		1				多寄生在豆科植物上，故有“豆寄生”之名。对胡麻、马铃薯等农作物也有危害
357	旋花科	菟丝子属	大菟丝子	*Cuscuta europaea* L.	套木—希日—奥日义羊古	欧洲菟丝子		1				寄生于多种草本植物上，但多以豆科、菊科、黎科为甚
358	旋花科	旋花属	银灰旋花	*Convolvulus ammannii* Desr.	宝日—额力根讷	阿氏旋花	1	1				是荒漠草原和典型草原群落的常见伴生植物，在荒漠草原中是植被放牧退化演替的指示种，戈壁针茅草原的畜群点、饮水点附近因强烈放牧践踏，常形成银灰旋花占优势的次生群落。也散见于山地阳坡及石质丘陵等干旱生境
359	旋花科	旋花属	田旋花	*Convolvulus arvensis* L.	塔拉音—色得日根讷	箭叶旋花、中国旋花			1			生于田间、撂荒地、村舍与路旁，并可见于轻度盐化的草甸中。见于全区各州
360	花荵科	花荵属	花荵	*Polemonium caeruleum* L.	乌斯图—伊音吉—布古日乐				1	1		生于森林带和森林草原带的山地林下、林缘草甸、低湿地
361	紫草科	紫草属	紫草	*Lithospermum erythrorhizon* Sieb. et Zucc.	伯日漠格	紫丹、地血			1			生于山地林缘、灌丛中，也见于路边散生

（续）

序号	科	属	种名中文名	学名	蒙古文名	别名	温性草甸草原	温性典型草原	山地草甸	低地草甸	沼泽	生境
362	紫草科	紫筒草属	紫筒草	*Stenosolenium saxatile* (Pall.) Turcz.	敏吉音—扫日	紫根根		1				生于草原带的干草原、沙地、低山丘陵的石质坡地和路旁
363	紫草科	琉璃草属	大果琉璃草	*Cynoglossum divaricatum* Steph. ex Lehm.	囊给—章古	大赖鸡毛子、展枝倒提壶、粘染子	1	1				生于森林草原带和草原带的沙地、干河谷的沙砾质冲积物上、田边、路边、村旁，为常见的农田杂草
364	紫草科	鹤虱属	鹤虱	*Lappula myosotis* Moench.	闹朝日嘎那	小粘染子			1	1		生于森林带、草原带和荒漠带的河谷草甸、山地草甸、路边
365	紫草科	鹤虱属	异刺鹤虱	*Lappula heteracantha* (Ledeb.) Gurke	乌日格斯图—闹朝日嘎那	小粘染子			1	1		生于草原带和荒漠带的山地草甸、河谷草甸、田野、村旁、路边，为常见的农田杂草
366	紫草科	鹤虱属	卵盘鹤虱	*Lappula redowskii* (Horn.) Greene	塔巴格特—闹朝日嘎那	小粘染子				1		生于山麓砾石质坡地，河岸及湖边砂地，也常生于村旁路边
367	紫草科	鹤虱属	劲直鹤虱	*Lappula stricta* (Ledeb.) Gurke	希鲁棍—闹朝日嘎那	小粘染子			1	1		生于草原带和荒漠带的山地草甸、沟谷
368	紫草科	齿缘草属	东北齿缘草	*Eritrichium mandshuricum* Popov	曼哲—巴特哈	细叶蓝梅			1			生于森林带和草原带的山地草原，也见于村旁路边
369	紫草科	齿缘草属	反折齿缘草	*Enitrichium deflexum* (Wahlenb) Lian et J. Q. Wang	苏日古—那嘎凌害—额布斯	反折假鹤虱			1			生于山地林缘、沙丘阴坡、沙地
370	紫草科	齿缘草属	百里香叶齿缘草	*Eritrichium thymifolium* (DC.) Y. S. Lian et J. Q. Wang	那嘎凌害—额布斯	假鹤虱		1				生于草原带的山地石质、砾石质坡地，岩石露头及石隙间
371	紫草科	勿忘草属	勿忘草	*Myosotis alpestris* F. W. Schmidt	塔拉音—道日斯哈—额布苏	草原勿忘草			1			生于森林带和森林草原带的山地落叶松林、桦木林下、山地灌丛、山地草甸，并可进入亚高山地带
372	紫草科	钝背草属	钝背草	*Amblynotus rupestris* (Pall. et Georgi) Popov ex L. Sergiev.	布和都日根讷			1				生于草原、砾石质草原、沙质草原
373	马鞭草科	莸属	蒙古莸	*Caryopteris mongholica* Bunge	道嘎日嘎那	白蒿		1				生于草原带和荒漠带的石质山坡、沙地、干河床、沟谷
374	唇形科	筋骨草属	多花筋骨草	*Aluga multiflora* Bunge	奥兰其—吉杜格				1	1		生于山地森林带及森林草原带的山地草甸，河谷草甸，林缘及灌丛中
375	唇形科	水棘针属	水棘针	*Amethystea coerulea* L.	巴西戈				1	1		生于河滩沙地、田边路旁、溪旁、居民点附近，散生或形成小群聚
376	唇形科	黄芩属	黄芩	*Scutellaria baicalensis* Georgi	混芩	黄芩茶（内蒙古西部）		1				生于森林带和草原带的山地、丘陵的砾石坡地及沙质土上，为草甸草原及山地草原的常见种，在线叶菊草原中可成为优势植物之一
377	唇形科	黄芩属	并头黄芩	*Scutellaria scordifolia* Fisch. ex Schrank	好斯—琪琪格特—混芩	头巾草	1	1	1			生于森林带和草原带的山地林下、林缘、河滩草甸、山地草甸、撂荒地、路旁、村舍附近

（续）

序号	科	属	种名中文名	学名	蒙古文名	别名	温性草甸草原	温性典型草原	山地草甸	低地草甸	沼泽	生境
378	唇形科	黄芩属	盔状黄芩	*Scutellaria galericulata* L.	道古力格特—混芩				1	1		生于森林带和草原带的河滩草甸沟谷地湿
379	唇形科	黄芩属	狭叶黄芩	*Scutellaria regeliana* Nakai			1		1	1		多生于河滩草甸和沼泽化草甸，也见于山地林缘及沟谷中
380	唇形科	黄芩属	塔头黄芩	*Scutellaria regelianaNakai* var. *ikonnikoviib* (Juz) C. Y. Wu et H. W. Li	扫如乐斤—混芩	薄叶黄芩、香水水草	1		1			生于撂荒地、防火道上。多生于河滩草甸和沼泽华草甸，也见于山地林缘及沟谷中
381	唇形科	夏至草属	夏至草	*Lagopsis supina* (Steph. ex Willd) Ik. -Gal. ex Knorr.	套来音—奥如乐		1	1				生于森林带和草原带的田野、撂荒地及路旁，为农田杂草，常在撂荒地上形成小群聚
382	唇形科	裂叶荆芥属	多裂叶荆芥	*Schizonepeta multifida* (L.) Briq.	哈嘎日海—吉如格巴	东北裂叶荆芥	1	1				生于草草原带的沙质平原、丘陵坡地、石质山坡，也见于森林带的林缘及灌丛，是草甸草原和典型草原常见的伴生种
383	唇形科	青兰属	香青兰	*Dracocephalum moldavica* L.	乌努日图—比日羊古	山薄荷			1			生于山坡、沟谷、河谷砾石质地
384	唇形科	青兰属	光萼青兰	*Dracocephalum argunense* Fisch. ex Link.	额尔古那音—比日羊古				1			生于森林带和森林草原带的山地草甸、山地草原、林缘灌丛
385	唇形科	青兰属	青兰	*Dracocephalum ruyschiana* L.	比日羊古				1			生于森林带和森林草原带的山地草甸、林缘灌丛及石质山坡
386	唇形科	糙苏属	块根糙苏	*Phlomis tuberoda* L.	土木斯得—奥古乐今—土古日爱		1	1				生于森林草原带和草原带的山地沟谷草甸、山地灌丛、林缘
387	唇形科	糙苏属	串铃草（蒙古糙苏）	*Phlomis mongolica* Turcz.	蒙古乐＝奥古乐今—土古日爱	毛尖茶、野洋芋	1		1			生于森林草原带和草原带的草甸、草甸化草原、山地沟谷草甸、撂荒地及路边
388	唇形科	鼬瓣花属	鼬瓣花	*Galeopsis bifida* Boenn.	套心朝格				1			生于山地针叶林区和森林草原带的林缘、草甸、田边及路旁
389	唇形科	野芝麻属	短柄野芝麻	*Lamium album* L.	敖乎日—哲日立格—麻阿吉				1			生于森林带的山地林缘草甸
390	唇形科	益母草属	益母草	*Leonurus japonicus* Houtt.	都日伯乐吉—额布斯	益母蒿、坤草、龙昌昌	1	1	1			生于森林草原带和草原带的田野、房舍附近
391	唇形科	益母草属	细叶益母草	*Leonurus sibiricus* L.	那林—都日伯乐吉—额布斯	益母篙、龙昌菜	1	1	1			生于草原区和荒漠区的石质丘陵、沙质草原、沙地、沙丘、山坡草地、沟谷、农田、村旁、路旁
392	唇形科	水苏属	华水苏	*Stachys riederi* Chamisso ex Beth.	乌斯图—阿日归	毛水苏、水苏			1	1		生于森林带、森林草原带及草原带的低湿草甸、河谷草甸、沼泽草甸
393	唇形科	薄荷属	薄荷（东北薄荷）	*Mentha canadensis* L.	巴得日阿西					1		生于森林带和草原带的水旁低湿地、湖滨草甸、河滩沼泽草甸
394	唇形科	香薷属	密花香薷	*Elsholtzia densa* Benth.	那林—昂给鲁木—其其格	细穗香薷（变种）			1			生于森林带和草原带的山地林缘、草甸、沟谷、撂荒地，也生于沙地

（续）

序号	科	属	种名中文名	学名	蒙古文名	别名	温性草甸草原	温性典型草原	山地草甸	低地草甸	沼泽	生境
395	唇形科	香茶菜属	蓝萼香茶菜	*Isodon japonica* (Burm. f.) Hara var. *glaucocalyx* (Maxim.) H. W.	呼和—刀格替—其其格	山苏子			1			生于山地阔叶林林下、林缘、灌丛
396	茄科	茄属	龙葵	*Solanum nigrum* L.	闹害音—乌吉马	天茄子			1	1		生于草原带的路旁、村边、水沟边
397	茄科	泡囊草属	泡囊草	*Physochlaina physaloides* (L.) G. Don	混—好日苏			1				生于草原带的山地、沟谷
398	茄科	天仙子属	天仙子	*Hyoscyamus niger* L.	特讷格—额布斯	山烟子、薰牙子			1			生于村舍附近、路边、田野
399	玄参科	玄参属	砾玄参	*Scrophularia incisa* Weinm.	海日音—哈日—奥日呼代			1				生于荒漠草原带及典型草原带的砂砾石质地、山地岩石处
400	玄参科	水芒草属	水芒草	*Limosella aquatica* L.	奥存—希巴日嘎那	伏水芒草				1	1	生于森林带的河岸、湖边
401	玄参科	柳穿鱼属	多枝柳穿鱼	*Linaria buriatica* Turcz. ex Benth.	宝古尼—好宁—扎吉鲁希	矮柳穿鱼		1				生于草原及固定沙地
402	玄参科	柳穿鱼属	柳穿鱼	*Linaria vulgaris* Mill. subsp. *sinensis* (Bunge ex Debeaux) D. Y. Hong	好宁—扎吉鲁希		1		1			生于森林带和森林草原带的山地草甸、沙地、路边
403	玄参科	腹水草属	草本威灵仙	*Veronicastrum sibiricum* (L.) Pennel	扫宝日嘎拉吉	轮叶婆婆纳、斩龙剑			1			生于森林带和草原带的山地阔叶林林下，林缘草甸及灌丛中
404	玄参科	腹水草属	管花腹水草	*Veronicastrum tubiflorum* (Fisch. et C. A. Mey.) H. Hara	朝日格立格—扫宝日嘎拉吉	柳叶婆婆纳			1			生于阔叶林带的山地草甸及灌丛
405	玄参科	婆婆纳属	细叶婆婆纳	*Veronica linariifolia* Pall. ex Link	那林—侵达干		1					生于山坡草地、灌丛间
406	玄参科	婆婆纳属	水蔓菁(细叶婆婆纳的变种)	*Veronica linariifolia* Pall. ex Link var. *dilatata* Nakai ex Kitag.					1	1		生于湿草甸及山顶岩石处
407	玄参科	婆婆纳属	白婆婆纳	*Veronica incana* L.	查干—侵达干		1	1				生于草原带的山地、固定沙地，为草原群落的一般常见伴生种
408	玄参科	婆婆纳属	大婆婆纳	*Veronica dahurica* Stev. Mem. Soc. Mosc.	兴安—侵达干				1	1		生于山坡、沟谷、岩隙、沙丘低地的草甸以及路边
409	玄参科	婆婆纳属	兔尾儿苗	*Veronica longifoli* L. Sp.	乌日图—侵达干	长尾婆婆纳			1	1		生于林下、林缘草甸、沟谷及河滩草甸
410	玄参科	小米草属	小米草	*Euphrasia pectinata* Ten.	巴希干那		1		1			生于山地草甸、草甸草原、林缘、灌丛
411	玄参科	疗齿草属	疗齿草	*Odontites vugaris* Moench	宝日—巴西噶	齿叶草				1		生于森林带和草原带的低湿草甸、水边
412	玄参科	鼻花属	鼻花	*Rhinanthus glaber* Lam.	哈木日苏—其其格				1			生于森林带的林缘草甸

（续）

序号	科	属	种名中文名	学名	蒙古文名	别名	温性草甸草原	温性典型草原	山地草甸	低地草甸	沼泽	生境
413	玄参科	马先蒿属	旌节马先蒿	*Pedicularis sceptrum-carolinum* L. subsp. *Pubescens* (Bunge) P. C. Tsong	为特—好宁—额伯日—其其	黄旗马先蒿			1	1	1	生于森林带和森林草原带的山地阔叶林林下、林缘草甸、潮湿草甸、沼泽
414	玄参科	马先蒿属	拉不拉多马先蒿	*Pedicularis labradorica* Wristing	奥木日阿特音—好宁—额伯日—其其格	北马先蒿			1			生于寒温带针叶林带的湿润草甸、林缘、林下
415	玄参科	马先蒿属	黄花马先蒿	*Pedicularis flava* Pall.	希日—好宁—额伯日—其其格			1				生于典型草原带的山坡、沟谷坡地
416	玄参科	马先蒿属	秀丽马先蒿	*Pediuclaris venusta* Schangan ex Bunge	高娃—好宁—额伯日—其其格	黑水马先蒿	1		1	1		生于森林带和森林草原带的河滩草甸、沟谷草甸、草甸草原
417	玄参科	马先蒿属	红纹马先蒿	*Pedicularis striata* Pall. subsp. *striata*	乌兰—扫达拉特—好宁—额伯日—其其格	细叶马先蒿	1		1			生于森林带和草原带的山地草甸草原、林缘草甸、疏林
418	玄参科	马先蒿属	返顾马先蒿	*Pedicularis resupinata* L. var. *resupinata*	好宁—额伯日—其其格				1	1		生于森林带和草原带的山地林下、林缘草甸、沟谷草甸
419	玄参科	马先蒿属	卡氏沼生马先蒿	*Pedicularis palustris* L. subsp. *karoi* (Freyn) P. C. Tsoong	那木给音—好宁—额伯日—其其格	沼地马先蒿				1	1	生于森林带和森林草原带的湿草甸、沼泽草甸
420	玄参科	马先蒿属	红色马先蒿	*Pedicularis rubens* Steph. ex Willd.	乌兰—好宁—额伯日—其其格	山马先蒿	1		1			生于森林带和森林草原带的山地草甸、草甸草原
421	玄参科	马先蒿属	穗花马先蒿	*Pedicularis spicata* Pall.	图如特—好宁—额伯日—其其格				1	1		生于森林带和森林草原带的林缘草甸、河滩草甸、灌丛
422	玄参科	马先蒿属	轮叶马先蒿	*Pedicularis verticillata* L.	布立古日—好宁—额伯日—其其格					1	1	生于森林草原带的沼泽草甸、低湿草甸
423	玄参科	阴行草属	阴行草	*Siphonostegia chinensis* Benth.	希日—乌如乐—其其格	刘寄奴、金钟茵陈		1				生于森林带和草原带的山坡草地
424	玄参科	芯芭属	达乌里芯芭	*Cymbaria dahurica* L.	兴安奈—哈吞—额布斯	芯芭、大黄花、白蒿茶	1	1	1			生于典型草原、荒漠草原、山地草原，是草原群落的生态指示种
425	紫葳科	角蒿属	角蒿	*Incarvillea sinensis* Lam. var. *sinensis*	乌兰=套鲁木	透骨草			1			生于森林带和草原带的山地、沙地、河滩、河谷，也散生于田野、撂荒地、路边，宅旁
426	列当科	列当属	列当	*Orobanche coerulescens* Steph.	特木根—苏乐	兔子拐棍、独根草	1	1				寄生在篙属 *Artemisia* L. 植物的根上，习见寄主有：冷篙 *A. frigida* Willd.、白莲篙 *A. gmelinii* Web. ex Stechm.、油篙 *A. ordosica* Krasch.、南牡篙 *A. eriopoda* Bunge、龙篙 *A. dracunculus* L. 等。生于固定或半固定沙丘、向阳山坡、山沟草地

（续）

序号	科	属	种名中文名	学名	蒙古文名	别名	温性草甸草原	温性典型草原	山地草甸	低地草甸	沼泽	生境
457	菊科	狗哇花属	阿尔泰狗娃花	*Heteropappus altaicus* (Willd.) Novopokr.	阿拉泰因—布荣黑	阿尔泰紫菀	1	1				生于干草原与草甸草原带，也生于山地、丘陵坡地、沙质地、路旁，村舍附近，是重要的草原伴生植物，在放牧较重的退化草原中，其种群常有显著增长，成为草原退化演替的标帜种
458	菊科	狗哇花属	狗哇花	*Heteropappus hispidus* (Thunb.) Less.	布荣黑				1	1		生于森林带和草原带的山地草甸、河岸草甸、林下
459	菊科	狗哇花属	鞑靼狗哇花	*Heteropappus tataricus* (Lindl.) Tamamsch.	塔塔日—布荣黑	细枝狗娃花		1				生长于砂质草地、砂质河岸、沙丘或山坡草地
460	菊科	东风菜属	东风菜	*Doellingeria scaber* (Thunb.) Nees.	好您—尼都				1			生于森林草原带的阔叶林中。林缘、灌丛，也进入草原带的山地
461	菊科	紫菀属	高山紫菀	*Aster alpinus* L.	塔格音—敖登—其其格	高岭紫菀			1			生于森林带和草原带的山地草原、林下，喜碎石土壤
462	菊科	紫菀属	紫菀	*Aster tataricus* L. f.	敖登—其其格	青菀			1	1		生于森林带和草原带的山地林下、灌丛、沟边
463	菊科	紫菀属	圆苞紫菀	*Aster maackii* Regel	布木布日根—敖登—其其格	麻氏紫菀				1		生于森林带的湿润草甸、沼泽草甸
464	菊科	乳菀属	兴安乳菀	*Galatella dahurica* DC.	布日扎	乳菀	1		1			生于森林带和森林草原带的山坡、沙质草地、灌丛、林下、林缘
465	菊科	莎菀属	莎菀	*Arctogeron gramineum* (L.) DC.	得比斯格乐吉	禾矮翁		1				生于草原地带的石质山坡、丘陵坡地
466	菊科	碱菀属	碱菀	*Tripolium pannonicum* (Jacq.) Dobr.	杓日闹乐吉	金盏菜、铁杆蒿、灯笼花				1	1	生于草原带的湖边、沼泽、盐碱地
467	菊科	短星菊属	短星菊	*Brachyactis ciliata* Ledeb.	巴日安—图如					1	1	生于森林草原带、典型草原带和荒漠带的盐碱湿地，水泡子边、沙质地、山坡石缝阴湿处
468	菊科	飞蓬属	飞蓬	*Erigeron acer* L.	车衣力格—其其格	北飞蓬			1	1		生于森林带和草原带的山地林缘、低地草甸、河岸沙质地、田边
469	菊科	飞蓬属	长茎飞蓬	*Erigeron elongatus* Ledeb.	陶日格—车衣力格	紫苞飞蓬			1			生于森林带的林缘、草甸
470	菊科	飞蓬属	勘察加飞蓬	*Erigeron kamtschaticus* DC.					1			生于森林草原带和草原带的山地林缘草甸
471	菊科	白酒草属	小蓬草	*Conyza canadensis* (L.) Cronq.	哈混—车衣力格	小飞蓬、加拿大飞蓬、小白酒草	1	1				生于田野、路边、村舍附近，为外来入侵种
472	菊科	火绒草属	长叶火绒草	*Leontopodium junpeianum* Kitag.	陶日格—乌拉—额布斯	兔耳子草			1			生于森林带和草原带的山地灌丛、山地草甸
473	菊科	火绒草属	团球火绒草	*Leontopodium conglobatum* (Turcz.) Hand. -Mazz	布木布格力格—乌拉—额布斯	剪花火绒草			1			生于森林带和草原带的沙地灌丛、山地灌丛，在石质丘陵阳坡也有散生

（续）

序号	科	属	种名中文名	学名	蒙古文名	别名	温性草甸草原	温性典型草原	山地草甸	低地草甸	沼泽	生境
474	菊科	火绒草属	火绒草	*Leontopodium leontopodioides* (Willd.) Beauv.	乌拉—额布斯	火绒蒿、老头草、老头艾、薄雪草	1	1				多散生于典型草原、山地草原、草原沙质地
475	菊科	鼠麹草属	湿生鼠麹草	*Gnaphalium uliginosum* L.	黑薄古日根讷				1	1		生于森林带和森林草原带的山地草甸、河滩草甸、沟谷草甸
476	菊科	鼠麹草属	贝加尔鼠麹草	*Gnaphalium baicalense* L.	白嘎拉音—黑薄古日根讷				1	1		生于森林带和森林草原带的山地草甸、河滩草甸、沟谷草甸
477	菊科	旋覆花属	柳叶旋覆花	*Inula salicina* L.	乌达力格—阿拉坦—导苏乐	歌仙草、单茎旋覆花			1	1		生于森林带和森林草原带的山地草甸、低湿地草甸
478	菊科	旋覆花属	欧亚旋覆花	*Inula britanica* L.	阿拉坦—导苏乐—其其格	旋覆花、大花旋覆花、金沸草			1			生于森林草原带和草原带的草甸、农田、地埂、路旁
479	菊科	苍耳属	苍耳	*Xanthium strumarium* L. var. *strumarium*	西伯日—好您—章古	菜耳、苍耳子、老苍子、刺儿苗	1	1	1			生于田野、路边，可形成密集的小片群聚
480	菊科	苍耳属	蒙古苍耳	*Xanthium mongolicum* Kitag.	好您—章古				1			生于草原带的山地及丘陵的砾石质坡地、沙地、田野
481	菊科	鬼针草属	小花鬼针草	*Bidens parvifora* Willd.	吉吉格—哈日巴其—额布斯	一包针			1			生于田野、路旁、沟渠边
482	菊科	鬼针草属	羽叶鬼针草	*Bidens maximoviczana* Oett.	乌都力格—哈日巴其—额布斯				1	1		生于森林带和草原带的河滩湿地、路旁
483	菊科	鬼针草属	狼粑草	*Bidens tripartita* L.	古日巴存—哈日巴其—额布斯	鬼针、小鬼叉				1		生于路边、低湿滩地
484	菊科	蓍属	齿叶蓍	*Achillea acuminata* (Ledeb.) Sch. -Bip.	伊木特—图乐格其—额布斯	单叶蓍				1		生于森林带和草原带的低湿草甸，是常见的伴生种
485	菊科	蓍属	高山蓍	*Achillea alpine* L.	图乐格其—额布斯	蓍、蚰蜒草、锯齿草、羽衣草			1	1		生于森林带和森林草原带的山地林缘、灌丛、沟谷草甸，是常见的伴生种
486	菊科	蓍属	短瓣蓍	*Achillea ptarmicoides* Maxim.	敖呼日—图乐格其—额布斯				1			生于森林带和草原带的山地草甸、灌丛，为伴生种
487	菊科	蓍属	亚洲蓍	*Achillea asiatica* Serg.	阿子音—图乐格其—额布斯				1	1		生于森林带和草原带的河滩、沟谷草甸、山地草甸，为伴生种
488	菊科	蓍属	蓍	*Achillea millefolium* L.		千叶蓍			1			生于森林带的铁路沿线
489	菊科	菊属	小红菊	*Chrysanthemum chanetii* Levl.	乌兰—乌达巴拉	山野菊			1			生于森林草原带和草原带的山坡、林缘、沟谷
490	菊科	菊属	紫花野菊	*Chrysanthemum zawadskii* Herb.	宝日—乌达巴拉	山菊			1			生于森林带和森林草原带的林缘、林下、山顶
491	菊科	菊属	细叶菊	*Chrysanthemum maximowiczii* Kom.	那林—乌达巴拉				1			生于森林草原带的山坡灌丛
492	菊科	亚菊属	蓍状亚菊	*Ajania achilloides* (Turcz.) Poljak. ex Grub.	图乐格其—宝如乐吉	蓍状艾菊		1				生于草原化荒漠带和荒漠化草原地带的沙质壤土上、低山碎石、石质坡地

（续）

序号	科	属	种名中文名	学名	蒙古文名	别名	温性草甸草原	温性典型草原	山地草甸	低地草甸	沼泽	生境
493	菊科	线叶菊属	线叶菊	*Filifolium sibiricum* (L.) Kitam.	西日合力格—协日乐吉		1					在森林草原地带，线叶菊是分布广泛的优势群系
494	菊科	栉叶蒿属	栉叶蒿	*Neopallasia pectinata* (Pall.) Poljak.	乌合日—希鲁黑	篦齿蒿		1				多生长在壤质或粘壤质的土壤上，为夏雨型一年生层片的主要成分。在退化草场上常常可成为优势种
495	菊科	蒿属	大籽蒿	*Artemisia sieversiana* Ehrhart ex Willd	额日木	白蒿	1	1				生于农田、路旁、畜群点、水分较好的撂荒地上，有时也进入人为活动较明显的草原或草甸群落中
496	菊科	蒿属	黄花蒿	*Artemisia annua* L.	矛日音—协日乐吉	臭黄蒿	1		1			生于河边、沟谷或居民点附近，多散生或形成小群落
497	菊科	蒿属	黑蒿	*Artemisia palustris* L.	阿拉坦—协日乐吉	沼泽蒿	1		1	1		生于森林带、森林草原带和干草原带的河岸低湿沙地，是草甸、草甸草原和山地草原群落中一年生本层片的重要成分
498	菊科	蒿属	猪毛蒿	*Artemisia scoparia* Waldst. et Kit.	伊麻干—协日乐吉	米蒿、黄蒿、臭蒿、东北茵陈蒿		1				广泛的生于草原带和和荒漠带的沙质土壤多上，是夏雨型一年生层片的主要组成植物
499	菊科	蒿属	碱蒿	*Artemisia anethifolia* Web. ex Stechm	好您—协日乐吉	大莳萝蒿、糜糜蒿				1		生长于盐渍化土壤上，为盐生植物群落的主要伴生种
500	菊科	蒿属	莳萝蒿	*Artemisia anethoides* Mattf.	宝吉木格—协日乐吉					1		生于盐土、盐碱化的土壤上，在低湿地碱斑湖滨常形成群落，或为芨芨草盐生草甸的伴生成分
501	菊科	蒿属	龙蒿	*Artemisia dracunculus* L.	伊西根—协日乐吉	狭叶青蒿	1		1			
502	菊科	蒿属	宽叶蒿	*Artemisia latifolia* Ledeb.	乌日根—协日乐吉		1		1			生于森林带、森林草原带和草原带的林缘、林下、灌丛，也为草甸和杂类草原的伴生植物
503	菊科	蒿属	裂叶蒿	*Artemisia tanacetifolia* L.	萨拉巴日海—协日乐吉	菊叶蒿	1		1			生于森林带、森林草原带、草原带和荒漠带的山地，是草甸、草甸草原的伴生种或亚优势种
504	菊科	蒿属	艾	*Artemisia argyi* Levl. var. *argyi*	荾哈	家艾、艾蒿	1					在森林草原带可形成群落，作为杂草常侵入到耕地、路旁及村庄附近，有时也生于林缘、林下、灌丛
505	菊科	蒿属	野艾蒿	*Artemisia lavandulaefolia* DC.	哲日力格—荾哈	荫地蒿、野艾	1		1			生于森林带和草原带的山地林缘、灌丛、河滨湖草甸，作为杂草也进入农田、路旁、村庄附近
506	菊科	蒿属	柳叶蒿	*Artemisia integrifolia* L.	乌达力格—协日乐吉	柳蒿			1	1		生于森林带和草原带的山地林缘、林下、山地草甸、河谷草甸，作为杂草也进入农田、路旁、村庄附近

（续）

序号	科	属	种名中文名	学名	蒙古文名	别名	温性草甸草原	温性典型草原	山地草甸	低地草甸	沼泽	生境
507	菊科	蒿属	蒌蒿	*Artemisia lancea* Van.	阿哈日—协日乐吉							生于山地林缘、路旁、荒坡、疏林下
508	菊科	蒿属	蒙古蒿	*Artemisia mongolica* (Fisch. ex Bess.) Nakai	蒙古乐—协日乐吉		1	1	1			生于森林带阔叶林林下、林缘和草原带的沙地、河谷、撂荒地，作为杂草常侵入到耕地、路旁，有时也侵入到草甸群落中。多散生，亦可形成小群聚
509	菊科	蒿属	红足蒿	*Artemisia rubripes* Nakai	乌兰—协日乐吉	大狭叶蒿	1	1	1			生于森林草原带和草原带的山地林缘、灌丛、草坡、沙地，作为杂草也侵入到农田、路旁
510	菊科	蒿属	丝裂蒿	*Artemisia adamsii* Bess.	牙巴干—协日乐吉	丝叶蒿、阿氏蒿、东北丝裂蒿		1				生于草原带的轻度盐碱化的土壤上，为芨芨草草甸的伴生种，有时在疏松的土壤上也可形成小群落
511	菊科	蒿属	柔毛蒿	*Artemisia pubescens* Ledeb. var. *pubescens*	乌斯特—胡日根—协日乐吉	变蒿、立沙蒿	1	1				生长于森林草原和草原地带的山坡、林缘灌丛、草地、沙质地
512	菊科	蒿属	漠蒿	*Artemisia desertorum* Spreng.	芒汗—协日乐吉	沙蒿	1	1				生于森林带和草原带的沙质或沙砾质的土壤上，草原上的常见伴生种，有时也能形成局部的优势或层片
513	菊科	蒿属	东北牡蒿	*Artemisia manshurica* (Kom.) Kom.	陶存—协日乐吉				1			生于森林带和森林草原带的山地林缘、林下、灌丛
514	菊科	蒿属	南牡蒿	*Artemisia eriopoda* Bunge var. *eriopoda*	乌苏力格—协日乐吉	黄蒿			1			多生于森林草原带和草原带的山地，为山地草原的常见伴生种
515	菊科	蒿属	冷蒿	*Artemisia frigida* Willd. var. *frigida*	阿给	小白蒿、兔毛蒿	1	1				广布于草原带和荒漠草原带，沿山地也进入森林草原带和荒漠带中，多生长在沙质、沙砾质或砾石质土壤上，是草原小半灌木群落的主要建群植物，也是其他草原群落的伴生植物或亚优势植物
516	菊科	蒿属	白莲蒿	*Artemisia gmelinii* Web. ex stechm. Var. *gmelinii*	矛日音—西巴嘎	铁杆蒿、万年蒿		1				生于草原带和荒漠带的山坡、灌丛
517	菊科	蒿属	山蒿	*Artemisia brachyloba* Franch.	哈丹—西巴嘎	岩蒿、骆驼蒿			1			生于森林带和草原带的石质山坡、岩石露头或碎石质的土壤上，是山地植被的主要建群植物之一
518	菊科	蒿属	差不嘎蒿	*Artemisia halodendron* Turcz. ex Bess.	好您—西巴嘎	盐蒿、沙蒿		1				生于草原区北部的草原带和森林草原带的沙地，在大兴安岭东西两侧，多生于固定、半固定沙丘和沙地，是内蒙古东部沙地半灌木群落的重要建群植物

（续）

序号	科	属	种名中文名	学名	蒙古文名	别名	温性草甸草原	温性典型草原	山地草甸	低地草甸	沼泽	生境
519	菊科	蒿属	光沙蒿	*Artemisia oxycephala* Kitag.	给鲁格日—协日乐吉			1				多分布于中温型干草原带的沙丘、沙地和覆沙高平原上，少量也进入森林草原带，是内蒙古东部沙生半灌木群落建群植物或为沙质草原的伴生植物
520	菊科	绢蒿属	东北绢蒿，东北蛔蒿	*Seriphidium finitum* (Kitag.) Ling et Y. R. Ling	塔乐斯图—哈木巴—协日乐吉			1		1		生于草原带和荒漠草原带的砂砾质或砾石质土壤上，也生长在盐碱化湖边草甸，为草原或芨芨草草甸的伴生植物
521	菊科	千里光属	欧洲千里光	*Senecio vulgaris* L.	恩格音—给其根那				1			生于森林带的山坡及路旁
522	菊科	千里光属	湿生千里光	*Senecio arcticus* Rupr.	那木根—给其根那					1	1	生于湖边沙地或沼泽，有时可形成密集的群落片断
523	菊科	千里光属	林阴千里光	*Senecio nemorensis* L.	敖衣音—给其根那	黄菀			1	1		生于森林带和森林草原带的山地林缘、河边草甸
524	菊科	千里光属	麻叶千里光	*Senecio cannabifolius* Less.	阿拉嘎力格—给其根那				1	1		生于森林带的山地林缘、河边草甸，为草甸伴生种
525	菊科	千里光属	额河千里光	*Senecio argunensis* Turcz.	乌都力格—给其根那	羽叶千里光			1	1		生于森林带和森林草原带的山地林缘、河边草甸、河边柳灌丛
526	菊科	狗舌草属	红轮狗舌草	*Tephroseris flammea* (Turcz. ex DC.) Holub	乌兰—给其根那	红轮千里光			1			生于森林带和森林草原带的具丰富杂类草的草甸及林缘灌丛
527	菊科	狗舌草属	狗舌草	*Tephroseris kirilowii* (Turcz. ex DC.) Holub	给其根那		1	1	1			生于森林带和草原带的草原、草甸草原、山地林缘
528	菊科	橐吾属	全缘橐吾	*Ligularia mongolica* (Turcz.) DC.	扎牙海		1		1			生于草原带和草原化荒漠带的山地灌丛、石质坡地、具丰富杂类草的草甸草原和草甸
529	菊科	橐吾属	蹄叶橐吾	*Ligularia fischeri* (Ledeb.) Turcz.	陶古日爱力格—扎牙海	肾叶橐吾、马蹄叶、葫芦七			1	1		生于森林带和森林草原带的林缘、河滩草甸、河边灌丛
530	菊科	橐吾属	黑龙江橐吾	*Liqularia sachalinensis* Nakai	萨哈林—扎牙海				1	1		生于林缘、河滩草甸、河边灌丛及山坡草地
531	菊科	蟹甲草属	山尖子	*Parasenecio hastatus* (L.) H. Koyama var. *hastatus*	伊古新讷	山尖菜、戟叶兔儿伞				1		生于森林带和草原带的山地林缘、林下、河滩杂草类草甸，是林缘草甸伴生种。
532	菊科	蓝刺头属	砂蓝刺头	*Echinops gmelini* Turcz.	额乐存乃—扎日阿—敖拉	刺头、火绒草	1	1				生于固定沙地、沙质撂荒地，也可深入到草原地带、森林草原地带及居民点、畜群点周围
533	菊科	蓝刺头属	驴欺口	*Echinops davuricus* Fisch. ex Hormenmann	扎日阿—敖拉	单州漏芦、火绒草、蓝刺头	1	1				草原地带和森林草原地带常见杂类草，多生长在含丰富杂类草的针茅草原和羊草草原群落中

（续）

序号	科	属	种名中文名	学名	蒙古文名	别名	温性草甸草原	温性典型草原	山地草甸	低地草甸	沼泽	生境
534	菊科	蓝刺头属	褐毛蓝刺头	*Echinops dissectus* Kitag.	呼任—扎日阿—敖拉	天蓝刺头、天蓝漏芦	1		1			山地草原常见杂类草，一般多生长在林缘草甸，也见于含丰富杂类草的禾草草原群落
535	菊科	风毛菊属	草地风毛菊	*Saussurea amara* (L.) DC.	塔拉音—哈拉特日干那	驴耳风毛菊、羊耳朵	1	1				生于村旁、路旁，常见的杂草
536	菊科	风毛菊属	碱地风毛菊	*Saussurea runcinata* DC.	好吉日色格—哈拉特日干那	倒羽叶风毛菊				1		生于草原带和荒漠带的盐渍低地，为盐化草甸恒有伴生种
537	菊科	风毛菊属	美花风毛菊	*Saussurea pulchella* (Fisch.) Fisch	高要—哈拉特日干那	球花风毛菊			1			生于森林带和草原森林带的山地林缘、灌丛、沟谷草甸，是常见的伴生种
538	菊科	风毛菊属	柳叶风毛菊	*Saussurea salicifolia* (L.) DC.	乌达力格—哈拉特日干那			1				典型草原及山地草原地带常见伴生种
539	菊科	风毛菊属	硬叶风毛菊	*Sanssurea firma* (Kitag.) Kitam.	希如棍—哈拉特日干那	硬叶乌苏里风毛菊			1			生于山坡草地或沟谷
540	菊科	风毛菊属	折苞风毛菊	*Saussurea recurvata* (Maxim.) Lipsch.	洪古日—哈拉特日干那	长叶风毛菊、弯苞风毛菊			1			生于森林带及森林草原带的山地林缘、灌丛、草甸
541	菊科	风毛菊属	达乌里风毛菊	*Saussurea davurica* Adam.	兴安乃—哈拉特日干那	毛苞风毛菊				1		生于草原带和荒漠草原地带芨芨草滩，沿着盐渍化低湿地可深入到森林草原带的盐化草甸
542	菊科	风毛菊属	盐地风毛菊	*Saussurea salsa* (Pall.) Spreng.	高比音—哈拉特日干那					1		生于草原地带和荒漠地带的盐渍化低地，是常见的伴生种
543	菊科	蝟菊属	蝟菊	*Olgaea lomonosowii* (Trautv.) Iljin	扎日阿嘎拉吉			1				生于草原沙质壤、砾质栗钙土及山地阳坡草原石质土上，是典型草原地带较为常见的伴生种
544	菊科	蝟菊属	鳍蓟	*Olgaea leucophylla* (Turcz.) Iljin	洪古日朱拉	白山蓟、白背、火媒草		1				生于草原带和草原化荒漠带的沙质、砂壤质栗钙土、棕钙土及固定沙地，为常见的伴生种
545	菊科	蓟属	莲座蓟	*Cirsium esculentum* (Sievers) C. A. Mey.	呼呼斯根讷	食用蓟		1				生于潮湿而通气良好的典型草原上
546	菊科	蓟属	烟管蓟	*Cirsium pendulum* Fisch. ex DC.	温吉格日—阿扎日干那				1			生于森林草原带和草原带的河漫滩草甸、湖滨草甸、沟谷及林缘草甸，为较常见的大型杂类草
547	菊科	蓟属	绒背蓟	*Cirsium vlassovianum* Fisch. ex DC.	宝古日乐—阿扎日干那				1			生于森林带和森林草原带的山地林缘、山坡草地、河岸、草甸、湖滨草甸、沟谷及林缘草甸，为常见的大型杂类草
548	菊科	蓟属	刺儿菜	*Cirsium segetum* Bunge	巴嘎—阿扎日干那	小蓟、刺蓟	1		1			生于田间、荒地和路旁，为杂草
549	菊科	蓟属	大刺儿菜	*Cirsium setosum* (Willd.) M. Bieb.	阿古拉音—阿扎日干那	大蓟、刺蓟、刺儿菜、刻叶刺儿菜	1		1			生于森林草原带和草原带的退耕撂荒地上，是最先出现的先锋植物之一，也生于严重退化的放牧场和耕作相反的各类农田，往往可形成较密集的群聚
550	菊科	飞廉属	飞廉	*Carduus crispus* L.	侵瓦音—乌日格苏		1	1				生于路旁，田边

（续）

序号	科	属	种名中文名	学名	蒙古文名	别名	温性草甸草原	温性典型草原	山地草甸	低地草甸	沼泽	生境
551	菊科	漏芦属	漏芦	*Stemmacantha uniflora* (L.) DC.	洪古乐朱日	祁州漏芦、和尚头、大口袋花、牛馒头	1		1			生于山地草原、山地森林草原地带石质干草原、草甸草原，较为常见的伴生种
552	菊科	山牛蒡属	山牛蒡	*Synurus deltoides* (Ait.) Nakai	汗达盖—乌拉	老鼠愁			1			生于草原地带和森林草原地带的山地林缘、灌丛、山坡草地，是常见伴生种
553	菊科	麻花头属	伪泥胡菜	*Serratula coronata* L.	地特木图—洪古日—扎拉		1		1			广布于森林带，森林草原带和草原带的山地，为杂类草草甸、林缘草甸伴生种
554	菊科	麻花头属	球苞麻花头	*Klasea marginata* (Tausch.) Kitag.	布木布日根—洪古日—扎拉	地丁叶麻花头、薄叶麻花头	1		1			生于森林草原带的山坡或丘陵坡地，为草原化草甸群落伴生种
555	菊科	麻花头属	多头麻花头	*Klasea polycephala* (Iljin) Kitag.	萨格拉嘎日—洪古日—扎拉	多花麻花头	1	1				生于森林草原带和草原带的山坡、干燥草地
556	菊科	麻花头属	麻花头	*Klasea centauroides* (L.) Cassini ex Kitag.	洪古日—扎拉	花儿柴	1	1				生于典型草原带、山地森林草原地带和夏绿阔叶林带，为较为常见的伴生种
557	菊科	大丁草属	大丁草	*Gerbera anandria* (L.) Turcz.	哈达嘎存—额布斯		1		1			生于森林带和草原带的山地林缘草甸、林下
558	舌状花亚科	婆罗门参属	东方婆罗门参	*Tragopogon orientalis* L.	伊麻干—萨哈拉				1			生于森林带的林下、山地草甸
559	舌状花亚科	毛连菜属	毛连菜	*Picris japonica* Thunb.	查希巴—其其格	枪刀菜			1			生于森林带和草原带的山野路旁、林缘、林下、沟谷
560	舌状花亚科	猫儿菊属	猫儿菊	*Hypochaeris ciliata* (Thunb.) Makino	车格车黑	黄金菊			1			生于森林带和森林草原带的山地林缘、草甸
561	舌状花亚科	鸦葱属	笔管草	*Scorzonera albicaulis* Bunge	查干—哈比斯干那	华北鸦葱、白茎鸦葱、细叶鸦葱	1		1			生于森林带和草原带的山地林下、林缘、灌丛、草甸、路旁
562	舌状花亚科	鸦葱属	毛梗鸦葱	*Scorzonera radiate* Fisch. ex Ledeb.	那林—哈比斯干那	狭叶鸦葱			1			生于森林带的山地林下、林缘、草甸、河滩砾石地
563	舌状花亚科	鸦葱属	丝叶鸦葱	*Scorzonera curvata* (Popl.) Lipsch.	好您—哈比斯干那					1		生于草原带的丘陵坡地、沙质与卵石盐化湖岸
564	舌状花亚科	鸦葱属	桃叶鸦葱	*Scorzonera sinensis* (Lipsch. et Krasch.) Nakai	矛日音—哈比斯干那	老虎嘴	1	1				生于草原地带的石质山坡、丘陵坡地、沟谷、沙丘，是常见的草原伴生种
565	舌状花亚科	鸦葱属	东北鸦葱	*Scorzonera manshurica* Nakai	曼吉音—哈比斯干那			1				生于高燥地山地阳坡或稀疏的树林下
566	舌状花亚科	鸦葱属	鸦葱	*Scorzonera austriaca* Willd.	塔拉音—哈比斯干那	奥国鸦葱		1				生于草原群落及草原带的丘陵坡地、石质山坡、干燥河岸
567	舌状花亚科	蒲公英属	亚洲蒲公英	*Taraxacum asiaticum* Dahlst.					1			生于河滩、草甸、村舍附近
568	舌状花亚科	蒲公英属	兴安蒲公英	*Taraxacum falcilobum* Kitag.			1	1				生于森林带和草原带的的沙质地

（续）

序号	科	属	种名 中文名	学名	蒙古文名	别名	温性草甸草原	温性典型草原	山地草甸	低地草甸	沼泽	生境
569	舌状花亚科	1	苣荬菜	*Sonchus brachyotus* DC.	嘎希棍—诺高	取麻菜、甜苣、苦菜	1		1			生于村舍附近、农田、路边
570	舌状花亚科	苦苣菜属	苦苣菜	*Sonchus oleraceus* L.	嘎希棍—诺高	苦菜、滇苦菜	1		1			生于田野、路旁、村舍附近
571	舌状花亚科	莴苣属	山莴苣	*Lactuca sibirica* (L.) Benth. ex Maxim.	西伯日—伊达日阿	北山莴苣、山苦菜、西伯利亚山莴苣、鸭子食	1		1			生于森林带和草原带的山地林下、林缘、草甸、河边、湖边
572	舌状花亚科	莴苣属	乳苣	*Lactuca tatarica* (L.) C. A. Mey.	嘎鲁棍—伊达日阿	紫花山莴苣、苦菜、蒙山莴苣				1		常见于河滩、湖边、盐化草甸、田边、固定沙丘
573	舌状花亚科	还阳参属	屋根草	*Crepis tectorum* L.	得格古日—宝黑—额布斯				1			生于森林带和森林草原带的山地草原或农田
574	舌状花亚科	还阳参属	还阳参	*Crepis crocea* (Lam.) Babc.	宝黑—额布斯	屠还阳参、驴打滚儿、还羊参		1	1			生于典型草原带和荒漠草原带的丘陵砂砾质坡地、田边、路旁
575	舌状花亚科	黄鹌菜属	碱黄鹌菜	*Youngia stenoma* (Turcz.) Ledeb.	好吉日苏格—杨给日干那					1		生于湖盆盐碱低湿地或沿湖边
576	舌状花亚科	黄鹌菜属	细叶黄鹌菜	*Youngia tenuifolia* (Willd.) Babc. et Stebb.	杨给日干那	蒲公幌	1	1				生于山坡草甸、灌丛
577	舌状花亚科	苦荬菜属	抱茎苦荬菜	*Ixeris sonchifolia* (Bunge) Hance	陶日格—陶来音—伊达日阿	苦荬菜、苦碟子	1		1			生于森林带和草原带的草甸、山野、路旁、撂荒地
578	舌状花亚科	苦荬菜属	山苦荬	*Ixeris chinensis* (Thunb.) Kitag. subsp. *chinensis*	陶来音—伊达日阿	苦菜、燕儿尾	1	1				生于田间、山野、路旁、撂荒地
579	舌状花亚科	苦荬菜属	丝叶山苦荬	*Ixeris chinensis* (Thunb.) Nakai subsp. *graminifolia* (Ledeb.) Kitam. Lineam.		丝叶苦菜	1	1				生于沙质草原、石质山坡、沙质地、田野、路旁
580	舌状花亚科	山柳菊属	全缘山柳菊	*Hieracium hololeion* Maxim.	布吞—哈日查干那	全光菊			1	1	1	生于草甸，沼泽草甸、溪流附近的低湿地
581	舌状花亚科	山柳菊属	山柳菊	*Hieracium umbellatum* L.	哈日查干那	伞花山柳菊、柳叶蒲公英	1		1			生于森林带和草原带的山地草甸、林缘、林下、河边草甸
582	舌状花亚科	山柳菊属	粗毛山柳菊	*Hieracium virosum* Pall.	希如棍—哈日查干那		1		1			生于森林带和森林草原带的山地林缘、草甸
583	水麦东科	水麦冬属	海韭菜	*Triglochin maritima* L.	马日查—西乐—额布苏	圆果水麦冬				1	1	生于河湖边盐渍化草甸
584	水麦东科	水麦冬属	水麦冬	*Triglochin palustris* L.	西乐—额布苏					1	1	生于河湖边盐渍化草甸及林缘草甸
585	禾本科	芦苇属	芦苇	*Phragmites australis* (Cav.) Trin. ex Steudel.	呼勒斯、好鲁苏	芦草、苇子				1	1	多年生广幅湿生草本。生于池塘、河边、湖泊水中，常形成大片所谓芦苇荡，在沼泽化放牧地叶往往形成单纯的芦苇群落，同样在盐碱地、干旱沙丘及多石的坡地上也能生长

（续）

序号	科	属	种名中文名	学名	蒙古文名	别名	温性草甸草原	温性典型草原	山地草甸	低地草甸	沼泽	生境
586	禾本科	三芒草属	三芒草	*Aristida adscenionis* L.	布呼台			1				生于荒漠草原带和荒漠带以及草原带的干燥山坡、丘陵坡地、浅沟、干河床和沙土上
587	禾本科	臭草属	大臭草	*Melica turczaninowiana* Ohwi	陶木—少格书日格				1			生于森林带和草原带的山地林缘、针叶林及白桦林下、山地灌丛、草甸
588	禾本科	甜茅属	两蕊甜茅	*Glyceria lithuanica* (Gorski) Gorski							1	
589	禾本科	甜茅属	水甜茅	*Glyceria triflora* (Korsh.) Kom.	黑木达格					1	1	生于森林带和森林草原带的河流、小溪、湖泊河岸、泥潭和及低湿地
590	禾本科	羊茅属	达乌里羊茅	*Festuca dahurica* (St.-Yves) V. I. Krecz. et Bobr.	兴安—宝体乌乐			1				生于典型草原带的沙地及沙丘上
591	禾本科	羊茅属	蒙古羊茅	*Festuca mingolicca* (S. R. Liu et Y. C. Ma) Y. Z. Zhao stat. nov. —F. dahurica (St. - Yves) V. Krecz. et Bobr. subsp. *monoglica* S. R. Liu et Y. C. Ma	蒙古—宝体乌乐			1				生于典型草原带的砾石质山地丘陵坡地及丘顶
592	禾本科	羊茅属	羊茅	*Festuca ovina* L.	宝体乌乐		1	1	1			生于森林带和草原带的山地林缘草甸
593	禾本科	羊茅属	沟叶羊茅	*Festuca mollissima* V. Krecz. et Bobr.		假沟羊茅			1			生于草原带的山地草甸、山坡草地
594	禾本科	银穗草属	银穗草	*Leucopoa albida* (Turcz. ex Trin.) Krecz. et Bobr.	孟根—图如图—额布苏	白莓	1		1			生于森林草原带和草原带的山地顶部和阳坡
595	禾本科	早熟禾属	早熟禾	*Poa annua* L.	伯页力格—额布苏				1			生于森林带和森林草原带的草甸
596	禾本科	早熟禾属	散穗早熟禾	*Poa subfastigiata* Trin.	萨日巴嘎日—伯页力格—额布苏				1	1		生于森林草原带的河谷滩地草甸，常能成为建群种或优势种
597	禾本科	早熟禾属	西伯利亚早熟禾	*Poa sibirica* Roshev.	西伯日音—伯页力格—额布苏				1	1		生于森林带和森林草原带的草甸、沼泽草甸、林缘、林下及灌丛
598	禾本科	早熟禾属	草地早熟禾	*Poa pratensis* L.	塔拉音—伯页力格—额布苏		1		1			生于森林带和草原带的草甸、草甸化草原、山地林缘及林下
599	禾本科	早熟禾属	细叶早熟禾	*Poa angustifolia* L.	那林—伯页力格—额布苏				1	1		生于森林带和草原带的山地林缘草甸、沟谷河滩草甸，可成为优势种
600	禾本科	早熟禾属	蒙古早熟禾	*Poa mongolica* (Rendle) Keng	蒙古乐—伯页力格—额布苏				1			生于森林带和森林草原带的山地林缘、草甸

（续）

序号	科	属	种名中文名	学名	蒙古文名	别名	温性草甸草原	温性典型草原	山地草甸	低地草甸	沼泽	生境
601	禾本科	早熟禾属	硬质早熟禾	*Poa sphondylodes* Trin.	疏如棍—伯页力格—额布苏	龙须草	1	1		1		生于森林带和草原带及荒漠带的山地、沙地、草原、草甸、盐化草甸
602	禾本科	早熟禾属	渐狭早熟禾	*Poa attenuata* Trin.	胡日查—伯页力格—额布苏	葡系早熟禾		1				生于典型草原带和森林草原带以及山地砾石质山坡
603	禾本科	碱茅属	星星草	*Puccinellia tenuiflora* (Griseb.) Scribner et Merrill Contr.	萨日巴嘎日—乌龙	小花碱茅				1		生于草原带和荒漠带的盐化草甸，可成为建群种，组成星星草草甸群落，也可见于草原区盐渍低地的盐生植被中
604	禾本科	碱茅属	鹤甫碱茅	*Puccinellia hauptiana* (Trin. ex V. I. Krecz.) Kitag.	色日特格日—乌龙					1		生于森林带、草原带及荒漠带的河边、湖畔低湿地、盐化草甸，也见于田边路旁为农田杂草
605	禾本科	碱茅属	碱茅	*Puccinellia distans* (Jacq.) Parl.	乌龙					1		生于草原带和荒漠带的盐湿低地
606	禾本科	雀麦属	无芒雀麦	*Bromus inermis* Leyss.	苏日归—扫高布日	禾萱草、无芒草	1		1			生于林缘、草甸、山间谷地、河边、路边、沙丘间草地
607	禾本科	雀麦属	缘毛雀麦	*Bromus ciliatus* L.	西伯日—扫高布日				1			生于森林草原带的林缘草甸、路旁、沟边
608	禾本科	鹅观草属	毛杆鹅观草	*Roegneria pendulina*	苏日古—苏日木斯图—黑雅嘎拉吉	毛节缘毛草	1	1				生于森林草原带和草原带的山坡、丘陵、沙地、草地
609	禾本科	鹅观草属	纤毛鹅观草	*Roegneria ciliaris* (Trin. ex Bunge) Tzvel. var. *ciliaris*	陶日干—黑雅嘎拉吉		1	1				生于森林草原带和草原带的山坡、潮湿草地及路边
610	禾本科	鹅观草属	直穗鹅观草	*Roegneria turczaninovii* (Drob.) Nevski	宝苏嘎—黑雅嘎拉吉				1			生于森林带和草原带的山地林缘、林下、沟谷草甸
611	禾本科	偃麦草属	偃麦草	*Elytrigia repens* (L.) Desv. ex B. D. Jackson	查干—苏乐	速生草			1	1		生于寒温带针叶林带的沟谷草甸；也常生于河岸、滩地及湿润草地
612	禾本科	冰草属	根茎冰草	*Agropyron michnoi* Roshev.	摸乐呼摸乐—优日呼格	米氏冰草		1				生于草原带的沙地、坡地
613	禾本科	冰草属	冰草	*Agropyron cristatum* (L.) Gaertn.	优日呼格	野麦子、扁穗冰草、羽状小麦草	1	1				生于干燥草原、山坡、丘陵以及沙地
614	禾本科	冰草属	沙芦草	*Agropyron mongolicum* Keng	额乐存乃—优日呼格	蒙古冰草		1				生于草原带的干燥草原、沙地、石砾质地
615	禾本科	披碱草属	老芒麦	*Elymus sibiricus* L.	西伯日音—扎巴干—黑雅嘎		1		1			生于路边、山坡、丘陵、山地林缘及草甸草甸
616	禾本科	披碱草属	垂穗披碱草	*Elymus nutans* Griseb.	温吉给日—扎巴干—黑雅嘎		1		1			生于山地森林草原带的林下、林缘、草甸、路旁

（续）

序号	科	属	种名中文名	学名	蒙古文名	别名	温性草甸草原	温性典型草原	山地草甸	低地草甸	沼泽	生境
617	禾本科	披碱草属	肥披碱草	*Elymus excelsus* Turcz. ex Griseb.	套日格—扎巴干—黑雅嘎多年生中生大型疏丛生禾草		1		1			生于森林带和草原带的山坡草甸、草甸草原、路旁
618	禾本科	披碱草属	披碱草	*Elymus dahuricus* Turcz. ex Griseb. var. *dahuricus*	扎巴干—黑雅嘎	直穗大麦草	1		1	1		生于河谷草甸、沼泽草甸、轻度盐化草甸、芨芨草盐化草甸以及田野、山坡、路边
619	禾本科	赖草属	羊草	*Leymus chinensis* (Trin. ex Bunge) Tzvel.	黑雅嘎	碱草	1	1	1	1		生于开阔草原、起伏的低山丘陵以及河滩和盐渍低地
620	禾本科	赖草属	赖草	*Leymus secalinus* (Georgi) Tzvel.	乌伦—黑雅嘎	老披硷、厚穗硷草		1		1		在草原带常生于芨芨草盐化草甸和马蔺盐化草甸群落中，此外，也生于沙地、丘陵地、山坡、田间、路旁
621	禾本科	大麦属	短芒大麦草	*Hordeum brevisubulatum* (Trin.) Link	哲日力格—阿日白	野黑麦				1		生于盐碱滩、河岸低湿地
622	禾本科	大麦属	小药大麦草	*Hordeum roshevitzii* Bowden	吉吉格—阿日白	紫大麦草，紫野麦草				1		生于森林草原带和草原带的河边盐生草甸、河边沙地
623	禾本科	溚草属	⺿/洽草	*Koeleria macrantha* (Ledebour) Schult.	根达—苏乐		1	1				生于典型草原带和森林草原及草原话草甸群落的恒有种，广泛生长在壤质，沙壤质的黑钙土、栗钙土以及固定沙丘上，在荒漠草原棕钙土上少见
624	禾本科	三毛草属	西伯利亚三毛草	*Trisetum sibiricum* Rupr.	西伯日音—乌日音—苏乐				1			生于山地森林地带、森林草原地带的林缘、林下，为山地针叶林、针阔混交林和杂木林草本层和山地草甸的常见伴生种
625	禾本科	异燕麦属	异燕麦	*Helictotrichon schellianum* (Hack.) Kitag.	宝如格		1	1	1			生于山地草原、林间及林缘草甸
626	禾本科	异燕麦属	大穗异燕麦	*Helictotrichon dahuricum* (Kom.) Kitag.	兴安乃—宝如格		1		1			生于森林带和森林草原带的草甸化草原群落、山地林缘草甸
627	禾本科	燕麦属	野燕麦	*Avena fatua* L.	哲日力格—胡西古—希达				1			生于山地林缘、田间、路旁
628	禾本科	发草属	发草	*Deschampsia caespitosa* (L.) Beauv.	扎拉图—额布苏					1	1	生于沼泽化草甸、草本沼泽、泉溪旁边，为喜潮湿、嗜酸性的丛生植物，有时可成为优势种，形成发草群落
629	禾木科	茅香属	光稃茅香	*Anthoxanthum glabrum* (Trin.) Veldkamp	给鲁给日—搔日乃		1		1			生于草原带和森林草原带的河谷草甸、湿润草地、田野
630	禾木科	茅香属	茅香	*Anthoxanthum nitens* (Weber) Y. Schouten et Veldkamp	搔日乃					1		生于草原带和森林草原带的河谷草甸、荫蔽山坡、沙地
631	禾木科	虉草属	虉草	*Phalaris arundinacea* L.	宝拉格—额布苏	草芦、马羊草				1	1	生于森里草原带的河滩草甸、沼泽草甸、水湿地
632	禾木科	梯牧草属	假梯牧草	*Phleum phleoides* (L.) H. Karst.	好努噶拉吉				1			生于森林带的山地草甸化草原、林缘

（续）

序号	科	属	种名中文名	学名	蒙古文名	别名	温性草甸草原	温性典型草原	山地草甸	低地草甸	沼泽	生境
633	禾木科	看麦娘属	看麦娘	*Alopecurus aequalis* Sobol.	乌纳根—苏乐	山高粱、道旁谷、牛头猛				1		生于森林带和草原带的河滩草甸、潮湿低地草甸、田边
634	禾木科	看麦娘属	短穗看麦娘	*Alopecurus brachystachyus* M. Bieb.	宝古尼—乌纳根—苏乐					1		生于森林带和草原带的河滩草甸、潮湿草原、山沟湿地
635	禾木科	看麦娘属	大看麦娘	*Alopecurus pratensis* L.	套木—乌纳根—苏乐	草原看麦娘				1		生于森林带和草原带的河滩草甸、潮湿草地
636	禾木科	看麦娘属	苇状看麦娘	*Alopecurus arundinaceus* Poir.	呼鲁苏乐格—乌纳根—苏乐					1		生于森林带和草原带的河滩草甸、潮湿草甸、山坡草地
637	禾木科	拂子茅属	假苇拂子茅	*Calamagrostis pseudophragmites* (A. Hall.) Koeler	呼鲁苏乐格—哈布它盖—查干				1			生于河滩、沟谷、低地、沙地、山坡草地或阴湿之处
638	禾木科	拂子茅属	拂子茅	*Calamagrostis epigeios* (L.) Roth.	哈布它钙—查干	怀绒草、狼尾草、山拂草			1			生于森林草原带、草原带和半荒漠带的河滩草甸、山地草甸、沟谷、低地、沙地
639	禾木科	拂子茅属	大拂子茅	*Calamagrostis macrolepis* Litv.	套日格—哈布它钙—查干				1			生于森林草原带和草原带的山地沟谷草甸、沙丘间草甸、路边
640	禾木科	野青茅属	兴安野青茅	*Deyeuxia korotkyi* (Litv.) S. M. Phillips et Wen L. Chen	兴安乃—哈布它钙—查干				1			生于森林带的山地针叶林林缘草甸或山地草甸
641	禾木科	野青茅属	大叶章	*Deyeuxia purpurea* (Trin.) Kunth	套木—额乐伯乐					1		生于森林带和草原带的山地林缘草甸、沼泽草甸、河谷及潮湿草甸
642	禾木科	野青茅属	忽略野青茅	*Deyeuxia neglecta* (Ehrh.) Kunth	闹古音—额乐伯乐	小花野青茅				1		生于森林带、草原带和荒漠带的沼泽草甸、草甸
643	禾木科	剪股颖属	芒剪股颖	*Agrostis vinealis* Schreber	搔日特—乌兰—陶鲁钙				1			生于森林带和草原带的山地林缘、山地草甸、草甸化草原、沟谷、河滩草地
644	禾木科	剪股颖属	巨序剪股颖	*Agrostis gigantea* Roth.	套木—乌兰—陶鲁钙	小糠草、红顶草			1			生于森林带和草原带的林缘、沟谷、山谷溪边、路旁，为河滩、谷地草甸的建群种或伴生种
645	禾木科	剪股颖属	歧序剪股颖	*Agrostis divaricatissima* Mez	蒙古乐—乌兰—陶鲁钙	蒙古剪股颖			1	1		生于森林带和草原带的河滩、谷地、低地草甸，为其建种群、优势种或伴生种
646	禾木科	菵草属	菵草	*Beckmannia syzigachne* (Steud.) Fernald.	没乐黑音—萨木白					1	1	生于水边、潮湿之处
647	禾木科	针茅属	小针茅	*Stipa klemenzii* Roshev.	吉吉格—黑拉干那	克里门茨针茅		1				生于克鲁伦河流域阶地及湖盆周围，在盐化栗钙土上常形成小针茅群落片段
648	禾木科	针茅属	大针茅	*Stipa grandis* P. A. Smirn.	黑拉干那		1	1				是亚洲中部草原区特有的典型草原建群种，在温带的典型草原地带大针茅草原是主要的气候顶级群落

（续）

序号	科	属	种名中文名	学名	蒙古文名	别名	温性草甸草原	温性典型草原	山地草甸	低地草甸	沼泽	生境
649	禾木科	针茅属	贝加尔针茅	*Stipa baicalensis* Roshev.	白嘎拉—黑拉干那	狼针茅	1					为亚洲中部草原区草甸草原植被的重要建群种
650	禾木科	针茅属	克氏针茅	*Stipa krylovii* Roshev.	塔拉音—黑拉干那	西北针茅	1	1				为亚洲中部草原区典型草原植被的建群种
651	禾木科	芨芨草属	芨芨草	*Achnatherum splendens* (Trin.) Nevski	德日苏	积机草				1		生于草原带和荒漠带的盐化低地、湖盆边缘、丘间谷地、干河床、阶地、侵蚀洼地、低山丘坡等地
652	禾木科	芨芨草属	羽茅	*Achnaterum sibiricum* (L.) Keng ex Tzvel.	哈日巴古乐—额布苏	西伯利亚羽茅，光颖芨芨草	1	1	1			生于森林带和草原带的草原、草甸草原、山地草原、草原化草甸、山地林缘、灌丛群落中，为其伴生种，有时可以成为优势种
653	禾木科	冠芒草属	冠芒草	*Enneapogon borealis* (Griseb.) Honda	奥古图那音—苏乐			1		1		生于沙砾质草原群落中，以及河滩地、经流线条低湿地
654	禾木科	画眉草属	小画眉草	*Eragrostis minor* Host	吉吉格—呼日嘎拉吉一年生中生杂草					1		生于田野、撂荒地、路边
655	禾木科	画眉草属	画眉草	*Eragrostis pilosa* (L.) Beauv.	呼日嘎拉吉	星星草				1		生于田野、撂荒地、路边
656	禾木科	隐子草属	无芒隐子草	*Cleistogenes songorica* (Roshev.) Ohwi	搔日归—哈扎嘎日—额布苏			1				生于荒漠草原带的壤质土、沙壤质土、砾质花土壤
657	禾木科	隐子草属	糙隐子草	*Cleistogenes squarrosa* (Trin.) Keng	得日伯根—哈扎嘎日—额布苏		1	1				生于草甸草原群落中，常常是小禾草层片的优势种之一
658	禾木科	隐子草属	多叶隐子草	*Cleistogenes polyphylla* Keng ex P. C. Keng et L. Liu	萨格拉嘎日—哈扎嘎日—额布苏		1	1				生于森林草原带和草原带的山地阳坡、丘陵、砾石质草原
659	禾木科	隐子草属	丛生隐子草	*Cleistogenes caespitosa* Keng	宝日拉格—哈扎嘎日—额布苏			1				生于草原带的山坡草地、灌丛
660	禾木科	隐子草属	中华隐子草	*Cleistogenes chinensis* (Maxim.) Keng	哈扎嘎日—额布苏			1				生于山地丘陵、灌丛、草原
661	禾木科	草沙蚕属	中华草沙蚕	*Tripogon chinensis* (Franch.) Hack.	古日巴存—额布苏			1				生于山地中山带的石质及砾石质陡壁和坡地。可在局部形成小面积的草沙蚕石生群落片段，也可散生在石隙积土中
662	禾木科	虎尾草属	虎尾草	*Chloris virgata* Swartz	宝拉根—苏乐		1		1			生于农田、撂荒地、路边
663	禾木科	扎股草属	扎股草	*Crypsis aculeata* (L.) Ait.	[illegible]	隐花草				1		生于森林带和草原带的河滩、沟谷、盐化低地
664	黍亚科	野古草属	毛杆野古草	*Arundinella hirta* (Thunb.) Tanaka	沙格苏日干那	野枯草、硬骨草、马牙草、红眼巴	1		1	1		生于森林带和草原带的河滩、山地草甸、草甸草原
665	黍亚科	黍属	野稷	*Eriochloa Villosa* (Thunb.) Kunth		唤猪草				1	1	生于森林带和草原带的路边、田野、山坡、耕地和潮湿地

（续）

序号	科	属	种名中文名	学名	蒙古文名	别名	温性草甸草原	温性典型草原	山地草甸	低地草甸	沼泽	生境
666	黍亚科	稗属	长芒稗	*Echinochloa caudata* Roshev.	搔日特—奥存—好努格	长芒野稗				1	1	生于田野、耕地、宅旁、路边、渠沟边水湿地、沼泽地、水稻田中
667	黍亚科	稗属	稗	*Echinochloa crusgalli* (L.) P. Beauv.	奥存—好努格	稗子、水稗、野稗				1	1	生于田野、耕地、宅旁、路旁、渠沟边水湿地、沼泽地、水稻田中
668	黍亚科	稗属	无芒稗	*Echinochloa crusgalli* (L.) P. Beauv. var. *mitis* (Pursh) Peterm.	搔日归—奥存—好努格	落地稗				1	1	生于田野、耕地、宅旁、路旁、渠沟边水湿地、沼泽地、水稻田中
669	黍亚科	狗尾草属	狗尾草	*Setaria viridis* (L.) P. Beauv.	西日—达日	毛莠莠	1		1			生于荒地、田野、河边、坡地
670	黍亚科	大油芒属	大油芒	*Spodiopogon sibiricus* Trin.	阿古拉音—乌拉乐吉	大荻、山黄菅	1		1			生于森林带和草原带的山地阳坡、砾石质草原、山地灌丛、草甸草原，可成为山地草原优势种
671	莎草科	苔草属	额尔古纳苔草	*Carex argunensis* Turcz. ex Trev.	额尔棍—西日黑				1			生于森林草原带的石质山地草原、沙地樟子松疏林林下、林间
672	莎草科	苔草属	走茎苔草	*Carex reptabunda* (Trautv.) V. I. Krecz.	木乐呼格—西日黑					1	1	生于森林带和森林草原带的湖边沼泽化草甸、盐化草甸
673	莎草科	苔草属	寸草苔	*Carex duriuscula* C. A. Mey.	朱乐格—额布苏（西日黑）	寸草、卵穗苔草	1	1		1		生于森林带和草原带的轻度盐渍低地，在盐化草甸和草原的过牧地段可出现寸草苔占优势的群落片段
674	莎草科	苔草属	砾草苔	*Carex stenohhylloides* V. I. Krecz.	赛衣日音—西日黑	中亚苔草				1		生于沙质及砾石质草原、盐化草甸
675	莎草科	苔草属	离穗苔草	*Carex eremopyroides* V. I. Krecz.	西日嘎拉—西日黑					1		生于草原区的湖边沙地草甸、轻度盐化的草甸、林间低湿地
676	莎草科	苔草属	大穗苔草	*Carex rhynchophysa* C. A. Mey.	冒恩图格日—西日黑					1	1	生于森林带和森林草原带的沼泽、在河边积水处可形成大穗苔草群聚
677	莎草科	苔草属	膜囊苔草	*Carex vesicaria* L.	哈力苏力格—敖古图特—西日黑	胀囊苔草				1	1	生于森林带和森林草原带的河边草甸、沼泽化草甸、沼泽
678	莎草科	苔草属	黄囊苔草	*Carex korshinskyi* Kom.	西日—西日黑		1	1				生于森林带和草原带的草地、沙丘、石质山坡。可成为沙质草原及羊草草原的伴生种
679	莎草科	苔草属	麻根苔草	*Carex arnellii* Christ	照巴乐格—西日黑				1	1		生于森林带和草原带的阴湿山沟、林缘沼泽草甸、林间草甸、山坡石壁下、固定沙丘阴坡林下
680	莎草科	苔草属	脚苔草	*Carex pediformis* C. A. Mey.	照格得日—西日黑（宝棍—西日黑）	日阴菅、柄状苔草、硬叶苔草	1		1			生于森林带和森林草原带的山地、丘陵坡地、湿润沙地、草原、林下、林缘。为草甸草原、山地草原优势种，山地山杨、白桦林伴生种
681	莎草科	苔草属	凸脉苔草	*Carex lanceolata* Boott	孟和—西日黑	披针苔草，大披针苔草	1		1			生于森林带和草原带的山地林下、林缘草地、山地草甸草原
682	莎草科	苔草属	灰脉苔草	*Carex appendiculata* (Trautv.) Kukenth.	乌日太—西日黑					1	1	生于森林带和草原带及荒漠带的河岸湿地踏头沼泽

（续）

序号	科	属	种名中文名	学名	蒙古文名	别名	温性草甸草原	温性典型草原	山地草甸	低地草甸	沼泽	生境
683	莎草科	苔草属	丛苔草	*Carex caespitosa* L.	宝塔—西日黑					1	1	生于森林带和森林草原带的山地沟谷湿地、踏头沼泽
684	莎草科	苔草属	膨囊苔草	*Carex schmidtii* Meinsh.	敖古图特—西日黑	瘤囊苔草				1	1	生于森林带和森林草原带的沼泽、沼泽化草甸
685	莎草科	荸荠属	牛毛毡	*Eleocharis yokoscensis* (Franch. et Sav.) Tang et F. T. Wang	何比斯—存—温都苏						1	生于森林带的水边沼泽，常成片状分布，局部可形成建群作用明显的单种或寡种群落片段
686	莎草科	荸荠属	沼泽荸荠	*Eleocharis palustris* (L.) Roemer et Schult.	扎布苏日音—存—温都苏	中间型针蔺、中间型荸荠				1	1	生于森林带和草原带的河边及泉边沼泽、盐化草甸
687	莎草科	扁穗草属	内蒙古扁穗草	*Blysmus rufus* (Huds.) Link.	乌兰—阿力乌斯	布利莎				1	1	生于山地森林带和草原带的水边沼泽、盐化草甸
688	莎草科	水葱属	水葱	*Schoenoplectus tabernaemontani* (C. C. Gmel.) Palla	奥存—塔巴牙					1	1	生于浅水沼泽，沼泽化草甸
689	莎草科	藨草属	扁杆藨草	*Scirpus planiculmis* Fr. Schmidt	哈布塔盖—塔巴牙					1	1	生于河边盐化草甸及沼泽中
690	莎草科	藨草属	东方藨草	*Scirpus orientalis* Ohwi	道日那音—塔巴牙	朔北林生藨草				1	1	生于森林草原区和草原区的浅水沼泽、沼泽草甸
691	莎草科	羊胡子草属	羊胡子草	Eriophorum vaginayum *L.*	呼崩—敖日埃特	白毛羊胡子草				1	1	生于山地森林区的河边沼泽草甸、沼泽
692	莎草科	莎草属	密穗莎草	*Cyperus fuscus* L.	伊格其—萨哈拉—额布苏	褐穗莎草				1	1	生于森林带和草原带的沼泽、水边、低湿沙地
693	莎草科	水莎草属	花穗水莎草	*Juncellus pannonicus* (Jacq.) C. B. Clarke	胡吉日音—少日乃					1	1	生于草原带的盐化沼泽
694	莎草科	扁莎属	槽鳞扁莎	*Pycreus sanguinolentus* (Vahl) Nees ex C. B. Clarke	海日苏特—哈布塔盖—萨哈拉	红鳞扁莎				1	1	生于森林带和草原带的滩地、沟谷的沼泽草甸、河岸沙地
695	天南星科	菖蒲属	菖蒲	*Acorus calamus* L.	乌木里—哲格苏	石菖蒲、白菖蒲、水菖蒲					1	生于沼泽、河流边、湖泊边
696	灯心草科	地杨梅属	淡花地杨梅	*Luzula pallescens* Swartz						1		生于湿草甸、疏林下
697	灯心草科	灯心草属	小灯心草	*Juncus bufonius* L.	莫乐黑音—高乐—额布苏					1	1	生于沼泽草甸、盐化沼泽草甸
698	灯心草科	灯心草属	细灯心草	*Juncus gracillimus* (Buch.) V. I. Krecz. et Gontsch.	那林—高乐—额布苏					1	1	生于河边、湖边、沼泽化草甸、沼泽
699	灯心草科	灯心草属	栗花灯心草	*Juncus castaneus* Smith	塔日木格—高乐—额布苏	三头灯心草、栗色灯心草				1	1	生于森林带和草原带的山地湿草甸、山地沼泽地
700	百合科	葱属	硬皮葱	*Allium ledebourianum* Schult. et J. H. Schult.	和格日音—松根				1			生于森林带和森林草原带的山地草甸、河谷草甸
701	百合科	葱属	长梗葱	*Allium neriniflorum* (Herb.) G. Don	陶格套来	花美韭		1				生于草原带的丘陵山地的砾石质坡地、沙质地

（续）

序号	科	属	种名中文名	学名	蒙古文名	别名	温性草甸草原	温性典型草原	山地草甸	低地草甸	沼泽	生境
702	百合科	葱属	野韭	*Allium ramosum* L.	哲日勒格		1	1				生于森林带和草原带的草原砾石质坡地、草甸草原、草原化草甸等群落中
703	百合科	葱属	辉韭	*Allium strictum* Schard.	乌木黑—松根	辉葱、条纹葱				1		生于森林带和草原带的山地林下、林缘、沟边、低湿地
704	百合科	葱属	白头韭	*Allium leucocephalum* Turcz.	查干—高戈得	白头葱	1	1				生于森林草原带和草原带的沙地、砾石质坡地
705	百合科	葱属	碱葱	*Allium polyrhizum* Turcz. ex Regel	塔干那	多根葱		1				生于荒漠带、荒漠草原带、半荒漠及草原带的壤质、沙壤质棕钙土、淡栗钙土、石质残丘坡地上，是小针茅草原群落常见的成分，甚至可成为优势种
706	百合科	葱属	蒙古韭	*Allium mongolicum* Regel	呼木乐	蒙古葱		1				生于荒漠草原带及荒漠带的山地。干旱山坡
707	百合科	葱属	砂葱	*Allium bidentatum* Fisch. ex Prokh. et Ikonikov-Galitzky	阿古拉音—塔干那	双齿葱	1	1				生于森林草原带和草原带的草原、山地阳坡
708	百合科	葱属	细叶葱	*Allium tenuissimum* L.	扎芒	细叶韭、细丝韭、札麻	1	1				生于森林草原带和草原带草原、山地草原的山坡、沙地，为草原及荒漠草原的伴生种
709	百合科	葱属	矮葱	*Allium anisopodium* Ledeb.	那林—冒盖音—好日	矮韭	1	1				生于森林草原带和草原带的山坡、草地、固定沙地，为草原伴生种
710	百合科	葱属	山葱	*Allium senescens*L.	昂给日	山韭、岩葱	1	1				生于森林草原带和草原带的草原、草甸、砾石质山坡，为草甸草原及草原伴生种
711	百合科	葱属	黄花葱	*Allium condensatum* Turcz.	西日—松根		1	1	1			生于森林草原带和草原带的山地草原、草原、草甸草原及草甸
712	百合科	葱属	蒙古野葱	*Allium prostratum* Trev.	得勒赫—松根，芒格那		1					生于森林草原带的石质坡地
713	百合科	百合属	山丹	*Lilium pumilum* Redoute	萨日阿楞	细叶百合、山丹丹花	1		1			生于森林带和草原带的山地灌丛、草甸、林缘、草甸草原
714	百合科	百合属	有斑百合	*Lilium concolor* Salisb. var. *pulchellum* (Fisch.) Regel	朝哈日—萨日那		1		1			生于森林带和草原带的山地草甸、林缘、草甸草原
715	百合科	百合属	毛百合	*Lilium dauricum* Ker. -Gawl.	乌和日—萨日那		1		1			生于森林带和森林草原带的山地灌丛、疏林下、沟谷草甸
716	百合科	顶冰花属	少花顶冰花	*Gagea pauciflora* (Turcz. ex Trautv.) Ledeb.	楚很其其格图—哈布暗—西日阿				1			生于森林草原带和草原带的山地草甸或灌丛
717	百合科	顶冰花属	小顶冰花	*Gagea terraccianoana* Pascher	吉吉格—哈布暗—西日阿				1			生于森林带和草原带的山地沟谷草甸
718	百合科	天门冬属	龙须菜	*Asparagus schoberioides* Kunth.	伊德喜音—和日言—努都	雉隐天冬			1			生于森林带和草原带的林缘、草甸、阴坡林下、灌丛、山地草原

（续）

序号	科	属	种名中文名	学名	蒙古文名	别名	温性草甸草原	温性典型草原	山地草甸	低地草甸	沼泽	生境
719	百合科	天门冬属	兴安天门冬	*Asparagus dauricus* Link	兴安乃—和日音—努都	山天冬	1	1				生于草原带的林缘、草甸草原、草原、干燥的石质山坡
720	百合科	黄精属	黄精	*Polygonatum sibiricum* Redoute	西伯日—冒呼日—查干	鸡头黄精			1			生于森林带和草原带的山地林下、林缘、灌丛、山地草甸
721	百合科	黄精属	小玉竹	*Polygonatum humile* Fisch. ex Maxim.	那大汉—冒呼日—查干		1		1			生于森林带和草原带的山地林下、林缘、灌丛、山地草甸、草甸草原
722	百合科	黄精属	玉竹	*Polygonatum odoratum* (Mill.) Druce	冒呼日—查干	萎蕤			1			生于森林带和草原带的山地林下、林缘、灌丛、山地草甸
723	百合科	知母属	知母	*Anemarrhena asphodeloides* Bunge	闹米乐嘎那(陶来音—汤乃)	兔子油草	1	1				生于草原，草甸草原，山地砾质草原，可形成草原群落的优势成分
724	百合科	藜芦属	藜芦	*Veratrum nigrum* L.	阿格西日嘎	黑藜芦			1			生于森林带和森林草原带的林缘、草甸、山坡林下
725	百合科	藜芦属	兴安藜芦	*Veratrum dahuricum* (Turcz.) Loes.	兴安乃—阿格西日嘎		1		1			生于森林带的山地草甸、草甸草原
726	百合科	萱草属	小黄花菜	*Hemerocallis minor* Mill.	哲日利格—西日—其其格	萱草	1		1			生于森林带和草原带的山地草原、林缘、灌丛，在草甸草原和杂类草草甸中可成为优势种
727	鸢尾科	鸢尾属	射干鸢尾	*Iris dichotoma* Pall.	海其—欧布苏	歧花鸢尾、白射干、芭蕉扇	1	1	1			生于森林带和草原带的山地林缘、灌丛、草原。为草原、草甸草原及山地草原常见杂类草
728	鸢尾科	鸢尾属	细叶鸢尾	*Iris tenuifolia*	敖汗—萨哈拉		1	1				生于草原带的草原、沙地、石质坡地。

附件 7
内蒙古大兴安岭林区鸟类名录汇总

内蒙古大兴安岭林区鸟类名录①

序号	分 类 名 称	居留型	保护等级
一	䴙䴘目 PODICIPEDIFORMES		
(一)	䴙䴘科 Podicipedidae		
1	角䴙䴘 *Podiceps auritus*	夏候鸟	II
2	凤头䴙䴘 *Podiceps cristatus*	夏候鸟	
3	赤颈䴙䴘 *Podiceps grisegena*	夏候鸟	II
4	小䴙䴘 *Tachybaptus ruficollis*	夏候鸟	
二	鹈形目 PELECANIFORMES		
(二)	鸬鹚科 Phalacrocoracidae		
5	普通鸬鹚 *Phalacrocorax carbo*	夏候鸟	
三	鹳形目 CICONIIFORME		
(三)	鹭科 Ardeidae		
6	苍鹭 *Ardea cinerea*	夏候鸟	
7	大白鹭 *Egretta alba*	旅鸟	
8	大麻鳽 *Botaurus stellaris*	夏候鸟	
(四)	鹳科 Ciconiidae		
9	黑鹳 *Ciconia nigra*	夏候鸟	I
(五)	鹮科 Threskiornthidae		
10	白琵鹭 *Platalea leucorodia*	夏候鸟	II
四	雁形目 ANSERIFORMES		
(六)	鸭科 Anatidae		
11	鸿雁 *Anser cygnoides*	夏候鸟	
12	豆雁 *Anser fabalis*	旅鸟	
13	白额雁 *Anser albifrons*	旅鸟	II
14	小白额雁 *Anser erythropus*	旅鸟	
15	灰雁 *Anser anser*	夏候鸟	
16	斑头雁 *Anser indius*	夏候鸟	
17	大天鹅 *Cygnus cygnus*	夏候鸟	II
18	小天鹅 *Cygnus columbianus*	旅鸟	II
19	绿头鸭 *Anas platyrhynchos*	夏候鸟	
20	绿翅鸭 *Anas crecca*	夏候鸟	

① 内蒙古大兴安岭森林调查规划院. 内蒙古大兴安岭林区第二次陆生野生动物调查资料(2015—2017)

（续）

序号	分 类 名 称	居留型	保护等级
21	花脸鸭 *Anas formosa*	旅鸟	
22	罗纹鸭 *Anas falcata*	夏候鸟	
23	斑嘴鸭 *Anas poecilorhyncha*	夏候鸟	
24	赤膀鸭 *Anas strepera*	夏候鸟	
25	赤颈鸭 *Anas penelope*	夏候鸟	
26	白眉鸭 *Anas querquedula*	夏候鸟	
27	针尾鸭 *Anas acuta*	旅鸟	
28	琵嘴鸭 *Anas clypeata*	夏候鸟	
29	赤麻鸭 *Tadorna ferruginea*	夏候鸟	
30	翘鼻麻鸭 *Tadorna tadorna*	夏候鸟	
31	青头潜鸭 *Aythya baeri*	夏候鸟	
32	凤头潜鸭 *Aythya fuligula*	夏候鸟	
33	红头潜鸭 *Aythya ferina*	旅鸟	
34	赤麻鸭 *Melanitta fusca*	旅鸟/过境鸟	
35	鸳鸯 *Aix galericulata*	夏候鸟	II
36	鹊鸭 *Bucephala clangula*	夏候鸟/旅鸟	
37	斑头秋沙鸭 *Mergus albellus*	旅鸟	
38	红胸秋沙鸭 *Mergus serrator*	夏候鸟	
39	普通秋沙鸭 *Mergus merganser*	夏候鸟	
40	中华秋沙鸭 *Mergus squamatus*	夏候鸟	I
五	隼形目 FALCONIFORMES		
（七）	鹗科 Pandionidae		
41	鹗 *Pandion haliaetus*	夏候鸟	II
（八）	鹰科 Accipitridae		
42	凤头蜂鹰 *Pernis ptilorhynchus*	夏候鸟	II
43	黑鸢 *Milvus migrans*	夏候鸟	II
44	苍鹰 *Accipiter gentilis*	夏候鸟	II
45	雀鹰 *Accipiter nisus*	夏候鸟	II
46	日本松雀鹰 *Accipiter gularis*	夏候鸟	II
47	大鵟 *Buteo hemilasius*	留鸟/冬候鸟	II
48	普通鵟 *Buteo buteo*	夏候鸟	II
49	毛脚鵟 *Buteo lagopus*	冬候鸟	II
50	灰脸鵟鹰 *Butastur indicus*	夏候鸟	II
51	鹰雕 *Spizaetus nipalensis*	旅鸟	II
52	金雕 *Aquila chrysaetos*	留鸟	I
53	乌雕 *Aquila clanga*	夏候鸟	II
54	白肩雕 *Aquila heliaca*	旅鸟	I
55	白尾海雕 *Haliaeetus albicilla*	夏候鸟	I
56	玉带海雕 *Haliaeetus leucoryphus*	夏候鸟	I
57	秃鹫 *Aegypius monachus*	留鸟	II

（续）

序号	分类名称	居留型	保护等级
58	白尾鹞 *Circus cyaneus*	夏候鸟	II
59	鹊鹞 *Circus melanoleucos*	夏候鸟	II
60	白腹鹞 *Circus spilonotus*	夏候鸟	II
（九）	隼科 Falconidae		
61	游隼 *Falco peregrinus*	旅鸟	II
62	灰背隼 *Falco columbarius*	旅鸟	II
63	燕隼 *Falco subbuteo*	夏候鸟	II
64	红隼 *Falco tinnunculus*	夏候鸟	II
65	红脚隼 *Falco amurensis*	夏候鸟	II
66	猎隼 *Falco cherrug*	夏候鸟	II
六	鸡形目 GALLIFORMES		
（十）	松鸡科 Tetraonidae		
67	黑嘴松鸡 *Tetrao parvirostris*	留鸟	I
68	黑琴鸡 *Lyrurus tetrix*	留鸟	II
69	花尾榛鸡 *Bonasa bonasia*	留鸟	II
70	柳雷鸟 *Lagopus lagopus*	留鸟/迷鸟	II
（十一）	雉科 Phasianidae		
71	斑翅山鹑 *Perdix dauurica*	留鸟	
72	日本鹌鹑 *Coturnix japonica*	夏候鸟	
73	环颈雉 *Phasianus colchicus*	留鸟	
七	鹤形目 GRUIFORMES		
（十二）	三趾鹑科 Turnicidae		
74	黄脚三趾鹑 *Turnix tanki*	夏候鸟	
（十三）	鹤科 Gruidae		
75	丹顶鹤 *Grus japonensis*	夏候鸟	I
76	白头鹤 *Grus monacha*	夏候鸟	I
77	白枕鹤 *Grus vipio*	夏候鸟	II
78	灰鹤 *Grus grus*	旅鸟	II
79	白鹤 *Grus leucogeranus*	旅鸟	I
80	蓑羽鹤 *Anthropoides virgo*	夏候鸟	II
（十四）	秧鸡科 Rallidae		
81	普通秧鸡 *Rallus aquaticus*	夏候鸟	
82	白骨顶 *Fulica atra*	夏候鸟	
83	花田鸡 *Coturnicops exquisitus*	旅鸟/夏候鸟	II
84	小田鸡 *Porzana pusilla*	夏候鸟	
85	黑水鸡 *Gallinula chloropus*	夏候鸟	
八	鸻形目 CHARADRIIFORMES		
（十五）	反嘴鹬科 Recurvirostridae		
86	黑翅长脚鹬 *Himantopus himantopus*	夏候鸟	
87	反嘴鹬 *Recurvirostra avosetta*	旅鸟	

（续）

序号	分 类 名 称	居留型	保护等级
（十六）	鸻科 Charadriidae		
88	凤头麦鸡 *Vanellus vanellus*	夏候鸟	
89	金鸻 *Pluvialis fulva*	旅鸟	
90	灰鸻 *Pluvialis squatarola*	旅鸟	
91	长嘴剑鸻 *Charadrius placidus*	夏候鸟	
92	金眶鸻 *Charadrius dubius*	夏候鸟	
93	东方鸻 *Charadrius veredus*	夏候鸟	
94	小嘴鸻 *Eudromias morinellus*	旅鸟	
（十七）	鹬科 Scolopacidae		
95	丘鹬 *Scolopax rusticola*	夏候鸟/旅鸟	
96	孤沙锥 *Capella solitaria*	留鸟	
97	针尾沙锥 *Capella stenura*	旅鸟	
98	大沙锥 *Capella megala*	旅鸟	
99	扇尾沙锥 *Capella gallinago*	夏候鸟/旅鸟	
100	半蹼鹬 *Limnodromus semipalmatus*	旅鸟	
101	黑尾塍鹬 *Limosa limosa*	夏候鸟	
102	小杓鹬 *Numenius minutus*	旅鸟	II
103	白腰杓鹬 *Numenius arquata*	夏候鸟/旅鸟	
104	大杓鹬 *Numenius madagascariensis*	旅鸟	
105	鹤鹬 *Tringa erythropus*	旅鸟	
106	红脚鹬 *Tringa totanus*	旅鸟	
107	泽鹬 *Tringa stagnatilis*	夏候鸟	
108	青脚鹬 *Tringa nebularia*	旅鸟	
109	白腰草鹬 *Tringa ochropus*	旅鸟	
110	林鹬 *Tringa glareola*	夏候鸟	
111	翘嘴鹬 *Xenus cinereus*	迷鸟	
112	矶鹬 *Actitis hypoleucos*	夏候鸟	
113	灰尾漂鹬 *Heteroscelus brevipes*	旅鸟	
114	翻石鹬 *Arenaria interpres*	旅鸟	
115	红颈滨鹬 *Calidris ruficollis*	旅鸟	
116	青脚滨鹬 *Calidris temminckii*	旅鸟	
117	长趾滨鹬 *Calidris subminuta*	旅鸟	
118	尖尾滨鹬 *Calidris acuminata*	旅鸟	
119	弯嘴滨鹬 *Calidris ferruginea*	旅鸟	
120	黑腹滨鹬 *Calidris alpina*	旅鸟	
121	阔嘴鹬 *Limicola falcinellus*	旅鸟/过境鸟	
（十八）	燕鸻科 Glareolidae		
122	普通燕鸻 *Glareola maldivarum*	夏候鸟	
（十九）	鸥科 Laridae		
123	普通海鸥 *Larus canus*	旅鸟	

（续）

序号	分 类 名 称	居留型	保护等级
124	西伯利亚银鸥 *Larus vegae*	夏候鸟	
125	红嘴鸥 *Larus ridibundus*	夏候鸟	
126	小鸥 *Larus minutus*	夏候鸟	II
（二十）	燕鸥科 Sternidae		
127	鸥嘴噪鸥 *Gelochelidon nilotica*	夏候鸟	
128	普通燕鸥 *Sterna hirundo*	夏候鸟	
129	灰翅浮鸥 *Chlidonias hybrida*	夏候鸟	
130	白翅浮鸥 *Chlidonias leucoptea*	夏候鸟	
九	鸽形目 COLUMBIFORMES		
（二十一）	鸠鸽科 Columbidae		
131	岩鸽 *Columba rupestris*	夏候鸟	
132	山斑鸠 *Streptopelia orientalis*	留鸟	
133	灰斑鸠 *Streptopelia decaocto*	留鸟	
十	鹃形目 CUCULIFORMES		
（二十二）	杜鹃科 Cuculidae		
134	四声杜鹃 *Cuculus micropterus*	夏候鸟	
135	大杜鹃 *Cuculus canorus*	夏候鸟	
136	*Cuculus optatus*	夏候鸟	
十一	鸮形目 STRIGIFORMES		
（二十三）	鸱鸮科 Strigidae		
137	红角鸮 *Otus sunia*	夏候鸟	II
138	雕鸮 *Bubo bubo*	留鸟	II
139	雪鸮 *Nyctea scandiacus*	冬候鸟	II
140	毛腿渔鸮 *Ketupa blakistoni*	留鸟	II
141	长尾林鸮 *Strix uralensis*	留鸟	II
142	乌林鸮 *Strix nebulosa*	留鸟	II
143	猛鸮 *Surnia ulula*	夏候鸟/冬候鸟	II
144	花头鸺鹠 *Glaucidium passerinum*	留鸟	II
145	纵纹腹小鸮 *Athene noctua*	留鸟	II
146	鬼鸮 *Aegolius funereus*	留鸟	II
147	长耳鸮 *Asio otus*	夏候鸟	II
148	短耳鸮 *Asio flammeus*	夏候鸟	II
十二	夜莺目 CAPRIMULGIFORMES		
（二十四）	夜鹰科 Caprimulgidae		
149	普通夜鹰 *Caprimulgus indicus*	夏候鸟	
十三	雨燕目 APODIFORMES		
（二十五）	雨燕科 Apodidae		
150	白喉针尾雨燕 *Hirundapus caudacutus*	夏候鸟	
151	白腰雨燕 *Apus pacificus*	夏候鸟	
十四	佛法僧目 CORACIIFORMES		

（续）

序号	分 类 名 称	居留型	保护等级
（二十六）	翠鸟科 Alcedinidae		
152	普通翠鸟 *Alcedo atthis*	夏候鸟	
十五	戴胜目 UPUPIFORMES		
（二十七）	戴胜科 Upupidae		
153	戴胜 *Upupa epops*	夏候鸟	
十六	䴕形目 PICIFORMES		
（二十八）	啄木鸟科 Picidae		
154	蚁䴕 *Jynx torquilla*	夏候鸟	
155	星头啄木鸟 *Dendrocopos canicapillus*	夏候鸟	
156	小斑啄木鸟 *Dendrocopos minor*	留鸟	
157	白背啄木鸟 *Dendrocopos leucotos*	留鸟	
158	大斑啄木鸟 *Dendrocopos majoi*	留鸟	
159	三趾啄木鸟 *Picoides tridactylus*	留鸟	
160	黑啄木鸟 *Dryocopus martius*	留鸟	
161	灰头绿啄木鸟 *Picus canus*	留鸟	
十七	雀形目 PASSERIFORMES		
（二十九）	百灵科 Alaudidae		
162	短趾百灵 *Calandrella cheleensis*	夏候鸟	
163	大短趾百灵 *Calandrella brachydactyla*	夏候鸟	
164	蒙古百灵 *Melanocorypha mongolica*	夏候鸟	
165	云雀 *Alauda arvensis*	夏候鸟	
（三十）	燕科 Hirundinidae		
166	崖沙燕 *Riparia riparia*	夏候鸟	
167	家燕 *Hirundo rustica*	夏候鸟	
168	金腰燕 *Hirundo daurica*	夏候鸟	
169	毛脚燕 *Delichon urbicum*	夏候鸟	
（三十一）	鹡鸰科 Motacillidae		
170	山鹡鸰 *Dendronanthus indicus*	夏候鸟	
171	白鹡鸰 *Motacilla alba*	夏候鸟	
172	黄头鹡鸰 *Motacilla citreola*	夏候鸟	
173	黄鹡鸰 *Motacilla flava*	夏候鸟	
174	灰鹡鸰 *Motacilla cinerea*	夏候鸟	
175	田鹨 *Anthus richardi*	夏候鸟	
176	布氏鹨 *Anthus godlewskii*	夏候鸟	
177	树鹨 *Anthus hodgsoni*	夏候鸟	
178	红喉鹨 *Anthus cervinus*	旅鸟	
179	黄腹鹨 *Anthus rubescens*	旅鸟	
（三十二）	山椒鸟科 Campephgidae		
180	灰山椒鸟 *Pericrocotus divaricatus*	夏候鸟/旅鸟	
（三十三）	太平鸟科 Bombycillidae		

（续）

序号	分 类 名 称	居留型	保护等级
181	太平鸟 *Bombycilla garrulus*	冬候鸟	
（三十四）	伯劳科 Laniidae		
182	红尾伯劳 *Lanius cristatus*	旅鸟	
183	灰伯劳 *Lanius excubitor*	冬候鸟	
184	红背伯劳 *Lanius collurio*	夏候鸟	
185	楔尾伯劳 *Lanius sphenocercus*	夏候鸟	
（三十五）	椋鸟科 Sturnidae		
186	北椋鸟 *Sturnus sturninus*	夏候鸟	
187	灰椋鸟 *Sturnus cineraceus*	夏候鸟	
（三十六）	鸦科 Corvidae		
188	北噪鸦 *Perisoreus infaustus*	留鸟	
189	松鸦 *Garrulus glandarius*	留鸟	
190	灰喜鹊 *Cyanopica cyanus*	留鸟	
191	喜鹊 *Pica pica*	留鸟	
192	星鸦 *Nucifraga caryocatactes*	留鸟	
193	达乌里寒鸦 *Corvus dauuricus*	留鸟	
194	秃鼻乌鸦 *Corvus frugilegus*	夏候鸟	
195	小嘴乌鸦 *Corvus corone*	留鸟	
196	大嘴乌鸦 *Corvus macrorhynchus*	留鸟	
197	渡鸦 *Corvus corax*	夏候鸟	
（三十七）	鹪鹩科 Troglodytidae		
198	鹪鹩 *Troglodytes troglodytes*	留鸟	
（三十八）	岩鹨科 Prunellidae		
199	领岩鹨 *Prunella collaris*	夏候鸟	
200	棕眉山岩鹨 *Prunella montanella*	旅鸟	
201	褐岩鹨 *Prunella fulvescens*	夏候鸟	
（三十九）	鸫科 Turdidae		
202	红尾歌鸲 *Luscinia sibilans*	旅鸟/夏候鸟	
203	红喉歌鸲 *Luscinia calliope*	夏候鸟/旅鸟	
204	蓝喉歌鸲 *Luscinia svecica*	夏候鸟/旅鸟	
205	蓝歌鸲 *Luscinia cyane*	夏候鸟/旅鸟	
206	红胁蓝尾鸲 *Tarsiger cyanurus*	夏候鸟	
207	北红尾鸲 *Phoenicurus auroreus*	夏候鸟	
208	黑喉石䳭 *Saxicola torquata*	夏候鸟	
209	白顶䳭 *Oenanthe pleschanka*	夏候鸟	
210	穗䳭 *Oenanthe oenanthe*	夏候鸟	
211	白喉矶鸫 *Monticola gularis*	夏候鸟	
212	白眉地鸫 *Zoothera sibirica*	夏候鸟	
213	虎斑地鸫 *Zoothera dauma*	夏候鸟/旅鸟	
214	灰背鸫 *Turdus hortulorum*	旅鸟	

（续）

序号	分 类 名 称	居留型	保护等级
215	白眉鸫 *Turdus obscurus*	旅鸟/夏候鸟	
216	白腹鸫 *Turdus pallidus*	夏候鸟	
217	赤颈鸫 *Turdus ruficollis*	旅鸟	
218	红尾鸫 *Turdus naumanni*	旅鸟	
219	斑鸫 *Turdus eunomus*	旅鸟	
（四十）	鹟科 Muscicapidae		
220	灰纹鹟 *Muscicapa griseisticta*	夏候鸟/旅鸟	
221	乌鹟 *Muscicapa sibirica*	夏候鸟	
222	北灰鹟 *Muscicapa dauurica*	夏候鸟	
223	白眉姬鹟 *Ficedula zanthopygia*	夏候鸟	
224	鸲姬鹟 *Ficedula mugimaki*	夏候鸟	
225	红喉姬鹟 *Ficedula albicilla*	夏候鸟	
（四十一）	莺科 Sylviidae		
226	斑胸短翅莺 *Bradypterus thoracicus*	夏候鸟	
227	中华短翅莺 *Bradypterus tacsanowskius*	夏候鸟	
228	矛斑蝗莺 *Locustella lanceolata*	夏候鸟	
229	小蝗莺 *Locustella certhiola*	夏候鸟	
230	苍眉蝗莺 *Locustella fasciolata*	夏候鸟/旅鸟	
231	东方大苇莺 *Acrocephalus orientalis*	夏候鸟	
232	大苇莺 *Acrocephalus arundinaceus*	夏候鸟	
233	厚嘴苇莺 *Acrocephalus aedon*	夏候鸟	
234	黑眉苇莺 *Acrocephalus bistrigiceps*	夏候鸟	
235	远东苇莺 *Acrocephalus tangorum*	夏候鸟	
236	褐柳莺 *Phylloscopus fuscatus*	夏候鸟	
237	巨嘴柳莺 *Phylloscopus schwarzi*	夏候鸟/旅鸟	
238	黄眉柳莺 *Phylloscopus inornatus*	夏候鸟	
239	黄腰柳莺 *Phylloscopus proregulus*	夏候鸟	
240	极北柳莺 *Phylloscopus borealis*	旅鸟	
241	双斑绿柳莺 *Phylloscopus plumbeitarsus*	夏候鸟	
242	冕柳莺 *Phylloscopus coronatus*	夏候鸟	
（四十二）	攀雀科 Remizidae		
243	中华攀雀 *Remiz consobrinus*	夏候鸟	
（四十三）	长尾山雀科 AegithalIdae		
244	银喉长尾山雀 *Aegithalos caudatus*	留鸟	
（四十四）	山雀科 Paridae		
245	沼泽山雀 *Parus palustris*	留鸟	
246	北褐头山雀 *Parus montanus*	留鸟	
247	煤山雀 *Parus ater*	留鸟	
248	大山雀 *Parus major*	留鸟	
249	灰蓝山雀 *Parus cyanus*	留鸟	
（四十五）	䴓科 Sittidae		

（续）

序号	分 类 名 称	居留型	保护等级
250	普通䴓 *Sitta europaea*	留鸟	
（四十六）	旋木雀科 Certhiidae		
251	欧亚旋木雀 *Certhia familiaris*	留鸟	
（四十七）	雀科 Passeridae		
252	家麻雀 *Passer domesticus*	留鸟	
253	麻雀 *Passer montanus*	留鸟	
254	石雀 *Petronia petronia*	留鸟	
（四十八）	燕雀科 Fringillidae		
255	燕雀 *Fringilla montifringilla*	夏候鸟	
256	粉红腹岭雀 *Leucosticte arctoa*	夏候鸟	
257	*Pinicola enucleator*	冬候鸟	
258	普通朱雀 *Carpodacus erythrinus*	夏候鸟	
259	北朱雀 *Carpodacus roseus*	冬候鸟	
260	红交嘴雀 *Loxia curvirostra*	留鸟	
261	白翅交嘴雀 *Loxia leucoptera*	旅鸟	
262	白腰朱顶雀 *Carduelis flammea*	冬候鸟	
263	黄雀 *Carduelis spinus*	夏候鸟	
264	金翅雀 *Carduelis sinica*	留鸟	
265	极北朱顶雀 *Carduelis hornemanni*	冬候鸟	
266	红腹灰雀 *Pyrrhula pyrrhula*	冬候鸟	
267	灰腹灰雀 *Pyrrhula griseiventris*	冬候鸟	
268	黑尾蜡嘴雀 *Eophona migratoria*	夏候鸟	
269	锡嘴雀 *Coccothraustes coccothraustes*	留鸟	
270	长尾雀 *Uragus sibiricus*	留鸟	
（四十九）	鹀科 Emberizidae		
271	白头鹀 *Emberiza leucocephalos*	夏候鸟	
272	三道眉草鹀 *Emberiza cioides*	留鸟	
273	白眉鹀 *Emberiza tristrami*	夏候鸟	
274	栗耳鹀 *Emberiza fucata*	夏候鸟	
275	小鹀 *Emberiza pusilla*	旅鸟	
276	黄眉鹀 *Emberiza chrysophrys*	旅鸟	
277	田鹀 *Emberiza rustica*	旅鸟	
278	黄喉鹀 *Emberiza elegans*	夏候鸟	
279	黄胸鹀 *Emberiza aureola*	夏候鸟	
280	栗鹀 *Emberiza rutila*	夏候鸟	
281	灰头鹀 *Emberiza spodocephala*	夏候鸟	
282	苇鹀 *Emberiza pallasi*	旅鸟	
283	芦鹀 *Emberiza schoenicius*	夏候鸟	
284	铁爪鹀 *Calcarius lapponicus*	旅鸟	
285	雪鹀 *Plectrophenax nivalis*	冬候鸟	

备注：本名录是在 1995 年全林区野生动物资源调查数据的基础上，于 2014 年依据最新参考文献资料修订完成。鸟类共 17 目、49 科 143 属 285 种（308 亚种）；国家 I 级重点保护动物 11 种、国家 II 级重点保护动物 51 种（55 亚种）。

附件 8
内蒙古大兴安岭林区兽类名录

内蒙古大兴安岭林区兽类名录①

序号	分 类 名 称	保护等级
一	食虫目 EULIPOTYPHLA	
(一)	鼩鼱科 Soricidae	
1	中鼩鼱 *Sorex caecutiens*	
2	大齿鼩鼱 *Sorex daphaenodon*	
3	长爪鼩鼱 *Sorex unguiculatus*	
(二)	猬科 Erinaceidae	
4	达乌尔猬 *Mesechinus dauuricus*	
(三)	鼹科 Talpidae	
5	麝鼹 *Scaptochrius moschatus*	
二	翼手目 CHIROPTERA	
(四)	蝙蝠科 Vespertilionidae	
6	双色蝙蝠 *Vespertilio murinus*	
7	东方蝙蝠 *Vespertilio sinensis*	
8	伊氏鼠耳蝠 *Myotis ikonnikovi*	
9	长尾鼠耳蝠 *Myotis frater*	
10	须鼠耳蝠 *Myotis mystacinus*	
11	东北管鼻蝠 *Murina hilgendorfi*	
12	褐长耳蝠 *Plecotus auritus*	
三	食肉目 CARNIVORA	
(五)	犬科 Canidae	
13	狼 *Canis lupus*	
14	赤狐 *Vulpes vulpes*	
15	沙狐 *Vulpes corsac*	
16	貉 *Nyctereutes procyonoides*	
(六)	熊科 Ursidae	
17	棕熊 *Ursus arctos*	II
(七)	鼬科 Mustelidae	
18	紫貂 *Martes zibellina*	I
19	貂熊 *Gulo gulo*	I
20	白鼬 *Mustela erminea*	
21	伶鼬 *Mustela nivalis*	

① 内蒙古大兴安岭森林调查规划院．内蒙古大兴安岭林区第二次陆生野生动物调查资料(2015—2017)

（续）

序号	分 类 名 称	保护等级
22	艾鼬 *Mustela eversmanni*	
23	小艾鼬 *Mustela amurensis*	
24	香鼬 *Mustela altaica*	
25	黄鼬 *Mustela sibirica*	
26	水獭 *Lutra lutra*	II
27	藏獾 *Meles leucurus*	
（八）	猫科 Felidae	
28	豹猫 *Felis bengalensis*	
29	兔狲 *Otocolobus manul*	II
60	猞猁 *Lynx lynx*	II
四	偶蹄目 ARTIODACTYLA	
（九）	猪科 Suidae	
31	野猪 *Sus scrofa*	
（十）	麝科 Moschidae	
32	原麝 *Moschus moschiferus*	I
（十一）	鹿科 Cervidae	
33	北美驼鹿 *Alces americanus*	II
34	马鹿 *Cervus elaphus*	II
35	西伯利亚狍 *Capreolus pygargus*	
36	驯鹿 *Rangifer tarandus*	
（十二）	牛科 Bovidae	
37	黄羊 *Procapra gutturosa*	II
五	兔形目 LAGOMORPHA	
（十三）	兔科 Leporidae	
38	雪兔 *Lepus timidus*	II
39	东北兔 *Lepus mandshuricus*	
40	蒙古兔 *Lepus tolai*	
（十四）	鼠兔科 Ochotonidae	
41	东北鼠兔 *Ochotona hyperborea*	
42	达乌尔鼠兔 *Ochotona dauunrica*	
六	啮齿目 RODENTIA	
（十五）	松鼠科 Sciuridae	
43	北松鼠 *Sciurus vulgaris*	
44	花鼠 *Tamias sibiricus*	
45	长尾黄鼠 *Spermophilus undulatus*	
46	达乌尔黄鼠 *Spermophilus dauricus*	
47	草原旱獭（蒙古旱獭）*Marmota sibirica*	
（十六）	仓鼠科 Cricetidae	
48	林旅鼠 *Myopus schisticolor*	
49	黑线仓鼠 *Cricetulus barabensis*	

（续）

序号	分 类 名 称	保护等级
50	棕背䶄 *Clethrionomys rufocanus*	
51	红背䶄 *Clethrionomys rutilus*	
52	狭颅田鼠 *Microtus gregalis*	
53	莫氏田鼠 *Microtus maximowiczii*	
54	普通田鼠 *Microtus arvalis*	
55	布氏田鼠 *Lasiopodomys brandtii*	
56	东方田鼠 *Microtus fortis*	
57	东北鼢鼠 *Myospalax myospalax*	
58	草原鼢鼠 *Myospalax aspalax*	
（十七）	跳鼠科 Dipodidae	
59	三趾跳鼠 *Dipus sagitta*	
60	五趾跳鼠 *Allactaga sibirica*	
（十八）	鼯鼠科 Pteromyidae	
61	小飞鼠 *Pteromys volans*	
（十九）	鼠科 Muridae	
62	巢鼠 *Micromys minutus*	
63	大林姬鼠 *Apodemus speciosus*	
64	黑线姬鼠 *Apodemus agrarius*	
65	褐家鼠 *Rattus norvegicus*	

备注：1. 本兽类名录不包括引入经济物种，如麝鼠、银狐、小家鼠等。

2. 计 6 目 19 科 42 属 65 种。国家 I 级重点保护野生动物 3 种、国家 II 级重点保护野生动物 8 种。

3. 本名录是在 1995 年全林区野生动物资源调查数据的基础上，于 2014 年依据最新参考文献资料修订完成。

4. 近年调查发现，大兴安岭林区的鄂伦春自治旗、阿荣旗、扎兰屯市、牙克石市域内，有黑熊分布，而且密度较大。

附件 9
内蒙古大兴安岭林区鱼类名录

内蒙古大兴安岭林区鱼类名录①

序号	分 类 名 称	
	硬骨鱼纲 OSTEICHTHYES	
一	鲟形目 ACIPENSEIIFORMES	
(一)	鲟科 Acipenseridae	
1	施氏鲟	*Acipenser schrenckii*
2	鳇	*Huso dauricus*
二	鲑形目 SALMONIFORMES	
(二)	鲑科 Salmonidae	
3	细鳞鲑	*Brachymystax lenok*
4	哲罗鲑	*Hucho taimen*
5	卡达白鲑	*Coregonus chadary*
(三)	茴鱼科 Thymallidae	
6	茴鱼	*Thymallus arcticus*
(四)	狗鱼科 Esocidae	
7	黑斑狗鱼	*Esox reicherti*
三	鲤形目 CYPRINIFORME	
(五)	鲤科 Cypinidae	
8	瓦氏雅罗鱼	*Leuciscus waleckii waleckii*
9	拟赤梢鱼	*Pseudaspius leptocephalus*
10	湖鱥	*Phoxinus percnurus*
11	真鱥	*Phoxinus phoxinus phoxinus*
12	花江鱥	*Phoxinus czekanowskii*
13	尖头鱥	*Phoxinus oxycephalus*
14	拉氏鱥	*Phoxinus lagowskii*
15	细鳞鲴	*Xenocypris microlepis*
16	鲂	*Megalobrama skolkovii*
17	鲢	*Hypophthalmichthys molitrix*
18	麦穗鱼	*Pseudorasbora parva*
19	犬首鮈	*Gobio cynocephalus*
20	高体鮈	*Gobio soldatovi*
21	细体鮈	*Gobio tenuicorpus*
22	平口鮈	*Ladislavia taczanowski*

① 内蒙古大兴安岭森林调查规划院 . 内蒙古大兴安岭林区第二次陆生野生动物调查资料(2015—2017 年)

（续）

序号	分 类 名 称	
3	东北鳈	*Sarcocheilichthys lacustri*
24	克氏鳈	*Sarcocheilichthysczerskii*
25	银鮈	*Squalidus argentatus*
26	兴凯银鮈	*Squalidus chankaensis*
27	棒花鱼	*Abbottin rivularis*
28	红鳍原鲌	*Cultrichthys erythropterus*
29	翘嘴鲌	*Culter alburnus*
30	蒙古鲌	*Culter mongolicus mongolicus*
31	䱗	*Hemiculter leucisculus*
32	蒙古䱗	*Hemiculter lucidus warpchowsky*
33	唇䱻	*Hemibarbus labeo*
34	花䱻	*Hemibarbus maculatus*
35	蛇鮈	*Saurogobio dabryi*
36	条纹似白鮈	*Paraleucogobio strigatus*
37	鲫	*Carassius auratus*
38	黑龙江鳑鲏	*Rhodeus sericeus*
39	鲤	*Cyprinus carpio*
（六）	鳅科 Cobitidae	
40	黑龙江花鳅	*Cobits lutheri*
41	北方花鳅	*Cobits granoei*
42	东北泥鳅	*Misgurnus mohoity*
43	北方泥鳅	*Misgurnus bipartitus*
44	泥鳅	*Misgurnus anguillicaudatus*
45	花斑副沙鳅	*Parabotia fasciatus*
四	鲈形目 PERCIFORMES	
（七）	沙塘鳢科 Odontobutidae	
46	葛氏鲈塘鳢	*Perccottus glenii*
（八）	塘鳢科 Eleotridae	
47	黄　鱼	*Hypseleotris swinhonis*
（九）	鮨科 Serranidae	
48	鳜	*Siniperca chuatsi*
（十）	鳢科 Channidae	
49	乌鳢	*Ophiocephalus argus*
五	鲉形目 SCORPAENIFORMES	
（十一）	杜父鱼科 Cottidae	
50	黑龙江中杜父鱼	*Mesocottus haitej*
六	刺鱼目 GASTEROSTEIFORMES	
（十二）	刺鱼科 Gasterosteidae	
51	九棘刺鱼	*Pungitius pungitius*
七	鳕形目 GADIFORMES	

（续）

序号	分 类 名 称	
（十三）	江鳕科 Lotidae	
52	江鳕	*Lota lota*
八	鲇形目 SILURFORMES	
（十四）	鲇科 Siluridae	
53	鲇	*Silurus asotus*
（十五）	鲿科 Bagridae	
54	黄颡鱼	*Pelteobagrus fulvidraco*
九	七鳃鳗目 PETROMYZONIFORMES	
（十六）	七鳃鳗科 Petromyzonidae	
55	雷氏七鳃鳗	*Lampetra reissneri*

附件 10
内蒙古大兴安岭林区两栖、爬行类名录

内蒙古大兴安岭林区两栖、爬行类名录①

序号	分类名称	
两栖纲 AMPHIBIA		
I	无尾目 ANURA	
一	有尾目 URODELA	
(一)	小鲵科 Hynobiidae	
1	极北鲵	*Salamandrella keyserlingii*
II	无尾目 ANURA	
(二)	蟾蜍科 Bufonidae	
2	花背蟾蜍	*Bufo raddei*
3	中华蟾蜍	*Bufo gargarizans*
(三)	雨蛙科 Hylidae	
4	东北雨蛙	*Hyla ussuriensis*
(四)	蛙科 Ranidae	
5	黑龙江林蛙	*Rana amurensis*
6	东北林蛙	*Rana dybowskii*
7	黑斑侧褶蛙	*Pelophyalax nigromaculatus*
爬行纲 REPTILIA		
	有鳞目 SQUAMATA	
I	蜥蜴亚目 LACERTILIA	
(一)	鬣蜥科 Agamidae	
1	草原沙蜥	*Phrynocephalus frontalis*
2	荒漠沙蜥	*Phrynocephalus przewalskii*
(二)	蜥蜴科 Lacertidae	
3	丽斑麻蜥	*Eremias argus*
4	山地麻蜥	*Eremias brenchleyi*
5	胎生蜥蜴	*Lacerta vivipara*
6	黑龙江草蜥	*Takydromus amurensis*
II	蛇亚目 SERPENTES	
(三)	游蛇科 Colubridae	
7	黄脊游蛇	*Coluber spinalis*
8	白条锦蛇	*Elaphe dione*
9	红点锦蛇	*Elaphe rufodorsata*
10	虎斑颈槽蛇	*Rhabdophis tigrinus*
(四)	蝰科 Viperidae	
11	中介蝮	*Gloydius intermedius*
12	乌苏里蝮	*Gloydius ussuriensis*
13	岩栖蝮	*Gloydius saxatilis*

① 内蒙古大兴安岭森林调查规划院．内蒙古大兴安岭林区第二次陆生野生动物调查资料(2015—2017 年)

附件 11
内蒙古大兴安岭汗马国家级自然保护区脊椎动物名录

内蒙古大兴安岭汗马国家级自然保护区脊椎动物名录①

序号	目	序号	科	序号	种名	英文名	别称
				鱼类			
(一)	鲑行目	1	茴鱼科	1	黑龙江茴鱼 *Thymallus arcticus grubei*	Amur grayling	
(二)	鲤形目	1	鳅科	1	北方须鳅 *Barbatula nuda*	Siberian Stone Loach	狗鱼、泥勒勾子、花泥鳅
		2	雅罗鱼亚科	1	湖鱥 *Phoxinus percnurus*	Lake minnow	
				2	洛氏鱥 *Phoxinus lagowskii*	Fat minnow	
				3	真鱥 *Phoxinus phoxinus*	Eurasian minnow	柳根鱼
(三)	鳕形目	1	鳕科	1	江鳕 *Lota lota*	Burbot	山鳕、山鲶鱼
(四)	鲉形目	1	杜父鱼科	1	杂色杜父鱼 *Cottus poecilopus*	Siberian Bullhead	大头鱼、渡文鱼、鲈鳢
				两栖爬行类			
(一)	蛇目	1	蝰蛇科	1	乌苏里蝮 *Gloydius ussuriensis*	Ussuri Mamushi	白眉蝮
(二)	无尾目	1	蛙科	1	黑龙江林蛙 *Rana amurensis*	Siberian Wood Frog	雪蛤、林蛙
(三)	蜥蜴目	1	蜥蜴科	1	胎生蜥蜴 *Lacerta vivipara*	Viviparous lizard	马蛇子、四脚蛇
(四)	有尾目	1	小鲵科	1	极北鲵 *Salamandrella keyserlingii*	Siberian salamander	水马蛇子、极北小鲵、小娃娃鱼
				鸟类			
(一)	䴙䴘目	1	䴙䴘科	1	凤头䴙䴘 *Podiceps cristatus*	Great Crested Grebe	水老鸭、水驴子
				2	赤颈䴙䴘 *Podiceps grisegena*	Red-necked Grebe	
(二)	鹈形目	1	鸬鹚科	1	普通鸬鹚 *Phalacrocorax carbo*	Great Cormorant	黑鱼郎、水老鸦、鱼鹰
(三)	鹳形目	1	鹭科	1	苍鹭 *Ardea cinerea*	Grey Heron	老等、灰鹳
				2	大白鹭 *Egretta alba*	Gret Egret	白鹭鸶、雪客
				3	紫背苇鳽 *lxobrychus eurhythmus*	Schrenck's Little Bittern	
				4	大麻鳽 *Botaurus Bittern*	Eurasian Bittern	水牛
(四)	雁形目	1	鸭科	1	鸿雁 *Anser cygnoides*	Swan Goose	大雁
				2	豆雁 *Anser fabalis*	Bean Goose	大雁、麦鹅
				3	白额雁 *Anser albifrons*	White-fronted Goose	大雁、花斑雁、明斑雁
				4	灰雁 *Anser anser*	Greylag Goose	灰腰雁、红嘴雁
				5	大天鹅 *Cygnus cygnus*	Whooper Swan	咳声天鹅、喇叭天鹅、黄嘴天鹅
				6	小天鹅 *Cygnus columbianus*	Tundra Swan	白鹅、食鹅
				7	赤麻鸭 *Tadorna ferruginea*	Ruddy Shelduck	黄鸭、红雁
				8	针尾鸭 *Anas acuta*	Northern Pintail	尖尾鸭、长尾凫

① 胡金贵等,2013.

（续）

序号	目	序号	科	序号	种名	英文名	别称
				9	绿翅鸭 *Anas crecca*	Green-winged Teal	
				10	花脸鸭 *Anas formosa*	Baikal Teal	眼镜鸭、晃鸭
				11	罗纹鸭 *Anas falcata*	Falcated Duck	扁头鸭、早鸭
				12	绿头鸭 *Anas platyrhynchos*	Mallard	大红腿鸭、大麻鸭
				13	斑嘴鸭 *Anas poecilorhyncha*	Spot-billed Duck	谷鸭、黄嘴尖鸭、火燎鸭
				14	白眉鸭 *Anas querquedula*	Garganey	巡凫、小石鸭、溪的鸭
				15	琵嘴鸭 *Anas clypeata*	Northern Shoveler	铲土鸭、宽嘴鸭
				16	青头潜鸭 *Aythya beari*	Baer's Pochard	白目凫、东方白眼鸭、青头鸭
				17	凤头潜鸭 *Aythya fuligula*	Tufted Duck	泽凫、凤头鸭子、黑头四鸭
				18	鸳鸯 *Aix galericulata*	Mandarin Duck	
				19	鹊鸭 *Bucephala clangula*	Common goldeneyd	喜鹊鸭、金眼鸭、白脸鸭
				20	斑头秋沙鸭 *Mergellus albellus*	Smew	斑头秋沙鸭
				21	红胸秋沙鸭 *Mergus serrator*	Red-breasted Merganser	
				22	普通秋沙鸭 *Mergus merganser*		
				23	中华秋沙鸭 *Mergus squamatus*	Chinese Merganser	
（五）	隼形目	1	鹗科	1	鹗 *Pandion haliaetus*	Osprey	鱼鹰
		2	鹰科	1	凤头蜂鹰 *Pernis ptilorhynchus*	Oriental Honey Buzzard	八脚鹰、雕头鹰、蜜鹰
				2	黑鸢 *Milvus migrans*	Black Kite	鸢
				3	苍鹰 *Accipiter gentilis*	Northern Goshawk	鸡鹰、兔鹰
				4	雀鹰 *Accipiter nisus*	Eurasian Sparrow Hawk	
				5	日本松雀鹰 *Accipiter gularis*	Japanese Sparrow Hawk	
				6	普通鵟	Buteo buteo	土豹、鸡姆鹞
				7	大鵟 *Buteo hemilasius*	Upland Buzard	大花豹子
				8	毛脚鵟 *Buteo lagopus*	Rough-legged Hawk	白土豹子
				9	金雕 *Aquila chrysaetos*	Golden Eagle	草原鹰、大花雕、角鹰、套日格-塔斯
				10	乌雕 *Aquila clanga*	Greater Spotted Eagle	
				11	白尾海雕 *Haliaeetus albicilla*	White-tailed Sea Eagle	黄嘴雕、芝麻雕
				12	鹊鹞 *Circus melanoleucos*	Pied Harrier	喜鹊鹞、花泽鵟
				13	白腹鹞 *Circus spilonotus*	Eastern Marsh Harrier	泽鹞
		3	隼科	1	游隼 *Falco peregrines*	Peregrine Falcon	花梨鹰、青燕
				2	燕隼 *Falco subbuteo*	Hobby	蚂蚱鹰、虫鹞
				3	西红脚隼 *Falco vespertinus*	Eastern Red-footed Falcon	青鹰、红腿鹞子
				4	红隼 *Falco tinnunculus*	Common Kestrel	茶隼、红鹞子
				5	红脚隼 *Falco amurensis*	Red footed Falcon	青鹰、青燕子、黑花鹞、红腿鹞子
（六）	鸡形目	1	松鸡科	1	黑嘴松鸡 *Terao parvirostris*	Black-billed Capercaillie	细嘴松鸡、榛鸡
				2	花尾榛鸡 *Testrastes bonasia*	Hazel Grouse	飞龙、松鸡、树鸡
		2	雉科	1	斑翅山鹑 *Perdix dauuricae*	Daurian Partridge	
				2	鹌鹑 *Coturnix coturnix*	Japanese Quail	鹑鸟、宛鹑、奔鹑
				3	环颈雉 *Phasianus colchicus*	Ring-necked Pheasant	雉鸡、野鸡

（续）

序号	目	序号	科	序号	种名	英文名	别称
（七）	鹤形目	1	三趾鹑科	1	黄脚三趾鹑 *Turnix tanki*	Yellow-leged Buttonquail	地闷子、地牤牛、水鹌鹑
		2	鹤科	1	灰鹤 *Grus grus*	Common Crane	千岁鹤、玄鹤、番薯鹤
				2	蓑羽鹤 *Anthropoides virgo*	Demoiselle Crane	闺秀鹤
		3	秧鸡科	1	普通秧鸡 *Rallus aquaticus*	Water Rail	
				2	小田鸡 *Porzana pusilla*	Baillon's Crake	小秧鸡
				3	白骨顶 *Fulica atra*	Coot	骨顶鸡
（八）	鸻形目	1	鸻科	1	凤头麦鸡 *Vanellus vanellus*	Northern lapwing	赖鸡毛子、山喳喳子
				2	金斑鸻 *Pluvialis dominica*	Pacific Golden Plover	金鸻、太平洋金斑鸻、金背子
				3	长嘴剑鸻 *Charadrius placidus*	Long-billed Ringed Plover	
				4	金眶鸻 *Charadrius dubius*	Little Ringed Plover	黑领鸻
				5	东方鸻 *Charadrius veredus*	Oriental Plover	
		2	鹬科	1	大杓鹬 *Numenious madagascariensis*	Far Eastern Curlew	红背大勺鹬、红腰勺鹬、彰鸡
				2	鹤鹬 *Tringa erythropus*	Spotted Redshank	
				3	青脚鹬 *Tringa nebularia*	Common Greenshank	
				4	白腰草鹬 *Tringa ochropus*	Green Sandpiper	白尾梢、绿扎
				5	林鹬 *Tringa glareola*	Wood Sandpiper	林扎子
				6	矶鹬 *Tringa hypoleucos*	Commom sandpiper	
				7	扇尾沙锥 *Gallinago gallinago*	Common Snipe	
				8	丘鹬 *Scolopax rusticola*	Eurasian Woodcock	
				9	红颈滨鹬 *Calidris ruficollis*	Rufous-necked Stint	
				10	青脚滨鹬 *Calidris temminckii*	Temminck's Stint	
				11	弯嘴滨鹬 *Calidris ferruginea*	Curlew Sandpiper	
				12	阔嘴鹬 *Limicola falcinellus*	Broad-billed Sandpiper	
				13	小杓鹬 *Numenius minutus*	Gould, 1840	小油老罐
		3	燕鸻科	1	普通燕鸻 *Glareola maldivarum*	Oriental Pratincole	燕鸻、土燕子
		4	鸥科	1	红嘴鸥 *Larus ridibundus*	Black-headed Gull	叼鱼郎、鱼鹰子
				2	白翅浮鸥 *Chlidonias leucoptera*	White-winged Black Term	
				3	普通燕鸥 *Sterna hirundo*	Common Tern	
（九））	鸽形目	1	鸠鸽科	1	岩鸽 *Columba rupestris*	Hill Pigeon	
				2	山斑鸠 *Streptopilia orientalis*	Oriental Turtle Dove	虎皮斑鸠
（十）	鹃形目	1	杜鹃科	1	四声杜鹃 *Cuculus micropterus*	Indian Cuckoo	
				2	大杜鹃 *Cuculus canorus*	Common Cuckoo	喀咕、布谷
（十一）	鸮形目	1	鸱鸮科	1	红角鸮 *Otus sunia*	Oriental Scops Owl	
				2	雕鸮 *Bubo bubo*	Northern Engle Owl	大猫头鹰、猫头鹰、夜猫子
				3	雪鸮 *Nyctea scandiaca*	Snowy Owl	雪枭、白猫头鹰、查干-乌盖勒
				4	猛鸮 *Surnis ulula*	Hawk Owl	
				5	长尾林鸮 *Strix uralensis*	Ural Owl	猫头鹰、夜猫子、乌尔塔-苏乌勒图
				6	乌林鸮 *Strix nebulosa*	Great Grey Owl	

（续）

序号	目	序号	科	序号	种名	英文名	别称
				7	长耳鸮 *Asio Otus*	Long-eared Owl	长耳猫头鹰
				8	*Aegolius funereus*	Boreal Owl	浑斑古、小猫头鹰
（十二）	夜鹰目	1	夜鹰科	1	普通夜鹰 *Caprimulgus indicus*	Jungle Nightjar	贴树皮、夜燕
（十三）	雨燕目	1	雨燕科	1	白喉针尾雨燕 *Hirundapus caudacutus*	White-throated Spinetail	
				2	白腰雨燕 *Apus pacificus*	Fork-tailed Swift	
（十四）	佛法僧目	1	翠鸟科	1	普通翠鸟 *Alcedo atthis*	Common Kingfisher	鱼狗、钓鱼翁
（十五）	戴胜目	1	戴胜科	1	戴胜 *Upupa epops*	Eurasian Hoopoe	胡哱哱、山和尚
（十六）	䴕形目	1	啄木鸟科	1	蚁䴕 *Jynx torquilla*	Wryneck	蛇皮鸟
				2	灰头绿啄木鸟 *Picus canus*	Grey-headed Woodpecker	
				3	黑啄木鸟 *Dryocopus martius*	Black Woodpecker	
				4	大斑啄木鸟 *Dendrocopos major*	Great Spotted Woodpecker	大斑啄木、叨叨木
				5	白背啄木鸟 *Dendrocopos leucotos*	White-backed Woodpecker	
				6	小斑啄木鸟 *Dendrocopos minor*	Lesser Spotted Woodpecker	
				7	三趾啄木鸟 *Picoides tridactylus*	Three-toed Woodpecker	
（十七）	雀形目	1	百灵科	1	角百灵 *Eremophila alpestris*	Horned Lark	阿兰、百灵
				2	云雀 *Alauda arvensis*	Eurasian Skylark	告天鸟、阿兰
		2	燕科	1	崖沙燕 *Riparia riparia*	Bank Swallow	灰沙燕、土燕子
				2	家燕 *Hirundo rustica*	Barn Swallow	燕子、拙燕
				3	金腰燕 *Hirundo daurica*	Red-rumped Swallow	赤腰燕
				4	毛脚燕 *Delichon urbica*	House Martin	毛脚燕、石燕、白腰燕
		3	鹡鸰科	1	黄鹡鸰 *Motacilla flava*	Yellow Wagtail	
				2	黄头鹡鸰 *Motacilla citreola*	Yellow-headed Wagtaill	金香炉儿
				3	灰鹡鸰 *Motacilla cinerea*	Gray Wagtail	黄腹鹡鸰、马兰花
				4	白鹡鸰 *Motacilla alba*	White Wagtail	白面鸟、点水雀
				5	树鹨 *Anthus hodgsoni*	Olive-backed Pipit	木鹨、麦加蓝儿、树鲁
				6	理氏鹨 *Anthus richardi*	Richard's Pipit	
		4	山椒鸟科	1	灰山椒鸟 *Pericrocotus divaricatus*	Ashy Minive	十字鸟、呆鸟、宾灰燕儿
		5	太平鸟科	1	太平鸟 *Bombycilla garrulous*	Bohemian Waxwing	连雀儿、十二黄
		6	伯劳科	1	红尾伯劳 *Lanius cristatus*	Brown Schrike	虎伯劳、花虎伯劳、小伯劳
				2	灰伯劳 *Lanius excubitor*	Great Gray Shrike	韩露儿、北寒露
		7	椋鸟科	1	灰椋鸟 *Sturnus cineraceus*	White-cheeked Starling	高粱头、竹雀
				2	北椋鸟 *Sturnus sturninus*	Daurian Starling	
		8	鸦科	1	松鸦 *Garrulus glandarius*	Eurasian Jay	山和尚
				2	灰喜鹊 *Cyanopica cyana*	Azure-winged Magpie	山喜鹊、灰鹊
				3	星鸦 *Nucifraga caryocatactes*	Spotted Nutcracker	
				4	渡鸦 *Corvus Corax*	Common Raven	老鸹、渡鸟、胖头鸟

（续）

序号	目	序号	科	序号	种名	英文名	别称
				5	达乌里寒鸦 *Corvus momedula*	Daurian Jackdaw	
				6	北噪鸦 *Perisoreus infaustus*	Siberian Jay	
		9	鹪鹩科	1	鹪鹩 *Troglodytes troglodytes*	Wren	山蝈蝈儿、巧妇
		10	岩鹨科	1	领岩鹨 *Prunella collaris*	Alpine Accentor	岩鹨、大麻雀、红腰岩鹨
				2	棕眉山岩鹨 *Prunella montanella*	Mountain Accentor	
		11	鸫科	1	红尾歌鸲 *Erithacus sibilans*	Rufous-tailed Robin	红腰鸥鸲
				2	红喉歌鸲 *Erithacus calliope*	Siberian Rubythroat	红点颏、稿鸟
				3	蓝喉歌鸲 *Erithacus svecica*	Bluethroatt	
				4	蓝歌鸲 *Erithacus cyan*	Siberian Blue Robin	
				5	红胁蓝尾鸲 *Tarsiger cyanurus*	Red-flanked Bush Robin	蓝尾巴根
				6	北红尾鸲 *Phoenicurus auroreus*	Daurian Redstart	火燕、火红燕
				7	黑喉石䳭 *Saxicola torquata*	Stonechat	
				8	白喉矶鸫 *Monticola gularis*	White-throated Rock Thrush	
				9	灰背鸫 *Turdus hortulorum*	Grey-backed Thrush	
				10	斑鸫 *Turdus naumanni*	Dusky Thrush	斑点鸫、傻画眉
				11	白眉鸫 *Turdus pallidus*	Eye-browed Thrush	
				12	白眉地鸫 *Zoothera sibirica*	Siberian Thrush	白眉麦鸡、西伯利亚地鸫
				13	虎斑地鸫 *Zoothera dauma*	Scaly Thrush	顿鸡
		12	莺科	1	苍眉蝗莺 *Locustella fasciolata*	Gray's Warbler	
				2	东方大苇莺 *Acrocephalus orientalis*	Oriental Reed Warbler	
				3	黑眉苇莺 *Acrocephalus bistrigiceps*	Black-browed Reed Warbler	车豁子
				4	厚嘴苇莺 *Acrocephalus aedon*	Thick-billed Warbler	
				5	褐柳莺 *Phylloscopus fuscatus*	Dusky Warbler	达达跳、嘎叭嘴、褐色柳莺
				6	巨嘴柳莺 *Phylloscopus schwarzi*	Radde's Warbler	大眉草串儿、健嘴丛树莺
				7	黄眉柳莺 *Phylloscopus inornatus*	Yellow-browed Warbler	柳串儿、树串儿
				8	黄腰柳莺 *Phylloscopus proregulus*	Pallas's Leaf Warbler	黄尾根柳莺、帕氏柳莺
				9	极北柳莺 *Phylloscopus borealis*	Arctic Warbler	柳串儿
				10	冕柳莺 *Phylloscopus coronatus*	Eastern Crowned Warbler	
		13	鹟科	1	红喉姬鹟 *Ficedula parva*	Red-breasted Flycatcher	
				2	乌鹟 *Muscicapa sibirica*	Sooty Flycatcher	
				3	灰纹鹟 *Muscicapa griseisticta*	Grey-streaked Flycatcher	
				4	北灰鹟 *Muscicapa latirostris*	Asian Brown Flycatcher	
				5	白眉姬鹟 *Ficedula zanthopygia*	Yellow-rumped Flycathcher	花头黄、黄鹟、三色鹟
				6	鸲姬鹟 *Ficedula mugimaki*	Robin Flycatcher	白眉赭胸、白眉紫砂来
		14	长尾山雀科	1	银喉长尾山雀 *Aegithalos caudatus*	Long-tailed Tit	银颏山雀、洋红儿
		15	山雀科	1	大山雀 *Parus major*	Great Tit	孜孜嘿儿

（续）

序号	目	序号	科	序号	种名	英文名	别称
				2	煤山雀 *Parus ater*	Coal Tit	
				3	沼泽山雀 *Parus palustris*	Marsh Tit	
				4	北褐头山雀 *Parus montanus*	Willow Tit	
		16	鳾科	1	普通鳾 *Sitta europaea*	Eurasian nuthatch	蓝大胆儿、穿树皮、贴树皮
		17	旋木雀科	1	旋木雀 *Crethia familiaris*	Eurasian Treecreeper	
		18	雀科	1	麻雀 *Passer montanus*	Tree Sparrow	乔雀、家巧儿
		19	燕雀科	1	燕雀 *Fringilla montifringilla*	Brambling	虎皮雀
				2	金翅雀 *Carduelis sinica*	Gray-capped Greeenfinch	
				3	黄雀 *Carduelis spinus*	Eurasian Siskin	黄鸟、金雀
				4	白腰朱顶雀 *Carduelis flammea*	Common Redpoll	苏雀儿、朱点、朱顶红
				5	极北朱顶雀 *Carduelis hornemanni*	Hoary Redpoll	苏雀儿、朱点、朱顶红
				6	粉红腹岭雀 *Leucosticte arctoa*	Asian Bosy Finch	
				7	普通朱雀 *Carpodacus erythrinus*	Common Rosefinch	雄为红麻料、雌为青麻料
				8	北朱雀 *Carpodacus roseus*	Pallas's Rosefinch	靠山红
				9	松雀 *Pinicola enucleator*	Pine Grosbeak	
				10	红交嘴雀 *Loxia curvirostra*	Red Crossbill	交喙鸟、青交嘴
				11	白翅交嘴雀 *Loxia leucoptera*	White-winged Crossbill	
				12	红腹灰雀 *Pyrrhula pyrrhula*	Eurasian Bullfinch	
				13	黑尾蜡嘴雀 *Eophona migratoria*	Yellow-billed Grosbeak	
				14	锡嘴雀 *Coccothraustes coccothraustes*	Hawfinch	
		20	鹀科	1	白头鹀 *Emberiza leucocephala*	Pine Bunting	
				2	栗鹀 *Emberiza rutila*	Chestnut Bunting	红金钟、紫背儿、大红袍
				3	黄胸鹀 *Emberiza aureola*	Yellow-breasted Bunting	
				4	黄喉鹀 *Emberiza elegans*	Yellow-throated Bunting	春暖儿、黄凤儿
				5	灰头鹀 *Emberiza spodocephala*	Black-faced Bunting	青头楞、黑脸鹀、地串子
				6	三道眉草鹀 *Emberiza cioides*	Meadow Bunting	犁雀儿、山麻雀
				7	栗耳鹀 *Emberiza fucata*	Chestnut-eared Bunting	
				8	田鹀 *Emberiza ruscita*	Rustic Bunting	花眉子、田雀、花九儿
				9	小鹀 *Emberiza pusilla*	Little Bunting	花椒子儿、麦寂寂
				10	苇鹀 *Emberiza pallasi*	Pallas's Reed Bunting	山家雀儿、山苇容
				11	铁抓鹀 *Calcarius lapponicus*	Lapland Longspur	铁雀、铁爪子、雪眉子
				12	雪鹀 *Plectorphenax nivalis*	Snow Bunting	雪雀、路边雀
兽类							
( )	啮齿目	1	仓鼠科	1	棕背䶄 *Clethrionomys rufocanus*	Grey red-backed vole	红毛耗子、山鼠
		2	松鼠科	1	达乌尔黄鼠 *Spermophilus dauricus*	Daurian ground squirrel	蒙古黄鼠、草原黄鼠
				2	花鼠 *Tamias sibiricus*	Siberian chipmunk	五道眉、花松鼠
				3	北松鼠 *Sciurus vulgaris*	Eurasian red squirrel	灰鼠
		3	鼯鼠科	1	鼯鼠 *Pteromys volans*	Siberian Flying Squirrel	飞鼠或飞虎

（续）

序号	目	序号	科	序号	种名	英文名	别称
（二）	偶蹄目	1	鹿科	1	马鹿 *Cervus elaphus*	Red deer	赤鹿
				2	狍 *Capreolus pygargus*	Roe deer	
				3	北美驼鹿 *Alces americanus*	Roe deer	犴达犴、犴
		2	麝科	1	原麝 *Moschus moschiferus*	Siberian musk deer	香獐、獐子、山驴子
		3	猪科	1	野猪 *Sus scrofa*	Wild boar	山猪、豕舒胖子
（三）	食肉目	1	猫科	1	猞猁 *Lynx lynx*	Eurasian lynx	马猞猁、山猫、野狸子
		2	犬科	1	狼 *Carnis lupus*	Wolf	野狼、灰狼、豺狼
		3	熊科	1	棕熊 *Ursus crctos*	Brown bear	灰熊
		4	鼬科	1	白鼬 *Mustela erminea*	Stoat	扫雪鼬
				2	貂熊 *Gulo gulo*	Wolverine	原飞熊、狼獾、山狗子、月熊
				3	黄鼬 *Mustela sibirica*	Siberian weasel；Kolinsky	
				4	伶鼬 *Mustela nivalis*	Least weasil；Pygmy weasel	银鼠、白鼠、倭伶鼬
				5	水貂 *American mink*	American/European mink	
				6	水獭 *Lutra lutra*	Eurasian otter	獭、獭猫、鱼猫、水狗、水毛子、水猴
				7	紫貂 *Martes zibellina*	Sable	赤貂、黑貂、青门貂
（四）	兔形目	1	鼠兔科	1	东北鼠兔 *Ochotona hyperborea*	Northern pika	
		2	兔科	1	雪兔 *Lepus timidus*	Arctic timidus	白兔、变色兔、蓝兔

附件 12
黑龙江大兴安岭鱼类名录

黑龙江大兴安岭鱼类名录①

序号	分类名称	学名
I	头甲纲	CEPHALASPIDOMORPI
一	七鳃鳗	PETROMYZONIFORMES
(一)	七鳃鳗科	Petromyzonidae
1	溪七鳃鳗	*Lampetra reissneri*
2	日本七鳃鳗	*L. japonica*
II	硬骨鱼纲	OSTEICHTHYES
二	鲟形目	ACIPENSEIIFORMES
(二)	鲟科	Acipenseridae
3	鳇鱼	*Huso douricus*
4	鲟鱼	*Acipenser schrencki*
三	鲑形目	SALMONIFORMES
(三)	鲑科	Salmonidae
5	大马哈鱼	*Oncorhynchus keta*
6	哲罗鱼	*Hucho taimen*
7	细鳞鱼	*Brachy mystax lenok*
8	乌苏里白鲑	*Coregonus ussuriensis*
9	短颌白鲑	*C. chadary*
(四)	茴鱼科	Thymallidae
10	黑龙江茴鱼	*Thymallus arcticus grubei*
(五)	胡瓜鱼科	Osmeridae
11	黄瓜鱼	*Hypomesus olidus*
(六)	狗鱼科	Esocidae
12	狗鱼	*Esox reicherti*
四	鲤形目	CYPRINIFORME
(七)	鲤科	Cypinidae
13	雅罗鱼	*Leuciscus waleckii*
14	青鱼	*Mylopharyngodon piceus*
15	草鱼	*Ctenopharyngodon idellus*
16	拟赤梢鱼	*Pseudaspius leptocephalsu*
17	赤眼鳟	*Squaliobarbus curriculus*
18	鳡鱼	*Elopichthys bambusa*

① 刘洪星等.2008.尽览瑰宝——大兴安岭生态旅游资源[M].哈尔滨:黑龙江教育出版社:67~69.

（续）

序号	分类名称	学名
19	黑龙江马口鱼	*Opsariichthys uncirostris amurensis*
20	湖鱥	*Phoxinus percnurus*
21	东北湖鱥	*P. p. mantschuricus*
22	花鱥	*p. czekanowskii*
23	拉氏鱥	*p. lagowskii*
24	中华鱥	*P. l. oxycephalus*
25	山西拉氏鱥	*P. l. chorensis*
26	真鱥	*P. phoxinus*
27	唇鲑鳍	*Hemibarbus labeo*
28	花鲑鳍	*H. maculatus*
29	麦穗鱼	*Pseudorasbora parua*
30	犬首鮈	*Gobio gobio cynocephalus*
31	凌源鮈	*G. lingyuansis*
32	高体鮈	*G. soldatoui*
33	细体鮈	*G. ienuicorpus*
34	东北颌须鮈	*Gnathopoqon mantschuricus*
35	兴凯颌须鮈	*G. chakaensis*
36	条纹拟白鮈	*Paraleucogobio strigatus*
37	东北黑鳍鳈	*Sarcochilichtys nigripinnis czerkii*
38	东北鳈	*S. lacustris*
39	棒花鱼	*Abbttna riuularis*
40	平口鮈	*Ladislaui taczanowskii*
41	蛇鮈	*Sauroqobio dabryi*
42	斑鳈	*Chiloqobio szerkii*
43	华鳈	*Sarcochilichthys sinensis*
44	黑龙江突吻鮈	*Rcstrogobio amurensis*
45	鳅蛇	*Gobiobotia pappenhemi*
46	银鲴	*Xenocyprjs macrolepis*
47	细鳞斜领鲴	*Plaqiognathops microlepis*
48	三角鲂	*Meqalobrama terminals*
49	长春鳊	*Parabramis pekinensis*
50	壮体长春鳊	*P. pekinensis strenosoma*
51	翘嘴红鲌	*Erythroculter ilishaeformis*
52	蒙古红鲌	*E. monqolicus*
53	红鳍鲌	*Culter erythropterus*
54	贝氏鰺条	*Himeculter bleekeri bleekcri*
55	鰺条	*H. leucisculus*
56	黑龙江鳑鲏	*Acanthorhodeus macropterus*
57	大鳍刺鳑鲏	*Rhodeus sericeus*
58	兴凯刺鳑鲏	*Acanthorhodeus chankaensis*
59	真刺鳑鲏	*A. guichengti*

（续）

序号	分类名称	学名
60	彩石鲋	*Pseudoperilempus lighti*
61	黑龙江鲤	*Cyprinus carpio haematopterus*
62	银鲫	*Carassius auralus gibelio*
63	鲢鱼	*Hypophthalmichthys moliltrix*
64	鳙鱼	*Aristichthys nolitrix*
（八）	鳅科	Cobitidae
65	须鳅	*Barbatulus toni*
66	泥鳅	*Misgurnus anguillicaudatus*
67	东北蒲鳅	*Leptobotia manchurica*
68	条鳅	*Nemachilus barbatulus*
69	花鳅	*Cobitis taenia*
五	鲇形目	SILURFORMES
（九）	鲇科	Siluridae
70	六须鲶	*Silurus soldatoui*
71	鲇鱼	*Parasilurus asotus*
（十）	鲿科	Bagridae
72	黄颡鱼	*Pseudobaqrus fuludraco*
73	乌苏拟鲿	*Liocassis ussurinsis*
74	青鮠	*L. braschnikowi*
75	平尾鮠	*L. herzensteini*
六	鲈形目	PERCIFORMES
（十一）	鮨科	Serranidae
76	鳜鱼	*Siniperca chuatsi*
（十二）	沙塘鳢科	Odontobutidae
77	葛氏鲈塘鳢	*Percottus glehni*
（十三）	塘鳢科	Eleotridae
78	黄黝鱼	*Hypseleotris swinhonis*
（十四）	鰕虎鱼科	Gobiidae
79	黑龙江鯏虎	*Rhinogobius similis*
七	鲉形目	SCORPAENIFORMES
（十五）	杜父鱼科	Cottidae
80	黑龙江杜父鱼	*Mesocottus haitej*
81	花杜父鱼	*Cottuspoecilopu*
（十六）	鳢科	Channidae
83	乌鳢	*Ophiocephalus argus*
八 （十七）	鳕形目 江鳕科	GADIFORMES Lotidae
82	江鳕	*Lota lota*
九	鳉形目	CYPRINODONTIFORMES
（十八）	青鳉科	Oryziidae
84	青鳉	*Oryzias latipes*

附件 13
黑龙江大兴安岭两栖纲、爬行纲名录

黑龙江大兴安岭两栖纲、爬行纲名录①

序号	分类名称	学名
Ⅰ	两栖纲	Amphibia
一	有尾	Caudata(Urodela)
(一)	小鲵科	Hynobiidae
1	极北鲵	*Salamandrella keyserlingii*(Dybowsky)
二	五尾目	Salientia(Anura)
(二)	蟾蜍科	Bufonidae
2	中华蟾蜍	*Bufo gargarizans* Cantor
3	花背蟾蜍	*Bufo raddei*Strauch
(三)	雨蛙科	Hylidae
4	东北雨蛙	*Hyla ussuriensis*(Boettger)
(四)	蛙科	Ranidae
5	黑龙江林蛙	*Rana amurensis* Boulenger
6	中国林蛙	*Rana chensinensis* David
7	黑斑侧褶蛙	*Pelophyalax nigromaculatus*
Ⅱ	爬行纲	Reptil
二	蜥蜴目	Lacertiformes
(五)	蜥蜴科	Lacertian
8	胎生蜥蜴	*Lacerta vivipara* Jacquinfil
9	龙江草蜥	*Takydromus amurensis* Guenther
10	丽斑麻蜥	*Eremias argus* Peters
三	蛇目	Serpentiformes
(六)	游蛇科	Colubridae
11	白条锦蛇	*Elaphe dione*(pallas)
12	红点锦蛇	*Elaphe rufodorsata*(Cantor)
(七)	蝰科	Viperidae
13	极北蝰	*Vipera berus*(Linnaeus)
14	蝮蛇	*Agkistrodon blomhoffii ussuriensis* Emelianov

① 刘洪星等．2008. 尽览瑰宝——大兴安岭生态旅游资源[M]. 哈尔滨:黑龙江教育出版社:72~73.

附件 14
黑龙江大兴安岭鸟类名录

黑龙江大兴安岭鸟类名录①

序号	分类名称	学名
Ⅰ	䴙䴘目	PODICIPEDIFORMES
一	䴙䴘科	Podicipedidae
1	角䴙䴘	*Podiceps auritus*
Ⅱ	鹳形目	CICONIIFORMES
二	鹭科	Ardeidae
2	苍鹭	*Ardea cinerea*
3	紫背苇鳽	*Ixobrychus eurhythmus*
4	大麻鳽	*Botaururs stellaris*
三	鹳科	Ciconiidae
5	白鹳	*Ciconia ciconia*
6	黑鹳	*Ciconia nigra*
Ⅲ	雁形目	ANSERIFORMES
四	鸭科	Anatidae
7	鸿雁	*Anser cygnoides*
8	豆雁	*Anser fabalis middendorffi*
9	白额雁	*Anser albifrons*
10	小白额雁	*Anser erythropus*
11	灰雁	*Anser anser*
12	大天鹅	*Cygnus Cygnus*
13	小天鹅	*Cygngus calumbianus*
14	赤麻鸭	*Tadorna ferruginea*
15	针尾鸭	*Anas acuta*
16	绿翅鸭	*Anas crecca*
17	花脸鸭	*Anas formosa*
18	罗纹鸭	*Anas falcata*
19	绿头鸭	*Anas platyrhynchos*
20	斑嘴鸭	*Anas poecilorhyncha*
21	赤颈鸭	*Anas penelope*
22	白眉鸭	*Anas querquedula*
23	琵嘴鸭	*Anas clypeata*

① 刘洪星等，2008. 尽览瑰宝—大兴安岭生态旅游资源[M]. 哈尔滨：黑龙江教育出版社，80~94.

（续）

序号	分类名称	学名
24	青头潜鸭	*Aythya baeri*
25	凤头头潜鸭	*Aythya fuligula*
26	鸳鸯	*Aix galericulata*
27	鹊鸭	*Bucephala clangula*
28	斑脸海番鸭	*Melanitta fusca*
29	斑头秋沙鸭	*Mergulles albellus*
30	红胸秋沙鸭	*Mengus serrator*
31	普通秋沙鸭	*Mergus merganser*
Ⅳ	隼形目	FALCONIFORMES
五	鹗科	Pandionidae
32	鹗	*Pandion haliaetus*
六	鹰科	Accipitridae
33	凤头蜂鹰	*Pernis ptilorhynchus*
34	黑鸢	*Miluus korschun*
35	苍鹰	*Accipiter gentilis*
36	雀鹰	*Accipiter nisus*
37	日本松雀鹰	*Accipiter gularis gularis*
38	普通鵟	*Buteo buteo*
39	毛脚鵟	*Buteo lagopus*
40	金雕	*Aquila chrysaetos*
41	乌雕	*Aguila clanga*
42	白尾海雕	*Haliaeetus albicilla*
43	白尾鹞	*Circus cyaneus*
44	鹊鹞	*Circus melanoleucos*
45	白腹鹞	*Circus spilonotus*
七	隼科	Falconidae
46	矛隼	*Falco rusticolus*
47	游隼	*Falco peregrinus*
48	燕隼	*Falco subbuteo*
49	灰背隼	*Falco columbarius*
50	红隼	*Falco tinnunculus*
Ⅴ	鸡形目	GALLIFORMES
八	松鸡科	Tetraonidae
51	黑嘴松鸡	*Tetrao paruirostris*
52	黑琴鸡	*Lyrurus tetrix*
53	柳雷鸟	*Lagopus lagopus*
54	花尾榛鸡	*Tetrastes bonasia*
九	雉科	Phasianidae
55	斑翅山鹑	*Perdix dauuricae*
56	日本鹌鹑	*Corurnix coturnix*

（续）

序号	分类名称	学名
57	雉鸡	*Phasianus colchicus*
Ⅵ	鹤形目	*GRUIFORMES*
十	鹤科	Gruidai
58	灰鹤	*Grus grus*
59	白头鹤	*Grus monacha*
60	白枕鹤	*Gurs uipio*
61	丹顶鹤	*Grus japonensis*
62	白鹤	*Bugeranus leucogeranus*
63	蓑羽鹤	*Anthropoides uirgo*
十一	秧鸡科	Rallidae
64	普通秧鸡	*Rallus aquaticus*
65	骨顶鸡	*Fulica atra*
Ⅶ	鸻形目	CHARADRIIFORMES
十二	鸻科	Charadriidae
66	凤头麦鸡	*Vanellus uanellus*
67	灰斑鸻	*Pluuialis squatarola*
68	金斑鸻	*P1uuialis dominicn*
69	剑鸻	*Charadrius hiaticula*
70	金眶鸻	*Charadrius dubius*
十三	鹬科	Scolopacidae
71	红腰勺鹬	*Numenius madagascariensis*
72	黑尾塍鹬	*Limosa limosa*
73	鹤鹬	*Tringa erythropus*
74	青脚鹬	*Tringa nebnlaria*
75	白腰草鹬	*Tringa ochropus*
76	林鹬	*Tringa glareola*
77	矶鹬	*Tringa hypoleucos*
78	灰鹬	*Tringa incana*
79	翘嘴鹬	*Xenus cinereus*
80	翻石鹬	*Arenaria interpres*
81	孤沙锥	*Gallinago solitaria*
82	针尾沙锥	*Gallinaqo stenura*
83	大沙锥	*Gallinago megala*
84	扇尾沙锥	*Gallinago gallinago*
85	丘鹬	*Scolopax rusticola*
86	红胸滨鹬	*Calidris ruficollis*
87	长趾滨鹬	*Calidris subminuta*
88	乌脚滨鹬	*Calidris temminckii*
89	尖尾滨鹬	*Calidris acuminata*
90	黑腹滨鹬	*Calidris alpina*

（续）

序号	分类名称	学名
91	弯嘴滨鹬	*Calidris ferruginea*
92	阔嘴鹬	*Limicola falcinellus*
Ⅷ	鸥形目	LARIFORMES
十四	鸥科	Laridae
93	海鸥	*Larus canus*
94	银鸥	*Larus argentatus*
95	红嘴鸥	*Larus ridibundus*
96	小鸥	*Larus minutus*
97	白翅浮鸥	*Chlidonias leucoptern*
98	普通燕鸥	*Sterna hirundo*
Ⅸ	鸽形目	COLUMBIFORMES
十五	鸠鸽科	Columbidao
99	岩鸽	*Columba rupestris*
100	山斑鸠	*Treptopelia orientalis*
X	鹃形目	CUCULIFORMES
十六	杜鹃科	Cuculidae
101	四声杜鹃	*Cuculus micropterus*
102	大杜鹃	*Cuculus canorus*
103	中杜鹃	*Cuculus saturatus*
XI	鸮形目	STRIGIFORMES
十七	鸱鸮科	Strigidae
104	西红角鸮	*Otus sunia*
105	雕鸮	*Bubo bubo*
106	雪鸮	*Nyctea scancliaca*
107	猛鸮	*Surnia ulula*
108	花头鸺鹠	*Glaucidium passerinum*
109	长尾林鸮	*Strix uralensis*
110	乌林鸮	*Strix nebulosa*
111	长耳鸮	*Asio otus*
112	短耳鸮	*Asio flammeus*
113	鬼鸮	*Aegolius funereus*
XII	夜鹰目	CAPRIMULGIFORMES
十八	夜鹰科	Caprimulgidae
114	普通夜鹰	*Caprimulgus indicus*
XIII	雨燕目	APODIFORMES
十九	雨燕科	Apodidae
115	白喉针尾雨燕	*Hirundapus caudacutus*
116	楼燕	*Apus apus*
117	白腰雨燕	*Apus pacificus*
XIV	佛法僧目	CORACIIFORMES

（续）

序号	分类名称	学名
二十	翠鸟科	Alcedinidao
118	普通翠鸟	*Alcedo atthis*
二十一	戴胜科	Upupidae
119	戴胜	*Upupa epops*
XV	䴕形目	PICIFORMES
二十二	啄木鸟科	Picidae
120	蚁䴕	*Jynx torquilla*
121	灰头绿啄木鸟	*Picus canus*
122	黑啄木鸟	*Dryocopus martius*
123	大斑啄木鸟	*Dendrocopos major*
124	白背啄木鸟	*Dendrocopos leucotos*
125	小斑啄木鸟	*Dendrocopos minor*
126	三趾啄木鸟	*Picoides tridactylus*
XVI	雀形目	PASSERIFORMES
二十三	百灵科	Alaudidae
127	云雀	*Alauda aruensis*
128	角百灵	*Eremophila alpestris*
129	矩趾沙百灵	*Calandrella cinerea*
二十四	燕科	Hirundinidae
130	崖沙燕	*Riparia riparia*
131	家燕	*Hirundo rustica*
132	金腰燕	*Hirundo daurica*
133	毛脚燕	*delichon urbica*
二十五	鹡鸰科	Motacillidae
134	山鹡鸰	*Dendronanthus indicus*
135	黄鹡鸰	*Motacilla flaua*
136	黄头鹡鸰	*Motacilla citreola*
137	灰鹡鸰	*Motacilla cinerea*
138	白鹡鸰	*Motacilla alba*
139	田鹨	*Anthus richardi*
140	树鹨	*Anthushodgsoni*
141	红喉鹨	*Anthus cervinus*
142	水鹨	*Anthus spinoletta*
二十六	山椒鸟科	Campophagidae
143	灰山椒鸟	*Pericrocotus divaricatus*
二十七	太平鸟科	Bombyci11idae
144	太平鸟	*Bombycilla garrulus*
二十八	伯劳科	Laniidae
145	红背伯劳	*Lanius collurio*
146	红尾伯劳	*Lanius cristatus*

（续）

序号	分类名称	学名
147	灰伯劳	*Lanius excubitor*
二十九	椋鸟科	Sturnidae
148	灰椋鸟	*Sturnus cineraecus*
三十	鸦科	Corvidae
149	北噪鸦	*Perisoreus infaustus*
150	松鸦	*Garrulus glandarius*
151	灰喜鹊	*Cyanopica cyana*
152	喜鹊	*Pica pica*
153	星鸦	*Nucifraga caryocatactes*
154	秃鼻麻鸦	*Coruus fruggilegus*
155	寒鸦	*Coruus monedula*
156	小嘴乌鸦	*Coruus corone*
157	渡鸦	*Coruus corax*
三十一	岩鹨科	Sprunellidae
158	领岩鹨	*Prunella collaris*
159	棕眉山岩鹨	*Prunella montanella*
三十二	鸫科	Turdidae
160	红尾歌鸲	*Luscinia sibilans*
161	红点颏	*Luscinia calliope*
162	蓝点颏	*Luscinia suecica*
163	蓝歌鸲	*Luscinia cyane*
164	红胁蓝尾鸲	*Tarsigei cyanurus*
165	北红尾鸲	*Phoenicurus auroreus*
166	黑喉石䳭	*Saxicola torquata*
167	白顶䳭	*Oenanthe hispanica*
168	蓝头矶鸫	*Monticola cinclorhynchus*
169	蓝矶鸫	*Monticola solitaria*
170	白眉地鸫	*Zoothera sibirica*
171	虎斑地鸫	*Zoothera dauma*
172	灰背鸫	*Turdus hortulorum*
173	白腹鸫	*Turdus pallidus*
174	斑鸫	*Turdus naumanni*
三十三	莺科	Sylviidae
175	鳞头树莺	*Cettia squameiceps*
176	中华短翅莺	*Bradypterus tacsanowskius*
177	小蝗莺	*Locustella certhiola*
178	矛斑蝗莺	*Locustella lanceolata*
179	苍眉蝗莺	*Locustella fasciolala*
180	东方大苇莺	*Acrocephalus orientali*
181	黑眉苇莺	*Aclrocephalus bistrigiceps*

（续）

序号	分类名称	学名
182	芦莺	*Phragamaticola aedon*
183	褐柳莺	*Phylloscopus fuscatus*
184	巨嘴柳莺	*Phylloscopus schwarzi*
185	黄眉柳莺	*Phylloscopus inornatus*
186	黄腰柳莺	*Phylloscopus proregulus*
187	极北柳莺	*Phylloscopus borealis*
188	暗绿柳莺	*Phylloscopus trochiloides*
189	灰野柳莺	*Phylloscopus tenellipes*
190	冕柳莺	*Phylloscopus coronatus*
三十四	鹟科	Muscicapidae
191	白眉姬鹟	*Ficedula zanthopygia*
192	鸲姬鹟	*Ficedula mugimaki*
193	红喉姬鹟	*Ficedula parua*
194	乌鹟	*Muscicapa sibirica*
195	灰斑鹟	*Muscicapa griseisticta*
196	北灰鹟	*Muscicapa latirostris*
三十五	山雀科	Paridae
197	大山雀	*Parus major*
198	灰蓝山雀	*Parus cyanus*
199	煤山雀	*Parus ater*
200	沼泽山雀	*Parus palustris*
201	北褐头山雀	*Parus montanus*
202	银喉长尾山雀	*Aegithalos caudatus*
三十六	䴓科	Sittidae
203	普通䴓	*Sitta europaea*
三十七	旋木雀科	Corthiidae
204	旋木雀	*Certhia familiaris*
三十八	攀雀科	Remizidae
205	攀雀	*Remiz pendulinus*
三十九	文鸟科	Ploceidae
206	家麻雀	*Passer domesticus*
207	树麻雀	*Passer montanus*
四十	雀科	Fringillidae
208	燕雀	*Fringilla montingilla*
209	金翅雀	*Carduelis sinica*
210	黄雀	*Carduelis spinus*
211	白腰朱顶雀	*Carduelis flammea*
212	北极朱顶雀	*Carduelis hornemanni*
213	粉红腹岭雀	*Leucosticte arctoa*
214	普通朱雀	*Carpodacus erythrinus*

（续）

序号	分类名称	学名
215	北朱雀	*Carpodacus roseus*
216	松雀	*Pinicola enucleator*
217	红交嘴雀	*Loxia curuirostra*
218	白翅交嘴雀	*Loxia leucoptera*
219	长尾雀	*Uragur sibiricua*
220	红腹灰雀	*Pyrrhulapyrrhula*
221	黑尾蜡嘴雀	*Eophona migratoria*
222	锡嘴雀	*Coccothraustes coccothraustes*
223	白头鹀	*Emberiza leucocephala*
224	栗鹀	*Emberiza rutila*
225	黄胸鹀	*Emberiza aureola*
226	黄喉鹀	*Emberiza elegans*
227	灰头鹀	*Emberiza spodocephala*
228	三道眉草鹀	*Emberiza cioides*
229	赤胸鹀	*Emberiza fucata*
230	田鹀	*Emberiza rustica*
231	小鹀	*Emberiza pusilla*
232	黄眉鹀	*Emberiza chrysophrys*
233	白眉鹀	*Emberiza tristrami*
234	苇鹀	*Emberiza pallasi*
235	芦鹀	*Emberiza schoeniclus*
236	雪鹀	*Plectrophenax niualis*
237	铁爪鹀	*Calcarius lapponicus*

附件 15
黑龙江大兴安岭哺乳动物名录

黑龙江大兴安岭哺乳动物名录①

序号	分类名称	学名
Ⅰ	食虫目	EULIPOTYPHLA
一	猬科	Erinaceidae
1	普通刺猬	*Erinaceus europaeus amurensis* Schrenck
二	鼩鼱科	Soricidae
2	普通鼩鼱	*Sores araneus isodon* Turov
3	中鼩鼱	*S. caecutiens macropygmaeus* Mtller
4	栗齿鼩鼱	*S. daphaenodon daphaenodon* Thomas
5	长爪鼩鼱	*S. unguiculatus* Dobson
Ⅱ	翼手目	CHIROPTERA
三	蝙蝠科	Vespertilionidae
6	须鼠耳蝠	*Myotis mystacinus* Kuhl
7	伊氏鼠耳蝠	*M. ikonnikovi* Ognev
8	长尾鼠耳蝠	*M. frater longicaudatus* Ognev
9	普通蝙蝠	*Vespertilio murinus murinus* Linnaeus
10	大耳蝠	*Plecotus auritus auritus* Linnaeus
11	白腹管鼻蝠	*Murina leucogaster hilgendorfi* Peters
Ⅲ	食肉目	CARNIVORA
四	犬科	Canidae
12	狼	*Carnis lupus chanco* Gray
13	赤狐	*Vulpes vulpes daurica* Ognev
14	貉	*Nyctereutes procyonoides ussuriensis* Matschie
五	熊科	Ursidae
15	棕熊	*Ursus arctos lasiotus* Gray
六	鼬科	Mustelidae
16	紫貂	*Martes zibellina princes* Birula
17	貂熊	*Gulo gulo gulo* Linnaeus
18	小艾鼬	*Mustela amurensis* Ognev
19	白鼬	*M. erminea transbaikalica* Ognev
20	伶鼬	*M. niualis pygmaea* J. Allen
21	香鼬	*M. taica raddei* Ognev

① 刘洪星,等,2008. 尽览瑰宝——大兴安岭生态旅游资源[M]. 哈尔滨:黑龙江教育出版社:100~102.

（续）

序号	分类名称	学名
22	黄鼬	*M. sibirica manchurica* Brass
23	水貂	*M. uison* Brisson
24	狗獾	*Meles meles amurensis* Schrenck
25	水獭	*Lutra lutra lutra* Linnaeus
七	猫科	Felidae
26	猞猁	*Lynx lynx isabellina* Blyth
Ⅳ	兔形目	LAGOMORPHA
八	兔科	Leporidae
27	雪兔	*Lepus timidus transbaikalicus* Ognev
28	草兔	*L. capensis tolai* Pallas
29	东北兔	*L. mandshuricus* Radde
九	鼠兔科	Ochotonidae
30	东北鼠兔	*Ochotona hyperborea*
Ⅴ	啮齿目	Rodentia
十	松鼠科	Sciuridae
31	北松鼠	*Sciurus vulgris*
32	花鼠	*Tamias sibiricus sibiricus* Laxmann
33	长尾黄鼠	*Citellus undulates menzbieri* Ognev
十一	鼯鼠科	Pteromyidae
34	小飞鼠	*Pteromys uolans turoui* Ognev
十二	仓鼠科	Cricetidae
35	黑线仓鼠	*Cricetulus baraensis xinganensis* Wang
36	森林旅鼠	*Myopus schisticolor sainicus* Hinton
37	红背鼾	*Clethrionomys rutilus amurensis* Schrenck
38	棕背鼾	*C. rufocanus irkutensis* Ognev
39	普通田鼠	*Microtus arualis mongolicus* Radde
40	莫氏田鼠	*M. maximowiczii* Schrenck
41	狭颅田鼠	*M. gregalis sirtalaensis* Na
43	麝鼠	*Ondatra aibethica* Linnaeus
44	东北鼢鼠	*Myospalax psilurus epsilanus* Thomas
45	草原鼢鼠	*M. aspalax* Pallas
十三	鼠科	Muridae
46	巢鼠	*Micromys minutus ussuricus* Barrett-Hamilton
47	黑线姬鼠	*Apodemus agrarius mantchuricus* Thomas
48	大林姬鼠	*A. speciosus peninsulae* Thomas
49	褐家鼠	*Rattus norvegicus caraco* Pallas
50	小家鼠	*Mus musculu manchu* Thomas
Ⅵ	偶蹄目	ARTIO DACTYLA
十四	猪科	Suidae
51	野猪	*Sus scrofa ussuricus* Heude

（续）

序号	分类名称	学名
十五	麝科	Moschidae
52	原麝	*Mosehus moschiferus sibiricus* Pallas
十六	鹿科	Cervidae
53	马鹿	*Cervus elaphus xanthopygus* Milne-Edwards
54	狍	*Capreolus capreolus bedfordi* Thomas
55	北美驼鹿	*Alces americanus*
56	驯鹿	*Rangifer tarandus pylarchus* Hollister

附件 16
内蒙古(呼伦贝尔)湿地动物种类

内蒙古湿地调查区域动物名录①

序号	目	科	种	
			中文名	学名
1	七鳃鳗目	七鳃鳗科	雷氏七鳃鳗	*Lampetra rissneri*
2	鲟形目	鲟科	鳇鱼	*Huso dauricus*
3			施氏鲟	*Acipenser schrencki*
4	鲑形目	鲑科	哲罗鱼(哲罗鲑)	*Hucho taimen*
5			细鳞鱼(细鳞鲑)	*Brachymystax lenok*
6			乌苏里白鲑	*Coregonus ussuriensis*
7			卡达白鲑	*Coregonus chadary*
8		茴鱼科	洛氏北极茴鱼(黑龙江茴鱼)	*Thymallus arcticus grubei*
9		狗鱼科	黑斑狗鱼	*Esox rericherti*
10	鲤形目	鲤科	马口鱼	*Opsariichthys bidens*
11			中华细鲫	*Aphyocypris chinensis*
12			青鱼	*Mylopharyngodon piceus*
13			鯮	*Luciobyama macrocephalus*
14			草鱼	*Ctenopharyngodon idellus*
15			真鱥	*Phoxinus phoxinus*
16			湖鱥	*Phoxinus percnurus*
17			洛氏鱥	*Phoxinus lagowsrii*
18			吐鲁番鱥	*Phoxinus grumi*
19			花江鱥	*Phoxinus czeranowsrii*
20			东北雅罗鱼	*Leuciscus walecrii*
21			拟赤梢鱼	*Pseudaspius leptocephalus*
22			赤眼鳟	*Squaliobarbus curriculus*
23			鳤	*Ochetobius elongates*
24			鳡	*Elopichthys bambusa*
25			餐	*Hemiculter leucisculus*
26			贝氏餐	*Hemiculter bleekeri*
27			鲌(翘嘴鲌)	*Culter alburnus*
28			红鳍红鲌	*Erythroculter erythropterus*
29			蒙古红鲌	*Erythroculter mongolicus*

① 国家林业局,2015,中国湿地资源(内蒙古卷)[M]. 北京:中国林业出版社:136~143.

（续）

序号	目	科	种	
			中文名	拉丁学名
30			鳊	*Parabramis pekinensis*
31			鲂(三角鲂)	*Megalobrama terminalis*
32			团头鲂	*Megalobrama amblycephala*
33			银鲴	*Xenocypris argentea*
34			细鳞斜颌鲴(细鳞鲴)	*Xenocypris microlepis*
35			黑龙江鳑鲏	*Rhodeus sericeus*
36			中华鳑鲏	*Rhodeus sinensis*
37			大鳍鱊	*Acheilognathus macropterus*
38			兴凯鱊	*Acheilognathus chankaensis*
39			唇䱻	*Hemibarbus labeo*
40			花䱻	*Hemibarbus maculates*
41			长吻䱻	*Hemibarbus longirostris*
42			条纹似白鮈	*Paraleucogobio strigatus*
43			麦穗鱼	*Pseudorasbora parva*
44			平口鮈	*Ladislauia taczanowskii*
45			华鳈	*Sarcocheilichthys sinensis*
46			黑鳍鳈	*Sarcocheilichthys nigripinnis*
47			高体鮈	*Gobio soldatovi*
48			凌源鮈	*Gobio lingyuanensis*
49			似铜鮈	*Gobio coriparodies*
50			犬首鮈	*Gobio cynocephalus*
51			棒花鮈	*Gobio rivuloides*
52			细体鮈	*Gobio tenuicorpus*
53			兴凯银鮈	*Squalidus chankaensis*
54			铜鱼	*Coreius heterodon*
55			北方铜鱼	*Coreius sepentrionalis*
56			吻鮈	*Rhinogobio typus*
57			圆筒吻鮈	*Rhinogobio cylindricus*
58			犬鼻吻鮈	*Rhinogobio nasutus*
59			棒花鱼	*Abbottina rivularis*
60			突吻鮈	*Rostrogobio amurensis*
61			似鮈	*Pseudogobio vaillanti*
62			蛇鮈	*Saurogobio dabryi*
63			花斑裸鲤	*Gymnocypris eckloni*
64			鲤	*Cyprinus carpio*
65			鲫	*Carassius auratus*
66			鳅鮀(洛氏鳅鮀)	*Gobiobotia pappenheimi*
67			鳙鱼	*Aristichthys noilis*
68			白鲢	*Hypophthalmichthys molitrix*

（续）

序号	目	科	种	
			中文名	拉丁学名
69		鳅科	北鳅	*Lefua costata*
70			北方条鳅	*Nemachilus nudus*
71			粗壮高原鳅(粗唇高原鳅)	*Triplophysa robusta*
72			短尾高原鳅	*Triplophysa brevicauda*
73			施氏高原鳅	*Triplophysa stoliczkae*
74			忽吉图高原鳅	*Triplophysa hutiertiuensis*
75			达里湖高原鳅	*Triplophysa dalaica*
76			巩乃斯高原鳅	*Triplophysa kungessana*
77			黄河高原鳅	*Triplophysa pappenheimi*
78			酒泉高原鳅	*Triplophysa hsutschouesis*
79			棱形高原鳅	*Triplophysa leptosoma*
80			乳突唇高原鳅(粒唇高原鱼鳅)	*Triplophysa papillosolabiata*
81			大鳍鼓鳔鳅	*Hedinichthys yarkandensis*
82			红唇薄鳅	*Leptobotia rubrilabris*
83			黑龙江花鳅	*Cobitis lutheri*
84			花鳅	*Cobitis taenia*
85			泥鳅	*Misgurnus anguillicaududatus*
86			北方泥鳅	*Misgurnus bipartitus*
87			大鳞副泥鳅	*Paramisgurnus dabryanus*
88			黄金薄鳅	*Leptobotia citrauratea*
89	鲶形目	鲶科	鲶鱼	*Silurus asotus*
90			怀头鲶	*Silurus soldatovi*
91		鲿科	黄颡鱼	*Pelteobagrus fulvidraco*
92			乌苏拟鲿	*Pseudobagrus ussuriensis*
93	鳕形目	鳕科	江鳕	*Lota lota*
94	鳉形目	青鳉科	青鳉	*Oryzias latipes*
95	刺鱼目	刺鱼科	中华多刺鱼	*Pungitius sinensis*
96	鲈形目	鮨科	鳜	*Siniperca chuatsi*
97		塘鳢科	黄黝鱼	*Hypseleotris swinhonis*
98			葛氏鲈塘鳢	*Perccottus glehni*
99		鰕虎鱼科	波氏栉鰕虎鱼	*Ctenogobius cliffordpopei*
100		杜父鱼科	黑龙江中杜父鱼	
101	鳢形目	鳢科	乌鳢	*Channa argus*
两栖类				
1	有尾目	小鲵科	极北鲵	*Salamandrella keyserlingii*
2	无尾目	盘舌蟾科(铃蟾科)	东方铃蟾	*Bombina orientalis*
3		蟾蜍科	中华蟾蜍	*Bufo gargaizans*
4			花背蟾蜍	*Bufo raddei*
5		雨蛙科	无斑雨蛙	*Hyla immaculata*

（续）

序号	目	科	种	
			中文名	拉丁学名
6		蛙科	黑斑蛙	*Rana nigromaculata*
7			中国林蛙	*Rana chensinensis*
8			黑龙江林蛙	*Rana amurensis*
爬行类				
1	龟鳖目	鳖科	鳖	*Trionyx sinensis*
2	有鳞目(蛇亚目)	游蛇科	黄脊游蛇	*Coluber spinalis*
3			白条锦蛇	*Elaphe dione*
4			红点锦蛇	*Elaphe rufodorsata*
5			团花锦蛇	*Elaphe davidi*
6			虎斑游蛇(虎斑颈槽蛇)	*Rhabdophis tigrina*
鸟类				
1	潜鸟目	潜鸟科	红喉潜鸟	*Gavia stellata*
2	鸵䴙䴘目	䴙䴘科	小䴙䴘	*Tachybaptus ruficollis*
3			角䴙䴘	*Podiceps auritus*
4			黑颈䴙䴘	*Podiceps nigricollis*
5			凤头䴙䴘	*Podiceps cristatus*
6			赤颈䴙䴘	*Podiceps grisegena*
7	鹈形目	鹈鹕科	斑嘴鹈鹕	*Pelecanus philippensis*
8		鸬鹚科	(普通)鸬鹚	*Phalacrocorax carbo*
9			红脸鸬鹚	*Phalacrocorax urile*
10	鹳形目	鹭科	苍鹭	*Ardea cinerea*
11			草鹭	*Ardea purpurea*
12			绿鹭	*Ardea striatus*
13			池鹭	*Ardeola bacchus*
14			大白鹭	*Egretta alba*
15			黄嘴白鹭	*Egretta eulophotes*
16			夜鹭	*Nycticorax nycticorax*
17			黄苇鳽	*Ixobrychus sinensis*
18			紫背苇鳽	*Ixobrychus eurhythmus*
19			栗苇鳽	*Ixobrychus cinnamomeus*
20			大麻鳽	*Botaurus stellaris*
21		鹳科	白鹳	*Ciconia ciconia*
22			东方白鹳	*Ciconia boyciana*
23			黑鹳	*Ciconia nigra*
24		鹮科	(黑头)白鹮	*Threskiornis melanocephalus*
25			白琵鹭	*Platalea leucorodia*
26	雁形目	鸭科	黑雁	*Branta bernicla*
27			鸿雁	*Anser cygnoides*
28			豆雁	*Anser fabalis*

（续）

序号	目	科	种	
			中文名	拉丁学名
29			白额雁	*Anser albifrons*
30			灰雁	*Anser anser*
31			斑头雁	*Anser indicus*
32			大天鹅	*Cygnus cygnus*
33			小天鹅	*Cygnus columbianus*
34			疣鼻天鹅	*Cygnus olor*
35			赤麻鸭	*Tadorna ferruginea*
36			翘鼻麻鸭	*Tadorna tadorna*
37			针尾鸭	*Anas acuta*
38			绿翅鸭	*Anas crecca*
39			花脸鸭	*AnasFormosa*
40			罗纹鸭	*Anas falcate*
41			绿头鸭	*Anas platyrhynchos*
42			斑嘴鸭	*Anas poecilorhyncha*
43			赤膀鸭	*Anas strepera*
44			赤颈鸭	*Anas penelope*
45			白眉鸭	*Anas querquedula*
46			琵嘴鸭	*Anas clypeata*
47			赤嘴潜鸭	*Netta rufina*
48			红头潜鸭	*Aythya ferina*
49			白眼潜鸭	*Aythya nyroca*
50			青头潜鸭	*Aythya baeri*
51			凤头潜鸭	*Aythya fuligula*
52			斑背潜鸭	*Aythya marila*
53			鸳鸯	*Aix galericulata*
54			棉凫	*Nettapus coromandelianus*
55			斑脸海番鸭	*Melanitta fusca*
56			鹊鸭	*Bucephala clangula*
57			中华秋沙鸭	*Mergus squamatus*
58			红胸秋沙鸭	*Mergus serrator*
59			普通秋沙鸭	*Mergus merganser*
60	隼形目	鹰科	鹗	*Pandion haliaetus*
61	鹤形目	三趾鹑科	黄脚三趾鹑	*Turnix tanki*
62		鹤科	灰鹤	*Grus grus*
63			白头鹤	*Grus monacha*
64			丹顶鹤	*Grus japonensis*
65			白枕鹤	*Grus vipio*
66			白鹤	*Grus leucogeranus*
67			蓑羽鹤	*Anthropoides virgo*

（续）

序号	目	科	种	
			中文名	拉丁学名
68		秧鸡科	普通秧鸡	*Rallus aquaticus*
69			斑胁田鸡	*Porzana paykullii*
70			花田鸡	*Porzana exquisite*
71			董鸡	*Gallicrex chloropus*
72			黑水鸡	*Gallinula chloropus*
73			白骨顶	*Fulica atra*
74	鸻形目	彩鹬科	彩鹬	*Rostratula benghalensis*
75		蛎鹬科	蛎鹬	*Haematopus ostralegus*
76		鸻科	凤头麦鸡	*Vanellus vanellus*
77			灰头麦鸡	*Vanellus cinereus*
78			灰斑鸻	*Pluvialis squatarola*
79			金(斑)鸻	*Pluvialis fulva*
80			剑鸻	*Charadrius hiaticula*
81			金眶鸻	*Charadrius dubius*
82			环颈鸻	*Charadrius alexandrinus*
83			蒙古沙鸻	*Charadrius mongolus*
84			铁嘴沙鸻	*Charadrius leschenaultii*
85			东方鸻	*Charadrius veredus*
86			小嘴鸻	*Eudromias morinellus*
87		鹬科	小杓鹬	*Numenius minutus*
88			中杓鹬	*Numenius phaeopus*
89			白腰杓鹬	*Numenius arquata*
90			红腰杓鹬	*Numenius madagascariensis*
91			黑尾塍鹬	*Limosa limosa*
92			斑尾塍鹬	*Limosa lapponica*
93			鹤鹬	*Tringa erythropus*
94			红脚鹬	*Tringa totanus*
95			泽鹬	*Tringa stagnatilis*
96			青脚鹬	*Tringa nebularia*
97			白腰草鹬	*Tringa ochropus*
98			林鹬	*Tringa glareola*
99			小青脚鹬	*Tringa guttifer*
100			矶鹬	*Tringa hypoleucos*
101			灰尾漂鹬	*Heteroscelus brevipes*
102			翘嘴鹬	*Xenus cinereus*
103			翻石鹬	*Arenaria interpres*
104			半蹼鹬	*Limnodromus semipalmatus*
105			孤沙锥	*Gallinago solitaria*
106			针尾沙锥	*Gallinago stenura*

（续）

序号	目	科	种	
			中文名	拉丁学名
107			大沙锥	*Gallinago megala*
108			扇尾沙锥	*Gallinago gallinago*
109			丘鹬	*Scolopax rusticola*
110			姬鹬	*Lymnocryptes minimus*
111			红胸滨鹬	*Calidris ruficollis*
112			长趾滨鹬	*Calidris subminuta*
113			青脚滨鹬(乌脚滨鹬)	*Calidris temminckii*
114			尖尾滨鹬	*Calidris acuminate*
115			黑腹滨鹬	*Calidris alpine*
116			弯嘴滨鹬	*Calidris ferruginea*
117			阔嘴鹬	*Limicola falcinellus*
118		反嘴鹬科	黑翅长脚鹬	*Himantopus himantopus*
119			反嘴鹬	*Recuruirostra auosetta*
120		燕鸻科	普通燕鸻	*Glareola maldivarum*
121	鸥形目	鸥科	黑尾鸥	*Larus crassirostris*
122			海鸥	*Larus canus*
123			银鸥	*Larus argentatus*
124			灰背鸥	*Larus schistisagus*
125			渔鸥	*Larus ichthyaetus*
126			遗鸥	*Larus relictus*
127			红嘴鸥	*Larus ridibundus*
128			棕头鸥	*Larus brunnicephalus*
129			小鸥	*Larus minutus*
130			黑嘴鸥	*Larus saundersi*
131			须浮鸥	*Chlidonias hybrida*
132			白翅浮鸥	*Chlidonias leucoptera*
133			黑浮鸥	*Chlidoniasniger*
134			鸥嘴噪鸥	*Gelochelidon nilotica*
135			红嘴巨鸥	*Hydroprogne caspia*
136			普通燕鸥	*Sterna nirundo*
137			白额燕鸥	*Sterna albifrons*
138	鸮形目	鸱鸮科	毛腿渔鸮	*Ketupa biaristoni*
139			褐渔鸮	*Ketupa zeylonensis*
140	佛法僧目	翠鸟科	普通翠鸟	*Alcedo atthis*
141			蓝翡翠	*Halcyno pileata*
哺乳类				
1	食虫目	猬科	普通刺猬	*Erinaceus europaeus*
2			大耳猬	*Hemiechinus auritus*
3			达乌尔猬	*Hemiechinus dauricus*

（续）

序号	目	科	种	
			中文名	拉丁学名
4		鼩鼱科	小鼩鼱	*Sorex minutus*
5			中鼩鼱	*Sorex caecutiens*
6			普通鼩鼱	*Sorex araneus*
7			栗齿鼩鼱	*Sorex daphaenodon*
8			长爪鼩鼱	*Sorex ungviculatus*
9			北小麝鼩	*Crocidura suaveolens*
10			白蝮麝鼩	*Crocidura leucodon*
11			大麝鼩	*Crocidura lasiura*
12	翼手目	蝙蝠科	鬣鼠耳蝠	*Myotis mystacinus*
13			伊氏鼠耳蝠	*Myotis ikonnikovi*
14			大鼠耳蝠	*Myotis myotis*
15			尖耳鼠耳蝠	*Myotis blythi*
16			水鼠耳蝠	*Vespertilio murinus*
17			普通蝙蝠	*Vespertilio murinus*
18			东方蝙蝠	*Vespertilio superans*
19	兔形目	兔科	雪兔	*Lepus timidus*
20	啮齿目	鼠科	巢鼠	*Micromys minutus*
21		仓鼠科	黑线仓鼠	*Cricetulus barabensis*
22			麝鼠	*Ondatra zibethica*
23			东方田鼠	*Microtus fortis*
24			莫氏田鼠	*Microtus maximowiczii*
25	食肉目	犬科	貉	*Nyctereutes procyonoides*
26		鼬科	水貂	*Mustela uison*
27			藏獾	*Meles leucurus*
28			水獭	*Lutra lutra*
29	偶蹄目	鹿科	马鹿	*Cervus elaphus*
30			驼鹿	*Cervus alces*
31			驯鹿	*Rangifer tarandus*
32			西伯利亚狍	*Capreolus capreolus*

※标红色的为呼伦贝尔湿地近期未观察到或从未观察到的动物，为作者标注。

附件 17
呼伦贝尔市地方林业施业区有害生物

呼伦贝尔市地方林业施业区有害生物名录①

序号	有害生物种类				寄主植物	危害部位	分布范围	发生范围
	目	科	中文名	拉丁学名				
1	鳞翅目	毒蛾科	模毒蛾	*Lymantria monacha* (Linnaeus)	白桦,落叶松	叶	免渡河林业局的白桦林和落叶松林、鄂温克旗、巴林林业局的白桦林、陈旗、额尔古纳市、乌奴尔林业局、根河市、牙克石市	鄂温克旗林业局:锡林场、维林场。陈旗;免渡河林业局:银岭河林场、扎敦河林场;巴林林业局各林场
2	鳞翅目	螟蛾科	柞褐野螟	*sybrida fasciata* Butler	蒙古栎	叶	扎兰屯市、南木林业局、阿荣旗、莫旗	扎兰屯市林业局:成吉思汗林场、庙尔山林场、伊其罕林场、新立屯林场、哈多河林场;南木林业局:南木林场、大石门林场、务大哈气林场
3	鳞翅目	细蛾科	栎尖细蛾	*Acyocercops brongniardella* Fabricius	蒙古栎	叶	扎兰屯市、南木林业局	扎兰屯林业局:成吉思汗林场、庙尔山林场、济沁河林场、伊其罕林场、新立屯林场、哈多河林场、根多河林场;南木林业局:南木林场、大石门林场、务大哈气林场
4	鞘翅目	象甲科	樟子松木蠹象	*Pissodes validirostris* Gyllenhyl	樟子松	种实	红花尔基林业局、鄂温克旗	红花尔基林业局:辉河林场、宝根图林场;鄂温克旗林业局:锡林场、南林场、巴音岱护林站
5	鳞翅目	鞘蛾科	落叶松鞘蛾	*Coleophora sinensis* Yang	兴安落叶松	叶	柴河林业局、巴林林业局、扎兰屯市、南木林业局、牙克石市、免渡河林业局、乌奴耳林业局	南木林业局:南木林场、三七林场、阿木牛林场、坤尼气林场。牙克石市林业局;免渡河林业局各林场人工林;乌奴耳林业局
6	鞘翅目	象虫科	榛实象甲	*Curculil dieckmanni* Faust	平榛	果实、叶	扎兰屯市、南木林业局	扎兰屯林业局:伊其罕林场、新立屯林场、哈多河林场;南木林业局:南木、大石门、务大哈气林场
7	鳞翅目	尺蛾科	白桦尺蠖	*Phigalia diakonori* Moltrecht	白桦、黑桦	叶	柴河林业局、巴林林业局、免渡河林业局、南木林业局、乌奴尔林业局、陈旗,额尔古纳市	南木林业局:南木林场、三七林场、阿木牛林场、坤尼气林场、大石木门林场 额尔古纳市林业局各林场。陈旗各林场;乌奴耳林业局各林场 巴林林业局的白桦林和黑桦林;免渡河林业局的白桦林和黑桦林
8	鳞翅目	毒蛾科	柳毒蛾	*Stilprotia salicis* (Linnaeus)	杨、柳	叶	扎兰屯市、免渡河林业局、乌奴耳林业局	扎兰屯林业局:成吉思汗林场;免渡河林业局各林场
9	鳞翅目	毒蛾科	舞毒蛾	*Lymantria dispar* (Linnaeus)	落叶松、柳、榆、槐、白桦、杨、蒙古栎	叶	扎兰屯市、阿荣旗、南木林业局、莫旗、免渡河林业局、乌奴耳林业局	南木林业局:南木林场、三七林场、阿木牛林场、坤尼气林场;免渡河林业局各林场;乌奴尔林业局

① 呼伦贝尔市林木病虫害防治检疫站,2016。

（续）

序号	有害生物种类				寄主植物	危害部位	分布范围	发生范围
	目	科	中文名	拉丁学名				
10	鳞翅目	枯叶蛾科	落叶松毛虫	*Dendrolimus superans*(Butler)	兴安落叶松	叶	柴河林业局、巴林林业局、牙克石市、扎兰屯市、阿荣旗、南木林业局、鄂温克旗、莫旗、免渡河林业、乌奴尔林业局、根河市	鄂温克旗林业局:锡林场。牙克石市;南木林业局:南木林场、三七林场、阿木牛林场、坤尼气林场、大石门林场;免渡河各林场人工林。乌奴尔林业局各林场
11	鳞翅目	斑蛾科	桃斑蛾	*Illiberis psychina* Oberthur	山丁树	叶	牙克石市	牙克石市林业局:免渡河林场、牙克石林场
12	鳞翅目	卷蛾科	松梢小卷蛾	*Rhyacionia pinicolana*(Doubliday)	樟子松	枝稍 种实	红花尔基林业局	红花尔基林业局:诺干诺尔林场
13	鳞翅目	巢蛾科	稠李巢蛾	*Yponomeuta evonymellus* L.	稠李树	叶	海拉尔区、阿荣旗、鄂温克旗、陈旗、额尔古纳市、免渡河林业局、根河市	海拉尔区:西山公园。鄂温克旗林业局:大雁林场
14	鳞翅目	螟蛾科	草地螟	*Loxostege sticticdlis*	杨、榆	叶	海拉尔区	海拉尔区:东山的退耕林
15	鳞翅目	毒蛾科	杨毒蛾	*Leucoma candida* Staudinger	杨	叶	海拉尔区、陈旗、免渡河林业局	海拉尔区:西山公园、东山的退耕林
16	鞘翅目	象虫科	杨干象	*Cryptorhynchus lapathi* L.	杨	干、叶	扎兰屯市 、阿荣旗、南木林业局	南木林业局:三七林场
17	鳞翅目	透翅蛾科	白杨透翅蛾	*Paranthrene tabaniformis* (Rottemburg)	杨、柳	干	扎兰屯市、莫旗	扎兰屯林业局:成吉思汗林场、庙尔山林场
18	鞘翅目	叶甲亚科	榆紫叶甲	*Ambrostoma quadriimpressum* (Motschulsky)	榆	叶	海拉尔区、阿荣旗、鄂温克旗、陈旗、莫旗、免渡河林业局	海拉尔区:鄂温克旗林业局:大雁林场、南屯林场;莫旗:查哈阳林场
19	鳞翅目	枯叶蛾科	黄褐天幕毛虫	*Malacosoma neustria testacea* Motschulsky	杨、蒙古栎	枝、叶	扎兰屯市、南木林业局、阿荣旗、莫旗、额尔古纳市、乌奴尔林业局	南木林业局:南木林场、三七林场、阿木牛林场、坤尼气林场、大石门林场
20	鞘翅目	天牛科	云杉大黑天牛	*Monochamus urussovii* Fisher	樟子松、落叶松、白桦	干	红花尔基林业局、柴河林业局、免渡河林业局、乌奴耳林业局	红花尔基林业局:辉河林场;柴河林业局;河南林场;免渡河林业局:三根河林场、红旗林场
21	鞘翅目	天牛科	灰长角天牛	*Acanthocinus aedilis*L.	樟子松	干、枝	红花尔基林业局	红花尔基林业局:头道桥林场;辉河林场
22	鞘翅目	小蠹科	落叶松八齿小蠹	*lps subelongatus* (Motschulsky)	樟子松、落叶松、白桦	干	红花尔基林业局、免渡河林业局、乌奴尔林业局	红花尔基林业局:诺干诺尔林场;免渡河林业局:三根河林场、红旗林场
23	鳞翅目	卷蛾科	樟子松顶小卷蛾	*Blastesthia turionella* L.	樟子松	枝	红花尔基林业局	红花尔基林业局:头道桥林场;辉河林场
24	鳞翅目	卷蛾科	红松实小卷蛾	*Retimia resinella* (L.)	樟子松	枝	红花尔基林业局	红花尔基林业局:辉河林场;宝根图林场
25	鳞翅目	毒蛾科	榆毒蛾	*Ivela ochropoda* (Eversmann)	榆	叶	巴林林业局	巴林林业局各林场的周边公路
26	双翅目	舟蛾科	分月扇舟蛾	*Clostera anastomosis* (Linnaeus)	杨	叶	扎兰屯市 、阿荣旗	扎兰屯林业局:庙尔山林场

（续）

序号	有害生物种类				寄主植物	危害部位	分布范围	发生范围
	目	科	中文名	拉丁学名				
27	双翅目	卷蛾科	松瘿小卷蛾	*Laspeyresia zebeana* (Ratzeburg)	落叶松	枝、干	扎兰屯市	扎兰屯林业局:济沁河林场
28	双翅目	尺蛾科	落叶松尺蛾	*Erannis ankeraria* Staudinger	落叶松	叶	扎兰屯市 、牙克石市	扎兰屯林业局:根多河林场 牙克石市林业局:免渡河林场、牙克石林场
29	鞘翅目	天牛科	青杨天牛	*Saperda populnea* (Linnaeus)	杨	干	扎兰屯市	扎兰屯林业局:庙尔山林场
30	鞘翅目	象甲科	山杨卷叶象甲	*Byctiscus omissu* Voss	杨	叶	扎兰屯市	扎兰屯林业局:哈多河林场
31	鞘翅目	象甲科	栎实象甲	*Corculio arakawai* Mats et Kono	蒙古栎	叶	扎兰屯市	扎兰屯林业局:哈多河林场
32	双翅目	瘿蚊科	榛黄达瘿蚊	*Dasinura corylifal-vasp nov*	平榛	果、叶、梢	扎兰屯市	扎兰屯林业局:成吉思汗林场、庙尔山林场、济沁河林场、伊其罕林场、新立屯林场、哈多河林场、根多河林场
33		花蝇科	落叶松花蝇	*Lasiomma laricicola* (Karl)	落叶松	种子	扎兰屯市 、免渡河林业局、乌奴耳林业局、额尔古纳市	扎兰屯林业局:济沁河林场 。乌奴尔林业局各林场
34	膜翅目	盾蚧科	牡蛎蚧	*Lepidosaphes salcina* Borchs	杨		扎兰屯市	扎兰屯林业局:成吉思汗林场
35		球蚜科	落叶松球蚜	*Adelges laricis*	落叶松	枝条	免渡河林业局、乌奴尔林业局、扎兰屯市	扎兰屯林业局:济沁河林场;免渡河林业局人工落叶松林
36	膜翅目	叶蜂科	落叶松叶蜂	*Pristiphora erichso-nii* (Hartig)	落叶松	叶	扎兰屯市、阿荣旗、额尔古纳市	扎兰屯林业局:济沁河林场
37	鳞翅目	尺蛾总科	春尺蠖	*Apocheima cinerari-us* Ershoff	杨	叶	海拉尔区、阿荣旗	海拉尔区:西山公园
38		舟蛾科	杨二尾舟蛾	*Cerura menciana* Moore	杨	叶	陈旗、海拉尔区	陈旗:特泥河林场
39		木蠹蛾	芳香木蠹蛾	*Cossus orientalis* Gaede	杨、柳、榆	干	陈旗	陈旗:特泥河林场
40		大蚕蛾科	丁目大蚕蛾	*Tauamurensis jordan*	白桦	叶	陈旗	陈旗:特泥河林场、那吉林场
41		天蛾科	榆绿天蛾	*Callambulyx tatari-novii formosana*	杨、柳、榆	叶	陈旗、阿荣旗	陈旗:特泥河林场、那吉林场
42		叶蛾科	梦尼夜蛾	*Incerta* (Hubner)	稻、麦、油菜	叶	陈旗、额尔古纳市、免渡河林业局、乌奴耳林业局	陈旗:特泥河林场、那吉林场
43	鳞翅目	尺蛾科	小蜻蜓尺蛾	*Zethenia rufescen-taria* Motschlsky	榆、柳	叶	莫旗	莫旗:七家子林场
44	鳞翅目	巢蛾科	苹果巢蛾	*Yponomeuta padella Linnaeus*	山丁子、稠李	叶	莫旗、额尔古纳市	莫旗各林场
45	鞘翅目	叶甲科	杨叶甲	*Chrysomela populi Linnaeus*	杨	叶	免渡河林业局、海拉尔市、莫旗	免渡河林业局各林场、海拉尔区东山和西山、莫旗护路林
46	鳞翅目	刺蛾科	黄刺蛾	*Cnidocampa flaves-cens (Walker)*	杨、柳、榆、槭属	叶	阿荣旗、莫旗	莫旗各林场

（续）

序号	有害生物种类				寄主植物	危害部位	分布范围	发生范围
	目	科	中文名	拉丁学名				
47	鳞翅目	麦蛾科	杨背麦蛾	*Gelechia pinguinella* Trietschke	杨	叶	阿荣旗	阿荣旗:那吉屯林场共和村
48	鳞翅目	钩蛾科	三线钩蛾	*Pseudalbara parvula* (Leech)	核桃、梨、柳	叶	阿荣旗	阿荣旗:那吉屯林场共和村
49	鳞翅目	舟蛾科	苹掌舟蛾	*Phalera flavescens* (Bremer et Grey)	榆、李、杏、桃等	叶	阿荣旗	阿荣旗:那吉屯林场共和村
50	鳞翅目	枯叶蛾科	枯叶蛾	Lasiocampidae	白桦	叶	额尔古纳市	额尔古纳市林业局:上护林林场
51	鳞翅目	卷蛾科	菜地卷叶蛾	*Homona magnanima* Diakonoff	阔叶树	叶	额尔古纳市	额尔古纳市林业局各林场
52	同翅目	大蚜科	落叶松大蚜	*Cinara pinitabulaeformis* Zhang et Zhang	樟子松	叶	免渡河林业局	免渡河林业局各林场
53	鳞翅目	尺蛾科	落叶松尺蠖	*Erannis ankeraria* Staudinger	落叶松	叶	免渡河林业局、巴林林业局	免渡河林业局各林场、巴林林业局各林场
54	膜翅目	锤角叶蜂科	白桦锤角叶蜂	*Cimbex betnlaris*	白桦	叶	免渡河林业局、乌奴耳林业局	免渡河林业局银岭河、扎敦河、河南、伊列克得林场
55	鳞翅目	毒蛾科	古毒蛾	*Orgyia antiqua* (L.)	白桦等阔叶树种	叶	免渡河林业局、乌奴耳林业局	免渡河林业局各林场。乌奴尔林业局各林场
56	鳞翅目	舟蛾科	中带齿舟蛾	*Odontosia arnoldiana* (Kardakoff)	白桦	叶	免渡河林业局的白桦林、额尔古纳市、根河市、乌奴尔林业局	免渡河林业局:银岭河、河南、扎敦河、伊列克得
57	同翅目	沫蝉科	柳沫蝉	*Aphrophora intermedia* Uhler	柳属	嫩枝、嫩叶	免渡河林业局、额尔古纳市、乌奴耳林业局	免渡河林业局各林场公路河岸两侧。乌奴尔林业局各林场
58	同翅目	瘿绵蚜科	秋四脉绵蚜	*Tetraneura akinire* Sasakj	白桦	叶	免渡河林业局	免渡河林业局各林场
59	鞘翅目	夜蛾科	小地老虎	*Agrotis ypsilon* (Rottemberg)	落叶松幼苗	茎、叶	乌奴尔林业局	乌奴尔林业局各林场
60	膜翅目	广肩小蜂科	落叶松种子小蜂	*Eurytoma laricis* Yano	落叶松	球果	乌奴尔林业局	乌奴尔林业局各林场

附件 18
内蒙古大兴安岭林区昆虫名录

内蒙古大兴安岭林区昆虫名录①

序号	分类名称	调查植物、时间、地点
I	**鳞翅目**	
一	**蛾类**	
(一)	**巢蛾科 Yponomeutidae**	
1	稠李巢蛾 *Yponomeuta evonymellus* L	稠李 1980.7. 阿尔山;吉文;库都尔
2	苹果巢蛾 *Yponomeuta* padella L.	蔷薇科 1983.8. 阿尔山;吉文;满归
(二)	**鞘蛾科 Colephoridae**	
3	落叶松鞘蛾 *Coleophora laricella* Hubner	落叶松 1980.5. 阿尔山;绰尔
(三)	**草蛾科 Ethmiida**	
4	青海草蛾 *Ethmia nigripdlla* Erschoff	1983.5. 阿尔山;吉文
(四)	**麦蛾科 Gelechiidae**	
5	麦蛾 *Sitotroga cerealella* Olivier	— 稻谷,麦类 1983.7.
6	黄尖翅麦蛾 *Metineria inflammatella* Christoph	— 1996.6. 乌尔旗汉
(五)	**木蠹蛾科 Cossidae**	
7	芳香木蠹蛾 *Cossus cossus* L.	杨;柳;榆 1981.6. 阿尔山
8	柳干木蠹蛾 *Holcocerus vicarius* Wallar	柳 1981.6. 阿尔山
(六)	**卷蛾科 Tortricidae**	
9	黄斑长翅卷蛾 *Acleris fimbriana* Thnuberg	山丁子 1982.7 阿尔山
10	黄色卷蛾 *Choristoneura longicellana* Walingham	栎树;山槐;苹果 1985.7 吉文
11	忍冬双斜卷蛾 *Clepsis* (*siclobola*) *semialbana* Guenee	忍冬;蔷薇;百合 1985.8 吉文
12	白钩小卷蛾 *Epiblema* (*epiblema*) *foenella* L.	艾 1982.7 吉文
13	异花小卷蛾 *Eucosma* (*pbaneta*) *abacana* Erschoff	———
14	苹褐卷蛾 *Pandemis heparama* denis & Schiffermuller	绣线菊 1983.8. 乌尔旗汉
15	榛褐卷蛾 *Pandemis corylana* Fabricius	落叶松;榛;柳 1996.8. 乌尔旗汉
16	柞新小卷蛾 *Olethreutes subtilana* Falkovitsh	柞树 1996.7. 乌尔旗汉
(七)	**细卷蛾科 Cochylidae**	
17	三角细卷蛾 *Aethes triangulana excellenta* Nachristoph	长尾婆婆纳 1985.6.—
(八)	**螟蛾科 Pyrallidae**	
18	黑织叶野螟 *Algedonia lactualis* Hubner	— 1996.6. 乌尔旗汉
19	八目棘趾野螟 *Anania assimilis* Butler	— 1996.7. 乌尔旗汉
20	元参棘趾野螟 Anania verbascalis Schiffermuller & Denis	元参; 藿 1996.7. 乌尔旗汉
21	银光草螟 *Crombus pertellus* (Scopoli)	银针草 1983.8. 阿尔山
22	松梢斑螟 *Dioryctria splendidella* Herrichschaeffer	松新梢,松球果 1996.9. 牙克石

① 大兴安岭林管局森防总站,1997.

（续）

序号	分类名称	调查植物、时间、地点
23	夏枯草展须野螟 *Eurrhypara hortulata* L.	夏枯草 1983.6. 乌尔旗汉
24	茴香薄翅野螟 *Evergestis extimalis* Scopoli	茴香;甜菜 1983.6. 阿尔山
25	网锥额野螟 *Loxostege sticticalis* L.	榆 1981.7. 吉文
26	尖锥额野螟 *Loxostege verticalis* L.	糖萝卜;苜蓿 1989.8. 阿尔山
27	菊髓斑螟 *Myelois cribrumella* Hubner	刺蓟;牛蒡 1987.8. 吉文
28	红云翅斑螟 *Nephopteryx semirubella* Scopoli	苜蓿 1983.8. 阿尔山
29	棉水螟 *Nymphula interruplais*（Pryer）	棉睡莲 1996.7. 乌尔旗汉
30	塘水螟 *Nymphula stagnata* Konovan	萍逢草 1980.7. 大杨树
31	金黄螟 *Pyralis regalis* schiffemuller & Denis	— 1983.8. 乌尔旗汉;吉文
32	酸模野螟 *Pyrausta mumnialis* Walker	酸模 1980.7. 阿尔山
33	柞褐野螟 *Sybrida tasciata* Butler	柞;槲树 ——
（九）	**钩蛾科 Drepanida**	
34	赤杨镰钩蛾 *Drepana cururatula*（Borkhauser）	赤杨;青杨 1981.7. 大杨树
35	栎树钩蛾 *Palaedrepana harpaqula*（Esper）	栎树;赤杨 1982.6. 吉文
36	荞麦钩蛾 *Spica parallelangula* Alpheraky	荞麦 1983.8. 阿尔山
（十）	**尺蛾科 Geometridae**	
37	醋栗尺蛾 *Abraxas grossudriua* L.	杏李 1981.7. 吉文 ;阿尔山
38	斑鹿尺蛾 *Alcis maculata* Staudinger	— 1987.8. 吉文
39	带金星尺蛾 *Abraxas karafutonis* M.	— 1981.7. 吉文
40	山枝子尺蛾 *Aspitates gebolaria* Oberthur	山枝子 1981.7. 阿尔山
41	李尺蛾 *Anagerona prunaria* L.	落叶松;桦;稠李 1981.7. 阿尔山;阿里河
42	黄星尺蠖 *Arichanna melanaria fraterna*（Butler）	— 1981.7. 吉文
43	沙黄尺蛾 *Aspitates geholaria* Oberthur	—— ——
44	桦尺蠖 *Biston betularia*（L.）	桦;杨 1981.7. 阿尔山
45	黄龙黑尺蛾 *Brephos notba suifunensis* Kardakoff	山杨;柳 1981.7. 根河
46	网目奇尺蠖 *Chiasmia clathrata*（L.）	— 1981.7. 阿尔山
47	紫线尺蛾 *Calothysanis amata recompta* Ptout	酸模;扁蓄 1981.7. 大杨树
48	网目尺蛾 Chiasmia clathrata abbifinestra Inoue	— 1987.6. 吉文
49	双肩尺蛾 *Cleora cinctaria* Schiffermuller	落叶松 1981.7. 阿尔山
50	异型蛾 *Coenotephria anomala* Inoue	— 1996.6. 乌尔旗汉
51	双斜线尺蛾 *Conchia mundataria cramer*	— 1981.7. 阿尔山;大杨树
52	细游尺蛾 *Euphyie unangulata gracilaria* Bang-Hus	— 1987.6. 吉文
53	网褥尺蛾 *Eustrome reticulata chosensis* Bryk	— 1987.7. 吉文
54	华楸枝尺蛾 *Ennomos autumnaria sinica* Yang	— 1982.8. 大杨树
55	楸枝尺蛾 *Ennomos autumnaria nephotropa* Prout	杨;柳 1981.7. 大杨树
56	桦约尺蛾 *Epione vespertaria* Fabricius	桦;杨;柳 1981.7. 大杨树
57	落叶松尺蛾 *Erannis ankeraria* Staudinger	落叶松 1982.9. 大杨树
58	黄尺松尺蛾 *Erannis golda* Djakonov	— 1987.7. 吉文
59	埃尺蛾 *Ectropis crepuscularia*（Denis & Schiffermuller）	———
60	流汶洲尺蛾 *Epirrhoe tristata*（L.）	———

（续）

序号	分类名称	调查植物、时间、地点
61	荒尺蛾 *Ematurga atomaria* (L.)	———
62	秋黄尺蛾 *Ennomos autumnaria* (Werneburg)	———
63	云纹尺蛾 *Eulithis pyrapata* (Hubner)	———
64	钩线青尺蛾 *Geometra disckmanni* Graeser	— 1987. 7. 吉文
65	白脉青尺蛾 *Hipparchus alborenaria* Bremer	— 1985. 7. 阿尔山
66	蝶青尺蛾 *Hipparchus papilionaria* L.	桦;杨 1981. 7. 吉文
67	截翅尺蛾 *Hypoxystis kozhantshikovi* Djakonkov	— 1981. 7. 阿尔山
68	花边绣腰尺蛾 *Hemithea rubrigrons* Warren	— 1981. 8. 阿尔山
69	桦褐叶尺蛾 *Lygris testata achatinellaria* Oberthur	— 1981. 7. 阿尔山
70	大狸尺蛾 *Lycia hirtaria* (Clerck)	———
71	缘点尺蛾 *Lomaspilis marginata amurensis* Heydemann	杨;柳;榛 1981. 7. 阿尔山
72	草莓尺蛾 *Mesoleuca albicillata casta* Butler	草莓;悬钩子 1981. 7. 阿尔山
73	雪尾尺蛾 *Ourapteryx nivea* Butler	朴;冬青;栓皮栎 1981. 7. 吉文
74	双齿贡尺蛾 *Odontopera bidentata* (Clerck)	———
75	驼波尺蛾 *Pelurga comitata* L.	藜 1981. 7. 伊图里河
76	白桦尺蛾 *Phigalia djakonori* Moltrecht	桦;柳;草 1985. 4. 乌尔旗汉
77	平沙尺蛾 *Parabapta clarissa* Butler	— 1987. 6. 吉文
78	东北黑白汝尺蛾 *Rheumaptera hastata rikovskensis* (Matrumyta)	———
79	波纹汝尺蛾 *Rheumaptera undulata* (L.)	———
80	四月尺蛾 *Selenia tera lunaria* Hufnagel	桦;栎;柳 1982. 6. —
81	巨岩尺蛾 *Scopula umbelaria graeseri* Prout	———
82	银岩尺蛾 *Scopula coniaria* (Prout)	———
83	黑缘岩尺蛾 *S. virgulata* (Deni & Schiffermuller)	———
84	西伯利亚柴掷尺蛾 *Scotopteryx chenopodiara sibirica* (Banghaas)	———
85	鼠灰庶尺蛾 *Semiothisa fuscaria* (Leech)	———
86	甘肃狭尺蛾 *Synopsia strictaria variegata* (Djakonov)	———
87	沙灰尺蛾 *Tephrina arenacearia* (Denis & Schiffermuller)	———
88	曲紫线尺蛾 *Timandra comptaria* Walker	———
89	雅潢尺蛾 *Xanthorhoe deflorata* (Erschoff)	———
90	淡遇黄尺蛾 *Xanthorhoe stupida aridela* (Prout)	———
91	梨步曲尺蛾 *Yala pyricola* Chu	梨 1996. 4. 乌尔旗汉
92	舒涤尺蛾 *Dysstroma citrata* (L.)	———
（十一）	**枯叶蛾科 Laslocmpidae**	
93	稠李毛虫 *Amurilla subpurea* Butler	稠李 1983. 7. 根河
94	杉小毛虫 *Cosmotriche lunigera* (Esper)	冷杉;云杉;落叶松 1981. 7. 阿尔山
95	黄斑杂纹松毛虫 *Cyclophragma undans fasciatella* Menetries	栎类;松类 1984. 4. 吉文
96	落叶松毛虫 *Dendrolimus superans* (Butler)	落叶松;红松 1981. 7. 阿尔山
97	榆小毛虫 *Epicnaptera ilicifolia* l.	榆 1996 吉文
98	杨枯叶蛾 *Gastropacha populifolia* Eaper	杨;柳;李;苹果 1981. 7. 库都尔
99	李枯叶蛾 *Gastropacha guercifdia* L.	李;苹果 1981. 7. 库都尔

（续）

序号	分类名称	调查植物、时间、地点
100	黄褐天幕毛虫 *Malacosoma neustria testacea* Motschulsky	栎；杨 1981. 7. 吉文
101	苹毛虫 *Odonestis pruni* L.	苹果；李；梅等 1981. 7. 吉文；乌尔旗汉
102	牧草枯叶蛾 *Philudoria potoria* L.	芦等 1987. 7. 阿尔山；根河
103	栎杨小毛虫 *Poecilocampa populi* L.	栎；桦；杨等 1983. 9. 乌尔旗汉
（十二）	**大蚕蛾科 Saturnidae**	
104	水青蛾（绿尾大蚕蛾）*Actias selene ningpoana* Felder	杨；柳 1982. 6. 阿尔山
105	丁目大于是蛾 *Agliatau amurensis* Jordan	桦；杨；栎 1981. 7. 阿尔山
106	合目大蚕 *Caligula boisduvali fallax* Jordan	栎；胡枝子 1981. 7. 绰尔
107	樟蚕蛾 *Eriogyna pyretorum* Westwood	樟；野蔷薇 1983. 5. 阿尔山
（十三）	**天蛾科 Sphingidae**	
108	黄脉天蛾 *Amorpha amurensis* Staudinger	杨；桦 1982. 6. 阿尔山；大 杨树
109	榆绿天蛾 *Callambulyx tatarinovi*（Brener & Grey）	榆；柳 1983. 6. 大杨树
110	深色白眉天蛾 *Celerio gallii*（Rottemburg）	猫儿眼 1982. 8. 阿尔山
111	八字白眉天蛾 *Celerio lineata livornica*（Esper）	酸模属；猪秧草属 1981. 7. 大杨树
112	阿夕天蛾 *Deilephila askoldensis* Oberbur	— 1983. 6. 阿尔山
113	后黄黑边天蛾 *Haemorrhagia radians*（Walker）	— 1983. 6. 金河
114	松黑天蛾 *Hyloicus caligineus sinicus* Rothschild & Jordan	松 1981. 7. 阿山
115	白薯天蛾 *Herse convolvuli*（L.）	旋花科植物 1983. 4. 阿尔山
116	黄边六点天蛾 *Marumba maracki*（Bremer）	栎 1983. 6. 大杨树
117	枣桃六点天蛾 *Marumba gaschkewitschi gaschkewitschi*（Bremer）	——
118	黑长喙天蛾 *Macroglossum pyrrhosticta*（Bremer）	蔷薇科；小豆等 1987. 7.
119	小豆长曳天蛾 *Macroglossum stellatarum*（L.）	小豆；三七等 1981. 6. 阿尔山
120	钩翅天蛾 *Mimas tiliae christophi*（Staudinger）	桦；杨；榆 1981. 6. 阿尔山
121	白环红天蛾（小白眉天蛾）*Pergesa askoldensis*（Oberthur））	紫丁香 1981. 7 阿尔山.
122	红天蛾 *Pergesa elpenir lewisi*（Butler）	柳 1981. 8. 阿尔山
123	杨目天蛾 *Smerithus caecus* Menetries	柳；杨 1981. 6. 阿尔山
124	北方蓝目天蛾 *Smerithus planus* alticoda Clark	桃；柳；杨 1981. 7. 库都尔；阿尔山
125	红节天蛾（水蜡天蛾）*Smerithus phinx ligustri constricta* Butler	水蜡树；丁香 1981. 7. 库都尔
（十四）	**舟蛾科 Notodontidae**	
126	黑带二尾舟蛾 *Cerua vinula* felina（Butler）	杨；柳 1987. 6. 吉文；库都尔
127	杨二尾舟蛾 *Cerua menciana* Moore	杨 1981. 7. 阿尔山
128	杨扇舟蛾 *Clostera anaeboreta*（Fubricius）	杨；柳 1981. 7. 吉文
129	分月扇舟蛾 *Clostera anastomosis*（L.）	杨；柳 1981. 7. 根河
130	短扇舟蛾 *Clostera curtuloidae* Erschoff	多种杨 1981. 7. 阿尔山
131	灰短扇舟蛾 *Clostera curtula* canescens（Graeser）	杨；柳 1982. 6. 牙克石；库都尔
132	漫扇舟蛾 *Clostera pigra*（Hufnagel）	杨；柳 1982. 6. 阿尔山；乌尔旗汉
133	腰带燕尾舟蛾 *Harpyia lanigera*（Butler）	杨；柳 1981. 7. 阿尔山
134	栎枝背舟蛾 *Hybocampa umbtosa*（Staudinger）	栎 1983. 7. 大杨树
135	黄二星舟蛾 *Lampronadata cristata*（Butler）	柞 1982. 7. 乌尔旗汉；大杨树
136	银二星舟蛾 *Lampronadata splendia*（Oberthur）	蒙古栎 1983. 7. 大杨树

（续）

序号	分类名称	调查植物、时间、地点
137	冠舟蛾 *Lophocosma atriplaga* Staudinger	榛 1983. 7. 吉文
138	黄斑舟蛾 *Notodonta demboaskii* Oberthur	桦 1982. 7. 阿尔山；根河
139	烟灰舟蛾 *Notodonta tritophus uniformis* Oberthur	杨；桦；榛；桤 1996. 7. 乌尔旗汉
140	榆白边舟蛾 *Nrice dalidi* Oberthur	榆 1981. 7. 大杨树
141	中带齿舟蛾 *Odontosia arnoldiana*（Kardakoff）	— 1983. 5. 阿尔山
142	槐羽舟蛾 *Pterrostoma sinicum* Moore	槐 1981. 7. 阿尔山
143	圆掌舟蛾 *Phalera bucephala*（L.）	榆；柳；杨；桦等 1981. 7. 克一河
144	杨剑舟蛾 *Pheosia fusiformis* Matsumure	杨 1981. 7. 克一河
145	灰羽舟蛾 *Pterostoma griseum*（Bremer）	山杨 1982. 6. 阿尔山
146	蒙内斑舟蛾 *Peridea gigantea* Butler	———
147	细羽舟蛾 *Ptilodon kuwayamae*（Matsumura ）	— 1982. 7. 吉文
148	粗羽舟蛾 *Ptilodon robusta*（Matsumura）	— 1982. 7. 根河；阿尔山
149	拟扇舟蛾 *Pygaera timon*（Hubener）	山杨 1983. 6. 乌尔旗汉
150	艳金舟蛾 *Spatalia doerriesi* Graeser	蒙古栎 1983. 6. 大杨树
151	苹蚁舟蛾 *Stauropus persimilis* Butler	苹果；梨 — 阿尔山
（十五）	**波纹蛾科 Thyatiridae**	
152	日雾波纹蛾 *Achlya flavicornis jezoensis* Matsumura	— 1986. 5. 吉文
153	沤泊波纹蛾 *Bombycia ocularis* L.	杨树 1987. 7. 吉文；阿尔山
154	波纹蛾 *Thyatira batis* L.	草莓 1982. 6. 吉文
（十六）	**灯蛾科 Arctiidae**	
155	豹灯蛾 *Arctia caia*（L.）	落叶松；樟子松 1981. 7. 库都尔
156	排点灯蛾 *Diacrisia sannio*（L.）	石南属；山柳属；山萝卜属 1981. 8. 阿尔山
157	车前灯蛾 *Parasemia plantaginis* L.	落叶松；车前 1981. 7. 大杨树
158	斑灯蛾 *Pericallia matromula*（L.）	柳；忍冬 1981. 7. 吉文 阿尔山
159	亚麻篱灯蛾 *Phragmatobia flavia*（FUESSLY）	亚麻 1981. 8. 阿尔山
160	砌不离灯蛾 *Phragmatobia flavia*（Fuessly）	枸子属 1981. 8. 阿尔山
161	黑纹黄灯蛾 *Rhyparia leopardina*（Menetries ）	小麦 1983. 6. 乌尔旗汉
162	伪浑黄灯蛾（黄灯蛾）*Ryparia purpurata* L.	车前子 1981. 7. 阿尔山
163	黄臀黑污灯蛾 *Spilarctia caesarea*（Goeze）	柳；蒲公英 1981. 7. 阿尔山
164	污灯蛾 *Spilarctia lutea* Hufnagel	酸模属；车前属 1981. 7. 阿尔山；吉文
165	仿污灯蛾 *Spilarctia lubricipeda* L.	酸模 1996. 7. 乌尔旗汉
166	星白雪灯蛾 *Spilosoma menthastri*（Esper）	桑；甜菜；蓼 1981. 7. 阿尔山
167	白雪灯蛾 *Spilosoma niveus*（Menetries）	高梁；大豆 1981. 7. 大杨树
（十七）	**苔蛾蝌 Lithosiidae**	
168	头橙华苔蛾 *Agylla gigantea*（Oberthur）	— 1987. 7. 吉文
169	后褐土苔蛾 *Eilema flavociliata* Lederer	— 1996. 7. 乌尔旗汉
170	椭圆苔蛾 *Ihopterum ovala* Hampson	— 1996. 7. 乌尔旗汉
171	四点苔蛾 *Lithosia quadra*（L.）	樟子松 1981. 7. 阿尔山

（续）

序号	分类名称	调查植物、时间、地点
172	美苔蛾 *Miltochrista miniata* (Forster)	伞形花科 1982. 8. 乌尔旗汉
173	明痣苔蛾 *Stigmatophora mixans* (Btemer)	— 1983. 8. 乌尔旗汉
(十八)	**夜蛾科 Noctuidae**	
174	桃剑纹夜蛾 *Acronycta incretata* Hampon	桃;李;柳 1981. 7. 吉文;阿尔山
175	赛剑纹夜蛾 *Acronycta psi* L.	桦;李 1983. 7. 乌尔旗汉
176	桦剑纹夜蛾 *Acronycta alni* L.	桦属; 桤木属 1983. 7. 阿尔山
177	炫夜蛾 *Actinotia polyodon* Clerek	连翘属 1981. 6. 阿尔山
178	三叉地老虎 *Agrotis trifurca* Eversmann	栗;高梁等 1983. 8. 乌尔旗汉
179	警纹地夜蛾 *Agrotis exclamationis* L.	杂食性 1983. 7. 阿尔山
180	皱地老虎 *Agrotis corticea* schiffermuller	酸模 1981. 7. 乌尔旗汉
181	小地老虎 *Agrotis ypsiton* Rottemberg	杂食性 1982. 8. 乌尔旗汉
182	三角鲁夜蛾 *Amathes triangulum* Hufnagel	柳属 1981. 7. 吉文 ;阿尔山
183	八字地老虎 *Amathes cpnigrum* L.	杂食性 1982. 8. 绰尔;牙克石
184	大三角鲁夜蛾 *Amathes rollati* Lederer	杂食性 1985. 7. 绰尔
185	麦奂夜蛾 *Amphipoea fucosa* Freyer	小麦;大麦;玉米 1982. 8. 阿尔山
186	负秀夜蛾 *Apamea veterina* L.	— 1983. 8. 乌尔旗汉
187	北奂夜蛾 *Apamea ussuriensis* Petersen	— 1983. 8. 阿尔山
188	蔷薇扁身夜蛾 *Amphipyra perflua* Fabricius	蔷薇科;柳栎 1983. 7. 吉文
189	袜丫纹夜蛾 *Autographa excelsa* Kreschmar	— 1985. 8. 吉文
190	满丫纹夜蛾 *Autographa mandarina* Freyer	胡萝卜 1982. 7. 乌尔旗汉
191	碧夜蛾 *Bena fagana* L.	栎;山毛榉;榛 1983. 7. 乌尔旗汉
192	毛眼夜蛾 *Blepharita amica* Tritschke	稠李;乌头属 1981. 4. 伊图里河
193	离布冬夜蛾 *Bryomima extrita* Staudinger	— 1983. 8. 阿尔山
194	白斑散纹夜蛾 *Callopistria albomcula* Leech	— 1996. 6. 乌尔旗汉
195	欧夜蛾 *Callistege mi* Clerck	苜蓿属 1982. 8. 阿尔山
196	美金翅夜蛾 *Caloplusia hochenwarthi* Hochen warth	伞形花科 1996. 6. 乌尔旗汉
197	壶夜蛾 *Calyptra capucina* Esper	唐松草,梨,桃 1982. 8. 阿尔山,乌尔旗汉
198	羽壶夜蛾 *Calyptra capcina* Esper	唐松草 1982. 8. 阿尔山
199	缟赏夜蛾 *Catocala nupta* L.	杨;柳 1983. 9. 乌尔旗汉,吉文
200	红腹赏夜蛾 *Catocala pacta* (L.)	柳 1981. 7. 伊图里河
201	椴赏夜蛾 *Catocala lara* Bremer	椴 1996. 8. 乌尔旗汉
202	白肾赏夜蛾 *Catocala agitarix* Graeser	稠李;李 1981. 8. 阿尔山
203	溶金斑夜蛾 *Chrysaspidea conjuncta* Warren	— 1982. 7. 阿尔山 吉
204	稻金斑夜蛾 *Chrysaspidea festata* Graeser	稻 1981. 7. 阿尔山,吉文

（续）

序号	分类名称	调查植物、时间、地点
205	袜金斑夜蛾 *Chrysaspidea excelsa* Kretschmar	— 1996. 8. 乌尔旗汉
206	黑卡夜蛾 *Cherotis melanchoica* Lederer	— 1983. 8. 阿尔山 乌尔旗汉
207	融卡夜蛾 *Cherotis deplana* Freyer	— 1982. 7. 吉文
208	筱客来夜蛾 *Chrysorithrum flavomaculata* Bremer	豆科 1981. 7. 阿尔山
209	客来夜蛾 *Chrysorithrum amata* Bremer	胡枝子 1981. 7. 乌尔旗汉
210	美冬夜蛾 *Cirrhia fulvago* L.	柳子 1985. 8. 阿尔山
211	齿美冬夜蛾 *Cirrhia siphuncula* Hampson	— 1996. 6. 乌尔旗汉
212	黄紫美冬夜蛾 *Cirrhia togata* Esper	黄华柳 1982. 8. 吉文，库都尔，阿尔山
213	鼠色标夜蛾 *Colocasia albomacuda* Leech	— 1996. 6. 乌尔旗汉
214	大窠蓑蛾 *Cosmia variegata* Snellen	— 1985. 8. 库都尔
215	长冬夜蛾 *Cucullia elongata* (Butler)	菊科 1981. 7. 库都尔
216	碧银冬夜蛾 *Cucullia argentea* Hufnagel	— 1983. 7. 乌尔旗汉
217	艾菊冬夜蛾 *Cucullia tanaceti* Schiffermuller	艾菊，蒿 1983. 8. 阿尔山
218	黄条冬夜蛾 *Cucullia biornata* Fishcher	— — 乌尔旗汉
219	蒿冬夜蛾 *Cucullia fraudatrix* Eberamann	蒿 1985. 8. 吉文
220	富冬夜蛾 *Cucullia fuchsiana* Eversmann	艾 1996. 7. 乌尔旗汉
221	一点钻夜蛾 *Earias pudicana pupillana* Staudinger	杨；柳 1982. 8. 吉文
222	清夜蛾 *Enarfia paleacea* Esper	桦 1981. 4. 根河
223	栎光赏夜蛾 *Ephesia dissimilis* Bremer	—1981. 7. 图里河
224	柞光赏夜蛾 *Ephesia streckeri* Staudinger	蒙古栎 1982. 7. 阿尔山
225	白线缓夜蛾 *Eremobia decipiens* Alpheraky	—1983. 9. 阿尔山
226	希夜蛾 *Eucarta amethystina* Hubner	野胡萝卜；前胡属 1983. 6. 阿尔山
227	白边切夜蛾 *Euxoa oberthuri* Leech	农作物；车前 1983. 6. 阿尔山
228	岛切夜蛾 *Euxoa islandica* Staudimger	— 1985. 7. 乌尔旗汉；吉文
229	黑麦切夜蛾 *Euxoa tritici* L.	车前；黑麦 1982. 8. 阿尔山
230	东风夜蛾 *Eurois occulta* L.	报春属；蒲公英属 1981. 8. 吉文
231	清文夜蛾 *Eustrotia candodula* Schiffermuller	— 1996. 7. 乌尔旗汉
232	淡纹夜蛾 *Eustrotia olivana* Schiffermuller	早熟禾 1996. 7. 乌尔旗汉
233	异纹夜蛾 *Euchalcia vaviabius* Piller	狼毒 1996. 8. 乌尔旗汉
234	历切夜蛾 *Euxoa lidia* Cramer	— 1985. 7. 乌尔旗汉
235	槲犹夜蛾 *Eupsilia transversa* Hufangel	— 1996. 7. 乌尔旗汉
236	光赏夜蛾 *Ephesia fulminea* Scopoli	槲 1985. 7. 吉文
237	恭夜蛾 *Gonospileia munita* Hubner	— 1983. 6. 牙克石
238	齿恭夜蛾 *Gonospileia dentata* staudinger	— 1983. 6. 牙克石

（续）

序号	分类名称	调查植物、时间、地点
239	苏角剑夜蛾 *Gortyna amurensis* Staudinger	— 1982. 8. 阿尔山
240	健角夜蛾 *Gortyna fortia* butler	— 1982. 8. 阿尔山
241	花实夜蛾 *Heliothis ononis* Schiffermuller	芒柄花属 1981. 7. 乌尔旗汉
242	苜蓿夜蛾 *Heliothis viriplaca* Hufnagel	苜蓿；芒柄花 1981. 7. 阿尔山
243	网夜蛾 *Heliophobus reticulata* Goeze	麦瓶草；酸模 1981. 7. 阿尔山
244	杨逸色夜蛾 *Ipimorpha subtusa* Schiffermuller	杨；柳 1983. 5. 阿尔山；牙克石
245	肖毛翅夜蛾 *Lagoptera juno* Dalman	桦李 1982. 7. 乌尔旗汉
246	熏粘夜蛾 *Leucania fuliginosa* Haworth	杂草 — 乌尔旗汉
247	苇粘夜蛾 *Leucania pudorina* Schiffermuller	杂草 — 乌尔旗汉
248	模粘夜蛾 *Leucania pallens* L.	草 1983. 8. 乌尔旗汉；牙克石
249	粘虫 *Leucania separata* Walker	麦粟；稷等 1984. 7. 绰尔
250	比夜蛾 *Leucomelas juvenilis* Bremer	— 1981. 7. —
251	暗石冬夜蛾 *Lithopane ingrica* (Herrucg-schiffer)	桤木 1987. 6. 阿尔山
252	银锭夜蛾 *Macdunnoughia crassisigna* Wsrren	— 1996. 7. 乌尔旗汉
253	瘦银锭夜蛾 *Macdunnoughia confusa* Stephens	欧蓍；母菊 1982. 8. 牙克石
254	甘蓝夜蛾 *Mamestra brassicae* L.	甘蓝；白菜 1996. 8. 乌尔旗汉
255	摊巨冬夜蛾 *Meganephria tancrei* Graeser	— 1985. 9. 吉文
256	椴梦尼夜蛾 *Monima gothica* L.	椴；栎 1981. 6. 阿尔山
257	宽胫夜蛾 *Meliceptria scutosa* Schiffermuller	艾；藜 1981. 7. 乌尔旗汉
258	苹刺赏夜蛾 *Mormonia bella* Butler	苹果 1992. 7. 乌尔旗汉
259	栎刺赏夜蛾 *Mormonia dula* (Butler)	栎 1981. 7. 图里河
260	光腹夜蛾 *Mythimna turca* L.	杂草 1982. 7. 阿尔山
261	大光腹夜蛾 *Mythimna grandis* Butler	地杨梅属 1982. 7. 乌尔旗汉
262	拱模夜蛾 *Noctua chardingi* Boisduval	— 1982. 7. 库都尔；牙克石
263	芒胫夜蛾 *Nyssocnemis eversmanni* Lederer	— 1996. 8. 乌尔旗汉
264	缪狼夜蛾 *Ochropleura musiva* Hubner	野南芥；蒲公英 1983. 8. 阿尔山
265	翠色狼夜蛾 *Ochropleura praecox* L.	柳属 1981. 7. 库都尔
266	黑色狼夜蛾 *Ochropleura praecurrens* Staudinger	柳属 1983. 8. 乌尔旗汉；吉文
267	歌梦尼夜蛾 *Orthosia gothica* L.	栎；柳 1996. 5. 乌尔旗汉
268	梦尼夜蛾 *Orthosia incerta* Hufnagel	杨；栎等 1983. 5. 阿尔山
269	丰梦尼夜蛾 *Orthosia opima* Hubner	柳属；蔷薇属 1983. 5. 阿尔山
270	平嘴壶夜蛾 *Oraesia lata* Butler	柑桔；唐松草 1981. 7. 吉文；阿尔山
271	野爪冬夜蛾 *Oncocnemis campicola* Lederer	— 1996. 7. 乌尔旗汉
272	艳银钩夜蛾 *Panchrysia ornata* Bremer	— 1982. 8. 库都尔

（续）

序号	分类名称	调查植物、时间、地点
273	盼夜蛾 *Panthea coenobita* Esper	松 1983. 7. 吉文
274	围连环夜蛾 *Pergrapha circumducta* Lederer	— 1983. 5. 乌尔旗汉
275	紫金翅夜蛾 *Plusia chryson* Esper	泽兰属 1981. 7. 阿尔山
276	碧金翅夜蛾 *Plusia nadeja* Oberthur	— 1981. 8. 吉文
277	绿金翅夜蛾 *Plusia zosimi* Hubner	— 1983. 7. 乌尔旗汉
278	闪金夜蛾 *Plusidia cheiranthi* Tauscher	唐松草 1996. 8. 乌尔旗汉
279	白肾灰夜蛾 *Polia persicariae* L.	桦;柳 1981. 7. 阿尔山
280	桦灰夜蛾 *Polia contigua* Schiffermuller	桦;栎 1983. 8. 牙克石
281	锯灰夜蛾 *Polia w-latinum* Hufnagel	蓼属;繁缕属 1984. 8. 牙克石
282	灰夜蛾 *Polia nebulosa* Hufnagel	桦;柳;榆 1996. 7. 乌尔旗汉
283	蒙灰夜蛾 *Polia advena* Schiffermuller	— 1983. 7. 乌尔旗汉
284	唳灰夜蛾 *Polia cucubali* Schiffermuller	麦瓶草属 1983. 8. 阿尔山
285	红棕灰夜蛾 *Polia illoba* Butler	桑菊等 1982. 7. 阿尔山
286	白齿灰夜蛾 *Polia pisi* (L.)	柳 1982. 7. 阿尔山
287	阴灰夜蛾 *Polia satanella* Alperaky	— 1996. 6. 乌尔旗汉
288	印铜夜蛾 *Polychrysia moneta* Fabricius	乌头属 ;翠雀属 1981. 7. 库都尔
289	焰夜蛾 *Pyrrhia umbra* Hufnagel	烟 草;大豆 1981. 7. 阿尔山
290	波莽夜蛾 *Raphia peusteria* pungeler	— 1982. 6. 吉文
291	刺翅夜蛾 *Scotiopteryx tibabrix* L.	杨;柳 1996. 7. 乌尔旗汉
292	旋幽夜蛾 *Scotogramma trifolii* Rottemberg	亚麻 ;农作物 1982. 7. 吉文
293	角线寡夜蛾 *Siderdis conigera* Schiffermuller	杂食性 1983. 8. 阿尔山;乌尔旗汉
294	寡夜蛾 *Siderdis velutina* Eversmann	— 1983. 8. 乌尔旗汉
295	干纹冬夜蛾 *Staurophora celsia* L.	草 1982. 8. 吉文
296	蚕豆紫脖夜蛾 *Toxocampa viciae* Hubner	— 1985. 6. 吉文; 绰尔
297	直紫脖夜蛾 *Toxocampa recta* Bremer	— 1983. 7. 阿尔山;乌尔旗汉
298	镶夜蛾 *Trichosea champa* Moore	柃木 1996. 6. 乌尔旗汉
299	老木冬夜蛾 *Xylena vetusta* Hubner	飞廉属;麦瓶草属 1983. 10. —
300	富冬夜蛾 *Cucullia fuchsiana* Eversmann	——
301	晃剑纹夜蛾 *Acronicata leucocuspis* Butler	— 1984. 7. 乌尔旗汉
302	威剑纹夜蛾 *Acronicata digna* Butler	— 1983. 7. 阿尔山
(十九)	**毒蛾科 Lymantriidae**	
303	栎双线毒蛾 *Dasychira conjuncta* Wileman	栎 1981. 7. 吉文
304	杉茸毒蛾 *Dasychira abietis* (Schiffermuller)	云杉;落叶松等 1980. 7. 吉文
305	茸毒蛾 *Dasychira pudibunda* (Linnoeus)	桦;柳;杨;草本植物 1981. 7. 吉文

（续）

序号	分类名称	调查植物、时间、地点
306	舞毒蛾 *Lymantria dispar* L.	杨;柳;落叶松 1981.7. 吉文
307	松针毒蛾(模毒蛾) *Lymantria monacha* (L.)	桦;杨;落叶松 1981.7. 吉文
308	古毒蛾 *Drgyia gonostigma* (Linnaeus)	杨;桦;柳;落叶松 1981.7. 根河
309	角斑古毒蛾 *Orgyia gonostigma* (Linnaeus)	杨;桦;落叶松 1980.7. 阿尔山
310	灰斑古毒蛾 *Orgyia ericae* Germar	柳;杨 1981.7. 根河
311	盗毒蛾(黄尾毒蛾) *Porthesia similis* (Fueszly)	柳;桦;杨 1981.7. 阿尔山
312	雪毒蛾 *Stilpnotia salicis* (L.)	柳;杨 1981.6. 根河;阿尔山
(二十)	**桦蛾科 Endromididae**	
313	桦蛾 *Endromis versicolor* L.	松;桦;等 1996.7. 乌尔旗汉
二	**蝶类**	
(一)	**凤蝶科 Papilionidae**	
314	金凤蝶 *Papilio machaon* L.	— 1996.8. 乌尔旗汉
315	中华金凤蝶 *Papilio machaon venchuanus* Moonen	— 1996.5. 乌尔旗汉
316	柑橘凤蝶 *Papilio xuthus xuthus* L.	— 1996.5. 乌尔旗汉
(二)	**弄蝶科 Hesperiidae**	
317	黄翅银弄蝶 *Carterocephalus silbicola* (Meigen)	— 1996.5-6. 乌尔旗汉
318	宽边赭弄蝶 *Ochlodes ochracea* (Bremer)	— 1996.5-6. 乌尔旗汉
319	锦葵花弄蝶 *Pyrgus malvae malvae* (L.)	— 1996.5. 乌尔旗汉
320	链弄蝶 *Heteropterus morpheus* (Pallas)	— 1996.7. 乌尔旗汉
321	银弄蝶 *Carterocephalus palaemon* (Pallas)	— 1996.6. 乌乐旗汉
322	豹弄蝶 *Thymelicus leoninus* (Butler)	— 1981.8. 阿尔山
(三)	**绢蝶科 Parnassiidae**	
323	红珠绢蝶 *Parnassius bremeri* Bremer	— 1996.7. 乌尔旗汉
324	白绢蝶 *Parnassius glacialis* Butler	— 1996.7. 乌尔旗汉
(四)	**粉蝶科 Pieridae**	
325	绢粉蝶 *Aporia crataegi* (L.)	— 1996.5. 乌尔旗汉
326	橙黄豆粉蝶 *Colias fieldii* Menetries	— 1996.7. 乌尔旗汉
327	斑缘豆粉蝶 *Colias erate* (Esper)	— 1981.7. 根河
328	镏金豆粉蝶 *Colias chrysotheme* (Esper)	— 1981.7. 阿尔山;大杨树
329	钩粉蝶 *Gonepteryx rhamni* (L.)	— 1981.7. 阿尔山
330	突角小粉蝶 *Leptidea amurensis* (Menetries)	— 1996.5. 乌尔旗汉;牙克石
331	莫氏小粉蝶 *Leptidea morsei* Fenton	— 1996.6 乌尔旗汉
332	锯纹小粉蝶 *Leptidea serrata* Lee	— 1981.7. 阿尔山
333	菜粉蝶 *Pieris rapae* (L.)	— 1996.6. 乌尔旗汉

（续）

序号	分类名称	调查植物、时间、地点
334	暗脉菜粉蝶 *Pieris napi* L.	— 1981. 7. 阿尔山
335	云粉蝶 *Pontia daplidice*（L.）	— 1981. 8. 图里河
（五）	**眼蝶科 Satyridae**	
336	爱珍恨蝶 *Coenonympha oedippus*（Fabricius）	— 1996. 6. 乌尔旗汉
337	牧女珍眼蝶 *Coenonympha amaryllis*（Cramer）	— 1981. 7. 阿尔山
338	红眼蝶 *Erebia alcmena* Grum-Grshimailo	— 1996. 7. 乌尔旗汉
339	多眼蝶 *Kirinia epaminondas*（Staudinger）	— 1985. 7. 吉文
340	黄环链眼蝶 *Lopinga achine*（Scopoli）	— 1996. 7. 乌尔旗汉
341	斗毛眼蝶 *Lasiommata deidamia*（Eversmann）	— 1981. 7. 满归
342	华北白眼蝶 *Melanargia epimede*（Standinger）	— 1981. 7. 阿尔山；乌尔旗汉
343	蛇眼蝶 *Minois dryas*（Scopoli）	— 1981. 7. 大杨树
（六）	**蛱蝶科 Nymphalidae**	
344	柳紫闪蛱蝶 *Apatura ilia*（Denis et Schiffermuller）	— 1996. 7. 乌尔旗汉
345	布网蛱蝶 *Araschnia burejana*（ Bremer）	— 1996. 6. 乌尔旗汉
346	红老豹蛱蝶 *Argyronome ruslana*（Motschulsky）	— 1981. 7. 阿尔山
347	老豹蛱蝶 *Argyronome laodice*（Pallas）	— 1981. 6. 大杨树
348	绿豹蛱蝶 *Argynnis paphia*（L.）	— 1981. 7. 吉文
349	小豹蛱蝶 *Brenthis daphne*（Denis et Schiffermuller）	— 1996. 7. 乌尔旗汉
350	西冷珍蛱蝶 *Clossiana selenis*（Eversmann）	— 1996. 6. 乌尔旗汉
351	佛珍蛱蝶 *Clossiana freija*（Thunberg）	— 1981. 8. 阿尔山
352	青豹蛱蝶 *Damora sagana*（Dousleday）	— 1996. 7. 乌尔旗汉
353	灿福蛱蝶 *Fabriciana adippe* Denis et Schiffermuller	— 1996. 7. 乌尔旗汉
354	孔雀蛱蝶 *Inachis io*（L.）	— 1996. 5. 乌尔旗汉
355	红线蛱蝶 *Limenitis popnli*（L.）	— 1996. 6. 乌尔旗汉
356	网蛱蝶 *Melitaea diamina* Lang	— 1996. 6. 乌尔旗汉
357	黄缘蛱蝶 *Nymphalis antiopa* L.	— 1996. 5. 乌尔旗汉
358	黄环蛱蝶 *Neptis themis* Leech	— 1996. 7. 乌尔旗汉
359	白矩朱蛱蝶 *Nymphalis vau-album*（Schiffermuller）	— 1996. 7. 乌尔旗汉
360	单环蛱蝶 *Neptis revularis*（Scopoli）	— 1996. 6. 乌尔旗汉
361	小环蛱蝶 *Neptis sappho*（Pallas）	— 1996. 6. 乌尔旗汉
362	啡环蛱蝶 *Neptis philyra* Menetries	— 1981. 7. 甘河
363	银斑豹蛱蝶 *Speyeria aglaja*（L.）	— 1981. 7. 吉文
364	荨麻蛱蝶 *Aglais urticae* L.	— 1996. 5. 乌尔旗汉
（七）	**灰蝶科 Lycaenidae**	

（续）

序号	分类名称	调查植物、时间、地点
365	斑貉灰蝶 *Lyxaena virganreae* L.	— 1996.7. 乌尔旗汉
366	红珠灰蝶 *Lycaeides argyrognomon*（Bergstrasser）	— 1996.6. 乌尔旗汉
367	古灰蝶 *Palaeochrysophanus hippothoe*（L.）	— 1996.7. 乌尔旗汉
368	罕莱灰蝶 *Helleia hellc*（Denis et Schiffermuller）	— 1996.6 乌尔旗汉
369	蓝灰蝶 *Evers argiades hellotia* Menetries	— 1996.6 乌尔旗汉
370	珞灰蝶 *Scolitantides orion*（Pallas）	— 1996.5-6. 乌尔旗汉
371	多眼灰蝶 *Polyommatus eros* Ochsenheimer	— 1996.7. 乌光旗汉
372	黄灰蝶 *Japonica lutea*（Hewitson）	———
Ⅱ	**半翅目 Semiptorae**	
（一）	**蝽科 Pentatomidae**	
373	赤条蝽 *Graphosoma rubrolineata*（Westwood）	榆；栎 ——
374	红足真蝽 *Penlatoma rufipes*（L.）	杨；柳；桦；榆等 1981.6. 阿尔山
375	紫翅果蝽 *Carpocoris purpureipennis*（De Geer）	沙枣 ；小麦；萝卜等 ——
376	宽碧蝽 *Palomena viridissima*（Poda）	麻；玉米 ——
377	斑须蝽 *Dolycoris baccarum*（L.）	杂草 ——
378	菜蝽 *Eurydema dominulus*（Scopoti）	十字花科 ——
379	横纹菜蝽 *Eurydema gebleri* Kolenati	油菜 ——
（二）	**缘蝽科 Coreidae**	
380	亚姬缘蝽 *Corizus albomarginatus* Blote	— 1997.6. 阿里河
381	东方原缘蝽 *Coreus marginatus orientalis* Kiritshenko	蚊子草；龙牙草 ——
（三）	**同蝽科 Acanthosomatidae**	
382	直同蝽 *Elasmotethus imerstinstus*（L.）	榆等
（四）	**龟蝽科 Plataspidae**	
383	双痣圆龟蝽 *Coptosoma biguttula* Motschulsky	— 1997.6. 阿里河
（五）	**猎蝽科 Reduviidae**	
384	红足真猎蝽 *Harpactor rubomarginatus* Jakover	— 1997.6. 阿里河
（六）	**盲蝽科 Miridae**	
385	四斑苜蓿盲蝽 *Adelphocoris quaripunctatus*（Fabricius）	棉花；苜蓿 ——
386	苜蓿盲蝽 *Adelphocoris lineolatus*（Goeze）	苜蓿；牧草；杨柳科等 ——
387	三点盲蝽 *Adelphocoris fasiatico* llis Reuter	农作物；牧草 ——
Ⅲ	**鞘翅目**	
（一）	**天牛科 Cerambycida**	
388	曲纹花天牛 *Leptura arcuata* Panzer	— 1996.6. 乌尔旗汉
389	松十二斑花天牛 *Leptura duodelimguttata*（Fabricius）	— 1996.6. 乌尔旗汉

（续）

序号	分类名称	调查植物、时间、地点
390	橡黑天牛 *Leptuta aethiops* Poda	— 1996.8. 阿里河
391	云杉大黑天牛 *Monochamus urussovi*（Fischer）	— 1981.6. 阿尔山
392	云杉小墨天牛 *Monochamus sutor*（L.）	— 1996.8. 阿里河
393	四点象天牛 *Mesosa myops*	— 1981.6. 大杨树
394	六斑凸胸花天牛 *Judolia sexmaculata parllelopideda* Motschusky	— 1996.6. 乌尔旗汉
395	肿腿花天牛 *Oedecnema dubia* Fbricius	— 1996.6. 乌尔旗汉
396	云杉花黑天牛 *Monochamus saltuarius* Gebl.	— 1997.8. 阿里河
397	肿腿花天牛 *Oedecnema dubia* Fabricius	— 1997.8. 阿里河
398	松皮天牛 *Stenocorda alberti* Plavistikuv	— 1997.8. 阿里河
399	光胸函天牛 *Tetropium castaneum* L.	— 1997.8. 阿里河
400	桦虎天牛 *Xylotrechus clarinus* Bates	— 1997.8. 阿里河
401	青杨天牛 *Xylotrechus* rusticus L.	— 1997.8. 阿里河
402	小灰长角天牛 *Asanthocinus griseus* Fabricius	— 1997.8. 阿里河
403	苜蓿多节天牛 *Agapanthia amurensis* Kabricius	— 1997.8. 阿里河
404	阿尔泰天牛 *Amarysius altajensis* L.	— 1997.8. 阿里河
405	黑缘花天牛 *Anoplodera sequensi*（Reiteer）	— 1997.8. 阿里河
406	六斑缘花天牛 *Anoplodera sexmaculata* L.	— 1997.8. 阿里河
407	赤杨褐天牛 *Anoplodera rubradichroa* Blanch	— 1997.8. 阿里河
408	斑角花天牛 *Anoplodera variicoruis* Dalman	— 1997.8. 阿里河
409	隆纹函天牛 *Arhopalus quadricostulatus* Kraatz	— 1997.8. 阿里河
410	扁胸天牛 *Callidium violaceumkc* L.	— 1997.8. 阿里河
411	黄纹虎天牛 *Cyrtoclytus capra*（Germar）	— 1997.8. 阿里河
412	蓝金花天牛 *Gaurotes virginea* Thalassina	— 1997.8. 阿里河
（二）	**龙虱科 Dytiscidae**	
413	黄缘龙虱 *Cybister japonicas* Sharp	— 1986.7. —
414	*Rhantus pulverosus*Stephens	— 1997.8. 阿里河
（三）	**水龟虫科 Hydrophilidae**	
415	大水龟虫 *Hydrophilus acuminatus* Motsch	—1997.8. 阿里河
（四）	**芫菁科 Meleidae**	
416	绿芫菁 *Lytta caraqanae Pallas*	锦鸡儿 1981.6. 乌尔旗汉
（五）	**小蠹虫科 Scolytidae**	
417	云八齿小蠹 *Ips typographus* L.	云杉 落叶松 1981.7. 满归
418	落叶松八齿小蠹 *Ips subelongatus* Motschulsky	落叶松 1981.7. —
419	十二齿小蠹 *Ips sexdentatus* Boernet	落叶松;红松等 1981.6. 阿尔山

（续）

序号	分类名称	调查植物、时间、地点
420	白桦黑小蠹 *Scolytus amurensis* Egg	白桦 1996. 8. 阿里河
421	中穴星坑小蠹 *Pityogenes chalcographus* L.	阿里河— —
（六）	**叶甲科 Chrysomelidae**	
422	白杨叶甲 *Chrysomela populi* L.	杨树 1997. 8. 阿里河
423	*Chrysomela vigntipunctata* Scopoli	
424	赤杨叶甲 *Agelastica coerulea* Baly	—1997. 8. 阿里河
425	柳隐尖叶甲 *Cryptocephalus hieracii* Weise	—1997. 8. 阿里河
426	榆隐头叶甲 *Cryptocephalus lemniscatus* Suffrian	—1997. 8. 阿里河
427	斑腿隐头叶甲 *Cryptocephalus pustulipes* Menetries	—1997. 8. 阿里河
428	二点钳叶甲 *Labidostomis bipunctata* Mannerheim	—1997. 8. 阿里河
429	中华钳叶甲 *Labidostomis chinensis* Lefevre	—1997. 8. 阿里河
430	梨光叶甲 *Smaragdina semiaurantiaca* Fairmaire	—1997. 8. 阿里河
（七）	**花蚤科 Mordellidae**	
431	黑花蚤 *Mordella brachyura* Mulsant	—1997. 8. 阿里河
（八）	**斑金龟科 Trichiidae**	
432	虎皮斑金龟 *Trichius fasciatus* L.	—1997. 8. 阿里河
（九）	**象甲科 Curculiondae**	
433	杨干象 *Cryptorrhynchus lapathi* L.	—1997. 8. 阿里河
434	白毛松树皮象 *Hylobius albosparsus* Bohman	—1997. 7. 阿里河
（十）	**卷叶象甲科 Attelabidae**	
435	榛卷叶象甲 *Apoderus coryli* L.	—1997. 8. 阿里河
436	榛小卷叶象 *Apoderus erythropterus*（Zsch.）	—1997. 8. 阿里河
437	山杨卷叶象 *Byctiscus populia*（L.）	—1997. 8. 阿里河
（十一）	**吉丁虫科 Buprestidae**	
438	西伯利亚吉丁虫 *Buprestis sibirica* Fleich	—1996. 8. 阿里河
439	六星吉丁虫 *Chrysobothris offinis* Faburicius	—1996. 8. 阿里河
440	杨锦纹吉丁虫 *Poecilonota variolosa* Payk	—1996. 7. 阿里河
（十二）	**瓢虫科 Coccinellidae**	
441	多异瓢虫 *Adonia variegata*（Goeze）	—1996. 7. 阿里河
442	奇变瓢虫 *Aiolocaria mirabilis*（Motschulsky）	—1996. 7. 阿里河
443	七星瓢虫 *Coccimella septompuncitata* L.	—1996. 7. 阿里河
444	横带瓢虫 *Coccinella trifasciata* L.	—1996. 7. 阿里河
445	异色瓢虫 *Leis axyridis*（Pallas）	—1996. 7. 阿里河
446	龟纹瓢虫 *Propylaea japonica*（Thunberg）	—1996. 7. 阿里河

附件 19
呼伦贝尔草地昆虫名录

呼伦贝尔草地昆虫名录①

目	科	属	种名
直翅目 Orthoptera	斑腿蝗科 Catantopidae	翘尾蝗属 *Primnoa* F. -W.	白纹翘尾蝗 *Primnoa mandshurica*(Rme)
			北极翘尾蝗 *Primnoa arotica* Zhang et Jin
			翘尾蝗 *Primnoa primnoa* F. -W.
		无翅蝗属 *Zubovskia* Dov. -zip.	平尾无翅蝗 *Zubovskia planicaudata* Zhang et Jin
			柯氏无翅蝗 *Zubovskia koeppeni* (Zub.)
		星翅蝗属 *Calliptamus* Serville	短星翅蝗 *Calliptamus abbreviatus* Ikonn.
	斑翅蝗科 Oedipodidae	异痂蝗属 *Bryodemella* Yin	黄胫异痂蝗 *Bryodemella holdereri holdereri* (Krauss)
			轮纹异痂蝗 *Bryodemella tuberculatum dilutum* (Stoll)
		痂蝗属 *Bryodema* Fieber, 1853	白边痂蝗 *Bryodema luctuosum luctuosum* (Stoll) , 1813
		邹膝蝗属 *Angatacris* Bey-Bienko, 1930	红翅皱膝蝗 *Angaracris rhodopa* (Fischer-Walheim) , 1846
			鼓翅皱膝蝗 *Angaracris barabensis* (Pallas) , 1773
		草绿蝗属 *Parapleurus* Fischer, 1853	草绿蝗 *Parapleurus alliaceus* (Germar) , 1817
		尖翅蝗属 *Epacromius* Uvarov, 1942	大垫尖翅蝗 *Epacromius coerulipes* (Ivanov) , 1887
		小车蝗属 *Oedaleus* Fieber, 1853	亚洲小车蝗 *Oedaleus decorus asiaticus* Bei-Bienko, 1941
		赤翅蝗属 *Celes* Saussure, 1884	小赤翅蝗 *Celes skalozubovi* Adelung, 1906
	网翅蝗科 Arcypteridae	跃度蝗属 *Podismopsis* Zubovsky, 1899	呼盟跃度蝗 *Podismopsis humengensis* Zheng et Lian, 1988
			四声跃度蝗 *Podismopsis quadrasonita* Zhang et Jin, 1985
			曲线跃度蝗 *Podismopsis sinucarinata* Zheng et Lian, 1985
			短尾跃度蝗 *Podismopsis brachycaudata* Zhang et Jin, 1985
		曲背蝗属 *Pararcyptera* Tarbinsky, 1930	宽翅曲背蝗 *Pararcyptera microptera meridionalis* (Ikonnikov) , 1911
		牧草蝗属 *Omocestus* I. Bolivar, 1878-1879	绿牧草蝗 *Omocestus viridulus* (Linnaeus) , 1758
			红腹牧草蝗 *Omocestus haemorrhoidalis* (Charpentier) , 1825
			曲线牧草蝗 *Omocestus petraeus* (Brisout-Barneville) , 1855
		邹蝗属 *Chorthippus* Fieber, 1852	中华雏蝗 *Chorthippus chinensis* Tharbinsky, 1927
			白边雏蝗 *Chorthippus albomarginatus* (De Geer) , 1773
			中宽雏蝗 *Chorthippus apricarius* (L.) , 1758
			黑背雏蝗 *Chorthippus ateridorsus* Jia et Liang, 1995
			华北雏蝗 *Chorthippus brunneus huabeiensis* Xia et Jin, 1982

① 吴虎山, 2006.

（续）

目	科	属	种名
			挟翅雏蝗 *Chorthippus dubius*（Zubovsky）,1898
			北方雏蝗 *Chorthippus hammarstroemi*（Miram）1906
			黑龙江雏蝗 *Chorthippus heilongjiangensis* Lian et Zheng,1987
			根河雏蝗 *Chorthippus genheensis* Li et Yin,1987
			红翅雏蝗 *Chorthippus rufipennis* Jia et Liang,1995
			小翅雏蝗 *Chorthippus fallax*（Zubovsky）,1899
			大兴安岭雏蝗 *Chorthippus dahinganlingensis* Lian et Zheng,1987
		异抓黄属 *Euchorthippus* Tarbinsky,1925	邱氏异爪蝗 *Euchorthippus cheui* Hsia,1965
黑藤异爪蝗 *Euchorthippus fusigeniculatus* Jin et Zhang,1983			绿异爪蝗 *Euchorthippus herbaceus* Zhang et Jin,1985
			素色异爪蝗 *Euchorthippus unicolor*（Ikonn.）,1913
	槌角蝗科 Gomphoceridae	大足蝗属 *Aeropus* Gistel,1848	李氏大足蝗 *Aeropus licenti* Chang,1939
		棒角蝗属 *Dasyhippus* Uv.,1930	毛足棒角蝗 *Dasyhippus barbipes*（F.-W.,1846）
		蚁蝗属 *Myrmeleotettix* I. Bol,1914	宽须蚁蝗 *Myrmeleotettix palpalis*（Zub.,1900）
		蛛蝗属 *Aeropedellus* Heb. 1935	宽隔蛛蝗 *Aeropedellus ampliseptus* Liang et Jia,1992
	剑角蝗科 Acrididae	迷蝗属 *Confusacris* Yin et Li,198	素色迷蝗 *Confusacris unicolor* Yin et Li,1987
		金色蝗属 *Chrysacris* Zheng,1983	呼盟金色蝗 *Chrysacris humengensis* Ren,Zhang et Zheng,1993
			绿金色蝗 *Chrysacris viridis* Lian et Zheng,1987
	蚱科 Tetrigidae	蚱属 *Tetrix* Latreille	波纹股蚱,新种 *T. sinufemoralis* Liang sp. nov
			佛蚱 *T. fuliginosa*（Zetterstedt）
			亚锐隆背蚱 *T. tartara subacuta* B.-Bienko
			凹额蚱,新种 *T. cavifrontalis* Liang sp. nov
			仿蚱 *T. simulans*（B.-Bienko）
			日本蚱 *T. japonica*（Bolivar）
	螽斯科 Tettigoniidae		中华草螽 *Conocephalus chinensis* Redtenbacher
			日本草螽 *C. japonicus* Redtenbacher
			黑头螽斯 *Decticus nigrescens* Tarbinsky
			蒙古硕螽 *Deracantha mongolica* Cejchan
			北方硕螽（懒螽）*D. onos* Pallas
			小硕螽 *Deracanthella verrucosa*（Fischer-Waldheim）
			中华管树螽 *Ducetia chinensis*（Brunner）
			贝氏鸣螽 *Gampsocleis beybienkoi* Cejchan
			短翅鸣螽（响叫螽斯）*G. grafiosa* Brunner
			大鸣螽 *G. ratiosa* Brunner
			塞氏鸣螽 *G. sedakovi sedakovi*（Fischer-Waldheim）
			塞氏鸣螽（暗色亚种）*C. sedakovi obscura*（Walker）
			乌苏里鸣螽 *G. ussuriensis* Adelung
			绿色迷螽 *Metrioptera bicolor*（Phil.）
			罗氏迷螽 *M. roeseli* Hagenbach
			薄翅树螽 *Phaneroptera falcata*（Poda）
			山地盾螽 *Platycleis montana* Kollar

（续）

目	科	属	种名
			褐盾螽 *P. timini*（Pylnov）
			北方尖头螽（亮绿尖头螽）*Ruspolia nitidula* Scopoli
			达乌里尤螽 *U. daurica* Uvarov
			鼓翅鸣螽 *Uvarovites inflatus*（Uvarov）
同翅目 Homoptera	沫蝉科 Cercopidae		鞘翅圆沫蝉 *Lepyronia coleoprata*（Linnaenus）
	叶蝉科 Cicadellidae		大青叶蝉 *Tettigella viridis*（Linnaenus）
			二点叶蝉 *Cicadula fasciifrons*（Stal）
			四点叶闸 *Macrosteles quardrimaculatus*（Matsumura）
			黑尾叶蝉 *Nephotettix cincticeps*（Uhler）
			稻叶蝉 *Deltocephalus oryzae*（Matsumura）
	蚜科 Aphididae		玉米蚜虫 *Rhopalosiphum maidis*（Fitch）
			禾谷缢管蚜 *Rhopalosiphum padi*（Linnaeus）
			豆蚜（苜蓿蚜）*Aphis craccivora*（Koch）
半翅目 Hemiptera	盲蝽科 Miridae		离垫盲蝽 *Acrotelus* sp.
			四点苜蓿盲蝽 *Adelphocoris quadripunctatus*（Fabricius）
			苜蓿盲蝽 *Adelphocoris lineolatus* Goeze
			淡须苜蓿盲蝽 *Adelphocoris reicheli* Fieber
			宗苜蓿盲蝽 *Adelphocoris rufescens* Hsiao
			中黑苜蓿盲蝽 *Adelphocoris suturalis* Jakovlev
			三环苜蓿盲蝽 *Adelphocoris triannulatus*（Stal）
			长领盲蝽 *Capsodes gothicus*（Linnaeus）
			原盲蝽 *Capsus* sp.
			小黑盲蝽 *Chlamydatus pullus* Reuter
			大黑食蚜盲蝽 *Deraeocoris ater* Jakovlev
			黑食蚜盲蝽 *Deraeocoris punctulatus*（Fallen）
			小垫盲蝽 *Eurycolpus* sp.
			跳盲蝽 *Halticus* sp.
			脊顶盲蝽 *Hypseloecus* sp.
			绿丽盲蝽 *Lygocoris lucorum*（Meyer-Dur）
			顶窝盲蝽 *Monosynamma* sp.
			直头盲蝽 *Orthocephalus* sp.
			短角异盲蝽 *Polymerus brevicornis*（Reuter）
			红楔异盲蝽 *Polymerus cognatus*（Fieber）
			植盲蝽 *Phytocoris* sp.
			杂盲蝽 *Psalluis* sp.
			斑异盲蝽 *Polymerus unifasciatus*（Fallen）
			三刺狭盲蝽 *Stenodema trispinosum* Reuter
			条赤须盲蝽 *Trigonotylus coelestialium*（Kirkaldy）
			大赤须盲蝽 *Trigonotylus major* Zheng

（续）

目	科	属	种名
			赤须盲蝽 *Trigonotylus ruficornis*（Geoffroy）
			纹头盲蝽 *Tinicephallus* sp.
	姬蝽科 Nabidae		黄缘修姬蝽 *Dolichonabis flavomarginatus*（Scholtz）
			类原姬蝽亚洲亚种 *Nabis feroides mimoferus* Hsiao
			塞姬蝽 *Nabis palifer*（Seidenstucker）
			淡色姬蝽 *Nabis sinoferus* Hsiao
			华姬蝽 *Nabis sinoferus* Hsiao
	长蝽科 Lygaeidae		大莎长蝽 *Cymus glandicolor* Hahn
			短胸叶缘长蝽 *Emblethis brachynotus* Horvath
			碱长蝽 *Engistus* sp.
			白边大眼长蝽 *Geocoris grylloides*（Linnaeus）
			黑大眼长蝽 *Geocoris itonis* Horvath
			盐长蝽 *Henestaris oschanini* Bergroth
			琴长蝽 *Ligyrocoris sylvestris*（Linnaeus）
			角红长蝽 *Lygaeus hanseni* Jakovlev
			丝光小长蝽 *Nysius thymi*（Wolff）
			斑腹直缘长蝽 *Ortholomus punctipennis*（H. -S.）
			狭缘长蝽 *Peritrechus convivus*（Stl）
			短翅修长蝽 *Pterometus staphyliniformis*（Schilling）
			白边地长蝽 *Rhyparochromus adspersus* Mulsant et Ray
			松地长蝽 *Rhyparochromus pini*（Linnaeus）
	缘蝽科 Coreidae		颗缘蝽 *Coriomeris scabricornis* Panzer
			东方原缘蝽 *Coreus marginatus orientalis* Kiritshenko
			嗯缘蝽 *Enoplops sibiricus* Jakovlev
	姬缘蝽科 Rhopalidae		离缘蝽 *Chorosoma brevicolle* Hsiao
			异角迷缘蝽 *Myrmus calcaratus* Reuter
			黄边迷缘蝽 *Myrmus lateralis* Hsiao
			黄伊缘蝽 *Rhopalus maculates*（Fieber）
			欧环缘蝽 *Stictopleurus punctatonervosus*（Goeze）
			伟环缘蝽 *Stictopleurus viridicatus*（Uhler）
	蝽科 Pentatomidae		西北麦蝽 *Aelia sibirica* Reuter
			麦蝽 *Aelia* sp.
			实蝽 *Antheminia pusiolongicep*（Reuter）
			多毛实蝽 *Antheminia varicornis*（Jakovlev）
			紫翅果蝽 *Carpocoris purpureipennis*（De Geer）
			东亚果蝽 *Carpocoris seidenstuckeri* Tamanini
			斑须蝽 *Dolycoris baccarum*（Linnaeus）
			菜蝽 *Eurydema dominulus* Scopoli
			横纹菜蝽 *Eurydema gebleri* Kolenati
			赤条蝽 *Graphosoma rubrolineata*（Westwood）

（续）

目	科	属	种名
			小舌蝽 *Neottiglossa pusilla*（Gmelin）
			红足真蝽 *Pentatoma rufipes*（Linnaeus）
			双刺益蝽 *Picromerus bidens*（Linnaeus）
			珠蝽 *Rubiconis intermedia*（Linnaeus）
			片蝽 *Sciocoris* sp.
			黑斑二星蝽 *Stollia gibbasus*（Jakovlev
			蓝蝽 *Zicrona caerula*（Linnaeus）
	同蝽科 Acanthosomatidae		直同蝽 *Elasmostethus interstinctus*（Linnaeus）
	盾蝽科 Scutelleridae		扁盾蝽 *Eurygaster testudinarius*（Geoffroy）
			邹盾蝽 *Phimodera distincta*（Jakovlev）
	龟蝽科 Plataspidae		双痣缘龟蝽 *Coptosoma biguttula*（Motschulsky
鞘翅目 Coleoptera	芫菁科 Meloidae		黄绿豆芫菁 *Epicauta ambusta*（Pallas）
			大头豆芫菁 *Epicauta megalocephala* Gebler
			暗头豆芫菁 *Epicauta abscurocephala* Reitter
			绿芫菁 *Lytta caraganae* Pallas
			短胸短翅芫菁 *Meloe brevicollis* Panzer
			纤斑芫菁 *Mylabris pusilla* Oliv.
			丽斑芫菁 *Mylabris speciosa*（Pallas）
			斑芫菁 *Mylabris* sp.
	鳃金龟科 Melolonthidae		东北大黑鳃金龟 *Holotrichia diomphalia* Bates
			暗黑鳃金龟 *Holotricha parallela* Motsch.
			斑单爪鳃金龟 *Hoplia aureola* Pallas
			胫绢金龟 *Maladera* sp.
	天牛科 Cerambycidae		大麻多节天牛 *Agapanthia daurica*（Ganglbauer）
			黑缘花天牛 *Anoplodera sequensi*（Reitter）
			槐绿虎天牛 *Chlorophorus diadema*（Motschulsky）
			黄纹曲天牛 *Cyrtoclytus capra*（Germar）
			红缝草天牛 *Eodorcadion chinganicum*（Suvorov）
			肩脊草天牛 *Eodorcadion humerdale*（Gebler）
			小黑天牛 *Eodorcadion involvens*（Fischer-waldheim）
			复纹草天牛 *Eodorcadion oryx*（Jakovlev）
			异筒天牛 *Oberea herzi* Ganglbauer
			灰翅筒天牛 *Oberea oculata*（Linnaeus）
			黄带多带天牛 *Polyzonus fasciatus*（Fabricius）
			栎瘦花天牛 *Strangalia attenuata*（Linnaeus）
			云杉大墨天牛 *Monochamus urussovi*（Fischer）
			云杉小墨天牛 *Monochamus sutor*（Linnaeus）
	负泥虫科 Crioceridae		十二点负泥虫 *Crioceris duodecimpunctata* L.
			十四点负泥虫 *Crioceris quotuodecempunctata* Scopoli

（续）

目	科	属	种名
			小麦负泥虫 *Oulema erichsoni* Suffrian
	锯角叶甲科 Clytridae		粗背锯角叶甲 *Clytra quadripunctata* L.
			亚洲切头叶甲 *Coptocephala asiatica* Chujo
			中华钳叶甲 *Labidostomis chinensis* Lefecre
			东方钳叶甲 *Labidostomis orientalis* Chujo
			菱斑光叶甲 *Smaragdina labilis* (Weise)
	隐头叶甲科 Cryptocephalidae		黑斑瘾头叶甲 *Cryptocephalus agnus* Weise
			俏隐头叶甲 *Cryptocephalus amiculus* Baly
			斑额隐头叶甲 *Cryptocephalus kulibini* Gebler
			绿蓝隐头叶甲 *Cryptocephalus regalis cyanescens* Weise
			斑鞘隐头叶甲 *Cryptocephalus regalis regalis* Gebler
			黑纹隐头叶甲 *Cryptocephalus semenovi* Weise
			黄臂短柱叶甲 *Pachybrachys ochropygus* Solsky
			花背短柱叶甲 *Pachybrachys scriptidorsum* Marseul
	叶甲科 Chrysomelidae		漠金叶甲 *Chrysolina aeruginosa* (Fald.)
			蒿金叶甲 *Chrysolina aurichalsea* (Mann.)
			薄荷金叶甲 *Chrysolina exanthematica* (Wied.)
			黑缝角胫叶甲 *Gastrophysa mannerheimi* (Stal)
	萤叶甲科 Galerucidae		豆长刺萤叶甲 *Atrachya meneties* (Faldermann)
			胡枝子克萤叶甲 *Cneorane violacepennis* Allard
			克萤叶甲 *Cneorane* sp.
			黄腹埃萤叶甲 *Exosoma flaviventris* (Mots.)
			戴利萤叶甲 *Galeruca dahli dahli* Joann
			戴利多脊萤叶甲 *Galeruca dahli vicina* Solsky
			韭萤叶甲 *Caleruca reichardti* Jacobson
			艾菊萤叶甲 *Caleruca tanaceti* Mots.
			睡莲小萤叶甲 *Calerucella nymphaea* (L.)
			贺萤叶甲 *Hoplasoma* sp.
			钟形绿萤叶甲 *Lochmaea capreae* L.
			双斑长跗萤叶甲 *Monolepta hieroglyphica* (Mots.)
			四斑长跗萤叶甲 *Monolepta quadriguttata* (Mots.)
			长跗萤叶甲 *Monolepta* sp.
			显红长跗萤叶甲 *Monolepta subrabra* Chen
			阔胫萤叶甲 *Pallasiola absinthii* (Pallas)
			毛萤叶甲 *Pyrrhalta* sp.
	跳甲科 Halticidae		朴草跳甲 *Altica coerulescens* (Baly)
			地榆跳甲 *Altica sanguisobae* Ohno
			大戟刺跳甲 *Aphthona chinchili* Chen
			弗侧刺跳甲 *Aphthona foudrasi* Jac.
			北京侧刺跳甲 *Aphthona licentana* Chen

（续）

目	科	属	种名
			双色侧刺跳甲 *Aphthona semicyanea* All.
			点行侧刺跳甲 *Aphthona seriata* Chen
			脊凹胫跳甲 *Chaetocnema costulata* Motschulsky
			小凹胫跳甲 *Chaetocnema tibialis* Illig
			光背长跗跳甲 *Longitarsus nitidus* Jac.
			毛长跗跳甲 *Longitarsus pubescens* Weise
			沟尾长跗跳甲 *Longitarsus tabidus orientalis* Jac.
			棕足长跗跳甲 *Longitarsus tsinicus* Chen
			葱黄寡毛跳甲 *Luperomorpha suturalis* Chen
			蚤跳甲 *Psylliodes* sp.
			黄曲条跳甲 *Phyllotrotrela viltata* (Faabricius)
			直条跳甲 *Phyllotrotrela viltata* (Redtenbocher)
	象甲科 Curculionidae		黑胸卷象 *Apoderus erythropterus* Zschach
			圆锥绿象 *Chlorophanus circumcinctus* Gyllenhyl
			甘肃绿象 *Chlorophanus kansuanus* Marshall
			西伯利亚绿象 *Chlorophanus sibiricus* Gyllenhyl
			绿象类 *Chlorophanus* spp.
			欧洲方喙象 *Cleonus piger* Scopoli
			黄柳叶喙象 *Diglossotrox mannerheimi* Popoff
			蒙古叶象 *Hypera mongolica* Motschulsky
			漏芦菊花象 *Larinus scabrirostris* Faldermann
			金绿树叶象 *Phyllobius viridearis* Laichart
			淡绿球胸象 *Piazomias breviusculus* Fairmaire
			金绿球胸象 *Piazomias virescens* Boheman
			黑龙江根瘤象 *Sitona amurensis* Faust
			细纹根瘤象 *Sitona lineelus* Bonsdorff
			卵圆根瘤象 *Sitona ovipennis* Hochhuth
			峰喙象 *Stelorrhinoides freyi* (Zumpt)
			冠象类 *Sterphanocleonus* spp.
鳞翅目 Lepid2optera	巢蛾科 Yponomeutidae		苹果巢蛾 *Yponomeuta padella* Linnaeus
	螟蛾科 Pyraustidae		白条野草螟 *Agriphila selasella* Hubner
			银光草螟 *Crambus perlellus* (Scopoli)
			二点织螟 *Aphimia zelleri de* Joannis
			糜禾草螟 *Chilo panici* Wang et Sung
			柞褐叶螟 *Datanoides fasciata* (Butler)
			蒙古黑斑螟 *Epischnia mongolica* Amsel
			禾薄翅野螟 *Evergestis frumentalis* Linnaeus
			黄绿网野螟 *Loxostege sulphuralis* Hubner
			斜斑网野螟 *Loxostege turbidalis* (Treitschke)

（续）

目	科	属	种名
			草地螟 *Coxostege sricticalis* Linnaeus
			波纹细野螟 *Microstega pandalis* Hubner
			阔翅玉米螟 *Ostrinis latipennis*（Warren）
			玉米螟 *Ostrina furnacalis* Guenee
			三点茎草螟 *Pediasia mixtalis*（Walker）
			红云翅斑螟 *Salebria semirubella*（Scopoli）
			沙草禾螟 *Schoenobius forficellus* Thunberg
			白禾螟 *Scirpophaga praelata* Scopoli
			金翅亮斑螟 *Selagia argyrella*（Denis et Schiffermuller）
			褐翅亮斑螟 *Selagia spadicella* Hubner
			伞锥额野螟 *Sitochroa palealis*（Schiffermuller et Denis）
			尖锥额野螟 *Sitochroa verticalis*（Linnaeus）
			栎色尖草螟 *Talis quercella* Denis et Schiffermuller
			亮光黄草螟 *Xanthocrambus lucollus*（Herrich-Schaffer）
	卷蛾科 Tortricidae		棉双斜卷蛾 *Arehips issikii kodama*
			暗褐卷蛾 *Pandemis phalopteron* Razowaski
	枯叶蛾科 Lasiocampidae		稠李毛虫 *Amurilla subpurpurea* Butler
			黄斑波纹杂毛虫 *Cyclophragma undans fasciatella* Menetries
			李枯叶蛾 *Gastropacha quercifolia* L.
			灰褐枯叶蛾 *Macrothylacia rubi* L.
	尺蛾科 Geometridae		带金星尺蛾 *Abraxas karafutonis* Matsumura
			斑鹿尺鹅 *Alcis maculata* Staudinger
			李尺蛾 *Angerona prunria*（Linnaeus）
			白大造桥虫 *Ascotis selenaria*（Staudinger）
			淡沙黄尺蛾 *Aspitates albaria* Bartel
			山枝子尺蛾 *Aspitates geholaria* Oberthur
			沙黄尺蛾 *Aspitates gilvaria*（Denis et Schiffermuller）
			桦尺蛾 *Biston betularia*（Linnaeus）
			白珂尺蛾 *Coenotephria umbrifera*（Butler）
			双斜线尺蛾 *Conchia mundataria*（Stoll）
			荒尺蛾 *Ematurga atomaria*（Linnaeus）
			郁洲尺蛾 *Epirrhoe tristata*（Linnaeus）
			淡纹尺蛾 *Eulithis pyraliata*（Denis et Schiffermuller）
			云纹尺蛾 *Eulithis pyropata*（Hubner）
			斜翅小花尺蛾 *Eupithecia sinuosaria obliquaria* Leech
			暗蝶青尺蛾 *Geometra papilionaria herbacearia* Menetries
			净无缰青尺蛾 *Hemistola chrysoprasaria*（Esper）
			层界尺蛾 *Horisme stratata*（Wileman）
			维界尺蛾 *Horisme vitalbata staudingeri* Prout
			白壮暮尺蛾 *Hypomecis roboraria displicens*（Butler）

（续）

目	科	属	种名
			半驼菲尺蛾 *Pareulype taczanowskiaria*（Oberthur）
			驼尺蛾 *Pulerga comitata*（Linnaeus）
			唐松草尺蛾 *Perizoma sagittata albiflua*（Prout）
			黑白汝尺蛾 *Rheumaptera hastata rikovskensis*（Matsumura）
			波纹汝尺蛾 *Rheumaptera undlata*（Linnaeus）
			杨姬尺蛾 *Scopula caricaria* Reutti
			银岩尺蛾 *Scopula coniaria*（Prout）
			麻岩尺蛾 *Scopula nigropunctata subcandidata* Walker
			黑缘岩尺蛾 *Scopula virgulata*（Denis et Schiffermuller）
			庶尺蛾 *Semiothisa* sp.
			褐脉粉尺蛾 *Siona lineata* Scopoli
			伐尺蛾 *Synopsidia phasidaria*（Rogenhofer）
			波翅青尺蛾 *Thalera chlorasaria* Graeser
			肖二线绿尺蛾 *Thetidia chlorophyllaria*（Hedyemann）
			白点二线绿尺蛾 *Thetidia smaragdaria*（Fabricius）
			玫尖紫线尺蛾 *Timandra apicirosea*（Prout）
			曲紫线尺蛾 *Timandra comptaria* Walker
			红边紫线尺蛾 *Timandra griseata* Petersen
			浩紫线尺蛾 *Timandra paralias*（Prout）
			雅潢尺蛾 *Xanthorhor deflorata*（Erschoff）
			暗褐潢尺蛾 *Xanthorhor quadrifaseiata*（Clerek）
			带潢尺蛾 *Xanthorhor stupida aridela*（Prout）
			黑点尺蛾 *Xenortholitha propinguata suavata*（Christoph）
	天蛾科 Sphingidae		黄脉天蛾 *Amorpha amurensis* Staudinger
			深色白眉天蛾 *Celerio gallii*（Rottemburg）
			白环红天蛾 *Pergesa askoldensis*（Oberthur）
			红天蛾 *Pergesa elpenor lewisi*（Butler）
			疆闭红天蛾 *Pergesa porcellus sinkiangensis* Chu et Wang
			杨目天蛾 *Smerithus caecus* Mengetries
			红节天蛾 *Sphinx ligustri constricta* Butler
	天社蛾科 Notodontidae		杨二尾舟蛾 *Cerura menciana* Moore
			腰带燕尾舟蛾 *Furcula lanigera*（Butler）
			杨剑舟蛾 *Pheosia fusiformis* Matsumura
	鹿蛾科 Ctenuchidae		橙带鹿蛾 *Amata caspia*（Staudinger）
			黑鹿蛾 *Amata ganssuensis*（Grum-Grshimailo）
	灯蛾科 Arcttidae		筛灯蛾 *Coscinia cribraria*（Linnaeus）
			石南筛灯蛾 *Coscinia striata*（Linnaeus）
			排点灯蛾 *Diacrisia sannio*（Linnaeus）
			斑灯蛾 *Pericallia matronula*（Linnaeus）
			亚麻篱灯蛾 *Phragmatobia fuliginosa*（Linnaeus）

（续）

目	科	属	种名
			黑纹黄灯蛾 *Rhyparia leopardina*（Menetries）
			黄灯蛾 *Rhyparia purpurata*（Linnaeus）
	夜蛾科 Noctuoidea		威剑纹夜蛾 *Acronicta digna* Butler
			荒夜蛾 *Agroperina lateritia* Hufnagel
			警纹地老虎 *Agrotis exclamationis*（Linnaeus）
			黄地老虎 *Agrotis segetum*（Schiffermuller）
			三叉地老虎 *Agrotis trifurca* Eversmann
			小地老虎 *Agrotis ypsilon*（Rottemberg）
			鲁夜蛾 *Amathes baja*（Schiffermuller）
			八字地老虎 *Amathes cnigrum*（Linnaeus）
			兀鲁夜蛾 *Amathes ditrapezium*（Schiffermuller）
			大三角鲁夜蛾 *Amathes kollari* Lederer
			宁妃夜蛾 *Aleucanitis saisani* Staudinger
			麦央夜蛾 *Amphipoea fucosa* Freyer
			仿爱夜蛾 *Apoqestes spectrum* Esper
			辉夜蛾 *Arsilonche albovenosa*（Goeze）
			大丫纹夜蛾 *Autographa macrogamma*（Eversmann）
			满丫纹夜蛾 *Autographa mandarina* Freyer
			黑点丫纹夜蛾 *Autographa nigrisigna* Walker
			壶夜蛾 *Calyptra capucina* Esper
			溶金斑夜蛾 *Chrysaspdia conjuncta* Warren
			袜纹夜蛾 *Chrysaspdia excelsa* Kretschmar
			稻金斑夜蛾 *Chrysaspdia festata* Graeser
			客来夜蛾 *Chrysorithrum amata* Bremer
			筱客来夜蛾 *Chrysorithrum flavomaculata* Bremer
			黄紫美冬夜蛾 *Cirrhia togata* Esper
			嗜蒿冬夜蛾 *Cucullia artemisiae* Hufnagel
			蒿冬夜蛾 *Cucullia fraudulatrix* Eversmann
			梭冬夜蛾 *Cucullia lucifuga* Hubner
			黑颈夜蛾 *Eccrita ludicra* Hubner
			谐夜蛾 *Emmelia traberlis* Scopoli
			希夜蛾 *Eucarta amethystina* Hubner
			东风夜蛾 *Eurois occulta*（Linnaeus）
			清文夜蛾 *Eustrotia candidula* Schiffermuller
			白肾文夜蛾 *Eustrotia martjanovi* Tschetverikov
			淡文夜蛾 *Eustrotia olivana* Schiffermuller
			文夜蛾 *Eustrotia uncula* Clerck
			岛切夜蛾 *Euxoa islandica rossica*（Staudinger）
			齿恭夜蛾 *Gonospileia dentata* Staudinger
			鳞角夜蛾 *Goonallica virgo* Treitschke

（续）

目	科	属	种名
			健角剑夜蛾 *Gortyna fortis* Butler
			网夜蛾 *Heliophobus reticulata* Goeze
			花实夜蛾 *Heliophobus ononis* Schifferumller
			苜蓿实夜蛾 *Heliophobus viriplaca* Hufnagel
			蛮夜蛾 *Helotropha leucostigma* Hubner
			后甘夜蛾 *Hypobarathra icterias* Everamann
			艺夜蛾 *Hyssia cavernosa* Eversmann
			衍陆夜蛾 *Luperina radicosa* (Graeser)
			宽胫夜蛾 *Melicleptria scutosa* Schiffermuller
			苹刺裳夜蛾 *Mormonia bella* Butler
			光腹夜蛾 *Mythimna turca* Linnaeus
			拱摸夜蛾 *Noctua chardinyi* (Boisduval)
			狼夜蛾 *Ochropleura plecta* (Linnaeus)
			翠色狼夜蛾 *Ochropleura praecox* (Linnaeus)
			黄裳银沟夜蛾 *Panchrysia dives* (Fversmann)
			泛紫芒夜蛾 *Paradiarsia punicea* (Hubner)
			小折巾夜蛾 *Parallelia obscura* Bremer
			紫金翅夜蛾 *Plusia chryson* Esper
			碧金翅夜蛾 *Plusia nadeja* Oberthur
			绿金翅夜蛾 *Plusia zosimi* Hubner
			蒙灰夜蛾 *Polia advena* Schiffermuller
			斑灰夜蛾 *Polia conspersa* Schiffermuller
			桦灰夜蛾 *Polia contigua* Schifermuller
			间色异夜蛾 *Protexarnis poecila* (Alpheraky)
			焰夜蛾 *Pyrrhia umbra* Hufnagel
			旋幽夜蛾 *Scotogramma trifolii* Rottemberg
			克袭夜蛾 *Sedemia spilogramma* Rambur
			角线寡夜蛾 *Sideridis conigra* Schiffermulle
			寡夜蛾 *Sederidis velutina* Eversmann
			亮锌纹夜蛾 *Syngrapha ain* Hochenworth
			白边地老虎 *Euxoa oberthuri* Leech
			甘蓝夜蛾 *Mamestra brassicae* Linnaeus
			黏虫 *Mythimna separata* Walker
			红棕灰夜蛾 *Oolia illoba* Butler
			玉米蛀茎夜蛾 *Helotropha leucostigma* Laevis (Buer)
	毒蛾科 Lymantriidae		白毒蛾 *Arctornis 1-nigrum* (Muller)
			杉茸毒蛾 *Dasychira abietis* (Schiffermuller et Denis)
			洁茸毒蛾 *Dasychira virginea* Oberthur
			模毒蛾 *Lymantria monacha* (Linnaeus)
			栎毒蛾 *Lymantria mathura* Moore

（续）

目	科	属	种名
			盗毒蛾 *Porthesia similes* (Fueszly)
			杨雪毒蛾 *Stilpnotia candida* Staudinger
			雪毒蛾 *Stilpnotia salicis* (Linnaeus)
	蛱蝶科 Nymphalidae		柳紫蛱蝶 *Apatura metis* Freyer
			老豹蛱蝶 *Argyronome laodice* Pall
			小豹蛱蝶 *Brenthis daphne ochroleuca* Fruhostorfer
			青豹蛱蝶 *Damora sagana* Doubleday
			孔雀蛱蝶 *Inachus io* L.
			杨蛱蝶 *Iimenitis populi* L.
			双狼蛱蝶 *Melitaea didymoides* Eversmann
			草场蛱蝶 *Mellicta athalia* Rottembury
			小三纹蛱蝶 *Neptis Sappho intermedia* Preyer
			白纹多角蛱蝶 *Polygonia vau-album* Schiff.
	眼蝶科 Satyridae		连纹山眼蝶 *Erebia neriene* Bober
			纵纹石眼蝶 *Eumensi autonoe* Esper
			链环眼蝶 *Lopinga catena* Leech
			白眼蝶 *Melanargia halimede* Menetries
			重线白眼蝶 *Melanargia leda* Leech
			二环眼蝶 *Iinois dryas* Scopoli
	灰蝶科 Lycaenidae		黄灰蝶 *Japonica lutea* Hewitson
			珠灰蝶 *Lycaeides argyrognomon* Bergstaesses
	粉蝶科 Pieridae		丽豆粉蝶 *Colias chrysotheme* Esper
			橙黄粉蝶 *Colias electo* L.
			突角小粉蝶 *Leptidea amurensis* Meneteies
			菜粉蝶 *Pieris rapae* L.
			花粉蝶 *Pontia daplidice* L.
	凤蝶科 Papilionidae		黄凤蝶 *Papilio mochaon* L.
			橘凤蝶 *Papilio xuthus* L.
双翅目 Diptera	大蚊科 Tipulidae		角突短柄大蚊 *Nephrotoma cornicina* (Linnaeus)
			黄缘短柄大蚊 *Nephrotoma drakanae* Alexander
			毛尾短柄大蚊 *Nephrotoma hirsuticauda* Alexander
			古北短柄大蚊 *Nephrotoma martynoui* Alexander
			黑腹青海短柄大蚊 *Nephrotoma qinghaiensis nigrabdomen* Yang et Yang
			离斑指突短柄大蚊 *Nephrotoma scalaris parvinotata* (Brunetii)
			间纹短柄大蚊 *Nephrotoma scurra* (Meigen)
			长尾蜻大蚊 *Tipula* (Odonatisca) *nodicornis* Meigen
			黄脊雅大蚊 *Tipula* (Yamatotipula) *pierrei* Tonnoir
			肋脊蜚大蚊 *Tipula* (Vestiplex) *subcarinata* Alexander
			黑色大蚊 *Tipula* (Tipula) *subcuntans* Alexander

（续）

目	科	属	种名
	麻蝇科 Sarcophagidae		尾黑麻蝇 *Bellieria melanura*（Meigen）
			折麻蝇 *Blaesoxipha* sp.
			红尾折麻蝇 *Blaesoxipha kozlovi* Rohd.
			亚麻蝇 *Parasarcophaga* sp.
			红尾拉蝇 *Ravinia strata*（Fabricius）
	潜蝇科 Agromyzidae		豌豆潜蝇 *Phytomyza horticola* Goureau
	种蝇科 Anthomyiidae		种蝇 *Hylemyia platura* Meigen
			萝卜蝇 *Hylemyia floralis* Fallen
			葱蝇 *Hylemyia antigua* Meigen
			小萝卜蝇 *Hylemyia pilipyga* Vill.
膜翅目 Hymenoptera	锤角叶蜂科 Cimbicidae		丝兰锤角叶蜂 *Abia sericea* L.
			大桦锤角叶蜂 *Cimbex femorata* Linnaeus
	三节叶蜂科 Argidae		槌三节叶蜂 *Aprosthema* sp.
			日本蔷薇叶蜂 *Arge nipponensis* Rohwer
			黄翅三节叶蜂 *Arge suspicax* Konow
	叶蜂科 Tenthredinidae		斗蓬草曲叶蜂 *Allantus calceatus*（Klug）
			曲叶蜂 *Allantus* sp.
			白环曲叶蜂 *Allantus truncates*（Klug）
			狭环藜叶蜂 *Ametastegia equisetic oxalis* Hartig
			酸模藜叶蜂 *Ametastegia tener*（Fallen）
			黄翅菜叶蜂 *Athalia rosae ruficornis* Jakovlev
			红角黄芩菜叶蜂 *Athalia scutellariae flammula*（Zhelochovtsev）
			菜叶蜂 *Athallia* sp.
			黄角短足叶蜂 *Brachythops flavens*（Klug）
			细腹麦叶蜂 *Dolerus pusillus* Jakovlev
			水扬梅依叶蜂 *Empria klugii*（Stephens）
			黑丽宽腹叶蜂 *Macrophya sanguinoleota*（Gmelin）
			山毛榉柳叶蜂 *Nematus miliaris*（Panzer）
			禾木粗线叶蜂 *Pachynematus clitellatus*（Lepeletier）
			合叶子细叶蜂 *Pachyprotasis antennata*（Klug）
			中华细叶蜂 *Pachyprotasis chinensis* Jakovlev
			玄参细叶蜂 *Pachyprotasis rapae* L.
			透翅孢叶蜂 *Priophorus hyalopterus*（Jakovlev）
			孢叶蜂 *Priophorus* sp.
			扁腹锯叶蜂 *Pristiphora compressa*（Hartig）
			黄足锯叶蜂 *Pristiphora fulvipes*（Fallen）
			黑腿锯叶蜂 *Pristiphora melanocarpa*（Hartig）
			桦锯叶蜂 *Pristiphora testacea*（Jurine）
			蒙古绿叶蜂 *Rhogogaster kaszabi* Zombori

（续）

目	科	属	种名
			黑斑绿叶蜂 *Rhogogaster punctulata*（Klug）
			黄腹蕨叶蜂 *Selandria serva*（Fabricius）
			黄缘叶蜂 *Tenthredo arcuata* Forster
			黑胸黄缘叶蜂 *Tenthredo arcuata nigrieuris* Enslin
			须草合叶蜂 *Tenthredopsis caquebertii*（Klug）
			鸭茅合叶蜂 *Tenthredopsis nasata* L.
			黄盾红腹叶蜂 *Tenthredo ferruginea leucaspis*（Enslin）
			侧斑叶蜂 *Tenthredo maculiger*（Jakovlev）
			中黑叶蜂 *Tenthredo mesomelas* L.
			橄榄绿叶蜂 *Tenthredo olivacea* Klug
			帕京氏叶蜂 *Tenthredo schaefferi perkinsi*（Morice）
			三黄环叶蜂 *Tenthredo vespa* Retzius
	茎蜂科 Cephidae		日本麦茎蜂 *Hartigia viator*（Smith）

附件 20 建立国家公园体制的探讨与思考①

一、国家公园的概念、理念与意义

1872 年，世界首个国家公园诞生于美国，即最负盛名的黄石国家公园。由于国家公园的保护模式能较好的平衡保护与利用的关系，世界各国都根据实际情况建立了自己的国家公园和自然保护地，截至 2014 年 7 月，根据世界自然保护联盟和联合国环境规划署统计，全世界符合世界自然保护联盟标准的国家公园 5 220 处，自然保护地共 207 201 处。为了规范自然保护区的分类，世界自然保护联盟提出并建议各国根据管理目标，将自然资源保护区划分为“严格的自然保护区和原野保护区、国家公园、自然纪念物、栖息地/物种管理地、陆地/海洋景观保护区、受管理的资源保护区”6 种类型，国家公园的保护强度仅次于严格的自然保护区和原野保护区，是自然保护区体系中的一个类型。

世界自然保护联盟对国家公园定义是，一个广阔区域被指定用来：① 为当代或子孙后代保护一个或多个生态系统的生态完整性；② 排除与保护目标相抵触的开采或占有行为；③ 提供在环境上和文化上相容的精神的、科学的、教育的、娱乐的和游览的机会。

这一概念和标准得到国际社会的普遍认同和遵循。通过对世界各国各地建立国家公园的共同标准和建立理念以及我国国家公园体制建立初衷的辨析，我认为国家公园的建立应当遵循“尊重自然、顺应自然、热爱、珍视和保护自然，人民对自然的平等享用，对自然资源的永续利用”，以及“当代人的欲望远没有后代人的需要重要”的理念和思想。因此，我国建立国家公园的选择和体制设计上决不能将概念和标准混同为以休憩和游览为主的传统意义上人们普遍认为的“公园”。其首要目标是生态系统完整性的保护，为公众提供对国家公园环境及其蕴含文化的体验、研究、学习和享受的机会，并且以全民公益性、民族自豪感、“留得住乡愁”和代际公平为主要特征，是最为公平的社会生态产品和生态文明代表。国家公园作为自然保护体系和生态文明体制建设的重要组成部分，其意义是保存保护较大的区域任由自然演替的完整生态系统，发挥其生态系统的自然功能和生态衍生功能、溢出效应；是国民近距离亲近、感受自然生态环境、接受自然洗礼及其精神文化内涵的重要窗口；是国民接触、保护国家大好山河和历史文化，唤起人们热爱生活、感悟生命真谛，增强民族认同感、自豪感和爱国情操的重要精神家园；是国民生态体验、环境教育和自然生态环境研究的最佳场所；也是我国生态文明建设成果的重要展示，让世界认识中国的重要生态文明名片。

三、内蒙古大兴安岭林区北部原始林区国家公园的体制设计与建设思路

(一) 内蒙古大兴安岭北部原始林区适宜在国家公园体制建立中先行先试

对国家公园的建设概念、理念、目标意义和体制进行深入研究后，我认为在内蒙古大兴安岭北部原始林区先行先试建立国家公园体制具备良好的条件和基础：一是生态地位极端重要。内蒙古大兴安岭重

① 巴树桓，2015.

点国有林区总面积10.67万km^2，森林面积8.27万km^2，是我国东北最重要的大兴安岭生态安全屏障的主体部分，是额尔古纳河和嫩江水系的发源地，对维护呼伦贝尔大草原和东北粮食主产区乃至整个东北的生态安全具有不可替代的作用。北部原始林区地处内蒙古大兴安岭重点国有林区北端腹地，位于大兴安岭山脉北部西北坡、中俄界河—额尔古纳河右岸，额尔古纳市境内，地理坐标为东经120°01′20″~121°48′37″，北纬52°01′42″~53°20′00″，南与莫尔道嘎、满归林业局接壤，东与黑龙江省漠河县毗邻，西、北隔额尔古纳河、黑龙江(阿穆尔河)与俄罗斯相望，国境线275 km。包括奇乾、乌玛、永安山3个规划未开发林业局，生态面积94.77万hm^2，森林覆被率95.38%，活立木总蓄积1.2亿m^3。北部原始林区属额尔古纳河水系，共有一二级河流400余条总长度约808 km，各类湿地共2.26万hm^2。在最北端的恩和哈达，额尔古纳界河、俄罗斯境内流出的石勒喀河、黑龙江构成了三江汇流的壮阔图景，孕育了黑龙江的源头，这里既是自治区的最北端，也是大兴安岭山脉的北端起点。北部原始林区因其天然原始的森林生态属性和重要的生态地理位置，对北疆生态安全和区域内生态保护具有极为重要的意义。二是区域生态系统具有完整丰富、唯一独特、原始珍稀的鲜明特点。该区域是我国唯一集中连片面积最大，且从未开发过的原始林区；是环北极圈欧亚泰加林带在我国境内的唯一延伸，与东西伯利亚泰加林相连，物种组成相似，有国内唯一的泛北极、北极高山、西伯利亚等生物区系的珍稀物种，是寒温带野生动植物的基因宝库。目前已知野生植物126科348属1025种，国家二级保护植物有钻天柳、乌苏里狐尾藻共2种；动物主要有野生脊索动物34目80科346种，国家一、二级保护动物棕熊、紫貂、貂熊、猞猁、金雕、细鳞等8目14科50种。长期的自然演变形成了特有的山形地貌、空气环流、林间水系和丰富的生物群落，阳光—水源—大气—生物群落间能量自然交换循环，生物圈内种群按等级分布，呈持续演进态势，是一个完整丰富、原生自然状态的生态系统。三是权属明确，管理体制清晰，无人区面积大，处于生态自然演替状态。该区域属国有重点林区，林地和林政资源权属归国家所有，由国务院直接定权颁发林权证。天保工程实施前一直处于规划待开发状态，由内蒙古大兴安岭林管局直接管理，负责区域内的林政资源、森林防火、有害生物等管理。天保工程实施后，林管局成立了内蒙古大兴安岭北部原始林区管护局，对该区域实行全封闭保护。长期的严格封闭保护，使区域内基本无固定居民，没有经济活动，完全处于原始自然状态。2015年4月1日，内蒙古大兴安岭林区按照国家统一部署全面停止商业性采伐后，以发挥生态功能、提供生态服务、维护生态安全为主要职能定位，进一步加强了生态产品供给和生态公益服务能力，提升生态保护建设水平与层次，为北部原始林区国家公园建设提供强有力支持。四是山川秀美，震撼人心。广袤的原始林海、雄浑的重山峻岭、欢腾的山川溪流、厚重的历史积淀；挺拔秀丽的兴安落叶松林，苍翠碧绿的樟子松，姿态万千的偃松，亭亭玉立的白桦，如同舒缓有致的原生态诗画长卷、恣意流淌的天籁之音，让人流连忘返、叹为观止，是民众接受自然洗礼、唤醒自然保护意识的最佳区域。五是历史厚重，是各民族共同的精神家园。我国是多民族大家庭，各民族共同谱写了中华文明的和谐乐章，这里和黄河、长江流域一样有着丰富的历史文化积淀，被翦伯赞先生誉为“中国历史上的一个幽静的后院”。蒙古民族在此发祥，留下了丰富的历史遗迹；鄂伦春族和鄂温克族在这里生息繁衍，第七届茅盾文学奖获奖作品迟子建所著的《额尔古纳河右岸》就是以这里为民族历史自然社会为背景的。位于北部原始林区奇乾林业局西端、额尔古纳河与阿巴河交汇处的奇乾，已有千余年的文化传承，是一代天骄成吉思汗黄金家族乞颜部故地，据考证，乞颜部先民在此生活了近400年，逐步发展为“蒙兀室韦”，留下了苍狼白鹿、熔铁出山的史说。如今奇乾东北约1 km的小孤山留有乞颜部落大量穴居遗址，奇乾向东南方向约50 km的“黄火地”留存了大量石砌建筑、石堆遗存，进一步证明了奇乾在蒙古先人活动区域的核心地位。六是经济带动作用明显，有助于北疆安全稳定屏障建设。北部原始林区地处边疆与俄罗斯边境线长达275公里，安全稳定责任重大。通过建立国家公园，进一步提升内蒙古大兴安岭林区生态文明建设水平的同时，让区域内的各族群众发挥森林民族传统文化特色参与旅游服务等产业，提高生活水平，使边疆人民共享改革发展成果，落实习总书记考察内蒙古时对边疆民族地区“守望相助”的嘱托，更加有利于巩固祖国北疆安全稳定屏障。

综上所述这里最符合建立国家公园体制的概念、目标和初衷，应当先行先试。为此，2014 年 7 月，国家林业局向内蒙古自治区人民政府行文（林护函字〔2014〕131 号），正式批复在内蒙古大兴安岭北部原始林区开展国家公园（省立）试点。

（二）管理体制与模式设想

在目前林权证的基础上进行自然资源资产确权登记，国家公园管理机构代表国家所有者行使管理职责。在现有北部原始林区管护局的基础上成立国家公园管理局，仍隶属内蒙古大兴安岭林管局管理。为确保公园的生态安全，给予国家公园管理局相关自然资源资产管理的行政执法授权，构建完整统一的行政法制体系，保障区域内生态安全和治安秩序。公园保护和建设经费支出纳入财政预算，区域内旅游服务经营权由林管局按照特许经营方式向外招标，周边区域产业发展按市场化原则由林管局主导进行。强化各方监督，实行利益相关者协商制度。设立由林管局、国家公园管理局、满归林业局、莫尔道嘎林业局、根河市、额尔古纳市和职工居民代表等各方参加的联席会议，对国家公园规划、建设及重要生态、经济和民生等问题进行协商，同时，以上各方包括国家公园访客均纳入国家公园资源保护与建设的监督体系。

（三）发展建设思路

经过对国内外知名的国家公园管理模式和保护制度的认真调研考察，我们提出了北部原始林区国家公园建设的基本思路：以尊重自然、顺应自然、保护自然的中国特色社会主义生态文明理念为指导，以生态保护、环境教育、科学研究和生态旅游为目标，以创新管理体制机制为抓手，将该区域生态系统各要素全面纳入保护范围，将原始林区完全置于公共视野的监督之下，实行适度开放与严格保护相结合的开放式保护，实现绿色发展、循环发展、低碳发展。具体就是通过生态保护与旅游产业发展有机结合，在严格管理下进行适度开放，让关注自然生态和热爱科研、探险、森林游憩的人们有序进入，得到社会的广泛关注和公开监督。同时，充分发挥区域内独特的生态价值，将优质的生态资源转化为生态产品，带动周边林区和重点城镇整体转型。在旅游产业发展布局上，按照“游在内、住在外”的理念进行策划，围绕“行、住、食、游、购、娱”旅游六要素整合资源，在周边城镇建设公园管理服务设施和旅游所需的交通、住宿、餐饮、购物、娱乐等服务设施，为游人提供与自然景观协调、安全方便的服务，减少对园内原始生态系统和自然资源的影响。让区域内的职工群众和企业参与旅游服务、文化娱乐业、旅游产品、通讯物流、旅游地产、综合贸易等产业发展，实现转岗就业和转型发展的目标，促进区域经济社会发展，实现保护和保护下的合理利用，使之成为国家生态文明建设的示范和美丽中国样板。

二、国家公园体制与模式的探讨

建立国家公园体制必须在生态文明体制建设的指导下进行探索，既要深入研究和借鉴国外经验，又要结合我国生态保护建设体系的实际情况，寻找一条具有中国特色的国家公园体制建设之路。

（一）国家公园国际通行管理模式和借鉴意义

世界各国因国情的不同，国家公园的体制设计也不同，总体来说，大致分为 3 个类型，即美国垂直管理型、德国地方自治型和日本混合管理型。对不同管理体制进行研究，发现有几个可供借鉴的共同特点：一是在核心理念上，各国都将资源保护作为国家公园的第一使命，保证其真实性、完整性和可持续发展，同时兼顾旅游、教育等多样功能，限制旅游开发程度，国家公园核心区域以外可进行旅游开发的面积各不相同，美国为 5%、德国 15%、日本 30%。二是在制度设计上，以完善的法律体系和统一规范的管理机构为保证，以政府预算投入为主，社会捐助和市场经营收入为辅，公平保证多方参与。三是在资产权属上，坚持国家公园的公产属性，将其作为全民财产进行管理和使用，以保证全民利益优先、长远利益优先。四是在管理模式上，进行管理和经营分离，国家公园管理机构主要负责资源保护和公共服务等，公园内盈利性商业服务等通过特许经营方式进行招标。五是在监督机制上，强调公众和社区参与，将社会大众和地区居民纳入监督体系，保证监督机制的具体有效。

(二)我国自然保护体系现状

按照世界自然保护联盟的定义国家公园是自然保护体系的一部分，我国现有的自然和遗产保护体系可大致划分为 9 个类型：自然保护区、风景名胜区、国家森林公园、文物保护单位、国家地质公园、国家湿地公园、城市湿地公园、水利风景区、A 级旅游景区。这些自然和遗产保护地的管理和保护工作分散在国家十余个部门，条块分明，而且很多保护地同时挂了多块牌子，相互重叠，既是自然保护区又是风景名胜区等，具体管理者选择有利于自己的方式进行管理，极易形成事实上的管理缺失和重复管理。同时，由于缺乏足额有效的资金投入，各保护地必须通过经营收入补贴保护和管理经费，既是管理者又是经营者，造成了旅游开发强度过大等问题。另外，保护地因土地涉及的拆迁、征用和使用等问题与周边地区居民矛盾也十分尖锐，对保护地的管理造成了很大阻力。正因为自然和遗产保护地管理体系的复杂，研究建立国家公园体制主要是要在顶层设计中考虑解决好以下几个方面的关系：即自然资源所有权与行政管理权的关系，资源保护与旅游发展的关系，中央政府与地方政府的关系，国家公园土地与周边土地的关系，不同政府部门间的关系，立法机构、行政机构和民间团体的关系，管理者和经营者的关系，国家公园管理机构和民间团体、地区居民的关系。

(三)我国建立国家公园的实现路径与体制模式

国家公园体制的建立从目前的实际情况来看，有两种途径：一是搁置争论，在现有自然保护体系的基础上“床上叠床”，单独建立国家公园制度。制定国家公园法规条例，明确标准和管理体制，先行将原有和新申请建立的国家公园进行规范管理，逐步将符合标准的已建立的其它保护区域和类型有选择地纳入。这条路相对容易但不能解决我国自然保护地管理中的深层次问题。二是全面理顺自然保护地管理体制的前提下，建立国家公园制度。这条路极为艰难，需要有国家强有力的推动和支持，首先要进行完整的顶层设计，突破现有体制机制弊端进行深入改革，若能成功彻底解决自然保护地管理体系中多头管理的局面，就可以为国家长久的生态安全和生态文明建设奠定坚实体制基础。

不论选择上述那种路径，国家公园的体制模式都必须先行研究建立，就目前来看应遵循“明确目标定位、突破权属和行政隶属关系、分步实施、分级管理”的原则开展工作，将近期工作和长远目标有机结合，既推进国家公园建设，又为理顺自然保护地管理体制创造条件，对此就建立国家公园体制提出以下认识：

(1)中央主导，立法先行。突破条块分割，由中央主导整合现有生态保护地的管理机构和职能，设立或指定明确生态保护专门机构。先行制定法规条例，明确国家公园的性质定位和一系列标准规范，保证国家公园建设在严格的指导和管理规范下有序开展。

(2)明确权属，分级管理。鉴于国家公园公共产品的属性，其土地及自然资源应当国家所有、全民所有。按国家自然资源资产产权改革的思路，明确国家公园区域内自然资源资产的所有权人，由国家授权国家公园管理机构代行自然资产的占有权、使用权、收益权和处置权，落实好自然资源的归属管理和用途管制。根据我国目前申请建立国家公园区域的自然资源资产的权属状况和行政管理实际可分为中央直接管理的国家公园和委托省级人民政府管理的国家公园两种层级，但管理的目标、标准和规范必须一致，责权利明确。

(3)国家预算，强化保护。鉴于国家公园的公益属性，国家公园的保护管理经营支出要整合现有各项中央和地方投资，统一纳入国家财政预算体系。保证“保护优先、全民利益优先”原则，杜绝过度开发。对国家公园适度的旅游资源开发投资，须按照管用分开、市场化配置资源的原则解决，并将门票等收入实行收支分开的预算管理模式。

(4)管用分离，公平受益。将管理权与经营权分离，各国家公园管理局向上级管理主体负责，以提供严格的资源保护和公共服务等为职责；经营权由公园管理局向有资格的社会企业和个人进行招标，实行特许经营，特许经营权出让收入上缴上级财政，与国家公园管理机构无关。国家公园区域周边的旅游开发和园内的适度开发完全按市场化配置资源的原则，面向社会公平公开招标经营，实现国家公园对周边地区经济的有力拉动，也使周边居民在发展保护事业和旅游开发中受益。

（5）各方监督、永续利用。在管理与经营权分离的基础上，建立由社会民众、区域群众、上级管理主体、所在地政府和公园管理局等各方利益相关者共同组成的监督体系，形成联席会议制度，对涉及资源利用和区域民众利益等重大相关问题进行协商管理，保证生态环境的严格保护、资源的合理利用和公园的永续利用。

附件 21
路线长度系数、路途难度等级

一、路线长度系数

路线长度系数是指二维平面二点间直线距离与实际行走路径长度三维空间距离在不同条件下存在较大差距，这个系数可以修正差距。用直线距离乘以系数就为实际路线长度，此系数最小为 1。是在大兴安岭山脉自然条件下的经验性统计系数，不具备普遍意义。线路长度系数(Line length factor)用下式表示：

$$F_N = \frac{N_1 + N_2 + N_3 + \cdots\cdots N_i}{L}, \quad F_N \geqslant 1$$

N_i为在通过不同的自然环境因子(各型森林、湖泊、沼泽、陡坡、石塘等)需行走长度、$i = 1$、2、3……n；L 为起点到终点的两点间直线距离。

二、路途难度等级

路途难度等级是指在大兴安岭山脉自然条件下，把行走路径由难到易分为四个等级用Ⅰ、Ⅱ、Ⅲ、Ⅳ表示，把极难行走攀爬的路段确定为Ⅰ级，如崖壁、石海、陡坡、正常无法通过的沼泽等；难度略小于Ⅰ级的为Ⅱ级；一般体能的人通过努力可以通过的路径如各型森林、沼泽、山岭、可涉过的河流等为Ⅲ级；Ⅳ级为较易通过的路径。

后 记

《呼伦贝尔山河》能够成书首先感谢党组织的重用，安排我在呼伦贝尔市(盟)、内蒙古自治区的几个重要领导岗位上得到全方位的锻炼，增加学识开阔了眼界。早年担任陈巴尔虎旗常务副旗长期间主编完成了陈巴尔虎旗《天然矿泉水资源详查报告》(1998)，特别是担任呼伦贝尔盟旅游局局长、林区中心城市牙克石市市委书记、呼伦贝尔市政协副主席、呼伦贝尔市人大副主任、呼伦贝尔市委常委以及内蒙古大兴安岭林管局局长、内蒙古大兴安岭森工集团总经理的18年间，对呼伦贝尔天赐森林草原的认识由感性逐步上升到理性，对自然规律的理解探索逐渐深入到理论研究层面，为从理论上开展更有实效的分析研究奠定了基础。这个期间参与组织了呼伦贝尔盟首轮《旅游总体规划》(2000年)，主编了《森林防扑火概论》(2007)，编著了《侵华日军乌奴尔要塞考》(2009)，撰写了包括《建立国家公园体制的探讨与思考》(2015)等关于自然生态环境保护开发的多篇论文和讲话。通过对生态环境不间断观察研究，发现毁林毁草破坏湿地垦荒是造成大兴安岭和呼伦贝尔草原生态环境恶化的主要原因，因此力主退耕。并于2005—2010年间，在牙克石市域内每年坚持退耕10万亩，6年60万亩，收到非常明显向好的生态效果(牙克石市的凤凰山“亚洲—太平洋地区冬季汽车性能测试园区”132 km^2、十二里沟旅游景区310 km^{2}的退耕还林、还草、还湿都是这个期间完成的)。对“内蒙古大兴安岭林火规律研究”这个广泛涉及自然生态环境各个方面的专题进行了长时间的不间断的探索研究，取得了阶段性成果，并付诸于森林保护具体工作和防扑火作战指挥，取得明显实战效果，受到国家和自治区多次表扬。阿尔山—柴河火山群旅游景区的规划完善、旅游区的封闭运行、达到5A级景区标准，奎勒河—诺敏火山群的毕拉河景区的规划建设、一期投入运营；以及加大对各自然保护区的支持力度并提出建设各种类型新型保护区、国家公园、湿地公园；系统地对内蒙古大兴安岭林管局施业区内的嫩江水系和额尔古纳河水系进行研究，组织专家学者对额尔古纳河流域进行全面系统的科学考察等工作是在2011—2015间与内蒙古大兴安岭林管局的同志们共同完成的。正是以上持之以恒的研究探索、与同志们共同卓有成效的实践，为《呼伦贝尔山河》一书奠定了理论和实践基础。有幸的是，2017年在我由呼伦贝尔市政协主席岗位上退居二线后，呼伦贝尔市委高度重视我在生态环境保护方面的专长，安排我担任由市委书记秦义任组长的呼伦湖综合治理领导小组常务副组长，开始了对呼伦湖生态治理的深入系统的研究。正是这个机缘才使我对呼伦湖有了较全面深入的了解，促成了从理论层面由山脉森林(大兴安岭山脉、肯特山脉)向呼伦贝尔高平原草原的自然生态环境的连续解读研究，并进行了大范围多层次的实地科考。2017年、2019年两次带领专家学者骑马沿呼伦湖岸线进行科考，每次7天，单程570 km；2018年又对额尔古纳河进行了冬季、夏季科考，河上行程分别为970 km和725 km。正是这些艰苦细致的工作，掌握了真实的第一手资料，这便是《呼伦贝尔山河》一书第二章“呼伦湖—贝尔湖水系与高平原和大兴安岭山脉”成章的原由。

在本书的写作过程中经常遇到涉及鄂温克族、鄂伦春族、达斡尔族等三少民族语言、文化、历史等方面的问题，得到了著名历史文化生态学者、原中国作家协会书记处书记乌热尔图(鄂温克族)先生的指导和帮助。在语言历史文化方面还得到国家社科基金重大委托项目“蒙古族源与元朝帝陵综合研究”首席专家呼伦贝尔学院民族历史文化研究院院长孟松林(鄂伦春族)教授、内蒙古社科院民族研究所所长白兰(鄂伦春族)研究员、原呼伦贝尔市政协副主席达喜扎布(鄂温克族)先生、原呼伦贝

尔学院副院长郭伟忠(达斡尔族)教授、原鄂伦春自治旗旗长莫日根布库(鄂伦春族)先生、现任鄂伦春自治旗旗长何胜宝(鄂伦春族)先生、阿荣旗鄂温克族研究会常务理事那险峰(鄂温克族)先生等各位的大力帮助，在此一并表示感谢。

在写作过程中，涉及大量蒙古族和草原游牧民族的语言、文化、历史、地名等方面的问题，得到了身边精通蒙古语言文学和草原文化的同事、朋友的大力支持，经常解疑释惑，加快了成书速度，在此一并致谢。这里还特别感谢原国家民族出版社编审、蒙古族蒙古语言文学翻译家苏和老师，在他生前给予这本书以极大的关注，对重要蒙古语名词、地名进行了审定，并对蒙古语在历史演变发展过程中的变化进行专门的指导。遗憾的是苏和老师在今年5月不幸病逝，未能看到《呼伦贝尔山河》一书的出版。今天书已面世，可慰恩师。

在本书的编写过程中，内蒙古大兴安岭林业规划设计院原院长教授级高级工程师赵博生先生、现任院长教授级高级工程师赵炳柱先生为我的写作提供了大量基础资料并展开了广泛深入的讨论。规划院副院长教授级高级工程师宋柏忠先生在写作中给予了全方位帮助，规划院各位教授级高级工程师和专家张重岭、石岩、李吉祥、陈雅娟、许辉、蒋金伶、王春燕等先生、女士在所涉猎领域给予极大的帮助，并对部分资料数据进行了校核。林管局资源处处长、教授级高级工程师杜彬先生，针对一些林学问题提出了中肯的意见。在研究呼伦贝尔草原生态系统与大兴安岭山脉森林生态系统的相互依存关系等方面问题时，得到了中国农业科学院资源区划所呼伦贝尔草原生态系统国家野外站站长辛晓平研究员和常务副站长陈宝瑞副研究员的帮助，提供了珍贵的原始资料并对相关基础资料数据进行了校核。在编写草原湿地等内容中，得到了呼伦贝尔市草原科学研究所所长(草原工作站站长)朝克图推广研究员的大力支持，在提供了大量参考资料的同时，还对部分内容进行了校核。在撰写呼伦湖—贝尔湖水系等内容中，得到了呼伦湖自然保护区管理局副局长高级工程师刘松涛先生、呼伦湖自然保护区管理局中国政府对蒙古国戈壁熊技术援助项目高级协调员高级工程师乌力吉先生的帮助，并对湖泊、草原、湿地部分内容进行了校核。呼伦贝尔气象局的曲学斌工程师为本书提供了部分气象资料，并对相关内容进行了校核。在涉及基础理论研究方面还得到呼伦贝尔学院各位学者、教授的帮助，并对有关问题进行了深入的讨论。向以上各位专家、学者表示衷心的感谢。

在本书的写作出版过程中得到了各个方面的帮助：在对大兴安岭山脉中南部西坡的实地考察中得到了原内蒙古自治区林业厅、审计厅、气象局的高锡林厅长、长江厅长、乌兰局长的鼎力支持和具体地指导，他们陪同我详细考察了东乌珠穆沁旗、西乌珠穆沁旗东部的草甸草原和乌拉盖湿地，以及克什克腾旗的达里诺尔湖、达里诺尔火山群、阿斯哈图石林、黄岗梁等地，开阔了眼界，丰富了学识；在撰写阿尔山—柴河火山群等章节时，阿尔山市市长李贺先生雪中送炭提供了最新研究成果和大量资料；中国人民解放军32108部队为在边境线的冬夏季综合科考提供了后勤保障和安全保卫；内蒙古自治区自然资源厅张利平厅长和内蒙古测绘局张瑞新局长给予了关心帮助，内蒙古地图院的领导和几位专家的夜以继日的辛勤工作，使这本地图所占篇幅较大的专著得以出版；内蒙古大兴安岭重点国有林管理局陈佰山书记、闫宏光局长对本书的编著非常重视，给予了多方面的支持；在此，一并致谢！

这里还特别感谢中国工程院院士、原北京林业大学校长、国际著名森林生物生态学家尹伟伦先生精益求精通阅全书，提纲挈领为本书作序。

特别感谢原呼伦贝尔市委书记、内蒙古自治区政府副主席、中国艺术研究院院长、中国著名书法家连辑先生在北京宅第拨冗挥毫，为本书题写了书名。

《呼伦贝尔山河》一书涵盖面较广，涉及呼伦贝尔自然地理的各个方面，没有当地各级领导的高度重视成书几乎是不可能的。呼伦贝尔市委于立新书记、市政府姜红市长对本书的编著出版给予极大的关心支持，随时随地解决出现的问题，并提出指导性意见。在无法实地开展对俄罗斯西伯利亚地区的自然环境考察的情况下，呼伦贝尔市政协副主席李启华先生提供了非常珍贵的资料，使研究著书得以进行。呼伦贝尔市直各部门的领导和各旗市区的领导，也对本书的出版编著工作给予了全方位的支持，特别是呼伦贝尔市政协文史委主任霍宝煜先生对本书的出版做了大量的工作。在本书出版之际，向这些领导和同志们表示深深的谢意！

在本书资料收集整理中，我在内蒙古大兴安岭林管局工作时的秘书张亮同志一直默默无闻做了大量资料收集工作，表现出敦厚扎实的工作作风。在本书的写作过程中，现任秘书刘英男同志精于计算机操作，并表现出勤奋认真、一丝不苟的工作态度。没有两位富有成效的工作，这项艰苦的写作任务是无法完成的。在此，向两位脚踏实地工作的秘书表示感谢。

在本书的出版过程中，得到了中国林业出版社刘东黎书记、林业分社于界芬社长的大力支持，在此表示衷心的感谢！

巴树桓

2019 年 12 月 25 日，于呼伦贝尔市海拉尔区灏园芍居